高含水油田储层沉积学

张昌民　尹太举　张尚锋　李少华　著
尹艳树　王振奇　朱　锐

科学出版社

北京

内 容 简 介

本书主要介绍长江大学剩余资源研究组 20 余年来开展储层沉积学研究所取得的理论和实践成果。主要论述储层层次分析方法、储层表征的工作思路和基本框架、高分辨率层序地层学、现代沉积调查与沉积模拟、露头调查、储层地质知识库、储层建筑结构要素分析、储层沉积相模式、储层成岩作用和质量评价、隔层预测和储层随机建模的主要方法、储层流动单元的划分和描述方法、高含水油田剩余油分布的预测方法；最后介绍如何结合开发和工程措施实施高含水油田的剩余油挖潜。

本书适合从事油田地质工作的研究人员和高级管理人员、大专院校从事石油天然气勘探开发教学科研的教师、高年级学生和研究生参考使用。对从事煤田、铀矿等沉积矿床研究的人员和院校师生也有借鉴作用。

图书在版编目(CIP)数据

高含水油田储层沉积学/张昌民等著. —北京:科学出版社,2017.3
ISBN 978-7-03-051627-5

Ⅰ.①高… Ⅱ.①张… Ⅲ.①高含水-油田-储集层-沉积学-中国
Ⅳ.①P618.130.2

中国版本图书馆 CIP 数据核字(2017)第 018923 号

责任编辑:万群霞　冯晓利 / 责任校对:郭瑞芝
责任印制:张　倩 / 封面设计:黄华斌

科 学 出 版 社 出版
北京东黄城根北街 16 号
邮政编码:100717
http://www.sciencep.com
中国科学院印刷厂印刷
科学出版社发行　各地新华书店经销
*
2017 年 3 月第 一 版　开本:787×1092 1/16
2017 年 3 月第一次印刷　印张:46
字数:1 091 000
定价:368.00 元
(如有印装质量问题,我社负责调换)

序

    储层沉积学是应用沉积学的理论和方法研究各种环境下沉积形成的油气储层特征的学科。储层沉积学兴起于 20 世纪 60 年代,到 70 年代形成了基本的研究方法和研究思路,80 年代将其应用从油气勘探扩展到油田开发领域,90 年代随着油藏描述和储层表征技术的发展,储层沉积学得到迅速发展,不断从宏观向微观、从定性向定量的方向发展。目前,储层沉积学研究已经成为贯穿油气勘探开发全过程的一项必不可少的重要工作。尤其是在当前油价低迷,我国大多数油田的主力油藏处于高含水开采期的双重不利形势下,如何降低油田开发成本,实现油藏的经济有效开采成为石油公司面临的最大难题,因此,更加需要对储层进行准确的表征,储层沉积学的研究就显得尤为必要。

    储层沉积学研究包括从大相到微相、从岩石相到储层物性、从沉积层序到层内非均质性、从沉积规模到砂体连续性、从微相的平面展布到砂体平面非均质性及建立储层地质模型六个方面的内容。为了完成储层沉积学的基本研究内容,需要综合利用石油勘探开发过程中所积累的区域地质、地球物理、钻井录井、测井试井、分析化验和开发动态资料进行系统的沉积学分析,建立精细的储层地质模型。然而,通常所获得的地质地球物理和开发动态资料的分辨率和资料的丰富程度难以满足建立精细储层地质模型的需要,需要运用比较沉积学的方法,借助露头调查、现代沉积、沉积模拟实验等方法建立储层地质知识库,通过地面与地下相互比较、现代和古代相互借鉴的方法对储层沉积相和微相特征进行精细分析,对储层岩石相类型及其物性特征进行总结,对储层层序进行划分,对储层砂体几何形态进行预测,对储层中隔层和夹层的分布规律进行描述。在此基础上,结合地下地质资料对储层的建筑结构进行解剖,建立精细的储层格架模型和物性分布模型,预测剩余油的有利分布区域,指导注水开发和三次采油开发方案的制定和实施,实现对油藏经济有效的开采。

    以张昌民教授为首的长江大学剩余资源研究组自 20 世纪 80 年代末参加中国石油天然气总公司“八五”中国油气储层研究重点项目以来,以高含水油藏为主要研究对象,以提高油藏采收率为最终追求,以油藏精细表征为目的,以沉积学理论为主导,坚持开展高含水油田储层沉积学研究工作,在储层沉积学理论和实践方面进行了不懈的探索,做出了一些开拓性的工作。研究组经过长期的研究实践总结,提出了储层研究中的层次分析法。将河流沉积学中的建筑结构要素分析法应用于储层内部结构的精细解剖,将高分辨率层序地层学应用于开发阶段的小层精细对比;较早地在河南、青海和延长地区开展储层沉积学露头调查,并将露头资料与地下地质资料相结合预测砂体及其内部隔层的分布,建立储层地质模型;通过在现代长江荆江段、洞庭湖、鄱阳湖等地区开展现代沉积调查,提出了现代河流砂体的建筑结构模式和浅水三角洲沉积模式;在储层地质知识库建库方法、地质统计学建模技术、高含水油田储层精细对比技术、剩余油分布预测技术等方面取得了丰富的成果,许多技术在油田开发中被广泛推广应用,在生产中发挥了重要的作用。

　　长江大学剩余资源研究组坚持在高含水油田储层沉积学领域开展研究工作 20 余年，同时为国家培养了 100 余名硕士和博士研究生，在储层沉积学领域发表了学术论文 300 余篇，获得了多项省部级科技成果进步奖和一系列软件著作权和专利授权。该书包括储层层次分析的基本原理及其应用、高分辨率层序地层分析、现代沉积调查与储层模拟、沉积储层露头调查、储层地质知识库、储层建筑结构分析、储层沉积相模式、储层成岩作用和评价、储层隔夹层分布预测、储层沉积建模、储层流动单元、高含水油田剩余油预测等部分，涉及储层沉积学的众多研究领域。书中所介绍的研究实例有些来自研究组成员所发表的论文，有些是他们所撰写的研究报告，有些曾经在期刊上发表，有些是第一次正式出版。作者将不同时期、不同地区的研究成果按储层沉积学的研究方向汇编成该书，这些内容反映了他们在储层沉积学的探索征程中不断前进的足迹，反映了研究组从成长到不断壮大的过程，也从侧面反映了我国储层沉积学不断发展的过程。作为老一代储层地质工作者，我为这个团队的探索精神和所取得的成果感到欣慰，为储层沉积学研究队伍的不断壮大感到高兴，为我国油气储层沉积学的发展感到自豪。相信该书会受到储层沉积学界的欢迎，也期望这个团队能为我国的储层沉积学发展再立新功！

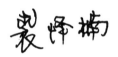

2016 年 4 月

前　　言

随着油藏注水开发的不断持续,储层含油饱和度不断下降,含水饱和度逐渐上升,地层流体中水的比例越来越高,造成采出液中的水油比越来越大。某一时刻某一油井采出液体中水所占的质量百分数反映该油井当时的出水状况,被称为油井某一时间的含水率。以一个油田或生产单元为整体计算的一定时间段的产液量中的产水量所占质量百分数称为该时段这个油田或者生产单元的综合含水率。一般情况下,含水率小于 2% 称为无水采油阶段;含水率为 2%～20% 被称为低含水采油阶段;含水率为 20%～60% 称为中含水采油阶段;含水率为 60%～90% 称为高含水采油阶段;含水率为 90% 以上称为特高含水阶段。

我国绝大多数油田的储集层是在中新生代含油气盆地中沉积形成的。我国陆相含油气盆地经过古生代、中生代和新生代等多次构造运动,经受了多次的沉降沉积和抬升剥蚀作用,盆地内部次级构造单元众多、结构复杂。盆地多次断拗形成冲积扇沉积相、河流沉积相、三角洲沉积相、重力流沉积相、蒸发岩沉积相等多种类型的储层,不同的沉积相带在垂向和横向互相交错,形成了极其复杂的多旋回特征。同一沉积盆地多次生油,油气多次运移、多次成藏,造成同一含油层系具有多个含油层段。这些特点给横向上进行油层对比和垂向上合理布置开发层系造成了极大的困难,随着油田的深度开发,需要不断深化储层沉积学的研究工作。

油层对比是油田开发中最基础的地质问题,也是储层沉积学最重要的工作。我国陆相含油气地层长井段多层系的特征决定了油层对比的难度极大。早期的油层对比采用标志层分级控制、小层对比的原则,依靠测井曲线的形态相似性进行油层及其内部沉积界面的对比分析。自 20 世纪 90 年代层序地层学推广以来,等时对比成因分析的观念得到广泛应用,新老对比方法的差异会给正确认识油层的连通性和连续性带来巨大的影响,为正确设置注、采井组带来新的理论和方法。高含水油田多为老油田,油水关系复杂,精细地层对比精度要求高,需要实施新的小层对比策略,需要储层沉积学界不断地探索。

我国陆相盆地水体深度与海相盆地相比有限,造成含油砂体规模小,砂体内部结构复杂,多数油砂体都不是内部结构单一的成因砂体,而是由多个砂体通过横向和纵向叠置形成的复合油砂体。油砂体内部存在众多的隔层和低渗夹层,这些隔层和夹层的厚度及延伸范围变化极大,严重影响开发过程的油水渗流路径,需要进行精细的对比和预测。由于砂岩体内部岩性和沉积构造序列的变化对注水开发的井网布局形成强烈的制约,需要开展砂体几何形态及其内部建筑结构要素的精确描述,这是高含水油田储层沉积学的重要任务。

高含水油田经过多年的注水开发,油层内部的温度、压力、流体饱和度等物理化学环境发生了巨大的变化,导致储层中原有矿物的溶解和一些新矿物的沉淀,有可能会堵塞储层孔隙通道降低渗透率,也有可能形成新的通道降低注入水的驱油效果。一些主力油藏储层胶结程度低,开发过程中出砂严重,不仅对储层形成伤害,而且对井筒设施造成破坏,因此,需要正确认识储层的岩石成分构成和微观特征,有效预测可能出现的储层伤害。

高含水油藏开发前后储层的孔隙度和渗透率都将发生重大的变化,同时油藏不同部位的含油饱和度和含水饱和度也将发生重大的变化。如何正确认识高含水油藏储层物性和含油性,并采用有效的方式方法检测高含水期油藏的物性和含油性,需要对其储层微观特征及其敏感性进行分析,重新进行岩石物理分析,寻找可靠的高含水期地球物理解释方法。

我国陆相油田多采用注水开发,油藏开发过程中采取的井网类型和开采方式众多。在不同的开发阶段采用不同的注采层系和注采井网,有时采用多层合采,有时采用分层开采,开发过程中同一井由采转注和由注转采时而发生,造成了十分复杂的地下油水关系,剩余油分布随机性极强,预测十分困难,需要结合沉积体系、沉积相、沉积建筑结构要素分析精细刻画储层骨架,结合开发动态进行预测。

高含水油藏开发成本高,采油工艺复杂,需要建立精细的储层地质模型,开展精细的油藏数值模拟,制定经济可行的开发方案实施开发。高含水油田各类钻井众多,地质资料丰富,开发过程长,动态数据丰富,既为正确建立储层地质模型进行油藏数值模拟提供了基础,也带来了数据筛选、计算时间和历史拟合等方面的困难。总之,高含水油田开发是一项十分复杂的油田综合治理工程,油田开发的每一步都面临着复杂的储层沉积学问题。

自 20 世纪 80 年代末参加中国石油天然气总公司"八五""中国油气储层研究"重点项目以来,笔者研究组结合国家科技攻关计划项目、国家科技重大专项及油田资助课题,以提高油藏采收率为最终追求,以油藏精细表征为目的,以沉积学理论为主导,坚持开展储层沉积学研究工作,在大庆油田、胜利油田、大港油田、中原油田、河南油田、青海油田、长庆油田等高含水油田开展储层沉积学研究。经过 20 余年的探索,在理论和实践方面都取得了一些进步,形成了较为成熟的储层沉积学研究思路,摸索出了一系列有效的高含水油田储层表征方法,为油田提高采收率做出了一定的贡献,推动了我国高含水油田油藏表征技术的进步. 研究工作主要包括以下方面的内容。

(1) 在裘怿楠教授的开发地质学和储层沉积学研究思想指导下提出了储层层次分析方法。借鉴运筹学中层次分析法的基本概念,结合地球和地球科学的层次性特征提出了进行储层表征的工作思路和基本框架。储层研究中的层次分析法提出后,笔者等又进一步完善了层次分析的地质学基础,尝试归纳总结了地质层次性规律,探索层次分析法在地层对比、地质建模等方面的应用,使之成为我们长期以来从事储层研究的一个基本指导思想,得到了国内同行的广泛应用。

(2) 高分辨率层序地层学被邓宏文教授(1995)引入我国后,受到了广泛的关注。笔者通过与美国科罗拉多矿业学院 Cross 教授的长期合作,进一步充实和拓展了高分辨率层序地层学的基本原理与方法,较早地将这一方法在中原油田、大港油田、江汉油田等的开发地质研究和高含水油藏表征中推广应用,有效解决了原来依靠传统方法对比存在的精度不高、准确性不够、科学性不强的缺点,目前高分辨率层序地层学方法已经成为国内各油田的开发地质研究的通用技术。

(3) 开发好高含水油田首先要正确认识和表征储层。钻井岩心的有限性和地球物理方法的间接性迫使沉积学家开展以储层表征为目的的现代沉积调查、沉积实验模拟和储层露头调查,目的是建立沉积模式,了解储层非均质性,研究砂体的几何形态和内部结构,建立储层表征知识库。结合高含水油田储层沉积学研究需要,笔者先后在河南唐河和泌阳、青海油砂山、鄂尔多斯盆地开展露头调查;在长江、鄱阳湖、洞庭湖进行现代沉积考察,运用长江大学湖盆沉积模拟实验室在室内进行沉积学模拟实验,并将野外考察与室内模拟的结果与油田地下特征比较相结合,为建立储层地质模型提供了有力的支撑,丰富了储层沉积学研究的内容。

(4)储层地质知识库是建立储层地质模型的保障。没有充分的知识库信息支持,难以建立有效的预测模型。建立知识库的方法有现代沉积调查、沉积模拟、露头调查等方法,当缺乏相似的类比对象时,采用成熟油田的密井网解剖也是获得建模知识库的有效方法。在上述野外和室内工作的基础上,笔者在河南油田等通过密井网解剖建立知识库,通过卫星图像解译建立曲流河建模知识库。经过多年的探索,将知识库内容从定性的经验信息发展到定量的数字信息,把知识库的应用从人工干涉介入发展到使用计算机自动计算输出,把知识库的表达从简单的少量的比例参数发展到用计算机管理的大型自动化知识库。

(5)Miall(1985)提出河流沉积学中的建筑结构要素分析法后得到了沉积学界的重视,但在储层沉积学中应用并不多。20世纪90年代初,笔者将这一方法应用于长江现代沉积调查、青海油砂山露头调查和河南油田周缘露头调查中,开拓了沉积学野外调查的新手段。之后笔者又率先将储层建筑结构要素分析法应用于河南双河油田的高含水期储层表征工作,受到国内开发地质学界同行的赞誉,这一方法之后在中原、大港、大庆等油田的储层表征中不断完善提高,同时也在全国普遍应用。

(6)沉积相模式研究是沉积学研究的基本内容,开发地质研究在追踪油田开发静态和动态信息的同时,要结合这些信息不断完善重建储层相模式。笔者在双河油田的研究过程中对已有的扇三角洲模式进行了修订,通过露头调查建立了鄂尔多斯盆地延长组三角洲前缘的席状砂模式、青海油砂山油田的辫状河三角洲模式、现代河流江心洲沉积模式,近年来对浅水三角洲沉积模式的研究,为重新认识油藏提供了新的思路。这些相模式的重建创新了沉积学的研究,对高含水油田开发起到了指导作用。

(7)储层成岩作用和质量评价是一个重要的储层沉积学问题,储层质量和含油性的检测主要通过对成岩作用的认识和室内实验结果结合储层地球物理方法来实现。笔者在研究过程中对各油田的储层微观特征、物性特征及其形成的控制因素进行了深入的探索,同时探索了一些适合高含水油田的测井解释预测方法。

(8)建立储层地质模型是储层表征最关键的工作,也是储层沉积学的重要内容。建模需要对砂体的叠置方式、砂体内部建筑结构、储层的物性分布规律、隔层和夹层的分布等进行有效的预测。笔者等长期坚持地质统计学方法探索,在随机建模方面形成了一系列技术,在隔层预测、沉积相随机建模技术等领域取得了一批创造性的成果。高含水油藏开发的目的是认识剩余油的分布并采取有效的手段尽可能提高剩余油的采收率。笔者等通过多年对多个高含水油田的研究,形成了一系列结合地质研究与生产动态预测剩余油的有效方法,这些方法与油田采油工艺相结合,有效地提高了采收率。

为了与国内外同行交流研究心得，进一步推广已有的研究成果，使之在高含水油田开发中发挥更大的作用。笔者研究组将 20 余年来在高含水油田（包括少量气田）储层沉积学研究方面的成果集结成《高含水油田储层沉积学》这本专著。本书由张昌民提出总体编写思路和编写大纲，负责全书的统稿工作。各章节的编写分工如下：前言、第 1 章、第 4 章和第 6 章由张昌民编写；第 2 章和第 7 章由张尚锋编写；第 3 章、第 5 章、第 11 章、第 12 章由尹太举编写；第 8 章由王振奇编写；第 9 章由尹艳树编写；第 10 章由李少华编写；朱锐负责参考文献的整理及部分章节内容的编写；研究生刘江艳、黄苓渝、潘进、袁瑞、李强、李思辰、柴琳、黄远光、程丹、胡慧、丁云、张坦、陶金雨、郭志辉、胡威、赵康、毕亦巍、李会丽、双棋等参与了书中图件的清绘和文稿的整理工作。需要说明的是，虽然书中各章节由一位教授编写，但其内容中所引用的研究报告、研究论文等是项目组师生多年来共同研究的成果。

本书所涉及的研究工作得到以下基金及项目的支持：国家重大科技专项"高含水油田提高采收率新技术（2008ZX05010）""储层结构单元建模算法及软件研究（2008ZX05011-003）""惠州地区新近系三角洲体系地层岩性油气藏的识别和预测（2008ZX05023-002-002）""剩余油分布综合预测与精细注采结构调整技术（2011ZX05010-002-005 ）""储层内部结构建模软件研制（2011ZX05011-001）""白云北坡陆架坡折带地层岩性油气藏的识别和预测（2011ZX05023-002-007 ）""深层优势储层沉积成因机制及地质预测技术（2016ZX05027）"；国家重点基础研究发展计划（973）项目"高效天然气藏形成分布与凝析低效气藏开发的基础研究"（2001CB209106）；国家自然科学基金项目"叠覆式浅水三角洲形成机理及内部结构解剖（41172106）""基准面旋回的理论解析与定量层序地层模型（40572078）""三角洲储层密井网地质知识库建立及其应用（40602013）""浅水湖盆三角洲沉积调查与物理模拟（41072087）""点坝砂体内部非均质性的层次建模法（41272136）""一种薄夹层精细地质模型的粗化方法——网格边缘属性建模法（41572121）""曲流河储层精细地质建模方法研究（140902043）""三角洲前缘储层多点地质统计建模方法研究（41572081）"；中国石油天然气股份有限公司（以下简称中国石油）专项研究课题"柴达木盆地跃进油区主力油藏三维地质建模及剩余油数模方案研究（08Z0109-1）""鄂尔多斯盆地上古生界水槽模拟实验研究（2011H0136）""白驹油田开阳-开泰断块精细油藏描述及开发调整方案研究（09H1018-1）""剩余油分布综合预测与层系井网重组技术（2010Z0113-1）""渤海新近系沉积体系研究（07Z0103）"中石油油田委托课题"冲积扇砾岩储层地质建模方法研究"（K11-67）。

本书是长江大学剩余资源研究组全体师生 20 余年来主要学术成果的总结，也是湖北省储层精细表征与建模科技创新群体（2016CFA024）的研究成果之一，其中凝聚了研究团队教师和百余名研究生、本科生的心血和汗水，包括江汉石油学院（现长江大学）储层研究室刘怀波教授、林克湘教授、徐龙副教授、雷卞军教授、何贞铭教授、汤军教授、赵明跃副教授、施冬教授等先后所做的一些重要的研究工作，为本书的形成打下了良好的基础。笔者20 余年来在中国石油化工股份有限公司（简称中国石化）江汉油田分公司、中石化河南油田分公司、中石化中原油田分公司、中国石油大港油田分公司、中国石油大庆油田分公司、中石化胜利油田分公司、中国石油青海油田分公司、中国石油长庆油田分公司等工作期间,得到了各油田专家和领导,以及广大校友的积极支持和热情关照,令人十分感动。长江大学剩余资源研究组全体成员特别感谢中石化江汉油田分公司方志雄总经理,河南油田分公司李联伍局长、樊中海副总经理、宋振宇总地质师、邱荣华副局长、赵云征主任、陈程工程师、鲁国甫工程师、中国石化中原油田研究院李健院长、曾大乾教授、李忠超总地质师、毛立华教授,中国石油大港油田分公司黄再友所长、蔡明俊副总工程师、中国石油大庆油田分公司李伯虎教授、赵翰卿教授、巢华庆总地质师、中国石化胜利油田分公司王军教授、中国石油青海油田分公司研究院范连顺院长、屈平彦总地质师、马文雄科长、中国石油长庆油田分公司程启贵处长、中国石油勘探开发研究院宋新民副院长、穆龙新副院长、田昌炳所长、叶继根副所长、鄂尔多斯分院贾爱林院长、中国石油煤层气有限责任公司胡爱梅副总经理等在研究期间给予的帮助和关心。上述许多专家和领导都已经变换了工作岗位和职称,有的专家已退休,但回想起与他们合作研究的岁月,仍然倍感亲切。

衷心感谢裘怿楠教授几十年来的教诲、指导和关心,感谢他亲笔为本书题序。

由于笔者水平有限,书中难免存疏漏之处,敬请广大同行和读者批评指正。

张昌民

2016 年 4 月

目　　录

第1章　储层层次分析的基本原理及其应用

1.1　地质层次律

1.1.1　宇宙与地球的层次性特征

宇宙是有层次结构的。太阳系的直径约 120×10^8 km,包括太阳、八大行星和它们的卫星及数以万计的小行星、数十亿的彗星和岩块、陨星及巨量的尘埃和气体物质(图1.1)。太阳占太阳系总质量的99.86%,其直径约 140×10^4 km,水星、金星、地球、火星、木星、土星、天王星、海王星是太阳的八大行星,最大的行星木星的直径约 14×10^4 km。地球有一个卫星,就是月球,土星有17颗卫星。

图1.1　太阳系结构图

显示以太阳为中心,八大行星呈环状环绕形成圈层结构,每个卫星有各自的卫星环绕

2500×10^8 颗类似太阳的恒星和星际物质构成更巨大的天体系统——银河系。银河系直径约 10×10^4 光年,其中大部分恒星和星际物质集中在一个扁球状的空间内,正面看去则呈旋涡状。其中太阳位于银河系的一个旋臂中(图1.2)。

银河系外大约有 10×10^8 个河外星系,星系聚集成大大小小的星系团,每个星系团约有百余个星系,直径达上千万光年,银河系等40个星系构成的星系团叫本星系群。若干星系团集聚在一起构成更大、更高一层次的天体系统叫超星系团,本星系群和其附近的约50个星系团构成的超星系团叫做本超星系团(本超星团)。

本超星团构成一个丝状结构,其长度达 $70\times10^6\sim150\times10^6$ 光年。丝状结构与空洞构成长城,空洞指的是丝状结构之间的空间,空洞中只包含很少或完全不包含任何星系。长城是目前所知宇宙中被观察到的最巨大非结构。天文观测范围已经扩展到 200×10^8 光年的广阔空间,它称为总星系。

图 1.2　银河系的结构图

不同的天文体系具有其固有的运动规律,身处宇宙中的地球不可避免地受到不同的天文体系的影响,已经可以确认的有银地系统、日地系统和月地系统的影响,天体运行的轨道、速度、周期及其相对于地球的位置对地球的构造运动、气候和环境产生重要的作用,但不同天体对地球产生作用的方式、规模和引起地球的构造、沉积、生物等方面的变化各不相同。

地球本身存在明显的层次性特征。从垂向上看,地球分为外部结构和内部结构。外部结构主要包括地球的水圈、生物圈、大气圈和岩石圈,内部结构包括地壳、地幔和地核等(表 1.1)。从平面上考察,地球各处的地壳和地幔的厚度、物质成分各不相同,这样造成了平面上的分带性。地壳平均厚度约 17km,但大陆部分平均约 33km,高山地区(如青藏高原)地壳厚度可达 60～70km;海洋地壳平均厚度约 6km。地壳厚度的变化不仅形成了地球表面的山川和海洋,而且控制了地球岩石圈、水圈、生物圈和大气圈的分带。地壳厚度平面上的变化和地壳分合将固体地壳分成若干个板块(图 1.3),每一个大的板块又可以分为几个次一级的板块,板块的内部形成大大小小的大洋盆地和大陆盆地,在板块的边缘形成高山或大洋中脊,这些盆地、高山、大洋中脊的存在,影响气候和天气的变化,影响生物的形成、演化,也影响地层的堆积和剥蚀,从而影响石油天然气等能源矿产的分布。认识这些层次性特征对认识地球的演化,以及地球历史上水圈、大气圈、生物圈的形成和演化,进而预测矿产的分布具有重要的指导意义。

表 1.1　固体地球内部结构表

地球圈层名称			深度/km	地震纵波速度/(km/s)	地震横波速度/(km/s)	密度/(g/cm³)	物质状态
一级分层	二级分层	传统分层					
外球	地壳	地壳	0～33	5.6～7.0	3.4～4.2	2.6～2.9	固态物质
	外过渡层	外过渡层(上)	上地幔	33～980	8.1～10.1	4.4～5.4	3.2～3.6	部分熔融物质
		外过渡层(下)	下地幔	980～2900	12.8～13.5	6.9～7.2	5.1～5.6	液态-固态物质
液态层	液态层	液态层	外地核	2900～4700	8.0～8.2	不能通过	10.0～11.4	液态物质
内球	内过渡层	过渡层	4700～5100	9.5～10.3		12.3	液态-固态物质
	地核	地核	5100～6371	10.9～11.2		12.5	固态物质

图 1.3　地壳的板块结构图

每个板块内有多个次级板块和沉积盆地,沉积盆地被分割成不同的构造单元(据谷歌学术)

　　地球在自转的同时围绕着太阳转动,地球转动带动地球内部(地表以下)和外部物质(地表以上)的运动,这种运动是有规律的,具有层次性。因而,大到以上亿年至几千万年为周期的构造运动,小到春夏秋冬的季节轮回,甚至日出日落的潮汐旋回都有其固有的规律。这些运动虽然规模不同、周期不同,留下的地质历史记录不同,但它们都遵循着各自层次的运动规则。地球上不同规模、不同周期、不同类型、不同营力的构造运动和沉积作用形成了不同的地层旋回。孟祥化和葛铭(2004)将所形成的沉积旋回层序的级次和天文周期类型进行了对比(表 1.2),把从超银河年周期到潮汐周期对应划分出巨旋回层序组、巨旋回层序、超旋回层序组、超旋回层序、层序、亚旋回层序、细旋回层序、微旋回层序、超微旋回层序和极超微旋回层序 10 个层次的旋回。

表 1.2　天文周期类型和沉积旋回层序级次的划分(孟祥化和葛铭,2004)

地月场	日光场	地球轨道场		太阳-小行星群场	太阳-银河系轨道场	地球均匀沉降场	银河与地球圈层演化场	超级银河年引起的类行星圈层岩演化
风暴周期季节性周期潮汐周期内波周期	黑子周期日光带周期	岁差、轴斜率短米氏周期	短偏心率周期	长偏心率周期	小行星群轨道周期	银道周期	克拉通热周期	银河年周期对地球、太阳系绕银河悬臂,地核环流大冰期	超银河年周期
日,月,年	10~1000a	0.02~0.04Ma	0.1Ma	0.4Ma	1~5Ma	30~40Ma	60~120Ma	100~400Ma(平均200Ma)	>400Ma
对偶纹层、极超微层序	超微旋回层序	微旋回层序	细旋回层序	亚旋回层序	层序、层序对或组	超旋回层序	超旋回层序组	巨旋回层序	巨旋回层序组

续表

地月场	日光场	地球轨道场			太阳-小行星群场	太阳-银河系轨道场	地球均匀沉降场	银河与地球圈层演化场	超级银河年引起的类行星圈层岩演化
超微旋回层序(系列)		亚旋回层序(系列)			旋回层序	超巨旋回层序(系列)			
8	7	6	5	4	3	2		1	
Vail 等(1977)的分级		Ⅳ			Ⅲ	Ⅱ		Ⅰ	

地球的层次性不仅为人们认识和揭示地球内部的奥秘提供线索,而且提供研究这些奥秘的思路和方法。地球的层次性是地球本身固有的规律,是地质学研究中必须遵循的基本规律,可称为地质层次律(张昌民,1992;赵永超等,1998),依照地质层次律进行地质研究,称为地质研究中的层次分析法。

1.1.2　地质系统层次性的哲学思考

层次是指事物的等级、规模、尺度。地质系统的层次性是地质体、地质现象、地质作用过程本身的特征之一,是普遍存在的一个重要的地质规律。地质系统的层次性要求在研究中引入系统论的思想,采取系统方法,对地质现象客体进行层次分析,综合比较。对地质层次律的概括和描述符合地质学的科学规律和地质实践的需求(张昌民,1992)。

自然界普遍存在层次性。系统论的出现及其向地球科学的渗透、系统方法被广泛应用所取得的成就(於崇文,2003)、科学与哲学对系统科学的论证与阐述都是地学哲学提出地质层次律的科学依据和条件。大系统、大数据、云计算等现代信息技术的发展,为阐述和演绎地质层次律提供了可行的技术和手段(承继成等,2014)。事实上,地质学家在自己的科学实践中早就应用了层次思想,并取得了重要成就。现在,把这些成就概括在地质层次律的概念之中,并作为地质层次律的客观例证,就是提出地质层次律的地学依据。

恩格斯(1971)指出:"我们所面对着的整个自然界形成一个体系,即各种物体相互联系的总体,而我们在这里所说的物体,是指所有的物质存在,从星球到原子。"这段话有两层意思:①整个自然界的"所有物质存在"形成一个系统;②这个系统分成从星球到原子的一系列的层次。

纵观地质学研究,宏观上可分为两个方面:一方面是研究物质的成分与结构,另一方面是研究地质的过程与成因。这两个方面研究的具体对象与目的不同,但又相互联系。从系统论角度看,可分属不同类型的系统,即地质作用系统和地球物质客体系统。前者指形成地球物质客体的地质过程,后者指由地质体构成的有机整体,但同时又是一个系统的两个方面。没有物质与结构,就不存在运动与过程;没有运动与过程,不可能形成复杂的结构和成分,地球物质客体系统的多层次性反映了地质作用系统的多层次性,地质作用系统的多层次性形成了地球物质课题的多层次性。例如,地球圈层结构的多层次性属于地球物质客体的范畴,但这些圈层和结构是地球作用系统长期演化的结果,是地壳形成后地质作用层次性的反映。成千上万米厚的沉积地层可以划分为层次众多的层序组、层序、准层序组、准层序、体系域、沉积体系、沉积相、微相、岩石相组合、岩石相等不同的单元和建筑结构要素,它们的岩石成分和含有物千差万别,但每一个细小的岩石相和相组合都反映不同的沉积作用过程,反映不同沉积营力类型、沉积动力强弱和沉积作用的方式。因此,所研究的对象是一个复杂的系统,它可以按时空尺度的大小、组织化程度的强弱等不同的标准,划分为不同的层次,不同层次的结构在能量和状态上差异很大。从沉积旋回的层次性、构造体系的层次性到含油气系统的层次划分,储层研究中的层次划分等众多地质学方法,进一步说明地质系统层次性的普遍性和重要意义。研究大地构造、含油气构造、沉积学和地质历史都离不开研究层次性问题(刘第墉,1984;王子贤,1989;孙小礼,1992;沈小峰,1993;张吉光和杨明杰,1994)。

1.1.3　地质层次的划分原则

自然界中存在的各种物质系统的组成要素都是相同的,但正是由于其系统结构不同,结构层次相异,才具有截然不同系统特性的形态存在(朱新轩,1992)。层次划分是事物及其概念由某一抽象上升为具体的方法,是由少而多、由简而繁、由粗而细地分解过程。这种划分是以其相互之间的必然联系为前提的。层次的存在总是体现在众多范畴的辩证关系之中,层次的划分应遵循由此而表现出的原则。

1. 可分与不可分

自然辩证法认为,物质是无限可分的,可分与不可分是相对的,是互为前提的。从不突破事物的层次性而言,事物具有相对的不可分性,不可分性表明质的相对同一性和层次与类型的相对稳定性,这是整体性原则。一套地层可以分为不同的界、系、统、组、层序组、层序、准层序、体系域等,直到以岩石相为代表的单个岩层段,但事实上单个岩层段内部又可以分为层系组、层系、纹层等,直到单个岩石颗粒,在显微镜下的岩石颗粒可以分为不同的光性结构区域,直到单个离子。但是这种可分性必须遵循一定的规律,具有一定的界线,过于详细的分解会淹没事物本来的整体性特征,使人们难以发现应有的规律,如果将地层无限可分到颗粒级别,人们将无法完成对整个地层的描述,也无法认识沉积作用的整体过程及其演化规律。因此,应根据研究的对象和研究的目的确定可分的界线和标准。

2. 有序与无序

在客体世界中,任何事物的任何状态,都处于不同的秩序的阶梯中,表现为有序与无序不同程度的统一。有序度在一定程度上是标志事物秩序层次性的量。有序与无序都是相对不同层次而言的。这个宇宙看似一个无序的世界,但它可以分成不同层次的不同天体结构,地球表面山川纵横,海洋深不可测;看似一个无序星球,但其所发生的构造运动、生物演化、沉积作用存在严格的规律。地震作用虽然目前还不能精确预测,但人们已经发现其发生发育的基本规律;风雨雷电看似无常,人们已经可以对其做出精准的预报;地层岩性、厚度、成分在垂向和横向上变化多端,但总能找到其分布规律。从层次律的观点来看,不同层次存在不同的规律,而且更高或者更低层次相对于本层次总表现出无序的特征,这种无序有时表现为人们对高层次地质规律的整体性掌握不够,有时表现为将低层次地质规律均一化。开发地质学家在研究油藏时,有时将一个油藏作为研究对象,有时把一个油层组作为研究对象,有时将一个油砂体作为研究对象,常把储层(油气藏)非均质性划分为不同层次(级别)的内容,低级别的非均质性(无序)相对高一级的非均质性是均质(有序)的,但往往不注意各个油藏之间的关系,对各个油藏之间的差异研究较少,研究储层孔隙结构特征时对储层的宏观非均质性认识不足。类似的范畴有非均一性与均一性,如表现在地质客体和地质运动的时空结构上。

3. 连续与间断

地质系统是由不同的层次和类型构成的整体,是连续性和间断性的统一。从地球整体来考察,地球上的各种过程是连续的,但从不同的地质过程、不同的地质单元来看,各种地质过程又是断续的。地球上的构造运动是幕式的,但每一幕构造运动都是在相当长的时期内断续完成的,都要经历无数次的地震活跃期,经历过无数次的地震作用,在一套不整合之间的地层被认为是无间断连续沉积的,但各层序各岩层之间是断续的,在同一个岩层内部,甚至同一个交错层系内部,都存在着沉积间断,交错层系纹层界面就是沉积间断面。地质对象和地质过程的层次性和类型差异造成间断性,整体性体现出连续性。例如,板块、盆地、拗陷等各种间断的层次和类型连续成一个统一的整体。连续中有间断,间断中有连续,连续体现了积累,间断体现了飞跃。整个地质史是连续性和间断性相统一的历史过程。总之,从宏观到微观,各种不同层次的事物都是连续和间断的统一,总是在间断中显示连续,在连续中显示间断。

4. 渐变与突变

事实证明,整个地球演化的历史就是渐变和突变(灾变)的辩证统一。在质变发生之后,又会出现新的渐变和突变周期。事物就是如此循环往复乃至无穷变化和转化的。渐变和突变交替反复与地质层次性有密切关系,通常被用于划分地质层次。渐变与突变是相对的,突变存在于渐变之中,渐变中包括若干次突变过程。一次河流的洪峰是一次突变事件,但在一条河流的生命周期中,只是一个年复一年连续进行的渐变过程;一个透镜状河道砂体的边界相对于其他砂体是突变的,但是在整个河流沉积剖面上却表现为渐变的特征。渐变与突变又是分层次的,一套连续的河流沉积层序是由若干个向上变细的正韵律构成的,每一个正韵律的形成都表现了一条河道从形成到衰亡的过程,在河道的形成—扩张—淤积—填充—衰亡的过程中,经历了无数次的洪水期—平水期—枯水期的交替过程,这其中包括了多层次的突变和渐变过程。

5. 相似与相异

相似与相异是地球物质客体的属性,但事物之间的相似与相异是相对于一定层次而言的。相似度和相异度是分别表征事物之间相似程度、相异程度的参量,同时也是划分地质客体层次的重要参照标准。相似是相对的,相异是绝对的。地球的沉积史上绝对没有任何两个相同的层序,但沉积学家善于把握地层的相似性特征,从中抽取其共同的特征形成相模式。如果看不到相似性就难以找到储层沉积学的共同规律,认识不到相异性就会陷入生搬硬套的教条式的框框之中,沉积学中的比较沉积学、实验沉积学就是根据相似性原理而创立的。露头调查、现代沉积考察、模拟实验等都是以地层的相似性原则为指导而进行的研究工作。这样的范畴还包括有限与无限、平衡与不平衡、简单与复杂等。由此可见,层次的划分主要应遵循整体性原则、最优化原则、模型化原则,使层次划分、层次描述、层次解释、层次建模、层次归一真正得到统一。

1.1.4　地质层次律的规律

地质层次律是指地质客体层次的存在状态和发展趋向的规律。地质客体的层次来源和划分、不同层次之间的辩证关系,以及层次结构的复杂性、多样性和不同层次之间的相互联系与发展等,都是属于地质层次律的重要内容。地质层次律主要包括五个规律,随着科学技术的发展和其他学科对地质学的渗透,人们可以从多方面概括描述出地质层次律的其他基本规律。

1. 地质系统层次律

对自然界普遍存在的系统层次性,恩格斯和列宁都做过论述,他们的论述有助于我们把握地质系统层次律。今天,地球科学及其他相关学科的巨大进步,特别是系统论、信息论、控制论和自组织理论等综合性的系统科学,已从不同的方向渗入地球科学,地球系统科学成为人们认识地球的演化历史预测未来演化趋势的一门学科(余谋昌,1992),新兴的地球信息科学、地质生物学等学科为研究深时、深空和深海等问题提供了理论指导和技术支持,给地球科学带来了新的活力,为我们认识层次性提供了科学的依据和充分的资料。

地质系统层次律是标志地质客体存在状态的规律,是地质层次律的基础,其描述了两层含义:①地质学的研究对象是一个复杂的系统,具有复杂系统的所有特性;②地质系统具有无穷尽的层次,即在大的地质系统中,存在着复杂多样、层层叠叠的子系统。这两层含义有助于我们了解地质层次的来源和分布,进一步认识不同层次系统内外存在的相互联系、相互作用、相互转化的矛盾运动和辩证关系,从而深刻掌握整个地质系统的内涵。

2. 地质层次自相似律

地质层次重演律和地质层次全息律(毕先梅,1990)合称地质层次自相似律,具有普遍意义。所谓自相似,简言之为"局部放大,整体相似",或者说事物具有无穷多的层次结构,各层次之间是相似的。地质层次全息律,反映了地质系统中不同层次的部分在结构上与整体的一致性,其实质是地质体在空间尺度变换上所表现的一种不变性(李强,1992)。另外,地质系统的发展演化规律还表现在时间尺度变换上的不变性,这就是"地质体的发生是系统发生简单而迅速地重演"。据此,提出地质层次重演律。分形理论的发展,在地质学中的应用并成为研究地质系统的基本理论和方法,使地质层次全息律和地质层次重演律有可靠的科学理论依据和表达方式。

这样,地质层次全息律和地质层次重演律就分别从空间和时间上反映了地质客体层次分布和演化上的自相似性,是自相似在空间和时间上的表现形式。正是地质作用系统具有重演性和全息性,才使地质体在多方面(成分、结构等)表现出自相似性。地质层次的相似律是地质运动周期性规律和不可逆性规律的辩证统一。低层次的地质系统与最高层次的同类地质系统有相似的演化规律。

　　由于地质作用和地质客体的复杂性,必然使地质系统的层次自相似性的表现多样化、复杂化,甚至导致"不符合"自相似律的情况出现。因此,研究地质层次自相似性的关键是层次的正确划分。除了考察地质运动的时空规律外,还要考虑地质运动的阶段性和间断性。

　　地质层次自相似律揭示了地质系统不同层次间的相似性,尤其是不同层次间时空结构的相似性。但不同层次间的相似程度是不同的,注意到这一点就可避免绝对化。

3. 地质层次递增律

　　在地质系统中,虽然层次众多,类型纷呈,但总有一种基本层次。基本层次是根据地质认识和地质实践需求而划定的,是地质系统中最明显、最易被掌握的系统层次。例如,岩石学中的岩石标本规模层次、沉积学的沉积亚相层次、层序地层学的层序组层次等都可按实际需求划定为基本层次;其他比基本层次更高或更低的层次为非基本层次。例如,对应上述沉积学的沉积微相等层次。实际上,地质学的各个分支学科都是围绕其基本层次展开的。

　　由于地球在不断演化,地球圈层不断增加,地质系统更加膨大、复杂,突出表现为地质系统的层次不断增加。这是在原有可分层次的基础上,围绕基本层次增加可分层次,即在向高和低两个方向上不断拓宽层次。随着地质系统层次的增加,相互联系更加复杂,运动形式递增,并产生更多的系统层次。层次递增不仅适用于整个宇宙世界的演化过程,而且是地质系统进化的又一个基本规律,可称之为地质层次递增律。地质层次递增主要采取三种形式:其一,新增加的系统层次同系统原有层次共同构成一个更复杂的网络;其二,成为系统原有层次的一个低层次,增加原有层次的复杂性;其三,成为系统原有层次的高级层次。

　　以上所言地质层次递增律是在地质系统进化时自然产生的,随科学技术的发展,增加了对地质系统的可分性的认识,产生的层次递增在某种程度上也是属于地质层次递增的范围。

4. 地质层次转化律

　　在运动的地质系统中,各种系统层次内部及各个系统层次之间,都会有不同程度、不同方式的物质、能量、信息的交换和流通。地质系统的变化可认为是系统内层次的转化引起的。地质层次的转化不仅表现为高层次向低层次退化,还表现在低层次向高层次的进化,另外,同一层次间还存在不同类型的转化。描述以上转化的规律可称为地质层次转化律。

　　各个地质系统的层次存在着退化和进化,因为地质系统是一个非平衡系统,可视为耗散结构,存在着耗变和侵变,存在着不同程度的涨落。各级地质系统都占据有一定时空的发展,具有一定时空发展过程。由热力学时间和层次空间可得出地质时空发展的三条规律:①自发耗能建稳,由外耗能势而稳定至优化系统的层次结构,可称耗变;②受侵失稳,系统内各层次间的不均衡发展破坏原有的层次关系及正常循环耗散结构,强行跨入重建新耗变以趋向新平衡的新阶段,此可称侵变;③熵序周期趋离,即逐级系统在趋向稳定的总过程中,共以耗变、侵变演替表现出统一的地史发展周期。这三条规律说明了地质层次转化律的普遍性。

这种漫长地质发展历史的具有综合意义的转化,明显体现在地壳运动(或地质运动)过程中,它们(进化与退化)之间的相互制约与彼此消长,构成了地质过程的实在内容。例如,板块运动(接近与分离、张裂与挤压)、沉积岩的形成过程(风化至沉积成岩)等。可见地质层次转化是地质运动中的普遍现象,地质层次转化律是地质运动的内在矛盾的展开,具有较重要的认识论、方法论意义,是地质研究中正演或反演方法的地质学理论依据,如水槽沉积模拟实验。

1.1.5　地质层次律的认识论方法论意义

地质层次律为地质科学研究提供了一种方法——系统层次方法。从系统的层次入手来认识系统整体的层次,分析法与系统综合法处于互补地位,将两种方法综合起来的地质系统层次方法是地质研究的有力武器,具有广泛的普适性。

地质层次律使地质研究具备更多的辩证思维,防止片面性和绝对性,地质系统有多层次性,在一定层次上得出的结论,必然带有这个层次的特色,并且有局限性。它不可能完全反映低一层次的每一次细节,也不可能反映高一层次的所有联系。因此,当我们获得某个结论时,不应当不考虑外推的限度。

地质层次律是地质学传统方法——将今论古方法的理论依据(张吉光,1994),并指出了狭义将今论古方法的缺陷。在赖尔时代,流行的是牛顿的因果性概念,古今可以类比的根据是相同原因引起相同的结果。现在,根据地质层次律,由时间分隔的同类同一层次的地质系统具有相似的演化规律,因此,可将地质时期的地质作用和现代的进行类比,将今论古。这里要注意地质类比时要在一定层次和条件中进行,最好辅以历史分析法。

地质层次律化地质研究。这种简化方法对不同层次间的研究可能更为有效。但用小规模(低层次)的地质客体的发展规律推断较大规模(较高层次)地质客体的规律,要注意层次间隔及层次范围,两者规模(层次)相差越大则越不准确,若无限外推,可能导致谬误。同理,用较大规模也有类似的缺陷。在这里,还要重视模拟思维的作用。

地质层次律解决地球科学的复杂性和理论分歧。关于复杂性,不同层次的系统,有不同的要素与结构,层次越高,要素与结构越复杂,原因也越复杂。不同层次的复杂性不同,把握住这一点,就可总结出不同层次的规律。关于理论分歧。这其中的原因很复杂,但有一点,确是发生在“层次”隔阂之上,彼此谈的不是同一层次的课题。

地质层次律促进地质学与其他学科的综合与渗透。系统论、信息论、控制论、协同学、分形理论和耗散结构论等横断学科对地学的渗透,有力促进了地球科学向系统化、综合化和整体化方向发展。地质层次律还促进了地质学与计算机现代信息科学和技术的综合和渗透。在研究不同层次地质体的结构和功能基础上,可以建立不同层次的模型,并用计算机进行模拟。

地质层次律为地质学传统方法提供了理论依据,为储层沉积学研究提供了新方法、新思路和新启示,并促进地质学与其他学科的综合与渗透。但我们认为其背后必有更基本、更深刻的根源,这需要进一步从哲学、基础学科方面进行全面深入的研究。现在系统理论

（包括耗散结构论、协同学、突变论等）、混沌理论、分形几何学、计算机技术等方面的成就显示了解决这一难题的希望和可能途径。这个基本问题一旦解决，地质层次律就会显示出更大的理论意义和实际意义。

1.2 储层层次分析法原理

1.2.1 层次表征与层次建模的理论依据

层次性是地质现象本身的特征之一，也是地质理论的普遍规律（赵鹏大，1991）。大地构造、含油气构造分析、沉积学研究都离不开层次性的划分。中外学者大都注意到储层非均质性是按一定的级别相互联系的。Pettijohn 等（1973）等提出了由大到小的非均质性系列谱图，Weber（1986）提出了在油田评价和开发阶段定量认识非均质性的分类体系，裘怿楠（1991）把储层非均质性划分为五个不同级别的内容，并对如何按级别进行描述作了深入的阐述。按照地质层次律的观点，宏观到微观作为一个连续的谱系，可以考虑划分出以下级别。

1. 全球规模的储层研究

指全球范围的海平面升降事件、大陆裂合和造山运动，这些事件导致板块开合和沉积盆地形成。全球构造运动可以分为古全球构造阶段、过渡阶段、中间阶段到新全球构造阶段，各阶段形成的含油气盆地具有明显的地质差异，造成古生代、中生代和新生代含油气盆地之间具有明显的差异性（朱夏，1986），其储层类型和分布规律亦明显不同。

2. 板块规模的储层研究

板内不同断块，由其所处的位置不同而具有不同的演变过程，形成不同的沉积盆地。我国东部板内盆地与西部盆地性质明显不同，东部以张性断陷盆地为主，西部以拗陷盆地为主，板内范围的储层研究就是要总结板块不同部位的盆地类型及其形成、发展和消亡的历史，总结盆地形成过程中沉积特征的差异性和规律性，寻找有潜力的新盆地。

3. 盆地规模的储层研究

盆地规模的储层研究旨在弄清区域的储层分布相带类型及空间分布的趋势，指出可能的储层相带类型和埋深范围。Miall（1985）曾把盆地演化方式归纳为 9 种类型，这 9 种类型相互组合构成了盆地的充填格架。

4. 拗陷规模的储层研究

在确定拗陷和隆起区的基础上，弄清陆内沉积体系展布及砂体沉积相和微相，按照储层沉积学工作流程和非均质性研究的 5 个方面进行描述。因此，储层表征与储层建模中要分层次对储集层的性质、类型、分布作出描述和表征，然后结合各种手段建立适于不同层次的模型。表征是手段，建模是目的，尽可能定量地表述储层的地质特征。

1.2.2　层次分析的目的

石油地质学的学科分工愈来愈细,生、储、盖、圈、运、保几乎都成了独立的学科分支,其中最引人注目的是储层地质学。从总体上看,储层研究是从宏观的盆地或区域生储盖组合,向微观范围的孔隙结构和孔隙形态研究方向发展;从定性的储集性好坏,向定量的绝对孔、渗参数描述方向发展;从狭义的储层地质特征三大率,向广义的油藏动态预测方向发展,从而使储层研究成为贯穿"石油生产复杂游戏三个层次(包括早期勘探开发、二次采油和三次采油)"中必不可少的工作,为了反映这一新动向,提出了储层表征(reservoir characterization)这个词,并逐渐取代了储层描述。

1985 年,在美国达拉斯召开的首届国际储层表征技术讨论会将储层表征定义为"定量确定储层性质,识别地质信息及其空间变化的方法"。研究的内容包括了地质特征、物性参数分布及空间可变性、模拟参数的确定及流体流动等。在 1989 年和 1991 年分别召开的第二届和第三届国际储层表征技术研讨会,内容涉及非均质性研究、矿场研究、资料获取、井间地区储层模型和油田最优化管理等几个部分,前三项内容都是围绕建立储层地质模型而展开的。储层地质模型是储层表征的最高阶段。

模型是把某一具体物理现象按一定比例尺直观表现出来,它具有定量化的意义,根据地质研究的详细程度可以把储层地质模型分为概念模型、静态模型和可预测模型(裘怿楠,1991)。三种模型各适用于油田开发的不同阶段,研究的重点是三维地质模型,其核心内容是建立地质知识库和计算机内插外推技术。1990 年召开的第 13 届国际沉积学大会,1991 年的美国石油地质学家协会年会和世界石油大会都把储层地质模型列为重要议题,同时在英国、法国、荷兰、西班牙、挪威、美国开展大量协作攻关和国际性的联合行动。另一方面,计算机盆地模拟技术、定量沉积地层学技术日趋成熟,分形几何学和地质统计学的发展,为宏观储层研究提供了理论基础和建模手段。

储层研究中的层次表征和层次建模(简称层次分析法)(张昌民,1992),反映了地质现象和地质理论的客观规律(赵永超等,1998),考虑油田勘探开发各阶段的需要,旨在定量地描述储层分布特征、形成机制,建立适合于不同工作层次的地质模型。储层层次表征和层次建模思想是根据油气储层的成因特点,以地层学、沉积岩石学、动力沉积学、过程沉积学、事件沉积学、比较沉积学、构造地质学等为主要依据,以露头调查、现代沉积、室内实验、地震地层、层序地质、测井解释、地层测试等为基本手段,以现代数学地质理论方法和计算机技术为工具,通过层次划分、层次描述、层次解释、层次建模和层次归一 5 个步骤实现储层研究的目的(张昌民,1992)。

1.2.3　储层层次分析的基本思路

储层研究中的层次表征与层次建模可以简单概括为层次划分、层次描述、层次解释、层次建模和层次归一。划分层次的目的在于分层次描述,对描述的结果进行成因上的解释,找出规律性的结论,建立适合不同层次的模型,借助地质和数学的方法及计算机技术,使不同层次的特征统一在一个体系中进行层次归一,达到预测的目的。

1. 层次划分

目前,储层地质工作的对象大多是在含油气盆地和凹陷隆起区进行的,因此,可以将地层学的基本单位界、系、统、组、段等作为基本层次,若盆地基底为第 1 层次,则界、系、统、组、段依次可划分为第 2、第 3、…、第 6 层次,这种由大到小的层次划分与米阿尔(Miall,1985,1988;米阿尔,1987)提出的由小到大的划分方法相反,但更适合于油田应用。再次级的层次还将包括亚段、油层组、亚组和小层(单层)依次排列为第 7、第 8 和第 9 层次的内容。第 9 层次的小层便是一个成因单元砂体,仍然可划分出不同的层次。Miall(1985)曾将河流砂体内部的界面(层次)划分出 6 级谱系。砂体内部的沙坝界面、冲刷面或再作用面,交错层层系组、层系和纹层界面,直到颗粒级别,这样可以划分出第 10、第 11、第 12、第 13、第 14 和第 15 层次。勘探阶段以第 6 层次以上宏观规模为主,开发阶段以第 7 层次以下微观规模为主。层次编号是一个开放的可变系统,依据研究对象可以自行确定。据地质特征地质现象的复杂性确定层次的划分,复杂地区层次性可多,简单的地区层次性可少,不同层次的内容以一定的界面相互区别。

在研究青海油砂山储层地质模型时(张昌民等,1996),研究的地层范围是 K1-1 和 K1-3 之间的层段,则以 K1-1 和 K1-3 标志层作为第 1 层次界面,研究的内容属第 1 层次的实体,而 K1-2 可以与 K1-1 和 K1-3 同时作为第 2 层次界面,将研究的对象分为两个第 2 层次实体,在各第 2 层次实体内部,尚有一些区域上较稳定的薄粉砂岩层和泥岩层,它们又成为第 3 层次界面,来划分第 3 层次实体,再下级层次是成因单元砂体和其他非砂体的界面,作为第 4 层次界面,划分出第 4 层次实体,砂体内部的层次划分运用 Miall 的结构要素分析法进行分析,依砂体类型不同划分不同的沉积界面和层次实体。

2. 层次描述

每个层次都具有两个要素即层次界面(boundary surface)和层次实体。界面可以是简单的接触面,也可以是一个标志层,因此层次描述要弄清这些界面的形态、起伏、连续性、分布范围和厚度变化,以及它们所代表的级别。层次界面可以是板块边界、构造层界面、断层面,也可以是整合面、不整合面或假整合面、沉积间断面、相变面、岩石顶底界面、层系组或层系界面、纹层界面,甚至可以是颗粒接触界面。微量元素异常沉积界面、碎屑岩地层中的泥灰岩、区域上稳定的泥岩、古风化壳、生物碎屑层等也都是具有一定意义的界面。层次实体描述中要根据研究需要,对层次实体的几何形态、空间分布、相互关系,以及其内部结构进行描述,力求确定三维特征。

比例尺在层次描述中十分重要,研究大范围长时段的地层,则采用小比例尺的地质图件,既可反映高级的层次界面,也可以对相应的层次实体一目了然,显示大尺度的旋回。从盆地断裂期的粗碎屑充填到拗陷期的湖相沉积,最后演化到衰亡期的陆相河流沉积旋回。但若要描述砂体内部的建筑结构要素等局部特征时,则需要大比例尺图件,描述层理或纹层级别的特征,通常需要 1∶100 甚至 1∶1 比例尺下,描述孔隙结构要放大数倍才能直观表现出来。

露头上的层次描述比较容易,而地下界面的识别则取决于资料解释的分辨率。地震地层学是认识和描述大规模层次界面的主要手段,但是地震分辨率仍然不高,多解性问题十分突出。测井解释是认识中等和部分小规模层次特征的依据;岩心分析是认识小规模直到微观层次的物质基础;试井解释的探边功能可以提供部分层次边界的信息,多种方法相互配合才能较好地进行层次描述。

3. 层次解释

层次解释的目的在于揭示层次实体、层次界面的分布规律及不同层次间的内在联系,进行成因分析。

事件地层学是一个重要的层次解释工具。运用事件沉积学观点进行层次解释时要把握以下几点:①事件的时间尺度和空间尺度并非总成正比关系,长时间的事件不一定涉及的空间范围更大,而短时间的沉积事件不一定涉及的范围就小,例如,稳定的湖泊水体可以在相当长的时期保持不变,而干涸作用则可以在很短的时期内完成,前者影响范围小,后者影响范围大;②长时间事件形成的地层厚度,不一定大于短期事件沉积的厚度。地层沉积记录中许多厚度大的地层,往往是灾变性的快速堆积,而沉积历史很长的却是厚度不大的泥岩或页岩。也就是说,罕见的并不是突变的,多见的也不一定代表正常的沉积过程;③突变渐变与量变质变的关系。渐变不等于量变,质变不等于突变,沉积环境质的变化可以在渐变中完成,也可以在突变中产生。一条河道的变化,可以在侧积作用的渐变中进行,也可以在一次洪水事件后突然完成。在低层次小范围中看来是突变的,不连续的质的变化,在高层次大范围内却是一个渐变的过程。如图 1.4 所示,如果用 $A_nBC_nD_n$ 的空白区表示渐变过程,用 $E_nA_nD_nF_n$ 的暗色区表示突变过程。长方形的厚度表示渐变比突变延续的时间长,纵轴代表时间轴,长方形的宽度表示层次的高低,它是一个能量、时间及沉积记录厚度的综合指标。所以用横轴代表层次,斜线 F_nD_{n+1} 表示渐变过程,竖线 D_nF_n

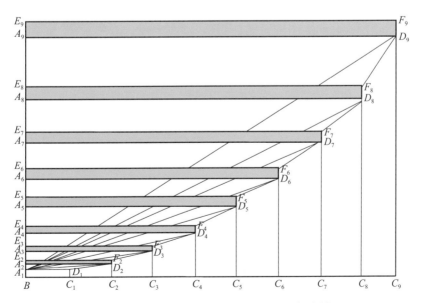

图 1.4　表示层次性及渐变突变关系的理想图示(据张昌民,1992)

表示突变过程,而斜线 A_1D_n 表示层次间的套合,将各不同层次的复杂的渐变突变结果表示为一个渐变的过程。层次解释中要充分运用泥沙运动力学、现代沉积、露头调查和模拟实验结果,旨在定量地解释沉积过程。

4. 层次建模

盆地以上级别的建模目前尚不成熟。盆地内及其更小规模的层次建模应包括以下内容。

(1) 沉积盆地的充填模型。如果一个盆地由时代不同的几套(几个层次)地层组成,则可以首先建立盆地整体演化过程中形成的充填模式,然后建立各地层单元的沉积模式,指出有利的储层分布部位,运用盆地数值模拟技术建立定量地质模型。

(2) 油层组规模的地质模型。包括沉积体系模式、微相模式,在此基础上建立砂泥岩和砂体分布三维格架模型,研究砂体形态、大小、连续性和连通性。此规模的建模工作已经在我国许多油田展开,但大多是概念模型,还未达到静态模型和可预测模型。

(3) 砂体规模的地质模型。在确定不同砂体几何形态基础上,研究砂体内部的建筑结构要素、层理、岩石学、孔隙几何学特征,包括层内非均质性、微观孔隙特征和基本岩石相类型和物性特征,是最小规模上的模型。

盆地规模的充填模型是宏观模型,主要用于勘探评价阶段。油层组规模的地质模型主要用于指导油田开发和管理,如果一个油层组含有几个层次或几个同级层次的层段,则要考虑建立不同层次或不同段的地质模型。进入二次和三次采油阶段,需要研究砂体内部的非均质性,建立砂体内部的地质模型。高含水油田储层建模攻关的重点是这一级别的地质模型,它包括:①砂体内部建筑结构模型,即建筑结构要素的形态、大小、相互配置关系和泥岩夹层的分布等;②建筑结构要素内部构成特征,包括组成各要素的内部构成特征的岩石相类型、规模、纵向和横向相互关系及其储集性能;③层理规模的地质模型,包括纹层间沿层系界面和层系内部的渗透率非均质性。因为交错层对油井动态具有直接影响(Lord and Collins,1989),所以近年来采用微渗透率仪直接测定交错层理直到纹层规模的渗透率特征,有学者在长 15m 的岩心上测量了 16000 个渗透率值,测点间距达 2mm 的网络,结论认为即使最均质的岩石也需大约 10cm 的取样间隔;④显微规模的模型,交错纹层中有些纹层的矿物具有明显的定向排列或定向性不太明显,这就造成顺纹层方向的渗透率有较大差异,表现出不同的面孔率和孔隙喉道形态,使用扫描电镜(SEM)和定向薄片可以揭示这类特征。由上可见,层次划分和采样密度对所建模型的正确性具有极大的影响。

所建模型可以是物理模型,也可以是数学模型,或者二者兼具。通过直观的物理模型显示数学上的定量关系,建模的数学方法是攻关的重点。

5. 层次归一

层次归一包括两方面的内容:一是地质模型的套合归一,二是运用数学地质方法进行层次归一。

各层次的地质模型只是零散的、孤立的,还需要找出它们的关系,套合成一个有机的统一整体。大尺度的模型反映不了小范围的详细情况,小尺度模型又仅仅是全豹中的一斑。套合过程要根据各层次模型在空间上的相互关系进行组合,综合考虑哪些是储集有效部分,哪些是非储集部分,哪些是高渗带,哪些是低渗带,哪些砂体连通,哪些不连通,哪些隔层或生夹层分布广,哪些分布有限,由此做出一个整体模型,通过计算机系统进行显示和统一管理,供勘探和开发中选择开发方案、加密井网、调整井别和实施三次采油中使用。美国得克萨斯大学的 Gogging 等(1988)的在亚利桑那州的佩基(Page)砂岩中,首先确定了一个风成砂岩的层理类型分布的地质模型,然后再研究各种层理类型的渗透率变化方式,做出了一个风成砂岩的储层地质模型。笔者等在青海油砂山地区,通过层次表征和层次建模方法,建立不同级别的地质模型,然后再相互套合形成一个高精度地质模型。

要建立有预测功能的各级地质模型,必须借助于数学地质这个工具,传统的多元统计手段很难考虑地质体本身的结构性。地质统计学方法受到人们的重视,它是以变差函数作为基本工具,在研究区域化变量的空间分布结构特征规律的基础上,选择各种合适的克里金(Kriging)法,以达到更精确的估计,或对区域化变量进行条件模拟的一门数学地质的独立分支学科(王仁铎和胡光道,1988)(参见本书第 10 章)。地质统计学可以考虑空间上地质体的变化范围和不同方向的变异程度,可以通过变差函数的套合,将不同尺度的变化统一起来建立模型,具有较好的预测功能。

另一种有潜力的手段是分形几何学方法(刘洪,1991),分形理论在研究油气田的分布、泥质岩层的厚度和数目关系(参见本书第 9 章)、沉积环境和沉积相、孔隙的三维形态、成岩次生孔隙、裂缝的分布、注水过程的指进现象等方面已经显示了其作用。计算机数据管理和图形显示技术是层次归一的重要一环,各层次模型组成一个模型库,用图形显示技术根据工作需要直观显示某一层次的模型,直接为勘探开发提供依据,这将是层次归一技术的一个重要任务。

1.3　储层层次划分与对比方法

1.3.1　储层层次划分与对比的沉积学基础

1. 旋回对比分级控制

国内油田地质工作者广泛采用的"旋回对比,分级控制"的小层对比技术,在油田开发中发挥了重要的作用(裘怿楠和薛叔浩等,1994;吴元燕和陈碧珏,1996)。然而,在油田开发中后期,油田地质静态与动态资料大量增加,依据这一方法所建立的储层格架与油田开发动态间的矛盾日益加深,这一方法的精度难以满足油田开发中后期调整及剩余油挖潜的需要。导致这一结果的主要原因在于传统的方法忽略了储层的沉积过程,只是依据旋回及测井曲线的相似程度进行地层的"纵向"对比,而没有从最根本的沉积过程响应来解释沉积储层的空间"横向"展布,导致地层对比结果往往存在穿时现象。

2. 层序地层学

纵观目前层序地层学的研究思想,大体上可归结为海相方面、陆相方面和高分辨率层序地层学三个方面。海相方面以国外学者为主,根据其层序划分方法将众多研究者分为三大学派：①以埃克森公司为代表的 Vail 学派（顾家裕和范土芝，2001），以地表不整合或与此不整合可以对比的整合面为层序边界；②以 Galloway(1989)为代表的采用最大洪泛面作为层序边界；③Johnson 等(1985)强调的以地表不整合面或海进冲刷不整合面为界的海进-海退旋回沉积层序学派及湖相湖进-湖退旋回（郭建华，1998）。

　　陆相层序地层学研究以国内学者为主（顾家裕，1997），可分为"类海相"学派、"单一"派、"构造"派（李思田等，1992a，1992b；解习农等，1996a，1996b）。上述各学派其层序地层学的研究手段和方法有较大差异，但都强调了地层的等时对比原则。实践证明，层序地层学方法对于解决石油勘探中的地质问题，确实有其独特的优越性（Posamentier et al.，1992，1993），但由于这种经典的层序地层学在地层划分和对比上主要以不整合面、体系域和海泛面为层次界面，与其他地层学最大的不同在于不单独对地层进行逐层研究，而重点对沉积体系域做三维调查。因此，其在层序的划分上缺乏时间或物理上的尺度（Friedman and Sanders，2000），致使各级层序本身太大而很难满足开发地质中层序细分的需要，石油开发地质学家需要更精确的技术，以提高层序地层分析的分辨率和储层预测的准确性。

　　3. 高分辨率层序地层学

　　高分辨率层序地层学以科罗拉多矿业学院 Cross 学派为主（Cross，1996，邓宏文，1995）。它以沉积过程响应动力学为理论基础，通过对沉积过程中基准面的变化和沉积物供给变化的分析，利用 A/S 值（可容纳空间与沉积物供给之比）和基准面旋回进行地层划分和对比，预测砂体的空间展布及其非均质性特性。高分辨率层序地层学虽然在地层层序划分和对比上提高了分辨精度，但由于它是在相控基础上进行的地层划分和对比，最小层次的短期旋回并不代表垂向上单一的沉积环境（或成因砂体）变化，而是由若干呈渐变的微相（或成因砂体）组成，因此，其分辨率在某种程度上仍不能满足油田高含水后期开发地质的高精度要求。

　　4. 建筑结构要素

　　储层建筑结构分析法由 Miall(1985)提出，该方法将储层砂体划分为一系列具有特定成因、几何形态及内部非均质性的构成要素，结合结构要素的相互匹配及接触关系，进行油气储层的精细划分，研究油气储层内部的非均质特性。张昌民（1992）将砂体建筑结构分析与层次分析系统有机结合，在储层精细划分及非均质性研究等方面进行了有益探索。该方法虽然满足了开发阶段油气储层的精细研究，但进行严格的地层等时对比尚存在一定的缺陷。

　　综合考虑以上几种油气储层对比方法，要么在地层划分和对比的精度上存在不足，要么在地层的等时对比上存在缺憾，因此需要深入研究沉积体系的精细构成，确定一种有效的储层精细划分和对比技术来解决油田所面临的实际生产问题。

1.3.2　地层划分与对比的思路

　　地层系统包括两个要素，一是组成地层序列的各种地层单位，二是这些地层单位之间的级别关系（中国石油天然气总公司勘探局，1998）。不论是国内传统的"旋回对比，分级控制"地层对比技术,还是 20 世纪 80 年代以后出现的"层序地层学"地层对比技术、"高分辨率层序地层学"地层对比技术及"建筑结构要素"储层精细对比技术,都体现了地层层次划分和对比的基本原理和技术思路。

由于大到全球、小到沉积盆地的构造运动、沉积作用和气候变迁具有一定的周期性,导致盆地沉积物在时间和空间上具有旋回性,垂向上具有分段性和周期性,平面上具有分带性,这种成因上的旋回性同时具有能量、周期和尺度上的层次性,因而引起地层本身的成因和分布也具有层次性。这就是地层层次划分和对比的基本原理。依据这一基本原理,把地层规模从大到小作为一个完整、连续且依次包含的系统,王振奇等(2002)将这一思路概括为三个层次。

1. 全球层次

指由于全球性的海平面升降事件、全球性的构造抬升和沉降,导致全球性的板块活动,在全球范围内形成各种类型的盆地,沉积物充填而形成可全球性对比的地层。全球构造运动具有明显的层次性、阶段性、周期性和差异性,因而所形成的沉积地层亦具有明显的层次性,不同层次之间地层的类型和分布有着显著差异。全球层次的地层划分和对比可采用生物地层学方法、年代地层学方法、事件地层学方法和磁性地层学方法等。

2. 盆地层次

不同类型的盆地或同一盆地在不同的演化阶段,其演化方式有着较大的差异,这种差异决定了盆地的充填格架。盆地层次的地层划分和对比旨在弄清地层在区域空间上的展布类型和特征。盆地在其形成和演化过程中严格受大地构造条件控制,导致盆地内充填的地层具明显的周期性和层次性,这也为盆地规模的地层划分和对比提供了理论依据和技术支持。盆地层次的地层划分和对比可采用层序地层学方法和高分辨率层序地层学方法等。

3. 油藏层次

在认识油藏类型和规模的基础上,油藏层次的储层划分和对比,就是为了弄清油藏范围内沉积微相和储集砂体的空间展布特征,研究储层不同级别的非均质性,研究剩余油的分布规律。可采用高分辨率层序地层学方法、"旋回对比,分级控制"方法及"建筑结构要素"方法等。

综上所述,油气储层层次划分和对比的目的就是在地层等时对比原则的基础上,根据地层分布的层次性和差异性,综合各种地层划分和对比方法,在纵向上对地层尽可能细分,在横向上尽可能弄清沉积微相和砂体的展布规律,以满足油田高含水后期开发地质的高精度要求。油气储层层次划分和对比的基本思路如图 1.5 所示。

1.3.3 地层划分与对比的方法

根据张昌民(1992)提出的储层研究中的层次分析法,油气储层划分和对比可以通过层次划分、层次描述、层次解释和层次对比来完成。其目的在于对盆地内充填的地层按成

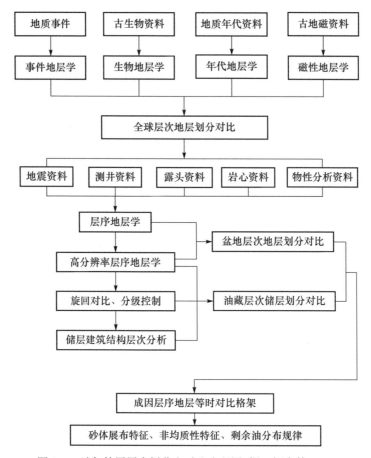

图 1.5　油气储层层次划分和对比流程图(据王振奇等,2002)

因、规模和尺度进行等时层次划分和对比,研究不同层次的地层界面和地层实体特点,确定不同层次地层的划分和对比标准,建立区域乃至油藏规模的地层等时对比格架,从成因上解释不同层次地层的时空分布特征,最终落实到油藏规模的砂体展布特征,为老油田的调整挖潜、寻找剩余油提供可靠的地质基础。

1. 层次的划分

层序是由不整合及可与之对比的整合为界的一套岩石组合,其形成受全球海平面变化、构造沉降及沉积速率制约。层序的顶底界面或界线由不整合组成,它既是一个物理界面,又是一个年代格架的边界,因此,层序地层序列兼具年代地层和成因地层意义,与年代地层学、生物地层学等具有一定的内在联系,可作为地层层次划分的基本单位。

全球或相对海平面的变化与生物演化密切相关,初始海侵,海平面升高,可容纳空间急剧加大,为生物创造了更大、更有利的生态环境和空间,同时伴随着新生生物和延续生物种类及数量的急剧增多;最大海泛期,可容纳空间达到最大,是生物的最繁盛期,反映在此阶段所形成的凝缩段沉积中有机质类型和丰度最好。反之,若全球或区域性海平面下降幅度较大,则往往造成生物种群和数量的减少甚至灭绝(柳永清等,1997)。沉积层序是否具有全球可比性,以及海平面变化是否具有周期性和全球同时性是层序地层学研究中的重要问题。目前,有关这一方面的认识已基本归于统一,关于层序地层学与年代地层学等之间的对应关系,前人也已做了大量研究工作(梅仕龙,1995;殷鸿福和童金南,1995;王鸿祯和史晓颖,1998),认为层序界面既是层序地层单位或局部地层系统的界线(具穿时性),又具有作为层序年代地层单位或全球性年代地层单位界线的性质(等时性)(哈兰德等,1987)。大的、长周期的海平面变化旋回可能具有全球性(王鸿祯和史晓颖,1998),且大多数层序界面都比相关的年代地层界线低一个体系域左右的距离(殷鸿福和童金南,1995)。目前所存在的分歧主要在于对沉积层序级别单位的划分有较大不同,其次是对不同级别沉积层序及其海平面旋回时间长度的认识有明显的差异。

根据研究,一个层序的时限约为2~5Ma,厚度变化范围为40~150m,最佳平均值约为120m(王鸿祯和史晓颖,1998)。纵观寒武纪到第四纪地质年代表,除上新世持续年代为3.1Ma、第四纪持续年代为2.0Ma外,其余各“世”的持续时限皆远大于5Ma,因此,在一个“统”的年代地层单位内,至少可以划分出一个“层序”。目前,石油地质工作者所面临的研究对象主要是含油气盆地、油气田和油气藏,由此可以将年代地层学的界、系、统等年代地层单位作为盆地规模或全球规模的层次划分单位。首先可根据盆地的类型、形成和演化特征,将盆地的基底或盖层作为第1层次,则界、系、统依次为第2、第3和第4层次(这一由大到小的层次划分方法与Miall(1985)原始意见相反)。这些层次可依据生物地层学方法和年代地层学方法等进行划分。在此地层划分基础上,再在“统”的年代地层单位内划分第5层次即层序。

油田地质中常用的组、段、亚段、油层组、砂层组和小层等地层单位,与层序地层学、高分辨率层序地层学地层层次的划分存在不同程度的兼容、重复或者冲突,在地层层次的划分中应尽量做到统一划分、统一命名。

由于可容纳空间有规律地随地理位置和时间的变化而产生一种可以识别的地层堆积方式,按几何形态分为三种形式:向海加积(SS)、向陆加积(LS)和垂向加积(VS)(图1.6)。这些叠加样式及其在长期基准面旋回中所代表的部分,可按下列方式与Vail的以不整合面为边界的沉积层序相对比。向海进积单元(大致相当于高水位体系域)沉积于长期基准面下降时期;继一系列向海进积之后的垂向叠加单元(大致相当于低水位体系域)沉积于长期基准面上升之始;向陆进积单元(大致相当于海进体系域)沉积于长期基准面上升时期;继一系列向陆进积之后,另一垂向叠加单元系列(大致相当于早期高水位体系域)沉积于长期基准面上升期末和长期基准面下降之初。一个完整的长期基准面旋回相当于一个层序(图1.6),但考虑Ⅱ型层序界面的存在和长期基准面旋回划分的不确定性及陆相层序地层准层序和准层序组界面识别具有一定的困难,第5层次还是应以层序顶底作为层次界面,而高分辨率层序地层学划分的中期旋回为第6层次,短期旋回为第7层次。

一个短期基准面旋回,其垂向上的沉积环境(或成因砂体)并不是单一的,而是由若干微相(或成因砂体)渐变而形成的组。因此,在短期基准面旋回划分基础上,根据储层建筑结构层次分析原理,可进一步划分更高级层次。单一成因砂体复合体为第8层次,层次界面为成因砂体复合体的边界或砂体间隔层,层次实体是成因砂体复合体;单一成因砂体为第9层次,层次界面为单一成因砂体沉积间歇期形成的泥质披覆或在成因砂体间形成

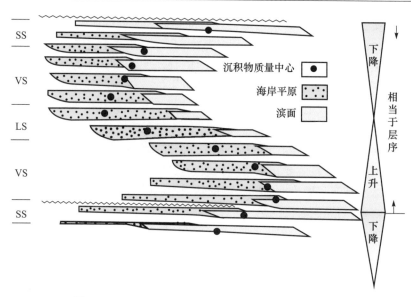

图 1.6　地层叠加样式和旋回划分（据王振奇等，2002）

的泥质隔层，层次实体是单一成因砂体。

2. 层次的描述

储层层次分析法认为，不论是低级别层次还是高级别层次，每个层次都有三个要素，即层次界面、层次实体和层次级别。作为地层的层次划分而言，层次界面一般是一个简单的地层接触面，但对于低级别地层层次来说，这个接触面往往是一个地层不整合或假整合面，在此面上下，地层在岩性、接触关系及古生物演化特征上存在着重大的不连续性。对于高级别地层层次来说，这个接触面往往是一个岩性界面，界面上下，地层在岩性、岩相上存在着不连续或不完整性。

层次界面可以是构造单元界面、年代地层界面，整合面、不整合面或假整合面，沉积间断面、相变面和岩性界面。层次界面描述的主要内容就是要弄清这些界面的时限、类型、形态、起伏、连续性、分布范围及它们所代表的层次。实体描述的主要内容是对不同层次实体的古生物特征、岩石特征、构造特征、几何形态、空间分布、相序变化及平面展布、内部结构及相互关系等进行描述，力求确定层次实体在三维空间的特征。

层次描述的精度在很大程度上取决地质资料的精度，这包括露头资料、岩心资料、地震资料、测井资料、试井资料及地质图件比例尺的大小。露头资料的精度最高也最直观，在露头上无论是对低层次还是对高层次进行描述都比较容易；岩心资料精度次之，但由于取心规模和井眼的限制，它对高级别层次的描述比较有效；测井资料建立在岩电关系的基础上，对中等级别层次和部分高级别层次的描述是比较可靠的；地震资料的分辨率较低，它是认识和描述低级别层次界面和层次实体的主要手段，但往往多解性问题比较突出；试井资料不能单独用于层次界面和实体的描述，但它能对上述资料进行一定程度的补充；比例尺的大小对层次描述的精度也有很大影响，一般对低级别层次界面和实体的描述，采用小比例尺的地质图件，它可显示大尺度的生物演化、构造发育、海平面变化和沉积规模，有利于充分认识低级别层次界面和实体,对于高级别层次界面和实体的描述,小比例尺地质图件精度远远达不到要求,有的甚至在图中无法辨别,此时就要充分利用大比例尺地质图件的优势,对高级别层次界面和实体进行详细描述。

3. 层次的解释

层次解释的目的在于对不同级别层次界面和层次实体进行成因分析,揭示它们的分布规律和内在联系,建立储层三维非均质模式,进一步指导油气勘探和开发。

对于低级别层次的解释,事件地层学往往可以从另外一个角度阐述层次界面和实体的成因和演化,对其特征进行合理解释。此外,还可依据年代地层学、生物地层学、板块构造学、沉积学和层序地层学原理,对低级别层次界面和实体特征进行合理的成因解释。对于高级别层次的解释,不应仅局限于小范围的研究,而应从区域入手,以此为指导,充分应用沉积学、层序地层学、高分辨率层序地层学和储层建筑结构要素等方法和原理进行合理成因解释。

4. 层次的对比

层次对比总体上应遵循"先低级后高级,先区域后局部"的原则,特别需要注意的是等时对比原则,即可以是岩石与岩石对比,也可以是岩石与界面对比,界面与界面对比,这就要求在对比过程中灵活掌握和运用沉积学和层序地层学知识,并对对比结果做出合理成因解释。层次对比可遵循以下方法和步骤。

(1) 低级别层次的区域地层等时对比。根据盆地构造演化、地层古生物、地质年代、露头、地震、测井、岩心、岩屑等资料,综合确定低级别(第1至第4层次)层次界面,建立对应的测井响应;进而利用合成地震记录和VSP资料对地震层序进行层次标定,建立低级别层次的区域地层等时对比格架。

(2) 年代地层层次内层序边界识别与对比。根据露头、岩心、岩屑资料、测井曲线响应及地震剖面上的地震反射终止关系,综合确定层序界面(第5层次),建立区域层序地层等时对比格架。

(3) 层序内高分辨率层序划分和对比。首先根据岩心观察和描述,确定地层的叠加样式并划分中、短期旋回;其次建立各级层次界面和层次实体的测井响应并识别和划分单井旋回;最后是建立连井剖面,根据单井旋回划分的结果,在各连井剖面中识别中、短期旋回及其边界(第6、第7层次),并找出与旋回内相的变化无关的旋回,向海进积单元与向海进积单元对比,向陆进积单元与向陆进积单元对比。基准面由下降到上升或由上升到下降的转换位置可作为时间地层对比的优选位置。

(4) 短期基准面旋回内砂体内部建筑结构解剖。首先在岩电关系研究基础上,将电测剖面转换(解释)成岩性剖面;其次是在短期基准面旋回内,根据垂向相序变化和测井曲线形态特征划分出单一成因砂体复合体和单一成因砂体等更高级别沉积旋回或韵律(第8、第9层次)的界面位置;最后根据旋回数目的多少,各旋回的完整性,按照垂向加积的原则进行井间建筑结构要素的内插和对比。

1.4　坪北油田长 4+5 段—长 6 段油层组基准面旋回层次分析

1.4.1　基准面旋回的层次划分

基准面变化具有层次性,通过其在时间和空间上的顺序性、连续性及阶段性的表现出来,前人在研究中已经注意到基准面变化的层次性的存在,但因为目前对基准面旋回变化层次性划分缺乏统一标准,因此,不同研究者从不同研究目的出发而得出不同的层次划分方法(Cross,1994;邓宏文,1995;郑荣才等,2000,2001)。实际上,基准面变化受盆地所处的大地构造位置、盆地类型、盆地演化过程及演化阶段等诸多因素的控制。本节从基准面旋回的层次界面和层次实体出发,以坪北油田长 4+5 段—长 6 段油层组为例,讨论基准面变化的层次性及不同层次基准面旋回层序的特点。对不同层次基准面旋回进行划分与对比,建立不同层次基准面旋回地层等时对比格架,分析地层格架内储集砂体的发育分布特点。根据本区情况,将最小层次基准面旋回层序编为第 1 层次旋回层序,接下来依次是第 2 层次旋回、第 3 层次旋回,依此可建立完善的基准面旋回层次系统,并分层次进行旋回地层对比(张尚锋等,2002,2003)。

1. 界面的层次性

基准面旋回变化的层次性是由海(湖)平面变化、构造运动、沉积负荷及沉积物供给变化等的层次性所决定的,由于不同层次基准面变化总是朝着向其幅度的最大值或最小值单向运动,于是产生了不同层次的地层基准面旋回层序界面(包括冲刷侵蚀不整合面及洪泛面等)的层次性分布。根据层序界面层次性的特点,总结不同层次界面特征、成因、发育规律及主要识别标志,以及不同层次旋回层序界面的关系(表 1.3)。

表 1.3　基准面旋回层序界面关系表(据张尚锋等,2003)

界面层次	不同层次界面成因	不同层次界面特点	不同层次界面识别标志		
			露头及岩心	测井剖面	地震剖面
第 1 层次界面	与盆地内小型断块高频幕式运动、局部物质供应变化引起的 A/S 值有关	分布范围小,多为整合面,延续时间短	小型冲刷侵蚀面,岩相组合分界面	测井相分界面	无法识别
第 2 层次界面	与盆地内次级区块基底升降运动及岁差周期中气候波动引起的基准面升降变化和 A/S 值变化有关	小区域内分布区内基本等时,主体整合面	间歇暴露面,小的沉积间断或非沉积作用面,岩性岩相分界面	测井相转换面	一般难于识别
第 3 层次界面	与偏心率周期中气候波动引起的基准面升降和物质的供应变化有关	盆地构造二级单元内沉积间断及相关整合面,具较好的等时性	间歇性暴露面,侵蚀冲刷面,岩性、岩相突变面或均变面	测井相转换面、突变面	高分辨率地震剖面上的削截现象,地震相转换面

界面层次	不同层次界面成因	不同层次界面特点	不同层次界面识别标志		
			露头及岩心	测井剖面	地震剖面
第4层次界面	与同一构造演化阶段中次级构造活动强度的幕式变化有关	遍及盆地内二级构造单元上的不整合面及相关整合面,穿时性小	短暂古暴露标志,较小的冲刷间断和侵蚀面,岩相突变面	测井参数突变面,测井相组合特征的转换面	限于盆地二级构造单元边缘削蚀-超覆及其内部的整一界面,地震相的转换面
第5层次界面	与盆地演化不同阶段内的幕式构造活动相关	穿越盆地内二段构造单元的不整合面及相关整合面,穿时性较小	古暴露标志,大的冲刷间断和侵蚀面,岩性突变面	反映界面特征的组合,测井参数突变面	盆地内二极构造单元边缘的削蚀-超覆及其内部的整一界面
第6层次界面	与区域构造应力场的转变相对应	全盆地分布,与各构造演化阶段相对应的不整合面,具较大的穿时性	风化壳、底砾岩的存在,盆地范围的不整合面	反映界面特征的组合,测井参数突变面	盆地范围的削蚀-超覆不整合面
第7层次界面	与区域构造运动有关	横穿盆地边界的区域构造不整合面,穿时性强	风化壳、底砾岩的存在,大型不整合面	各项能够反映界面特征的测井参数突变面	大型削蚀-超覆不整合面

2. 实体的层次性

基准面升降变化过程及可容纳空间变化的层次性,可引起地貌单元迁移、沉积物体积分配及相分异等的层次性变化,它们以层次实体表现出来。一般来说,最低层次的基准面旋回层序的层次实体通过不同沉积成因单元的叠置变化反映出来,而高层次旋回层序层次实体则通过较其低层次的旋回层序实体的叠置变化反映出来,分别由同一层次的层序界面所限定。如第 1 层次层序界面限定的是第 1 层次层序实体,而第 2 层次层序界面所限定的是第 2 层次层序实体。表 1.4 表示不同旋回层序实体规模及其与层次界面间的关系。根据基准面旋回的层次性原理和划分体系,在油气勘探的不同阶段,应以不同层次的实体为研究对象。研究盆地的形成演化历史,工作重点应放在第 5 层次旋回实体以上;油气勘探阶段应以研究第 3 层次以上旋回层次实体为重点;而在油气田开发初期,研究重点是对第 2～4 层次旋回实体进行解剖。油气田开发中后期以寻找剩余油气分布为目的,则应重点解剖第 1～2 层次旋回实体。

表 1.4　基准面旋回层序层次划分(据张尚锋等,2003)

旋回层序实体	旋回层序界面	层次实体规模	分布时限/Ma	备注
第1层次	第1层次	最小成因地层单元内单一岩性的叠加体,分布范围限于盆地内最小断块,厚度为厘米至米	未测	
第2层次	第2层次	成因地层单元内不同岩性的叠加,分布范围大于盆地内最小断层,厚度为米至数十米	0.02～0.04	相当于超短期旋回
第3层次	第3层次	由第 2 层次实体叠加而成,分布范围小于盆地二级构造单元,厚度为数米至数十米	0.04～0.16	相当于短期旋回
第4层次	第4层次	由第 3 层次实体叠加而成,分布范围接近盆地二级构造单元,厚度为数十米至近百米	0.2～1	相当于中期旋回
第5层次	第5层次	由第 4 层次实体有规律叠加而成,分布范围大于盆地二级构造单元,厚度为近百米至数百米	1.6～5.25	相当于长期旋回

续表

旋回层序实体	旋回层序界面	层次实体规模	分布时限/Ma	备注
第 6 层次	第 6 层次	由第 5 层次实体叠加接合而成,分布范围接近于盆地内一级构造单元,厚度为数百米至千米	10～50	相当于超长期旋回
第 7 层次	第 7 层次	由第 6 层次实体叠加而成,分布范围遍及全盆地,厚度为千余米以上	与盆地形成演化时间段有关	相当于巨旋回

注:Ma 为百万年。

1.4.2　长 4+5 段—长 6 段油层组的层次划分与对比

地层的堆积样式是地层基准面旋回划分的主要依据。基准面迁移变化过程中及基准面变化的不同阶段,伴随着 A/S 的变化,沉积体系内沉积相的相域、相类型、相序等发生有规律的变化,表现为进积—退积—垂向加积—进积的地层堆积样式。地层堆积样式主要依据地层的岩性特征、沉积特征、沉积体系及沉积相带的时空发育规律、沉积体系及沉积相带的迁移等方面的特征进行分析。

研究区位于安塞三角洲沉积体系的三角洲前缘相域,长 4+5 段—长 6 段油层组沉积时期,由沉积微相的垂向截切叠置关系反映出的地层堆积关系有以下 7 种(图 1.7):①河口沙坝顶部受水下分流河道侵蚀冲刷截切,剖面上表现为河口沙坝与水下分流河道相叠加,反映出基准面下降到最低点后转为上升的强进积作用;②叠置水下分流河道发育,剖面上表现为水下分流河道微相或水下分流河道-水下天然堤微相的相互叠置,水下分流河道砂体间一般为冲刷侵蚀界面所分割,该堆积样式发育于第 4 层次基准面上升初期—早期,反映出较强的进积作用,这一堆积样式受低的 A/S 下基准面的升降幅度所控制;③水下分流河道水下天然堤-分流间洼地-水下决口扇叠加的地层堆积样式,发育以弱进积—垂向加积—弱进积作用为主,表现出中-高可容纳空间条件下基准面的侧向迁移,水下分流河道横向摆动频繁;④河口沙坝-前三角洲(或湖湾)叠加的地层堆积样式,表现为剖面上河口坝之上叠加薄层湖相暗色泥岩,属基准面上升中晚期的退积作用下的一种欠补偿沉积;⑤前三角洲(或湖湾)-河口坝叠加的堆积样式,情况与④正好相反,反映强进积沉积作用,剖面上河口坝叠置于前三角洲(或湖湾)沉积之上;⑥水下分流河道-湖湾微相叠加

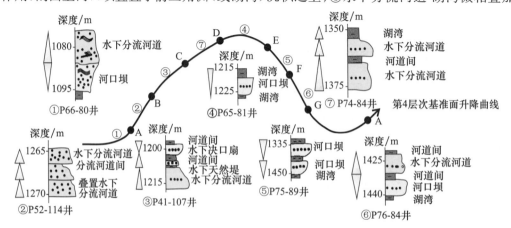

图 1.7　第 4 层次基准面变化过程中的地层堆积样式(据张尚锋等,2003)

的堆积样式,剖面上水下分流河道叠置在湖湾泥岩之上,反映中-低可容纳空间条件下的进积作用堆积样式;⑦湖湾-水下分流河道微相叠加的堆积样式,剖面上湖湾泥岩叠加于水下天然堤或水下分流河道沉积之上,反映以强烈退积作用为主。

总之,研究区长 4+5 段-长 6 段油层组中 7 种地层堆积样式受不同层次基准面升降规律所控制,通过对其地层堆积样式及发育规律的分析,结合地层层序界面的类型和性质,可以对其进行不同层次的地层基准面旋回识别与划分。

依据层序界面类型、规模及地层的堆积样式,在长 4+5 段-长 6 段油层组中划分出 16 个第 3 层次、4 个第 4 层次及 2 个第 5 层次 3 个层次的基准面旋回层序(图 1.8)。在各

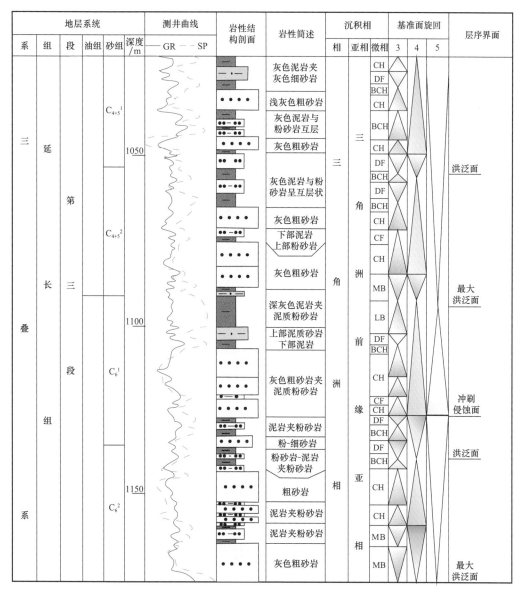

图 1.8　基准面旋回综合柱状图(P66-80 井)(据张尚锋等,2003)

CH. 河道;DF. 决口扇;BCH. 分流河道;MB. 河口坝;CF. 天然堤;LB. 湖湾

层次旋回内进一步可识别出三种基本类型,即向上"变深"的非对称旋回(A)、向上变浅的非对称旋回(B)和向上"变深"复"变浅"的对称旋回(C)。以第4层次基准面旋回层序为单位,对第3层次基准面旋回层序进行油田范围内的等时对比和建立相应的地层格架(图1.9)。研究表明,无论平行还是垂直于安塞三角洲长轴方向,不同地段第4层次基准面旋回厚度存在明显差异,地层层序界面呈波状起伏,而且第4层次基准面旋回总体上以第3层次基准面上升半旋回沉积为主,上升半旋回的厚度明显大于下降半旋回厚度。此外,第4层次基准面旋回层序地层对比格架内第3层次基准面旋回沉积微相平面图显示(图1.10)。在研究区北部,组成第4层次基准面旋回的第3层次基准面旋回上升期主要发育水下分流河道沉积,下降期发育水下决口扇沉积;而在研究区南部,第3层次基准面下降期仅在小范围内发育河口坝沉积,第3层次基准面上升期仍为水下分流河道沉积。

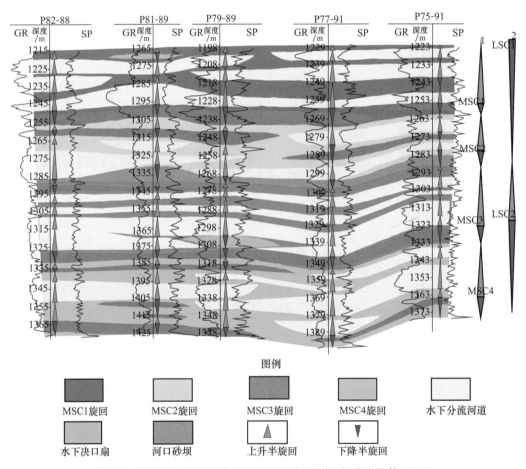

图 1.9 不同层次基准面旋回层序地层对比格架(据张尚锋等,2003)

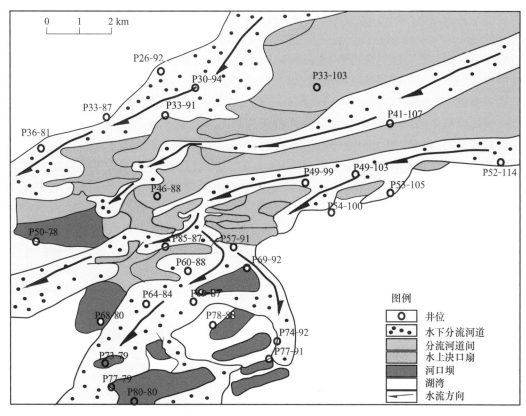

图 1.10　基准面旋回(SSC16)沉积微相平面图(据张尚锋等,2003)

1.5　双河油田泥质隔层的层次分析

双河油田是一个典型的以扇三角洲沉积砂体为主力储层的油田(王寿庆,1993),油田于 20 世纪 90 年代中期已经进入高含水开采期,至今仍然在河南油田的生产中发挥着重要作用,经济有效地开发双河油田的关键是要全面了解储层的非均质性。

1.5.1　隔层层次分析的原理

影响剩余油分布的因素归根结底是储层的非均质性,其中最主要的就是储层中的隔层。弄清隔层的分布是建立正确储层模型并进行储层预测的关键,但至今隔层预测仍然是储层沉积学中的一大难题(本书第 9 章重点介绍隔夹层的预测问题,此处只介绍隔层层次分析的有关实例)。裘怿楠(1991)曾把不渗透的隔层称为隔层,把低渗透层称为夹层,也有许多人认为隔层也叫夹层。国际上将高渗透储层中的低渗透层称为缓冲层(buffer),将隔层称为障壁层(barrier)。严格区分隔层和缓冲层需要精确的渗透率指标,所以笔者对这两类岩层暂不做区别,统称之为隔层。

隔层的厚度和空间分布范围变化巨大,厚的隔层厚达数米甚至超过 10m,在全油藏甚至全盆地内展布。薄的隔层出现在沙纹层理的纹层之间,在手标本上就可以完整显现。

隔层既是划分地层和划分油层组及小层的标志,又是控制流体流动和剩余油分布的主要因素(Weber,1986)。虽然人们在研究储层的同时总在研究隔层,但是到目前为止,还没有完全解决隔层的预测问题(David and Stefan,1990;Hans-Henrik,1990;裴怿楠,1991)。张昌民等(2004)运用储层层次分析法,以双河油田为例进行隔层的层次分析与预测。由于双河油田泥岩类隔层占隔层总厚度的96.93%,非泥质岩类隔层极少。

隔层分析采用储层研究中的层次分析法作为基本思路。工作流程包括层次划分、层次描述、层次解释、层次预测(建模)和层次归一这五个步骤(张昌民,1992)。隔层层次划分就是对隔层的层次进行分类和编号,为了方便地层对比,按照从宏观到微观的顺序由大到小从第1级开始依次编号,首先确定油层组的界线,然后确定小层、单层、油砂体的边界等。

层次描述是在层次划分的基础上,利用测井曲线识别各层次隔层,描述隔层的测井曲线形态和各种测井参数值,统计各级隔层的厚度分布和出现频率。隔层的层次解释是根据沉积学原理,结合岩心特征解释隔层的成因。层次预测或称层次建模是对包括隔层的宽度、厚度、产状及相互之间的接触方式在内的各种几何形态参数进行预测,并建立预测模型。

1.5.2 隔层层次划分

层次分析法认为,对某一地质研究对象总可以划分出层次界面和层次实体两个方面,实体是层次的内容,界面是层次的边界。层次边界可以是沉积界面,也可以是隔开两个层次实体的一套(或一层)隔层,隔层的层次由层次的级别而定。

研究中,将双河油田核桃园组第三段的顶底界泥岩作为第1层次的隔层,称为第1级隔层。第1级隔层为一套数米厚的灰黑色、黑色泥岩和油页岩,在全凹陷范围内分布,但各处厚度不同(王寿庆,1993)。第2级隔层为油组的顶底界面处的隔层,双河油田核3段共分为9个油组,包括核3段顶底界面共10个2级界面。这类隔层在一个油田范围内广泛分布,但各处差异很大。第3级隔层为小层的顶底泥岩层,根据双河油田这种扇三角洲的特征,3级隔层在油田范围内也比较稳定,但在有些井区缺失。本油田共有105个小层,106个3级界面(10个2级界面,同时也是3级界面)(图1.11)。

第4级隔层是隔开单层的泥岩,一般只在某一区块范围内分布。第5级隔层是油田地质研究中所指的单砂体的顶、底界面上的泥岩,但这些单砂体并不都是沉积学意义上的单砂体,而是油田开发意义上的砂岩连通体。第6级隔层是砂体内部的沉积幕之间的沉积事件间隙期泥岩,仅在砂体内部分布。第7级隔层是同一沉积幕内横向上各个单元,相当于Miall(1988)的建筑结构要素之间的隔层。第8级隔层是夹杂在岩石相之间的泥质条带,第9级隔层是交错层系边界,纹层边界是第10级隔层。第7到10级隔层有时并不以泥质条带的形式出现,仅表现为物性不同的成岩条带或者岩性界面。

1.5.3 隔层层次描述

双河油田的泥岩隔层电阻率呈低值,微电位和微梯度曲线重合,自然伽马呈高值;泥

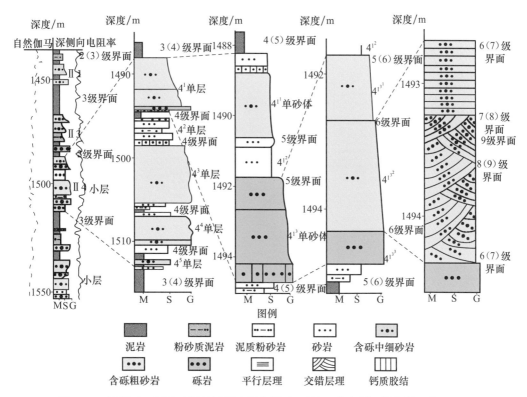

图 1.11　适用于双河油田的储层层次划分图示(以检 6 井为例)(据张昌民等,2004)

质砾岩隔层微电极较高,声波时差呈低值。隔层的描述的工作步骤包括数据读取、数据计算与处理、绘图与层次识别 4 个步骤,所用的资料有自然电位、自然伽马、声波时差和电阻率曲线。

1. 数据标准化

读取自然电位值时以厚层泥岩段处的曲线为基线,取某一层的测井读数与基线的幅度差为其值;读自然伽马值时以最大值作为基线求取差值,对于厚层取其平均值,对于薄层读其最大值(因为薄层处自然伽马值容易受到围岩的屏蔽效应,所以最大值更代表泥质隔层的特征);采集各层的微电位读数时,以该层的平均值附加微电位与微梯度的幅度差为所取值;深侧向的读数原则上以最小值确定基线,对单个低阻厚层的深侧向电阻率曲线取其最高值,非单一的不光滑和不平直曲线读取平均值,考虑围岩的屏蔽效应,薄层应读取低峰值。

2. 数据处理

隔层电性读数采集之后,依据下列方法计算幅度差,并作为绘图的基础数据。

$$-\Delta SP = -(读数值);\quad -\Delta GR = -(GR - GR_{max}) \tag{1.1}$$

$$\Delta R_{LLd} = R_{LLd} - R_{LLd_{min}} \tag{1.2}$$

$$\Delta R_L = R_L - R_{L_{min}} \tag{1.3}$$

式中，$-\Delta SP$、$-\Delta GR$、ΔR_{LLd} 和 ΔR_L 分别为自然电位、自然伽马、双侧向电阻率和视电阻率的幅度差值。

3. 绘图

运用上述数据绘制四种图件，即 $-\Delta SP$、$-\Delta GR$、ΔR_{LLd} 和 ΔR_L 为轴绘制的星形图。$-\Delta SP$ 分别与 $-\Delta GR$、ΔR_{LLd}、ΔR_L 的交会图，$-\Delta GR$ 与 ΔR_{LLd} 和 ΔR_L 的交会图。以星形图作为区分隔层层次的主要图件(图 1.12)。

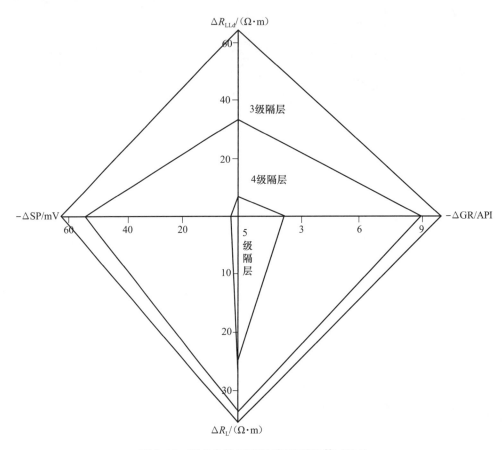

图 1.12　测井参数星形图(据张昌民等,2004)

4. 隔层层次的确定

星形图表明,低层次隔层的星形线靠近原点,高层次隔层的星形线离原点较远;层次相邻近的隔层在星形图上会产生叠合。运用星形图识别 3 级以上隔层比较准确,识别 4 级隔层和 5 级隔层的准确率为 80% 左右,划分 6 级以下隔层比较困难。所以,单纯运用电性读数进行自动化识别还有一定误差,须结合地层的层序性和成因识别 6 级以下隔层。

5. 隔层分布的密度与频率

隔层频率是指单位长度井段出现的隔层的层数,隔层密度是指隔层厚度占所在井段地层厚度的百分比。研究结果表明(图 1.13):①根据测井曲线识别隔层是可行的,但利用曲线识别的隔层厚度与实际的(岩心)隔层厚度一般有 0.1~0.3m 的误差,其差异受岩心归位和地层的复杂程度的影响;②依靠测井曲线只能识别出厚度大于 0.2m 的隔层;③岩心上观察到的隔层密度和频率总是大于或者等于从测井曲线上识别出的隔层密度和频率,误差约为 20%~50%,依靠测井曲线识别漏掉的一般是厚度小于 0.2m 的隔层;④受分辨率的制约,用测井曲线识别出的低层次(6 级界面)隔层的频率和密度明显低于从岩心上观察到的同层次隔层的频率和密度。

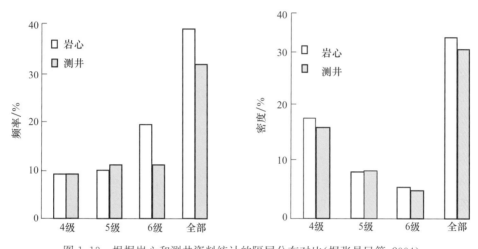

图 1.13　根据岩心和测井资料统计的隔层分布对比(据张昌民等,2004)

1.5.4　隔层层次解释

第 1 级隔层是由盆地范围的湖泊沉积旋回控制的地层段的界线,是由盆地范围内的构造升降旋回控制的湖盆演化的沉积旋回的转换界线。第 2 级隔层是油组之间的泥岩隔层,它是在某一构造旋回的演化期内由于大尺度的古气候变迁与构造活动叠加而导致盆地范围内沉积体系的周期性变化的边界,因此,同一油组可能是一个完整的三角洲沉积旋回。第 3 级隔层是小层之间的界线,小层的层次实体是油组这一大旋回内的次一级波动沉积形成的,形成的沉积物呈现出"病态的"不完整旋回,湖泊周期性的水位涨缩或沉积体系的轴线摆动导致的沉积前缘进退作用是这一层次隔层和层次实体形成的主要原因。第 4 级隔层是单层之间的界线,这里单层并不是单个岩性段,其间往往包含几个成因相同或沉积环境上相邻的砂体。当对比很详细时,单层是和油砂体具有相同层次的单元。应该说,单层是在沉积体系相对稳定的条件下由于沉积体系内局部和暂时性环境变迁形成的,变迁的次数和频率可以用单层内油砂体的数量来衡量。砂体之间的边界是第 5 级隔层,砂体是在一定的沉积体系背景下形成的成因单元,沉积微环境的变化导致砂体的横向迁移、纵向延伸和垂向叠加。第 6 级隔层(有时为界面)是由砂体内部沉积事件所形成的沉积幕界面,它反映了一个砂体的充填过程。第 7 级隔层(界面)是在沉积幕边界包围下的各建筑结构要素之间的界面,建筑结构要素实质上是在某一沉积幕期砂体内部的各种不同的水流方式控制下形成的不同微相体的三维形态,例如,河道中的侧积体,纵向沙坝等。建筑结构要素是由一系列岩石相组成的,岩石相之间的界面是第 8 级界面,大多数岩石相之间没有泥质隔层,但它们之间的界面有时可能会形成钙质隔层,或者由于粒度和泥质含量的增加形成渗透缓冲带。交错层的边界是第 9 级界面,同一岩石相内交错层之间没有泥质隔层,但由于沉积过程中沙波坡脚处的水流分离作用造成悬移质的富集,交错层底部仍然会形成渗透缓冲带。第 10 级界面是由于水流波动形成的交错层单个纹层边界面,室内实验已经证明,纹层边界面也可以形成渗透缓冲区(张昌民和李联伍,1996)。

1.5.5 隔层层次预测

在隔层层次划分、层次描述和层次解释的基础上,通过岩心观察和小井距对比建立各层次隔层厚度、隔层宽度和分布频率的知识库信息,共建立隔层的地质模型使用,从而对隔层的空间分布进行预测(有关隔层预测的详细内容和方法参见本书第 9 章)。隔层知识库信息主要包括以下几个方面:

1. 隔层的岩石类型

根据 9 口取心井的资料统计,层次界面由隔层构成的占 80.25%,由单纯界面构成、没有隔层的占 19.75%。在隔层中,泥岩隔层占总厚度的 91.81%,占总层数的 91.61%;钙质泥岩占隔层总厚度的 5.12%,占隔层总层数的 4.94%;钙质砂层占总隔层厚度的 3.07%,占隔层总层数的 3.45%。由此可见,泥质隔层是最主要的隔层。

2. 隔层的层次分布

从岩心上看,第 4 级隔层占地层厚度的 19.2%,第 5 级隔层占 8.9%,第 6 级隔层占 6%,即隔层占地层厚度的 34.1%;从频率上看,第 4 级隔层占 9.5%,第 5 级占 10.2%,第 6 级占 19.8%,即隔层占 39.5%。从岩心统计的隔层分布密度与分布频率图表明,高层次隔层的频率低于低层次隔层的频率,但低层次隔层的单层厚度和总厚度大于高层次隔层。各井岩心统计的隔层总频率和总密度分别为 39.5% 和 34.1%,测井曲线上识别的各井的隔层总频率和总密度分别为 32% 和 31.9%。从这两个方面获得的频率和密度值都十分接近,这一数据实际上就是地层泥岩含量,是由双河扇三角洲体系本身特征决定的。

3. 隔层的厚度

小井距对比统计结果表明(图 1.14),60.35% 的隔层厚度小于 1.5m,91.75% 的泥岩厚度小于 3.5m,大于 3.5m 厚的泥岩层数很少,但分布的厚度区间范围很大。隔层的厚度分布比层数分布方式要分散一些,小于 1.5m 的泥岩占泥岩总厚度的 29.02%,3.5m 以

下的泥岩占总泥岩厚度的 71.93%,有 28.07% 的泥岩厚度在 3.5～10m,主峰在 1～
1.5m。将隔层厚度按 0.5m 的间隔作分布直方图可以发现(图 1.15),泥岩的厚度呈多峰
态特征,主要分布在 0.5～3.5m,其中区间 1.0～1.5m,2.0～2.5m 和 3.0～3.5m 呈高
峰,区间 5.0～5.5m 和 7.0～7.5m 为次高峰。不同厚度区间隔层的总厚度分布也符合这
一总的规律,但与层数相比,厚隔层所占的总厚度比例明显上升。

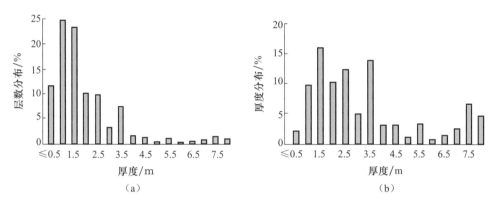

图 1.14　泥岩隔层厚度和层数分布(据张昌民等,2004)

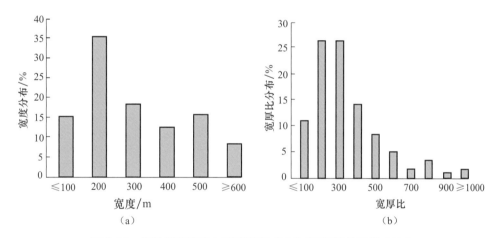

图 1.15　泥岩隔层宽度(a)和宽厚比(b)分布(据张昌民等,2004)

4. 隔层的宽度

为了更详细地表征隔层的形态特征,对隔层的宽度进行了统计分析[图 1.15(a)]。
结果表明,泥岩的宽度一般小于 600m,其中宽度为 100～200m 的占 35%,其他区间所占
比例为 12.82%～18.8%;泥岩的平均宽度为 237.6m。

5. 隔层的宽厚比

泥岩的宽厚比分布范围为 100～1000,主峰分布范围为 100～200 和 200～300,各占
26.5%;次主峰范围为 300～400,占 14.53%,小于 100 者占 11.11%[图 1.15(b)]。

1.6 马厂油田储层层次结构分析

马厂油田位于东濮凹陷黄河南地区唐马构造带的南部,东邻葛岗集生油洼陷,西以马厂断层为界,面积约 $100km^2$,该油田于 1987 年投入开发,到 1997 年油藏已进入高含水期,区域内构造复杂,断层发育,油水关系不清楚,储层变化复杂。

1.6.1 马厂油田储层层次划分

根据储层建筑结构层次分析的原理(张昌民,1992),每一层次由层次界面和层次实体构成,该层次的结构要素相当于次级层次的层次实体,它们由次级的层次界面分开。在岩心观察的基础上,结合油田实际应用,进行了层次划分和命名(尹太举等,2001),共划分了 9 个层次:①第 1 层次是地层段,属于构造控制下的盆地旋回,从该段底到段顶基本上一个盆地由深变浅的过程,形成一套反旋回。②第 2 层次为地层亚段,是一次三角洲体系规模的变动,代表了一次盆地范围内的湖平面升降,一般由构造或长尺度气候波动造成。沙三段(Es_3)段分为 Es_3 上、Es_3 中和 Es_3 下 3 个亚段,每一个亚段便是一个 2 级层次实体。③第 3 层次是砂层组,是一个盆地规模的三角洲旋回,代表了一次盆地范围的湖平面升降,一般也是由构造或长尺度气候波动造成的;该研究剖析的 Es_3 下亚段 2 砂组,它的顶界面为 $1^{\#}$ 泥岩,底界面为 Es_3 段顶部的泥岩,代表了一个湖平面由下降到上升,三角洲砂体由前积到退积,砂体规模由小到大再变小的过程。④第 4 层次是小层,即目前所应用的沉积时间单元,是单个三角洲叶状体的一次自旋回,即由于三角洲的纵向伸缩或横向摆动所造成的,小层之间一般具有稳定的隔层。⑤第 5 层次是单砂体,目前所应用的单砂体仍然是一个对比上的概念,并不是沉积意义上的单砂体,相当于一次三角洲洪水条件或一个水动力相对稳定期形成的一套平面上相对连续的地层。一个单砂体平面上由几个水下分支河道砂、河道间砂、席状砂、滩坝及湖相泥等组成,垂向上一般只有一个成因砂体。⑥第 6 层次是成因砂体,如河道砂、河道间砂、席状砂、滩坝等。6 级界面是水下分支河道沉积间歇期形成的泥质披覆或在其间形成的泥质隔层。6 级结构要素包括水下分支河道砂、河道间砂、废弃河道砂和席状砂,相当于常用的微相。⑦第 7 层次实体为成因体内的一个沉积韵律,相当于地层成因增量,界面为成因体内的沉积间断面或冲刷面,代表成因体内部次一级沉积事件的开始或结束。⑧第 8 级层次实体为交错层系组,界面为交错层系组的界面。⑨第 9 级层次实体为交错层系,界面为交错层系的界面。7 到 9 级层次由于分布范围小,只能在露头和岩心上识别和对比,而无法在地下进行追踪。7 级层次的确认需要重建地下储层建筑结构,即需要解剖储层方可确定。5 级及其以上各级层次通过对比便可确定。马厂油田目前研究所达到的是第 4 层次,即小层规模,只有深入到第 5 甚至第 6 层次,即即单砂体和成因砂体,才有可能为下一步的挖潜提供参考,5 级和 6 级层次是我们精细解剖的对象。

1.6.2 层次实体分析

在前人研究基础上,对取心井进行系统地观察描述,认为该区属于靠近湖岸线的三角洲水下平原至三角洲前缘相带。其主要依据为：泥岩颜色一般较浅，缺乏大套的深水泥岩，而紫灰、灰褐等弱还原环境泥岩颜色常见，不可能为邻近深湖区的三角洲前缘靠近前三角洲的相区，同时缺乏地表暴露标志和植物根系，说明不属地表环境。

从岩心上辨认出 4 种沉积砂体和两种泥岩共 6 种 6 级层次实体（即结构要素），其特征如下。

1. 河道砂体

这类砂体一般厚度较大，多在 3m 以上，最厚达 10m 左右。砂体底部见冲刷面。冲刷面上为泥砾定向排列而成的泥砾岩，泥砾岩厚一般为 5～20cm，个别达 30cm。砂体发育交错层理细砂岩和粉砂岩，纹理模糊不清晰，局部为块状砂岩；中部一般为平行层理粉砂岩；顶部则为沙纹层理粉砂岩。河道砂体多为多期河道叠合而成，在每期顶部常有泥质披覆，底部见泥砾层。

河道不同部位的沉积层序和测井响应不同。中心部位一般只保存有河道底部的泥砾岩、块状砂岩和交错层理砂岩，整体上粒度没有明显的变化，测井响应以箱形为主；有时最顶部一期河道的顶部层序能够完整保留，测井响应呈现出复合钟形的特点。侧缘部位，由于河道的侧向迁移而具有复合层序，常见河道主流线向一侧迁移，在原先的主流线附近，水流能量减弱，粒度逐渐变细，显示正粒序，测井响应表现为钟形或复合钟形的特征；主流线迁移到的原河道侧缘部位，形成整体向上粒度变粗的复合粒序，测井曲线呈现漏斗形的特征。由于湖岸线的扩张和收缩，使河流向湖推进或向岸退缩，从而使得河道的末梢部位显示出整体上的正粒序或反粒序的特征，测井响应上呈钟形或漏斗形。

对河道砂体的分析，与以往的侧积型、前积型和加积型河道砂体的分析不同。同一沉积时期内，在相当小的沉积区域内，河流的基本沉积特征是一致的，不可能会出现 3 种不同类型的河道砂体。对前人的沉积相图研究分析发现，各种河道砂体平面上间互出现，并不能构成单独的砂体，说明以往所说的 3 种河道砂体其实并不是单个的河道砂体，而只是同一河道砂体的不同部位。

2. 河道间砂

这类砂体沉积于水下分流河道之间的高地上，由洪水期分流河道中的砂质沉积物溢出河道沉积而成。以细粉砂和泥质粉砂岩为主，夹有泥质条带和夹层，厚度一般小于 3m。发育沙纹层理、波状层理、脉状层理和透镜状层理，层序上常为间断性的正韵律。自然电位幅度明显小于河道砂，自然伽马表现为高伽马值和较多的峰谷相间的复合钟形特征。

3. 前缘席状砂

前缘席状砂体发育于水下分流河道外靠近湖心方向，一种为分流河道入湖后，较细的以悬浮状态搬运的细小颗粒直接沉积而成，这种砂体粒度较细，以细粉砂和泥质粉砂岩为主；另一种是原有的砂体经湖水改造而成，砂质较纯，由于含钙较高，物性一般较差。前缘席状砂厚度较小，一般小于 2m，发育平行层理、沙纹层理、波状、透镜状和脉状层理，向上粒度变粗，由于厚度较小，测井响应上一般呈指状。前缘席状砂和河道间砂物性相似，作图时将两者并为一类。

4. 沙坪砂

研究层段中只在第 1 小层的 1、2 两个单砂体中发育，厚为 3m 左右，粒度较细，多为粉砂，向上变粗粒序，胶结致密，物性较差。测井响应上自然电位幅度较低，有时电位上没有响应，只有伽马响应，曲线形态多为指形、漏斗形。

5. 河道间泥

河流携带的悬浮质在河间沉积而成，一般质地不纯，多与泥质粉砂和粉砂互层，厚度变化较大，最厚达 9m，薄处只有数厘米，颜色为紫灰色、灰褐色，表明处于弱还原、弱氧化环境。测井响应上，自然伽马显示高异常值；而自然电位曲线平直，无负异常或具有较小的负异常。

6. 湖湾泥

湖湾泥为湖水悬移质在水体较深、还原环境较强的湖湾中沉积而成，深灰色、质地较纯，常发育水平层理，说明沉积时水体宁静。测井响应与河道间泥相似，未取心井判断依据主要是其平面位置。两类泥岩对储层起相同的隔挡作用，故而作图时把它们合为一类。

1.6.3　单砂体储层建筑结构模型

马 11-16 井在 Es₃ 下亚段 2 砂组层序发育比较齐全，且在该层段连续取心，没有断层，故选为层次划分的标准井。先确定 1# 泥岩，借以确定 Es₃ 下亚段 2 砂组（第 3 层次）的顶底，在其内部划分第 4 层次（小层），共 6 个小层。小层 1、4、5 内部都具有较稳定的泥岩，明显具有可分性，将其各自分为两个单砂体，从而确定了 Es₃ 下亚段 2 砂组的 9 个单砂体。由于马厂油田是一个极为复杂的断块油田，对比难度较大。对比时遵循"由小到大，逐块对比，分步闭合，全区统一"的原则。先将位于马 11 块内的马 11-16 井所在的小断块中所有井进行层次划分和对比，然后扩展到整个马 11 块；完成马 11 块后进行统层，使块内闭合，再逐步扩展到马 10 块、马 19 块、马 9 块、马 12 块和马 1 块。每完成一块便进行一次统层，确保对比的正确，最后全区统层，完成对比。

对比之前需初步确定单井单砂体的结构要素类型。因为与以往的等厚度对比不同，对比中不仅依靠曲线的相似性，更要依靠沉积旋回本身的特征和结构要素的空间展布特征，这是将厚层砂与邻井的薄层砂进行对比的依据。例如，基于马 11-15 井和马 11-40 井的 51 单砂体的旋回性，考虑马 11-40 井为河道中心位置，厚度应较大；而马 11-15 井则位于河道边部沉积少的位置，厚度小。将马 11-40 井大厚层与马 11-15 井薄砂层对比。动态分析表明,正是马 11-15 井 51 层的注入水将马 11-40 井的 51 层淹掉的,这说明对比是正确的。事实证明,这一对比方法更能接受动态的检验,而以往的按厚度对比的方法,则常产生一些与动态不相符合的情况。

在对比的基础上,作出全油田各单砂体的测井相图。从测井相图上可以清楚地看出,砂体物源有两个方向,一个是 NE-SW 向,一个是 NW-SE 向。在南缘和北缘形成较厚的河道沉积,测井相主要为箱形、钟形;而在中部地区,则沉积较薄,基本上是以指形、复合钟形、复合指形为主的幅度较小的席状砂体和河道间砂体。在砂体等厚图上,同样得到了砂体的两个走向的特征,与测井相图得出的结论相一致。依据砂体测井相图和砂体厚度展布图,作以单砂体为制图单位的砂体建筑结构模型图(图 1.16)。由于没有对应的砂体形态地质数据库,在确定砂体边界时只能凭经验大致确定,不能精确给出。

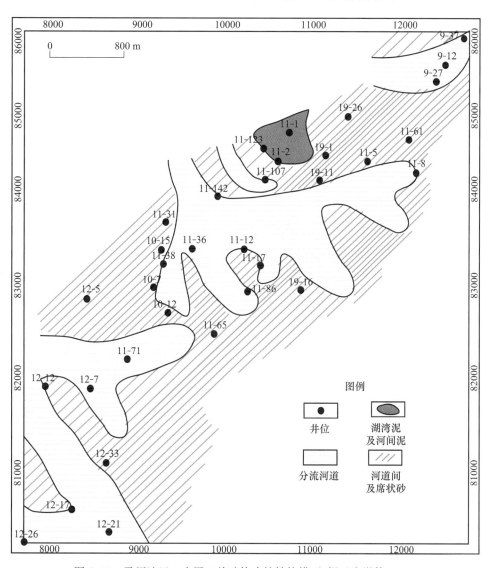

图 1.16　马厂油田 4 小层 2 单砂体建筑结构模型(据尹太举等,2001)

1.7　周清庄生物屑灰岩储层的定量层次分析

1.7.1　地质背景

黄骅拗陷古近系湖盆碳酸盐岩主要发育于沙一段下部,平面上分布于南大港以南及几个湖岛周围的平缓台地,分布面积约 2020km²。大港周清庄油田生物屑灰岩储层为其中的一部分。

据薄片鉴定,周清庄油田沙一下亚段灰岩储层包括泥晶灰岩、颗粒灰岩、生物屑灰岩及团粒灰岩等。对五口取心井的岩心观察表明,螺灰岩、鲕粒灰岩及其与碎屑岩的过渡类型是油气的主要储集岩。其主要沉积构造有水平层理、块状层理、波状层理、波痕与浪成沙纹层理等,泥裂、砾石及砾石层、泥砾及撕裂屑和化石也常见。沉积相分析推断沙一下亚段生物屑灰岩属水文开口型湖泊的湖滩沉积,气候环境介于温湿型与干燥型之间,水域范围为滨湖到半深湖。由港西岛向东南方向,周清庄油田生物屑灰岩沉积相展布表现为近岸滩坝亚相—边缘生物滩亚相—高泥坪亚相—浅湖亚相—湖盆亚相,其中近岸滩坝和边缘生物滩亚相是储集体的主要发育相带。

为了建立油藏地质模型,在岩心观察、测井曲线对比的基础上,以储层层次分析法(张昌民等,1992)为研究思路,利用地质统计学中的变差函数理论对该油田储集体规模进行定量预测,对泥质隔层、有效厚度进行估算,以满足油田开发的需要(张昌民等,1994)。

1.7.2　储集体规模预测

储集体规模预测包括厚度及平面规模预测,前者可以通过测井曲线和地层分层确定;对于砂体的平面规模预测,目前尚没有成熟的方法。运用变差函数理论对小层对比结果进行定量处理,有望解决这一问题。变差函数既能描述地质变量的空间规模(结构)变化,又能描述叠加在结构之上的随机性变化。变差函数理论的球状模型(王仁铎和胡光道,1988)为

$$r(h) = C_0 + C\left(\frac{3}{2}\frac{h}{a} + \frac{1}{2}\frac{h^3}{a^3}\right) \tag{1.4}$$

式中,$r(h)$ 为平面上一系列数据点的方差,它随着数据点间距离 h 的增加而增大,但当 h 达到某一值时,$r(h)$ 趋于常数;C_0 为块金效应常数,即当 h 为 0 时的方差值;C 为基台值,反映了 $r(h)$ 值的变化幅度;a 为变程,为 r 的趋于常数时的 h 值,在储集体规模预测中,该值反映了储集体分布的最大半径。

统计表明,沙一下亚段生物屑灰岩的厚度均值为 18.243m,标准偏差为 5.702,偏度为 0.322,尖度为 3.297,最小值为 4.000m,最大值为 33.500m。运用地质统计学软件拟合可得其球状变差函数模型为

$$r(h) = 10 + 30\left(\frac{3}{2}\frac{h}{4400} + \frac{1}{2}\frac{h^3}{4400^3}\right) \tag{1.5}$$

变差函数曲线如图 1.17 所示。其中,$a=4400$ 表明生物滩体的分布半径在 4400m 左右。对 17 个单层做同样的处理得出各自的变差函数模型,其模型参数见表 1.5。

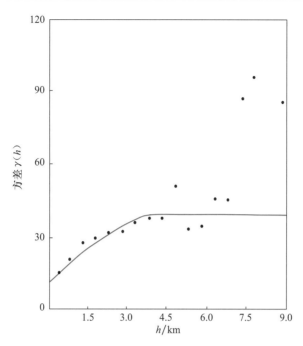

图 1.17 周清庄油田沙一下生物屑灰岩厚度分布变差函数曲线(据张昌民等,1994)

表 1.5 周清庄油田灰岩储层各单层变差函数参数(据张昌民等,1994)

参数	层号																
	1	2	3	4	5	6	7	8	9	10	11	12	13	14	15	16	17
C_0	0.50	0.00	0.80	0.00	0.00	0.70	0.50	0.60	0.25	0.00	0.50	0.00	0.70	0.20	0.60	0.30	4.50
C	2.80	2.80	0.70	2.00	2.00	2.10	1.60	1.60	1.25	4.00	0.90	2.00	1.30	3.60	1.40	1.10	2.50
a/m	2900	1700	2000	1800	750	3000	2500	1900	1500	2600		2800	1800	2700	4200	2900	1500

由表 1.5 可知,单层厚度的最大变程为 4200m,最小变程为 750m,一般为 1500~3000m,小于总厚度的变程,这是因为总厚度未考虑研究层段内的非均质性。实际上,总厚度代表油田整个生物屑灰岩层段的整体变化,单层厚度变程反映了单层的分布范围,后者是前者的一部分。从沉积学的角度来看,生物滩坝在沉积过程中的移动距离最大不会超过两个单层范围;而对于单层来说,其平面上的岩性、物性变化将不会超出 3000m 的范围,即本层的平面分布范围。

1.7.3 储层非均质性层次分析

储层是在沉积旋回和沉积过程控制下形成的一套具有不同层次的非均质体系,对储层非均质性的描述需要由宏观到微观、由层系规模到样品规模按层次进行。对于层次的划分,已有许多术语和划分方案,如巨观、宏观、微观或体系规模,亚相、微相、样品、颗粒规模等。在此,笔者将层次按不同级别排列成序,分别称不同的层次非均质性。

1. 第 1 级层次非均质性:划分工作目的层段

周清庄油田沙一下亚段生物屑灰岩的上下各有一套泥质岩,依据测井曲线可以定出生物屑灰岩的顶、底界面,以此作为工作层段。

运用49口井的对比资料得出,生物屑灰岩层段的平均厚度(包括其中所夹低能岩石相)为31.77m,最大值为63.00m,标准偏差为12.776,偏度为0.080,尖度为3.596,厚度一般为24～37.75m。地层厚度的平面变化揭示了这一级的平面非均质性特征,变差函数变程约为4400m。

2. 第2级层次非均质性:划分单层间的非均质组合

单层的非均质组合直接影响着生物屑灰岩储层之间的连通性。在生物屑灰岩层段内部再划分出高能岩石相和低能岩石相单层,单层之间的界面即为2级层次界面,加上两个1级层次界面,这样在17个单层中,2级层次界面共有18个。第2级层次非均质性主要由各单层厚度的平面变化反映出来。

以52口井的地层对比结果研究各单层的厚度变化,由表1.6可以看出,以生物屑灰岩、鲕粒灰岩为主的高能岩石相的平均厚度(2.028m)略大于低能岩石相的平均厚度(1.692m)剖面上,下部的单层厚度大于上部的单层厚度。

表1.6 各单层厚度变化及统计参数(据张昌民等,1994)

层号	平均值/m	最小值/m	最大值/m	25%分位数	75%分位数	岩石相分类
1	1.550	0.00	9.000	0.000	2.200	
3	1.356	0.00	5.000	0.600	1.800	
5	1.358	0.00	7.000	0.000	2.200	
7	1.627	0.00	5.000	0.800	2.200	
9	1.869	0.00	5.800	1.200	2.400	高能岩石相
11	1.760	0.00	5.600	1.000	2.600	
13	3.060	0.00	7.200	2.000	3.800	
15	2.740	0.00	7.400	1.800	3.400	
17	2.880	0.00	12.600	1.000	4.400	
2	1.075	0.00	8.400	0.000	1.200	
4	1.724	0.00	7.600	0.800	2.200	
6	1.431	0.00	7.600	0.000	2.100	
8	1.467	0.00	9.200	0.600	1.800	
10	1.930	0.00	10.200	0.800	2.400	低能岩石相
12	1.830	0.00	6.800	1.000	2.600	
14	2.600	0.00	9.600	1.500	3.000	
16	1.456	0.00	4.400	0.800	2.000	

对所有井高能岩石相的厚度进行统计,发现各井高能岩石相的累加厚度平均为18.243m,最小厚度为4.00m,最大厚度为33.50m,中值厚度(50%分位数)为18.100m,25%分位数为14.300m,75%分位数21.200m,单井平均厚度为10～25m,变差函数变程为4400m。

生物屑灰岩的地层平均厚度(31.77m)减去高能岩石相的厚度(18.243m),即为低能岩石相的厚度,结果表明低能岩石相(层间隔层)总厚度平均为13.527m,占地层总厚度的

42.6%,夹层频率为 0.25 个/m。

3. 第 3 级层次非均质性:描述层内非均质性变化

测井曲线对比所确定的单层厚度只是一个毛厚度,因为在所对比的单层中还包括一些层内的泥质夹层,但由于这些夹层较薄,已超出了测井仪器的分辨率,所以必须靠岩心进行校正,求出一个可以作为有效厚度的净毛比。表 1.7 为 Q436 井的测井分层厚度与净的高能岩石相厚度的统计结果,表 1.8 为 Q442 井高能岩石相的净毛比统计结果,二者的净毛比平均值分别为 57.3% 和 50.7%。

表 1.7　Q436 井高能岩石相厚度及净毛比(据张昌民等,1994)

项目	层号									
	1	3	5	7	9	11	13	15	17	平均
毛厚度/m	3.4	2	4.8	1.9	1.8	3.4	4.1	1.6	4.2	27.2
净厚度/m	1	2.6	0.2	2	2	3.2	2	0.7	1.9	15.6
净毛比/%	29.4	130	4.2	105.3	111.1	94.5	48.8	43.7	45.25	57.3

表 1.8　Q442 井高能岩石相厚度及净毛比(据张昌民等,1994)

项目	层号					
	7	9	13	15	17	平均
毛厚度/m	4.1	4.2	2.1	5.9	4.8	21.1
净厚度/m	2.7	1.1	2.1	1.3	2.7	10.7
净毛比/%	65.8	45.2	100	22.03	56.25	50.7

由表 1.7、表 1.8 可知,有时净毛比甚至大于 1,即岩心上所表现的高能岩石相厚度大于测井解释的厚度,这可能是在对比划分时的人为原因或在岩性段上、下端的测井深度误差造成的。同样,有时在一些混合型岩石相中可能存在高能岩石相,而其两端为低能岩石相,容易将混合岩石相误认为高能相,使得与岩心对比的单层净毛比值变小。由于总体上误差的存在,正负作用相互抵消,所以由统计得到的 50% 左右的平均净毛比值可能比较符合实际。由此可知,二级层次界面中的高能相段内仍夹有 50% 左右不渗透的低能岩石相带。高能岩石相的平均有效厚度可用下式计算:

$$高能岩石相平均有效厚度=平均地层总厚度×高能相平均厚度百分比×净毛比$$
$$=31.77×57.3\%×50\%=9.12(m)$$

通过岩心观察,可以统计有效的单层高能相带的厚度分布特征,这才是真正的单个岩性段的分布特征。图 1.18 表示不同厚度区间单层的层数占地层总层数的比例,数据来自 F18-1 井、F16 井、F21 井、Q436 井和 Q442 井的岩心观察结果,最小厚度为 0.1m。最大厚度为 3.6m。其中,厚度小于 1m 的占大多数(占总层数的 70.5%)。这些岩性段虽然层数较多,但所占的总厚度并不大,因此它们并不是主力储层。由测井曲线对比得出的一个高能岩石相单层(即 2 级层次实体高能相带)可能由数个薄层组成。图 1.19 表示不同厚度区间的单层总厚度占地层总厚度的比例,比较图 1.18 和图 1.19 可以发现,厚度分布与层数分布相差较大。而这两个参数都是储层研究中的重要参数。

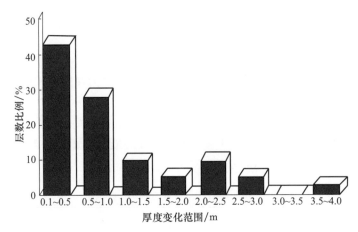

图 1.18　各厚度区间单岩层层数分布图(据张昌民等,1994)

层数比例＝(某厚度区间单岩层层数/总层数)×100%

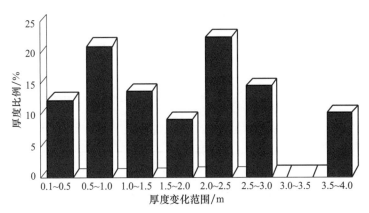

图 1.19　各厚度区间单岩层厚度分布图(据张昌民等,1994)

厚度比例＝(某厚度区间单岩层厚度/总厚度)×100%

4. 第 4 层次非均质性:描述层内物性参数的垂向变化

以上三个层次是从地层的角度来研究的,对地质模型来说,这是建立骨架模型所必须的。而层内孔隙度、渗透率的垂向变化是建立单井模型的主要依据,也是在油田开发过程中研究剩余油分布的重要依据。

根据岩心分析和实验室测量的孔隙度和渗透率结果可以发现,生物屑灰岩存在着正韵律、反韵律和复合韵律三种层内垂向非均匀质性,以复合韵律和反韵律为主要类型。

1) 正韵律

一般发育在混合型岩石相类型中,以 F16 井 2505～2513m 取心段为例,本段主要由含鲕粒的粉-细砂岩组成,由于风浪作用形成下部沉积粒度稍粗于上部,呈向上变细的正粒序,孔隙度和渗透率一般具有向上变小的趋势,但钙质胶结比较严重,故渗透率和孔隙度皆比较低。

2）反韵律

在鲕粒灰岩、螺灰岩中出现较多，以 Q442 井 2409～2412m 井段为例，由于岩性向上由钙质泥岩、灰岩至含螺鲕粒灰岩过渡为含砾、含鲕粒螺灰岩，同样为高能环境，但沉积时水体清澈度增强，杂基减少，故孔隙度及渗透率增大。

3）复合韵律

例如，F21 井 2680～2685m 井段具有这一特征，其最下部为含粉砂的螺灰岩，向上过渡为较纯的螺灰岩，最上部为胶结致密的粉-细砂岩，渗透率和孔隙度由小到大再减小，呈现出复合韵律特征。从测井曲线特征来看，很难确定层内物性和岩性的韵律性变化，因此，由电相判别模式来判断滩坝的中心及边缘是很难有实际效果的。

5. 第 5 层次非均质性：样品规模的非均质性

对实验测试结果的统计表明，高能岩石相的孔隙度一般在 30% 以下，其中大多数样品孔隙度为 15%～25%，个体样品的孔隙度级差较小，渗透率一般小于 $1046 \times 10^{-3} \mu m^2$，平均渗透率为 $77.29 \times 10^{-5} \mu m^2$ 时，渗透率变异系数为 20.119。第 5 层次非均质性主要受成岩作用的影响。

1.8　低效气藏成因层次剖析

低效气藏具有成因复杂、勘探开发难度较大、开发经济效益较差等特点（古莉等，2004；田昌炳等，2004）。由于低效气藏的储量巨［我国低效天然气储量占总储量的 70% 左右（田昌炳等，2004）］，为了满足天然气需求的快速增长，仅开发高效气藏显然是不够的，必须面对低效气藏的开发难题。基于地质认识的层次性，采用层次分析的技术对低效气藏分层次进行解剖（张昌民，1992；尹太举等，2007）。

1.8.1　第 1 层次：生产层面

生产层面是判别低效气藏最根本、最基础的标准。针对不同气藏类型，从经济上进行评价，预测其开发前景，直接确定气藏投产与否。

1. 研究内容

气藏开发生产层面特征主要表现为低效，即具有较低的经济效益。而从生产层面上看，低产量、低潜在累积产量（低丰度）往往成为低效的主因。这一层面直接与气藏的开发效果及生产经营密切相关，是确定气藏能否投入开发的关键。

针对这一层次的特点，研究的重点应放在生产效益特征及生产管理上。研究要把握其低效，即具有较低的经济效益或潜在的较低经济效益这一特点，同气藏的经济评价工作紧密相联。进行经济评价时，要考虑投入产出比的问题，即投入和产出达不到经济的限度或刚好达到经济的限度，这是确定气藏属于低效气藏的最根本、最基础的特点。研究中应从造成低效的两个方面去寻求研究的结果，即在产出上的低产出，或在投入上的高投入。针对气藏开发不同阶段，生产面临的问题也不相同，研究偏重点亦应有所区别。

2. 气藏分类

从投入产出上分析,低效气藏应该用投入与产出的相对比例来进行分类。从采气综合成本上可分为高、中、低投入,具体投入成本基本上可分为勘探投入、钻井投入、地面建设投入及日常管理投入等。而收益涉及采气量及气价,采气量又可从单位时间的采气量和总采气量来衡量。据此将低效气藏分为高投入低产出、高投入中产出、高投入高产出、中投入中产出、中投入低产出、低投入低产出等几类。如在江苏所开采的表层生物成因气,气藏埋藏极浅,开发成本相对较低,而其产出量也有限,因而属于低投入低产出低效气藏。对于深层气田或是海洋气田则往往是高投入中、低产出气藏,如中原油田深层的白庙、黄河南等气藏,井深多逾 3500m,单井日产量多在 $5 \times 10^4 m^3$ 以下,都属于较高投入低产出气藏。

低效气藏大都具有低产出的特点,这是造成低效的最主要的因素。据这一重要特点可分为低产能和低产量两类气藏。低产能,即气藏的产出能力较低,单位时间的产气量较少,单位时间内获得的回报较低或在开采初期的回报较慢,但气藏总产出量可能较高,具有较大的累积回报;低产量(累积产量)是指气藏总的产出较少,气藏的总体回报较低。据此可将低效气藏划分为低产能低产量、低产能中产量、低产能高产量、中产能中低产量、中产能中产量、中产能高产量、高产能低产量等几类低效气藏。

若从更深层次去讨论气藏的生产特征的话,则会涉及气藏规模(气藏的面积、气藏的储量、气藏的压力等),气藏生产井特征如压力、单井产量、产气强度等及其他方面的管理如钻井成本、输气成本、气井管理成本等一系列的问题。

3. 研究方法

该层次的研究主要用统计学和经济评价方法。通过统计分析不同气藏的产能及产量,结合生产投入成本的核算,确定气藏的类型,评价其开采效益,为气藏投入开发及采用相应的开发决策提供依据。

1.8.2　第2层次:现今地质特征层面

研究的主要目的是弄清造成气藏生产低效的原因,是决定低效的根本原因,具体包括储集体的岩性、空间展布、渗透性、孔隙性、充满度、微观孔隙结构特征、骨架特征、温压特征、化学特征等因素。储集体空间展布决定了潜在储量,渗透性决定了可能产量,而储集体的孔隙度,尤其是有效孔隙度,及气藏充注程度在一定程度上决定了其储量,储集体的裂缝发育状况对气藏的开发效果具有一定的改善作用。

1. 研究内容

主要弄清造成气藏生产层面低效成因问题,在经济评价的基础上,解决生产中遇到的诸如布井方式、开采方式等开发工艺问题。主要研究内容为储集体岩性、空间分布、宏观物性特征、骨架特征、微观孔隙结构特征、温压特征、化学特征等。储集空间展布涉及储集层的面积、厚度、储集体的垂向叠置、侧向接触关系及连通情况等。

气藏的宏观物性主要包括孔隙度、渗透率、裂缝发育特征等各个方面。渗透率是决定储集层的渗流能力的主因,直接决定储层的产出能力。低效气藏多具低渗、特低渗、超低渗特点。孔隙度衡量储集能力,决定了体积一定时储层的储集能力的大小。

岩石骨架特征主要包括组成岩石骨架颗粒特征和颗粒之间接触关系。颗粒组成、矿物成分、接触关系影响既是各种地质作用的结果,也在一定程度上影响了地质作用,最终将影响储层的物性特征。

微观孔隙结构特征包括微观孔隙结构类型和岩石所具有的孔隙和喉道的几何形状、大小、分布及连通状况等特征。通过微观孔隙结构研究,可识别成岩作用类型和强度。而微观孔隙结构特征实际上反映了岩石的渗透性能。

温压场特征中对气藏开发影响较大的是压力场。压力场的不均衡形成产能差异,尤其是气藏投入开发之后,压力场的变化对产出的控制较为明显。地层水压力场分布会导致气藏不同程度的水窜,造成开采效益的下降,在开发中要避免井下压降造成水的锥进。

化学特征主要涉及气藏的化学组成、地层水的化学特征等。较好品质的天然气具有较好的市场价格,在处理、输运时也会节约一定的成本。而品质差的,尤其是高含 H_2S 或高含 CO_2 的天然气,不仅需要特殊的工艺来进行处理,而且还会对生产设备产生破坏,产生额外费用。

2. 气藏分类

据储层类型可分为碎屑岩、碳酸盐岩、变质岩、火成岩低效气藏。根据气藏的空间展布特征可将低效气藏划分为连续型、孤立型、过渡型等(表 1.9)。从其渗流能力上分为低渗、特低渗和超低渗低效气藏,另外还可依据物性的相对特征,进行更精细的分类研究(王东旭等,2000)。从储集能力上划为低孔、中孔、高孔低效气藏。从储集空间类型上可分为孔隙型、裂缝型、双孔介质型低效气藏。从孔隙结构特征方面分类,则可划分高孔细喉型、中孔细喉型、低孔细喉型等各种类型。

考虑富集程度、储集能力、渗流能力、孔隙结构特征等,可进行综合分类。然而若将各种因素都考虑进来,分类体系将会过于庞大且不实用。考虑到低效考虑到低效气藏的具体特征,选取储层空间展布、孔隙度、渗透率、充满度等作为综合分类的指标(表 1.9)。

表 1.9 基于气藏地质特征的低效气藏分类表(据尹太举等,2007)

储层	宏观物性	充满度	命名
孤立型	低孔、低渗	充满型	孤立低孔低渗充满型低效气藏
		不饱满型	孤立低孔低渗不饱满型低效气藏
	中高孔、中高渗	充满型	孤立型中高孔中高渗充满型低效气藏
		不饱满型	孤立型中高孔中高渗不饱满型低效气藏
连片型	低孔、低渗	充满型	连片型低孔低渗充满型低效气藏
		不饱满型	连片型低孔低渗不饱满型低效气藏
	中高孔、中高渗	不饱满型	连片型中高孔中高渗不饱满型低效气藏

3. 研究方法

采用地质方法,包括实验、监测、观测等技术手段进行研究。常用的手段有构造反演、岩石学研究、地层对比、沉积相分析、非均质性表征等。

地层对比的方法很多,主要有两种类型:一是以测井资料为主,根据沉积的旋回性应用标志层和相似性原理进行"旋回控制,分级对比"(裘怿楠,1997)的方法;二是多种资料结合的层序地层学对比方法(尹太举等,2005)。

沉积相研究是确定低效气藏储层展布及物性分布研究的基本手段。不同沉积背景下的沉积相类型及其空间的展布的不同,储层非均质性也不同。一般是根据岩心、露头、测井、地震和古生物等资料,进行沉积相类型识别、空间展布预测,弄清储集体成因类型及垂向上和平面上的展布特征。

孔隙喉道主要应用毛细管压力曲线和孔隙铸体薄片观察。毛细管压力曲线可得到与储层微观孔隙结构特征的关键性参数,研究储层孔隙结构特征,而铸体薄片可直接观察孔隙类型、组成特征、孔喉弯曲特征等,提取面孔比等参数。

非均质性是影响开发的一个重要因素,严重的非均质性容易造成气藏开发中的低效。储层非均质性包括层内、层间、平面和微观非均质性。表征非均质性的参数有级差、非均质系数、变异系数、分布系数、连通系数等,通过非均质参数统计,可精细表征储层非均质性。

1.8.3　第3层次:历史地质成因层面

历史地质成因是造成现今地质特征的基础,通过回溯,弄清影响和造成低效的根本内在原因,指导同类气藏的描述评价。

1. 研究内容

主要研究气藏形成的地质过程中发生过的地质作用,包括沉积作用、成岩作用、构造活动、油气充注等的差异等。通过对地质过程回恢复,解释造成低效的原因,从根本上弄清低效的成因,为预测地质特征的变化提供依据。

沉积作用是沉积岩储集层形成的基础,它决定了储层的岩性、分布、空间结构等。以碎屑岩为例,由于不同的可容纳空间和沉积物供给,造成沉积物在沉积过程中发生了明显的体积分配和相分异作用,使得位于不同的基准面位置的沉积地层的结构、储层的连续性、储层的非均质性都具有明显的差异。

成岩作用研究主要包括成岩作用的类型和成岩阶段两方面。通过成岩作用研究,要弄清岩石主要发生哪种类型的成岩作用及其强度,并确定成岩阶段,从而分析成岩作用对岩石孔隙性的影响。溶解作用对储层的孔渗能力有建设性作用外,其余的成岩作用都给储层带来了不同程度的负面影响。

构造作用研究主要包括构造演化过程和构造应力场的变化。构造运动在一定程度上控制着沉积充填样式、类型,及圈闭特征,从而控制了气藏的分布。构造应力场一方面通过构造应力影响储层机械压实程度,另一方面与裂缝发育也密切相关。此外断裂的发育情况与气藏的保存也密切相关。

研究油气充注丰度。首先是充注时代;其次是充注特点,如连续的还是断续分期次的;再次分析气藏是原生气充注成藏,还是早期成藏经破坏后发生二次甚至多次运移充注成藏;最后结合不同时期的气源供给特点,分析充注强度。油气充注的强度决定了气藏的丰度,一般来说,连续充注方式形成的气藏,充注强度一般较大,而经过二次或多次运移后再充注成藏的气藏,其充注强度一般较弱,气藏丰度较低。

2. 气藏分类

从其地质成因上,可从单因素来简单地进行分类,如从沉积作用过程来进行划分,可分为碎屑岩低效气藏、化学岩低效气藏等,或者更深入地采用更细的沉积环境和相的方式进行低效气藏的分类。另外依据成岩作用的类型、构造活动的强度等都可进行低效气藏的分类。

若考虑各种地质作用的综合效果,则可考虑综合分类,基于国内的低效气藏的特征,采用如下分类方案:首先可将低效成藏划分为沉积型、成岩型及混合型等三种类型;其次在沉积型低效藏中依据沉积环境细分亚类,在混合型中则依据成岩作用及沉积作用的相对强度所造成的低效效应进行次一级的分类,而在成岩型低效气藏中,则可依据成岩作用的类型及其对气藏储层的改造程度进行次一级的分类。

3. 研究方法

地质历史层面的研究要从地质过程来着手,即从气藏形成之始的储层的形成、圈闭的形成及气体的充注、成岩作用和构造应力对储层等的改造等方面着手,逐级回剥,弄清不同的地质作用的过程、影响及其结果,综合评价气藏。

沉积作用的研究方法有地震地层学、层序地层学、沉积相分析及储层结构分析等。通过这些方法,可以有效研究沉积作用对气藏的影响。

成岩作用研究一般是根据薄片、铸体薄片、扫描电镜、阴极发光、X 衍射等资料,分析孔隙结构类型、颗粒接触关系、颗粒表面特征、矿物次生加大级别(如石英次生加大)、黏土矿物类型等来判断成岩作用的类型、强度及阶段。还有一种方法是通过成岩相的研究可以弄清成岩作用的类型和强度,成岩相是指反映成岩环境的物质表现,即反映成岩环境的岩石学特征、地球化学特征和岩石物理特征的总和。

构造作用研究的方法也很多。可以根据盆地类型和地层充填情况,结合古生物等资料分析构造演化情况,可根据地层的构造形态及岩石变形等情况分析构造应力的强度及分布状况,另外还可通过地应力场恢复构造作用过程。

1.8.4　第 4 层次:预测层面

预测是寻找低效气藏中相对高效的手段,是研究的落脚点和目的。

1. 研究内容

弄清气藏中不同部位的特性差异,寻求相对有利的开发部位,以及匹配的改造工艺,为气藏的有效动用创造条件。主要研究内容包括资料控制区外的特征,要包括油气充注预测、气藏改造的可行性研究、气藏投入开发后的变化及储层伤害评价等内容。

资料区外的预测。主要包括井间储层及物性参数的预测、气藏外围的预测。低效气藏相对高效区多处于物性相对较好处,有必要对井间及气藏外围进行预测。具体包括岩性预测、沉积相预测、储层孔渗参数预测等。

储层伤害评价。储层伤害是指进入井筒的外来流体对碎屑岩储集层储渗能力损伤。由于碎屑岩储层对外来流体的敏感性不同,造成损害的特点和程度不同。碎屑岩储集层的各种敏感性(包括水敏性、速敏、盐敏性、酸敏性、碱敏性等)是造成其损害的潜在原因,只有先弄清储层敏感性的特征,才能对症下药,采取合理措施减少储层伤害(王志伟等,2003)。

改造工艺可行性研究。低效气藏多为低渗储层,在钻井过程中容易被高相对密度的钻井液产生的压力压死,从而漏失发现气藏组合的机会,因此要研究新的钻井工艺,如欠平衡钻井技术、暂堵技术等。此外,低渗透也给开发带来困难,一般都要采用储层改造技术,如加沙压裂技术、喷沙射孔技术、高能气体压裂技术及酸化技术等。要根据气藏储层的实际特征,研究采用合适的改造工艺。

气藏开发动用后的动态预测。一旦低效气藏投入开发,就要预测其开发动态变化,随时根据开发特征进行相应的调整,同时跟踪生产动态变化情况,分析产量波动的原因,提出合理的解决方法。

2. 研究方法

对储层骨架的预测可通过沉积相分析来预测,而对于物性特征的预测则可借助差异成岩作用研究或储层建模技术来解决。储层伤害评价及改造工艺可行性预测主要通过室内和现场实验,寻求合适的储层保护工艺及改工艺,最大限度地使储层向有利于开发的方向发展。目前,较常采用的技术是钻井液保护技术、注水水质控制技术及压裂改造工艺。

气藏动态预测和监测方面主要采用气藏数值模拟技术和气藏开发动态分析方法,在静态资料的支持下,分析开发动态特征及其响应特点,预测气藏开发历史,设计合理开发方案。

针对低效气藏特点,可分为上述 4 个层次逐层深入研究其特征,指导不同阶段的勘探开发。开发层面直接通过开发实践来认识,主要关注其开采的经济效益;现今地质特征层面通过分析监测资料,表征气藏地质特征;历史地质成因层面回溯地质过程,确定地质特征成因;预测层面基于地质原理,预测气藏动态,改造气藏特征,达到最终有效动用低效气。

低效气藏成因层次分析的内容不属于高含水油田的研究内容,为体现储层研究中的层次分析法的应用领域,增加了本节内容,供读者参考。

参 考 文 献

毕先梅. 1990. 全息理论在地质学中的应用[J]. 地球科学——中国地质大学学报,15(5):581-587.

承继成. 2014. 地球科学方法探索[M]. 北京:科学出版社.

邓宏文.1995.美国层序地层研究中的新学派——高分辨率层序地层学[J].石油与天然气地质,16(2)：89-97.

恩格斯.1971.自然辩证法[M].北京：人民出版社.

古莉,于兴河,李胜利.2004.低效气藏地质特点和成因探讨[J].石油与天然气地质,25(5):577-581.

顾家裕,宁从前.1997.陆相层序地层学评述[C]//层序地层学及其在油气勘探开发中的应用论文集.北京:石油工业出版社.

顾家裕,范土芝.层序地层学回顾与展望[J].海相油气地质,2001,(4):15-25.

郭建华.1998.高频湖平面升降旋回与等时储层对比[J].地质论评,44(5):529-535.

哈兰德 W B,考克斯 A V,卢埃林 P A,等.1987.地质年代表[M].袁相国,姬再良,刘椿,译.北京:地质出版社.

李强.1992.自相似律及其在地学中的运用[J].地质科技管理,4(2):45-49.

李思田,程守田,杨士恭,等.1992a.鄂尔多斯盆地东北部层序地层及沉积体系分析[M].北京:地质出版社.

李思田,杨士恭,林畅松,等.1992b.论沉积盆地的等时地层格架和基本建造单元[J].沉积学报,10(4):11-22.

刘第墉.1984.系统地质学提纲初拟[J].地质系统管理研究,7(3):51-62.

刘洪.1991.当代新科学扫描[J].科技导报,(2):17-21.

柳永清,李寅,刘晓文,等.1997.层序地层旋回地层与多重地层划分——以京西冀北下古生界为例[J].中国区域地质,16(1):81-88.

梅仕龙.1995.层序界面和界线层型相结合而产生的地层划分的一个新概念:最优自然界线[J].地质学报,69(3):277-283.

孟祥化,葛铭.2004.中朝板块层序事件演化-天文周期的沉积响应和意义[M].北京:科学出版社.

米阿尔 A D.1987.河流体系分析[M].北京:石油工业出版社.

裘怿楠.1991.储层地质模型[J].石油学报,12(4):55-62.

裘怿楠.1997.石油开发地质文集[M].北京:石油工业出版社,北京.

裘怿楠,薛叔浩.1994.油气储层评价技术[M].北京:石油工业出版社.

沈小峰.1993.混沌初开[M].北京:北京师范大学出版社.

沈小峰,王德胜.1992.自然辩证法范畴论(修订本)[M].北京:北京师范大学出版社.

孙小礼.1992.自然辩证法通论(第一卷自然论)[M].北京:高等教育出版社.

田昌炳,罗凯,朱怡翔.2004.低效气藏资源特征及高效开发战略思考[J].天然气工业,24(1):4-6.

王东旭,王鸿章,李跃刚.2000.长庆气田难采储量动用程度评价[J].天然气工业,20(5):64-66.

王鸿祯,史晓颖.1998.沉积层序及海平面旋回的分类级别——旋回周期的成因讨论[J].现代地质,12(1):1-16.

王仁铎,胡光道.1988.线性地质统计学[M].北京:地质出版社.

王寿庆.1993.扇三角洲模式[M].北京:石油工业出版社.

王振奇,张昌民,张尚锋,等.2002.油气储层的层次划分和对比技术[J].石油与天然气地质,23(1):1-8.

王志伟,张宁生,吕洪.2003.低渗透天然气气层损害机理及其预防[J].天然气工业,23(增):28-31.

王子贤.1989.地学哲学概论[M].武汉:中国地质大学出版社.

吴元燕,陈碧珏.1996.油矿地质学(第二版)[M].北京:石油工业出版社.

解习农,程守田,陆永潮,等.1996b.陆相盆幕式构造旋回与层序构成[J].地球科学,21(1):27-33.

解习农,任建业,焦养泉,等.1996a.断陷盆地构造作用与层序样式[J].地质论评,42(3):239-244.

殷鸿福,童金南.1995.层序地层界面与年代地层界线的关系[J].科学通报,40(6):539-541.

尹太举,张昌民,李中超,等.2005.层序地层学在开发中的应用实践[J].沉积学报,23(4):664-671.

尹太举,张昌民,汤军,等.2001.马厂油田储层层次结构分析[J].江汉石油学院学报,23(4):19-21.

尹太举,张昌民,朱贻祥,等.2007.低效气藏成因层次剖析[J].天然气工业,27(3):6-9.

余谋昌.1992.地学与思维[M].北京:地质出版社.

於崇文.2003.地质系统的复杂性(上册)[M].北京.地质出版社.

张昌民.1992.储层研究中的层次分析法[J].石油与天然气地质,13(3):344-350.

张昌民,李联伍.1996.X-CT技术在储层研究中的应用[M].北京:石油工业出版社.

张昌民,徐龙,裴怿楠.1996.青海油砂山油田第68层分流河道砂体解剖学[J].沉积学报.14(4):70-75.

张昌民,王振奇,徐龙,等.1994.周清庄油田生物屑灰岩储集体规模预测及储层非均质性层次分析[J].
    江汉石油学院学报,16(2):15-20.

张昌民,尹太举,张尚锋,等.2004.泥质隔层的层次分析-以双河油田为例[J].石油学报,25(3):48-52.

张吉光,杨明杰.1994.地质类比的层次与条件[J].地质科技管理,10(5):32-35.

张尚峰,洪秀娥,郑荣才,等.2002.应用高分辨率层序地层对储层流动单元层次性进行分析——以泌阳
    凹陷双河油田为例[J].成都理工大学学报,29(2):147-151.

张尚锋,张昌民,李少华,等.2003.基准面旋回的层次划分与对比—以坪北油田长4+5—长6油层组为
    例[J].江汉石油学院学报,25(4):5-8.

赵鹏大.1991.初论地质异常[J].地球科学(中国地质大学学报),16(3):241-247.

赵永超.张昌民,吕炳全.1998.地质层次律试析[J].大自然探索,17(63):115-118.

郑荣才,彭军,吴朝容.2001.陆相盆地基准面旋回的级次划分和研究意义[J].沉积学报,19(2):249-255.

郑荣才,尹世民,彭军.2000.基准面旋回结构与叠加样式的沉积动力学分析[J].沉积学报,18(3):396.

中国石油天然气总公司勘探局.1998.现代地层学在油气勘探中的应用[M].北京:石油工业出版社.

朱夏.1986.朱夏论中国含油气盆地构造[M].北京:石油工业出版社.

朱新轩.1992.现代自然科学哲学引论[M].上海:华东师范大学出版社.

Cross T A. 1996.据高分辨率层序地层学认识地层结构对比概念体积配分相分异和储层的间隔单元划
    分[J].杜宁平,译.国外油气勘探,8(3):285-294.

David C,Stefan B. 1990.泥屑层不均一性特征及其对流体的影响[C]//第二届国际储层表征技术研讨会
    论文集.山东东营:石油大学出版社.

Friedman G M,Sanders JE. 2000. Comments about the relationship between new ideas and geologic terms
    in stratigraphy and sequence stratigraphy with suggested modifications[J]. AAPG Bulletin,84(9):
    1274-1280.

Gallway W E. 1989. Genetic stratigraphic sequences in basin analysis:Architecture and genesis of flooding
    surface bounded depositional units[J]. AAPG Bulletin,73(2):125-142.

Gogging D J,Chandler M A,Kocurer G,et al. 1988. patterns of permeability in eolian deposits:Page sand-
    stone(Jurassic),Northern Arizona[J]. SPE Formation Evaluation,3(6):297-306.

Hans-Henrik S. 1990.碎屑岩储层的分形非均质性[C]//第二届国际储层表征技术研讨会论文集.山东
    东营:石油大学出版社.

Johnson J G,Klapper G,Sandberg C A. 1985. Devonian eustatic fluctuations in Euramerica[J]. Geological
    Society of America Bulletin,96(5):567-587.

Load M E,Collins R E. 1989. Effect of crossbedding on well performance[C]//SPE Annual Technical
    Conference and Exhibition. Society of Petroleum Engineers:1-9.

Miall A D. 1985. Architecture elements analysis:A new method of facies analysis applied to fluvial depos-
    its[J]. Earth Science Review,22(2):261-308.

Miall A D. 1988. Reservoir heterogeneity in fluvial sandstones:Lessons from outcrop studies[J]. AAPG

Bulletin,72(6):682-697.

Pettijohn F J,Potter P E. Siever. 1973. Sand and Sandstone[M]. New York:Springer.

Posamentier H W,Allen G P,James D P. 1992. High resolution sequence stratigraphy—the East Coulee Delta Alberta[J]. Journal of Sedimentary Petrology,62(2):310-317.

Posamentier H W,Weimer P. 1993. Siliciclastic sequence stratigraphy and petroleum geology—where to from here[J]. AAPG Bulletin. 77(5):731-742.

Sangree J B,Vail P R. 1991. 应用层序地层学[M]. 张宏逵,译. 山东东营:石油大学出版社.

Vail P R,Mitchum Jr R M,Thompson Ⅲ S. 1977. Seismicstratigraphy and global changes of sea level: Part 3. Relative changes of sea level from coastal onlap[M]//Seismic Stratigraphy—Applications to Hydrocarbon Exploration:AAPG Memoir:63-81.

Weber K J. 1986. How heterogeneity affects oil recovery//lake L W,Carroll H B. Reservoir Characterization Oriando[M]. New York:Academic Press.

第2章　高分辨率层序地层分析

高含水阶段油藏描述的关键是建立储层的骨架模型,储层骨架是控制物性变化的、宏观的整体性因素。储层物性参数在一定的砂体范围内,即一定的单层、小层和油组内发生变化。要真正了解储层的非均质性,必须首先清楚作为储层的骨架砂体的空间分布规律,为了了解储层骨架砂体的分布需要进行储层对比,因而储层对比成为储层描述的核心。

层序地层学为研究储层砂体的展布提供了有力的工具,但传统的层序地层学在解决单砂体规模的地层对比问题时显得力不从心,美国科罗拉多矿业学院 Cross 等(1993)提出的高分辨率层序地层学原理和地层对比理论和方法技术,为研究开发地质中储层砂体精细对比提供了新的手段。这项技术由邓宏文(1995)以"高分辨率层序地层学——美国层序地层学新学派"为题介绍到我国,目前国内普遍所称的"高分辨率层序地层学"就是指这一学派。

Cross 等(1993)的高分辨率层序地层学包括基准面原理、体积分配原理、相分异原理和地层等时对比法则。基准面既不是海平面,也不是地表面,而是相对于地球表面上下波动并横向摆动的抽象等势面,基准面高于地表面则具有沉积潜力,基准面低于地表面将发生侵蚀作用,当基准面与地表面重合时发生沉积物过路作用。由于基准面的不断上下波动,造成可容纳空间的连续变化,可容纳空间在不同时间和不同地区都在增大和减小,因此沉积作用和侵蚀作用不断进行,这样就不断将沉积物从侵蚀或过路区逐步搬运到具有较高可容纳空间的地区,在搬运过程中产生沉积物的体积分配。在沉积物侵蚀与搬运过程中,受沉积营力强弱和沉积分异作用的影响,使得各处形成的沉积物各不相同,从而产生相分异,相分异的结果是导致在不同地区形成不同形态、不同岩性和不同岩石物理特性的砂体。人们总是可以通过对古代沉积物中不同沉积现象的分析来重塑不同时期的基准面变化、体积分配和相分异过程,从而达到等时地层对比的目的。因而,Cross 的成因地层学既可以达到对地层组以上规模的地层对比,又可以合理地解释沉积体系的变化及砂体的叠置组合关系,砂体的连通性和连续性,还可以解释砂体内部物性变化的非均质性特征。

笔者学习、消化吸收了高分辨率层序地层学理论和方法,并进行了探索和创新,丰富高分辨率层序地层学的研究内容,在此基础上应用该理论对中原油田沙河街组、江汉坪北油田长 6 及长 4+5 油组、大港油田孔店组及钟市油田潜江组高含水层段开展高分辨率层序地层学研究,有效地解决了这些油田地层精细对比和剩余油分布预测问题。本章首先介绍高分辨率层序地层学的基本原理,接着介绍在不同地区应用高分辨率层序地层学进行地层划分对比、基准面旋回格架内砂体的发育特点、储集砂体的储层非均质性及基准面旋回层序内砂体的开发响应分析等研究实例。

2.1　基准面及基准面升降原理

2.1.1　基准面的概念及其沿革

基准面概念最早由 Powell(1875)提出,用于地貌学研究中,指的是陆上侵蚀作用的下限面,并认为海平面是总的基准面(或最终的基准面),但也有局部或暂时的基准面(Powell,1875;Schumm,1993)。Davis(1902)和 Wheeler(1958)认为,Dana 和 Rice(1878)首次将基准面应用于地层学,用来代表沉积和剥蚀间的均衡状态。Barrell(1917)继承了 Dana 和 Rice(1878)的观点,并提出基准面围绕地表上下波动,由此构成控制可供沉积物堆积空间(称之为可容纳空间)(Jervey,1988)的最根本因素。Barrell(1917)同时根据基准面穿越旋回将地层序列分为由时间界面包裹的地层单元,即现在的"层序"。

Barrell(1917)认为地层序列记录了基准面的穿越旋回,并且指出在一个地理位置沉积的地层在时间上与另一地理位置的不整合面相等,即"一个不整合所代表的时间,在别的地方可能表现为一个地层组的沉积"。基准面波动期形成的地层记录可自然地分为基准面上升期和下降期两部分,这一自然划分是应用地层的物理特征(如几何形态、接触关系等,而不是用古生物等资料)进行地层对比的基础。

Barrell(1917)认为不整合面在时间上与一些连续的地层单元相等,这些地层可与不整合面相对比,他的贡献在于认为在一基准面旋回期间,沉积剖面上有些位置的沉积物堆积没有明显的地层中断,代表基准面升降时间的地层旋回是对地层记录的自然划分,这些地层旋回可用于地层对比。

Barrell(1917)的观点一开始影响很大,但随后明显减小。其关于基准面的定义、地层旋回是地层记录的自然划分及基于物理特征(如形态、接触关系等)的地层对比等思想一开始被广泛接受,与他同时代的研究者吸收或共享了许多他的思想。但关于地层旋回是基准面旋回期沉积物堆积的产物的明确论述,在 Barrell 之后的年代里就没有出现过,甚至连将沉积物堆积时间同基准面或基准面旋回联系起来的陈述都很少见。直到 1959 年,Busch(1959)重新提出这一概念。在 Barrell 之后,大多数地层对比工作依据古生物标准进行,而不涉及地层的物理特征(指地层形态、接触关系等)。1932 年,Wanless 和 Weller 提议基于地层物理特征的地层对比或许可行:"如果这一假定成立(在一个沉积盆地内各种岩性韵律层是广泛分布的),一个新的对比方法就可利用,这一方法就是利用一些关键层,不是用动物群或植物群,而是基于一系列韵律层。"实际上 Barrell 及其同时代的少数研究除在 20 世纪早期产生了一定的影响外,其后的研究基本上影响不大。

Barrell(1917)关于地层可自然划分为记录了多级次基准面升降变化的地层旋回的概念,在其后近半个世纪没有受到挑战,也没有得到修改,但同时也没有得到广泛应用,除了少数地貌学研究者对基准面术语的含义、意义和应用进行过一些争论。

在 Barrell(1917)之后,Wheeler 和 Murray(1957)、Wheeler(1958,1959,1964)对基准面是控制力量的观点提出质疑,在比较了几个广泛应用于地貌学的基准面概念之间的差别之后,首次对基准面概念作了修改,引入了一个不同以往、更严格精确、更适合于地层分析的基准面概念,一般称为地层基准面。Wheeler(1964)认为基准面为抽象的(非物质的)、非水平的、相对于地表上升和下降的,波动的连续面,其描述的是在时间域物质和能量被保存下来的可容纳空间结构里,沉积物供给与被搬离间的一个平衡状态。基准面可用于描述在哪里、什么时间沉积物在岩石圈表面被搬运或沉积,以解释调节沉积物搬运、沉积或侵蚀间的能量平衡。而沉积物搬运、沉积或侵蚀则是由可容纳空间时空变化造成的。Wheeler(1964)的基准面概念提供了一个独立于任何控制因素、规模、沉积环境和地表过程的参考格架。当基准面上升,基准面与向海倾斜的地球表面相交位置向上游(陆)移动,位于基准面之下沉积物可堆积的地表面积随之增加,陆相环境中沉积物保存能力也随之增加;当基准面下降,情况则相反。在此基础之上,Wheeler(1964)创造性地将基准面的概念应用于地层分析过程中。

Wheeler(1964)认为地层基准面既不是海平面,不是其向陆的水平延伸面,也不是一个地貌平衡剖面。他认为基准面是某一位置处物质被搬离原地和沉积保存下来所需要能量间的平衡状态。地层基准面是描绘产生和减少可容纳空间,以及可容纳空间里沉积物被搬来和搬运走的各种过程之间相互作用的一个描述模块(descriptor)。

Sloss(1962)认为基准面是一个界面,在其上沉积物颗粒无法停留,而在其下可能发生沉积与埋藏作用。埃克森公司的科学家 Posamentier 等(1988)及 Posamentier 和 Vail(1988)的观点认为基准面是一个地表上的地貌剖面,在海相环境中与波基面一致。此外,在这一观点中,地层仅将地质时间记录为沉积或无沉积。由于将海平面视为控制因素,因此这一基准面概念并不适合于非海相地层。Schumm(1993)通过对基准面概念的分析提出基准面是有效海平面的观点。Sloss(1962)和 Wheeler(1959)将基准面概念应用于区域克拉通地层对比。后来,埃克森公司的科学家 Posamentier 等(1988)及 Posamentier 和 Vail(1988)将基准面应用于地震地层学和层序地层学研究。Sloss 和埃克森公司科学家将 Barrell(1917)的基准面概念作为可容纳空间变化的控制因素。

2.1.2　基准面的影响因素

自从基准面的概念和理论提出以后,关于基准面的影响因素问题一直是研究者讨论的重点。Cross(1994)提出的高分辨率层序地层学理论的核心就是基准面原理,高分辨率层序地层对比的核心是基准面旋回的识别划分和对比,而要识别划分基准面旋回,就必须先搞清楚造成基准面旋回性升降变化的控制因素,这样才能从根本上掌握基准面旋回识别划分与对比的精髓。此外,基准面的旋回性变化也是有层次的,如短期旋回、中期旋回、长期旋回等。不同层次的基准面旋回,其影响因素不同,在实际研究中不同层次的基准面旋回如何区分,应该从基准面的影响因素分析入手。从大量文献来看,学者们普遍认可的基准面变化的主要影响因素有构造、气候、沉积物供给、海(湖)平面变化及沉积地形。

1. 构造作用对基准面的影响

构造作用是控制陆相层序形成及其特征的最主要因素,解习农(1996)认为陆相盆地层序的形成主要受控于区域构造事件。构造对基准面的影响主要表现在以下两个方面。

(1) 构造作用影响基准面的形态和基准面旋回层序内的沉积物特征。构造作用决定了古地理格局,因此决定了基准面的形态及物源区和沉积区在空间上的展布。构造运动是形成盆地基本格局的最主要动力。陆相盆地具有近物源、多物源和快速充填等特征就是由构造决定的,而盆地内部古地理格局则控制了沉积区内沉积体系的类型和分布。我国陆相盆地可分为陆相拗陷盆地、陆相断陷盆地和陆相前陆盆地三种基本类型(顾家裕等,2005),不同类型的盆地其构造格局、构造运动方式、盆地结构类型、形态、盆地边界的形态(如陡缓程度、有无坡折)等情况不同,因此基准面形态也各不相同,层序发育和沉积体系发育特征不同(图 2.1)。陆相断陷盆地,如渤海湾盆地、二连盆地等,断裂发育、地形坡度大、近物源,以各种规模相对较小的扇形砂体发育为特征,主要有三角洲、扇三角洲、浊积扇(湖底扇)、冲积扇等砂体(郭少斌,2006);陆相拗陷盆地沉积地形平缓、面积大,以大型三角洲砂体广泛发育为特征。如鄂尔多斯盆地就发育大型三角洲沉积体系;陆相前陆盆地物源主要来自逆冲造山带,围绕山前带形成一系列厚度大、分布面积不等的扇形沉积,而且在冲断活动的不同时期,发育的沉积体系不同(赵文智等,2006)。

　　(2) 构造作用影响基准面旋回性变化。构造的幕式变化引起沉积可容纳空间的变化,导致沉积物沉积、搬运及侵蚀之间的关系不断交错变化,造成沉积作用的周期性,从而控制了较大规模基准面旋回层序和层序边界的形成以及沉积体系的演变。当沉积格局处于一个相对稳定平衡状态时,即基准面处于某一相对稳定状态时,构造的抬升和沉降,打破了这种状态,形成新的基准面,产生新的可容纳空间,为了达到新的平衡,就要发生侵蚀和填充,当达到或在力求达到新的平衡的过程中,构造作用又发生变化,又形成新的基准面,则沉积物又要去达到新的平衡。如此反复,构造的幕式运动变化造成基准面的升降变化,沉积物总是通过侵蚀搬运和沉积作用来调整以达到新的平衡稳定状态,这样便产生了沉积记录的旋回性,产生了基准面旋回层序(图 2.1)。郑荣才等(2001)根据来自三个湖盆的电子自旋共振(electron spin resonance,ESR)年龄测定资料对各级次旋回时限分布范围的统计发现,在同一或不同陆相盆地的低频长周期旋回主要受构造作用控制。郭建华等(1998)对东濮断陷湖盆沙三段的湖进-湖退旋回研究也得出相似的结论,在其划分的3 个湖进-湖退旋回中,低频长周期的三级湖进-湖退旋回时限为 1.03~2.75Ma,主要受构造活动强弱幕式变化控制。

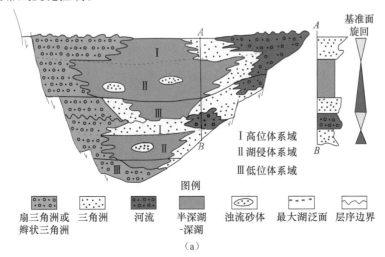

(a)

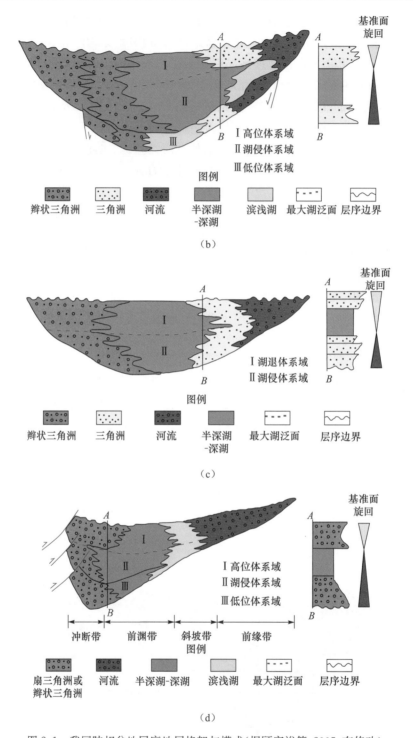

图 2.1　我国陆相盆地层序地层格架与模式(据顾家裕等,2005,有修改)

(a)断陷型湖盆层序地层格架与模式;(b)拗陷型湖盆层序底层格架与模式(具坡折带);(c)拗陷型湖盆层序地层格架与
模式(无坡折带);(d)陆内前陆盆地层序地层格架与模式

陆相盆地构造运动强烈,具有很强的分割性。如我国东部断陷盆地形成早期,由于拉张作用造成软流圈上拱而具裂陷性质,晚期因热流扩散岩石圈冷却收缩而具有拗陷性质。盆地的拉张裂陷时期盆缘同生正断层事件是构造运动的主要形式,是一个不连续的、多旋回的幕式沉降过程(林畅松等,2004)。断层的幕式活动造成断块基底的阶段性沉降,导致可容纳空间的周期性变化,断层幕式活动的规模、幅度和强度则控制着可容纳空间的变化速率。边界控盆断裂幕式活动形成长期地层旋回,期间产生的次级幕式活动形成次一级的地层旋回,由此导致断陷盆地充填地层的多层级次性旋回特征。因此,构造作用是影响我国陆相盆地地层基准面的最基本的因素。

2. 气候对基准面的影响

(1)气候变化影响沉积物的来源。不同气候对母岩施加的风化作用方式及其所形成的产物不同,不同气候条件下形成不同的河流湖泊体系,从而影响沉积物的搬运方式,进从而影响沉积物的类型。干旱气候条件下,母岩以物理风化为主,风化产物以碎屑物质为主,在间歇性的洪水作用下形成冲积扇、扇三角洲等类型沉积物;在潮湿气候条件下,母岩以化学风化为主,形成的沉积物中泥岩比例比干旱气候背景高。

(2)气候变化影响沉积搬运的水动力条件。气候的干旱与潮湿,直接影响着降水量和地表水蒸发量,从而影响搬运物质运动的水动力条件。水动力条件的改变,必然造成侵蚀和搬运沉积物能力的变化,最终影响基准面的变化。如干旱和潮湿气候条件下地表水系对地表的侵蚀能力不同,基准面相对于地表的位置就不同。因为基准面是沉积和侵蚀间的平衡状态,基准面必然会因地表水系侵蚀能力的不同而不同。

(3)气候周期性变化会影响湖平面变化,从而影响基准面的形态,造成基准面的旋回性变化,形成旋回性层序。贾承造等(2002)认为气候变化是高频层序的主控因素。高频气候变化旋回(4~6级以下的气候旋回)的动力学机制是地球旋转产生的偏心率变化,其表现形式为米兰柯维奇气候旋回,2级到3级的气候旋回的动力学机制与海平面升降相同,而3级以下低频层序是构造、低频气候旋回等因素的沉积响应(冯友良等,2000)。郑荣才等(2001)根据来自三个湖盆的电子自旋共振年龄测定资料对各层次旋回时限分布范围的统计发现,在同一或不陆相盆地的高频短周期旋回主要受天文因素引起的气候因素的影响。位于中东欧的潘诺尼亚 Panonian 盆地的晚中新统为湖相地层,可识别出4~6级层序的湖平面旋回,明显与米兰柯维奇气候旋回一致并受其控制(Juhász,et al.,1997)。此外,陆相湖盆水体规模小,气候微小变化就可以引起强烈的湖平面变化,几厘米厚的地层就可能记录了深水到浅水的环境变化(汪品先,1991)。郭建华等(1998)对东濮断陷湖盆沙三段的湖进-湖退旋回研究也得出结论,在其划分的三个湖进-湖退旋回中,高频短周期的4级和5级湖进-湖退旋回的时限分别为0.26Ma 和0.094Ma,分别受偏心率长周期和黄赤交角(岁差长周期)周期控制,即受气候旋回变化的影响。这足以说明气候旋回与层序的密切关系。

3. 沉积物供给对基准面的影响

沉积物供给是发生沉积作用最根本的物质条件,也是影响地层基准面的一个重要因素。沉积物供给主要从以下几个方面影响地层基准面。

(1) 沉积物供给影响可容纳空间。沉积物供给总量和供给速率的变化,决定了沉积物对可容纳空间的充填速率,因此必然影响基准面的形态。沉积物供应的速率影响着可容纳空间被充填的体积和位置。沉积物供应与可容纳空间的平衡控制着沉积相带是向海推进,还是向陆退覆。胡小强和杨木壮(2006)通过研究认为万安盆地不同时期的物源供应影响着盆地内有效可容纳空间位置的迁移,供应的速率影响着可容纳空间被充填的多少和部位,可容纳空间与沉积物供给变化之间的平衡关系(A/S值)控制着沉积相带的叠置方式。

(2) 沉积物供给通过影响湖平面以达到对基准面形态和层序发育的影响。陆相湖盆与海盆相比,湖盆体积小,离物源相对较近,沉积物的供给速率相对较高,沉积物供给对湖平面的变化影响较大(张世奇等,2001)。郭彦如(2004)在研究银额盆地查干断陷闭流湖盆层序的控制因素与形成机理时,就认识到沉积物供应对层序发育的影响。一般而言,在物源供给速率大于可容纳空间增加速率时,可形成进积式的准层序组,构成湖退体系域、低位体系域或高位体系域;当沉积物供给速率相当于或低于可容纳空间的增加时则可形成加积式的准层序组和退积式的准层序组,形成湖侵体系域(顾家裕和张兴阳,2004)。

(3) 沉积物供给影响沉积地形,从而影响基准面形态和层序发育。王颖等(2005)在对松辽盆地西部坡折带的成因演化及其对地层分布模式控制作用的研究过程中,发现了套堡-双岗高位坡折带和红岗-海坨子低位坡折带两级坡折带,在后期发育过程中,套堡-双岗高位坡折带主要受物源的方向和侵蚀力控制,而高位坡折带和沟槽的共同作用控制了沉积体系的展布。红岗-海坨子低位坡折带主要受沉积物的供应和差异压实作用的影响,且低位坡折带控制了低位域发育的范围。

当然,沉积物供给是通过与其他因素的相互作用共同对基准面和层序发育产生影响的。同时,沉积物供给速率本身也受到构造和气候、地形等因素的影响。

4. 海(湖)平面的变化对基准面的影响

在海相环境中,海平面是影响基准面的一个重要因素。以 Vail 层序地层理论为基础的经典层序地层学派认为海平面是层序发育的主要控制因素,甚至将海平面或波基面视为海相环境的基准面(Vail et al.,1977a,1977b)。在陆相环境中,湖平面就类似于海相中的海平面,是基准面和层序的一个主要影响因素。

海盆或湖盆是地表水流的最终汇集场所,而海盆或湖盆的边缘地带是由地表水流携带的沉积物的最主要沉积场所。虽然海(湖)平面不等同于基准面,但是海(湖)平面的变化对基准面和基准面旋回层序有着重要影响。

(1) 海(湖)平面的位置影响基准面的位置。其实基准面概念中最核心的一点就是就是基准面是沉积物沉积和搬运间的一个平衡状态。海(湖)平面边缘及以下的空间是主要的沉积物卸载和堆积场所,海(湖)平面的位置直接影响着基准面的位置。从 Wheeler(1964)的基准面图解中就可以明显看出,基准面的位置就是参考海(湖)平面构想出来的。因此,海(湖)平面的位置及其升降变化,必然直接影响基准面的位置和形态。当海(湖)平面上升,基准面上升;海(湖)平面下降,基准面下降(图 2.2)。

(2) 海(湖)平面的旋回性升降变化产生基准面旋回变化及层序。当海(湖)平面进行周

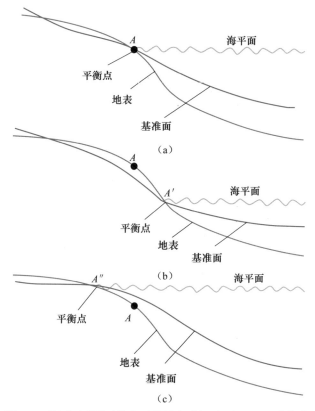

图 2.2　海平面升降对基准面的影响(据 Wheeler,1964,有修改)

期性升降变化时,必然会对基准面产生影响,造成基准面的旋回性变化,形成基准面旋回层序。当海(湖)平面发生一定规模下降时,发生进积沉积作用,沉积物向海(湖)推进;当海(湖)平面发生一定规模上升时,沉积物向陆地方向退积。当海(湖)平面发生周期性的上升下降,则沉积物发生周期性的退积、进积,形成旋回性层序(图 2.3)。陈国俊等(1999)研究了新疆阿克苏-巴楚地区寒武纪—奥陶纪海平面变化与旋回层序的形成,认为塔里木盆地寒武纪—奥陶纪的频繁海进与海退形成了该区以台地碳酸盐岩为主的旋回层序。

5. 沉积水动力对基准面的影响

Milana(1998)认为水流强度的周期性变化就足以形成层序。因此,沉积水动力条件对基准面的影响不可忽视。笔者认为,沉积水动力条件的变化,才是基准面变化的最根本和最直接的动力。构造、气候、海(湖)平面及沉积地形等因素,在本质上是通过影响沉积水动力条件而对基准面产生影响的。沉积水动力对基准面的影响主要表现在以下几个方面。

(1)沉积水动力强弱对基准面的影响。基准面定义中一项很重要的内容就是基准面是沉积和侵蚀间的一个平衡状态。在地表遭受侵蚀的区域,基准面处于地表之下,此时的基准面实际上就是 Powell(1875)、Davis(1902)所指的侵蚀作用的下限面。而当沉积水动力强弱不同,搬运水流对地表侵蚀作用的强度就不同,地表最终被剥蚀的厚度就不同,在该区域,基准面处于地表之下距地表的高差不同,即基准面的位置和形态不同。沉积水动力越强,则基准面在地表之下越远离地表,沉积水动力越弱,则基准面在地表之下据地表越近(图 2.4)。因此,沉积水动力的大小对基准面的位置和形态的影响不可忽视。

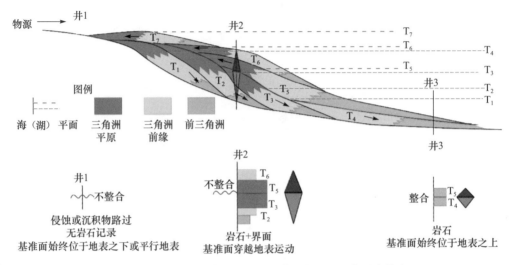

图 2.3　海(湖)平面升降产生基准面旋回变化及层序形成模式图

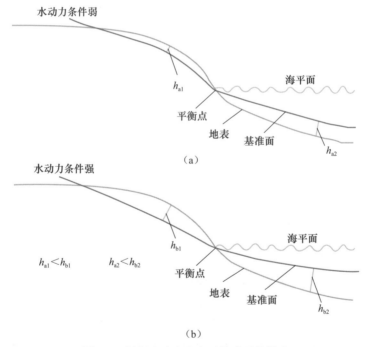

图 2.4　沉积水动力大小对基准面的影响

　　(2)特殊沉积水动力条件对基准面的影响。在海洋深水环境中往往发育等深流、内波内潮汐,从而在深水环境中发生沉积物再搬运和沉积作用,形成等深岩丘和内波内潮汐沉积(高振中等,1995;何幼斌,1997;罗顺社,2002)。在此过程中有一个基准面存在,这个基准面必然有一部分处于海底早期沉积物之下,这样才会有早期沉积物再搬运作用的发生,也必然还有一部分基准面海底(不包括沉积物)之上,这样才能发生沉积,形成那些等深岩丘和内波内潮汐沉积。

(3) 沉积水动力条件影响沉积物的供应。沉积水动力条件对沉积物供应及沉积物类型的影响不难理解,当沉积水动力强时,水流对地表的侵蚀作用就强,搬运沉积物的能力也增强,搬运沉积物的总量就大,粒度就粗,因此沉积物供应量较大,沉积物粒度相对较粗。而沉积水动力条件弱时,侵蚀作用就弱,搬运能量也弱,沉积物供应量就相对小且沉积物粒度相对要细。因此,沉积水动力条件会影响基准面变化过程中沉积物的供给和沉积物的类型。

(4) 沉积水动力的周期性变化可引起基准面的旋回性变化。由构造、气候等引起的沉积水动力强弱的周期性变化,会造成沉积物供应的周期性变化,从而造成沉积作用的旋回性,最终导致基准面的旋回性变化。如在我国西部干旱地区,季节性的洪水,会在山前形成多期冲积扇沉积,形成旋回性沉积特征,这种沉积的旋回性实际上也反映了基准面的旋回性变化。

一般在分析层序形成和基准面的主要影响因素时很少分析古水动力条件的影响。但沉积水动力条件对基准面的影响作用不可忽视,沉积水动力条件是沉积物搬运和沉积的一种重要动力,绝大部分沉积物的搬运和沉积是靠水动力来完成的。沉积水动力类型的不同,如河流、波浪、潮汐、等深流、内波内潮汐等,形成的沉积物的类型、特点不同;而沉积水动力的周期变化则会造成基准面的变化。因此,在进行层序研究时要注重研究古水动力条件的变化。

6. 沉积地形对基准面的影响

基准面在地表上下波动,沉积地形中的坡折及隆起的存在与否、地形的陡缓等因素都会影响基准面的形态,进而影响层序的构成及沉积体系的发育。

(1) 地形影响基准面的形态和位置。地形较缓的沉积环境中,搬运沉积物的水流的重力势能差异小,沉积水动力条件相对较弱,搬运沉积物和对地表的侵蚀冲刷能力较弱。由于基准面是沉积和侵蚀间的平衡状态,当基准面位于地表之下时,基准面可以理解为侵蚀作用的下限。因此,地形缓,沉积水动力相对较弱,地表遭受侵蚀的厚度就小,处于地表之下的那部分基准面相对于地表的高差较小。当基准面位于地表之上时,由于地形平缓,水动力条件相对弱,沉积下来的沉积物的数量就少,地形缓则沉积盆地边缘浅水水域面积就大,可容纳空间就小,位于地表之上的基准面距地表的高差也就小;地形较陡的沉积环境中,搬运沉积物的水流系统在重力势能作用下就具有较强的搬运能力,对地表的侵蚀能力强,地表遭受侵蚀的厚度就大,处于地表之下的那部分基准面相对于地表的高差就大。对于基准面位于地表之上区域,可容纳空间就大,能够沉积的沉积物的数量较多,沉积厚度较大,因此,基准面位于地表之上的高度就大(图 2.5)。地形中坡折的存在,增加了局部地形的坡度,也必然影响到可容纳空间的分布和形态,从而影响基准面的形态和位置。隆起或低地、沟槽等地形的存在,同样会影响基准面的形态和位置。

(2) 沉积地形可影响海(湖)岸线的升降速率,从而影响基准面的变化速率。沉积地形的陡缓,对海(湖)岸线的相对变化速率有着明显的影响。盆地边缘地形坡度较陡,海(湖)平面上升或下降幅度的大小对岸线的位置影响不大,因此,沉积体系的位移相对不大,基准面变化就不明显;盆地边缘坡度较缓,水体的深度只要发生很小的变化,就会有大面积的陆地被淹或大面积的海(湖)底暴露于水上,沉积体系发生较大距离的迁移,基准面就会发生很明显的变化(图 2.6)。因此,盆地边缘地形坡度的变化,必然会影响海(湖)平面相对地表变化的幅度和频率,从而影响基准面的变化。

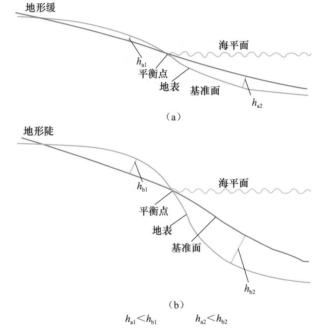

图 2.5　地形陡缓对基准面的影响

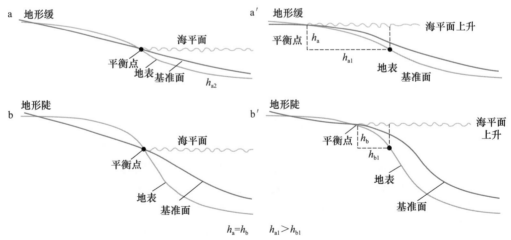

图 2.6　地形陡缓对海平面和基准面变化幅度的影响

(3) 沉积地形影响沉积体系的类型及分布。由于基准面变化幅度决定可容纳空间的大小,因此在相同沉积物供应条件下,不同的可容纳空间内沉积的沉积物的量就不同,沉积物的分布范围和沉积特征也不同。沉积地形的陡缓,对沉积体系类型和分布影响明显。盆地类型不同,沉积地形陡缓不同,发育的沉积体系类型及特征也不同。陆相断陷型盆地,如渤海湾盆地、二连盆地等,断裂发育、地形陡、近物源,以各种规模相对较小的扇形沉积体系发育为特点,主要有三角洲、扇三角洲、浊积扇(湖底扇)、冲积扇等沉积体系;陆相拗陷盆地,如鄂尔多斯盆地、松辽盆地等,沉积地形平缓、面积大,以大型三角洲沉积体系为主;陆相前陆盆地,如川西前陆盆地、准噶尔西北缘前陆盆地等,物源主要来自逆冲造山带,围绕山前带较陡一侧形成一系列厚度大、面积不等的扇形沉积体,在冲断活动强烈期,山前带坡度大,主要形成冲积扇、扇三角洲,在拗陷区深陷期可形成湖底扇。在冲断活动衰弱期,山前带坡度相对变缓,主要形成辫状河沉积。川西上三叠统、准噶尔西北缘和南缘中生代、库车中新生代等陆相前陆盆地,基本都是这种特点。而在前陆盆地近克拉通一侧前缘隆起的斜坡区,坡度相对较小,本身缺少大规模水系输入,主要发育滩坝沉积。

沉积地形对基准面和沉积体系有着重要的影响,因此,在层序地层研究时,要充分考虑沉积地形对基准面及地层层序的影响。

2.1.3　基准面的运动

基准面的变化,被以地层(岩石＋界面)的形式记录下来,虽不能说基准面是地层形成及演化的控制因素(因为基准面只是一假想的等势面),但基准面实际上是对各种影响地层形成作用的总和的一个反映,是各种影响地层形成作用的总和,因此可以说基准面间接地控制着地层的形成及演化,基准面的变化影响着地层的叠加样式及分布模式等。在层序地层学研究中,对基准面的运动常用基准面上升和基准面下降来描述。笔者认为这样的描述还不够准确,不能反映地层的真实客观成因。因为在实际研究当中用基准面上升和下降来描述基准面的运动,有时是指相对地表某一点,基准面在垂直方向的上升和下降的运动;而有时又指从一定范围来看,基准面相对于地表,在水平方向向陆方向的运动(基准面上升)或向海(湖)盆方向的运动(基准面下降)。此外,从目前国内外关于地层基准面的研究成果来看,关于应用基准面的理论对自旋回和异旋回的成因做出合理解释方面还存在问题和争论。笔者认为,要应用基准面的理论合理解释地层旋回的成因及自旋回和异旋回成因问题,只能从基准面的运动方式入手。而研究基准面的运动方式,应该从以下两个方面来分析。

1. 基准面相对于地表的垂向运动

相对于地表某一点,基准面的运动方式一般用上升和下降来描述。但其具体的运动可细分为 3 种情况,即基准面在地表某点之上、之下波动及基准面穿越地表的运动。当基准面在地表之下,地表处于侵蚀状态,此时基准面也有上升和下降的波动,但始终位于地表之下,基准面的波动反映了侵蚀能力强弱的变化,或者说反映了侵蚀下限面的变化。在地层记录中,基准面在地表之下的波动被以不整合面的形式记录于地层中,此种基准面运动方式发生于剥蚀区(图 2.3 中的井 1)。当基准面在地表之上波动时,该点处可以接受沉积物的沉积,但沉积物沉积的速率、数量和类型会随基准面在地表之上的波动而不同。当基准面上升,基准面距地表距离越大,可容纳空间越大,沉积物有粒度变细、相类型多样化、物性变差的趋势,当基准面下降,基准面距地表越近,可容纳空间变小,沉积物则有粒度变粗、相类型单一化、物性变好的趋势。当基准面在地表之上做周期性上升、下降变化时,则形成沉积的旋回性变化,依据这些旋回性沉积变化,反过来可从沉积记录中识别该处基准面的旋回性变化。这种基准面运动的最大特点是始终在地表之上变化,因此没有不整合面发育,基准面的升降变化形成的层序边界不是不整合面,而是相转换面(图 2.3 中的井 3)。当基准面穿越地表进行波动时,则由不整合面和沉积物记录于地层中,基准面的周期性变化形成的层序则以不整合为界面(图 2.3 中的井 2)。

在实际的研究中,研究某一口井的基准面旋回层序划分及基准面变化情况,实际上就是在研究相对地表一点基准面的垂向运动历史。

2. 基准面相对于地表在水平方向的运动

基准面相对于地表在水平方向的运动方式,与传统认识有所不同,需要引入一个二维波动的概念。当基准面在垂直方向相对地表上升和下降时,从水平方向来看,基准面既有沿物源方向向陆或向海(湖)方向的纵向移动,同时也有垂直于物源方向的横向摆动,这就是基准面在水平方向相对地表的二维波动概念。基准面沿物源方向向陆或向海(湖)方向的纵向移动,导致沉积体系的退积或进积,形成相应的旋回层序,长期(三级)以上级别旋回层序主要就是基准面在物源方向运动的结果。基准面在物源方向的运动是由于构造运动、海(湖)平面的变化、气候、沉积物供给等因素造成,形成的层序往往分布范围大,容易对比。基准面沿物源方向向陆或向海(湖)方向纵向的移动,可通过在物源方向地层的接触关系及相序变化来识别,地层的上超或下超可反映沉积体系的进积或退积,从而反映基准面相对地表的变化,而大的相序的变化也可反映出沉积体系的进积或退积,从而反映基准面的变化。如陆相环境地层叠置于海相或湖相环境地层之上,反映沉积体系的进积和基准面在物源方向的下降,相反,海(或湖)相环境地层叠置于陆相环境地层之上则反映沉积体系的退积和基准面相对地表在物源方向的上升。再如,通过识别三角洲三个亚相的叠置关系,也可判别沉积体系的叠加样式,进而识别基准面相对于地表在物源方向移动[图 2.7(b)、图 2.8]。

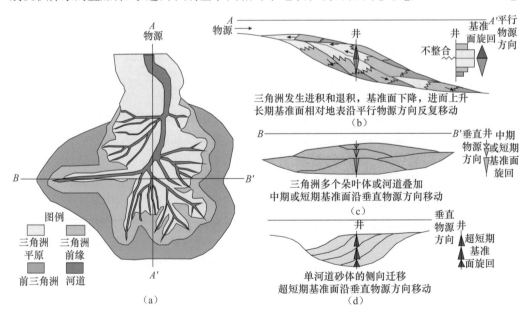

图 2.7　基准面相对地表在水平方向运动方式模式图

在基准面沿物远方向向陆或向海(湖)方向的纵向移动的同时或在物源方向运动相对稳定时期,由于局部水动力条件或沉积地形的变化,还造成基准面在垂直物源方向还有着横向的摆动,形成大到整个三角洲朵体、三角洲内部朵叶体的侧向迁移[图 2.7(c)],小到河道、水下分流河道的侧向迁移改道[图 2.7(d)、图 2.9],甚至到层系、层理、纹层的侧向迁移,也可形成垂向的岩性旋回及层序,这种旋回层序的成因与沉积体系在物源方向的进积退积形成的旋回层序成因是不同的,常被称为自旋回(周丽清等,1999a,1999b;孟万斌和张锦泉,2000;李继红等,2002;王嗣敏和刘招军,2004;黄彦庆等,2006)。这种层序往往分布范围有限,横向变化复杂,难以对比,基准面的横向摆动多是由于水动力条件和地形的变化而造成局部和相对较短的时间范围内的移动。

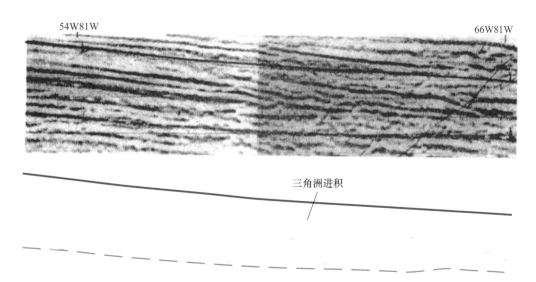

图 2.8　渤中凹陷 61W81W 测线上的三角洲进积地震反射特征(据邓宏文等,2001)

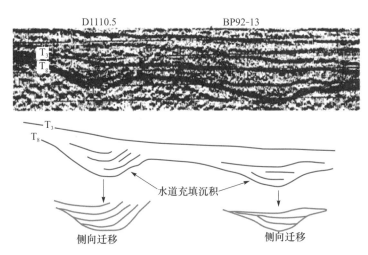

图 2.9　沙垒田凸起前缘前古近系基底下切河道充填反射特征(据邓宏文等,2001)

以上分析表明,基准面的运动方式实际上是三维运动的方式。即基准面在相对于地表上下波动的同时(垂直方向),在水平方向来看,基准面既有沿物源方向的移动,表现为沉积体系的进积退积;也有垂直物源方向的移动,表现为沉积体的侧向迁移。

2.1.4　基准面旋回与层因层序

Cross 等(1993)吸收并发展完善了 Wheeler(1964)提出的基准面的概念,通过分析基准面旋回与成因层序形成的过程关系,认为地层基准面既不是海平面,也不是相当于海平面的一个向陆方向延伸的水平面,而是一个相对于地球表面波状起伏的、横向摆动的、连续的、略向盆地方向下倾的抽象面(而非物理面),其位置、运动方向及升降幅度不断随时间而发生变化(图 2.10)。基准面的变化具有总是向其幅度的最大值或最小值单向移动的趋势,由此构成一个完整的上升与下降旋回。基准面的一个上升与下降旋回称为一个基准面旋回。如果以地球地表面为参考面考查基准面的运动,基准面可以完全在地表之上,或地表之下摆动,也可以穿越地表之上摆动到地表之下再返回,基准面这种穿越地表过程构成了基准面穿越旋回(base level transit cycle)。在地球表面不同位置,同时间域内形成的基准面旋回具等时性,在一个基准面升降变化过程中(可理解为时间域)保存下来的岩石,即一个时间域内的成因地层单元,即是成因层序,成因层序以时间面为界面,因而为一个时间地层单元。从图 2.10 可以看出,在基准面相对于地表的波状升降过程中,引起了沉积物可容纳空间的变化。当基准面位于地表之上时,提供了沉积物可堆积的空间,发生沉积作用,此时,任何侵蚀作用均是局部的或暂时的。当基准面位于地表之下时,可容纳空间消失,任何沉积作用均是暂时的和局部的。当基准面与地表一致(重合)时,既无沉积作用又无侵蚀作用发生,沉积物仅仅路过(sediment bypass)而已。因而在基准面变化的时间域内(时间是连续的),在地表的不同地理位置上表现为四种地质作用状态,即沉积作用、侵蚀作用、沉积物路过时产生的非沉积作用及沉积物非补偿(可容纳空间、沉积物供给增量比值,即 $\Delta A/\Delta S \to \infty$)产生的饥饿性沉积作用乃至非沉积作用。在地层记录中代表基准面旋回变化的时间-空间事件表现为岩石＋界面(间断面或整合界面)(图 2.11)。因此,一个成因层序可以由基准面上升半旋回和基准面下降半旋回所形成的岩石组成,也可由基准面上升或下降过程中所保留的岩石＋界面组成。其深刻含义绝非一般层序地层学中的"准层序"所能正确反映的。

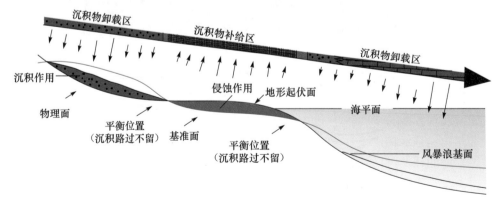

图 2.10　基准面原理图(据 Cross 等,1993,略有修改)

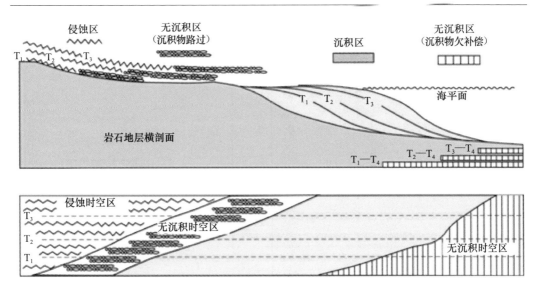

图 2.11　基准面旋回的岩石地层横剖面和相应时空图解(据 Cross 等,1993)

基准面处于不断的升降运动中,由于基准面所处的位置及其升降运动状态的差异,决定了可容纳空间的变化和沉积、侵蚀作用过程。①当基准面位于地表之上并相对于地表不断上升时,可容纳空间随之增大,在该可容纳空间内沉积物堆积的潜在速度增加,但沉积物堆积的实际速度,还受沉积物质来源和搬运的地质过程所限制。也就是说,可容纳空间控制了某一时间-空间域内沉积物堆积的最大值。在假定沉积物质供给速度不变的情况下,可容纳空间与沉积物供给量比值(A/S 值)决定了可容纳空间(有效可容纳空间)内沉积物的最大堆积量、堆积速率、保存程度及内部结构特征。②当基准面位于地表之下并持续下降时,将使侵蚀下切作用的潜在速度增加,但侵蚀作用的实际速度同时也受沉积物被搬离地表的地质过程限制。由此可以看出,基准面描述了可容纳空间的建立或消失,以及与沉积作用间的作用变化过程。

2.2　坪北油田长 6 段油层组基准面旋回层序分析

坪北油田位于陕西省延安市安塞、子长县境内,地质上位于鄂尔多斯盆地内陕北斜坡中部,构造为近于南北走向的西倾单斜,在西倾单斜背景上发育低缓的不对称鼻状隆起,地层走向 NE20°～NE30°,地层倾向 NW290°～NW300°,地层倾角平均为 0.7°,长 6² 亚段底海拔 60～180m,构造具有良好的继承性。构造对油藏的控制作用,表现在砂体展布与构造相交或砂体上倾方向尖灭形成上倾遮挡。区内无断层发育。延长组沉积时期,围绕盆地周边发育大型的三角洲群(图 2.12),延长组长 6 段油层为盆地重要的含油气层,主要发育三角洲前缘的水下分流河道、水下天然堤、河口坝、河道间及湖湾等沉积类型。油田经过长期的开发,目前部分区块或部分井已进入中-高含水阶段。对坪北油田长 6 油层组进行高分辨率层序地层分析,建立高分辨率层序地层格架,分析等时层序地层格架内砂体发育分布规律,对于剩余油气分布预测,对油田开发具有极其重要的意义。

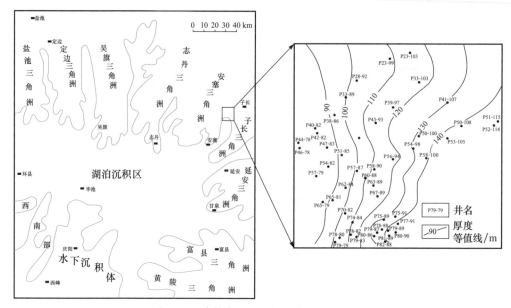

图 2.12　陕甘宁地区延长组古地理背景图

2.2.1　基准面旋回层序划分

1. 短、中期基准面旋回的划分

用于识别基准面旋回的沉积与地层特征可概括为：①单一岩石相物理性质的变化；②相序与相组合变化；③旋回叠加样式的改变；④地层几何形态与接触关系（邓宏文等，1996）。研究中首先对取心井段进行了精细的沉积微相划分和相组合分析，然后根据相序、相组合及层序界面进行短、中期基准面旋回层序划分，建立高分辨率层序地层测井响应模型，结合单井沉积相分析，对非取心井段进行单井短期基准面旋回划分，根据短期基准面旋回的叠加样式划分中期基准面旋回。

2. 基准面旋回特征

1）短期基准面旋回层序

短期基准面旋回层序是根据测井资料划分的最小成因层序，它记录了短期基准面旋回可容纳空间由增大到减少的地层响应过程，是成因上相互联系的一套岩相组合（邓宏文，1995）。在长 6^2 亚段油层中，所识别的短期基准面旋回层序基本类型有以下三种。

（1）向上变深的非对称旋回（A 型）。该类型发育在水下分流河道沉积区，为长 6^2 亚段油层中最常见的基本层序类型（图 2.13）。此类型又可分为两种亚类型：其一，具有高可容纳空间的短期旋回结构（A_1），自下而上为冲刷面（或砂泥岩性突变面）—水下分支河道—水下天然堤—河道间沉积，显示了伴随基准面上升和可容纳空间增大，具有向上变细变薄和由进积向加积和退积转化的特征[图 2.13(a)]；其二，具有低可容纳空间的短期旋回结构（A_2），主要由两期的叠置河道砂体组成，单个砂体发育向上变细的正粒序性，砂体间被侵蚀冲刷面分隔，上覆河道砂体有变薄的趋势[图 2.13(b)]。

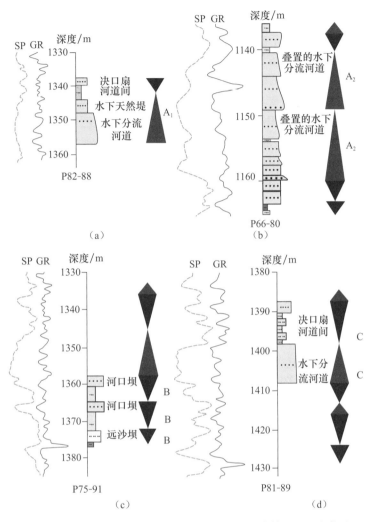

图 2.13　短期基准面旋回三种基本类型(据淡卫东等,2003,有修改)

（2）向上变浅的非对称旋回（B 型）。该类型发育于距河口较远的远沙坝-河口沙坝沉积区,是长 6² 油层中较常见的基本层序类型之一[图 2.13(c)]。层序中以出现下降半旋回的沉积记录为主,垂向上由一个或数个叠置的远沙坝-河口沙坝砂体组成,单个砂体具有粒度向上变粗的逆粒序,显示伴随基准面下降和可容纳空间减少,溢出河口到的沉积物增多且粒度变粗,具有沉积速率加快、水深变浅、能量增强的进积特征。

（3）向上变深又变浅的对称旋回（C 型）。该类型发育于距河口近的水下分流河道和河口沙坝沉积区。层序中同时具有基准面上升半旋回和下降半旋回的沉积记录。如在水下分流河道沉积区,有水下分流河道-水下天然堤组成上升半旋回和由河口坝组成的下降半旋回。而在近河口的河口沙坝沉积区,上升半旋回由水下分流河道—水下天然堤—分流间洼地—前三角洲沉积等退积系列组成,下降半旋回由水下决口扇或河道间沉积组成[图 2.13(d)]。另外,由于各井所处的地理位置不同,更常见的是不完全对称型旋回。

2）中期基准面旋回层序

中期基准面旋回的识别,是建立在短期基准面旋回层序的叠加样式和中期基准面旋回界面的识别的基础之上而进行的(王洪亮和邓宏文,1997)。研究区长 6^2 油层对应一个完整的中期基准面旋回层序(图 2.14)。上升半旋回主要由一系列代表水体逐渐加深的短期基准面旋回层序叠加而成,下降半旋回则主要由一系列代表水体逐渐变浅的短期基准面旋回层序叠加而成。沉积演化序列自下而上为:最大洪泛面(基准面上升最大处)—叠置的远沙坝—河口沙坝(顶部的冲刷面代表基准面下降达最大处)—叠置的水下分流河道—湖湾或前三角洲泥—河口坝—湖湾—最大洪泛面。显而易见,长 6^2 油层中期基准面旋回层序具有完整的进积—退积—加积的短期基准面旋回层序叠加样式。

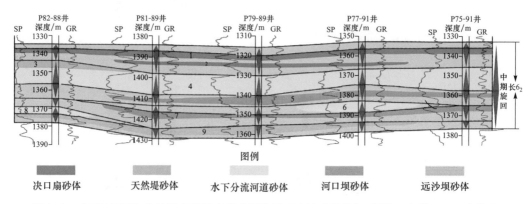

图 2.14　坪北油田长 6^2 油层高分辨率基准面旋回对比及地层格架(据淡卫东等,2003,有修改)

1、2. 决口扇砂体;3. 天然堤砂体;4、6、8. 水下分流河道砂体;5、7. 河口坝砂体;9. 远沙坝砂体

2.2.2　基准面旋回层序对比与地层格架

每一个基准面旋回都有由下降到上升或由上升到下降的转换位置,记录了相应级次的基准面旋回可容纳空间从增大到最大值,或减少到最小值的单向变化极限位置,即基准面旋回层序分界面和相转换面,也是二分时间单元分界线,是时间地层对比的优选位置(邓宏文,1995;邓宏文等,1997)。以单井相序、相组合及短期和中期基准面旋回划分为基础,运用等时地层对比法则,选择连井剖面,进行基准面旋回等时对比,建立短期基准面旋回地层格架,在横剖面基准面旋回对比格架的约束控制下,形成剖面上的成因砂体展布图(图 2.14)。

研究区内水下分流河道砂体厚度大,横向分布较稳定,在某些部位,纵向上为多期河道砂体的叠置,砂岩更厚,并且处于基准面较浅的低可容纳空间,为最有利的储集砂体,也是长 6^2 油层的骨架砂体。发育于中期基准面旋回下降半旋回的河口坝砂体,其顶部被水下分流河道砂体的底部粗粒物质冲刷侵蚀,从而与水下分流河道砂体叠置在一起,且处于较低可容纳空间部位,具有较有利的储集条件。发育于中期基准面下降半旋回底部的远沙坝砂体,横向有一定的延伸,但厚度薄,且处于较高可容纳空间部位,储集物性较差。决口扇砂体厚度薄,发育于中期基准面上升半旋回的顶部,储集物性也较差。

总之,长 6^2 油层短期基准面旋回以向上变浅的非对称旋回、向上变深的非对称旋回和向上变深又变浅的对称旋回(包括完全对称和不完全对称两种)三种类型为主。在剖面上沉积微相分布具有规律性。底部以发育远沙坝-河口沙坝相为主;中部发育以水下分流河道为主的相;向上以发育决口扇和河道间微相为主,顶部发育为湖湾微相。这表明从底部到顶部为进积—退积—加积的完整沉积序列。长 6^2 油层中发育的储集砂体以水下分流河道砂体、远沙坝-河口沙坝砂体和决口扇砂体为主。其中,水下分流河道砂体是最有利的储集体。

2.3　钟市油田潜江组含盐层系基准面旋回层序分析

　　钟市油田位于江汉盆地潜江凹陷西部,紧邻潜北断层,由于受潜北断层下降盘荆沙组断阶剥蚀面、岩性、构造等的控制,主要形成的是构造、地层、岩性等的复合型油藏,而且是被断层和岩性复杂化的超覆在荆沙剥蚀面上的叠瓦状多层砂岩油藏(图 2.15)。白垩系—新近系发育地层自下而上分别为白垩系渔洋组、古近系沙市组、新沟咀组、荆沙组、潜江组、荆河镇组,新近系广华寺组及第四系。含油层位为古近系潜江组(E_2q),油藏埋深为 $1300\sim2500m$。构造上受荆沙组断阶剥蚀面控制,地层被多个次级小断层复杂化;沉积砂体成因受盐湖陡坡扇三角洲相和沿岸滩坝相控制,岩相变化大,非均质严重;油砂体小而多(280 个),油水关系复杂,含油层组多(14 个油组,65 个含油小层),油藏类型多(地层油藏、岩性油藏、构造油藏);油层物性较差,流体性质较好。

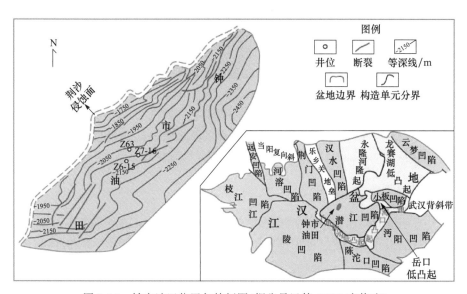

图 2.15　钟市油田位置与特征图(据张昌民等,2007,有修改)

　　由于非均质严重,砂体分布非常复杂,制约了高含水开发后期的进一步调整挖潜。以高分辨率层序地层学理论为指导,开展钟市油田潜江组潜三段沉积层序的识别和划分,建立高精度的层序地层格架,对层序格架内砂体形态、连续性、空间展布及演化展开相关研究,为寻找有利区块、提高油田生产效率服务。

　　盐湖盆地沉积特征就是发育大量盐岩。盐岩的成因与分布特征对层序研究有重要指导意义。前人在对盐岩研究基础上，提出了深水成因、高山深盆成因、侵入海水成因、浅水成因等观点（金强和黄醒汉，1985；顾家裕，1986；陈发亮等，2000；苏惠等，2006），并根据这些研究开展层序地层研究。对于江汉盆地潜江凹陷而言，盐岩的成因已经得到深入的研究，通过各种地球化学元素，进行水体深度的分析，表明盐岩的成因主要是由于水体变浅、气候高燥，导致盐岩大量析出（方志雄等，2003）。从层序地层角度而言，盐岩大规模的出现，表明水体深度较浅，基准面较低。

钟市油田沉积背景较复杂，由于边界断层的活动，以及湖盆水体为盐湖水体，导致沉积物分布极其复杂，砂岩与盐岩交互沉积，给层序地层格架建立带来困难。以井资料为依据，通过详细沉积微相及相序研究，结合盐岩分布及界面特征，识别出不同层次基准面。为层序对比和砂体预测打下基础。

2.3.1 基准面旋回识别

1. 层序界面

层序界面是识别和划分层序的基础和关键。在淡水湖泊体系，层序界面主要为冲刷侵蚀面和湖泛面（邓宏文，1995）。但是对于钟市油田而言，由于其局部发育盐湖沉积，因而盐岩沉积也是层序识别和划分的重要界面。

虽然钟市油田靠近断裂带，主要发育淡水碎屑沉积。在气候干旱条件下，当湖泊水体的补给量小于蒸发量时，湖平面下降，基准面下降，造成湖盆水体浓缩膏盐析出。随着气候湿润，陆源淡水补给充分，湖泊水体的补给量大于蒸发量时，湖平面上升，基准面上升，可容纳空间增大，充填陆源供给砂体。由此表明膏盐的出现代表长期基准面下降到最低点时期的沉积。潜江凹陷潜江组潜三段发育一套分布稳定的膏盐沉积，膏盐厚度一般达到 10m 以上。测井曲线上，膏盐表现为极高的电阻率和较低的自然电位异常（图 2.16），由于膏盐岩层分布的稳定性和较强的可对比性，及其所反映的基准面的特殊位置，使得它可以作为层序边界，对中长期基准面旋回的识别、划分具有重要意义。

2. 短期基准面旋回

短期基准面旋回层序是根据实际资料（岩心、测井等）所识别划分的最小成因层序，它记录了短期基准面升降变化过程中可容纳空间由增大到减少的地层响应过程，为成因上有联系的岩相组合（邓宏文，1995）。层序界面或为短期基准面下降期发育的小型冲刷面，或为短期基准面旋回上升期欠补偿或无沉积作用面，因而具不同的堆积样式和旋回结构。在钟市油田潜江组潜三段地层中，识别出三种短期基准面旋回层序的基本类型，即向上"变深"不对称型旋回、向上"变浅"不对称型旋回以及向上"变浅"复"变深"的对称型旋回（图 2.17）。

向上"变深"不对称型旋回仅以保存基准面上升时期沉积为特征，这种类型的沉积在扇三角洲前缘水下分流河道发育区最为常见。旋回底部一般发育冲刷面，与下伏地层呈突变接触，冲刷面上有时见泥砾，向上变为中细砂岩，以细砂岩为主，发育槽状交错层理和平行层理，在上部逐渐过渡为沙纹层理粉砂岩和泥岩沉积。

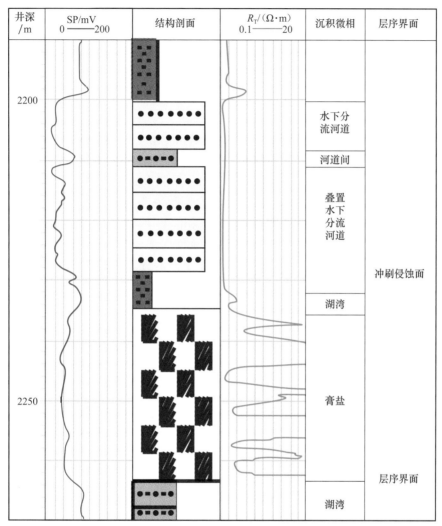

图 2.16 基准面旋回层序界面及膏盐(据尹艳树等,2008,有修改)

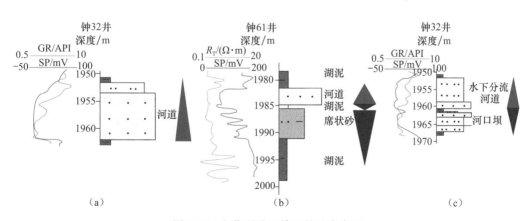

图 2.17 短期基准面旋回的基本类型

(a)向上"变深"不对称旋回;(b)向上"变浅"不对称旋回;(c)对称旋回

向上"变浅"非对称型旋回仅以保存基准面下降时期沉积为特征,与之相关的上升半旋回时期主要表现为欠补偿沉积的饥饿面或无沉积作用的间断面。此类旋回主要位于扇三角洲前缘前端河口坝及席状砂沉积区。单个砂体具有粒度向上变粗的逆粒序性,或由泥岩与粉砂岩的韵律薄互层逐渐过渡为块状粉砂岩或细砂岩,显示伴随基准面下降和可容纳空间减小,沉积物增多并变粗,沉积速率加快、水深变浅和能量趋于增高的进积特征。

向上"变浅"复"变深"的对称型旋回为研究区最常见的一种基准面旋回类型,位于扇三角洲分流河道和河口坝沉积区。基准面上升和下降时期形成的沉积记录都得到较完整保存,从而形成沉积物由细到粗,再由粗到细的对称型沉积旋回。

上述几种短期基准面旋回基本层序类型及其变化,在平面分布上具有很强的规律性,由多期分流河道砂体叠置或其间夹薄层河道间沉积的韵律性沉积层序主要出现于中上游的分流河道沉积区,以发育向上"变深"的不对称旋回为主。而具较完整水下分流河道→河道间(洼地)→漫流席状砂的沉积层序发育于中下游的分流河道沉积区,主要发育向上"变深"复"变浅"的对称旋回;在河口坝沉积区则以发育向上变浅的不对称旋回为主。

3. 中期基准面旋回

中期基准面旋回通过短期基准面旋回叠加样式和层序界面特征进行识别。通过研究,在潜三段划分出五个中期基准面旋回(邓宏文,1995)。自下而上分别命名为Ⅴ、Ⅳ、Ⅲ、Ⅱ、Ⅰ。每个中期旋回都反映了水体逐渐"变浅"后复"变深"的过程,形成了进积到加积再到退积的叠加样式。例如,对于Ⅳ中期旋回(图2.18),其层序界面清楚,出现于短期旋回Ⅳ$_3$的膏盐沉积底部,反映了基准面下降到最低时,湖盆水体浓缩变浅,在蒸发作用下盐岩析出。自Ⅳ$_7$到Ⅳ$_3$,以砂岩沉积逐渐发育,泥岩则较不发育为特点,表明基准面下降,物源供给充分,河流挟沙能力逐渐加强,能够将碎屑物搬运到离岸更远的湖盆区。地层堆积样式呈较明显的进积堆积样式,测井曲线上,自然电位呈较明显的漏斗形。随着基准面逐渐上升,此时由于物源供给不充分,湖盆水浅,蒸发作用强烈,继续析出盐岩,呈加积堆积特征。自Ⅳ$_2$基准面进一步抬升,河流作用加强,碎屑物供给充足,沉积砂岩。由于可容纳空间仍然较低,河道冲刷作用较强,先期沉积的河道常常为后期河道所侵蚀,形成较厚的连片叠置砂岩沉积,这种情况一直持续到Ⅳ$_1$。随后基准面进一步升高,发生湖泛作用,在Ⅳ$_1$顶部沉积一套泥岩,完成了一次完整的基准面升降旋回。

4. 长期基准面旋回

在潜三段划分出一个长期基准面旋回。其中,中期基准面旋回层序Ⅰ、Ⅱ、Ⅲ共同组成长期基准面旋回的上升半旋回,而下降半旋回由中期基准面旋回Ⅴ和Ⅳ构成,旋回界面位于Ⅳ中期旋回中部膏岩层的底界。其显著特点是基准面下降到最低位置所沉积形成的一套厚达10数米的盐岩沉积;随后,基准面进一步上升,以退积式砂岩沉积为主。

长期基准面旋回的进积—加积—退积样式在测井响应上也有较明显的反映。在长期基准面的下降早期,由于可容纳空间位置较高,水体能量相对较弱,主要沉积细粒物质,以深灰色泥岩为主。自然电位曲线靠近基线,伽马曲线显示较高值。随着基准面的下降,沉

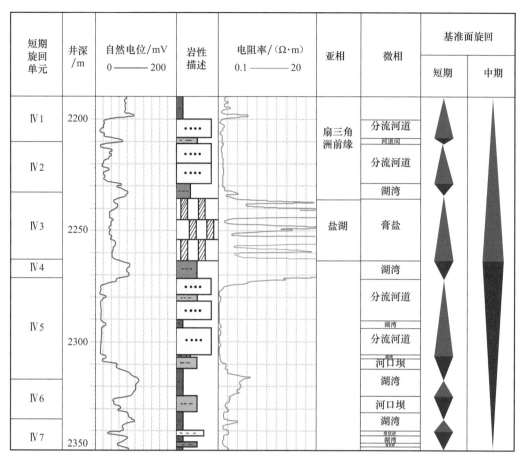

图 2.18　中期旋回Ⅳ识别及特征(钟 61 井)(据尹艳树等,2008,有修改)

积速率增加,沉积物粒度变粗,开始发育一套砂岩沉积。自然电位曲线开始偏离基线,显示为负异常,自然伽马值降低,从总体上看,下降半旋回测井曲线整体显示为漏斗形特征。基准面下降到最低点转而开始上升,主要发育向上"变深"的分流河道沉积,自然电位显示较大的负异常,伽马曲线显示较低值。当基准面继续上升,分流河道水动力变弱,物源供给也逐渐变得不够充分,以细粒沉积为主,自然电位曲线逐渐向基线靠近,伽马值逐渐变大,整体上显示为钟形。在长期基准面由下降晚期到上升初期,由于湖盆水体萎缩,含盐度高,伴有盐类逐渐析出,在电测曲线上,盐岩的电阻率显示为极高值。盐岩的这种特征响应,为基准面旋回的识别和划分乃至层序对比提供了依据。

2.3.2　基准面旋回层序地层格架建立

在层序地层划分的基础上,根据高分辨率层序地层学对比原理(邓宏文,1995),建立了钟市油田潜 3 段等时地层格架,为层序格架内砂体分布规律及储层非均质性研究做好基础,为开发方案制定提供翔实的储层骨架信息。从顺物源方向等时地层剖面可以看出(图 2.19),随着基准面的下降和上升,砂体也表现出进积和退积的分布样式,且砂体主要位于基准面由下降到上升的转换点附近。此外,在基准面上升开始处,由于水体较浅,蒸发作用较强,导致盐岩析出,沉积了一套厚达 10 多米的膏盐。

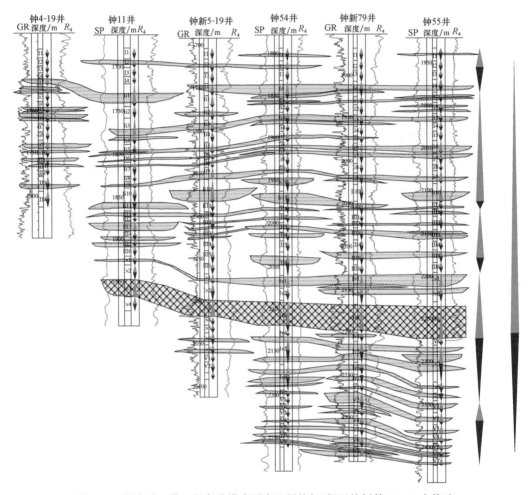

图 2.19　钟市油田潜三段高分辨率层序地层格架(据尹艳树等,2008,有修改)

2.3.3　层序格架内砂体分布

研究层序格架内砂体分布为油田勘探开发及提高油气采收率服务。高分辨率层序地层学认为,砂体分布受控于可容纳空间与沉积物供给的变化(A/S)(邓宏文,1995)。在不同的 A/S 值条件下,砂体分布规律亦有区别。以中期基准面变化过程为例,在低可容纳空间和高沉积物补给条件下($A/S \ll 1$),强烈进积形成以水下分流河道为主的砂体,砂体彼此间相互切割和叠置强烈,具有低宽/厚值及良好的连续性和连通性,除底部具薄层滞流沉积外,砂体间泥质夹层极少或缺失,岩相组合单一,相类型的保存程度差,特别是水下堤泛沉积不容易保存,砂体具有垂向上连续、叠置厚度大、非均质性弱等特点[图 2.20(a)]。此时如果沉积物补给不足,由于气候干旱,湖盆水体的蒸发量大于补给量,容易形成大套膏盐岩沉积[图 2.20(b)]。

随着可容纳空间增大和沉积物补给量略趋变小($A/S \ll 1$ 逐渐增大至 $A/S < 1$），水下分流河道的侧向迁移活动范围扩大，分流汇合作用增强；此时虽以发育大面积的连片砂体为主，但岩相组合趋于多样化，相类型的保存相对完整，以水下分流河道与分流河道间洼地的交替韵律为主；叠置砂体间泥质量粉砂质夹层明显增多，虽然单个砂体的纵、横向连通性仍较好，但垂向上隔层增多，非均质性增强，此类型广泛发育于每个中期基准面旋回层序的中部[图 2.20(a)、图 2.20(b)]。

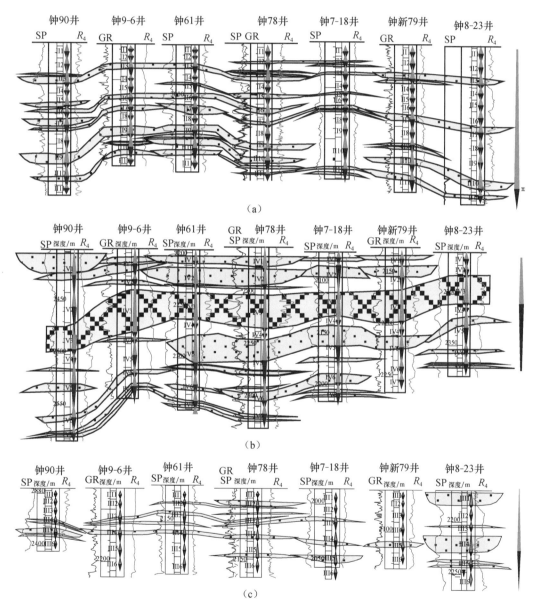

图 2.20　中期基准面旋回升降过程中砂体发育规律

(a)$A/S \ll 1$ 逐渐增大至 $A/S < 1$；(b)$A/S \ll 1$；(c)$A/S > 1$ 逐渐增大至 $A/S \gg 1$

当可容纳空间进一步增大,沉积物补给量进一步降低时($A/S>1$),水下分流河道砂体由席状连片分布渐变为被河道间沉积物包围的孤立砂体,侧向连续性变差,伴生的泥岩、粉砂岩增多,常显示具完整的水下分流河道→分流河道间洼地→席状砂的完整相序组合[图 2.20(c)]。此类型普遍发育于每个中期基准面旋回层序的中上部,但所占比例较小。

在可容纳空间快速增加而沉积物补给量急剧减少的条件下($A/S≫1$),不利于砂体的形成,由此造成以湖泛泥岩沉积为主,为每个中期基准面旋回的砂层组合提供了有效的隔层条件。

当可容纳空间重新从高到低逐步减小而沉积物补给量逐渐增多时($A/S>1$ 逐渐增大至 $A/S≤1$),以发育向湖盆方向进积的河口沙坝为主,且在近河口的位置最发育,远离河口则厚度变薄粒度变细[图 2.20(a)]。同时伴随基准面大幅度下降,河道下切和并向湖盆方向持续延伸,河口位置不稳定,间歇性向同方向迁移。因而,每一次河口沙坝的进积作用规模均不大,且上部大都被下切河道强烈侵蚀切割保存较差,导致大多数河口沙坝砂体被上覆水下分流河道截切超覆而呈孤立产出。此类型主要发育于每一个中期基准面旋回层序的中下部,所占厚度比例很小。

潜江凹陷潜江组潜三段地层中各小层的储集砂体主要发育于中期基准面上升半旋回的早、中期和下降半旋回的晚期。在钟市油田潜江组潜三段Ⅳ中期基准面旋回上升早期,对应于长期基准面上升早期,基准面处于最低位置,此时,由于气候干旱,湖盆萎缩使水体变浅,蒸发作用强烈,使盐岩达过饱和从而析出,发育膏盐岩沉积,从而抑制了储层砂体的发育(陈启林,2007),砂体发育分布范围极其局限[图 2.20(b)]。

从钟市地区高分辨率层序地层分析可以看出:①钟市油田层序界面包括冲刷面、湖泛面和盐岩面,盐岩的识别对层序划分具有重要指导作用;②钟市油田可以识别出 3 种短期基准面旋回类型,向上"变深"的不对称旋回、向上"变浅"的不对称旋回、向上"变浅"复"变深"的对称旋回。5 个中期基准面旋回以及一个长期基准面旋回,据此建立起钟市油田高分辨率层序地层格架;③砂体分布受控于基准面控制下的 A/S。在 $A/S≪1$ 时,发生强烈进积作用,砂体最为发育。但如果此时沉积物补给不足,则沉积一套厚层膏盐。在 $A/S≪1$向 $A/S>1$ 变化时,岩相组合趋于多样化或相序的保存相对较好,砂体连通性变差。在$A/S≫1$ 时,砂体往往被泥岩包围,砂体不连通,成为孤立砂体。

2.4　基准面旋回层序内河道砂体形态特征分析

枣园油田位于黄骅凹陷孔店构造带枣北断块上(图 2.21),枣北断块钻遇的地层自下而上为中生界安山岩,古近系孔店组、沙河街组,新近系馆陶组、明化镇组和第四系平原组。古近纪孔一段时期接受了一套厚为 600～1000m 的陆相碎屑沉积,依据沉积旋回、含油性及砂岩层组间泥岩隔层等特点,将孔一段分为枣Ⅴ、枣Ⅳ、枣Ⅲ、枣Ⅱ、枣Ⅰ油组和石膏段,其中的枣Ⅴ、枣Ⅳ油组为冲积扇发育早期的沉积物,枣Ⅲ、枣Ⅱ油组为冲积扇鼎盛时期的沉积物,枣Ⅰ油组为冲积扇衰退时期的沉积物,石膏段为盐湖期的沉积物。枣Ⅱ、枣Ⅲ油组为同一套开发层系,储集层主要为冲积扇上的各种河道砂体,油田已进入高含水开发阶段,需及时储层砂体进行精细表征,为此,应用高分辨率层序地层学对枣园油田孔一段枣Ⅱ—枣Ⅲ油组河道砂体特征进行了精细描述。

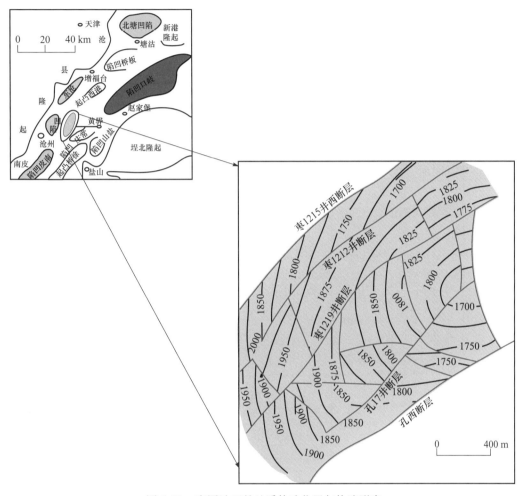

图 2.21　枣园油田的地质构造位置与构造形态

2.4.1　基准面旋回划分

以高分辨率成因地层学方法为指导,选择以自然电位和感应测井曲线为主、自然伽马测井曲线为辅的测井系列,首先通过岩心描述和测井资料相结合,识别沉积相类型,进行单井沉积相标定;再根据沉积相的垂向变化,判断短期基准面的变化,进而判断中期和长期基准面变化,在此基础上划分出短期旋回、中期旋回和长期旋回等三级地层基准面旋回。

短期基准面旋回往往对应于一个河道砂体由形成到衰亡的过程,表现为河流沉积层序向上变粗或变细,因而,常常被称为向上变粗或者向上变细的旋回,河道多次复活可能会形成一些复合旋回。中期旋回往往与三角洲或者冲积扇的朵叶体的进退消长有关,并与湖泊或者海洋的水位相联系,因此,常常被称为向上变深或变浅旋回。长期基准面旋回往往导致沉积体系域发生巨大变迁,这与盆地的构造作用有关。

　　在枣Ⅱ和枣Ⅲ上、下两部分中识别出 3 个长期基准面旋回、11 个中期旋回,每个中期旋回由 1~5 个短期旋回组成(图 2.22)。其中,有些是对称的,有些是不对称的;有些旋回发育完全,有些仅保留了上升或者下降半旋回。

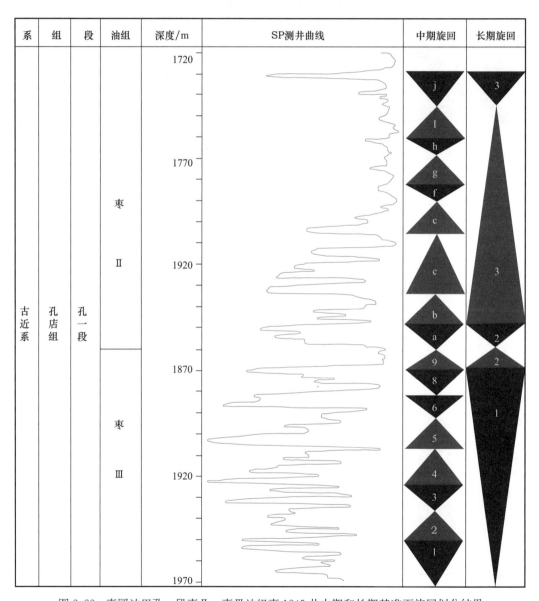

图 2.22　枣园油田孔一段枣Ⅱ—枣Ⅲ油组枣 1245 井中期和长期基准面旋回划分结果
(据张昌民等,2007,有修改)

2.4.2　河道砂体的类型及其特征

短期基准面旋回分为低可容纳空间旋回和高可容纳空间旋回两种类型。低可容纳空间条件下,短期旋回形成的沉积微相类型单调,主要为多次洪积事件叠加而成的河道沉积,总体厚度较大,一般为 8～10m,粒度较粗,底部常为砾岩、砂质砾岩、砾状砂岩,砾石直径可达几厘米,分选差,无明显韵律[图 2.23(a)、图 2.23(b)]。

高可容纳空间条件下,短期旋回形成的微相类型包括河道砂岩、溢岸粉砂岩、河间洼地泥岩和泥质粉砂岩,河道多为 1～2 次洪积事件的产物,沉积厚度小于 4m,粒度相对较细,韵律性较好,砂体底部为含砾中粗砂岩,向上为发育斜层理的中细砂岩,顶部为块状泥质粉砂岩,分选较好,测井曲线形态呈钟形,有时稍显箱形特征[图 2.23(c)]。溢岸沉积中发育波状层理、块状层理,岩性有粉砂岩、泥质粉砂岩及少量细砂岩、块状泥岩,一般为 1m 左右的粉砂岩与泥岩互层[图 2.23(d)]。

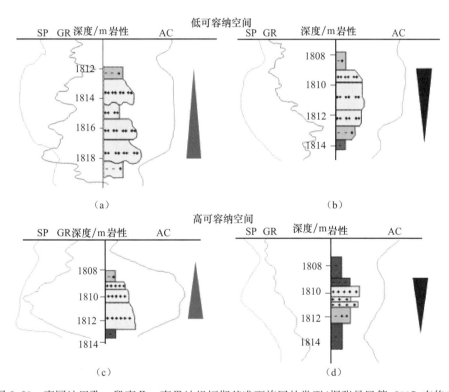

图 2.23　枣园油田孔一段枣Ⅱ—枣Ⅲ油组短期基准面旋回的类型(据张昌民等,2007,有修改)

2.4.3　砂体几何形态及其变化规律

中期基准面旋回分为不对称和对称两种类型(图 2.24)。基准面下降的不对称旋回表现为由代表泥质沉积的平滑测井曲线突变为代表以砂质沉积为主的退积叠加样式的曲线形态,通常出现沉积间断面或薄层反韵律砂质沉积,厚度不大,如图 2.24 中期旋回 e～f 段,形成于基准面突然下降或沉积物补给突然增加时,反映了 A/S 迅速减小。

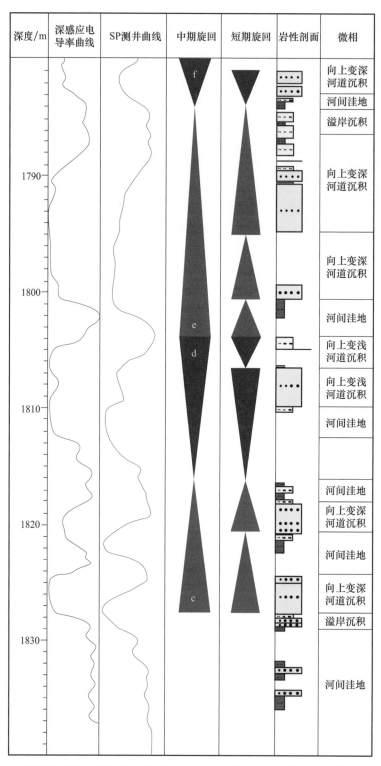

图 2.24　枣园油田孔一段枣Ⅱ—枣Ⅲ油组枣 1263 井短期和中期基准面旋回划分结果

（据张昌民等,2007,有修改）

对称旋回表现为由进积渐变过渡到退积叠加样式。其上升半旋回中的短期旋回多呈退积型,具有砂岩厚度向上减小、粒度变细的趋势,其下降半旋回中的短期旋回多呈进积型,砂岩厚度向上变大,粒度变粗。此类型反映 A/S 由增大到减小的过程。如图 2.24 中的中期对称旋回 c～d 段。

本区发育 3 个长期基准面旋回,枣Ⅲ油组由第 1 长期旋回和第 2 长期旋回的上升半旋回组成,枣Ⅱ油组由第二长期旋回的下降半旋回和以退积为主的不对称第 3 长期地层旋回组成。长期旋回内部的高可容纳空间部位以泥质沉积为主,其间镶嵌一些孤立状河道砂体(图 2.24),随可容纳空间减小,砂泥比增加。当长期基准面停止下降即将上升的时候,可容纳空间达到最小,此时的辫状河道砂体相互叠置,砂体连通性好、厚度大、均质性较强。对枣Ⅱ油组部分短期旋回中砂体的宽度和厚度统计表明,随着基准面上升,可容纳空间增大,砂质含量减少,砂体宽厚比增加,砂体间连通性变差(图 2.25)。

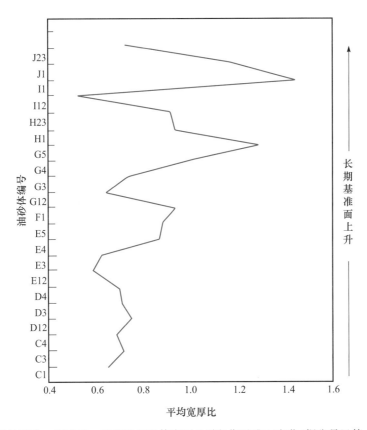

图 2.25　枣园油田孔一段枣Ⅱ—枣Ⅲ油组砂体宽厚比随长期基准面变化(据张昌民等,2007,有修改)

根据枣园油田基准面旋回对河道砂体几何形态的分析可以看出:①大港枣园油田孔一段枣Ⅱ—枣Ⅲ油组的短期地层基准面旋回分为低可容纳空间旋回和高可容纳空间旋回两种类型,形成两种特征明显不同的河道砂体;②中期基准面旋回分为不对称和对称两种类型。基准面下降的不对称旋回表现为退积叠加样式,通常出现沉积间断面或薄层反韵律砂质沉积,厚度不大。对称旋回表现为由进积渐变过渡到退积叠加样式;③长期旋回内部的高可容纳空间部位以泥质沉积为主,其间镶嵌一些孤立状河道砂体,随可容纳空间减小砂泥比增加。当长期基准面停止下降即将上升的时候,可容纳空间达到最小,此时的辫状河道砂体相互叠置,砂体连通性好、厚度大、均质性较强;④统计表明,随着基准面上升,可容纳空间增大,砂质含量减少,砂体宽厚比增加,砂体间连通性变差。

2.5 濮城油田沙三中亚段 1~5 砂组基准面旋回层序分析

东濮凹陷是渤海湾盆地中最西缘的一个中新生代凹陷。凹陷东以兰考-聊城基底断裂与鲁西隆起的荷泽凸起为界,西为内黄隆起,南隔兰考凸起与开封凹陷为邻,北以马陵断层与莘县凹陷相连,呈 NNE 向展布,北窄南宽。兰聊、长垣、黄河三条基岩断裂控制了断陷的形成与发展,凹陷早期为箕状凹陷,后发展成双断式的断陷。凹陷从形成到消亡经历了由沉降到抬升两大沉降旋回[($Ek—Es_2^\top$)、($Es_2—Ed$)]共六个发展阶段,包括初期裂陷($Ek—Es_4^\top$)、强烈裂陷($Es_4^\top—Es_3$)、萎缩(Es_2)、稳定下沉(Es_1)、收缩(Ed)和消亡(N)等。濮城油田位于东濮凹陷中央隆起带北部东侧,北接陈营构造,南连文 51 构造,西与胡状集向斜毗邻,向南东倾于濮城前梨园生油洼陷中(图 2.26)。研究区在古近纪时沉积了一套厚达几千米的河湖相地层(表 2.1),其中,沙河街组是濮城油田重要含油层段。沙河

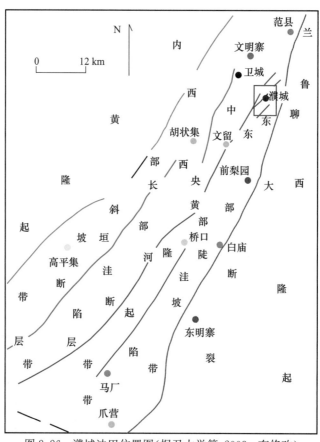

图 2.26　濮城油田位置图(据尹太举等,2003a,有修改)

街组自下而上分为四个段,即沙四段、沙三段、沙二段和沙一段。沙三段又可以划分为沙三上、沙三中、沙三下三个亚段。研究层段沙三中亚段发育受断层影响的长轴背斜岩性油气藏,具多套含油层系,分 1~5 和 6~10 两个层系开采。

表 2.1　东濮凹陷古近系地层与沉积相划分表(据尹艳树等,2006,有修改)

地层			主要沉积相
新近系	明化镇组		河流相
	馆陶组		河流相
古近系	东营组		河流-泛滥平原相
	沙河街组	沙一段	浅湖-半深湖相、三角洲相
		沙二段	滨浅湖相、扇三角洲相
		沙三段	半深湖-深水盐湖相、三角洲浊积相及扇三角洲相
		沙四段	浅湖-半深湖相、漫湖、浊积湖
	孔店组		河流相

濮城油田沙三中亚段 1~5 油组地层埋深为 2800~200m,地层厚度为 170~200m。通过研究区八口取心井研究表明,研究区缺乏水上环境沉积的标志,预示重力流沉积的构造,如泄水构造、火焰状构造、鲍马序列等特别发育,观察到了水下泥石流沉积,砂泥比低,泥岩中夹有粉砂岩的事件性沉积,未见河口坝微相。对岩石粒度分析表明,研究区具有浊流沉积与牵引流沉积的双重特点,综合判断研究区为水下扇沉积,且主要为水下扇扇中到扇缘沉积,缺少扇根粗粒沉积(尹艳树等,2002)。在扇中亚相,水下沟道及沟道间微相发育。沟道砂体以粉细砂岩为主,发育粒序层理、块状层理、交错层理及鲍玛层序的 C—E段;沟道间微相则为细粒沉积,砂泥交互。在扇缘亚相,以席状砂沉积为主,可见少量滑塌沉积。外扇主要以深湖相泥岩沉积为主。

储层主要为沟道和席状砂体,物性较差,平均孔隙度为 14.9%,平均渗透率为 14.36×$10^{-3}\mu m^2$,属低孔、低渗油藏。

2.5.1　水下扇储层基准面旋回识别

地层记录中不同级次的地层旋回记录了相应层次基准面旋回。基准面旋回升降变化往往形成特定的沉积结构、堆积样式及地貌单元。根据取心井岩心综合分析,按单一相物理性质的垂向变化、相序与相组合特征及旋回的叠加样式,可以在沙三中亚段识别出超短期、短期、中期及长期四个不同层次的基准面旋回(尹太举等,2003b)。

1. 超短期基准面旋回识别

超短期基准面旋回的识别只能在岩心中进行,井间无法进行对比。对超短期旋回的识别主要依靠寻找岩石序列中水深变化、沉积地貌保存程度或沉积物被侵蚀的趋势,确定基准面变化方向(尹太举等,2003b)。

1) 沟道层序超短期基准面旋回的识别

沟道沉积时水动力较强,以细砂岩沉积为主,中砂岩、粗砂岩、砾岩比较少见。对于沟道层序,主要通过沟道底部小型冲刷面、泥砾层的识别作为层序边界,反映了一次新的基准面上升。当缺乏冲刷面、泥砾层时，主要由反映水动力强弱的岩石粒度、层理规模及砂岩厚度、岩石相整体韵律特征来识别层序边界及基准面旋回变化趋势。一般情况下，沟道沉积下部为板状、槽状交错层理、块状层理、平行层理细砂岩，向上变为沙纹层理、水平纹理粉砂岩，整体显示为一正韵律旋回，反映沉积水动力减弱、基准面上升的过程。在基准面较低时，后期沟道往往侵蚀前期沟道，使得沟道往往只能保存下部较粗粒的物质，其顶部的冲刷面构成层序顶界。在岩心中可以识别和划分两种类型沟道旋回：不对称上升半旋回，不对称下降半旋回。上升旋回最为常见，下降半旋回较少见（图 2.27）。

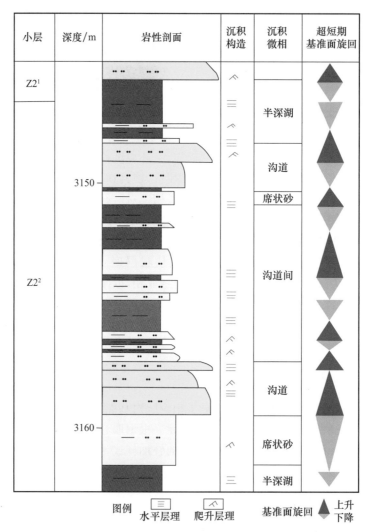

图 2.27 超短期基准面旋回的识别（据尹艳树等，2006，有修改）

Z 表示沙三中亚段油层组

2）沟道间层序超短期基准面旋回识别

沟道间沉积有两种：水体安静时，在沟道间沉积较细粒沉积；当有流体流动时，沟道内碎屑物越出沟道，在沟道间形成的较粗粒沉积。沟道活动强度对沟道间沉积层序形成有较大影响。随沟道活动能力的加强,沟道间形成单个向上变粗的粒序;随着沟道活动能力的减弱,沟道间沉积显示出一种向上变细的粒序。因而,沟道间层序往往表现为基准面上升不对称半旋回和基准面下降不对称半旋回两种旋回样式。也有可能形成一种对称的旋回样式。主要通过沟道间的相序,沉积构造规模等识别沟道间超短期旋回(图 2.27)。

3) 席状砂层序超短期基准面旋回识别

席状砂位于沟道前端深湖区,由沟道携带的碎屑物扩散后在其前缘及侧缘沉积而成。水下扇席状砂与三角洲、扇三角洲中席状砂最大的不同在于其基本未受湖浪改造,几乎完全受控于沟道活动及湖水扩散作用。与沟道间沉积序列类似,席状砂有两种相序:基准面上升期,沟道作用减弱,形成向上变细粒序的上升半旋回,层序自下而上为沙纹层理粉砂岩—水平层理粉砂岩与泥岩互层(或泥质粉砂岩)—泥岩;基准面下降期,沟道作用加强,形成向上变粗的基准面下降不对称半旋回,层序一般自下而上为泥岩—水平纹理砂岩质泥(泥质粉砂岩)—沙纹层理粉砂岩。对称旋回也有发育(图 2.27)。

4) 深湖层序超短期基准面旋回识别

深湖相基准面旋回的确定,主要依据深湖泥岩中其他岩性段及深湖泥岩纹理发育程度。基准面下降期,湖水浓缩,湖水中盐类发生沉淀,泥岩中白云质、灰质成分增加,若此时碎屑物供给较为充足,则会沉积粉砂质纹层和夹层。而前缘大量碎屑物的堆积,使前缘坡度变陡,易于滑塌形成滑塌体,这些特殊沉积预示了基准面下降。沉积速度和化学沉积对泥岩纹理的发育程度影响是一致的:沉积快、化学沉积多时,纹理不发育;沉积慢、化学沉积少时,纹理发育,纹理多表明基准面处于较高位置,纹理不发育表明处于基准面较低位置(图 2.27)。

2. 短期基准面旋回识别

超短期旋回特定的叠加样式是在短期基准面下降或者上升的过程中,大致相似背景下形成的一套成因上有联系的岩石组合。深水暗色泥岩沉积往往提供水深变化的信息。通过对超短期旋回的叠加样式判断及深水泥岩发育规律来判断短期旋回。进积型超短期旋回叠加样式反映了湖平面下降,在旋回底部往往发育较深水泥岩沉积,向上粒度变粗,并伴随较强的侵蚀作用,反映了基准面下降过程。而退积型叠加样式正好相反,反映在湖平面上升,沉积物粒度变细,在顶部发育较厚深水泥岩沉积。依据以上认识,在研究区识别出上升不对称型、下降不对称型及对称型 3 种不同短期旋回。不对称型旋回的形成原因主要是由于可容纳空间与沉积物供给差异太大导致的,而对称型旋回主要是在沉积物供给略微小于可容纳空间情况下形成。上升不对称型旋回主要为多期沟道叠置、沟道-湖泥以及席状砂-湖泥沉积旋回。其中,沟道叠置及沟道-湖泥沉积旋回主要位于水动力强的沟道区,而席状砂-湖泥位于沟道侧缘及半深湖区。下降不对称型旋回主要由多期席状砂、湖泥-席状砂及湖泥-沟道间沉积构成,沉积区离物源较远,主要位于深湖区。该区最为常见的是对称型旋回。在沟道区,主要为湖泥—席状砂—沟道—沟道间—湖泥,沟道厚度大,席状砂、沟道间规模小,有时缺失,有时缺失席状砂和沟道间,以上升半旋回厚度大于下降半旋回为特征。在沟道前缘以及深湖区,以湖泥—沟道间—湖泥、湖泥—席状砂—湖泥、湖泥—岩盐(粉砂岩条带)—湖泥等对称型沉积旋回为特征,旋回整体对称性要好于沟道区(图 2.28)。

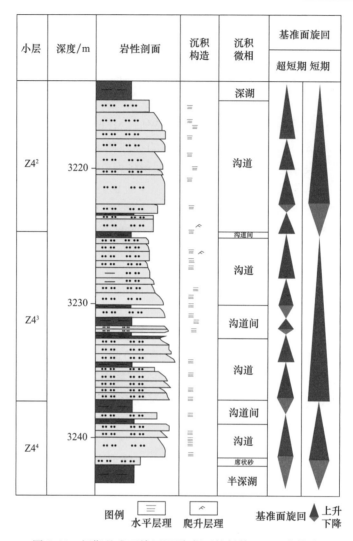

图 2.28　短期基准面旋回识别(据尹艳树等,2006,有修改)

3. 中期基准面旋回识别

根据短期旋回的叠加样式,在研究区识别出 5 个中期基准面旋回,自下而上分别命名为 A、B、C、D、E。中期基准面旋回的对称性较好,反映了一次完整的、较大规模的湖进、湖退沉积旋回。A 旋回由 4 个短期旋回构成,A1 到 A4 构成一完整湖退、湖进堆积旋回。B 旋回由七个短期旋回构成,自下而上依次为 B1,B2,…,B7,其中 B1 到 B4 为湖退堆积样式,B4、B5 及 B6、B7 分别构成一向陆阶进的旋回,由于 B6 相对于 B4 的砂岩粒度较细以及厚度较薄,整体构成一向陆阶进的旋回。C 旋回由 7 个短期旋回构成,C1 为湖退堆积样式,C2 到 C3 为向陆阶进,C4、C5 为向湖进积,C6、C7 为向陆阶进,整体构成一向陆阶进的旋回。D 旋回包括 5 个短期旋回。D1、D2 表现为向陆进积,D2、D3 表现为向湖进积,D3 到 D5 则为一向陆进积旋回。E 旋回包括 4 个短期旋回,E1、E2 构成一向湖进积单元,而 E3、E4 构成一向陆进积单元。

4．长期基准面旋回识别

长期基准面旋回由中期基准面旋回叠加样式来识别。A1 到 C1 基本上反映了地层向湖泊方向推进的堆积样式，而 C2 到 E4 则反映了地层向陆方向退积的堆积样式，从而构成了一个长期的湖退—湖进沉积旋回。

2.5.2　测井基准面旋回识别

测井基准面旋回的标定，是在对取心井段标定的基础上进行的(图 2.29)。即首先利

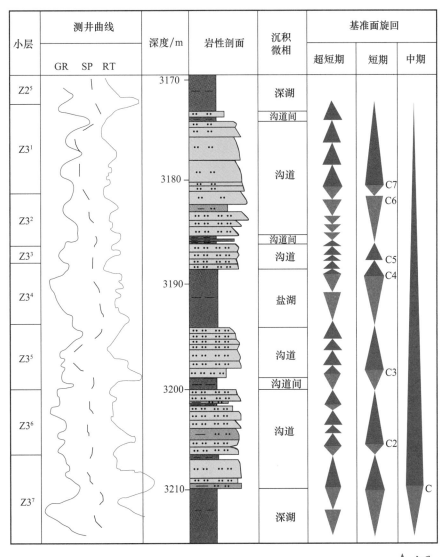

图 2.29　中期基准面旋回识别(据尹艳树等，2006，有修改)

用取心井段建立基准面旋回及其界面的岩电响应模型,随后指导全区非取心井基准面旋回的划分(邓宏文等,1996)。

对于本区来说,超短期旋回由于沉积厚度小,难以在测井曲线上识别。在测井曲线上只能识别短期及中长期旋回。对于短期旋回和中长期旋回,层序界面由侵蚀面和湖泛面构成。侵蚀面在测井曲线上表现为突变的特点,而湖泛泥岩在电测曲线上表现为低电位高自然伽马值。由于本区属于深水沉积,侵蚀面规模一般不大,侵蚀面的测井响应不太明显,而湖泛面以湖相泥岩沉积为特征,识别就相对容易得多,因此,可以首先通过湖泛面确定基准面上升与下降的界面。

由于短期及中长期旋回是通过次级基准面旋回叠加样式来判断的,地层叠加样式的变化在测井曲线上比较容易识别。地层叠加样式是水体向陆或者湖盆的单一运动形成一套相似的沉积体的空间堆积形式,在电测曲线上反映为电测曲线值的单一变化。例如,湖水变深,产生向陆退积的叠加样式,对应的自然伽马电测曲线值向上增大;湖水变浅,反映向湖进积的叠加样式,对应的自然伽马电测曲线值向上减小。基准面下降与上升的转换点位于向湖进积到向陆进积的转换位置。

2.5.3　层序对比及地层格架的建立

高分辨率层序对比,以基准面旋回转换面为优选的时间地层对比位置(郑荣才等,2000a)。应用这一旋回等时对比法则对沙三中亚段1～5砂组各层次旋回层序进行等时对比,建立相应的时间-地层格架。

对比时,首先利用长期旋回标定中期旋回,短期旋回主要在中期旋回的框架下进行标定。由于本区侵蚀规模不大,短期旋回的发育比较完善,地层对比主要根据所发育的规模不同的湖泛面来进行。图2.30是顺物源方向建立的一条剖面。各中期旋回发育比较对称。在单个中期旋回内可以识别出沟道推进与退缩,反映了基准面的升降过程。如在D旋回内,沟道开始发育,规模小,延伸距离短,随着基准面的下降,沟道开始向湖推进,在席状砂之上沉积了一套沟道砂岩。随后,基准面开始上升,沟道规模逐渐减小且向湖盆延伸距离减小,反映了沟道萎缩,基准面上升的过程。

2.5.4　基准面旋回内砂体展布规律

基准面旋回控制储层砂体的分布。在高级次基准面旋回中,较低级次的基准面旋回的位置在很大程度上控制旋回内部沉积物的地层学和沉积学特征,包括旋回内部沉积物厚度、地层保存程度、体系域类型、地层堆积样式、旋回的对称性、岩相分布与相类型等(郑荣才等,2000b)。当中期基准面旋回位于长期基准面旋回上升的早期或下降晚期时,沉积物以粗碎屑为主,储集层发育;当叠置在长期基准面旋回上升晚期到下降早期时,由于陆源碎屑供给不足,主要为泥岩。对于中期基准面旋回内的短期旋回,不但受控于所在中期基准面旋回的位置,而且与中期基准面旋回所在长期基准面旋回位置有关。

从图2.30可以看出,在长期基准面上升早期和下降晚期,即C旋回处,沟道砂体最为发育、沟道厚度大、延伸距离长、且多叠置。在长期基准面旋回上升晚期和下降早期,即A和E旋回处,沟道发育较差,且主要为孤立沟道砂;在长期基准面上升中期和下降中期,即

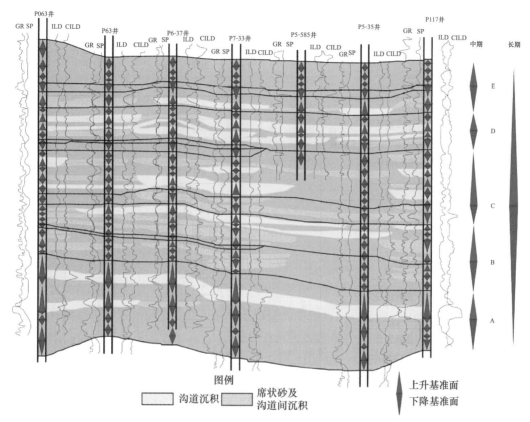

图 2.30　沙三中 1～5 油组高分辨率层序地层格架（据尹艳树等，2006，有修改）

ILD. 深感应电阻率；CILD. 深总能谱测井

B、D 旋回内,沟道砂体的发育程度介于两者之间。

短期旋回砂体分布不但与其在中期旋回内的位置有关,而且与中期旋回所在长期旋回内的位置相关。从图 2.30 可以看出,在长期基准面上升早期,C 旋回内短期旋回主要为不对称的上升短期半旋回,沟道砂岩规模大,连片性好;而在长期基准面上升中期,D 旋回内的短期旋回的对称型较好,此时发育完整的湖泥—沟道间(席状砂)—沟道—沟道间—湖泥沉积旋回,沟道规模较小,且主要为孤立的沟道砂岩;在上升晚期,E 旋回内沟道发育不好,主要以沟道间细粒沉积及深湖泥岩为主。

因此,有利砂体主要位于长期基准面旋回下降到上升转换部位,此时砂体厚度大,横向展布范围大,连通性好。而在长期基准面上升中期和晚期及下降早期和中期,多形成孤立状砂体,给油田开发带来一定困难。

从以上分析可以看出:①水下扇储层超短期基准面旋回识别,主要依靠寻找岩石序列中水深变化或沉积地貌保存程度或沉积物被侵蚀的趋势确定基准面变化趋势;对于短期基准面旋回,主要依靠超短期旋回叠加样式和反映水深的深湖泥岩发育程度来识别;而中长期旋回主要依靠其次级基准面旋回叠加样式来判断;②濮城油田沙三中亚段 1～5 油组可以划分出 1 个长期基准面旋回、5 个中期基准面旋回、27 个短期基准面旋回及若干个超短期旋回;③基准面旋回控制了砂体展布规律,不同基准面旋回位置,砂体发育程度不同。

有利砂体主要位于长期基准面下降到上升转换部位,在长期基准面上升中期和晚期及下降早期和中期,砂体发育差,多为孤立状砂体。

2.6 濮城油田沙三中亚段 6～10 砂组基准面旋回内储层非均质性

濮城油田沙三中亚段 6～10 砂组目的层位形成于盆地强烈裂陷期,储层主要为水下扇沉积。主要砂体类型为沟道砂、席状砂;储层岩性以粉砂岩为主,细喉、中低孔、低渗储层。基准面旋回对储层的非质性有明显的控制作用(尹太举,2003a)。

2.6.1 储层层序地层格架

1. 基准面旋回划分

以湖泛面为层序边界,在对沙三中亚段 6～10 砂组岩心和测井资料分析的基础上,结合地震反射特征识别出四级基准面旋回:超短期旋回、短期旋回、中期旋回、长期旋回;包括 27 个短期旋回、6 个中期旋回和 1 个长期旋回。以短期旋回为单元,讨论储层的沉积演化、非均质性和油气分布规律。

超短期旋回:相当于单一沉积事件的沉积物,是由沉积事件中所形成的单一岩性或相关岩性组成的地层叠加样式,一般反映一次水体的变浅到变深的过程。垂向上由单一一种地貌要素组成,相当于朵叶体内单期沟道作用过程内的沉积物。一般只能在岩心上识别,无法在井间进行对比。

短期旋回:是一组沉积事件的产物,反映一期明显的水体变化过程,形成一个小规模的进积—退积样式,相当于水下扇朵体中的一个叶体。垂向上由 1 种或 2 种地貌要素所构成的湖进—湖退地层叠加样式所组成,为井间可对比的最小单元,也是本节的制图单位。

中期旋回:为一系列较小幅度的水体变化组成的整体上表现为区域性的进积-退积的地层叠加样式,相当于一个水下扇朵体。

长期旋回:是一套由较大幅度的水深变化形成的彼此间具成因联系的地层所组成的、代表区域性湖进—湖退的沉积序列。相当于水下扇复合体所组成的进积-退积型地层叠加样式,反映了整个水下扇复合体的形成过程。本层次在地震上有较明显的响应,可用地震资料进行约束对比。

2. 层序地层格架

研究区位于水下扇的扇中前部及前缘部位,沉积时位于基准面之下,持续接受沉积物的堆积。沟道对沉积物的侵蚀作用不太强,因而在本区的地层对比中基本上是面与面的对比和岩石与岩石的对比,很少出现岩石与界面的对比。

层序对比遵循以下原则:①利用地震资料识别长期基准面旋回;②依据地层叠加样式对比中、长期旋回,中期旋回及其内部地层的对比,依据中期旋回所组成的地层叠加样式对比来完;③在叠加样式内部对比短期旋回。在叠加样式对比的框架内,结合短期旋回所处的位置,确定各短期旋回之间的对应关系,完成短期旋回的对比。

在 6 个中期旋回中,A~B 旋回以上升期沉积为主,下降期沉积不太发育(图 2.31);C、D 旋回则以下降期沉积为主,上升期沉积发育较差;E、F 旋回的对称性较好,但由于所处基准面位置较高,整体上地层不发育,地层厚度较小。在单个中期旋回及短期旋回内部可以识别出沟道的向湖推进和向岸退缩。如在 F 旋回内沟道先向湖推进;至 F3 中期时,沟道推进至湖中最深处,然后开始后退;至 F3 结束时,沟道前缘退至濮 5-4 井与濮 110 井之间。整个 F 旋回内沟道先进后退,形成一个完整的旋回,反映了基准面先降后升的一个变化过程。

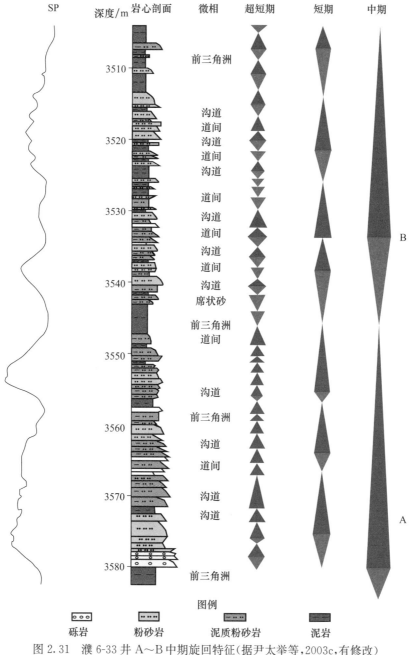

图 2.31　濮 6-33 井 A~B 中期旋回特征(据尹太举等,2003c,有修改)

2.6.2　层序格架内储层非均质特性

1. 短期-超短期基准面旋回样式控制砂体层内非均质模式

在超短期基准面升降变化过程中,随着基准面的升降,A/S 值发生了变化,由此对影响了沉积物的成分、粒度、分选性,进一步控制了储层砂体的非均质特性。在超短期基准面上升半旋回内,随基准面的上升,可容纳空间增大,沉积物供给减少,使得粗粒物质供给不足,砂体退积,整体上形成一种向上变细的正韵律沉积。同时,由于可容纳空间的增大,水深增大,水动力减小,水流对砂体的改造能力减小,砂体的分选性变差。随砂体的结构成熟度变差,其岩石物性也将变差,使得在超短期基准面上升期内形成的正韵律砂体呈现出物性向上变差的特征。

在超短期基准面下降期,随着基准面的下降,A/S 值减小,更多的沉积物被带到沉积区。粗粒沉积物的比值增大,形成向上变粗的沉积韵律。基准面下降导致水动力增强,使得砂体向上分选性变好,细粒填充物减少,具有物性向上总体变好的趋势。

在短期基准面上升期,每期水动力条件较前期弱,使得后期携带的粗粒沉积物数量和最大粒径较前期小,同时后期水动力的减弱使其对沉积物的改造能力减弱,造成短期旋回内后期形成韵律的物性较前期形成韵律的物性差。后期水动力的减弱,使其对前期韵律顶部的细粒沉积的侵蚀冲刷能力减小,韵律顶部细粒沉积物保存潜力增大,这使得短期基准面旋回上升期内砂体层内夹层的数量和厚度向上增大,稳定性和分隔性增强。图 2.32 给出由多个超短期基准面组成的一个基准面上升旋回的沟道沉积,由图可见,随基准面整体上升,砂体的物性整体呈现向上变差的特征。

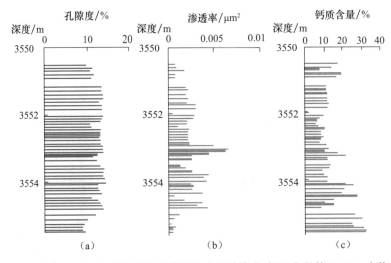

图 2.32　短期基准面上升期沟道砂体层内非均质模式(据尹太举等,2003a,有修改)

在短期基准面下降期间,随着基准面的降低,后期的水动力较前期不断增强,水流携带沉积物的能力增强,更多、更粗的沉积物被带入沉积区内,导致后期沉积物的起始岩相和总体粒度上较前期沉积韵律粗。水动力增强也加强了对沉积物的改造,使得后期沉积韵律的物性较前期沉积砂体物性好,形成短期旋回内砂体向上物性总体变好的格局。随着沉积后期水动力的增强,对下伏层的冲刷能力增大;随基准面的下降下伏地层顶部细粒层序的保存能力减弱,从而使得砂体层内夹层的厚度向上减少变薄,稳定性和分隔性减弱。图2.33是由两期超短期下降半旋回形成的一个基准面下降短期旋回的席状砂沉积,每期内砂体的物性呈向上变好的特征,而且整体上也呈物性向上变好的趋势。

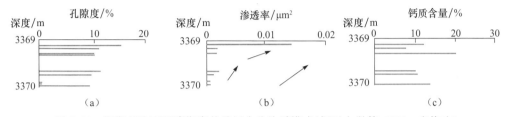

图2.33　短期基准面下降期席状砂层内非均质模式(据尹太举等,2003a,有修改)

2. 中、长期基准面旋回控制砂体层间非均质性

1) 砂体厚度

砂体的厚度和有效厚度受控于砂体形成时所处的基准面位置,垂向厚度的分布受控于中、长期基准面的升降特征。在基准面处于最低位置处时,砂体具有最大的厚度及最大有效厚度,在基准面处于较高位置处,砂体的厚度和有效厚度较小。在基准面下降期,单砂体的厚度和有效厚度逐渐增大;在基准面上升期,单砂体的厚度和有效厚度逐渐减小。

在A旋回内,由A1至A4基准面上升,砂体的厚度和有效厚度减小。在B旋回内两者也是基本上由下而上减小,与基准面上升一致。在C旋回内,由C1至C7的基准面都是下降的,而砂体也呈现出微向上变厚的趋势。D基准面内,由D1至D5变厚,D5至D6变薄,E、F基准面则在E2、F3基准面处于最低位置处,其厚度与有效厚度较大[图2.34(a)]。

从整个长期旋回看,C7附近砂体整体上厚度和有效厚度较大,与长期基准面低位相一致。

2) 孔隙度与渗透率分布特征

砂体的孔隙度和渗透率与砂体在基准面旋回内的位置密切相关。具有较高的孔隙度和渗透率的层位与中(长)期基准面的低点相一致,而低孔隙度、低渗透率层位则往往位于中(长)期基准面处于较高的位置处。造成这一物性分布格局的原因是:在中(长)期基准面变化过程中,伴随着基准面的升降,可容纳空间与沉积物供给A/S产生规律性的变化。在长期基准面下降期,随着基准面的下降,A/S值逐渐减小,即新产生的可容纳空间小于沉积物供给所消耗的可容纳空间,沉积物不断向湖心推进,造成在同一地理位置处,后期的中期旋回内沉积物的粒度较前期的粗,细粒成分含量较前期的少,分选性较前期的好,从而使得后期的砂体物性比前期要好。在基准面下降至最低位置处时,A/S值达到最小,沉积物粒度最粗,分选性最好,物性最好[图2.34(b)、图2.34(c)]。

在长期基准面上升旋回内,随着基准面上升,沉积物供给减小,可容纳空间增加较沉积物堆积填充的快,A/S值增大。使得在沉积物沉积过程中,后期的中期旋回沉积时总比前期沉积时所处的水深要深,A/S值较前期的大,砂体不断退积。因此,在同一地理位置

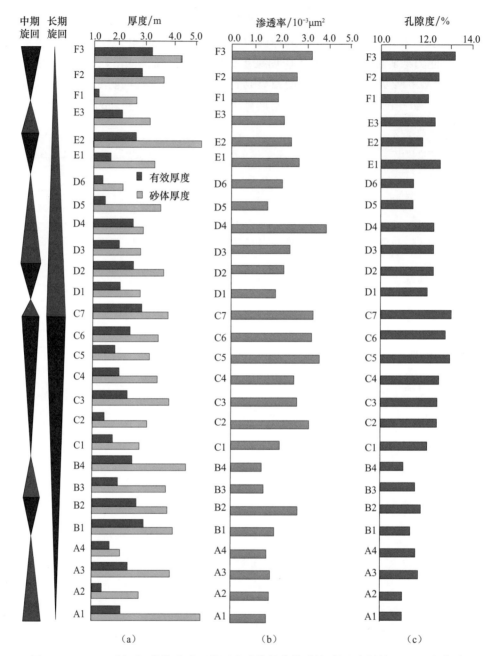

图 2.34　6～10 砂组中、长期基准面旋回内砂体的非均质性(据尹太举等,2003a,有修改)

(a)砂体厚度及有效厚度;(b)平均渗透率;(c)平均孔隙度

产生了后期的中期旋回较前期的中期旋回粒度细、细粒含量成分高、分选性较前期差、孔隙度和渗透率较前期低的物性分布格局。当基准面下降至最低位置处时,沉积物的粒度最细,细粒含量最高,分选性最差,物性最差。

3）层间隔层的分布特征

层间隔层由前期中、短期旋回上升期顶部的细粒沉积和后期中、短期旋回下降期底部细粒沉积所组成。在中、短期基准面处于较低处置处时，A/S 值较小，沉积物向湖推进至较深地区，使得大量的粗粒沉积被搬运至湖中并沉积下来，形成沉积物具有以粗粒为主、细粒沉积较薄且连续性较差的特征，即夹层厚度较小、分布较为局限、连续性较差。在长期基准面处于较低位置处时，A/S 值较大，沉积物向湖心推进至较浅地区，沉积物以细粒为主，粗粒沉积发育较差，隔层厚度较大，连续性较好。由图 2.35 可知，中期基准面上升与下降的转换位置处，A4、B4、D6、E1 等处是中期旋回内夹层最厚的位置，而 F2、C6 等基准面下降与上升的转换位置则与夹层最小值位置相一致。在长期基准面下降与上升的转换处即 C6 处，也是夹层最薄的位置。

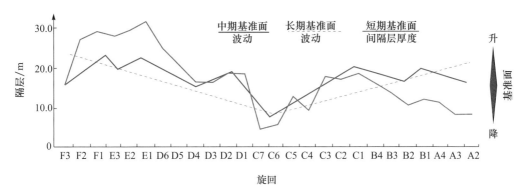

图 2.35　基准面旋回内的隔层分布特征(据尹太举等，2003a，有修改)

3. 长期基准面旋回控制储层的平面非均质性

长期基准面对储层平面非均质性的控制表现是：在不同基准面位置处砂体的面积不同，有效砂岩展布面积不同，砂体结构不同。

长期基准面旋回控制砂体面积。在长期基准面上升期，随着 A/S 值的增大，剥蚀作用减小，沉积物供给减少。向岸方向可容纳空间增大，砂体向湖岸线退积，砂体面积和含油面积减小，储层的连续性变差。当长期基准面上升达到最高位置时，砂体的展布面积达到最小，基本上孤立分布。在长期基准面下降期，随着 A/S 值的减小及剥蚀作用的加强，沉积物供给量增大，超过新增的可容纳空间，从而使砂体向湖心推进，使得后期沉积的砂体展布面积大于前期砂体的展布面积，含油面积也比前期增大，储层的连续性增强。

在不同基准面旋回位置处，砂体的平面连续性和连通性也不同。在中期旋回的高部位，砂体的钻遇率较低，大多在 50% 以下，砂体的平面连续性和连通性较差，多呈现出孤立状分布。在中期基准面旋回的低部位，砂体的钻遇率一般较高，多在 70% 左右，最高达 90% 以上。砂体大多连续分布，其连续性和连通性均较好。如 C7 旋回位于 C 旋回的低位处，其钻遇率达 95%，基本全区分布，连续性和连通性极好。而位于 C 旋回高位的 C1 旋回，其钻遇率仅为 50%，分布于研究区东南隅，砂体之间相互隔开，连续性和连通性较差。

在不同的基准面位置处，砂体微相的平面分布特征不同。在基准面处于较低位置时，砂体推进较强，沟道延伸远、规模大，以沟道相为主，并夹部分的沟道间沉积；而在基准面处于较高位置处,砂体推进较差,沟道宽度小、延伸短,主要以席状薄砂体为主。在中期基准面处于最低位处的 A1、B2、C7、D2、E2、F3 处,沟道的钻遇率较大,一般在 40% 以上,而位于中期基准面高位附近的 F1、D6、D1、B4、A4 旋回中沟道的钻遇率多在 30% 以下(表 2.2)。

表 2.2 不同基准面位置处砂体的钻遇率(据尹太举等,2003a,有修改)

旋回位置	旋回名称	沟道/%	席状砂/%
中期旋回低部位	F3	60	33
	E2	44	44
	D2	40	50
	C7	44	41
	B2	49	36
	A1	49	48
中期旋回高部位	F1	13	77
	D6	15	73
	D1	26	65
	B4	32	52
	A4	21	65

4. 基准面旋回内不同位置处形成不同的非均质特征

在不同的地理位置,沉积水动力条件不同,形成的砂体类型及其非均质特性也不同。研究区位于水下扇的扇中前部至扇缘部位,本书仅对扇中中部、扇缘根部及扇缘前端进行一些简单的讨论。在扇中部位,辫状沟道活跃,形成以沟道为主的储层结构样式。沟道带来的大量较粗颗粒主要以辫状沟道砂体和沟道间砂体形式沉积下来,砂体厚度较大、物性较好。由于沟道的侧向运移,造成平面上沟道砂体相互切割叠置,砂体间的连续性和侧向连通性均较好(垂向上短期旋回间切割不明显,不同短期旋回间大多不连通);向湖心方向,扇缘水动力减弱,沟道影响能力减小,沟道规模一般较小,大多为独立分布,侧向上一般不能相互切割,而在沟道间顺沟道搬运的细粒碎屑大量沉积,形成以席状砂为主、中夹小型沟道沉积物的砂体分布结构样式。再向湖心方向,在水下扇前缘前部,沟道基本难于达到,主要由随沟道而至的细粒沉积物扩散沉积形成的席状砂体和由特大洪水沟道向前推进而形成的小型沟道沉积和滑塌体组成。由于各沟道的相互分隔,形成的砂体的连续性也很差;而近湖心的沉积区内,由沟道携带的砂级及粉砂级颗粒无法到达,从而形成以湖泥为主的沉积,偶有前缘砂体滑塌至此,形成孤立的滑塌砂岩透镜体。

基准面旋回格架内储层非均匀质性研究表明,沉积期基准面旋回决定了储层的非质性特征,短期基准面旋回控制储层层内非均质性,中长期基准面旋回及其位置决定层间和平面非均质性,而基准面旋回格架内的地理位置决定了不同剖面的非均质特性。基于基准面旋回分析,不仅可以认识储层的非均质性,还可从成因上将储层的非均质性分析纳入一个宏观格架内,进行系统、有机地分析,使对储层的非均质性认识不仅仅局限于某一层或一点,不是作为独立的单个现象来认识,而是从整体上进行把握。这种整体把握及局部的细化,为石油地质学家和油藏工程师正确认识油藏、管理油藏奠定了坚实的基础。

2.6.3　基准面旋回内原始储量分布特征

中期旋回内储量分布与基准面有较好的相关关系。整体上,中期基准面高部位含油面积小、储量丰度低总量小,而中期基准面低部位含油面积大、丰度高、储量多。中期基准面低位处的 6 个旋回(F3、E2、D3、C7、C6、B2)含油面积基本大于 $3km^2$(仅 E2 为 $2.93km^2$),含油面积最大达 $5.90km^2$;6 个旋回储量和为 $335.77×10^4t$,占总储量的 52%,单个旋回储量最小为 $30.72×10^4t$,最大达 $91.75×10^4t$,平均为 $55.96×10^4t$,储量丰度为 $9.65×10^{10}\sim17.16×10^{10}t/m^3$,平均为 $13.99×10^{10}t/m^3$。相应地,位于中期基准面高位的 6 个旋回(F1、E1、D6、Dl、C2、A4),面积最大为 $1.48km^2$,最小仅 $0.05km^2$,油层厚度在 2m 以下;单个旋回储量少于 $15×10^4t$,最小仅 $0.09×10^4t$,6 个旋回的储量和为 $39.39×10^4t$,只占总储量的 6%;储量丰度很低,在 $10×10^{10}t/m^3$ 以下,平均仅 $8.42×10^{10}t/m^3$。

单个中期旋回内,储量分布规律也很明显(图 2.36)。F 旋回从下到上为基准面下降半旋回,其厚度、面积、储量和储量丰度由小变大,F1 为最小的位置;E 旋回内,E2 处于基准面最低位置,其储量和丰度是最大的;C 旋回内 C7 底部为基准面位置最低处,而 C7 处砂体厚度最大,含油面积也最大,储量和储量丰度最高。由 C1 至 C7,砂体的厚度、含油面积、储量和储量丰度也由小增大。其他 A、B、D 中期旋回中同样存在这一规律。

从整个油藏来看,在 C 旋回顶部储量和储量丰度高的旋回较集中,基本上与长期基准面的最低位置相一致。而在 A、E 等长期基准面较高处,低储量和低储量丰度的旋回较多。

2.6.4　基准面旋回格架内砂体开发响应及剩余油分布

剩余油形成分布受储层非均质性和开发措施两个方面的影响。采用同一种开发的油藏,由于非均质性的差异,会形成不同的开发响应和动用状况,形成不同的剩余油分布方式,开发过程中针对不同非均质性特征,往往采取不同的开发措施,从而导致动用状况的不同和剩余油分布特征的差异。实际油藏中的动用状况往往是两者共同作用的结果。

1. 中长期基准面决定砂体开发响应特征和剩余油分布规律

中长期基准面低位附近的砂体,面积广、厚度大、内部非均质性较弱、储量大,易于动用,为主力油层,多重点开发、强注强采、采油量高、采出程度高而动用充分,开发中后期多成为强淹区,但由于厚度大、物性好、原始储量大,剩余油数量仍很可观。如 C4~C7 旋回,位于长期旋回低位处,储量大、丰度高,一直作为重点产层,累计产油量较大,采出程度较高。特别是 C6~C7 旋回,位于中、长期旋回的低部位,产油量远高于其他层位。据 1998 年以来 31 口调整井、5 井次产液剖面、25 井次吸水剖面射孔统计(表 2.3),C4~C7 4 个旋回射开层的厚度、层数均达整个油藏的 30% 以上,而其砂层数只占钻遇砂层数的 15%,说明该层段为主力层开采。

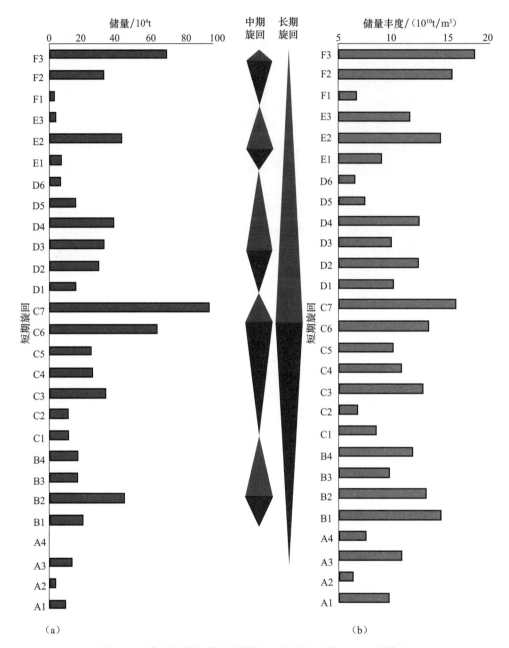

图 2.36　旋回格架内储量及储量丰度(据尹太举,2003,有修改)

表 2.3　长期基准面旋回低部位动用情况统计(据尹太举,2003,有修改)

监测类型	射孔		占总射开厚度	
	厚度/m	层数/层	厚度/%	层数/%
水淹层解释	169.0	59	34.2	32.2
产液剖面	87.0	27	45.1	37.5
吸水剖面	310.5	119	32.7	31.8

对其水淹、产出和吸水特征统计表明,该段水淹厚度为射开厚度的 45%,层数达 37%,分别占监测量的 50% 以上和 48%,海水淹比例高出其他部位 20 个百分点(厚度高出 21.7%,层数高出 18%);产液厚度和层数分别占射开数的 68.7% 和 66.7%,高出其他部位 30% 以上,占整个的 60.9% 和 54.5%;吸水剖面监测中,吸水厚度和层数占层段射开部分的 63.8% 和 52.1%,高出其他层位 20% 以上,占整个的 43% 上下。尽管该段产油量和采出程度都较高,其剩余油仍然非常丰富。

中期基准面高位附近的砂体面积小、厚度薄、物性差,为非主力层,甚至为表外层,一般不作为主要动用对象,许多未射孔,即使生产,其注采对应性也比较差,因而动用差甚至未动用,剩余油连片分布,但因本身厚度小、物性差、剩余储量不易动用。对中期旋回低位处与高位处的砂体吸水能力统计表明(表 2.4),中期旋回低位处的砂体 6 个短期旋回(A1、B2、C6、C7、D3、F3)要比中期旋回高位处的 6 个短期旋回(A4、B5、D1、D6、E1、F1)无论在吸水层数还是在厚度、吸水总量、吸水强度上均高出许多。对调整井水淹情况统计表明(表 2.5),中期基准面旋回低部位水淹比例是高部位的 2.5 倍,其水淹层数是高部位的 7 倍。对不同中期旋回各部位产液量统计表明(表 2.6),中期旋回低部位产液能力远高于高部位,低部位产液量是高部位的 40 余倍,产液强度则是高部位的 3 倍。以上分析充分说明,中期旋回低部位吸水能力强、产出量大、水淹程度高;高部位则产液量小、吸水能力差、水淹程度较低。

表 2.4　不同中期旋回部位砂体吸水特征表(据尹太举,2003,有修改)

旋回位置	射孔		吸水			
	厚度/m	层数/层	厚度/m	层数/层	总量/m³	强度 /[m³/(m·d)]
中期高部位	122.9	56	30.3	15	161.4	5.33
中期低部位	623	222	197.77	77	2037.6	10.31

表 2.5　中期旋回高部位与低部位水淹情况对比(据尹太举,2003,有修改)

旋回位置	层数/层	比例/%	占总层数/%
中期低部位	29	10	43.9
中期高部位	4	4	6.1

表 2.6　中期旋回高部位与低部位产液情况对比(据尹太举,2003,有修改)

基准面位置	射开		产液		
	层数/层	厚度/m	层数/层	绝对值/m³	强度 /[m³/(m·d)]
中期低部位	13	82.4	13	37.36	0.45
中期高部位	7	36	1	0.9	0.15

单个短期旋回也表现出同样的特征。E1 旋回位于 E 旋回基准面的高部位,含油面积为 0.75km²,地质储量为 7.54×10^4 t,油水井 5 口,水驱控制程度为 35.61%,水驱动用程度为 4.09%,累积产油为 0.23×10^4 t,采出程度仅 3%,剩余可采储量为 0.87×10^4 t。而 C7 旋回位于 C 旋回基准面低部位,砂体呈大面积、片状、连续分布,砂体连通性好,其原始

储量达 $91.75 \times 10^4 t$。油水井 52 口，水驱控制程度为 58.54%，水驱动用程度为 31.77%，采出油量达 $7.34 \times 10^4 t$，采出程度为 7.74%，其剩余储量仍达 $84 \times 10^4 t$，剩余可采储量达 $22.22 \times 10^4 t$，是其他短期旋回所无法相比的。

中长期基准面下降期形成的砂层组多层合采时，下部的砂体动用差，而上部的砂体动用好。F 旋回内由 F1 至 F3，其采油量由 $0.13 \times 10^4 t$ 升至 $1.65 \times 10^4 t$，最后达 $7.4 \times 10^4 t$，其采出程度则由 5.93% 上升至 9.8%。中长期基准面上升期形成的砂层组，多层合采时，重点多放在下部物性好、厚度大的砂体上，而上部的厚度小，物性差的储层动较差。

2. 平面相展布决定砂体的平面动用及剩余油分布

砂体平面动用状况取决于其平面非均质性和开发方案，归根结底受控于储层的平面非均质性。平面非均质性受控于平面相展布，因而，平面相决定了储层的平面动用状况和剩余油分布特征。关于沉积微相对剩余油的控制作用，前人已有较多的研究，总体认为高能相带砂体易于动用，开发效果较好，开发中后期多成为强淹区；而低能沉积相带则多难于动用且易于漏射而未动用，在开发中后期成为剩余油的富集区。

研究段内高能沉积区为沟道沉积，低能沉积区包括席状砂和沟道间沉积。沟道沉积的平均渗率达 $8 \times 10^{-3} \mu m^2$，而道间和席状砂仅 $2.8 \times 10^{-3} \mu m^2$，沟道砂体的厚度一般在 4m 以上，沟道间和席状砂则大多低于 3m，因而沟道砂体的动用能力及动用程度都远高于其他砂体。通过对典型砂体动用解剖发现，动用较好的层位多是沟道较发育、砂体厚度大、物性好的砂层，而以席状砂为主的砂层动用远低于沟道为主的砂层。同时水淹图和数值模拟结果分析也表明，沟道砂体易于水淹而成为水淹区，而沟道间和席状砂则多成为未淹或弱淹区。

针对剩余油分布的这种格局，在油田开发后期调整中也应采取不同的措施。对于基准面处于最低位置附近的砂，应在储层精细对比的基础上，研究其沉积微相及微相内的结构要素拼合关系，细分流体流动单元（平面），以流动单元为单位，分析注采对应关系及注水效果，完善其注采关系，挖掘剩余油。而对于中长期基准面最高位置附近的砂体，则主要依据储层精细对比建立起的精细地层格架，以单砂层为流动单元进行分析调整。

根据对基准面旋回内砂体开发响应分析可以看出：①储层层序格架控制着油藏内的原始油气分布，基准面低位处的砂体油气储量和储量丰度较高，而基准面高位处砂体的油气储量和丰度较低；②油藏内砂体的开发响应与基准面旋回密切相关，基准面低位处砂体物性好，易动用，采出油气数量和采出程度较高，但由于其本身的储量较大，剩余油仍占据着主要的地位；高位处物性较差，储量较难动用，采出油量和采出程度均较小，但受其本身储量的限制，剩余油量在剩余可采储量中的比例仍较小；③将油田开发过程与基准面旋回分析相结合，考虑不同的砂体组合规律与动用特征，将为改善开发效果，增加经济效益作出贡献。

参 考 文 献

陈波,陈恭洋,保吉成. 2000. 港东油田二区一断块高分辨率层序地层[J]. 沉积学报,18(2):263-267.

陈发亮,朱晖,李绪涛,等.2000.东濮凹陷沙河街组盐岩成因研究[J].沉积学报,18(3):384-388.

陈国俊,薛莲花,王琪.1999.新疆阿克苏—巴楚地区寒武—奥陶纪海平面变化与旋回层序的形成[J].沉积学报,17(2):192-197.

陈启林.2007.大型咸化湖盆地层岩性油气藏有利条件与勘探方向——以柴达木盆地柴西南古近纪为例[J].岩性油气藏,19(1):46-51.

淡卫东,张昌民,张尚锋,等.2003.坪北油田统长 6 段第二砂层组高分辨率层序地层研究[J].油气地质与采收率,10(5):4-5.

邓宏文.1995.美国层序地层研究中的新学派-高分辨率层序地层学[J].石油与天然气地质,16(2):90-97.

邓宏文,王洪亮,李熙品.1996.层序地层基准面的识别、对比技术及应用[J].石油与天然气地质,17(3):177-184.

邓宏文,王洪亮,李小孟.1997.高分辨率层序地层对比在河流相中的应用[J].石油与天然气地质,18(2):90-95.

邓宏文,王洪亮,王敦则.2001.古地貌对陆相裂谷盆地层序充填特征的控制[J].石油与天然气地质,22(4):93-296.

方志雄,陈开远,杨香华,等.2003.潜江盐湖盆地层序地层特征[J].盐湖研究,11(2):14-23.

冯有良,李思田,解习农.2000.陆相断陷盆地层序形成动力学及层序地层模式[J].地学前缘,7(3):119-132.

高振中,罗顺社,何幼斌,等.1995.鄂尔多斯地区西缘中奥陶世等深流沉积[J].沉积学报,13(4):16-24.

顾家裕.1986.东濮凹陷盐岩形成环境[J].石油实验地质,8(1):22-28.

顾家裕,张兴阳.2004.陆相层序地层学进展与在油气勘探开发中的应用[J].石油与天然气地质,25(5):484-490.

顾家裕,郭彬程,张兴阳.2005.中国陆相盆地层序地层格架及模式[J].石油勘探与开发,32(5):11-15.

郭建华,宫少波,吴东胜.1998.陆相断陷湖盆 T-R 旋回沉积层序与研究实例[J].沉积学报,16(1):8-14.

郭少斌.2006.陆相断陷盆地层序地层模式[J].石油勘探与开发,33(5):548-552.

郭彦如.2004.银额盆地查干断陷闭流湖盆层序的控制因素与形成机理[J].沉积学报,22(2):295-301.

何幼斌,罗顺社,高振中.1997.深水牵引流沉积研究进展与展望[J].地球科学进展,12(3):247-252.

胡小强,杨木壮.2006.万安盆地可容纳空间变化分析[J].海洋地质动态.22(6):29-32.

黄彦庆,张尚锋,张昌民,等.2006.高分辨率层序地层学中自旋回作用的探讨[J].石油天然气学报,28(2):6-8.

贾承造,刘德来,赵文智,等.2002.层序地层学研究新进展[J].石油勘探与开发,29(5):1-4.

解习农.1996.断陷盆地构造作用与层序样式[J].地质论评,42(3):398-412.

金强,黄醒汉.1985.东濮拗陷早第三纪盐湖成因的探讨——种深水成因模式[J].华东石油学院学报,9(1):1-13.

李继红,魏魁生,历大亮,等.2002.非海相沉积层序的成因和构型特征[J].沉积学报,20(3):409-415.

林畅松,张燕梅,李思田,等.2004.中国中新生代断陷盆地幕式裂陷过程的动力学响应和模拟模型[J].地球科学—中国地质大学学报,29(5):583-589.

罗顺社.2002.深水等深岩丘及其含油气潜能[J].海相油气与地质,7(4):8-13.

孟万斌,张锦泉.2000.陕甘宁盆地中部马五潮缘碳酸盐岩沉积旋回及其成因探讨[J].沉积学报,18(3):419-423.

苏惠,许化政,张金川,等.2006.东濮拗陷沙三段盐岩成因[J].石油勘探与开发,33(5):600-605.

汪品先.1991.气候与环境演变中的非线性关系-以末次冰期为例[J].第四纪研究,2:97-103.

王洪亮,邓宏文.1997.地层基准面原理在湖相储层预测中的应用[J].石油与天然气地质,18(2):96-102.

王嗣敏,刘招军. 2004. 高分辨率层序地层学在陆相地层研究中若干问题的讨论[J]. 地层学杂志,28(2):
　179-184.

王颖,王英民,王晓洲,等. 2005. 松辽盆地西部坡折带的成因演化及其对地层分布模式的控制作用[J].
　沉积学报,23(3):498-506.

尹太举,张昌民,李中超,等. 2003a. 濮城油田沙三中层序格架内储层非均质性研究[J]. 石油学报,24(5):
　74-78.

尹太举,张昌民,李中超,等. 2003b. 濮城油田沙三中 6-10 砂组高分辨率层序地层研究[J]. 沉积学报,
　21(4):663-669.

尹太举,张昌民,毛立华,等. 2003c. 基准面旋回格架内砂体开发响应[J]. 自然科学进展,13(5):549-553.

尹艳树,张昌民,张尚峰,等. 2002. 濮城油田沙三中亚段水下扇的特征[J]. 沉积与特提斯地质,22(2):
　58-63.

尹艳树,吴胜和,尹太举. 2006. 濮城油田沙三中亚段高分辨率层序地层学[J]. 地层学杂志,30(1):54-59.

尹艳树,张尚锋,尹太举. 2008. 钟市油田潜江组含盐层系高分辨率层序地层格架及砂体分布规律[J]. 岩
　性油气藏,20(1):53-58.

张昌民,尹太举,李少华,等. 2007. 基准面旋回对河道砂体几何形态的控制作用[J]. 岩性油气藏,19(4):
　9-12.

张世奇,纪友亮,王金友. 2001. 陆相断陷湖盆中可容纳空间变化特征探讨[J]. 矿物岩石,21(2):34-37.

赵文智,邹才能,宋岩,等. 2006. 石油地质理论与方法进展[M]. 北京:石油工业出版社.

郑荣才,吴朝容,叶茂才. 2000a. 浅谈陆相盆地高分辨率层序地层研究思路[J]. 成都理工学院学报,
　27(3):241-244.

郑荣才,尹世民,彭军. 2000b. 基准面旋回结构与加样式的沉积动力学分析[J]. 沉积学报,18(3):369-375.

郑荣才,彭军,吴朝容. 2001. 陆相盆地基准面旋回的级次划分和研究意义[J]. 沉积学报,19(2):249-255.

周丽清,邵德艳,房世瑜. 1999a. 板中东油田高分辨率层序地层对比研究[J]. 石油大学学报,23(6):9-12.

周丽清,邵德艳,刘玉刚,等. 1999b. 洪泛面、异旋回、自旋回及油藏范围内小层对比[J]. 石油勘探与开
　发,26(6):75-77.

Barrell J. 1917. Rhythms and the measurement of geologic time[J]. Geological Society of American Bulle-
　tin,28(1):745-904.

Busch D A. 1959. Prospecting for stratigraphic traps[J]. AAPG Bulletin. 43(12):2829-2843.

Cross T A. 1993. High-resolution stratigraphic correlation from the perspectives of base-level cycles and
　sediment accommodation[C]//Proceeding of Northwestern European Squence Stratigraphy Congress:
　105-123.

Cross T A,Baker M R,Chapin M A,et al. 1993. Application of high-resolution sequence stratigraphy to
　reservoir analysis[J]. Colloques et Seminaires-institute Francais Du Petrole,51:11.

Davis W M. 1902. Base-level,grade,and peneplain[J]. Journal of Geology,10(1):77-111.

Juhász E,Kovacs L Q,Müller P, et al. 1997. Climatically driven sedimentary cycles in the Late Mi-
　ocenesedimentary of the Panaomian Basin,Hungary[J]. Tectonophysics,282(1):257-276.

Milana J P. 1998. Sequence stratigraphy in alluvial setting:A flume-based model with applications to out-
　crops and seismic date[J]. AAPG Bulletin,82(9):1736-1753.

Posamentier H W,Vail P R. 1988. Eustatic controls on clastic deposition Ⅱ:Sequence and systems tract
　models[J]. Houston:SEPM Special Publication,42:125-154.

Posamentier H W,Jervey M T,Vail P R. 1988. Eustatic controls on clastic deposition-Conceptual frame-
　works. Sea-level changes:An interpreted approach[J]. Houston:SEPM Special Publication,42:104-

114.

Powell J W. 1875. Exploration of the Colorado River of the West and its Tributaries[M]. Washington: Government Printing Office.

Dana J D, Rice W N. 1878. Revised Text-book of Geology[M]. New York: American Book Company.

Schumm S A. 1993. Response to base level change: Implications for sequence stratigraphy[J]. The Journal of Geology, 101: 279-294.

Sloss L L. 1962. Stratigraphy models in exploration[J]. AAPG Bulletin, 46(7): 1050-1057.

Vail P R, Mitchum R M, Thompson S. 1977a. Seismic stratigraphy and global changes of sea level, Part Ⅲ: Global cycles of relative changes of sea level[M]//Seismic Stratigraphy-Applications to Hydrocarbon Exploration, AAPG Memoir 26: 63-82.

Vail P R, Mitchum R M, Thompson S. 1977b. Seismic stratigraphy and global changes of sea level, Part Ⅳ: global cycles of relative changes of sea level[M]//Seismic Stratigraphy-Applications to Hydrocarbon Exploration. AAPG Memoir 26: 83-97.

Wanless H R, Weller J M. 1932. Correlation and extent of Pennsylvanian cyclothems[J]. Geological Society of Amerrican Bulletin, 43: 1003-1016.

WeisseannG S. 2000. Correlation of sequence boundaries between continental and marine strata[J]. Annual AAPG-SEPM Convertion, 4: 16-19.

Wheeler H E. 1958. Time stratigraphy[J]. AAPG, 42(5): 1047-1063.

Wheeler H E. 1959. Stratigraphic units in space and time[J]. American Jounral of Science. 257(10): 692-706.

Wheeler H E. 1964. Bacelevel, lithosphere surface, and time stratigraphy[J]. Geological Society of American Bulletin, 75(7): 599-610.

Wheeler H E, Murray H H. 1957. Baselevel control patterns in cyclothemic sedimentation[J]. AAPG Bulletin, 41(9): 1985-2011.

第3章 现代沉积调查与沉积模拟

现代沉积调查是认识沉积特征,建立沉积模式最基本、最有效的方法,长期以来一直广受地质工作者,特别是沉积学家的重视,对沉积学发展起到了至关重要的作用。Gilbert(1885)在对湖盆沉积调查基础上,提出了三角洲的三层结构模式,加深了对三角洲内部结构的认识,对密西西比河三角洲等现代三角洲的观察,奠定了三角洲沉积的基础(Coleman and Gagliano,1964;Bhattacharya and Walker,1992),而 Miall(1985)通过对现代河流沉积的调查,提出了建筑结构分析法,极大地推动了河流沉积学的发展。随着技术的发展和研究的深化,现代沉积调查又表现出了新的特点:一是为地质建模提供精细的地质知识约束、提高建模预测可靠性为目标,开展了大量的研究工作,例如,张昌民(1992)对长江荆江段的调查,于兴河等(1995)对岱海的调查,吴胜和等(1999)对松花江的调查;二是新技术不断得到应用,包括计算机处理技术(Hongmei Li,2003)、地表雷达(Neal et al.,2008)和三维虚拟技术(Verwer et al.,2009)的应用,可更好地描述和显示现代沉积的特征;三是随着遥感技术和网络技术的发展,越来越多的卫星图像资料在研究中得以应用并发挥了重要作用(Robert,2004;邹才能等,2008;尹太举,2012)。

现代沉积调查和沉积模拟实验是进行沉积过程分析的重要手段和获取沉积知识的重要途径。现代信息技术使沉积学家能够通过遥感图像在更大视野内研究沉积体系的展布特征,为现代沉积学观测提供了新的手段,把"将今论古"的沉积学原理和方法发展到一个新高度。基于比较沉积学的原理,采用合适的比例尺,设定初始条件和沉积背景参数,通过室内物理实验可重建积体的形成过程。基于沉积水动力过程的数值分析和求解,编制相关模拟软件,为定量表征沉积过程提供了一种快速、经济和便捷的途径。

本章介绍笔者等在现代沉积调查和沉积模拟实验方面的研究成果,这些研究的目的是为高含水油藏储层精细表征提供参考和借鉴。本章前两节介绍现代沉积调查,包括对长江荆江段的调查分析和对洞庭湖、鄱阳湖的研究;3.2节通过物理模拟实验探讨了大面积砂岩发育机理;3.4节介绍基于 DLEF 3D 平台的计算机数值模拟正演技术及其在河控三角洲沉积体系模拟中的应用;3.5节则是基于基准面波动理对地层叠加样式进行模拟研究的初步成果。

3.1 长江荆江段马羊洲现代沉积调查

长江枝城至城陵矶之间的河段称为荆江,以藕池口为界分上荆江和下荆江。上荆江历史上表现为纵横交错的网状水系,至今仍具网状河(anastomosed Stream)特征;其河道断面呈"W"形;江心洲滩发育,且以江心洲居多。河道最大曲率为 2.23,最小曲率为 1.23,河床坡降为 0.538‰,河床沉积物以中、细砂和粉砂为主,岸后河成湖泊星罗棋布,决口扇形态清晰可辨。

受喜马拉雅期八岭山构造隆起带的影响，上荆江从江口开始由北向东南流至浣市，由浣市向东北至沙市，形成江口-浣市-沙市三角形弯道。1935 年之前，浣市河弯北岸为一广阔边滩，1935 年，洪水将边滩改造成心滩，至 1947 年形成马羊洲（图 3.1）。洲长为6900m，宽为 1340m，面积为 6.71km²，高点海拔为 44.4m。主汊在右，平滩水位海拔 34m左右，马羊洲南缘出现 8～9m 高陡峭堤岸。支汊在左，河床平均海拔高程为 35m，每年5～10 月份洪水期过水，11 月到次年 5 月份断流，河床干涸暴露。马羊洲南缘剖面和支汊河床为现代沉积研究提供了良好场所，研究中在马羊洲支汊布置了 11 条 NNE 向的横剖面（$S_1 \sim S_{11}$），探槽深度不大于 2m。

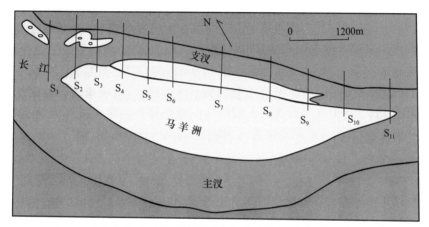

图 3.1　长江荆江段马羊洲地貌形态与测线布置图（据张昌民，1992）

$S_1 \sim S_{11}$ 表示在支汊（北汊）所布置的 1～11 号测线，S 表示测线（section）

3.1.1　马羊洲南缘沉积特征

马羊洲南侧为长江主河道，北侧为洪水期形成的支汊串沟水道。北侧水道浅，河床缓；南缘岸线陡峭，分南缘剖面和水边岸线两部分介绍其现代沉积特征。

1. 马羊洲南缘剖面

由平滩水位和满岸水位之间的差异而暴露。单个小旋回由下往上层理依次为槽状、板状、平行、沙纹层理和水平层理、包卷层理。

槽状交错层理位于剖面底部，单层系厚达 1.5m，前积层横向可追索 4m 以上，细层厚度由层系顶部 4～5cm 往层系底部变薄至肉眼难以分出，底部呈切线接触，大量云母、植物碎屑在趾部堆积，泥砾沿细层面分布。板状交错层理层系上下界面平行，细层平行接触，有时横向上迅速尖灭，厚度小于 20cm，平行层理由平行的砂质纹层组成。沙纹层理包括同相上叠沙纹层理和爬升沙纹层理，有时共同出现，有时单独成层，取决于水位和流速的变化。包卷层理分布于洲中、洲尾剖面上，是洪水期岸边快速沉积的高含水细粒物质发生形变而形成的。

对本区 67 个样品的粒度分析和矿物鉴定结果表明，由槽状交错层理到板状交错层理、平行层理、沙纹层理，最后至水平层理和包卷层理，沉积物粒度逐渐变细，石英和重矿物含量逐步减小,长石含量不断增加。洲头 S_1 剖面(图 3.1)由上往下的层序描述如下。

(1) 红色泥质水平层理,具芦根和蚯蚓类潜穴,厚 28.5cm。

(2) 极细粉砂,沙纹层理,褐红色,具有植物根系,以 I 类爬升层理为主,厚为 23cm。

(3) 灰黄色粉砂、小型槽状交错层理,有细小植物根须,质地疏松,厚为 1.00m。

(4) 粉砂质薄层,顶部有侵蚀界面,小型槽状交错层理,厚为 10cm。

(5) 灰色细砂,厚 50cm,中型槽状交错层理,层系厚约为 10cm,宽为 30cm。

(6) 褐红色泥质夹灰褐色砂质条带,水平层理,厚为 1.00m。

(7) 灰色中砂、细砂,大型槽状交错层理,层系厚为 1.5m,总厚为 2.00m,未见底。

从马羊洲南缘沉积层序可发现以下特征(图 3.2):①泥质含量(泥/砂比)由洲头向洲尾增加,说明由洲头到洲尾粒度变细;②泥质层首次出现的海拔高程向洲尾沿程递减;③各剖面中泥层出现的频率和部位并不一致,也非均匀递减,表明原始滩面并不平坦,可能有冲刷坑和串沟存在,太平口下边滩和沙市三八滩都有这种现象;④剖面 S_4 的泥层之上出现大型槽状交错层,S_7 剖面泥层之上仍见平行层理,这些现象表明滩面加高过程伴有冲刷-充填作用;⑤河道水流形成的大型槽状交错层理与溢岸水流形成的泥质层理、沙纹层理等突变接触,表明河道的废弃是突变性的,与马羊洲实际情况相符。

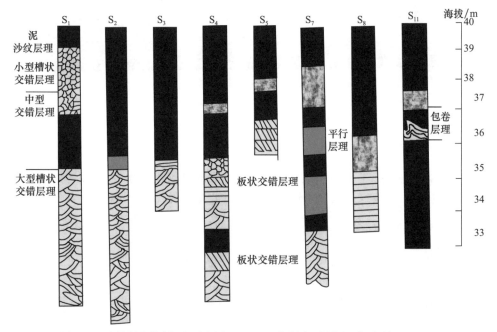

图 3.2 马羊洲南缘剖面沉积层序(S_1—S_7,由洲头到洲尾)(据张昌民,1992)

2. 水边岸线

马洋洲南缘近水边河岸地带发育的沉积构造主要有两种,包括泥砾和沿岸平床。

(1) 泥砾。马羊洲南缘受侵蚀作用而发生垮塌,泥质沉积物在水边就地破碎磨圆,形成厚 20cm 的泥砾层。砾径最大者 15cm 左右,以 7~8cm 和 1~1.5cm 最多。泥砾呈球形、椭球形,扁板状等,内部保留了原始的水平纹层。沿着岸边堆积呈 1~2m 宽向岸变薄的楔状体,伴有大量植物茎干枝叶,部分泥砾滚入河床深处夹于槽状、板状交错层理的细层之间。

(2)沿岸平床。平水期河水在岸边摆动形成3～5m宽的平坦床面。有时平床上覆有泥砾,但泥砾往水边减少。平床略向河道倾斜,倾角小于10°,具有冲洗-回流的水动力特征,形成平行层理。

3.1.2　马羊洲支汊河床沉积特征

马洋洲支汊河岸于每年11月到次年的5月干涸断流,河床暴露。大量的河床底形为研究现代沉积提供了良好的条件,按底形出现的频率分为罕见的和丰富的底形。罕见的底形包括微型冲积扇、生物潜穴小泥丘和泥裂等。丰富的底形依其规模大小和相互关系分为沙坝、沙波和次级沙纹。沙坝表面覆盖沙波,沙波表面发育次级沙纹。

1. 罕见的底形

(1)微型冲积扇。当河床干涸期有大雨降落时,岸上水流汇入河床顺着沙波的波谷间流动、冲刷河床沉积形成微型冲积扇。微型冲积扇分布在河道两侧,长轴垂直于河道主流向,上扇水道以冲刷作用为主,长约2m,宽为0.5～1m,深为5～10cm;扇体长为2～3m,宽为1～2m,厚为10～20cm,水道和扇面上皆有流水波痕。内部以小型槽状交错层理、沙纹层理为主,粒度略细于沙波沉积物。扇体向前缘增厚,消失在沙波的最低点。

(2)生物潜穴小泥丘。出现在沙波波谷间滞水坑中。由一种直径约为0.5mm的红色蠕虫掘穴排出的泥质堆积而成。小丘直径约为1mm,由于小蠕虫的活动吸引鸟类捕食而遗留鸟足印痕。

(3)泥裂。支汊河床洼地和沙波波谷间都可形成泥裂,前者构成大片的厚泥层,泥层下部继承砂质底形造成同相上叠泥质层理现象。泥质局限于波谷间,层厚为14～20cm,保存于地层中常形成砂质层理,层系界面间形成10～20cm的泥条带,泥质条带横向上仅可延续1～3m,与河床洼地和堤岸泥层特征完全不同。

2. 丰富的底形

(1)沙坝。采用Smith(1978)"沙坝是河床表面形成的大规模(在此采用坝高大于0.5m)非周期性正地形"的概念,考虑沙坝的形态、组合、级别及其与河岸的关系等,把直接的地貌观察与粒度分析相结合,按新的分类系统在马羊洲支汊河床上共识别出4种类型12个沙坝体。4种类型是沙坪(K)、心滩(L)、边滩(G、H、I、J)和江心洲(A、B、C、D、E、F)(表3.1)。

表 3.1　上荆江马羊洲支汊河道的沙坝(据张昌民,1992)

序号	沙坝名称
A	纵向不规则二级江心洲
B	纵向楔状三级江心洲
C	纵向长条三级江心洲
D	纵向平行四边形三级江心洲

续表

序号	沙坝名称
E	纵向条带状三级江心洲
F	纵向楔形三级江心洲
G	纵向近三角洲二级边滩
H	圆丘状三级边滩
I	纵向椭圆形二级边滩
J	纵向椭圆形二级边滩
K	(分流口)沙坪
L	(汇流口)近圆丘状二级心滩

根据河床各处得底形特征和地形坡度变化,将支汊河床从上游到下游划分为13个小区,用A,B,…,M表示(表3.2,图3.4)。

表3.2　马洋洲支汊干河床地貌分区表(参见图3.3)

区号	长度/m	底形特征(长度单位为 cm)	地貌类型
A		$L_W=300$,$L_R=3\sim0.7$,SI=13$\sim$23	沙坪
B	670	$L_W=400\sim600$,$H_W=51\sim20$,$R_S=3.3\sim6.30$ $T_{AF}=25°\sim34°$,$T_S=50°\sim95°$,SI=7$\sim$11	斜坡-深槽
C	700	风成沙纹,床面平坦,地形高	二级边滩
D	600	$G=0.5°$,CD=100°(SE),$H_W=9$,$T_S=300°$ $T_{AF}=12°$,SI=5$\sim$7,$T_T=50°$	斜坡
E	1420	三维沙波,$H_W=17\sim25$,$T_{AF}=25°$,$R_S=800$	河床南斜坡
F	105	$H_W=23\sim35$,$T_{AF}=26°$,$T_S=120°$(冲坑深不小于100,箕状)	顺直河道
G	1050	二维和三维沙波,河道束狭	二级边滩
H	1050	$G=5°\sim5.5°$(下游),主泓北走,$H_W=15\sim20$ $H_{max}=30$,SI=11$\sim$18,$L_W=1400\sim2000$	顺直河道
I	200	河床平坦,主泓南移,串沟走向115°,$H_W=16$,SI=5$\sim$8	顺直河道
J	320	主泓南移,$H_W=25$	顺直河道
K	250	$H_W=25$,SI=4,北岸零星植物	二级边滩
L	130	零星植物,北侧串沟	二级边滩
M	200	河道呈倒三角形,沙波谷泥厚40	斜坡-汇流口

注:L_W. 沙波波长;L_R. 沙纹波长;SI. 对称指数;H_W. 沙波波高;H_R. 沙纹波高;R_S. 曲率半径;T_{AF}. 陡坡(前积层)倾角;T_S. 陡坡倾向;T_T. 缓坡倾向;CD. 水流方向;G. 地形坡度角;H_{max}. 最大波高。

沙坪位于汊道分流口附近,是由于退水期支汊水流水浅流急越过分流口的脊状地带发生水流分离作用形成的。沙坪表面平坦,下游边缘形成高约1.0m的滑落面,滑落面在推移过程中加积形成陡斜的前积层理。

边滩一般表现为与河岸一侧相接的相对突起的正地形,向河道主流线一侧缓缓过渡到深槽区。边滩9、边滩10表面坡度最为平缓,边滩8次之。粒度等值线图表明,边滩粒度一般较细,边滩H倾角最陡。滩没有沙坪式的陡斜滑落面,一般在边滩出现处河道断面不对称,无边滩段河道开阔近对称。以边滩H为例,它位于支汊河道南侧,支汊主动力轴线偏北,边滩表面北倾,倾角为15°~20°,纵向上向上游倾角为3°~5°,向下游倾角为5°~10°,从河道最深处向边滩顶部,层理类型由中型槽状交错层理过渡到板状交错层理和平行层理。

心滩位于支汊河道内洲尾汇流区。由于汇流区内的紊乱水流及主叉倒灌导致流速减小,从而使大量悬移物沉积呈近圆丘状的心滩(L),心滩顶部覆盖有 15cm 的泥层及其破碎后形成的泥砾,周缘有原始倾斜的泥层。沙坝顶部形成平行层理,周缘形成陡斜层理,构成所谓"人字形"(何鲤和舒文震,1986)或"八字形"构造,砂泥呈互层出现,但以砂为主。心滩高为 1.5m,边缘坡角为 40°,呈圆丘状,向上下、左右各面增生。

江心洲以长江主支两叉作为一级汊道,平行于两叉而延伸的支叉内河道为二级河道,相应的江心洲为二级,支汊内部的河道为三级河道,相应的江心洲为三级江心洲。依此法则测点 1 属于二级江心洲,测点 2、3、4、5、6 皆为三级江心洲,而测点 3、4、5、6 共同组成一个二级江心洲,江心洲皆为先成的马羊洲被后期破坏而形成。

(2) 沙波。该区沙波波长为 3.5～9m,波高为 15～30cm,其波痕指数为 25～50,按赖内克与辛格(1979)的分类,沙波规模为中型,对称指数为 10～20,缓坡与高坡比为 15～70,以强三维波为主,二维沙波次之。由两岸向河道中心,沙波弯曲度和波高同时增加,波长增大,沙波由小而低的链状、直线状二维沙波过渡到新月形、舌形三维沙波,其测量数据如表 3.3 所示。

表 3.3　马洋洲支汊第三测线(S_3)处沙波产状及横向变化(据张昌民,1992)

测点	缓坡长度/m	波高/m	前积层角/(°)
1	4.7	0.17	27
2	6.4	0.22	35
3	6.1	0.14	34
4	6.6	0.20	29
5	7.2	0.23	27
6	5.85	0.30	32
7	5.5	0.20	30
8	6.5	0.20	34
9	5.85	0.12	2
10	4.5	0.15	29

干涸的河床表面到处覆盖着沙波。沙波波长为 3.5～9.0cm,高为 15～30cm,属中型流水波痕。根据沙波产状指数作波高(H)-长波(L_1)关系图表明,L_1/H 为 15～70(图 3.3)。

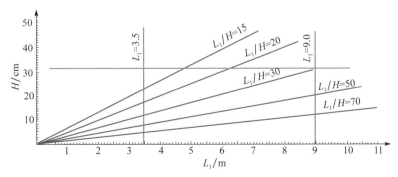

图 3.3　马羊洲支汊河床沙波 L_1 与 H 关系(据张昌民,1992)

沿着河床横断面,沙波连续性很好,在河道两侧,沙波脊线间相互平行且与河岸斜交,单个沙波脊线平直,波高较小,连续性好,向河道中心则沙波脊线弯度增大,波高增大,多为舌形、新月形沙波,脊线连续性变弱。

随着支汊水动力轴线的左右摆动,沙波形态及其组合特征发生一系列变化。从分流口到汇流区可分为上游分流段、中游支汊段和下游汇流段等 3 段 13 个小区(图 3.4)。总的来看,分流段沙波高度大、波长大,连续性好;中游支汊段沙波波高大、波长中等,沙波脊线曲率大,形态呈舌形、新月形;下游段沙波波高小、波长小,脊线连续性好,沙波呈链状。对支汊 9 个不同地段 117 个沙波的背流面倾向做分段水流玫瑰图和综合玫瑰图表明,水流方向集中于 60°～90° 的 NEE 方向,与河道走向相偏约 20°,全河床水流次瑰图不如局部河段水流玫瑰图那样灵敏地反映河道走向。

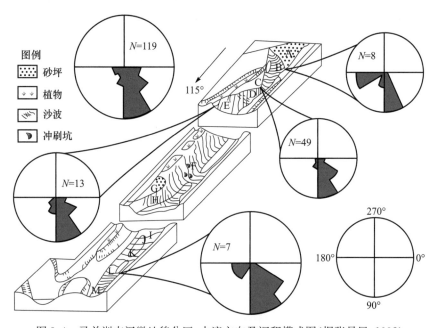

图 3.4　马羊洲支汊微地貌分区、水流方向及沉积模式图(据张昌民,1992)

(3)次级沙纹。该区流水沙纹一般披覆在沙波表面,形成波长为 10～25cm 的"次级沙纹",波高为 2～4cm,波痕指数为 12.5,对称指数为 2～7,呈波曲形、链状和舌状,排列成扇状、翼状和雁行等形状。浪成沙纹分布在水边及岸线附近,波长为 4cm,波高为 0.5cm,波痕指数为 3～5。风成沙纹波长为 5～8cm,波高为 0.5～1cm,波痕指数为 5～16,对称指数为 13～23。

次级沙纹主要分布在沙波背流面上,按其形态分为如下四类。

① 扇形次级沙纹。分布在舌形或新月形沙波的趾部到最低点,平面上呈扇形或不完整椭圆形。波长为 15～30cm,高为 3～5cm,沙纹迎水坡倾向主流上游方向,形成时主流方向与水流向相同。

② 翼状次级沙纹。位于舌形沙波的两翼,波长波高与扇形次级沙纹相同。分布在舌侧 100cm 处,但迎流面倾向舌前,背流面倾向舌根,形成时水流方向由舌前到舌根斜交主

流向。

③ 雁行状次级沙纹。波痕参数与前两类相同,分布于直脊沙波或沙波直脊段的趾部,平面上呈 1.50m 宽的带状。沙纹波脊平行排列,迎水坡倾向高地一侧。形成时水流受地形制约由高往低近似垂直于主流线方向。

④ 舌形次级沙纹。分布于沙波迎水坡前部,风雨改造后形态难辨,仅其舌形,新月形轮廓可见,长约 20cm,宽约 10cm。马羊洲主汊流水河床的水下沙波表面也见此类沙纹,由此可见,次级沙纹是与沙波同时形成的。

次级沙纹的形态和水流分析表明,舌状次级沙纹是在支汊水退过程中由水流分离作用与沙波同时形成的,雁行状和翼状次级沙纹都是由极浅的水流顺着沙波波谷间流动而形成的,扇形次级沙纹是由略大于沙波波高的水深条件下,水流漫过沙波顶部形成的。从扇形沙纹到翼状和雁行状次级沙纹、沙波的形态对次级沙纹的形态起控制作用(图 3.5)。

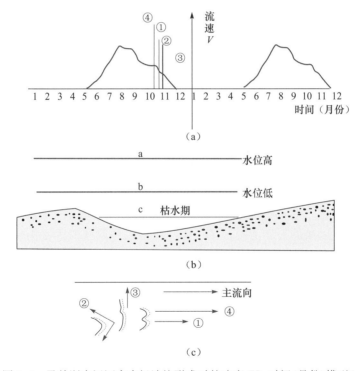

图 3.5　马羊洲支汊河床次级沙纹形成时的速度(V)-时间(月份)模型(a)、
水位变化(b)和水流方向(c)示意图(据张昌民,1992)
(a)图中①代表扇形次级沙纹;②代表雁行状次级沙纹;③代表翼状次级沙纹;④代表舌状次
级沙纹;(b)图中 a 为汛期(7~8 月)水位,b 为水位下降期(9~10 月)水位,(c)为干涸期(11~
5 月)水位;(c)中箭头方向指示主流方向和局部的水流方向

3.1.3　层理特征及其成因

河床浅层揭示了层理主要为各种规模的交错层理和楔状交错层理,局部发育平行层理,局部发育平行层理和沙纹层理,板状交错层理极少交错层系的规模由下往上减少。因此,层理类型与河床表面底形特征是符合的,反映了水退过程(图 3.6)。

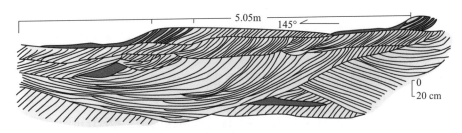

图 3.6　马羊洲支汊浅层沉积物层理特征(据张昌民,1992)

层理规模的垂向变化揭示了支汊水流由洪水期到退水期直到干涸的过程。图 3.5 下部的大型槽状交错层理厚度达 0.5m 以上,最大处达 0.8m。如果加上 50％的侵蚀部分。则原生沙波高度应为 0.75～1.2m,这类大型沙波显然只能形成于洪水期。上部中型槽状交错层理层系厚度为 10～25cm。进行 50％的侵蚀矫正后,沙波高度约为 15～37.5cm,此值与河床表面的沙波波高相近,是退水期的产物。小型沙纹层理分布在河床两侧,是极浅沿岸水流与波浪的混合作用形成的。

退水后期,微弱的水流已难以推动沙波的前进,只能在其表面形成次级沙纹,偶尔洪峰的来临使支汊再次活动,而出现阵发性的推动悬疑质运动,在沙波前缘形成粗、细交互的砂泥质非均质交错层,故许多沙波具有尖锐的波脊。

断流后的河道成为一个滞水洼地,浑水中所含的悬疑质开始降落,在沙波波谷间形成十至数十厘米后厚的泥,河床越低,泥质沉积物约后。河床干涸后,局部开始干裂。

3.1.4　讨论

(1) 自 Schumm(1968)提出网状河的概念后,70 年代末以前的网状河被一些人看做辫状河(braided river)的同类而被忽视了。Rust(1978)把网状河定义为辫状河的多河道高弯河型。继之 Smith(1983,1988)、Rust(1981)先后把加拿大落基山区的 Alexandra 河和 Mistaya 河、Cooper Creek 河及南美的 Magdalena 河等作为网状河,Miall(1986)也把网状河作为一种特殊的河道类型,Smith(1983,1986,2011)多次强调网状河是低能多河道河流,河道交错,侧向稳定且窄而深,受到持久的粉砂质堤岸的限制、植被发育、湿地广阔且决口水道和决口扇十分发育。这种低梯度细粒网状河被认为是"还缺乏详细了解"的"重要沉积环境"(王苏民,1987)。马羊洲现代沉积研究和荆江大型网状河的确立,丰富了现代低坡降细粒网状河研究的内容。

(2) 马羊洲的形成和演变揭示了一种特殊的河流沉积作用过程,它经历了由边滩到心滩,由心滩到江心洲的沉积过程。层序底部具有边滩侧积作用的特征,层序上部大量细粒泥质沉积物、沙纹层理和植物根是江心洲阶段形成的,心滩期形成的平行层理、中型槽状交错层理夹于泥质层之间,是滩面串沟和暂时性水道活动的标志。

(3) 马羊洲南缘水边岸线的泥砾层,既是一种岸线存在的标志,又是河岸物质组成的反映。岸线边的平坦床面反映了平行层理的一种特殊成因机理。笔者认为平行层理是一种多流态、多部位成因的层理类型,不但可以形成于河床下部(钱宁和万兆惠,1983),而且可形成于沙坝顶部。岸边附近由冲洗回流作用形成的平坦床面可以很好地解释由下往上逐渐变细的槽状交错层理—板状交错层理—平行层理—沙纹层理—水平层理序列（大港油田地质研究所，1985；赖志云，1986）。随着河道的侧向迁移，河道中部强三维特征的舌状、新月形沙波形成槽状交错层理，河道两侧平直脊线的沙波形成板状交错层理，水边的平坦床面形成平行层理，水位涨落和溢岸作用形成沙纹层理和水平层理。

（4）马羊洲南缘由洲头向洲尾的粒度细化和泥质含量的增加是曲流河特有的普遍现象（Bridge，1977；Jackson，1976）。重庆珊瑚坝，上荆江彩映洲、柳条洲、三八滩、太平口下边滩，汉口天兴洲（中国科学院地理研究所，1985）及南 Carolina 地区的 Congaree 河上游（Levey，1977），均表现出这种特征，而且在砾质河流中最为明显（如珊瑚坝和 Congaree 河）。马羊洲虽是一江心洲，但主汊水流仍具曲流特征，这是其粒度沿河流细化的根本原因。

（5）水退造成支汊河床底形及表层 30～50cm 厚的中型交错层组合，单层系厚 10cm 左右，与洪水期形成的层理相比规模较小，泥质含量较高，说明退水阶段的水动力很弱。它们与水退后河床上的泥裂及冲刷痕、微型冲积扇、生物潜穴小泥丘、鸟足印痕等共同构成了水退-干涸河床的特殊标志。

（6）Allen（1982）曾详细描述了波痕扇（ripple fans）的各种类型，沈锡昌（1987）报道了舟山群岛海滨纵向沟中的涡流波痕，但对于河流中次级沙纹的研究尚属首次。成因分析表明，它们可以与沙波同时形成，也可以后于沙波形成于极浅的流水环境下，前者取决于正常水位时的水流分离和次级漩涡，后者受控于地形。次级沙纹及其形成的沙纹层理在古流分析中具有重要意义。

（7）马羊洲支汊河床上二级地貌单元和底形的分布反映了河道内部各处的沉积差异。这种受河道形态及河道内部各种尺度的漩涡和水流的影响。由于二级地貌单元具有不同的底形特征，，必然具有不同的沉积物组成、不同的孔隙性和渗透性，由此造成河流砂体内部的非均质性，但到目前为止，古河流水文学还不能预测河道内二级地貌单元，因而有必要积累大量的现代资料和建立实验模型。

（8）虽然所看到的古代河道只是死亡河道的地层记录，由它来恢复完整的演化过程几乎是不可能的，但它总可以反映一些河流的演化史信息。因此，要认清它，必须掌握一定的尺度、划分一定的层次。

3.2 洞庭湖和鄱阳湖现代沉积调查

浅水三角洲是一类发育于水体较浅和构造相对稳定的台地、陆表海或地形平缓、整体沉降缓慢的拗陷湖盆中的三角洲（楼章华等，1998）。勘探成果也已证实，此类沉积在我国中新生代地层发育广泛且油气赋存量巨大。然而，不同地区、不同时代的浅水湖盆三角洲特征多有差异，特别是砂体形态差别较大，如何把握砂体形态，且适用不同的砂体展布模式预测储层展布，已成为此类储层勘探开发的关键。而以 Google Earth 平台提供的卫星照片为基础，通过现代沉积调查分析，形成砂体的展布模式，则可为地下储层预测提供很好的参考。

以 Google Earth 提供的卫星照片平台为基础，对现代洞庭湖和鄱阳湖河口沉积进行了描述，分析了砂体发育特征。洞庭湖东西湖区环境差异明显，发育六处规模较大的三角洲,三角洲特征各异,其中,西洞庭三角洲沉积砂体最为发育。鄱阳湖基本东西分隔,以西部湖区沉积为主,特别是赣江三角洲砂体面积占湖区面积的70%以上。两湖中现代浅水三角洲砂体有两种展布形式:一种是连片展布砂体,主要发育于西洞庭和西鄱阳湖中,尤以赣江三角洲最为典型;另一种以枝状孤立砂体为特征,以东洞庭草尾-蒿竹河三角洲和鄱阳湖东部湖区三角洲为代表。前者三角洲平原发育,砂体连片分布,主体成因为分流沙坝;后者枝状条带状分布,不具备广阔的平原相带,主体是天然堤沉积。通过对其成因分析认为其形成主要受控于河道推进过程中的沉积稳定程度,而这可能与河流的沉积物构成及水量相关。

3.2.1　洞庭湖现代三角洲沉积

1. 洞庭湖沉积概况

洞庭湖位于湖南境内,湖水较浅。湖区北与江汉平原相接,东、南、西三面为环湖丘陵,呈碟形。水泛时河湖相连,水退时河汊密布。按地理位置可为东、南、西三个湖区,磊石山以北为东洞庭湖、东南面为南洞庭湖、赤山岛西北面为西洞庭湖。全湖由四水尾闾,荆南四口分流洪道及东、南、西洞庭湖构成。洞庭湖接纳湘、资、沅、澧四水和四口以及浣水、汨罗江、新墙河等湖区周边中、小河流来水、来沙,经湖泊调蓄后,由东北部城陵矶泄入长江(图3.7)。

构造上洞庭湖区西部为NNE向断裂控制的块断梯次隆起,中部块断向南掀斜,东部受NNE向断裂控制的块断沉降,南部为一近EW向断裂控制的差异沉降带。西洞庭湖因地壳的隆起,导致萎缩解体,已无可阻止地走向消亡。东洞庭湖和南洞庭湖因处在两个负向构造带复合部位,沉降较深(王道经和黄怀勇,2000)。

2. 现代三角洲沉积分布及特征

洞庭湖发育湘江、资水、沅江、澧水等四水水系,松滋口、太平口、调弦口(1958年堵闭)、藕池口等4口水系及汨罗江、新墙河等水系,在各水系的入湖处形成了大小、规模、形态各异的入湖三角洲,其中主要有6处三角洲发育规模较大。

1) 草尾-蒿竹河三角洲

藕池东支的分支沱江、藕池西支及澧水洪道的部分来水、来沙,于茅草街汇合后分为两支,北支为草尾河,向东至茶盘洲转向北入东洞庭湖,入湖后河道没有分叉,较为弯曲,形成了伸长状的三角洲。南支为蒿竹河,沿南洞庭湖北岸向东流去,至磊石山一带与湘江汇合,向北入东洞庭湖。草尾-蒿竹河三角洲的南部为南洞庭湖,北部为东洞庭湖(包括大通湖),生长于两个受水盆地之间,形态似一个半环形,但各个时期三角洲前缘均以舌形迅速向湖延伸。另外在两支中间部位,发育的小型河道也形成了伸长状的三角洲,但规模较小、河道较为顺直。

2) 藕池河东支三角洲

由于沱江下段淤塞,藕池东支自胡子口开始分叉并形成分流河道,近代三角洲开始发育。此三角洲发育不仅受控于藕池东支入湖水流含沙量、输沙量的变化,还与湖水位的顶

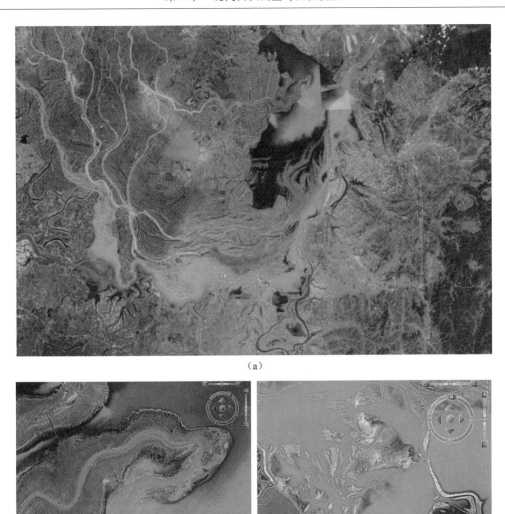

（a）

（b）　　　　　　　　　　　　　　　（c）

图 3.7　洞庭湖现代河口沉积分布特征（据张昌民等，2010）

（a）为湖区整体概貌的，可看出湖区被分隔为东、南、西三个部分，各部分的沉积特片各不相同；（b）为草尾-
蒿竹河三角洲，整体上为明显的枝状，注意其河口外缘分散的河口坝沉积；（c）为废弃的湘江支流三角洲，
整体上为朵状，河口坝汊后期河道改造，已不具有原始的形态

托强度、风浪对湖泊底质的再悬浮作用，以及湘江水流的抑制等影响因素密切相关。多因素共同作用导致三角洲平面呈弧形。目前，藕池河东支三角洲的前缘正逐渐向君山靠近，与草尾-蒿竹河三角洲前缘连成一体。

　　3）沅江三角洲

　　沅江自西向东入西洞庭湖，在距入湖口 12.5km 处因河道增宽，心滩大量出现。至坡头一带小型分流汊道沿西洞庭湖左右两岸延伸，并形成长形沙坝，而沅江主支向陆地凹进呈溺谷型。由于沅江三角洲距其北部的澧水洪道三角洲的前缘仅约 12.5km，因此，沅江入湖水流受澧水洪道来水和西洞庭湖水体的顶托，其三角洲发育只能沿湖岸延伸，形成三角洲两侧的长条形沙坝。

4）澧水洪道三角洲

发育于澧水入西洞庭口,是西洞庭的主要入湖水流之一,澧水入湖前与4口水系西部的水系相汇后一部分注入西洞庭湖,一部分沿湖东行,汇积了四口水系中部的水量后在南洞庭入湖。入湖的澧水洪道含沙量高,输沙量也较大,此三角洲堆积扩展迅速。沉积特点是先在湖泊的滨岸带形成边滩,以及入湖口形成心滩,然后逐渐扩大,直至充满湖泊的左右两侧,并不断向南推进。

5）资水三角洲

资水自甘溪港开始分汊,其中西支向北流入南洞庭湖,并形成入湖三角洲。由于资水含沙量及输沙量较小、南洞庭湖湖盆萎缩,水位日益升高、湖区盛行的偏北风,风浪对底质的在悬浮及淘洗作用等因素,此三角洲总体上呈侵蚀-溺谷型。

6）湘江洪道

湘江自河口经南洞庭湖东部入东洞庭湖,成为湖内河道,没有显著的三角洲发育。

3. 典型三角洲沉积特征

1）草尾-蒿竹河三角洲伸长状河道型三角洲

草尾-蒿竹河三角洲及其他入东洞庭湖的三角洲特征与其他部位三角洲明显不同,三角洲沿单河道发育,在平原部位很少分叉,而在高缘部位则有多个水下沙坝分隔,形成了分支河道型浅水三角洲[图3.7(b)、图3.8],三角洲的前缘呈枝状展布,河道为顺直型分流河道,向湖内延伸且延伸较远。其沉积主体为各个河流沙坝连接而成的天然堤,而水下天然堤快速沼泽化出露。天然堤较河道要宽许多,有的可达河道宽度的4～5倍。此种三角洲的发育与东洞庭湖河口区水动条件相关。该区波浪作用较弱,基本不能对入湖沉积进行改造,泥沙沿河道堆积延伸,形成长条形伸入湖中。同时比较稳定的河道两侧发育有天然堤,天然堤又起着约束水流的作用,使得河道能继续相湖里推进。东洞庭湖的湖水较浅,天然堤沉积后迅速的呈沼泽化出露水面。一旦天然堤被洪水冲毁,就形成了新的叉流。在河口处发育少量的分流沙坝。

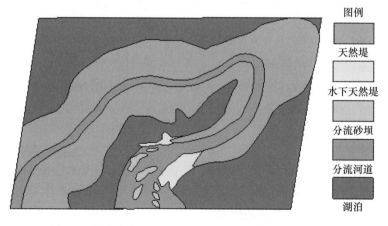

图例

天然堤

水下天然堤

分流砂坝

分流河道

湖泊

图3.8 洞庭湖草尾-蒿竹河三角洲素描图(据张昌民等,2010)

2）废弃湘江三角洲

南洞庭湖湘江呈现出明显的吞吐流的特征,河水入湖后与北部来水汇合后向东进入东洞庭,在东洞庭形成分支河道路型三角洲,而湘江故道的分支在南洞庭形成了典型的分流分流沙坝型浅水三角洲[图 3.7(c)、图 3.9]。其特点是前缘呈朵状展布,这是河流与湖泊共同改造作用的结果,而且前缘相带相比东洞庭湖的分支河道型三角洲的前缘相带要窄许多。此类三角洲的沉积骨架为沙坝,在后期不断接受沉积或遇枯水期后出露水面,逐渐演化成沙洲、沼泽。此类三角洲平原为前缘沼泽化的结果,而并非是常规三角洲的同期沉积。

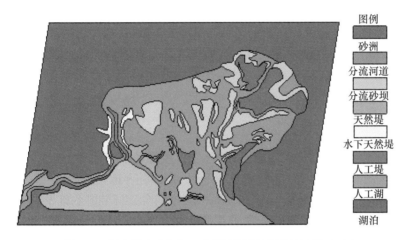

图例
砂洲
分流河道
分流砂坝
天然堤
水下天然堤
人工堤
人工湖
湖泊

图 3.9　洞庭湖废弃湘江三角洲素描图(据张昌民等,2010)

在南洞庭湖,湖水的改造作用增强,河流和湖泊共同作用,常形成扇形三角洲。河流携带了大量的泥沙入湖,在入湖处迅速堆积,形成了分流沙坝,由于湖水较浅,沙坝出露水面,两个或两个以上沙坝相连形成较大的沙洲,与河道一同形成三角洲前缘。三角洲上河道变迁频繁,分流沙坝被冲刷或形成新的分流沙坝。

3.2.2　鄱阳湖现代三角洲沉积

1. 鄱阳湖沉积概况

鄱阳湖位于江西境内,是赣江古河道在新构造运动下不断扩张、长江洪水位上升的背景下形成的一个典型的吞吐型连河湖,总面积约为 $3210km^2$,高水位时,湖泊面积可达 $4647km^2$,低水位时仅 $146km^2$(张春生和陈庆松,1996)。鄱阳湖湖底平坦,湖水较浅,平均 8.4m。鄱阳湖主要接受赣江、修水、抚河、信江及饶河 5 条河流的注入,在东部也有部分小的山区河流,如西河等小河流的注入,其中,赣江入湖形成的三角洲面积最大,可达 $1544km^2$。

鄱阳湖周缘可以分为东、西两个沉积区。湖底自东向西,由南向北倾斜,高程由 12m 降至湖口约 1.0m。湖底平坦,平均水深 8.4m,最深处 25m。滩地高程都为 $12\sim18m$,面积约为 $938km^2$,有沙滩、泥滩、草洲三种类型。沙滩高程较低,草洲最高,主要分布在东、南、西部各河入湖三角洲扩散区。湖中岛屿 25 处,共 41 个,多数在中低水时表现为滩丘,分石岛、土岛、土石岛、沙岛 4 种类型。面积共为 $103km^2$，最大的 $41.6km^2$，最小的不足 $0.01km^2$（张建新等，2005）。

鄱阳湖正式接受沉积是第四纪以来，第四纪以来的鄱阳湖的造盆区域构造运动，对鄱阳湖的沉积类型起着至关重要的作用。鄱阳湖西侧发育冲积扇—辫状河—曲流河—破坏型三角洲—建设型三角洲序列，而东侧则发育扇三角洲—曲流河—破坏型三角洲—建设型三角洲序列。

2. 鄱阳湖三角洲沉积分布特征

鄱阳湖周边主要发育有赣江、修水、抚河、信江、饶河五条主要河道，而在东部地区还发育有西河等一些山区河流。从其主要的沉积物来源看，最主要的是赣江、修水，特别是赣江来水和来沙占了鄱阳湖入湖的大部分，而赣江三角洲的面积更是占整个湖中沉积的面积 70%以上。从平面分面看，西部各河口区的三角洲相对较为连续，而在东部，特别是山区河流的三角洲相对窄小。

赣江水系相当发育，在整个湖区分为三个大的分支，其中，南部和中部分支是主体，形成了面积广阔的三角洲。遥感图像上清晰显示出，赣江三角洲呈明显的扇形朵体，三角洲的水上部分可分为上三角洲平原及下三角洲平原，始终处于枯水线之上的上三角洲平原延伸约 40km；枯水线与洪水线之间的下三角洲平原延伸 10～20km，平均为 15km。南部分支又分为两支，入湖后两个分支从南、北两个方向向分支间的湖泊区及东部进积，形成的三角洲整体上较为狭窄，形成的三角洲各河道间为浅滩和浅湖所隔开。中部分支是与南部分支沉积不同，其沉积朵体整体相对较为连续，连片性好，而在其南部的分支特征与赣江南部分支特征类似，呈狭长状。赣江北部分支与修水合并后入湖，形成了大量的沙坝，其后与湖泊出水汇合形成入江水道。水道整体上呈现出曲流河道特征，发育大量的沙坝。

抚河在入湖前分为南、北两个分支，其中，南部分支注入鄱阳湖南部的小湖泊中，发育了一个独立的三角洲，基本上连片分布，将南部的湖泊切为两个。而抚河北分支则在鄱阳湖南端注入湖泊，形成了较小的三角洲，其末端出水与信江来水、赣江南支汇合，其后汇合的水体沿湖泊西部水体向北流形成一系列的沙坝。

饶河在鄱阳湖东南部入湖，进入鄱阳湖东部水体，发育了小规模的三角洲。三角洲整体上较为狭窄，呈伸长状。其西部分支与信江、赣江南支和抚水汇合后的水体相汇，受西部水体的影响，形成了较宽广的前缘。而东部分支河道相对明显，发育多条狭长的分流河道。

西河注入鄱阳湖东部水体的北端，形成了狭长状展布的三角洲，三角洲主体上是狭长的分流河道及其天然堤，不管是平原和前缘相，其宽度都非常有限。

3. 典型三角洲沉积特征

1）赣江中部分支三角洲

鄱阳湖中赣江中部分支三角洲发育完善，独立性较强，成为一个形态和相带均完整的三角洲朵体，三角洲的前缘呈朵状展布[图 3.10(b)、图 3.11]。河道入湖后，主要发育了 3 个次级分支，南部分支和北部分支较为发育，而中部分支发育相对较差。南部分支主河道较为顺直,在平原部分未见分汊,而在前缘部位分叉明显,进行了在三角洲前缘,河道进一步大量分叉,形成一系列的次级小河道进入湖区,分支河道间则为纵向展布的分流沙坝,并且前缘相

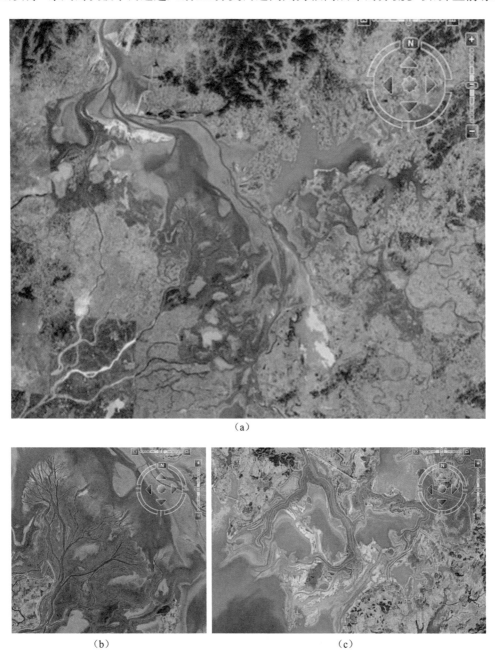

(a)

(b)　　　　　　　　　　　　　　　　(c)

图 3.10　鄱阳湖现代河口沉积分布特征(据张昌民等,2010)

(a)为湖区沉积概况图,显示鄱阳湖区分为两部分,东部为山间分隔开的局限湖泊水体,注入其中的河道呈枝状展布,西侧为湖泊主体,大部被赣江三角洲所占据,在东、西两湖区的中间部位,可看到入湖河流穿湖而过所形成的砂体;(b)为赣江中部分支三角洲,呈现出明显的分流沙坝特征,河道众多,分枝河道间被沙坝所占据;(c)为湖泊东区的西河三角洲,呈现出明显的分枝状特点,注意绿色为水上部分,而灰色则为水下沉积部分

带与鄱阳湖东部的分支河道型三角洲的前缘相带相比要宽广得多。沙坝是此类三角洲的沉积骨架,并在后期不断接受沉积后出露水面,逐渐演化成沙洲、沼泽。从其形成演化推测此类三角洲平原并非如常规三角洲的同期沉积,而是前缘沼泽化的结果。

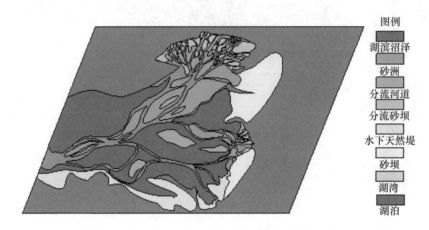

图 3.11　鄱阳湖典型浅水三角洲(赣江中部分支三角洲)素描图(据张昌民等,2010)

鄱阳湖南部的分流沙坝型浅水三角洲与南洞庭湖的浅水三角洲形态上并不相似。鄱阳湖南部的波浪作用较弱,地势较为平缓,在入湖处泥沙成片堆积,形成了分流沙坝。由于河流水动力较强,河流改道频繁,形成了许多的分支河道并对分流沙坝不断的冲刷,因此三角洲不断地向前推进,并在入湖处发育了大量的分流沙坝。由于湖水较浅的缘故,一些沙坝快速沼泽化出露水面,形成沙洲。

2) 西河三角洲

西河三角洲位于西河入湖口,实质上已不是传统的鄱阳湖区,而是位于鄱阳湖中部水道以东的、由一系列小岛屿与鄱阳湖主体相隔开的东部相对较为独立的湖区。此处三角洲显示出明显的分支河道型浅水三角洲[图 3.10(c)、图 3.12]特点。河流进入鄱阳湖后保持狭长的水道形态,一直向前延伸,形成分叉后,各分流河道之间相互分隔明显。分流

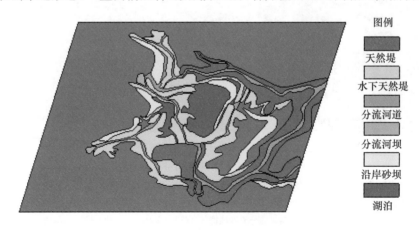

图 3.12　鄱阳湖典型浅水三角洲(西河三角洲)素描图(据张昌民等,2010)

河道形态完整,河道间没有明显的与河道相关联的沉积物将河道相连接。从其出露情况,可将其分流河道发育段划分为水上和水下两段,基本上与三角洲平原和三角洲前缘相对应,但不同的是三角洲平原部分不是连续的、大面积展布的朵体,而是呈现出由狭窄河道及其相关的沉积构成的出狭窄的条带状的特征。从两段的沉积分布看,分流河道水下段相对于水上段长度相对较短,最长的一段长度达 3780m,而相应的水上段长度可达 8600m。从三角洲的沉积单元的侧向构成看,基本上可分为河道(分流河道)和河道侧缘(天然堤)两部分,河道路窄而细,天然堤则相对较宽。从侧向相带的宽度变化看,都较为稳定,河道宽度从入湖分汊前的约 240m,经过约 7000m 转换为宽度约 25～35m 宽的小型河道。而堤岸沉积则从最宽的约 600m,到前缘约 300m。

水下段分流河道的水道较窄,一般为 25～35m,宽度变化较小,围绕水道两侧的天然堤相对较宽,沿河道向湖中心方向明显变窄。比河道前缘外侧出现到河道道边部天然堤出露为水上天然堤,其宽度可达 300～600m。水下天然堤的发育一般不对称,几条主要的分支河道中显示其南侧靠近开阔湖盆部分的宽度要较其封闭湖湾部分的宽度大。

水上分流河道段的沉积与水下相似,所不同的,一是其河道相对较宽,一般在 50m 以上;二是分流河道外缘的沉积与水下相比相对较宽,而且可明显分为三个带。其中最靠近河道的是水上天然堤,宽度一般 100～250m,最窄处不足 50m,也呈现出不对称的分布特征,在靠近开阔湖一侧较封闭的湖湾侧宽度大。最外层分布于远离河道的靠湖部位,宽度为 70～250m,最宽处达达 450m,最窄处则不足 50m。而在内侧天然堤和外缘的沉积中间,还有一层宽度为 50～100m 的区带。目前,从卫星图片上尚不能对外带和中间带的差异进行较详细地探讨,推测外缘沉积的形成可能与湖水的活动有关,研究中暂将其定为沿岸沙坝。

3.2.3　浅水三角洲砂体形态成因探讨

从现代洞庭湖和鄱阳湖河口三角洲沉积看,两种类型三角洲、两类砂体形态差异明显。一类是以分流河河道主体的三角洲砂体,一类是以分流沙坝为主体的三角洲砂体,两类三角洲在形成机理、外部形态、内部结构上都明显不同,成了三角洲的两种端元的代表。从其外部形态看,分流河道型三角洲砂体呈枝状、窄条带状展布,砂体局限而孤立,而分流沙坝型则主要体现为朵状、片状展布,相对连续,分布广泛。当然两者也有相同的地方,而其中最主要,而且与通常的三角洲的认识不太一致的就是沉积过程中河道是沉积物的搬运通道,但在两类三角洲中都不是其沉积的主要场所。从其形成的沉积构成看,分流河道三角洲主要是天然堤相关的砂体,而分流沙坝型三角洲则主要是分流沙坝(张昌民等,2010)。

1. 连片状浅水三角洲砂体

连片状浅水三角洲砂体发育于分流沙坝型三角洲。砂体外形呈朵状或叶片状,朵体发育集中,基本上呈现片状分布,整体沉积相对较为连续,河道呈现出辫状特点,各朵体之间部位会发育分流间湾沉积。朵体中发育的主体是分流沙坝,其分布在相对较大,厚度也相对较大,而河道则主要是供砂通道。河道一般分叉较多,形成多级分叉连片状态,因而水流显得非常分散,没有集中的狭长状的水道或者单个分流水道延伸不是很远。从相相带上看,三角洲平原和前缘的特征较为清楚,而且前缘相带相对平面相带宽度较小,三角洲平原沉积发育,基本上占据三角洲面积的 3/4 以上,相对地前缘相带不甚发育。单朵体前缘相带主要沉积环境包括分流沙坝和分流河道两种,分流沙坝与正向地貌单元一致,是砂质堆积的主要场所。分流河道为负向地貌单元,是水流通过的路径,沉积堆积较少或无无沉积物堆积。三角洲平原的构成与前缘类似,不同的是平原部位的沉积已出露水面,可能有植被发育,此外平原部位的河道也相对较为固定、连续,特别是更近湖岸的部位,河流更为稳定和连续。平原部位主体有两种沉积,一种是分流河道内部区域,主要是分流沙坝进一步发育,其中部分河道淤塞而连片,进一步沼泽化而成沙洲,可能是一个,也可能是多个沙洲连片分布。另一种则是分流河道外缘部位,由原有的边缘的分流沙坝进一步发育,分流河道全部淤塞连片而成天然堤。这种天然堤原来位于水下,随着河流的推进,逐渐露出水面,最终沼泽化而成。

2. 枝状浅水三角洲砂体

主要发育于分流河道型三角洲。发育的主体为天然堤,三角洲呈现出明显的树枝状,各朵体分散、朵体间不连接或通过决口水道连接。三角洲整体上不具有广阔的平原相带,呈现出窄条状的特征。沉积地貌单元主要是天然堤,分流河道相对天然堤较为狭窄。天然堤分为水下和水上两部分,两者在宽度上差别不大,主要差别是水下天然堤没有植被发育,而天然堤则有明显的沼泽化特征,植被繁茂。水下天然堤水下部分延伸不太远,在天然堤的尽头有时连续,但多不太连续,为小规模的分流沙坝。天然堤宽度相对较稳定,单侧宽度一般是分流河道宽度的 3～5 倍,最多可达分流河道的 10 倍以上。

3. 砂体成因分析

对于三角洲砂体的形态,前人有较多的讨论,特别基于河流、波浪和潮汐对沉积控制所决定的砂体形态分布,一直是识别不同类型三角洲的标志性的特征,也是对其砂体进行预测的基础。然而对于浅水三角洲来讲,其本身处于较浅的湖盆中,波浪影响较小,不受潮汐影响,因而其形成更多地受其河流和入湖环境的影响,而不是外部水体的影响。

一般认为,粗粒沉积物由于其内部较弱的黏结性而具有较弱的抗冲刷性,因而些类砂体在沉积过程中往往易于连片,形成大面积砂体,如辫状河及辫状三角洲都是此类特征,而在实验室模拟中,往往造成砂体较为连片分布特征,也是由于在实验室内一般采用的是较粗的沉积颗粒组成或难于形成细粒层的形成。而细粒沉积物则由于其形成的泥质沉积抗冲蚀性强而较易于保存,从而形成较为稳定的河床,进而造成砂体的局限分布,相对于辫状河,曲流河的砂体分布正是这一因素的结果。

而对于洞庭湖和鄱阳湖现代沉积的分析还表明,连片砂体的三角洲一般具有较大的流域面积和较大的供沙量,而相应地枝状三角洲则多是小型河道或季节性供水更为明显的河道。如洞庭湖的连片三角洲出现于主要供水的沅江等西部三角洲,而鄱阳湖则是出现于赣江河口。而作为枝状三角洲,则都发育于不具主体地位的小型河道河口。

从成因角度看,洞庭湖和鄱阳湖湖的分流沙坝型连片浅水三角洲砂体沉积与已有浅水三角洲砂体成因认识有所不同。一般认为,三角洲的前缘和平原部位分流河道的作用较强,是主要的沉积区域和沉积部位,形成较好的分流河道砂体,而鄱阳湖和洞庭湖现代浅水三角洲调查表明,分流沙坝是主要的沉积场所和沉积砂体,分流河道,不管是前缘,还是平原都是过沙的通道,沉积量,尤其是砂质的沉积量可能非常有限,厚度可能会远较分流沙坝小,在废弃时可能会充填湖相泥。而且分流河道的形态并非如所描述的狭长河道,而多是呈现出片状的特征,特别是前缘部位分流河道,完全是片流的状态。此外,在平原部位,其沉积物,特别砂体沉积物,可能主要是继承和保留了前期处于前期部位时的沉积物,这些沉积物经河道的改造而成,而非在平原阶段新沉积的沉积物。如平原上的砂质沉积,主要是前缘的分流沙坝保留下来而形成的,形态可能受后期河道的改造,但基本的物质是前缘期形成的,后期出露水面而成,而其间部位上后期的河流所携沙泥填充,进而形成分布面积更大的沉积体。

分支河道型三角洲形成过程主要与河道的推进方式和过程有关。对于此类三角洲,最有特色的是河道口向湖推进过程中河道的稳定性,河道一直能够得以保持并不断地向前推进,这就需要其河道侧缘的沉积能够得到较好的保存,并且能够将河道局限在其中。而从洞庭湖此类三角洲前缘部分的增长方式看,尽管其发育的模式是分流河道的样式,但其前缘的最初形态与分流沙坝型类似,都是先发育一系列的小型分流沙坝,而不同的是在后期发育过程中,处于河道前缘的分流沙坝被冲蚀不能保存;而处于河道侧分流沙坝则得以保留,并不断增大,分流沙坝间也被后期的细粒沉积进一步充填,形成连续的水下天然堤沉积。当天然堤的高度达到一定程度后便出露水面,并有植物生长得以进一步的固化而形成天然堤,此时河道更为稳定,很少有沉积物超过天然堤并在堤外沉积,其后的沉积演化特征与河流沉积相类似。要形成这种稳定的河道、平稳的进积,一般要求有相对比较平坦湖底地形、相对较细的沉积物供给和较小的沙泥供给比。

3.3　物理沉积模拟实验

3.3.1　沉积模拟实验概况

水槽沉积模拟的目的,在于通过对沉积条件的约束,再现沉积过程,分析不同沉积条件下沉积响应特征,查清不同因素对沉积的控制作用,进而弄清不同沉积体和不同砂体的成因机理及其控制因素。沉积模拟既可以模拟小规模河床上的层理构造的形成过程和形成机制(Bridge,1981;曹耀华等,1990),也可模拟盆地级别的沉积体系(张春生和刘忠保,1997),而针对油气勘探开发中的砂体和夹层预测的需要,进行砂体形成机制和分布规律的模拟研究(赖志云和周维,1994;张春生等,2000;马晋文等,2012)近年来特别受石油地质工作者的重视。近年来,笔者针对浅水三角洲的形成机制做了一些研究工作(马晋文等,2011),下面将以四川须家河组沉积模拟为例,对浅水三角洲大面积砂体的形成机制研究进行简要介绍。

1. 模拟理论基础

物理模拟首要解决的是模型与原型的相似性问题,也就是实验模型在多大程度上与原型具有可比性。为此物理模拟实验必须遵从一定的理论,这种理论可称之为相似理论,包括几何相似、运动相似及动力相似。

从相似性原理出发,沉积模拟研究就是将自然界真实的沉积体系从空间尺寸及时间尺度上都大大缩小,并抽取控制体系发展的主要因素,建立实验模型与原型之间应满足的对应量的相似关系,使建立的实验模型与原型模型之间具有较好地可对比性,从而使得实验室的模拟能较真实地反映出自然环境下的沉积特征。这种相似关系建立的基础乃是一些基本的物理定律,如质量、动量和能量守恒定律等。

1) 几何相似

几何相似是指模型与原型的几何形状相同,原型和模型各对应部位的尺寸都成同一长度比例而言,这是相似的必要条件。

规定原型值与模型对应值的比例称为模型比例。设 L_H 为原型某一部位的长度,L_m 为模型对应部位的长度,则长度比尺为

$$\lambda_L = \frac{L_H}{L_m}$$

式中,H 代表原型,m 代表模型。

长度比尺 λ_L 在原型和模型任何相应的部位都相同,因此,它既可以代表长度比尺,也可代表宽度比尺和高度比尺。还可以根据它引出面积比尺和体积比尺。因为面积是长度的平方,所以面积比尺为

$$\lambda_A = \frac{A_H}{A_m} = \lambda_L^2 \tag{3.1}$$

同理,因为体积是长度的三次方,所以体积比尺为

$$\lambda_W = \frac{V_H}{V_m} = \lambda_L^3 \tag{3.2}$$

长度比尺表征着几何相似,也就是说几何相似是通过长度比尺 λ_L 来表达的。

2) 运动相似

运动相似是指原型和模型水流各对应点的流速都成同一比例。设 V_H 为原型水流某一点的流速,V_m 为模型水流对应点的流速,则流速比尺为

$$\lambda_V = \frac{V_H}{V_m} = \frac{\lambda_L}{\lambda_t} \tag{3.3}$$

式中,λ_t 为时间比尺。有了流速比尺 λ_v,就可据此引出加速度比尺为

$$\lambda_a = \frac{a_H}{a_m} = \frac{\lambda_v}{\lambda_t} = \frac{\lambda_L}{\lambda_t^2} \tag{3.4}$$

另外还可引出其他与时间有关的物理量的比尺,如角速度比尺,运动黏滞性比尺,流量比尺等。

对照几何相似,可以看出,运动相似多了一个时间比尺 λ_t。也就是说,运动相似是通过长度比尺 λ_L 和时间比尺 λ_t 二者来表达的。

3) 动力相似

作用于水流的外力包括各种各样不同性质的力,但主要的外力是重力和黏滞力,此外还有表面张力和弹性力等。

动力相似是指作用于原型和模型水流的各种不同性质的力都各自成同一比例。

设作用于原型和模型水流各对应点的重力为 G_H、G_m,黏滞力为 R_H、R_m,则力的比尺为

$$\lambda_F = \frac{G_H}{G_m} = \frac{R_H}{R_m} \tag{3.5}$$

因为 $G = \rho g V, R = L \rho v$，所以

$$\lambda_f = \frac{\lambda_m \lambda_L}{\lambda_t^2} \tag{3.6}$$

式中，λ_m 为质量比尺。

有了质量比尺，就可据此引出其他与质量有关的物理量比尺，如密度比尺、重率比尺、动量比尺、能量比尺、功率比尺等。

对照运动相似可以看出，动力相似多了一个质量比尺 λ_m。也就是说，动力相似是通过长度比尺 λ_L、时间比尺 λ_t 和质量比尺 λ_m 三者来表达的。

4）相似准则

应用上述三个相似条件，可以进一步推导出物理模拟的一系列相似准则，最主要的相似准则如下。

（1）悬浮相似准则：

$$W_r = V_r \left(\frac{H_r}{L_r} \right)^{\frac{1}{2}} \tag{3.7}$$

（2）颗粒运动相似准则：

$$\begin{cases} (C_D - f c_L)_r = 1 \\ \left(\frac{\rho_p}{\rho} - 1 \right)_r = 1 \\ \left(\frac{fgD}{u_D^2} \right)_r = 1 \\ \left(\frac{V_D D}{\gamma} \right)_r = 1 \end{cases} \tag{3.8}$$

（3）河道变形相似准则：

$$(t_1)_r = \frac{\beta_r H_r L_r}{q_{sr}} \tag{3.9}$$

式中，r 为原型与模型中各物理量的比值；ρ 为水流密度；t 为时间；p 为应力；γ 为运动黏滞系数；H 为水深；q 为单位长度内流进或流出的流量；W 为颗粒的沉速；C 为颗粒浓度；D 为颗粒直径；f 为摩擦系数；V_D 为深度为 D 处的流速；q_s 为单宽输沙率；β 为床砂干容重；$(t_1)_r$ 为河道变形的时间比尺。

模型与原型的几何相似、运动相似、动力相似三个相似条件以及悬浮相似、颗粒运动相似和河道变形相似三个准则就是开展物理模拟研究的基本原理。

5）相似性研究方法

（1）自然模型法。自然模型法在实验室内最早应用是对任意塑造的人工小河的演变问题进行研究，并获得了相应的经验，它对揭示砂体演变问题的宏观本质具有重要意义。

自然模型法的关键问题在于决定模型比尺。一般地讲，自然模型的比尺是以原型的某些特征值（如河宽、水深、流量、含沙量、砂体迁移速度等）与模型相应的特征值对比后求

得。而在设计模型时由于缺乏原型的各项特征值,因此,可以先将模型小河段看作是小的原型,利用现有的水流泥沙运动及河相关系式进行初步计算,近似地求出模型比尺。然后再在模型中实测各项特征值予以修改比尺。

自然模型法中最重要的比尺为几何比尺、水流比尺、输沙比尺及时间比尺四大类,每一类中又有若干亚类。开展自然模型法物理模拟实验时,上述比尺关系在模型设计时应该充分考虑,因为它决定了模型与原型的相似程度。然而,每种比尺关系的权重是不同的,其中,最重要的是几何比尺和水流比尺,而几何比尺又是重中之重,实验中应重点考虑。

(2) 比尺模型法。比尺模型法则严格按几何比例关系将入湖河流与原始底形缩制成模型,所选用的实验砂可能为更细小粒径的原始天然砂,但更多的则是用模型砂来满足相似要求。

比尺模型按性质可分为定床模型(模型河床为不可冲刷的固定河床,模型水流中也不带泥沙)和动床模型(模型河床可冲、可淤,模型水流中携带泥沙以适应河道的冲淤变化和产生砂体沉积)两类。前者又称为清水模型,没有泥沙运动的参与,只要满足水流条件的相似。后者又称浑水模型,不仅考虑水流相似,同时考虑泥沙运动相似。下面介绍能够描述砂体形成过程实际问题的浑水比尺模型法。

浑水模型由于考虑了泥沙运动,而泥沙运动可分为推移质搬运和悬移质搬运。因此在实验模型与原型相似性方面,除了满足重力相似与阻力相似之外,还要满足泥沙运动相似和砂体演变相似。

2. 物理模拟实验的一般流程

碎屑物理模拟一般都在实验装置内进行。碎屑沉积模拟的方法步骤可概括如下。

(1) 确定地质模型。所涉及的参数包括盆地的边界条件(大小、坡度、水深、构造运动强度、波浪、基准面的变化等)、流速场的条件(流量、流速、含沙量等)、入湖或海河流的规模及分布、沉积体系的类型、碎屑体的粒度组成等。

(2) 确定物理模型。由于自然界中形成沉积体系的控制因素较多,确定物理模型的关键是抓住主要矛盾,而忽略一些次要因素。好的物理模型应当反映碎屑沉积体系的主要方面。物理模型的主要内容是确定模型与原型的几何比尺与时间比尺、流场与粒级的匹配、活动底板运动特征及模型实验的层次。

(3) 建立原型与模型之间对比标准。实验开始前应确定每个层次的实验进行到何种程度为止,是否进入下一个层次的模拟,所以确定合适的相似比是重要的。

(4) 明确所研究问题的性质。应当明确沉积学基础问题的研究可以假设其他因素是恒定的,而重点研究单一因素对沉积结果的影响,但实际问题的解决往往是复杂的。各种因素之间是相互制约的,因此必须综合考虑。一般应从沉积体系的范畴思考问题,而不能仅从某个单砂体着手就事论事。因为单砂体是沉积体系甚至是盆地的一部分。

(5) 确定实验方案。即在物理模型的基础上,进一步细化实验过程,把影响碎屑沉积的主要条件落实到实验过程的每一步,特别应注意实验过程的连续性和可操作性。因为实验开始后一旦受到某些因素的影响而被迫中断,再重新开始时,该沉积过程是不连续的(除非在形成原型的过程中确实存在这种中断),流场的分布将受到较大影响,因此,实验开始前的充分准备是十分必要的。

（6）适时对碎屑搬运沉积过程进行监控。因为沉积模拟研究是对地质历史中沉积作用的重现，是对过程沉积学进行研究。所以沉积过程的详细记录和精细描述是必需的，只有这样才能深入研究过程与结果的对应性。通过对搬运沉积过程跟踪录像，监控碎屑沉积体系的生长形态及演变规律。

（7）过程与结果的对应研究。实验完成后对沉积结果的研究一般可采用切剖面的方法，对碎屑沉积体任一方向切片建立三维数据库，并与沉积过程相对应，比较原型与模型的相似程度，从而对原型沉积时未知砂体进行预测。目前，已经做到的对比项目有相分布特征、厚度变化、粒度变化、夹层隔层的连通性及连续性，渗流单元的分布等。

在进行物理模拟之前要深入熟悉工区地质情况，明确模拟工区地质特点及模拟目标，结合现代沉积调查获得的沉积参数，建立原型模型。在相似理论约束下，建立比尺模型，设计详细实验方案，在不断改变水流量、加沙量、粒度配比、湖水位、坡度等参数条件下，再现砂体沉积过程，找出砂体形成、分布及演变规律，获取实验条件下的定性认识和定量关系。常见实验流程如图 3.13 所示。

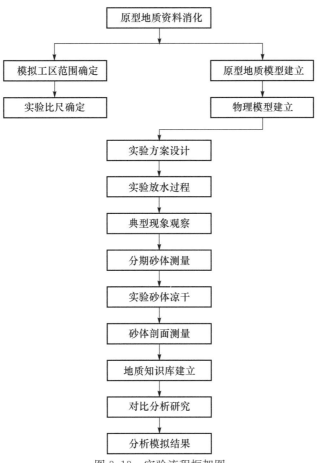

图 3.13　实验流程框架图

3. 物理模拟的局限性

（1）尺度的限制。任何物理模拟实验装置由于受到场地及装置大小的限制，不可能无限制地扩大规模。如果原型的几何规模比较大，要想在室内实现模拟，就只有缩小比例，而任何比尺的过度缩小，都将造成实验结果的失真和变形，导致原型与模型之间相似程度的降低。根据目前实验水平，一般 X、Y 方向的比例尺控制在 1：1000 之内较合适。Z 方向的比例尺控制在 1：200 之内比较理想。实际工作中，一般使 X、Y 方向比例尺保持一致，即选用正态模型准确性较高。某些情况下，根据原型的形态特点，X、Y 方向的比尺允许不一致，即选用变态模型，但二者相差不宜太大，否则容易造成实验结果的扭曲。

（2）水动力条件及气候条件的限制。自然界碎屑沉积体系形成过程中，水动力条件非常复杂，有些条件在实验室内难以实现，如潮汐作用、沿岸流、水温分层、盐度分异，以及沉积过程中突然的雨雪气候变化等影响因素，这些都在一定程度上影响了实验过程的准确性。

（3）模型理论的限制。在前述相似理论中，诸多相似条件有时并不能同时得到满足，而某个条件的不满足就可能导致实验结果在一定程度上的失真。例如，要使模型水流与原型水流完全相同，必须同时满足重力相似与阻力相似，但二者是一对矛盾；又如悬浮颗粒的运动，现有模型中关于沉降速度的相似条件有沉降相似和悬浮相似，很显然，二者也不可能同时满足。因此实验方案设计中，抽取起主要作用的因素显得十分重要。

尽管碎屑沉积体系的物理模拟存在上述许多局限，但它在促进实验沉积学的发展、研究碎屑体系形成过程及演变规律、预测油气储集砂体的分布方面愈来愈显示出其独特的优势。

3.3.2　沉积模拟实验装置

长江大学拥有国内最大的活动基底沉积模拟实验平台，其装置主要包括以下几个部分。

1. 实验水槽

水槽长为 16m，宽为 6m，深为 0.8m，距地平面高为 2.2m，湖盆前部设进（出）水口一个，两侧各设进（出）水口两个，用于模拟复合沉积体系，尾部设出（进）水口一个，为保证水流从四周进入和流出水槽，在水槽四周设环形水道（图 3.14）。

2. 活动底板及控制系统

在实验装置 7～12m 处设置四块活动地板，每块活动底板面积 2.5m×2.5m＝6.25m²，活动底板能向四周同步倾斜、异步倾斜、同步升降、异步升降。活动区斜坡坡度 35°、上升幅度为 10cm、下降幅度为 35cm、同步误差小于 2mm。每块底板由 4 根支柱支撑。升降速度可根据需要调整，实际最小升降速率可控制在 1mm/min，最大升降速率可控制在 10mm/min。

3. 检测桥驱动定位系统

测桥位于水槽上部，可在纵向 16m 范围内自由移动并自动定位，导轨和测桥机械误

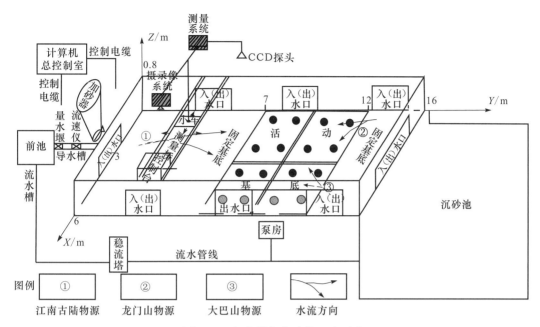

图 3.14　沉积模拟实验装置平面图

差小于 2mm,测桥设有控制平台,可自动定位和自动检测,设置一套 CCD 激光光栅检测系统,整个系统可横向移动 6m,用于叠加检测,以提高测量精度,设置一个检测小车,可在 6m 跨度内移动。

4. 流速流量测量系统

实验室现在所使用的 CDL-90 型超声多普勒流速仪的测量范围为 $3\sim600\text{cm/s}$(实验中通常流速为 $10\sim100\text{cm/s}$),绝对误差小于 3mm,相对误差小于 2%。含沙量的条件为 $0\sim650\text{kg/m}^3$,也就是说,从清水到混浊泥浆都可以用该流速仪测定。

5. 实验过程视频采集与分析系统

该系统由摄像机、录像机、监视器、计算机等组成,能够记录实验的动态过程,对实验过程进行动态监控与分析和提交实验结果的高清晰度录像带。

6. 计算机制图分析系统

该系统由计算机、数字化仪、滚筒绘图仪及软件等组成,可以制作多种地质图件。

3.3.3　四川盆地须家河组(须一段~须三段)沉积模拟实验模型

模型比尺是模拟设计的核心问题之一。针对须家河组三个物源,确定模拟区域在实验装置内有效使用范围,计算原型与模型的相似比尺,通过比尺及须家河组各物源的地质特征设计模型边界大小、物源特征和模拟过程控制量。

1. 区域地质概况

晚三叠世四川盆地整体为前陆盆地演化阶段,是川西前陆盆地和川东北前陆盆地形成的复合盆地,川中古隆起为两者共同的前陆隆起区(刘树根等,1995)。

上三叠统须家河组是印支早幕运动后,在中、下三叠统碳酸岩侵蚀面上形成的一个西陡东缓的坳陷中沉积而成的一套以砂泥岩为主的典型陆相煤系地层。地层厚度200～4000m,川西,川东北最厚,并呈"箕状"自西向东,自东北向西南减薄。根据中石化西南油气田分公司最新地层划分对比方案,须家河组划分为6个岩性段。须一段仅发育于川西龙门山向盆地方向的前陆盆地中;须二段和须四段在盆地内均以砂岩为主,间夹少量薄煤层或炭质泥岩、粉砂质泥岩;须三段和须五段以深灰色、灰黑色泥岩为主,间夹少量砂岩和粉砂岩;须六段下部以砂岩为主,而中部则以泥岩为主。因受印支晚期运动的影响,须六段在川西北部分地区沉积较薄或仅为剥蚀残余,甚至被剥蚀殆尽。此次沉积模拟实验选择须一段、须二段和须三段作为目标层段。

前陆盆地中一般具有双物源的沉积特征,即造山带物源和远离造山带的克拉通物源,并以前者为主。而四川盆地晚三叠世具有多物源供给的特征,不同时期的主物源方向不同。总体看,晚三叠世早中期区域上存在四大物源体系,即古龙门山物源体系(早期摩天岭古陆及西秦岭)、大巴山物源体系、江南古陆物源体系及康滇古陆物源体系。晚期,由于康滇古陆物源区的消失,盆地内主要存在三大物源体系,但南缘黔中古陆可能有物源贡献。除这些区域上的物源体系外,盆地内不同时期的古隆起、古残丘及周缘高点(如开江古隆起、泸州古隆起)也不同程度地提供物源,但影响均不大。四大物源体系具体又可以划分为6个物源,它们分别是川西南部物源、川西物源、川西北部物源、川东北物源、川东南物源和川南物源。而这四大体系6个物源,又可以归结为两类:造山带物源和古陆物源(谢继容等,2006)。考虑须家河组具有两类四大体系物源,故此次须家河组沉积模拟实验中选择了3个物源:川西北龙门山物源,川东北米仓山-大巴山物源,川东南江南古陆物源。

四川盆地主要沉积相类型为冲积扇、三角洲和湖泊,其中三角洲相在研究区十分发育(朱如凯等,2009)。纵向上:四川盆地在晚三叠世须家河期各不同时段有不同的气候与地形条件、区域构造特征、沉降特征及补偿作用特点,因此,随着盆地水体的变迁,各时段形成了各具特色的沉积体系组合类型和展布格局。须一段仅发育于川西龙门山向盆地方向的前陆盆地中,以潮坪沉积为主。须二段、须四段和须六段构造运动强烈,以三角洲沉积为主,盆地西北缘和北缘局部发育冲积扇和扇三角洲沉积(由于龙门山向西南方向的逆冲推覆,川西北部分地区缺失须六段沉积)。须三段、须五段以滨浅湖相为主,盆地边缘靠近物源区有三角洲发育,不过规模都较小。平面上:沉积相带的展布格局严格受构造控制,西北部陡坡带发育快速堆积的粗粒的冲积扇、扇三角洲-湖底扇,西南部陡坡带发育辫状河三角洲、北部-东北部陡坡带发育辫状河、辫状河三角洲,而在东南部缓坡带则发育辫状河三角洲。在此次沉积物理模拟中所设置的3个物源方向上发育了不同的沉积体系类型,其中,龙门山和米仓-大巴山两个靠近造山带物源方向上发育了冲积扇-扇(辫状河)三角洲,而江南古陆物源方向则发育了辫状河三角洲(郑荣才等,2008)。

综上所述,物理模拟的原型为四川盆地须家河组须一段—须三段,总体上是一套低孔、低渗、厚度和面积均较大的以沙泥岩为主的煤系地层。根据前陆盆地的特点,其沉积特点在近造山带的陡坡带和克拉通方向的缓坡带不同,陡坡带以发育粗粒的冲积扇-扇三角洲-辫状河三角洲为主,而缓坡带则以辫状河三角洲为主,盆地主体则以湖泊-三角洲沉积为主。根据盆地的构造背景和多物源特点,选取了三物源作为物理模拟的原型,分别为西北的龙门山物源、东北的米仓-大巴山物源和东南的江南古陆物源,其中前两者是陡坡带物源,后者为缓坡带物源。

2. 边界尺度

根据沉积体系分布图,测量须家河组砂体展布的有效长约为 670km,宽约为 300km,为了使长宽比例一致,设计水槽的有效范围长 $L=12$m,宽 $B=5.3$m。根据须家河组模拟层段的地层厚度分布图,测量其总沉积厚度平均值为 850m,设定活动底板的最大沉降量为 50cm。故设计比尺如下。

几何比尺:　　　　　　$\lambda_L=L_H/L_m=B_H/B_m\approx55000:1$　　　　(3.10)

垂向比尺:　　　　　　$\lambda_{hl}=h_{1H}/h_{1m}=850/0.5=1700:1$　　　　(3.11)

变率:　　　　　　　　$\eta=\lambda_L/\lambda_{hl}=32$　　　　(3.12)

式中,λ 为比尺;L 为长度;B 为宽度;H 为原型;h_1 为地层厚度;m 为模型;η 为变率。

模型是一个几何比尺 λ_L 范围远远超出模拟比尺的限制 1000:1,变率约为 32 的变态模型。因此,河宽、水深、流量、含沙量这些参数,需达到水流和携带沉积物能力的平衡,根据经验参数及试床调整最终确定。

3. 物源设计

1) 物源方位

实验按照 55000:1 的比例,根据三物源沉积体系在四川盆地的分布方位,对应设计江南古陆、龙门山和大巴山-米仓山三物源河流出水口所在装置位置分别为 $X=3$m,$Y=4$m,$X=0.8$,$Y=14$m 和 $X=5.2$、$Y=14$m 处,龙门山和米仓山-大巴山两物源水流入湖夹角约为 110°。三物源在装置的延伸范围分别设计为 $Y=4\sim9$m、$X=0.25\sim5.75$m,$Y=10\sim14$m,$X=0.25\sim3$m 和 $Y=10\sim14$m、$X=3\sim5.75$m 处(图 3.15)。$Y=9\sim10$m、$X=0.25\sim5.75$m 为深水区。

2) 物源类型

设计江南古陆物源河流为长源牵引流沉积,距深水区较远。龙门山和米仓山-大巴山物源均为短源河流,以喷射的方式入湖,距深水区较近。

3) 坡降变化

江南古陆、龙门山和米仓山-大巴山各

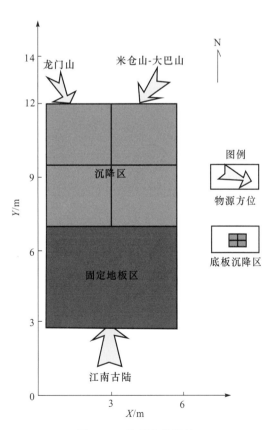

图 3.15　物源方位设计

物源处原始底型坡度设计参考构造恢复的须一段上部底界面的地形,结合资料中沉积体系的厚度分布,通过取各物源处三角洲前缘平均厚度 D_1 和三角洲平原平均厚度 D_2,以及两测点的距离 ΔD,通过 $\tan\alpha = (D_1 - D_2)/\Delta D$,设计龙门山、大巴山-米仓山和江南古陆三物源坡降分别为 45‰、25‰ 和 1.5‰。

4) 物源来水情况

自然界中有洪水、平水和枯水不同的来水期,且各来水情况的变化具有一定的规律,实验过程中,根据三角洲形成特点设计须家河组江南古陆物源、龙门山和米仓山-大巴山物源洪水期、平水期、枯水期的时间比例为 1:2:6。并保持按枯水—平水—洪水—平水的顺序通水。

5) 沉积物构成

三物源各期沉积物组分及砂泥级配按照须家河组各层段岩性特征设计。各物源沉积物组分均包含粗砂、中细砂和粉砂,根据提供的各地层的平均砂地比值,设计须一段、须三段的砂泥比为 3:2,须二段的砂泥比为 4:1。

4. 模拟过程设计

沉积过程中,不同时间段湖水水位的变化,盆地不同方位的沉降量直接影响沉积体系的展布。模型设计根据原型层段划分及沉积特征确定模拟期次,依据原型各层段沉降量及活动底板的最大沉降量,按照垂向比尺进行各物源构造沉降量设计,根据各层段体系域和砂体的叠置关系对模型湖水位变化进行设计。

1) 模拟期次

由于须一、三、五段沉积特征相似,须二、四、六段沉积特征相似,故实验仅模拟须一段上部至须三段上部来进行研究。实验设计分六期模拟,模拟层段为须一上部、须二下部、须二中部、须二上部、须三下部和须三上部,每一层段为一个模拟期。第一轮模拟须一段上部,依次模拟到第六轮须三段上部。

2) 活动底板沉降量

实验过程中,基底升降主要调整龙门山断层和大巴山-米仓山断层的下降幅度,以龙门山断层、大巴山-米仓山断层及江南古陆沉降区之间作为模拟实验的纵向控制区域。底板沉降对不同物源三角洲形成有重要的控制作用,根据不同层段沉积厚度与水槽活动底板最大沉降量进行底板沉降量的设计。

根据须一段上部至须三段上部的地层等厚图,测得龙门山、大巴山-米仓山、江南古陆三物源沉积的总平均厚度值分别约为 $D_L = 490\text{m}$、$D_d = 240\text{m}$ 和 $D_J = 120\text{m}$。根据垂向比例 1700:1 及模拟各层段的平均厚度,设计各物源活动底板的沉降量,并经原始地层厚度的分布进行调整,最终得出其构造沉降量。

3) 湖水位控制

实验依据体系域及准层序组叠置关系所反映的相对湖平面变化及原始沉积体系湖岸线的分布范围,并结合模拟装置特征按 55000:1 的比例缩放到水槽,来控制模拟水位变化。须一段上部,为高位体系域沉积,设计须一段上部湖水位由 17cm 慢慢上升到 21cm,并保持一段时间,后正常控制湖水位为 17cm。须二段下部,为进积型准层序组,砂体叠置样式为进积,设计须二段下部湖水位由 17.5cm 慢慢降至 13cm。须二段中部为加积型准层序组,砂体叠置样式为加积,设计须二段中部湖水位相对一致,基本控制在 8cm。须二段上部为退积型准层序组,砂体叠置样式为退积,设计须二段上部湖水位依次上升由 8cm 慢慢上升到 13cm。须三段下部为湖侵体系域,设计须三下部湖水位由 10cm 逐渐上升到 18cm。须三段上部为高位体系域,设计须三段上部湖水位由 10cm 慢慢上升到 18cm,后又慢慢下降到 12cm。

5. 自然模型法参数修正

砂体演变过程是水流与泥沙间相互作用的一种过程,河床形态、水流大小、流量过程、河床比降及水流挟沙量等因素有一定的关系。而自然模型法是设法控制上述因素,造成可能与天然过程基本相似的小河,在实验室内对任意塑造的人工小河的演变问题进行研究,获得相应的经验,揭示砂体演变问题的宏观本质。

自然模型实验在起始阶段,需计算相似比尺来初步估算模型设计。通过造床实验不断加以校核修正模拟参数也是非常重要的。各物源处的最终水动力参数,是根据各物源的地形坡降大小及试床实验设计的参数进行试床实验调试而确定。

1) 试床水动力参数设计

根据自然模型法常用的河相关系公式,在实验槽中塑造 0.20m 宽的游荡小河,对试床河道的平均水深、流速及流量参数进行设计,作为试床时的参考。

实验用天然沙时,A 取 50,则满槽时的平均水深 h 为

$$h = (B_1/2)/A = (0.201/2)/50 = 0.009 \text{(m)} \tag{3.13}$$

根据苏联专家及屈孟浩等(1981)研究,采用 $J = 0.009$,$n = 0.03$,则水深为 h_0 的泥沙起动速度 V_0 及平均流速 V 分别为

$$V_0 = V_1 \times h_0 \times 0.2 = 0.33 \times 0.009 \times 0.2 = 0.129 \text{(m/s)} \tag{3.14}$$

$$V = [(h^{2/3}) \times J \times 0.5]/n = [(0.009^{2/3}) \times 0.009 \times 0.5]/0.03 = 0.137 \text{(m/s)} \tag{3.15}$$

故 $V > V_0$,

流量 $Q = BhV = [B \times (h^{5/3}) \times J \times 0.5]/n = [0.20 \times (0.009^{5/3}) \times 0.009 \times 0.5]/0.03$
$$= 2.459 \text{(L/s)}$$

式中,h 为满槽时的平均水深;A 为随河床组分和河流类型而变的常数;V_0 为水深为 h_0 的泥沙起动速度;V_1 为水深为 1m 时的泥沙起动速度;V 为平均流速;n 为曼宁糙率;Q 为流量;J 为比降。

2) 模拟模型参数修正

根据自然模型法的实质,分别按龙门山、米仓山-大巴山和江南古陆三物源设计的坡降为 45‰、25‰ 和 1.5‰ 三组试床。将好的模型沙用板刮平,然后在实验槽中挖一顶宽为 20cm,底宽为 14cm,深为 1.8cm 的梯形小槽。开始从水流入口处通水,使河床泥沙均匀沉陷,完后将水排走,经水准仪测量河床凹陷情况,坡降偏差在 0.2‰ 内,开始进行各坡度试床实验。平水期流量按试床计算的 2.459L/s 对三物源进行调试,其他来水流量按自然界洪水、平水、枯水的流量比 6:3:1 的范围试床调试。经试床,得到各物源坡降在不同来水情况的流量、加沙量,并反复试床调整修核,最终不同轮次的实验主要水动力参数变化控制范围(表 3.4)。

表 3.4　各物源实验参数

准层序组	来水情况	江南古陆			龙门山			米仓山		
		流量/(L/s)	加沙量/(t/s)	放水历时/h	流量/(L/s)	加沙量/(t/s)	放水历时/h	流量/(L/s)	加沙量/(t/s)	放水历时/h
须一段上部	洪水	4.35	9.5	4	5.32	13	4	4.66	11	4
	平水	1.92	2.5	8	2.21	4.5	8	2.11	3.5	8
	枯水	0.49	0.4	12	0.68	1.2	12	0.53	0.9	12
	平水	1.92	2.5	8	2.21	4.5	8	2.11	3.5	8
须二段下部	洪水	5.56	10.2	4	6.87	15	4	6.01	12	4
	平水	1.95	3.1	8	2.35	4.5	8	2.12	4.1	8
	枯水	0.58	0.6	12	0.65	1.8	12	0.61	1.5	12
	平水	1.95	3.1	8	2.35	4.5	8	2.12	4.1	8
须二段中部	洪水	5.56	10.2	4	6.87	15	4	6.01	12	4
	平水	1.95	3.1	8	2.35	4.5	8	2.12	4.1	8
	枯水	0.58	0.6	12	0.65	1.8	12	0.61	1.5	12
	平水	1.95	3.1	8	2.35	4.5	8	2.12	4.1	8
须二段上部	洪水	5.56	10.2	4	6.87	15	4	6.01	12	4
	平水	1.95	3.1	8	2.35	4.5	8	2.12	4.1	8
	枯水	0.58	0.6	12	0.65	1.8	12	0.61	1.5	12
	平水	1.95	3.1	8	2.35	4.5	8	2.12	4.1	8
须三段下部	洪水	5.56	10.2	4	6.87	15	4	6.01	12	4
	平水	1.95	3.1	8	2.35	4.5	8	2.12	4.1	8
	枯水	0.58	0.6	12	0.65	1.8	12	0.61	1.5	12
	平水	1.95	3.1	8	2.35	4.5	8	2.12	4.1	8
须三段上部	洪水	5.56	10.2	4	6.87	15	4	6.01	12	4
	平水	1.95	3.1	8	2.35	4.5	8	2.12	4.1	8
	枯水	0.58	0.6	12	0.65	1.8	12	0.61	1.5	12
	平水	1.95	3.1	8	2.35	4.5	8	2.12	4.1	8

　　根据提供的各地层的平均砂地比,考虑实验过程的可操作性、水流的搬运能力、各物源坡降及结合各对应期的来水情况,经造床调整得出各物源不同期次最终加沙组成(表 3.5)。

表 3.5　实验砂泥级　　　　　　　　　　　　　　　　　　(单位:%)

地层段	加砂组成																										
	江南古陆									龙门山									米仓山								
	洪水期			平水期			枯水期			洪水期			平水期			枯水期			洪水期			平水期			枯水期		
	粗砂	中细砂	粉泥	粗砂	中细砂	粉泥	粗砂	中细砂	粉泥	粗砂	中细砂	粉泥	粗砂	中细砂	粉泥	粗砂	中细砂	粉泥	粗砂	中细砂	粉泥	粗砂	中细砂	粉泥	粗砂	中细砂	粉泥
一	2	5	3	1	4	4	1	3	5	2	6	1	1	6	3	0	4	6	0	0	0	0	0	0	0	0	0
二	2	7	1	1	7	1	1	6	3	3	6	1	2	6	1	2	5	3	2	5	2	2	6	2	2	5	3
三	2	5	3	1	4	4	1	3	5	2	6	1	1	6	3	0	4	6	2	5	3	1	5	4	0	4	6

3.3.4　四川盆地须家河组(须一段～须三段)沉积模拟实验

依据设计方案开展了实验模拟。模拟沉积历时约 144h,分六轮进行,分别对应于须一段上部、须二段下部、须二段中部、须二段上部、须三段下部、须三段上部沉积。依据体系域及准层序组叠置关系,每期沉积又分为 2～4 个亚期,并通过控制湖水位、活动底板沉降、流量、加沙量等来模拟其形成演化过程。实验中各亚期内来水情况按平水—洪水—平水—枯水的顺序通水,严格按照设计中各种水流态持续时间和加沙量来操作,并通过控制湖水位的变化控制各亚期内部垂向叠置关系。

实验中除须一段上部沉积期仅在龙门山物源形成沉积外,其余期次龙门山、米仓山-大巴山和江南古陆三物源均有沉积。

实验过程中除实时录像、照相外,还对每一沉积期做精细观察、描述,跟踪记录各期内不同湖水位、流量、加沙量等条件下河道变化、三角洲的形成和演变,每期沉积结束后,实时测量其沉积厚度。

1. 第一沉积期

模拟层段为须一段上部,为高位体系域沉积,砂体叠置样式由加积到进积。实验历时约 16h,分两个亚期。第一亚期历时 8h,湖水位由 17cm 缓慢上升至 21.7cm;第二亚期历时 8h,湖水位由 21.7cm 缓慢下降致 17.6cm。

龙门山物源区为阵发性来水,高密度沉积物呈多股分流,全方位、快速入湖。湖水水位上升阶段,沉积物堆积范围逐渐减小,扇体横向较纵向发育程度高。又由于搬运距离短,沉积物分选变差,沉积方式以垂向加积为主。湖水位下降时,多股水流携带沉积物向更远的地方沉积,扇体表面被切割时有纵向沙坝保留下来,其外缘呈圆滑状,扇体面积逐渐变大(图 3.16)。由于龙门山物源区坡陡,湖区水体深,扇体前缘坡度陡,多呈钝舌状(图 3.17)。

图 3.16　龙门山物源区湖水位下降期沉积状态

2. 第二沉积期

模拟层段为须二段下部,为进积型准层序组,砂体叠置样式为进积。实验历时约 24h,

图 3.17　龙门山物源扇三角洲钝舌状前缘

分三个亚期,总体湖水位逐渐下降。第一亚期历时 8h,湖水位由 17.6cm 缓慢下降至
14cm;第二亚期历时 8h,湖水位由 16cm 缓慢下降至 12cm;第三亚期历时 8h,湖水位由
14cm 缓慢下降至 10cm。

　　龙门山物源区仍以阵发性水流为主,沉积物供给充足,由于湖水位的降低,流水携带
沉积物切割改造前期沉积的扇体,沉积物逐渐前积,扇体面积扩大,并且由于水动力强,水
流向湖内延伸距离远。米仓山-大巴山物源阵发性来水入湖形成扇体,随着湖水位下降,
水流切割扇体表面并携带沉积物快速向前推进。横向上展宽,侵蚀改造邻近龙门山物源
区边缘沉积,与龙门山物源区扇体发生交汇(图 3.18)。

　　江南古陆物源区的沉积分流河道发育,并且由于地形坡度缓,河道迁移改道较频繁,
砂体全方位扩大,整个呈现大面积鸟足状三角洲的形态,其沉积环境为典型的砂质辫状河
三角洲沉积(图 3.19、图 3.20)。

　　3. 第三沉积期

　　模拟层段为须二段中部,为加积型准层序组,砂体叠置样式为加积。实验历时约
32h,分四个亚期,各亚期分别历时 8h 左右,湖水位整体趋于稳定,基本控制在 8cm 左右。

　　该期湖水位最低,湖盆面积最小,砂体沉积范围最大,整体呈现三物源大面积砂体展
布,且物源间发生沉积物的交汇。3 个物源区沉积均以垂向加积为主。由于湖水位整体
趋于稳定,可容纳空间相对不变,砂体垂向加积时对早期沉积体的侵蚀改造作用弱,各物
源区沉积均继承了前期的沉积演化状态。随着实验的进行,龙门山物源与江南古陆物源
在 $Y=9\sim10$m 处交汇,湖盆砂体面积不断展宽。

图 3.18　米仓山物源区扇体与龙门山物源区扇体交汇图

图 3.19　湖水位高状态下砂质辫状河三角洲

　　前三期整体是一个湖水位下降的过程,三物源区均不断在横向上展宽,纵向上延伸,沉积范围逐渐扩大,致使龙门山物源分别与其他两物源交汇,从而三物源砂体连片(图 3.21)。

　　4. 第四沉积期

　　模拟层段为须二段上部,为退积型准层序组,砂体叠置样式为退积。实验历时约 24h,

图 3.20 湖水位低状态下砂质辫状河三角洲

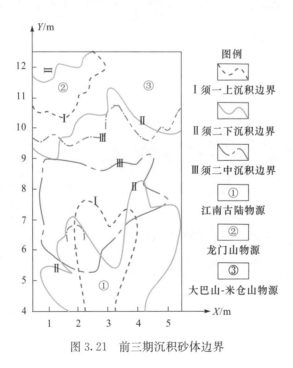

图 3.21 前三期沉积砂体边界

分 3 个亚期,总体湖水位逐渐上升。第一亚期历时 8h,湖水位由 8cm 缓慢上升至 10cm;第二亚期历时 8h,湖水位由 9cm 缓慢上升至 11cm;第三亚期历时 8h,湖水位由 10cm 缓慢上升至 13cm。

该期沉积由于湖水位的缓慢上升,各期三角洲沉积范围逐渐缩小,退积期次性明显(图 3.22)。由于基准面上升,可容纳空间增大,水流下切能力弱,侧向侵蚀能力加强,河道频繁迁移改道,砂体横向展布面积大。

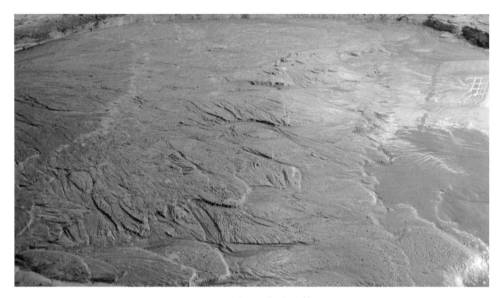

图 3.22　不同退积期次砂体叠置

5. 第五沉积期

模拟层段为须三段下部,为湖侵体系域,砂体叠置样式为退积。实验历时约 24h,分三个亚期,总体湖水位逐渐上升。第一亚期历时 8h,湖水位由 10cm 缓慢上升至 16cm;第二亚期历时 8h,湖水位由 11cm 缓慢上升至 17cm;第三亚期历时 8h,湖水位由 12cm 缓慢上升至 18cm。

该期继承了第四期沉积状态,依旧是湖水位上升,沉积范围缩小,砂体退积。随着湖水位上升,湖盆增大,江南古陆物源沉积区与龙门山物源沉积区间不再发生交汇。

6. 第六沉积期

模拟层段为须三段上部,为高位体系域,砂体叠置样式为从退积到进积。实验历时约 24h,分三个亚期。第一亚期历时 8h,湖水位由 10cm 分 5 个阶段上升至 18cm,每阶段湖水位基本稳定;第二亚期历时 8h,湖水位由 18cm 分 4 个阶段下降至 12cm;第三亚期历时 8h,湖水位由 16cm 分 4 个阶段下降至 10cm。

第一亚期湖水位上升,沉积物向物源区退积,由于各阶段湖水位较稳定,沉积物退积期次性明显。

第二、三亚期湖水位下降,沉积物向湖区进积,湖盆范围缩小,砂体纵向延伸远,三角洲面积扩大。但由于基准面下降,可容纳空间减小,河道下切能力增强,河道较固定,以侵蚀改造早期沉积为主,使不同期沉积体相互叠置,期次不明显,由于早期沉积体表面局部泥质沉积被侵蚀,使两期砂体连同,砂体内部连通性变好。

3.3.5　四川盆地须家河组(须一段～须三段)沉积模拟结果分析

1. 沉积实验模拟结果

沉积模拟结果表明,在不同的沉积区,沉积机理有异,沉积体分布不同。

龙门山物源与米仓山-大巴山物源沉积区地质背景相似,实验中两者沉积特征也相似,均为陡坡深水沉积。两物源水流均以喷射的方式入湖,沉积物快速堆积,分选差,形成的扇体前缘坡度陡,多呈钝舌状,整个扇体表面呈圆锥状,横宽纵短。但随着时间的推移,湖水位的进退,入湖砂体不断地在纵向上延伸,横向上展宽,扇体面积逐渐扩大,导致两物源间砂体交汇叠置,砂体连片。剖面显示,两物源交汇处,以 $Y=10\sim12m$、$X=2.5\sim3.5m$ 区域为例(图 3.23),泥质含量较高,厚度可达 15cm,泥岩之间夹有很薄的砂层,使两物源间砂体得以连通。

江南古陆物源区沉积属牵引流沉积,物源距湖区较远,坡度较缓,为辫状河浅水三角洲沉积。由于辫状河道分流汇聚频繁,易于迁移改道,横向上砂体大面积连片。当水流携带沉积物向前推进至湖岸线位置时,由于湖水的顶托作用,沉积物卸载,多个分支河道在河口形成规模不一的朵体。河口区沉积物的堆积使较小可容纳空间被快速充填削减,分支河道分叉向两侧迁移,朵体横向展宽,使各朵体相连在横向上砂体连片。纵向上,伴随着湖水水位的下降,沉积物向前推进的速度加快。最终,江南古陆物源沉积延伸至 $Y=9.5m$ 处,与龙门山物源区沉积右侧部分交汇在一起。从沉积体最终的切割剖面中可以看出,在无沉降区,由于水动力较强,侵蚀程度较高,使得该区域泥质含量较少,砂质含量极高。从物源区向湖区方向,具有沉降量越大,泥质沉积厚度越大,且在横向展布越稳定的趋势。

图 3.23　建模砂体区域

沉积过程结束后经过一段时间晾干,对沉积体进行切剖面测量。为保留更多横向剖面信息,采取 0.25m 的间距沿 X 轴方向测量横剖面 34 条,测量 $X=3.0$m 纵剖面一条。通过沉积剖面的测量,可以剖析砂体内部结构和隔夹层分布情况,获取建模所需岩相数据。

2. 模拟结果的地质模型再现

自 20 世纪 80 年代末,我国开始引入 Earth Vision 以来,三维地质建模也已经发展了近 20 年。它可以实现对油气储层的定量表征及对各种尺度非均质性的刻画。地质建模贯穿在油田勘探开发的各个阶段。不同阶段要解决的问题不同,所以建模的精细度也不一样。但在油田开发地质研究中的应用更为普遍,其主要用于解决两个问题:一是用于油藏的精细描述和整体评价;二是为数值模拟提供基础模型。

然而,在沉积物理模拟研究中,为更好地刻画砂体内部结构,也需要应用三维地质建模技术。但这种模型的建立完全不同于传统建模,是在沉积过程已知、建模原型直观可见的情况下,对沉积模拟结果进行地质模型重建。

通过沉积物理模拟可以直观再现碎屑砂体沉积过程,观察其砂体的演变过程及平面上沉积体系展布等,但对于解决沉积体砂体内部组成结构,隔夹层的分布等问题仅通过实验过程观察及后期切剖面处理这两个步骤无法达到本实验预期目的,因此为了更好地实现实验的目标,笔者采取地质建模的手段,除可对模型与原型拟合度比对外,还可起到砂体预测作用,对沉积砂体内部组成、隔夹层分布等进行进一步的分析解剖。

1) 建模背景

为搞清楚四川盆地须家河组大面积砂成因机理、沉积体系组成及分布、砂体内部结构、隔夹层分布等问题,在充分了解须家河组地质特征后,以沉积物理模拟的理论基础为指导,设计可行的实验方案,并进行沉积模拟。为进一步更好刻画砂体内部结构、隔夹层分布等,需要基于沉积模拟的结果来进行地质模型重建。

本次建模的实体为沉积模拟的最终沉积体,区域以须一段上部底界面为模型底界,平面范围为 $X=0\sim6$m,$Y=4\sim12.5$m(图 3.24)。其中包含模拟的须一段上部、须二段下部、须二段中部、须二段上部、须三段下部、须三段上部六个沉积期次,地层厚度为 $4\sim64.3$cm。以沉积模拟过程中测量的 182 个数据节点作为井点,其密度为 50cm×50cm。

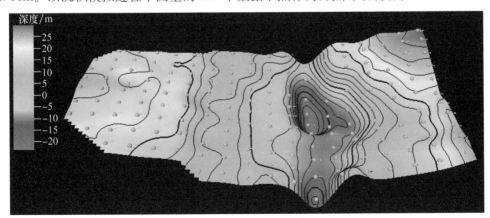

图 3.24　X31 层位顶面模型

2）建模过程

（1）数据准备和加载。

在地质建模中，数据准备及质量控制是一项基础但十分重要的工作。本次建模数据主要包括两大类，其一为井数据，包括井头数据和分层数据；其二岩相数据，包含砂、泥岩两种相，并以单井文件建立每口井的岩相数据。井数据主要通过实验过程测量数据后经校正处理得到，准确度较高。而岩相数据的获取为此次建模的难点，主要从对实验沉积体的剖面照片中读取，然后再经过换算处理，得到建模需要的格式。

① 头数据。

主要为工区内所有井的井头文件。分别将工区每个测点视为一口测井，共有 182 个测点，建立 182 口井的井头文件。文件格式为 ASCII 格式。井头文件的信息包含每口井的井名、井口 X 坐标、井口 Y 坐标、补心海拔、测量深度。为简化数据整理的繁琐，将 182 口井的补心海拔、测深设置为相同的值。

② 层数据。

分层数据是指一个层位在井上的一系列标记。分层数据的信息包括井名、测深、层面名称和类型等。须一段上部到须三段上部共分六层七个层面，名称分别为 X32、X31、X23、X22、X21、X13、DX。文件格式为 ASCII 格式（图 3.25）。

③ 相数据。

通过测量剖面照片读取每口井岩相数据，经过换算处理，将数据整理为测深格式。岩相代码用 0、1 表示（1 表示砂岩，0 表示泥岩），每口井建立一个岩相数据文本，文件格式为 ASCII 格式。

（2）建立几何模型。

与一般建模方式一致，主要包括步骤如下：加载数据、定义模型、Pillar 网格化、立层面模型、建立几何模型（图 3.26）、垂向细分层（图 3.27）、建立岩相模型等（图 3.28）。

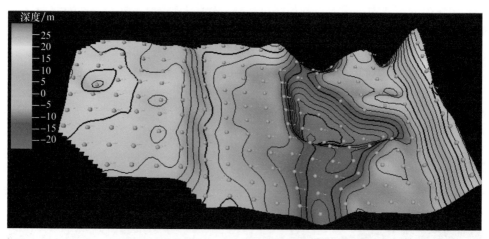

图 3.25　X21 层位顶面模型

为了进行储层三维建模，必须在三维构造背景上对储层进行三维网格化，即将实际的地质体按 X、Y、Z 方向划分成一系列网格。在前面 Pillar 网格化过程中已经在 X、Y 方向

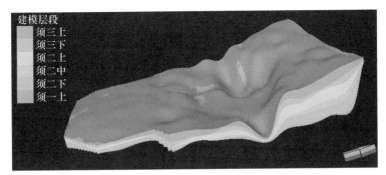

图 3.26　几何模型

进行网格化,此处进行垂向网格化。

　　由于在沉积模拟过程中,每一期沉积初期对前期沉积有剥蚀改造,为了更精准地刻画垂向地层的地质含义,采用 Follow Base 形式对沉积模拟体进行了垂向细分层,网格高度为 1cm。

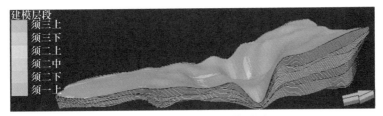

图 3.27　垂向细分层效果图

　　建模过程主要根据经验和实际地质体的情况,选择序贯指示模拟方法,变差函数选择Spherical,参数设置主要依据经验和地质体情况给定。模拟效果如图 3.28 所示。

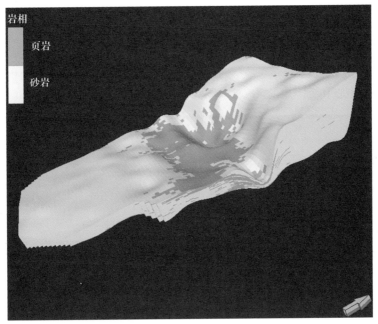

图 3.28　岩相模型

（3）建模结果分析。

此次建模不同于以往传统的建模，是与沉积物理模拟结果相结合的一次新的尝试，主要有两个特点：一是原型直观可见，通过对模型和原型的对比，一方面可以检验建模结果与原型的拟合度，另一方面利用模型可以对原型内部砂体结构、展布规律及隔夹层的分布进行预测；二是建模数据少，工作量较小，但数据的获取难度较大。此次建模数据主要有两个来源，分别是沉积过程中实时测量的各沉积期厚度值和从沉积体剖面照片中读取的岩相数据。如何利用已有的资料建立起能准确反映沉积体更多信息的模型，使所建模型与原型拟合度更高，这是建模过程中贯彻始终的目标。通过建模，基本达到研究目的。

本次地质建模利用不同来源的两类数据主要建立了几何模型和岩相模型。通过观察模型整体及剖面，发现其具有以下特征。

第一，造山带物源方向一侧沉降幅度大，沉积速率快，沉积厚度大。而克拉通一侧地形平缓，沉降幅度小，沉积厚度小且较均一。岩相模型中发现泥岩分布范围较小，主要发育于滨浅湖地区，其余部位以砂岩沉积为主，局部含有断续分布的泥岩夹层。

第二，沉积体横剖面呈不对称箕状（图3.29），与前陆盆地特征一致。

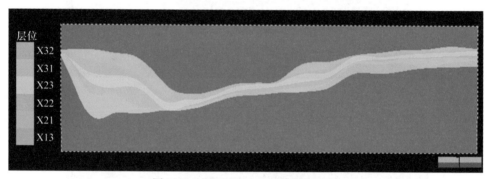

图3.29　$X=350\text{cm}$几何模型剖面图

第三，湖水水位低是砂体大面积展布的条件之一。图3.29中，蓝色地层（须三段上部高水位体系域）明显比下伏黄色、土黄色地层向湖心距离近，不易形成整个盆地大面积展布的砂岩。

第四，沉积中心和沉降中心不一致（图3.30）。

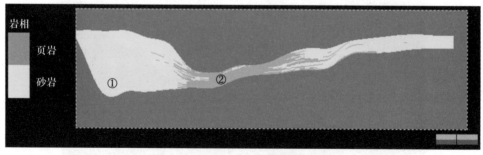

图3.30　$X=450\text{cm}$岩相模型剖面图
① 沉降中心；② 沉积中心

第五，江南古陆方向地形坡降小，砂体向湖心延伸远，厚度较均一，展布面积大。故地形坡降小对砂体大面积展布极为有利（图3.31）。

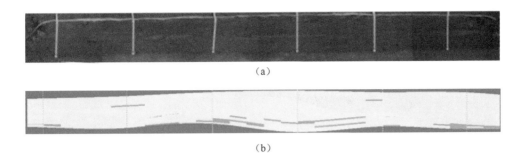

(a)

(b)

图 3.31　$Y=400$cm 剖面图

(a)沉积体实际剖面；(b)岩相模型剖面

此次建模的原型直观可见,通过拍摄的平行 X 方向、间隔 0.25m 的剖面,可以获取相关的数据建立岩相模型,进而检验模型与原型的拟合度。

① 获取岩相数据剖面的建模结果与原型比对。

建模所需的岩相数据是从与测量数据的 182 个井点所在的间隔 0.5m 的剖面中读取的,利用这些井点所在剖面可以较好地进行模型与原型拟合度的检验。

从以上图中可以发现,沉积体原型剖面与岩相模型中对应的剖面有较好的拟合关系,拟合度达 85%以上(图 3.32~图 3.34)。

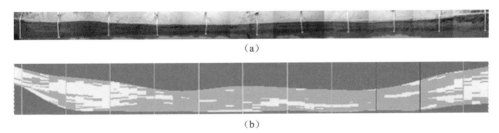

(a)

(b)

图 3.32　$Y=850$cm 剖面图

(a)沉积体实际剖面；(b)岩相模型剖面

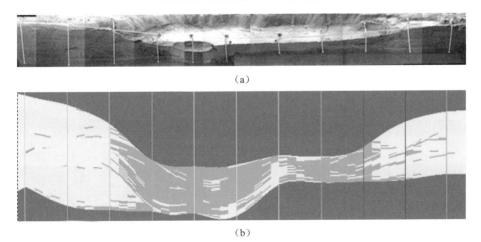

(a)

(b)

图 3.33　$Y=1000$cm 剖面图

(a)沉积体实际剖面；(b)岩相模型剖面

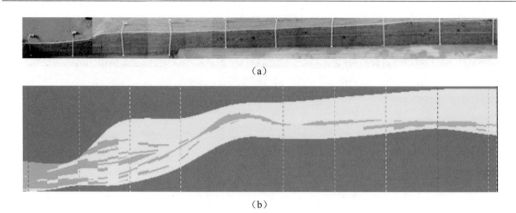

（a）

（b）

图 3.34　$X=350\text{cm},Y=400\sim850\text{cm}$ 剖面图

（a）沉积体实际剖面；（b）岩相模型剖面

② 未获取岩相数据剖面的建模结果与原型比对。

沉积体切剖面间距为 0.25m，因此除了获得建模井点所在剖面的剖面，也获取未在建模井点上的剖面。通过这些剖面，可以较好地检查岩相模型的预测能力，进一步检验模型与原型的拟合度。

从以上图中可以发现，通过井间预测得到的岩相模型剖面与沉积体原型中对应剖面有较好的拟合关系（图 3.35～图 3.37），这充分说明模型预测能力好，可信度较高。因此通过岩相模型可以较好地预测沉积体内部砂泥岩分布情况，对预测沉积体内部储层展布规律有一定指导意义。

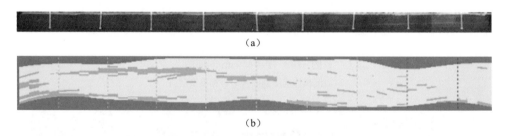

（a）

（b）

图 3.35　$X=675\text{cm}$ 剖面图

（a）沉积体实际剖面；（b）岩相模型剖面

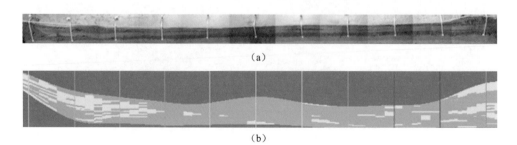

（a）

（b）

图 3.36　$X=825\text{cm}$ 剖面图

（a）沉积体实际剖面；（b）岩相模型剖面

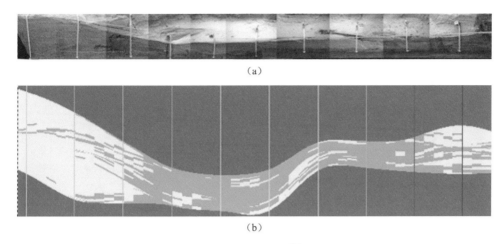

(a)

(b)

图 3.37　$X=975$cm 剖面图

(a)沉积体实际剖面；(b)岩相模型剖面

3.3.6　大面积砂岩形成控制因素和形成模式

1. 形成大面积砂岩的地质因素

通过对水槽模拟实验观察分析、现代沉积考察和古代沉积的解剖，认识到影响大面积砂岩形成的因素包括地形坡度、盆地沉降与沉积速率的匹配、不同来水特征的有机组合、沉积物供应的差异、湖水的进退频率和沉积体系间的交互匹配的关系等。大面积砂的形成是以上多种因素综合作用的结果。

1）平缓地形及浅水湖盆有利于砂体大面积分布

龙门山物源沉积从 $Y=12.5$m 延伸到 $Y=9.3$m，横向上展宽为 3.5m，沉积最大厚度和最小厚度分别为 62cm 和 21cm。江南古陆物源沉积从 $Y=4$m 延伸到 $Y=9.7$m，横向上展宽为 5.6m，沉积最大厚度和最小厚度分别为 22.5cm 和 16.6cm。实验表明，龙门山物源发育于沉降量大、坡度较陡、水体较深的环境中，水流携带沉积物顺直流入湖区，形成相对均质的砂砾扇体，但砂体延伸距离较短，沉积厚度较大（图 3.38），单个扇体横向展宽不大，一般较难于形成大规模的砂体。江南古陆物源发育于构造稳定、地形坡度平缓、水体能量相对较弱的环境中，缓坡浅水三角洲发育，渠道化特征明显，砂体具有沉积厚度薄、分布范围广的特征，有利于大面积砂岩的展布（图 3.39）。

2）盆地沉降与沉积速率的匹配保证了砂砾岩得以长期发育

可容纳空间随多期河流-三角洲朵体的不断建设和改造发生变化，进而也影响大面积砂体的形成，盆地沉降与沉积速率的匹配保证了砂砾岩得以长期发育。

实验中随活动底板沉降，湖区可容纳空间增大，三角洲分流河道经决口改道，向地势较低的区域沉积，产生新的朵体填积近岸湖区。后期的河流流过近岸三角洲朵体时发生过路作用，在向湖一侧卸载形成新的三角洲朵体群，并不断地向湖心迁移，砂体垂向增厚，如此不断地进积形成大面积分布的三角洲复合体。

图 3.38　陡坡深水扇三角洲

单个扇体规模较小,延伸有限,常会形成小规模的砂体,但扇体内部一般泥质隔夹层不太发育,
会形成厚层砂体

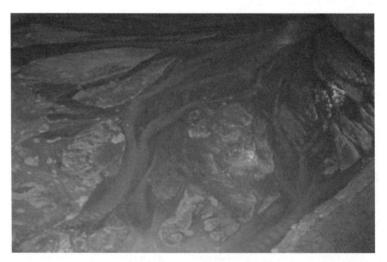

图 3.39　缓坡浅水三角洲

单个朵体延伸较广,同一时期的不同分流体系所形成的砂体相互连接,沉积范围广阔,
形成砂体面积较大

　　剖面观察发现,快速沉降区粗物源供应不足,沉积厚度和砂体发育相对较差,泥质比例较高;稳定沉降区发育一定的泥岩,砂体连续性有所好转,厚度也明显增加;无沉降区基本处于暴露或浅水状态,整个沉积过程以不断改造、不断建设为主,导致粗粒沉积进一步发育,使得无沉降区砂体连片性增强(图 3.40)。

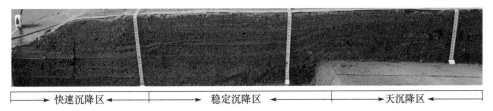

图 3.40　$X=3m$ 砂泥层组合纵剖面

合适的沉积物供给与沉积沉降关系,使得砂体朵体在侧向和垂向上相互连接,
扩大砂体的面积,从而形成面积广阔的砂体

3) 不同来水特征的有机组合影响着大面积砂的展布

在江南古陆湖浅、坡缓背景下,不同的来水特征对砂体作用影响不同,特别是水量的大小,决定了河道的挟沙能力,进一步加强了其在沉积过程中的作用。当来水充分时,河道易多股分流,区域过水面积较大,各河道沉积砂体及入湖沉积的朵体相互叠置,使砂体大面积分布。当来水不足时,河道局限,以侵蚀切割为主,对前期沉积的砂体进行改造,可使原本相隔的砂体连通。因此,来水的充分与不足的有机组合,可造成大面积砂体连片(图 3.41)。

图 3.41　实验来水充分多分汊河道发育

较充分的来水造成不同的分流体系,从而扩大砂体的平面展布

(1) 来水充分。

在水量较大时(模拟流量为 4.35L/s,加沙量为 9.5g/s),河流分支增多,多股水流携带泥沙全方位向湖区推进。由于水流量大小不足以长距离搬运更多的沉积物,故砂质很易在能量较低的河间活跃沉积区沉积,并不断加积,使得河道易频繁迁移,入湖形成多个小朵体,并在侧向和垂向上叠置(图 3.42)。

(2) 来水较少。

在水量较小时(模拟实验中流量为 0.49L/s,加沙量为 0.4g/s),河道分支较小,沿着上游河道方向水道少数集中,河道间规模较大,水流以改造作用为主,侵蚀切割水上三角

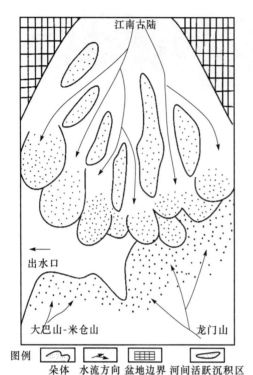

图 3.42　来水充足时三角洲发育模式

洲砂体表面。砂体沉积作用主要在河流入湖处,不能向更远的地方沉积,湖区以泥岩沉积为主。

4) 沉积物供应差异造成砂岩垂向富集差异

沉积物供给组成的变化是决定其沉积的主要因素,在砂质沉积为主的情况下,沉积砂体相互连接,形成大面积砂岩,而在以泥质供给为主的情况下,泥质连片分布,砂岩孤立分布。

在实验过程中,一般以砂质沉积物供应为主,砂泥配比为 10∶1,此时砂体连片分布,非常连续。而泥质主要悬浮于水体中,随水流带到静水区,只在湖湾部位和湖中心沉积,大部分则随流水带出模拟湖盆。横向上砂体表现很好的连续性(图 3.43)。

当沉积物以泥质供应为主时,泥岩在整个湖盆范围内大范围分布,在砂体表面形成连片泥岩,造成沙少泥多的整体格局,若泥岩能够长期发育,则会形成厚度较大的泥岩,从而使得砂体以局限分布的透镜体存于泥岩中,形成连续性较差的砂体(图 3.44)。

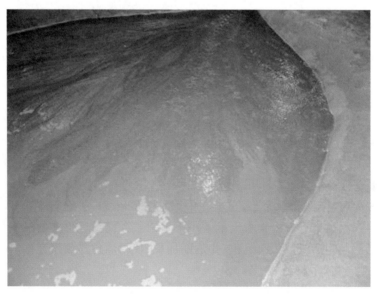

图 3.43　砂质沉积物供应为主时形成的砂体
砂质沉积造成泥质的相对缺乏,从而使得砂体得以边片

图 3.44　泥质沉积物供应为主时的砂泥分布图

造成泥岩的广泛发育和砂体的相互分隔从而不利于大面积砂体的形成

不同沉积供应对砂体的影响在地下和现代沉积中也有较好的响应。渤海新近系沉积供给以泥质供应为主,形成砂少泥多的整体格局(图 3.45),砂体在横向上分布局限,垂向上砂泥互层,导致储层非均质性强。在现代洞庭湖东洞庭湖以泥质沉积物供给为主,沉积大量的泥质沉积物,砂质沉积非常局限,与渤海新近系的状况相似。图 3.46 是在洪水退去后的平水期,湖底大量出露的大面积泥坪,湖中的砂岩极不发育,仅在入湖的河道中有薄薄的砂岩发育,从而形成砂体平面局限,垂向孤立的分布特征。而在大庆油田的 $PI_{\frac{5}{2}}$ 小层,砂质供应充分,砂体连片发育,泥岩发育较为局限,形成明显的连片砂体。

5) 湖水频繁进退造成多期次砂体平面上相互连片叠置

实验表明,水进时湖泊面积扩大,可容纳空间在近陆部位扩张,大量沉积物在此部位堆积,使得河道延伸距离变短(图 3.47),形成以高位三角洲为主的富砂沉积。水退时湖泊大面积收缩,向陆部位可容纳空间减小,沉积物难以堆积,甚至发生河流下切及侧向侵蚀作用,对前期形成的砂体进行改造,沉积物被大量搬运到向湖部位,扩大了沉积范围。周期性的湖水变迁,使得沉积物进退相叠,面积扩大,特别是由于后期的改造,往往使泥岩被冲蚀,砂体内部更为连续(图 3.48)。此外,由于湖水的波动使河流在进积和退积的过程中也产生侧向摆动,更进一步增大了砂体的平面范围,扩大了砂体的连续性。

实验观察过程中,湖水位从 10cm 慢慢上涨到 16cm,导致不同时期河口迁移,沉积的不同的前缘砂体相互叠置形成大面积砂岩,期次性明显(图 3.49)。之后湖水水位下降,导致河道下切,对前期沉积的砂体进行改造,使得相互叠置的砂体连接形成大面积砂岩(图 3.50)。实验 $X=3.5m$ 的剖面(图 3.51),须二段低水位期,黄色、土黄色地层砂体相连,须三上蓝色高水位地层明显比下伏须二段地层向湖心距离近,不易形成整个盆地大面积展布的砂岩。

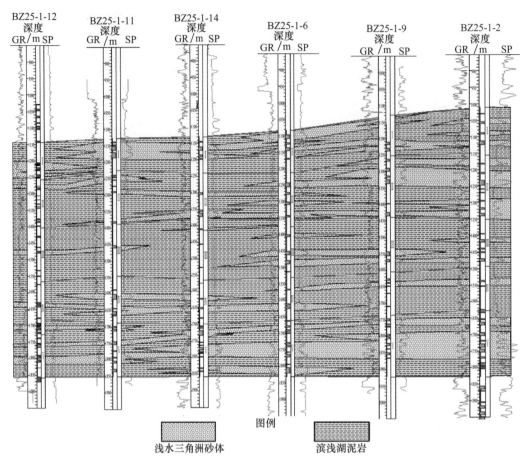

图 3.45　渤海新近系砂泥分布

砂质供应的不足和充分的泥质供应就造成砂体平面上的局限分布和垂向上的相互孤立

图 3.46　洞庭湖东岸君山岛附近枯水期沉积地貌

由于砂质供应的不足,多形成泥坪沉积,砂体发育较差,难以连片

6) 沉积体系间交互影响,扩大砂岩连片面积

不同沉积体系的交互叠置,可进一步扩大砂体的连续性。同期的不同来源或同一物源的分支供给体系,在演化过程中由于各体系的不断扩张而相互叠置,此时各体系内的砂体便有可能连接而扩大砂体面积。

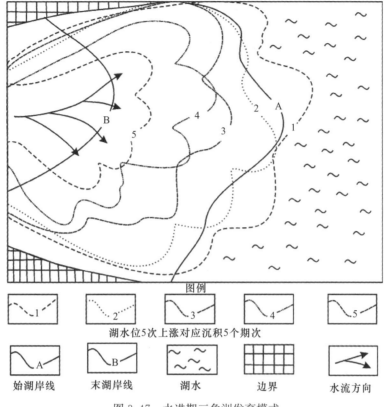

图 3.47 水进期三角洲发育模式

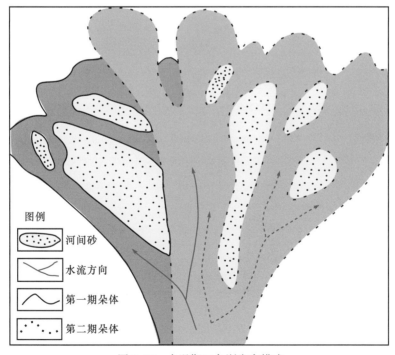

图 3.48 水退期三角洲发育模式

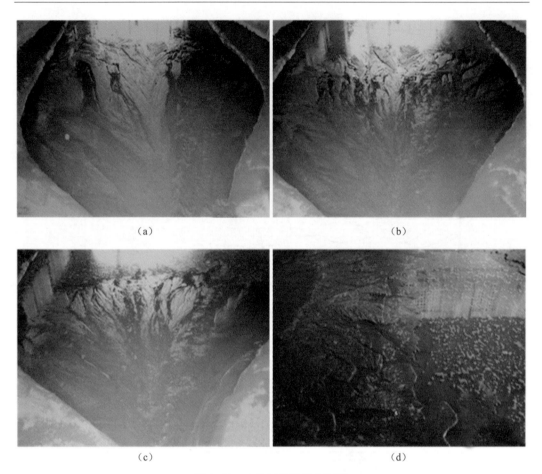

（a）　　　　　　　　　　　　　　　　　（b）

（c）　　　　　　　　　　　　　　　　　（d）

图 3.49　水进时砂体展布过程

水进过程中，砂体后退，不同时期朵体相互叠置，形成平面上相互连接的朵体(a)水位 10cm 时的砂体展布；
(b)水位 12cm 时的砂体展布；(c)水位 16cm 时的砂体展布；(d)沉积后的叠置砂体

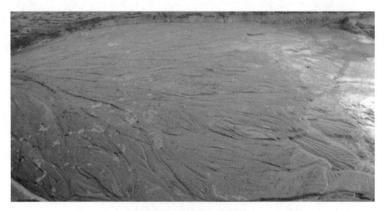

图 3.50　水退时砂体受改造

水退时后期水流对前期砂体进行改造，将不太连续的砂体改造而相连，加大砂体的展布面积

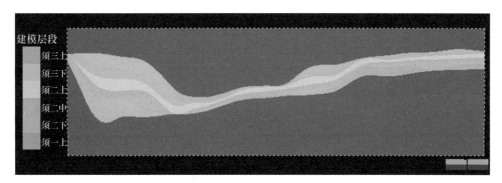

图 3.51　$X=3.5\mathrm{m}$ 模型纵切片

模拟实验中,龙门山物源区与米仓山物源区在 $Y=10\sim12\mathrm{m}$, $X=2.5\sim3.5\mathrm{m}$ 处交汇叠合(图 3.52、图 3.53),交汇角约为 110°,叠合区沉积厚度相对较薄,泥岩在叠合中部较发育,向两侧上倾尖灭,夹于泥岩间的薄砂体连通龙门山和米仓山-大巴山砂体。龙门山物源区与江南古陆物源区在 $Y=9.5\mathrm{m}$、$X=0.5\sim1.5\mathrm{m}$ 处以 150°的交汇角叠合,两物源的砂体连通,进一步增大砂岩发育面积,从而使整个湖盆三物源砂体相连。由此认为沉积体系的交汇,扩大了砂体连片的面积。

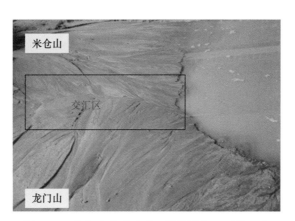

图 3.52　龙门山和米仓山两物源交汇区砂体展布
将较小的沉积体系连接在一起形成大面积展布的砂体

通过不同供给体系的叠置,最终扩大砂岩沉积面积的情况在地下也有较好地体现。如渤海海域新近系明化镇组下段的三维地震数据体中发现沉积体系中的三角洲砂体由多个方向向湖盆中部进程、叠置,最终形成平面上较为连续分布的砂体(图 3.54)。

2. 大面积砂岩的形成模式

通过实验观察,认为大面积砂岩的形成主要有两种模式,即以砂体供给为主的低可容纳空间下多期朵体叠置连片模式和砂体供应相对不足的后期河道改造连片模式。

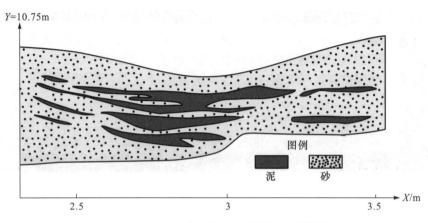

图 3.53 Y＝10.75m 物源交汇区沙泥层组合横剖面图

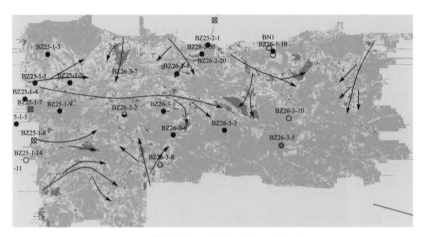

图 3.54 渤海海域明化镇组某段砂体属性图

从图中看出，单个砂体面积局限，然而不同的朵体相互叠置，使得砂体在平面上具有较大的
展布面积(图中箭头指示追踪的三角洲砂体)

1) 低可容纳空间下多期朵体叠置大面积砂岩成因模式

在较低可容纳空间、砂质沉积供给充分的背景下，由于没有充分的可容纳空间，沉积物在沉积过程中"削高填低"，沉积物不断寻找低洼区沉积，一旦低洼区填平，则此区便失去了可容纳空间，沉积物必然发生迁移，在相邻的低洼部位再形成新的沉积体。经过较长期的沉积，不断形成新的低洼地和在低部位不断有新的朵体沉积，这些朵体相互连片，形成大面积的砂质沉积体，构成大面积砂岩储层。实验观察表明，这些由河道推进而成的单个小朵体由点状扩散或线状扩展而成，并没有明显的分流作用，由于其形成过程较快，且分布相对局限，内部难于细分。在形成中不断填积低地而成，并没有统一的供水系统，不能形成完整的分流体系，随湖水水位变化，朵体进积或后退。同层的前缘并不是统一的分流体系中的沉积物推进而成，而是不同时期河道摆动形成各自的朵体。朵体同层不同期，前期朵体的供砂通道被后期朵体填充，而后期朵体在填低补平过程中冲刷改造前期朵体，表现为多个砂体相互连通，连通性受朵体间的泥岩保存程度的影响(图 3.55)。当然，这

种条件下形成的朵体复合体也可能受后期的强烈改造而不能保持原有的内部沉积构成或仅保持部分的构成,这种情况下,则会形成新的砂体内部结构或更为连续的砂体。

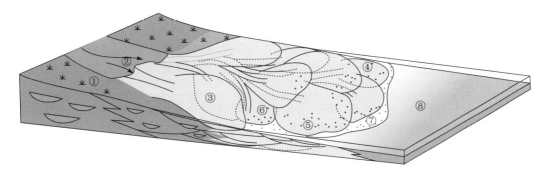

图 3.55　多期朵体叠置形成大面积砂岩模式图(据尹太举等,2014)

① 泛滥平原-滨湖沼泽;② 河流;③ Time-1 朵体;④ Time-2 朵体;⑤ Time-3 朵体;⑥ Time-4 朵体(现今);
⑦ 席状砂;⑧ 浅湖

2) 高可容纳空间沉积体后期改造连片模式

在基准面较高或砂质供应不充分的条件下,泥质沉积占据主要的沉积空间,从而使砂体分布相对局限,以不连续的透镜状等形态保存,难于形成大面积分布的砂岩。但沉积地貌发生改变,或由整体上的高可容纳空间,转换为低可容纳空间,则会造成后期的地质作用对前期的沉积形成较明显的改造,同时由于可容纳空间的变化,导致砂质供应增大,也会产生部分新增的砂体。经过较长时间的改造,原来孤立分布的砂体将经过后期的冲刷改造后而连接起来,从而扩大了砂体分布面积。而后期沉积过程中形成的新砂体,则进一步扩大了砂岩的分布面积,使得砂体面积扩大,形成了大面积砂岩。经过多期重复改造,不同时期形成的孤立砂体,各期河流对前期的砂体路过改造,使原本不相连的砂体相连,新砂体镶嵌其中,各期砂体之间交错分布,形成了复杂的砂体分布形态,结果造成大面积砂体连片分布。

3.4　河控三角洲沉积体系的数值模拟研究

沉积数值模拟技术是随计算机技术发展而诞生的一项新技术。不同于传统的概念化模型(behaviour-based model),本次模拟采用计算流体力学(computational fluid dynamics)方法,即使用数值方法在计算机中对流体力学的控制方程进行求解,从而预测流场的流动,即所谓的过程响应模型(process-based model)。模型建立在对水流动力、沉积与剥蚀等物理过程的详细描述之上,综合考虑水动力-泥沙输运-地貌变化这一完整的物理过程,可完整地处理水流对地貌的改造及地貌改变后对水流的动态反馈过程(Lesser et al.,2004)。水动力数值模拟发展于 20 世纪 70 年代后期,随着计算机技术与高效数值方法的结合,水动力数值模拟迅速发展,在过去的数十年里水动力模型已经获得了长足的进步,由简单的一维、稳态流模型发展到复杂的三维、非恒稳流模型,耦合了水动力、悬浮物等因素。如今三维模型已趋于成熟、正逐步从实验室走向应用阶段(季振刚,2012)。水动力数值模型过去常应用于水利工程领域,在河流、湖泊、近海、河口等方面工程实践中取得了较好的效果,而在沉积学领域应用较少。荷兰代尔夫特理工大学开发的相关软件,不仅在河工方面行以广泛应用,近年来在沉积学方面也有尝试。与国外相似,国内在河工和沉积学方面都做了探讨,如曾庆存等(1995)采用计算流体力学的方法结合泥沙冲淤动力学理论,对泥沙冲淤过程和三角洲的发育过程做了数值模拟,揭示了河湖泥沙冲淤过程和三角洲发育过程的机制,黄秀等(2013)采用 SEDSIM 三维正演地层模拟软件,对鄱阳湖浅水三角洲沉积体系进行了三维定量正演模拟,但整体上看其在沉积学方面尚处于应用探索阶段。

　　本书通过分析河控三角洲河口地区分流河道系统的演化和展布发现,在没有波浪和潮汐作用条件下,一定条件下分流河道极端发育,可发育无数条分流河道,一样可形成大面积连片砂体。河流流量对三角洲的形态有显著的控制作用,在流量周期变化的三角洲系统中,河流向盆地推进速度较慢,总体表现出沿岸侧向发展趋势。与之对应,流量稳定的系统在相同的模拟时间内三角洲向湖盆延伸得更远。这表明在波浪和潮汐改造作用较弱、地形适合的情况下,由于分流河道的迁移和交错切割作用下,也可形成连片性较好的朵状三角洲,其成因机理上与传统的波浪和潮汐改造作用下形成的连片朵状三角洲不同。

3.4.1　河口区水动力特征

　　河口区最明显的沉积特征是分流沙坝(河口沙坝)的出现与分流河道的发育与演化。传统观点认为河流在入湖后在河流入海(湖)的河口区,水流展宽和湖水的顶托作用使其流速骤减,河流底负载下沉而堆积成水下浅滩,最终浅滩淤高、增大、露出水面,形成河口沙坝或拦门沙坝。

　　河流入海(湖)后,其水动力特征相比陆上发生了显著变化。陆上主要受由重力产生的驱动力、河床底部的摩擦阻力,以及河流与大气接触面的空气阻力影响,其中重力产生的驱动力、地形坡度造成的摩擦阻力对河流水体起决定作用。河流入海(湖)后,前端出现相对静止的水体,其对河水的继续流动具有明显的阻挡作用。在海(湖)蓄水体的阻挡下,基于河水与海(湖)水的密度差异,有三种混合流动的方式,即高密度河水的底部异重流、低密度河水的上部悬浮流及具有相近水体密度的快速混合流,三种混合流动方式下河流向海(湖)的推进能力和方式也有很大的差别。然而无论在哪种方式下,海(湖)稳定水体对河流都具有强烈的阻挡作用,都将导致流速迅速降低,泥沙负载能力迅速下降,沉积物在河口区大量沉降堆积而形成河口区沉积体。

　　在三角洲不断向盆地中心推进的过程中,分流河道不断分叉,越向盆地延伸河道越细、分流越多,总体呈现出三角网状的几何特征。水下分流河道与河口坝是三角洲前缘最活跃的沉积部位,水下分流河道作为分流河道的水下延伸部分,随着三角洲不断进积,前期的水下分流河道不断淤积抬高而出露水面,演变成分流河道。在一个三角洲系统中分流河道的规模有很大差异,但不同规模的分流河道变化过程是连续且有时间联系的。按照其规模大小可划分为以下三个层次。

1. 主干分流河道

　　主干分流河道形成时期较早,是三角洲河道网络中最大规模的分流河道。往往是在三角洲形成初期便已形成,并随着三角洲的进积而向盆地延伸。主干分流河道构成了三角洲的骨架。

2. 中部分流河道

中部分流河道的规模介于主干河道与末端分流河道之间,在部分现代三角洲中,随着向盆地的延伸,流体流速进一步减小,主干河道会分为规模小一级的中部分流河道。在某些大型三角洲系统中,中部分流河道会重新汇聚,形成类似辫状河与网状河的沉积结构。中部分流河道的展布控制了三角洲的形态,如某些鸟足状三角洲(密西西比河三角洲),其主干分流河道向海(湖)推进快、延伸距离远、分流河道和指状砂体长短不一、平面形似鸟爪,可将其视作缺乏中部分流河道。

3. 末端分流河道

末端分流河道是在整个三角洲分流系统中最末端的河道,末端分流河道从中部分流河道开始,一直延续到三角洲的前缘。中部分流河道中流体的流速往往较低。

3.4.2　水力学数值模拟方法

采用三维水动力数值模拟软件 Delft 3D 来建立河控三角洲模型。Delft 3D 以描述水动力的纳维-斯托克斯方程(Navier-Stokes equations,简称 N-S 方程)为基础,通过使用有限差分法求解 N-S 方程,结合描述沉积物状态的对流扩散方程以实现沉积物输运以及沉积地貌演变的三维模拟。图 3.56 描述了一个计算步长中的流程配置关系。

计算机模拟的实质是求解二维或三维的不稳定浅水方程。浅水方程是由水平动量方程、连续性方程、物质传输方程及用于闭合方程的湍流模型组成(Hydraulis,2014)。其理论基础如下:

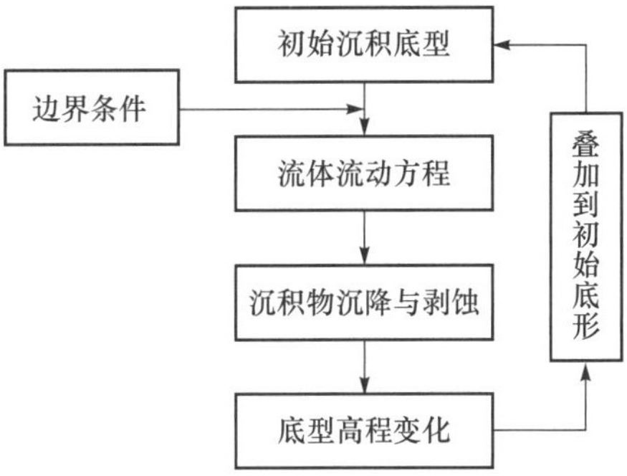

连续性方程:

$$\frac{\partial \xi}{\partial t} + \frac{\partial\big[(d+\xi)U\big]}{\partial x} + \frac{\partial\big[(d+\xi)V\big]}{\partial y} = Q$$

$$(3.16)$$

图 3.56　一个计算步长中的流程配置关系

式中,ξ 为水位;U、V 为深均流速分量;d 为水深;Q 为源或汇。

动量方程:

$$\frac{\partial u}{\partial t} + u\frac{\partial u}{\partial x} + v\frac{\partial u}{\partial y} + \frac{\omega}{d+\zeta}\frac{\partial u}{\partial \sigma} - fv = -\frac{1}{\rho}P_u + F_u + \frac{1}{(d+\zeta)^2}\frac{\partial}{\partial \sigma}\Big(v_V\frac{\partial u}{\partial \sigma}\Big)$$

$$\frac{\partial v}{\partial t} + u\frac{\partial v}{\partial x} + v\frac{\partial v}{\partial y} + \frac{\omega}{d+\zeta}\frac{\partial v}{\partial \sigma} - fu = -\frac{1}{\rho}P_v + F_v + \frac{1}{(d+\zeta)^2}\frac{\partial}{\partial \sigma}\Big(v_V\frac{\partial v}{\partial \sigma}\Big) \quad (3.17)$$

$$\frac{\partial \omega}{\partial \sigma} = -\frac{\partial \zeta}{\partial t} - \frac{\partial\big[(d+\zeta)u\big]}{\partial x} - \frac{\partial\big[(d+\zeta)v\big]}{\partial y} + H(q_{\mathrm{in}} - q_{\mathrm{out}}) + P - E$$

式中,u、v 分别为流速分量;P_u、P_v 分别为 u 方向和 v 方向上的压强;F_u、F_v 分别为 u 方向

和 v 方向上的辐射应力梯度；f 为科氏力系数；ζ 为水位；σ 为垂向坐标标度；ω 为 σ 网格中的垂向流速；q_{in}、q_{out} 为单位体积的局部源、汇；P、E 分别为降水流、蒸发量；v_V 为垂向涡流黏性系数；H 为总水深。

三维对流扩散方程：

$$\frac{\partial c^{(\ell)}}{\partial t} + \frac{\partial u c^{(\ell)}}{\partial x} + \frac{\partial v c^{(\ell)}}{\partial y} + \frac{\partial (\omega - \omega_s^{(\ell)}) c^{(\ell)}}{\partial z} - \frac{\partial}{\partial x}\left(\varepsilon_{s,x}^{(\ell)} \frac{\partial c^{(\ell)}}{\partial x}\right) - \frac{\partial}{\partial y}\left(\varepsilon_{s,y}^{(\ell)} \frac{\partial c^{(\ell)}}{\partial y}\right) - \frac{\partial}{\partial z}\left(\varepsilon_{s,z}^{(\ell)} \frac{\partial c^{(\ell)}}{\partial z}\right) = 0$$

(3.18)

非黏性沉积物（沙）的沉降速率采用 Van Rijn 公式计算（Van Rijn，1993）：

$$\omega_{s,0}^{(\ell)} = \begin{cases} \dfrac{(s^{(\ell)}-1)gD_s^{(\ell)2}}{18v'} & 65\mu m < D_s \leqslant 100\mu m \\[3mm] \dfrac{10v'}{D_s}\left(\sqrt{1 + \dfrac{0.01(s^{(\ell)}-1)gD_s^{(\ell)3}}{v'^2}} - 1\right) & 100\mu m < D_s \leqslant 1000\mu m \\[3mm] 1.1\sqrt{(s^{(\ell)}-1)gD_s^{(\ell)}} & 1000\mu m < D_s \end{cases}$$

(3.19)

式中，$c^{(\ell)}$ 为沉积物组分 ℓ 的质量浓度，kg/m^3；$\varepsilon_{s,x}^{(\ell)}$、$\varepsilon_{s,y}^{(\ell)}$、$\varepsilon_{s,z}^{(\ell)}$ 分别为沉积物组分 ℓ 在 x、y、z 方向上的涡流扩散系数，m^2/s；$\omega_s^{(\ell)}$ 为沉积物组分 ℓ 的沉降速率，m/s；$s^{(\delta)}$ 为沉积物组分 ℓ 的相对密度，kg/m^3；D_s 为沉积物颗粒直径，μm；v' 为水的动黏滞率系数，m^2/s。

动量守恒、质量守恒和能量守恒描述了水体模型的基本规律。然而，即使最先进的计算机，应用这些守恒方程计算大空间尺度和时间尺度的水体的数值解仍然十分困难，因为需要引入假设对方程进行简化：

简化后的方程如下：

$$\frac{\partial \varepsilon}{\partial t} + \frac{\partial [(d+\varepsilon)U]}{\partial x} + \frac{\partial [(d+\xi)V]}{\partial y} = Q$$

(3.20)

$$\frac{\partial U}{\partial t} + U\frac{\partial U}{\partial x} + V\frac{\partial U}{\partial y} = -g\frac{\partial \zeta}{\partial x} + fV + v_H\left(\frac{\partial^2 U}{\partial x^2} + \frac{\partial^2 U}{\partial y^2}\right) - \frac{gU\sqrt{U^2+V^2}}{hC^2} + F_x$$

(3.21)

$$\frac{\partial V}{\partial t} + U\frac{\partial V}{\partial x} + V\frac{\partial V}{\partial y} = -g\frac{\partial \zeta}{\partial x} + fU + v_H\left(\frac{\partial^2 V}{\partial x^2} + \frac{\partial^2 V}{\partial y^2}\right) - \frac{gV\sqrt{U^2+V^2}}{hC^2} + F_y$$

(3.22)

式中，ε 为水位，m；d 为水深，m；U、V 分别为 x、y 方向的流速，m/s；g 为重力加速度，m/s^2；f 为科里奥利力参数，$1/s$；v_H 为水平涡动黏度，m^2/s；C 为谢才系数，$m^{1/2}/s$；F_x、F_y 分别为 x、y 方向上的辐射应力梯度，m/s^2。

深度平均后的连续性方程由简化方程（3.20）给出，简化方程（3.21）与方程（3.22）为深度平均后的方向的水平动量方程，其等号右侧各项依次为水平应力、科里奥利力、水平雷诺应力、摩擦力及波浪产生的动量。

Delft 3D 中的泥沙输运总量由边界条件以及床底各个组分的黏性泥沙和非黏性泥沙量所决定。黏性泥沙在流水中的搬运方式仅为悬浮搬运，非黏性泥沙则能以悬浮搬运或推移搬运的方式输运。不同性质的泥沙由不同的输沙方程所描述水位、水深、总水深与坐标系统间的关系如图 3.57 所示。

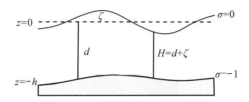

图 3.57　水位、水深、总水深的关系图

ξ 为水位，m；d 为水深，m；H 为总水深，m；z 为 Z 垂向坐标系统；σ 为 σ 垂向坐标系统

Delft 3D 水动力模型的若干基本假设和限制（Delft 3D 手册，2014）。

浅水假定：水体的垂向尺度远远小于其平面尺度。

不可压缩流体：实际流体都是可压缩的，然而有许多流动流体密度的变化很小，可以忽略，由此引出不可压缩流体概念，即 ρ 为常数。

布辛尼斯克近似（the Boussinesq approximation）：在自然对流中，除动量方程浮力项中的密度温度的函数外，其他所有求解方程中的密度均认为为常数。由于天然水体中密度的变化并不显著，因此，在考虑运动方程时，除了重力项，其他项中的密度都可以视为常数。

雷诺时均（Reynolds averaging）：湍流模式理论假定湍流中的流场变量由一个时均量和一个脉动量组成。

3.4.3　模型设置

1. 模型的网格划分及初始底型设置

Delft 3D 是在交错网格的基础上，采用有限差分法对上述控制方程进行离散。对离散之后的差分方程，用 ADI 法（交替方向法）求解。网格的质量好坏将直接影响计算的收敛与否和精确性，Delft 3D 对网格的要求为单个网格的长宽比应控制在 1：2 至 1：4，相邻网格的长宽比不超过 1.4，网格节点处余弦值应小于 0.02。

三角洲的模型设定为浅水河控三角洲，假定海（湖）平面保持稳定，无构造沉降作用且忽略蓄水盆地水动力作用（波浪及潮汐）的影响。计算的模型尺度以自然界真实河口区规模为基础设定，即河道形态为矩形，河长为 5km、河宽为 500m、深为 3m。考虑到相应流量、泥沙量与河道规模所形成的三角洲的展布范围，设置蓄水体为 20.5km×10km 底部形态平缓向盆地倾斜的楔型湖盆，其坡度约为 0.01°（图 3.58）。计算网格在 Delft3D-RGFGRID 模块中生成，根据上述几何要求，分别将河道区域划分为 100×10，湖盆区域划分为 200×410 个网格，总的网格数量为 83000 个，其中 x 与 y 方向网格尺度均为 50m。计算所需的水下地形在 Delft 3D-QUICKIN 模块中完成，通过手工设定模型中若干关键节点的水深后，再采用三角插值法（triangular interpolation）设定和网格点水下地形。

2. 模型边界条件和其他参数的设定

为充分考察河控三角洲分流河道的发育及展布，设置两组对比模拟模型 S1 和 S2，两

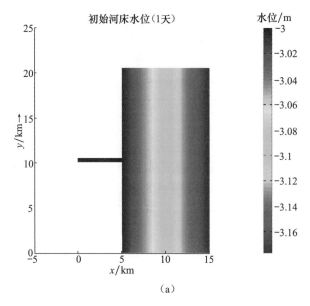

（a）

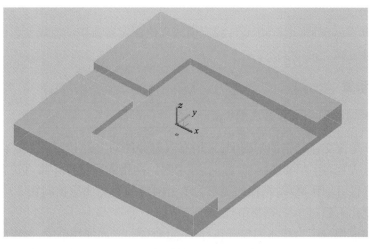

（b）

图 3.58　初始地形平面图（a）及三维示意图（b）

河道长为 5km，宽为 500m，深为 3m，湖盆最深处 3.18m，坡度约为 0.01°

组模型除流量不同外，其他参数设置均一致。其中，S1 的流量周期性变化以模拟自然河流的枯水期与洪水期，S2 的流量恒定不变（表 3.6，图 3.59）。

　　河流的上游边界条件类型（type）设置为流量（total discharge，即设定注入量）。流量和输沙量数值的设置参考中华人民共和国水利部所公布的《2011 年中国河流泥沙公报》，类比长江年径流量与年输沙量，并结合长江主要支流——岷江高场水文控制站的实测数据得到。湖盆的边界条件类型（type）设置为水位（water level，即水位不变）。

　　根据实际河口区的情况和计算需要设置模型参数，河道糙率设为 0.03，模型计算时长一个半月，地貌比例尺为 60，时间步长为 1min。详细参数设置参如表 3.6 所示。

表 3.6 **模型参数**(据王杨君等,2016)

参数		S1	S2
	模拟时长/d	45	45
	时间步长 D_t/min	1	1
	地貌比尺(morfac)	60	60
	网格分辨率	50m×50m	50m×50m
	网格规模	302×412	302×412
沉积物参数	稳定时间(morStt)/min	720	720
	沉积物组分	3	3
	液体密度(ρ)/(kg/m³)(含所有组分)	2650	2650
	沉积物类型(组分一)-床底粗砂(basin-sand)	非黏性	非黏性
	中值粒径(D_{50})/μm	350	350
	干砂密度(ρ)/(kg/m³)	1600	1600
	沉积物类型(组分二)-河道细砂(river-sand)	非黏性	非黏性
	中值粒径(D_{50})/μm	135	135
	沉积物类型(组分二)-泥(river-mud)	黏性	黏性
	干河床密度(ρ)/(kg/m³)	500	500
	沉降速率/(mm/s)	1.5	1.5
河流作用力	流量及泥沙量	周期变化	稳定流量
	河流长度/km	5	5
	河流宽度/m	500	500
	河流深度/m	3	3

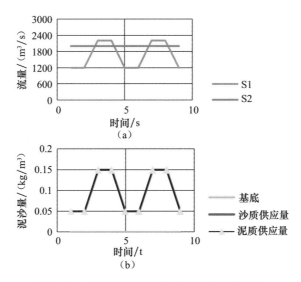

图 3.59 流量及泥沙量随时间变化的函数图

(a)S1 和 S2 的流量变化;(b)S1 和 S2 的泥沙量变化

3.4.4　模型计算结果

通过模拟计算,得到沉积过程中的地貌形态和沉积物构成分布,可以观察到两个河控三角洲的动态演化过程及其各沉积要素随时间的变化规律,如河道分流、河道迁移、河道填充、河道决口与河道废弃等。图3.60为两组三角洲演化过程的时间切片。对比可见流量变化对三角洲最终形态有一定的影响。在流量周期变化的模型-中(S1)沉积体呈不对称展布,模型一(S1)相对于模型二(S2)沉积物向盆地延伸的距离较短,造成这一结果的原因可能是在流量变化的下降周期中,随着流量的降低,沉积物向盆地运移的惯性力也在减小,沉积物在距离河口区近的区域堆积。然而,无论模型一(S1)还是模型二(S2),都可以看出在理想条件下,河控三角洲分流河道的废弃与改道频繁且数量众多。

无论模型一(S1)还是模型二(S2),其河道演化都遵循着相同的规律,下面以模型一(S1)为例,详细描述河道的演化过程。模拟表明,在没有波浪和潮汐作用的情况下,河口处的流速迅速下降,河流携带负载的能力也随之降低,泥沙大量堆积,形成了最初的河口沙坝,水流沿沙坝分成两股,形成两条分流河道,并向外侧扩展[图3.61(a)]。随着水流的不断冲刷,河口沙坝继而被冲毁形成决口水道,此时已形成四条分流河道[图3.61(b)]。分流河道向海(湖)不断延伸,又会出现新的次一级沙坝,沉积物展布面积也逐渐扩大,分流河道的数量进一步增加。河道流量与分流间湾处沉降速率之间的不平衡,使分流河道在不断推进和扩展的同时也会侧向摆动,并不断迁移改道[图3.61(c)、图3.61(d)],原始分流河道沉积体被后期形成的分流河道所切割,由于沙坝的加积和扩宽使得河道陆

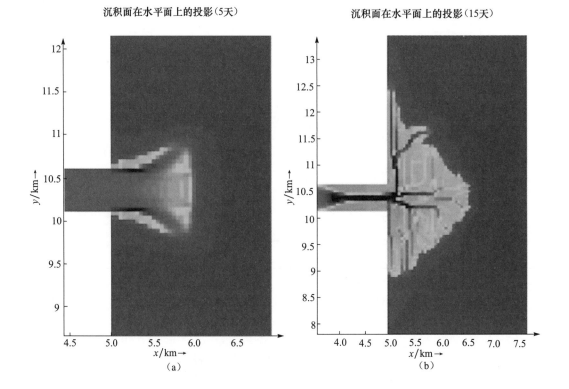

沉积面在水平面上的投影(5天)　　　　　　　沉积面在水平面上的投影(15天)

(a)　　　　　　　　　　　　　　　　(b)

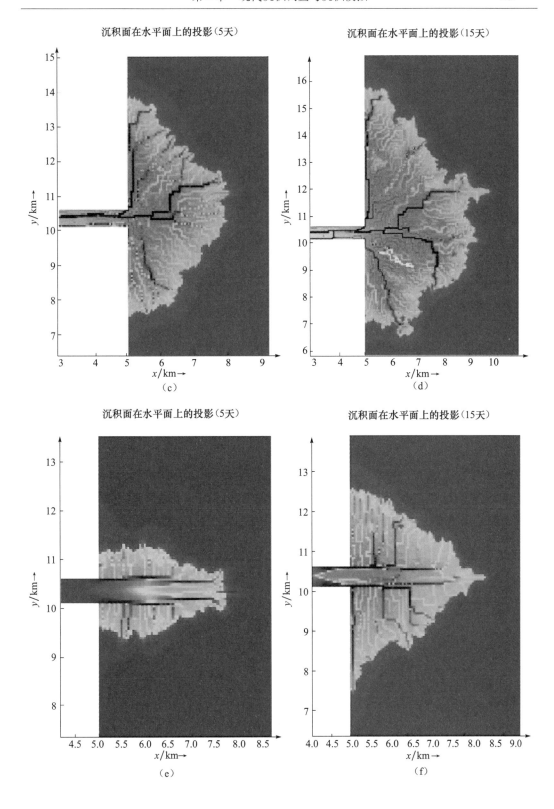

沉积面在水平面上的投影(5天)　　　　　　沉积面在水平面上的投影(15天)

(c)　　　　　　　　　　　　　　　　　　(d)

沉积面在水平面上的投影(5天)　　　　　　沉积面在水平面上的投影(15天)

(e)　　　　　　　　　　　　　　　　　　(f)

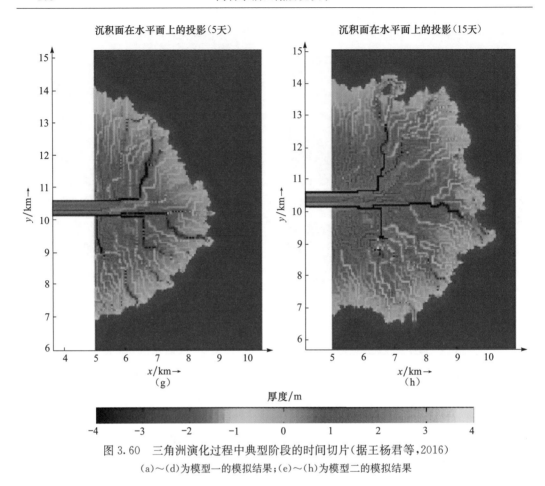

图 3.60　三角洲演化过程中典型阶段的时间切片（据王杨君等，2016）

(a)～(d)为模型一的模拟结果；(e)～(h)为模型二的模拟结果

续向两侧迁移。同时流量减小、流速降低的河道会逐渐被填充[图 3.61(f)]萎缩直至最后废弃，而流量大的分流河道会对已形成的沙坝进行冲蚀，从而在决口处形成新的河道。在三角洲的演化过程中，正是上述过程的循环往复，从而形成了复杂的网状交错分流河道网络，最终形成朵状三角洲[图 3.61(e)]。

1. 分流河道数量变化

在模型一中，随着向湖(海)的延伸，分流河道由原来的一条逐渐分化，变得越来越多，呈扇状发散，构成了三角洲沉积体的基本骨架。由河道最初开始分叉点开始沿盆地方向以相等的间距(500m)画同心圆测线[图 3.62(a)]，对测线上的河道数量进行统计，绘制出的延伸距离与河道数量的关系图[图 3.62(b)]表明，随着三角洲的向前延伸，分流河道的绝对数量有显著的增加趋势。同理，沿盆地方向每隔 500m 截取三角洲垂直剖面，并统计单位截面宽度的相对河道数所绘制相对河道数随延伸距离的变化趋势图[图 3.63(c)]上，无论是从相对数量还是绝对数量上，都可以看出随着三角洲向前进积，河道数量呈现显著增加的趋势。考察模型二(S2)也有完全相同的规律。基于此可以预测，如果空间足够大，时间足够长，在理想条件下可发育无数条的分流河道。

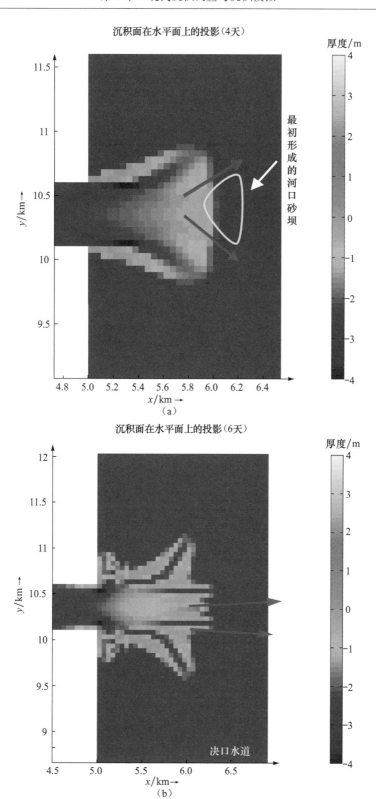

（a）

（b）

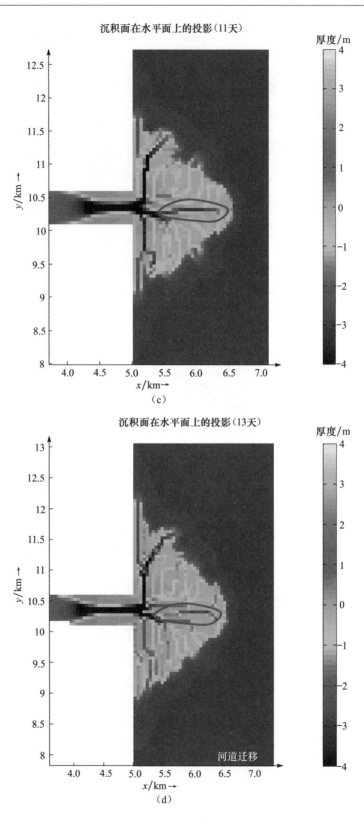

（c）

（d）

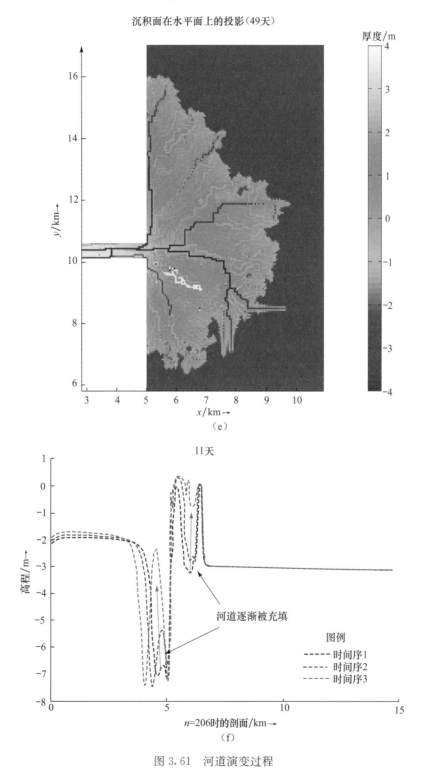

图 3.61　河道演变过程

(a)形成河口沙坝;(b)形成决口水道;(c)~(d)河道迁移;(e)三角洲最终形态;(f)分流河道剖面图

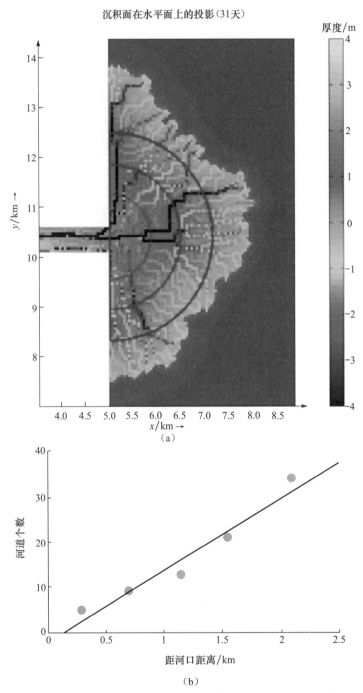

图 3.62 测线位置图(a)及三角洲进积过程中分流河道数量变化趋势图(b)

2. 沉积体展布

从两组模型三角洲形态可见其前缘呈朵状分布,且河流流量对三角洲的形态有显著控制作用,在流量周期变化的系统中(S1)三角洲向盆地的推进速度较慢,总体表现出沿

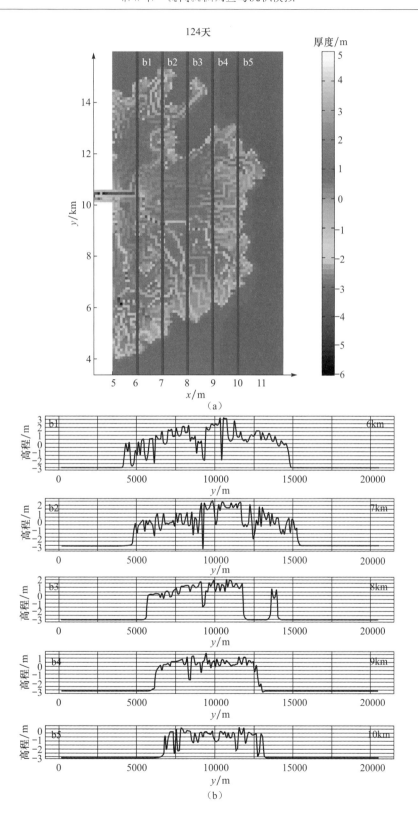

（a）

（b）

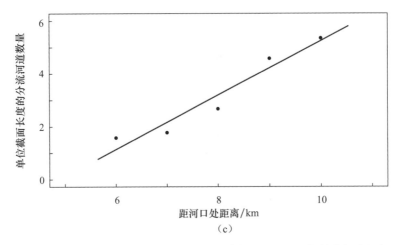

(c)

图 3.63　剖面位置图(a)、三角洲分支河道剖面图(b)及三角洲进积过程中
河道相对数量变化趋势图(c)

岸侧向发展的趋势,与之相对应流量稳定的系统(S2),在相同的模拟时间内三角洲向湖盆延伸得远。考察河道流速变化发现,在三角洲演化初期流速较慢,各河道内流速均匀分布[图 3.64(a)、图 3.64(b)、图 3.64(d)、图 3.64(e)、图 3.64(g)、图 3.64(h)、图 3.64(j)、图 3.64(k)],在流量不断增加下流速也越来越快,河道的下切作用不断增强,且随着细颗粒沉积物组分的增加而加剧,新形成的河道交错切割上一期的沉积体。然而到了三角洲演化后期,部分分流河道废弃或汇集只留下若干流量大、流速高的分流河道,沉积体开始大面积连片出现[图 3.64(c)、图 3.64(f)、图 3.64(i)、图 3.64(l)]。这一实验表明,在波浪和潮汐改造作用弱、地形合适的情况下由于分流河道的迁移和交错切割也可以形成连片性比较好的朵状三角洲,不同于传统观点所认为的连片沉积体是波浪或者潮汐等外力改造后的结果。

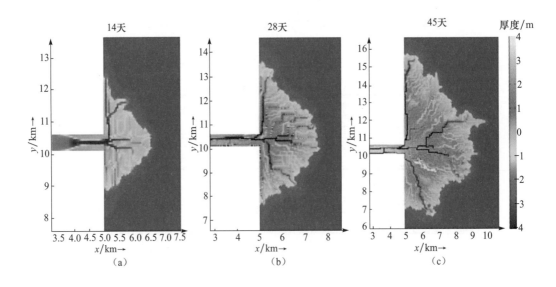

(a)　　　　　　　　　　(b)　　　　　　　　　　(c)

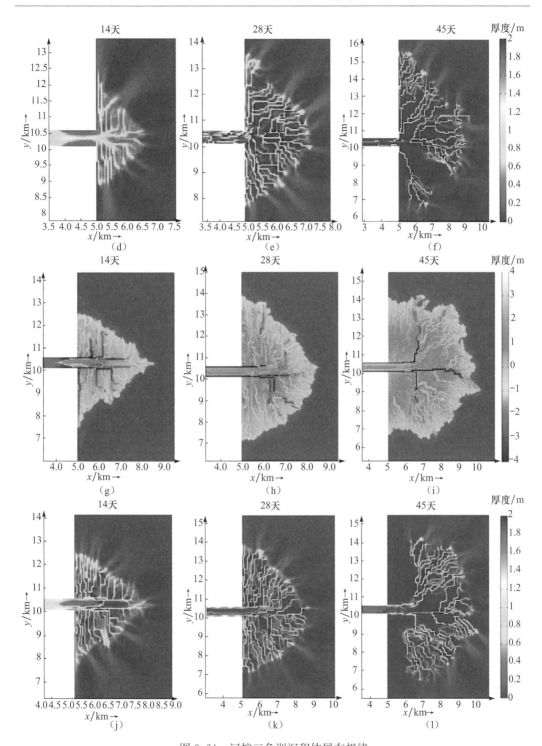

图 3.64 河控三角洲沉积体展布规律

(a)S1-A;(b)S1-B;(c)S1-C;(d)S1-a;(e)S1-b;(f)S1-c;(g)S2-A;(h)S2-B;(i)S2-C;(j)S2-a;(k)S2-b;(l)S2-c;S1、S2 分别为两个不同模型的模拟结果,其中 A～C 表明河床底形的地貌形态,a～c 为对应 A～C 时间点流速的平面分布,图中可以清晰看出分支河道加大延伸的情况

3.5　地层基准面旋回的一维定量模型

3.5.1　定量模型建立的依据和假设

1. 建模依据

基准面反映了迫使地表上下移动至平衡位置所需能量的平衡关系(邓宏文,1995;尹太举,2003)。当基准面与沉积表面重合时,构造沉降、沉积物供应造成的可容纳空间与沉积物供应处于平衡状态,此时沉积能量与侵蚀搬运能量相等,沉积量与侵蚀搬运量相同,表现为既不沉积,也不侵蚀。当基准面高于沉积表面时,具有了供沉积物堆积的可容纳空间,基准面反映出的能量为沉积能量,使沉积物负载堆积。当基准面低于地层面时,基准面反映出的能量为侵蚀搬运能量,地层的潜在侵蚀速率增加,已稳定的沉积物开始重新进入搬运状态。由此可见,基准面到地层面的距离可以看作是沉积能量与侵蚀能量之差的衡量标准。若将沉积能量或侵蚀搬运能量通过实际的(或理论的)物理模型转换成最大可沉积量与最大可剥蚀搬运量,则可进一步完成对旋回地层沉积充填过程的模拟。

从实际沉积物理条件来看,沉积物沉积是由于运输载体(重力、空气或水流等)因携带了大量沉积物负载而超过了它们运输能力。沉积能量的实质是环境、介质等条件对挟沙水流运动阻力做功。正是由于阻力的存在,将水流的部分机械能转化为克服河河床及水流内部的摩擦所产生的热能、边界紊动动能(以漩涡的形式进入主流区),从而减少了运输载体的运载能力。相反,对于一颗静止于河床面的颗粒,它主要受到水流作用力和床面反作用力,当二者平衡时,泥沙颗粒处于临界启动状态,一旦运输载体的负载能力增强,强度加大,将打破颗粒的静止状态,并使其搬运。

可见,从层序地层学和泥沙运动力学理论出发,在对同一位置不同时间的基准面、地层表面变化的研究过程中,可以将基准面到地层表面的距离作为能量值,按照物理规律及原理计算出实际过程中的沉积量与搬运量。

2. 模型假设

要进行相应的模拟,必须对其原始边界条件进行假定。Tipper(2000)曾讨论了模拟的主要假设,并在此基础上进行以下假设。

假设1:构造运动、沉积作用和气候变化具有一定的周期性,据此,受其控制的基准面变化在时间和空间上也具有周期性。一般认为,基准面是在一个上下振荡的弯曲界面,其振荡曲线类似于正弦波。当然,这种正弦波型的基准面变化曲线既可以是标准的,又可以是变形复合叠加的。本书中的模型是建立在基准面变化曲线是标准正弦曲线的假设基础之上的。

假设2:重力与水流是常见的沉积物搬运营力。由于本书所建立的是一维定量模型,即研究的是同一点(地理位置)在连续时间中的基准面和地层面的变化。该模型未考虑研究点与周围区域的高差无法表征重力势能的变化,因此在对沉积物搬运载体上仅考虑了水流。

假设3:如图3.65所示,考虑物源方向上相邻的两点 A、B。当基准面上升时,沉积物将大部分在靠近物源区的 A 点沉积,B 点的沉积物供给相对减少;当基准面下降时,A 点的剥蚀量增大,A 点大量的沉积物经流体搬运通过 B 点,使 B 点的沉积物供给增加。单对 B 点而言,当基准面上升时,沉积物供给量减少;相反,当基准面下降时,沉积物供给相对增加(汪彦等,2005)。即沉积物供给量随时间的变化与基准面的变化是反向的。由此根据假设 1,基准面变化为一标准正弦曲线,可假设沉积物供给速率的曲线也是一标准正弦曲线。

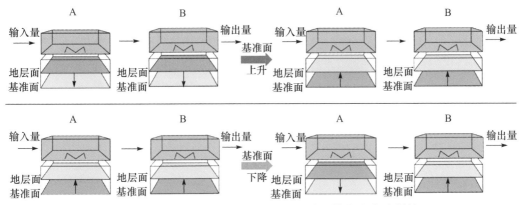

图 3.65　基准面变化与沉积物供给变化之间的关系模式图(据朱锐等,2009)

3.5.2　定量模型的建立

依据以上假设,可将建立基准面曲线 $B(t)$ 关于时间 t 的表达式:$B(t)=a\sin t$,式中,a 为基准面曲线的振幅。沉积物供给速率 $S(t)$ 关于时间 t 的表达式:$S(t)=N-b\sin t$,式中,b 为沉积物供给曲线的振幅,N 为基准面位于零时的沉积物供给速率。将地层表面关于时间 t 的函数关系定义为 $f(t)$,那么讨论正弦曲线型地层基准面旋回的沉积过程就转换成讨论 $f(t)$ 的构成。下面就基准面高于、等于和低于地层面三种情况定量解析地层面 $f(t)$ 的变化。

1. 基准面高于地层表面($f(t)<B(t)$)

基准面高于地表面时,沉积能量大于侵蚀搬运能量,将发生沉积。沉积的物理解释即为阻力做功,使流体部分机械能转化为热能耗散。而这些被转化的机械能有一部分就是沉积颗粒的动能。在此,考虑泥沙颗粒由运动状态转变为静止状态的临界水流条件。根据冈恰夫的实验研究结果(王昌杰,2001):

$$U_c = 0.81\sqrt{\frac{\rho_s-\rho}{\rho}gd}\left(\frac{h}{d}\right)^{1/6} \tag{3.23}$$

式中,d 为泥沙平均粒径;h 为水深;对于天然砂有 $\dfrac{\rho_s-\rho}{\rho}=1.65$,代入后,将止动速度简化为:

$$U_e = 3.27d^{1/3}h^{1/6} \tag{3.24}$$

由此,侵蚀搬运能量与沉积能量之差就主要转换为颗粒的动能,即

$$e_b(f(t)-B(t)) = \frac{1}{2}mU_c^2 = 5.35\rho Vd^{2/3}h^{1/3} \tag{3.25}$$

式中,e_b 为能量的转化率;V 为被搬运沉积物的体积。

但沉积的量还需要沉积物供给量来控制。

(1) $V > S(t)$ 时。

沉积物最多只能将沉积物供给量完全沉积,于是有

$$f(t + \mathrm{d}t) = f(t) - B\mathrm{d}t + S(t)\mathrm{d}t \tag{3.26}$$

式中,

$$当\ N - b\sin t > 0\ 时,$$
$$S(t) = N - b\sin t;$$
$$当\ N - b\sin t < 0\ 时,$$
$$S(t) = 0。 \tag{3.27}$$

(2) $V < S(t)$ 时。

地层面的增加量由沉积能量与侵蚀能量的差 $(B(t) - f(t))$ 来控制:

$$f(t + \mathrm{d}t) = f(t) - B\mathrm{d}t + \left[\frac{e_{\mathrm{b}}d^{3/2}h^3}{5.35\rho}(\alpha\sin t - f(t))\right]^{\frac{1}{3}} \tag{3.28}$$

2. 基准面等于地层表面 $(f(t) = B(t))$

基准面与地层表面相交时,侵蚀搬运能量与沉积能量相等,泥沙的搬运量与沉积量相等,地层表面的高程变化仅受构造沉降的控制,于是有 $f(t + \mathrm{d}t) = f(t) - B\mathrm{d}t$。本模型认为基准面穿越地层时是瞬时发生的,随着构造沉降产生了新的可容纳空间,平衡就会被打破。基准面在地层面附近,两者同时缓慢上升或下降是由于可容纳空间增加速率与沉积物供给速率相互平衡的结果。这一平衡状态是在基准面高于地表面,且地层表面增加受基准面限制的情况下发生。此时基准面的变化不仅受构造沉降的控制,还受到基准面变化的影响。

3. 基准面低于地层表面 $(f(t) > B(t))$

当基准面低于地层表面时,侵蚀搬运能量大于沉积能量,将发生侵蚀搬运。泥沙的起动条件是泥沙的基本水力特征之一。实际的泥沙起动是一个非常复杂的过程,不仅决定于水流对泥沙的作用力,也与泥沙颗粒本身的性质和床面组成的均匀程度密切相关。本书在模型建立的过程中,为便于计算,只考虑侵蚀搬运能量造成散粒体均匀泥沙的起动。

砂莫夫根据实验室资料(王昌杰,2001),建立的散粒体均匀泥沙的起动临界条件下的垂线平均流速 U_{c} 为

$$U_{\mathrm{c}} = 1.14\sqrt{\frac{\rho_{\mathrm{s}} - \rho}{\rho}gd}\left(\frac{h}{d}\right)^{1/6} \tag{3.29}$$

式中,d 为泥沙平均粒径;h 为水深;对于天然沙有 $\dfrac{\rho_{\mathrm{s}} - \rho}{\rho} = 1.65$,代入后,将启动速度简化为:

$$U_{\mathrm{c}} = 4.6d^{1/3}h^{1/6} \tag{3.30}$$

因此,侵蚀搬运能量与沉积能量之差就主要转换为颗粒的动能,即为

$$e_{\mathrm{b}}(f(t) - B(t)) = \frac{1}{2}mU_{\mathrm{c}}^2 = 10.58\rho Vd^{2/3}h^{1/3} \tag{3.31}$$

式中，e_b 为能量的转化率；V 为被搬运的沉积物体积。

从式(3.31)中可以得出，$f(t)-B(t)$ 与沉积的体积是呈线型关系，于是有

$$f(t+\mathrm{d}t)=f(t)-B\mathrm{d}t+\left[\frac{e_b}{10.58\rho d^{2/3}h^{1/3}}(f(t)-\alpha\sin t)\right]^{\frac{1}{3}} \tag{3.32}$$

3.5.3　模型分析

通过以上模型的建立，可以定量地表示出地层面沉积过程中的变化，从而确定其旋回地层的形成过程。模型中的参数设定包括构造沉降(B)、基准面形态(a)、沉积物供给(b、N)及泥沙特征(e_b、ρ、d、h)。其中，构造沉降量(B)可以通过研究区的构造分析获取，在较短的时间段内可以认为该参数是一个稳定的常数或者一个拟合的方程。其他的参数选择主要来自于研究区的基本资料或者相类似区域的经验数据。

1. 单周期内的旋回地层模拟

对于单周期的模拟，为便于模型的分析，根据实际的数据对参数进行设定：$B=15\mathrm{m/Ma}$，$a=20\mathrm{m}$，$b=10\mathrm{m}$，$N=9\mathrm{m}$，$e_b=75\%$，$\rho=1.6\mathrm{kg/cm^3}$，$d=2.0\mathrm{mm}$，$h=6\mathrm{m}$。而基准面旋回波长选 2Ma。模拟的结果如图 3.66 所示。观察 0.5Ma 至 2.5Ma 这一周期，沉积的过程可以分为以下几个部分。

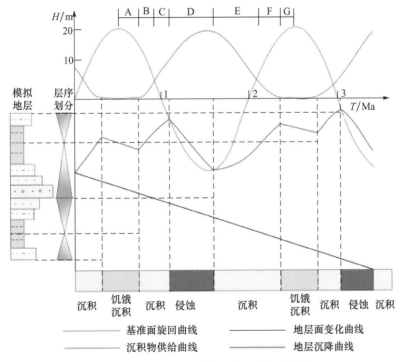

图 3.66　一维地层沉积样式模拟成果图(据朱锐等，2009)

基准面呈正弦曲线旋回波动，地层沉降速率保持不变，沉积物供给量变化与基准面变化呈负相关，仅当基准面过高时，出现沉积物供给不足的饥饿沉积。随着基准面、沉积物供给等变化的叠加，形成了两个完整的地层粗细变化的周期性变化

（1）A 为饥饿沉积期。此时基准面高于地层面,可容纳空间达到顶峰,沉积能量达到最大,但此时沉积物供给为零。该阶段无沉积,地层面的变化取决于构造沉降量。

（2）B 为沉积物供给限定沉积期。基准面开始下降,沉积物供给开始增加。由于基准面远高于地层面,此时沉积能量巨大,但可供沉积的物质相对较少。于是沉积受沉积物供给量的控制。沉积物的速率由小变大。

（3）C 为基准面限定沉积期。随着基准面持续下降,沉积物供给开始增加。同时,因基准面高于地层面,发生稳定沉积。由于地层面持续上升,基准面与地层面的距离减小,可容纳空间减小,沉积物供给持续增加。沉积的控制因素不再是沉积物供给,而是沉积能量的大小,即受控于基准面的变化,此时的沉积量由大变小。

（4）D 为剥蚀期。该阶段基准面低于地层表面。侵蚀搬运能量大于沉积能量,沉积物发生剥蚀搬运。其侵蚀速率由基准面到地层面的距离控制。由于基准面是先下降后上升,所以侵蚀速率也在前期由小变大,后期由大变小。到该期末,可容纳空间已不再减小,剥蚀作用则渐趋于停止。在该阶段内地层累积厚度逐渐减小。

（5）E 为基准面限定沉积期。基准面开始上升,此时沉积物供给由最大开始减小。这一阶段的沉积可容纳空间不足,沉积主要受基准面的控制。随着基准面的上升,可容纳空间逐渐加大,沉积能量增加。沉积速率同时加大,地层厚度稳定增加。

（6）F 为沉积物供给限定沉积期。基准面持续的上升,沉积物供给出现不足。沉积的控制因素由基准面转为沉积物供给。沉积速率由大变小,沉积厚度仍缓慢增加。

（7）G 为饥饿沉积期。由于基准面继续升高,沉积物供给减少而趋于零,从而出现沉积间断。地层面由于构造沉降的原因开始下降。到该期为止,已完成整个周期的变化,进入下一次旋回。

2. 不同地层起点的模拟

为便于不同地层起点模型的对比,将参数 N 修改为 9,其他参数不变。对于地层面不同的起始高度($f(0)=20$,$f(0)=0$,$f(0)=-20$)进行了模拟,模拟结果如图 3.67 所示。从图中不难发现,仅在一个周期之后,三者的曲线形态就趋于一致,达到平稳。这说明对于稳定周期性变化的基准面、构造沉降和沉积物供给,其地层面无论起始位置如何,最终的稳定后的地层面形态必然保持一致。这一点在现实地层的研究中得不到印证,究其原因是在实际地层的模拟中,沉降速率 B、基准面曲线特征及沉积物供给特征都不是稳定变化量。因此,旋回地层沉积时会打破平衡,甚至不达到平衡,从一个不平衡状态到另一个不平衡状态。这一点,该模型在假设条件 1 和 3 的限定下,无法给出实际地层的模拟。但该模型可以通过对比不平衡状态与平衡状态来说明实际地层的部分特征。

如图 3.68 所示,选取 0.5Ma 和 4.5Ma 两个时间点进行分析。这两个时间点均是基准面上升到最大时的点,是旋回周期的同一位置,所不同的是 0.5Ma 未达到平衡,而 4.5Ma 时已达到平衡。将 0.5Ma 时三条地层面曲线的值与 4.5Ma 时曲线值进行对比,可见地层面起始点为 −20m 的曲线与稳定曲线的相差最小,而这是由于构造沉降的存在。这说明在实际地层中,由突发、短暂的地层沉降所打破的平衡易于恢复平衡。相反,由于构造作用产生的地层抬升相对离平衡位置较远,恢复到平衡状态的时间也相对较长。

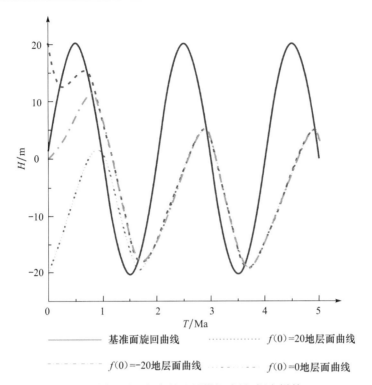

图 3.67 不同地层面起点的地层模拟成果(据朱锐等,2009)

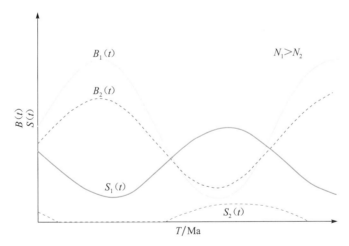

图 3.68 不同位置基准面变化与沉积物供给变化曲线对比图

$B_1(t)$为近物源区的基准面曲线变化;$B_2(t)$为远物源区基准面变化曲线;$S_1(t)$为近物源区沉积物供给曲线;$S_2(t)$为远物源区沉积物供给曲线

3.5.4 应用与讨论

根据基准面的定义,从泥沙运动力学等知识入手,建立正弦曲线型地层基准面旋回一维定量理论模型,打破了传统沉积量与剥蚀量的计算方法,有助于认识地层中高频级次的基准面旋回形成。这一定量理论模型不同于以往对于沉积量及侵蚀量的估计,而是明确地给出了正弦型基准面旋回定量的侵蚀和沉积量变化。这是进行基准面旋回定量解释的一次尝试,同时也为进行二维、三维地层模拟提供一些思路。但在模拟过程中,也有一些问题值得进一步的探讨。

1. 关于参数 N 选取

尽管物源供给量在同一地区的变化与基准面的变化正好反向,但在同一时期内,不同位置的两点其沉积物供给量却不相同。模型中参数 N 就是表示了这一不同的程度和特征。如图 3.68 所示,说明了在不同位置其沉积物供给曲线的不同。$B_1(t)$、$S_1(t)$ 是在近物源区的基准面与沉积物供给曲线变化,由于其沉积物供给一直充足,基准面升降相对地层表面幅度较大,下降期会发生长时间的暴露剥蚀,沉积物供给增量加大;$B_2(t)$、$S_2(t)$ 是在远离物源区的基准面与沉积物供给曲线变化,由于沉积物供给匮乏,基准面的升降幅度对物源供给的影响不大,常为欠补偿的饥饿沉积。如此可见 N 是物源区距离的函数,同时还受物源区母岩性质、侵蚀强度等的影响。在模拟过程中 N 的选择至关重要,它反映了模拟位置上沉积物供给的大致情况。

2. 关于基准面波动类型

研究假设其基准面波动为标准正弦波动,然而不同地区其波动特征不同。在模型的使用中,还应根据实际情况,通过不同级次的基准面旋回波动方程叠加或多种正弦曲线与线性曲线的叠加,准确模拟不同位置的多级次基准面波动旋回内的沉积过程。

3. 关于沉积物粒度分布的讨论

实际上,沉积颗粒的粒度对于整个模拟过程起着重要作用。不同的粒度分布会导致沉积物具有不同的推移、跳跃、悬浮和静止条件。在本次模拟的过程中,取的是平均粒度的启动流速和静止流速公式。但在实际地层模拟中,这一公式的使用具有局限性。为此,该模型还须从按不同粒度分开考虑。

4. 关于向二维、三维拓展

由于该模型是建立在流体负载能力变化的基础上。在向二维和三维拓展的时候可将水动力条件作为主线。由于水动力条件在流线上是连续变化的,其负载物的量、粒度也是连续的,在模拟过程中可考虑水动力条件的连续增加或减少,从而产生沉积物的搬运与沉积。同时,在考虑二维、三维模型的过程中,仅考虑水动力还不够。因为对于深湖区或邻近深湖的沉积区,水体较深,地层面一直处于基准面之下,只要有沉积物就会沉积。若按此模型,则尽管这些区域有基准面的波动,但却没有沉积。随着构造的持续沉降,该类区域的可容纳空间因没有沉积物补充会持续的增大,经过多期基准面旋回之后,便会与临近区域形成地形的陡坎,使得模拟工作无法进行(张昌民等,2007)。因此,在二维、三维模型的建立时,还因考虑地形因素,在地形落差较大的时候,应加入重力运载因素。

参 考 文 献

曹耀华,赖志云,刘怀波,等.1990.沉积模拟实验的历史现状及发展趋势[J].沉积学报,8(1):143-146.

大港油田地质研究所.1985.滦河冲积扇——三角洲沉积体系[M].北京:地质出版社.

邓宏文.1995.美国层序地层研究中的新学派——高分辨率层序地层学[J].石油与天然气地质.16(2):
　　90-97.

何鲤,舒文震.1986.长江上游的心滩——重庆珊瑚坝现代沉积考察[J].沉积学报,4(1):118-125.

黄秀,刘可禹,邹才能,等.2013.鄱阳湖浅水三角洲沉积体系三维定量正演模拟[J].地球科学(中国地质
　　大学学报),05:1005-1013.

季振刚.2012.水动力学和水质.河流湖泊及河口数值模拟[M],北京:海洋出版社.

赖内克 H E,辛格 L B.1979.陆源碎屑沉积环境[M].北京:石油工业出版社.

赖志云.1986.荆江太平口下边滩现代沉积特征[J].沉积学报,4(4):109-118.

赖志云,周维.1994.舌状三角洲和鸟足状三角洲形成及演变的沉积模拟实验[J].沉积学报,12(2):37-41.

刘树根,童崇光,罗志立,等.1995.川西晚三叠世前陆盆地的形成与演化[J].天然气工业,12(3):11-15.

楼章华,卢庆梅,蔡希源,等.1998.湖平面升降对浅水三角洲前缘砂体形态的影响[J].沉积学报,16(4):
　　27-31.

马晋文,尹太举,易小会,等.2011.须家河组多物源的沉积物理模型设计[J].石油天然气学报(江汉石油
　　学院学报),33(5):32-35.

马晋文,刘忠保,尹太举.2012.须家河组沉积模拟实验及大面积砂岩成因机理分析[J].沉积学报,30(1):
　　101-110.

钱宁,万兆惠.1983.泥沙运动力学[M].北京:科学出版社.

屈孟浩,钟绍森,袁淑云.1981.泥沙在动水中沉降速度和沉淀率的试验研究[J].中国黄河,12(1):145-
　　210.

沈锡昌.1987.涡流波痕[J].海洋科学,1:23-25.

汪彦,彭军,游李伟,等.2005.基准面旋回与 A/S 比值的函数关系及地质意义[J].沉积学报.23(3):
　　483-489.

王昌杰.2001.河流动力学[M].北京:人民交通出版社.

王道经,黄怀勇.2000.洞庭湖现代构造与湖盆演变[J].湖南地质,19(1):30-36.

王苏民.1987.第十二届国际沉积学大会简介[J].沉积学报,5(1):47.

王杨君,尹太举,邓智浩,等.2016.水动力数值模拟的河控三角洲分支河道演化研究,地质科技情报,
　　35(1):43-52.

吴胜和,金振奎,黄沧钿.1999.储层建模[M].北京:石油工业出版社.

谢继容,李国辉,唐大海.2006.四川盆地上三叠统须家河组物源供给体系分析[J].天然气勘探与开发,
　　29(4):1-13.

尹太举,张昌民.2005.层序地层格架内的油气勘探[J].天然气地球科学,16(1):25-30.

尹太举,李宣玥,张昌民,等.2012.现代浅水湖盆三角洲沉积砂体形态特征——以洞庭湖和鄱阳湖为例
　　[J].石油天然气学报,34(10):1-7.

于兴河,王德发,孙志华.1995.湖泊辫状河三角洲岩相、层序特征及储层地质模型——内蒙古贷海湖现
　　代三角洲沉积考察[J].沉积学报,13(1):48-58.

曾庆存,郭冬建,李荣凤.1995.泥沙冲积和三角洲发育的数值模拟[J].自然科学进展,03:55-60.

张昌民. 1992. 现代荆江江心洲沉积[J]. 沉积学报,10(4):146-153.

张昌民,尹太举,李少华,等. 2007. 基准面旋回对河道砂体几何形态的控制作用[J]. 岩性油气藏,19(4):
　　9-12.

张昌民,尹太举,朱永进. 2010. 浅水三角洲沉积模式[J],沉积学报,28(5):933-944.

张春生,陈庆松. 1996. 全新世鄱阳湖沉积环境及沉积特征[J]. 江汉石油学院学报,18(1):24-29.

张春生,刘忠保. 1997. 现代河湖沉积与模拟实验[M]. 北京:地质出版社.

张春生,刘忠保,施冬. 2000. 三角洲分流河道及河口坝形成过程的物理模拟[J]. 地学前缘,7(3):168-175.

张建新,胡胜华,崔涛. 2005. 全新世以来区域构造及气候因素对鄱阳湖盆地沉积特征的影响[J]. 重庆科
　　技学院学报:自然科学版,7(4):4-8.

郑荣才,叶泰然,翟文亮,等. 2008. 川西坳陷上三叠统须家河组砂体分布预测[J]. 石油与天然气地质,
　　29(3):405-417.

中国科学院地理研究所. 1985. 长江中下游河道特征及其演变[M]. 北京:科学出版社.

朱如凯,赵霞,刘柳红,等. 2009. 四川盆地须家河组沉积体系与有利储集层分布[J]. 石油勘探与开发,
　　36(1):46-55.

朱锐,张昌民,尹太举,等. 2009. 正弦曲线型地层基准面旋回一维定量理论模型的建立[J]. 沉积学报,
　　27(1):64-69.

邹才能,赵文智,张兴阳,等. 2008. 大型敞流坳陷湖盆浅水三角洲与湖盆中心砂体的形成与分布[J]. 地
　　质学报,82(6):417-428.

Allen J R L. 1982. Sedimentary Structure Their Character and Physical basis[M]. Amsterdam-Oxford-
　　New York:Elsevier Scientific Publication Company.

Andrew D. Miall A D. 1985. Sedimentation on an early proterozoic continental margin under glacial influ-
　　ence:The gowganda formation (Huronian), Elliot Lake area, Ontario, Canada [J]. Sedimentology,
　　32(6):763-788.

Andrew D. Miall A D. 1986. Effects of Caledonian tectonism in Arctic Canada[J]. Geology,14(11):904-
　　907.

Bhattacharya J P,Walker R G. 1992. Facies Models:Response to Sea Level Change[M]. St John's:Geo-
　　logical Association of Canada,157-177.

Bridge J S. 1977. Palaeohydraulic interpretation using mathematical models of contemporary flow and sed-
　　imentation in Meandering Channels[A]//Fluvial Sedimentology-Memoir5:723-742. CSPG Special Pub-
　　lications.

Bridge J S. 1981. Hydraulic interpretation of grain-sized distributions using a physical model for hedload
　　transport[J]. Journal of Sedimentary Petrology,51:1109-1124.

Coleman J M,Gagliano S M. 1964. Cyclic sedimentation in the Mississippi River deltaic plain[J]. Gcags
　　Transactions,14:9-44.

Galloway W E. 1975. Process framework for describing the morphologicand stratigraphic evolution of del-
　　taic depositional systems[C]//Deltas,Models for Exploration. Houston:Houston Geological Society:
　　87-98.

Gilbert G K. 1885. The topographic features of lake shores[R]. U S Geological Survey,5th Annual Report
　　(1883-1884):69-123.

Hydraulics. 2014. Delft 3D-flow user manual:Simulation of multi-dimensional hydrodynamic flows and
　　transport phenomena,including sediments[R]. Technical Report.

Jackson R G. 1976. Depositional model of point bars in the lower Wabash River[J]. Journal of Sedimentary Research,46(3):579-594.

Lesser G,Roelvink J,Van Kester J,et al. 2004. Development and validation of a three-dimensional mor-phological model[J]. Coastal engineering,51(8):883-915.

Levey R A. 1977. Bed-form distribution and Internal Stratification of Coarse-grained point bar, Upper Congarss river[A]//Fluvial Sedimentology-memoir5. Dallas Geological Society:105-127.

Miall A D. 1985. Architectural-elements analysis:A new method of facies analysis applied to fluvial depos-its[J]. Earth Science Reviews,22(4):261-308.

Neal A,Grasmueck M,Mcneill D F,et al. 2008. Full-resolution 3D radar stratigraphy of complex oolitic sedimentary architecture:Miamilimestone,Florida,USA[J]. Journal of Sedimentary Research,78(9-10):638-653.

Reineck H E,Singh I B. 1973. Depositional Sedimentary Environments with Reference to Terrigenous Clastics[M]. Berlin Heidelberg New York:Spring-Verlag.

Robert S R. 2004. Geomorphology:An approach to determining subsurface reservoir dimensions[J]. AAPG Bulletin,88(8):1123-1147.

Rust B R. 1978. A classification of alluvial channel system[A]//Fluvial Sedimentology-memoir5. Dallas Geological society:187-198.

Rust B R. 1981. Sedimentation in an arid-zone anastomosing fluvial system:Cooper's Creek,Central Aus-tralia[J]. Journal of Sedimentary Research,51(3):745-755.

Schumm S A. 1968. Some speculations concerning the paleohydrologic controls of terrestrial sedimentation[J]. Geological Society of America Bulletin,79(11):1573-1588.

Simth D G. 1983. Acostomsing fluvial deposits:Modern examples from Canada[A]//Modern and ancient fluvial systems. Oxford:Blackwell Scientific Publications:155-168.

Simth D G. 1986. Anastomosing river deposits,sedimentation rates and basin subsidence,Magdalena Riv-er,northwestern Colombia,South America[J]. Sedimentary Geology,46(3-4):177-196.

Smith D G,Putnam P E. 2011. Anastomosed river deposits:Modern and ancient examples in Alberta,Can-ada[J]. Canadian Journal of Earth Sciences,17(10):1396-1406.

Simth N D. 1977. Some comments on terminology for bar in Shallow water[A]//Fluvial Sedimentology-memoir5. Dallas Geological Society,85-88.

Verwer K,Merino-Tome O,Kenter J A M,et al. 2009. Evolution of a high-relief carbonate platform slope using 3D digital outcrop models:Lower Jurassic DJebel Bou,High Altas,Morocco[J]. Journal of Sedi-mentary Research,79(6):416-439.

第4章 沉积储层露头调查

4.1 概　述

地质知识库是建立储层地质模型的基础,建模必须有可靠的地质知识库作为约束条件,没有地质知识库,地质模型便成为无本之木、无源之水,是非常危险的。从目前发展的趋势来看,地质知识库的建立有两条途径:其一,通过盆地周缘或其他地区的露头调查,总结不同沉积相带的各种建筑结构要素的展布特征,积累数据,建立知识库,20世纪90年代国内外在这一方面作了不少工作,这是最常用的一种建库方法(裘亦楠,1990,1991,1992);其二,进行密井网解剖,分相带密井网解剖(对比)得出有关夹层、各建筑结构要素的几何形态和规模方面的定量数据,作为全区预测的根据。

由于对不同储集砂体的展布规律、储层的三维几何形态、非均质性、储层内部各结构单元的直观认识受到限制,石油地质学家启动类比思维,开展比较沉积学研究,通过露头调查了解储层的几何形态和内部结构。20世纪90年代,美国在俄克拉荷马州东北部的Gypsy砂岩、怀俄明州粉河盆地边缘上白垩统Shannon砂脊、英国在约克郡侏罗系河流三角洲砂岩、西班牙在Rada三角洲砂岩(Frield et al.,1979)、Lorance盆地三叠系点沙坝砂岩(Muñoz et al.,1992)开展露头精细解剖研究,我国学者在阜新盆地白垩系冲积扇(王建国等,1995)、鄂尔多斯侏罗系河流砂岩(李思田等,1992)、山西大同、河北滦平等地区开展露头精细描述。自1989年以来,本项目组先后在青海油砂山(林克湘等,1994;张昌民等,1996a)、河南南阳唐河[①]和泌阳栗园(张昌民等 1996b、1996c)、新疆库车(李少华等,2004)、鄂尔多斯延河剖面等地区开展了一些露头调查和研究工作。进入21世纪以来,沉积学家在露头区开展的沉积学调查内容更加广泛、更加深入,研究的手段也更加先进、更加多样化,但相对来说,以建立储层地质模型为主要目的开展露头精细描述工作所占的比例有所减小。本章介绍项目组在露头储层沉积学研究方面的部分成果,研究的主要目的是选择与不同油田的储层特征相似的露头进行精细解剖,详细录取砂体在野外剖面上的展布形式、几何形态、规模大小、接触关系、连通情况、夹层分布、内部建筑结构及物性参数分布等实际资料和数据,为油田的储层精细描述和建模提供地质知识库。

4.1.1 露头研究的特点

露头相对于地下具有如下的特点:①直观性,露头能直接观察到储层的类型及各类储层的沉积特征,包括岩性、结构、构造、接触关系、垂向层序以及砂体的规模、大小、分布及纵横向上的变化等,从而比用测井和地震资料来解释这些现象更具直观性;②完整性,岩心观察难以完整地描述一个砂体的大小、规模、形态、空间展布及与围岩的接触关系,这一

---

① 张昌民,樊中海.1996.双河油田砂体建筑结构分析与控制剩余油分布因素研究报告.荆州:长江大学。

难题在露头上迎刃而解,使人们能真正从二维,甚至三维空间上来认识储集体;③精确性,在露头上人们可以按自己的需要和目的在任意尺度上研究砂体的成因、空间特征和参数场的变化,数据来源真实可靠、准确无误;④便于建立原型模型和积累知识库,在露头上可以按照不同的地质现象,服务于不同的研究目的,密集采样,建立各类储层的原型模型,从而积累地质知识库,为储层建模服务;⑤便于大比例尺研究,野外露头便于研究沉积砂体内部冲刷面、地层层系、层组、单岩层、层理和纹层等大比例尺规模的非均质性特征,而仅仅依靠测井和地震资料进行如此精细的划分几乎是不可能的;⑥可检验性,利用野外露头测量的渗透率数据进行储层随机模拟,所建立的储层随机模型的可靠性可以很方便地用露头的实际情形加以详细的检验,从而确定各种随机模拟方法的有效性和适用性,这一优势是仅靠地下资料建立储层模型所不能达到的。

野外露头和现代沉积研究对探索储层预测方法、检验预测结果、提高预测精度具有重要的作用。许多研究都证实,利用地面的研究成果来预测油田地下相似沉积环境的储层分布规律,建立三维储层预测模型,直接指导具有同类沉积特征的油田生产是可行和有效的。

国内外已有大量实测,报道了运用露头资料和地质统计学方法分析真实的储层中井的间距对石油采收率的影响,从而对储层进行描述。与地下储层对应的大规模的地层露头,可以检测储层非均质性的模式及规模范围。由于有大规模的与地下储层对应的地层的露头资料,就可以直接研究储层各向异性的特征,从而也产生了用于收集大规模露头资料的摄影地质学和成像分析技术。

4.1.2　露头的研究方法

1. 直接测量描述

当储层大面积裸露,峭壁断面发育且地层倾角平缓时,适合对露头进行直接测量描述,主要是对储层砂体进行形态、大小、岩性、沉积构造、层次界面、储集层岩石相类型及隔挡层分布等特征的描述。直接测量描述可以很直观、很真实地反应地层的发育情况,但是需要耗费较多的人力和物力。

由于各大油田的含水率不断上升,储层精细描述的需求也不断加大。露头的测量描述主要围绕储层精细描述研究而展开。通过露头详细解剖和室内研究,总结出露头精细研究的关键技术方法,包括:露头野外描述、测量、取样方法;砂体规模、尺度、形态的特征描述;夹层研究技术;流动单元的划分技术;进行各级地质界面的逐级细分方法与技术;露头储层地质知识库建立技术;各种地质统计方法,尤其是随机建模方法和技术(李少华等,2003,2004,2008;尹艳树和吴胜和,2006;尹艳树,2011)露头检验与应用技术等。

2. 镶嵌照片

镶嵌照片法(photomosaic)是将若干张相邻的照片镶嵌成一幅图像,以便从整体上分析地质体(图 4.1)。Miall(1988a,1988b)曾用镶嵌照片法分析河流沉积物。李思田等(1991)在研究鄂尔多斯盆地延安组三角洲及河流砂体内部构成及非均质性时采用了此法,并称之为大断面写实法。Ravenne 等(1989)在对英国约克郡地区侏罗纪储层的研究中,用直升机上对整个中侏罗统悬崖露头进行拍照,然后用上万张照片镶嵌成一幅详细的大断面,并进行数字处理,把断面分成 174×3162 的网络,供非均质性定量研究使用。

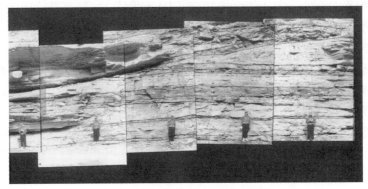

图 4.1　谭家河剖面照片镶嵌图[①]

3. 地质雷达

地质雷达是利用高频电磁波来确定地下或其他物体内部不可见目标或界面分布的一种地球物理方法。通过一个天线向地下发射宽频带的电磁波,当电磁波传播过程中遇到电性分界面时产生反射,形成的反射波传回地面,被另一接收天线所接收,并由仪器记录下来,如图 4.2 所示。由于岩层的电性往往存在差异,通过对资料进行数据处理和解释,最后可确定地下介质的形态和位置。雷达资料的显示方式与地震资料的显示方式相似,以脉冲反射波的波形形式记录,波形正负峰分别以黑白色表示或以灰阶或彩色表示,这样同相轴或等灰度、等色线即可形象地表征出地下反射面。

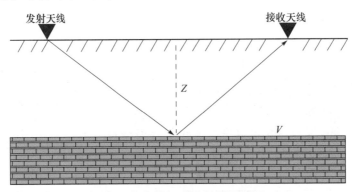

图 4.2　探地雷达探测原理示意图
Z. 地层厚度；V. 声波传播速度

4.1.3　露头调查的内容与实施

进行露头建筑结构分析包括两方面的工作:一是进行沉积相方面的研究;二是进行建筑结构解剖。沉积相研究是进行建筑结构分析的基础和前提,只有弄清楚露头的沉积特

---

① 张昌民,徐龙.1999.三角洲前缘露头精细解剖——以延长剖面为例,研究报告.荆州:长江大学。

征后,才能对其进行建筑结构剖析。具体的研究步骤如下。

1. 露头的选择

选择标准是与地下储层具有相似的储层特征,具有一定的出露规模(最好是三维的),地理条件较好,易于开展工作。

2. 岩石相描述及成因解释

岩石相是露头观察的最小单位,是构成结构要素的基本单元,岩石相的垂向叠置序列是判定结构要素的重要依据之一。而每种岩石相都有成因意义,反映一定的水动力条件,因而辨识岩石相具有重要的意义。

3. 地层层序描述

这是进行相解释和平面追踪对比的基础。一般要按一定的间距布好测量点,作单剖面柱状地层层序图,然后在测点之间进行对比。对于规模较大的露头,照片镶嵌法是很有效的方法。

4. 沉积界面的划分及追踪对比

沉积界面是结构分析的重要部分,对储层的非均质和油水的流动影响极大。正确确定界面的级别并进行平面追踪,可以揭示界面的形态、规模、相互切割关系,这些信息都是建立地下储层结构模型必不可少的内容。

5. 结构要素类型的确定及其特征

结构要素是储层的实体,是油气储集和渗流的载体,它的形态、大小、内部的非均质特征及其与井网的匹配关系,直接影响着油田的开发效果。在露头中要解决的是某一沉积环境中出现结构要素的类型、规模、形态(长厚比、宽厚比、长宽比等)、相互关系、相对比例等宏观特性。

6. 结构要素接触关系

接触关系是影响流体在结构要素之间的交换、注水开发效果的一个重要因素。研究结构要素的关系时,主要研究结构要素的垂向叠置和平面拼合特征。

7. 结构要素内部特征

包括内部岩石相组成、内部非均质性特征等,主要为建立建筑结构要素物性原型模型服务。有时为了弄清结构要素内部非均质性及各向异性,必要时还须挖探槽和钻浅井。

4.2　河南桐柏栗园扇三角洲露头调查及其对地下地质分析的启示

4.2.1　栗园扇三角洲露头沉积特征

栗园露头位于桐柏县新集乡栗园水库溢洪道东侧处(图 4.3),剖面全长 110m,剖面方向近南北向展布。该区的基础地质研究由汪义先(1983)等先后做过工作,杨玉卿和吴瑞棠(1994)、杨玉卿和周留记(1995)及杨玉卿和皇海权(1996)作了较详细的地层和沉积学研究,确认地层属下古近系核桃园组二段～核桃园组一段。本次研究由北向南间隔5m布置垂向剖面,共布置22条剖面点。在剖面点,沿垂向描述分层特征及各层的沉积结构、沉积物粒度特征,在室内做出各点垂向剖面地层柱状图,用建筑结构要素分析法进行解剖分析(张昌民等,1996b,1996c)。

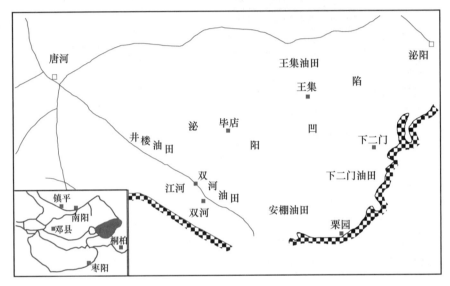

图 4.3　栗园露头地理位置图

1. 岩性特征

栗园水库溢洪道剖面主要发育一套由结晶灰岩、大理岩、片岩、片麻岩、石英岩、混合片麻岩和花岗岩质砾岩混合而成的砾岩和杂砾岩沉积。在粗粒部分,砾石含量占80%以上;在细粒部分,砾石含量占5%～8%。砾岩为棱角到次棱角状,部分次圆状,分选较差,为近距离搬运堆积的产物。细粒部分为含砾、含砂的灰色块状泥岩,局部显示水平层理,泥岩中砾石或呈条带状、或叠瓦状顺层面呈线状排列,说明在其形成过程中发生过流水作用,未见干裂,推测为水下沉积物。该区缺乏呈层分布的砂质岩类。

2. 粒度特征

由于砾岩粒径粗大,无法做室内筛析时,通常通过室外测量砾岩直径大小来说明其粒度分布特征,在横剖面上一般测量砾石的长轴和短轴。在该次研究中,共测量了3个点处砾石颗粒1014粒,其中在第3点处测量333粒,第8点处测量169粒,第6点处测量512粒。根据测量结果,分别做出各点砾石的长轴和短轴的频率分布曲线和频率累积曲线,以观察粒度的分布特征。

图4.4为第3点处砾石粒度测量结果,长轴平均长度为2.9cm,标准偏差为1.863,偏度为2.048,显细偏态为9.249,为窄峰分布,中值粒径为3.50cm,测量的最小粒度下限为

0.3cm,最大值为 13.1cm,长轴累积频率曲线显示,有 90% 以上的颗粒粒度为 1~6cm;短轴平均长度为 1.1cm,中值粒径为 1.0cm,25% 分位数为 0.6cm,75% 分位数为 1.4cm,最大粒径为 6.2cm,标准偏差为 0.742,偏度为 2.203,峰态为 11.731。短轴比长轴显示更加偏细,峰态更窄的特征。长短轴频率分布曲线皆为单峰式,参考细粒砂质沉积物的粒度分布曲线特征进行解释,有一个很小的滚动(粗粒段)总体,大部分主要处于跳跃总体段,缺乏悬移总体段,但由于粗粒沉积物还包含有大量的砂级颗粒和黏土级颗粒,故其粒度分布通常是多峰的,而不能用三总体搬运方式的概念来解释它们的形成机制。

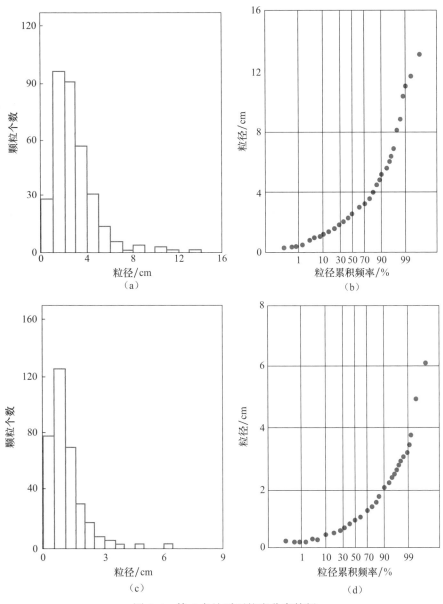

图 4.4 第 3 点处砾石粒度分布特征

(a)和(b)为砾石长轴的粒度频率曲线和频率累积曲线;(c)和(d)为砾石短轴的粒度频率曲线和频率累积曲线

第 8 点处的砾石粒度分布曲线如图 4.5 所示,测量砾石 168 粒,长轴频率曲线是主峰后略带微弱次总体特征,平均粒径为 2.9cm,中值粒径为 2.0cm,25% 分位数为 1.4cm,75% 分位数为 3.5cm,测量最小粒径为 0.15cm,最大粒径为 15cm,标准偏差为 2.452,偏度为 2.46,峰态为 10.518。显示分选差、细偏、窄峰特征。频率累积曲线显示 1～5cm 的颗粒占 80% 以上。短轴频率曲线平均粒径为 1.1cm,中值粒径为 0.85cm,最小粒径为 0.2cm,最大粒径为 8.0cm,25% 分位数为 0.4cm,75% 分位数为 1.5cm,有 90% 的颗粒短轴小于 2cm,说明砾石长短轴差别较大。

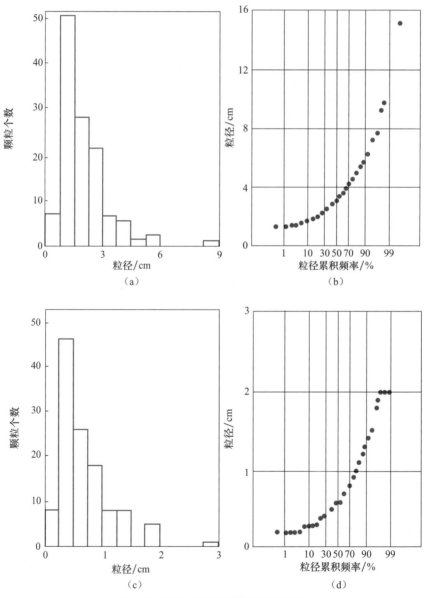

图 4.5　第 8 点处砾石粒度分布特征

(a)和(b)为砾石长轴的粒度频率曲线和频率累积曲线;(c)和(d)为砾石短轴的粒度频率曲线和频率累积曲线

第 3 点和第 8 点处皆被认为是带有重力流特征的沉积物,但成因不同,第 3 点处是陆上泥石流堆积,第 8 点处主要以泥岩为主,为三角洲前缘的泥质沉积物。两者相比,粒度差别和砾石含量差别比较大,且第 8 点中砾石的定向性排列更为明显。

在第 6 点处测量砾石共 512 颗,通过野外观察主要为辫状河道充填,可划分出 10 层。10 层中粒度大小各不相同,分别进行了测定,在此不做详述。

3. 颗粒组构

颗粒组构主要反映颗粒之间的相互接触关系、长短轴关系,可以分为封闭结构、开放结构、叠瓦状排列、定向排列等。

封闭的孔隙组构主要发育于泥石流形成的砾岩中,颗粒之间具稍定向或不定向排列,孔隙空间被泥质沉积物充填封闭,泥质含量占有很大比例,岩石较致密。开放的孔隙组构表现为较少的泥质含量,粗颗粒之间一般被砂质充填,此类组构的岩石疏松,颗粒具有较好的顺层排列或叠瓦状排列特征,定向性较好,反映较长时期的流水改造作用,一般与河流作用有关[图 4.6(a)]。叠瓦状构造是砾石特有组构之一,表现为沿着顺流方向上游处的颗粒叠置下游处的颗粒的背面上,在河流中或受河流控制的环境中,叠瓦状颗粒的最长轴(a)一般垂直于水流方向分布[图 4.6(b)]。

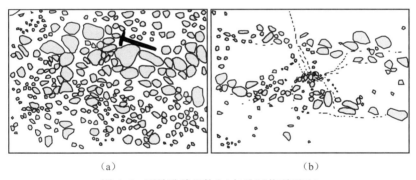

(a)　　　　　　　　　　　　　　(b)

图 4.6　开放孔隙组构(a)与叠瓦状砾石(b)

砾石长轴与短轴关系表现了砾石的磨圆程度在不同环境中有所不同,由各层的砾石长轴(a)和短轴(b)关系图来看(图 4.7),长、短轴之间的关系与沉积成因类型之间没有太多的密切联系,该区总的趋势是长短轴差别较大,表现为搬运距离近、球度较差的特征。

在第 3 点处砾石短长轴之比为 0.28,在第 8 点处短长轴之比为 0.4,二者相关系数分别为 0.69 和 0.842,有较好的相关性;在第 6 点处,10 个岩性层段的短长轴比最大为 0.55,最小仅 0.133,所以从大致趋势上反映出河流沉积具有较大的长短轴比。

4. 沉积成因类型

该剖面的沉积成因类型主要有三种,即泥石流成因、辫状河道成因和扇三角洲水下泥流成因。泥石流和河道沉积主要发育于水上,泥流沉积主要是由扇末端入湖形成的。泥石流成因砾岩体以封闭的孔隙组构为特征,除砾石之外,大量的泥质充填于孔隙中,垂向上呈混杂结构,颗粒不定向排列,砾石含量比较丰富,最大砾石直径可达 20cm。剖面上常

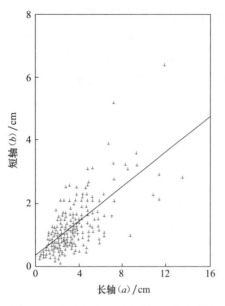

图 4.7　砾石长轴(a)和短轴(b)的关系图

切割辫状河道砾岩沉积,形成下切的沟谷充填状砾岩体,顶面一般呈平坦状。

辫状河道沉积砾岩体表现为较少的泥质,显示粗糙的平行层理和交错层理,侧向上砾岩层连续性较好,垂向上各层之间有粒度的变化,代表河流沉积过程中能量水动力的变化,局部见有泥质夹层,夹层泥岩中含有砾石和砂级颗粒,顶面平坦者可能为宽浅的小河道充填泥质体,顶凸者代表河滩上的泥质淤积。

位于扇三角洲前缘的泥流沉积物以灰色、厚层、块状泥岩为代表,泥岩层面不平整代表变速沉积,泥岩中夹有砾石,呈两种分布方式:一种为散布于泥岩中的零星砾石,是泥流沉积的挟带物,在入湖后同泥质一同沉积下来;另一种为顺层面定向排列、呈线状分布的砾石层,代表泥流间隙期受清水冲刷后形成的构造,这种现象见于浪成扇三角洲的前缘,在浪成扇三角洲前缘,受波浪扰动使砾石呈叠瓦状或线状排列,此处扇三角前缘泥中的砾岩是扇末端水流冲洗的结果,在泥岩中可见小型的充填砾岩,形成冲刷充填构造(图 4.8)。

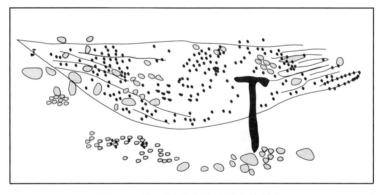

图 4.8　位于泥岩中的冲刷充填构造

5. 古流方向

砾石扁平面倾向能够代表区域水流的方向,对于辫状河道沉积的砾石,其长轴一般垂直古流方向,大多数砾石扁平面倾向上游。本次测量 36 个古流向数据,砾岩扁平面倾向指向范围为 10°～350°,大多数砾石倾向为 45°～135°,部分倾向为 150°～180°和 230°～250°,从砾石扁平面倾向图上看(图 4.9),区域古流向为 90°～105°,即东南向西北方向流动,部分交错层和砾石与区域古流向的高角度相交,可能是辫状河道中横向或纵向沙坝沉积的结果。由此古流向图来看,栗园水库溢洪道剖面与古流向夹角为 45°左右,即物源并不来自正南方向。这一点与文献的有关观点相同。

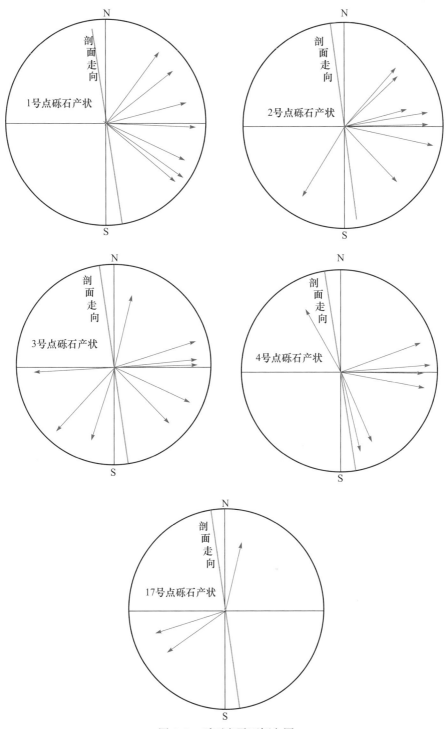

图 4.9　砾石扁平面倾向图

6. 栗园水库溢洪道剖面所揭示的扇三角洲沉积基本特征

栗园剖面揭示了一个小型扇三角洲进入安静湖湾区的古沉积环境特征,扇三角洲陆上部分主要由小型辫状河和泥石流沉积砾岩体组成,扇三角洲前缘入湖部分为末梢泥流入湖的深水沉积物,由于物源较近,沉积物粒度粗,但河流能量衰减快,前缘相带部分并不发育,缺乏扇三角洲河口沙坝和前缘席状砂体。与泌阳双河扇三角洲沉积体系差别较大。在剖面上,前缘与扇三角洲陆上(平原)部分交替出现,扇三角洲平原部分砾岩厚度达 3～5m,泥岩厚度 2～4m,交替现象代表了扇三角洲的退积与进积过程的周期性交替,沉积模式大致相当于 Nemec 和 Steel(1988)的第二类(B类)扇三角洲模式。

4.2.2　沉积建筑结构特征

1. 岩石相类型

块状砾岩层(Gm):砾石磨圆分选差,无定向排列,砾石之间充填有丰富的泥质,形成封闭的孔隙组构。这类岩石相类型常出现在泥石流沉积之中。

平面状或平行层理砾岩(Gp):平行层理面粗糙。在较细的砾岩中,可见较好的平行层理面砾石,一般具有长轴平行于层面或叠瓦状特征,具有一定的定向特征,这种具有平行层理的砾石层通常是由河流作用形成的。

槽状交错层理砾岩(Gt):见于河道沉积砾岩中,此处 Gt 岩石相的粒度稍细于 Gp,颗粒直径有 80% 以上小于 4cm,槽状交错层的厚度大于 1m,通常代表小型的河道充填或沙坝的侧向或纵向迁移。

板状交错层理砾岩(Gtb):见于河道沉积砾岩中,层系厚度为 25cm 左右,层系长度为 50cm,发育板状层系纹层,倾角为 30°,岩性一般为细砾岩,板状交错层系是由河道局部形成的正向地形(非连续沙波)导致的,颗粒具有明显的定向排列特征,粗粒沉积物在层系顶部比较丰富。

泥岩相(M):泥岩呈灰色厚层状,不显层理。中夹有零星砾石,个别处见砾石质条带或呈线状分布的砾岩,局部见冲刷充填构造。

2. 界面系列

1 级界面是大套的泥岩和砾岩体交界面,在本剖面上共划分出 3 个 1 级界面(图 4.10),实质上这一界面也是一个时间界面,具有等时性,1 级界面基本上呈平直状,起伏不大。

2 级界面是砾岩之中代表河流发育阶段的(Ⅰ类)时间界面和泥质沉积物沉积阶段的(Ⅱ类)时间界面,剖面北侧(左)砾岩体中可划分出 5 个 2 级界面。两个 2 级界面之间代表一次河流沉积事件,即河道的充填迁移和衰亡,根据现代和古代辫状河及冲积扇研究经验,河道的演化大致可以分为干涸→充填,再活动→侧向迁移等一系列过程。在干涸-充填型的河道中,在厚河道的河床部位,一般充填的是细粒沉积物,以泥质为主,而与泥岩在层面上呈平行的砾岩层代表河道两侧及河漫滩相沉积。另一类泥质沉积是河道活动期形成的,常形成于河漫滩地带,但这类泥质夹层一般都比较薄。这两种现象在栗园剖面上皆

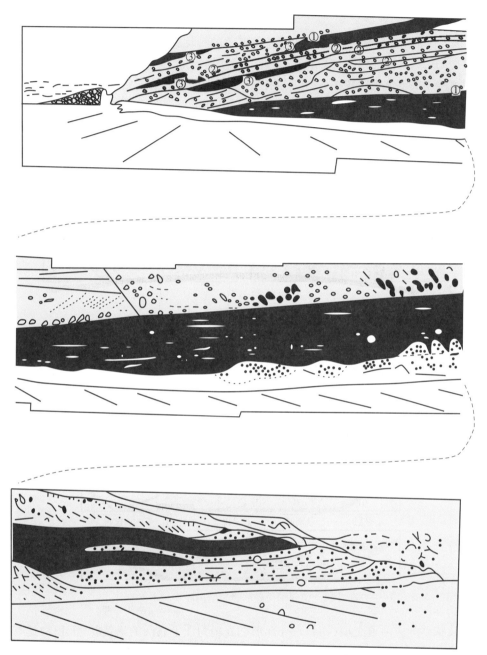

图 4.10　栗园剖面建筑结构要素解剖图(图示界面级别和建筑结构要素分布)

可以看到,冲积扇上的泥石流常冲刷切割河道沉积物形成混杂堆积透镜体,这种突然事件形成的外来岩体使河道沉积的层序复杂化。

在栗园剖面,2 级界面的分布及其控制的沉积物特征是影响层内非均质性的主要因素,这一级界面通常较为平整。

3 级界面是夹于 2 级界面之间的次一级界面,一般为泥石流透镜体的边界和河道泥楔及河漫滩泥岩透镜体的边界,3 级界面延伸范围较小,起伏可达 1m 左右,三级界面大部分为非渗透界面。

4 级界面是河流沉积内部由于沙坝迁移形成的沙坝边界面,一般以大型的槽状和板状交错层理的层系界面为代表,栗园扇三角洲河道沙坝起伏一般小于 1m,厚度为 25～100cm,说明河道沙坝的整体规模较小,这也说明区扇三角洲河流具有规模小、河道较浅、流量不大且水流分散的特点,4 级界面上一般没有泥质披覆,所以这一级界面起不到隔挡作用。

5 级界面是交错层的纹层界面。

3. 建筑结构要素

河道充填要素(CH):河道沉积充填要素表现为在河道的最低部分形成的透镜状充填和河道的逐渐废弃充填,从栗园剖面可以发现两种不同类型(图 4.11)。

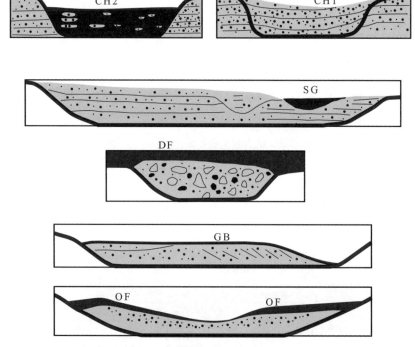

图 4.11　栗园剖面砂体建筑结构要素基本类型

透镜状砂砾质河道充填(CH1):外部形态表现为顶平底凸的透镜状,沉积物具有一定的分选性,主要表现为 Gp 岩石相类型,这种要素是由河道逐渐废弃填平而形成的,一般由小型次级河道形成。

透镜状泥质河道充填(CH2):外部形态表现为顶平底凸的透镜状,泥质沉积物中常见夹有零星砾岩,这类沉积物是由突然废弃的河道被滞留水体缓慢填平而形成的。

席状砾岩体(SG)以 Gp 岩石相为代表,夹于 2 级界面之间,侧向上连续性较好,这类沉积要素主要由宽浅的辫状河道河床沉积物构成,有时可被 CH1 和 CH2 切割,或者被泥石流沉积所切割,在辫状河中,很难将此要素与河漫滩沉积物区分开来。

砾质沙坝沉积(GB)表现为层系厚度大于 25cm 的板状和槽状交错层理,在辫状砾岩质河流中一般很少见大规模的底形(如沙波、沙丘等),所以这种少见的沉积构造一般代表了河床上的局部正隆起地形,它们便是砾质沙坝沉积,砾质沙坝沉积可以向前、向侧向迁移。但它们的规模都不大,其边界缺乏泥质披覆,故构不成局部隔挡,栗园剖面坝不太发育。

泥石流沉积(DF)以砾质沉积物 Gm 为主要岩石相类型,由泥石流形成,一般呈透镜状,类似于河道充填,是在河床上冲开沟槽沉积形成的,泥石流沉积物为低渗透到不渗透隔挡层。

溢岸沉积(OF)由以细粒泥质为主的沉积物构成,是洪水期河道展宽水体混浊,在河道侧形成的。OF 与曲流河中的天然堤沉积物相似,但在栗园剖面中,此类溢岸沉积物皆比较粗。

4.2.3　沉积机理与建筑结构要素叠置组合方式

由于湖泊水位的周期性涨缩和河流流量的季节性变化等原因,导致了 1 级界面控制的粗粒和细粒沉积物的交替出现。湖泊水位的扩张,同时粗粒沉积物向后退缩,形成所谓湖进特征,表现为泥质沉积物覆盖在粗粒的砾质沉积物之上,当湖泊岸线(水位)收缩时,粗粒沉积物靠河流携带沉积在"暴露"的古湖泊底面上,这种周期性的涨缩导致粗、细粒沉积物交互叠置的特征。在栗园剖面上大致可以看到两个此类叠置周期,剖面由下往上,由南到北,第一砂层为扇进湖退沉积粗粒沉积物,第一泥岩层为扇退湖进细粒沉积物,第二砂层即本节研究的主砂层为第二周期的扇进湖退沉积,其上为第二周期的扇退湖进沉积物。

每一次扇进湖退或湖进扇退都不是突然完成的,在垂向和横向地层记录中都存在着过渡特征,例如,在栗园剖面南部第一砂层和第一泥层的交接处,第一泥层的末端已出现大量砂砾质沉积,出现砂砾泥交互特征,表明第一泥层平面上已近于末端。同样剖面北缘顶部大量泥岩的出现也表明一次以河流为主的沉积期行将结束。出现垂向上的过渡特征。栗园露头沉积特征表明,辫状小型分流河道沉积体在盆地边缘断陷作用控制下不断垂向叠置(垂向加积)是砾岩层形成的主要机理。剖面上 10~50cm 厚的互相平行的平行层理砾岩是这种河道多期沉积的结果,它们构成了砾石层沉积的主体,在同一沉积期,河道中可出现小型的沙坝,可能河道发生了轻微的侧向迁移,但在这类沉积物中没有发现明显的侧向沉积特征,只是不同期的河道中心略有偏移(图 4.12)。由于这种沉积机理的控制,造成砂层的侧向连续性较好。

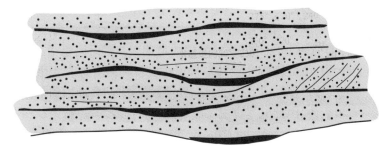

图 4.12　显示河道多期沉积垂向加积特征

根据上述分析结果,可以建立砂体建筑结构模型(图 4.13)。由此模型可以看出,垂向加积是主要的沉积方式,在 2 级界面之内,常有泥石流沉积的切割和破坏,主要的泥质夹层存在于河道底部和边缘,偶尔可见沙坝沉积夹于 2 级界面之间的砾石层中。

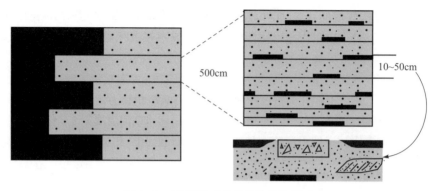

图 4.13　栗园扇三角洲建筑结构模型

4.2.4　对地下储层建筑结构分析的启示

栗园扇三角洲规模太小,且物源近,露头区属扇中至扇根沉积,沉积物偏粗,无法与双河油田井下情况相比,而且由于其本身不适宜做精细的流动单元研究,笔者未对其进行流动单元分析和建模工作。从露头得到的扇三角洲沉积理、夹层发育特征、沉积方式及由其决定的储层非均质特性等对进行地下储层解剖还具有一定的指导意义。

（1）单层和小层级的界面一般由湖泊扩张形成的稳定泥岩所构成。正如栗园剖面上受 1级界面控制的砾岩体与泥岩层交替出现一样,双河油田扇三角洲砂体中(张昌民等,1996b),小层和单层之间也往往存在稳定的泥质隔层,这种泥质隔层至少在一个亚相带的范围内是稳定存在的,实质上每一个泥质隔层代表一次湖泊的扩张过程,对于三角洲沉积来说,单层可能代表了扇三角朵叶体的一个活动周期,即朵叶体的扩大、伸长到收缩或运动迁移,鉴于这种情况,地层对比的关键是确定小层和单层内部的单砂体规模大小及砂体内部的结构特征。

（2）垂向加积是扇三角洲砂砾岩体堆积的主要沉积机理。栗园剖面的砾岩层沉积叠置方式表明,河道多次垂向叠加形成平行层理是此类三角洲的主要特征。河道的侧向加积和前积推移并不明显,Gilbert 型三角洲的大型前积层并不特征。由于扇三角洲物源近,盆地断裂下降速度较快,盆地处于补偿状态,垂向加积成为主要特征,顺直河道不易形成侧向加积。在三角洲粗粒平原相带中,夹层的作用并不明显,但在扇三角洲前缘相带中,各种沉积类型的横向和垂向叠置关系是影响非均质性的主要原因。

（3）异常沉积事件常见。由于沉积物堆积的坡度大,沉积迅速,在栗园剖面,发育有泥石流透镜体,这种泥石流透镜体一般切割于正常沉积的河道砾岩层中。在双河油田沉积体系中,突发性的河道事件和碎屑流沉积皆不可避免,它们会冲刷切割已形成的前缘相带沉积物形成异常堆积体,因此应尽可能寻找电性和岩性线索,进行追踪和对比。

（4）栗园剖面砾岩体中砾岩呈平行层状分布,主要是由河流沉积的垂向叠置造成的,这种现象造成的测井曲线特征应当显示以箱状(桶状)曲线为代表。在箱形曲线之中,略显出粗细粒序的交替部分薄层泥质条带可以形成局部的异常特征。由此判断,在三角洲平原分流河道发育带,箱形曲线应是识别河道沉积的主要测井相类型。

（5）根据露头观察,与河流沉积有关的泥质夹层主要分布在河道底部(废弃河道充填)和河道肩部带。这些泥质夹层一般呈水平状平行于层面分布,很少有侧积泥质披覆和前积泥层。因此,预测泥质夹层时主要应当考虑河道主流线部位与泥质夹层的横向联系。一般此类夹层沿流向方向分布连续性好。对于由泥石流泥砾岩体构成的夹层其断面呈透镜状,平面上呈条带状,与泥质夹层略有不同,但它们的分布应当沿主流方向延伸较长。

栗园剖面显示两个层内隔层,夹层之一为河道废弃充填泥质夹层,宽 9.8m,最大厚度 0.8m 宽,厚比值为 12.25;第二夹层为泥石流沉积泥砾岩体,夹层宽度 12.5m,最长厚度约 0.85m,宽/厚比值 14.7,由此可以发现,层内夹层的宽/厚比为 13 左右比较合适。

(6) 砾岩体的层内非均质性受垂向上粒度变化的控制,栗园剖面砾石层由 10～50cm 厚的各个砾石层垂向叠加构成。各砾石层之间存在粒度上的变化,这种粒度递变导致渗透率的垂向非均质性,形成高渗和低渗层的交替,在注水开发过程中,造成吸水剖面上的指状推进,形成层内剩余油呈层状富集。这一点对分析双河油砂体剩余油分布具有重要意义。

4.3　青海油砂山油田第 68 层分流河道砂体解剖学

4.3.1　砂体沉积地质背景

统计表明,现有经济技术条件下的石油采收率平均为 35%;有 30%～45% 的石油储量需要用昂贵的化学试剂才能开采;另外有 20%～35% 的可动剩余油,由于储层非均质性被隔挡在地下,它们或者受砂体复杂的建筑结构控制分布于砂体的某一部位内部,或者分布于开发井距难以控制的孤立小砂体中。当开发井网已经很密时,储层建筑结构是控制剩余油分布的主要因素。所以解剖砂体认识砂体内部的建筑结构要素的类型及分布方式是建立砂体规模储层地质模型,预测剩余油分布的有效途径,通过对青海油砂山第 68 层三角洲分流河道砂体的解剖研究证明这一方法的有效性的(张昌民等,1996b)。

青海柴达木盆地下油砂山组底部为一套河流三角洲沉积,第 68 层砂体是发育在湖泊低水位体系域古湖底之上的一个下切谷三角洲分流河道砂体(林克湘等,1994;雷卞军等,1997),青海油田石油地质研究所于 1972 年的油砂山细测报告中指出该层砂体为第 68 层,野外描述时称之为第 68 层砂体。组成砂体的碎屑物质中值粒径 0.48Φ,最小 5.59Φ,砾石直径可达 15cm,一般为 1～10cm,分选系数为 0.87～2.53,由此可见,砂体既有含砾粗砂岩,也有粉砂岩,分选性中等到差。

对 209 块岩石薄片鉴定结果统计表明,砂岩杂基含量为 5%～15%,胶结物以方解石为主,少量方沸石;平均胶结物含量为 8.9%;骨架颗粒占碎屑总量 80% 以上,岩性为岩屑砂岩、长石岩屑砂岩,少量岩屑长石砂岩及长石(岩屑)石英砂岩。重矿物组合指示物源来自祁漫塔格山与阿尔金山交界处的长轴三角洲体系。砂体切割下伏第 67 层灰绿色浅湖相泥灰岩,内部发育大型高角度、低角度槽状交错层理,中型、小型槽状交错层理,平行层理,砂体底界面有河道滞流砾石和大块泥砾,界面起伏剧烈,泥质夹层位于河道两侧,沉积构造显示向上变细、变小的河流相常见序列,物性向上变差。

根据露头情况,布置三维测网控制该砂体的几何形态(图 4.14)。共布置垂直于古河道走向的测线 6 条,平行于古河道走向的测线 1 条,采样 518 个,控制河段长度 158m,最大河宽为 42.5m,最大厚度为 5.33m,控制河道面积为 6000m²,河道砂体体积为 30000m³,所揭示的河道上游窄深,下游宽浅,显示三角洲前缘分流河道砂体的基本特征。本书以第三横测线为例进行解剖。

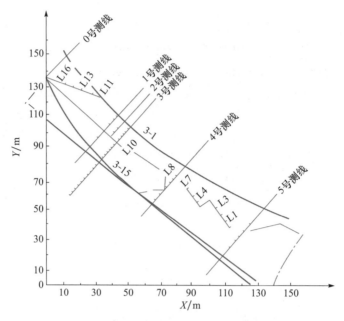

图 4.14　油砂山剖面第 68 层分流河道砂体采样线布置图,书中以第三测线为例介绍

4.3.2　岩石相类型及其组合

综合沉积构造,生物扰动和岩石粒度特征,在砂体中识别出 12 种岩石相,岩石相符号是在 Miall(1988b)方案的基础上修改命名的。

1. 岩石相类型

(1) 平行层理砾岩相(Gpr)岩性为砾岩,平行层理具有粗厚的特点,纹层界面不平整,砾石直径最大达 8cm,代表水流强度大、流速快的特点。

(2) 大型槽状交错层理砾岩相(Glt)槽状交错层厚度达 0.5m 左右,最大砾石直径达 15cm,发育在砂体的下部,代表河床充分发育阶段的沉积充填。

(3) 侵蚀面砾岩相(Ga)相当于河床滞流沉积物,砾石由泥砾和原生砾石组成,泥砾直径可达 30cm,泥砾排列具有一定的方向性,侵蚀面起伏达半米以上。

(4) 大型槽状交错层理砂岩相(Slt)岩性为含砾粗砂岩,层理规模略小于 Glt,除此之外,与 Glt 相似,它们具有相似的成因。

(5) 中型槽状交错层理砂岩相(Smt)岩性为中到粗粒砂岩,层系宽度为 20～50cm,层系组厚度为 20～50cm,层系厚度为 20cm 左右,它们是河道充填阶段流量减小,流速变缓的产物。

(6) 平行层理砂岩相(Spr)岩性为中到细砂岩,纹层界面平行且平整,一般分布在砂体两侧,它们的成因与靠近岸边的水流摆动和溢岸水流有关。

(7) 低角度交错层理砂岩相(Sla)层系厚度为 8～10cm,宽度为 20～40cm,层系组厚度一般为 30～50cm,产于砂体较上部,呈单层或与大型交错层理在垂向上过渡。

(8) 块状生物扰动砂岩相(Sbm)岩性为中砂岩,砂岩分选较好,其中发育柱状迹,虫迹直径为 1～3cm,柱状迹管部含油丰富。主要分布在河道侧部。

(9) 小型交错层理砂岩相(Sst)岩性为细砂岩,层系宽度为 10～20cm,层系厚度为 5～10cm,分布在砂体顶部。

(10) 流水沙纹层理粉砂岩相(SIcr)主要发育爬升层理,有泥岩脉线顺纹层界面分布,其中可见少量虫孔,发育在河道边缘和堤岸相。

(11) 水平层理粉砂岩相(SIh)产于泥质夹层和堤岸部位。

(12) 块状泥岩(Mr_1)泥岩中未见有层理,此类岩相代表快速垂向加积作用。泥质夹层中此类岩相比较发育。

2. 岩石相组合

不同岩石相在砂体不同部位相互组合形成 6 种岩石相组合。

(1) Ge-Gpr-Glt 组合。这一组合从河道底部冲刷面开始,冲刷面之上可见平行层理砾岩,再过渡到大型交错层理砾岩相。此组合代表河道冲开后底部以高流态为主,向上变为以涡流为主的河道沉积,高弯曲的砂波和发育的小型沙坝占据了原始河床,粒度最粗,是本河道最早的充填事件。

(2) Glt-Slt 组合。顶底皆为侵蚀接触,组合下部发育 Glt,向上渐变为 Slt,侵蚀面上无滞流砾石。此组合发育在组合 1 的上部,代表河道的另一个充填幕。

(3) Slt-Smt 组合与组合(2)相似,但水动力强度比组合 2 弱,组合顶底可见泥质夹层。这一组合是河道不断淤积变浅的产物,也代表了一个沉积充填幕。

(4) Glt-Sbm(Spr)组合。生物扰动是这一组合最特征的现象,由砂岩向上变为砾岩,与组合 2 相似,向岸方向 Sbm 变为 Spr,强烈生物扰动的出现代表了该河道的一个流量间断,即一个沉积幕式的结束。

(5) Sst-Slt 组合。这一组合发育在砂体的顶部,通常是由 Sst 向上变为 Slt,代表河道充填晚期的一次幕式沉积作用,晚期由于水流弱,河道浅,难以携带粗粒沉积物。

(6) SIcr(Gpr,Spr,Sst)-MrI 组合实质是其中一类砂砾质岩石相与泥的互层,一般发育在堤岸相带中,是溢流沉积的结果。

4.3.3　界面层次与建筑结构

根据第 68 层砂体内部沉积界面的相互包含和被包含关系,依次划分出一个 7 级界面层次,界面层次的序号与 Miall(1985,1988b)有所不同。第 1 级界面规模最大,第 7 级界面的规模最小。不同级别的界面代表不同能量的沉积事件过程。

1 级界面是砂体的顶底面(图 4.15),对于单个砂体来说,其规模最大,代表沉积过程时间最长的沉积事件,1 级界面所包含的层次实体反映了古河道的整个生命历程。

2 级界面代表河道沉积幕(图 4.15),沉积幕的垂向厚度与一个岩石相组合相当,实质上是河道的一次冲刷充填的完整旋回,即由粗到细的沉积过程。由于这一过程是河道规模的,称之为河道沉积幕。

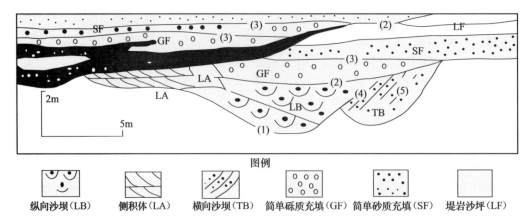

图4.15　油砂山剖面第68层分流河道砂体第3测线建筑结构要素模式

3级界面被称之为河道沉积亚幕(图4.15),它们是第3级的沉积旋回,也是河道规模的,一个沉积幕一般包括两个亚幕,亚幕层序相对不太完整,它们代表河道规模的一次冲刷充填事件。

4级界面被定义为沙坝的边界面(死亡界面)(图4.15),由此级界面圈定沙坝的范围。

5级界面是沙坝的加积生长面(图4.15),代表沙坝的生长过程,如侧积体的侧积面。

6级界面是交错层的层系界面,相当于岩石相的边界。

7级界面是交错层纹层边界。

图4.15为第三测线的建筑结构模式,由此可见本砂体被2级界面划分为三个沉积幕,被3级界面划分为六个沉积亚幕,由4级界面划分为10个建筑结构要素。

建筑结构要素如同一座建筑的各个房间,它们具有不同的形状(态),沉积界面如同分隔这些房间的墙壁,这6种建筑结构要素如图4.16所示。

侧积体(LA)以岩石相组合4为特征,具有向河道中心倾斜的侧积面,一般分布在河道边侧,向河岸方向变薄尖灭,第三号测线的两个侧积体宽度分别为8.8m和14.4m,宽/厚比值分别为5.5和7.2。

建筑结构要素及其形态		宽/厚(W/H)	形态
侧积体		14.4/2=7.2 8.8/1.6=5.5	带状-席状
纵向沙坝		12.4/2.4≈5.17 10/2.4≈4.17	条带状
横向沙坝		6.4/2.4≈2.67	透镜状
简单砾质充填		32/0.8=40	席状

建筑结构要素及其形态		宽/厚(W/H)	形态
简单砂质充填		12/0.8=15 24/0.8=30	席状
堤岸沙坪		H=1.76	席状

图 4.16　油砂山剖面第 68 层分流河道砂体建筑结构要素几何形态和大小特征

纵向沙坝(LB)以岩石相组合 1 和组合 2 为特征,位于河道中心,是河道中长条形心滩沉积的结果,宽度为 10~12.4m,宽/厚值为 4.17~5.17,侧向上与 LA、TB 相过渡。

横向沙坝(TB)以岩石相组合 1 为代表,厚度达 2.4m,宽 6.4m,宽/厚值 2.67,分布河道边侧靠凹岸一侧,类似于 Compbell 和 Hendry(1987)的弯道角坝砂体。

简单砾质充填(GF)和简单砂质充填(SF)以横向上分布较稳定的砾岩和砂岩层为主,岩石相组合为以第 2 类、第 3 类和第 5 类为主。

堤岸沙坪(LF)是平坦的沙滩和凸起不高的天然堤,分布在河道两侧。

这 6 种建筑结构要素中,LA、LB、TB 发育在砂体的下部,LF 发育在砂体的边缘,GF、SF 发育在砂体的上部。

4.3.4　储层地质模型比较

图 4.17(a)为密网格采样所做的第 68 层砂体储层地质模型,该模型共利用渗透率测试数据 201 个,横向采样密度为 2m,垂向采样密度为 0.25~0.5m,该模型反映砂体内部渗透率的真实分布特征。图 4.17(b)为建筑结构要素储层地质模型,通过给每一个建筑结构要素一个平均渗透率值而得出。比较图 4.17(a)和图 4.17(b)可以看出,原型模型上半部与建筑结构要素模型第三幕相对应,渗透率大于 $200 \times 10^{-3} \mu m^2$ 的高值区与该幕中的 GF 相对应,在砂体第一沉积幕中,原型模型底部大于 $300 \times 10^{-3} \mu m^2$ 的高渗区与 LB 相对应,左侧 $400 \times 10^{-3} \mu m^2$ 的高值区与 LA 相对应,右侧大于 $300 \times 10^{-3} \mu m^2$ 的高值区与 TB 相对应,中部大于 $600 \times 10^{-3} \mu m^2$ 高值区与第二幕中的 GF 相对应,河道边缘的 LF 分别对应于渗透率为 $100 \times 10^{-3} \mu m^2$ 左右的区域。

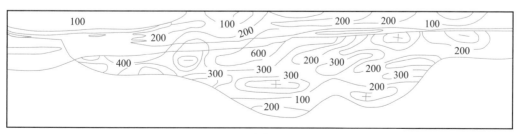

(a)

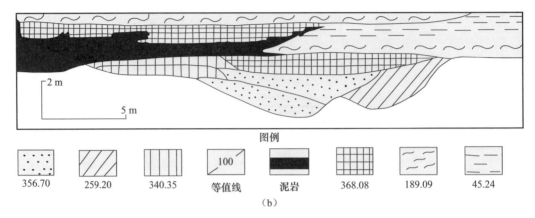

图例

356.70	259.20	340.35	100 等值线	泥岩	368.08	189.09	45.24

（b）

图 4.17　油砂山剖面第 68 层分流河道砂体原型模型与建筑结构要素模型的比较（单位：$10^{-3}\,\mu m^2$）
（a）原型模型；（b）建筑结构要素模型

　　模型比较说明，建筑结构要素储层地质模型与原型模型具有较好的相似性，它可以反映砂体内部渗透率的分带特征，在井网密度不足的情况下，可以运用建筑结构分析法建立砂体规模的储层精细地质模型，进而通过油藏数值模拟预测剩余油的分布，为提高采收率提供依据。

4.4　延河剖面的沉积特征

　　笔者于 1996～1998 年选择鄂尔多斯盆地延河剖面延长至张家滩段共 25 条剖面开展露头储层沉积学调查，剖面地理位置如图 4.18 所示。该区构造平缓，受延河切割出露良好，是进行比较沉积学研究的理想场所。长 6 段和长 7 段属大型正常河流三角洲前缘和湖相沉积环境，与大庆油田主力储层具有较好的可比性。

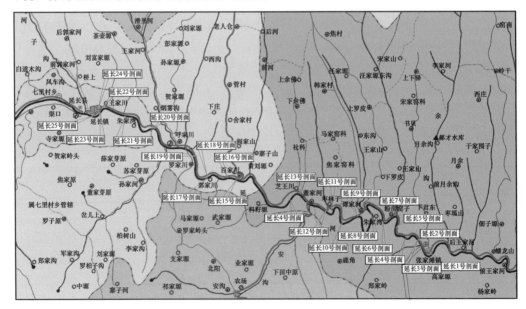

图 4.18　鄂尔多斯盆地剖面地理位置

在研究区域沉积地质背景的基础上,对重点剖面和重点砂体进行精细解剖,运用高分辨率层序地层学方法研究基准面升降旋回对三角洲前缘储层砂体的几何形态、储层连续性、连通性的控制作用。精细描述总结三角洲前缘砂体基本类型、基本特征,内部储层物性的非均质变化规律,采用野外便携式伽马仪,按密井距方法实测伽马曲线,重点解剖三角洲前缘储层骨架大剖面,为不同井距的小层对比提供借鉴。研究结果显示,利用测井曲线进行的常规对比对揭示三角洲前缘砂体中的短期旋回是比较可靠的,这一规模相当于目前的砂体规模。要研究成因单元必须采用高分辨率层序地层对比和随机建模方法。对三角洲前缘相带的储层结构进行随机建模,检验不同资料密度条件下的随机建模的预测精度。结果表明,在合适的地质知识库指导下,用160m井距的井网资料预测40m原形模型的精确度可达80%以上。

关于陕甘宁盆地晚三叠统沉积相研究,前人已做了大量的工作(梅志超和林晋炎,1991)。普遍认为,上三叠统延长组是一套大型淡水内陆湖泊沉积(图4.19)。工区内出露的延长组长6段—长7段为三角洲前缘-滨浅湖亚相沉积,出露较好的剖面(如1～8号剖面)一般可分为三部分(图4.20)。其一是湖相泥岩段,即"张家滩页岩",是盆地内的标志层,也是中石油长庆油田分公司勘探开发研究院筛选的九个标志层之一。该层在1号至8号剖面都有出露,厚度较稳定,一般为4～7m,见有方鳞鱼鳞片、瓣鳃类、叶肢介化石及植物茎干,是公认的浅湖相沉积(剖面图中的0层位于图4.20中第1层下部),代表延长期区域性水进;其二是砂泥岩薄互层段,位于张家滩页岩的上部和(或)下部,其中砂岩层最厚不超过2m,最薄的仅为十几厘米,横向厚度分布较稳定,纵向剖面上距页岩越近,砂岩含量越少,一般都为粉-粉细砂岩,具有浪成波痕,流水波痕及各种交错层理、变形层理,发育直立和倾斜虫孔,泥岩的颜色皆为黑色,见植物化石,未见任何暴露标志。本段为三角洲前缘远端沉积,其三是砂岩段,发育的部位紧邻互层段,砂岩层厚度一般超过2m,最厚的达几十米。砂岩粒度比砂泥互层段较粗,一般为细-中砂岩,可见中到大型交错层理,应为三角洲前缘近端沉积。在湖泊三角洲体系中,前三角洲泥与三角洲前缘远端事实上无明显界限,仅表现为向上粒度逐渐变粗,薄砂层夹层逐渐变多和变厚。

4.4.1　延河剖面沉积地球化学特征

元素地球化学性质的差异,决定了元素迁移和分布的特点,表现在沉积盆地不同沉积环境中各种元素的分布具有一定的规律性。因而地层中元素,特别是微量元素的分布是判别沉积环境的重要标志。

1. 氧碳同位素及硼含量的环境意义

沉积物中氧碳同位素的含量和沉积水介质的含盐度有密切关系,海水中氧碳高于淡水,在温度相同的前提下,其同位素值随水介质盐度的升高而增加。淡水碳酸盐 $\delta^{13}C$ 多为 $-15‰～-5‰$,海相碳酸盐 $\delta^{13}C$ 为 $-5‰～5‰$(邓宏文,1995)。在张家滩剖面和谭家河剖面不同泥岩层段中采集了6块样品送国土资源部宜昌地质矿产研究所进行碳同位素和元素分析。从分析结果来看,$\delta^{13}C$ 值为 $-29‰～-26‰$,平均值为 $-27.15‰$,反映大气淡水的沉积和成岩环境。

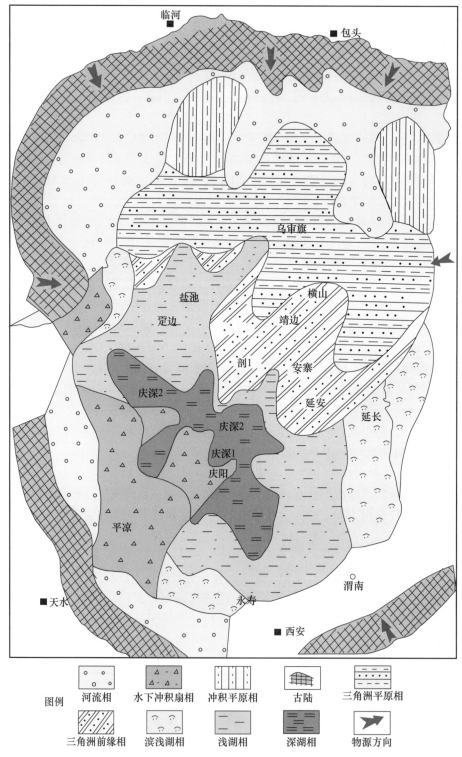

图例 　河流相　　水下冲积扇相　　冲积平原相　　古陆　　三角洲平原相

　　　　三角洲前缘相　　滨浅湖相　　浅湖相　　深湖相　　物源方向

图 4.19　陕甘宁盆地上三叠统延长组沉积相图

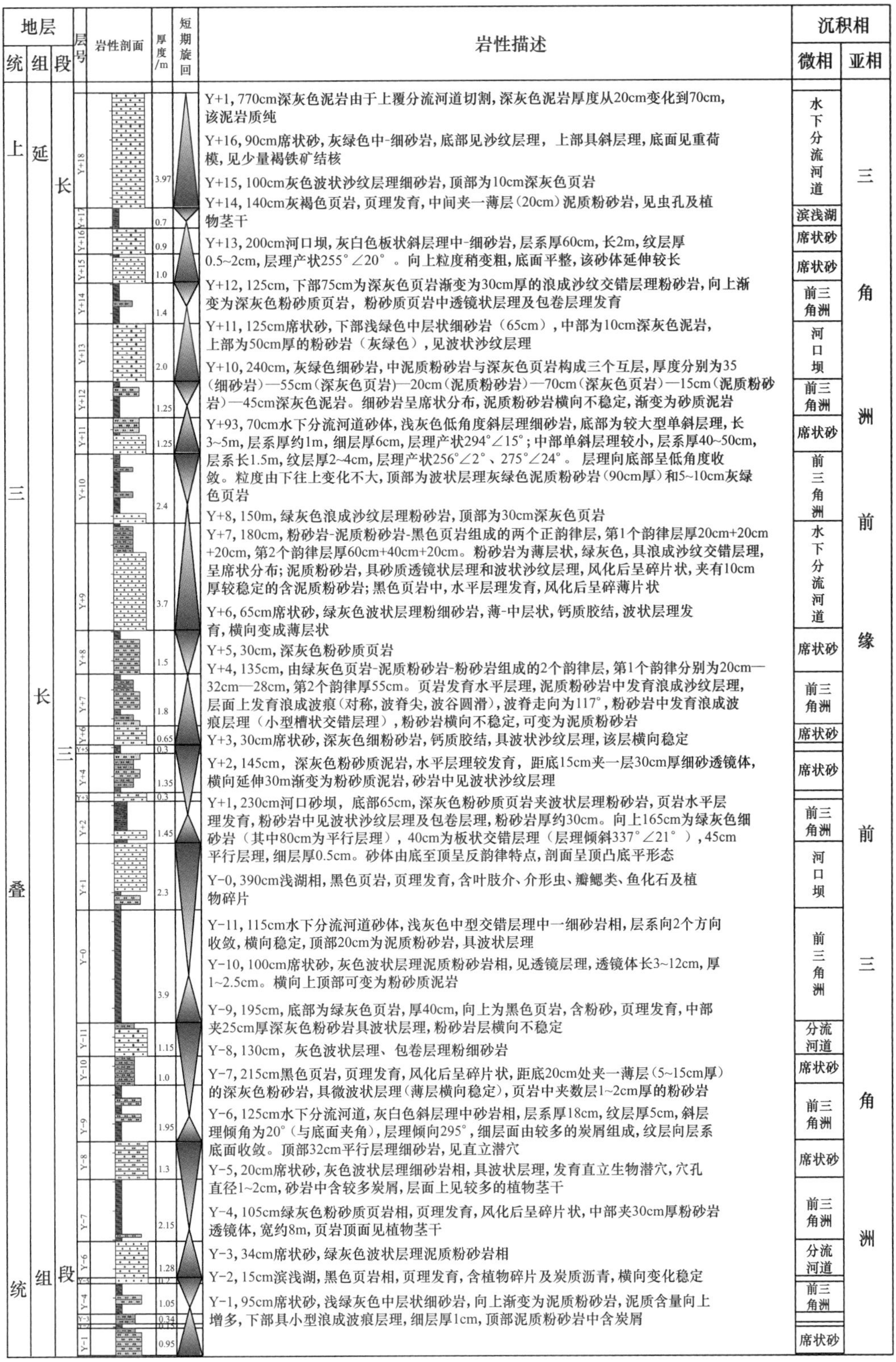
地层
统
组
段
层号
岩性剖面
厚度/m
短期旋回
岩性描述
沉积相
微相
亚相
上三叠统
延长组
长三段
Y+1, 770cm深灰色泥岩由于上覆分流河道切割，深灰色泥岩厚度从20cm变化到70cm，该泥岩质纯
Y+16, 90cm席状砂，灰绿色中-细砂岩，底部见沙纹层理，上部具斜层理，底面见重荷模，见少量褐铁矿结核
Y+15, 100cm灰色波状沙纹层理细砂岩，顶部为10cm深灰色页岩
Y+14, 140cm灰褐色页岩，页理发育，中间夹一薄层（20cm）泥质粉砂岩，见虫孔及植物茎干
Y+13, 200cm河口坝，灰白色板状斜层理中-细砂岩，层系厚60cm，长2m，纹层厚0.5~2cm，层理产状255°∠20°。向上粒度稍变粗，底面平整，该砂体延伸较长
Y+12, 125cm，下部75cm为深灰色页岩渐变为30cm厚的浪成沙纹交错层理粉砂岩，向上渐变为深灰色粉砂质页岩，粉砂质页岩中透镜状层理及包卷层理发育
Y+11, 125cm席状砂，下部浅绿色中层状细砂岩（65cm），中部为10cm深灰色泥岩，上部为50cm厚的粉砂岩（灰绿色），见波状沙纹层理
Y+10, 240cm，灰绿色细砂岩，中泥质粉砂岩与深灰色页岩构成三个互层，厚度分别为35（细砂岩）—55cm（深灰色页岩）—20cm（泥质粉砂岩）—70cm（深灰色页岩）—15cm（泥质粉砂岩）—45cm深灰色泥岩。细砂岩呈席状分布，泥质粉砂岩横向不稳定，渐变为砂质泥岩
Y+93, 70cm水下分流河道砂体，浅灰色低角度斜层理细砂岩，底部为较大型单斜层理，长3~5m，层系厚约1m，细层厚6cm，层理产状294°∠15°；中部单斜层理较小，层系厚40~50cm，层系长1.5m，纹层厚2~4cm，层理产状256°∠2°、275°∠24°。层理向底部呈低角度收敛。粒度由下往上变化不大，顶部为波状层理灰绿色泥质粉砂岩（90cm厚）和5~10cm灰绿色页岩
Y+8, 150m，绿灰色浪成沙纹层理粉砂岩，顶部为30cm深灰色页岩
Y+7, 180cm，粉砂岩-泥质粉砂岩-黑色页岩组成的两个正韵律层，第1个韵律层厚20cm+20cm+20cm，第2个韵律层厚60cm+40cm+20cm。粉砂岩为薄层状，绿灰色，具浪成沙纹交错层理，呈席状分布；泥质粉砂岩，具砂质透镜状层理和波状沙纹层理，风化后呈碎片状，夹有10cm厚较稳定的含泥质粉砂岩；黑色页岩中，水平层理发育，风化后呈碎薄片状
Y+6, 65cm席状砂，绿灰色波状层理粉细砂岩，薄-中层状，钙质胶结，波状层理发育，横向变成薄层状
Y+5, 30cm，深灰色粉砂质页岩
Y+4, 135cm，由绿灰色页岩-泥质粉砂岩-粉砂岩组成的2个韵律层，第1个韵律分别为20cm—32cm—28cm，第2个韵律厚55cm。页岩发育水平层理，泥质粉砂岩中发育浪成沙纹层理，层面上发育浪成波痕（对称，波脊尖，波谷圆滑），波脊走向为117°，粉砂岩中发育浪成波痕层理（小型槽状交错层理），粉砂岩横向不稳定，可变为泥质粉砂岩
Y+3, 30cm席状砂，深灰色细粉砂岩，钙质胶结，具波状沙纹层理，该层横向稳定
Y+2, 145cm，深灰色粉砂质泥岩，水平层理较发育，距底15cm夹一层30cm厚细砂透镜体，横向延伸30m渐变为粉砂质泥岩，砂岩中见波状沙纹层理
Y+1, 230cm河口砂坝，底部65cm，深灰色粉砂质页岩夹波状层理粉砂岩，页岩水平层理发育，粉砂岩中见波状沙纹层理及包卷层理，粉砂岩厚约30cm。向上165cm为绿灰色细砂岩（其中80cm为平行层理），40cm为板状交错层理（层理倾斜337°∠21°），45cm平行层理，细层厚0.5cm。砂体由底至顶呈反韵律特点，剖面呈顶凸底平形态
Y-0, 390cm浅湖相，黑色页岩，页理发育，含叶肢介、介形虫、瓣鳃类、鱼化石及植物碎片
Y-11, 115cm水下分流河道砂体，浅灰色中型交错层理中一细砂岩相，层系向2个方向收敛，横向稳定，顶部20cm为泥质粉砂岩，具波状层理
Y-10, 100cm席状砂，灰色波状层理泥质粉砂岩相，见透镜层理，透镜体长3~12cm，厚1~2.5cm。横向上顶部可变为粉砂质泥岩
Y-9, 195cm，底部为绿灰色页岩，厚40cm，向上为黑色页岩，含粉砂，页理发育，中部夹25cm厚深灰色粉砂岩具波状层理，粉砂岩层横向不稳定
Y-8, 130cm，灰色波状层理、包卷层理粉细砂岩
Y-7, 215cm黑色页岩，页理发育，风化后呈碎片状，距底20cm处夹一薄层（5~15cm厚）的深灰色粉砂岩，具微波状层理（薄层横向稳定），页岩中夹数层1~2cm厚的粉砂岩
Y-6, 125cm水下分流河道，灰白色斜层理中砂岩相，层系厚18cm，纹层厚5cm，斜层理倾角为20°（与底面夹角），层理倾向295°，细层面由较多的炭屑组成，纹层向层系底面收敛。顶部32cm平行层理细砂岩，见直立潜穴
Y-5, 20cm席状砂，灰色波状层理细砂岩相，具波状层理，发育直立生物潜穴，穴孔直径1~2cm，砂岩中含较多炭屑，层面上见较多的植物茎干
Y-4, 105cm绿灰色粉砂质页岩相，页理发育，风化后呈碎片状，中部夹30cm厚粉砂岩透镜体，宽约8m，页岩顶面见植物茎干
Y-3, 34cm席状砂，绿灰色波状层理泥质粉砂岩相
Y-2, 15cm滨浅湖，黑色页岩相，页理发育，含植物碎片及炭质沥青，横向变化稳定
Y-1, 95cm席状砂，浅绿灰色中层状细砂岩，向上渐变为泥质粉砂岩，泥质含量向上增多，下部具小型浪成波痕层理，细层厚1cm，顶部泥质粉砂岩中含炭屑
3.97
0.7
0.9
1.0
1.4
2.0
1.25
1.25
2.4
3.7
1.5
1.8
0.65
0.3
1.35
0.3
1.45
2.3
3.9
1.15
1.0
1.95
1.3
2.15
1.28
0.7
1.05
0.34
0.15
0.95
水下分流河道
滨浅湖
席状砂
席状砂
前三角洲
河口坝
前三角洲
席状砂
前三角洲
水下分流河道
席状砂
前三角洲
席状砂
席状砂
前三角洲
河口坝
前三角洲
分流河道
席状砂
前三角洲
席状砂
前三角洲
分流河道
前三角洲
席状砂
三角洲前缘
前三角洲

图 4.20　沉积相柱状图（以张家滩中学东剖面 A 号柱面为例）

2. 硼含量的环境意义

硼含量对沉积物水介质含盐度有敏感反映，一般认为，硼在泥岩中的含量与其形成时的盐度成正比。硼在油页岩中的含量可高达 $300 \sim 1500$ ppm[①]。海相沉积中硼含量为100ppm 或更高，淡水湖泊中泥岩的硼含量一般不超过 60ppm，工区内泥岩硼含量普遍较低，为 $16 \sim 52$ ppm，平均为 29.5ppm，反映水体盐度较低。

根据 Landergren 和 Garvaja(1969)提出的用黏土中硼含量计算盐度的公式：

$$\lg B = 0.43 \lg S + \lg 27.9 \tag{4.1}$$

$$\lg S = \frac{101}{0.43 \lg(B/27.9)} \tag{4.2}$$

式中，B 为硼的含量，ppm；S 为水的盐度，‰。

将工区内泥岩的硼平均含量 29.5 代入，求得平均盐度为 1.13‰，盐度范围为0.27‰～4.25‰。又据威尼斯盐度分类方案，淡水为 $0 \sim 0.5\%$，少盐水为 $0.5\% \sim 5\%$，中盐水为$5\% \sim 18\%$，多盐水为 $18\% \sim 30\%$，真盐水为 $30\% \sim 40\%$，超盐水大于 40% 可知，工区为淡水沉积。B 与 Na 含量成反比关系、与 Mn 含量成反比、与 Sr 含量成反比、与 Sr/Ba 值和Ca/Mg 值成反比。

3. 元素分布特征

根据滇池中不同环境元素分布特征，浅湖环境 Mn 平均含量为 871.4ppm，Mg 平均含量为 1.71%；滨岸环境 Mn 为 566.1ppm，Mg 为 1.31%；三角洲前缘环境 Mn 为613.1ppm，Mg 为 1.33%；湖湾 Mn 为607ppm，Mg 为 0.802%。工区内 Mn 含量为480～804ppm，平均 579.175ppm；Mg 含量为 $1.56\% \sim 1.97\%$，平均为 1.75%。由此可知，所测样品为三角洲前缘、滨岸、浅湖沉积。Mg 与 Ba 成反比，与 Cl 成正比，与 Fe^{2+} 成反比，与 Mn、Fe^{3+}、Sr/Ba 值、Fe 总含量成正比。Mn 与 Ba 成反比，与 Fe^{2+} 成反比，与 Fe^{3+}、Na、Sr、总 Fe 含量成正比。

三角洲前缘和浅滩区为低 Ca 区，前三角洲-深湖及湖湾为高 Ca 区，Mg 丰度的变化与Ca 含量的变化有相反的趋势，Ca/Mg 值的变化方向与 Ca 的变化方向一致。工区内 Ca含量为 $0.37\% \sim 1.32\%$，平均为 0.92%，含量极低，反映了一种三角洲前缘的浅水沉积环境。Ca 含量与 Fe^{2+} 成反比，与 Fe^{3+}、Sr、Sr/Ba 值成正比。Ca/Mg 值与 Cl 含量、Fe/Mn值、Sr/Ba 值成正比，与 Fe^{2+} 成反比。

Sr 的分布与文石、方解石的类质同象作用关系密切，故 Sr 含量和 Ca 含量呈同步变化。在三角洲前缘、前三角洲-深湖、湖湾及浅滩区，Sr 的平均丰度分别为 297ppm、1454ppm、1400ppm、260ppm。工区 Sr 含量为 260～395ppm，平均为 343.33ppm，含量较低，反映为三角洲前缘或浅滩沉积。Sr 含量与 Fe^{2+} 成反比，与 Na、总 Fe 含量成正比。

钡盐的溶解度较小，较难迁移，在湖盆中，其含量较 Sr 低，故 Sr/Ba 值也有由浅水向深水增加的变化。工区内 Sr/Ba 值为 0.21～0.4，值较低，反映了一种浅水沉积环境。Ba

---

① 1ppm$=10^{-6}$。

含量与 Fe^{2+} 含量成正比、与 Fe^{3+} 含量、Sr/Ba 值成反比。Sr/Ba 值与 Fe^{2+} 成反比,与 Fe^{3+}、Na、总 Fe 含量成正比。

Sr 在沉积岩中的分布变化较大,但 Sr 含量随盐度的增加有明显增大的趋势。卡特钦科夫(1965)提出 Sr/Ba 值小于 1 为陆相,大于 1 为海相。工区内 Sr/Ba 比值范围为 0.2047~0.4031,平均为 0.30,属陆相。Sr 元素含量与 Ca/Mg 比值成正比。

Fe 与氧的亲和力高于 Mn 与氧的亲和力,故 Mn 的氧化物比 Fe 的氧化物的稳定性和迁移能力大,同时 Mn 可形成可溶性的碳酸氢盐,增加了 Mn 在溶液中的稳定性,故 Fe 的含量在浅水区较高,Mn 则有相反的趋势。工区 Fe 含量为 3.82%~5.78%,平均为 4.76%,反映湖盆三角洲前缘或浅湖沉积环境。Mn 含量为 480~804ppm,平均为 579.17ppm。反映三角洲前缘或滨浅湖沉积环境,Fe/Mn 值为 67~99.3,平均为 83.3,同样反映三角洲前缘或滨浅湖沉积环境。Fe/Mn 值与 Cl 含量成正比,与 Fe^{2+} 含量成反比。总 Fe 含量与 Cl 含量、Fe^{3+} 含量成正比。铁与氧的亲和力高于锰和氧的亲和力,铁易氧化形成 $Fe(OH)_3$ 而发生沉淀。因此,Mn 的氧化物比 Fe 的氧化物有更大的稳定性和抗迁移能力。Mn 还可以形成可溶的碳酸氢盐,增加 Mn 在溶液中的稳定性,因而,Fe/Mn 值常称为近岸指数。工区内此比值平均为 83.29,反映三角洲前缘或滨浅湖沉积环境。

按氧化还原理论,在弱还原及还原环境下,Fe^{2+} 应优于 Fe^{3+} 形成,而氧化环境则反之。工区内 Fe^{2+}/Fe^{3+} 值的范围为 0.83~80.2,平均为 15.03,反映以弱还原沉积为主的浅水沉积环境。Fe^{3+} 含量与 Fe^{2+} 含量成反比。

4.4.2　岩石相类型和成因相特征

1. 砂岩岩石学特征分析

通过普通薄片、铸体薄片的镜下观察及资料整理,本区砂岩在岩性上主要为长石砂岩、岩屑长石砂岩,同时见有少量的混合砂岩(图 4.21,表 4.1)。总体上看,石英含量偏低,以单晶石英为主,多晶石英在不同样品中含量不同;长石含量较高,以正长石为主,在单偏光下,长石由于表面泥化,模糊不清,其次为斜长石和微斜长石;岩屑成分复杂,火成岩、变质岩及沉积岩屑均可见,碎屑磨圆较差,以次棱角状和棱角状为主;分选中等至差,其中可见分选极差的不等粒砂岩;不同粒径的砾、砂、粉砂在砂岩中均有发育,但以砂为主;填隙物以方解石、浊沸石为主,泥质为次。不难看出,该区砂岩的成分成熟度和结构成熟度较低。

1) 长石碎屑

长石碎屑以正长石为主,次为斜长石和微斜长石。据薄片的镜下鉴定,砂岩中长石碎屑含量为碎屑总量的 30%~55%,其中斜长石含量为 9%~30%。正长石一般无双晶,表面常发生程度不等的蚀变现象,主要是绿泥石化和伊利石化,部分表面较新鲜。斜长石表面不干净,常发育聚片双晶。微斜长石表面一般较干净并发育格子双晶。

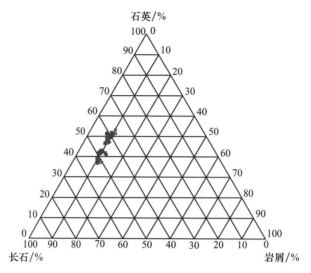

图 4.21　岩石成分三角图

表 4.1　露头不同岩石类型成分统计表

岩性	石英/%	长石/%		岩屑/%			填隙物/%			薄片
		正	斜	火成岩	变质岩	沉积岩	方解石	浊沸石	泥质	
长石砂岩	42.27	19.14	16.05	3.65	2.16	1.82	7.76	2.65	4.5	49
岩屑长石砂岩	35.79	18.65	15.05	9.87	2.46	3.58	6.16	3.21	5.23	9

2）石英碎屑

石英碎屑含量一般为碎屑总量的 35%～53%。石英颗粒表面较光洁,既可呈程度不等的波状消光,亦可呈均匀消光。镜下观察石英颗粒次生加大现象不很明显,部分颗粒边缘受方解石交代或溶解作用的影响而呈不规则状。

3）岩屑

岩屑成分相当复杂,火成岩、变质岩、沉积岩的岩屑均可见。岩屑含量一般为碎屑总量的 6%～15%,在岩屑长石砂岩中岩屑含量较高。

4）云母

云母和重矿物含量极低,一般不超过 1%,只在少数薄片中见有黑云母和白云母,平行层理排列,常见的重矿物有磁铁矿、绿泥石等。

2. 岩石相分析

岩石相是表示某一特定的能量条件下所形成的岩石特征的总和,也称为能量单元;它以岩石结构、沉积构造为主要特征来反映各种砂体内部的成因单元体形成过程中的水动力条件。岩石相是重塑沉积环境、分析沉积动力条件的基本实体,同时在某种程度上与岩石的储集性能具有较好的对应性。岩石相常被赋予一定的代码,代码由两部分组成,第一部分表示岩石的粒级,即砾质、砂质或细粒沉积物;第二部分一般由其沉积构造的符号组成。

通过对延长地区露头的详细观察和描述,结合其岩石的岩性、粒度、沉积构造及颜色等特征认为,这一地区地层中主要包括有 11 种岩石相。

1) 块状层理砂岩相(Sm)

颜色为灰色、灰白色,岩性以细砂岩为主,单层厚度较大,层内有时可见韵律变化,一般从下至上粒度由粗变细;底部有时可见有冲刷和泥砾;通常形成于较强水动力条件下,反映快速堆积的特点。

2) 平行层理砂岩相(Sh)

岩性以灰色、深灰色细砂岩为主,粒度大多为 0.1~0.25mm。细层厚度一般不大,约为 0.5cm,由平、直的平行纹理、或断续的平行纹理组成,部分纹理由炭屑组成,形成于水浅流急的水动力条件。主要见于强水动力条件的河口坝、分流河道沉积中。

3) 板状交错层理砂岩相(Sp)

由灰绿色、灰白色细砂岩组成,具有板状交错层理,层系厚 20~120cm 不等,纹层厚 0.2~5cm,细层面由较多的炭屑组成,纹层向层系底面收敛,交错层理的方向为 230°~280°,倾角为 8°~22°,显示水流呈 NE-SW 方向;见于水下分流河道等沉积环境。

4) 槽状交错层理砂岩相(St)

岩性由灰色、浅灰色粗砂岩至细砂岩组成,具槽状交错层理,层系厚为 0.30~45cm,层面可见有炭屑,各层组之间有冲刷面,底部见有滞留沉积物,粒度较粗,有时含砾,解释为水下分流河道沉积的产物。

5) 波状交错层理粉细砂岩相(Sr)

以灰色粉、细砂岩为主,砂岩分选中等。砂层厚度一般小于 1m,层系厚度大多小于 3cm,为小型层理,个别可达中型,层系界面为波状或微波状,细层理面由炭屑组成,见有生物潜穴,穴孔直径为 1~2cm;为单向水流作用的产物,多见于河口坝、席状砂、远沙坝等环境中。

6) 浪成交错层理粉细砂岩相(Sw)

以灰色、浅灰色粉砂岩、粉细砂岩为主,中层状,砂岩分选较好,可见浪成波痕,波峰尖棱状,呈"人"字形构造,波谷呈宽圆弧形,层组底界面不规则,为双向水流作用的产物,发育虫孔,常见于三角洲前缘水动力较强沉积环境中。

7) 块状层理粉砂岩相(Fm)

岩性以灰色、灰绿色粉砂岩、泥质粉砂岩为主,常与泥岩互层,均质层理;反映水体较平静的水动力条件。

8) 水平层理粉砂岩相(Fh)

以灰色、灰黑色粉砂岩、泥质粉砂岩为主,单层厚度较小,纹层具水平状,层面含植物化石;此层理通常是在浪基面以下或低能环境的低流态中,由悬浮物质沉积而成的;可见于前三角洲、浅湖、较深湖环境中。

9) 滑塌变形层理砂岩相(Sds)

岩性为灰色、深灰色粉砂岩、泥质粉砂岩;原生纹理变形后显示包卷层理及滑动变形层理,层内细层呈不规则挠曲,层面可见炭屑;多见于三角洲前缘沉积中。

10) 复合层理砂岩相(Sc)

岩性为灰色粉砂岩、泥质粉砂岩、粉砂质泥岩,发育有波状层理、透镜状层理及脉状层理,以波状或透镜状层理较常见,透镜体长为 3~12cm,厚为 1~2.5cm,层面上见炭屑;这些成因上有联系的层理频繁叠置在一起形成复合层理,这是由于湖水面在风和降雨量的相互作用下频繁升降造成的,解释为浅湖或三角洲前缘沉积的暗色泥岩相(Mg)。以深灰、灰绿、灰色、灰黑色、黑色粉砂质泥岩及泥岩为主,具块状层理及水平层理,可见叶肢介、介形虫等生物化石,虫孔发育;水平层理发育时为页岩,富含植物碎片,反映具气候潮湿和还原环境;解释为弱水动力条件下的产物。

3. 界面系列

在岩相分析的基础上,共划分出 5 级界面系列。5 级界面系列从小到大分别表述如下。

第 1 级:层系组间界面,反映水动力条件或水流方向的变化,界面上下岩相不同。

第 2 级:成因体的顶底界面。即一组分流河道的底冲刷面、沙坝的顶面等,表明成因体发育的开始或终结。2 级界面分布范围较小,其界面为渗透性界面,且对于不同成因的砂体,其界面的渗透性也不同,其中分流河道砂体由于其具有一定的冲刷侵蚀能力,从而其界面渗透性好,河口坝则常有泥质披覆而使其界面渗透性变差。2 级界面与单个建筑结构要素的边界相当。

第 3 级:多组分流河道的底冲刷面、沙坝的顶面等,是同一沉积时期形成的、垂向上由一种结构要素组成,平面上由多个结构要素组成的结构要素复合体,并非是一个单一成因的砂体,实质上该级界面是由一系列的 2 级界面所组成,基本上为非渗透界面,局部由于河道的下切,而与下伏储层相连通。3 级界面反映了短期旋回的转折点位置。

第 4 级:三角洲复合体的顶面、复合沙坝的顶面,表明一组洪水事件的开始或结束,界面连续性更好,分布范围更广,基本上可以在油田范围内进行追踪对比,为不渗透界面。4 级界面对应中期旋回的起始点。

第 5 级:相当于长 6 或长 7 油组的顶底面,在本次研究中应属于长期旋回的边界。

3、4、5 级界面一般为不渗透界面。

4. 建筑结构要素分析

根据岩相类型及其组合归纳出七种结构要素,其特征分述如下。

(1) 砂质河道(SC):岩性为粗、中、细砂岩,组成的岩石相类型有 Sm、Sp、St、Sh、Sr等。与下伏沉积层呈冲刷接触,砂体呈透镜状(横切河道剖面)、席状(顺流剖面)及条带状(平面上),以斜缓层或下凹的冲刷面为界面。内部以交错层充填为主,缺乏大型沙坝类沉积。

(2) 砂质坝底形(SB):岩性以砂岩为主,有粗、中、细砂岩,砂岩分选性中等到较好,磨圆度较好,主要有 Sp、Sm、Sh、Sr 等岩石相。反映沙波、沙痕迁移迅速,在剖面上呈透镜状、纵剖面上呈席状、平面上呈带状或不规则状,与下伏沉积层呈渐变或突变接触。

(3) 顺流加积(DA):岩性以砂岩为主,顺流前方,砂岩粒度变细,以 Sp、Sh、Sm 等岩石相为主,为前积作用的产物,具底平顶凸的外形,典型沉积环境为河口坝,其下伏沉积为SC,平面上形态往往呈带状。

（4）纹理砂（LS）：岩性以细砂岩、粉砂岩为主，岩石相类型主要有 Sr、Fm、Fh、Sc 等，在地层剖面中往往有较稳定的分布，厚度数厘米至数米不等，其形成环境有河口坝及远沙坝等。

（5）滑塌变形沉积（SS）：组成的岩石相类型有 Sds、Fm、Sc、Mg 等，以 Sds 为特征，是在重力作用下沿斜坡滑塌堆积或由于沉积物差异压实形成的，多见于三角洲前缘地带或滨浅湖斜坡地带，外形呈楔状或不规则状。

（6）浪成砂席（WS）：岩性以中、细砂岩为主，也有粉砂岩，砂岩分选性好，磨圆度较好，钙质或泥质胶结，岩石相类型主要有 Sw、Fm、Mg，以波浪选积作用为主，砂体呈席状或板状，平面上沿湖岸线呈环带状或带状，为席状砂沉积。

（7）湖泥（LM），由 Mg、Fm 等岩石相组成，分布较广泛，为浅湖、三角洲分流间湾及前三角洲等环境的沉积产物。

以上建筑结构要素是延长地区地层沉积的基本成因单元，它们以不同的形式叠置构成本区地层地质模型的骨架实体，因而是成因单元分析和建立储层地质模型的首要分析内容。

5. 成因单元（砂体）

延长地区长 7—长 6 三角洲沉积体系主要包括三角洲前缘（水下分流河道、水下分流河道间、前缘席状砂、河口坝、远沙坝）及前三角洲泥等亚相，由于工区内地层产状几乎近于水平，可大体识别三角洲前缘的原始倾角；总体上，三角洲前缘为向湖方向倾斜，厚度缓慢变薄的楔状体。垂向上，三角洲前缘组合呈现了总体向上变粗，砂层变厚的层序，即由前三角洲—三角洲前缘远端部分—三角洲前缘近端部分，构成一个基准面下降的半旋迴。各成因相特征分述如下。

1）水下分流河道（图 4.22）

岩相组合类型为 Sm→Sp、Sh→Sr，下部中、细砂岩具槽状交错或块状层理，与下伏灰色或灰黑色粉砂质泥岩、泥岩突变接触，见有冲刷面和泥砾，向上具平行层理或板状交错层理；上部为波状交错层理或块状层理粉砂岩。在垂直流向的断面上，水下分流河道呈透镜状，底界面为冲刷面，平面形态呈伸长的条带状。

河道规模不等，越靠远端，规模越小，三角洲前缘远端的微型水道，宽约为 10m，厚为 1m 左右；三角洲前缘近端的大型水下分流河道，宽约为 230m，厚约为 15m。三角洲前缘远端水下分流河道常与河口坝或远沙坝共生形成分流河道-河口坝体系，其中常见侧积现象（后面有专述）。在近端，水下分流河道常切割河口坝或另一个水下分流河道。

水下分流河道和水上分流河道的区别有如下两点：①相的共生关系不同，前者夹于河口坝和席状砂之中，其上下均为水下沉积物，而后者为三角洲平原的组成部分，有大量的暴露标志，如根土层、雨痕等；②水下分流河道由于河水入湖能量减弱，因而其底部冲刷现象不如水上分流河道明显，其交错层理的规模也较小，特别是远端的水下分流河道更是如此。

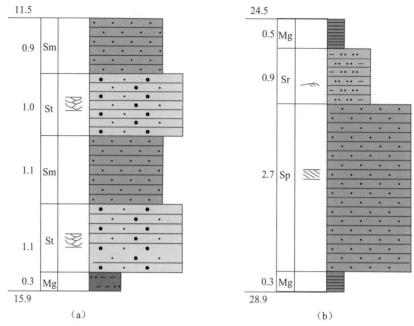

（a）　　　　　　　　　　　　　　（b）

图 4.22　水下分流河道微相岩石相组合特征（单位：m）

2）水下分流河道间沉积

波状泥质粉砂岩、水平纹理粉砂岩、块状粉砂岩、水平纹理含粉砂泥岩、块状泥岩等薄互层组成，岩相组合类型为 Fh→Sc→Mg，粒级具正韵律，以水平纹理、波状层理为主。

3）河口坝沉积（图 4.23）

由 DA、LM 等结构要素组成，岩相组合类型一般为 Mg-Sr-Sp、Sm，下部为泥质粉砂岩、粉砂岩，向上为中、细砂岩，具板状交错层理及块状层理，河口坝砂体多呈下平上凸透镜状，与下伏湖相泥岩呈渐变接触，岩性整体向上变粗，呈反旋回韵律，反映砂体在堆积过程中水动力条件不断加强。其模型常呈孤立的馅饼状至迷宫型。

工区内河口坝大约可分为两类：①呈下平上凸的透镜状，沉积物粒度较粗，多为细砂岩到中砂岩，逆粒序韵律特征较明显，砂体规模不等，最大厚度达 4～5m，最大宽度为 50m 左右，最小厚度仅 1m 左右，最小宽度仅为 4～5m。可见波状交错层理和板状交错层理；②以互层状、席状的细砂岩、粉砂岩为特点，下部见波状交错层理，中上、顶部为中-小型槽状交错层，构成反旋回。

4）席状砂沉积（图 4.24）

由 WS、LM 等结构要素组成，岩相组合类型一般为 Mg-Sw-Mg，下部为灰色泥岩，向上为粉砂岩，具浪成交错层理，与下伏湖相泥岩呈渐变接触，是在滨岸地带由于水流的来回冲刷作用形成的浪成砂（河口坝在波浪作用下改造成席状砂），砂体呈带状或沿湖环带状分布，反映出波浪淘洗作用较强，骨架以千层饼状为特征。

5）远沙坝沉积（图 4.25）

由 LS、SS、LM 等结构要素组成，岩相组合类型一般为 Mg-Sc，Fh-Sds，以纹层状粉砂岩、泥质粉砂岩和粉砂质泥岩互层沉积为主，下部为泥质粉砂岩，向上粒度略变粗，变为粉砂岩,波状层理、生物扰动构造、透镜状层理及水平层理较为常见,可见植物化石和炭屑;在坡度较陡时,发育包卷层理,砂层最大厚度不超过 2.5m,最小时仅为几十厘米。

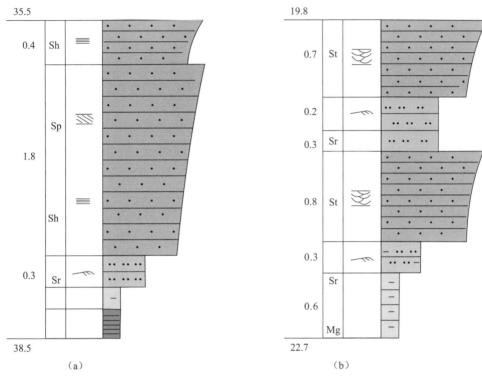

（a）　　　　　　　　　　（b）

图 4.23　河口坝微相岩石相组合特征(单位:m)

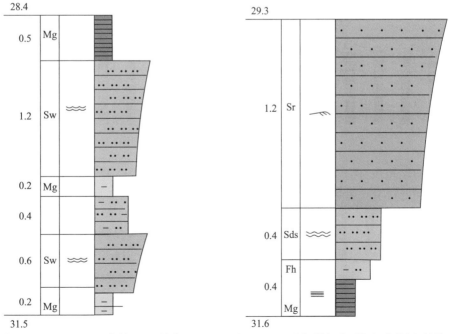

图 4.24　席状砂微相岩石相组合特征图(单位:m)　　图 4.25　远沙坝微相岩石相组合特征(单位:m)

三角洲前缘沉积主要是上述成因相之间频繁交互叠置形成的。就其储集物性来说，分流河道最好，河口坝次之，远端沙坝和席状砂由于互层频繁、泥质含量丰富，非均质性十分明显。

6）前三角洲泥沉积

主要由 LM 等结构要素组成，岩相组合通常为 Mg-Fh，Fm-Mg 合，以厚层块状灰黑色页岩、泥岩夹薄层粉砂质泥岩和泥质粉砂岩为主，具水平纹理或块状层理，可见介形虫、叶肢介等生物化石，前三角洲泥通常与浅湖很难区分开来。在坡度较陡时可夹有 LS，它往往是较好的隔层。

4.5　延河谭家河剖面储层沉积学解剖

谭家河剖面位于延长县谭家河东、延河北岸（图 4.18），剖面长 1100m，高约 30m。该剖面垂向上可分为下部的砂泥互层段和上部的砂体发育段，砂泥互层段以三角洲前缘远端席状砂、远沙坝与前三角洲泥的沉积为主。砂体发育段以水下分流河道和分流河口坝沉积为主，中夹薄层的前三角洲泥。

剖面临近公路，部分被覆盖。实地测量时先沿公路进行测量，依砂泥岩横向延伸情况并参照地形状况按一定间距实测了 26 条垂向柱状剖面，剖面走向从 T0 到 T4 为 E90°，从 T4 到 T25 为 SE135°，依次命名为 T0，T1，T2，…，T25，分东段（T0～T18）和西段（T19～T25）描述，本书主要描述东段的特征。

4.5.1　地层分层精细描述

按照方便描述的原则，依据实测剖面将各层横向展布及层内沉积构造详述如下（图 4.26）。

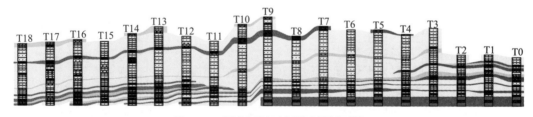

图 4.26　谭家河剖面实测地层剖面图

第 0 层：黑色页岩，厚 3.15m，页理发育，风化后呈碎片状，见叶肢介化石，此层延伸相当稳定，整个陕甘宁盆地均有发育，所以可将其作为本剖面的标志层。

第 1 层：厚为 0.87～1.95m，在 T0 柱面附近整体上为砂泥岩互层，自下而上为灰色粉砂岩（7cm）—深灰色页岩（18cm）—灰色泥质粉砂岩（15cm）—黑色页岩（5cm）—灰色中层状粉砂岩（31cm）—灰色泥质粉砂岩（15cm）—粉砂岩（7cm）—粉细砂岩（25cm）。泥质粉砂岩中发育包卷层理；粉砂岩普遍含钙质，层面上发育对称浪成波痕，波峰尖棱状，波谷宽而圆滑，波痕走向为 333°～153°，波长约为 7cm，波高为 0.6cm。该层横向上厚度变化较大，变化范围为 0.87～1.95m。在 T5 与 T6 柱面之间，该层中的泥岩已全部尖灭，从 T6 柱面开始，直至 T12 柱面均为浅灰色粉细砂岩，T12 以后被延河淹没。

　　第 2 层:该层在 T0 与 T4 柱面之间,基本为深灰色泥岩,发育透镜状层理,偶夹一些断续的透镜体状砂岩,规模不大,长度一般为 5m,最大厚度范围为 8～15cm。从 T5 柱面开始,该层中所夹砂体已趋向稳定,其中发育大型斜层理。大约在 T7 柱面处该砂体与第 1 层顶部砂体已成为一体,在剖面上呈现一种指状交叉现象,该层顶部页岩向 T6 柱面方向渐变为粉砂质泥岩。

　　第 3 层:底部为浅灰色中层状粉-细砂岩,向上变为细砂岩,总厚为 1.10～1.56m,底部发育包卷层理,上部发育沙纹层理。该层纵向上呈反粒序,为席状砂的沉积。横向延伸基本稳定,至 T14 与 T15 柱面之间被延河淹没。

　　第 4 层:深灰色页岩,厚度变化不大(0.30～0.56m),发育水平纹理,横向延伸非常稳定。

　　第 5 层:以浅灰色薄-中层状粉细砂岩为主。至 T10 柱面处,中下部出现一层厚为 5cm 的深灰色页岩,该层页岩向 T11 柱面方向渐变为厚约 30cm 的粉砂质泥岩。粉细砂岩底部发育水平层理,上部普遍发育低角度斜层理、沙纹层理及小型爬升层理,层面发育浪成波痕,波峰波谷均很平缓,波长约 20cm,波高约 1.5cm。泥岩中可见垂直及倾斜虫孔,并见有粉砂透镜体断续分布,且透镜体中发育包卷层理。厚度自 T0 至 T15 柱面呈逐渐变薄之趋势,由 2.23m 减薄至 0.60m。整体而言,该层纵向上呈下细上粗的反粒序,可能为进积背景下的席状砂沉积体。

　　第 6 层:黑色页岩,偶夹泥质粉砂岩条带,页岩中页理发育,并含叶肢介、介形虫化石。横向上厚度变化较大,在 T2 柱面处为最厚,可达 1.25m,而在 T4 柱面处已减薄至 0.22m;T5 与 T7 柱面之间该层被覆盖;T7 与 T16 柱面之间,厚度基本稳定,一般为 0.40m 左右。

　　第 7 层:为三角洲前缘席状砂体及其侧缘。在 T0 柱面处为一层深灰色中层状泥质粉砂岩,厚为 1.03m,至 T1 柱面处,由下而上依次为灰色薄层状粉砂岩(10cm)—深灰色页岩(24cm)—灰白色薄层状中砂岩(25cm)—深灰色薄层状泥质粉砂岩(30cm)。泥质粉砂岩中发育沙纹层理。横向上岩性变化较大,至 T2、T3 柱面处,粉砂岩、页岩均已渐变为泥质粉砂岩,中砂岩(25cm)渐变为中部的细砂岩(21cm),顶部未见。总厚度基本稳定,约 90cm。T4 与 T8 柱面之间,该层被公路全部覆盖,无法追踪。T9 柱面处为厚 1.03m 的深灰色粉砂岩,向 T10 柱面方向,底部粉砂岩渐变为一层厚 15～20cm 的深灰色泥质粉砂岩,上部岩性未变,仍为深灰色粉砂岩,并见有小型斜层理和波状层理。至 T15 柱面以后,该层又渐变为灰色粉砂岩,厚为 0.70m。T16 柱面以后,该层被延河淹没。

　　第 8 层:该层可分为上、下两部分,下部为前三角洲沉积的一套黑色页岩,厚为 0.20～0.46m,可见叶肢介及植物碎片化石,发育微细水平纹理。横向上不太稳定。上部为河道砂体,T0 柱面附近为厚 28cm 的灰色薄层状泥质粉砂岩(向南 4.3m 处尖灭),向 T1 柱面方向逐渐变厚。砂体底部发育向底收敛的单向弧形斜层理,层系厚为 18cm,最底部可见泥砾,直径约为 1.2cm。该砂体岩性横向上变化不大,一般为垂向上的中砂—粉细砂的正粒序组合。在 T4 与 T5 柱面之间开始被第 15 层砂体切割(图 4.27),至 T11 与 T12 柱面之间,被公路覆盖,在 T17 柱面以后被延河淹没。出露部分砂体最大厚度在 T2 柱面处,为 1.42m。

　　第 9 层:为一典型的水下分支河道砂体,岩性横向上为灰白色细砂—中细砂—粉细砂的渐变。在 T0 柱面以南 10.9m 处出现,至 T1 与 T2 柱面之间达到最大,厚约 1.40m,自 T2 向 T3 柱面方向 12.1m 处尖灭。

第 10 层:在 T0 柱面处,从上往下依次为黑色页岩(4cm)、灰白色中层状细砂岩 (38cm)、黑色页岩(85cm)。细砂岩中发育波状层理,层理面由一层炭屑组成;上部页岩中含叶肢介及植物碎片化石,并发育水平纹理。至 T1 柱面处为黑色页岩中夹一层 6cm 厚的深灰色泥质粉砂岩,总厚为 0.75m,该层泥质粉砂岩相当于 T0 柱面处下部砂体的延伸部分,但岩性已发生了变化。至 T2 处,该层砂体已完全渐变为页岩。延续到 T3 与 T4 柱面处时,第 10 层整体上已变为黑色粉砂质泥岩,中夹薄层泥质粉砂岩。在 T4 与 T5 柱面之间,被第 15 层砂体呈锯齿状切割(图 4.27)。至 T13 柱面处,又重新出现,但已经完全变为黑色页岩,直至 T18 与 T19 柱面之间被延河覆盖为止,横向上岩性、厚度均无太大变化。

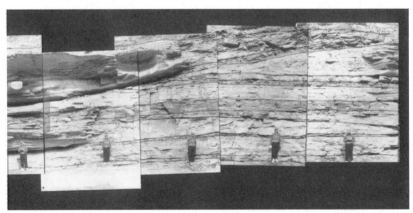

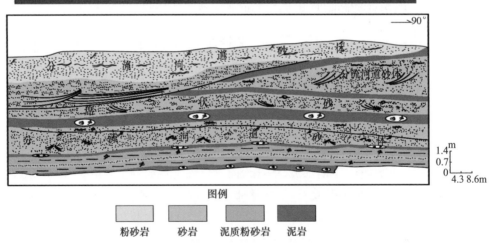

图例

| 粉砂岩 | 砂岩 | 泥质粉砂岩 | 泥岩 |

图 4.27　第 15 层砂体切割邻层现象素描图

第 11 层:横向上为灰白色厚层状细砂岩、中砂岩、粉细砂岩的过渡,为席状砂体。

第 12 层:为一套前三角洲沉积物。整体来讲,为一层黑色页岩,自 T0 至 T18 柱面厚度从 35cm 逐渐增厚至 80cm。T13 到 T18 柱面之间,页岩中夹 1~2 层深灰色粉砂质泥岩或泥质粉砂岩。该层横向连续性较好,但在 T1 与 T2 柱面之间开始被第 15 层砂体切割(图 4.27),直至 T12 柱面处应该出现但被覆盖。T18 柱面以后未作描述。

第 13 层:砂体在 T0 以南 50m 开始出现,在 T0 与 T1 柱面之间基本上为灰色、绿灰、灰白色的中-细砂、细砂、粉细砂的垂向正粒序组合,厚达 2.7m,底部发育上陡下缓的单向弧形斜层理,中上部见沙纹层理,并可见该层切割下伏页岩现象。向 T2 柱面方向 22m 处被第 15 层砂体切割(图 4.27)。至 T12 柱面处又重新出现,但岩性已有较大变化,整体来讲,粒度变细,一般为粉砂、粉细砂岩等,中上部出现黄绿色泥岩夹层。砂岩中发育向底收敛的中型斜层理,产状为 $176°∠22°$ 和 $86°∠5°$,底部见直径为 1cm 左右的黄绿色泥砾,顶面发育虫孔,直径大小为 0.5～1.5cm。总厚度变薄,在 T12 柱面处,厚仅为 0.38m,继续向前追踪,又逐渐变厚,在 T15 柱面处,可达 1.30m。T18 柱面以后未做描述。依据所得资料判断,该砂体可能为水下分支河道的产物。

第 14 层:在 T0 与 T1 柱面之间,该层有少许出露,但由于地形原因而未做描述。在 T1 柱面附近,被第 15 层砂体切割,直至 T11 与 T12 柱面之间重又开始出现,为一套黄绿色页岩,厚约 20cm,岩性及厚度在横向上均很稳定。

第 15 层:作为典型的水下分流河道砂体将在本章 4.3、4.5 节进行单独分析,在此不予赘述。

第 16 层:基本上为深灰色粉砂质泥岩与黑色页岩的渐变,富含植物碎片,自 T3 至 T10 柱面,逐渐变厚,厚度范围为 0.30～1.31m。T11 与 T14 柱面之间被全部或部分覆盖。自 T15 直至 T18 柱面,厚度逐渐变薄至 30cm 左右,但已趋于稳定。

第 17 层:由于岩壁陡峭,T0 与 T3 柱面之间未做描述。下部为浅灰色细砂岩,其中发育断续波状层理,上部深灰色粉砂质泥岩及黄绿色含砾泥岩,富含植物化石碎片,总厚约为 1m。自 T4 向 T5 柱面方向 10m 处尖灭。

第 18 层:属于一种横向上变化较大的水下分支河道砂体,将在本章 4.3 节、4.5 节对其另作单独分析,在此不予赘述。

第 19 层:岩性总体上为黄绿色页岩夹一层灰绿色粉砂质泥岩,厚度为 0.75～2.03m,富含炭化植物碎片。页岩与粉砂质泥岩在横向上呈渐变态势。可能属于水下的河道间沉积物。

第 19 层以上层位:被覆盖。

4.5.2　分层沉积环境分析

该剖面属前三角洲和三角洲前缘地区沉积的一套砂泥岩互层产物,砂体以水下分流河道沉积为主,兼有河口坝、三角洲前缘席状砂等,泥岩多为前三角洲及浅湖相的沉积。剖面下部砂泥变换频繁,且厚度均不大,向上砂体厚度变大。由古流向分析可知,当时河流的流向基本上应为 NE-SW 向。

各层沉积环境自下而上逐步分析如下(图 4.28)。

第 0 层:经过前人的大量研究,已证实该层为浅湖相的沉积,湖盆下沉速度大于充填速度。

第 1 层:以浅灰色粉砂岩、粉细砂岩为主,部分地段见泥质夹层,砂岩中发育包卷层

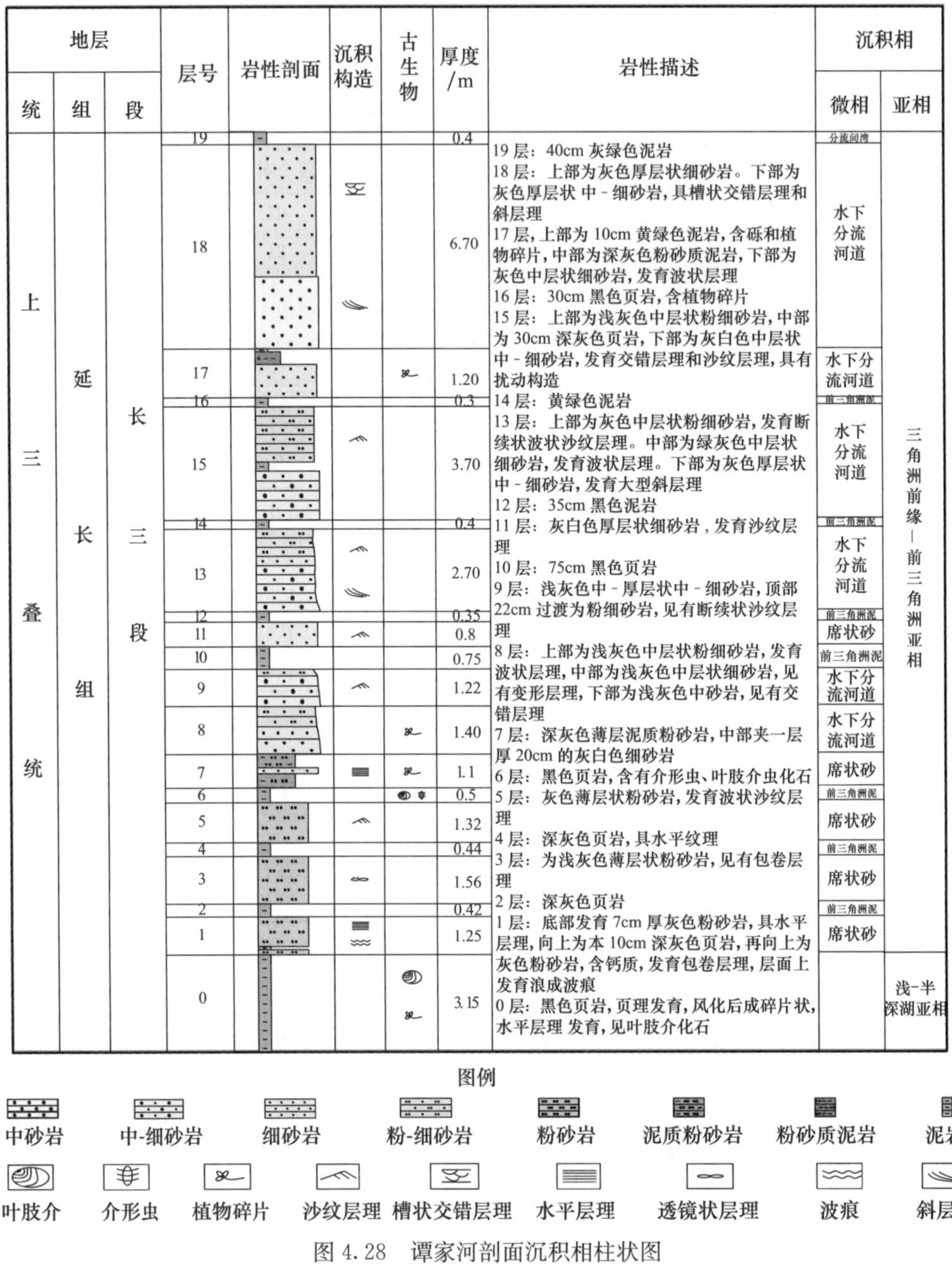

地层			层号	岩性剖面	沉积构造	古生物	厚度/m	岩性描述	沉积相	
统	组	段							微相	亚相

			19				0.4	19层：40cm灰绿色泥岩 18层：上部为灰色厚层状细砂岩。下部为灰色厚层状 中-细砂岩,具槽状交错层理和斜层理 17层：上部为10cm黄绿色泥岩,含砾和植物碎片,中部为深灰色粉砂质泥岩,下部为灰色中层状细砂岩,发育波状层理 16层：30cm黑色页岩,含植物碎片 15层：上部为浅灰色中层状粉细砂岩,中部为30cm深灰色泥岩,下部为灰白色中层状 中-细砂岩,发育交错层理和沙纹层理,具有扰动构造 14层：黄绿色泥岩 13层：上部为灰色中层状粉细砂岩,发育断续状波状沙层理。中部为绿色中层状细砂岩,发育波状层理。下部为灰色厚层状 中-细砂岩,发育大型斜层理 12层：35cm黑色泥岩 11层：灰白色厚层状细砂岩,发育沙纹层理 10层：75cm黑色页岩 9层：浅灰色中-厚层状中-细砂岩,顶部22cm过渡为粉细砂岩,见有断续状沙层理 8层：上部为浅灰色中层状粉细砂岩,发育波状层理,中部为浅灰色中层状细砂岩,见有变形层理,下部为浅灰色中砂岩,见有交错层理 7层：深灰色薄层泥质粉砂岩,中部夹一层厚20cm的灰白色细砂岩 6层：黑色页岩,含有介形虫、叶肢介虫化石 5层：灰色薄层状粉砂岩,发育波状沙层理 4层：深灰色页岩,具水平纹理 3层：为浅灰色薄层状粉砂岩,见有包卷层理 2层：深灰色页岩 1层：底部发育7cm厚灰色粉砂岩,具水平层理,向上为本10cm深灰色页岩,再向上为灰色粉砂岩,含钙质,发育包卷层理,层面上发育浪成波痕 0层：黑色页岩,页理发育,风化后成碎片状,水平层理发育,见叶肢介化石	分流间湾	三角洲前缘—前三角洲亚相
上 三 叠 统	延 长 组	长 三 段	18				6.70		水下分流河道	
			17				1.20		水下分流河道	
			16				0.3		前三角洲泥	
			15				3.70		水下分流河道	
			14				0.4		前三角洲泥	
			13				2.70		水下分流河道	
			12				0.35		前三角洲泥	
			11				0.8		席状砂	
			10				0.75		前三角洲泥	
			9				1.22		水下分流河道	
			8				1.40		水下分流河道	
			7				1.1		席状砂	
			6				0.5		前三角洲泥	
			5				1.32		席状砂	
			4				0.44		前三角洲泥	
			3				1.56		席状砂	
			2				0.42		前三角洲泥	
			1				1.25		席状砂	
			0				3.15		浅-半深湖亚相	

图例

中砂岩　中-细砂岩　细砂岩　粉-细砂岩　粉砂岩　泥质粉砂岩　粉砂质泥岩　泥岩

叶肢介　介形虫　植物碎片　沙纹层理　槽状交错层理　水平层理　透镜状层理　波痕　斜层理

图4.28　谭家河剖面沉积相柱状图

理,层面可见对称浪成波痕,横向延伸较稳定。自张家滩页岩沉积之后,该地区水体总体上呈逐渐变浅的趋势,三角洲开始发育,此时充填速度已大于沉降速度,可能受气候等因素的影响,基准面变化频繁,但幅度均不是太大。由于此阶段水体较浅,波浪作用影响较大,很难形成河口坝,河口沙坝受到波浪的淘洗和筛选,发生侧向迁移,使之呈席状或带状广泛分布于三角洲前缘,形成三角洲前缘席状砂。并有可能向前三角洲延伸而沉积一套薄的泥质夹层。

第2层:以深灰色泥岩为主,底部为一层灰白色粉细砂岩。此阶段基准面稍有下降,河口区水流流速不大,水动力作用较弱,且水体亦较稳定,为三角洲前缘席状砂与前三角洲泥的过渡产物。

第 3 层:垂向上基本为灰白色粉细砂岩与细砂岩的反粒序组合,底部发育包卷层理。自第 2 层沉积之后,基准面继续下降,在该阶段河口沙坝形成,但砂质不纯,含泥质。

第 4 层:深灰色页岩,发育水平纹理。自第 3 层后湖平面上升,此时,已过渡为前三角洲相,该层横向延伸稳定,已处于较深水域,且后期的基准面升降并未对其产生太大的影响。

第 5 层:整体上为一套下细上粗的反粒序组合,自下而上发育水平层理、沙纹层理、爬升层理及低角度斜层理,层面可见浪成波痕。第 4 层沉积厚度很薄,说明基准面上升仅持续了很短的一段时间,便又开始下降,处于三角洲前缘远端,在湖泊波浪及河流作用之下,碎屑物开始在湖底地形较高处堆积,其中泥质在湖水的冲刷和筛选之下被带走,而砂质则被保留,形成砂质较纯净的席状砂体,粉砂岩中层理规模较小,可推知当时水动力条件并不太强。

第 6 层:黑色页岩,含叶肢介、介形虫化石。基准面在短暂的下降之后,在古地理因素的作用之下,又开始有所回升,该层横向延伸不够稳定,且无被切割现象,并在 T-2 柱面处发现泥质粉砂岩条带,据此可推测当时水体并不太深,大致为浪基面附近前三角洲沉积环境。

第 7 层:以深灰色粉砂岩为主,在部分柱面含较多的泥质,横向上总厚度很稳定。三角洲向前推进,本剖面处水体变浅,波浪作用加强,砂质沉积物在河口区难以堆积,在波浪作用之下,形成三角洲前缘席状砂,由于与前三角洲临近,故含较多的泥质。

第 8 层:第 8 层底部的黑色页岩属于前三角洲的泥质沉积物,上部砂体呈中-粉砂岩的垂向正粒序组合,底部可见泥砾。三角洲又继续向前推进,基准面进一步下降,水下分流河道砂体形成。

第 9 层:同样为一套水下分流河道的沉积产物,与第 8 层砂体呈垂向叠置关系。

第 10 层:以黑色页岩为主,部分柱面含较多的砂质,页岩中可见叶肢介及植物碎片化石。此阶段水体加深,但水体能量可能较大,波浪作用影响较深,致使在前三角洲沉积的这套页岩中含较多的砂质沉积物。

第 11 层:横向上为灰白色厚层状细砂岩向中砂岩和粉细砂岩过渡,层面上可见尖峰状对称波痕及干涉波痕,在 T20 柱面以后,可见被小河道冲刷的现象。反映在气候或其他自然因素作用下,水流能量较强水下分流河道末梢砂体可延伸到席状砂发育地带。

第 12 层:黑色页岩。该阶段短期湖进,基准面上升,为饥饿状态下的前三角洲沉积环境。

第 13 层:自下而上为一套灰色的中-细砂、细砂、粉细砂岩的垂向正粒序组合。短期湖进之后,基准面下降,水体又开始变浅,形成水下分流河道的沉积环境。

第 14 层:为一薄层黄绿色泥岩。属于水下分流河道间沉积。

第 15 层:该阶段开始出现较大规模的湖退,且持续时间较长,从而形成了灰白色厚层状且发育大型交错层理的水下分流河道砂体的细砂岩。

第 16 层:深灰色粉砂质泥岩或黑色页岩,富含植物碎片化石。为水流不畅的湖湾沉积。

第 17 层:下部为灰色细砂岩,上部为黄绿色泥岩,含砾并富含植物碎片化石。可能属于水下分流河道沉积。

第 18 层:此阶段基准面迅速下降,沉积了一套巨厚的水下分流河道砂体,水动力作用较强,发育了大型向底部收敛的单向弧形斜层理。

第 19 层:可能为一种支流间湾沉积体系,以泥质沉积为主,仅含少量的粉砂,砂质多为洪水季节河床漫溢的沉积。

4.5.3　高分辨率层序地层学解释对比

由于工区内地层出露完整,构造简单,露头剖面具有较高的分辨率、岩性变化简单等特点,首先识别出岩性、岩相、沉积构造,分析古水深相对变化。然后识别基准面,再根据旋回对比原则进行横向上对比,找出其变化规律。

1. 基准面、旋回界面的识别

1）基准面识别

用来识别基准面变化的沉积地层学特征可以概括为:①单一相物理性质的垂向变化;②相序和相组合变化;③旋回叠加样式的改变;④地层几何形态和接触关系。由于所研究的地层未受构造运动的影响,岩层几乎与地表水平,接触关系皆为整合接触,主要通过相序和相组合变化及旋回叠加样式的改变识别基准面变化。

2）旋回界面的识别

剖面上,旋回界面识别标志包括:①地层剖面中的冲刷现象及上覆的滞留沉积物,或者代表基准面下降于地表之下的侵蚀,或者代表基准面上升时的水进冲刷面;②作为层序界面的滨岸上超的向下迁移。如浅水沉积物直接覆于较深水沉积物之上,河流砂、砾岩直接覆于深水泥岩之上,两类沉积之间往往缺失过渡环境沉积;③岩相类型或相组合在垂向剖面上转换的位置。如水体向上变浅的相序或相组合向水体逐渐变深的相序或相组合的转换处;④砂泥岩厚度旋回性变化,如层序界面之下砂岩粒度向上变粗,砂泥比向上变大,层序界面之上则相反。这种旋回变化特征常以叠加样式的改变表现出来。

根据以上原则,依靠砂岩粒度变化情况,砂泥比,结合岩相分析,可划分出短期旋回。根据旋回叠加样式的改变,以及水下分流河道砂岩直接覆于较深水的前三角洲泥之上,两类沉积之间缺失过渡环境的沉积,可以把两者之间界面作为中期旋回的界面。主要是根据基准面上升和下降的拐点来确定的(图 4.29)。

2. 旋回特征

1）短期旋回特征

根据以上原则划分出旋回界面后,在旋回内部,根据颗粒粗细变化,参考沉积构造的变化,以基准面的相对升降,划分出 12 个短旋回(图 4.29)。代表基准面上升半旋回的地层旋回,反映沉积水体逐渐变深的相为特征,其可容纳空间不断变大;代表基准面下降半旋回的地层,反映沉积水体逐渐变浅的相为代表,其可容纳空间减小。在 12 个短期旋回中,包括 7 个发育完全的上升和下降旋回,3 个仅保留下降阶段的半旋回,2 个仅保留上升阶段的半旋回。7 个完整旋回中有 4 个湖成三角洲前缘的水下分流河道砂和前三角洲泥页岩或湖湾沉积构成的近对称短期旋回;3 个湖成三角洲席状砂和前三角洲泥构成的近对称旋回。其他为分流河道、河口沙坝和前三角洲页岩构成的非对称旋回。各种半旋回的特征如下。

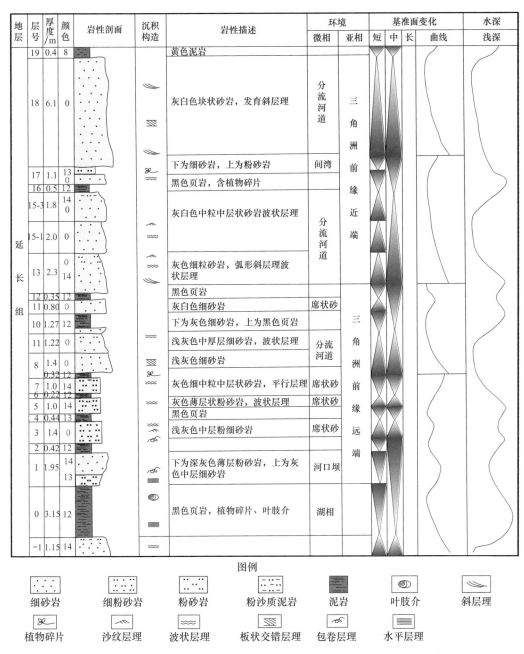

图 4.29　高分辨率层序地层综合分析图(T4 柱面)

（1）基准面上升,可容纳空间增大时的水下分流河道沉积,自下到上为砂泥突变接触面—中细砂岩相—块状粉细砂岩相—波状层理粉砂岩相—水平层理粉砂岩相,及浅湖或前三角洲深灰色,灰黑色泥岩,页岩相组合。层理自下而上为交错—波状—平行层理。旋回底部界面形成于沉积物过路搬运时产生的轻微冲刷作用(波痕),或即无冲刷又无沉积的沉积间断面[图 4.30(a)]。岩相类型较为丰富,A/S 值较高。

（2）基准面上升,可容纳空间增大,但是远小于前者的水下分流河道沉积。由数个相互切割纵向上叠置的复合水下分流河道砂体组成。单个砂体具有向上变细的旋回特征。层理由斜层理—波状—沙纹层理组成。岩相类型单一，主要是灰色厚层细砂岩，绿灰色粉砂岩和泥质粉砂岩。单个砂体厚度稳定，为2m左右[图4.30(b)]。

　　(3)基准面下降，可容纳空间减少时水道间溢流沉积。由浅灰色中层粉砂岩与湖相泥岩组成，粉砂岩厚度为1m，与泥岩呈突变接触。自下到上泥岩成分减少，砂岩增多，A/S值减小[图4.30(c)]。

　　(4)基准面下降，可容纳空间减少时水道间溢流沉积。由深灰色薄层粉砂岩与湖相泥岩组成，单个砂层呈向上变粗的反韵律，厚度为2m，泥质粉砂岩具波状层理、包卷层理。下部泥页岩纹理发育，向上粉砂质增多或夹粉砂条带；向上粉砂岩厚度减薄，泥岩成分增加，表明溢流沉积物减少，A/S值增大[图4.30(d)]。

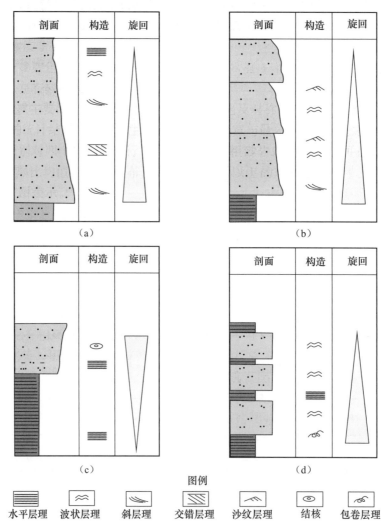

图4.30　短期旋回类型

(a)高可容纳空间水道沉积；(b)低可容纳空间水道沉积；(c)可容纳空间减小时水道间溢流沉积；
(d)可容纳空间增大时水道间溢流沉积

2）中期旋回特征

根据短期旋回的叠加样式分析和中期旋回界面的确定,可以识别 6 个中期旋回,中期上升半旋回由一系列代表水体逐渐变深的短期旋回叠加而成。下降半旋回由一系列代表水体逐渐变浅的短期旋回叠加而成。该 6 个中期旋回皆为对称性旋回,特征最明显的两个是最下部由分流河道组成的上升半旋回和由前三角洲,河口沙坝组成的下降半旋回组成的对称性旋回。其叠加样式如图 4.29 所示,其上部由单个或一系列分流河道组成的上升半旋回和湖湾沉积的下降半旋回组成,其可容纳空间较小。

3. 高精度层序地层对比

以 T0 到 T7 剖面为例(除 0 和 1 剖面距离为 25m 外,其他相隔为 30m),进行横向对比时不是简单地泥对泥,砂对砂,而是根据等时对比原则,选取基准面的拐点。有时可能一个完整的旋回对应一个向下变细的旋回,如 T2、T3、T4 之间,第 10、第 11 层对比第 15 层虽仅为半个旋回,但下部分被覆盖,并非构造运动的影响,所以仍为一个等时对比单元。在 T5 到 T7 之间,虽然第 6 到第 14 层可能不出现或部分出现,但可以推断其中至少有一个等时对比单元(图 4.31)。

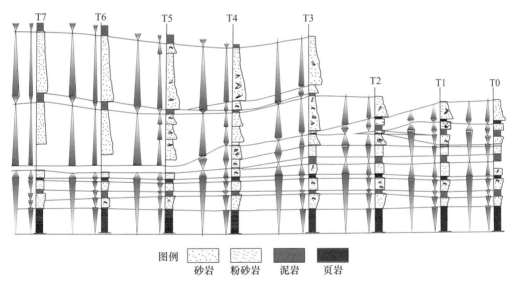

图 4.31　谭家河 T0 到 T7 剖面横向对比图

4.5.4　成因砂体的连续性

本剖面出现 3 种主要砂体,分别为前缘远沙坝、席状砂、分流河口坝和分流河道砂。

1. 三角洲前缘远沙坝和席状砂

以第 1 层顶部的砂体为代表,砂体厚度一般不超过 1.5m,粒度上也有所变化:可从泥岩—泥质粉砂岩—粉砂岩—细砂岩,总体上为向上变粗的沉积层序。底部发育水平层理,中部可见大型包卷层理,层面上可见对称浪成波痕,波峰尖棱状,波谷宽而圆滑,波痕走向为 333°～153°,呈 SE-NW 向延伸,波长约 7cm,波高 0.6cm 左右。由于粒度较细,泥质含较量高,纵向上又与其他砂体以泥岩相隔,故连通性极差。横向上厚度较稳定,分布较广,延伸范围可达千米,但厚度上有起伏,层内薄泥夹层也较稳定,往往可以延伸数十米。

2. 河口坝砂体

以第 11 层砂体为代表:横向连续性很好,宽可达 1000m 以上,厚度为 1m 左右,由粉砂-细砂组成,局部钙质富集,中间偶夹若干薄层(≤10cm)泥质粉砂岩,未见化石。底部发育沙纹层理,上部可见槽状交错层理。层面上发育尖峰状对称波痕和干涉波痕。垂向粒序变化不太明显。因该砂体中段被第 15 层砂体完全切割,砂体形态不明。T20 柱面以后可见被两小型河道冲刷的现象,且泥质含量较多。整体而言,该砂体孔渗性很好,是较好储集层,且其上下层位均为泥岩,可作为良好的盖层和底板。

3. 分流河道砂体

(1) 第 15 层砂体:砂体宽达 500m 以上,厚度最大可达 5.85m;砂体横断面呈箱状,两侧边界较陡,倾角可达 45°左右,河道底界向下凸出,但略有起伏;砂体两侧边界一般与其他层位呈切割关系接触(图 4.32)。内部粒度较粗,以垂向上灰白色中-厚层状中-细砂岩的正粒序组合为主,底部见泥砾块(150cm×18cm)及泥质条带,为河床滞留沉积。砂体中段的中下部发育大型斜层理(图 4.32),层理长为 3.0m,层系厚为 78cm,向底收敛,层理面由炭屑组成,上部发育沙纹层理,可见垂直虫孔(图 4.33)。横向上向砂体两侧粒度变细,发育沙纹层理。砂体内部建筑结构复杂(图 4.34),其下部可见由冲刷充填形成的小型透镜状砂体,一般长约 5m,以泥岩或粉砂质泥岩为边界(图 4.35)。另外,砂体中还存在大量的泥岩条带,主要是由斜层理的层理面尾部的炭质泥岩组成。河流携带了大量的有机碎屑物质,进入河口区流速降低,且由于沙波波谷处的流体分离作用,使有机碎屑物随砂质一起在斜层理的尾部相对集中,于是就形成了大量的泥质条带,加大了该河道砂体的纵向及横向上的非均质性。

图 4.32　砂体下部发育的大型斜层理

图 4.33　第 15 层砂体上部垂直虫孔

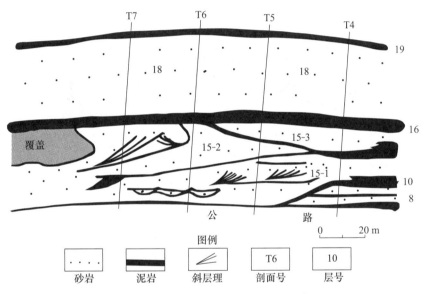

图 4.34　第 15 层河道砂体内部结构示意图

图 4.35　第 15 层砂体下部冲刷充填构造

（2）第18层砂体：砂体可分为东西两段，东段长约300m，最厚可达8.45m；砂体形态顶平底凸；岩性以灰白色块状中粒长石石英砂岩为主；下部发育大型交错层理（图4.36），层系长为2.30m，厚为70cm，产状为325°∠12°，细层理面由炭屑与绢云母组成，层理向底收敛，与底面夹角为10°，中上部发育单向弧形斜层理（图4.37）、小型交错层理及沙纹层理。垂向上为中砂岩—细砂岩—粉细砂岩的正粒序组合；西段长度大于500m，为一套砂泥互层的沉积组合，砂岩一般为粉-细砂岩，泥岩则为黑色或绿灰色泥岩或粉砂质泥岩。

图4.36　第18层砂体下部大型交错层理

图4.37　第18层砂体中上部单向弧形斜层理

整体而言，东段砂体为一套水下分支河道所形成的砂体，向西延伸则为前三角洲所形成的泥与漫滩砂。

（3）第9层砂体：砂体宽为73m，厚度大于0.5m，最厚处为1.4m。整个砂体呈不对称的顶平底凸透镜状，说明河流有一定的弯度，从而造成了轻微的侧向侵蚀，但河道边界的梯度变化均很小。河道中充填较均匀，为中-细砂岩。纵向上来看，顶部粒度较细，为粉细砂岩；横向上比较，河道两侧粒度变细为粉细砂岩，发育断续波状层理，可见植物化石。砂体向两侧延伸，逐渐尖灭消失。砂体与其他砂体呈垂向叠置关系而接触，接触面泥质含量很少，所以砂体与砂体之间的连通性很好。

4.5.5　谭家河剖面西段

剖面西段主要出露 18 小层以上的地层,但覆盖较严重,且地形较陡,主要为分流河道和河口坝沉积。T23 与 T25 柱面之间有一分流河道砂体,砂体宽 230m 以上,厚为 15m 左右。砂体两侧基本对称,河道中心处厚度最大,呈明显的顶平底凸形态,与其他层位呈切割接触。砂体内部以细-中砂为主,发育大型交错层理。垂向上粒度自下而上递减,横向上粒度从中部向两侧递减,孔隙度及渗透性也随粒度的减小而减小。另外在暴露的垂向剖面上可见大量由于风化而形成的凹痕,可见其内部的非均质性较为严重。

河道砂体与周边地层的接触面是一个厚度很小的低渗层,最厚处为 20cm 左右,最薄处仅几厘米。在这个河道砂体的上面还有另一个河道砂体,二者之间有一很薄的粉砂质泥岩层,最薄处仅有十几厘米,利用测井曲线很难区分开。

4.5.6　谭家河东延河北岸河口坝体系精细解剖

谭家河村以东延河北岸主要发育一套河口坝体系。河口坝体系表现为平缓的顶底界面,单层厚度较小,一般由细粉砂岩组成,向两侧渐变为泥岩,各个河口坝侧向上可以相接,偶见有水道状砂质或泥质充填,但水道的深度皆较小于 2m。

河口坝砂体剖面上呈拼接式结构,单个单元的宽度为 100m,单层厚度为 30~50cm,砂体非均质性主要受单元间接触关系的影响,单个单元内部由中心向两侧岩性变细,物性变差。

本次实测河口坝体系剖面长度为 300m,厚度为 2m,长度大于 1 个井距,没有加长细测是因为河口坝体系内部的砂体接触关系和规律性较强,详细情况如图 4.38 所示。河口坝物性在横向上从左至右,孔隙度由 6.33% 变为 10.524% 和 3.11% 先增后减;渗透率因受大量裂缝影响,整体上从 0.65mD 增加到 2.3mD,再减小为 0.04mD,纵向上表现为上部的孔隙度比下部高,渗透率上部低于下部。

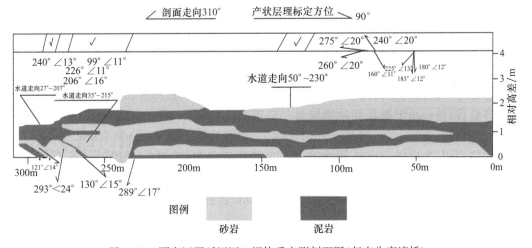

图 4.38　谭家河洞延河河口坝体系实测剖面图(起点朱家湾桥)

　　横向上看,水下分支河道砂体中间多为中砂岩,两侧多为细砂岩,横向上中部孔隙度和渗透率较高,两侧孔隙度和渗透率较低。各微相物性直方图如图 4.39 所示。

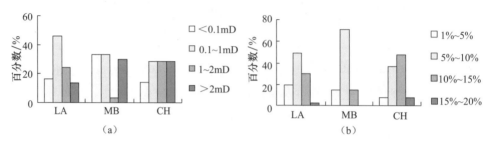

图 4.39　研究层段各微相物性分布百分数直方图
(a)渗透率分布图;(b)孔隙度分布百分图

4.6　延河朱家湾剖面储层沉积学解剖

　　剖面位于朱家湾北、谭家河南、延河南岸(图 4.18 中的 8 号剖面),长约为 600m,实测部分长度为 500m,最厚处可达 60m 左右。该剖面垂向上可分为 3 套地层组合:剖面底部出露一套为河口坝和分流河道沉积,剖面中部为砂泥互层沉积,横向上砂泥展布稳定,为前三角洲和三角洲前缘席状砂沉积;剖面上部为分流河道砂体积,砂体顶底界面较为平直,泥岩夹层相对较为稳定。图 4.40 是该剖面中上部组合的全貌。被延河切割而分为南北两部分。北部剖面 1 号点处为一小型水下分流河道被泥质沉积物充填,切割下部的河口坝砂体,侧积体和侧积层清晰可见,向下变薄与泥岩汇合尖灭。同时可见被砂岩充填的水下分流河道,河道底部相对较平直,侵蚀作用不大,自西向东河道砂体变薄,在南北岸可见数个由砂泥岩交互出现的倾斜非均质(IHS)交错层理,显示点坝沉积的典型特征。

图 4.40　朱家湾(8 号)剖面全貌

4.6.1　沉积相分析

　　朱家湾剖面以野外编号第 0 层的黑色页岩为界,其下部是一套由黑色页岩,灰色、灰绿色细粉砂岩组成的细粒岩性段,即朱家湾剖面的中部段,属前三角洲和三角洲前缘席状砂、河口坝沉积。上部是一套中厚层砂岩组成的分流河道沉积,夹有灰色的泥岩,泥质粉砂岩。为了详细解剖本剖面的沉积建筑结构,以 40m 间隔布置垂向剖面 13 条。以第 0号垂向剖面为例(图 4.41),其地层特征由下往上如下(0 号标志层以下编号为负)。

第−4 层,厚为 0.5m,灰黑色泥岩,页理发育,横向分布稳定,属前三角洲沉积。

第−3 层,厚为 0.95m,细砂岩,小型沙纹层理,虫孔发育,可分为上下两部分。下部为 20cm 深灰色细砂岩,上部为 0.7m,灰色细砂岩,二者之间夹 0.5~1cm 厚的泥岩,泥岩页理发育,横向上厚度稳定,横向延伸 50m 以上,本层属前缘席状砂沉积。

第−2 层,厚为 0.65m,细砂岩与泥质粉砂岩互层,分为三个部分。下部为灰色泥质粉砂岩,厚为 27cm,局部见有小型沙纹层理;中部为灰色细砂岩,厚为 18cm,小型沙纹层理,层理的层系厚度小于 1cm,宽度小于 10cm;上部为泥质粉砂岩,厚为 20cm,小型沙纹层理。根据本层特征,具有由细到粗再变细的复合旋回特征,为席状砂沉积。

第−1 层,厚为 1.1m,底部有 15cm 致密胶结的灰褐色细砂岩,发育沙纹层理,上部为95cm 厚的灰白色中细砂岩,小型沙纹层理发育,虫孔较发育,为前缘席状砂沉积。

第 0 层,厚为 0.5cm,灰黑色页岩,横向稳定,属前三角洲沉积。

第 1 层,厚为 1.5m,可分为三部分。底部为 20cm 厚的灰白色细砂岩,小型沙纹层理发育,中部为 100cm 厚的灰白色中细砂岩,沙纹层理和虫孔发育,顶部为 30cm 厚绿灰色细砂岩,胶结较疏松,具有小型沙纹层理,本层属河口坝沉积。

第 2 层,厚为 1.65m,灰白色细砂岩,发育小型沙纹层理,分为 3 层,厚度分别为0.4m、0.45m 和 0.80m,属河口坝沉积。

第 3 层,总厚 3.3m,分为 8 个岩性段。由下往上依次为:①$3^1$,厚为 30cm,灰绿色泥质粉细砂岩,见小型沙纹层理;②$3^2$,厚为 15cm,灰黑色页岩;③$3^3$,厚为 62cm,深灰色细砂岩,见小型沙纹层理,层系厚度小于 1cm,宽度小于 3cm,胶结致密;④$3^4$,厚为 1.0cm,灰黑色泥岩;⑤$3^5$,厚为 60cm,深灰色细砂岩,胶结比较致密,底部发育小型交错层理,层系厚度 3cm,层系宽度小于 5cm,中上部见沙纹层理;⑥$3^6$,厚为 40cm,绿灰色泥质粉砂岩,见有小型沙纹层理,见铁质结核;⑦$3^7$,厚为 40cm,深灰色粉砂质泥岩;⑧$3^8$,厚为75cm,底部为绿灰色泥质粉砂岩,发育小型沙纹层理,中上部为粉砂岩,呈深灰色,发育层系厚度小于 2cm 的沙纹层理,属三角洲前缘席状砂-前三角洲沉积。

第 4 层,厚为 0.75m,深灰色泥岩,展布稳定,为前三角洲沉积。

第 5 层,厚为 1.0m,分三部分。下部为 45cm 厚的灰褐色细粉砂岩,发育虫孔;中部为 25cm 厚的泥质粉砂岩,绿灰色;上部为 30cm 厚的绿灰色细砂岩,发育沙纹层理,层面上具丰富的植物碎片。本层为前缘席状砂沉积。

第 6 层,总厚为 0.6m,下部为 20cm 厚含植物化石的灰黑色页岩;中部为 20cm 厚,胶结致密的深灰色小型沙纹层理粉砂岩;上部为 20cm 厚深灰色小型沙纹层理粉砂岩。侧向上很快尖灭,属河道间沉积。

第 7 层,总厚 1.7m,属水下分流河道沉积。分为上、下两部分,下部分为三个岩性段,上部为同一个岩性段。7^1 总厚 100cm,底部为 40cm 厚绿灰色细砂岩,发育中型交错层理,层系宽度为 10cm 左右,层系厚度为 5cm 左右;中部为 35cm 泥质粉砂岩,呈绿灰色,发育小型沙纹层理;顶部为 25cm 厚的褐色灰色页岩,见有植物碎片。7^2 厚为 70cm 的褐灰色细砂岩,板状交错层系厚度为 3cm,胶结较致密。

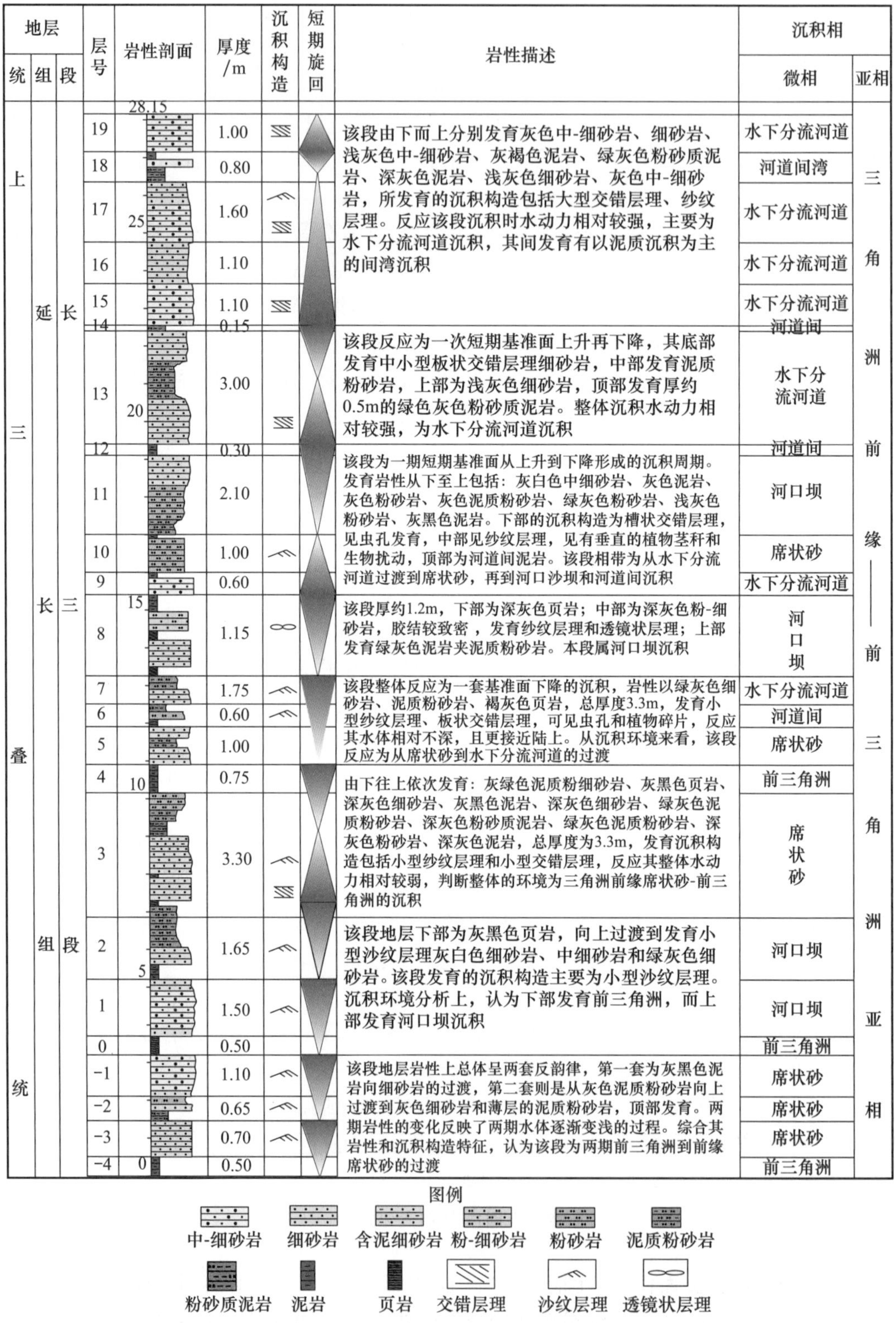

地层			层号	岩性剖面	厚度/m	沉积构造	短期旋回	岩性描述	沉积相		
统	组	段							微相		亚相
上 三 叠 统	延 长 组	长三段	19		1.00			该段由下而上分别发育灰色中-细砂岩、细砂岩、浅灰色中-细砂岩、灰褐色泥岩、绿灰色粉砂质泥岩、深灰色泥岩、浅灰色细砂岩、灰色中-细砂岩，所发育的沉积构造包括大型交错层理、纱纹层理。反应该段沉积时水动力相对较强，主要为水下分流河道沉积，其间发育有以泥质沉积为主的间湾沉积	水下分流河道		三 角 洲 前 缘 — 前 三 角 洲 亚 相
			18		0.80				河道间湾		
			17		1.60				水下分流河道		
			16		1.10				水下分流河道		
			15		1.10				水下分流河道		
			14		0.15				河道间		
			13		3.00			该段反应为一次短期基准面上升再下降，其底部发育中小型板状交错层理细砂岩，中部发育泥质粉砂岩，上部为浅灰色细砂岩，顶部发育厚约0.5m的绿色灰色粉砂质泥岩。整体沉积水动力相对较强，为水下分流河道沉积	水下分流河道		
			12		0.30				河道间		
			11		2.10			该段为一期短期基准面从上升到下降形成的沉积周期。发育岩性从下至上包括：灰白色中细砂岩、灰色泥岩、灰色泥质粉砂岩、绿灰色粉砂岩、浅灰色粉砂岩、灰黑色泥岩。下部的沉积构造为槽状交错层理，虫孔发育，中部见纱纹层理，见有垂直的植物茎秆和生物扰动，顶部为河道间泥岩。该段相带从水下分流河道过渡到席状砂，再到河口沙坝和河道间沉积	河口坝		
			10		1.00				席状砂		
			9		0.60				水下分流河道		
			8		1.15			该段厚约1.2m，下部为深灰色页岩；中部为深灰色粉-细砂岩，胶结较致密，发育纱纹层理和透镜状层理；上部发育绿灰色泥岩夹泥质粉砂岩。本段属河口坝沉积	河口坝		
			7		1.75			该段整体反应为一套基准面下降的沉积，岩性以绿灰色细砂岩、泥质粉砂岩、褐灰色页岩，总厚度3.3m，发育小型纱纹层理、板状交错层理，可见虫孔和植物碎片，反应其水动相对不深，且更接近陆上。从沉积环境来看，该段反应为从席状砂到水下分流河道的过渡	水下分流河道		三 角 洲 前 缘 亚 相
			6		0.60				河道间		
			5		1.00				席状砂		
			4		0.75			由下往上依次发育：灰绿色泥质粉细砂岩、灰黑色页岩、深灰色细砂岩、灰黑色泥岩、深灰色细砂岩、绿灰色泥质粉砂岩、深灰色粉砂质泥岩、绿灰色泥质粉砂岩、深灰色泥岩，总厚度为3.3m，发育沉积构造包括小型纱纹层理和小型交错层理，反应其水动力相对较弱，判断整体的环境为三角洲前缘席状砂-前三角洲的沉积	前三角洲		
			3		3.30				席状砂		
			2		1.65			该段地层下部为灰黑色页岩，向上过渡到发育小型沙纹层理灰白色细砂岩、中细砂岩和绿灰色细砂岩。该段发育的沉积构造主要为小型沙纹层理。沉积环境分析上，认为下部发育前三角洲，而上部发育河口坝沉积	河口坝		
			1		1.50				河口坝		
			0		0.50				前三角洲		
			-1		1.10			该段地层岩性上总体呈两套反韵律，第一套为灰黑色泥岩向细砂岩的过渡，第二套则是从灰色泥质粉砂岩向上过渡到灰色细砂岩和薄层的泥质粉砂岩，顶部发育。两期岩性的变化反映了两期水体逐渐变浅的过程。综合其岩性和沉积构造特征，认为该段为两期前三角洲到前缘席状砂的过渡	席状砂		
			-2		0.65				席状砂		
			-3		0.70				席状砂		
			-4		0.50				前三角洲		

图例

中-细砂岩　细砂岩　含泥细砂岩　粉-细砂岩　粉砂岩　泥质粉砂岩

粉砂质泥岩　泥岩　页岩　交错层理　沙纹层理　透镜状层理

图 4.41　朱家湾剖面沉积相柱状图

第 8 层,总厚 1.2m,属河口坝沉积,分为三部分。8^1 厚 25cm,深灰色页岩;8^2 厚 50cm,深灰色粉细砂岩,胶结较致密,侧向延伸向－1 号垂向剖面方向 20m 尖灭,发育沙纹状,透镜状层理;8^3 厚 45cm,绿灰色泥岩夹泥质粉砂岩。

第 9 层,厚 0.6m,下部为 45cm 厚灰白色中细砂岩,发育槽状交错层理,虫孔发育,夹一较稳定的泥质条带,层系厚度为 15cm,宽度为 50cm;上部为 15cm 厚的灰色泥岩,向－1 号垂向剖面方向尖灭。本层为分流河道沉积。

第 10 层,厚度为 1.0m,灰色粉砂岩,小型沙纹层理,胶结较致密,顶部有 10cm 厚的灰色泥岩,为席状砂沉积。

第 11 层,总厚 2.1m,为河口坝沉积,分为三个部分。下部 40cm 灰色泥质粉砂岩;中部 90cm 厚绿灰色粉砂岩,沙纹层理,层面见有炭屑;上部 80cm 浅灰色细砂岩,发育沙纹层理,见有垂直的植物茎干和生物扰动。

第 12 层,0.3m 厚的灰黑色泥岩。

第 13 层,分为两段,下段厚为 2.2m,其中下部 1.2m,中、小型交错层理细砂岩;上部 1.0m,为灰色,泥质粉砂岩,为分流河道沉积;上段厚 0.8m 浅灰色细砂岩,见有生物扰动,向顶部泥质含量增加,具中小型交错层理。本层为分流河道沉积。

第 14 层,厚 0.5m 绿灰色粉砂质泥岩,为河道间沉积。

第 15 层,厚为 1.1m 浅灰色中到细砂岩,胶结疏松,发育中到大型交错层理,分流河道沉积。

第 16 层,厚为 1.1m 厚细砂岩,与第 15 层组成分流河道砂体。

第 17 层,分为两段,下段厚为 1.2m,浅灰色中到细砂岩,其下部见有中到大型交错层理,顶部见有沙纹层理,向上变细,为分流河道沉积。上段是 0.4m 厚的灰褐色泥岩。

第 18 层,分两段,下段厚 0.6m,其底部为 0.4m 的绿灰色粉砂质泥岩;顶部为 0.2m 浅灰色细砂岩,上段是 0.2m 厚的深灰色泥岩,为河道间沉积。

第 19 层,1.0m 厚的浅灰色中细砂岩,见有中型交错层理,为小型分流河道沉积。

根据本剖面显示的特征,朱家湾剖面在 0 号层以下主要为三角洲前缘席状砂和前三角洲湖相泥岩沉积;0 号层之上到第 6 层,以河口沙坝沉积为主,夹有席状砂和前三角洲泥岩;第 7 层之上主要为三角洲前缘的分流河道沉积砂体。

4.6.2　砂体连续性

本处出现的 3 种主要沉积砂体分别为前缘席状砂,河口坝和分流河道砂体,砂体总体上连续性较好,显示了三角洲前缘水流平稳,水动力较弱,水流通道较宽的特征。其中前缘席状砂的连续性最强,河口坝次之,分流河道砂体连续性较差,地层横剖面骨架如图 4.42 所示。

前缘席状砂体以-3 层和-1 层为典型代表,砂层的横向延伸范围大于 500 米,厚度 1cm 左右的薄泥层可水平延伸 50m 以上,具有包卷变形层理的细砂岩呈席状展布,露头区可观察面积达数平方公里,内部薄夹层极少。

河口沙坝砂体以第 1 层为代表,砂体的横向连续性较好,具有稳定的厚度分布范围,一般超过 500m,与前缘席状砂的差别在于,砂体内部的岩性变化频繁,使河口坝砂体断面形成透镜状特征,岩性由中部向两侧逐渐由细砂岩渐变为粉砂岩,泥质粉砂岩和粉砂质泥岩,单个透镜体的宽度为200m左右,厚度为0.5m左右,各个透镜体叠加造成一系列正—反—正—反的复合旋回,层内明显的薄夹层虽然不多,但由于岩性变化形成的低渗透缓冲带(夹层)十分复杂,构成此类储层开发过程中剩余油的不均匀分布。

分流河道砂体的横向展布范围为100~500m,由于层内泥质夹层较发育,导致层内各层次建筑结构要素的规模较小,这类储层开发之后的油水运动规律复杂,剩余可动油分布最为复杂。

从砂体的连续性分析,席状砂体属于千层饼式(或平板状,层饼状)储层,河口坝砂体介于千层饼式和拼接式(搭桥式)储层,分流河道砂体构成拼接式储层。

席状砂体的顶底界面平直,一般无明显的侵蚀作用,上下一般有泥质做隔层,虽然层内连续性好,但与邻层的连通性较差。河口坝砂体的顶底界面平直,侵蚀作用弱或无侵蚀作用,但砂体内部的透镜状单元之间的接触关系影响了它们之间的连通性。砂体的连通性主要取决于各透镜状单元的连通性程度,透镜状单元之间很少有薄泥质隔层,如果两个透镜体是在渗透部位接触,则其连通性变好,若有一方为低渗透带,则连通性变差。此类砂体上部可能偶被分流河道砂体切割,但大多数情况下被泥岩层封盖。分流河道砂体底部一般呈侵蚀特征,但界面各处侵蚀程度不同,大多数分流河道砂体底面有不大于50cm的侵蚀界面,但很少有滞留砾石或泥砾。分流河道切割河道间细粒沉积,切割其他分流河道砂体现象常见,砂岩相互接触处一般为渗透性通道,从而造成了分流河道砂体层间连通方式复杂但连通程度较高的特征。

4.6.3　层序地层学特征

沉积体系域沉积物的保存程度、地层堆积样式、相序特征及相类型是基准面和可容纳空间变化的函数,通过分析A/S可以把沉积特征和可容纳空间变化直接联系起来。A/S越大,地貌要素保存得越好,随A/S降低,保存下来的地貌要素的种类和比例也减少。在地层记录中表现为A/S越大,相和地层界面保存的越多且完整性越好,A/S越小,相和地层界面保存得越少且越零散。

本剖面可划分出12个短期旋回,4个中期旋回,2个长期半旋回(图4.42),代表性沉积层段分别为:SS1包括第−4、−3小层;SS2包括第−2、−1小层;SS3包括第0、1小层;SS4包括第2小层,以下降半旋回为主;SS5包括第3、4小层;SS6包括第5~8小层;SS7包括第9~12小层;SS8包括第13、14小层,具不对称旋回;SS9包括第15、16小层;SS10包括第17、18小层;SS11包括第19、20小层;SS12包括第21小层,以上升半旋回为主。

SS1~SS4组成剖面第一个中期旋回(由于下部地层被覆盖,上升半旋回未出露,仅见下降半旋回),沉积环境以远沙坝、河口坝为主,普遍见有虫孔;由下往上,砂泥比增加,A/S呈减小趋势;沉积构造由小型交错层理变为中到大型交错层理(如剖面Z6,波状交错层理—中型交错层理—大型交错层理;剖面Z2由波状交错层理—板状交错层理),局部可见包卷层理。由于可容纳空间较大,沉积物保存较完全。横向上,剖面Z4以东发育较大型层理(槽状交错层理),剖面Z4以西层理规模较小,以波状交错层理为主,虫孔仅见于剖面

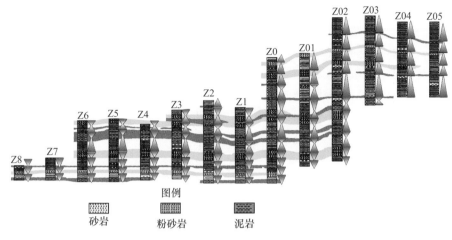

图例

砂岩　　　　粉砂岩　　　　泥岩

图 4.42　朱家湾地层横剖面图(8 号)

Z3 以西,反映剖面 Z4 西边水体较东边深,伽马曲线以漏斗形为主。

　　SS5~SS7 组成剖面第二个中期旋回,此旋回为一不对称旋回,由东向西对称性增加。沉积环境以水下分流河道、远沙坝、河口坝为主,垂向上由下往上,砂泥比先增加后由减少,反映一次基准面由上升到到下降过程,下降半旋回保存不完整。A/S 呈持续减小趋势,基准面较第一中期旋回低,沉积构造见有波状交错层理、槽状交错层理,局部见有植物碎片;横向上以剖面 Z2 以东分流河道较发育,剖面 Z2 以西沉积物较细,以远沙坝沉积为主,西边水体仍较东边深,在靠近盆地的环境中沉积物的体积逐渐增大,近物源的环境中沉积物的体积减小,表明有效可容纳空间向西(盆地)迁移,砂体向西推进;伽马曲线见有箱形、钟形及漏斗形。

　　SS8~SS11 组成第三个中期旋回,以上升半旋回为主,沉积环境以水下分流河道为主,由下往上砂泥比呈减小趋势,代表一次基准面上升过程。由于可容纳空间较低,下降半旋回基本未保存,沉积构造主要为槽状交错层理,以砂质沉积为主,仅中期旋回上部保存少量泥质沉积物,有效可容纳空间继续向西偏移,砂体向前推进,砂体连通性好。

　　SS12 组成剖面第四个中期旋回,A/S 较低,工区内仅见部分上升半旋回,沉积环境以水下分流河道为主,由下往上粒度略变细,代表又一次基准面上升过程,沉积构造主要为槽状交错层理,以中细砂岩沉积为主。第一、第二两个中期旋回构成一个长期下降半旋回。第三、四中期旋回构成一长期上升半旋回。

　　在较低可容纳空间情况下,沉积体系中的地貌要素在供沉积物堆积的势能面附近上下移动,而保存得较少。例如,本剖面中的第三、四中期旋回沉积时虽处于长期上升半旋回,但可容纳空间较低,导致地貌要素侵蚀切削严重,环境中原来存在的地貌要素种类不完整,仅保存有上升半旋回的沉积。由于 A/S 较低,致使沉积物在本剖面处堆积的可能性较小,如果沉积物通量增加,则可能会有更多的沉积物被搬运到下游剖面的位置。相反,在较高可容纳空间情况下,沉积势能面供地貌要素保存的空间较大,地貌要素沿沉积剖面迁移时,原来的地貌要素发生侵蚀切削和混杂的情况少。所以可容纳空间增大,也就增大了在特定环境中保存的沉积物体积和原始地貌要素的多样性和比例。A/S 高,本地沉积物沉积的多,搬运到别处的就少,例如,该剖面中的第一、二中期旋回,上升、下降半旋回沉积均见有,地貌要素保存的较好。

在第三、四中期旋回内,由于基准面上升初期可容纳空间低,低 A/S 导致水下分流河道发育,砂体厚度大,为多期河道叠置而成。剖面上砂体连片分布,侧向连续性较好。在第一、二中期旋回内,A/S 较高,沉积砂体以前缘席状砂、远沙坝等沉积为主,局部可见分流河道砂体,但多为泥质沉积中的孤立状,砂体宽度变小,侧向连续性变差。

4.6.4　朱家湾村北水下分流河道-河口坝体系中的侧积体

三角洲前缘水下分流河道和河口坝在侧向上可以逐渐过渡,水下分流河道砂体由中细砂岩组成,底部起伏较大,偶见棱角状泥砾等滞留现象,发育中到大型交错层理,层系宽度大于 30cm,层系厚度大于 15cm,河口坝砂体主要表现为具有小型交错层到中型交错层的细砂岩和粉砂岩,二者平面上逐渐过渡。

朱家湾村北延河两岸由河道切割的厚度 3m 的地层剖面显示了水下分流河道的特征,水下分流河道中的侧积现象发育,具有一定的代表性(图 4.43),是实测的延河两岸地层剖面特征。从本剖面上可见到两种明显的河道充填特征,其一是以砂岩为主的逐渐充填,交错层理规模由下往上略具减小趋势,河道砂岩呈明显的透镜状。如剖面 50～100m处,显示河道逐渐废弃充填的特征。第二种充填是河道的突然废弃充填,突然废弃后的河道由泥质沉积物填充,泥质沉积物在填充过程中保持原始河床边界的弯曲特征,呈同心圆状的泥质充填,如剖面 0～25m 处的特征(图 4.43)。

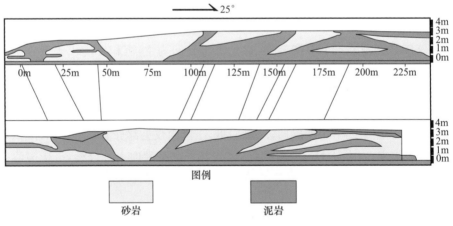

图 4.43　朱家湾村北延河河道两岸侧积体

水下分流河道-河口坝体系,左上角 0～25m 的泥岩为废弃河道充填泥

由于侧积体的存在,使本处的泥岩内部纹层的沉积倾角不是呈水平层状而是保持了原始地貌坡度和产状特征,砂岩和泥岩间互出现的非均质倾斜层理,这是曲流河点坝的典型特征,前人在海底扇,浊流沉积,潮汐及河流沉积中也做过报道(解习农,1994;Clark and Pickering,1996)。

　　此类侧积体系,由于处于三角洲前缘环境,沉积物供给不足,沉积物粒度较细,前缘水下分流河道砂体中泥岩所占的体积很大,侧积体中的砂体部分比例并不占绝对优势,处于砂岩被泥岩包围的状态,若形成储层,此类体系中可动剩余油的比例应该较高。侧积体横向上孔隙度变化总体趋势为中间高、两侧低,渗透率变化具相同的趋势。纵向上从上至下,孔隙度和渗透率均有增大的趋势。横向上右侧的孔隙度和渗透率高于左侧(图 4.44)。

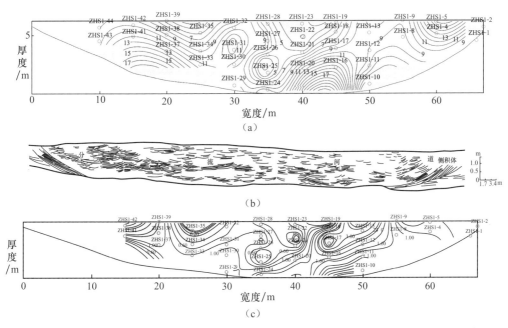

图 4.44　延河北岸水下分流河道-河口坝体系中的侧积体

(a)孔隙度等值线图;(b)侧积体取样部位素描图;(c)侧积体渗透率等值线图

4.7　延河张家滩中学东剖面储层沉积学解剖

4.7.1　剖面描述

　　张家滩中学东剖面(2 号剖面)(图 4.18)位于张家滩中学至张家滩镇之间,全长约为 800m,剖面厚度约为 40m。该剖面以黑色的深湖相张家滩页岩为界,分为上、下两套地层组合:上部组合的顶部为一套以砂岩为主的地层组合,属于以河口坝、水下分流河道为主的三角洲近端沉积,上部组合的中下部和下部组合皆为一套砂泥互层的地层组合,属于以河口坝和前缘席状砂为主的三角洲前缘远端沉积。沿剖面按每 100m 间距实测 9 条柱状剖面,依次编号为 A,B,…,I,由于地势的限制,横向追踪主要依靠照片镶嵌进行。图 4.45 是该剖面的横向岩性变化图。地层剖面从下往上描述如下(标志层以下地层编号为负号)。

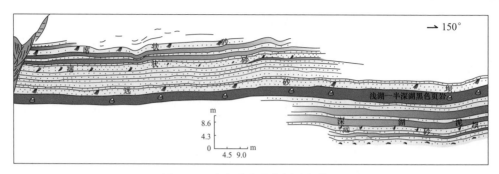

图 4.45　张家滩中学东剖面实体图

第－11 层,95cm 席状砂沉积。浅绿灰色中层状细砂岩,向上渐变为泥质粉砂岩,泥质含量向上增多,下部具小型浪成波痕层理(小型槽状交错层理),细层厚 1cm,顶部泥质粉砂岩中含炭屑。

第－10 层,15cm,黑色页岩相,页理发育,含植物碎片及炭质沥青,横向变化稳定。为浅湖相沉积。

第－9 层,34cm,绿灰色波状层理泥质粉砂岩相,为席状砂沉积。

第－8 层,105cm,绿灰色粉砂质页岩相,页理发育,风化后呈碎片状,中部夹 30cm 厚的粉砂岩透镜体,宽约为 8m,页岩顶面见植物茎干。

第－7 层,20cm,灰色波状层理细砂岩相,具波状层理,发育直立生物潜穴,穴孔直径 1～2cm,砂岩中含较多炭屑,层面上见较多的植物茎干。为席状砂沉积。

第－6 层,125cm,灰白色斜层理中砂岩相,层系厚为 18cm,纹层厚为 5cm,斜层理倾角 20°(与底面夹角),层理倾向为 295°,细层面由较多的炭屑组成,纹层向层系底面收敛。顶部 32cm 平行层理细砂岩,见直立潜穴,为远沙坝沉积。

第－5 层,215cm,黑色页岩,页理发育,风化后呈碎片状,距底 20cm 处夹一薄层(5～15cm 厚)的深灰色粉砂岩,具微波状层理(薄层横向稳定),页岩中夹数层 1～2cm 厚的粉砂岩。

第－4 层,130cm,灰色波状层理、包卷层理粉细砂岩,顶部渐变为泥岩,该层稳定。为席状砂沉积。

第－3 层,195cm,底部为绿灰色页岩,厚 40cm,向上为黑色页岩,含粉砂,页理发育,中部夹 25cm 厚的深灰色粉砂岩,具波状层理,粉砂岩层横向不稳定。

第－2 层,100cm,灰色波状层理泥质粉砂岩相,见透镜状层理,透镜体长 3～12cm,厚 1～2.5cm。横向上顶部可变为粉砂质泥岩。为席状砂沉积。

第－1 层,115cm,浅灰色中型交错层理中-细砂岩相,层系向两个方向收敛,横向稳定;顶部 20cm 为泥质粉砂岩,具波状层理,为水下分流河道砂体。

第 0 层,390cm,黑色页岩,页理发育,含叶肢介、介形虫、瓣鳃类、鱼化石及植物碎片。为浅湖相沉积。

第 1 层,230cm,底部为 65cm 厚的深灰色粉砂质页岩夹波状层理粉砂岩,页岩水平层理发育,粉砂岩中见波状沙纹层理及包卷层理,粉砂岩厚约为 30cm。向上 165cm 为绿灰色细砂岩(其中 80cm 为平行层理),厚 40cm 为板状交错层理(层理产状为 337°∠21°),厚

45cm 平行层理,细层厚 0.5cm。砂体由底至顶呈反韵律特点,剖面呈顶凸底平形态。为远沙坝沉积。

第 2 层,145cm,深灰色粉砂质泥岩,水平层理较发育,距底 15cm 夹一层 30cm 厚的细砂岩透镜体,横向延伸 30m 渐变为粉砂质泥岩,砂岩中见波状沙纹层理。

第 3 层,30cm,深灰色细粉砂岩,钙质胶结,具波状沙纹层理,该层横向稳定。为席状砂沉积。

第 4 层,135cm,由绿灰色页岩—泥质粉砂岩—粉砂岩组成的两个韵律层,第 1 个韵律分别为 20cm—32cm—28cm,第 2 个韵律厚 55cm(35cm—20cm)。页岩发育水平层理,泥质粉砂岩中发育浪成沙纹层理,层面上发育浪成波痕(对称、波脊尖、波谷圆滑),波脊走向为 117°,粉砂岩中发育浪成波痕层理(小型槽状交错层理),粉砂岩横向不稳定,可变为泥质粉砂岩。为席状砂沉积。

第 5 层,30cm,深灰色粉砂质页岩。

第 6 层,65cm,绿灰色波状层理粉细砂岩,薄-中层状,钙质胶结,波状层理发育,横向变成薄层状。为席状砂沉积。

第 7 层,180cm,为页岩与席状砂互层,由粉砂岩—泥质粉砂岩—黑色页岩组成的两个正韵律层,第 1 个韵律层厚 20cm＋20cm＋20cm,第 2 个韵律层厚 60cm＋40cm＋20cm。粉砂岩为薄层状,绿灰色,具浪成沙纹交错层理,呈席状分布;泥质粉砂岩,具砂质透镜状层理和波状沙纹层理,风化后呈碎片状,夹有 10cm 厚较稳定的含泥质粉砂岩;黑色页岩中,水平层理发育,风化后呈碎薄片状。为席状砂沉积。

第 8 层,150m,绿灰色浪成沙纹层理粉砂岩,顶部为 30cm 深灰色页岩。为席状砂沉积。

第 9 层,370cm,浅灰色低角度斜层理细砂岩,底部为较大型单斜层理,长为 3～5m,层系厚约为 1m,细层厚为 6cm,层理产状为 294°∠15°;中部单斜层理较小,层系厚为 40～50cm,层系长为 1.5m,纹层厚为 2～4cm,层理产状分别为 256°∠2°和 275°∠24°。层理向底部呈低角度收敛。粒度由下往上变化不大,顶部为波层理灰绿色泥质粉砂岩(90cm 厚)和 5～10cm 厚的灰绿色页岩。为水下分流河道沉积。

第 10 层,240cm,为页岩与席状砂互层,由灰绿色细砂岩,泥质粉砂岩与深灰色页岩构成三个互层,厚度分别为 35cm(细砂岩)—55cm(深灰色页岩)—20cm(泥质粉砂岩)—70cm(深灰色页岩)—15cm(泥质粉砂岩)—45cm(深灰色泥岩)。细砂岩呈席状分布,泥质粉砂岩横向不稳定,渐变为砂质泥岩。

第 11 层,125cm,下部浅绿色中层状细砂岩(65cm),中部为 10cm 厚的深灰色泥岩,上部为 50cm 厚的粉砂岩(灰绿色),见波状沙纹层理。为席状砂沉积。

第 12 层,125cm,下部 75cm 为深灰色页岩渐变为 30cm 厚的浪成沙纹交错层理粉砂岩,向上渐变为深灰色粉砂质页岩,页岩中透镜状层理及包卷层理发育。

第 13 层,200cm,灰白色板状斜层理中-细砂岩,层系厚为 60cm,长度为 2m,纹层厚为 0.5～2cm,层理产状为 255°∠20°。向上粒度稍变粗,底面平整,该砂体延伸较长。为河口坝沉积。

第 14 层,140cm,灰褐色页岩,页理发育,中间夹一薄层(20cm)泥质粉砂岩,见虫孔及植物茎干。

第 15 层,100cm,灰色波状沙纹层理细砂岩,顶部为 10cm 厚的深灰色页岩。为席状砂沉积。

第 16 层,90cm,灰绿色中-细砂岩,底部见沙纹层理,上部具斜层理,底面见重荷模,见少量褐铁矿结核。为席状砂沉积。

第 17 层,70cm,深灰色泥岩,由于上覆分流河道切割,深灰色泥岩厚度从 20cm 变化到 70cm,该泥岩质纯。

该剖面出现的三种主要沉积砂体,分别为前缘席状砂、河口坝和分流河道砂体,以席状砂分布最广。总体上连续性都比较好,相比较而言,前缘席状砂的连续性最强,河口坝次之,分流河道砂体连续性较差,地层横剖面骨架如图 4.46 所示。

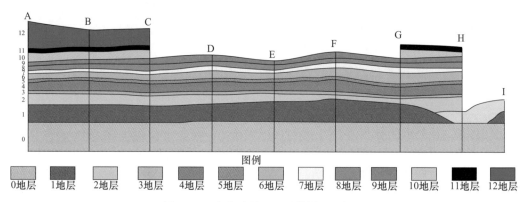

图 4.46　张家滩剖面地层横剖面骨架图

4.7.2　层序地层特征

根据岩相特征,结合粒度变化和砂泥比,在剖面上分出 11 个短期旋回,7 个中期旋回,分别为:SS1 包括第－1 层～第－5 层;SS2 包括第－6 层～第－8 层;SS3 包括第－9 层～第－11 层;SS4 包括第 0 层、第 1 层;SS5 包括第 2 层～第 5 层;SS6 包括第 6 层～第 8 层;SS7 包括第 9 层、第 10 层;SS8 包括第 11 层、第 12 层;SS9 包括第 13 层、第 14 层;SS10 包括第 15 层～第 17 层;SS11 包括第 18 层。

SS1 组成第一个中期旋回,下部地层被覆盖,仅见下降半旋回。沉积环境以席状砂为主;沉积构造可见波状交错层理、浪成交错层理,由于可容纳空间较高,沉积物保存较完全。

SS2～SS3 组成第二个中期旋回,为一不对称旋回,沉积环境以湖相泥、水下分流河道、席状砂为主,垂向由下往上代表一次基准面由上升到到下降过程,A/S 呈增加趋势。剖面中以泥质沉积物为主;沉积构造可见板状交错层理、波状交错层理。长期基准面处于上升阶段,有效可容纳空间向陆地迁移,砂体向岸推进。

SS4 构成第 3 个中期旋回,基准面进一步上升,水体加深,具高可容纳空间,为一不对称旋回;在基准面上升期,由于沉积物供给不足,仅沉积少量泥质,甚至处于饥饿状态,在下降末期可见河口坝、远沙坝等沉积。沉积构造见有波状交错层理、板状交错层理,泥岩中见介形虫、瓣鳃等化石;长期基准面继续上升阶段,有效可容纳空间继续向陆地迁移,砂体进一步向岸推进。

SS5～SS6 组成第四个中期旋回,反映一次基准面由上升到到下降的过程,旋回具对称性。沉积环境以席状砂、浅湖泥为主,沉积构造主要为浪成交错层理,以粉砂质沉积物为主。可容纳空间较第三旋回稍减小,长期基准面开始下降,有效可容纳空间开始向盆地迁移,砂体向湖盆推进。

SS7～SS8 组成第五个中期旋回,反映一次基准面由上升到下降的过程,旋回具对称性。沉积环境以分流河道、席状砂、浅湖泥为主,沉积构造可见为板状交错层理、波状交错层理,砂岩变粗为细砂岩。可容纳空间较第四旋回低,长期基准面继续下降,有效可容纳空间向盆地内迁移,砂体进一步向湖盆推进。

SS9～SS10 组成第六个中期旋回,旋回由对称变为不对称。沉积环境以水下分流河道为主,代表一次基准面上升到下降的过程,由于可容纳空间较低,下降半旋回保存不完全,沉积构造主要为板状交错层理,以砂质沉积为主。有效可容纳空间进一步向盆地迁移。

SS11 组成第七个中期旋回,A/S 较低,工区内仅见部分上升半旋回。沉积环境以水下分流河道为主,垂向上由下往上,粒度略变细,代表又一次中期基准面上升过程。可容纳空间较低,沉积构造主要为板状交错层理,以中细砂岩沉积为主。

由第五、六到第七中期旋回,基准面不断下降,可容纳空间由高到低,导致水下分流河道发育。从下往上砂体厚度大,砂体连通性增加,侧向连续性逐渐变好。在第一、二、三、四中期旋回内,A/S 较高,沉积砂体不发育,局部见有席状砂、河口坝,但多为泥质沉积中的孤立状,砂体宽度变小,侧向连续性较差。

4.8　延河剖面其他典型露头储层沉积学解剖

4.8.1　张家滩东剖面

1. 剖面描述

本剖面位于延长县张家滩镇以东延河南岸 1 号剖面(图 4.18),总长为 850m。由下向上可划分为四套层序组合:①厚为 2～3m 砂岩,发育大型交错层理,有的砂体见明显的侵蚀面,有的砂体顶底界面较为平直,为水下河道的典型特征,属三角洲前缘近端水下分流河道沉积,该套砂岩中普遍见有差异成岩作用形成的呈层状或球状分布的结核;②由黑色泥岩与砂岩互层组成,从第一套组合之上到张家滩页岩之下,地层连续性好,厚度稳定,为三角洲前缘远端席状砂沉积;③张家滩页岩,为黑色含有较丰富的叶肢介和鱼鳞片化石,属前三角洲沉积,该层在整个区域上分布较为稳定;④灰色砂岩与泥岩、粉砂岩互层,属三角洲前缘远端沉积。图 4.47 为本剖面的实体图。各小层的特征以 Z2 柱面为例自下而上分层描述如下。

第 1 层:总厚 3.0m,伽马曲线呈箱形,为水下分流河道,分为 3 个岩性段,由下往上依次为:①$1^1$,35cm 厚的绿灰色细砂岩,见槽状交错层理;②$1^2$,195cm 厚的绿灰色细砂岩,上部见零散分布的钙质结核顺层分布;③$1^3$,70cm,粉细砂岩。

第2层:总厚为1.8m,伽马曲线呈箱形,为水下分流河道,分为两个岩性段,由下往上依次为:①$2^1$,110cm,底部10cm粉砂质泥岩,其上为粉细砂岩,中夹泥质粉砂岩;②$2^2$,70cm,下部10cm绿色粉砂质泥岩,上部灰白-灰绿色细砂岩,顶部渐变为灰绿色粉砂岩。

第3层:30cm厚的灰色泥岩,伽马曲线呈高幅指状。

第4层:145cm厚的灰白色细砂岩,顶部10cm灰绿色粉砂岩,见有沙纹层理,伽马曲线呈漏斗或钟形。

第5层:总厚0.6m,伽马曲线呈齿状,分为两个岩性段,由下往上为:①$5^1$,30cm厚的灰色泥岩;②$5^2$,30cm厚的灰绿色粉砂质泥岩。

第6层:40cm厚的灰白色细砂岩,伽马曲线呈漏斗,本层向Z3柱面10m处变薄为15cm。

第7层:总厚为1.1m,伽马曲线呈齿状,分为三个岩性段,由下往上依次为:①$7^1$,40cm灰色泥岩;②$7^2$,15cm灰色粉细砂岩,向Z1柱面2m处尖灭为透镜体;③$7^3$,70cm,灰色泥岩。

第8层:总厚为1.8m,伽马曲线呈箱形,为水下分流河道,分为两个岩性段,由下往上为:①$8^1$,135cm厚的灰白色细砂岩,发育槽状交错层理,层理面上见炭屑,顶部为15cm厚的褐灰色粉砂岩;②$8^2$,200cm厚的灰白色细砂岩,见有槽状交错层理,向上变细,颜色变为绿灰色。

第9层:40cm泥质粉砂岩到泥岩,伽马曲线呈齿状-指形。

第10层:120cm厚的灰白色细砂岩,伽马曲线呈漏斗或箱形,为水下分流河道。

第11层:总厚为1.0m,伽马曲线呈漏斗或钟形,分为两个岩性段,由下往上依次为:①$11^1$,15cm厚的灰色泥岩;②$11^2$,85cm厚的绿灰色泥质粉砂岩。

第12层:50cm厚的灰绿色粉细砂岩,伽马曲线呈漏斗或钟形。

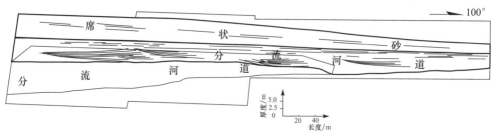

图4.47 张家滩镇东剖面实体图

2. 层序特征

根据岩相特征、粒度变化和砂泥比,在本剖面下部可划分出 7 个短期旋回(图 4.48),代表沉积层分别为:SS1 包括第 1 小层;SS2 包括第 2、3 小层;SS3 包括第 4、5 小层;SS4 包括第 6、7 小层;SS5 包括第 8、9 小层;SS6 包括第 10、11 小层;SS7 包括第 12 层及以上部分地层(未描述)。

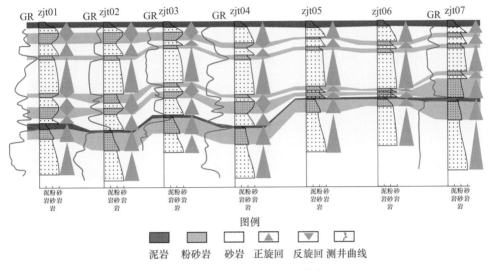

图 4.48 张家滩东剖面地层结构图

SS1 下部地层被覆盖,仅见发育上升半旋回。岩性以中-厚层细砂岩为主,沉积构造可见槽状交错层理;沉积环境以分流河道为主,由于可容纳空间低,上部细粒沉积物基本未保存。SS2 主要发育上升半旋回,沉积环境以水下分流河道为主,由于可容纳空间较SS1 高,旋回上部可见少量泥质沉积物;沉积构造以槽状交错层理为主,有效可容纳空间开始向盆地内迁移。SS3 基准面进一步上升,水体加深,为一不对称旋回,由于可容纳空间高,保存有部分下降旋回沉积;以分流河道、远沙坝等沉积为主,沉积构造可见波状交错层理、少量槽状交错层理,有效可容纳空间继续向盆地内迁移,砂泥比降低。SS4 代表一次基准面由上到下降过程,由于后期基准面下降导致可容纳空间降低,下降旋回基本未保存,沉积环境以远沙坝、浅湖泥为主,沉积构造主要为波状交错层理,以粉砂质沉积物为主。SS5 反映一次基准面由上升到到下降过程,由于可容纳空间较低只保存上升半旋回,岩性以中-厚层细砂岩为主,沉积环境以分流河道为主。SS6 为以不对称旋回,沉积环境以水下分流河道为主,代表一次基准面上升、下降过程,由于可容纳空间较高,保存有部分下降半旋回,有效可容纳空间进一步向盆地迁移。SS7 是在较高 A/S 值条件下沉积的,沉积环境见有远沙坝、浅湖泥、水下分流河道,垂向上由下往上,粒度变细,代表又一次中期基准面上升过程。

剖面中第 SS1、SS2、SS5 沉积时,可容纳空间较低,水下分流河道发育,砂体厚度大,剖面上砂体连通性好,侧向连续性好,为有利砂体。在 SS3、SS4、SS6、SS7 旋回内,A/S 值较高,沉积砂体较不发育,以远沙坝、河口坝为主,局部见有分流河道,但较为孤立,砂体宽度较小,侧向连续性稍差。

4.8.2 枣林村剖面

1. 地层特征

剖面位于枣林子村东公路段对面延河南岸 10 号剖面(图 4.18),长约为 1400m,该剖面出露较好的地段可见两套地层组合,下部为砂泥互层,属席状砂,远沙坝沉积,上部为砂体发育段,属分流河道沉积,砂体顶面较平直,底面没有明显的底砾岩,侵蚀作用不强,大型交错层理发育。图 4.49 是该剖面的实体图,以 T0 柱面为例自下而上分层描述如下。

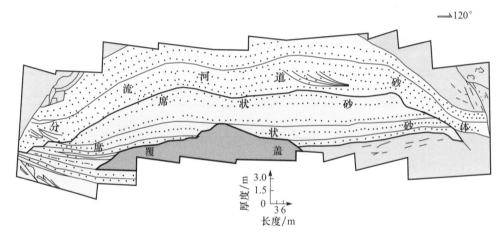

图 4.49　枣林村剖面实体图

第 0 层,40cm 厚的灰绿色泥岩。

第 1 层,80cm 厚的绿灰色泥质粉砂岩,含植物化石,伽马曲线以漏斗形为主。

第 2 层,25cm 厚的灰黑色泥岩(页理较发育),伽马曲线以指形为主。

第 3 层,30cm 厚的灰色泥质粉砂岩,含钙,见有沙纹层理,伽马曲线以漏斗形为主。

第 4 层,60cm 厚的灰黑色泥岩,与底部呈渐变接触,伽马曲线以指形为主。

第 5 层,60cm 厚的绿灰色泥质粉砂岩,含植物化石,伽马曲线以漏斗形为主。

第 6 层,35cm 厚的灰黑色泥岩,伽马曲线以指形为主。

第 7 层,80cm 厚的深灰色泥质粉砂岩,伽马曲线以漏斗形为主。

第 8 层,35cm 厚的深灰-灰黑色泥岩,伽马曲线以指形为主。

第 9 层,总厚为 1.3m,伽马曲线以漏斗形为主。分为 3 个岩性段,由下往上依次为:①$9^1$,30cm 厚的深灰色含泥粉砂岩;②$9^2$,40cm 厚的绿灰色粉细砂岩;③$9^3$,60cm 厚的绿灰色粉细砂岩,向上变细。

第 10 层,100cm 厚的绿灰色粉砂岩,伽马曲线以漏斗形为主。

第 11 层,30cm 厚的绿灰色泥质粉砂岩,延伸稳定,伽马曲线以指形为主。

第 12 层,140cm 厚的中细砂岩,伽马曲线以箱形为主。

第 13 层,50cm 厚的深灰色泥岩,伽马曲线以指形为主。

第 14 层,伽马曲线以箱形为主,分流河道砂体最厚处达 7m 以上,河道流向 NNE 向。

第 15 层,以上地层在 T5 柱面主要为中、细砂岩,夹薄泥岩层,伽马曲线以箱形为主夹高幅指形。

2. 层序特征

根据岩相特征、粒度变化和砂泥比,在该剖面下部可划分出 8 个短期旋回(图 4.50),代表沉积层分别为:SS1 包括第 0、1 小层;SS2 包括第 2、3 小层;SS3 包括第 4～6 小层;SS4 包括第 7～9 小层;SS5 包括第 10、11 小层;SS6 包括第 12、13 小层;SS7 包括第 14～16 小层;SS8 包括第 17 层及其以上部分地层(未描述)。

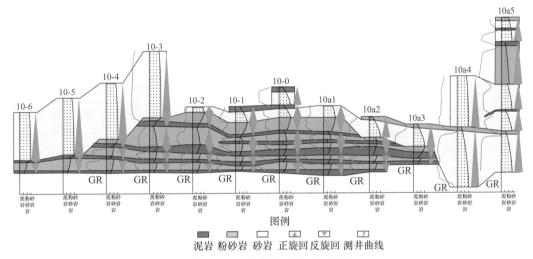

图 4.50　枣林村剖面地层结构图

SS1 下部地层被覆盖,仅见发育下降半旋回。岩性以泥质粉砂岩、粉砂岩为主,沉积构造见有波状交错层理;沉积环境以远沙坝为主。SS2、SS3 仍为主要发育下降半旋回,基准面上升期,由于沉积物供给不足,处于无沉积期,沉积环境以远沙坝主,沉积构造以波状交错层理为主,在 T5 柱面以东被 SS7 切割。SS4 基准面进一步上升,水体加深,为一不对称旋回,由于有效可容纳空间向盆地内迁移,该旋回见有部分上升旋回沉积;以远沙坝等沉积为主,局部见有分流河道(T3 至 T2 柱面处),沉积构造可见波状交错层理、少量槽状交错层理。SS5、SS6 代表一次基准面由上升到到下降过程,由于后期基准面下降导致可容纳空间降低,下降旋回基本未保存,沉积环境以远沙坝、分流河道为主,沉积构造主要为槽状、波状交错层理。SS7、SS8 沉积环境以水下分流河道为主,代表一次基准面上升、下降过程,由于可容纳空间较低高,下降半旋回被后一沉积旋回切割,有效可容纳空间进一步向陆上迁移。当 SS5、SS6、SS7、SS8 沉积时,可容纳空间较低,水下分流河道发育,砂体厚度大,剖面上砂体连通性好,侧向连续性好,为有利砂体。在 SS1、SS2、SS3、SS4 旋回内,A/S 较高,沉积砂体较不发育,以远沙坝、河口坝为主,局部可见分流河道,但较为孤立,砂体宽度较小,侧向连续性稍差。

4.8.3 芝王川剖面

芝王川剖面位于延河北岸 13 号剖面(图 4.18),长约为 200m,该段露头主要由两个水下分流河道砂体切割河口坝砂体叠置而成(图 4.51)。东端为一小分流河道砂体,厚为2.72m,宽为 112.5m,向两侧逐渐减薄尖灭,砂体发育较大型斜层理。岩性由底部中-细砂岩向上渐变为粉细砂岩,由中部向两侧渐变为粉细砂岩或粉砂岩。西端分流河道仅出露一部分,宽约为 50m,其余覆盖,砂体厚为 3.2m,岩性由底部中细砂岩向上过渡为粉细砂岩或粉砂岩;发育大型单向斜层理。东西端两砂体相距 42m,分别切割下伏一大型河口坝砂体,河口坝砂体东端被切割后仅见底部 1m 左右的岩性,西端被切割至该砂体底部。河口坝体底部平直与灰-深灰色滨浅湖泥接触,砂体顶部过渡为分流间湾和席状砂(仅出露部分)沉积。河道砂体内部发育大型低角度槽状交错层理,层系厚度可达 80cm,层系宽大于 5m,反映水动力比较强的分流河道在河口处的堆积,同时由于顶部受波浪簸选,含泥少,具有反韵律特征。

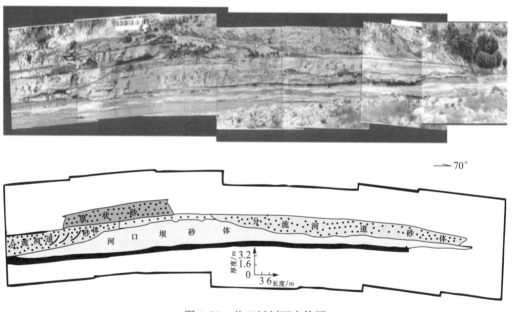

图 4.51 芝王川剖面实体图

4.9 露头信息对研究三角洲前缘席状砂的启示

随着油田挖潜的深入,一些原来被认为潜力不大的"表外储层"变成了挖潜的主要对象,粒度细、单层厚度不大的前缘席状砂就是其中一类。尽管前人对三角洲前缘席状砂的定义各异,但共同的认识是:三角洲前缘席状砂是一片表面平坦、厚度变化不大、粒度较细、呈狭窄的带状分布、内部岩性和沉积构造相对均质的砂席。事实上,三角洲前缘并不像人们想象的那样平坦,席状砂的内部建筑结构也并非像人们想象的那样均匀单一,它也有十分复杂的内部建筑结构和储层非均质性。不同类型的三角洲,其前缘席状砂的形态、建筑结构及由此引起的储层特征分布规律也各不相同(张昌民和徐龙,1999)。

4.9.1　来自露头的证据

如前所述,延长县延长镇至张家滩段三叠系延长统长 6 段和长 7 段为河流三角洲前缘和湖相沉积。该区朱家湾露头发育一套以三角洲前缘席状砂为主的沉积体,沉积体总体上呈席状展布,砂岩和泥岩在垂向上互层分布,呈前缘席状砂特征,但横向上可见大大小小的水下分流河道透镜体。

图 4.52 为延长剖面延河北岸镶嵌照片和素描图,图 4.53 展示了实测的延长剖面延河两岸地层剖面。剖面上,可见前缘席状砂中发育的水下分流河道砂体由中细砂岩组成,底部起伏较大,偶见棱角状泥砾等滞留沉积,发育中到大型交错层理,层系宽为 30cm 左右,层系厚为 15cm 左右,河道切割的深度达 3m 以上,水下分流河道中的侧积现象发育。河道充填特征可见两类:一类是以砂岩为主的渐变充填,其交错层理规模由下往上略具减少趋势,呈明显的透镜状,如剖面 50～100m 处[图 4.43,图 4.53(a)],这是河道逐渐废弃充填的特征。另一类是河道的突然废弃充填,河道由泥质沉积物填充,泥质沉积物在填充过程中保持了原始河床边界的弯曲特征,形成呈同心圆状的泥栓(见图 4.52 素描图左上角,图 4.43 左上角剖面 0～25m 处)。

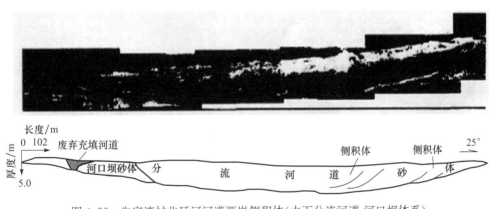

图 4.52　朱家湾村北延河河道两岸侧积体(水下分流河道-河口坝体系)

谭家河东部延河北岸的砂体特征显示了小型水道不断在垂向和横向上的迁移形成了席状砂体系[图 4.53(b),图 4.38]。席状砂体系表现为平缓的顶底界接口,横向上逐渐变化,单层厚度较小,一般由细粉砂岩组成,向两侧渐变为泥岩,各个砂席侧向上或被泥质带隔开,或相互叠置切割相接,发育有水道状砂质或泥质充填,但水道的深度不大于 2m。砂席在剖面上呈拼接式结构,单个砂席的宽度为 100m 左右,厚度为 30～50cm,单元内部由中心向两侧岩性厚度缓慢变小,岩性逐渐变细,物性变差,砂体非均质性主要受单元间接触关系的影响。

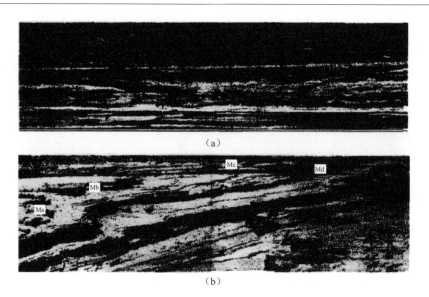

图 4.53　前缘席状砂的特征

(a)席状砂中渐变充填的小型水道,水道宽为 8m,深度为 0.8m,下部砂质充填部分和上部废弃泥质充填
各 0.4m 左右;(b)席状砂中的泥栓(Ma、Mb、Mc、Md),侧向叠置砂泥岩互层,泥栓宽为 1.5～3.0m,厚为
0.2～0.5m

4.9.2　来自地下的证据

大庆油田的地质家们已经发现了三角洲前缘席状砂的不同建筑结构类型及其非均质性。在研究大庆湖盆三角洲沉积模式时发现:①三角洲前缘以单层厚度小于 2m,延伸平缓,面积广阔的前缘席状砂体为主,它们与泥质岩呈互层状分布可以在较大范围内追踪对比;②三角洲在平面上相带分异完善且宽阔,可清楚地划分出分流平原、内前缘、外前缘和前三角洲等相带;③内前缘相至外前缘过渡带,河道砂体仍断续地向前延伸一段距离,并随之出现了薄而广阔的外前缘席状砂,代替了孤立分隔的河口沙坝,广阔的三角洲外前缘相带仅以薄层席状砂为主。吕晓光等(1999a,1999b)对大庆油田三角洲前缘席状砂的几何形态和内部结构进行了精细地解剖,把前缘相储层砂体骨架结构分为 5 种类型,建立了前缘相带 7 种类型砂体的储层地质模型,解剖结果表明,即使在外前缘相带,席状砂仍然表现出明显的"主体"(水道)特征(图 4.54)。

4.9.3　席状砂的形成过程

受沉积营力、地形地貌、地质构造及气候等条件的影响,形成的三角洲具有多样性,因而形成的三角洲前缘席状砂差异极大。浪控三角洲的前缘受波浪的改造,形成向海倾斜的沿海岸分布的长条状席状砂,强烈的波浪改造的痕迹及相对均匀的沉积物粒度、沉积构造等是其最典型的特征;潮控三角洲前缘以潮汐水道和顺流向延伸的潮汐沙坝为主,席状砂并不发育;河控三角洲因鸟足状、辫状和扇三角洲等类型的不同,其内部席状砂的发育程度和特征差异很大。扇三角洲以冲积扇水道为主要动力,进入静止水体之后,受水体顶托动力迅速衰减,因而扇三角洲前缘席状砂表现为沿扇体边缘环绕的窄条形带状砂体。

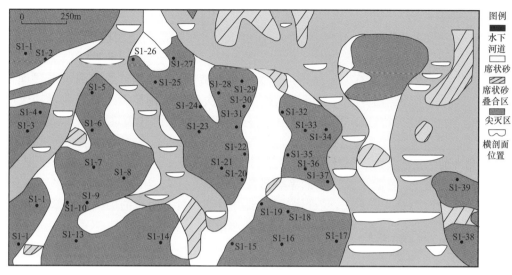

图 4.54　大庆油田三角洲前缘砂体平面分布图

辫状和鸟足状河控三角洲主要靠水下分流河道的惯性力向前延伸,在湖盆三角洲中,由于波浪和潮汐作用较小表现更为突出,但是由于河流入湖之后受静止水体的顶托,使河道影响的范围变得更加宽广。分流河道流线相互交汇,但是每条分流河道都以其主流线为中心向前流动,从而导致貌似平坦的席状砂前缘实际上分布着大大小小的宽浅的分流河道。这些河道的侧向迁移就形成了由多个宽厚比极大的对称或不对称的透镜状单元叠加而成的三角洲前缘席状砂。

4.9.4　三角洲前缘席状砂的建筑结构与非均质性

正常河流三角洲前缘席状砂分布在三角洲前缘水下分流河道的末端,总体上具有向湖(海)变薄趋势,呈叠加的板状或者席状,有的学者称之为"千层饼"式结构,这是由于三角洲前缘垂向增长周期性造成的。各期"砂席"或者"砂板"之间被沉积间歇期发育的横向连续性极好的泥岩隔开。这砂泥岩层偶构成席状砂的第一级层次的建筑结构,泥岩层构成了层次界面,"砂席"或者"砂板"成了该层次的层次实体。

构成席状砂的单个"砂席"或者"砂板"连续性很好,横向延伸数百米。露头上一般看不到席状厚度的明显变化,往往使人们过于乐观地理解了三角洲前缘席状砂的非均质性。然而,这些"砂席"或者"板"是由多个沿河流流向延伸的横剖面呈扁透镜状的末梢"分流河道"砂体集合而成的。由于末梢分河道水动力极其微弱,使得砂体的底部和顶部冲蚀作用并不明显,正常河道沉积的底部滞留并不发育,末梢河道砂体的相互切割也不明显;席状砂第二级层次的非均质性表现为以扁透镜状的末梢"分流河道"砂体为层次实体,河道砂岩体之间的分界面为层次界面。

从陆到湖(海)方向,随着水下分流河道河流水动力的不断衰减和弥散,单个河道砂体的宽厚比增大,扁透镜状砂体的扁度不断增加,逐步演变成豆荚状或者真正的薄板状席状砂。顺流方向的泥充填指示了分流河道主流线的原始位置,侧向迁移是此类砂体内部常见的特征。在垂直于水流方向的剖面上,单个河道砂体表现为由河道中心向两侧缓慢变薄,砂体的对称性较好。指示砂体侧向迁移和向加积过程的侧积面和事件性分界面构成了席状砂第三层次建筑结构的层次界面,每次加积过程形成的一个侧积单元和单砂层构成了该层次的层次实体。

第三层次实体内部少有泥质条带或者大型沉积界面,小型沙纹层理和水平层理是最为常见的两种沉积构造,露头上可辨认的第四层次建筑结构层次实体是各种沙纹层系,层系界面构成第四级层次界面由河道中心向河道两侧层理规模逐步减小,波痕指数逐步减小。

三角洲前缘席状砂的建筑结构分析表明,这种砂体并非以前人们想象的那样平坦,其内部结构十分复杂,貌似平坦简单的席状砂实际上是一个复杂的非均质体(张昌民等,2003),储层物性的非均质变化,受砂体建筑结构的控制,具有明显的层次性规律,在油田开发的过程中,对此类砂体所含剩余油的预测应当给予足够的重视。

参 考 文 献

邓宏文.1995.美国层序地层研究中的新学派-高分辨率层序地层学[J].石油天然气地质,16(2):90-97.

卡特钦科夫.1965.岩石的光谱分析[M].北京:中国工业出版社.

雷卞军,林克湘,张昌民,等.1997.柴达木盆地油砂山湖盆网状河三角洲沉积模式[J].石油与天然气地质,18(1):72-77.

李少华,张昌民,张柏桥,等.2003.布尔方法储层模拟的改进及应用[J].石油学报,24(3):78-81.

李少华,张昌民,王振奇,等.2004.三角洲前缘砂体骨架的随机模拟[J].石油勘探与开发,31(1):67-69.

李少华,张昌民,尹艳树,等.2008.多物源条件下的储层地质建模方法[J].地学前缘,15(1):196-201.

李思田.1991.鄂尔多斯盆地侏罗纪延安组三角洲及河流砂体内部构成及不均一性研究成果报告[R].北京:中国地质大学(北京).

李思田,程守田,杨士恭,等.1992.鄂尔多斯盆地东北部层序地层及沉积体系分析[M].北京:地质出版社.

林克湘,张昌民,刘怀波,等.1994.青海油砂山分流河道砂体储层骨架模型[J].江汉石油学院学报,16(2):8-14.

吕晓光,李长山,蔡希源,等.1999a.松辽大型浅水湖盆三角洲沉积特征及前缘相储层结构模型[J].沉积学报,17(4):572-577.

吕晓光,赵淑荣,高宏燕.1999b.三角洲平原相低弯度分流河道砂体微相及水淹变化特征——以大庆油田北部萨葡油层为例[J].新疆石油地质,20(2):130-172.

梅志超,林晋炎.1991.湖泊三角洲的地层模式和骨架砂体的特征[J].沉积学报,9(4):1-11.

裘亦楠.1990.储层沉积学研究工作流程[J].石油勘探与开发,17(1):85-90.

裘亦楠.1991.储层地质模型[J].石油学报,12(4):55-62.

裘亦楠.1992.中国陆相碎屑岩储层沉积学的进展[J].沉积学报,10(3):16-23.

汪义先.1983.泌阳凹陷油田水地球化学特征及其油气的关系[J].石油实验地质,5(4):298-303.

王建国,王林凤,王德发.1995.扇前辫状河储层地质模型建立初探——以阜新盆地海洲露头砂体研究为例[J].沉积学报,13(1):41-47.

解习农.1994.江西丰城矿区障壁坝砂体内部构成及沉积模式[J].岩相古地理,14(4):1-9.

杨玉卿,皇海权.1996.泌阳凹陷东南缘下第三系红层成因浅析[J].河南地质,14(1):39-44.

杨玉卿,吴瑞棠. 1994. 豫西罗圈组杂砾岩沉积特征及成因分析[J]. 河南地质,12(2):119-126.

杨玉卿,周留记. 1995. 泌阳凹陷东南缘下第三系杂砾岩的沉积学特征[J]. 现代地质,9(3):311-319.

尹艳树. 2011. 层次建模方法及其在河流相储层建筑结构建模中的应用[J]. 石油地质与工程,25(6):1-4.

尹艳树,吴胜和. 2006. 储层随机建模研究进展[J]. 天然气地球科学,17(2):210-216.

张昌民,徐龙,林克湘,等. 1996a. 青海油砂山油田第 68 层分流河道砂体解剖学[J]. 沉积学报,14(4): 70-76.

张昌民,尹太举,王大海,等. 1996b. 河南栗园扇三角洲沉积建筑结构分析. 油藏描述论文集. 西安:西北 大学出版社,179-185.

张昌民,尹太举,王大海,等. 1996c. 河南栗园扇三角洲沉积特征[C]. 油藏描述论文集,西安:西北大学出 版社,170-178.

张昌民,何贞铭,王振奇,等. 2003. 不平坦的三角洲前缘席状砂——来自露头和地下的证据[J]. 江汉石 油学院学报,25(3):1-4.

Clark J D,Pickering K T. 1996. Architectural elements and growth patterns of submarine channels:Application to hydrocarbon exploration[J]. AAPG Bulletin. 80(2):194-211.

Compbell J E,Hendry H E. 1987. Anatomy of a gravelly meander lobe in the Saskatchewan river near Nipawin,Canada[M]. //Recent Development in Fluvial:Contribution from the Third International Fluvial Sedimentology Conference. Sedimentology,SEPM Special Publication,39:179-189.

Frield P F,Slater M J,Williams R C. 1979. Vertical and lateral building of river sandstone bodies,Ebro Basin,Spain[J]. Journal of the Geological Society,(1):39-46.

Miall A D. 1985. Architectual element analysis a new method of facies analysis applied to fluvial deposits[J]. Earth Science Review,22(2):261-308.

Miall A D. 1988a. Reservoir heterogeneities in fluvial sandstone:Lessons from outcrop studies[J]. AAPG Bulletin,72(6):482-697.

Maill A D. 1988b. Architectual elements and bounding surfaces in fluvial deposits of kayenta formation (Lower Jurassic),Southwest Colorado[J]. Sedimentary Geology,(55):233-262.

Muñoz A,Ramos A,Sánchez-Moya Y,et al. 1992. Evolving fluvial architecture during a marine transgression:Upper Buntsandstein,Triassic,central Spain[J]. Sedimentary Geology,75(3):257-281.

Nemec W R J,Steel. 1988. Fan Deltas:Sedimentology and Teconic Setting[M]. London:Blackie:3-15.

Ravenne C,Eschard R,Galli,et al. 1989. Heterogeneities and geometry of sedimentary bodies in a fluvio-deltaic reservoir[J]. SPE Formation Evaluation,4(2):239-246.

第5章　高含水油田储层地质知识库研究

地质知识库是进行地质类比、约束地质建模的关键因素,在现代油藏描述中占据重要地位。地质知识库所包含的内容非常广泛,既包含构成地质体本身的岩石构成组分、内部结构、排列组合、外部形态;也包含其构成物质组成造成的本身物性特征、分布变化和非均质特点;还包含其地质与地球物理上的响应特征,如电性特征、地震属性和地震相特征等。而获取地质知识的途径,则有露头剖面测量、现代沉积调查、沉积(成岩)模拟实验、密井网开发区解剖等。通过对相关地质体的直接观察和分析,获取相应的直接地质知识,进而分析其不同属性之间的关系,可建立起供地下地质研究分析类比、展布预测的相关模式,也是地质知识库研究的基本内容。传统的地质知识主要来源于露头和现代沉积调查,通过现场的观察、测量、照相等传统手段,已为认识沉积体、预测储层展布作出重要贡献。近年来随着计算机技术的发展,大量新技术在知识积累中发挥了重要作用,如近地雷达感应探测技术(GPR)、地表雷达技术(Lidar)、卫星遥感等技术,在构建地质知识库中发挥了很大的作用。

本章共8节。第1节介绍地质知识库的基本概念和知识来源;第2节以青海油砂山为例,介绍露头地质知识库的建立及其主内容;第3节以双河油田为例,介绍密井网解剖建立地下地质知识库的方法及知识库构成;第4节介绍卫星遥感相片建立地质知识库的相关内容;第5节介绍沉积模拟实验获取河口坝地质知识库的方法;第6节介绍LIDAR技术在地质知识库研究中的应用;而第7节介绍虚拟地质露头作为一种全新的地质知识库的相关内容;第8节介绍服务于多点地质统计的地质知识库系统平台的构建方法。

5.1　地质知识库的概念

5.1.1　地质知识库的基本概念

地质知识库是在对已有的地质体进行精细分析的基础上获取的能够代表地质体特征的、具有一定地质特征参数的定性和定量化知识。储层地质知识库的主体是砂体(隔夹层)几何形态、接触、关系、连通状况、内部非均质性等知识的总和,是沉积学定量化研究的目标和进行油藏精细描述的基础。按比较沉积学原理,相似的沉积环境下沉积的地质体具有相似的特征,因而这种知识可用于预测相似环境下的地下沉积体系,为地下地质解剖和建模提供参考依据。

地质知识库最重要目标在于为建模提供约束参数,如在随机建模过程中的砂体宽厚比、变差函数等,而这些参数在资料较少的情况下不易得到,例如,实验变差函数的求取通常至少需要30~50个数据对才能得到比较可靠的结果(王仁铎和胡光道,1988)。在这种情况下,通过建立原型模型确定这些模拟参数显得十分重要。所谓原型模型是指与模拟目标区储层特征相似的露头、开发成熟油田的密井网区或现代沉积环境的精细储层模型（张一伟和熊琦华,1997,吴胜和等,1999）。原型模型的选择有两个基本原则:一是原型模型的沉积特征与模拟目标区沉积特征相似;二是具有密度采样的条件,采样点密度必须比模拟目标区的井点密度大得多。

地质知识库一直被地质学家所关注。裘怿楠教授（1990,1991）多次提到建立精细地质模型,必须要有很好的地质约束,而事实也证明相似类比、有效的地质约束是实现精细解剖和建模的重要保证（赵翰卿等,2000）,因而在实际地质解剖过程中,地质学家总会寻求相似的沉积体系为地下解剖做约束。

应用沉积学正在朝着定量化方向发展,主要体现在其预测的数值化和定量化,对于不同成因沉积体的定量表述则是其最重要的目标之一。利用宝贵的露头信息、密井网区等资源,通过精细解剖,不仅能够积累起大量的定量化知识,丰富应用沉积学的知识积累,而且可为精细的地下预测提供强有力的支撑。

5.1.2　地质知识库的知识来源

获取地质知识库的知识主要有物理模拟、数值模拟、密井网解剖、现代沉积和露头解剖（李少华,2004）等方法,各种方法具有各自独特的优势,适用于不同的地质条件,在不同的地下地质解剖和认识中发挥了各自的重要作用。青海油田油砂山油藏部分出露于地表,形成油砂山,与地下为同一沉积体,因而具有很好的相似性,以该露头研究为基础,形成了较好的地质知识,为地下解剖提供了很好的参考（张昌民等,1996,参见本书第 4、5、9章相关内容）。河南油田的双河油田为大型扇三角洲沉积,周边出露的露头主要为小型近源三角洲和河流相沉积（张昌民等,1996）,与地下的相似性较差,不能提供很好的沉积类比和知识约束,而在生产区中部分井区井网较密,通过对密井网的解剖可获取用于指导井距较大地区的地质研究的知识,因而可建立密井网地质知识库（尹太举等,1997）。物理模拟实验因其能够在实验室内再现沉积过程,通过对模拟生成的沉积体进行测量,获取相关的地质参数,成为一种新的地质知识库的提供方式（李少华等,2012）。而计算机技术的进步,可实现对沉积体的数值模拟,在计算机上实现沉积过程的再现,从而获取更多的沉积知识,弥补物理模拟的不足（马晋文等,2012）。

1. 露头地质知识库

露头以其直观和易于观察测量一直位受地质学家的重视,是获取地下地质知识的传统来源和最重要的构成部分。

自 20 世纪 80 年代初始,世界各大石油公司都花费大量的人力物力进行大量的露头研究,以期建立起适用于各自油田建模约束的露头地质知识库。如 BP Amoco、法国石油研究院、Heresim 集团、美国能源部、荷兰 Delf 理工大学和一些跨国研究集团,针对具体目标进行了大量的研究,不仅采用了传统的观察、测量和分析手段,还通过钻井来获得地下地层连通关系,或通过直升机拍照获取更大视域的地质信息,取得了大量的地质知识。

国内从 20 世纪 80 年代开始,陆续进行了一系列的研究工作,旨在建立地质知识库,为油藏描述提供参考。例如,一些学者在陕甘宁盆地进行侏罗系河流砂体的露头调查工作(李思田等,1993,李桢等,1993);吐哈石油勘探开发会战指挥部和中国石油天然气总公司石油勘探开发研究院在吐哈盆地的露头调查(穆龙新等,1994);长江大学在南襄盆地唐河西大岗剖面、青海油砂山地区、陕西延河所进行的研究工作等(张昌民等,1994,2003)。中国石油勘探开发研究院在滦平扇三角洲开展的精细解剖最为深入,影响最大,较好地指导了油田的开发(贾爱林等,2000)。

国际上对露头的精细解剖工作一直都没有停止过,无论是美国石油地质学家协会(AAPG),还是沉积学地质学会(SEPM)和国际沉积学会(IAS)每年都有大量的相关文献发表。国外的油田地质研究一直与地质库的指导密不可分,论述以露头知识指导地下油藏解剖的实例屡有报导(Drinkwater and Pickering,2001),不仅在传统的陆相地层中发挥了重要作用,在碳酸盐岩、深水重力流沉积等方面也有大量的研究,取得了大批的研究成果(Dutton,2003),特别是在储层内部结构方面,更是成为目前研究的热点。SEPM 甚至在 *Journal of Sedimentary Research* 上开辟了 sedimentary architecture 和 stratigraphic architecture 专栏,对储层结构给予了很高的关注。SPE 则更偏重于油藏工程问题,对这一方面的关注主要体现在建模时充分应用已有的地质知识和地质信息。

经过多年的研究,对不同类型的沉积体系,研究的程度日益加深。从研究对象看,目前露头调查涵盖了几乎所有的沉积类型,从碎屑岩的河流沉积、三角洲沉积、海岸沉积、陆坡沉积,到深海平原沉积,都有较多的研究。露头研究目标一是深化陆相沉积体系内部精细特征的认识,二是探讨深海盆地的地层三维结构。

尽管露头解剖为形成知识库做出了巨大贡献,但也具有其难以克服的弱点。成本和出露状况是两个最重要的方面。国外进行的大型露头研究,其费用高达千万美元,而国内大量的露头研究,由于受限于经费,未进行相应的浅钻等工作,实质上是一种二维的研究,并不能获得砂体(隔夹层)的三维参数。在目前的技术手段基础上,发展一种既能快速直观表现剖面形态,又能很好地区分剖面垂向构成的技术,将会很好地促进露头表征工作。

早期的露头描述主要靠尺子和罗盘对露头进行精细测量。照相技术为露头的真实再现提供了新的手段,而数字照相则使得照片的比例可以任意变换,使“照片镶嵌”技术广泛应用于露头解剖(图 5.1)。地理信息系统(GIS)发展为三维定位提供了便利,结合地质建模及其他相应的软件,使得建立真三维的地质原型模型成为可能。遥感技术为采集地貌形态、区分不同地貌单元的物质构成提供了新的方法,各种影像处理技术使得地表信息的采集更为便利和准确,并且在一定程度上减少了露头周边环境对测量的影响,使得不易到达区的露头观测成为可能。GPR 可形成高分辨率的近地表地下地质影像,为在覆盖区或仅有二维出露区形成三维影像提供了新的技术方法。然而这些技术在解决传统露头测量问题的同时也表现出了其固有的不足,传统的全球定位系统(GPS)技术需要进行逐点测量,工作量巨大,对露头自然条件要求较高。遥感技术速度快,但地质分辨率相对较差,特别是大量的遥感工作是基于卫星和高空站进行数据采集,对于实现垂向剖面的露头表征,特别是区分地质体的垂向特征难度很大,很难达到表征的需要。GPR 技术是一种穿透采集,采集地下地质图像,需要建立起很好的地质与图像的响应关系,而事实上这种响应关系往往不是很好。Lidar 技术作为露头研究的新秀,能够提供准确的三维露头表面形态,在露头研究中发挥着重要的作用(详见本章第 6 节),取得的成果有目共睹,然而却并非尽善尽美,特别是基于云数据进行地质体的识别中,或进一步依据云数据细分地质体或进行地质体内部属性(如物性差异识别)时,适应性还有待进一步提高,更深入地研究该项技术,提高其对地质体的识别能力,是露头 Lidar 技术发展的方向,也是露头工作进一步发展的方向。

图 5.1　利用"照片镶嵌"获取露头的形态并进行相应的解释

2. 密井网地下地质知识库

密井网开发区资源是一种不可多得的资源,也是获取地下知识的重要途径之一。利用密井网资料建立地质知识库,不仅可以提供真三维地质信息,而且密井网区资料也相对较为密集、解剖对象相对较大、解剖对象与研究对象一般同属同一沉积体系的不同部位,因而所获的地质知识更具代表性和针对性,积累的地质知识对于砂体和隔层的定量解释、预测和描述具有重要作用(图 5.2)。此外,由于密井网下的各类动静态资料均较为丰富,也有利于多种数据相互校验,特别是动态资料,可对储层的连通性等进行较好的验证,相对于露头区具有明显的真三维和多信息的优势,而相对于较稀井网则具有高精度的优点。同时密井网条件支持下的最优建模技术优选,将使建模技术更好地服务于油田开发提供了一种可靠的选择依据。

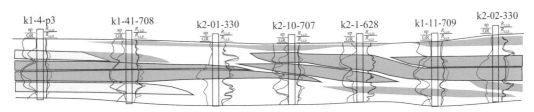

图 5.2　大庆油田杏六中区密井网三类砂体内部结构解剖

一般在大型油田开发前,都会开辟实验区,以获取更多的地质信息以指导油田的开发部署。尽管陆上油田的生产井距都较小,各油田都有一些相对的密井网区,如大庆油田的部分实验区的井距为 50~100m,然而能达到 50m 左右的井距的区块并不多见,特别是具有一定分布面积的开发区块更是少见,因而充分利用该项资源是地质家的一项任务。尽管在露头区垂向上可达到厘米级、平面上可达到分米级,而真正用于指导油田建模的则只是垂向上分米级和侧向上 5~10m 的规模,因而密井网解剖可以指导储层建模工作。

受油田开发条件的制约,国外尚未见到利用密井网区解剖建知识库进而指导油田开发调整的报道。国内基于密井网条件指导实际油气开发调整的研究早有探讨,相对密井网的开发实验早已成为大油田新产能正式上产的前提。然而限于井网条件的制约，目前没有形成一种达到油藏建模需要精度的研究实例。中国石油勘探开发研究院与中石油大庆油田勘探开发研究院在大庆油田萨北、萨中地区，利用密井网建立知识库指导油田建模工作，文健等(1998)利用与埕岛油田具有相同沉积背景的开发程度较高的孤东油田为原型模型，推断了埕岛油田馆上段储层的地质统计参数，尹太举等(1997)则在双河油田探讨了密井网建立知识库的相关问题。

　　然而这些研究，都是基于相对高的井网密度，其井距并未达到真正的密井网，井间的不确定性较大，得到的地质知识定量化表征时变化较大，信息并不十分精确，地质约束参数具有较大的变化区间，给油田应用带来了一定的困难。同时密井网毕竟是一孔之见，难于直接观测到地质体的全面形态，只能从较密的"孔"(井点)对地下地质体进行相应的推测，因而对地下认识在一定程度上取决于研究者所采用的沉积模式，很大程度上受制于研究者个人经验和积累。

　　3. 沉积模拟地质知识库

　　沉积模拟通过设定沉积条件，运用水槽模拟实验，再现沉积过程，观察沉积体的形成演化过程(图5.3，图5.4)，通过对形成的地质体的解剖，可提供沉积体的内部构成、外部形态、组合及接触关系，为认识砂体特点及其展布规模，建立沉积模式提供重要参考。赖志云和周维(1994)对大庆大型三角洲砂体、尹太举等(2011)对鄂尔多斯山西组及四川须家河组砂体、刘忠保(1996)对大港油田东营组砂体，进行了沉积模拟实验，取得了许多重要的基础数据，为解决油气储层展布形态、规模和储集性能的问题提供了有力的手段。

　　然而受限于实验设备规模，物理模拟结果与实际沉积体存在着一定的差异，很难完全真实地再现实际地质现象，特别是对大尺度的全盆地的沉积，在沉积比尺的类比上，常达到数万倍之大，如此之大的比尺上，其相似性和机理的一致性还有待于深入分析。同时若要实现真实条件下的沉积再现，需要设计大量的实验来验证，而物理模拟由于其成本相对较高、耗时较长，实现起来难度很大。

　　针对这一难题，可通过数值沉积模拟来获取相应的地质知识。数值模拟与物理沉积模拟类似，主要基于数值计算模拟沉积过程，再现沉积体展布及其内部关系(详见本书第5.4节)。由于计算机技术的发展，特别是近年来高速计算机技术和并行计算技术的发展，使得大量的数值计算变得易于实现，可通过对沉积过程的水动力过程进行模拟分析，再现沉积过程，获取沉积规律。国内外在数值模拟上都做了不少工作，开发的相应软件实现了多数环境下的沉积过程的定量表征，为获取地质知识提供了一种新的方法。也正是因为其通过计算机模拟完成，因而成本低、速度快，在地质知识获取上具有很大的优势和广阔的前景。

　　沉积因素的确定及其响应关系的确定是一个非常复杂的过程，诸多因素在数值模拟条件下也难于表征，这会直接影响模拟结果的可信度。同时，由于受地质控制参数确定、沉积过程数字化等因素的制约，目前在数值模拟知识库方面还没有令人满意的实例，同时数值模拟本身也需要地质知识的支持，这也限制了数值模拟的应用。但基于其本身的特点，相信数值模拟在未来会发挥出重大作用。

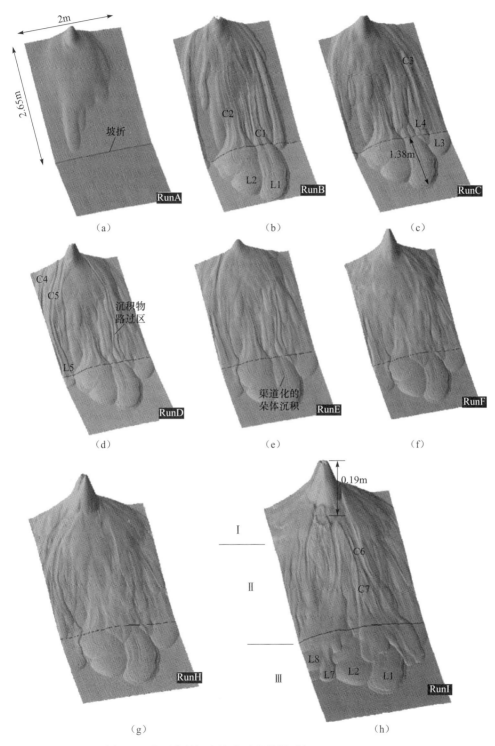

图 5.3 水下扇的沉积演化过程模拟(据 Fernandez,2014)

C. 河道;L. 朵体;Run. 期次;A~F. 期次序号;图中给出了(a)~(h)期沉积地貌特征和沉积物的分布特点,沉积分为近源的上部扇(Ⅰ区)、以分流体系为主的中扇(Ⅱ区)和以朵叶状体沉积为主的下部扇(Ⅲ区)三个相带

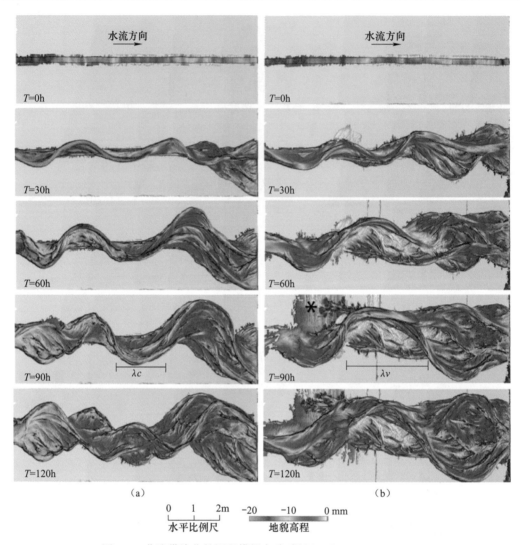

图 5.4　曲流带演化的沉积模拟实验（据 Van De Lageweg,2013）

(a)稳定水流下的模拟结果；(b)变化的水流下的模拟结果。模拟给出了两种条件下的河流演化过程,从模拟开始到 30h、60h、90h、120h 的沉积结果,可清晰地观察到河流点坝的发育演化及其形态规模；λ 为波长, * 表示决口水道起始部位的侵蚀状况

4. 现代沉积地质知识库

通过对现代沉积的研究也可以建立相应储层的原型模型,获取建模所需的知识。现代沉积与露头类似,都可以提供很好的地质体供解剖,现代沉积由于形成时间较近,沉积物尚未成岩,更容易用于解剖以获取相应的地质知识。作为现代沉积,其形成的地质条件更容易确定,因而在沉积机制分析上,其具有得天独厚的条件,在进行相应的沉积类比中,可以比较容易地进行类比。而现代沉积物多暴露于地表,平面形态及其组合关系清晰,易于观察。同时现代沉积尚未成岩,易于切割,通过探槽和探沟,很容易获取三维沉积形态,为研究提供了非常精确的条件,因而现代沉积在知识库建立中发挥着重要的作用。例如,

Deutsch 和 Wang(1996)通过在空中对现代河流沉积的几何形态观察,建立了基于目标的河流储层层次模型。张昌民(1988,1992)对长江江心洲内部结构、薛培华等(1991)对拒马河进行曲流体系模式、马世忠和杨清彦(2000)和马凤荣等(2001)对现代嫩江的曲流内部结构及成因机制、于兴河和王德发(1994)对内蒙古岱海三角洲沉积体系内部结构及非均质性进行了研究,获取了丰富的地质信息。然而现代沉积研究受自然条件及研究设备的影响,多不能进行较大范围的研究,已进行的较大规模研究大多注重于其组合关系,对于几何形态的研究则较难于进行。

近年来遥感技术的发展,为现代沉积调查提供了一个更大视域观察分析沉积的途径,基于高精度的遥感图像,不仅可分析特定时间的沉积体特征,还可对不同时期的图像进行对比,分析沉积演化过程,为深入认识沉积机理和沉积体的演化提供便利的条件(图 5.5)。

此外,在研究过程中前人也积累了大量的地质知识可作为地质知识的来源。通过对前人工作的调查,也可获取一些间接的数据,作为地质知识的积累。事实上这是地质知识库知识来源的很重要的一个方面,国外也建立了大量的共享研究团队和专门的地质知识库,是地质知识的一个研究方向。

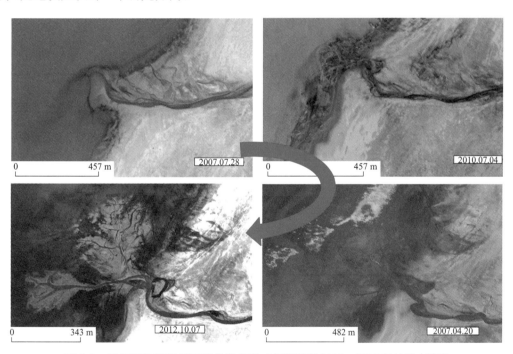

图 5.5　卫星图片解析揭示呼伦湖东岸三角洲沉积 2007～2012 年的形态演化

5.1.3　储层地质知识库的建库步骤和基本内容

地质知识库的建立可以概括为油藏地质精细研究、原始数据的提取、地质统计分析、数据入库等几个基本步骤如图 5.6 所示(李少华等,2004)。

不同的随机模拟方法在使用中所需的参数有所不同,总的说来,可以将储层地质知识库的主要内容概括如表 5.1 所示。

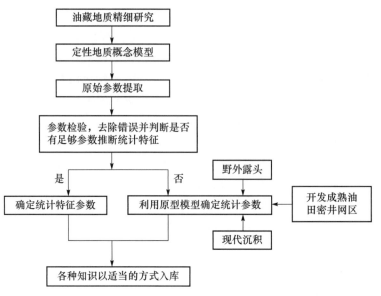

图 5.6　储层地质知识库建立步骤(据李少华等,2004)

表 5.1　储层地质知识库的基本内容(据李少华等,2004)

类别	主要内容
油藏	坐标数据(包括井轨迹数据)、构造数据、分层(旋回划分)数据、断层数据、物源方向、相、亚相
储层骨架	微相类型、砂体规模(长、宽、厚)、砂体形态(长宽比、宽厚比、主轴方向、曲率)、砂体数量(全局含量比、分段含量比、纵横向比例曲线)、砂体连通性、砂体连续性、岩性与地震波阻抗/速度概率关系
储层物性	孔隙度/渗透率/饱和度(分布直方图、最大值、最小值、均值、方差、变差函数特征值)及三者关系、孔隙度/渗透率的分形特征值、孔隙度与地震波阻抗/速度概率关系

5.1.4　不同知识获取方法比较

　　由于不同的地质知识库知识来源不同,采集方式有别,其具有各自的特点和适用条件(表 5.2)。例如,采用露头解剖的方法最直接,如能够直接得到砂体的形态、大小、接触关系、连通情况等许多其他手段无法得到的真实信息,而且信息的精度高、真实可靠,但在存在着以下几个问题:①我国出露良好的露头多在西部,而开发程度高的油田主要在东部,通过西部地区露头工作,指导东部油田,给储层沉积工作增加了很多困难;②露头与油田的沉积条件、沉积环境和地层层位相似程度存在较大的不确定性;③解剖露头费用昂贵,要做到三维解剖需要钻井、测井、地面雷达、岩心分析化验等许多工序,解剖一个规模不大的露头可能需要数百万甚至上千万元。由于经费的限制,通常露头解剖只是多个二维剖面,受地形影响特别大,而且得到的信息不全,无法得到储层在三维空间的形态和展布情况。在缺乏露头的地区,通常采用开发成熟油田的密井网区或是可以类比的开发成熟油田建立原型模型。该方法的优点是可以充分利用大量已有的地震、钻井、测井、岩心、试井、生产等资料,建立原型模型的成本低。存在的问题主要是虽然已有的资料已经很丰富,但由于陆相碎屑岩沉积环境下相变快,储层非均质性严重,根据密井网解剖建立的原型模型存在一定的不确定性,模型的精确相对较低。在现代沉积调查的基础上进行沉积模拟实验建立原型模型具有成本低、可多次重复、测量准确等优点,存在的问题主要有:①受实验装置规模大小的限制,实验时间较长时砂体的生长过程不能充分自由发展,与真实沉积可比性存在质疑;②有些地质因素如波浪、潮汐条件实现困难;③在储层物性方面的作用不大。

表 5.2　不同地质知识库对比

知识来源	技术手段	优势	不足
露头调查	测量、取样、照片镶嵌 GPR、Lidar	直观、可密集观察取样	多为二维,分布局限,与研究对象可类比性可能有差异
密井网解剖	井间对比、单井统计	三维分布,动态验证,与研究对象属同一沉积体系	井间不确定性大,地质知识不精确
现代沉积调查	测量、取样、遥感、探槽	通过探槽可达到真三维解剖,可观察演化过程,可密集取样	无法获取物性数据,与地下地质体类比时沉积背景可能有差别
物理模拟实验	沉积过程物理实验,沉积体切片解剖	可定量再现沉积过程,真三维切片,准确给定沉积背景,可重复	沉积规模受限造成类比时的可对比性,时间长,有些条件难于实现
数值沉积模拟	数值模拟计算	可定量再现沉积过程,可给出真三维分布特征,准确给定沉积背景	只能实现短时间尺度的模拟计算,难于实现地质年代尺度的模拟计算

5.2　基于露头测量获取三角洲砂体地质知识库

露头作为地质知识库的最重要来源,一直备受重视。国内储层以河流、三角洲体系为主,针对此类储层开展的露头调查较多,青海油砂山露头调查项目是基于露头资料,通过地面、地下对比建立储层地质知识库的一个典型实例(林克湘等,1994)。

5.2.1　露头测量方法与内容

对于露头区,可以进行三维空间的砂体结构测量,并可在三维空间进行密集采样和岩石物性(孔隙度、渗透率)测定,取样网格可加密至米级甚至厘米级。通过对露头的详细描述、测量、取样分析、钻浅井及地面雷达等多种手段的详细解剖,可以得到关于砂体的几何形态、分布规律及其内部孔隙度、渗透率的分布规律,这样获得的信息真实可靠,而且精度很高。可以为相似沉积环境下地下建模提供十分有用的信息,建立起十分精细的三维储层地质模型。

一般情况下,为了使露头具有较好的相似性,在进行露头测量前一般要进行露头的选取,通过踏勘或调研,将露头与相关研究区进行类比,确定其具有相似性,然后再进行露头的研究。露头的测量一般通过建立露头剖面来完成,包括柱状剖面和走向剖面。柱状剖面是单个点处的垂向岩石序列剖面或物性剖面,一般按研究精度的要求等间距选取,在单个柱状剖面上进行相应的参数测量,通过柱状剖面间的对比,恢复其剖面形态。走向剖面是沿露头出露方向的剖面,为二维剖面,在剖面中可以确定其沉积体的展布、相互关系及剖面特征。一般为了较好地恢复剖面形态,常采用照片镶嵌的方式,将整个剖面形态显示出来。

5.2.2　露头剖面岩石相知识

在划分岩石相类型时考虑了以下几个方面：①岩石的粒度；②沉积构造；③颜色变化；④生物扰动的程度及内部所夹团块和条带（主要是泥岩）；⑤一个岩石相单位是一个具有单一的粒度的岩性段，有时为一单层系，有时为数个层系组成的层系组。考虑了这五个方面的问题，就避免了使本来成因不同的岩石相使用同一的符号，更有效地表现了岩石相的原始含义。首先将岩石相分为四大类，即砾质、砂质、粉砂质和泥质岩石相，然后再细分为36种类型（表5.3），逐一描述各类特征。非碎屑岩石相仅出现两层，在泥质岩石相中一并描述。

表 5.3　岩石相单元的名称

序号	名称	符号	序号	名称	符号
1	平行层理砾岩	G_{PR}	19	小型槽状交错层理砂岩	S_{ST}
2	大型交错层理砾岩	G_{LT}	20	浪成沙纹层理砂岩	S_{WR}
3	Ⅰ类板状交错层理砾岩	$G_{TBⅠ}$	21	低角度交错层理砂岩	S_{LA}
4	小型槽状交错层理砾岩	G_{ST}	22	生物扰动块状砂岩	S_{BM}
5	Ⅰ类板状交错层理砾岩	$G_{TBⅡ}$	23	大型低角度单斜层理砂岩	S_{IIS}
6	Ⅰ类低角度交错层理砾岩	$G_{LAⅠ}$	24	浪成沙纹层理粉砂岩	S_{IWR}
7	逆行沙丘交错层理砾岩	G_{AD}	25	变形层理粉砂岩	S_{ID}
8	Ⅰ类低角度交错层理砾岩	$G_{LAⅡ}$	26	块状粉砂岩	S_{IM}
9	大型非均质单斜层理砾岩	G_{IHS}	27	水平层理粉砂岩	S_{IH}
10	大型高角度单斜层理砂岩	S_{ISHA}	28	生物扰动的粉砂岩	S_{IB}
11	大型低角度单斜层理砂岩	S_{ISLA}	29	流水沙纹层理粉砂岩	S_{ICR}
12	大型槽状交错层理砂岩	S_{LT}	30	Ⅰ类红色泥岩	$M_{RⅠ}$
13	中型槽状交错层理砂岩	S_{MT}	31	Ⅰ类红色块状泥岩相	$M_{RⅡ}$
14	Ⅰ类板状交错层理砂岩	$S_{TBⅠ}$	32	Ⅲ红色泥岩	$M_{RⅢ}$
15	Ⅰ类平行层理砂岩	$S_{PRⅠ}$	33	Ⅰ类灰色泥岩	$M_{GⅠ}$
16	逆行沙丘交错层理砂岩	S_{AD}	34	Ⅱ类灰色泥岩	$M_{GⅡ}$
17	Ⅱ类板状交错层理砂岩	$S_{TBⅡ}$	35	泥灰岩相	L_M
18	Ⅱ类平行层理砂岩	$S_{PRⅡ}$	36	介壳灰岩相	L_O

5.2.3　不同岩石相的孔隙度与渗透率

砾质岩相主要存在于分流河道砂体中，但这类岩石相胶结疏松，很难钻取成段岩心塞，野外所采大量标本都因破碎而未进行进一步的测试分析。所列的36种岩石相类型，属泥质岩和灰质岩相的有7种，它们不具备渗透率特征，野外未采样品进行孔、渗测量，其他岩石相类型仅根据已有渗透率和孔隙度加以说明。所采样品基本反映了储集相的一般特征，包括了大部分储集岩石相和砂体类型，可以满足一般需要，要进行更详细的表征还要进一步补充采样分析。

渗透率统计结果表明（表5.4），岩石相的物性特征与其产出环境关系密切。同一种岩石相在不同的砂体类型中其孔、渗特征亦不相同，主要影响因素可能是分选性和成岩过程。孔隙度变化不太明显，但仍可以发现Ⅱ类砂质岩相（$S_{TBⅡ}$），$S_{PRⅡ}$ 和 S_{WR} 的孔隙度皆小

表 5.4　Sst 岩石相的孔渗特征(据林克湘等,1995)

样品号	岩性	层理	分选性(无量纲)	渗透率/$10^{-3}\mu m^2$	孔隙度/%
KP65-1	细砂	小型槽状交错层	1.2810	701.6	27.1
KP59-1	极细砂	小型槽状交错层	1.6966	8.6	19.2
KP59-3	中砂	小型槽状交错层	1.2682	21.4	21.3
KP59-4	中砂	小型槽状交错层	1.3702	56.9	29.4
KP52-1	细砂	小型槽状交错层	1.8891	131.7	22.5
KP3-1-2	极细砂	小型槽状交错层	1.3635	159.8	22.3
KP3-4-2	极细砂	小型槽状交错层	1.2090	89.1	24.3
KP3-6-3	极细砂	小型槽状交错层	1.2582	570.0	26.1
KP3-6-4	细砂	小型槽状交错层	1.4355	172.4	28.8
KP3-9-3	极细砂	小型槽状交错层	1.7134	25.6	19.5
KP3-10-3	极细砂	小型槽状交错层	1.8540	1.3	18.0
KP3-11-1	极细砂	小型槽状交错层	1.43091	333.4	21.3
KP3-11-4	极细砂	小型槽状交错层	1.4599	9.5	19.5
KP3-11-5	细砂	小型槽状交错层	1.8374	57.7	28.0
KP3-12-4	细砂	小型槽状交错层		35.6	424.6

于 20%,其他皆大于 20%。对各岩石相类型的孔隙度(Φ)和渗透率(K)的统计得出下列关系式:

$$G_{IT}:\Phi=15.125+0.021K, r=0.9987 \tag{5.1}$$
$$S_{ISHA}:\Phi=19.823+0.021K, r=0.8588 \tag{5.2}$$
$$S_{ISI.A}:\Phi=27.204+0.003K, r=0.3138 \tag{5.3}$$
$$S_{IT}:\Phi=29.2220+0.1K, r=0.09635 \tag{5.4}$$
$$S_{MT}:\Phi=20.512+0.11K, r=0.4067 \tag{5.5}$$
$$S_{ST}:\Phi=22.408+0.6K, r=0.3895 \tag{5.6}$$
$$S_{PR1}:\Phi=18.323+0.23K, r=0.6073 \tag{5.7}$$
$$S_{rB(PR)1}:\Phi=12.653+0.104K, r=0.8179 \tag{5.8}$$
$$S_{LA}:\Phi=20.831+0.19K, r=0.8149 \tag{5.9}$$
$$S_I:\Phi=16.446+0.138K, r=0.5112 \tag{5.10}$$

式中,r 为相关系数。

不同岩石相的平均孔隙度和平均渗透率关系为

$$\Phi=16.512+0.30K, r=0.8721 \tag{5.11}$$

5.2.4　砂体构成及形态特征

综合上节描述,油砂山露头相应层段的砂体可以先按成因分成分流河道、河口坝、决口扇、三角洲前缘席状砂和滨浅潮席状砂等。在分流河道和河口坝中按大小、形态和沉积物粗细又可以详细划分。

1. 大型宽深砂砾质河道砂体

以 9114 砂体为代表。砂体较宽、厚度最大,宽/厚为 10～15,河道比较顺直。砂体横断面呈箱状,河道两侧边界较陡且基本对称,两岸边界倾角可达 60°～70°。河道底边界略有起伏,中部稍深。沉积物粒度最粗,河道下部为砾岩和含砾粗砂岩发育大型非均质倾斜层交错层理和大型槽状交错层理,底部为河床滞留砾岩。

上部基本为含砾粗砂岩,发育浅槽状、低角度交错层理和平行层理等,上部两侧有少量粉砂或泥质夹层。

2. 大型浅宽砂砾质河道砂体

以 913 层、30 层和 13 层北端砂体为代表,砂体宽度最大,宽/厚也最大(40～60)。河道平面上展布略弯,有时河道中发育含河心沙坝而出现分汊现象。河道断面呈浅盘状,河床底部呈宽缓弧形下凸,中部或边部局部呈阶状下切处为主流线通过处,河道两侧边界倾角很小(5°～10°),呈尖灭状。沉积物充填比较均匀,以砂质为主。河道阶状下切处沉积略粗,为含砾粗砂岩。

3. 中型砂砾质河道砂体

根据砂体横断面形态和内部组构分成以下两种。

(1) 中型下凸上展砂砾质河道。以 911 砂体和 68 层砂体为例,砂体规模中等,宽为 40～50m,厚为 3～5m,河道较顺直,河道砂体断面呈下凸上展形,两侧基本对称,河道中心下切较深呈锅形,河道边界靠河中心陡,靠两侧较缓。河道下部充填着含砾粗砂岩,发育槽状交错层理,河道上部砂层变细、变薄,且两侧泥质含量逐渐增多,两侧与周围地层呈指状穿插渐变关系。

(2) 下凸透镜体砂砾质河道。以 24 层、40 层砂体为例,砂体宽为 40～50m,厚为 3～4m,河道较顺直,断面呈下凸透镜体状,河道底界呈宽缓弧线下切,河道边界的梯度变化小,河道中充填较均匀,为细砾岩和含砾粗砂岩,槽状交错层理发育。

4. 中、小型深窄砂砾质河道砂体

以 59 层和 912 砂体为代表,河道宽为 15～30m,厚为 3～6m,宽/厚比最小,河道顺直,其横断面形状为箱状,河道的边界陡峭,其倾角达 70°～85°。河道的底界较平坦,河道砂体之顶面有时略为上凸。沉积物为细砂岩和含砾粗砂岩,不含细粒物质。

5. 小型偏下凸透镜体砂质河道砂体

以 9111、9112、9113 砂体为代表,宽为 15～20m,厚为 1～2.5m。河道低弯(弯曲率 $S < 1.5$)。其横断面呈不对称偏下凸透镜体状,沉积物以砂质为主,河道内有明显的侧向加积体,但数量有限,低弯河道没经历大的横向迁移便被充填完毕而衰亡。

6. 微型砂质水道砂体

以 9110 砂体、110-1 砂体、65-2 砂体和第 15～18 层之间的一些小砂体为代表,宽 10m 左右,厚 1.5m。据河道断面形态分两类,一类是断面呈下凸透镜体状,河道呈弧形下切,

砂体与围岩呈切蚀突变;另一类断面形态不规则,砂体与围岩泥岩呈指状交错渐变接触。微型水道中充填的一般是分选较好的砂质沉积物。

7. 大型河口坝砂体

以 13 层南端砂体为代表。砂体平面上呈扇形,断面呈底平顶凸的长透镜体状,宽 100 多米,厚度 2m 左右。由中-细砂岩组成,分选良好,从下往上粒度上有变粗趋势,内部沉积构造简单,不分层,以大型高角度单斜凹型曲线前积交错层为特征。

8. 中小型河口坝

砂体在露头区常见,以 914、915、916、917、918、919 砂体为代表。砂体平面上呈扇形,断面呈底平顶凸的三角形或透镜体形。由细砂至粗粉砂组成,分选良好,砂体内部沉积构造简单、不分层,以大型低角度单斜凹型曲线前积交错层为特征。中小河口沙坝,可以单独出现,但常见的是一些河口坝砂体在横向上相连或垂向上重叠。

9. 三角洲前缘席状砂

以 165 层和 102 层砂体为代表。砂体在横向上连续分布,范围较广,但厚度上有起伏,粒度也有些变化,三角洲前缘席状砂层序厚度 0.5~1m,单层砂厚度一般为几十厘米,它们被灰色和红色泥岩隔开,总体上为向上变粗变厚的沉积层序,浪成沙纹层理发育,虫孔也较发育。

10. 滨浅湖席状砂

以 31 层中薄夹层和 85 层席状砂为代表,横向上分布稳定,砂层厚度几厘米至十几厘米,由细-粉砂岩组成,分选好,浪成交错层理发育,钙质胶结,致密坚硬,虫孔也特别发育,虫孔发育处风化后呈蜂窝状。

11. 决口扇砂体

决口扇砂体在该区不发育,以 58 层砂体为例,与河道砂体共生。由细-中砂岩或更粗的沉积物组成,以规模较大的单层系单斜层理为特征,在接近扇缘处为平行层理。砂体平面上呈扇形,从决口处向河道外侧增厚,然后又逐渐减薄,砂体最大厚度比河道砂体稍薄。

5.2.5　砂体的宽厚比关系

油砂山露头调查共测量了 23 个砂体,其中有的砂体可以分为几个部分,因此统计的砂体共 28 个,采用算术坐标,在分流河道砂体中,剔除两个数值相差较远数值,得出分流河道砂体宽厚经验关系(图 5.7):

$$w = 9.85h + 2.28$$

式中,w 为砂体宽度,m;h 为砂体厚度,m。

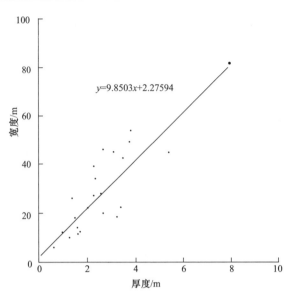

图 5.7　油砂山露头分流河道砂体宽厚比关系图(据林克湘等,1995)

5.2.6　砂体的孔渗特征

　　不同类型砂体孔隙度和渗透率的基本特征和垂向变化趋势不同。例如,中型砂砾质河道砂体(以第 68 层砂体第三测线的第 2 条垂向剖面为例)(表 5.5),具有分层结构较明显的特征,根据渗透率值可以看出,中部最高、下部和上部较低、底部最低。但一般渗透率值皆属中等渗透性。此类砂体上部有泥质隔层存在或直接有泥质覆盖,此剖面平均渗透率为 $403.4 \times 10 \mu m^2$,平均孔隙度 27.1%,粒度具向上略变细的总趋势,分选中等。

表 5.5　第 68 层河道砂体(中型)的孔渗和粒度特征(据林克湘等,1995)

样品号	渗透率/$10^{-3}\mu m^2$	孔隙度/%	平均粒径/Φ	标准偏差 σ_1
3-2-1	228.8	27.6	2.7933	1.0964
3-2-2	216.3	29.7	2.7318	1.0115
3-2-3	219.5	26.1	2.7286	1.1538
3-2-4	970.3	30.7	0.8171	2.0602
3-2-5	643.4	29.6	2.7119	1.3232
3-2-6	240.2	18.3	1.6768	1.4971
3-2-7	268.7	20.8	0.7784	1.3252
3-2-8	646.9	29.8	1.9762	1.4781
3-2-9	196.4	31.1	1.5988	1.5467

　　再如决口扇砂体以第 58 层为例。本书研究从河道边缘开始,顺单斜层方向由上往下共采 5 块样品,测得渗透率平均值为 $26.94 \times 10^{-3} \mu m^2$,平均孔隙度为 21.08%(表 5.6)。决口扇距河道最近处仍然渗透率最高,而远离河道方向渗透率减小,样品 58-5 的值较高可能与早期水流较强、沉积物较粗有关。其他沉积物则是相对较后期形成的。早期决口扇形成时冲刷剧烈,颗粒较粗,所以渗透率较高;后期则决口扇水流能量减弱,故渗透率降低。

表 5.6　第 58 层决口扇砂体的孔渗和粒度特征（据林克湘等，1995）

样品号	渗透率/$10^{-3}\mu m^2$	孔隙度/%	平均粒径/Φ	标准偏差 σ_1
58-1	62.3	21.8	2.8766	1.64410
58-2	19.1	18.2	2.4461	1.6930
58-3	19.4	20.8	4.8005	1.3507
58-4	7.0	21.7	4.6221	1.2756
58-5	26.9	22.9	0.6394	1.4455

5.2.7　原型模型的构建

主要包括以下三个步骤：柱状剖面校正、砂体校正和地层校正。例如，在油砂山某剖面中，建立了 9 个柱状剖面，校正时所做的工作为：①将 9 个柱状剖面校正到垂直河道总体方向（NE6°）的横剖面位置上；②将 9 个剖面上对比出的各分流河道砂体、席状砂体、河口坝砂体的延伸宽度按各点校正的角度校正到 NE6°横剖面上；③各柱状剖面之间的砂体是根据镶嵌照片和实际测量的砂体的实际位置和大小插入到剖面之间。在测量 9 个柱状剖面时，由于剖面之间有一定间隔距离，在这个间隔内仍有一些砂体遗漏，要通过砂体的测量和镶嵌照片按砂体的实际位置和大小插入到柱状剖面之间。通过上述校正和恢复，得到砂体骨架原型剖面模型（图 5.8）。

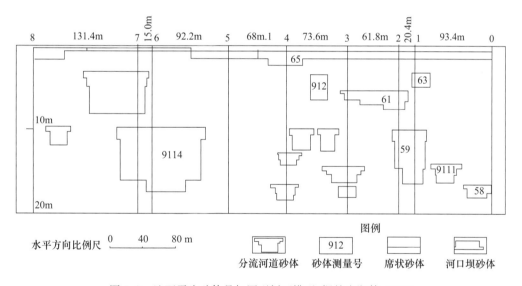

图 5.8　地面露头砂体骨架原型剖面模型（据林克湘等，1995）

在原型模型中通过对不同单元的识别分析，可统计下列参数：①砂体面积比；②不同厚度砂体的面积百分比（表 5.7）；③各柱状剖面砂体数的统计平均数，统计每个柱状剖面不小于 1m 的分流河道砂体、河口坝砂体和席状砂砂体数，其平均值为 5.4 个砂体数；④统计不同厚度砂体占砂体总数的百分比，即不同厚度砂体出现的概率，见表 5.7；⑤统计各柱状剖面的垂向上砂岩厚度与地层厚度之比（NGR）值，对原型模型中 9 条垂向柱状剖面的 NGR 值进行统计(表 5.8)。以此可作为随后的地下砂体骨架横剖面预测模型建模中内插砂体的定量依据。

表 5.7　不同厚度砂体面积、面积比和出现概率(据林克湘等,1995)

砂体厚度/m	砂体个数	砂体面积/m²	面积百分比/%	概率/%
1~2	19	784.1	14.6	45.2
2~3	12	1326.4	24.7	28.5
3~4	7	1761.5	32.8	16.7
4~5	2	682.4	12.7	4.8
>5	2	816.3	15.2	4.8
总计	42	5370.7	100	100

表 5.8　九条剖面的 NGR 统计表(据林克湘等,1995)

参数	0	1	2	3	4	5	6	7	8	平均
不小于 1m 的砂岩厚度	8.5	15.6	16.9	13.6	12.2	5.9	17.0	13.2	10.2	
NGR/%	14.4	26.7	27.3	23.7	20.9	10.3	28.2	21.1	16.1	21.0
不小于 0.5m 的砂岩厚度	10.1	20.3	18.7	16.1	16.2	8.7	19.6	16.2	16.5	
NGR/%	17.1	34.7	30.2	28.1	27.5	15.3	32.5	25.9	26.1	26.4

5.3　应用密井网地层对比获取扇三角洲前缘地质知识库

在研究区周边缺少出露较好可以类比的露头情况下,可利用密井网区(赵翰卿等,2000),或是可以类比的开发成熟油田(文健等,1998),通过岩心和测井曲线研究建立起可靠的岩电关系,利用小井距对比建立原型模型来获取井下地质知识建立地质知识库。这里主要介绍在双河油田利用密井网建立原型模型的主要方法(尹太举等,1997)。

双河油田邻区沉积露头出露条件不好,选择密井网进行解剖图,从中提取地质知识供建模使用。选择密井网进行解剖,利用岩心和测井曲线建立地质知识库,内容包括:一维的砂体密度、频次、厚度、上下岩相;二维的砂体宽度(长度)、宽厚比、对称系数、左右岩相。此处所提供的几何形态知识库内容只适用于建立储集层的骨架模型,还缺乏相应的参数模型地质库信息。

5.3.1　建库流程

双河油田处于开发后期,为了研究剩余油的分布状况,必须对其储集层砂体进行解剖,建立精细的地质模型。建模必须有可靠的地质知识库作为约束条件。双河油田邻区沉积露头条件不好,比较好的办法是选择密井网进行解剖,从中提取建模所需的地质知识并建库,然后指导储层建模。建库过程可分四个步骤:①选择工区;②岩电转换;③精细对比;④统计入库(尹太举等,1997)。建库过程可分以下几步(图 5.9)。

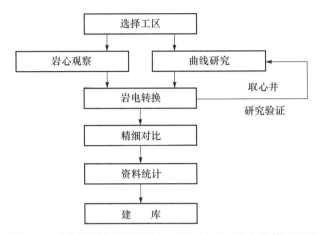

图 5.9　建立地下井下地质知识库流程图(据尹太举等,1997)

1. 选择建库工区

为建立井下地质知识库而进行详细砂体解剖的工区应具备以下 4 项基本条件,得到的对比信息对研究区具有实际意义:①沉积背景相同,具有相同的沉积相及亚相,沉积物及其组合相似;②井距比研究区小;③具有一定数量的取心井,以便建立可靠的岩电转换关系;④构造简单,易于对比。

本研究所选工区为双河油田北块南部,层位为Ⅳ₁～Ⅳ₃的密井网部分,目的是为江河区Ⅱ₅及双河北块Ⅳ₁～Ⅳ₃提供指导,两者都属于扇三角洲扇中至扇缘沉积,沉积物也相似;小井距对比区井距一般在 200m 以内,研究区为 300m 左右;工区内有两口取心井(检 6 井、H401 井);没有大的构造起伏,区内无断层。

2. 岩电转换

地质知识库的精度取决于岩电转换关系的可靠性及井距的大小,实现岩电转换后的地层对比会在一定程度上增大其客观性。岩心可以提供单井详细的地质信息,但取心井(段)较少,不能满足建立详细地质知识库的需要。因此,必须利用每口井的测井资料将测井信息转化为地质信息。通过对岩心及测井曲线的研究,摸索出一套岩电转换的方法,将未取心井段的测井曲线转化为岩性剖面,既方便对比,又满足建库的需要。通过对工区及研究区内 8 口取心井的研究,建立岩电转换的关系,在此基础上,对研究区内 53 口未取心井进行岩电转换。

岩电转换是建立井下地质知识库的关键,决定地层对比及资料统计的精度,直接影响井下建模约束的可靠性及地质模型的准确性。

1) 岩心研究

通过对工区及研究区内 8 口取心井的研究,发现双河油田的岩性包括泥岩、泥质粉砂岩、粉砂岩、细砂岩、中砂岩、粗砂岩、砾状砂岩及砾岩。其中粗粒岩类(从细砂岩到砾岩)为储集层,粉砂岩及泥质岩类为隔层,还有少量的泥质砾岩和钙质胶结的砂岩也为隔层。按照层次分析的原理,可将其组合为不同的层次:段、油层组、小层、单层、单砂体、沉积幕(单砂体中次级幕式事件沉积)、岩石相,对应于1～7级;在岩石相内还可分纹理等更低的层次(见第1章图1.11)。研究的重点为单层—岩石相级的特征。单砂体级的储集层结构要素包括分流河道砂体、河口坝砂体、席状砂砂体。分流河道砂体一般为多期河道作用形成的间断性正旋回,底部可见侵蚀面,发育有槽状、板状交错层理及沙纹层理;河口坝砂体可分为坝核(砾岩、砾状砂岩)、坝侧(砂岩)、坝缘(细砂、粉砂与泥质岩互层)和坝间(粉砂、泥质岩)。作为低级次隔层的细粒沉积,主要为坝间和河间沉积,高级次的隔层为湖相泥。

2) 测井曲线研究

双河油田测井曲线与岩性有较好的相关性。特别是自然伽马曲线,能够比较灵敏地反映岩性(粒度)的变化,选择自然伽马、自然电位、电阻率曲线,并辅以声波时差曲线,来实现岩电转换。通过对曲线的研究得到以下规律:①自然伽马曲线幅度与粒度密切相关;粒度愈大,自然伽马值愈低;粒度愈小自然伽马值愈大;粒度变化在曲线上表现为幅度的变化。②泥质岩类在微侧向电阻率曲线上反映了无幅差、无冲洗带的特点、深侧向、浅侧向电阻率曲线呈低值的特征。③储集层段在微侧向曲线上具有稳定的读数差,反映出具有冲洗带的特点。④大段储集层中的小夹层一般在深侧向电阻率曲线上有反映。⑤单砂体级次的结构要素曲线特征为,河道砂体为松塔形,河口坝砂体为漏斗形,而席状砂体则为指形。

通过岩心、测井曲线的对照研究,可得出不同岩类电性特征(表5.9),表明用测井曲线辨认岩性是可能的,某种曲线的平均值可确定部分的岩性,但另一些则需综合考虑。

表5.9　不同岩性的测井曲线读数均值(据尹太举等,1997)

岩性	自然电位/mV	自然伽马/API	声波时差/(μs/m)	深侧向/($\Omega \cdot$m)
砾岩	−0.76	4.88	243.3	61.67
粗砾岩	−13.23	4.89	258.20	41.09
中砂岩	−12.20	5.53	264.29	34.30
细砂岩	3.04	5.55	262.3	34.45
粉砂岩	0.56	8.05	271.4	22.74
泥岩	−1.84	9.69	310.56	12.9

3) 岩电转换

通过对岩心及测井曲线的研究,可进行岩电转换。具体可分为以下两种情况。

(1) 有自然伽马曲线时,首先按伽马值将曲线分段,伽马值最大的为泥岩(段),最小的为砾岩(段)。伽马值介于中间的段,参考电阻率曲线:深侧向电阻率低值,无冲洗带特征的为泥质岩类;深侧向电阻率高值,具冲洗带特征的则依据伽马值大小划为粉砂-砾状砂岩。

(2) 无自然伽马曲线时,首先用自然电位曲线分段,划分为储集层和隔层,由于自然电位分辨率低,只能依靠电阻率曲线并参考声波时差曲线来实现岩电转换,此时主要看深侧向电阻率相对值的大小,从大到小对应于粒度的大小。

4) 岩电关系验证

岩电转换工作需要反复实验,使结果尽可能符合实际情况。为了验证转换的可靠性,将取心井段的转换结果与岩心进行对比,两者比较吻合(图5.10),说明所建的转换关系是比较可靠的。

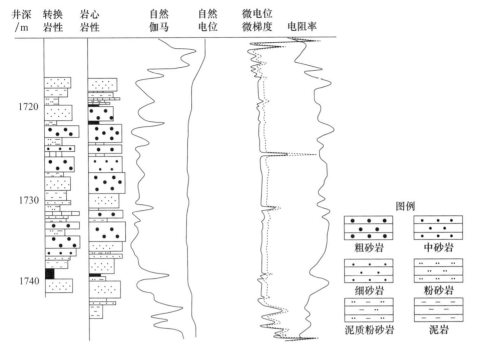

图 5.10　岩转换的地层层序与录井层序对比图(以双河油田 H401 井为例)(据尹太举等,1997)

3. 精细对比

井间对比的精度随井距的减小而提高。一定的井距可以解决一定层次的储集层非均质性问题。小井距对比(精细对比)因此非常必要。本研究对 IV₁ ~ IV₃ 小层井距相对较小的区块进行了详细解剖,并将结果用于井距相对较大的 IV₁ ~ IV₃ 其他区块和 II₅ 小层。

一般来说,陆相储集砂体由于规模小、相变快,其对比较困难。目前的几种对比方法(等高程对比、切片对比、旋回对比等)中,只有旋回对比考虑了沉积学意义,更合乎地层的实际情况。本研究采用旋回对比,以标准层为标志,以扇三角洲沉积机理为指导,并注意到物源的方向,从大到小逐级对比。具体对比过程中,小层以上的层次沿用油田原有的划分结果,不再重新对比。小层以下的各级砂体重新对比。步骤如下。

(1) 将小层划分为一系列的小沉积旋回,并赋之以沉积学意义(分流河道、河口坝、席状砂、河间、坝间等)。

(2) 将同一剖面上的邻井进行对比。考虑到井间砂体可能会尖灭,先确定沉积旋回的个数及其垂向分布,再据相律进行对比。

(3) 单砂体的对比,将划入同一沉积旋回的不同结构要素划开,然后看每一类结构要素在不同井点处的厚度,若有不止一个厚度中心,则据此将其分为几个单一的结构要素,其间界限以半井距来确定。

(4) 每一沉积旋回内划为一系列的微旋回,在次一级内对比,即得沉积幕级的对比结果。

(5) 将沉积幕内的岩石相对比,一般具有岩相横向变化。

在实际对比中,难以区分沉积幕和单砂体,将其合为一类进行对比。

依据以上原则,在岩电转换的基础上建立了 8 条对比剖面,其中南北向剖面(垂直物源方向)3 条,东西向剖面(垂直湖岸方向)5 条。通过精细对比,基本得到各级结构要素的展布参数。

4. 建立井下地质知识库

建立地质知识库包括一维地质参数和二维地质参数两个方面,层次上分为岩石相和成因体。

1) 一维地质参数

一维地质参数包括各级结构要素的频次、密度、厚度分布及上部、下部岩石相(包括总的及单个的)等。密度是指单位地层厚度中某种结构要素的厚度,频次指单位地层厚度中某种结构要素的层数,厚度分布指某种结构要素在各厚度区间的分布情况。如粗砂岩密度为 9.01% 、频次为 0.141 层/m,其他一维地质参数可用直方图来表示。

2) 二维地质参数

二维地质参数包括两个级次(单砂体及岩石相),有 4 个参数:宽度(长度)、宽(长)厚比、对称系数、左右接触关系。

单砂体级次主要研究了长度(宽度)、宽(长)厚比及对称性。表 5.10 给出了某剖面(垂直水流方向)的统计结果。其对称性以最大厚度左侧宽与最大厚度右侧宽之比来表征。

岩石相级别对四个参数都进行了研究。例如,粗砂岩的砂体宽度可达 800m,大多为 $50\sim300$ m,宽厚比均值为 183,分布范围较大,80% 以上的对称系数为 $0.5\sim2$,左右岩相分布可用直方图表示。

表 5.10　某剖面单砂体参数统计表(据尹太举等,1997)

砂体层位	宽(长)/m	厚/m	对称系数	长(宽)/厚
3^3	520	3.6	0.49	144
	895	3.6	1.06	249
	185	1.4	1.18	132
	700	3.6	1.92	194
	140	2.2	1.80	63.6
	315	1.6	1.16	197
	460	3.6	0.59	128
	700	5.6	0.49	125
3^2	400	2.2	1.35	182
	330	4.2	1.0	79
3^1	185	1.5	0.85	123
	200	1.0	1.0	200
2^4	580	2.4	1.40	242
	110	1.8	1.0	61
2^3	490	2.8	1.45	175
	470	4.6	4.88	102
	410	6.0	1.0	68
	240	1.0	1.0	240

续表

砂体层位	宽(长)/m	厚/m	对称系数	长(宽)/厚
2^1	80	0.8	1.0	100
	170	0.8	1.43	213
1^4	200	0.8	0.74	250
	575	2.0	0.98	288
1^2	500	2.8	1.0	179
	560	6.6	1.0	85
1^1	200	1.0	1.0	200
	410	3.2	1.0	128

借助数据管理软件,将这些资料录入,便可建立起井下地质知识库。

5.3.2　岩电关系知识

岩电关系的确定有两种方法,一种是先确定岩石相的岩电关系,通过岩电转换,将电测曲线转换为岩相剖面,然后进行沉积学研究;另一种是研究结构要素的岩电关系,将测井曲线与结构要素相联系,然后进行沉积学研究,本节对两种方法都进行了尝试。

1. 基本响应关系

双河油田测井曲线与岩性有较好的相关性(图 5.11)。特别是自然伽马曲线,能够比较灵敏地反映岩性(粒度)的变化。研究中选择自然伽马、自然电位、电阻率,并辅以声波时差曲线来实现岩电转换。通过对曲线的研究得到以下规律。

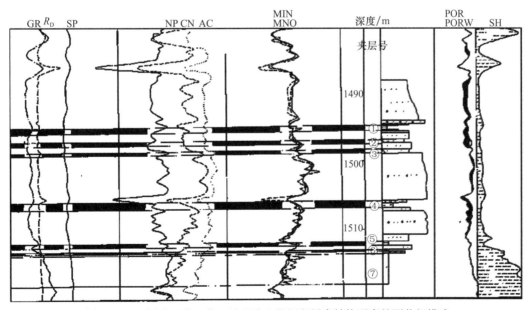

图 5.11　双河油田检 6 井 2 油组取心段沉积层序结构要素的测井相模式

图中主要发育的是粗粒的分流河道和细粒的河间砂两种结构要素;R_D. 深侧向电阻率;NP. 补偿中子孔隙度;CN. 中子;AC. 声波时差;MIN. 微梯度电阻率;MNO. 微电位电阻率;POR. 孔隙度;PORW. 含水孔隙度;SH. 泥质含量

（1）自然伽马曲线幅度与粒度密切相关。粒度愈大，自然伽马值愈低；粒度愈细，自然伽马值愈大；粒度有变化则一定在曲线上表现出幅度的变化。

（2）泥质岩类在微侧向上反映了无冲洗带，深侧向、浅侧向电阻率上呈低值的特征。

（3）储集层段在微侧向上具有稳定的读数差，反映了具有冲洗带的特点。

（4）大段储层中的小夹层一般在深侧向上有反映。

通过对岩心、测井曲线的对照研究表明，利用测井曲线的幅度综合判定岩性是可能的（图 5.10）。作岩电转换时，对于有自然伽马曲线的井段，首先按伽马值将曲线分段，伽马值最大的为泥岩（段），最小的为砾岩（段）。伽马值介于中间的段，参考电阻率曲线：深侧向电阻率低值，无冲洗带特征的为泥质岩类；深侧向电阻率高值，具冲洗带特征则依据伽马值大小划为粉砂-砾状砂岩。对于没有自然伽马曲线的井段，首先用自然电位曲线分段，划分为储层和隔层。由于自然电位分辨率低，只能依靠电阻率曲线、参考声波时差曲线来实现岩电转换，此时主要看深侧向电阻率相对值的大小，即深侧向电阻率值反映粒度的大小。

岩电转换的重要性决定对这一工作要反复实验，以使结果更符合实际情况。为了验证转换结果的可靠性，将取心井段进行岩电转换，并与岩心进行对比，其结果是比较吻合，准确度可达 85% 以上，说明建立的岩电转换关系是可行的。

在以上工作的基础上，笔者对小井距解剖区内 53 口未取心井进行了岩电转换。

2. 结构要素岩电关系

本次对结构要素的电性进行定性和定量两方面的工作。定性方面通过对各井的分析解剖，得到结构要素的曲线形态特征，建立用测井曲线组合和微梯度微电位曲线识别结构要素类型的图版；在定量方面，总结结构要素的测井读数特征，并提供用交会图进一步确定结构要素类型的方法。

本次研究划层较细，一般层厚都在 5m 以下，因而曲线的形态绝大部分都为单一的形态，而复合型的极少。研究区主要的结构要素类型为水下分流河道、河口坝、前缘席状砂、湖相细粒沉积，而湖相细粒沉积的电性特征比较明显，直接采用已有的标准便可识别，这里着重总结了前四者的电性特征。研究中考虑不同时期测井组合中包含有不同的曲线，而且各种曲线对结构要素的类型判别能力不同，选取了自然伽马、自然电位和电阻率曲线。

从形态上看，曲线的组合形态主要有钟形、箱形、漏斗形、指形等几种形态（图 5.12）。

水下分流河道（CH）的曲线组合形态有三种：钟形、箱形、漏斗形，还有一些不规则形态。其中最主要的形态为钟形，占 62.5%，箱形占 25%，而漏斗形仅占 12.5%（图 5.13）。

河口坝（MB）的曲线组合形态也包括钟形、箱形、漏斗形和不规则形，但不同形态的组合所占的比例与河道的不同，它主要以漏斗形为主，约占 71%，箱形占 17%，而钟形只占 12%。

前缘席状砂（FS）曲线形态以指形为主，占 67%，另外也有一部分的钟形和漏斗形，但比例较小，分别为 11% 和 22%。

水下溢岸（OB）结构要素的曲线特征主要表现为间断性韵律（间断性正韵律和间断性反韵律），而且曲线齿化严重，反映了河道溢岸和非溢岸沉积间互进行的特点。

从上面的统计情况看，单由测井曲线的形态难以唯一确定结构要素的类型，而只能确

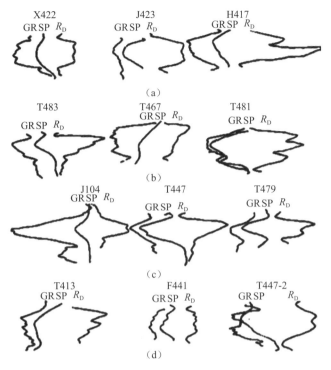

图 5.12　结构要素曲线组合形态图

(a)水下分流河道;(b)河口坝;(c)前缘席状砂;(d)水下溢岸

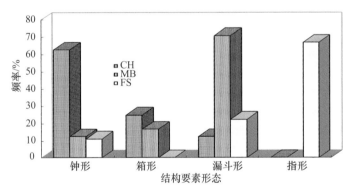

图 5.13　筑结构要素曲线组合形态分布特征图

定其是某一结构要素的可能性。例如,对于一个钟形的测井曲线,它可能是水下分流河道,也可能是河口坝,也可能是前缘席状砂,怎样确定它的类型? 做法是先大致定一下它的类型,如钟形的定为河道,然后进行平面上的组合,看大多数的类型,最后再结合砂体的平面形态综合判定其结构要素类型。

本研究的还利用微电位和微梯度曲线来判定结构要素类型(图 5.14),利用的曲线要素包括曲线的幅度差,幅度大小,幅度变化等。

水下分流河道微电位和微梯度特征是底部一般为突变,底部产生了突然的较大的幅度差,有时在底部还可见一个高钙的胶结带,河道要素内部一般具有均一的较高的幅度差,或向上幅度差逐渐变小,在顶部有两种情况:一是两曲线突然重合,幅度差变为0,为河道突然废弃的结果;另一种是幅度差逐渐变小齿化,最后两曲线逐渐重合无明显的幅度差,这一种是河道逐渐废弃的结果。

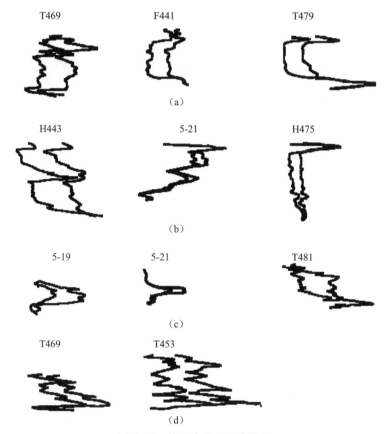

图 5.14　构要素微电阻率特征
(a)水下分流河道;(b)河口坝;(c)前缘席状砂;(d)水下溢岸

河口坝的微电位和微梯度特征主要为曲线的幅度差向上逐渐变大,而在顶部突然重合而无幅度差。而且曲线幅度具有正递变或逆递变的特性。常常由于河口坝的多期性而使曲线的幅度和幅度差产生周期性的变化。

前缘席状砂微电位及微梯度上主要有两种形式。一是曲线的幅度突然增大(或减小),同时幅度差突然增大;另一种则是曲线的幅度差逐渐增大,幅度上一般也逐渐增大。

水下溢岸微电位及微梯度的主要特征是曲线的幅度差不稳定,时大时小,并且曲线的幅度变化较大而无规律。

当然,这些特征只是针对单一的结构要素其上下都有较厚的湖相泥时才非常明显。事实上,每一小层内,各结构要素常常只以较薄的湖相泥隔开,有时甚至直接相互叠置,此时微侧向电阻率的这些特性就不大明显,有时甚至是难于区分的。这就需要综合判定。

3. 结构要素的定量特征

采集的定量数据包括:结构要素的自然电位值、结构要素的自然伽马值、结构要素的厚度、电阻率及厚的泥岩段的自然伽马读值和电阻率值。在以上值的基础上,经处理得出结构要素自然伽马相对值(结构要素自然伽马绝对值/厚泥岩段自然伽马读值)和结构要素电阻率相对值(结构要素电阻率绝对值/厚泥岩段电阻率读值)。依据这些数据,作出结构要素的厚度、自然电位、自然伽马相对值、电阻率、电阻率相对值等的直方图,厚度分别与自然电位、自然伽马相对值、电阻率、电阻率相对值的交会图,自然电位与自然伽马相对值、电阻率、电阻率相对值的交会图等图件。

1) 结构要素自然伽马相对值分布特征

水下分流河道砂体的自然伽马相对值小于 0.5,最小值为 0.22,平均值为 0.36,其中小于 0.4 的达 73.3%,26.7% 的值为 0.4～0.5;河口坝砂体的自然伽马相对值为 0.25～0.55,平均值为 0.41,其中小于 0.4 的为 38.5%,比水下分流河道的要少得多,而为 0.4～0.5 的则达 42.4%,比水下分流河道的要多,另外还有 19.5% 的相对值要大于 0.5;前缘席状砂的自然伽马相对值的分布范围要宽广得多,为 0.32～0.76,并且以大于 0.4 为主,平均为 0.51,小于 0.4 的只占 9.5%,而在 0.4～0.5 的占到 47.6%,值为 0.5～0.6 的约占 23.8%,另外还有 19% 的值大于 0.6(图 5.15)。

从自然伽马相对值的分布上看,由河道至河口坝到席状砂,其值有逐渐增大的趋势,反映了其泥质含量增加的特点。

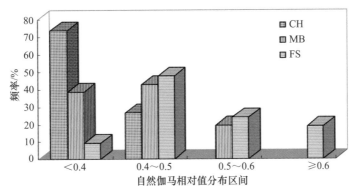

图 5.15 结构要素自然伽马相对值分布特征

2) 结构要素自然电位分布特征

水下分流河道砂体在自然电位曲线上,一般有较大的负异常,通常在 20mV 以上,平均为 59mV,其中有 60% 的负异常大于 60mV,26.7% 的异常值为 40～60mV,而异常值小于 40mV 的仅占 13.3%,河口坝砂体自然电位的负异常与河道相比小一些,且分布范围广,从小于 20mV 到 60mV 以上都有分布,以 20～40mV 和 40～60mV 两个区间为主,分别占到了 38.4% 和 34.6%,而异常值小于 20mV 和大于 60mV 的仅各占了 15.4% 和 11.6%;前缘席状砂负异常值较小,一般小于 60mV,平均为 25mV,以 40mV 以下的为主,达 85.7%,其中 20mV 以下的为 33.3%,而异常值为 40～60mV 的仅占 14.3%(图 5.16)。

从自然电位负异常来看,水下分流河道一般应具有较大的负异常值,前缘席状砂的负异常值最小,河口坝介于两者之间。

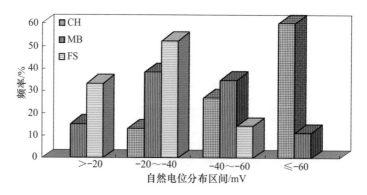

图 5.16　结构要素自然电位相对值分布特征

3）结构要素的电阻率分布特征

水下分流河道砂体电阻率具有较大的值,由于水淹状况不同而具有较大的分布范围为 $40\sim400\Omega\cdot m$,平均为 $196\Omega\cdot m$(图5.17)。其中电阻率为 $300\Omega\cdot m$ 以上的为水淹较弱的次总体,占统计样本的 40%,26.7% 的电阻率小于 $100\Omega\cdot m$,$100\sim200\Omega\cdot m$ 的占 26.7%,这两个为水淹较严重的次总体。从电阻率相对值上看,均值为18.3,分布上也有这样的规律,强水淹的电阻率相对值小于 15 的占到了 53.3%(其中小于 10 的占 13.3%),而弱水淹的电阻率相对值在 20 以上的则占 33.3%。河口坝电阻率为 $30\sim320\Omega\cdot m$,分布范围比水下分流河道的要窄,平均值为 $162\Omega\cdot m$,明显比水下分流河道要小,其值小于 $100\Omega\cdot m$ 的占 34.6%,$100\sim200\Omega\cdot m$ 的占 26.9%,两者之和为 61.5%,基本代表了水淹较严重的部分,而电阻率值大于 $300\Omega\cdot m$ 的仅占 11.5%,比相应区间水下分流河道的要小得多。从相对值上看(图5.18),均值为 15,也比水下分流河道要小。相对值小于 15 的占 57.6%(10 以下的 30.8%),$15\sim20$ 的占 23.1%,大于 20 的只占 19.2%。前缘席状砂的电阻率相对来说要低得多,其绝对值一般小于 $240\Omega\cdot m$,平均为 $93\Omega\cdot m$,远小于水下分流河道和河口坝。而其中小于 $100\Omega\cdot m$ 的达 57.4%,大于 $200\Omega\cdot m$ 的仅占 4.67%,说明其物性较差。从相对值来看,平均值为 9.3,比前两者小得多。小于 15 的达 90% 以上,其中有近一半小于 10,而无大于 20 的样品。

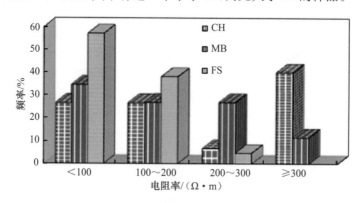

图 5.17　结构要素电阻率分布特征

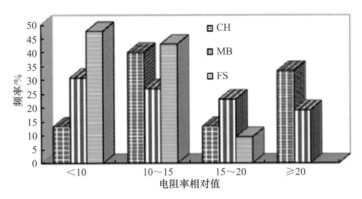

图 5.18　结构要素电阻率相对值分布特征

由电阻率分布特征不难看出,水下分流河道一般具有较大的电阻率值和相对值,而席状砂的这一指标则常为最小值。

4. 结构要素电性交会图特征

厚度-自然伽马相对值交会图上(图 5.19),席状砂基本分布于右下方一直线下的区域内,而其他三种结构要素混在一起,难于分开,但水下分流河道总体上分布于靠左上角的位置。

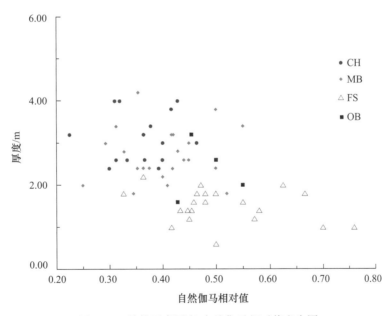

图 5.19　结构要素厚度-自然伽马相对值交会图

厚度-自然电位交会图(图 5.20)中河道左上方,席状砂右下方,河口坝居中,水下溢岸与河口坝混于一体,难以区分。

厚度-电阻率绝对值交会图(图 5.21)中席状砂基本上分布于右下角区域内,河口坝居中,水下分流河道有两个总体:左上方为水淹较弱的总体,左下方为水淹较强的总体。

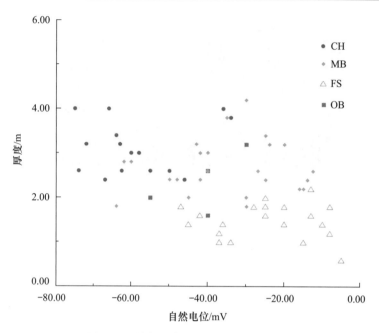

图 5.20　结构要素自然电位-厚度交会图

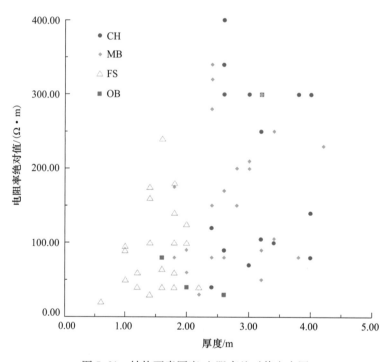

图 5.21　结构要素厚度-电阻率绝对值交会图

厚度-电阻率相对值交会图(图 5.22)特征与厚度-电阻率绝对值交会图相似。

自然电位-自然伽马相对值交会图(图 5.23)中河道位于左下角,河口坝居中,席状砂位于左上角,河道与河口沙坝区别较明显,而溢岸与河口坝难以区分。

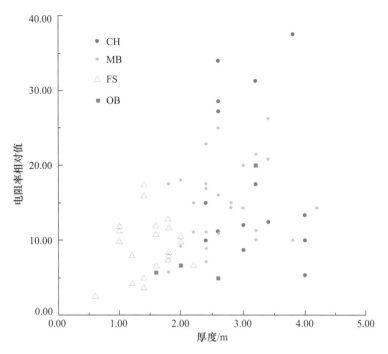

图 5.22　结构要素电阻率相对值-厚度交会图

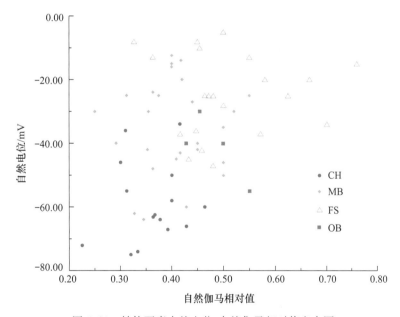

图 5.23　结构要素自然电位-自然伽马相对值交会图

自然伽马相对值-电阻率绝对值交会图（图 5.24）：席状砂位于右下方，河口坝居中，水下分流河道在左下方及左上角各有一总体，水下溢岸居中，难以同河口坝区分。

自然伽马相对值-电阻率相对值交会图（图 5.25）上河道左下方及左上角各有一总体，河口坝居中，介于两者之间，席状砂右下方，水下溢岸居中下部。

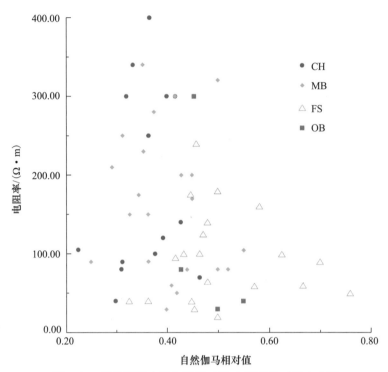

图 5.24　结构要素自然伽马相对值-电阻率绝对值交会图

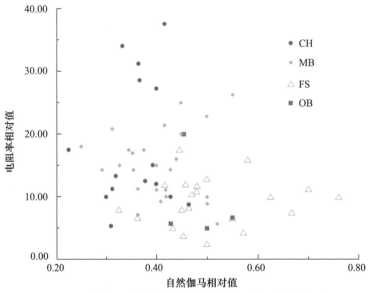

图 5.25　结构要素自然伽马相对值-电阻率相对值交会图

　　自然电位-电阻率绝对值交会图(图 5.26)上显示出河道的两个次总体(左下角及左上角),河口坝两个总体(中间及右下),席状砂与河口坝右下总体混为一体。

　　自然电位-电阻率相对值交会图(图 5.27)上显出河道明显两个次总体(左下角及左上角),河口坝居中,溢岸中部下侧。

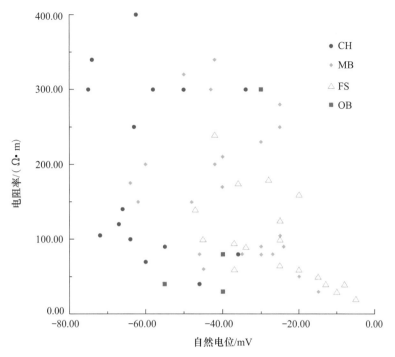

图 5.26　结构要素自然电位-电阻率绝对值交会图

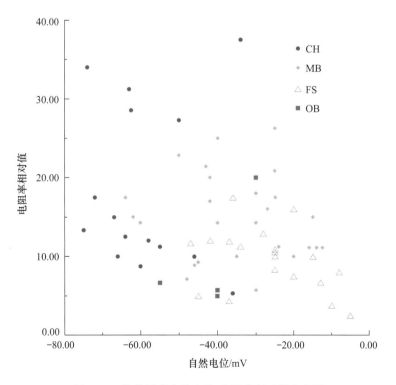

图 5.27　结构要素自然电位-电阻率相对值交会图

5.3.3 岩石相规模知识

具体的地质参数包括各类岩石相的频次、密度、厚度分布及上部、下部岩石相、左右岩石相(包括总的及单个的)、宽度(长度)、宽(长)厚比、对称性等。

密度是指单位地层厚度中某种结构要素的厚度,无量纲;频次则指单位地层厚度中某种结构要素的层数,层/m;厚度分布则指某种结构要素在各厚度区间的分布情况,无量纲。

1. 频次和密度

对9口井的取心井段岩石相统计表明,从层数上来看,泥岩占21.62%,泥质粉砂岩占25.95%,粉砂岩占24.86%,中砂和细砂岩占17.3%,含砾砂岩和砾状砂岩占5.41%,砾岩占4.86%。由岩心上可以发现,泥岩粉砂岩类占岩石相层数的70%以上;从厚度上来看,泥岩占25.4%,泥质粉砂岩占23.61%,粉砂岩占23.85%,中砂和细砂岩占15.11%,含砾砂岩与砾状砂岩占5.70%,砾岩占6.23%,泥岩粉砂岩类占地层厚度的总数为7.2%(图5.28),说明从岩心上来看,本段地层总体偏细,砂层厚与储层总厚度比(N/G)值较低。

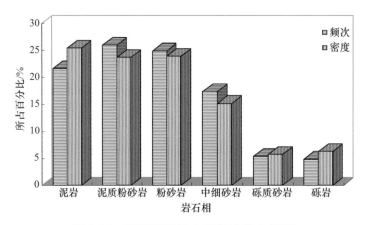

图5.28 岩石相的频次和密度(据岩心统计)

在岩电转换剖面上,不同岩石相所占厚度比例不同,其中,泥岩所占比例最大,其次为中砂、细砂、泥质粉砂和粗砂岩。泥岩为28.15%,粉砂质泥岩9.81%,泥质粉砂为10.49%,粉砂岩为6.16%,细砂岩为11.38%,中砂岩为14.09%,粗砂岩为10.13%,含砾砂岩为7.37%,砾岩为2.42%,泥岩粉砂岩类所占比例总和为54.61%(图5.29),这一比例小于由岩心上所得的岩石相统计结果。从层数方面来看,泥岩为17.32%,粉砂质泥岩为9.85%,泥质粉砂岩占13.55%,粉砂岩占10.82%,细砂岩15.98%,中砂岩占15.6%,粗砂岩占9.61%,含砾砂岩占5.52%,砾岩占1.93%,泥质和粉砂岩类的总和为51.56%,上述结果表明,岩石相解释结果较乐观地估计了有效储层岩石相所占的比例。

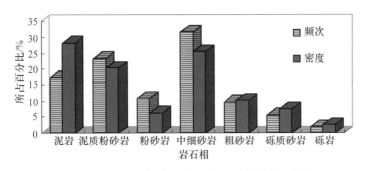

图 5.29　岩石相的频次和密度(据电岩转换剖面统计)

2. 厚度特征

在进行单井岩-电转换时,把岩性分成泥岩(含粉砂质泥岩)、粉砂岩(含泥质粉砂岩)、中砂岩(含细砂岩)、粗砂岩、含砾砂岩和砾岩 6 种岩石相,对转换后的岩性剖面进行统计,表明所有岩石相的平均单层厚度为 1m,以粉砂岩为界,粒度越细,则单层平均厚度愈大,粒度愈粗,则单层厚度亦愈大,粉砂岩的单层平均厚度最小(图 5.30)。

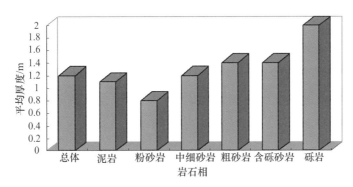

图 5.30　岩石相的单层厚度分布

单个岩石相的厚度一般都小于 10m,从层数上看,82.69% 的岩石相厚度小于 1.5m,有 15.44% 的岩石相厚度为 1.5~3.0m,更厚层单个岩石相仅占 3.87%,图 5.31 是对2590 个单层岩石相的统计结果,由于数据体较大,具有一定的代表性。

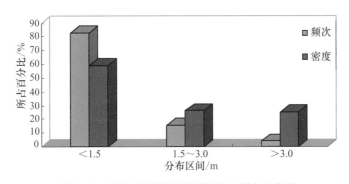

图 5.31　岩石相不同厚度区间内的频次和密度

从厚度上看,小于 1.5m 的单岩石相占总厚度的 58.89%,厚度为 1.5~3m 的岩石相占总厚度的 26.04%,其他较厚层占总厚度的 25.07%。统计表明,尽管厚层岩石相的个数较少,但由于单层厚度大,对总厚度的贡献较大。

泥岩厚度分布主要在 3.5m 以内,从层数上看,60.35% 的泥岩小于 1.5m,91.75% 的泥岩厚度小于 3.5m,大于 3.5m 厚的泥岩层数很少,但分布范围很大。从厚度来看,其分布范围比层数分布要分散一些,厚度小于 1.5m 的泥岩占 29.02%,小于 3.5m 的泥岩占总泥岩厚度的 71.93%,28.07% 的泥岩厚度为 3.5~10m,主峰为 1~1.5m。泥质粉砂岩主要分布在 1.5m 以下,由层数分布比例来看,有 93.17% 的泥质粉砂岩层小于 1.5m,最大厚度仅 4.5m,主峰为 0.5~1m,从厚度分布来看,单层厚度小于 1.5m 的泥质粉砂岩占泥质粉砂岩总厚的 81.87%,主峰仍为 0.5~1m,说明泥质粉砂岩的厚度分布相对较集中,没有厚层泥质粉砂岩出现。

粉砂质泥岩与泥质粉砂岩分布具有相似的特征,但峰态稍尖,与泥质粉砂岩相比,其中,1.5~2.5m 的层数和厚度皆有所增加,层数主峰为 0.5~1m,小于 1.5m 的占总层数的 82.36%。厚度主峰为 1~1.5m,占总厚度的 30.58%,小于 1.5m 的占总厚度的 58.99%,厚度为 1.5~2.5m 占 25.18%。粉砂岩的最大层厚小于 2.5m,层数主峰在小于 0.5m 位置,占 46.55%,主要分布在 1.5m 以下(占 98.19%),厚度主峰为 0.5~1m,占 45.12%,1.5m 以下占总厚度的 94.54%。

细砂岩的厚度分布范围较窄,在 2.5m 以下,层数主峰为 0.5~1m,占 40.82%,厚度主峰为 0.5~1m,占 36.61%。

中砂岩的厚度分布稍显宽广,其最大单层厚度为 3.5m,层数主峰为 0.5~1m,厚度小于 1.5m 的层占总层数的 86.39%,厚度主峰为 1~1.5m,分布状态近似正态分布特征,稍显向薄层偏移特征。

粗砂岩的层数主峰为 1~1.5m,主要分布在小于 1.5m 的范围,其厚度主峰为 1~1.5m,厚层层数不多,但占总厚度比例稍大。

含砾砂岩的厚度分布显示粗偏特征,显然层数主峰为 1~1.5m,但主要层厚分布在 0.5~2.5m,从厚度分布图上看,主峰为 1~1.5m,与层数分布类似,但厚度为 2~2.5m 所占的比例明显上升。说明粒度愈粗,单层厚度愈大,这一点在总体厚度分布上已经表明。砾岩的分布与含砾砂岩相似,但这一特点表现得更加充分,从层数和厚度分布图来看,2~2.5m 为一个次峰,表明厚层的层数和总厚度有所增加,砾岩层最大单层厚度小于 3.5m。

3. 岩石相的接触关系

由于地层的层序性和横向上的岩相变化,导致与某一种岩石相相接触的上、下、左、右各类岩石相的出现概率不同。

因为岩石相是本次研究的最小单元,所以弄清各类岩石相之间的接触关系是准确建立储层模型的基础。本节分上、下、左、右四个方面说明不同岩石相的接触关系。

1) 左侧岩相

指在剖面图上,与某一岩石相左侧相接触的各类岩石相。从统计结果来看,与泥岩相的左侧接触的岩石相中,泥质岩占 24.47％,粉砂岩占 29.79％,中砂和细砂占 39.38％,三者的比例已占 93.64％,与泥岩接触的粗砂、含砾砂岩、砾岩仅占 6.36％;与粉砂岩接触的左右侧岩体中,泥岩占 38.35％,中砂和细砂岩占 41.35％,与其他类岩石相的接触很少;与中砂和细砂岩接触的岩石相中,泥岩占 39.63％,粉砂岩,细砂岩和中砂岩及粗砂岩皆占 13％～14％左右,由此可见中细砂岩的左侧以泥岩为主,与粗砂岩左侧接触的主要为中细砂岩(36.64％),其次是泥岩(22.14％)和砾状砂岩(21.37％),粉砂岩和砾岩各占 9.16％;含砾砂岩左侧主要是中细砂岩(58.57％),其次是泥岩(17.14％),其他岩性较少(小于 2％);砾岩左侧主要是中细砂岩(54.55％),其次是粗砂岩(20.45％)和粉砂岩 15.91％。

2)右侧岩相

从右侧岩石相的分布特征来看,泥岩右侧主要是中细砂岩,其次是粉砂岩和泥岩;粉砂岩右侧主要分布中细砂岩,其次泥岩和粗砂岩;中细砂岩右侧主要分布为泥岩,其次是粗砂岩和粉砂岩;粗砂岩右侧中细砂岩出现最为频繁,其次是砾状砂岩和泥岩;砾状砂岩右侧以中细砂岩占绝大多数,粗砂岩次之;砾岩右侧主要是中细砂岩,粉砂岩与粗砂岩次之。

3)上部岩石相

沿垂向上与某一岩石相顶部相邻的岩石相为上部岩石相。上部岩石相统计结果表明,泥岩顶部最多的是中砂岩和细砂岩,粗砂岩和粉砂岩次之,显示粒度向上变粗特征;粉砂岩顶部大多为细砂岩,其次是粗砂岩和泥岩,仍表明粒度向上变粗的特征,向上变细者很少;中细砂岩顶部泥岩最多,其次是粉砂岩和粗砂岩,说明有部分向上变粗但主要是向上变细,反映了此类岩石相所处相带的过渡地位;与粗砂岩接触的上部主要是泥岩,反映了旋回的终止,其次是中细砂岩和粉砂岩、粗砂岩、砾岩;顶部粉砂岩最为发育,其次是泥岩和中细砂岩,反映了泥质披覆未发育到坝核地带,仅仅是沉积能量的减弱。

4)下部岩石相

与某一种岩石相相邻的底部岩石相的类型叫下部岩石相。下部岩石相继续保持了上部岩石相的特点,泥岩底部近 90％为中细砂岩到砾岩状砂岩,很少有粉砂岩,说明岩性的变化是突然中止而不是逐渐变化,粉砂岩底部有 70％的岩石相为中细砂岩和粗砂岩,其次才是泥岩,说明存在着许多不完整的垂向反旋回,它们从单个岩石相层序上表现为向上变细的特征,中细砂岩的底部有 64％的岩石相为泥岩或粉砂岩,说明了反韵律的普遍性;粗砂岩底部主要为中细砂岩、泥岩、粉砂岩,砾状砂岩和砾岩极少,亦反映了反旋回的特征,从粗砂岩的下部岩石相反映了 86％为反粒序;砾状砂岩和砾岩底部具有相似的特征。

4. 岩石相宽度及其分布特征

在分析岩石相的宽度时,统计了各类岩石相的左侧宽度、右侧宽度、整体宽度、左宽与右宽的比,以此说明岩石相的对称性。

岩石相的左宽与右宽,是以岩石相最厚处为中点,中点左侧到岩石相尖灭处的宽度为岩石相的左宽度,中点右侧到岩石相尖灭处的宽度为岩石相的右宽度,左宽与右宽之和为岩石相的宽度,左宽与右宽的比是由左侧宽度值除以右侧宽度值而得。

统计表明,整个Ⅳ1-3密井网区1057个岩石相记录中,岩石相宽度一般小于1000m,其中宽度为100~200m的占43.61%,小于100m的占14.95%,200~300m的占12.64%,300~400m的占11.35%,小于600m的占95%左右(图5.32)。

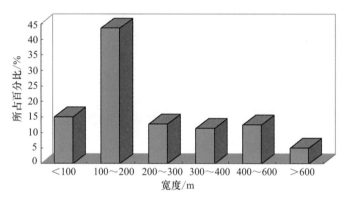

图5.32 岩石相的宽度分布

岩石相的左右侧宽度一般小于400m,小于100m的占40%以上,小于200m占80%以上,岩石相左右宽度比(L/R)一般小于2,其中$L/R<0.5$的占13.06%,0.5~1的占30.6%,L/R为1~2的占52.45%(图5.33),因$L/R=1$为对称分布,所以由此数据可以看出,L/R为0.5~2者最多,左宽大于右宽与右宽大于左宽的岩石相数量相当,基本呈对称分布。

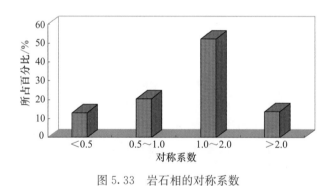

图5.33 岩石相的对称系数

泥岩的宽度基本上小于600m,其中100~200m的占35%,其他区间所占比例为12.82%~18.8%,大于600m的泥岩仅在700~800m区间出现,但仅占0.85%。L/R值一般小于2,其中,小于1的占25.61%,1~2的占54.88%,L/R值为2~5的占17.08%。由此来看,泥岩的对称性也比较好。

粉砂岩宽度基本小于600m,主峰为100~200m,占总数的45.4%,宽度在100m以内的占13.79%,200~300m的占23.56%,更大的很少。L/R值一般小于2,这一点与其他岩性相似,其中小于1者占29.47%,1~2的占55.79%,2~3者5.26%,3~4者6.32%,

也就是说左宽大于右宽者稍多,但左右比例相差不大,对称性较好。

中细砂岩的宽度主峰为 100～200m,占 42.05%,与泥岩和粉砂岩相比,其宽度分布区间较大,从小于 100m 到大于 1000m 的区间几乎都有,但各区间所占的比例不同,基本上随着宽度增大而减少,即小于 100m 的占 14.18,200～300m 的占 19.17%,300～400m 的占 11.76%,400～500m 的占 6.54%,500～600m 的占 2.83%,600～700m 的占 1.31%,700～800m 的占 1.74%,800～900m 的占 0.22%,大于 1000m 的占 0.22%,900～1000m 的未见。L/R 小于 1 的占 32.95%,L/R 为 1～2 者占 54.51%,二者之和为 87.46%,其他 L/R 基本上分布于 3～5。其对称性特征与泥岩,粉砂岩相似。

粗砂岩的宽度分布与中细砂岩相似,宽度小于 100m 的占 14.47%,宽度为 100～200m 者占 45.91%,宽度为 200～300m 的占 20.75%,300～400m 的占 11.32%,虽然宽度分布范围很广泛,但宽度为 400～800m 的总和仅为 6.93%。L/R 值绝大多数小于 3,其中小于 1 者占 38.2%,1～2 者占 51.69%,2～3 的占 6.74%,3～6 者共占 3.36%,其对称性与其他岩性相似。

砾状与含砾砂岩最大宽度小于 600m,其主峰为 100～200m,占 56.67%,次主峰为小于 100m,占 17.78%,300～400m 的占 13.66%,其他区间小于 10%。L/R 值主要分布于小于 1 和 1～2,其中 $L/R<1$ 的占 45.45%,$L/R=1$～2 者占 42.42%,其他所占数量较少。

砾岩的分布较为分散,主峰百分值相对较小,除在大于 1000m 和 600～700m 分别有 1.75% 的岩石相外,其他皆分布在 500m 以下,其中主峰位为 100～200m,占 38.6%,次主峰位于小于 100m 处,占 21.05%,200～300m 与 300～400m 区间内的各占 1.04%,400～500m 的占 8.77%。L/R 值也主要分布在小于 1 和 1～2,其中 $L/R<1$ 的占 33.33%,$L/R=1$～2 占 42.86%,说明岩石相的对称性较好。

从各类岩石相的平均宽度来看(图 5.34),泥岩的宽度最大,平均为 237.6m,其次为中细砂岩(228.4m),粗砂岩、砾状和含砾砂岩宽度依次减小,表明岩性愈粗宽度愈小的总体趋势(砾岩有例外)。

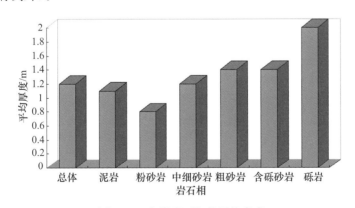

图 5.34　各类岩石相的平均宽度

岩石相宽度的总体分布主峰为 100～200m,占 43.61%,将近一半,其他区间相对分散,小于 100m 者占 14.95%,200～300m 的占 12.64%,300～400m 者占 11.35%,400～

500m 的占 7%,其他更宽者所占比例较小。

5. 岩石相的宽厚比

岩石相的宽厚比分布于 100～1000,其中宽厚比小于 300 者占 70% 以上,宽厚比为 300～500 的占不到 20%,其他具有更大宽厚比的岩石相所占比例较小。宽厚比主峰为 100～200,占 30.09%(图 5.35)。泥岩的宽厚比分布最小小于 100,最大不超过 1000,主峰分布在 100～200 和 200～300,各占 26.5%,次主峰为 300～400,占 14.53%,小于 100 者占 11.11%。

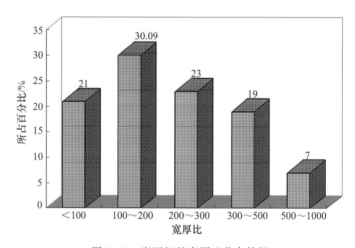

图 5.35　岩石相的宽厚比分布特征

粉砂岩宽厚比小于 800,主峰为 200～300,占 26.74,次主峰为 300～400,占 20.69%,大于 10% 的还有 100～200(占 13.77%)和 400～500(占 10.92%),其他区间皆小于 10%,粉砂岩的宽厚比分布相对分散。

中细砂岩的宽厚比分布频带较宽,小于 100 或大于 1000 皆有分布,为 100～200 者占 33.33%,次主峰为 200～300,占 27.23%,其他大于 10% 的还有小于 100(15.9%)和 300～400(13.94%)。虽然频带较宽,但仍然相对集中。

粗砂岩的宽厚比皆小于 800,主要分布在小于 300,主峰为 100～200,占 40.25%,次主峰为小于 100,占 28.42%,200～300 占 19.5%,前三者之和为 88.17%,其他区间所占极少。砾状和含砾砂岩的宽厚比小于 500,相对集中,其主峰为 100～200,占 36.67%,次主峰为小于 100,占 31.33%,第三峰为 200～300,占 22.22%,前三者之和已达 90%,其他两个区间分别 6.45% 和 3.33%。

砾岩宽厚比由小到大呈梯度降低,主峰在小于 100(占 54.39%),次主峰为 100～200,占 22.8%,200～300 者占 14.04%,其他区间皆小于 10%,宽厚比值皆小于 500。

由各类岩石相的宽厚比分布可以看出,宽厚比的主峰随着岩石相变粗,主峰宽厚比区间变小,即粒度愈粗,宽厚比愈小,这与沉积模式是相符合的。

从各类岩石相平均宽厚比分布可以看出,除泥岩外,岩石相粒度愈粗,其宽厚比平均值愈小(图 5.36),这是由于粗粒岩石相的分布范围较小,同时厚度比较大的原因。

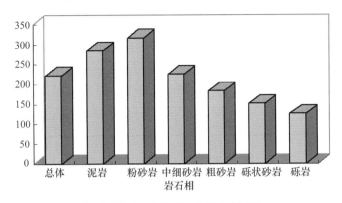

图 5.36　不同岩石相的平均宽厚比

5.3.4　单砂体规模

建立预测模型所需结构要素几何形态特征的知识包括结构要素几何形态、宽厚比、长宽比及河道密度,用以准确确定结构要素的展布范围,作出预测模型。

1. 几何形态

1) 水下分流河道的几何形态特征

水下分流河道是扇三角洲前缘中最靠近物源的地方,因而它除了粒度较粗外,总体上厚度较大,平面上连续性较好。从单个结构要素来看,砂体的厚度在主流线上最厚,由河道中心向岸方向厚度减小,由河道靠近物源方向向湖心方向厚度也逐渐减小。在几何形态上,平面上为东西向展布的条带状,而且在研究区内基本上为东西走向;剖面上为顶平底凸的透镜状。

单个的水下分流河道砂体从形态上可从两方面来表征。从弯曲度上看,有顺直型和弯曲型两类。前者弯曲度较小,河道长度与河段长度之比近于 1,一般小于 1.2,这一类水下分流河道一般延伸较短,规模稍小,但数量多,占了水下分流河道的大多数。后者河道长度与河段长度之比为 1.2～2,规模较大,有时在弯曲的凸岸一侧具有似点坝沉积,这一类的水下分流河道数量较少。从分叉情况,水下分流河道有分叉的和未分叉和两类。前者在研究区内分叉系数为 0,而后者大于 0,一般在 0.7 以上,有时可达 3 以上。分叉的水下分流河道一般为顺直型的,极个别为弯曲型的。

河道的厚度有三个,一个是河道的平均厚度,研究中所说的厚度一般也是就它而言的,另一个是河道最厚部位的厚度,再一个就是河道边缘位置的厚度。河道最厚部位的最小厚度是我们确定河道结构要素存在与否的依据之一(即如果预测的储层最大厚度还小于河道的最厚部位的最小厚度,那么便不可能有河道结构要素的存在),而河道的最小厚度则是我们确定河道边界的依据之一,即是用它来大致地划定河道的边界位置。研究表明,河道的最大厚度最小值为 2m,而最小厚度的最小值则为 1.6m 左右。

2) 河口坝的几何形态特征

河口坝在平面上位于水下分流河道消亡区,形态上一般为椭圆形。从其长轴展布方向看,可以将其划为两类,一类长轴平行于岸线方向,另一类长轴垂直于岸线方向。从统计结果来看,以长轴平行于岸线的居多,但两者在规模形态等特征上没有大的差别。

河口坝一般具有一个厚度中心,从厚度中心向四周厚度逐渐减小。工作中统计了河口坝的最大厚度和平均厚度两个参数。

3)水下溢岸的几何形态特征

水下溢岸沉积位于河道侧缘,受沉积地形的影响,平面上呈长条形、三角形、菱形、片状展布等形态。从厚度上看,水下溢岸一般是中心薄,两侧厚,这是由于沉积时河道之间为地形凸起区,河道溢岸物质在河道两侧较厚,而向远处则逐渐减薄。

但是正如前面所述,水下溢岸的规模受地形、河道影响,在确定其几何特征时,首先要考虑河道的几何形态,在确定了河道之后,方可研究水下溢岸的特性。

4)重力流的几何形态特征

重力流位于扇三角洲前缘的最前端,是扇三角洲前缘部位近湖心最后一个较厚的砂体类型。平面形态上,它主要为椭圆形,且长轴与重力流物源方向相一致,从厚度上看,它在中心最厚,由中心向四周厚度逐渐变薄。剖面形态上,一般为底平顶凸的透镜状。

5)前缘席状砂的几何形态特征

前缘席状砂在平面上为席状、较宽的条带状,常常连片分布,具有很好的连续性。从厚度上看,其厚度较小,一般在2m以下,而且厚度稳定,在研究范围内变化不大。从剖面看,它一般为板状。由于席状砂的连续性特好,几乎是连片分布,无法用宽度、长度等这些概念去衡量它,统计它的这些参数。

6)水下决口扇的几何形态特征

水下决口扇由于规模小,常常只有一口井钻遇,故其具体形态难于确定,而且研究区内也很少发现,在工作中也本着实用的原则,没有对其进行深入的研究。根据露头的资料和已有的文献,它的形态在平面上为扇形,垂直物源方向剖面上为顶凸低平的透镜状,而在顺物源方向上为楔状。

2. 宽厚比、长宽比

河道的宽度和宽厚比一直是沉积学者研究的重点,而且在地下作图中,有着很大的实际预测意义。该研究区位于扇三角洲前缘,河道为水下分流性质,因而河道宽广,厚度较小,具有较大的宽厚比。同时也对河口坝、水下溢岸砂体和重力流砂体统计了其宽厚比等参数(表5.11)。

表 5.11　结构要素几何形态特征参数表

结构要素	几何形态特征参数平均值		
	长度/厚度	宽度/厚度	长度/宽度
CH	184.9	76.7	2.75
MB	159.8	119	1.39
GS	294	160	2.16
OB	202.4	84.9	3.86

3. 河道密度

通过小井距解剖区含油面积与河道数的比较分析,该区河道密度为 1.5 条/km²。图 5.37 是河道数与含油面积交会图,从回归方程看出,其相关性较好。通过对河道面积和含油面积的对比研究,发现河道面积和含油面积也具有较好的相关性(图 5.38)。

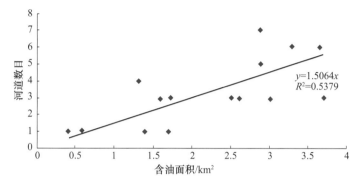

图 5.37　河道数与含油面积交会图

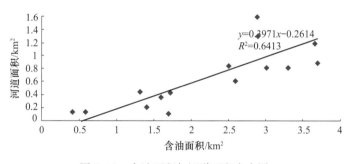

图 5.38　含油面积与河道面积交会图

5.4　基于卫星遥感照片建立地质知识库

曲流河是目前研究最成熟的沉积类型之一,从早期的河流二元结构,到点坝内部结构解剖,已形成了很好的沉积模式。基于沉积模式,对其内部结构和内部非均质性的探讨,进而预测和挖潜其内部的剩余油,更是目前开发地质研究的热点之一,每年都有大量的研究论文发表。

尽管曲流河的内部构成单元很多,但点坝是其最核心的成因单元,也是其最特色的单元,也是知识库的重点内容。由于曲流河弯道单向环流作用,河道在向前流动过程中,在其凹岸产生侵蚀,而在凸岸产生沉积。河流不断地向前推进,就使得这种“凹岸渐凹,凸岸渐凸”,凸岸的不断堆积,就形成了点坝。而随着河流流向或主流向的变化,这些点坝会依一定的规律排列起来,构成曲流河砂体的主体。这种排列可能是河道本身自旋回的结果,也可能是区域地质作用产生的结果。在自旋回中产生的点坝基本上会在同一高程,而在区域的基准面变化作用下产生的点坝可能会堆积在不同的高程,呈现出不同的阶地形态。马世忠和杨清彦(2000)基于曲流点坝形成过程、洪水事件的水动力特征,对其侧积体的形成过程、叠置方式及点坝的形成进行了详细地探讨,为深化点坝的内部表征提供了较好的指导。

现代沉积对点坝的形成和内部结构认识和知识积累上起到了关键作用。薛培华教授(1991)通过对河北省拒马河现代沉积研究认为,洪水期使河流侧向迁移,由于凹岸遭受冲刷侵蚀,而凸岸一侧在纵向流和横向环流(即螺旋流)共同作用下,形成曲流点坝沉积。在每次洪水泛滥过程中,随着主洪峰的跌落,大量搬运来的泥沙急剧堆积,形成侧积体。伴随落洪的继续发生,往往出现一些小洪峰,局部部位可能遭受冲刷,出现"切割砂岩层"。随后,在悬移质供给充足的情况下,形成覆盖砂层的泥质侧积层,较好地解释了点坝的形成过程。尹燕义(1998)考察了饮马河大榆树林点坝,观察到了凹岸强烈的掏蚀作用。然而传统的调查方法受观察范围和视角的限制,往往将重点放在沉积物构成和沉积序列上,更多地关注于砂体的局部形态和更小规模的砂体结构,对于更大规模的砂体的形态、结构、组合方式等更为宏观的特征把握不足,难以对整个点坝规模的砂体特征提供较好的地质知识。基于此,本节以 Google Earth 平台为基础,通过对诸多现代沉积点坝几何参数的测量,为点坝建模提供了约束条件。

5.4.1 基于 Google Earth 的沉积体几何形态参数测量

1. 测量数据类型

考虑到建库的需要和测量的可能性,将重点放在卫星图片上对河道分三个层次进行观察,即河道带、曲流带和点坝,对于不同的层次,重点关注不同的特征。对于河道带重点观察其河道带的宽度和河道带的波长,而曲流带则重点观察曲流带的宽度、波长、点坝个数及点坝之间的相互关系。点坝是观察和测量的重点,也是本书研究的重点,在研究过程中主要测量了以下参数。

河道宽度:指形成点坝的河道的宽度,不是指整体河道带的宽度,而是形成对应点坝的单个河道或对应河段的宽度。对于大型河道来说,其摆动的范围很大,因而形成的河道带很宽,相应的河道的变化也较大。不同河段或不同的河道分支形态、过水量等可能都会有较大的差别。

河道波长(弧长):指河道一个完整的蛇曲段的曲线长度,代表一个蛇曲过程中河流流经的路程。

河谷长度:指单个河道波长段内的河道的直线长度。

河道振幅:指河道中心在平面上的最大偏移距离,等于其波谷和波峰偏移距离之和。

河道弯度:指在一个波长范围内河道长度与其两点的直线距离(河谷长度)的比值,是衡量河道弯曲程度的重要指标。

河道弯曲指数:指河道的振幅与河道波长的比值,是衡量河道弯曲程度的一个参数。

点坝宽度:即点坝的宽度,指点坝的最大的横向长度(宽度),测量时多垂直于河流流向进行测量。

点坝长度：指点坝两个端点的沿点坝的弧线方向的距离。

串沟规模：指点坝上的小型河道，一般测量其发育的个数和宽度。

侧积体个数：指构成单个点坝的侧积体的个数，反映了点坝发育的历史及中断次数。

单个点坝面积，点坝中露出水面的总面积。

2. 参数提取方法

Google Earth 提供了丰富的卫星图片和有效的测量工具。在卫星图片上提供了不同时期不同分辨率的卫星遥感图片，可依据工作的需要、图片的分辨率，选择不同时期、不同地点的卫星遥感图片。本书测量选取的是高分辨率的最近时段的图像。

Google Earth 不同版本提供不同的测量功能，基本的测量包括三个方面。点测量提供一个点的相关信息，包括测量点测量时的测量参照基准信息（视点海拔），测量点的海拔高程、位置（经纬度）。线测量提供一段路径的长度，包括两点间的直线距离和过特定路线的长度。面测量提供一个封闭区域的面积，这个只在专业级的软件中才提供。依据测定点的海拔高程和点间的距离测量，可以获取不同测点之间的坡度及其变化。通过对地质体不同方向长度的测量可以获取对应的地质体的对称性相应的参数，如长宽比等。而将面积与长度进行结合，则可获取相应的规模相关的平均参数。

当然，基于不同时期的卫星图片及其测量，也可以对沉积体的演化过程进行分析，确定不同时期、不同条件下的沉积体的演化特点，结合该区的水动力特征，对沉积控制因素进行分析。

由于卫星图像给出的是表面观察的信息，不能给出沉积体的厚度、内部结构等信息，但可以通过遥感信息的解译，在一定程度上获取水体深度或地表沉积物构成的部分信息，这部分不在本节讨论范畴内。

基于 Google Earth 提供的卫星照片及其测量工具，可对现代曲流河进行测量，提取各种不同曲流河段的几何形态特征参数。在测量直线距离时，利用线工具，而测量曲线如点坝弧度时，则需要路径工具辅助进行测量（图 5.39）。将测量的基础数据编制成表，形成相应知识库，基于此进行曲流河段形态参数的统计分析，建立曲流河形态数学公式，为地质建模提供参考。

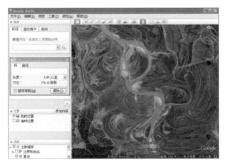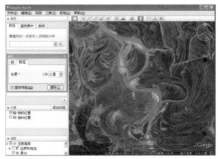

图 5.39　对点坝长度、弧长的测量

3. 测量结果

基于 Google Earth 平台,对亚洲、美洲包括亚马逊河、萨宾河、海拉尔河、松花江等在内的十多条典型曲流河进行了追踪观察,并对多处的点坝平面形态进行了测量,获得了100 多个点坝数据。

对密西西比河某段点坝的测量表明(表 5.12),形成点坝时其过水河道的宽度变化较大,最窄处仅 80m,最宽处达 900m,点坝的直径变化也较大,为 0.27~5.25km,点坝的弧长较直径稍大,为 0.40~5.77km,对应段河道的振幅为 0.54~10.09km,河道波长相对振幅为 0.87~18.14km。对于相近河段,其相关参数变化较大,一般可达一个数量级,说明河道形成点坝时受局部条件影响较大。

表 5.12 北美洲地区密西西比河某段

序号	河道宽度 /km	点坝直径 /km	点坝弧长 /km	河道振幅 /km	河道波长 /km	坐标	
						北纬	西经
1	0.08	0.48	0.58	0.66	1.24	30°54′17.58″	93°33′14.99″
2	0.08	0.27	0.40	0.64		30°55′19.50″	93°32′30.98″
3	0.35	3.32	4.59	2.95	7.37	37°58′14.87″	88°01′46.06″
4	0.18	0.87	1.05	1.21	1.54	38°14′04.74″	87°58′03.04″
5	0.23	0.77	0.90	1.27	0.87	38°16′07.96″	87°57′08.30″
6	0.24	2.35	4.63	4.02	4.36	38°17′20.95″	87°52′09.15″
7	0.23	2.12	2.74	2.25	5.92	33°57′48.55″	91°10′32.80″
8	0.23	2.03	2.20	2.38	5.47	33°52′44.22″	91°08′26.04″
9	0.27	2.85	4.06	2.46	4.26	33°51′13.99″	91°08′02.15″
10	0.19	1.22	1.87	2.83	3.72	33°50′10.71″	91°08′00.85″
11	0.34	1.90	2.64	1.77	4.15	33°49′17.23″	91°07′12.69″
12	0.21	2.12	2.38	1.95	4.76	30°52′26.36″	93°34′08.24″
13	0.9	2.49	3.51	9.47	17.63	32°06′55.19″	91°06′55.91″
14	0.67	4.22	5.09	4.69	12.02	32°24′02.21″	91°00′51.87″
15	0.59	5.25	5.77	3.97	16.23	32°32′24.07″	91°07′07.91″
16	0.74	3.52	4.32	10.09	18.14	32°42′46.70″	91°05′11.58″
17	0.11	2.17	3.04	3.15	5.06	36°11′15.92″	92°17′20.63″
18	0.14	1.89	2.22	1.73	4.65	36°07′32.19″	92°11′52.93″
19	0.16	2.41	3.35	2.85	6.1	36°06′36.53″	92°08′52.14″
20	0.21	0.88	1.05	0.54	3.22	38°14′05.89″	87°57′58.47″

对亚马逊河支流某段点坝的测量表明(表 5.13),由于其形成于较小规模的河流,形成点坝时其过水河道的宽度多在 300m 以内,最窄处仅 30m,点坝规模较小,直径仅为 0.26~1.56km,点坝弧长为 0.39~2.14km,河道振幅为 0.14~2.28km,河道波长相对振幅为 0.74~3.24km。相较于大型河流,其参数相对较小,且变化也相范围也相对稍小,但总体上看变化还是较大。

表 5.13　南美洲地区亚马逊河支流以代拉河某支流点坝测量数据

序号	河道宽度 /km	点坝直径 /km	点坝弧长 /km	河道振幅 /km	河道波长 /km	坐标	
						南纬	西经
1	0.27	0.86	1.04	2.28	3.24	12°45′35.96″	69°39′49.13″
2	0.31	0.83	1.38	2.28	3.24	12°45′35.96″	69°39′49.13″
3	0.24	1.56	2.14	1.35	2.81	12°51′40.63″	70°16′27.12″
4	0.22	1.23	1.7	1.35	2.81	12°51′40.63″	70°16′27.12″
5	0.11	0.66	0.92	0.55	1.41	13°22′25.93″	69°33′26.04″
6	0.1	0.64	1.07	0.55	1.41	13°22′25.93″	69°33′26.04″
7	0.13	0.84	1.01	0.8	2.61	13°17′05.90″	69°38′58.06″
8	0.15	1.24	1.53	0.8	2.61	13°17′05.90″	69°38′58.06″
9	0.12	0.34	0.6	0.62	1.34	13°05′29.91″	69°35′02.84″
10	0.13	0.55	0.8	0.62	1.34	13°05′29.91″	69°35′02.84″
11	0.12	0.7	0.98	0.79	2.07	13°01′55.25″	69°31′49.27″
12	0.16	1.01	1.22	0.79	2.07	13°01′55.25″	69°31′49.27″
13	0.06	0.36	0.4	0.25	0.84	13°11′12.81″	69°54′51.63″
14	0.07	0.42	0.57	0.25	0.84	13°11′12.81″	69°54′51.63″
15	0.18	0.55	0.91	1.01	1.52	12°34′42.39″	70°27′29.60″
16	0.19	0.72	1.03	1.01	1.52	12°34′42.39″	70°27′29.60″
17	0.03	0.4	0.46	0.14	0.86	12°34′11.97″	70°43′20.43″
18	0.03	0.32	0.39	0.14	0.86	12°34′11.97″	70°43′20.43″
19	0.04	0.3	0.42	0.21	0.74	12°35′27.33″	70°51′00.97″
20	0.04	0.36	0.54	0.21	0.74	12°35′27.33″	70°51′00.97″
21	0.04	0.26	0.41	0.3	0.74	12°39′14.40″	70°50′52.54″
22	0.04	0.41	0.53	0.3	0.74	12°39′14.40″	70°50′52.54″

同样对亚洲的黑龙河某支流进行了测量,表明其结果与上间测量相类似(表 5.14)。

表 5.14　亚洲地区黑龙河某支流点坝测量数据

序号	河道宽度 /km	点坝直径 /km	点坝弧长 /km	河道振幅 /km	河道波长 /km	坐标	
						北纬	东经
1	0.05	1.28	1.39	0.33	2.21	53°07′47.36″	133°27′26.70″
2	0.05	0.43	0.51	0.51	2.21	53°07′20.69″	133°28′18.15″
3	0.05	0.68	0.76	0.76	1.51	53°07′04.17″	133°28′40.73″
4	0.06	0.36	0.44	0.44	0.95	53°07′00.02″	133°34′27.34″
5	0.05	0.38	0.54	0.54	0.95	53°06′42.00″	133°34′37.78″
6	0.03	0.33	0.48	0.48	1.27	53°06′35.25″	133°35′43.20″
7	0.06	0.53	0.68	0.68	1.27	53°06′37.73″	133°36′14.50″
8	0.07	0.54	0.69	0.69	2.94	53°05′39.17″	133°39′36.41″
9	0.06	0.51	0.62	0.31	1.25	53°07′43.97″	133°47′56.79″
10	0.05	0.52	0.62	0.32	1.25	53°07′46.76″	133°48′28.48″
11	0.11	0.65	0.75	0.62	1.74	52°29′52.01″	130°51′43.46″

序号	河道宽度/km	点坝直径/km	点坝弧长/km	河道振幅/km	河道波长/km	坐标	
						北纬	东经
12	0.1	0.51	0.66	0.77	1.74	52°29′51.27″	130°52′37.40″
13	0.12	0.61	0.68	0.39	1.74	52°30′19.55″	130°52′59.43″
14	0.14	0.55	0.7	0.54	1.76	52°30′32.34″	130°54′51.26″
15	0.1	0.65	0.71	0.66	1.76	52°30′41.21″	130°55′36.66″
16	0.11	0.65	0.82	0.94	2.1	52°30′21.64″	130°56′46.38″
17	0.11	0.69	0.8	1.32	2.19	52°36′16.55″	131°14′31.41″
18	0.12	0.77	0.94	1.47	2.19	52°35′40.12″	131°15′39.37″
19	0.12	0.66	0.79	1.26	2.16	52°36′13.45″	131°16′26.64″
20	0.1	0.59	0.78	1	1.61	52°35′13.36″	131°19′27.57″
21	0.12	0.54	0.68	1.03	2.32	52°45′54.28″	131°31′13.80″
22	0.14	0.84	0.96	0.55	1.95	52°46′14.54″	131°32′25.26″

5.4.2 点坝砂体几何学参数

1. 河道宽度与点坝长度

点坝的宽度与河形成点坝的河道的宽度具有一定的相关性,即河道的宽度在一定程度上控制点产坝的宽度(图 5.40)。河道越窄,点坝的宽度越小,河道变宽,点坝的宽度也增大,但当河道宽度达到一定程度后,点坝与河道的宽度关系又呈现出负相关的关系。大型河道的河宽变化较大,因而其点坝的宽度也有较大的变化,其相关性相对较差。而小型河道或大型河道的支流部分,河道的宽度较小,相对地点坝宽度与河道的关系也相对较好(图 5.41)。

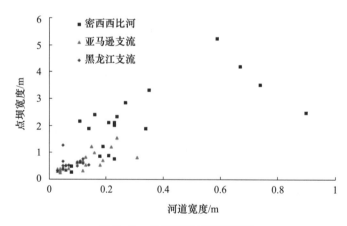

图 5.40　点坝宽度与河道宽度

点坝长度与河道宽度的关系与点坝宽度跟河道的关系相类似,基本上也呈线性关系(图 5.41)。

河流的弯曲度不同,点坝的规模和形态一般会有所变化。针对河道弯度的差异对点坝的宽度与河道宽度关系也进行讨论。采用河道弯曲指数(河道振幅与河曲波长之比)对

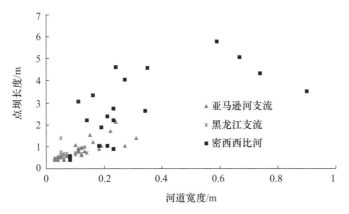

图 5.41　点坝长度与河道宽度关系

河流类型进行了简单的区分,对不同区间内的点坝宽度与河道的宽度关系进行了简要的分析。图 5.42 为河道弯曲度小于 2.0 时点坝与河道之间的对应关系,河道宽度与点坝的宽度成正比,且在河道宽度较小的地方,相关性更好。图 5.43 是河道弯曲指数为 2.0～

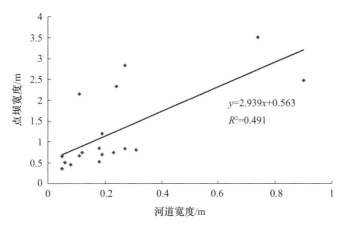

图 5.42　河道弯曲指数小于 2.0 时河道宽度和点坝宽度之间的关系

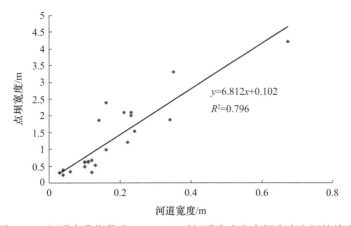

图 5.43　河道弯曲指数为 2.0～3.0 时河道宽度和点坝宽度之间的关系

3.0时的点坝长度和河道宽度的关系,此时河道宽度与点坝的宽度关系相关性更强,表明此时河宽对点坝的宽度控制更强。而从其曲线的斜率看,此段内的斜率明显大于河道弯曲指数小于2.0的情况,说明随着河道弯曲度的增大,点坝的宽度呈现出一种加速度变宽的趋势。图5.44为河道弯曲指数大于3.0时的河道宽度与点坝宽度之间的对应关系,此时曲线斜率越小,数据分散度越大,相关性越差,说明随河道弯曲程度的更进一步的加大,河道的宽度对点坝宽度的控制性变差,点坝的宽度更难以预测。

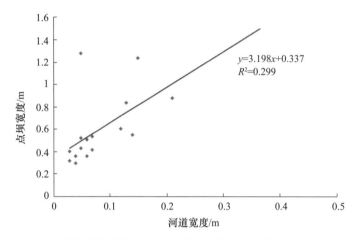

图 5.44　河道弯曲指数大于 3.0 时河道宽度和点坝宽度之间的关系

2. 点坝对称性

图 5.45 为点坝的宽度与长度之间的关系,可见两者相关性极强。点坝的对称性较好,长度与宽度比大约为 1.32,无论点坝规模增大或减小,这一关系基本不变,说明点坝的形态特征比较近似。

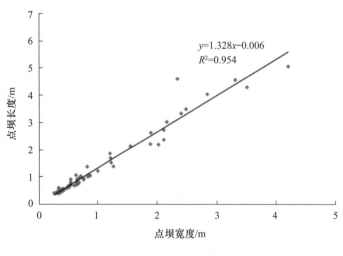

图 5.45　点坝对称性

5.5　基于沉积模拟实验获取河口坝地质知识库

河口坝的几何形态参数是对其进行模拟时的一项重要约束条件,制约了三角洲储层建模的准确性。由于受井距、地震资料分辨率的限制,很难准确地把握砂体的几何形态。不同学者从不同角度对研究区河口坝长宽数据进行研究,得到的结果数量相差悬殊,达到2个数量级,说明对河口坝实际规模的认识还存在争议。而现代沉积和露头与地下的相似性值得考量,如何获取一种与地下地质情况相近的沉积类比知识,成为一个困难的问题。模拟实验依据相似性原理,再现沉积过程,能够为不同沉积环境下储层砂体的形态提供一种有效的模拟手段。本研究以胜利油区胜陀油田二区沙二段 8 砂组三角洲沉积为例,对其三角洲的河口坝形成过程进行实验模拟,获取了一批河口坝的形态参数,为建模提供了约束参数。

5.5.1　知识库参数及其获取方法

1. 参数类型

沉积模拟实验可再现沉积过程,获取相应的地质信息,特别是沉积过程的地质信息。从其实验特点看,可获取三方面的参数。

(1) 沉积水动力参数或过程响应参数。通过对不同沉积过程中的沉积物形成的过程观察,可以建立起不同水动力条件与沉积响应之间的关系,建立不同沉积物形成的控制因素与沉积成因体之间的联系。例如,可通过模拟实验确定河道中的沉积物的粒度大小与沉积水流流速之间的关系,不同的砂地比与沉积物的配比关系,沉积体的形态与地貌之间的关系等。

(2) 沉积体的外部几何形态参数。砂体的外部几何形态参数主要包括两个方面,一是砂体(隔、夹层)平面外部形态特征,如砂体规模的宽度、长度、厚度等;另一个是砂体的形态、对称性、平面变化等参数,包括砂体的走向、砂体的宽度与长度之间的比例关系等,广泛应用的是砂体的宽厚比和砂体的长宽比等参数,在地质建模中被广泛应用。

(3) 砂体内部结构参数。砂体内部结构参数主要包括沉积体的沉积层序、沉积体的接触关系、沉积体内的构成、粒序特征、沉积构造等。

2. 获取方法

通过沉积模拟实验获取地质知识主要包括以下几个步骤。

首先是设计模拟实验。实验中必须结合实验目标区的沉积情况,确定合适的实验比尺,按比尺缩小后中,设计实验的底型、加沙组成、实验时段、流量、水位、加沙量及含沙量、活动底板的沉降等参数进行调整,力争实验能够较好地再现沉积过程(设计方法见本书第3 章 3.3 节)。

其次是依据模拟实验条件进行沉积模拟。实验模拟过程依据设计方案进行,按实验阶段对沉积底形进行冲蚀,再现整个沉积过程。实验一般按目标沉积进行分期次的模拟,每个阶段对应一个自然的沉积时段,以便将不同时期的沉积过程与沉积响应进行对应。

再次是进行模拟过程的观察记录。沉积实验过程中主要观察和记录沉积水动力过程、湖平面变化、沉积体的扩展变化等。一般在此过程中可以发现不同沉积动力条件下的沉积响应的差异,进而进行过程响应分析,明确沉积控制参数。对于沉积体连续的观察和描述,可以清楚地给出沉积体形成的动态过程,为深化和理解沉积体成因提供较好的指导。砂体的平面形态的观察和描述,也是在这一阶段完成。通过阶段性的沉积体平面形态的观察和对比,则可获取一系列的沉积体的平面形态参数及其演化特点。通过对不同时期的沉积厚度的测量,则可给出近似的沉积堆积变化数据。观察的沉积体的外部形态有两种方式,一是通过照片恢复,将不同时间点的砂体的分布情况进行刻画,这种方式给出的是纯粹的平面分布情况。二是在规则测网中测量不同时间点的沉积体厚度,通过对比确定单个时期沉积体的形成演化,此时给出的是三维的沉积体的分布数据。

最后是进行砂体结构解剖和相关参数的提取。在沉积实验后,对沉积体进行晾晒,待其稳定后,对沉积体进行切割,通过切割的剖面观察、测量、分析和总结构沉积体的相关参数,此步骤可获取的信息量最大,也是获得较精确的成因体三维信息的唯一渠道。但由于此时沉积体已形成,很多时候难于区分不同时期的沉积体或将不同成因的沉积体区分开来,造成解剖时的成因解释困难。为了能够较好地进行区分,常采用密剖面切割来细分对比,通过沉积模拟时采用不同特征的沉积构成来区分不同的沉积体。

5.5.2　定量几何形态参数特征

本次实验的目标是获取河口坝的平面几何形态及其空间演化规模,因而实验中重点观察不同时期的砂体平面上的形态特征,通过沉积体的解剖测量河口坝的厚度,而对于其内部结构参数则未进行测量分析。为模拟自然条件下的河口沙坝的形成及其特征,每个实验沉积期均按中水期—洪水期—中水期—枯水期的顺序进行。实验过程中适时测量流速、流向、流量、含沙量、湖水深度等参数,每期实验结束时,测量砂体的生长形态。

模拟时按研究层段的沉积分层情况,分为三期模拟。依据实际沉积体的规模和水槽的规模,设定水槽模拟实验平面比例尺为1∶1000、垂向比例尺为1∶200,为典型的变态模型。

实验对模拟第二期和第三期的河口坝进行了统计分析。依据第二和第三沉积期河口坝平面分布图(图5.46),在第二沉积期可识别河口坝44个,第三沉积期识别出河口坝42个,并结合照片分析,测量了其长宽和宽度。测量果表明河口坝长为45~210cm,宽为30~150cm,平均长度为127cm,宽度为76cm(图5.47),长度和宽度的呈线性相关,相关关系较好,$R^2 = 0.6259$(图5.48)。经比例尺换算,河口坝平均长度为1.27km,宽度为0.76km,大于利用多方向水平井孔隙度资料获得的研究区河口坝长宽,且小于利用厚度预测的长宽,介于两者之间,可信度较高。

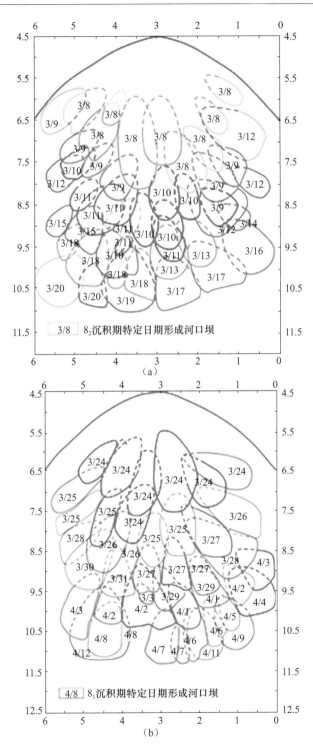

图 5.46　第二沉积期和第三沉积期河口坝平面分布图

(a)为 8 个模拟期中第 3 模拟期某时刻河口坝平面分布图;(b)为 8 个模拟期中第 4 模拟期某时刻河口坝平面
分布图;边框为平面坐标系,单位为 m

河口坝的厚度主要取决于河口坝沉积时的水体深度,沉积模拟实验剖面观察发现,三角洲推进距离越远,河口坝厚度越厚,厚度分布为6.3~23.2cm(表5.15)。第二沉积期沉积砂体越过第一沉积期后,其形成的河口坝厚度明显增加,同样第三沉积期越过第二沉积期后的河口坝厚度也明显增加。河口坝长度和宽度与厚度的相关性相对较差,因为3个沉积期河口坝平面规模相差无几,但由于3个沉积期沉积水深不同,导致的河口坝厚度出现3个集中分布范围,最终影响河口坝整体长厚比和宽厚比的相关性(图5.49、图5.50)。

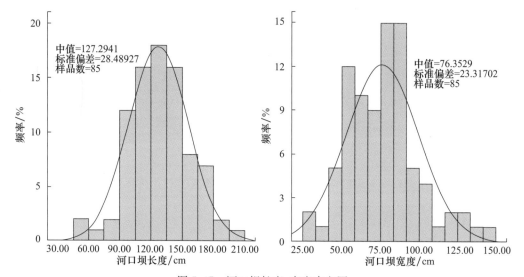

图5.47　河口坝长度、宽度直方图

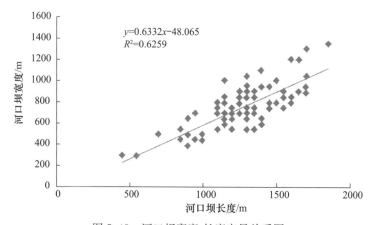

图5.48　河口坝宽度-长度定量关系图

表5.15　胜二区沙二段8砂组沉积模拟实验三期河口坝厚度表

期次	河口坝厚度 Y/m								
	6*	7	8	9	10	10.25	10.5	10.75	11
第一期	6.0	7.5	9.0	9.1	9.8	7.0			
第二期	5.1	5.7	7.0	7.1	7.2	11.2	12.0	13.0	
第三期	5.2	5.2	7.4	8.2	8.5	9.5	9.5	13.0	21.0

* 为测点坐标位置,余同。

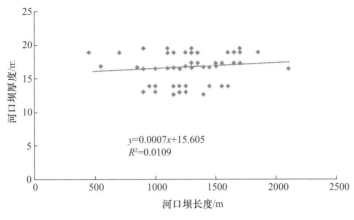

图 5.49 河口坝厚度-长度定量关系图

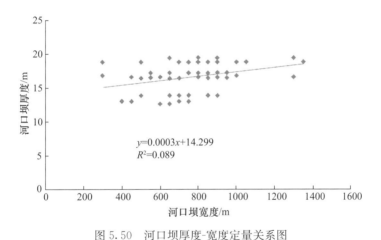

图 5.50 河口坝厚度-宽度定量关系图

5.6 Lidar 技术在地质知识库建立中的应用

Lidar 技术是随计算机技术和遥感技术而发展起来的一种空间测量技术,是一种廉价而快速的露头表征解决技术(尹太举等,2013)。将该项技术应用和发展于国内露头研究,将会极大地促进露头地质表征和地质知识库的建设,为油气勘探开发,特别是高含水油藏的精细建模和开发调整起到重要的作用。

5.6.1 Lidar 技术的研究进展

精确、直接、融合、受地面条件限制较小的特点使 Lidar 技术在露头研究中表现出色,露头测量中 Lidar 技术也得到了国外地质学家的一致认可,许多大学建立了专门的研究组,德州大学奥斯汀分校、美国休斯敦大学、英国曼彻斯特大学,甚至美国地质调查局也设有专门的研究组,利用该项技术取得了大量研究成果。从 2004 年始德州大学奥斯汀分校 BEG 在ChevronTexaco、ConocoPhilips、Encana、ExxonMobil、Petrobras、NorskHydro 和 Statoil 等公司的资助下,设立了专门研究小组先后对包括美国、西班牙、爱尔兰、法国、南非等国家和地区数十个露头进行了 Lidar 扫描和三维刻画,涉及陆坡、陆坡边缘/盆地平原边缘、盆地中心等沉积相带,建立了一个具有上百 GT 的三维扫描知识库,形成了较为完善的工作方法和技术(Bellian et al.,2005),特别是后期研究中,针对勘探需要,结合地震正演方法,预测地层结构的研究思路和十步工作流程,及基于 Lidar 夹层测量的后续研究,都受到了较多关注。曼彻斯特大学 Lidar 露头研究始于 2007 年,主要集中于非洲裂谷盆地的研究,在 Lidar 露头测量基础上,多偏重于构造及构造沉积耦合研究(Rarity,2014)。

英国达汉姆大学的 Lim 等(2005)认为 Lidar 测量技术消除了测量中诸多不确定性因素的影响,使测量结果具有较好的一致性和可重复性,从而为研究提供了新的手段。而该校的 Mccaffrey(2010)对比各种数字化露头测量技术后认为 Lidar 技术实现了露头信息采集和处理的创新,使露头测量与建模紧密结合,提出利用 Lidar 数据建立虚拟露头,减少露头实测的费用、风险及加深露头的理解。西班牙巴塞罗那大学利用 Lidar 高分辨率数据采集技术对 Cassis Quarry 碳酸岩中断层和裂缝发育情况进行研究(Wilson et al.,2009),曼彻斯特大学研究组在对利用该技术对对裂谷盆地露关测量基础上,总结了该技术应用于露头测量的工作流程、数据处理方法及其在古生态研究中的应用(Bates et al.,2010;Fabuel-Perez et al.,2010),甚至利用该技术对物质构成分布进行了模型重建(Bates et al.,2009)。利物浦大学学者认为,随着软硬件的进一步发展,数字化的露头采集技术必将在地质类比研究中发挥更大的作用,特别是 Lidar 技术与 GPR 技术(Pringle et al.,2006)。

综上所述,Lidar 技术已成为露头研究中的一项必备技术,可为露头精细测量及类比研究提供很好的数据体,在露头研究中发挥着重要作用。然而在国内露头研究中,目前还未看到该项技术的尝试。因而将该项技术应用和发展于国内露头研究,将会极大地促进露头地质表征和地质知识库的建设,为油气勘探开发,特别是高含水重点油藏的开发调整起到重要的作用。

5.6.2 Lidar 技术原理

Lidar 技术是一种相对廉价而快速的露头三维表征解决方案,是随计算机技术和遥感技术而发展起来的一种空间测量技术。该技术利用高频激光发射器发射频率在 $10^{12}\sim$ 10^{16} 波段的激光,通过对反射回来的激光的接收,确定反射点的位置,从而对物体进行三维扫描(图 5.51)。同时基于不同的物体吸收及反射能力差异造成的反射波能量(密度)差异,可对物体进行识别。由于激光频率高,其分辨率相当高,基于测试体与基站的距离,可达到数毫米甚至数厘米。三维激光点云数据与影像数据同时获取,地面控制作业量小,大大减少野外工作量。基于此,广泛应用于基础测绘、道路工程、电力电网、水利、石油管线、海岸线及海岛礁、数字城市等领域,提供高精度、大比例尺的地形数据及高密度的点云数据,为辨识地面地标及地表形貌、区别地表单元,优化各类空间相关方案设计及提供空间变化分析提供强有力的工具。

尽管与 GPR 技术一样利用高频反射波进行空间探测,Lidar 不同于 GPR 技术,Lidar 技术利用的是更为高频的波段,波的穿透能力弱,用于采集暴露于空气中的表面反射,

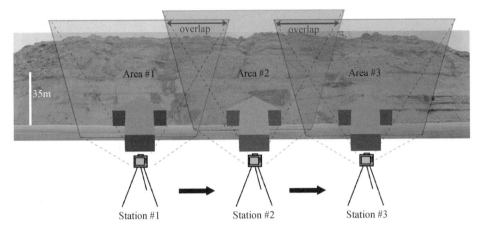

图 5.51　利用 Lidar 技术进行精细露头表征的数据采集示意图(据 Bonnaffe et al.,2007)
Station#1、Station#2、Station#3 分别为三个数据采集站的位置；Area#1、Area#2、Area#3 分别为三个采集站
采集资料的范围,Overlap 表示不同次采集的重合区

是一种表面测量。而 GPR 技术是一种穿透测量技术,用于测量地表覆盖区特征。GPR
给出的是一个体中的不同面综合反射叠合数据体,Lidar 给出的是直观的一个面的表面形
态数据体。Lidar 技术可基于地面基站和空间基站,比较简单的是单人作业的地面基站,
可一人完成数据的采集和处理。

5.6.3　Lidar 技术特点

地面 Lidar 以三脚架为作业平台,设站式作业的 Lidar 系统,简单易带,操作方便,成
为露头研究的最新利器,其在露头测量中具有以下优势。

(1) 可直观地再现露头特征。Lidar 通过测量,获取的是三维图像,可在图像中清楚
地反映露头的形态。

(2) 可与数字照相、云数据属性相结合,准确区分地表地质体。测得的云数据可与多
种数据进行融合,形成叠覆三维数据体,利用多种属性进行地质体的识别,同时与精细的
区域数字照片相结合,可对难于区分的地质体进行研究。而三维云数据(密度数据)反映
了不同地质体的反射能力,基于地质体在不同频段的反射能力研究,为地质体的区分提供
了新的方向。

(3) 可直接获得露头三维坐标,再现三维分布,恢复真三维地质体展布。Lidar 是一
种三维扫描技术,不同于一般照相将数据压缩于二维图片中,测得的数据是地质体的三维
坐标,通过对地质界面、地质体的坐标处理,可获得地质体或界面的三维面分布,恢复真实
的三维空间分布,建立真实的三维地质模型(图 5.52)。

(4) 分辨率高,可表现精细露头特征。根据需要,可在毫米到厘米级,完全能达到露
头精细刻画的需要。

(5) 测量快速方便,对外部条件依赖少。测量基站小,外部设备只体积小,用小型
的三脚架加上便携式笔记本便可设立测量基站,测量基站只需要提供小功率的电源便
可工作。

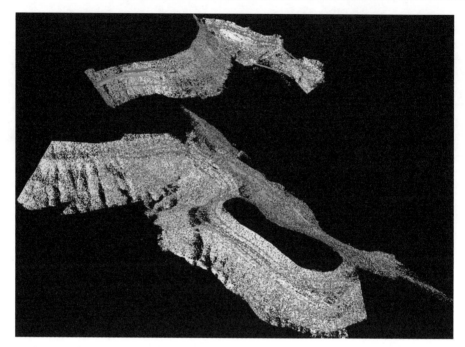

图 5.52　某露头测得的 Lidar 三维数据点(通过重构获得其真实的三维形空间形态)

（6）受地表条件限制较少,可对不易到达的露头进行测量。可实现一定距离的远距离测量,对于植被遮挡可通过基站位置变换可在一定程度上减弱或消除。

5.6.4　Lidar 资料采集与处理

利用 Lidar 技术进行露头研究包括以下几个步骤。

1. 露头选取与测量

选取合适的露头对于研究非常重要,不同出露情况及地表条件的露头在研究中具有不同的难度。由于 Lidar 一般可在 10～20m 的外设立地面基站,甚至可以用直升机设立空中基站,因而对露头的自然条件要求相对较低,而且高频波具有一定的穿透性和多次叠置的特点,可对部分植被覆盖区进行测量。Lidar 一般对露头进行分段测量。在野外测量时沿一定方向移动基站进行连续测量,获取露头不同部位的激光反射信息。而对于同一段露头,则从上到下进行扫描,获取各露头点的像元信息。为了能够在室内进行不同段的叠合,所测的各段露头应有一定的重合,以形成较好的室内拼接效果。测量基站一般还配有高分辨率的数字相机,在进行露头激光扫描的同时一般要拍摄露头的数字照片,为后期的露头拼接提供了较好的参照。此外,为了从反射图像中区别露头中不同地质体的反射,应在测量时对露头中的典型地质体进行单独的反射能量测量,借此帮助建立不同地质体的反射特征谱特征。

2. 露头三维表面重构

将采集的不同段露头图像进行三维重构,形成完整的露头表面模型。Lidar 采集的数据是包含三维空间信息的图像,就像一个三维扫描仪一样,对露头进行了三维扫描,在室内要想将露头重建,就需要对露头图像进行三维叠加,重构露头表面。重构采用现代化的逆向工程解析软件如 Imageware、Geomagic Studio 等完成,由于采集的精度较高,不同图像的叠置程度较高,一般采用特征点法可达到较好的效果。

3. 露头地质解析

通过三维表面图像的叠合,可将割裂开来的不同露头段合并成一个统一的三维露头表面,然而露头内部的结构却不能直接得以识别和构造。为了重建露头内部结构,需要对露头中的不同地质体进行识别,最简单的方法是通过不同的光反射强度进行地质体的区分。利用在野外测量的不同地质体的光反射强度,可对地质体进行较好的区分,同时利用测得的三维数字照片,对露头上的地质体进行校正。识别出不同地质体后,就可以建立起三维地质表面的分布模型,为后期的地质应用提供较好的基础。

5.6.5　Lidar 资料应用

Lidar 资料的应用主要体现在以下几个方面。

1. 提取露头知识信息与知识库

利用 Lidar 三维表面信息结合数字照片可以较好地反映露头上地质体形态及分布,结合不同方向的投影技术应用,可以获取不同方向上地质体的几何形态特征,提取不同方向上的地质体的定量参数,避免或减小了单一方向测量造成的偏差。

2. 建立虚拟露头

虚拟露头是利用现代计算机技术将真实露头进行现实虚拟再现的一种新技术。通过虚拟露头的应用,可以将不易获取或难于保存的现实信息化为数字信息从而得以保存,也可将费用昂贵、受外部条件制约较大的、具有一定危险的野外地质考察搬进室内,也可在建立的虚拟露头中进行地质过程的重现地质过程虚拟模拟和工业过程的虚拟模拟(如油气聚集过程的模拟、油气开发过程模拟、不同开发方案比较等),为深入认识地下地质特征,进行地质类比研究提供很好的技术手段。在 Lidar 技术获取的三维地质面信息基础上,利用对露头地质分析,可重建露头的三维地质模型,实现虚拟露头,为地质教学、科研提供很好的条件。

3. 重建地质体地质模型

精细的地质模型需要准确的地质体三维几何信息,而这正是 Lidar 技术的优势所在。通过露头上对地质体三维展布的刻画,可以较好地再现地质体的外部形态。利用 Lidar 对不同岩石及矿物的反射能量差异,区别露头上肉眼不能分辨的地质体内部结构差异,从而建立精细的储层内部结构模型。

5.7　虚拟地质露头——全新的地质知识库

虚拟地质露头技术是利用现代计算机技术将露头进行虚拟实现的一种计算机技术。它利用各种途径获取的露头资料，建立起来的数字化计算机露头模型，也称数字露头。虚拟地质露头建立过程中采集了露头各种地质特征，并加以保存和基于三维技术的开发，它既是对地质科学资源的一种有效保存，也是一种更深入的研究应用。既能提供比肉眼可分辨的更详细的地质信息用于精细的微观研究，又能针对大型或具有多个出露点的三维露头，通过虚拟露头建设，能够获取到真实露头中不能直接获取的三维信息，使得对露头的认识远超真实露头提供的直观印象，为油气勘探开发提供更好的参照模型（尹太举等，2003）。

5.7.1　虚拟地质露头原始信息获取

虚拟露头的资料来源广泛，传统的露头测量、描述、数字照相提供了基本的信息源，而近年发展起来的 GIS 技术、GPR 技术和 Lidar 技术也为虚拟露头建立提供了准确的三维新信息，为虚拟露头建立提供了新的技术支撑，从而使得虚拟地质露头能够更准确地反映露头实际。常规露头测量和描述是获取虚拟露头基本信息的主要途径，其对岩性、内部结构等的描述，对各种地质属性包括矿物成分、物性特征的测量，对典型外部形态及内部结构的数字化照相等，构成了虚拟露头的基本信息库。而基于 GIS 的露头测量，保存了地质体的三维空间关系，是重塑露头真实三维结构的重要依据，可为建立虚拟露头搭建地质骨架，而基于 GIS 的三维数字照相可细致地再现露头局部或整体的外貌直观特征。Lidar 技术提供了一种细致刻画露头三维形态的新方法，通过与数字相片结合及反射能量属性反演，可给出精细三维地质体三维表面数据坐标，成为建立虚拟露头最方便、最实用的信息来源（图 5.53）。同时不同地质体在反射性量上的差异，也使得利用 Lidar 进行地质体的区别成为可能，进一步的研究也可能会为反演地质体的岩性物性等带来新的手段。而 GPR 技术则给出了露头覆盖区的近地表三维信息，对露头范围进行拓展，并给出了真三维的形态和结构信息。

图 5.53　Lidar 获取的虚拟露头知识（据刘学锋等，2015）

5.7.2　虚拟地质露头建立

虚拟露头不仅包括露头表面，还包括露头附近被剥蚀或被覆盖的部分，要体现出露头的三维体特征，因而必须对露头表面信息进行处理方能实现。虚拟地质露头建立主要包括以下几个步骤。

1. 地质资料的获取与整理

虚拟地质露头是露头的再现,而要再现露头必须要获取现实露头的地质信息。现实地质露头的地质信息包括以下几个方面:露头的外部形态、露头的内部构成成分分析及测量、露头的内部结构特征、露头的成因机理分析与模式等。露头的外部形态基于 Lidar 的三维面数据或基于 GIS 定位的露头测量点,内部结构数据可来源于测量的具体数值、数字相片、Lidar 结构分析等,属性数据目前只能来源于露头取样和分析。需要强调的是地质成因模式分析结果的应用,因为露头测量仅得出了露头的表面信息,而虚拟露头则期望建立起一个真三维的地质体模型,这就需要对三维面后的地质体及被剥蚀的地层有个预测,而这仅从面数据是获取不了的,只能依据地质模式进行相应的分析和预测,对覆盖区和剥蚀区要有合理的预测,借以指导这些区域的预测和建模。

2. 地质格架模型建立

地质格架建立主要建立起露头的三维面模型,即重现出露头的外部形态,这是建立虚拟地质露头的基础。利用三维 Lidar 图像可较容易地恢复出露头的准确外形,由于 Lidar 分辨率可达数厘米,因而也具有较高的准确度。此外在缺乏 Lidar 数据情况下,GPS 也可给出较好地定位,但其精度相对较差。

3. 内部结构模型建立

内部结构模型是在面模型识别的基础上,对露头表面上的地质体进行识别,弄清地质体的表面结构类型,以此为基础,结合三维投影技术及地质模式,对露头前后地质体进行合理地推测,弄清露头地质结构,建立起露头的内部结构格架。

4. 内部属性模型建立

内部属性模型是在结构模型的基础上,对不同地质体赋以不同的属性特征,包括岩性、物性特征及后期需要的其他特征,主要采用相控建模的技术来完成,也可采用属性反演的方法来实现。内部属性的建立对精细体现露头的特征及进行后期的模拟实验分析具有重要的意义,是露头质研究的深入和拓展。

5. 模拟模式模型的建立

在建立起三维虚拟露头模型基础上,针对后期需要,可以对模型进行相应的改造,形成符合类比的模型。例如,为了弄清露头非均质性造成的油水运动差异和开发效果,可对模型进行相应的改造,增加注采井网,建立起数值模拟模型。

5.7.3　虚拟地质露头的应用

虚拟露头既能直接、准确表达露头特征,又脱离了露头环境,特别是利用三维建模和显示可以更形象地在不同视角、不同剖面表现了露头的特征,加深对露头的认识,从而使其在地质认识、比较沉积学研究、地质建模和油气勘探开发等方面具有广泛的应用。

（1）作为类比考察对象，虚拟地质露头直接再现露头地质特征，减少露头调查的成本和风险。利用三维显示技术，在室内可对野外采集的包含地理位置信息的露头信息，进行多方位、多角度的展示，甚至可以通过野外无法实现的剖面切割技术展示露头的内部结构特征，也可在露头上叠加其他地质属性，对地质体进行更全面地展示，或对各种属性进行统计分析，将统计结果与露头相结合进行展示。由于不用亲临露头，可节省大笔考察费用，更重要的是减少了野外考察中可能遇到的各种安全风险，从而为教学、科研提供了一种新的廉价高效平台。

（2）基于虚拟地质露头解释，构造成因模式。通过建模，利用虚拟露头可清晰表述各种地质体的关系及成因过程，结合地质解释，可恢复露头的地质形成过程，而通过三维模拟技术，可形象再现各种地质过程，从而深化对成因成理的认识和理解，为进一步利用露头模型进行地质预测提供参考。

（3）精细三维模型构建响应识别和预测模式。利用虚拟露头的三维地质体属性模型，可对地震波反射、测井地球物理响应、流体流动过程响应等进行正演模拟，确定其响应特征和响应模式，为正确进行相应的地下地质预测提供依据。此外，借助三维地质模型，可对成岩过程、油气注入过程等地质过程进行模拟，利用三维地质模型，可构造开发或勘探模式，对不同勘探开发模式下的效果进行模拟，评价不同因素对生产的影响，筛选合理的生产方案。

（4）利用投影技术，提取地质知识，建立地质体形态知识库。地质体几何形态知识是地质建模的重要依据，然而这种形态知识往往难以获取，而作为地质知识最重要来源的传统露头地质知识，受露头出露状况影响，难以区分不同剖面方向的几何形态，带来很大误差。而利用虚拟露头，通过投影技术，可获取地质体各个方向准确的几何形态参数，减少误差。

5.8 服务于多点地质统计学地质知识库软件平台

5.8.1 服务于多点地质统计学的新型地质知识库表现形式

地质知识库作为预测的模式基础，在随机建模中往往作为结构参数约束和指导储层预测。在传统的两点统计学中，仅需要计算两点之间的协方差获得储层结构参数；然而，两点统计仅通过空间两点的相关性来描述储层特征，在形态及关联性的描述上有待进一步完善。其次，地质知识库本身含有丰富的储层结构信息，不仅仅是两点的，而且包含空间多个点之间的相关性及不同储层之间的关联性，其信息的挖掘对储层预测将起到更为积极的补充作用。再者，露头与现代沉积解剖总是有限的，而地下储层虽然有其普遍性，但更多体现在不同区域其沉积储层的特殊性。需要尝试将有限地质知识库以某种数学方式进行转换，以满足这种特殊性的需求。最近发展的多点地质统计学就强调了挖掘储层地质知识库丰富结构信息，同时对地质知识库的获取、表现方式及知识库的拓展提出了诸多新的观点和想法，并在实践中得到成功应用。

1. 多点地质统计学基本特征及知识库要求

多点地质统计学是表征空间多个点空间相关性的科学。它从训练图像中推断多个空间点之间的相关性,从而对实际储层进行预测。其与传统建模方法的最大区别在于是用训练图像替换了两点变差函数。通过扫描训练图像来获取储层结构信息。由于训练图像的直观性,使得地质人员在进行模拟之前,就已经对将要产生什么样的模拟结果心中有数了。相对于传统预测方法大量的数学代码及对判识过程的不可见及不可控制性,多点统计仅需要地质人员对训练图像进行合理地选择。方便地质人员利用知识库进行储层预测。多点地质统计学具备以下三个特征:①结构及统计参数完全由训练图像决定,储层三维结构由数据样板通过扫描训练图像获得,储层形态及相互关联性也由数据样板描述,由于训练图像是地下储层的非条件反映,因而其统计参数与地下实际储层统计参数较为接近;②储层预测的不确定性由训练图像决定,不同的训练图像其预测结果差异性很大,相同的训练图像差异性较小;③储层不同层次上的非均质性可以通过多个训练图像来描述,从而可以利用不同训练图像的侧重点、分辨率来达到更加精细刻画储层的目的。显然训练图像在多点统计中至关重要,其准确与否关系到储层预测是否可靠。训练图像实质上是一个储层知识库,但与传统的定性知识库不同,它是一个定量化的知识库,能够通过数据样板对其扫描,并提取其结构及统计信息,达到建立统计模式、进行统计预测的目的。

2. 训练图像及其在建模中的应用

所谓的训练图像(既可以是二维也可以是三维),实际上是一个先验地质模式,能够表述实际储层结构、几何形态及其分布模式。对于沉积相建模而言,训练图像相当于定量的相模式,它不必忠实于实际储层内的井信息,只需反映一种先验的地质概念。显然,训练图像就是我们所指的地质知识库。但是它与传统的地质知识库有所区别。其表现在利用训练图像进行储层预测的时候,需要从地质知识库中提取信息,这样就需要训练图像是数字化的,也就是说,训练图像是定量化的地质知识库。训练图像为定量化的要求导致储层知识库的建立存在一定的难度,尤其是在三维数字化的储层地质知识库的建立上。这是因为传统的储层地质知识库习惯于用二维概念图像来反映储层特征,其三维模式乃是概念性的,没有数字化的成果。通过手工定量化至少存在两大难点:①三维空间分布的描述存在相当难度;②工作量巨大。这就需要设计新的方法以满足多点统计对于储层知识库的特殊需求。另一方面,多点统计由于是空间多点统计,而任何空间统计预测均要求研究对象符合平稳假设。在二点统计学中,要求二阶平稳或内蕴平稳,即协方差或变差函数与空间具体位置无关而与矢量距离有关。同样,在多点统计学中,为计算数据事件的条件概率,需要扫描训练图像来统计与数据事件相同结构的重复数,这就要求训练图像平稳,即训练图像内目标体的几何构型在全区基本不变,不存在明显趋势或局部的明显变异性。但在实际应用当中,由于储层非均质性严重,这一要求并不能总是得到保证。如图 5.54 所示,训练图像为冲积扇内辫状水道的分布模式,从 NW 向 SE 方向变窄,同时方位角也从近 0°变为近 90°,显然,训练图像是不平稳的。若用这样的非平稳训练图像进行模拟,由于不满足统计假设,其结果也难以反映地下实际情况。如何实现将非平稳的储层地质知识库转化为平稳特征并作为参数提供给储层预测,然后在进行非平稳转化以达到再现储层非平稳特征,也对储层知识库的建立提出了挑战。

图 5.54　河道的一个训练图像(据 Zhang et al. ,2007)

考虑到储层知识库仅需要反映地质体空间结构,并不需要忠实于条件数据。而基于目标的方法则在储层构型再现上有优势。提出利用基于目标的方法来建立储层训练图像,形成定量的储层地质知识库的方法。其有三个方面的优点:①可以通过简单形态参数清晰再现储层三维构型;②可以方便更改形态参数获得不同的储层地质知识库;③自动化作业,可以轻松在计算机上实现。

但这种平稳的特征并不能反映辫状河道从上游到下游宽度、宽度与深度比例的变化。实际上,河流虽然具备一定的平稳性,但是在多分流河道的地方,河道的方向及规模发生了改变,也就是说,其空间分布并不满足平稳特征,为了能够预测储层非平稳特征,需要采用非平稳训练图像。此时,可以通过适当的数学变换,如旋转和比例压缩的方法将非平稳训练图像变为平稳训练图像,或者将非平稳的目的储层转换为平稳的储层。从而达到可以利用训练图像进行储层预测的目的。

图 5.55 是利用此方法进行山前辫状水道预测建模的实例,可以看到,辫状水道的发散及变窄特征得到很好体现。证明了以上方法的可行性。

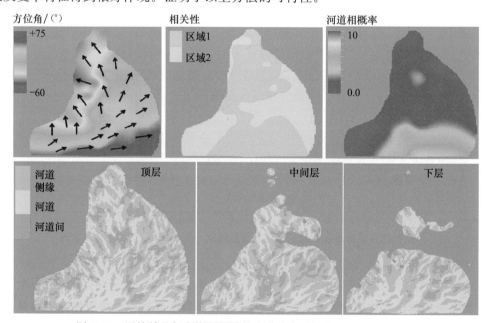

图 5.55　用简单几何变换预测辫状水道分布(据 Zhang et al. ,2007)

既然数学变换能够达到转换训练图像,形成地质知识库并可达到储层预测的目的。完全有理由相信只需要建立少数典型训练图像,形成典型的地质知识库,然后通过合适的数学变换,形成所需要的训练图像,建立所需要的三维定量地质知识库,并在储层预测中发挥指导与约束作用。这也正是多点统计得到极大重视和发展,并引起新一轮储层地质知识库建立热潮的原因。

3. 多点地质统计学方法与一般建模方法知识库要求差异比较

从前面的论述可知,多点地质统计学方法与一般建模方法对知识库要求是不一样的。具体表现在以下两个方面。

首先,多点地质统计学需要完整的三维训练图像,或者是一系列沉积模式的集合。这就对地质知识库要求较高,是完全三维的。而一般建模方法,如基于变差函数的两点统计,仅需要空间中系列的点信息,计算出变差函数。不需要完全了解三维形态;对于基于目标的方法,则需要输入长宽比、宽厚比等信息,这些信息均是二维的。由此可见,多点统计对知识库要求高,其获取的难度也最大。这就需要我们首先有大量地学信息;再次,要有强有力的计算机显示技术,达到真实三维再现,以满足地质人员对训练图像的检查。

其次,训练图像本身的要求,潜在的数学定理上,高阶平稳性也使得训练图像进行转换。多点统计首先从本身算法上而言是高阶统计,为高阶矩计算,对算法的要求较两点中心协方差要复杂得多。此外,它需要满足高阶平稳假设,但实际上储层往往不具备这样的条件。这就需要对训练图像进行多种几何数学可逆变换,以达到统计预测的数学假设前提。这些变换需要有深厚的数学知识;而对于传统方法,只能通过一些趋势来进行描述,这些趋势大多是一些二维图件和函数,相对简单,且只能局部反映储层变化规律。不具备直观性。

5.8.2　地质知识库软件系统

1. 系统构成

如前面所述,将与储层内部结构相关的所有地质知识数据划分为原始数据、统计数据、经验公式、训练图像和文献资料五类,然后分别建立数据库,采用多媒体数据存储技术,存储和管理各种来源和不同形式的图文信息,从而形成原始数据库、统计数据库、经验公式库、训练图像库和文献资料库五库一体的储层内部结构综合知识库,从而为储层结构建模提供有效参数支持。总体框架如图 5.56 所示。

原始数据库:由用户从野外露头、现代沉积、密井网区等资料采集的有关储层内部结构不同层次对象的几何形态参数、规模参数、分布范围、描述图件(测井曲线、垂向层序、截面形态)、文字资料(附件)等原始数据的集合,是知识库中的第一手资料。

统计数据库:该子库中的数据有两种来源,一是直接对原始数据库中的数据统计得到;二是通过查阅相关文献,从中提取的各类统计信息。两者融合在一起构成统计数据子库。

经验公式库:由先验数据推导或从前人文献中查阅得到的关于地质知识参数之间相互关系的经验公式的集合。

训练图像库:一种反映地质学家认识的三维图像的集合,可由训练图像模块生成或其他软件生成导入。

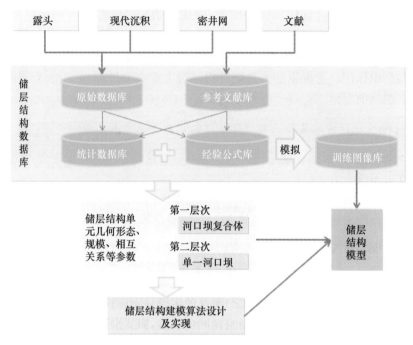

图 5.56　储层地质知识库概念框架

文献资料库：储层地质知识有关的学术论文、学术专著、研究报告、规范标准等参考文档的集合。通过标题、作者、主题、关键字、摘要等字段描述每一篇文献，并分门别类进行管理，方便用户查阅。

2. 储层地质知识数据管理子系统

1）储层地质知识数据管理模块

采用数据库技术对描述储层相关的各类信息进行有效的管理，方便快捷地进行各类数据的录入、编辑、更新及维护。

添加记录：向数据库中的表中添加一条记录。

修改记录：修改数据库表中的某条记录。

删除记录：删除数据库表中的符合给定条件的某一条或某一些数据。

数据备份：对整个数据库进行备份。

数据恢复：对整个数据库进行恢复。

2）经验公式管理模块

经验公式是一种特殊形式的地质知识，在存入数据库时，不仅需要考虑其名称、类型、作者、来源等描述信息，更重要的是其公式含义和计算逻辑，这些计算逻辑需要以函数的方式加以实现。为了在不改动主程序的情况下动态载入这种计算逻辑，系统采用插件式应用程序框架，实现了系统主程序和经验公式函数之间的接口。这样，用户仅需按照插件框架提供的插件接口实现经验公式插件对象就可不断向经验公式库中添加包含计算逻辑的经验公式。该模块实现了经验公式的录入、浏览、查询和调用等功能。

3）文献管理模块

在储层精细研究中,各类学术论文、学术专著、研究报告、技术文档、规范标准都有重要的参考价值,但查阅文献是一项耗时费力的工作,且地质专家每次研究工作过程中对于这些文献资料的认识和提炼都是宝贵的地质知识。因此,需要为之设计专门的文献库,对这些资料及其相关知识进行有效的存储和管理,方便今后查阅,避免重复工作。该模块提供对参考文献的标题、关键词、摘要、作者、出版物、出版时间、文档等数据的录入和更新功能及文献的查询功能,并向每一位用户提供个性化文档分组功能。

4）三维训练图像管理模块

利用数据库信息约束建模是建立地质知识库的主要目的。系统提供训练图像管理模块,方便用户建立研究区定量概念模型,并建立训练图像库,进而为能够采用多点地质统计学进行模拟计算提供输入参数。

训练图像导入、导出:提供与地质建模软件之间的数据交换接口。

训练图像生成:通过沉积过程模拟技术对储层三维空间分布进行预测,或通过基于目标方法再现储层分布,以此作为三维定量知识库。

训练图像三维可视化浏览:在三维图形窗口中多尺度、全方位、多层次交互式浏览训练图像模型。

5）地理空间信息管理模块

地理空间信息管理模块用于与地质知识相关的各类地理信息的采集、存储、处理等功能。基于地理信息系统组件二次开发,要实现地图显示与浏览、地质实体空间位置信息的标注。

地质实体空间位置信息的标注:在地图上标注三角洲地质实体的空间位置,并与对应的储层结构数据相关联。

地图显示与浏览:提供地图放大、缩小、漫游、全图显示、图层管理等地图显示浏览功能。

3. 储层地质知识服务子系统

1）储层地质知识数据浏览模块

通过网络发布储层地质知识数据库中的数据,并按照三角洲储层的分类层级结构提供给用户,供用户在线浏览翻阅。

2）储层地质知识数据编辑模块

添加记录:向储层地质知识数据库中的表中添加一条记录。

修改记录:修改储层地质知识数据库表中的某条记录。

删除记录:删除储层地质知识数据库表中的符合给定条件的某一条或某一些数据。

3）储层地质知识数据查询模块

储层地质知识数据查询功能主要包括:属性数据(文本)查询、空间数据(图形)查询两类。

(1) 属性数据(文本)查询,包括以下几个方面。

条件查询:根据需要输入单一的条件来进行查询。

组合查询:根据条件字段及比较符、条件值等内容查询。

区间查询:输入需要查询的关键字段的区间来进行查询。

多字段查询:根据需要输入多种查询关键字来进行查询。

（2）空间数据（图形）查询，包括以下几个途径。

通过空间位置查询属性信息:通过鼠标在地图上的操作，包括单点选择、拉框选择、画圆形选择、多边形区域选择等方式查找相关实体，并高亮显示所查到的对象，同时列出其属性信息。

通过属性信息查询空间位置:通过输入名称、类型、数值范围等条件，查找地图上的地质对象的位置坐标，并将对应对象在地图上突出显示，从而反映出符合搜索条件的地物在空间位置上的分布。

4）储层地质知识数据统计分析模块

数据表数据或查询结果数据可直接用于统计分析，包括数值统计功能（最大值、最小值、平均值、标准差），直方图统计，相关性分析等。

5）训练图像浏览模块

在线浏览训练图像库中的训练图像，可进行基本的缩放、移动等交互操作。

6）地理空间信息浏览模块

通过 Web 网络提供地图放大、缩小、漫游、全图显示、图层管理等地图显示浏览功能，以地理坐标和空间位置为框架向用户展现多层级、多尺度的地质知识信息，帮助用户建立空间概念。

7）系统管理维护模块

主要实现系统权限认证中的角色、用户、用户组之间的管理工作，为整个系统提供一个基础安全设施。

角色（用户组）管理:角色新建、维护角色，并为角色赋予系统权限。

系统菜单管理:对系统菜单进行添加、删除、修改等操作，动态管理和维护每个角色的系统菜单，从而达到安全灵活分配用户权限的目的。

用户管理:用户新建、用户维护，并将用户加入用户组。

4. 地质知识层次结构

下面以三角洲储层为例说明地质知识的层次结构特征。

三角洲储层是我国东部老油田非常重要的一类油气储层，其内部结构知识库的构建对我国的三角洲储层的精细研究具有十分重要的意义。此处以三角洲储层为例，介绍运用关系数据库技术建立数据库模型，建立集原始数据、统计数据、经验公式、参考文献、训练图像为一体的三角洲储层地质知识数据库。

三角洲储层河口坝内部夹层几何学参数相当复杂，内部隔夹层规模尺度小、非均质性强，其在上游端和下游端、两翼倾向、倾角都不相同，厚度、宽度等分布也很复杂，导致难以应用较为简单的数学公式描述，严重制约和影响河口坝的研究深度，阻碍油田采收率的提高。因此，建立三角洲储层地质知识库时，对于各种数据的组织应以三角洲沉积模式下所涵盖的三个概念层次为基本框架，对各种地质实体进行分层描述，并建立各个层次之间的关联。如图 5.57 所示，第一层次包括三角洲平原、三角洲前缘、前三角洲；第二层次包括河口坝、分流河道、分流间湾、远沙坝、席状砂等；第三层次包括坝增生体等；第一层次的三角洲平原内部包含了第二层次的分流河道、分流间湾、陆上天然堤、决口扇、沼泽；第二层次的河口坝内部又包含第三层次的坝增生体对象。

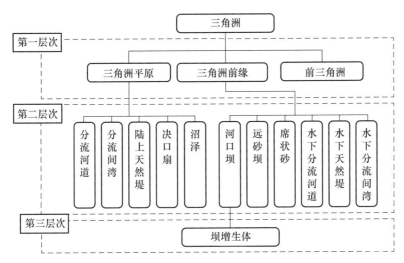

图 5.57　三角洲储层内部结构分层概念模型

参 考 文 献

贾爱林,穆龙新,陈亮.2000.扇三角洲储层露头精细研究方法[J].石油学报,21(4):105-109.

赖志云,周维.1994.舌状三角洲和鸟足状三角洲形成及演变的沉积模拟实验[J].沉积学报,12(2):37-44.

李少华,张昌民,林克湘,等.2004.储层建模中几种原型模型的建立[J].沉积与特提斯地质,24(3):102-107.

李思田,焦养泉,付清平,等.1993.鄂尔多斯盆地延安组三角洲砂体内部构成及非均质性研究[M].北京:石油工业出版社.

李祯,杨士恭,付泽明.1993.鄂尔多斯盆地延安组曲流河砂体内部构成及孔渗变化的研究[M].北京:石油工业出版社.

林克湘,张昌民,刘怀波,等.1994.青海油砂山分流河道砂体储层骨架模型[J].石油天然气学报,16(2):8-14.

林克湘,张昌民,刘怀波,等.1995.地面-对下对比建立储层精细地质模型[M].北京:石油工业出版社.

刘学锋,马乙云,曾齐红,等.2015.基于数字露头的地质信息提取与分析——以鄂尔多斯盆地上三叠统延长组杨家沟剖面为例[J].岩性油气藏,27(5):13-18.

刘忠保,赖志云,张春生,等.1996.黄骅坳陷张东地区沙二段Ⅱ油组水下扇及滩坝的模拟研究[J].地质论评,42(1):153-160.

马凤荣,张树林,王连武,等.2001.现代嫩江大马岗段河流沉积层次界面划分及构形要素分析[J].东北石油大学学报,25(1):81-84.

马晋文,刘忠保,尹太举,等.2012.须家河组沉积模拟实验及大面积砂岩成因机理分析[J].沉积学报,

30(1):102-109.

马世忠,杨清彦. 2000. 曲流点坝沉积模式、三维构形及其非均质模型[J]. 沉积学报,18(2):241-247.

穆龙新,贾文瑞,贾爱林. 1994. 建立定量储层地质模型的新方法[J]. 石油勘探与开发,21(4):82-86.

裘怿楠. 1990. 烃类储层地质模型的建立[J]. 江苏油气,1(4):2-7.

裘怿楠. 1991. 储层地质模型[J]. 石油学报,12(4):55-62.

裘怿楠. 1994. 油气储层评价技术[M]. 北京:石油工业出版社.

王仁铎,胡光道. 1988. 线性地质统计学[M]. 北京:地质出版社.

文健,裘怿楠,王军. 1998. 埕岛油田馆陶组上段储集层随机模型[J]. 石油勘探与开发,25(01):69-72.

吴胜和,金振奎,黄沧钿,等. 1999. 储层建模[M]. 北京:石油工业出版社.

薛培华. 1991. 河流点坝相储层模式概论[M]. 北京:石油工业出版社.

尹太举,张昌民,樊中海,等. 1997. 双河油田井下地质知识库的建立[J]. 石油勘探与开发,24(6):95-98.

尹太举,张昌民,罗喻洁,等. 2003. LIDAR 技术及其在露头研究中的应用[C]//中国矿物岩石地球化学学会第 14 届学术年会论文摘要专辑:368-369.

尹太举,张昌民,罗喻洁,等. 2013. 虚拟地质露头:一种全新的地质知识获取及应用技术[J],中国矿物岩石地球化学学会第 14 届学术年会论文摘要专辑,南京:370-371.

尹燕义,王国娟,祁小明. 1998. 曲流河点坝储集层侧积体类型研究[J]. 石油勘探与开发,(2):37-40.

于兴河,王德发. 1994. 辫状河三角洲砂体特征及砂体展布模型:内蒙古岱海湖现代三解注沉积考察[J]. 石油学报,15(1):26-37.

张昌民. 1988. 上荆江马羊洲网状河沉积特征及其形成机理[J]. 水文地质工程地质,(2):13-18.

张昌民. 1992. 现代荆江江心洲沉积[J]. 沉积学报,10(4):146-153.

张昌民,林克湘,徐龙,等. 1994. 储层砂体建筑结构分析[J]. 石油天然气学报,16 (2):1-7.

张昌民,徐龙,裘怿楠,等. 1996. 青海油砂山油田第 68 层分流河道砂体解剖学[J]. 沉积学报,14(4):70-75.

张昌民,何贞铭,王振奇,等. 2003. 不平坦的三角洲前缘席状砂——来自露头和地下的证据[J]. 石油天然气学报,25(3):1-4.

张一伟,熊琦华. 1997. 陆相油藏描述[M]. 北京:石油工业出版社.

赵翰卿,付志国,吕晓光,等. 2000. 大型河流-三角洲沉积储层精细描述方法[J]. 石油学报,21(4):109-113.

Bates K T,Falkingham P L,Rarity F,et al. 2010. Application of high-resolution laser scanning and photogrammetric techniques to data acquisition,analysis and interpretation in palaeontology[J]. International Archives of the Photogrammetry,Remote Sensing,and Spatial Information Sciences,38(5):68-73.

Bates K T,Manning P L,David H,et al. 2009. Estimating mass properties of dinosaurs using laser imaging and 3D computer modelling[J]. PLoS One,4(2):e4532.

Bellian J A,Kerans C,Jennette D C. 2005. Digital outcrop models:Applications of terrestrial scanning lidar technology in stratigraphic modeling[J]. Journal of Sedimentary Research,75(2):166-176.

Bonnaffe F,Jennette D,Andrews J. 2007. A method for acquiring and processing ground-based lidar data in difficult-to-access outcrops for use in three-dimensional,virtual-reality models[J]. Geosphere,3(3):501-510.

Deutsch C V,Wang L. 1996. Hierarchical object-based stochastic modeling of fluvial reservoirs[J]. Mathematical Geology,28(7):857-880.

Drinkwater N J,Pickering K T. 2001. Architectural elements in a high-continuity sand-prone turbidite system,Late Precambrian Kongsfjord Formation,Northern Norway:Application to hydrocarbon reservoir characterization[J]. AAPG Bulletin,85(10):1731-1757.

Fabuel-Perez I,Hodgetts D,Redfern J. 2010. Integration of digital outcrop models (DOMs) and high resolution sedimentology-workflow and implications for geological modelling:Oukaimeden sandstone formation,High Atlas (Morocco)[J]. Petroleum Geoscience,16(2):133-154.

Fernandez R L,Cantelli A,Pirmez C,et al. 2014. Growth patterns of subaqueous depositional channel lobe systems developed over a basement with a downdip break in slope:Laboratory experiments[J]. Journal of Sedimentary Research,84(3):168-182.

Lim M,Petley D N,Rosser N J,2005. Combined digital photogrammetry and time-of-flight laser scanning for monitoring cliff evolution[J]. Photogrammetric Record,20 (110):109-129.

Mccaffrey K J W,Hodgetts D,Howell J,et al. 2010. Virtual fieldtrips for petroleum geoscientists[C]// Geological Society,London,Petroleum Geology Conference series,Geological Society of London,7:19-26.

Pringle J K,Howell J A,Hodgetts D,et al. 2006. Virtual outcrop models of petroleum reservoir analogues:a review of the current state-of-the-art[J]. First Break,24(4):33-42.

Rarity F,Van Lanen X M T,Hodgetts D,et al. 2014. LiDAR-based digital outcrops for sedimentological analysis:Workflows and techniques[J]. Geological Society London Special Publications,387(1):153-183.

Wilson P,Gawthorpe R L,Hodgetts D,et al. 2009. Geometry and architecture of faults in a syn-rift normal fault array:The Nukhul half-graben,Suez rift,Egypt[J]. Journal of Structural Geology,31(8):759-775.

Zhang T,Mccormick D,Hurley N,et al. 2007. Applying multiple-point geostatistics to reservoir modeling:A practical perspective[C]. EAGE Petroleum Geostatistics.

第 6 章 储层建筑结构分析

6.1 基本概念与基本原理

6.1.1 储层建筑结构

20 世纪 80 年代中期之前,沉积学的主要研究方法是垂向剖面分析法,所遵循的基本原理是 Walther 相律,即通过岩石相及其序列的垂向变化确定沉积层序的沉积模式。但是垂向剖面分析法难以解决沉积体的横向预测问题,因而难以预测储层的横向展布。为此,Miall 提出河流沉积学中的建筑结构要素分析法(architectural element analysis)(Miall 1985,1988a),这一方法受到沉积学家和石油开发地质学家的欢迎,为认识储层内部结构复杂性提供了新的思路。Miall 在中国讲学之后,柯保嘉将其所讲内容以"一种新的河流沉积学分析方法——结构要素分析法"为题在中国地质科学院地质研究所的"国外地质"期刊上刊出。这是国内首次将"architectural element"一词译为"结构要素",并将这一方法介绍给国内沉积学同行。在储层沉积学研究方面,裘亦楠教授首先将"architectural element"一词翻译为"建筑结构要素"(裘亦楠,1990)并号召开展这一方面的研究工作。随后,一些学者又将之译作"构型要素"(付清平和李思田,1994)、"构成要素"(解习农,1994)、"构型"(岳大力等,2007)等。在此之前,国际上发表的论文和著作在描述沉积体形态和结构时常应用"configuration""conterpart"等术语,随着"architectural element"一词在应用范围方面的拓展,"architecture"这一概念被广泛应用于描述地层、尤其是沉积储层砂体的内部结构,形成了"储层建筑结构(reservoir architecture)"一词(赵翰卿,2002;马世忠等,2006;郑荣才等,2008)。笔者将储层建筑结构定义为"构成储集体的各种储层、隔层、低渗缓冲层及沉积地质界面的类型、几何形态、内部结构、空间展布及其排列组合关系"(张昌民,1992a)。

正确理解储层建筑结构要树立如下两个观念。

一是储层的层次性。要对储层的结构进行表征,首先必须先认识储层的层次性,在认清储层层次性的基础上分层次进行储层表征。层次性是地质现象本身的特征之一,也是地质理论的普遍规律,不同层次的地质体有不同的大小和形态,基于这一特点,地质学家从不同的经验出发,在研究储层的过程中划分了许多层次。

早期的地质工作者将地层按年代划分为界、系、统、组、段等地层单位,层序地层学工作者对地层的层序进行了层次划分,辨认出了 1～7 级层序,并确定了石油地质研究的重点为 3～6 级层序(Posamantier and Weimer,1993),而油藏工程师和开发地质工作者针对地下储层的非均质性,也提出了不少分类,如 Pettijohn 等(1973)以河流沉积储层为例提出一个由宏观到微观的非均质分类谱系图(图 6.1),Weber(1986)提出一个非均质性的分类体系(图 6.2),根据这一体系的顺序,可以在油田评价和开发期间定量地认识非均质性。Haldorson(1986)把与孔隙有关的体系分成微观、宏观、大型和巨型四个级别(图 6.3)。油藏工程师和开发地质家最关心的是中等规模的非均质性,即垂向上几十厘米范围内或横向上井间范围内几百米左右的储层变化。

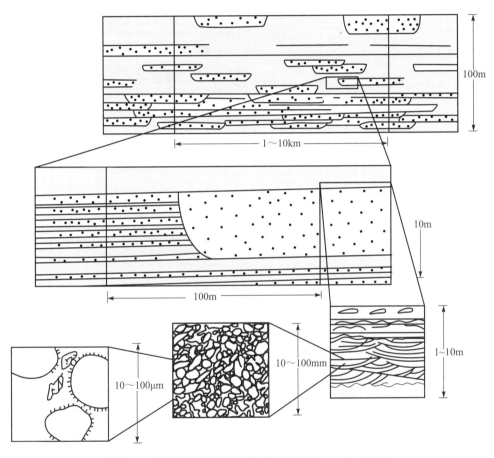

图 6.1　储层非均质性的分类(据 Pettijohn et al.,1973)

　　二是储层研究的阶段性。不同勘探开发阶段储层建筑结构研究的内容不同。随着对地质资料掌握的越来越多,随着开发生产的需要,对储层建筑结构的研究逐步深入。在勘探阶段,储层建筑结构研究的目的在于建立起油藏格架(reservoir framwork)的地质模型,包括油藏构造骨架(structural architecture)、沉积骨架(sedimentary architecture)和地层骨架(stratigraphic framework),在储层沉积骨架中,只要求研究到大相和亚相,实际上相当于 Miall(1985)的 6 级界面圈定的范围。到了开发阶段,要把研究的精度提高一个级次,达到小层和单砂体,实际上相当于 Miall(1985)5 级界面的水平。而在高含水后期提高采收率阶段,要求认识成因砂体的分布,甚至要了解成因砂体内部的结构,相当于 Miall(1985)的 4 级和 3 级界面。然而由于受资料精度的限制,最多可研究到第 4 级,即 Miall(1985)的基本结构要素,而对于结构要素内部构成,则难于解释和研究。

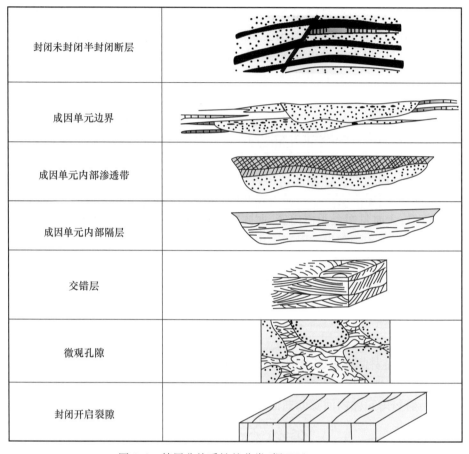

封闭未封闭半封闭断层	
成因单元边界	
成因单元内部渗透带	
成因单元内部隔层	
交错层	
微观孔隙	
封闭开启裂隙	

图 6.2　储层非均质性的分类(据 Weber,1986)

6.1.2　储层建筑结构要素分析法

1. 建筑结构要素分析法的起源

建筑结构要素分析法(architectural element analysis)起源于对河流沉积相的研究。早在 1976 年,Jackson(1976)在对底形进行分类时,就提出了层次和规模分类法,将底形划分为小型、中型和大型三种类型。小型底形如小型波痕和流水线理,这些构造在单向水流中皆可发育,不能作为河型的判别标志;中型底形包括沙丘、沙浪、小型河道和点坝等,这些底形有指相意义,但在剖面上区别它们十分困难,只有通过三维露头进行辨识;大型底形反映了数年到上千年的沉积水动力变化,包括大型水道、复合沙坝(点坝、侧积复合体砂席、沙洲等)等,Miall(1985)认为这些底形规模变化太大,用它们进行河型分类时,就会出现每一类河型特征变化太大不好把握的问题,他主张用较小的大型底形来进行河型的分类。

在古代沉积记录中,Brookfield(1977)和 Allen(1980,1983)先后发现由于界面规模的差异表现出发育在界面之间沉积构造和层理单元的差异,Frield 等(1979)则发现小型的结构要素相互叠置形成大型的结构要素。

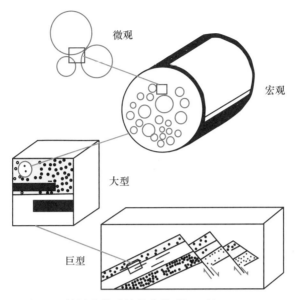

图 6.3　储层非均质性的分类(据 Haldorson,1986)

1983 年,Allen 在河流沉积物中识别出 3 级界面,这一方案被许多地质学家采用。Allen 的 1 级界面是单个交错层系的界面;2 级界面是交错层系组或成因上相关的一套岩石相组合的界面;3 级界面是一组结构要素或复合体的界面,它通常是一个明显的侵蚀冲刷面。Miall(1985)在 Allen 界面的基础上,又增加了一个 4 级界面,即古河谷中的河道带的底界面。

1985 年,第三次国际河流沉积学大会上,Miall 第一次完整地提出了河流沉积相的建筑结构要素分析法,引起了强烈的争论。其认为传统的沉积相分析,只强调垂向剖面和沉积层序的研究,通过岩相组合识别河流的类型,当辫状河与曲流河的垂向序列很相似时,就会导致河型判别的失误。如果曲流河序列上部的洪泛平原沉积在河流迁移过程中被河道侵蚀掉了,只剩下槽状交错层与板状交错层沉积相的话,区分辫状河和曲流河就十分困难。鉴于此,Miall 认为垂向剖面分析法已不适用,应当采用一种考虑沉积体三维几何形态的新方法,这种方法就是建筑结构要素分析法。反对者认为,传统的方法在以往的研究中经受了时间和事实的考验,虽然垂向剖面分析法确实存在着问题,但强调横向对比的建筑结构要素分析法也存在许多问题:首先是野外露头不总是足够良好,使人们不总能够较好地进行追索;另外,建筑结构要素分析法即使能够解决露头问题,但是对地下工作者不适用,在这次大会上,莫衷一是,互相说服不了对方。

同年,Miall(1985)发表了"建筑结构要素分析——河流沉积相分析的一种新方法",全面介绍了该方法中的结构要素、界面等概念,提出了以该方法进行研究得出的十二种基本河流类型,这篇文献标志着建筑结构要素分析法的诞生,也成为河流沉积学研究中的必备参考文献。后来 Miall(1988a)将 4 级界面系列扩展为 6 级界面系列,使界面系列得到进一步完善。建筑结构分析法的核心体现在它用 6 级界面系列和具有三维几何形态的结构要素组合来表征河道沉积。

2. 建筑结构要素分析的基本方法

1) 沉积界面

Miall 界面划分源于 Allen 的划分方案,后又由 4 级扩展到 6 级界面谱系(图 6.4),这样便能够确定河流沉积物的宏观建筑结构,并且把盆地规模的最大一级纳入方案之中。

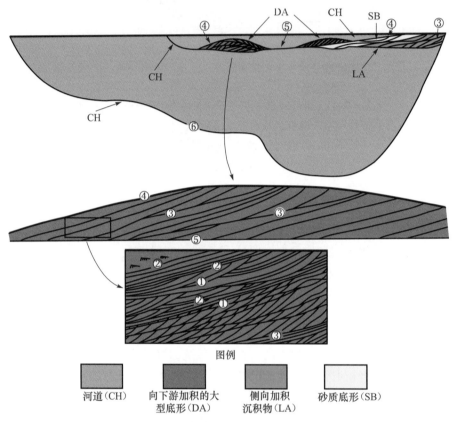

图 6.4　河流体系沉积单元规模与界面谱系图(据 Miall,1985)
圆圈内编号为界面级别

图例

河道(CH)　　向下游加积的大型底形(DA)　　侧向加积沉积物(LA)　　砂质底形(SB)

第 1 级界面和第 2 级界面记录了微型底形和中型底形沉积的边界。其中 1 级界面的概念与 Allen(1983)的相同,代表了交错层系的界面。在这一级界面内部没有侵蚀或仅有微弱的侵蚀作用。实际上它们代表了连续的沉积作用和相应的底形,仅高度受到改变。这是由于流体的水位发生变化再作用形成的,或者由于底形方向发生改变形成的。在岩心中,这些界面有时并不明显,要根据交错层前积层的前缘和切割作用来识别。2 级界面是简单的层系组边界,这类界面说明流向变化和流动条件变化,但没有明显的时间间断,界面上下具有不同的岩石相。此类界面通常并没有明显的侵蚀或其他的冲蚀现象,在岩心中,可以通过岩石相的变化来区分 1 级和 2 级界面。

识别 3 级和 4 级界面需要通过重建建筑结构来实现,当重建的建筑结构表明存在大型底形[如侧向沉积(LA),向下游加积大型底形(DA)]时可以确定 3 级和 4 级界面。单个沉积单元(即建筑结构要素,有人称之为"storeys")的边界是 4 级或更高级界面。3 级界面是侵蚀面,它们形成于大型底形内部,倾角较小(小于 15°),以低角度切割下伏交错层,通常穿过 2~3 个交错层系,界面上有泥砾岩披覆沉积,界面上下的相组合相同或相似。3 级界面也可以位于小型沙坝层序底部,其上有泥岩和粉砂岩披覆,代表水位下降事件,层序上含有一个底部碎屑砾岩层(由细粒碎屑沉积物组成),在岩心中,这种现象比较容易识别。3 级界面代表流水水位变化,但并没有特别明显的沉积方式和底形方向上的变化,它们代表了大型的侵蚀作用。

4 级界面代表大规模底形的顶面,其形态通常是平直或上凸的。下伏的层理面及 1、2、3 级界面遭受低角度切割或局部与上部层平行,表明它们为侧向或向下游加积的顶面。另一种 4 级界面被称为小型水道的底侵蚀面,例如,串沟的底面,而大型的河道底面属于更高级别的界面。根据低角度特征可以用测井方法识别 3、4 级界面,但在单井中很难区分 3、4 级界面。低倾斜角度、泥砾披覆、泥岩透镜体,对 3、4 级界面都是相似的,最好的办法是看界面上下的岩相组合是否相同,若相同则为 3 级界面,否则可看做 4 级界面。只有在密井距条件下岩心之间才能对比,因为 3 级界面分布面积一般小于 10 公顷[①]。

5 级界面是大型砂岩体边界,诸如河道充填复合体的边界。通常是平坦到稍具下凹的,但由于侵蚀作用会形成局部的侵蚀-充填,造成地形起伏和形成基底砾岩。

6 级界面代表一组河道或古河谷,代表可作图的地层单元,如段或亚段,其上下皆属 6 级界面。

在岩心中,4、5、6 级界面与 3 级界面都可能非常相似,要区分 4、5、6 级界面,最好运用密井网进行详细对比,最好能在开发成熟的油田,当井距小于 100m 时进行此项工作,或者尝试用三维地震进行作图加以区别。Miall 认为,如果解释员知道需要寻找什么时,运用地震资料可以实现这一工作。

详细识别和对比界面是认识储层非均质性、设计开发方案的基础,在划分界面时要把握三个原则:①每个级别的界面可能都会受到同一级别或更多级别界面的切割;②确定界面级别应当看其更高级沉积界面是什么,而不仅仅是看其本身沉积过程如何;③小型界面侧向上的级别可以过渡为另一个级别。

2) 基本建筑结构要素

前已述及,传统的相分析主要依靠垂向剖面的相解释,然而,这一方法存在一些局限性,运用有限的几个垂向相模式来解释河型已不能满足研究要求,其原因是在其他环境中发现了原来被认为是某一河型沉积的特征。例如,侧向加积不再被认为是高弯曲流河的特征,已经在许多河流中发现了这种现象,包括高弯和低弯、单河道和多河道、季节性和常年性河流,都出现了侧向加积特征。简单地说,曲流、辫状和网状河提供不了多少有用的信息,因为油藏工程师和地质家需要对三维储层特征进行精细预测。

一个很好的方法是集中研究河流单元的单个岩石相,解释它们的成因,不管以前所提供的模式如何。基本的河流沉积过程,如河道垂向加积、侧向点坝加积、沉积物重力流等,

---

① 1 公顷＝$1×10^4 m^2$。

都可以直接根据岩石相组合、岩石相几何形态、大小、接触关系直接来解释。Miall(1985)认为仅用 8 种基本类型就足够了,他采用 Allen(1964)的"建筑结构要素"一词,并且分析了这些单元是如何组成各种类型的河流的。

Miall(1985)首先在河流沉积中总结出 17 种岩石相类型。这些岩石相构成了 8 种组合(建筑结构要素)(图 6.5)。尽管这些要素的规模是多变的,但每一种结构要素都有其确定的成因意义。

河道边界呈平坦或下凹状,在任何河道系统中,河道呈多种规模,较大型河道通常是一个由多种要素类型组成的复合充填体。

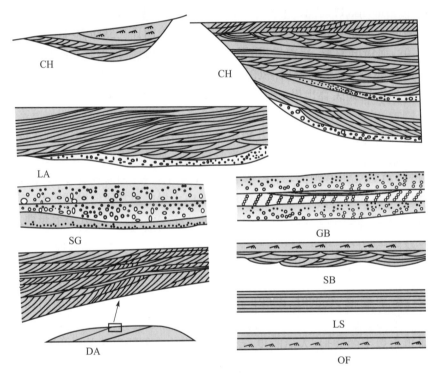

图 6.5　八种主要建筑结构要素图示(据 Miall,1985)

CH 为河道;GB 为砂质坝和底形;SG 为沉积物重力流沉积;SB 为砂质底形;DA 为向下游加积的大型底形;
LA 为侧向加积沉积物;LS 为纹层状砂岩席;OF 为溢岸细粒沉积

砾质坝和底形,平板状或交错层砾岩,是由纵向或横向沙坝形成的。

沉积物重力流沉积,以砾质沉积为主,主要由碎屑流(泥石流 debris flow)形成,主要岩石相类型是块状层理砂质砾岩相(Gms)。

砂质底形,流动机理主要为沙垄、沙丘等砂质底形迁移而形成的岩石相类型。包括槽状交错层理砂岩相(St)、板状交错层理砂岩相(Sp)、沙纹层理砂岩相(Sr)、平行层理砂岩相(Sn)、低角度交错层理砂岩相(Sl)、冲刷充填构造砂岩相(Se)、冲刷充填构造砂岩相(Ss),砂质底形形成一系列不同几何形态的建筑结构要素,最常见的形态呈席状,它们的形成与河道底部、坝顶或决口扇有关。

向下游加积的大型底形(DA)。这种岩石相组合与砂质底形相似,然而,这一要素的特点是存在上凸的内部界面或者顶界面。其形成的古水流方向平行或近平行于界面的倾向,说明这一要素类型所代表的沙坝,是向下游加积的。由顶部起伏高度揭示的最小水深一般有几米深。

侧向加积沉积物,即众所周知的点坝沉积,底形指示的古流向与加积面的方向呈高角度相交,指示建筑结构要素向侧向增长,在多河道河流中存在一些 DA 和 LA 之间的过渡类型。

纹层状砂岩席,纹层状砂岩席由各种 SB 组成,岩石相类型主要是 Sh 和 Sl,这一组合表明上部流动体制(高流态)以及平面层状(平行层理)条件,常见于季节性河流中。

溢岸细粒沉积,这一要素由废弃河道和泛滥平原沉积的泥岩、粉砂岩和少量砂岩组成,古土壤、煤、洼地沉积以及蒸发岩都可能是重要的特征。

Miall(1985,1988b)认为运用 6 级界面系列和 8 种结构要素,就可以对河流储层进行精确地描述。运用建筑结构要素分析法,总结了自然界中存在的 12 种典型的河流沉积模式,关于各种河流的特点,有兴趣的读者可以参考原文。

在具体研究过程中,一般是先进行岩石相的分析描述,辨认结构要素,再确认各级界面,最后以各级界面为指导,进行不同层次的建筑结构重建和非均质性分析。

3. 建筑结构要素分析法的研究进展

建筑结构要素分析法进展主要体现在以下几个方面。

(1)研究范围不断扩大。该方法脱胎于河流沉积学,在 2000 年之前,这一方面的研究仍主要集中于河流沉积学领域,涌现了大批该方面的文献(Munoz et al.,1989;张昌民和林克湘,1994;张昌民和尹太举,1996)。随着该方法逐渐成熟,其应用范围不断扩展到其他水道化沉积露头的研究中,如冲积扇(Decelles,1999)、溢岸沉积(Willis and Behrensmeyer,1994)、扇三角洲(张昌民和尹太举,1996)、三角洲平原(付清平和李思田,1994)、浊流沉积(Clark and Pickering,1996)、潮汐水道(解习农,1994)等。除此之外,沉积学者应用建筑结构要素分析法进行了不少现代沉积研究工作(李思田,1991;张昌民,1992b)。

自 21 世纪以来,储层建筑结构研究在国内得到广泛的应用和推广,国内油田和学术界许多学者使用"构型"作为建筑结构要素的同义词,近年来,由于一些学者认为建筑结构要素容易和土木工程领域的建筑结构相混淆,因而主张使用"构型"一词,目前"构型"的应用似乎比"建筑结构要素"使用得更加广泛。李阳(2007)对胜利油田的储层构型进行了深入的研究,吴胜和通过露头调查、现代沉积和油田解剖建立起一系列不同类型储层的构型模型(吴胜和等,2008,2013),一些学者利用地质统计学的新方法建立曲流沙坝、河口坝等砂体的定量储层构型模型(李少华等,2003a、2008;尹艳树等,2005;白振强等,2009;尹艳树,2011)。

(2)与储层物性研究相结合。与传统相研究方法不同的是,建筑结构要素分析法最关心的问题之一是砂体内部的储层非均质性,研究中常通过采样测试,建立起物性与建筑结构之间的关系,形成砂体物性原型模型,为建立地下非均质性模型服务(林克湘等,1995)。

(3)将地面和地下相结合。如果露头与地下储层是同一个沉积体,此时可直接将露头与地下储层结合起来,应用于地下;也可以利用露头建立原型建筑结构和流动单元模型,形成地质知识库,指导对同类型储层砂体的解剖建模工作。

（4）与剩余油研究相结合。由于利用该方法提供的模型精度高，更便于进行地下储层的动态分析，从而能够精确确定剩余油的分布。"八五"期间在南阳油田首次应用储层建筑结构要素层次分析法确定剩余油的分布，为后期挖潜服务，取得了较好的效果（张昌民和尹太举，1996）；大庆油田在密井网区利用该方法解剖曲流带，尽管其研究的精度还未达到基本结构要素一级，但实践证明，对于砂体内部结构的解剖，使得对储层的认识更为深入真实，对开发调整起到了积极的作用（赵翰卿，1994；赵翰卿等，1995）。

4. 储层建筑结构要素分析的几个问题

（1）建筑结构要素分析法是一种新的沉积相分析手段，它与传统的相分析方法采用共同的判别依据，具有共同的目的，但不同的只是其采用的分析方法和应用的术语体系不同。该方法的精髓在于采用基本建筑结构要素和界面系列，从而简化相分析的流程；通过对沉积界面级别的划分和确认，使得相分析能够深入到砂体内部，提高相分析的深度，扩大相分析的应用范围。

（2）储层建筑结构要素分析法主要用于解剖砂体内部的结构特征，适用于沉积起控制作用的储集层。影响储层非均质属性的原因很多，有的以构造作用为主，有的沉积原因占主要控制地位，有的受成岩后生作用控制，必须认清其主控因素。一般来说，对于由沉积作用控制的储层该方法效果较好，只进行储层建筑结构解剖便可解决其非均质性特征，而对于另外两种储层，除了要作这一方面的研究外，还必须辅助进行其他的研究，才能确定地下储层的非均质特性。

（3）对不同沉积背景的储层应建立不同的结构要素和界面系列。界面系列是可变的，可以根据研究需要适当增减，界面的编号是一个开放的系列，可根据研究的具体情况确定编号方法。由于不同沉积环境具有不同的水动力条件，所搬运和沉积的沉积物特征也不同，使得所形成的沉积体系的内部结构特征也各不同。例如，在泛滥平原区，Miall 的结构要素和界面系列完全适用，而对于扇三角洲，若采取原来的界面系列就难以适用，必须采用新的界面系列和新的建筑结构要素名称。但只要定义的结构要素具有特定的岩石相组合和特定的成因意义便可应用，不一定完全套用 Miall 的原始建筑结构要素划分方案。

（4）研究精度受资料的丰富程度和研究目的限制。勘探开发的不同阶段，所获取的资料的数量和质量不同，要求研究要达到的精度也不同，因而需要重点研究的层次和级别显然也是不同的。为方便起见，可根据研究目的层的规模和层次来确定界面层次的划分。

6.1.3　储层建筑结构层次分析法

基于储层的层次性结构特征和各种沉积环境所形成的储层结构的差异，笔者认为对储层建筑结构要素分析法不能强搬硬套，应针对不同情况进行适当的修改。为此笔者将建筑结构要素分析与层次分析法（张昌民，1992a）结合起来，认为用储层建筑结构层次分析法对储层进行精细描述更合理。

储层建筑结构层次分析的基本原理是：由于沉积盆地的构造运动，沉积作用和气候变化的旋回性，导致盆地沉积物分布在时间上具有周期性，垂向上具有分段性，平面上具有分带性，这种成因上的旋回性受控于沉积动力的能量、周期和尺度上的层次性，因而导致地层的成因和分布具有层次性。

储层建筑结构层次分析的基本术语包括以下几个。

(1) 储层建筑结构:是指某一层次实体中储层单元、隔层单元和缓冲带(低渗带)单元等结构要素的几何形态,内部结构、相互排列方式和接触关系。依据所研究对象的垂向和平面范围的大小,建筑结构也是分层次的。

(2) 建筑结构要素:构成某一层次某种建筑结构的基本单元。

(3) 层次性:是指由地质作用(沉积作用、构造作用、气候作用等)及其所造成的地层的分级性、分带性和尺度现象。小段、小层和小尺度包含在大段、大带和大尺度之中。反映在地层中,某一层次的内容由层次实体和层次界面组成,不同层次一般用层次实体来命名。

(4) 层次实体:是由某一层次的地质作用形成的一段地层的总和。在储层研究中,层次实体可以看成是某一阶段形成的一套储层的总和。一定的层次实体总有一定的建筑结构以及构成实体的结构要素。

(5) 层次界面:将不同层次实体分隔开来的界面称层次界面。层次界面可以是地层单位的分界面,也可以是油层组、小层、单层、单砂体或砂体内各要素之间的界面,可以有泥质披覆形成非渗透界面,也可能是没有泥质披覆的渗透性界面。

每一个层次实体是由不同的结构要素构成,它们实质上是由低一级的层次实体构成的,结构要素由低一级的层次界面分开,层次实体总是解剖的对象。

在研究工作中,首先进行层次划分,第 1 层次的建筑结构是由该层次的建筑结构要素和结构要素之间的界面表现出来的,它实质上是由第 2 层次的层次实体构成,总是从层次实体着手进行解剖,而第 2 层次的建筑结构要素包括第 3 层次实体。以此类推,分层次进行解剖,达到对储层的建筑结构进行详细表征的目的。

与结构要素分析法相比,建筑结构层次分析法明确指明了储层的层次特征,而且认为不同的层次对应的结构要素是不同的,尽管针对研究特点也定义了某一层次的结构要素为基本要素。而建筑结构分析法则将 3 级及其以上级次的结构要素都归为 8 种基本结构要素,尽管在理论上是可行的,然而在实际研究过程中,对于高层次,常常由于掌握资料较少,没有必要而且难于研究到基本结构要素及其内部的特征。

再者,利用储层建筑结构层次分析法时,不必局限于给定的 8 种结构要素,可以根据需要确定适合各级次研究的结构要素。对于结构要素的识别,首先要通过单井进行初步判定,然后通过井间对比和平面组合最终确定其三维形态。这一点看似与建筑结构分析法反对单剖面分析法的观点相矛盾,但事实上,这是针对地下地质情况(难以确定结构要素的展布情况,对比非常困难)适当变通后更高层次的统一。

6.2　现代河流江心洲的建筑结构分析

地质历史时期形成的河流砂体是良好的油气储集砂体,以往人们对边滩(点坝)和心滩做过大量研究,但忽视了江心洲的沉积特殊性。泥沙专家方宗岱早在 1961 年就指出:"江心洲不是普通沙滩,普通沙滩变动性大,有时出现有时消失,无法在那儿耕种和居住。

同时它与河道边滩不同,边滩一边过水,而江心洲四面皆水,而且比较稳定,可以在那里耕种和居住(方宗岱,1964)"。地貌和沉积学资料表明,大量江心洲发育在网状河中,例如,长江中下游,南美 Magdalena 河等(钱宁,1985;Derald,1986)。

笔者等通过对长江中游几个江心洲的现代沉积考察,研究这类砂体的垂向层序和建筑结构要素特征(张昌民,1992b)。研究区地理位置如图 6.6 所示,所研究的江心洲包括长江荆江段的关洲、董市洲、小沙洲、江口洲、火箭洲、马羊洲和突起洲七个江心洲。各江心洲主要形态参数如表 6.1 所示。

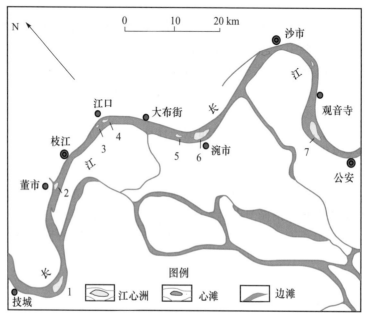

图 6.6　长江上荆河道中洲滩分布图(数字代表各江心洲编号)

1. 关洲;2. 董市洲;3. 小沙洲;4. 江口洲;5. 火箭洲;6. 马羊洲;7. 突起洲

表 6.1　长江上荆江江心洲主要形态参数

江心洲	长/m	宽/m	面积/km²	高程/m	主流长/m	支流长/m
关洲	6000	1580	5.7	47.50	8800	6620
董市洲	4500	600	1.64	41.50	6990	7300
小沙洲	3600	540	1.25	46.00		
江口洲	2700	340	0.66	38.90	8110	11540
火箭洲	3300	540	1.31	42.70	4940	5200
马羊洲	6900	1340	6.71	44.00	9630	8830
突起洲	5100	1980	5.92	41.90	7200	6300

6.2.1　江心洲沉积的岩石相及其组合

长江出峡以后,由于河床坡降减小,两岸限制减弱,水力的机械分异作用充分表现出来,导致江心洲表面沉积物粒度向下游细化,尽管受人造工程的影响,这种分异作用仍然相当显著。上游关洲和董市洲洲头为叠瓦状砾石床面,砾径最大达 13cm,砾径多为 1~

4cm,江口洲和火箭洲洲头为砾质砂覆盖区。马羊洲洲头为砂质覆盖区,洲头沉积物存在着粒度由关洲向董市洲、江口洲、火箭洲、马羊洲逐渐变细的趋势(图 6.7)。

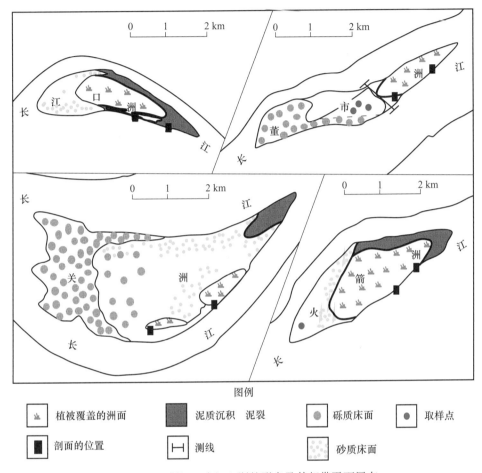

图 6.7　上荆江四个江心洲的形态及其相带平面展布

不同的江心洲由于都具有洲头分流、洲尾汇流、洲面植被覆盖长年不过水的相似水流特征,其洲面微相具有明显的、相似的分带性。沉积物粒度逐渐由洲头向洲尾变细,各相带的面积大小受江心洲所处河段的水动力能量强弱的控制,故由上游江心洲向下游江心洲粗粒相带面积逐渐减小,细粒相带面积逐渐增大,植被覆盖区和泥质沉积区逐渐扩大(图 6.7)。

参照 Miall(1988a)关于岩石相的分类方案划分出砾质(G)、砂质(S)、细粒沉积物(F)三类岩石相,平面上砾质相分布在上游关洲和董市洲头部,以块状砾质岩相(Gm)和平面状砾质岩石相(Gp)为主,Gp 多表现为平行层理。仅在两侧近水区出现板状交错层理和倾斜层(IS),很少见到槽状交错层砾岩相(Gt)。砂质岩石相分布在洲头为砾质的江心洲的中部,洲头为砂质的江心洲的头部和中部,头部一般为平行层理砂岩相(Sp);中部以槽状交错层理砂岩相(St)为主,夹有部分沙纹层理砂岩相(Sr)、平行层理砂岩相(Sh)。砂垄波长可达 5～20m,波高 10～15cm。细粒沉积物组成的 F 相包括小型沙纹层理(Fi),块状干裂(Fm)。动植物遗迹主要出现在 F 相中,F 相也是江心洲上部层序的主要岩石相,它们形成于江心洲尾部和顶层。

根据岩石相的分布特点,在垂向上可识别出 G-S-F 和 S-F 两种岩相组合,即工程上的三元结构和二元结构,但如果江心洲不断向下推移则,可能形成 F-S-G 和 F-S 两种反旋回,这种反旋回已在点坝沉积中被识别出来。

6.2.2 江心洲沉积的上部层序

赖志云(1986)对荆江现代沉积研究发现心滩顶部缺乏泥质沉积,而边滩顶部的泥质沉积达 1m 左右。与这两种沙坝不同的是江心洲上部细粒沉积物厚度可达 10m 以上,相当于满岸河深的 1/3~1/2,这是江心洲与心滩和边滩在沉积层序上的重要差异。厚层的细粒沉积物以其较强的耐冲性形成相对稳定的河道,局部地形阻碍了水流的正常运行,使流速相对减弱,泥质沉积物进而加速淤积,使洲面不断加高暴露出水面得以生长植被,植被的形成为其长期稳定存在提供了条件。

笔者把江心洲上部以细粒沉积物和中小型沉积构造组成的层序称为江心洲上部层序,该层序分布范围局限于江心洲两分流水道之间,所以它可能与正常的溢岸沉积相似,但却具有特殊的环境指示意义。

图 6.8 是一些实测的江心洲上部层序,其中图 6.8(a)来自关洲,图 6.8(b)、图 6.8(c)、图 6.8(d)来自董市洲,图 6.8(e)来自江口洲,图 6.8(f)、图 6.8(g)来自火箭洲,对上述层序中各种沉积构造和岩性进行统计可以看出以下几方面内容。

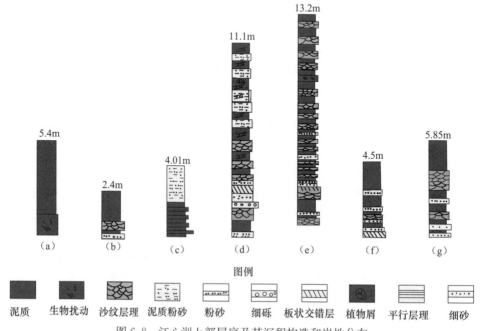

图 6.8　江心洲上部层序及其沉积构造和岩性分布

(1) 江心洲上部层序主要由砂质和泥质组成,其中细粒组分占有相当大比例。在总厚为 46.46m,共 72 个岩性层中,粉砂和泥质层厚为 29.6m,占总厚度的 63.7%,占总层数 62%；以细砂为主，少量中砂层组成的砂质层占总厚度的 27.3%，占总层数的 33.3%，砾质层仅出现过一次，主要为同生泥砾。

（2）砂泥质平坦层在江心洲上部层序中占重要地位[图 6.9(a)]。砂泥层中砂层厚度小于 50cm，粉砂质和泥质层厚可大于 2m，往上砂层变薄，砂层数减少。

（3）沙纹层理、水平层理、板状交错层理和倾斜层是江心洲上部层序中的主要沉积构造。在 107 个沉积构造类型中，沙纹层理（23.3%）和水平层理（35.8%）为主，植物根系（9.30%）和虫孔（7.4%）也很常见。局部见有板状交错层，且层系厚度小于 25cm，上下一般与泥质或平行层理接触，未见大型和中型交错层。

（4）泥质含量向江心洲下游增加，单层厚度变大。江心洲尾部及周缘泥质沉积一般具有与沙坝边坡相同或相近的沉积倾角[图 6.9(b)、图 6.9(c)]，波浪可将其表面改造成泥质冲刷波痕，泥质中裂缝的延伸以平行和垂直沙坝边缘为主，尤以平行方向裂缝宽且深，裂缝宽为 5～10cm，缝深达 50cm 以上，除此之外，障碍痕（obstacle marks）和冲刷充填构造也较常见。

6.2.3　江心洲沉积的建筑结构要素

（1）正常向下游加积（normal downstream accretion，NDA）[图 6.9(a)，图 6.10(d)]主要由平行层理沙岩相（Sp）、平面相砾质岩石相（Gp）两种岩相组成，典型标志是倾向下游的倾斜层理（IS）和非均质性倾斜层（IHS）（Thomas et al.，1987）。NDA 是江心洲形成早期表面通过洪水时，沉积物沿洲面被搬运至洲尾沉积下来，使沙坝不断向下游延伸。图 6.9(a)显示 NDA 顶部以泥质层为主的上部层序。该处 NDA 倾角为 40°～45°，厚度为 2.3m，由 IS 组成。

（2）汇流区向下游加积（downstream accretion in confluence area，DAC）[图 6.9(b)，图 6.10(a)]，是江心洲尾部两汊交汇一处形成的以细粒沉积物为主的要素。DAC 由极细砂和细粒组分组合成向两侧支汊倾斜的非均质倾斜层 IHS，三维形态呈尖端指向下游的平卧半锥体（如火箭洲尾部），或"人"字形、"八"字形、屋脊状构造。以江口洲尾部反向双倾斜均质层[图 6.9(b)]为例，北侧 IHS 倾向为 40°，倾角为 19°，南侧 IHS 倾向为 123°，倾角为 17°，DAC 是第 3 类要素（见下文）在洲尾的延伸，但它主要生长方向是指向下游的。

（3）反向双侧积（lateral accretion back to back，LABB）[图 6.10(c)]。江心洲两汊分流可能造成背靠背的反向双侧积，但两侧 LA 的发育程度与两侧分流水道的弯度都有密切关系，近期荆江江心洲一般在主汊一侧侧积作用比较明显，支汊一侧填积和侧积同步发育，这种反向双侧积在大庆油田可能已被发现（图 6.6）（赵翰卿和刘波，1991），图 6.9(c)显示一侧支汊单侧积现象。

（4）向上加积要素（upward accretion，UA）[图 6.10(b)]。由江心洲上部层序中沙泥非均质平坦层组成[图 6.9(d)]，是江心洲溢岸水流，漫岸洪水沉积的结果，也是江心洲上部层序的主体。

LABB 发育在江心洲的两侧，NDA 发育在江心洲的头部，尾端披覆着 DAC 要素，江心洲顶部形成 UA 要素，它们的空间排布恰好形成了一个顶平尾尖的奇特建筑，这个建筑物的体腔内可能充填着心滩，也可能充填着边滩砂体的遗骸。

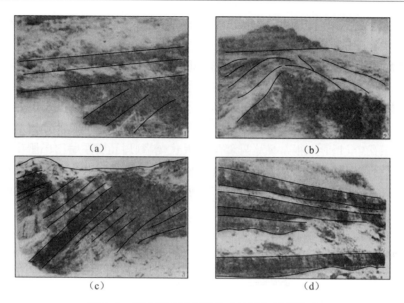

图 6.9　现代荆江江心洲的建筑结构要素类型

(a)火箭洲中部正常向下洲加积要素(DNA);(b)董市洲属部汇流区向下游加积要素(DAC);

(c)关洲支汊单侧积要素(即 LABB 的一半 LA);(d)火箭洲顶部向上加积要素(UA)

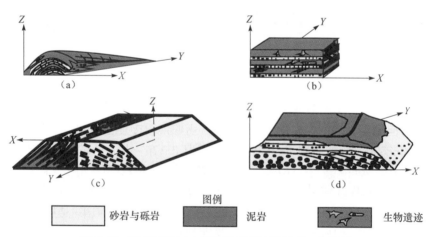

图 6.10　现代荆江江心洲沉积建筑结构要素三维模型

(a)汇流区向下游加积;(b)向上加积要素;(c)反向双侧积;(d)正常向下游加积

6.3　南襄盆地西大岗剖面砂体建筑结构特征

6.3.1　砂体沉积特征

　　南襄盆地唐河西大岗地区发育一套下古近系湖相三角洲沉积体系,三角洲平原分流河流砂体具有大型侵蚀面,起伏达 1m 以上,侵蚀面上有大型泥砾,泥砾直径从几十厘米到 1m 以上。除同生泥砾之外,大量直径大于 10cm 的砾石堆积在侵蚀面上,具有较好的定向排列特征。侵蚀面上的河床滞留沉积具有大型槽状交错层理,层系厚度几十厘米到

1m 以上,侧向宽度达 3~5m,甚至更大。砂体主体以大中型交错层系为主,见有平行层理、板状交错层理、槽状交错层理和冲刷充填构造。层理规模向上变小,偶见破碎的长条状泥片、草木屑沿交错层系纹层面产出或密集形成交错层。砂体上、下的泥岩及粉砂质泥岩中常有干裂、钙质团块和树木根杆印痕及脊椎动物化石,泥岩中也可见到介形虫化石,据此可确定其为三角洲平原分流河道砂体(张昌民等,1994)。

6.3.2　沉积界面与沉积事件

　　砂体内部界面划分的目的是重塑河流沉积时的古水文特征和古水文事件。西大岗分流河道砂体厚 8~10m,可以划分出 6 个级别的沉积界面:1 级界面为交错层纹层界面,代表沙波不断推进的过程,其动力过程与沙波的形成和运动机理有关;2 级界面是交错层系边界面,代表水流方向和沙波运动方向的局部周期性变化;3 级界面为沙坝进积面,代表沙坝推进加积的过程;4 级界面为沙坝死亡后的边界面,限定了沙坝体的边界;5 级界面为砂体内部的大型侵蚀面,代表河道中的大型水文事件和河道的发育阶段,这些事件导致沙坝形态的改变和河道规模的变化;6 级界面为砂体的边界面,即砂岩体的边界面,代表古河道的迁移或衰亡。界面的级别、数量和各级界面所包含的沉积学意义因砂体本身的特征而定,取决于研究程度和河道内部水文过程的复杂程度。

　　图 6.11 是西大岗河流砂体的界面划分结果。河道砂体的底界与顶界分别代表河道的形成和灭亡,为 6 级界面。它们与其中的 3 个 5 级界面将砂体垂向上分为 4 部分,代表 4 次不同的河流事件,两个 6 级界面同时也可以看成为 5 级界面。

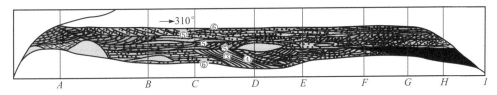

图 6.11　南襄盆地西大岗河流砂体内部结构

图中 A,B,…,I 为测线号;带圈数字为界面级别

　　第一次事件形成 3m 厚的沉积物,内部包含着沙坝的死亡边界(4 级界面)和沙坝的增生加积面(3 级界面),2 级和 1 级界面在各次事件中都存在。沙坝体主要由非均质交错层组成。由图 6.11 可以发现,第一次事件主要表现为沙坝的加积和古河道的衰亡。古河道的死亡是由突然的断流事件引起的,导致在厚古河道中沉积泥栓。根据其中大量虫孔、干裂和分选极差的砂质条带及植物根痕,推测为牛轭湖沉积,所以第一次沉积事件可以概括为由低弯度曲流河的发育到突然衰亡的过程。

　　第二次事件形成 1.5m 厚的沉积物,5 级界面内缺乏 3、4 级界面而直接包含着 1、2 级界面。沉积构造主要是槽状交错层理和冲刷充填构造。剖面右侧底部发育具平行层理、板状交错层理的砂岩,没有大型沙坝存在。河床表面主要是一些砾质沙波和平坦床沙,推测为宽浅的辫状河道沉积。

　　第三次事件表现为槽状交错层系的规模变化较大;泥砾顺层分布,含量达 15%~20%,可能为河床上的冲刷坑所致。与第二次事件比,本次事件强度大,水体深。

第四次事件由一系列具槽状交错层但以平行层理为主的砾状粗砂岩、向上变细的粉砂岩构成,顶部具明显的垂向降落特征,显示了河道衰亡的过程。

综上所述,第一次事件实质是低弯度曲流河的产生到衰亡的过程,水深约 3m;第二至第四次事件代表新的辫状水道的形成、发展和衰亡阶段,估计河道水深相当于第二至第四次事件各次沉积厚度,为 1.8~2.0m。

表 6.2 为各事件沉积物的代表性渗透率值,其中以第二、三次事件沉积物的渗透率较高。另外,同一次事件形成的沉积物,由于沉积构造类型不同,其渗透率也有差异,甚至交错层不同部位的渗透率也各不相同。

表 6.2　南襄盆地西大岗河流砂体各河流事件的渗透率平均值

参数	第一次事件	第二次事件	第三次事件	第四次事件
渗透率/$10^{-3}\mu m^2$	1858.23	3538.19	2902.38	1827.15

6.3.3　砂体建筑结构对剩余油的控制作用

图 6.12 为西大岗地区某河口坝砂体几何形态及其内部结构的实际测量结果,从图中可见泥质隔挡将砂体分为众多的不连通单元。如果将图上各测线位置假设为已钻井,由于层内隔挡的存在将使这些井孔难以充分发挥预想的作用。假设 A、C、E、G 为注水井,B、D、F、H 为采油井,则⑨⑭两个单元将成为永久的可动剩余油分布区;同样的原理,注水井 A 对④⑤单元,注水井 E 对⑪单元等难以发挥驱替作用。由于隔挡层横向上的厚度和产状的变化,使注水井首先影响的是含油单元的某一部分,这样将造成平面上水驱油的不均匀性,导致剩余油饱和度在同一单元不同部位的差异。

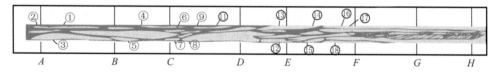

图 6.12　南襄盆地西大岗河口坝砂体几何形态及内部结构特征

图中①,②,…,⑱表示结构单元编号;A,B,…,H 为测线号(可假设为钻井井眼所在位置)

建筑结构要素对油层剩余油的控制作用十分明显,NS 油田 T6-117 井射开Ⅶ$^4_3$油层,单层试油日产纯油 55.59t,而同层位开采的 6-13 井已含水 87.1%,这是由于两井砂体平面上不连通的缘故。砂体建筑结构要素的不同导致渗透率和剩余油饱和度的差异,从而使同一油砂体不同部位的产能和含水率不同,且隔挡的存在使得各要素之间互相隔绝。G27 井在 1990 年 4 月分层试油,射开 31 层和 32 层上部,日产油 29.170t、水 2.55m^3,基本上未水淹,而其他几个邻层均为强水淹。上述事实表明,储层砂体的建筑结构确实对剩余油的分布起控制作用。可见,弄清砂体的建筑结构要素类型及其展布规律是预测剩余油的一条有效途径。

6.3.4　问题讨论

1. 关于沉积界面和结构要素类型的划分

尽管 Miall(1985,1988a)曾概括了 6 级界面和 8 种建筑结构要素类型,但笔者认为界面系列和建筑结构要素的数量和类型划分应当是一个开放的体系,需结合所研究地区的特点及研究对象的复杂程度自行排列界面序列、定义结构要素类型。但界面系列必须是一个以沉积过程为依据的谱系,要素类型必须反映特定的沉积方式和沉积能量,具有一定沉积特征。

2. 关于地下地质分析精细程度和对比问题

地面调查可以进行到足够详细的程度,但应用测井曲线和少量取心资料进行分析时,必须建立适用于地下对比的界面系列及其划分标准。一般来说,常规测井方法很难识别出纹层规模和层系级的界面;另一方面,界面划分过于详细则误差随之增加,并增加工作中的难度。

建筑结构要素类型应当能够通过井筒信息进行预测并定量分析,从而有效地预测不同类型隔挡层的空间分布及规模。除了单纯的测井资料,应尽可能利用盆地周边的露头和现代沉积调查信息,结合开发动态资料进行综合分析。要素类型不宜过多,做到疏而不漏、繁而不乱。

3. 隔挡类型问题

砂体内部,除了存在厚度、分布不同的各种泥质隔层之外,一些成岩作用条带,如砂岩的顶底、钙质条带都可能起到隔挡作用,影响开发过程中的流体流动。因此,研究工作中要对各级界面的渗透性进行研究,确定渗透与不渗透的部位。如西大岗分流河道砂体,尽管不存在层内泥质隔层,但第一次事件的沉积物渗透率小于第二次事件沉积物的渗透率,成岩作用更多地受各次事件形成的沉积物的顶底面所控制。因此,还要研究成岩作用受沉积作用的影响的规律。

4. 砂体建筑结构要素分析是预测剩余油分布的一条有效途径

我国各油田以陆相储集层为主,储层砂体内部建筑结构复杂,剩余油分布广泛。目前,油田的地质工作一般进行到油砂体范围的圈定,尚未对油砂体做进一步解剖。进行砂体建筑结构要素分析,实质上是要求对地下情况的认识更深入,在理论上具有重要意义。而在生产实践上,通过研究弄清剩余油的分布规律,对油田稳油控水,保持稳产和进一步挖潜具有重要的现实意义。

6.4　双河油田扇三角洲储层建筑结构分析

6.4.1　储层双河油田层次划分

双河油田位于南襄盆地泌阳凹陷西南缘陡坡带,储层位于第三系核桃园组核二段和核三段。核三段共发育 13 个油组,储层是厚层的块状扇三角洲砂砾岩体(吴蕾和陈子琪,1989),单层厚度一般都超过 20m。双河油田综合含水高于 90%,已进入特高含水开发后期。本节介绍对双河油田核三段Ⅳ、Ⅶ两个油组进行建筑结构解剖的结果。

结合双河油田采用的地层对比术语(地层段、油组、小层、单层等)和露头、岩心研究成果,将双河油田扇三角洲前缘储层分为 9 个层次(图 6.13)。1~3 级界面沿用油田上已有的划分方案,4~6 级界面及其界定的结构要素是研究的重点,7~9 级界面及其界定的结构要素由于其规模较小,在井下难于进行追踪对比,对开发效果产生影响,但对剩余油的宏观富集区的形成不起决定性作用,不作为研究的重点。

1 级层次实体为研究的地层段,代表构造控制下的盆地旋回,界面为该段的顶底界面。

2 级层次实体是油层组,代表扇三角洲体系的演变,为几个扇三角洲朵叶体的复合体,界面为油层组的顶底界面。

3 级层次实体是小层,代表单个扇三角洲朵叶体,相当于目前定义的一个厚油层,界面为小层的顶底界面。

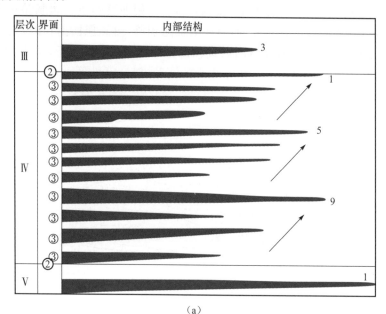

(a)

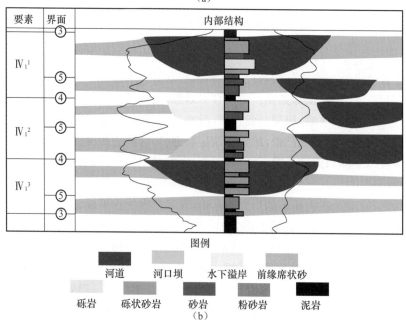

图例

河道　河口坝　水下溢岸　前缘席状砂

砾岩　砾状砂岩　砂岩　粉砂岩　泥岩

(b)

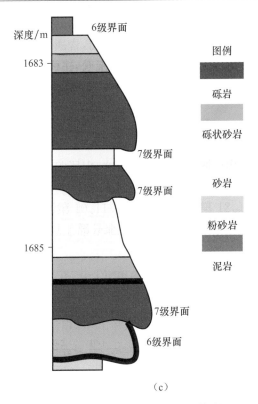

（c）

图 6.13　双河油田储层沉积界面谱系图

(a)油层组(Ⅳ油组)图中数字为小层编号；(b)小层至单砂体(Ⅳ₁ 小层)；(c)成因体(Ⅳ₁¹ 单层，Ⅳ₁¹⁽¹⁾ 河道砂体)

4 级层次实体为单层，表明一组洪水事件的开始或结束，界面为单层的顶底界面。

5 级层次实体为单砂体，实质上是由一系列的 6 级界面所组成，是一次洪水事件形成的，界面为单砂体的顶底界面。

6 级层次实体为成因砂体，是本次研究的基本建筑结构要素，界面为成因砂体顶底界面。例如，河道砂体的顶底面、河口坝的顶底面等，表明成因砂体开始发育或停止生长。

7 级层次实体为成因砂体内的一个沉积韵律，相当于地层成因增量，界面为成因砂体(砂体或泥岩体)内的沉积间断面或冲刷面，表明成因砂体内部次一级沉积事件的开始或结束。

8 级层次实体为交错层系组，界面为交错层系组的界面，相当于 Miall 的 2 级界面。

9 级界面为交错层系，界面为交错层系的界面，相当于 Miall 的 1 级界面。

7 到 9 级界面只能在露头和岩心上识别和对比，在地下地质研究中无法进行追踪。6 级界面的辨认需要重建地下储层建筑结构，即需要对储层解剖后才可确定，5 级及其以上各级次通过对比便可确定。

研究中以 6 级层次为作图单位，勾绘出成因砂体的边界，比以往的研究大大前进了一步(图 6.14)。

本书中笔者选用双河北块Ⅳ₁～Ⅳ₃ 层系的部分密井网区作为小井距解剖对象，密井网解剖区包括 45 口井，井距最小为 50m 左右，平均井距 150m 左右，井位相对集中，解剖区内有两口取心井(检6、H401)。与研究目的区块双河北块Ⅳ及Ⅶ油组相比,两者都属于扇三角洲扇中至扇缘沉积,沉积相相似,区内无断层。运用精细地层对比方法,对密井网区进行解剖,建立预测用的地质知识库。关于知识库的有关内容参见本书第5章。

界面层次	王寿庆		传统划分		本书	
	等时地层单位	平面划分	等时地层单位	平面划分	等时地层单位	平面划分
③ ⑤ ④ ⑤ ④ ④ ③	第一单元		1^1	亚相带	1^{11}	单个结构要素六级界面
					1^{12}	
			1^2		1^{21}	
					1^{22}	
			1^3		1^3	
			1^4		1^4	

图 6.14　双河油田不同时期制图单位简图

6.4.2　岩石相与建筑结构要素的岩电特征

通过对双河油田 8 口取心井的岩心观察,识别出冲刷面、波痕、交错层理、平行层理、沙纹层理、波状层理、水平层理、粒序层理、块状层理等多种沉积构造和 12 种岩石相,归纳为泥质岩类、砂质岩类和砾质岩类三大类。

1. 泥质岩类共两种

(1) 深色水平层理泥岩相(Mhb):灰黑色、黑色泥岩和页岩,厚度为 5～10m 以上,属于深湖相、半深湖相沉积。

(2) 灰色水平层理泥岩相(Mhg):灰黄、灰色泥岩,局部含砾和粉砂,可能是三角洲前缘洪水事件末期悬移质沉积的结果,一般与砂砾岩相伴出现,与河口坝或河道相伴生。

2. 砂质岩类共 7 种

(1) 准同生变形层理粉细砂岩相(SSrf):一般发育在泥质粉砂岩、粉砂质泥岩和粉砂岩中,部分发育于细砂岩中。发育包卷层理、枕状构造、泄水构造、火焰状构造等。包卷层理一般与快速堆积的浊流、碎屑流有关;枕状构造一般属于上覆准同生沉积物重荷作用下使下伏沉积物表面发生形变而形成的一种底面构造,它的出现仅代表快速堆积的沉积过程;泄水构造一般发生在细粒沉积物中,是由于沉积后的沉积物本身的压实作用形成的孔隙水向上溢出造成的,一般亦常见于重力流沉积物中;火焰状构造一般是由于泥质沉积物的上冲底辟而在砂岩中形成泥质条带或泥脉。总之,该岩相沉积于三角洲前缘相带,常预示着重力流的存在。

(2) 沙纹层理粉细砂岩相(SSr):一般为粉砂岩,部分为细砂岩。发育小型沙纹层理,层系厚度为 1～1.5cm,波长估计为 10cm 左右,以水流沙纹层理为主,部分浪成沙纹层理。沙纹层理细砂岩中含丰富的云母碎片,说明沉积物沉积时的水动力并不是特别强,有一定的分选作用,呈悬浮状态搬运的片状矿物得以富集成层。这种岩石相主要出现在水下溢岸砂体中。由于压实作用,沙纹层理的角度极低。

(3) 透镜状、脉状、波状层理砂岩相(Sr):发育透镜状、脉状、波状层理和过渡特征的层理构造,表现为泥质和沙质纹层的相对含量的多少。当砂质呈透镜状出现时,表现为透镜状层理;当泥岩呈细条带状时,表现为脉状层理;介于二者之间的是波状层理。三种层理一般出现于粉砂岩段,砂质一般为粉砂和极细砂,表现为砂泥交互沉积的特征,一般是由断续的极弱水流或周期性波浪作用造成的。水流活动期或波浪发育期形成砂质纹层,水流恬息和风浪平静期形成泥质条带。主要形成于浪基面附近的环境,在前缘席状砂和河口坝的底部普遍发育。

(4) 交错层理(含砾和砾状)砂岩相(Sc):发育大中型交错层理,交错层层系模糊,岩石粒度中粗。此类砂岩一般富含油。形成于水道和河口环境,可能为水下分流河道和河口坝沉积。

(5) 平行层理(含砾)砂岩相(Spr):中-粗砂岩,平行层理有时纹层清晰,有时纹层模糊,有时见砾石顺层面排列,显示了高流态水流沉积特征,有时表现为中-细砂岩层面上有一层分布均匀的细砾,表明经过了一定的流水分选作用。平行层理是持续的稳定水流条件下形成的,如分流河口坝及分流河道末梢地带。

(6) 块状层理含泥砾砂岩相(Sms):细到中砂岩,泥砾呈条带状、不规则状,砂岩呈块状,或出现变形构造和泄水构造,为滑塌作用等快速堆积的产物。

(7) 递变层理含砾砂岩相(Scy):发育正粒序,中-粗砂岩,是水流能量逐渐减弱的产物,发育于河道和重力流砂体中。

3. 砾质岩类共 3 种

(1) 交错层理砂质砾岩相(Gc):砾径一般为 1~5cm,最大可达 10cm,砾石呈圆-次圆状,层理面倾斜,砾石顺层面分布,砂质支撑。一般发育于河道沉积中。

(2) 块状层理砂质砾岩相(Gms):砾径平均为 10cm,最大可达 15cm,砾石呈次圆状-次棱角状,无定向性,分选差,砂质支撑。是河道沉积的产物。

(3) 块状泥砾岩(Gmud):泥砾呈条带状、撕裂状、不规则状,砾径平均为 3cm。泥砾之间充填块状细砂岩和粉砂岩,分布不规则。是扇三角洲前缘滑塌作用的产物。

4. 建筑结构要素类型

通过岩心观察结合,结合沉积构造的组合特点,共确定了水下分流河道、河口坝、前缘席状砂体、重力流砂体、水下溢岸砂体、湖相细粒沉积物六种基本成因单元,这些成因单元就是本书中可以识别出的基本建筑结构要素类型,它们由 6 级界面分隔开来。

(1) 水下分流河道砂体。底部是凹凸不平的冲刷面(6 级界面),顶部界面是相转换面(上覆湖相泥岩或水下溢岸砂体)或另一河道的底部冲刷面。冲刷面上分布着粗大的砾石,砾石一般呈次圆状,砾径平均为 3cm,最大可达 10cm 以上。主要岩性类型有块状层理砾岩相（Gms）、交错层理砾岩相（Gc）、交错层理（含砾和砾状）中-粗砂岩相（Sc）、平行层理（含砾）中-粗砂岩相（Spr）等。总体上河道砂体的粒度较粗，在电性曲线上表现为高幅度值的特征。河道砂体内部常常由多个增生体（韵律段）组成（图6.15）。每一个增生体

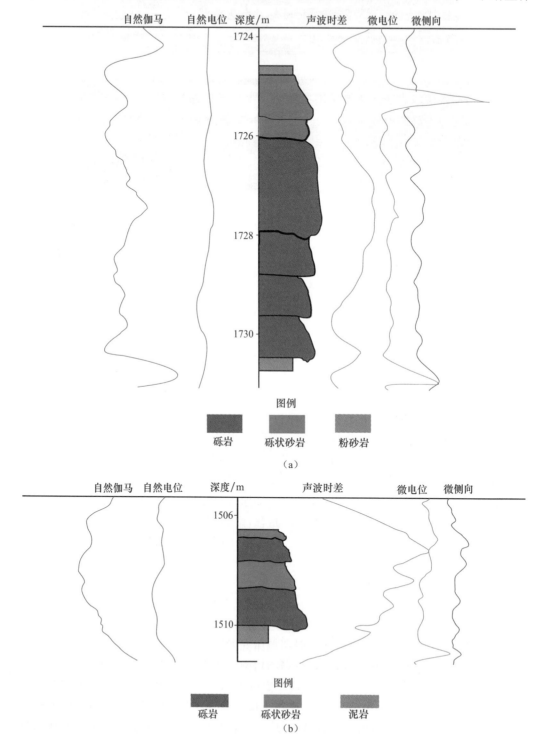

（a）

（b）

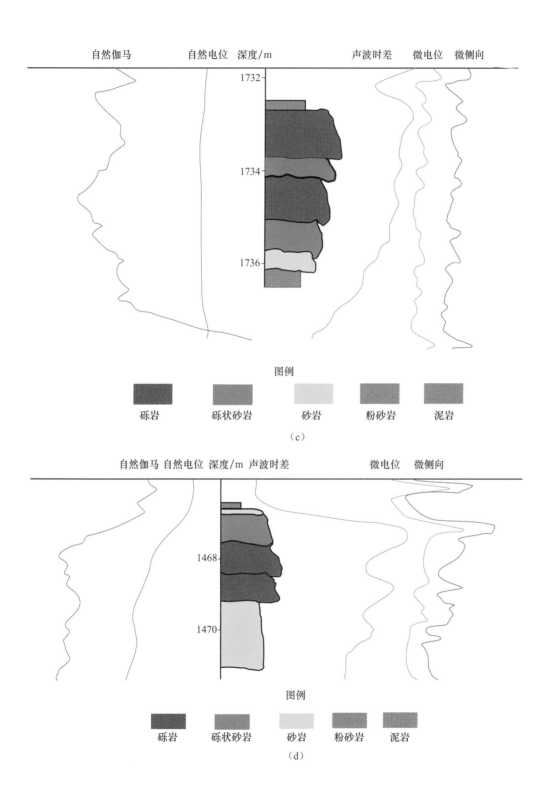

（c）

（d）

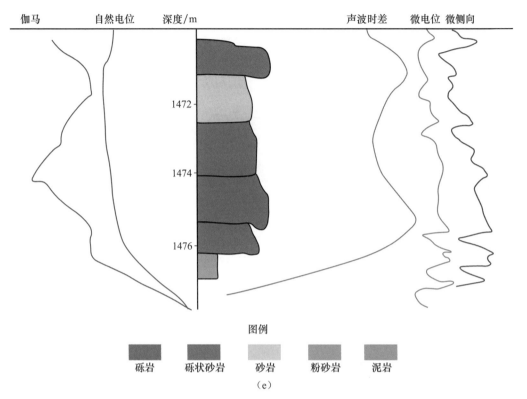

图例

砾岩　　砾状砂岩　　砂岩　　粉砂岩　　泥岩

（e）

图 6.15　河道砂体的岩石序列特征及测井相模式（检 6 井）

(a)砂体总体上呈块状特点；(b)砂体总体上表现为粒度向上变细特征；(c)总体上显示反粒序；
(d)砂体显示中间粗、顶底细的特点；(e)砂体显示顶底粗、中心细的特点

的底面也是一个冲刷面，为 7 级界面。6 级与 7 级界面的主要区别是：6 级界面上的砾石
比较粗大，一般砾径为 3cm，而 7 级界面上的砾石砾径相对较小，一般为 0.5～1cm；7 级界
面下伏含砾砂岩和砾状砂岩等岩石相类型，6 级界面之下一般为湖相泥岩和细粒的水下
溢岸砂体。纵向上，河道砂体内部一般由 4 个以上增生体（韵律段）组成，每一个韵律段的
平均厚度为 0.6m。在河道的不同的部位，河道砂体表现出多种内部结构特征（正、反和复
合旋回），从而决定了电性曲线形态和水淹特征的多样性。

（2）河口坝砂体。河口坝的顶底界面常常表现为两种类型：突变和过渡性界面。顶
界面上覆湖相泥岩和粉砂岩或河道砂体（很少见）；底部常与下伏湖相细粒沉积物、河道砂
体过渡，界面位置很难确定。河口坝主要由具有平行层理和交错层理的含砾粗—中—细
砂岩、具有交错层理和平行层理的细砂岩、具有平行层理和小型浪成交错层理的粉砂岩组
成，总体上粒度比分流河道要细，这就决定了河口坝的电性曲线的幅度比分流河道低（图
6.16）。河口坝一般有 3～5 个反韵律或全韵律（增生体），每一个韵律的顶底都是 7 级界面，
韵律的厚度平均为 0.65m。河口坝的主体部位和边部表现出明显的内部结构分流差异现
象，边部主要表现为由多个反韵律叠置而成的反旋回，向上韵律的厚度和粒度变厚、变粗；主
体部位总体上表现为向上变粗，然后向上变细，有时上覆一个反韵律。这些特征决定了电性
曲线形态以漏斗状为主，从而使它与分流河道较易区分，也较易对其内部进行解剖。

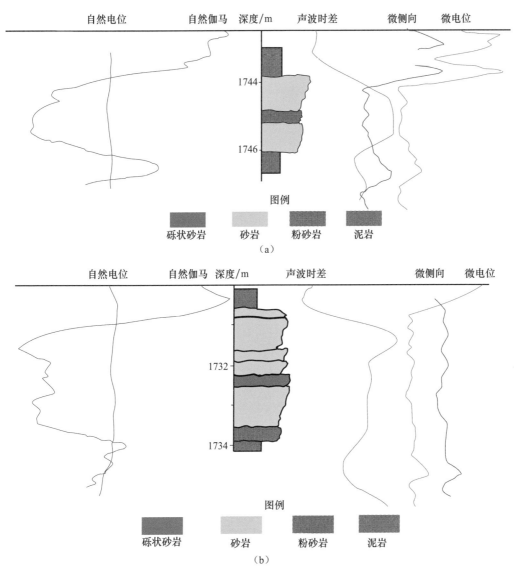

图 6.16　河口坝砂体的岩石序列特征及测井相模式(H401 井)

(a)由三个反韵律组成；(b)砂体由五个韵律组成

（3）前缘席状砂体。前缘席状砂体分布于河口坝和河道末端前方。纵向上，前缘席状砂体的上部和下部均为厚度较大的深灰色泥岩和灰绿色具有浪成交错层理、平行层理的粉砂岩，一般由 1～3 个反韵律组成，每一个韵律的平均厚度为 0.6m。由于含泥和含钙，粉砂岩常常较致密，成为非储层；含砾砂岩的厚度一般小于前缘席状砂体厚度的30％，因此细砂岩成为前缘席状砂体主要储层岩石相类型。不同部位的前缘席状砂体具有不同的垂向序列，在靠近分流河道附近，一般由 2～3 个反韵律组成，含砾砂岩占序列厚度近 30％；向三角洲前缘方向，序列中仅局部出现含砾砂岩，厚度占总厚度的不到 5％；在砂体尖灭线附近，序列变成单一韵律，主要由低角度交错层理和平行层理细砂岩构成，储层非均质性较弱，一旦注水，注入水迅速影响地层，造成严重水淹。岩石相粒度相对较细、韵律少是前缘席状砂体区别于河口坝的最重要的特征(图6.17)。

(4) 重力流砂体。具有储层意义的重力流砂体基本上是扇三角洲前缘滑塌作用形成的。变形层理、泄水构造、块状层理、递变层理、泥砾是重力流砂体存在的重要证据。由于滑塌部位的差异和重力流内部支撑机制的变化,岩心上,重力流砂体表现出不同的序列(图6.18)。河口坝前方的滑塌重力流砂体主要由具块状或递变层理的含砾砂岩(局部含泥砾)和砂岩(局部含泥砾)、具平行层理的砂岩、具波状层理的粉砂岩、具变形层理的粉砂岩等构成,一般由2～4个不完整的鲍马序列和块状韵律组成,每一个序列的厚度平均为0.54m。储层物性较好,含油较富。在前缘席状砂体外部的滑塌重力流砂体往往由1～3段的块状泥砾岩、具变形层理的含泥砾细砂岩和粉砂岩构成,每段的平均厚度为0.4m,岩性泥质含较高,储层物性较差,一般不含油。

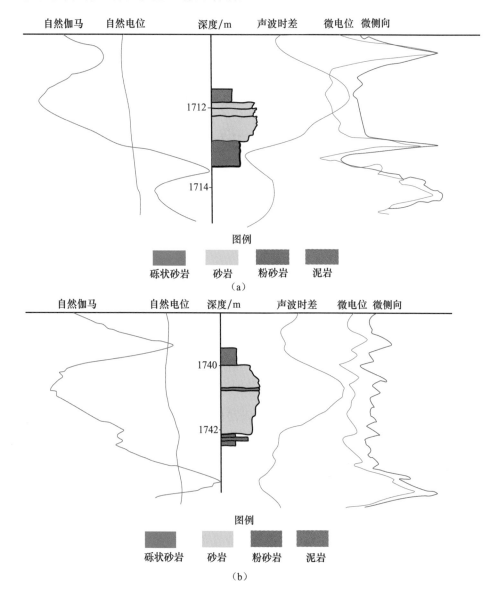

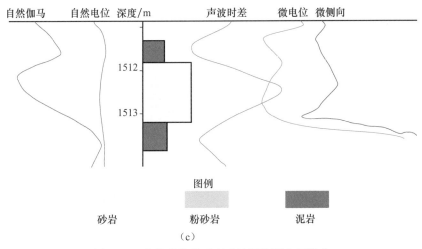

图 6.17　席状砂的岩石序列特征及测井相模式

(a)位于河道边缘部位的席状砂体特征；(b)位于河道边缘部位的席状砂体特征；(c)位于砂体尖灭部位的席状砂体特征

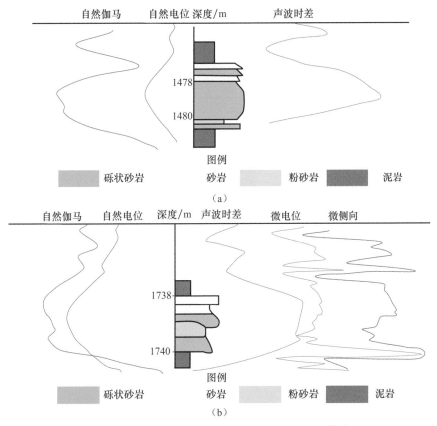

图 6.18　重力流砂体的岩石序列特征及测井相模式

(a)位于河口坝前缘部位的重力流砂体特征；(b)位于席状砂前缘部位的重力流砂体特征

（5）水下溢岸砂体（OB）。发育于河道边部，它的形成与河道密切相关，一般由 2～3 段具交错层理和平行层理的含砾砂岩正韵律构成（图 6.19），与河道的主要区别是岩石

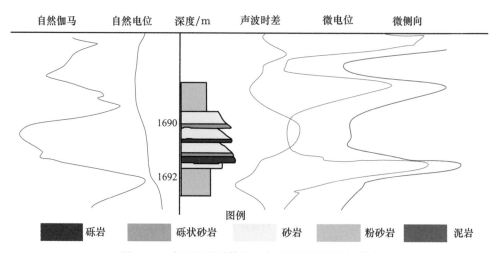

图 6.19　水下溢岸砂体岩石序列特征及测井相模式

粒度相对较细,韵律段少,厚度相对较薄。

(6) 湖相细粒沉积物(LF)。主要岩石相类型为深灰色泥岩,块状、浪成交错层理、波状层理含泥粉细砂岩(图 6.20)。粉细砂岩段厚度一般小于 0.2m,常嵌于厚层深灰色泥岩中,或夹于骨架砂体之间。

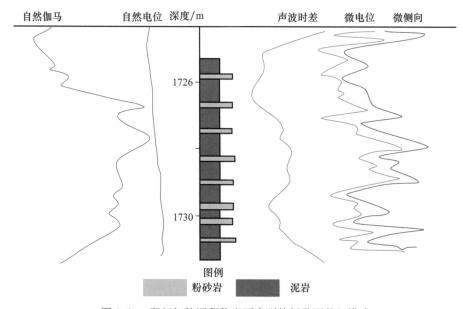

图 6.20　湖相细粒沉积物岩石序列特征及测井相模式

本书采用的建筑结构要素的概念与以往油田地质研究中使用的砂体概念有所不同,主要表现在三个方面。

① 一个结构要素是一个单一的成因体。以往所认定的砂体在垂向上为一复合层序,一般都包含了两个以上的成因体。如以往的河口坝是以河口坝为主,由前缘席状砂、河口坝和河道自下而上组成的一个沉积序列;而河道则常是由两个以上的河道组成的复合体,

或者是河道与水下溢岸砂体的复合体;席状砂则有可能是两层以上的席状砂或席状砂与河口坝的复合体。本书中的基本结构要素是单个成因砂体,它是具有独特的空间三维形态的特定的岩石相组合体,与特定的沉积微环境和沉积事件相对应。

② 有明确的边界。笔者研究的基本建筑结构要素的边界是 6 级界面,而以往研究对象的边界为 4 级(单层)和 5 级界面(单砂体),甚至是 3 级界面(小层)。在平面上,本次采用的建筑结构要素对应于微相(环境),而以往的研究对象则对应于亚相,甚至于亚相带。

③ 具有独特的内部非均质性特征。由于每种建筑结构要素具有独特的岩石相组合,从而使其具有独特的内部岩石物理特性,具有可预测性,而以往的所划单元由于将一个复合成因体作为基本单元进行研究,难以确定其内部物性的变化,其内部非均质性难以预测。

6.4.3　建筑结构要素预测模型的建立

1. 建筑结构要素的定量判别

判别结构要素的主要依据包括:自然电位值、自然伽马值、厚度、电阻率及厚的泥岩段的自然伽马读值和电阻率值等。经过标准化处理得出结构要素自然伽马相对值(结构要素自然伽马绝对值/厚泥岩段自然伽马读值)和结构要素电阻率相对值(结构要素电阻率绝对值/厚泥岩段电阻率读值),依据这些数值,制作结构要素的厚度、自然电位、自然伽马相对值、电阻率、电阻率相对值等参数的分布直方图,绘制结构要素厚度分别与自然电位、自然伽马相对值、电阻率、电阻率相对值等参数的交会图。结构要素的综合判定方法如图 6.21 所示,主要包括以下三个步骤。

(1) 由交会图将席状砂与其他结构要素分开。

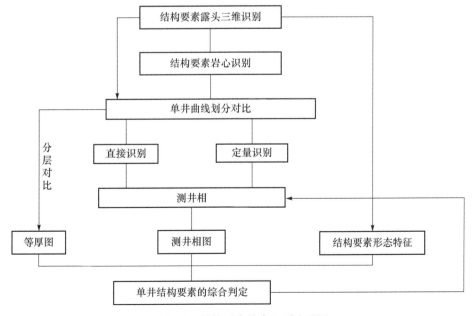

图 6.21　结构要素综合识别流程图

（2）由单井曲线形态（组合形态和微电位微梯度）大致判定河口坝和水下分流河道。

（3）由砂体的几何形态（等厚图）对测井解释进行平面组合，最终判定结构要素类型。

2. 储层精细对比方法

陆相储集砂体规模小、相变快，地层对比比较困难，目前有许多对比方法，如等高程对比、切片对比、旋回对比等（裘亦楠，1987）。高分辨率层序地层学为储层对比提供了新的手段，计算机技术的应用，使地层自动对比成为可能（胡克珍等，1995），但都存在精度不够的缺陷。采用旋回层次对比，以扇三角洲沉积机理为指导，以标准层为标志，并注意到物源的方向，从大到小逐级对比。小层以上的层次沿用油田上原来已有的划分结果，不再重新对比。小层以下的各级砂体重新对比，对比步骤如下。

（1）首先将小层划分为一系列的小沉积旋回，并赋之以沉积学意义（分流河道、河口坝、席状砂、水下溢岸、重力流、湖相细粒沉积等）。

（2）将同一剖面上的邻井进行对比。考虑到井间砂体可能会尖灭，先确定沉积旋回的个数及其垂向分布，据相律进行对比。

（3）单砂体的对比。将划入同一沉积旋回的不同结构要素划开，然后看每一类结构要素在不同井位处的厚度，若有不止一个厚度中心，则据此将其分为几个单一的结构要素，其间界限由半井距来确定。

（4）在每一沉积旋回内划分出一系列的小韵律，在此一级内对比，即得此旋回内每一沉积幕内的对比结果。

（5）将沉积幕内的岩石相对比。在实际对比中沉积幕和单砂体难以区分，将其合为一类来对比。

依据以上对比原则，在岩电转换的基础上建立了 8 条对比剖面，其中南北向剖面（垂直物源方向）3 条，东西向剖面（垂直湖岸方向）5 条，通过精细对比，得到各级结构要素的形态参数。

3. 精细分层

双河油田Ⅳ₂小层含油区位于扇三角洲前缘砂层尖灭区，构成岩性圈闭油藏。含油区内油层厚度变化较大，最厚处达到 20 多米，而薄处不足 1m，面积为 2.881km²。整个小层相当于一个扇三角洲朵叶体，上下有明显的泥岩隔层将之与其他小层隔开，从层次性上来看，Ⅳ₂小层相当于三级层次实体。

根据扇三角洲前缘储层的层次划分，在小层内部还有单层、单砂体、成因砂体、成因地层增量、交错层系组和交错层系等层次。但由于测井曲线分辨率的限制，只有成因增量这一级及其以上的储层单位能识别。各级层次在曲线上具有以下特征：3 级界面顶底都披覆有较厚的湖相泥岩（厚度一般在 2m 以上），基本上是一个反映扇三角洲形成过程的复合层序。在声波时差曲线上，顶底为低值，而整个储层段为一较连续的高值带。自然电位及自然伽马上有明显的显示。4～7 级在岩心上可以分开，而在测井曲线上难于分开，只能通过井间对比才能确定。不过它们在测井曲线上都有显示，即在各级层次实体的顶底都显示出泥质含量的变化。

为了对比的方便,在储层的精细划分中,应尽量划细,只要在测井曲线上有反映或者是动态上有差异的层都要划出。通过对比,再最终确定划分方案。

4. 层精细对比

首先在没有建立对比剖面的情况下对储层进行了大致的了解。单层一般是一个明显的复合旋回,包含 2～4 个韵律段,而单砂体一般为一个简单旋回,极个别为复合旋回。同时还发现,对比中常常将层位对串,使对比后井间不闭合。为了对比准确和方便,建立了5 条辅助对比剖面,其中沿湖岸方向的两条,垂直于湖岸线方向三条,先进行剖面对比,再由剖面向外扩展,逐步进行。

在剖面对比中,"逐级控制,层次对比"的法则具有优越性。对比中先从高级次的地层单元开始,完成这一级次的对比之后再进行次一级单元的对比,逐渐细化,直到完成对比。针对小层内部应先进行单层的对比,在单层对比完成之后,再进行单砂体的对比,这也是将最高一级界面定义为 1 级界面的原因。

在对比中要考虑砂体的沉积走向和扇三角洲沉积的多期性,应用沉积学原理来分析层位的对应关系。从对比剖面上看出,砂体从湖岸向湖心,厚度逐渐变薄,层数逐渐减少,这与扇三角洲沉积时的水动力条件是相适应的。

5. 单井结构要素的确定

对比之后,单砂体的垂向边界已完全确定,可以依据岩电关系知识库,确定单井结构要素类型。以 J417 井为例(图 6.22),该井首先可以明显地分为两个旋回,上面的旋回为漏斗形,可能是河口坝;下面的曲线组合为箱形,可能是河道。电阻率曲线上显示以上两个旋回都可细分,细分后,最上面的小旋回厚度较小,曲线具有指状特征,可能是席状砂;第二个旋回自然电位和电阻率都显明显的漏斗形,是河口坝的可能性很大;第三个旋回具

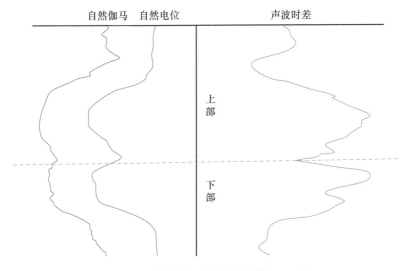

图 6.22 单井结构要素判定实例(J417 井)

箱形特征,最大的可能是河道;最后一个旋回则显示较强的反韵律,河口坝的可能性最大。通过平面组合,最终确定自上而下 4 个旋回分别为席状砂、河口坝、河道、河口坝。在确定了各单层的结构要素类型之后,结合测井解释,作出各井小层数据表,包括层位、厚度、有效厚度、孔隙度、渗透率、水淹状况、结构要素类型等内容,小层数据表是进行下步工作的基础。

6. 砂体等厚图的制定

由于 2^{11}、2^{23}、2^{24} 号砂体的分布范围很小,只选择了分布范围大的 2^{12}、2^{20}、2^{21}、2^{22}、2^{31}、2^{32} 号单砂体作等厚图(图 6.23)。制作砂体等厚图时,要注意考虑以下几方面的因素。

(1)注意砂体的走向和沉积物质来源方向。扇三角洲前缘砂体中的物质来源于水下分流河道,IV_2 物质来源有两个方向:在北部,物源基本上自东而来;而在南部则来自东南方向。从厚度图上看,两者有一定的差别。

(2)注意砂体的形态。河道砂体平面上一般为长条形,河口坝砂体、重力流砂体、水下决口扇砂体为椭圆形,水下溢岸砂体为不规则状,前缘席状砂体则为席状、片状。

(3)根据河道的宽厚比,应考虑在厚度大的区域是否有厚度小的水下溢岸砂体存在,而在厚度小的区域内部是否还有厚度较大的河道存在。

(4)河道砂体是连续的,作等厚图时,要体现河道砂体的连续性和空间变化特征,同时还要注意在河道分汊、河道交汇处的砂体形态变化。

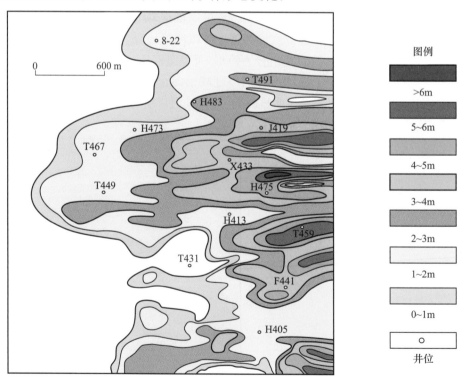

图 6.23　双河油田 IV_2 小层 2^{20} 单砂体等厚图

7. 测井相图的制定

依据小层数据表,将各井 2^{12}、2^{20}、2^{21}、2^{22}、2^{31}、2^{32} 号各单砂体结构要素类型分别标注在井位图上,便形成各单砂体测井相图。

8. 结构要素形态确定

在测井相图上,肯定会有一些结构要素的解释与平面组合有矛盾,这时便需结合结构要素的平面组合关系对单井结构要素类型进行调整。例如,在前缘席状砂中,一般不可能出现一个孤立的河道砂体,如果有,便需考虑是河道延伸至此,还是原来的判断有误;再如在河道带中,有一口井定为河口坝,从而出现河道的中间被河口坝切断的情况,这一定是将河道错定为河口坝。

从等厚图上可以看出砂体的形态,依据砂体形态可以确定结构要素的类型。例如,河道砂体为长条形,河口坝是位于河道端部的椭圆形砂体,重力流砂体是位于湖相泥或前缘席状砂体中的椭圆形砂体,决口扇则是位于河道侧缘的扇形砂体,河道之间薄层的、不规则状的砂体则为水下溢岸砂体,小层最外缘的薄层席状、片状砂体则为前缘席状砂体。依据测井相图,结合以上的特点,基本上可经准确地判定单井的结构要素类型。

9. 砂体边界的勾绘

首先由砂体等厚图上确定砂体的空间分布特征。对于河道砂体,先确定其主流线、分汊等特征,并将其在平面图上标绘出来,根据密井网解剖获得的知识库参数,河道的宽厚比为 40~130,平均为 76.7,取这一值作为河道的宽厚比确定各河段的宽度,结合等厚图上砂体的厚度趋向,再参考河道的取小厚度为 1.6m(知识库数据),确定主流线两边河道的边界点,最后用光滑的曲线将确定的河道边界位置连接起来(不一定要过确定的边界点),即完成了河道边界的勾绘。对于河口坝、重力流边界的勾绘,首先是确定其厚度中心,然后由长宽比、长厚比(见知识库部分)来定其边界。尽管有这些定量刻画的尺度,然而由于钻遇的井点少,对砂体的形态控制不好,所以作图时人为因素较大。这些要素的边界确定之后,水下溢岸砂体和前缘席状砂的边界也就可以确定下来。

10. 砂体内插

砂体内插主要是指分流河道的内插。从理论上看,如果知道河道密度,计算出油区面积,便可确定油区内的河道数目,从而确定是否需要内插河道。事实上,由于油区处于扇三角洲的不同部位,而不同部位(或面积不同)具有不同的河道密度,这样使得利用河道密度进行分流河道内插显得比较困难。但是通过河道的宽厚比数据,可以确定某一河道带的河道数目;另外,依据结构要素的平面组合关系,还可以推测某一部位是否有分流河道存在。

11. 形成建筑结构预测模型

在勾绘出结构要素类型及其边界的平面图上填上结构要素的符号,便完成了结构要素平面模型的制作(图 6.24)。为了解储层的剖面特征,还需作出储层精细剖面模型。剖面模型的制作是通过平面模型的逐层切割而成的。具体方法如下。

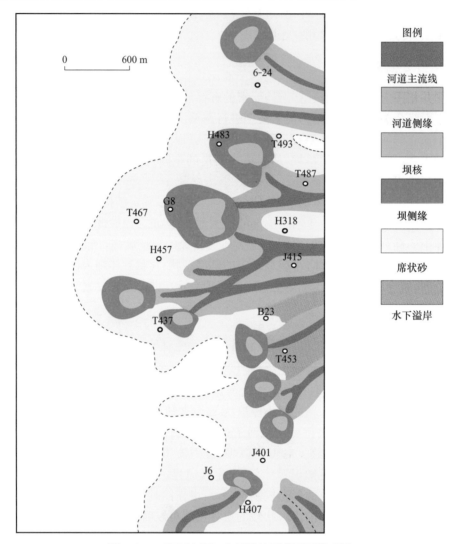

图 6.24　双河油田 IV_2 小层结构要素平面模型图

(1) 选择剖面:为了体现储层特征,最好选择平行湖岸线和垂直湖岸线两个方向作剖面模型。IV_2 小层选择了 4 条剖面,3 条平行于湖岸线,1 条垂直于湖岸线。

(2) 确定投影井点的范围:过剖面线的井数量毕竟有限,常难以满足模型制作的需要,此时常用的方法就是将一定范围内的井点投影在剖面上形成密井网。对于 IV_2 小层选择剖面线 100m 以内的所有井点。

(3) 将井点投影在剖面线上:采用垂直投影,即将井点投影在剖面线上距井点最近点处。

(4) 各井点的单层和夹层数据逐层投影在剖面线上:笔者采用将储层顶拉平的方法作图,首先是将各井点的顶部位置标注上,再按照砂体和夹层的空间展布特征及变化趋势进行标注。

（5）将平面图上各单层结构要素的边界标在剖面图上。

（6）依据结构要素的剖面形态,结合等厚图揭示的砂体形态,预测性地绘出各结构要素的顶底。

（7）在剖面上充填结构要素符号,至此,便完成了剖面模型的制作(图6.25)。

从第(4)步开始,也可逐层投影,逐层成图。

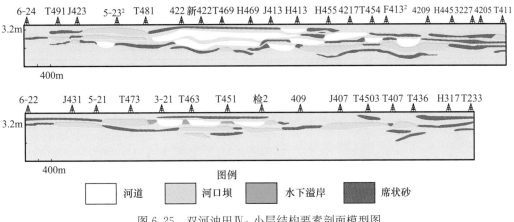

图 6.25　双河油田Ⅳ₂小层结构要素剖面模型图

6.4.4　双河油田扇三角洲前缘储层建筑结构特征

双河扇三角洲的发育受泌阳凹陷西南缘边界断层的控制。断层使得凹陷西南迅速上升而成为受剥蚀的山地,而断层东侧紧邻断层形成了深凹陷,双河扇三角洲就发育在此处的陡坡带上。由于断层的持续活动,使山地不断地剥蚀,而双河扇三角洲则得以发育。控制扇三角洲发育的断层幕式活动是形成扇三角洲沉积层次性的基础。扇三角洲的边界断层发育具有多阶段性和周期性。断层的每期活动,都是由弱到强再到弱的次一级活动所组成,同时古气候也在发生着变化,两者叠加共同控制着扇三角洲的发育。

储层的层次性在纵向上体现为不同级次的结构要素相互叠置,其间由不同级次的等时界面所隔开。地层段是由一系列的油层组叠置而成,例如,核三段共有9个油组构成,每个油组便是地层段的构成要素,要想弄清段的内部结构,便只需弄清这9个油层组的空间分布及叠置样式。油层组作为油田开发初期的基本单位,它又是由小层构成的,每个小层相互叠置便成构成了油层组的层次实体,如核三段Ⅳ油组,它由自上而下的12个小层相互叠置而成。段、油层组、小层的规模均较大,厚度在十几米以上,面积一般为几平方千米以上,因而用地震的方法或地震与少量的测井资料便可解决这几级层次的问题。

1. 结构要素的规模

结构要素的几何形态及其与井网的关系,直接影响着储层的动用情况,从而影响着剩余油的分布特征,因而,研究结构要素的几何形态对预测剩余油的分布有着重要意义。结构要素的几何形态包括三方面内容:一是结构要素的形状;二是结构要素的规模;三是结构要素之间的组合方式和接触关系。这些特征主要通过长度、宽度、厚度、长宽比、长厚比等参数来度量。

(1) 水下分流河道规模：水下分流河道是扇三角洲前缘中最靠近物源的地方，它除了粒度较粗外，分流河道总体上厚度较大。统计表明(表6.3)，在含油面积范围内，水下分流河道的长度一般不超过1500m，平均长度在Ⅳ油组为440m，在Ⅶ为326m。水下分流河道的长度和长厚比并没有太大的意义，因为含油面积内河道的长度受湖岸线的影响很大，而且受后期的构造变化及油田开发中油水边界线变化的影响，在这几个因素的共同作用下，河道的长度难以确定，河道的延伸情况只能在井点控制下进行随机预测。

表6.3 水下分流河道结构要素几何形态特征数据表

长度、宽度分布特征			厚度分布特征	
分布区间/m	长度分布/%	宽度分布/%	分布区间/m	厚度分布/%
≥600	68		≥5	3.1
500~600	10	5.3	4~5	23
400~500	7.7	33	3~4	49
300~400	21	40	2~3	25
200~300	10	21	1~2	
100~200	13		<1	
<100				
平均长度	399m	平均宽度 258m	平均厚度	3.5m

河道的宽度和宽厚比一直是沉积学研究的重点。在地下地质作图中，有很重要的实际意义。统计显示，单个水下分流河道的宽度为150~420m，个别河道的部分河段宽度可达750m，而某些河段不足100m，平均宽度Ⅳ上为255m，Ⅶ下为266m，两者极为相近，这也体现了露头知识库对地下工作的指导作用。研究表明，各河道的最大厚度最小值为2m，而最小厚度的最小值则为1.6m左右，河道的平均厚度为2~5.4m，平均值Ⅳ上为3.2m，Ⅶ下为3.7m，与单井剖面统计结果一致，证明井下对比及要素边界的划定是正确的。

(2) 河口坝的规模：对河口坝的最大厚度和平均厚度两个厚度参数统计表明，河口坝的最大厚度为2.2~4.8m(表6.4)，平均为3.3m左右。河口坝的平均厚度在Ⅳ上为2.6m，在Ⅶ下为2.87m，平均为2.7m。河口坝的长轴长度(简称长度)，为220~720m，平均Ⅳ上为424m，Ⅶ下为441m。河口坝的短轴长度(简称宽度)，为130~530m，平均为324m。

表6.4 河口坝结构要素几何形态特征数据表

长度、宽度分布特征			厚度分布特征	
分布区间/m	长度分布/%	宽度分布/%	分布区间/m	厚度分布/%
≥600	18	3.9	≥5	0
500~600	9.8	12	4~5	3.9
400~500	24	14	3~4	29
300~400	39	22	2~3	67
200~300	9.8	41	1~2	0
100~200	0	7.8	<1	0
<100	0	0		
平均长度	433m	平均宽度 324m	平均厚度	2.7m

（3）水下溢岸砂体的规模：水下溢岸砂体厚度为几十厘米到 3m，平均在 2m 以下（表6.5）。在含油面积内，其长度为 0～850m，其宽度一般小于 300m，平均为 140m 左右，但个别部位宽达 500m 以上。水下溢岸的规模受地形、河道影响，测量其几何形态时，首先要考虑河道的位置，在确定河道之后，方可研究水下溢岸砂体的特性。

表 6.5　水下溢岸结构要素几何形态特征数据表

长度、宽度分布特征			厚度分布特征	
分布区间/m	长度分布/%	宽度分布/%	分布区间/m	厚度分布/%
≥600	21	0	≥5	0
500～600	14	0	4～5	0
400～500	21	0	3～4	4.5
300～400	14	4.3	2～3	36
200～300	21	13	1～2	59
100～200	7.1	61	<1	0
<100		22		
平均长度	389m	平均宽度　136m	平均厚度	1.9m

（4）重力流砂体的规模：从重力流砂体比较发育的 $Ⅶ_下$ 各小层的统计情况看（表 6.6），其厚度为 0.4～4.2m，平均为 2.1m；长轴长度为 200～630m，平均为 311m；宽度为 100～240m，平均为 150m 左右。从其分布面积上看，大部分规模较小，解剖的储层中，面积最大的一个，仅有 0.11km²，平均面积为 0.058km²。重力流砂体的对称性较河口坝差，对称系数一般为 2 左右，大的达 4.5，平均为 2.1，小井距解剖表明长厚比、宽厚比、对称系数等形态参数变化较大，而且由于面积较小，其形态较难于预测，边界勾绘比较困难。

（5）前缘席状砂的规模：前缘席状砂厚度较小，一般在 2m 以下，而且厚度稳定，在研究范围内变化不大。由于席状砂的连续性特好，几乎是连片分布，我们无法度量其宽度、长度等形态参数。

表 6.6　重力流结构要素几何形态特征数据表

长度、宽度分布特征			厚度分布特征	
分布区间/m	长度分布/%	宽度分布/%	分布区间/m	厚度分布/%
≥600	11	0	≥5	0
500～600	0	0	4～5	11
400～500	11	0	3～4	22
300～400	22	0	2～3	22
200～300	56	11	1～2	11
100～200	0	89	<1	33
平均长度	310m	平均宽度　150m	平均厚度	1.9m

2. 结构要素的接触关系

结构要素之间的相互接触关系对于油水运动具有很大的意义。两个物性好的流动单元相接触，油水可以很容易地在两个要素之间流动；若是物性好的结构要素与物性差的结构要素相接触，则油水就难于从好的结构要素内流到差的结构要素之中。从剩余油分析来看，最需要了解两个问题:一是结构要素之间是否连通;二是结构要素之间的连通程度如何。从这两方面考虑,可以把结构要素的接触关系分为两种类型:连接型和分隔型。

(1) 连接型接触关系是指相邻两种结构要素之间的直接接触。按流动单元可以分为3 类:两个物性好的流动单元相接触,两个物性差的流动单元相接触,一个物性好的流动单元与一个物性差的流动单元相接触。

① 两个物性好的流动单元相接触有以下几种:水下分流河道与河口坝相接触,水下分流河道与水下分流河道相接触,河口坝与河口坝相接触,河口坝与重力流相接触。如图 6.26(a)中的河道与河口坝,(d)中的 CH_2 与 CH_1 和 CH_3 接触。

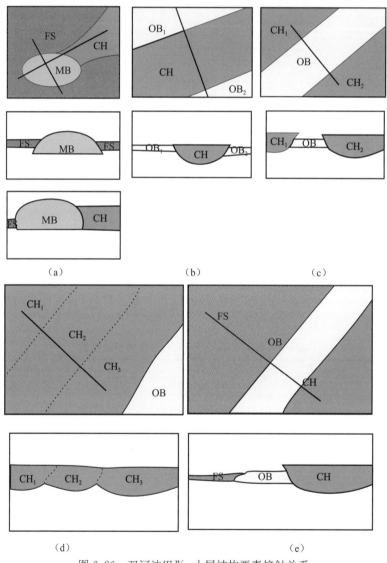

图 6.26　双河油田Ⅳ₂小层结构要素接触关系

② 两个物性差的流动单元相接触有以下几种:席状砂体与水下溢岸砂体相接触,席状砂体与重力流相接触,席状砂与湖相泥相接触。如图 6.26(e)中的 OB 与 FS 之间的接

触关系。

③ 一个物性好的流动单元与一个物性差的流动单元有以下几种情况:水下分流河道与水下溢岸相接触,水下分流河道与前缘席状砂相接触,河口坝与水下溢岸相接触,河口坝与前缘席状砂相接触,重力流与前缘席状砂相接触等。图 6.26(a)中的 MB 与 FS 接触,(b)、(c)、(d)、(e)中的 OB 与相邻的河道相接触。

(2) 分隔型分隔型接触关系实际上是不接触的关系,也就是两个结构要素之间存在隔层或另一结构要素,将两个结构要素隔开。从流动单元上看,包括以下几种类型:好—好—好型、好—差—好型、好—差—差型、好—好—差型、差—好—差型、差—差—差型。

① 好—好—好型有以下几类:水下分流河道砂体将另两个水下分流河道分隔开,河口坝将水下分流河道和重力流砂体体开。如图 6.26(d)中的 CH_1 与 CH_3 之间的接触关系。

② 好—差—好型有以下几类:水下溢岸将两条水下分流河道砂体分开,水下溢岸砂体将河口坝和水下分流河道分隔开,前缘席状砂将两个河口坝分隔开,前缘席状砂将河口坝和水下分流河道分隔开,前缘席状砂将河口坝和和重力流隔开。如图 6.26(b)中的 CH_1 与 CH_2。

③ 好—差—差型有以下几类:水下溢岸将席状砂和水下分流河道分隔开,重力流砂体将河口坝与前缘席状砂分隔开。如图 6.26(e)中 FS 与 CH。

④ 好—好—差型有以下几类:水下分流河道将水下分流河道与前缘席状砂分隔开,河口坝将水下分流河道与前缘席状砂分隔开,重力流砂体将河口坝与前缘席状砂分隔开。如图 6.26(a)中 CH 与 FS,图 6.26(d)中 CH_2 与 OB。

⑤ 差—好—差型有以下几种:水下分流河道将席状砂体分隔开,水下分流河道将水下溢岸砂体分隔开,河口坝将席状砂体分隔开,重力流砂体将席状砂体分隔开。如图 6.26(a)中位于 MB 和 CH 两侧的 FS 之间的相对关系。

⑥ 差—差—差型:如席状砂体将重力流和水下溢岸砂体分开。

3. 建筑结构要素的剖面预测模型样式

剖面预测模型样式的确定没有严格按剖面中结构要素面积的相对比例,而是更多考虑剖面所代表的储层沉积学意义,在本区分了 4 种(图 6.27)。

(1) 分流河道型,其主要特征是储层结构要素中分流河道砂体占绝对优势,零星间杂有河口坝、水下溢岸、前缘席状砂及水下决口扇,无重力流。河道规模较大,宽度一般为 300m 以上,而席状砂、水下溢岸则多为窄条带状分布,规模一般都很小,宽度大多不超过 300m。河道砂体与河口坝砂体平面上大片相连,连续性好,河道结构要素之间相互切割现象常见,垂向上常见河道下切而造成与下伏层相连通。剖面主要发育于靠近湖岸平行于湖岸方向。

(2) 席状砂型-零星重力流(河口坝)型,结构要素类型主要是前缘席状砂和湖相细粒沉积,零星出现小型河口坝和重力流要素,一般无分流河道、水下溢岸。结构要素规模一般较小,除席状砂大面积分布外,重力流、河口坝都零星展布,规模较小,宽度在 300m 以下。砂体平面连续性差,剖面上常见孤立状的砂体,垂向上不连通。界面连续性最好。发育于靠近湖心平行于湖岸线的部位。

（3）河口坝型结构要素主要为河口坝,其他结构要素还有一定数量的分流河道、前缘席状砂、决口扇及水下溢岸。河口坝一般规模较大,在剖面中占主导地位。砂泥比中等,砂层连续性界于前两种样式之间。发育于前两种剖面中间的过渡部位。

（4）递变型结构要素类型从剖面一头到另一头有很大的变化,从靠近湖岸的以分流河道为主,逐渐过渡到以河口坝、分流河道为主,然后是席状砂和河口坝为主,最后主要是湖相泥岩。剖面中不同部位,其连续性和连通性有较大地变化,一般来讲,从以分流河道为主的部位到以湖相泥为主的部位,砂泥比逐渐减小,砂层的连续性和连通性都逐渐变差。该剖面发育于垂直湖岸线方向。

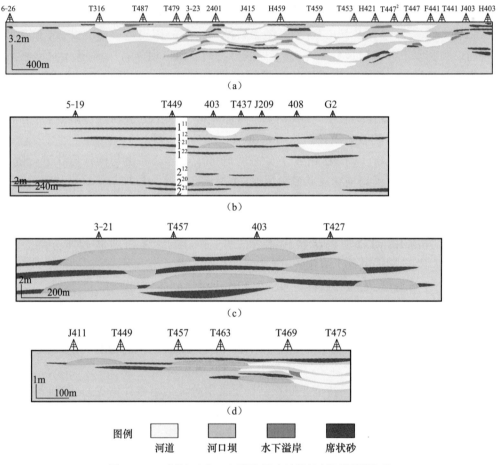

图 6.27　双河油田扇三角洲储层建筑结构剖面预测模型

(a)河道型;(b)席状砂型;(c)河口坝型;(d)递变型

4. 建筑结构平面样式预测模型

通过含油面积内各种结构要素的面积测量,总结了各种结构要素面积相对大小(表 6.7),并针对扇三角洲前缘的沉积特征,提出了几种典型的建筑结构模型样式。

表 6.7　各种结构要素在解剖层总面积中的比例

面积及其比例	水下分流河道	河口坝	席状砂	水下溢岸	重力流
面积/km²	9.015	7.04	14.6	1.638	0.411
面积所占比例/%	27.67	21.6	44.7	5.03	1.26

平面上,建筑结构要素的分布具有分带性,从湖岸到湖心,最初以分流河道为主,向湖方向逐渐出现河口坝,且其比重不断增加,分流河道不再占主导地位;再向湖,前缘席状砂比重增加,并逐渐占主导地位;最后便只有湖相细粒沉积一种结构要素。重力流结构要素只出现于席状砂及湖相泥中。

划分建筑结构样式的原则为:结构要素面积占含油面积比例大于 20% 的参与分类,然后若有一类结构要素的面积大于 65%,则划为一种样式,并以这一结构要素来命名;若没有则以两类结构要素的面积和大于 60% 的结构要素来分类,并以这两种结构要素的名字来命名;若有三种结构要素的面积均大于 30%,则将其划为一类,以这 3 种结构要素的名字来命名。扇三角洲前缘平面预测模型样式有 6 种(图 6.28)。

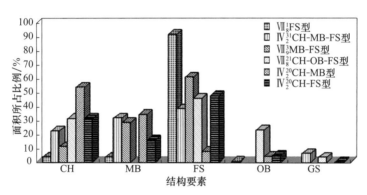

图 6.28　各平面模型样式中结构要素的面积相对特性
FS. 席状砂,CH. 水下分流河道,MB. 河口坝,OB. 水下溢岸,GS. 重力流

席状砂型:席状砂型建筑结构模型样式中,席状砂的面积占含油面积的 65% 以上,甚至达 90% 以上,而其他结构要素的面积都不大于 20%。如 IV_2^{12},席状砂面积达 65%,其他结构要素面积都小于 20%,VII_8^{21} 席状砂面积竟达总面积的 92%,其他结构要素类型的面积都不大于 5%。

水下分流河道-水下溢岸-席状砂:水下分流河道、水下溢岸席状砂的面积之和达 60% 以上,除水下分流河道、水下溢岸、前缘席状砂外的其他结构要素的面积不大于 20%。如 VII_8^{21}。

水下分流河道-席状砂型:水下分流河道、席状砂的面积之和达 65% 以上,除水下分流河道、前缘席状砂外的其他结构要素的面积不大于 20%。

水下分流河道-河口坝型:此种类型河道和河口坝的面积占含油面积的 60% 以上,其他结构要素不发育,面积小于含油面积的 20%。

河口坝-前缘席状砂型:河口坝与席状砂的面积之和大于含油面积的 60%。这一种一般为河口坝发育的、靠近湖心的部位。

水下河道-河口坝-席状砂型:三种结构要素的面积大致相近,一般都大于25%,这类型一般具有较大的含油面积,属于发育完善型。

6.5　大庆油田辫状河储层建筑结构分析

6.5.1　大庆长垣 PⅠ₃ 小层辫状河储层沉积机理

1. 辫状河储层的沉积机理

大庆长垣喇萨杏油田中部含油组合萨葡高油层 PⅠ₃ 号小层砂岩粒度较粗、分布范围广,泥质少见,属于远源低弯度砂质辫状河,是大庆长垣喇萨杏油田中部含油组合萨葡高油层唯一的大型砂质辫状河沉积储层,其成因受气候与构造双重因素控制。该砂体形成于青山口组沉积末期到姚一段沉积初期的湖盆水退的鼎盛时期,此时湖面急剧收缩,气候变干,由于位于邻近三角洲沉积区,坡降迅速变陡,受降雨洪水影响,河流冲刷侵蚀能力增强,形成辫状河沉积。

辫状河储层是一个由垂向加积作用控制的,以粗粒岩性(砂、砾)为主体、少有细粒粉砂质泥质夹层、层理构造发育、横向相变较大的、垂向层序向上变细的正旋回组成的、空间广泛展布的"叠覆泛砂体"(葛云龙等,1998)。尽管不同期次、不同级次砂体叠加,特别是河道摆动建造了相当规模宽度的叠置砂体,但砂体内部结构复杂,存在有落淤层等低渗屏障,砂体之间并不完全连通。而这种复杂性及其非均质性与辫状河成因过程密切相关。辫状河中有垂向加积作用、前积或进积作用、侧向加积作用、漫积作用、填积作用,不同沉积方式形成的沉积体各不相同。

尽管辫状河"叠覆泛砂体"外部规模巨大、内部结构复杂,而且由多种沉积方式而成,但从地貌上看,辫状河构成还是比较清楚的。从其形成地貌单元看,基本上可分为河道及河道外沉积两个区域。河道外沉积相对比较简单,多为冲积平原的洪泛细粒产物,多不具有储集意义,因而不作为重点讨论。而在河道内部,由于地貌的差异,基本上可分为两部分,即突出的坝体系和相对低洼的河道沉积。

坝有多种分类方法。如按走向,分纵向坝、横向坝和斜列坝;按出露情况分滩和洲;按保存程度分为完整坝和残留坝等。但无论是哪种分法,都是基于坝的一种正突出的地貌进行识别,进而进行划分的。从坝的形成看,认为坝的形成基本上可分为两个阶段,即其形成正地貌的初始阶段,也是坝发育的主要阶段,此时其地貌稍高于河道,是河道中最活跃的沉积区,沉积了大量的粗粒沉积物,称为坝核;而另一阶段则是坝的正地貌单元已经形成,此时坝上的沉积一方面在正地貌地形上的进一步加积,另一方面则是坝遭受后期水流的冲刷改造,此时其沉积主要局限于坝的上部,由于距离水面浅,沉积物粒度一般不是很粗,且由于地貌较高,沉积物厚度多不会太大,沉积速率也相对较小,而由于洪水的频繁活动导致其内部具有较多的泥质平层,从其形成的水动力及其沉积物的供给来看,已与坝的底部具有较大的差异。当然这些也可能是由于其顶部较高而产生迁移,从而形成新的坝核沉积。

河道内的沉积物按其地貌单元及其沉积的水动力,可划分为以下几种单元:一是正常河床,是辫状河中沉积物搬运的通道和活跃沉积区,但其沉积与冲刷同时发生,形成大面积的相对较为平坦的砂砾质底形;二是废弃的河道,废弃后沉积细粒沉积形成夹层;三是深潭,由于水体较深,在静水期可能形成大量的填积泥岩,形成相对局限的隔挡层。

2. 辫状河储层的解剖方法

辫状河储层砂体丰富的界面为其内部结构解剖提供了方便。辫状河储层内部层次界面包括冲刷面、落淤层等,层次实体则包括心滩坝核、坝顶、河床、废弃河道、心滩坝核内增生体等。不同层次实体对于不同层次界面,大规模层次实体内部还包括小的层次实体及其界面。辫状河储层内部解剖采取层次分析思路,首先识别大规模层次界面和层次实体,然后在其内部进一步识别小规模层次界面和层次实体。其解剖流程如下。

(1) 复合河道内进行单一河道划分,在本区主要是将河道进行垂向上的进一步细分,将垂向上的复合河道划分成具有一定对比性的单个成因河道或河道复合带,识别不同期次洪水及其对辫状河砂体分布的贡献。

(2) 单一河道内部,根据冲刷面、底形、相序等识别单个的建筑结构单元要素,包括心滩坝核、坝顶及河床沉积。

(3) 在心滩坝核、坝顶、河床沉积中识别夹层,其对应于河道沉积的落淤层、废弃河道、深潭填积物等。

经过以上研究,将辫状河道带由"泛连通体"分解为单个成因单元,并对单元内部的结构进行表征,达到对辫状河储层内部结构进行精细解剖的目的。

3. 复合河道

复合河道指的是多期次洪水作用形成的垂向上叠覆堆积的河道单元,每一期洪水都重塑了前一次洪水地貌单元,使水流流线及地貌单元发生迁移。在测井曲线上,叠覆砂体厚度超过10m,自然电位曲线形态变化差异较大,既有箱形特征,也有漏斗-钟形特征,部分曲线齿化较为明显,局部形态较为复杂,这与向上变细的层序所体现的箱形到钟形曲线特征有明显差异。在平面图上,复合河道覆盖全区,河道宽度达到数千米(图6.29)。

复合河道的这种全区分布的特点掩盖了其内部复杂的非均质性。在复合河道内部,还可以根据洪水期次进行单一河道划分,单一河道内部又区分出河床沉积、坝核、坝顶等储层单元,需要对这些储层单元进行逐一识别与解剖。

4. 单一河道

单一河道是指较长周期的大洪水期形成的河道单元。其后河道可能经历了较长时间的平水期、枯水期或无水期,直到下一次较长周期的大洪水到来,对河道进行再次改造,形成另一个期次河道单元沉积。

每一期洪水结束后的平水期,水体安静,在砂体上便沉积一套较厚的泥质层。反映在测井曲线上,SP曲线上靠近基线,微电极幅度明显下降,幅度差很小或者为零[图6.30(a)]。依靠测井曲线上经过精细追踪识别,PⅠ$_3$小层存在3个明显可以识别的洪水事件,据此

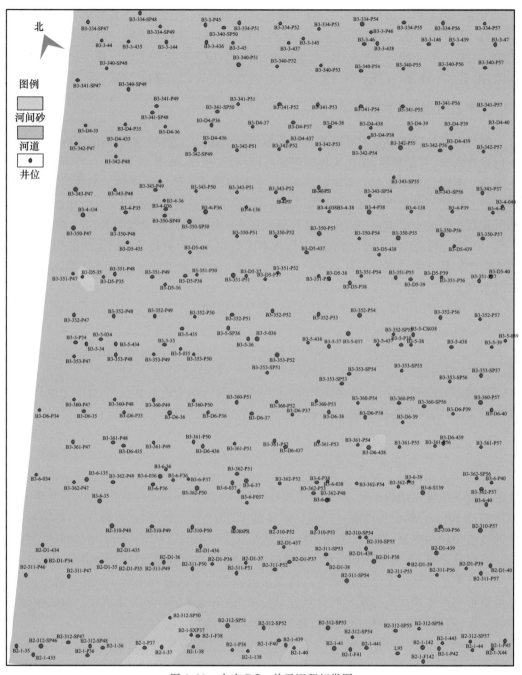

图 6.29　大庆 PI₃ 单元沉积相带图

认为 PI₃ 小层复合河道由 3 个期次的单一河道在纵向上叠置而成。每一期次洪水的流量、流速等也不尽相同,在测井曲线上有明显差异[图 6.30(b)]。受到前期沉积作用的改造及后期洪水流向变化,河床及心滩发育部位也不一样,在平面上这种特征较为明显[图 6.30(c)]。每一期次泥质沉积与砂岩接触部位常见有钙质胶结,在微电位微梯度曲线上形成尖刺状,是进行期次划分、识别单一河道的较典型的标志(图 6.31)。

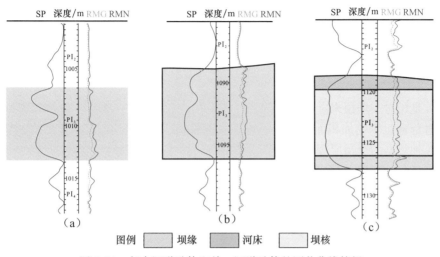

图 6.30　复合河道砂体和单一河道砂体的测井曲线特征

(a)B3-351-P51,幅度差很小;(b)B3-353-P50,在测井曲线上有明显差异;(c)B3-340-P51,单一河道的测井识别;
RMG、RMN 分别为微电极曲线

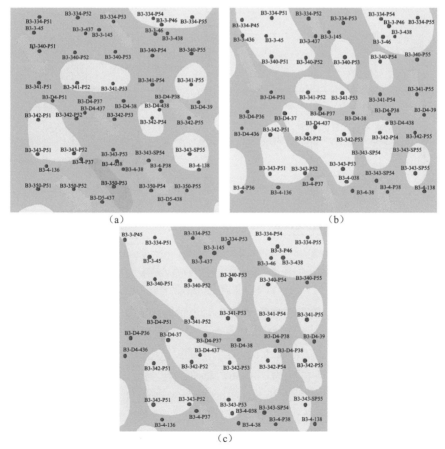

图 6.31　典型区域储层内部结构分析

(a)、(b)、(c)表示地层由老到新,从中可以看出坝的明显迁移

6.5.2 建筑结构要素识别

辫状河沉积储层主要发育四种建筑结构要素,即心滩坝核、心滩坝顶、河床及废弃河道。

1. 心滩坝核

坝核是相对于坝顶来定义的。传统的心滩坝相,是在多次洪泛事件伴随着不断向下游移动过程通过垂向加积而成的。心滩坝核沉积物一般粒度较粗、成分复杂、成熟度低。常发育各种类型的交错层理,如巨型或大型槽状、板状交错层理。

心滩坝核主要以厚层砂岩为特征,厚层砂岩形成的相对于河床的较高地貌单元成为心滩坝核的一个判识标志。而流水造成的心滩坝核的顺流加积作用,下期形成的心滩坝核砂体叠覆在前期沉积砂体之上,会形成下细上粗的反旋回韵律特征。反映在测井响应上,SP 曲线等呈漏斗形。对于坝核的识别,主要通过测井曲线形态、剖面图及砂体相对等深图等综合判断。其判识原则如下。

(1)心滩坝顶部砂体相对较细,下部较粗,但由于心滩坝核的顺流加积作用,下一期形成的砂体叠覆在上一期之上,总体形成下细上粗的反旋回韵律。在测井响应上往往为漏斗状到箱形和钟形。微电位微梯度差异大[图 6.32(a)、图 6.32(b)]。

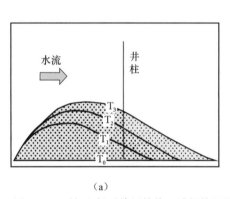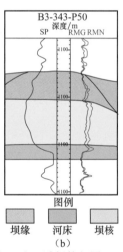

图 6.32 下细上粗反旋回韵律心滩坝核识别及成因解释(a)和心滩坝核相图(b)

$T_0 \sim T_3$ 表示不同沉积期次的界面

(2)由于心滩坝核具有较高的厚度和底形,剖面上心滩坝核相对于河床呈上凸特征,砂体相对等深图上具有较厚砂体的部位可能为心滩坝核部位(图 6.33)。

(3)通过连井剖面和平面图,对本区不同结构单元几何学特征进行简单统计。从统计结果看,心滩坝核平均顺流长度为 206.9m,横向宽度为 115.5m,长宽比为 1.79,平均厚度为 4.6m;坝顶的平均顺流长度为 204.6m,横向宽度为 110.6m,长宽比也为 1.79,平均厚度为 3.2m(表 6.8)。

2. 心滩坝顶

心滩坝核形成之后,洪水期或洪水退却期在坝核顶部沉积的细粒物质。类似于天然堤的沉积。由于水动力强度较弱,其沉积物粒度较细,多为泥质粉砂岩或粉砂质泥岩。在测井响应上,SP 曲线负异常幅度较小,且具有齿化特征,微电位、微电极幅度差也较小[图6.34(a)]。

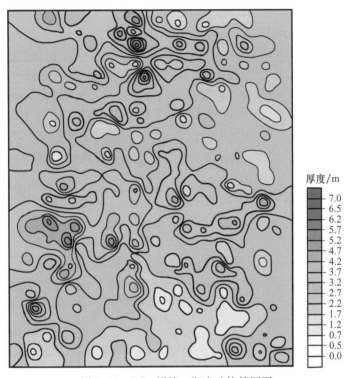

厚度/m
7.0
6.5
6.2
5.7
5.2
4.7
4.2
3.7
3.2
2.7
2.2
1.7
1.2
0.7
0.5
0.0

图 6.33　P I₃ 层第二期次砂体等厚图

表 6.8　坝单元的对称性参数统计

坝核序号	宽度/m	长度/m	长宽比	坝顶序号	宽度/m	长度/m	长宽比
1	134	210	1.57	1	99.8	159.1	1.59
2	103.2	128.8	1.25	2	85.9	151.9	1.77
3	82.95	127.9	1.54	3	82.5	141.2	1.71
4	92.9	154.8	1.67	4	156.7	193.6	1.24
5	94.6	166.7	1.76	5	92.4	119.2	1.29
6	137.6	209.7	1.52	6	86.4	154.5	1.79
7	73.2	142.7	1.95	7	113.9	203.5	1.79
8	131.1	239.7	1.83	8	134.9	216.6	1.61
9	165.6	217.6	1.31	9	157.7	419.6	2.66
10	124.1	325.6	2.62	10	108.5	193.1	1.78
11	72.2	145.6	2.02	11	132.6	288.9	2.18
12	82.8	135.9	1.64	12	74.1	148.7	2.01
13	92.8	206.7	2.23	13	102.1	154.7	1.52
14	194.3	292.6	1.51	14	61.1	134.7	2.20
15	86.1	214.5	2.49	15	95.4	209.6	2.20
16	108.2	234.9	2.17	16	200.8	306.5	1.53

续表

坝核序号	宽度/m	长度/m	长宽比	坝顶序号	宽度/m	长度/m	长宽比
17	74.6	158.1	2.12	17	140.3	362.2	2.58
18	42.2	90.9	2.15	18	99.3	222.2	2.24
19	287.7	416.5	1.45	19	110.3	165.6	1.50
20	130.3	320.4	2.46	20	77.6	146.2	1.88
均值	115.5	206.9	1.79	均值	110.6	204.6	1.79

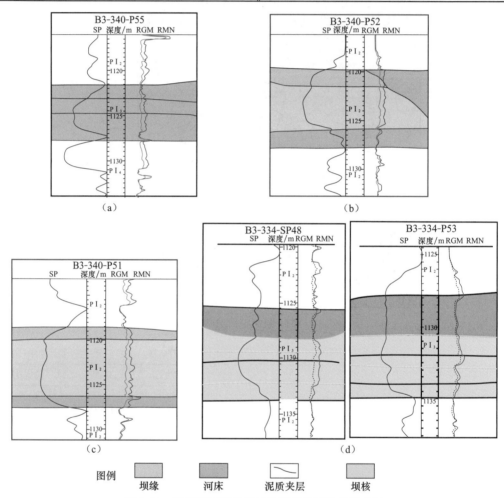

图 6.34　辫状河不同建筑结构要素的测井曲线特征

(a)坝顶沉积特征;(b)河床滞留沉积;(c)河床河道砂体沉积;(d)废弃河道相

3. 河床沉积

包括河道底部的泥砾滞留沉积和上部砂质沉积。河床滞留沉积是河流流量最高时短距离搬运的产物。河床中流水的选择性搬运,使细粒物质被悬浮和带走,以上游搬来或就近侧向侵蚀河岸形成的粗砂及砾石等粗碎屑物质沉积为主,粉砂极少。砂岩成分复杂,源区砂岩居多,亦有河床下伏基岩砾石,且常具叠瓦状排列,倾斜方向指向上游。底部具冲刷面。当水体流速降低时,流水中携带的砂体便沉积在泥砾的上部,与泥砾一起构成河床相。

由于滞留沉积中包含有泥砾,降低了储层的物性。在测井曲线上,自然电位曲线一般呈漏斗形特征,且幅度较低,齿化。在缺少冲刷面的河床部位,由于水流呈高流态,所携带砂质经过充分的分选,砂体的 SP 曲线较为平滑,呈箱形到钟形特征,且负异常幅度较大[图 6.34(b),6.34(c)]。

4. 废弃河道

废弃河道成因有两种:一是在河道中,受地形影响,水流发生改道,局部形成静水环境,水动力较弱,河道中细粒悬浮物质自然沉积下来,主要为粉砂岩及黏土岩,粉砂岩中具交错层理,黏土岩中发育水平层理;二是洪水作用后期,河道废弃,沉积的细粒物质。在沉积韵律上 SP 曲线幅度较小,微电位微电极幅度差几乎没有或较小[图 6.34(d)]。

在每一个期次的单一河道内,进行了储层单元精细解剖和划分,对其剖面上的特征进行追踪对比,在此基础上,对不同期次储层单元的平面分布进行了预测。图 6.35(a)、

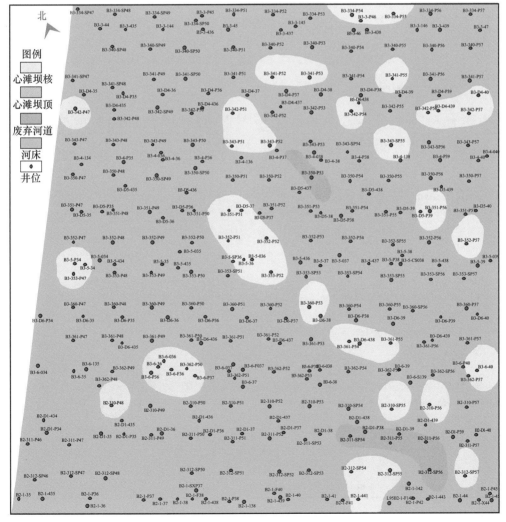

(a)

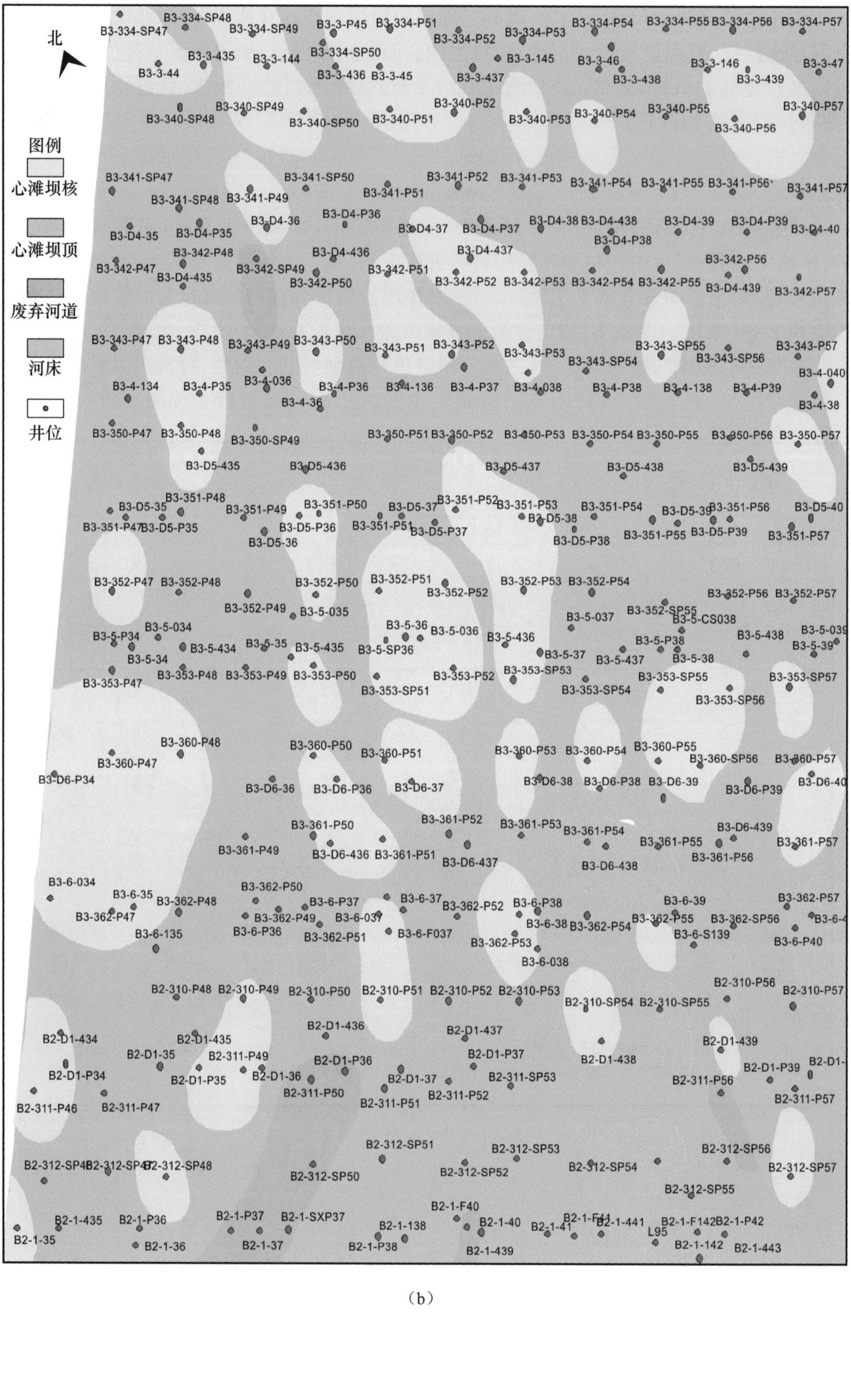

北

图例

心滩坝核

心滩坝顶

废弃河道

河床

井位

（b）

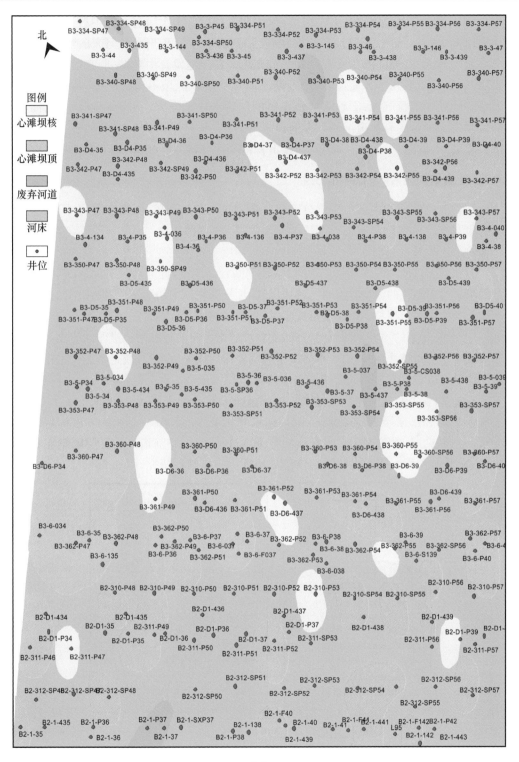

(c)

图 6.35　大庆油田 P I₃ 单元不同时期辫状河道内部建筑结构要素的分布特征

(a)第一期次；(b)第二期次；(c)第三期次

图 6.35(b)、图 6.35(c)分别是第 1 期次、第 2 期次和第 3 期次河道内部坝核、坝顶、河床、废弃河道的分布。从图中可以看出,在河道发育初期,主要是流水对河床底形改造,开始形成心滩坝核沉积,局部偶尔发育废弃河道充填。在河道发育中期,先期底形对河道水流有影响,表现在以下几个方面:①部分先期心滩坝核沉积区域不再是优势砂体沉积区,而仅发育心滩坝顶细粒沉积;②心滩坝核在新的位置形成和发育;③废弃河道复活,而在其他部位则发育少量废弃河道沉积。在河道发育后期,由于大量坝核与坝顶的形成,河床沉积进一步萎缩,此时,洪水作用减弱,坝顶沉积占据优势,辫状河沉积趋于萎缩和消亡。

6.5.3 建筑结构要素的内部构成分析

储层建筑结构要素内部由夹层分隔成一系列更小的结构单元,换言之,分隔这些结构单元的则是在这些结构单元边界部位的泥质夹层及冲刷面。

冲刷面比较易于识别,一般在冲刷面处曲线幅度会发生突变,形成一种底部突变的接触关系。但在上下岩性相似或非常接近时,这种判断较为困难,此时若没有泥岩,判断界面就非常困难。边界部位的泥质夹层有三种成因,即坝核和坝顶中的落淤层、河床中的废弃河道沉积和河道中深潭填积物。落淤层形成于洪水退却的静水期,富含泥质,其形态与坝的形态有关,一般披覆于坝的顶部和向下游方向,随着坝的增生向前推进而推进。河床内部的泥质夹层形成于安静水体环境下,由于水体能量减弱停滞形成泥质沉积,或是由于河道中局部较深水部位与外部流动水体相隔断造成悬浮物沉积而形成。此类沉积响应标志明显,自然电位多有局部的回返,表明泥质含量增加,而微电极幅度明显下降,幅度差很小或者为零。

基于界面和落淤层的这种特征,采用建筑结构要素内部细分对比的方法确定建筑结构要素的内部夹层,将落淤层局限在沙坝范围内进行对比,将河道内的夹层限制在河道内部对比,在河道和坝之间的夹层的则依据其特征进一步细致研究(图 6.36)。

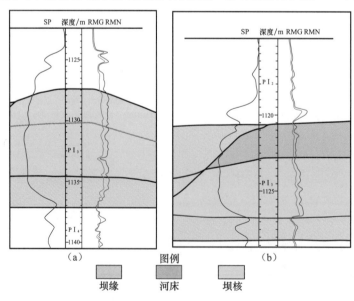

图 6.36　夹层的识别

(a)B3-340-SP49 井;(b)B3-340-P56 井

通过连井地层追踪对比表明,落淤层具有复杂的特征,部分落淤层可以在井间对比,其延伸范围跨越两口井甚至 3 口井,在平面上超过 100m;部分落淤层则仅有一口井钻遇,其延伸距离不足 50m。在心滩坝核内部,部分井可以识别三层以上的落淤层。部分井则因为侵蚀作用,落淤层完全被侵蚀掉。

图 6.37 是工区内一小块区域,在该区建立了纵、横各 20 条剖面,通过对该区连井剖面对比以阐述不同储层建筑结构要素在三维空间分布及其配置关系。

在横剖面图上(图 6.38),B3-334-P51 井第一期沉积的微电位微梯度曲线呈锯齿状,SP 靠近基线,判断为河床微相;第二期厚度变大,为巨厚型的箱状,判断为心滩坝核微相,上部发育心滩坝顶微相。B3-334-P52 井整体厚度较薄,整体显示出河床微相特征。B3-334-P53 井底部微电位微梯度为锯齿状,为河床滞留沉积微相;第二期厚度较小,且有一定正旋回特征,为河床微相;第三期微电位微梯度近于重合,SP 幅度变小,为废弃河道微相。B3-334-P54 井、B3-334-P55 井底部为反旋回特征,判断为心滩坝核微相,上部发育心滩坝顶微相。据此建立了其剖面相分布组合规律。

从纵剖面看(图 6.39),B3-334-P51 井、B3-340-P51 井第一期微电位、微梯度呈锯齿状,SP 靠近基线,判断为河床微相;第二期厚度变大,为巨厚型的箱状,判断为心滩坝核微相,且在第二期次发育有三期小规模洪水,后一期形成的砂体顺流加积在前一期形成的砂体之上,中间披覆泥质落淤层;上部发育心滩坝顶微相。B3-341-P51 井整体厚度较薄,整体呈正韵律,显示为河床微相。B3-342-P51 井第一期厚度较小,显示薄层的箱状,为河床微相;第二期砂体厚度较大,为心滩坝核微相,上面发育有心滩坝顶微相。B3-343-P51 井第一期次厚度较大,在测井曲线上为较厚的箱状,为心滩坝核微相,上部发育有心滩坝顶微相。纵剖面上各储层建筑结构要素组合规律也可以确定。

通过横纵各 11 条剖面分析,可以对储层建筑结构要素在平面上分布规律进行合理的组合(图 6.40)。从组合结果看,心滩坝核、心滩坝顶的分布具有一定的规律,当前一期形成心滩坝之后,周围的地势较低的部位就成为优势沉积区,在下一期较有可能形成新的心滩坝。而后一期洪水对前一期形成的心滩坝顶端有冲刷作用。同时由于顺流加积作用,使心滩坝向下游迁移。前一期形成的心滩坝处于地势较高处,洪水来临时,心滩坝顶端的水流速度较慢,水动力较弱,沉积较为细粒的物质,为心滩坝顶沉积。

通过纵横剖面和平面相分布研究,可以建立储层建筑结构要素三维分布模型,从图中可以看出,河床、心滩坝核、心滩坝顶在空间上分布及组合模式。河床围绕心滩坝核分布,在心滩坝核上部发育细粒心滩坝顶沉积。此外还发现,在不同洪水期河床发生迁移,心滩坝核位置也因此发生变化。这充分说明辫状河储层结构分布的复杂性,由此形成的储层非均质性将会导致开发过程中不同期储层开发效率具有不一致性,需要区别认识和对待。

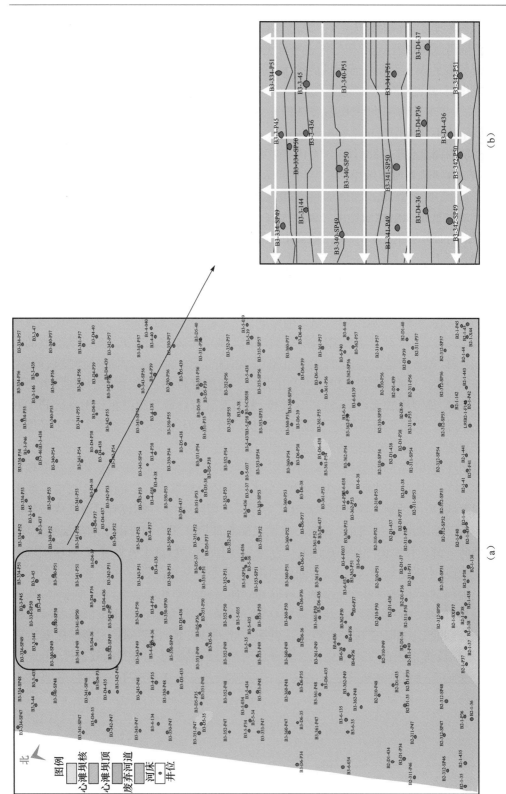

图6.37　建筑结构分析示例区域选取 [(b) 为选取的示例区域]

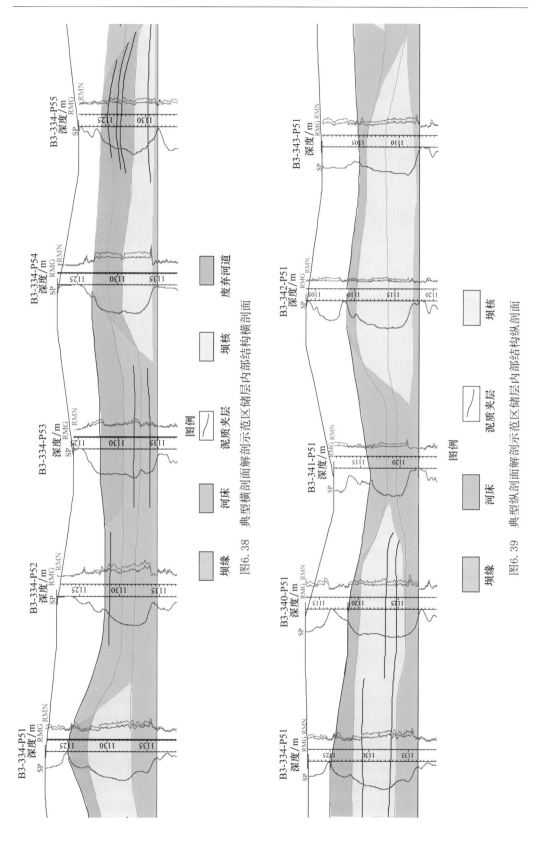

图6.38 典型横剖面解剖示范区储层内部结构横剖面

图6.39 典型纵剖面解剖示范区储层内部结构纵剖面

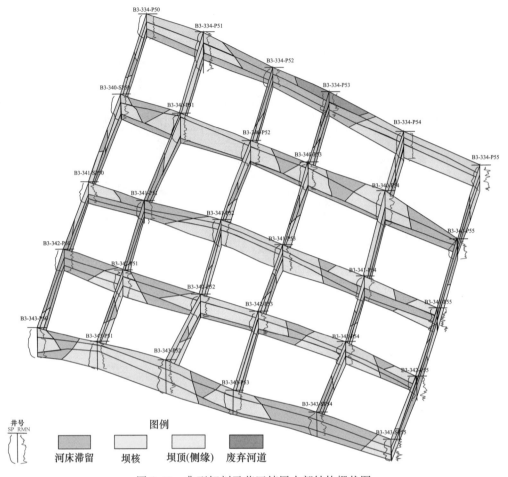

图 6.40　典型解剖示范区储层内部结构栅状图

6.6　大庆油田高弯曲流河储层建筑结构分析

6.6.1　高弯曲流河的沉积机理

1. 高弯曲流河储层沉积机理

　　曲流河是一种最常见和最重要的河流类型,砂体类型多,而且伴随着河道的侧向迁移以及频繁地决口改道,砂体分布极为复杂。曲流河储层为我国陆相储层中一种重要的类型,一般以单一河道为特征,弯度指数大于 1.5,河道坡降缓,宽深比小,搬运方式一般以悬移负载和混合负载为主,沉积物粒度较细。高弯曲流河的河道内的水流呈螺旋式前进的不对称环流,造成凹岸不断侵蚀,凸岸不断加积,河床的不断侧向迁移,在凸岸形成点沙坝,点沙坝是曲流河主要的沉积单元。当曲流河极度弯曲时,发生截弯取直形成新的河道,旧河道被废弃,形成泥质充填为主的废弃河道。

　　高弯曲流河在不同的演化阶段具有不同的特征。对于较成熟的河流,由于多期截弯取直,使河流体系中的点坝和废弃河道分布极为复杂,难以重溯其形成的过程,只能通过对已有井点的数据进行组合判识,得到储层和渗流缓冲带的分布。较年轻的河流改造不是很严重,其演化过程可以恢复,可以通过对井点沉积类型的判识,查明河流摆动过程,由河道带的摆动过程动态地分析砂体之间的关系,识别储层内部结构。

本书以大庆油田萨尔图油层中部的 SII_{1+2b} 和 SII_{12} 小层为例,对高弯曲流河的内部结构进行解剖。此两小层为三角洲平原高弯曲分流河道,砂体分布广、油层厚度大,河道内部散布较多河间沉积物。砂体内部以多段韵律为主,河道有分叉、汇合的特征,砂体呈明显的条带状,曲率较大。砂体形成于姚家组晚期到嫩江组早期,坳陷过程中整个盆地沉降速度明显减慢,气候由干燥变为湿润气候,北部蚀源区抬升,物源丰富,坡降比较缓,湖岸线靠近萨中地区。该区的曲流河属于三角洲平原上的曲流河,其形成远没有泛滥平原曲流河成熟,因而在进行结构解剖时,可通过其过程的重塑来解剖砂体内部构成,弄清储层的非均质性特征。现代沉积调查资料也在一定程度上证实,三角洲平原分流河道,其原始的砂体成因并非平原期沉积的砂体,而是前缘沉积砂体的残余,平原期仅仅对砂体的形态和分布进行了改造,很少有新增的砂体。基于此,采用河流摆动思路解释砂体的形成过程,而对于难于纳入到河流体系中的厚层砂体,则认为是前缘砂体的残余。

2. 高弯曲流河储层解剖方法

首先,在沉积微相研究的基础上,在复合河道内划分单一河道,识别不同的单一河道;其次,在单一河道划分基础上,确定最终废弃河道的流线。明确废弃河道的期次,分析废弃河道摆动特征,依据河流演化规律,给定河道最初位置,结合河道废弃期次和最终废弃位置,分析河道的迁移规律和摆动特征,并给定河道不同时期的主流线。依据河道演化的规律,结合河道各个时期的流线,界定点坝的边界。在识别点坝或点坝复合体的基础上,分析确定点坝的迁移过程,沿河道迁移的方向确定点坝的增长模式。由侧积轴线的变化,将复合点坝分解为单一点坝,然后在点坝内部识别侧积泥岩,从而完成对高弯曲河流储层的精细解剖(图 6.41)。

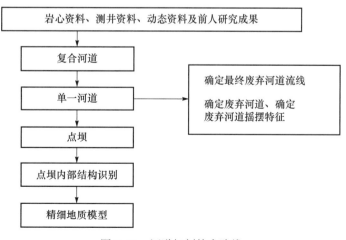

图 6.41　河道解剖技术路线

　　基于高弯曲流河的形成特点,可将其内部建筑结构要素划分为复合河道、单一河道、点坝复合体、点坝增生体等几个层次。

3. 复合河道

　　复合河道是由于河流在受到多次侧向侵蚀和侧向加积而形成的。当河流弯曲度增加到一定程度时,发生截弯取直,然后废弃。当某一期次的洪水使河道发生决口时,形成新的河道,河流在新的河道中侧向侵蚀和加积,这样河流不断地发生废弃演化,在三角洲泛滥平原形成了广阔的复合河道带砂体(图 6.42)。

　　由于河道不断废弃演化,形成了宽度数千米的河道砂体。河道砂体在测井曲线上表现为自然电位变化较大,为钟形、箱形、圆头状。当有多期河道叠加时,可以表现为复合钟形、复合箱形、复合钟-箱形。复合曲流带砂体在平面上多为宽大、带状、不规则的砂岩席,其大面积砂体往往是由多条单河道砂体拼合而成,在河道带内部有可能分布有废弃河道,以及尖灭区和非河道沉积物,造成了河道内部很强的非均质性。因此,有必要在复合河道带内再划分出单一河道。

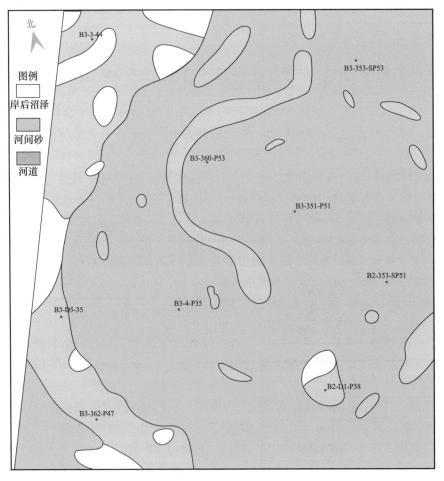

(a)

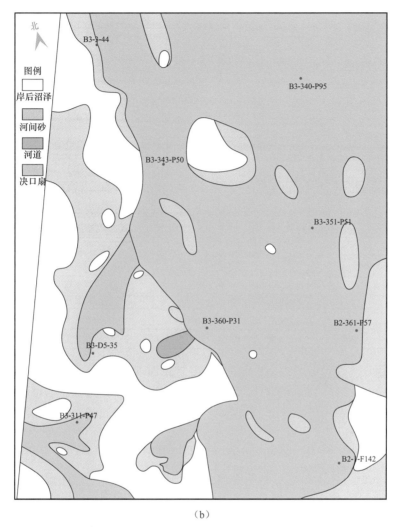

（b）

图 6.42　SⅡ$_{1+2b}$小层（a）和 SⅡ$_{12}$小层（b）沉积微相图

（a）可见大量废弃河道（牛轭湖）；（b）可见宽广的复合河道带

4. 单一河道

单一河道是一条新的河道形成之后，经历侧蚀沉积、废弃，直到在新的区域产生新的河道，开始另外一期河道。一般河道砂体都是由一条或者多条单一河道组合而成，复合河道内部的单河道，可以同期，也可以不同期。同期次是指两条或者多条单一河道在同一时期、不同区域内同时发育；不同期是指在同一层、不同时期发育的河道在纵向叠加和平面上的拼合。

不同成因砂体在岩性、电性和剖面几何形态上都有所差异，因此利用密井网条件下丰富的测井资料，结合高弯度曲流河河流演化的规律、各井点的曲线形态及空间上的组合特点，可以综合识别出单一河道。单河道边界的识别是识别单河道的关键，在识别河道带的基础上确定 4 种单一河道边界的识别标志（图 6.43）。

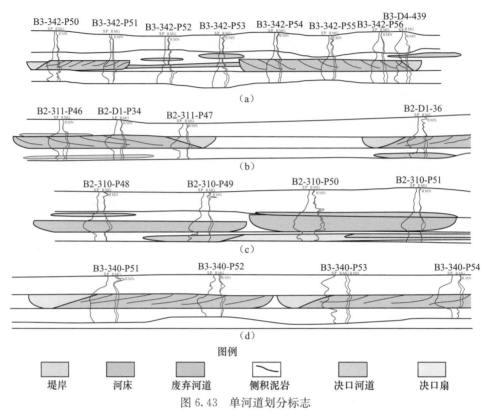

图 6.43　单河道划分标志

（1）不连续河间砂。一定范围内分布的大面积砂体是由多条河道侧向的拼合而成的，但两条河道之间总要出现分叉，留下河间沉积物的踪迹，沿着河道分布的不连续河间砂体是划分不同河道的标志。

（2）废弃河道。在曲流带内部，废弃河道代表一个点坝发育期的结束，而最后一期废弃河道代表一期河流沉积作用的结束或河流改道。因此废弃河道沉积物是单一河道砂体边界的重要标志。

（3）河道砂体厚度差异河道的分叉作用受到多种因素的影响，造成不同的河道砂体的厚度必然会有差异，如果这种边界在一定范围内可以追踪，也可以作为单河道划分的标志。

（4）曲线形态差异。不同河道由于受到沉积古地形的影响，具有不同的沉积物携带能力，造成不同河道的测井曲线响应特征必然有一定的差别，不同的曲线形态可以作为单河道划分的标志。

在剖面图上依据单河道划分的标准，对砂体进行综合分析，并结合平面上砂体的分布特征，在平面上进行组合，对目的层中单一河道进行划分。在图 6.43 中，将 SII_{1+2b} 划分为两条不同单一河道，流向由北向南，两条单一河道中间有明显的一条可追踪的河间沉积带。将 SII_{12} 层划分为在工区北区由两条不同单一河道，在 B3-340 井排处汇合成一条河道。

6.6.2　单一河道的建筑结构解剖

1. 单一河道的建筑结构要素

单河道内部可划分不同的建筑结构要素，依据高弯曲河道沉积规律，将目的层内的单一河道划分出废弃河道、末期河道、点坝三种要素。

（1）废弃河道在演变过程中，曲率逐渐增大，河床上下游逐渐接近，当某次洪水较大时，河岸被冲开决口，河道的某一段失去了作为径流通行路径的功能时，该段河道废弃（图6.44）。在单井上表现为废弃河道底部与河道砂体底部一致，为砂质充填，上部有两种充填方式。废弃河道可分为突废和渐弃，突弃型废弃河道上部表现为自然电位近基线，渐弃型河道为齿状（图 6.45），废弃河道的这种泥质充填容易形成平面上的遮挡，降低驱油效果，形成剩余油。废弃河道的存在也是识别点坝的重要标志，河道的废弃代表点坝发育的结束，在平面上废弃河道一般总是与点坝相邻分布。

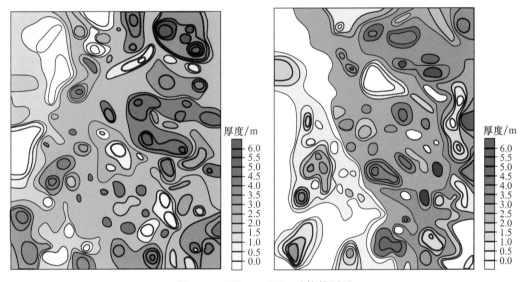

图 6.44　SⅡ$_{1+2b}$、SⅡ$_{12}$砂体等厚图

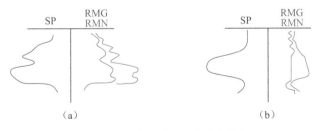

图 6.45　废弃河道的测井曲线特征
（a）渐弃型；（b）突弃型

（2）末期河道。末期河道是河流弯度增大到一定程度，发生决口截弯改道，使整条河流废弃，末期河道比一般废弃河道在废弃时间上稍晚。

（3）点坝。点坝是曲流河砂体内部主要的成因单元，由周期性侧向增长的若干侧积体叠加组合而成，在侧积体之间由泥质侧积层分割。点坝具有明显的河流二元结构，底部有冲刷面，底部之上有滞留沉积，发育大型槽状、板状交错层理，小型槽状、板状交错层理，小型交错层理，波纹层理和块状泥岩相，粒度表现为正韵律。在测井曲线上，自然电位表现为钟形、箱形(图 6.46)。

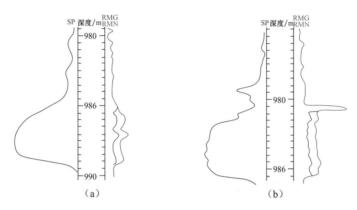

图 6.46　点坝测井曲线特征

(a)B3-6-P37 井,渐弃型;(b)B3-6-P36 井,突弃型

2. 单一河道内部结构解剖

在单河道划分的基础上,依靠测井曲线,对比多条剖面图并结合砂体等厚图确定单一河道内末期河道和废弃河道。通过分析河流演化过程来界定点坝的边界,具体的解剖方法如下。

(1)末期河道的确定。当新的河道形成后,原来的老河道逐渐失去了作为水流通行路径的作用,形成静水环境。逐渐废弃的河道内水动力较弱,细粒悬浮物质逐渐沉积,以泥质为主,在曲线上形态与废弃河道相似。当整条河道被充填后,在平面上的单一河道内砂体厚度应该为一条相对连续可追踪的砂体减薄的区域,可以综合砂体等厚图、剖面图来确定末期河道。

图 6.47(a)为 SII_{1+2b} 砂体等厚图,B3-351 井排 B3-351-P51~B3-351-P53 井,在砂体等厚图上表现为两个厚度中心,在中间 B3-351-P52 井为相对较薄的区域,河流在演化过程中逐渐向左弯曲,因此判断 B3-351-P52 井为末期河道通过,在 B3-351-P51 边部为废弃河道。

依据 B3-352-P56 井和 B3-353-SP57 井测井曲线的形态,预测该井点有末期河道通过。通过结合上游 B3-351 井排所预测的末期河道区域,在平面上组合出相邻两个弯道的末期河道,认为这两个井点为末期河道通过区域(图 6.48)。

因此通过剖面分析,结合平面砂体等厚图的特征,在平面上进行组合,可以预测出末期河道(图 6.48)。

(2)废弃河道确定。废弃河道的判断分为两种情况。对于有井点控制的废弃河道,可以直接通过测井曲线形态来判断;废弃河道几何形态以为"C"形或者"O"形为主,规模也比较小,即使在密井网条件下,也不可能完全由井点控制。地下储层中只有少部分废弃河道才能被井点控制。对于没有井点控制的废弃河道则需要综合判断,在确定单一河道和末期河道的基础上,依据剖面图和砂体等厚图进行判断,由剖面图(图 6.50)B3-351-P52井两旁测井曲线呈现不同的特征,且在砂体等厚图上表现为有不同的砂体厚度中心,则认为存在废弃河道。

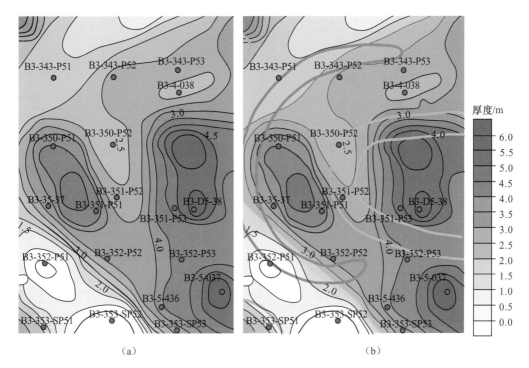

图 6.47　由 SII_{1+2b} 砂体等厚图判定废弃河道和末期河道

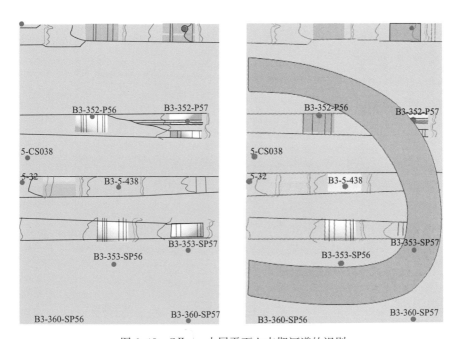

图 6.48　SII_{1+2b} 小层平面上末期河道的识别

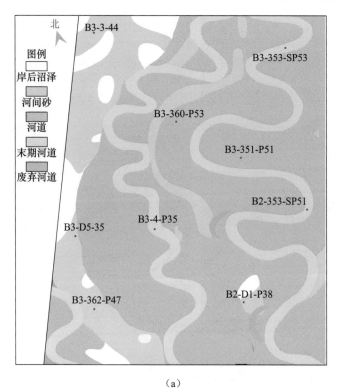

（a）

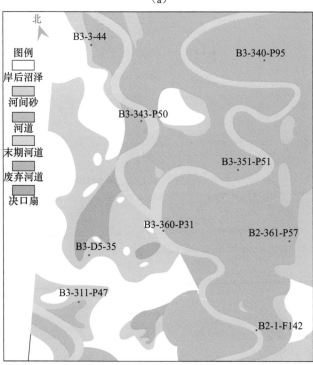

（b）

图 6.49　末期河道展布

（a）SII_{1+2b}单元；（b）SII_{12}单元

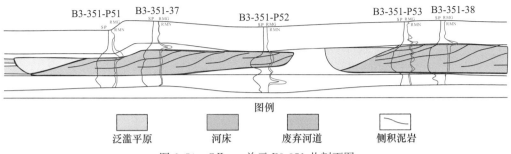

图例

泛滥平原　　河床　　废弃河道　　侧积泥岩

图 6.50　SII_{1+2b} 单元 B3-351 井剖面图

在井点上识别废弃河道时,废弃河道的曲线形态往往与溢岸砂难以区分,在识别废弃河道时,要综合一维井点曲线特征、相邻井排剖面及结合二维平面来综合判断。

（3）河道初始位置。河道在新形成时总是比较顺直,河道水流呈螺旋状,使凹岸侵蚀,凸岸沉积,河流曲率逐渐增大,因此,河道的初始位置为一条相对较直的河流,图 6.52 中黑色流线即为预测的河道初始位置。

（4）河道摆动分析。对于 SII_{1+2b},河道最初为两条相对较顺直的单河道,然后曲率逐渐增大,当增大一定程度时,由于洪水作用,A 河道在 B3-D5 井到 B3-351 井排处决口,形成决口河道,河流改道,老的河道逐渐废弃,新的河道为水体通过的主要路径。B 河道在 B3-360 井排改道,河道主流线向东移动,原来老河道废弃,新的河道继续演化,最终在某个时期整条河道废弃,形成末期河道。对 SII_{12} 层,在初始阶段也可分为两条单河道（图 6.51 中黑线）,河道东面河道逐渐向西演化,最后两条河流在 B3-360-P51 井汇合成一条河道。

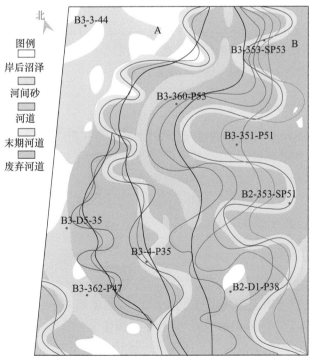

（a）

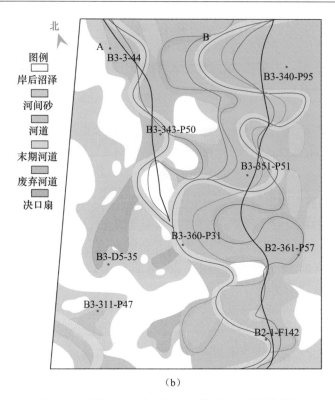

图 6.51 SⅡ$_{1+2b}$(a)和 SⅡ$_{12}$(b)单元河流流线变化图

（5）河道流线。在分析河道演化的基础上，依据河道的演化过程，给定河道演化不同时期的主流向。如 SⅡ$_{1+2b}$小层 A 河道由黑色流线逐渐弯曲，到红色流线，最后演化到蓝色，整条河道废弃，为末期河道；B 河道由黑色—灰色—红色—天蓝色—绿色—蓝色不断变化，河道最后摆动到蓝线位置，形成末期河道。

6.6.3 点坝的建筑结构解剖

点坝是曲流河储层中的骨架砂岩，点坝主要通过测井曲线形态、砂体特征及废弃河道来进行识别。在河流演化过程中，当废弃河道形成时表示一个点坝发育过程的结束。因此有废弃河道的存在就表示有点坝发育，点坝的自然电位曲线主要为钟形或箱形，在砂体等厚图上表现为厚度较大的区域。要根据各种标志综合判断点坝，依靠河道各个时期的流向确定点坝边界（图 6.52）。

1. 点坝内部结构解剖

1）点坝的基本特征

曲流河点坝是由于河流侧向加积作用形成的，河流侧向迁移形成的砂质沉积体称为侧积体，一个侧积体是点坝砂体中等时单元，在侧积体上沉积薄的泥质层，称为侧积层（张存才等，2007）。侧积体在平面上呈新月形，各个侧积体呈叠瓦状排列（图 6.53）。侧积泥岩为点坝内部一种非渗透遮挡夹层，形成了曲流河点坝砂体特殊的半连通体结构，这些薄

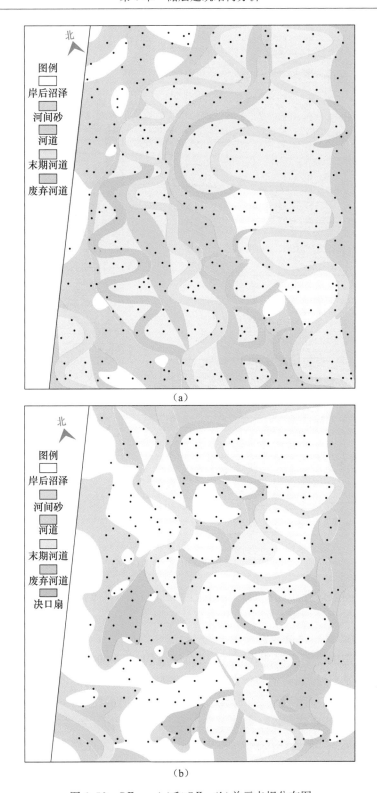

图 6.52　SII_{1+2b}(a)和 SII_{12}(b)单元点坝分布图

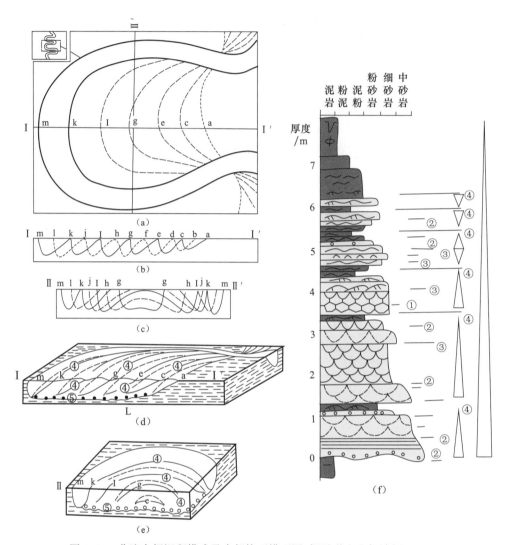

图 6.53　曲流点坝沉积模式及内部构型模型图(据马世忠和杨清颜,2000)

夹层对砂体内部剩余油分布起控制作用,在注水开发过程中,侧积泥岩起遮挡作用,因此,识别点坝内部非渗透遮挡层对剩余油挖潜至关重要。

2)点坝的增长模式及复合点坝的分解

曲流河点坝是由于凹岸侵蚀,凸岸沉积而形成的,每一期次洪水形成一个侧积体,当河道废弃后点坝发育结束;在河道的曲率达到较高时,高弯曲河流点坝的增长方向可以发生改变,曲流侧积方向发生变化,图 6.54 为曲流河点坝增生模式。

3)点坝内部夹层的识别与分类

根据夹层的岩性、渗透性及测井曲线特征,将夹层分为泥质夹层、钙质夹层和物性夹层。

(1)泥质夹层主要是指沉积形成的泥岩、粉砂质泥岩,其主要形成于一期洪水后,水动力相对较弱时期。在测井曲线上表现为自然电位明显增大,微电极曲线幅度减小,幅度

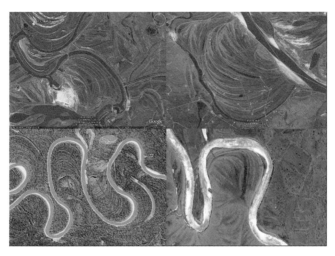

图 6.54　曲流河点坝增长模式

差明显减小或者为零,在曲流河点坝砂体中,一般此类夹层为最主要夹层。

（2）钙质夹层是受沉积作用和成岩作用控制的一类夹层,一般岩性为钙质胶结砂岩,由于碳酸盐胶结,使砂体渗透性变差。在微电极曲线上表现为尖峰幅差较小,这类夹层一般分布在砂岩顶、底部,且规模比较小。

（3）物性夹层以粉砂质泥岩和泥质粉砂岩为主,具有一定的渗透性,通常为含砂的泥质条带、含砾砂岩。在测井曲线上表现为微电极值降低,但存在一定的幅差,这类夹层一般对油水运动有一定的影响。

4）点坝内部侧积体、侧积层规模及倾角的判断

（1）侧积层倾向的判断。侧积夹层在平面上一般呈新月形,依据点坝砂体的侧积规律,侧积层总是向废弃河道方向倾斜,从现代沉积模式可以看出,侧积层的侧积方向指向废弃河道的凹岸(图 6.55)。

图 6.55　点坝侧积体

（2）侧积体、侧积层倾角及规模的判断。曲流河点坝内部侧积层与地层斜交，可以通过少数井距较近的对子井进行对比。在判断出夹层倾向的基础上，在对子井中确定为同一夹层的情况下，依据井距和夹层的垂向差来判断倾角。如 SII_{1+2b} 小层的 B3-361-P48 井和 B-D6-435 井，井距为 32.8m，侧积方向为由西向东，砂体厚度分别为 4.1m 和 3.6m 的点坝砂体，确定同一侧积层，垂向上差为 2.5m，因此判断其倾角为 arctan(2.5/32.8)≈ 4.4°（确定下），在明确侧积体厚度和夹角的基础上，依据直角关系，算出侧积层的水平间距为 16～20m，侧积层的延伸长度为 35.6m。

岩心是油田地下地质研究中最直观的资料，在点坝侧积层倾角判断时，可以借助岩心资料来判断（张善严等，2007）。图 6.56 为取心井 B2-322-JP43 的岩心，在通过砂体上部有一定厚度的水平泥岩进行校正后，判断其泥质层倾角分别为 6°、10°。

(a)　　　　　　　　　　　　　　　(b)

图 6.56　泥质披覆层的倾角测量

(a)中泥质倾角为 6°；(b)中泥质倾角为 10°

现代沉积和露头的研究表明侧积泥岩的倾角一般为 5°～10°，综合对子井和岩心资料，估算侧积泥岩的倾角以 4°～10° 为主。

在对侧积层单井识别和井间预测的基础上，为描述点坝砂体侧积夹层的平面形态、侧积方向、密度等分布特征，对 SII_{1+2b} 和 SII_{12} 小层层分别建立 20 条剖面，预测夹层在平面上的大致形态。

选取了目的层 SII_{1+2b} 描述侧积体剖面和平面特征。图 6.57 表明水流方向由上向下流动，由 B3-352 井排曲线的曲线形态，结合全区的河道演化特征，将坝上游的点坝分为两个单一的点坝，分别分为 6、10 个侧积体，靠近下游点坝分为 11 个侧积体。

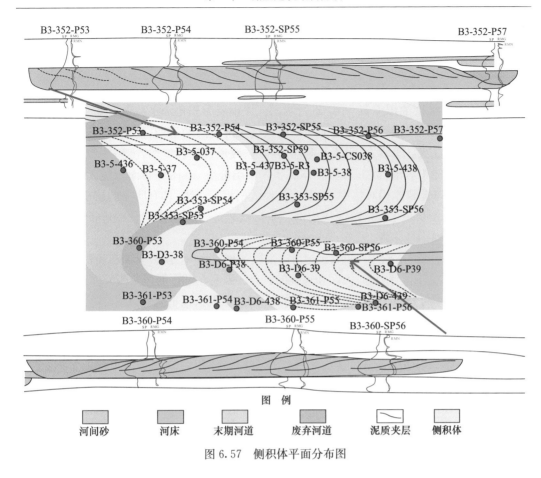

图 6.57 侧积体平面分布图

6.7 大庆油田低弯曲流河储层建筑结构分析

6.7.1 低弯曲流河的沉积机理

1. 低弯曲流河的沉积机理

低弯曲流河与高弯曲流河沉积特征相似,所不同的是其河流的弯曲度较低,河流改道较少,河道的迁移次数少,而形成的砂体连续性也相对较差。其特征界于曲流河和网状河之间。

低弯曲流河的砂体构成与高弯曲流有较大的差异。由于河道的弯曲程度低,点坝发育相对较差,相对可容纳空间较大,河道中的河床沉积相对发育。与高弯曲流河不同的是其内部不是以单个的点坝为基本结构,而是以小型的河道充填单元形成储层的基本结构。在河道之间的洪泛区,其沉积特征与高弯曲流河也有所不同,高弯曲流河在洪泛区有大量的决口沉积,常发育小型的决口水道或决口扇,以决口扇为主形成洪泛区的砂体骨架。而在低弯曲流河中,由于较充足的可容纳空间,河道并不会比外部的洪泛区高出很多,因而常常不产生决口,而是在洪水来临时,洪水直接漫流形成片状溢岸砂岩,这些砂体将相对较为局限的河道连接,形成面积相对较大的砂体。除此之外,由于低弯曲流河的较充分的沉积供应和相对快速的堆积,常导致其单个河道的填积速度较快,河道内部结构相对简单,在开发中没有必要对河道内部的次一级结构进行解释和预测。

2. 低弯曲流河的解剖方法

研究中选取大庆油田 PI_2 小层进行解剖。该小层为三角洲平原低弯曲分流河道,形成于早白垩世青山口组水退旋回的晚期与姚家组水进旋回的早期,盆地沉积速度减慢,湖面开始扩张,可容纳空间增大,河流切割能力减弱,改道迁移性变弱,沉积地貌保存相对完整,砂体侧向延伸相对下部较差,但整体沉积物供给充分,砂体分布面积较大。由于多期砂体的叠加,纵向上砂体相对集中,平面上各种微相相互交错,具有明显的层次性,通过层次分析,按照河道带、单河道、单河道内部三个层次来进行储层描述。在进行储层结构解剖时,采用"三步走"的思路。

(1)确定河道带。尽管单个低弯河道分布局限,但多期河道相叠,其展布面积比较大。尤其是在垂向上,常形成叠置分布、大面积连续的特点。因而在进行低弯曲流河的解剖时,首先要将垂向上认为不可分的或划最为一个小层的砂体进行细分,在垂向上识别出单个河道,将垂向上的复合河道转化为单一河道。进而在平面上对不同的河道带进行内部结构细分。对于平面上的河道带组合,通过河泛区组合、区域河流流向分析,确定平面上河道带的分布。

(2)确定单期河道沉积砂体组合。在平面上将砂体组合为单一河道成因带后,下一层次便是将河道带内的单一河道区分出来。单一河道通过下列方法进行识别。

垂直流向单剖面河道组合,在垂直水流方向的剖面上,单一河道形成一个厚度中心,与周围砂体在厚度上、曲线形态上有明显区别。

河道主体部位分析,在砂体平面图上,砂体的厚度变化表明存在不同的河道,一般地砂体厚度变小的区域指示着河道的边界。

河道剖面平面组合,在不同的剖面上,同一条河道可呈现出不一样的厚度,通过对不同剖面中砂体变化特征的分析,可以较好地了解河道的演化。

河道外部关联砂体展布,外部关联砂体的出现预示着河道的边界,而关联砂体的形态,在一定程度上受控于主砂体的形态,也反映了主砂体的形态。

(3)分析河道及砂体的接触关系。影响低弯河道砂体渗流的最主要的因素可能是作为骨架的河道砂体之间的接触关系,它决定了流体流动特征。按照其间的特征,划分为三种类型。①切割。早期河道被晚期河道切割,一般具有较好渗透性,两个河道间可形成较好的渗流关系。②连接。河道之间相互接触,但不存在切割关系,此时需要讨论接触点处岩性组成及渗流特征,进而弄清其对渗流的影响。③相离。河道之间不接触,此时两个河道基本不连通,形成独立的流动单元。

通过以上三个层次的研究,基本可清楚低弯曲流河的砂体构成及渗流特征,指导对地下流体流动的分析。

6.7.2　河道带建筑结构解剖

三角洲平原上,低弯曲分流河道由于其水流强度和相带位置的不同,与高弯曲分流河道相比,形成的单一河道规模、弯曲度均较小,河道边界为松散沉积物,河道容易发生废弃和改道。但低弯曲分流河道发生截弯取直相对较少,由于河道迁移,形成不同规模的河道带。

复合河道砂体的分布模式可分为孤立、单体、条带状和连片状砂体 4 类,目的层的复合河道砂体呈现条带状。由于河道砂体的侧向迁移、改道,出现多河道在局部地区的拼合砂体。河道分叉与合并,使复合河道砂体变宽。叠置的砂体厚度最厚达到将近 9m,自然电位曲线有箱形、钟形、圆头形,大部分曲线有明显齿化,与高弯曲分流河道相比,P I₂ 层圆头形所占的比例较大,砂体厚度也较薄。在平面上分为河道、河道砂、河间泥,通过平面沉积微相组合,河道明显呈条带状(图 6.58)。

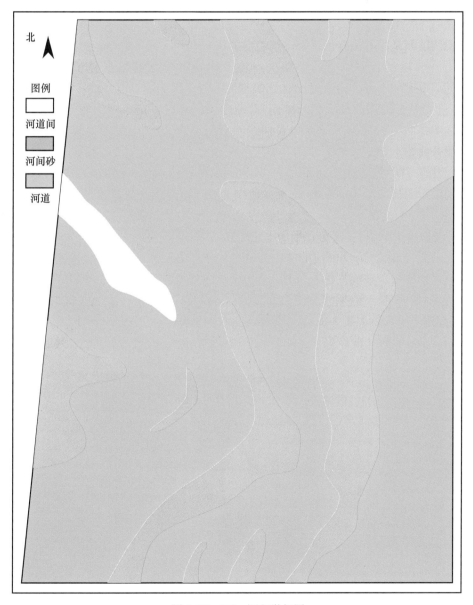

图 6.58　P I₂ 沉积微相图

6.7.3　单期河道砂体建筑结构解剖

河道砂体是三角洲平原的骨架砂岩,由不同成因类型的砂体组成。单砂体是由一期沉积事件形成和保存的单一砂体,代表一个沉积时间阶段形成的成因单元。由于河道砂体不断地迁移废弃,决口改道,河道在平面上摆动,侧向迁移分叉合并,废弃复活。在对 P I₂ 沉积单元进行单河道划分的时候,要先考虑纵向上的旋回,再考虑横向上连续性,然后再分析横向和平面上不同单一河道的拼合。对目的层 P I₂,为两期河道纵向和横向切叠而成,所以要对 P I₂ 内部结构分析,有必要分纵向和横向上对沉积单元进一步进行细分。

1. 单期次砂体的垂向划分

沉积间歇面是指垂向在前一期连续稳定的沉积和后一期连续稳定的沉积之间形成的有别于上下邻层的特殊岩性。单期次河流砂体划分的主要依据是识别沉积间歇面(图 6.59)。依据曲线形态类型可分为三类情况。

(1)上下邻层有明显的沉积间歇面,两期砂体之间有一定厚度的泥质隔层。这类接触关系在测井曲线上表现为,自然电位曲线明显回返,微电极幅度差很低甚至重合,可以直接在测井曲线上识别。

(2)当前一期河道砂体沉积后,后一期次河道对前一期河道顶部产生切割,两期河道砂体之间没有明显的沉积间歇面,在测井曲线上表现为自然电位回返不明显,微电极曲线幅差很低。

(3)先期河道沉积后,河道在平面上呈明显的条带状,河道内存在较多的河道间沉积泥岩。河道废弃改道,后期河道的河床的边界和底部物质为前期河道沉积物,因此,造成后期河道沉积物覆盖在前期泥质沉积上,或者当后期河道沉积物没有到达的地方仍然为河间沉积泥岩。覆盖在前期河道沉积上,在测井曲线上表现为自然电位曲线上半为砂下半为泥,或者下半为砂上半为泥。

依据 P I₂ 层测井曲线特征,将 P I₂ 在纵向上进一步划分为两个不同沉积单元:P I₂¹ 和 P I₂²。

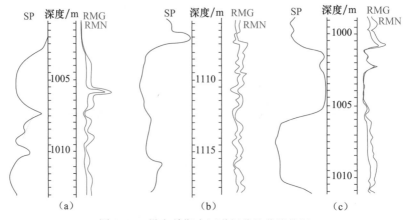

图 6.59　纵向单期次河道划分的曲线特征
(a)B2-1-44 井;(b)B2-312-SP47 井;(c)B2-1-SXP37 井

2. 平面上单一河道的划分

单一河道砂体的划分和描述是河道砂体层次描述的基础,因此划分单一河道是分析低弯曲河道结构的基础。在对 PI_2 小层纵向上的沉积单元细分的基础上,在横向上划分单河道,划分依据如下。

1) 平面微相组合

低弯曲河道的迁移没有高弯曲分流河道频繁,低弯曲河流的规模有限,没有形成大面积复合河道,低弯曲河道在平面上呈现更为明显的条带性[图 6.60(a)],河道之间存在大

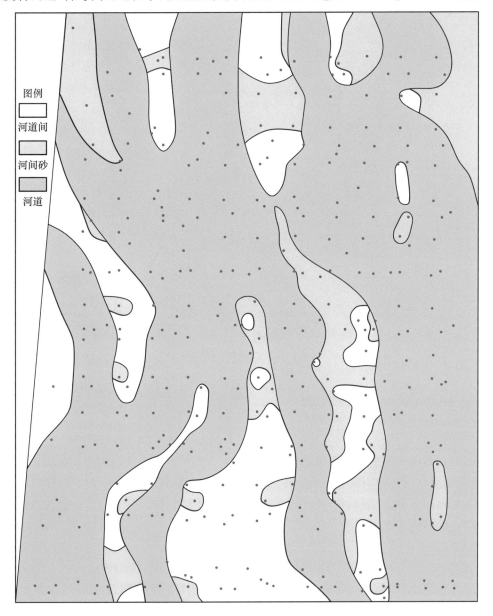

(a)

(b)

图 6.60　P I $\frac{1}{2}$(a)和 P I $\frac{2}{2}$(b)沉积微相图

量可以沿着物源方向追踪的条带状的河间沉积泥岩或砂岩。在井点沉积微相识别的基础上，从平面上对河流作用区和非河流作用区进行组合，大面积河道砂岩中存在串珠状和窄条带状的河间沉积物[图 6.60(b)]，往往是两条单河道之间的沉积，在这些地方可以初步确定单一河道的轮廓。

2)剖面分析

在连井剖面图上，依据测井曲线分析和确定不同单一河道砂体的规模、各单一河道砂体层位的差异及砂体之间的切割叠置的关系。通过多条相邻的连井剖面，综合砂体类型、沉积模式、各相带组合关系、平面的几何形态及接触关系，确定单一河道砂体的具体形态。

通过平面的沉积微相组合，可以确定河道的主流线和大部分河道的边界，但由于河道的分汉与汇合,在局部地方无法用河间砂或者河间泥将河道区分开,这样就要通过连井剖面来分析。

在横向上划分单一河道的时候,不能只依靠单独的一条剖面来分析,需要用多条相邻的剖面图来综合判断。如图 6.61 在通过相邻的 B3-3 井和 B3-341 井两条剖面上显示出 PI_2^2 单元,在 B3-3 井剖面上相邻的 B3-3-144 井和 B3-3-436 井,自然电位曲线形态不同,砂体厚度也有所差异,同样在 B3-341 井剖面上,B3-341-P49 井和 B3-341-P50 井的曲线也反映出形态和厚度上的差异,则综合判断为不同的单一河道砂体。

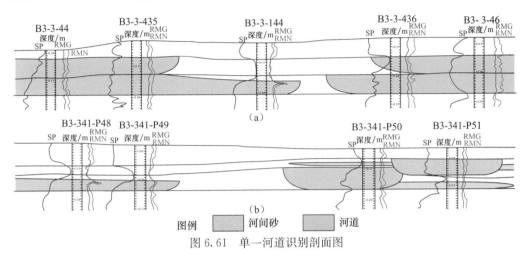

图 6.61　单一河道识别剖面图

当曲线形态差异不很明显时,结合相邻井排的河间沉积和砂体厚度图来判断单砂体,如对 PI_2^2 单元 B3-360-P49 井和 B3-360-P50 井曲线在厚度和形态上差异不是特别的明显,但相邻井排显示沉积特征和砂体厚度有差异(图 6.62),推断这两口井为不同的单河道。

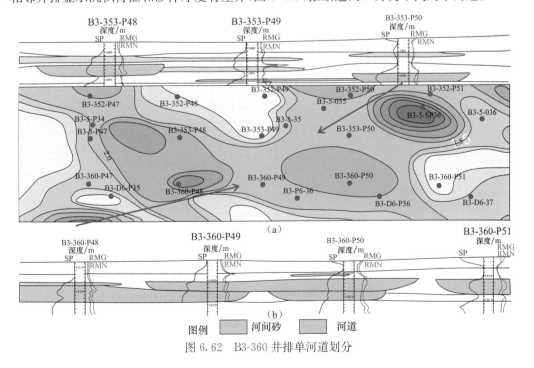

图 6.62　B3-360 井排单河道划分

据此结合测井曲线和砂岩厚度(图 6.63),完成了两个层单河道预测(图 6.64)。

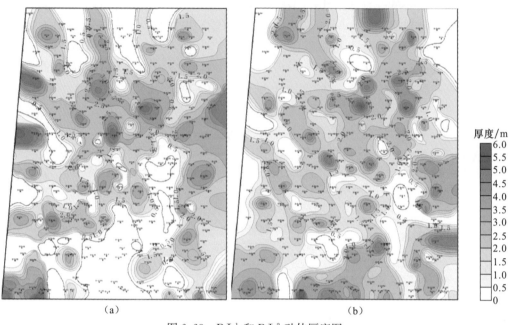

图 6.63　PⅠ$_2^1$和PⅠ$_2^2$砂体厚度图

(a)PⅠ$_2^1$;(b)PⅠ$_2^2$

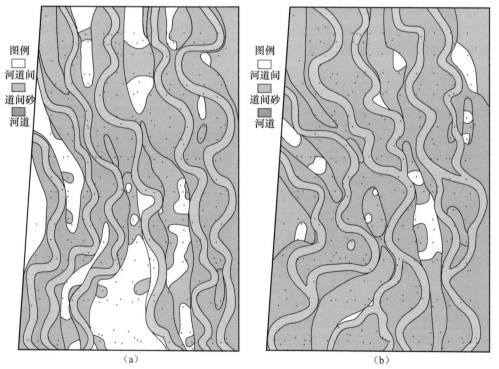

图 6.64　PⅠ$_2^1$和PⅠ$_2^2$单元沉积相图

(a)PⅠ$_2^1$;(b)PⅠ$_2^2$

6.7.4 河道及砂体的接触关系

低弯曲河流弯曲度较小,河道迁移改道较少,形成的河道宽度较小。相对于高弯曲河流,河道砂体的连续性较差。因此影响其渗流的最主要的因素可能是作为骨架的河道砂体之间的接触关系,这种接触关系决定了流体的流动特征。按照其间的特征,划分为三种类型:切割、接触、相离。

1. 河道砂体的切割

河道砂体的切割分为两种,在纵向上,早期河道顶部沉积被晚期河道切割(图 6.65),两条河道之间一般具有较好渗透性,两个河道间可形成较好的渗流关系;在平面上,先期沉积的河道被后期的河道切割(图 6.66),B3-343-P52 井切割 B3-343-P50 井,相邻的两条河道由于切割相连。

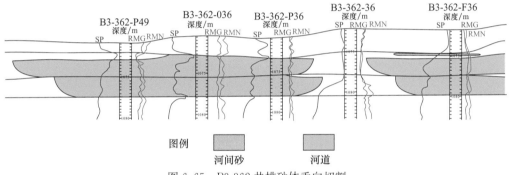

图 6.65 B3-362 井排砂体垂向切割

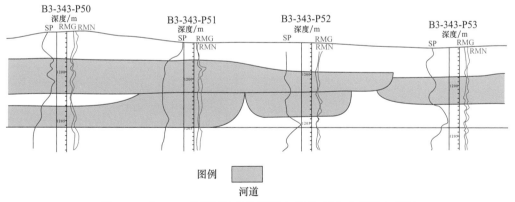

图 6.66 B3-343 井排河道砂体平面上相离,垂向上相接和相离

2. 河道砂体的接触

河道之间相互接触,但不存在切割关系,此时需要讨论接触点处岩心组成及渗流特征,进而弄清其对渗流的影响(图 6.67)。B3-342-P53、B3-342-P54、B3-342-P55 井后期河道并没有完全切割早期沉积的河道,从测井曲线上看,纵向上两条河道之间自然电位曲线有回返,河道之间是否连通取决于接触处岩性的渗流特征(图 6.68)。

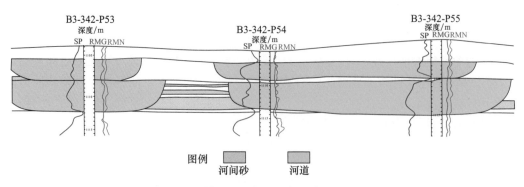

图 6.67　B3-342 井排河道砂体平面上相离，垂向上相接和相离

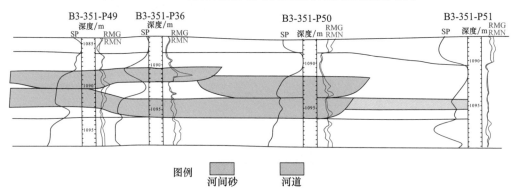

图 6.68　B3-351 井排河道砂体平面上相离，垂向上相接和相离

3. 河道砂体的相离

河道之间不接触，此时两个河道基本上不连通，形成两个独立的流动单元。主要分为两种，河道与河道相离（图 6.69），两条河道之间的河道间沉积物将河道隔开，使两条河道不接触，如图 6.69 P I $\frac{1}{2}$ 层中河道与河间砂相接触，河道呈独立发育的特征。

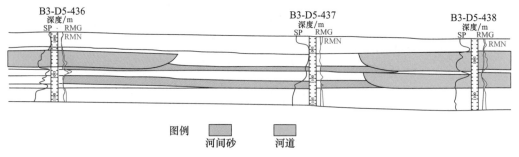

图 6.69　B3-D5 井排中河道呈相离接触关系

参 考 文 献

白振强,王清华,杜庆龙,等.2009.曲流河砂体三维构型地质建模及数值模拟研究[J].石油学报,30(6):

898-907.

方宗岱.1964.河型分析及其在河道整治上的应用[J].水利学报,1(96):4.

付清平,李思田.1994.湖泊三角洲平原砂体的露头构形分析[J].岩相古地理,14(5):21-33.

葛云龙,廖保方,张为民,等.1998.辫状河现代沉积研究与相模式-中国永定河剖析[J].沉积学报,16(1):34-39.

胡克珍,吴菊仙,张超谟.1995.灰色关联在小层对比中的应用[J].江汉石油学院学报,17(3):35-39.

赖志云.1986.荆江太平口下边滩现代沉积特征[J].沉积学报,4:109-118.

李少华,张昌民,尹艳树.2003a.河流相储层随机建模的几种方法[J].西安石油学院学报,18(5):10-16.

李少华,张昌民,张柏桥,等.2003b.布尔方法储层模拟的改进及应用[J].石油学报,(3):78-81.

李少华,张昌民,尹艳树,等.2008.多物源条件下的储层地质建模方法地学前缘[J].(1):196-201.

李思田.1991.鄂尔多斯盆地侏罗纪延安组三角洲及河流砂体内部构成及不均一性研究成果报告[R].

李阳.2007.我国油藏开发地质研究进展[J].石油学报,28(3):75-79.

林克湘,张昌民,雷卞军等.1995.地面地下对比建立储层精细地质模型[M].北京:石油工业出版社.

马世忠,杨清颜.2000.曲流点坝沉积模式、三维构形及其非均质模型[J].沉积学报,18(2):241-247.

马世忠,王一博,崔义,等.2006.油气区水下分流河道内部建筑结构模式的建立[J].大庆石油学院学报,30(5):1-3.

钱宁.1985.关于河流分类及成因问题的讨论[J].地理学报,40(1):1-9.

裘亦楠.1987.河流砂体储层的小层对比问题[J].石油勘探与开发,16(2):46-52.

裘亦楠.1990.烃类储层地质模型的建立[J].江苏油气,1(4):2-7.

吴蕾,陈子琪.1989.扇三角洲地质模型研究—双河油田核三段Ⅳ1-4油藏解剖(研究报告)[R].

吴胜和,岳大力,刘建民,等.2008.地下古河道储层构型的层次建模研究[J],中国科学 D 辑(地球科学),(S1):38-43.

吴胜和,纪友亮,岳大力,等.2013.碎屑沉积地质体构型分级方案探讨[J].高校地质学报,(1):12-22.

解习农.1994.江西丰城矿区障壁坝砂体内部构成及沉积模式[J].岩相古地理,14(4):1-9.

尹艳树.2011.层次建模方法及其在河流相储层建筑结构建模中的应用[J].石油地质与工程,25(6):1-4.

尹艳树,吴胜和,毛立华,等.2005.水下扇储层沉积微相建模——以濮城油田沙三中亚段油藏为例[J].海洋地质与第四纪地质,(4):129-134.

岳大力,吴胜和,刘建民.2007.曲流河点坝地下储层构型精细解剖方法[J].石油学报,28(4):99-103.

张昌民.1992a.储层研究中的层次分析法[J].石油与天然气地质,13(3):344-350.

张昌民.1992b.荆江江心洲沉积[J].沉积学报,14(2):146-153.

张昌民,尹太举.1996.河南栗圆扇三角洲沉积建筑结构分析[C]//油藏描述论文集.西安:西北大学出版社.

张昌民,林克湘,徐龙,等.1994.储层砂体建筑结构分析.江汉石油学院学报[J].(2):1-7.

张存才,付志国,黄述旺.2007.曲流河点坝砂体内部建筑结构三维地质建模[J].海洋石油,27(4):19-24.

张善严,刘波,陈国飞,等.2007.水平井岩心侧积夹层初探[J].大庆石油地质与开发,26(6):56-60.

赵翰卿.1994.葡1-4油层河流相储层精细地质模型研究[R].大庆:大庆石油管理局勘探开发研究院报告.

赵翰卿.2002.储层非均质系、砂体内部建筑结构和流动单元研究思路探讨[J].大庆石油地质开发,21(6):16-20.

赵翰卿,刘波.1991.大型河流-三角洲体系中特低渗透储层与隔层的分布模式[J].大庆石油地质开发,10(1):13-19.

赵翰卿,付志国,刘波.1995.应用精细地质研究准确鉴别古代河流砂体[J].石油勘探与开发,22(2):68-70.

郑荣才,付志国,张永庆,等. 2008. 大庆萨北开发区下白垩统青山口组葡 I-2 油层曲流河边滩砂体内部建筑结构[J]. 成都理工大学学报:自然科学版,35(5):489-495.

Allen J R L. 1964. Study in fluviatile sedimentation:Six cyclothems from the lower old red sandstone,Anglowelsh basin[J]. Sedimentology,(3):163-198.

Allen,J R L. 1980. Sandwaves:A model of origin and internal structure[J]. Sedimentary Geology,26(4):281-328.

Allen,J RL. 1983. Studies in fluviatile sedimentation:bars,bar complexes and sandstone sheets(low-sinuosity braided streams)in the Brownstones(L. Devonian),Welsh Borders[J]. Sediment Geology,33(4):237-293.

Brookfield M E. 1977. The origin of bounding surface in ancient aeolian sandstones[J]. Sedimentology,24:303-332.

Clark J D,Pickering K. T. 1996. Architectural elements and growth patterns of submarine channels:Application to hydrocarbon exploration[J]. AAPG Bulletin,80(2):194-211.

Decelles P G,Cavazza W. 1999. A comparison of fluvial megafans in the Cordilleran (Upper Cretaceous) and modern Himalayan foreland basin systems[J]. Geological Society of America Bulletin,111(9):1315-1334.

Derald G S. 1986. Anastomosing river deposits,sedimentation rates and basin subsidence,Magdalena River,northwestern Colombia,South America[J]. Sedimentary Geology,46:177-196.

Frield P F,Slater M J,Williams R C. 1979. Vertical and lateral building of river sandstone bodies,Ebro Basin,Spain[J]. Journal of the Geological Society,(1):39-46.

Haldorson H H. 1986. Simulation parameter assignment and the problem of scale in reservoir engineering [M]//Lake L W,Carroll H B. Reservoir Characterization. New York:Academic Press,46:293-340.

Jackson R G. 1976. Largescale ripples of the lower Wabash River[J]. Sedimentology,23(5):593-623.

Miall A D. 1985. Architecture-element analysis:a new method of facies analysis applied to fluvial deposits[J]. Earth Science Reviews,22:261-308.

Miall A D. 1988a. Architecture element and bounding surfaces in fluvial deposits,anatomy of the Kayenta formation(Lower Jurassic),Southeast Corolado[J]. Sedimentary Geology,55(3):233-262.

Miall A D. 1988b. Reservoir heterogeneities in Fluvial sandstones:Lessons from outcrop studies[J]. AAPG Bulletin,72(6):682-679.

Munoz A,Ramos A,Sanchez-Moya Y,et al. 1992. Evolving fluvial architecture during a marine transgression upper buntsandstein Triassic,central Spain[J]. Sedimentary Geology,75(3):257-281.

Pettijohn F J,Potter P E,Siever. 1987. Sand and Sandstone[M]. New York:Spring-Verlag.

Posamantier H W,Weimer P. 1993. Siliciclastic sequence stratigraphy and petroleum geology-where to from here? [J]. AAPG Bulletin,77(5):731-742.

Thomas R G,Smith D G,Wood J M,et al. 1987. Inclined heterolithic stratification-terminology,description,interpretation and significance[J]. Sedimentary Geology,53:123-179.

Weber K J. 1986. How heterogeneity affects oil recovery[J]. Reservoir Chacterization,487:543.

Willis,Behrensmeyer. 1994. Architecture of Miocene overbank deposits in northern Pakistan[J],Journal of Sedimentary Researc,64(1):60-67.

第7章 储层相模式研究

沉积相模式是在现代沉积环境和古代地质体的地质特征进行深入分析基础之上,对具体沉积环境及其产物的特征所做的总结和概括(Walker,1975,1990)。这一概念的提出与 20 世纪 50~60 年代广泛开展的现代沉积调查研究密切相关。为了对现代沉积调查过程中获得的知识进行提升和总结,Paul Potter(1959)首次在其主编的 *Illinois State Geological Survey* 一书中对沉积相模式进行了讨论。目前,各类沉积相模式在沉积地质研究及资源勘探中发挥了重要作用,使之作为模拟类比的参照标准、观察指南、新区油气资源预测依据及环境体系水动力学解释的基础。关于沉积相模式的研究已趋近于成熟,对除深水重力流体系以外的沉积环境基本成因相构成、三维相组合及成因机理均取得较好认识。而对深海重力流体系的研究,由于难于直接观察其沉积体系类型,对其研究程度相对较浅。尽管如此,随着对沉积体系自身成因过程认识的不断深化、获取的沉积体系特征信息逐渐丰富,构建具有针对性的不同尺度的沉积相模式具有重要的理论和实践意义。

本书对多年来不同地区不同层段的沉积相模式进行了相关研究,通过露头、钻井岩心、测井曲线资料等综合进行沉积相分析,建立不同区域的滑塌浊积扇、近岸水下扇、扇三角洲、叠覆式浅水三角洲、枝状分流河道型浅水三角洲和连片分流沙坝型浅水三角洲等多种沉积模式,为精细分析高含水期油田地质特征奠定基础,并对深入认识砂体的成因机理和分布模式提供有益参考。

本章分别从渤海湾盆地浊积岩沉积模式(尹太举,2006)、濮城油田沙三中亚段水下扇沉积模式(尹艳树等,2002)、赵凹油田安棚区核三下亚段的扇三角洲沉积模式(侯国伟等,2001)、泌阳凹陷扇三角洲沉积的模式(张昌民等,2004)、钟市潜江组扇三角洲沉积相模式(邢文礼等,2010)、鄂尔多斯盆地下寺湾油区延长组浅水三角洲沉积模式(余逸凡等,2009)、分流河道型和分流沙坝型浅水三角洲沉积模式(张昌民等,2010)及叠覆式三角洲沉积模式(尹太举等,2014)8 个方面来详细阐述沉积模式的建立过程及不同模式的主要特征。

7.1 渤海湾盆地浊积岩特征及其沉积模式

7.1.1 沾化凹陷渤南-区沟道化浊积岩沉积模式

渤南油田构造上属于济阳拗陷沾化凹陷东北部的渤南洼陷,东为孤岛凸起,南与罗家油田相邻,西与四扣向斜相连,北以埕南断层为界并与埕东凸起相接。渤南一区位于油田西南部,主要含油层系为古近系沙河街组 S_3^2、S_3^3 砂层组。研究表明,该区沉积岩具有明显的浊积特征,属低密度浊积岩。浊积岩早已为沉积学界所认识,并一度受到重视,成为地学研究的热点,已形成较为成熟的海底扇和湖底扇等相模式(吴崇筠,1993;裴亦楠等,1997;赵澄林,2000)。许多学者还应用储层建筑结构分析和层序地层学的观点对浊积地层进行了讨论(Bruhn,1999),取得了不少研究成果,在油气勘探开发中发挥了重要作用。我国在许多油区也发现了一批深湖浊积油气储层,如中原油区的濮城地区砂三段湖底扇储层(尹太举等,2003)、胜利油区的东营凹陷大芦湖地区浊积储层(林松辉等,2003)、辽河油区的陈家洼陷地区浊积储层(侯彦东,2001)等。

1. 岩石学特征

岩石学特征是判定沉积环境的基本标志之一,通过对该区 7 口取心井(较均匀地分布于研究区内)的观察分析可以看出,渤南一区取心段沉积时期沉积速率明显较低,具有深湖相沉积背景下的浊流沉积砂体特征。

(1)总体上表现为大套深灰色厚层湖相泥岩夹相对较薄的砂岩沉积。

(2)砂岩粒度细,主要为细砂岩,其次为粉砂岩和中砂岩,砾石一般为同生未完全固结的泥砾,其他成分砾石较少见;泥砾常见撕裂状,显示为冲蚀而成。岩石结构成熟度和成分成熟度均较低,分选性差-中等,磨圆度中-差,以次棱-次圆为主,杂基含量高,反映了一种较近源的快速搬运和沉积。C-M 图分布区与 $C=M$ 线大致平行,概率曲线一段式或两段式,具有明显的浊流特征(图 7.1、图 7.2)。

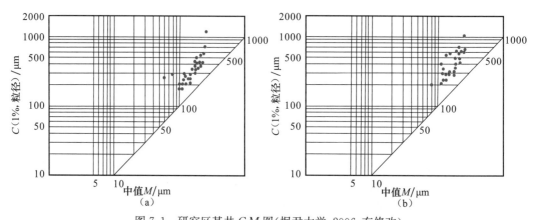

图 7.1 研究区某井 C-M 图(据尹太举,2006,有修改)

(a)21 层 C-M 图;(b)22 层 C-M 图;C. 累积概率 1%时的粒度;M. 累积概率为 50%时的粒度

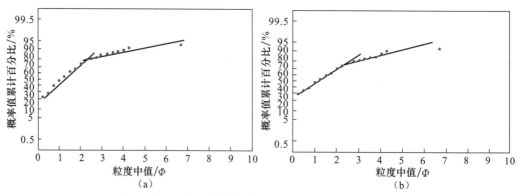

图 7.2 研究区某井粒度概率曲线(据尹太举,2006,有修改)

(a)21 层粒度概率曲线图;(b)22 层粒度概率曲线图

（3）沉积构造类型十分丰富，浊积岩构造类型齐全，且滑塌变形构造丰富；具块状层理、递变层理、平行层理、波状层理、重荷、砂球、砂枕构造、包卷层理、泄水构造和砂岩脉及滑塌变形构造。

（4）岩石相组合为递变层理细砂岩—平等层理粉砂岩—小波状层理粉砂岩—深色水平纹理泥岩，为典型的低密度浊积岩岩相组合。

总体看，该区的岩性具有沉积快、分选差、成熟度较低的特点，与传统浊积岩特征相同。

2. 岩石相及相组合

岩石相又称水动力单元，是特定的沉积水动力条件下的产物，对于分析水动力变化和恢复沉积过程具有重要意义，岩石相分析是沉积相研究的基础和前提。

1）岩石相类型

对研究区岩心观察分析表明，该区发育有砂质岩类和泥质岩类两大类 9 种岩石相类型，各类岩石相的详细特征如表 7.1 所示。

表 7.1　渤南一区沙河街组 S_3^2、S_3^3 砂层组岩石相特征（据尹太举，2006，有修改）

岩石相	符号	特征
递变层理砂岩相	Sc	最为常见。中细砂岩为主，可见粗砂，个别层底部含砾，常见撕裂泥砾。泥砾长片状，与下伏地层突变接触，可见冲刷面，正粒序，单层厚为 2～40cm
块状层理砂岩相	Sm	中细砂岩，不显层理，单层厚 8～20cm；钙质或泥质胶结，钙质胶结多致密，灰白色；泥质胶结物性较好，土黄色
平行层理砂岩相	Sp	细砂岩至粗粉砂，层系厚度为 0.5～10cm，个别达 20cm；可见清晰的层理结构，层面平整
波状交错层理粉细砂岩相	Ssi	细砂或粉砂岩，一般为波纹层理，个别爬升波纹，层系厚度较小，多在 5cm 以下，极少达 10cm
水平层理粉砂岩相	Ssh	粉砂岩或泥质粉砂岩，一般为粉砂与泥岩的薄互层，单个纹层厚度一般为几毫米，整层段可达数厘米
变形层理砂岩相	Sf	中细砂岩，砂中含有大量的撕裂泥砾，呈现砂包泥或泥包砂的特征；变形程度不一，局部完全错断
水平层理粉砂质泥岩相	Msp	深灰色泥岩为主，夹粉砂质；或泥岩与粉砂薄互层
块状泥岩相	Mm	棕黄色块状泥岩，新鲜断面呈棕黄色，暴露断面为棕红色，厚 5～20cm，与粉砂质泥岩相或深灰色块状泥岩相互层产出，为洪水期快速堆积产物深灰色泥岩，质纯，块状
水平层理泥岩相	Mh	深灰色泥岩，质纯，水平纹理发育

2）岩石相组合

岩石相组合是水动力变化的产物，通过岩石相组合的分析，可确定沉积水动力变化的特征，不同的沉积环境中水动力变化规律不同，因而具有不同的岩石相组合。研究区主要发育以下几种岩石相组合。

Sc-Sp 组合：底部粒序层理砂岩相，上部为平行层理中细砂岩相，一般组合厚度较大，单个组合达 20～80cm，常多个组合叠置达数米厚。有时组合夹薄泥层（厚度多数厘米）。组合底部一般为深灰色块状泥岩相，呈突变接触，有时见冲刷面，反映粗碎屑供应充足、水动力强且比较稳定的沉积环境。

Sc-Sp-Mh 组合：底部粒序层理砂岩相，中部平行层理中细砂岩相，顶部水平层理泥岩相。组合厚度不大，一般为 15～60cm，该组合常单独出现。底部与深灰色块状泥岩突变接触，界面较平坦，少见冲刷面。反映粗碎屑供应不太充足、水动力能量较高但迅速衰减的沟道边缘或末梢沉积。

Sm-Sp 组合：底部块状层理砂岩相，上部平行层理中细砂岩相。该组合较少见，属于Sc-Sp 组合的变种，并常与 Sc-Sp 组合一起构成复合组合。反映水动力能量较高、粗碎屑供应特别充足而来不及分异的沟道根部沉积。

Sc-Sp-Ssi-Ssh-Mh 组合：显示完整的鲍马序列组合。组合厚度一般不大，约 20～50cm，反映开始沉积时处于沟道环境，但随着沉积作用的进行，沟道逐渐废弃而最终成为沟道间或沟道末梢环境。

Sc-Mh 组合：底部粒序层理中细砂岩相，上部深灰色泥岩相。砂岩与上下泥岩突变接触，反映了沟道的快速形成及快速废弃过程。

Ssi-Ssh-Mh 组合：自下而上依次为波状纹理粉细砂岩相、水平层理粉砂岩相、深灰色水平层理泥岩相，反映沉积水动力较弱，粗粒碎屑供给不足，属于沟道间靠近沟道部位或是沟道末梢沉积。

Ssh-Mh 组合：粒度较细，表明沉积水动力更弱，基本无粗碎屑供给，是远离沟道的道间高地或沟道远端末梢沉积。

Msh-Mh 组合：深灰色水平层理粉砂质泥岩相与深灰色水平层理泥岩相互层产出，属经典薄层浊积岩的顶部层序，基本上是重力流沉积过程近于结束及其之后的静水沉积。

Sf-Mm：厚层深灰色块状泥岩夹变形层理中细砂岩，为原生沉积受到外力震动滑动变形的产物，属于滑塌岩的范畴。

3. 沉积微相及相模式

渤南一区 S_2^3、S_3^3 砂层组是在深湖背景下发育的浊积岩沉积，属滑塌浊积岩。发育深湖相泥岩、滑塌体及具沟道化特征的浊积岩。浊积岩物源来自早期沉积的未完全固结的地层，其物源一般较小，多形成小规模的条带状砂体。浊积体的平面发育特征具有沟道化特点。由于沉积位置距离滑塌物源区较远，在滑动、液化过程中具有比较合适的古地形，使浊积体具有沟道化的特点。

主力层段储层具有沟道化的特征，平面上呈扇形或长条形，沟道可以表现出分叉特点，也可能呈现单一沟道特征。部分位置可能出现沟道相互切割叠置。沟道的宽度一般较小，多不超过 400m，延伸不是很长，多在 2000m 以内。随古地貌和供给物源量的变化，沟道沉积的厚度也有较大的变化，单期沟道砂体厚度为 2～

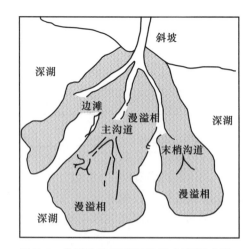

图 7.3　沟道化浊积岩沉积模式（据尹太举，2006，有修改）

10m。浊积岩沉积模式如图 7.3 所示,在沟道化浊积岩中,依据其古地理位置和沉积水动力特征,可进一步分为主沟道、末梢沟道、堤岸漫溢及边滩等沉积微相。

沟道微相规模一般较大,是主输沙通道,平面上延伸较长,单层厚度较大。以中细砂岩为主,发育块状层理和粒序层理,整体上呈向上变细的正粒序或粒序不明显。

末梢沟道微相是主沟道砂质变少后,沟道分叉而成,规模一般较小,平面上延伸较短,单层厚度较小,多小于 3m。沉积以细砂岩为主,发育粒序层理、沙纹层理,整体上呈向上变细的正粒序。

堤岸漫溢微相是沉积物越过沟道在深湖区域堆积的沉积物。沉积体多沿沟道边缘呈条带状分布,厚度一般较小,延伸相对较广。从其沉积的古地理位置上可分为堤岸相、漫溢相、决口相等。基本上由粉砂岩、粉砂质泥岩等组成,多为正粒序。

边滩微相是在沟道内局部位置由于受古地貌的影响而沉积下来的局部厚砂体,多位于沟道弯曲部位,整体上呈正粒序特征。

7.1.2　东营凹陷河 135 及河 110 井区滑塌浊积岩沉积模式

东营凹陷河 135 及 110 井区位于凹陷中部的中央隆起带上,含油目的层段沙河街组三段沉积于湖泊发育鼎盛时期。此时,河 135 井及河 110 井处于深湖、半深湖沉积环境,沉积了巨厚的暗色泥岩,夹数套厚层状三角洲前缘滑塌浊积岩(金武弟等,2003)。滑塌浊积岩为分异性好、具有较低结构和成分成熟度特征的粉-细砂岩。其成分、结构等与原始沉积物关系极为密切,滑塌前期原始沉积物基本上决定了滑塌浊积岩的特征。大多数滑塌浊积岩是前缘席状砂或河口坝砂体在重力、地震等作用下,外部剪切力破坏其内部的黏结力而发生崩塌、滑移后再沉积的产物。可形成一系列的隐蔽岩性油气藏。

1. 岩性、结构及沉积构造特征

滑塌浊积岩主要为块状中-细砂岩,夹泥质粉砂岩,下部一般为厚层块状深灰色泥岩与灰质泥岩的互层,粉细砂岩主要为规模不等的透镜体,层位不稳定,分布不均。

滑塌浊积岩沉积结构成熟度和成分成熟度低,分选性中等,磨圆度差,以次棱角-次圆状为主,杂基含量高。

滑塌浊积岩发育块状层理和滑塌-搅混构造,砂岩的底部可见冲刷面及铸模构造,局部发育有小型沙纹层理。砂岩中可见不同规模、不完整的鲍马序列,主要以 B 段、C 段和 E 段为主。并发育有不同类型的同生变形构造。

2. 沉积相模式

滑塌浊积岩与湖底扇和近岸水下扇不同,其物源来自早期沉积的未完全固结的地层,因而其物源一般规模较小且距离较近,形成的沉积体主要为小规模的条带状砂体。河135 井及 110 井区的浊积沉积可分为两种类型,一种是沟道化的浊积岩,沉积位置距离滑塌物源区较远,在滑动、液化过程具有比较合适的古地形,使浊积体具有沟道化的特点。其沉积特点与前述沾化凹陷渤南一区沟道化沉积特点一致。另一类则是非沟道化的浊积岩,滑动搬运距离相对较短,古地形有利于形成近源的扇状沉积体。

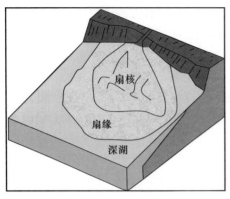

图 7.4　非沟道化浊积岩滑塌沉积相模式

非沟道化浊积岩规模相对较小,沉积物来不及沟道化便失去流动性而沉积下来,其形态受古地貌的严格控制,大多呈扇形,其模式如图7.4所示,发育扇核微相和扇缘微相。

扇核微相以细砂岩和粉砂岩为主,其层理和粒序大多继承滑塌前砂体的特征,发育块状层理、递变层理,局部可见斜层理、交错层理、冲刷现象、重荷模,以向上变细序列和块状为主,在自然电位曲线上呈箱形、钟形。扇缘岩性以泥质粉砂岩、粉砂质泥岩、泥岩为主,具有水平层理、变形层理、生物扰动构造,为向上变细序列,富含各类微体生物化石,自然电位曲线呈钟形、箱形及漏斗形。

7.2　濮城油田沙三中亚段水下扇沉积模式

东濮凹陷是我国东部渤海湾盆地最西南端的一个新生代箕状沉积凹陷(图2.26)。沙三时期(Es_3),其东部边界在兰聊断裂的控制下,稳定下沉,水体变深。对研究区沙三中沉积环境的研究一直存在争论,主要有两种观点:一种认为属扇三角洲沉积,另一种认为是水下扇沉积。通过对本段地层取心井的系统观察发现,该区沙三中亚段缺乏水上沉积环境的标志,而水下沟道沉积比较常见;重力流特征的构造如泄水构造、火焰状构造、滑塌构造等比较发育,而且还发育典型的鲍马序列和水下泥石流沉积;砂泥比低,泥岩中夹有粉砂岩的事件性沉积,未见河口坝微相。粒度分析表明,研究区具有重力流沉积与牵引流沉积的双重特点。以上沉积特征支持了研究区内沙三中亚段应属于水下扇沉积的观点。

7.2.1　岩石学特征

1. 岩石成分

通过对濮城油田沙三中9口取心井的岩心观察,研究区沉积以细砂岩、粉砂岩为主,中粗砂岩、砾岩极其少见。砂岩单层厚度小,底部冲刷现象不明显,为多个正粒序的沉积序列,单个序列顶部大都有厚度不一的泥岩层,泥岩多为深灰色,表明其沉积时粗粒沉积物供应不足,水体较深,水动力较弱。对岩石样品的分析表明(表7.2),砂岩中碎屑成分以石英为主,基本上为石英砂岩,含少量的长石砂岩和岩屑砂岩;岩屑主要为硅质岩屑及部分泥质岩屑和喷出岩屑,以硅质为主;填隙物主要为泥质、灰质和云质胶结物及极少量的重晶石、硬石膏、铁质等。

表7.2　岩石碎屑及胶结物成分(据尹艳树等,2002,有修改)　　　　(单位:%)

碎屑及胶结物	63井(样品数146)			6-33井(样品数78)		
	平均值	最小值	最大值	平均值	最小值	最大值
石英	78.6	67	87	77.7	60.9	87
钾长石	14.8	4	25	14.8	4	27.9

续表

碎屑及胶结物	63 井(样品数 146)			6-33 井(样品数 78)		
	平均值	最小值	最大值	平均值	最小值	最大值
岩屑	6.49	2	20	7.35	2	20
胶结物总量	19.8	8	40	21.2	10	40
泥质胶结物	9.75	1	35	9.85	1	35
灰质胶结物	5.88	1	30	6.45	2	30
云质胶结物	3.95	1	25	4.87	1	25

2. 岩石粒度特征

沉积物的粒度结构是沉积物源岩性质、水动力特征、搬运距离的反映,在一定程度上反映出沉积时的环境。濮城油田沙三中亚段岩石样品粒度中值为 0.037~0.28mm,平均为 0.085mm,粒度中值大于 0.125mm 的样品不到 2%,反映研究区以细粒沉积为主。岩石样品粒度概率曲线有两种类型:①两段式,以跳跃总体和悬浮总体为主,缺乏滚动总体,反映一种牵引流沉积的特点;②上凸式,表现为一上突的弧形曲线,反映具有浊流成因的特征(图 7.5)。岩石粒度 C-M 图发育递变悬浮段(Q-R)段,缺乏悬浮与滚动段(PQ)和均匀悬浮段(R-S)段(图 7.6),也说明研究目的层段具有浊流沉积特征。

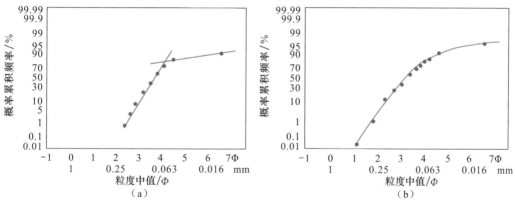

图 7.5　濮城油田沙三中亚段储集砂岩粒度概率曲线(据尹艳树等,2002,有修改)

(a)P6-65 井粒度样品概率曲线;(b)P120 井粒度样品概率曲线

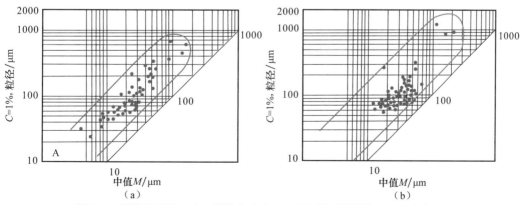

图 7.6　濮城油田沙三中亚段储集砂岩 C-M 图(据尹艳树等,2002,有修改)

(a)P63 井粒度样品 C-M 图;(b)P6-65 井粒度样品 C-M 图

7.2.2　沉积特征

1. 微相类型及特征

根据岩石类型、粒度及沉积构造特征(Miall,1985),在研究区识别出 20 余种岩石相,它们的不同垂向组合构成了研究区沟道、沟道间、席状砂、深湖-半深湖等微相。由于研究区主要位于扇中到扇缘一带,沉积物在自身的重力作用下,往往沿斜坡下滑,形成泥石流和滑塌沉积。在研究区内未见河口坝微相沉积,由此作为否定研究区扇三角洲沉积的一个重要的证据。

1) 沟道微相

沟道沉积的水动力最强,但是受区内整体水动力较弱的影响,沉积物粒度较细,主要以细砂岩沉积为主,中粗砂岩、砾岩少见;层理类型丰富,多为小型槽状交错层理、板状交错层理、平行层理和沙纹层理。沟道底部隐约可见冲刷面,冲刷面上有时见泥砾的定向排列。沟道微相岩石相组合下部为具板状交错层理、槽状交错层理、块状层理、平行层理的细砂岩;上部为具沙纹层理、水平纹理的粉砂岩(图 7.7),整体显示为一向上变细的正粒序。在部分沟道可见较典型的鲍马序列。测井曲线上,沟道微相常呈中-高钟形、箱形特征。

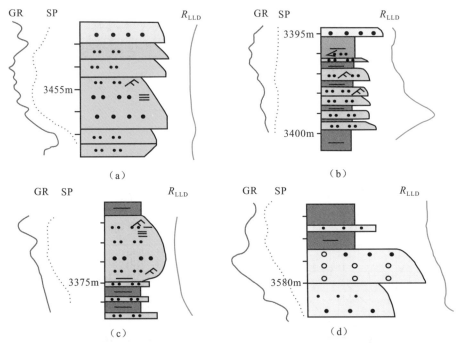

图 7.7　濮城油田沙三中段各种微相岩石相组合特征(据尹艳树等,2002,有修改)

(a)沟道;(b)沟道间;(c)席状砂;(d)泥石流

沟道沉积具有多期性,前期沟道顶部沉积的泥岩段有时被后期沟道侵蚀掉。单期沉积的砂体厚度不大,一般不超过 3m,反映沟道规模不大,搬运物质能力较差;在纵向上,由于沉积时凹陷稳定下沉,湖水逐渐加深,并向岸推进,造成沟道向湖岸方向退积,细粒沉积物覆盖于先期沉积的粗粒沉积物之上,形成正粒序的叠加样式;当湖平面暂时性下降时,沟道向湖心方向进积,粗粒沉积物覆盖于先期较细粒沉积物之上,形成反粒序的叠加样式。

　　2)　沟道间微相

　　沟道间微相所处位置的水动力较弱,主要以细粒粉砂岩和泥质粉砂岩为主。在洪泛期,水动力相对较强时,细砂岩也会在沟道间沉积。沟道间的层理类型较单一,主要为沙纹层理和水平层理。单期沟道序列厚度不大,一般为 20～30cm,最大不超过 50cm。沟道间微相岩石相自下而上依次为:沙纹层理、水平行层理粉砂岩,泥质粉砂岩和泥岩(图 7.7)。在测井曲线上,沟道间微相多呈漏斗形,齿化严重,幅度较小。

　　3)　席状砂微相

　　一般席状砂为原有沉积物被湖浪冲刷,筛选后形成的连片分布的薄层状砂体。由于湖浪将其中的泥质淘洗出来,因而沉积物的分选性较好,物性较好。但本区的席状砂发育于较深水区,湖水能量较弱,对沉积物的改造作用不是很明显,在岩心中并未发现湖浪作用的证据。经分析认为,该区的席状砂为沟道携带的沉积物在沟道水体与湖水充分混合后,其中较粗粒的物质在湖水中分散、悬移,最终在沟道侧翼及前端水动力较弱区沉积而成。由于没有受到湖水的筛选作用,大多分选较差,含有大量的泥质成分,以粉砂岩、泥质粉砂岩为主,发育沙纹层理,水平层理,泄水构造、火焰状构造等在岩心中比较常见。

　　席状砂砂体单层厚度较小,一般为 2m,部分大于 5m。席状砂微相岩石相特征为变形层理、水平层理、沙纹层理粉砂岩,泥质粉砂岩和粉砂质泥岩互层(图 7.7)。在测井曲线上,席状砂微相以指形和漏斗形为主。在垂向上,席状砂多呈正韵律。局部由于湖平面的下降,席状砂以反韵律形式出现。

　　4)　深湖-半深湖微相

　　深湖-半深湖微相沉积一套深色页(泥)岩、膏岩、云质泥岩,夹有粉砂岩、粉砂岩条带,粉砂岩中常见沙纹层理、变形层理、水平层理。泥岩段厚度较大,一般大于 5m,为研究区较明显的对比标志层。

　　5)　泥石流沉积

　　泥石流是水和黏土杂基支撑的块体流(冯增昭,1998),本区观察到的泥石流为一大套砾岩到砾状砂岩沉积(图 7.7),砾石大小混杂,成分复杂,既有形态复杂的同生泥砾,又有外源的岩屑和矿屑。整体上呈正粒序,自下而上砾石含量减少,砾石直径变小。

　　6)　滑塌重力流

　　滑塌沉积为快速堆积的沉积物在重力作用下发生崩塌、滑动至其他地方形成。在岩心中可辨识出两类滑塌沉积,一类是厚度较大可看到明显变形特征及冲刷泥砾的近源滑塌重力流沉积,泥砾为灰色,直径为 0.3～2.5cm。另一类为位于大套深灰色泥岩中间的薄粉砂层,粉砂岩多为块状,砂层厚度小于 20cm。这种沉积主要为扇缘部位快速堆积的沉积物由于坡度较陡,在自身的重力作用下滑移至半深湖-深湖中所形成。

　　2.　微相垂向层序及平面展布特征

　　在岩心柱状图上总体表现为向上变细的韵律特征(图 7.8);反映了湖泊水体逐渐加深,向湖岸线推进。单个微相大多呈正粒序的特征,反映水体多次向湖岸推进的过程,每一次的推进在纵向上反映为一向上变细层序,微相也由沟道变为道间、席状砂乃至深湖沉积。

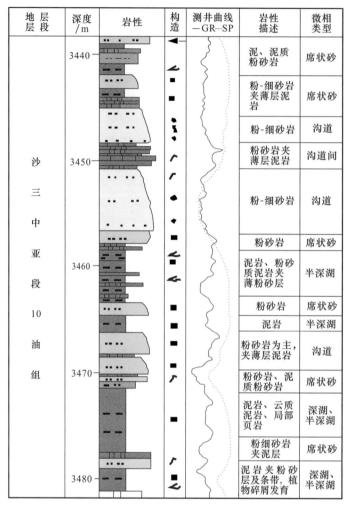

地层层段	深度/m	岩性	构造	测井曲线 —GR---SP	岩性描述	微相类型
沙三中亚段10油组	3440				泥、泥质粉砂岩	席状砂
					粉-细砂岩夹薄层泥岩	席状砂
					粉-细砂岩	沟道
	3450				粉砂岩夹薄层泥岩	沟道间
					粉-细砂岩	沟道
					粉砂岩	席状砂
	3460				泥岩、粉砂质泥岩夹薄粉砂层	半深湖
					粉砂岩	席状砂
					泥岩	半深湖
					粉砂岩为主，夹薄层泥岩	沟道
	3470				粉砂岩、泥质粉砂岩	席状砂
					泥岩、云质泥岩、局部页岩	深湖、半深湖
					粉细砂岩夹泥层	席状砂
	3480				泥岩夹粉砂层及条带，植物碎屑发育	深湖、半深湖

图 7.8　濮城油田 P120 井沙三中亚段岩心柱状图

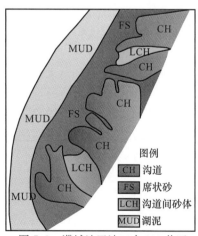

图 7.9　濮城油田沙三中 103 井区
微相平面分布图

图例
CH 沟道
FS 席状砂
LCH 沟道间砂体
MUD 湖泥

由于水体的频繁运动，前期沟道沉积的细粒沉积物被后期沟道改造，形成多期沟道叠置。由于沟道能量差异，携带沉积物能力不同，搬运距离及沉积部位不同，有时形成反韵律的沉积特征。

从沉积微相图中可以看出（图 7.9），沟道微相主要分布于研究区东北部和东南部，反映出沉积物源有东北缘和东南缘两个方向。研究区的东北部沟道自北东东向南西西方向延伸，东南部沟道自东南部向北西方向流动；在沟道之间往往发育较细粒的沟道间砂体。在沟道末梢向湖方向，发育分布广泛的席状砂沉积，再向湖心方向，为深湖-半深湖泥岩沉积。总体来看，水下扇的扇形沉积结构还是比较明显的。扇中部分以沟道及道间沉积为主，向湖心方向变为较广泛的扇缘席状砂沉积,席状砂沉积前方为深湖-半深湖泥岩区,未见扇根沉积。

7.2.3　沉积模式

据单井沉积相序和微相的平面展布,结合研究区沉积背景及沉积特征,所建立的濮城油田沙三中亚段水下扇沉积模式如图 7.10 所示。

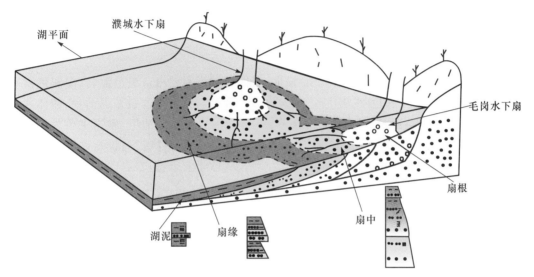

图 7.10　濮城油田沙三中亚段沉积模式图(据尹艳树等,2002,有修改)

沙三中亚段沉积时期,东濮凹陷持续稳定下沉,水体逐渐加深。受东部边界断裂的控制,来自濮城和毛岗地区的水道在很短距离内直接进入湖泊水下,形成水下扇。水下扇的三个区带呈扇形展布,依次为扇根、扇中和扇端,研究区位于扇中到扇缘一带。扇中主要发育沟道及道间沉积,扇缘为席状砂区,在研究区未见扇根沉积。由于湖泊水体较深,沟道延伸不远,下切侵蚀能力大大减弱,造成研究区内主要以细粒沉积为主。在扇缘地带,快速堆积的沉积物在水流及重力作用往往形成滑塌重力流沉积。

在垂向上,每个扇朵叶体均为一向上变细的韵律,韵律底部为具有冲刷面的较粗的沟道微相,向上变为较细的道间、席状砂或深湖-半深湖泥岩沉积,而整个水下扇总体显示正韵律特征。

7.3　赵凹油田安棚深层系扇三角洲沉积模式

泌阳凹陷是发育在秦岭褶皱系上的一个小型箕状断陷湖盆,形成于燕山运动晚期,是一个以古近纪沉积为主的中新生代沉积盆地。盆地的沉积盖层主要为古近系,自下而上可分为大仓房组、核桃园组(细分为核三下亚段,核三上亚段,核二段、核一段)、廖庄组等,纵向上构成一个完整的沉积旋回,位于旋回中部的核桃园组(尤其是核二、核三段)是凹陷的主要勘探开发目的层。赵凹油田构造位置为泌阳凹陷南部陡坡带前姚庄鼻状构造,构造为一轴向为 NW-SE 且向东南倾的缓鼻状挠曲,倾伏角为 5°36′。平面上,从东南往西北挠曲形态变缓,至油田西北变为一单斜构造;纵向上,从深到浅,挠曲形态变缓。在油田西北仅发育一条走向 NE-SW,延伸长度为 3.5km 的正断层。安棚深层系位于赵凹油田安棚区,根据赵凹油田安棚深层系地层岩性特征、岩石相及组合特征,结合沉积古地理背景分析,表明赵凹油田安棚深层系发育扇三角洲沉积(侯国伟等,2001),发育扇三角洲前缘和前扇三角洲等亚相,以及前缘水下分流河道、分流河道间、前缘席状砂及前扇三角洲泥等沉积微相。

7.3.1　相标志

1. 岩性特征

根据 A65 井区 11 口取心井的岩心描述,安棚深层系主要由灰黑色泥岩、深灰色粉砂质泥岩、泥质粉砂岩及灰色-浅灰色砂岩,含砾砂岩和砾岩组成。通过普通薄片、铸体薄片的镜下观察及资料整理,安棚地区核三下亚段(Ⅴ、Ⅵ、Ⅶ、Ⅷ、Ⅸ油组)砂岩主要为岩屑砂岩、长石岩屑砂岩(包括次长石岩屑砂岩)、岩屑长石砂岩(包括次岩屑长石砂岩)、长石砂岩及少量的石英砂岩(图 7.11、图 7.12,表 7.3)。从总体上来看,岩屑砂岩和长石岩屑砂

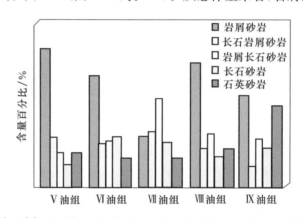

图 7.11　赵凹油田安棚地区核三下亚段Ⅴ～Ⅸ油组砂岩直方图(据侯国伟等,2001,有修改)

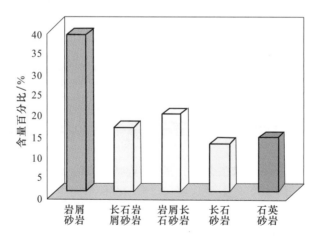

图 7.12　赵凹油田安棚地区核三下亚段不同岩石类型统计直方图(据侯国伟等,2001,有修改)

岩中石英含量较低,而其他类型的砂岩中石英含量较高;长石含量较高,以正长石为主,次为斜长石;岩屑成分复杂,火成岩、变质岩及沉积岩岩屑皆可见,但以变质岩为主,其次为火成岩,而沉积岩岩屑在岩石薄片中少见,甚至不发育。碎屑磨圆度以棱角状和次棱角状为主;从分选较好的石英砂岩到分选极差的含砾不等粒砂岩在砂岩中均可见,Ⅴ、Ⅵ、Ⅶ、Ⅷ及Ⅸ油组砂岩平均分选系数分别为 2.30、2.46、2.24、2.23 和 2.32。不同粒径的砾、砂、粉砂在岩石中均有发育,但以含砾砂岩和砾岩为主。填隙物以碳酸盐为主。泥质含量普遍较低,但在个别井的个别层段含量较高,岩性上逐渐过渡到杂砂岩和泥质砂岩。以上岩性特征表明,安棚地区核三下亚段沉积时具有近物源和短距离搬运的特征。

表 7.3 赵凹油田安棚地区核三下亚段不同类型砂岩成分特征(据侯国伟等,2001,有修改)

油组	岩石类型	石英/%	长石/%	岩屑/%			填隙物/%		薄片数
				火成岩	变质岩	沉积岩	泥质	碳酸盐	
Ⅴ油组	岩屑砂岩	68～3 37.28	24～7 16.62	30～3 13.62	65～8 31.83	8～0 0.28	10～0 2.89	15～1 6.86	94
	长石岩屑砂岩	73～7 48.15	35～8 19.88	19～2 6.39	52～8 23.67	4～0 0.19	17～0 1.91	27～2 6.36	33
	岩屑长石砂岩	74～59 68.74	23～15 19.61	7～1 2.22	10～2 7.52	0	13～0 3.13	17～1 7.91	23
	长石砂岩	69～52 62.33	30～25 26.07	5～1 1.93	21～3 8.67	0	6～0 1.13	27～3 9.87	15
	石英砂岩	81～75 77.23	20～8 14.64	3～1 1.59	8～2 4.96	0	6～0 1.18	41～1 11.73	22
Ⅵ油组	岩屑砂岩	62～6 32.32	24～1 16.29	20～2 12.0	60～10 35.68	80～0 2.86	27～0 2.79	17～3 7.04	28
	长石岩屑砂岩	68～16 40.18	31～14 23.36	15～2 3.73	43～10 26.18	24～0 4.91	13～0 1.82	16～1 10.18	11
	岩屑长石砂岩	74～45 63	28～15 21.67	3～1 1.08	18～3 9.08	10～0 1.58	10～0 1.33	17～5 11.08	12
	长石砂岩	69～52 61.69	34～28 27.92	4～1 1.62	17～3 7.08	0	10～0 1.85	17～1 7.69	13
	石英砂岩	83～76 78.29	16～7 13.0	2～1 0.86	7～2 4.0	0	6～0 2.0	15～4 6.71	7

2. 沉积构造特征

安棚深层系核三段细粒砂岩的层理构造类型主要有块状层理、交错层理、波状层理、水平层理和变形层理等,其中变形构造主要是由于上覆岩层的挤压所形成的泄水构造所引起,生物扰动构造很少见。粗粒砂岩和含细砾粗砂岩一般发育平行层理,物源供给较充分时可形成块状层理,还可见含砾砂岩和砾岩中发育的递变层理。

3. 古生物特征

该区的古生物资料比较缺乏,古生物化石主要有叠层石,显示有机质纹层(暗色)和富钙纹层(亮色)的叠锥构造,叠层藻是半咸水-咸水湖泊滨岸带产物,具很好的指相意义,一定程度上可以说是湖岸线的标志;麦穗鱼(*Psendoras bora*)化石是存在淡水湖泊和河流中的为典型的淡水生物化石;另外还发现有两栖类青蛙的股-趾骨化石,说明当时的扇三角洲古水体深度属于浅水环境;介形类生物化石主要为金星介科(*Cy prididae*),大多数壳体小、壳壁厚、表面光滑、两瓣超覆明显,属于在浅湖或沼泽环境中生活的介形虫。在粉砂岩或泥岩中可见混杂堆积的植物叶化石碎片。

7.3.2　沉积相类型及沉积模式

1. 相类型

据岩性特征、结构成熟度和成分成熟度、沉积构造等特征和单井相分析的结果,并结合研究区的沉积背景,安棚深层系核三下亚段砂体共发育两个亚相、六个微相。

1) 扇三角洲前缘亚相

近岸水道微相该微相主要为砾岩、砾状砂岩、含砾砂岩和砂岩,以颗粒支撑为主,砾石之间呈点接触和线接触。层序下部为砾岩,自下而上依次为块状层理砂砾岩、含砾中粗砂岩和具平行层理的砂岩相,某些井和层位中见有薄层的泥和泥质粉砂岩,砂岩的分选性为中等-差,磨圆度中等,结构成熟度和成分成熟度较差。岩性下粗上细,具有明显的正韵律特征。沉积构造以底冲刷、块状层理和平行层理为主,表明水流速度快。粒度概率曲线呈两段式,以跳跃总体为主[图 7.13(a)]。

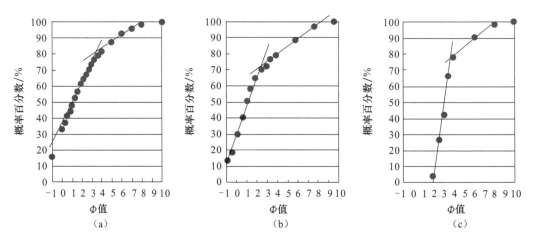

图 7.13　赵凹油田安棚深层系不同沉积微相的粒度概率累计曲线图(据侯国伟等,2001,有修改)

远岸河道微相远岸河道与近岸河道共同组成了扇三角洲前缘的河道体系。两者具有相同的河流类型,但远岸河道在规模尺度上比近岸河道小,致使其形成的砂体规模要比近岸河道小。其岩性中下部以灰色-灰白色砾状砂岩、含砾砂岩和中粗砂岩为主;中上部以灰色中细砂岩为主,灰黑色粉砂岩和少量黑色泥岩仅在顶部少量出现。砾状砂岩、含砾砂岩常具块状层理或递变层理,底部见有冲刷构造;中部的砂岩常具平行层理、块状层理和交错层理。粒度概率曲线为两段式,跳跃总体含量为46%,悬浮总体含量为54%,反映水流条件强,受波浪作用影响小[图 7.13(b)]。

　　河道间微相的沉积作用通常为湖泊悬浮细粒沉积物的垂向加积作用和洪泛时水下决口形成的河道沉积作用。河道间沉积主要是泥岩和粉砂岩等细粒岩性,以黑灰色泥岩为主,夹灰黑色粉砂质泥岩、泥质粉砂岩和粉砂岩。分选性一般较差,层理类型以块状层理、水平层理和由于泄水作用所形成的变形层理为主,还有小型的交错层理。

　　河口坝微相河口坝形成于河口,是扇三角洲前缘亚相中最为典型的微相,当河流前端出现一古高地时河流被迫分叉,分叉后的河流携带的沉积物不断涌上或越过古高地,向前进积并同时进行侧向加积,使河口坝不断增高、增大。沉积物主要为砂岩,包含中砂岩、细砂岩和粉砂岩等。在颗粒结构上分选性和磨圆度均较好。沉积结构以平行层理、交错层理和变形层理为主。在剖面上,河口坝的典型特征是向上逐渐变粗,呈明显的反粒序。粒度概率曲线为两段式,跳跃总体含量为 75%,且分选较好,悬浮总体含量为 25%,反映水流作用、波浪作用都比较强的水动力环境[图 7.13(c)]。

　　席状砂微相是沉积物受湖浪和沿岸流的改造而形成的、分布范围广阔的薄层砂体。砂体分布稳定,分布面积广泛,厚度相对较薄,砂质较纯。主要由薄层粉砂岩、泥岩组成,砂岩分选为中等-好。发育沙纹层理、交错层理、水平层理和变形层理。

　　2) 前扇三角洲亚相

　　该相处于开阔湖地带,由于距离物源区较远,物源区的水流很难达到该区域,主要是悬移物质进入较深水中的静水沉积物,沉积物主要为黑色泥岩、页岩等,局部见夹有粉砂质条带,具水平层理。

　　2. 沉积模式

　　由于组成扇体的砂砾岩基本上与灰黑色-黑色湖相泥岩共生,没有或很少有陆上暴露标志。王寿庆等(1993)提出该砂体为扇三角洲成因的观点。扇三角洲被认为是从邻近高地推进到稳定水体的冲积扇(Holmas,1978),稳定水体一般指湖泊或海洋,最初的概念是由 Holmas(1978)提出的,Nemec 和 Steel(1988)对 Holmas(1978)的观点提出质疑,并认为"扇三角洲"一词适用于所有的冲积扇,只要这一扇与海和湖有活动接触关系,不管它是砾质还是砂质,是小型的还是大型的,是以河流为主还是以块体流为主的,与活动的构造边缘接触还是与被动构造边缘相接触。按照 Nemec 和 Steel(1988)的观点,扇三角洲可以定义为:"由洪积扇体系沉积和提供的沿岸沉积锥体,这个锥体主要或全部沉积于水下,形成于活动扇和稳定水体的交界面上(Mcpherson et al.,1988)。扇三角洲沉积在我国东部中新生代箕状断陷湖盆的陡岸(断裂带)十分常见(顾家裕,1984),泌阳凹陷就是其中之一。

　　关于扇三角洲的沉积模式,Nemec 和 Steel(1988)、Orton(1988)通过对扇三角洲及其演化的大量研究总结,提出了 12 种类型扇三角洲成因的沉积模式。吴崇筠和薛叔浩(1992)根据发育的位置将扇三角洲分为靠山型和靠扇型两类。

　　根据沉积的垂向层序及砂体的分布特征,并结合研究区的实际情况,建立了该区的扇三角洲沉积模式为靠山型扇三角洲复合体(图 7.14)。

　　从图中可以看出,研究区共有两个物源供应区,一个是来自东南方向的栗园砂体(栗园扇三角洲);另一个是来自西南方向的平氏砂体(双河扇三角洲)。这两个砂体中,东南方向的栗园砂体的规模偏小,在研究区中的延伸分布范围较小;来自西南方向的平氏砂体规模较大,在研究区内的延伸分布较广,对研究区中的砂体起主要的控制作用。主要发育扇三角洲前缘亚相的近岸水道、远岸水道、河口坝和席状砂等微相。扇三角洲前缘水道和河口坝的砂泥比较高,含沙量超过60%,单层厚度及砂体的总厚度都比较大。席状砂展布面积较大,粒度较细,单砂层变薄,含沙量也逐渐降低。前扇三角洲主要以泥为主。

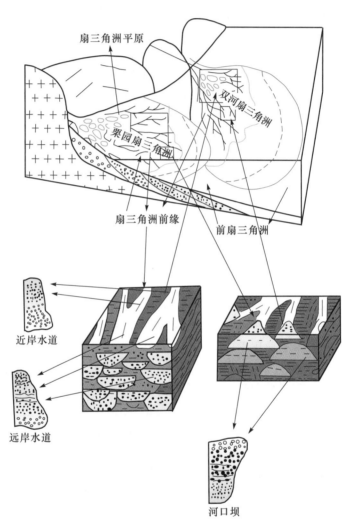

图 7.14　赵凹油田安棚深层系核三下亚段扇三角洲沉积模式(据侯国伟等,2001,有修改)

7.4　泌阳凹陷扇三角洲沉积模式

　　扇三角洲中发育着重要的油气储集砂体,是陆相盆地中广泛发育的一种沉积体系(吴崇筠,1993;裘亦楠,1994;裘亦楠等,1997)。前人对于双河油田核三段扇三角洲的研究,大多引用吉尔伯特型的沉积模式(王寿庆,1993)。随着勘探开发研究的深入,人们发现泌阳凹陷双河油田核三段扇三角洲前缘亚相非常发育,分流河道、河口坝、前缘席状砂微相砂体广泛分布,成为油田挖潜的主要对象(李庆明,1999;陈程和孙义梅,2000),而反映吉尔伯特型三角洲相模式的扇中水道、筛积物和泥石流沉积等沉积微相少见,引用吉尔伯特模式在此遇到了困难。张昌民等(2004,2005)运用钻井岩心观察、测井沉积相分析和沉积相综合分析方法重建双河油田的沉积模式,阐明这种扇三角洲相的沉积模式对认识含水油田的剩余油分布规律具有重要的意义。

7.4.1　吉尔伯特模式遇到的挑战

吉尔伯特型扇三角洲是吉尔伯特以冰川湖泊邦维尔的冰湖三角洲为原型总结的扇三角洲模式,其三层结构一度成为三角洲的普遍模式(刘宝珺,1980;余素玉和何镜宇,1989)。典型的吉尔伯特扇三角洲可以概括为具有陡、短、粗的特点,但这些特点在双河油田表现并不明显。

1. 坡度不陡

扇三角洲是冲积扇入湖形成的三角洲,形成冲积扇必须有较大的地形落差和较陡的坡降。根据核三段地层厚度向盆变化梯度估计,当时古坡降大于 50m/km,物源山区距盆地中心达 10 余公里,过渡带坡度小于 0.10m/km。然而,根据统计(钱宁和张仁,1987),长度 10km 以上的冲积扇非常少见,规模过大的扇体(如中国黄河中下游,印度的 Kosi 扇)实质上已经称为辫状河流平原体系。前人研究表明,牙买加 Yallahs 陆坡型扇三角洲过渡带坡度平均为 0.10～0.15m/km,而海底的坡度为 20～30m/km(William and Frank,1986),这些都比双河扇三角洲陡峭。

2. 前缘不短

吉尔伯特型扇三角洲入湖后动力急剧减退,河流迅速弥散于静止水体中,因此前缘相不发育,仅留下狭窄的裙边状的前缘席状砂,向盆很快过渡为湖相或者海相沉积。但双河油田主要的储集层是三角洲前缘相带形成的水下分流河道、河口沙坝、前缘席状砂和在前三角洲部位形成的重力流沉积物,三角洲平原沉积物极为少见,如此宽阔的前缘相带即使在 Yallahs 扇三角洲上也难以存在。

3. 粒度不粗

吉尔伯特型扇三角洲平原亚相上的河流大部分为季节型河流,沉积物颗粒粗、分选性差、磨圆度低是其共同特点。双河油田核三段在盆地边缘也存在粗粒的近源堆积物,但目的层中砾石所占比例并不大;岩心观察统计结果表明,构成双河油田核三段地层的岩性有泥岩、泥质粉砂岩、粉砂岩、细砂岩、中砂、砾状砂岩和砾岩,从厚度和层数两方面考察,细粒岩性都占 70% 以上(图 7.15)。双河油田的岩性特征与以往的扇三角洲主体有较大的差别。

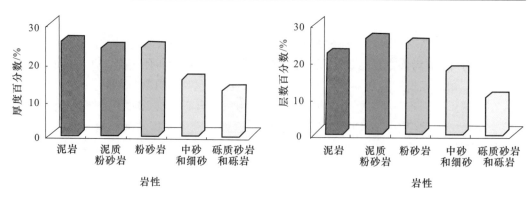

图 7.15　取心井不同岩性的厚度和层数百分比直方图(据张昌民等,2004,有修改)

7.4.2　沉积构造及其动力学解释

吉尔伯特型扇三角洲沉积构造以重力流沉积构造为主。双河油田扇三角洲前缘发育的沉积构造类型主要以牵引流沉积构造为主。据岩心观察,常见的层理类型主要有以下几种。

1. 水平层理

水平层理是静止水体沉积的产物,在灰黑、灰绿、深灰、灰黄、灰色及灰褐色泥岩中都有发育。灰黄、灰色具水平层理的泥岩与前缘席状砂和河口坝相砂岩伴生,可能是三角洲前缘洪水事件末期的悬移质快速沉积的结果,灰黑色、黑色泥岩和页岩是在深湖静止水区沉积形成的。

2. 透镜状、脉状与波状层理

此三种层理都表现为砂泥交互沉积的特征,是由极弱的、断续的水流或波浪造成的。在水流或波浪活动期形成砂质纹层(波痕),在水流恬息和风浪平静期形成泥质(披覆)条带。

3. 准同生变形构造

准同生变形构造是三角洲前缘相带常见的沉积构造,一般发育在泥质粉砂岩、粉砂质泥岩和粉砂岩中,部分发育于细砂岩中。此类沉积构造包括包卷层理、枕状构造、泄水构造、火焰状构造等。滑动、滑塌、重荷作用等是导致准同生期高含水沉积物变形的主要原因。

4. 小型沙纹层理

一般发育于粉砂岩中,部分发育于细砂岩之中,以流水沙纹层理为主,部分浪成沙纹层理。小型沙纹层理层系厚度为 1～1.5cm,波长为 10cm 左右,由于压实,沙纹层理的角度极低。沙纹层理细砂岩中含丰富的云母碎片,呈悬浮状才能搬运的片状矿物得以富集呈层,表明了小型沙纹层理形成于牵引流沉积作用。

5. 大中型交错层

发育于粗砂岩和砾状砂岩与砾岩之中,交错层层系模糊。此类砂岩一般为富含油砂岩。大中型交错层显示水道状牵引流沉积的特征。

6. 平行层理

发育于中粗砂岩和砾岩状砂岩之中,有时纹层清晰,有时纹层模糊。常见中细砂岩层面上有一层分布均匀的细砾,表明经过一定的牵引流分选作用,显示高流态牵引流沉积特征。平行层理是在诸如分流河口沙坝及分流河道末梢地带持续稳定的水流条件下沉积的结果,常见于现代河道岸线附近,河道中真正的平行层理并不多见。

7. 块状层理

一般发育在细到中砂岩或砾岩之中,中细砂岩中的块状层理与平行层理段经常相互过渡出现;砾岩中的块状层理常见于向上变细层序的底部,砾石粗大,层理不明显,但具有一定的粒度向上变细的趋势。

8. 岩性界面及接触关系

当砾岩砾石直径超过 5cm 时,砾岩与下伏岩性一般为侵蚀接触,砾岩向上逐渐变细为中到细砂岩到泥岩。除非出现重荷构造,砂岩类的底面一般呈平直状,无侵蚀现象,说明各岩性段沉积时水流并不很强。有时岩性段之间呈渐变关系,逐步由细变粗再变细,或由粗变细再变粗。有时也存在过渡性岩石相的缺失,即使如此,接触界面也很平直。

综上所述,双河油田核三段扇三角洲沉积构造特征不同于吉尔伯特型扇三角洲沉积构造,表现为以牵引流沉积构造为主,重力流沉积构造不发育。

7.4.3　沉积层序特征

为了说明向上变粗层序的特征,我们选择双检 6 井 II 油组井深 1488.00～1518.00m (图 5.22)和 IV 油组井深 1714.9～1744.21m(图 7.16)两段进行分析。这两段基本上为连续取心,第一段(井深 1488.00～1518.00m)自下而上按岩性差异可分为 19 层,岩性有深灰-灰褐色泥岩、灰色粉砂岩、细砂岩、含砾砂岩及砾岩,总体呈现多个正反韵律层序特点,夹层较少。第二段夹层较多,按岩性差异分为 55 层,由深灰色具水平纹理的泥岩、粉砂质泥岩、粉砂岩、细砂岩、含砾砂岩、砾状砂岩及砾岩组成多个正反韵律。

双检 6 井核三段 II 油组(井深 1488.00～1518.00m)取心段的沉积层序具有如下特征。

(1)厚度大于 0.5m 的泥岩属于深湖相正常静止水体的沉积物,发育水平层理或块状层理。一般来说,泥岩的沉积速率很低,因此厚层泥岩沉积所需要的时间极长,从而水体静止期很长。

(2)夹于厚层泥岩之间的细砂岩和粉砂岩一般发育平行层理、块状层理或者极低角度沙纹层理,与正常深湖-半深湖相泥岩互层,顶、底界面平直,应当属于席状砂沉积。

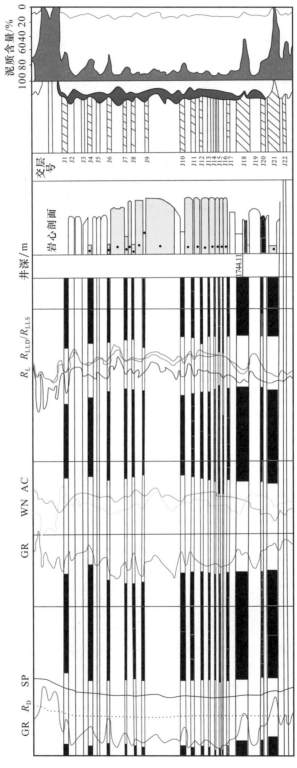

图 7.16 双检 6 井 IV 油组取心井段沉积层序及岩电标定（据张昌民等，2004，有修改）

R_D. 深电阻率；WN. 微梯度电极测井；R_L. 浅电阻率；R_{LLD}. 深侧向电阻率；R_{LLS}. 浅侧向电阻率

（3）大厚层的砾岩一般与单向水流的搬运作用有关，而且往往砾石出现时，泥岩的层数减少，泥岩层变薄，说明环境发生变化，砂质沉积物向湖中心方向发生迁移。向上变细序列虽然发育的完整程度不一样，有些从砾递变到细砂，有些从砾变为砾状粗砂，但它们都是事件性的阵发性水流沉积的结果。

（4）缺乏大型交错层的同时，平行层理大量出现，说明水流的河道化并不明显，即河岸的限制性并不强。这种带有河道影响的痕迹但河道特征并不十分明显的环境，一般发育在河口或者水下分流河道地区。从垂向上来看，随着一次沉积能量的衰减，岩性逐步变细，砾石颗粒数量减少；从平面上来看，河流主流线两侧沉积能量降低，导致形成砾石含量减少、砾石粒度变细。所以从下而上由砾岩—粗砂岩—中砂岩—细砂岩—粉砂岩—泥岩的渐变可以看成是平面上从河道主流线向边缘的逐渐摆动。

（5）与正常的河道沉积相比，砂砾岩段的底面缺乏大型的侵蚀界面、内部缺乏大型的交错层等，表明此类砂砾岩体不是正常的河道沉积物。

双检 6 井核三段Ⅳ油组（井深 1714.9～1744.21m）层序表现出如下特点（图 7.16）：①砂泥岩的界面一般是平直的；②厚层砂岩段内仍可以分为若干部分，各部分构成一个向上变细序列，其顶部极薄的泥质、粉砂质淤层似可保持下来，表明加积过程水动力侵蚀作用不强；③存在粗—细—粗的复合渐变序列；④平行层理是主要的层理类型。

图 7.16 表明，泥岩基本上都是灰色到灰黑色，显示深水还原环境的特征，岩性接触界面平直，几乎无侵蚀作用的痕迹，粉砂岩中见有变形构造。砂岩内部没有明显的沉积界面，但是由水洗现象可以显现出层面和粒度的变化，每一段都呈现出略微向上变细的特点。砾岩到含砾粗砂岩段内部一般由 3～5 个向上变细的韵律组成，每个向上变细序列底部一般为砾岩，向上变为砾状砂岩和砂岩，局部序列底部砾石直径和岩性具有向上变粗的特征。从图 7.16 可以看出，本段的向上变粗特征比图 5.22 更加明显，不仅表现在各层之间，而且砂砾岩层的层内也表现出向上变粗的特点。由泥岩—粉砂质泥岩—泥质粉砂岩—粉砂岩—细砂岩—粉砂岩—泥质粉砂岩—粉砂质泥岩—泥岩，这样由细到粗再由粗到细的变化十分常见，此外还可见由泥岩—粉砂质泥岩（泥质粉砂岩）—粉砂岩—细砂岩—砾状砂岩和砾岩—细砂岩—粉砂岩—泥质粉砂岩—粉砂质泥岩的沉积序列。厚层砂砾岩内部向上变粗的特征表明，其内部为各岩性渐变序列的底部砾石直径向上变粗。

综上所述，研究区沉积层序特征表明，目的层段砂岩不具典型的河流沉积标志，亦无明显重力沉积特征，因而可以推测其属于过渡型沉积物。

7.4.4　沉积机理

三角洲上的陆上分流河道前进到静止的水体后，有三种沉积方式（陈衍景等，1998；任战利，1998）：①当河水密度与盆地水体密度相近时，二者充分混合，河水中携带的沉积物迅速沉积，形成的河口叶状体宽而短小；②当河水密度较大时，河流注入水体沿盆地底部运动，由于河流的惯性力，形成的三角洲轴线稍长；③当河水密度小于盆地水体密度时，它就以浮力支持的表面射流或羽状流方式进入盆地，三角洲宽广而且延伸很长。对于第一类等密度流，稳定的水下分流河道存在的可能性较小，对于第二种稳定的水下分流河道延伸可能较远，对于第三种情况，稳定的分流河道延伸也不会非常遥远，但由于垂向落淤造成的线状河道踪迹会延续较长。

　　河流与盆地水体接合的地区为河口地区,河口的宽阔程度也影响到河口以外沉积物的分布(毛景文等,2003)。若河口狭窄,水流流线集中,水下分流河道延伸较远;若河口宽广,则河道水流流线分散,能量分散,河水很快与盆地水体混合,水下分流河道不发育。

　　扇三角洲一般是由宽而浅的辫状河入湖形成的。这一特征决定其水下分流河道不发育,河道水流密度与湖盆水体密度差别不大,造成等密度轴向射流特征,因此,扇三角洲的河口以外地区难以发育典型的水下分流河道。正因为如此,扇三角洲不可能形成一般细粒曲流河三角洲那样众多的典型水下分流河道,同样,暴露在水面的拦门沙一类的河口坝就不会存在,扇三角洲河口以外的堆积必然有其特点。

　　在确认扇三角洲河口为等密度轴向射流条件下,提出扇三角洲河口外地区沉积模式(图7.17),该模式包括如下内容。

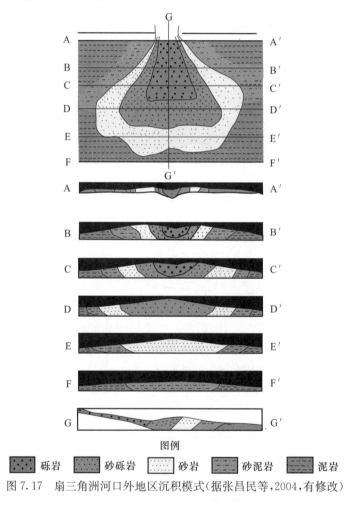

图例

砾岩　　砂砾岩　　砂岩　　砂泥岩　　泥岩

图 7.17　扇三角洲河口外地区沉积模式(据张昌民等,2004,有修改)

　　(1)河道进入湖盆形成轴向射流,但由于受惯性力的影响,水流的能量和速度沿着轴向比沿着横向的能量高、速度大、延伸远。

　　(2)水流所携带的沉积物粒度随着水流能量的减弱而变细,即沿着轴向由近端向远端变细,垂直轴向从轴线中心向两侧变细。

（3）河道在河口处保持一定的下切作用,故最近端的沉积物堆积较薄,向远端增厚,到达一定程度后,由于水流能量和挟沙能力减弱,沉积物再次变薄。

（4）垂直轴线方向具有相似的特征,即近轴线沉积厚,远离轴线部位沉积薄。

（5）这种"中间厚、两边薄"的特征形成了一个凸起的坝状堆积物,这就是扇三角洲分流河口的河口坝沉积。

（6）河口坝的前缘沉积物连片,形成席状砂。

7.4.5　垂向层序的形成机理与模式

假定随着河流不断向湖盆供应沉积物,河口坝不断向上增高,向前方和侧向推移,则必然形成一个反粒序沉积旋回,即原来的前缘沉积物被坝核沉积物覆盖,而粗粒沉积物的分布范围要小于边缘沉积物的分布范围。在沉积间歇期,形成泥质披覆,泥质来自湖泊水体中的悬移质的垂向加积,由于河道水流的存在,泥质只能在坝前缘和两侧沉积,也可能由于河流完全干涸而覆盖了整个沙坝顶面。由此造成了泥质夹层既可能与粉砂岩,也可能与细砂岩、中砂岩甚至与砾岩相接触,这种接触关系在岩心中随处可见。

但当河道的主流线或河道的位置发生迁移时,沙坝的垂向生长并不是沿着垂向轴线不断增高,而是伴随着侧向迁移而增高。假设有 3 种沙坝迁移加积方式,再每种模式给出 3 次沙坝迁移加积事件,并假设每个事件结束后形成不同泥质披覆,分析在这一过程中所形成的沉积层序。

第一种模式[图 7.18(a)],泥质披覆覆盖了沙坝的整个顶面。在沙坝体中心砂岩比例高,形成砂岩集中发育段,在沙坝两侧,整体粒度变细形成细粒席状砂,在沙坝以外形成泥质沉积物。总体上呈现反韵律的特征,每个砾岩段顶面都可保存泥岩。

第二种模式[图 7.18(b)],泥质披覆仅分布在沙坝两侧一定范围内,未延伸到坝顶部。随着沙坝的迁移,砾岩层叠加,但彼此之间并没有出现泥质夹层,泥质夹层仅分布在沙坝两侧,细砂岩、粉砂岩段泥质夹层众多,砾岩、粗砂岩中泥质夹层少。

第三种模式[图 7.18(c)],泥质夹层仅分布在沙坝两侧极小范围内。连续砂岩段很厚,特别是在沙坝中部很厚的砂层中未见有夹层,砂层之间相互接触,泥质夹层仅与粉砂岩形成互层,构成席状砂。

上述三种模式既有相同点又有不同点。相同点如下:①总体上呈反旋回,即沉积物自下而上总体上变粗;②各砂层段内部的粒序为正旋回,因为它们各自代表一次水流由强到弱的变化过程,没有这一过程,就没有沉积作用;③靠近轴线部位总是砂砾岩集中发育段,由中心到两侧,总体粒度变细,砂砾质含量减少,泥质含量增加,泥岩单层厚度和层数增加;④由于沙坝迁移的不对称特征,造成沙坝中心两侧层序的不对称特性。三种模式不同之处表现为随着泥质披覆范围的扩大,砂砾岩中的隔层数增加,砂砾层之间连通性变差,非均质程度增加,而且由于泥质层的缺失或增加,造成层内对比的难度增大。

应用上述模式可以很好地解决岩心观察所面临的问题,包括:①正粒序和反旋回的地层层序;②厚层的砂砾岩层发育,有时为连续沉积,中间无夹层,有时有夹层;③粒级的缺失,如砾岩直接与泥岩接触等。

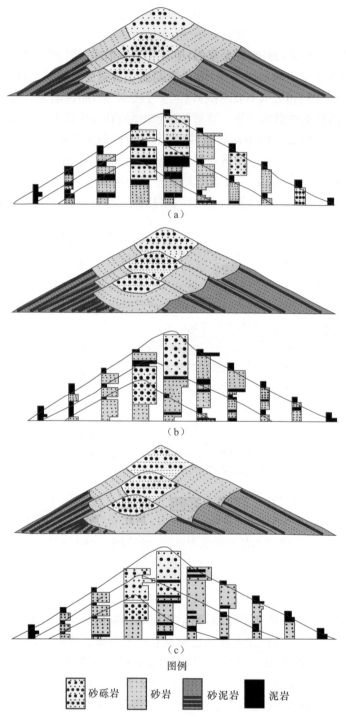

图7.18　河口坝的三种加积方式及形成的地层层序(据张昌民等，2004，有修改)

(a)泥质覆盖沙坝坝面；(b)泥质沉积在沙坝两侧；(c)泥质沉积在沙坝边缘极小范围

　　由前面分析可知，双河油田核三段扇三角洲沉积具有明显的特征：①沉积坡度较缓、前缘亚相发育、沉积物粒度相对较细；②其沉积构造以牵引流沉积构造为主，重力流沉积构造不发育；③沉积层序特征既不具典型的河流沉积标志，亦无明显重力沉积特征；④分流河道与传统的分流河道的特征有很大不同，显示出分流河道、河口沙坝的过渡沉积特征，且水下部分十分发育。因此，它既不是吉尔伯特型扇三角洲，也不是陆坡型扇三角洲，而是类似于发育在平缓大陆架上的陆架型扇三角洲（图 7.19）。根据 Francesco 和 Alblinna（1988）描述，这种三角洲前缘发育良好，因为盆地底界面坡度小，以河流为主的陆架型三角洲中，三角洲前缘主要由河口坝沉积构成，三角洲层序可能是进积的，也可能是退积的。

双河油田扇三角洲体系是在泌阳凹陷的湖盆背景上形成的，它的形成到衰亡经历了盆地的断陷、充填和凹陷等不同阶段，盆地充填过程中，底界面坡度逐渐由陡变缓，盆地内交替出现碎屑岩和蒸发岩沉积。因此，扇三角洲的沉积模式可能会随着盆地的发展阶段不断发生变化，逐步由吉尔伯特型扇三角洲向陆坡型扇三角洲和陆架型扇三角洲演化。由此可见，根据不同构造背景扇三角洲的特点总结的这三种扇三角洲模式，其实可以适合与陆相断陷湖盆发育的不同阶段。

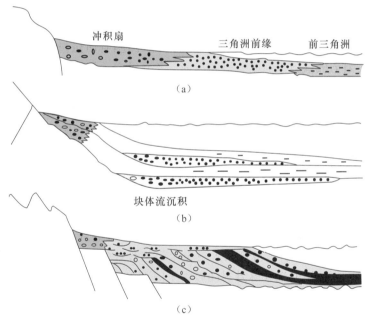

图 7.19　吉尔伯特型、陆坡型、陆架型扇三角洲沉积模式图

(a)陆架型；(b)陆坡型；(c)吉尔伯特型

7.4.6　讨论

扇三角洲的河口坝不是普通的坝状砂体，它实际上是河流入湖后所形成的一系列微相的组合。所以书中提出"河口坝复合砂体"概念，并将之定义为"扇三角洲辫状分流河道进入盆地水体后在河口附近形成的以河口坝为主的一系列微相的组合"，它主要包括坝核、坝侧缘、坝边缘、坝前缘、席状砂和坝间六个微相类型。坝核粒度最粗，是河流主流线影响的轴线部位，以砾岩、砾状砂岩和粗砂岩为特征，一般形成块状层理、平行层理，偶尔可见大型交错层和底部侵蚀面。坝侧缘分布在坝核的两侧，岩性以中砂岩和细砂岩为主，

含少量粗砂岩和粉砂岩,一般以平行层理、小型低角度沙纹层理为特征,难以看到侵蚀面一类的构造。砂岩中可见破碎泥片等物质,岩石分选较好。坝边缘粒度最细,发育粉砂、泥质粉砂和粉砂质泥岩,以漫流和垂向加积为主,洪泛事件形成的悬移质在此发育,有可能形成一些小型沙纹、波状、脉状、透镜状层理和变形构造。坝前缘类似于坝侧缘,席状砂沉积类似于坝边缘沉积。坝间是两个沙坝复合体的交互部位,一般以泥质沉积为标志。

河口坝复合体垂直于轴向可分为坝核、核侧缘、坝边缘和坝间,平行于轴向可分为坝核、核前缘和席状砂。在河口坝复合砂体层理不太发育的条件下,岩石粒度是区分它们的重要标志,因此,在地下对比和相分析中,重点是准确地划分岩性。在判别是否为河口坝复合体时,主要把握以下原则:①三角洲沉积相带的界线和湖岸线的位置;②反旋回的地层层序;③岩性段内的正韵律;④交错层理不发育,以平行层理为主;⑤水下泥岩标志和化石。

7.5　钟市油田潜江组扇三角洲沉积模式

钟市油田位于江汉盆地潜江凹陷西部,紧邻潜北断层,是一个岩性复杂、超覆在荆沙组断阶剥蚀面上的多层砂岩呈叠瓦状分布的油藏(图2.15)。白垩系—新近系发育地层自下而上分别为白垩系渔洋组,古近系沙市组、新沟咀组、荆沙组、潜江组、荆河镇组、新近系广华寺组及第四系。

研究区地质条件较为复杂,且剩余油可采储量高,但由于非均质性严重。无法对剩余油进行系统有效地开发。为了解决这一开发瓶颈,对砂体展布特征的研究就显得尤为重要(陈启林,2007;尹艳树等,2008),而砂体的展布特征受控于沉积相发育。根据地层岩性特征,结合沉积背景分析可认为,钟市油田潜江组为扇三角洲沉积(邢文礼等,2010)。

7.5.1　岩石相

研究区潜江组厚度及岩性变化大,岩性特征以砂岩、岩盐、暗色泥岩及泥膏岩为主,而沉积构造极为发育,在钟市地区潜江组可识别出侵蚀冲刷面、板状交错层理等多种沉积构造。结合研究区的岩石结构和沉积构造特征,共识别出10种岩石相类型,各种岩石相特征如表7.4所示。

表 7.4　钟市油田潜江组岩石相特征

岩石相类型	岩相代码	结构构造描述
暗色泥岩相	Mg	灰色、深灰色、灰黑色及黑色泥岩及页岩,发育水平层理和块状层理
膏泥岩相	Mp	深灰色含膏泥岩或膏岩与泥岩互层,发育水平层理和块状层理,多为相互平行的深灰色与浅灰色-灰白色条带膏、泥交互沉积而显示水平层理
变形层理粉砂岩相	Ssrf	灰色-深灰色泥质粉砂岩、粉砂质泥岩及粉砂岩组成,其中发育同生变形构造,包括泄水构造、火焰状构造、包卷构造等
沙文层理粉砂岩相	Ssr	灰色、深灰色、绿灰色泥质粉砂岩、粉砂岩,其中沙纹层理发育
水平层理粉砂岩相	Ssp	深灰色、黑灰色砂质泥岩,泥质粉砂岩及粉砂岩组成,水平层理发育,粉砂岩常发育多个泥质条带,条带1~2mm厚,横向延伸不远
变形层理砂岩相	Srf	细砂岩中夹有泥质条带,泄水构造及包卷构造等同生变形层理发育

续表

岩石相类型	岩相代码	结构构造描述
沙文层理砂岩相	Sr	灰色、深灰色细砂岩和粉细砂岩,单个砂层厚度在十几厘米到几十厘米
平行层理砂岩相	Spl	灰色细砂岩及粉细砂岩组成,砂岩底部纹层往往含灰白色的石膏,由相互平行且与层面平行的平直连续或断续纹理组成,平行层理的纹层厚度为 1～10cm
槽状交错层理砂岩相	St	灰色细砂岩及粉细砂岩组成,发育小型槽状交错层理,层面上可见细小炭屑、植物碎屑

7.5.2　扇三角洲沉积特征

通过岩石相及其组合、测井曲线对比,在钟市油田潜江组识别出扇三角洲体系沉积,而该区域以扇三角洲前缘和前扇三角洲亚相发育为特征。

1. 扇三角洲前缘亚相

1) 水下分流河道

水下分流河道岩性为一套灰色到深灰色细砂岩、粉砂岩,底部可见冲刷面及其上的泥砾。砂岩单层厚度多大于 2m。多期水下分流河道叠置的砂岩厚度可以达 10m 以上。自下而上发育块状层理砂岩相、槽状交错层理细砂岩相,平行层理细砂岩相、沙纹层理细、粉砂岩相及水平纹理泥岩相,即 Sm-St(Spl)-Sr-SSr-Mb 组合,剖面上呈现明显的正韵律。河道中泓线自然电位曲线呈高幅光滑箱形及钟形,如图 7.20(a) 所示,而在水下分流河道侧缘,自然电位曲线以中-低幅微齿化钟形为主,底部突变至渐变接触,如图 7.20(b) 所示。

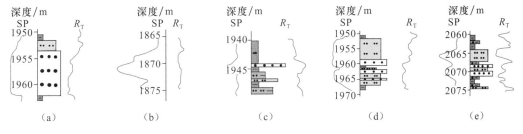

图 7.20　不同沉积微相测井响应(据邢文礼等,2010,有修改)

2) 水下分流河道间

水下分流河道间以深灰色泥岩为主,夹薄层灰色、深灰色粉砂岩的沉积,发育沙纹层理。河道间沉积较薄,一般为 2～3m,但是多次洪水泛滥可能形成较厚的水下分流河道间洼地沉积。岩石相呈现 SSr-SSp-Mb 组合。自然电位曲线接近基线,呈略有起伏的似直线状,且齿化较明显,局部见细指形曲线特征,如图 7.20(c) 所示。

3) 河口沙坝

河口沙坝岩性以灰色、深灰色细砂岩、粉砂岩为主,发育槽状交错层理、沙纹层理,可出现 SSr-SSrf、Sr-SSr 及 St-Sr-SSr 三种岩石相组合,剖面上整体呈现反韵律。从电测曲线看,河口沙坝自然电位显示为典型的中-高幅漏斗形,如图 7.20(d)所示。

4)席状砂

席状砂岩性以灰色粉砂岩、泥质粉砂岩为主,粉砂岩中有时夹有泥质条带,常见沙纹层理。岩石相表现为 Srf-SSp、SSr-SSp、SSrf-SSp 三种组合方式。自然电位曲线呈中-低幅微齿化或漏斗形,如图 7.20(e)所示。

2. 前扇三角洲亚相

前扇三角洲沉积物主要以黑色、深灰色泥岩为主,局部夹粉砂岩条带。自然电位曲线靠近基线,以光滑或微齿化直线形为主,自然伽马曲线值较高,微齿化。

7.5.3　沉积相模式

研究区扇三角洲沉积明显受到边界断层活动的控制,从总体上看,单个扇三角洲朵叶体在平面上呈现不规则朵状或扇状,而在剖面上一般呈楔状,且厚度变化梯度较大。反映扇三角洲前缘(平原)分流河道向前推进过程中受断层活动及湖盆水体的影响,能量下降较快,水流所携带的碎屑物质在较近距离处卸载堆积。此外,受盆地北缘潜北大断裂的影响,可造成凹陷西北盆底古地形坡度较大,且水域开阔,冲积扇或辫状河流的水流所携带的碎屑物质快速卸载,形成近似圆形的扇状扇三角洲朵体;而在西南及东北物源方向,由于盆底古地形坡度较小,则形成扇状或朵状扇三角洲朵体(图 7.21)。

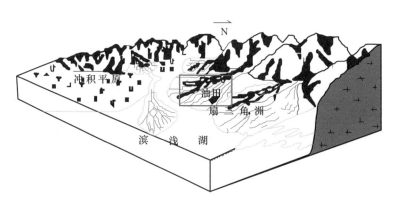

图 7.21　钟市油田潜江组沉积模式(据邢文礼等,2010,有修改)

7.6　鄂尔多斯盆地延长组浅水三角洲沉积模式

浅水三角洲一般形成于水体较浅、构造稳定的台地、陆表海等环境,大型拗陷湖泊由于具备地形平缓、整体缓慢沉降的浅水环境,也有利于浅水三角洲的形成(夏文臣,1991)。浅水三角洲的概念最早由 Fisk(1954)提出,Donaldon 等(1974)在研究石炭纪陆表海时发现水深是一个重要控制因素,并进一步归纳提出了浅水三角洲的概念(李伟林等,2008),此后我国学者也对此类三角洲进行了研究。楼章华等(1999)阐述了地形、气候与湖面波动对浅水三角洲沉积环境的控制作用,认为浅水三角洲不存在吉尔伯特型三角洲模式的顶积层、前积层、底积层三褶结构。韩晓东等(2000)通过对松辽盆地的研究,依据三角洲前缘的砂体特征分为席状、坨状、枝状三种浅水三角洲类型。其突出特征是以分流河道砂体为骨架,河口坝不发育的沉积特征(姚光庆等,1995)。浅水三角洲作为一种重要的地貌单元和油气储集场,越来越受人们的重视。

晚三叠世,延长组发育一套以棕红色、紫红色、灰绿色泥岩与浅灰色粉细砂-中砂岩不等厚互层沉积,沉积物中可见生物钻孔和植物碎屑。砂岩中石英含量较高,大多高达40%以上,通过对该区沉积特征、砂体成因、水动力条件进一步研究表明,该区是在浅湖背景下发育着浅水三角洲沉积(余逸凡等,2009)。

鄂尔多斯盆地是一个多期构造运动叠合形成的残余内克拉通盆地(赵重远和刘池洋,1992),沉积了自古生代以来的多套生储盖组合,蕴藏着丰富的油气资源。上三叠统延长组为一套在内陆湖泊-三角洲沉积体系,发育重要含油层系(梅志超等,1988;兰朝利等,2006)。陕北斜坡为鄂尔多斯盆地二级构造单元,该斜坡为一平缓的近南北向展布、由东向西倾斜的大型单斜,构造倾角较小,局部表现为由于差异压实作用形成的中—大型鼻状构造,下寺湾油区即位于该斜坡东南部。晚三叠统延长组沉积期物源供给充足,在形成拗陷过程中的一个显著充填时期,发育大型浅水三角洲。

7.6.1 浅水三角洲沉积亚相类型及特征

浅水三角洲是由河流注入浅水湖泊卸载形成的沉积体,与正常三角洲类似,发育三角洲平原、前缘及前三角洲三个亚相。与正常三角洲不同的是,由于古地形相对平坦、气候干旱、物源供应充足、湖泊水体相对较浅,浅水三角洲沉积缺乏浪基面以下沉积特征。浅水三角洲沉积中,由于湖浪作用较弱,而河流能量较强,河流所携带的陆源碎屑物质入湖推进距离较远,砂体延伸距离远,平面上呈喇叭状散开。河道固定期短,多期河道常频繁冲刷叠加,使砂体垂向厚度大,平面分布广。

1. 浅水三角洲平原亚相

浅水三角洲平原是浅水三角洲的陆上沉积部分,始于河流大量分叉处,止于岸线或海(湖平面处)。延长组沉积期,下寺湾油区古地势平坦,气候干燥,降水量少,植被发育差,堤岸防洪能力差,当季节性洪水到来时,河流在宽阔、平坦的古地形上频繁改道,相互切割,季节性洪水结束后,河流流量迅速减少,洪水期沉积物暴露于地表,使沉积岩性表现为细砂岩、中砂岩与浅灰-深灰色泥岩、泥质粉砂岩不等厚互层。

浅水三角洲平原以分流河道沉积、河漫滩砂-泥岩互层沉积及泥炭沼泽沉积为特征。其中,以分流河道沉积最为典型,基底具冲刷面,内部具向上变细的沉积序列,底部砂岩含零星分布的泥砾,河道砂体窄而长,平面上表现为分支或交织的鞋带状,剖面形态多为对称或近于对称的上平下凸的透镜体状。河道沉积物颜色较浅,多具氧化色,碎屑颗粒分选性较好,厚度从几米到几十米不等,发育槽状交错层理、平行层理、前积型交错层理及沙纹层理。

河道间以细粒沉积为主,岩性为泥岩、炭质泥岩、粉砂岩等,富含植物碎片、植物根系及生物钻孔等,可见流水沙纹层理、水平层理及虫迹化石。沼泽环境中可形成暗色有机质泥岩、泥炭和褐煤沉积。分流河道两侧可形成天然堤、决口扇沉积。

2. 浅水三角洲前缘亚相

浅水三角洲前缘为浅水三角洲位于河流入湖口至湖坡间的滨浅湖地带,是河湖共同作用地带,为浅水三角洲沉积中砂体集中发育带,发育水下分流河道、分流间湾、水下天然堤及前缘席状砂等沉积微相。

1) 相对发育的水下分流河道

水下分流河道是入湖河流沿湖底水道向湖盆方向继续作惯性流动而延伸的部分(楼章华等,1999)。分流汇合或侧向迁移频繁,因而在平面上多呈网状分布,具有成层性好和可对比性强的特点,是浅水三角洲相重要的骨架砂体。主要由灰色厚层状细砂岩,细-粉砂岩组成,此外夹少量粉砂岩、泥质粉砂岩和粉砂质泥岩。砂岩中发育平行层理,板状交错层理、槽状交错层理变形层理,底部具冲刷面,冲刷面附近含大量泥砾。水下分流河道砂体纵向剖面具有下粗上细的正旋回特点,反映随着沉积物的不断加积,水体变浅,水动力条件减弱,在岩性剖面、测井曲线上特征明显(图 7.22)。

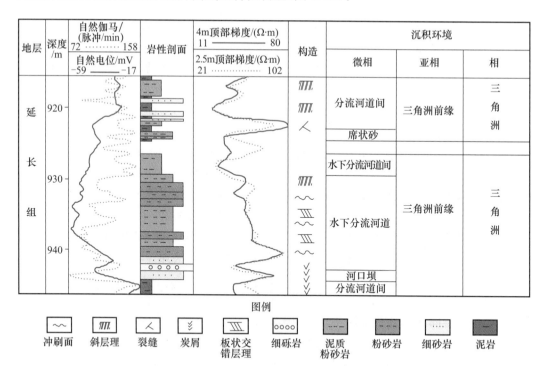

图 7.22　水下分流河道、分流间湾微相沉积岩电特征(据余逸凡等,2009,有修改)

2) 与河道共生的分流间湾

分流间湾主要指位于水下分流河道之间、向下游开口并与浅湖连通、向上游收敛的小型洼地环境,一般以接受洪水期溢出水下分流河道和相对远源的悬浮泥沙均匀沉积为主,沉积岩性以泥岩、粉砂质泥岩较为常见，发育水平层理、沙纹层理及变形层理，含炭屑，可见垂直虫孔发育。由于水下分流河道的改道和不同期次沉积叠加，分流间湾沉积在垂向上与水下分流河道密切共生，反复叠置。

3）不甚发育的河口坝

下寺湾油区水下分流河道砂体常与湖相泥岩直接呈冲刷接触，缺少河口坝沉积作为过渡，偶尔在冲刷不太强烈的情况下有厚度较小的残余（图 7.23）。分析认为下寺湾油区不发育河口坝主要有两个原因：一是因为河流进入平坦安静的浅水环境，所携带的沉积物快速推进，不能形成厚度较大的河口坝沉积，即使偶尔形成河口坝，也通常会被水下分流河道冲刷殆尽（武富礼等，2004）；二是水体较浅，可容纳空间小，水动力强，缺乏形成河口坝沉积的可容纳空间。

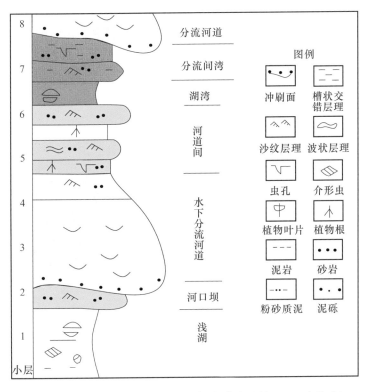

图 7.23 浅水三角洲前缘沉积层序（据余逸凡等，2009，有修改）

下寺湾浅水三角洲沉积砂体展布明显受河道沉积作用控制，平面上显示河道频繁分叉、汇合和侧向迁移而连片沉积的特征，延长组 1+2 段浅水三角洲砂体平面即呈条带状。沉积砂体轮廓、范围与展布方向等受河流控制，砂体具有明显的方向性，反映出三角洲沉积形态特征（图 7.24）。

3. 前三角洲沉积特征

前三角洲是河流携带入湖的泥质和细粉砂等细粒沉积物，在河口处由于水动力强不能沉积下来,继续呈悬浮状态向前搬运至较安静环境沉积下来,沉积岩性一般为灰色泥岩或页岩夹薄层粉砂岩,下寺湾油区内很难与浅湖沉积区分。

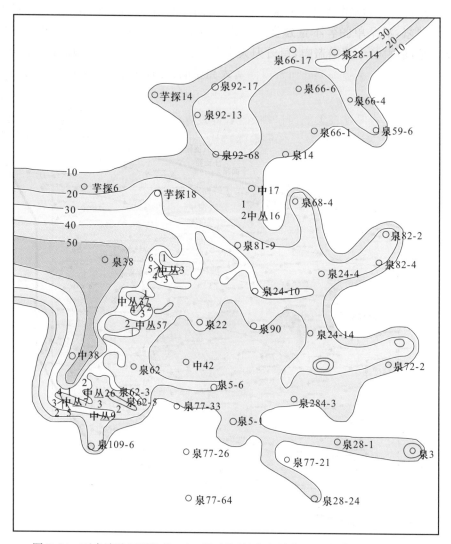

图 7.24　下寺湾油区延长组 1+2 段砂体等厚图(单位:m)(据余逸凡等,2009)

7.6.2　浅水型三角洲沉积模式

浅水湖泊沉积体系总体表现为强物源、强河流作用、弱湖盆营力的特征。物源供应、气候条件是控制地层发育的主要因素,分流河道为沉积主体。其沉积模式主要特征可以概括为整体地形平缓,水体较浅,三角洲直接在浅水背景上发展起来,主要为浅水台地型三角洲沉积;分流河道沉积发育,河口坝沉积不发育或以废弃相保存部分;分流河道砂体直接与湖相泥岩呈冲刷接触,垂向相序往往不完整;砂体受河道沉积作用控制,在平面上具有明显的方向性,呈朵状分布(图 7.25)。

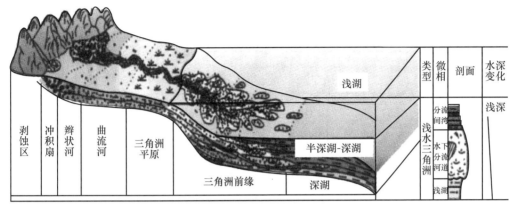

图 7.25 下寺湾油区延长组浅水三角洲沉积模式(据余逸凡等,2009)

7.7 分流河道型和分流沙坝型浅水三角洲沉积模式

三角洲被定义为"河流入海(湖)后形成的常具有扇形特征的沉积体"。基于水体类型分为湖泊三角洲和海洋三角洲,而基于水动力特征,又划为河控、浪控和潮汐三角洲,基于三角洲的沉积特征构成又划分为细粒和粗粒三角洲。从流域盆地特征、沉积物供给、水体深度、沉积粒度等方面总结三角洲的控制因素(Galloway,1975;李思田,1995),特别是基于基准面旋回的可容纳空间分析,为三角洲形成过程分析提供了较好的思路(Christopher,2006;Szczepan,2006;Andrew,2008;Jens,2008)。三角洲沉积机理研究更多集中在河口区沉积过程,主要讨论湖盆(洋盆)顶托作用下的分流作用和波浪、潮汐的改造作用(Damuth et al.,1983;Morisawa,1985;Wright,1997),着重强调分流作用和河口坝的形成,尤其是河流进积和波浪对河口沉积物筛选形成反粒序河口坝的传统观点,得到了广泛的认可,并被用于三角洲形成的解释。然而在河流入湖区,河流并不一定能够像所期望的那样不断分流,形成一个个具有独立外形的河口沙坝,而对于已有的现代沉积的观察也表明,在不同的沉积背景下有可能在一次分流中形成一系列小的河口坝,进而发育成天然堤(Damuth et al.,1983;尹太举,2008)。而湖泊波浪强度到底有多强,对沉积作用到底有多大的影响,目前还有很多不确定的因素。

尽管对形成于不同水深的三角洲已有所认识,明确了在较浅水环境下三角洲与较深水的特征存在差异(Reading,1996),但还没有能够真正地将浅水湖盆三角洲作为一种独立端元来进行深入的研究。甚至由于对浅水认识的不统一,对浅水湖盆三角洲的界定也还不统一。国内研究者将大庆油田、鄂尔多斯盆地的主力储层段界定为浅水湖盆三角洲沉积,讨论该类湖盆水动力特征(邹才能等,2008)、三角洲模式及其控制因素(梅志超和林晋炎,1991;姚光庆等,1995;李文厚等,1998;楼章华等,1998,1999;吕晓光等,1999),然而从目前的研究看,这些层段都存在半深湖沉积,与渤海海域新近系、青海油砂山组所发育的以滨浅湖为主的极浅水湖盆三角洲有较明显的区别,应归入一般三角洲范畴。而对于真正的以浅湖、滨湖为背景的浅湖三角洲,有研究者将其称为末端扇或末端分流河道体系

（王生朗，1998；Cornel，2006；Colin，2007；张金亮等，2007），将其与扇体系进行类比，基本忽略了湖盆水体的作用，这显然也有失真实。渤海海域浅水湖盆三角洲研究中尽管已识别出浅水湖泊和三角洲，并对其特征和成藏特点进行了一定研究（朱伟林等，2008），但对于其成因和模式还没有深入的讨论，而浅水湖盆三角洲广阔的油气勘探前景需要明确的模式指导砂体分布预测。在现代沉积、密井网砂体解剖及地震储层预测的基础上，张昌民等（2010）对浅水湖分三角洲的特征和模式进行了讨论，以期为后期的勘探提供指导。

7.7.1　河口区沉积特征

河流入湖（海）后，其环境的能量特征与陆上发生了显著变化。陆上主要是受水的惯性力、河床的摩擦力、地形坡度引起的驱动力及河面之上空气的摩擦力，其中河流水体本身的惯性力、地形坡度造成的附加动力起决定作用。入湖后，河流的前端出现停滞水体，对河水流动具有明显的阻挡作用。在湖（海）水的阻挡下，基于河水与湖（海）水的密度不同，滞留水体有 3 种混合和流动的方式，即高密度河水的底部异重流、低密度河水的上部漂浮流及具有相近水体密度的快速混合流，3 种方式下河流向湖（海）的推进能力和方式也有很大的差别（Bates，1953）。但无论在哪种方式下，湖水本身对入湖水体都具有很强的阻挡作用，导致其流速快速降低、携带沉积物能力很快下降，沉积物在河口区大量堆积而形成河口区沉积体。

河口区沉积物沉积的最明显特征是分流沙坝（河口沙坝）的出现与分流河道的发育与演化。传统观点认为河口沙坝是河流在入湖后其河流入海（湖）的河口区，水流展宽和潮流的顶托作用使流速骤减，河流底负载下沉而堆积成水下浅滩，浅滩淤高、增大，露出水面，形成新月形河口沙坝（何幼斌和王文广，2008），即拦门沙坝。河口坝出现后，水流便从沙坝顶端（近岸端）分成两股，形成两个分支河道（分流河道），并向外侧扩展。分支河道向前发展，在河口处又会出现新的次一级河口沙坝。这一过程不断重复，就形成了一个喇叭形向海延伸的多汉道河网系统，这一系统的不断重复和推进便形成了三角洲。这一观点的核心是分流区形成多级河口坝构成了三角洲的主体，应该成为三角洲砂体的骨架，即在多级展布的河口沙坝的基础上，河流沉积因分流作用而弱化，成为沙坝沉积的背景沉积。在现代的沉积中，此种类型的河口也确实非常普遍，特别是在宽展的河口，如在三门峡水库宏农涧入水库的河口区河口沙坝的沉积特征就非常明显，现代长江口沉积的特征更清晰地展现于人们眼前（当然长江口的河口坝还受潮汐的影响）。

基于现代沉积的观察，不少学者建立起了各种河口区的沉积模式，特别是芬斯克的河口坝形成模式更是得到了大家的普遍认可（何幼斌和王文广，2008）。此模式中将河口坝与分流河道融合为一复合砂体，河道作为砂体的供沙通道，仅分布于河口坝顶部的中心部位，而砂体主体则是河口坝。这一模式与笔者所观察的实例有较大的差异，主要体现在现代沉积地貌上河坝共处，分流河道展布区内部分区域被分流沙坝占据，这至少说明，此类模式并非河口区沉积的唯一模式。Donaldson 所总结的河口区模式与此模式极为相似（Donaldson，1974），也是将河口坝作为主体，而河道仅是主体沉积中沉积物搬运通道，而且在河口坝形成过程中一直保持活动状态，这一模式的实质是将同期砂体都归入到河口坝沉积,这虽解释了河口坝的形成过程,但却不利于区分河口区各种砂体,而且也未能将河口坝的形成过程和机理阐述清楚。

关于河口区沉积讨论的另一重点是河道外动力的影响,或者说是波浪和潮汐对三角洲形成的影响,而且基于这两种能量对三角洲的改造将三角洲进行了分类,传统中也将三角洲中河口坝反粒序和席状砂的形成归因于波浪改造作用。然而在内陆湖盆三角洲研究中也发现,河口坝粒序并不是只具有反粒序特征,此时的波浪所造成的影响可能就不会像原来认为的那么大。

对于河口区沉积演化特征,传统观点之一是认为随着分流沙坝的发育和河道的多级分流,形成多级分流沙坝,构成三角洲骨架;另一观点则是分流沙坝下陷埋藏,分流河道跨越沙坝,在更近湖盆中心区形成新的分流沙坝。这两种方式都有可能出现,然而却没有解释分流河道进一步发育是如何形成的、在其发育的过程中其地貌形态或沉积环境是如何转换的、原来沉积物如何进一步演化最终形成三角洲等一系列问题。

对现代河口区沉积观察时笔者发现,原来的模式过于理想化,事实上河口区的发育尽管是沿着两种模式发育,但其发育形式与传统观点还是有差异的。一是河口坝的发育,并不是在河口形成一个河口坝,促使河道分流,然后再进一步形成次级或更次级的河口坝,而是在河口形成一系列的小型底形,这些小型底形形成了河口坝的雏形,随分流河道中沉积物的进一步沉积,部分底形连片形成河口坝,而部分底形则被破坏成为河道的河床,而次一级的河口坝的形成则是更远处的底形进一步发育的结果,这些处于不同地区的河口坝有可能是不同时期的,正如传统观点的远离河口形成更晚的特征,也可能是同时或近于同时形成的,但其形成同时也接受改造。二是关于分流河道,传统观点中分流河道的形成是局限于分流沙坝坝核中,作为远距离运砂的通道,这与枝状三角洲的特征相匹配,但也存在一些问题,如河道侧缘的堤岸沉积,传统观点认为河道切过分流沙坝而直接向前推进,此时并不形成堤岸,后期水位上涨时在分流沙坝的侧缘部位形成泥质堤岸。在实际观察中发现,堤岸的形成并不是后期堆积的结果,而是同期沉积的产物,也是河口小型分流沙坝底形进一步发育的产物,那些在河道分流较弱的方向,沉积物堆积较快,易于连片,当其连片将河道与外部水体完全割裂开时,便形成了分流河道的堤岸。同时另一种模式下的分流河道发育,还没有文献探讨。即在非限定性的河口区,并没有形成连片的堤岸,而是形成一系列的相对分隔开的分流河道,此时分流河道是什么特征,具有什么样的展布特点。对现代沉积观察及地下砂体发育的分析表明,此时的模式是在片状河道沉积背景下,分流沙坝镶嵌于河道砂之中,分汊河道是砂体沉积的背景,大面积的分流河道砂连片分布,但由于是过水环境,可能沉积厚度不会很大,只有在局部地形较低或下沉较快区会形成较厚的砂体,此时形成的分流河道砂体具有传统的正粒序的特征。若整个河口区废弃,那么便会在河道中填积后期的悬移沉积,形成的分流河道整体上以泥质为主,而分流沙坝构成优势储层。

如果扩大观察时窗,则会存在同一时窗中不同相的叠置及相归属的确认问题。前已述及堤岸是由河口坝进一步发育的结果,而一部分的河口坝在沉积后可能会因为水位下降出露成洲,沼泽化构成三角洲平原,这些相转化问题会使三角洲内部相构成分析更为复杂,难以界定其归属。

7.7.2 浅水三角洲的识别与砂体形态追踪

1. 密井网砂体形态剖析

利用密井网对浅水砂体进行解剖,发现两种类型砂体分布样式,具有完全不同的砂体形态,代表不同沉积环境,从而预示不同的沉积模式。

研究表明,尕斯 N_1^1—N_1^2 和跃进 II 号新近系沉积为砂泥岩地层,砂岩粒度为以中细砂到粉砂,具有水下沉积特征:泥岩颜色相对较浅,不发育深水沉积,属浅水三角洲沉积。对该区的砂体展布特征研究表明,该区的砂体特征各不相同,具有独特的分布样式。

1) 连片分布砂体

尕斯 N_1^1—N_1^2 上盘及跃进 II 号油藏砂体解剖中发现砂体具有较好的连片性,基本上全区分布,基于三角洲前缘的沉积背景,其砂体应归为分流河道、河口坝和席状砂,详细研究表明这些连片砂体具有一定的厚度,多具正韵律,尽管面上连片分布,但厚度并不稳定,具有较大的变化,内部沉积构造具有河道常见的交错层理,说明其沉积时具有一定的底形。除此之外,在连片砂体中的很多部位,砂体在一定的区域内尖灭,表明其沉积时可能由于底形或剥蚀而没有明显的砂体沉积。这表明其不具有席状砂特征,应主要为分流河道砂体。但进一步研究表明,砂体厚度变化较大,局部部位厚度可厚达一般部位的 2~3 倍,而且这些厚度大的区域的分布并不具有连片性,而是以一种间断的方式出现,喻示这些地方的沉积砂体可能具有不同的成因。从分流河道本身的沉积看,在宽广河口区,河道分散其流量后,前缘分流河道应是相对均匀的、连续的,而该区显然与此不太相适应。局部厚度成因应与原始底形有关,而这可能与分流沙坝相关。据此思路,将厚度较大区作为分流沙坝,那么砂体所揭示的原始沉积的底形和微相构成特征如图 7.26 所示。

2) 局限分布砂体

在解剖中也发现有另外一种相对局限、窄条带状展布的砂体类型。与连片分布砂体相比,其分布局限,而且分布方向与湖岸线垂直,密井网控制下,在垂直于走向方向难于被两口井同时钻遇,宽度多小于 200m,显示其沉积受限,并非是一种宽展的河口形态,而是一种限定性的河道沉积,基于此,认定其应为窄条带分流河道沉积为骨架的沉积格局(图 7.27)。

2. 地震属性砂体识别与追踪

渤海海域新近系明化镇组下亚段为一套浅水湖盆砂泥岩互层沉积,整体上具有较低的砂地比,砂体在地震上可得到较好的识别。依据地震属性特征对砂体发育进行识别和追踪,在该地区同样发现两类不同的砂体类型。研究中以划分的砂组为基础,将研究时窗细化,时窗大约为 40~50ms,很好地体现了短时段砂体发育特征。

在对 BZ26-3 三维地震区的属性分析发现三角洲砂体有明显的分异和变化,基本上可归为两种类型(图 7.28),一种呈现出明显的枝状,另一种则呈现出较连续的片状。

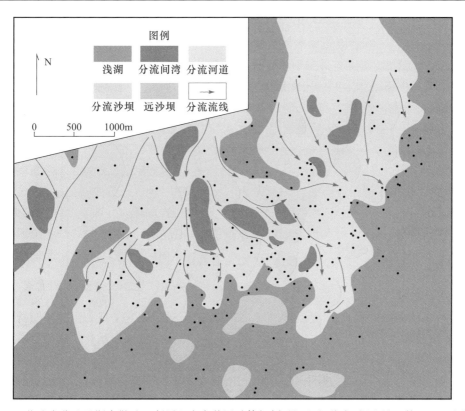

图 7.26　柴达木盆地尕斯库勒油田断层上盘密井网砂体解剖及沉积相分布（据张昌民等, 2010, 有修改）

　　图 7.28(a)该时窗内高幅值基本上在区内都有发育, 但分布相对零散, 但也有一定的规律。在图中部东西方向相对较为连续, 基本上呈条带状, 可能是较连续的河道带的响应特征。而上部和下部高幅带相对更为分散, 但在分散的背景下, 仔细观察又表明具有方向性, 砂体发育呈窄条带状特征, 其条带的方向变化较大, 而且具有向中间汇聚的特征。这种振幅响应特征可能与局限发育的分流河道相关。条带状高振幅异常代表了局限分流河道, 中间高幅缺失及高幅方向的指向可能暗示了分流河道向低洼地区的汇聚。

　　图 7.9(b)时窗中的砂体高振幅响应更为连续, 基本上呈现出连片特点。尤其是图的右上部高振幅异常基本连片分布, 呈现出两个明显的朵体特征。而其他部相对较分散, 特别是在西部, 高幅响应区虽分布较广, 但内部连续性较差, 呈现出一定的窄条带状特点。这表明在这一时窗区间内, 工区整体发育的是以连片状砂体为主, 特别是中、北部更为明显, 砂体主要经北西向推入盆内, 而中南部可能是低洼地, 砂体发育相对较差, 砂体由周缘各个方向汇向此处。

7.7.3　浅水三角洲沉积模式

1. 分流河道型浅水三角洲

　　分流河道型三角洲发育的主体为天然堤, 三角洲呈现出明显的树枝状, 各朵体分散、朵体间不连接或通过决口水道连接(图 7.29)。三角洲整体上不具备广阔的平原相带, 呈

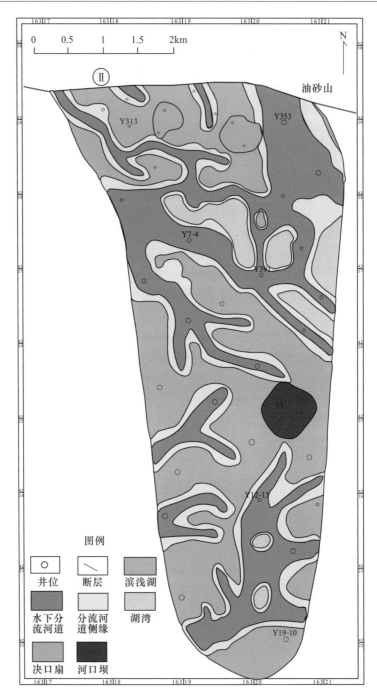

图 7.27　柴达木盆地尕斯库勒油田断层下盘密井网砂体解剖及沉积相分布(据张昌民等,2010,有修改)

现窄条状特征的天然堤分水下和水上两部分,两者宽度上差别不大,主要差别是水下天然堤植被不发育,而水上天然堤则有明显沼泽化特征,植被繁茂。水下天然堤水下部分延伸不太远,天然堤尽头不太连续,为小规模的分流沙坝。天然堤宽度相对较稳定,单侧宽度一般是分流河道宽度的 1.5～2 倍,最大可达分流河道宽度的 3～4 倍。

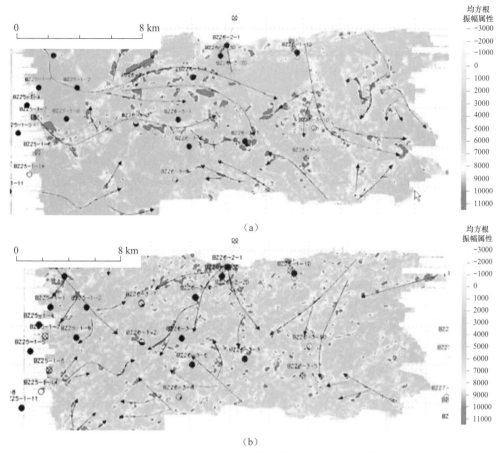

图 7.28　BZ26-3 三维区三角洲砂体形态追踪(据张昌民等,2010)

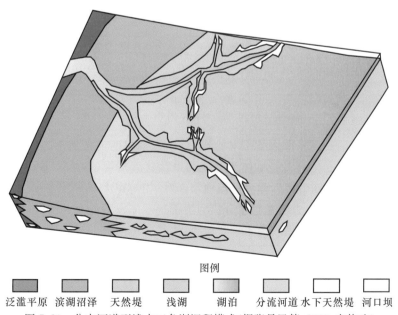

图例

泛滥平原　滨湖沼泽　天然堤　浅湖　湖泊　分流河道　水下天然堤　河口坝

图 7.29　分支河道型浅水三角洲沉积模式(据张昌民等,2010,有修改)

2. 分流沙坝型浅水三角洲

分流沙坝型三角洲发育的主体是分流沙坝,砂呈朵状、坨状,朵体发育集中,基本上呈片状分布,在各朵体之间部位会发育分流间湾沉积,但常因朵体增长而被填充,最终常表现为浅水沼泽。而在朵体内部,基本是连续沉积(图7.30)。三角洲平原沉积发育,基本占据了三角洲面积的3/4以上,而前缘相带不甚发育。平原部位主体有两种沉积,一种是分流河道内部区域,主要是分流沙坝进一步发育,部分河道淤塞连片,进一步沼泽化而成沙洲,可能是一个也可能是多个沙洲连片分布。另一种则是分流河道外缘部位,由原位于边缘的分流沙坝进一步发育,分流河道后淤塞沉积连片而成天然堤。这种天然堤原来位于水下,随着河流的推进,逐渐露出水面,最终沼泽化而成。

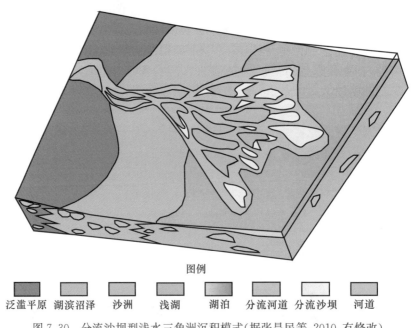

图例

泛滥平原　湖滨沼泽　沙洲　浅湖　湖泊　分流河道　分流沙坝　河道

图7.30　分流沙坝型浅水三角洲沉积模式(据张昌民等,2010,有修改)

7.7.4　讨论

依据现代沉积调查与密井网解剖和地震反演,识别出两类截然不同的浅水湖盆三角洲。分流河道型浅水三角洲骨架砂体为分流河道及其天然堤,砂体窄小,连续性差,而分流沙坝型浅水湖盆三角洲骨架砂体为分流沙坝,砂体相对宽大,连续性好。

在三角洲沉积体系中,并不是整个分流河道都是砂体发育的有利部位,砂体并未像以往所期望的那样在河道内部呈现出条带状展布,而是分流河道的局部部位砂体集中发育,其他部位则主要过水的通道和砂体运输的通道,早期的砂体雏形应为沙坝,在后期演化中发育成天然堤或沙洲或沼泽,而成为砂体的主体部位。而在地下研究中,经常将较厚的砂体带划分为分流河道,这显然是对地质现象的一个误解或理解的一个偏差。

从现代浅水湖盆三角洲的形成过程分析,所谓的天然堤或沙洲和富砂的沼泽,其最初成因有可能是分流沙坝,即由分流沙坝进一步发育演化而成。在演化过程中,主要的砂体沉积可能也形成于沙坝形成期前后,特别是由于沙坝的进一步发育而形成的水下天然堤沉积,可能构成了砂体主体,而在这些部位演化为分流平原期后沉积下来的物质并不多,主要填充了原来的决口水道或河道间的洼地,进而使已有的天然堤沼泽化,形成平原环境,而这与以往认为分流平原的砂体与前缘砂体为同期砂体的认识也完全不同。最终保留下来的三角洲平原、前缘和前三角洲三个组成部分中,前三角洲与前缘可能是同期的,而平原部分只有少量的沼泽化沉积和废弃河道弃填沉积可能是与前缘同期沉积的,而大量砂质沉积其主体基本上不与前缘同期发育,而是前期前缘沉积物。

7.8　叠覆式浅水三角洲沉积模式

在浅水环境下,河流入湖后的特征与深水有较大的差异,尤其是对湖水涨落表现特别明显的湖张域广布的广盆浅水型湖泊(吴崇筠等,1993),河流入湖后的表现与传统的基于较深水或较稳定水体中的沉积有很大差异,突出表现在其由于湖水差异导致的沉积主体部位的快速迁移,将会导致分流河道的快速推进与快速后退,造成沉积主体位置在空间上的快速变换,而每次的进退所伴随的地貌形态差异,可能会导致河道经常性地废弃和改道,这就造成了河口沉积的孤立分布及不同河口沉积与主河道较差的连接关系,不同于大型河道进入水体后所形成的较稳定的、连片分布的分流体系特征,将会形成一种类似于葡萄串状的叠覆式三角洲分布样式,而在现代沉积和水槽模拟中这种以河口的"扇"为特点,不发育分流河道的现象也有发现。

浅水三角洲在我国中、新生界大型湖盆中广泛发育,目前研究认为松辽盆地嫩江组(楼章华等,1998)、鄂尔多斯盆地延长组(梅志超和林晋炎,1991)、四川盆地须家河组、吐哈盆地侏罗系(李文厚等,1998)、渤海湾盆地渤中、渤南等凹陷馆陶组和明化镇组(朱伟林等,2008)、柴达木盆地油砂山组都有发育,不同学者结合地下解剖和现代沉积调查,对其沉积特征(邹才能等,2008)、控制因素(楼章华等,1999)、砂体发育(姚光庆等,1995)、成藏潜力和勘探策略(邹才能等,2008)等进行了更深入地分析。尽管在浅水三角洲模式上也取得了进展,如张昌民等(2010)提出不同于常规的枝状和分流沙坝型浅水三角洲模式,为砂体预测和砂体内部结构分析提供了较好的依据,但在指导厚层大面积展布的三角洲前缘砂体(如大庆油田中部杏六区主体的 $P I_{4}^{2}$ 厚砂层)成因分析和内部结构分析时,仍不能起到很好的指导作用,需要用新模式指导这类砂体的分析。

大庆油田杏中六区 $P I_{4}^{2}$ 单元砂体平面形态分析表明,尽管各小层砂体连片分布,但砂体分布具有明显的分区性,即砂体在局部更为集中。而这种集中方式用连续的分流河道成因难以解释。而且新钻加密井对比中也发现,尽管砂组在全区广布,但就单个砂体来讲,其对比非常困难,常常难以将单个砂体归入到某一小层中。而采用前积对比方法,将 $P I_{4}^{2}$ 砂组作为由不同小朵体构成的复合砂体,则可很好地解决对比问题,构建起砂体内部结构,很好地解释砂体形成过程。因而笔者认为叠覆式模式适用于大庆油田杏中六区 $P I$ 厚层状浅水三角洲主体砂体。事实上,在三角洲内部结构解剖中,对前积结构和分流结构进行区别对待和解释,深化对三角洲结构的认识。

具有此类特征的浅水三角洲砂体尽管规模整体很大,但单个朵体一般较小,朵体发育具有一定的随机性,朵体间接触和拼接方式不同,从而使得朵体间关系相当复杂,对流体流动的影响很难确定,与一般三角洲有较大的差异,为勘探开发提出了新挑战。

7.8.1 叠覆式三角洲发育过程

叠覆式浅水三角洲是指由一系列小型三角洲朵体垂向叠置而成的三角洲。这类三角洲的基本构成单元是三角洲朵叶体,而非传统的三角洲微相单元。

叠覆式浅水三角洲发育背景目前还不是很清楚,但其发育需要具有较快的沉积物堆积及堆积后的沉积场所的快速转移,即需要较快的沉积速率及快速的废弃过程,而这与河道的稳定性和沉积物供给相关,当河道沉积物供应变化快、河道不稳定时较易发育,而当河道相对稳定时,常发育常规的三角洲。

为弄清叠覆式浅水三角洲的沉积机理,建立沉积模式,笔者利用中石油储层重点实验室(长江大学)的水槽模拟装置进行了多次模拟。从模拟实验看,叠覆式三角洲的发育过程大致可分为单朵体发育和复合朵体发育两个阶段。

1. 单朵体发育

水槽模拟实验观察发现,单个朵体形成有两种形式,一是向前的扩展式,一是侧向的扫描式(图 7.31)。

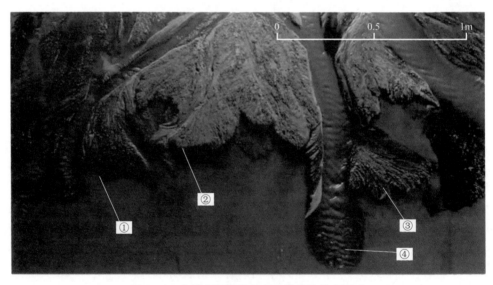

图 7.31 水槽实验模拟现实的单朵体发育形式

朵体①、③由左向右扩展;朵体②由右向左扩展,扫描形成不对称的分布样式;朵体④由主流线向外扩展,
形成相对对称的朵体,为扩展式发育形式

扩展式:该朵体形式较为常见,即朵体以分流河道的出口处为中心,轴向向外缘水体中逐渐扩展,最终形成朵体。此种沉积方式中分流河道位置相对居中,沉积物左右相对较为对称,其沉积主要是由于水流能量的衰减造成携砂能力下降,沉积物向周缘扩散而成。朵体内部具有一定的对称性,朵体具有向前进积的特征。整个沉积过程中,朵体的形态变

化很小,只是规模逐渐扩大。此形式多出现于比较开阔的部位,注入水体与岸线交角较大,外部地貌对沉积的影响相对较小,是一种相对的自由式沉积。此外由于河道能量的分散,也会呈现出部分的分流特征,在朵体上主河道能量分散,呈现几个不同的小型局部流线,沿流线砂体分散沉积形成朵体。

扫描式:该形式朵体形成体现为朵体从一侧开始发育,逐渐向一个固定方向扫描,最终形成朵体。在这种形成模式中,朵体的原始地貌表现为不对称的箕形,而分流河道从长箕的一边开始沉积,逐渐沿箕状地貌向另一侧扫描,直至填满整个洼地而废弃。这种方式下形成的朵体本身在内部结构上一般不具有明显的前积特征。这类沉积受地貌影响较大,入湖水体的流向与岸线交角较小,为一种受限沉积体。

2. 连片朵体发育

叠覆式浅水三角洲朵体复合体有两种演化模式,即侧摆式和进(退)积式(图7.32)。

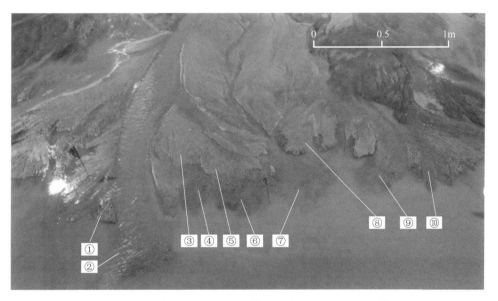

图7.32　水槽实验显示的朵体连片中的进(退)积式朵体

①、②属同一个小的复合体,水位下降时,②号朵体切割①号朵体向前推进;③、④、⑤、⑥、⑦属同一个小的复合体,④、⑥号朵体形成于低水位期,随水位上升,朵体后退,沉积浅色的③、⑤号朵体,呈现出退积,而③与⑤号朵体之间、④与⑥朵体之间则显示出侧向迁移特征,在水位进一步下降后,河道向前推进,形成⑦号朵体;⑧、⑨、⑩属同一个小的复合体,⑧号朵体形成后,河道向右前迁移,形成⑨号朵体,而进一步迁移后形成⑩号朵体,并直接造成⑨号朵体的废弃

1) 侧摆式

侧摆式是后期朵体沿着湖岸线侧向摆动,造成朵体的相互叠置。此种模式主要出现于整体上沉积、沉降处于相对补偿状态,相对湖平面没有明显的升降,湖岸线相对稳定,沉积区域相对固定的情况下。沉积物在沉积斜坡部位堆积,当堆积完可容纳空间后,朵体再侧向迁移到新的低洼区域,填充新的可容纳空间,开始新朵体的沉积。沉积物在搬运路线中一般选择能量衰减最小的路线,当搬运路径中的沉积物或沉积区的沉积物增加时,原路线的能量衰减增加,原路线优越性下降,从而诱使河道改道,开始新的朵体沉积。由于岸

线的控制,其沉积的部位相对于岸线较为固定。河道的决口改道,可以是近湖地区,也可能是远湖地区。对于复合朵体内部的朵体连片,这是最主要的方式。

2) 进(退)积式

进(退)积式是朵体主要垂直于湖岸线迁移,造成朵体的叠置连片。此模式主要出现于相对湖平面升降后,岸线发生迁移,造成整个可容纳空间在沉积水流方向上的再分配,从而导致朵体整体的前移或后退。此类迁移与湖平面的波动紧密相关,湖平面上涨,将导致沉积朵体整体向岸方向迁移,而湖平面下降,则导致整个朵体系统地向湖方向迁移。周期性的湖平面迁移将形成不同部位的朵体复合体。湖平面缓慢迁移时,可能造成朵体的连续迁移,形成连片朵体复合体,而当湖平面快速迁移时,则会造就朵体的孤立分布或朵体复合体的相互分隔。

正是由于朵体的侧向摆动与前后迁移,造成朵体的大面积连片分布,形成大型的砂体复合体。而作为三角洲整体,在不同时期、不同部位,两种模式交互发生,形成了朵体目前复杂的分布样式。

7.8.2 叠覆式三角洲沉积模式

叠覆式浅水三角洲在沉积特征上不同于一般的曲流三角洲,与辫状三角洲也有明显的差别(表7.5),其特征突出表现在单个朵体是构成三角洲的基本单元、不具有统一的分流系统、不存在典型的垂向分层和平面分带的相带结构模式、不一定具有向上变粗的粒序。依据实验结果,结合大庆油田杏六中地区等的地下解剖,建立该类三角洲的沉积模式(图3.62)。其内部复合朵体构成,复合朵体又由一系列单朵体适应地形变化填平补齐而成,单朵体由内部结构相对简单的扇体构成。因而朵体内部非均质性较弱,影响流体流动的主要是朵体接触关系及朵体间泥岩的保存程度。

表 7.5 不同三角洲沉积特征对比

类型	常规三角洲	辫状河三角洲	叠覆式三角洲
基本单元	以分流河道为主发育河口坝、席状砂、天然堤、河间砂等微相	以大量的河口坝为特征,发育有分流河道、席状砂、河间砂等微相	单个朵体
相带划分	平原、前缘、前三角洲带状分布	平原、前缘、前三角洲带状分布	不存在明显的相带结构
内部结构	不同微相成亚相,亚相组合成砂层的层状结构	不同微相构成亚相,不同亚相构成层状砂层的层状结构	朵体直接叠覆形成复合朵体,进而叠覆成三角洲,不存在相带结构和层状结构
沉积层序	分流河道多具有正韵律,河口坝和席状砂多为反韵律	以河口坝和席状砂的反韵律为主,分流河道呈块状或正韵律	单个朵体可能向上变细,也可能向上变粗,与朵体的位置和沉积方式相关
分流系统	具有统一的分流系统,可按分流河道对砂体进行追踪	网状复杂分流系统,但单个砂层为同一分流系统	不存在统一的分流系统,由不同期的来水形成的朵体叠置而成的异期同相沉积
沉积粒度	一般较细	一般较粗	中到细粒
砂体连片性	中等到较差	很好	很好
砂地比	一般中等到较低	较高	较高
沉积坡度	较缓	较陡	稍陡

1. 单个朵体是构成三角洲的基本单元

与常规的三角洲以单个相带完善的三角洲朵体为基本单元不同,叠覆式三角洲的基本单元不是层,不具有层状特征的、具有较大分布范围的传统三角洲朵体,而是代表一期沉积作用的有限朵体。传统三角洲单个朵体内部结构清晰,相带明确,可将朵体内部细分为不同的地貌和岩相古地理单元,以平原、前缘、前三角洲的分流河道、堤岸、决口、河口坝、席状砂等微相来表征三角洲的不同部位。叠覆式浅水三角洲单个朵体内部差异较小,不存在明显的相带差异,单个朵体就是一个基本构成单元,内部无法细分,不能区分出不同的相带和微相单元,仅仅只有一个朵体微相。如果一定要进行同期的相带划分的话,在其近陆方向存在一条供给河道,但在三角洲朵体沉积过程中,其处于沉积物路过或剥蚀作用状态,并不沉积沉积物。而在朵体的周缘沉积区域之外的区域,可有同期的泥岩沉积,但这已不是朵体的构成部分。在朵体内部,由于所处位置不同,可存在不同沉积构成和粒度特征。一般地,朵体中部以砂质为主,厚度大、粒度较粗,是沉积主体区;而朵体侧缘部位,粒度较细、沉积物中含的泥质也较多。朵体形态受控于古地貌形态,不具有特定的外形。在相对平缓背景下的朵体可能宽而薄,而在相对局限的陡坡地貌的朵体可能厚而窄。单个朵体大小与沉积供给相关,也与其地貌地形相关。

2. 不存在典型的垂向分层、平面分带的相带结构模式

叠覆式浅水三角洲是在原三角洲所形成的具有前积特征的沉积斜坡上,后期的朵体不断填充前期的低地而成。多期朵体在垂向上和平面上相互镶嵌,这种镶嵌是三维的,不是以层的方式叠置的。平面上相邻朵体不是同期形成的,而是在不同时期沉积的,在时间上可能存在着一定的跨度。相邻朵体之间只与地貌相关产生砂体的镶嵌,而没有过程上的紧密依存。处于侧上方的沉积相对晚于侧下方的沉积体,是后期低地充填的结果。由于单个朵体只发育于前期朵体所界定的低洼地带中,分布非常局限,不可能发育层状的、广布的沉积体,不具有平面上的呈层性。当然在一口井中或有限的井间,可以进行朵体的划分和层的对比,但若想进行全区的分层和等时对比,则是不可能的,也是不科学的。同时在平面上,朵体之外是其他的朵体,而不是像常规三角洲那样形成的环带状的由平原到前缘到前三角洲的相带结构模式,而是由不同的朵体形成的进积、退积相间的朵体复合体。由于河道迁移和废弃的周期性,常会造就沉积过程中沉积方向的相对稳定,即朵体在一个方向上或局部位置发育,形成复合朵体。但当此方向上的朵体完成了低地的充填,造就了整体上的高地时,河流将会在上流方向决口或改道,从而使整个朵体系统发生迁移,开始新的朵体系统发育。由于朵体和朵体复合体的这种发育模式,造成朵体和复合体呈现出三维的空间叠置,而非常规三角洲中的平面展布垂向叠置的特征,因而用传统的层状地层的对比方法难以真正认识此类三角洲的内部结构。

3. 不具有统一的分流系统

传统三角洲的特点在于河道的多级分流,形成其整个沉积体系的骨架,砂体是沿着河道形成的"串串葡萄",串中的"葡萄"总能通过分流河道而找到其来源。在研究中只要认

清了河道的主流向,追踪出分流河道的分布,可以沿河道流线对砂体的分布进行相应的预测,这既是三角洲研究的常用方法,也是预测常规三角洲砂体展布的基本思路。

叠覆式浅水三角洲不具有统一的分流体系。如前面所述,此类三角洲的基本单元是一个个的小型扇体,这些扇体相互叠置,构成三角洲格架。其内部不存在一个统一的分流体系,因而也无法找出一条条的"线"将这一个个的"葡萄"串成一串。由于分流河道的快速迁移,且朵体沉积时分流河道多不沉积,作为沉积物通道,其迁移非常快,不能成为将不同朵体连接起来的"脉",无法作为砂体分析的依据,使得朵体间串起来的"线"非常模糊,难于确定,因而想通过河流主流线来串起朵体,建立起格架几乎是不可能的。只能通过对不同部位朵体叠加样式的分析和相互关系的剖析,确定朵体之间的叠覆关系,进而弄清砂体的内部结构,将局部朵体串成串,形成一个局部的复合体,然后再将其与邻近的朵体进行叠加,最终建立起整个砂体格架。

当然,研究中可以借助分流河道相对稳定性剖析相邻朵体的关系,将朵体组合为复合朵体,在解剖时先进行大的复合体的对比,进而对复合体内的朵体进行追踪,这样可保证不同井点之间朵体关系认识的准确性,提高解剖的可靠性及解剖的效率。

4. 不一定具有向上变粗的粒序特征

常规三角洲多代表河流的逐渐加强,形成一个从前三角洲到前缘再到平原的三角洲演化序列,常形成具有一定厚度的向上变粗的层序特征。而对于单个砂体,特别是河口坝和前缘席状砂也多表现出进积的向上变粗的粒序特征。

在叠覆式浅水三角洲中,单个三角洲朵体一般是进积式的,因而多具有向上变粗的沉积粒序特征,但不是很明显,有时会表现出箱状的特征,但在朵体前端和侧缘部位,其粒度明显较主体部位细。在朵体的中后部靠近分流河道口的部位,其粒序特征则具有一定的变化,常发育有正粒序,这主要是由于此部位后期的沉积是分流河道废弃过程中水动力逐渐减弱,沉积物不能往前搬运就地堆积造成后期沉积物粒度变细的结果。在水槽模拟实验中,也发现有粗粒沉积物首先沿沉积斜坡向下滚动,填积最低部位,而较细粒的沉积物逐渐前推形成向上变细的沉积序列的现象。

在整体砂体的粒序上,叠覆式三角洲一般不具有明显的粒序特征,多表现出箱状或者多段箱状特征,在底部一般会有很薄的一段显示向上变粗的粒序段。

5. 朵体接触关系是储层非均质性的主因

传统三角洲中不同微相砂体由于成分、结构、构造不同而具有较大的物性差别,从而造成不同的微相间的非均质性,成为三角洲非均质的主体。

而在叠覆式浅水三角洲中,其非均质性主要在于朵体的相互接触关系。由于朵体本身是在较短时间内快速沉积的结果,朵体内部一般没有明显的成分、结构和构造的差异,因而可将朵体视为相对"均质体"。不同朵体由于沉积物供给差异,可能造成其物性的一定差异,但这种差异相对来说也不会很大。而对于整体复合砂体来说,影响流体流动的关键就体现为不同朵体间的流体交换能力,即朵体的接触方式造成朵体间的连通性问题。朵体之间接触方式有两种,一是后期朵体形成时对前期朵体进行侵蚀,将前期朵体顶部的细粒沉积物带走,造成两期朵体主体砂体直接相连,从而使两期朵体具有较好的连通性,考虑朵体形成时主要供砂通道(分流河道)的局限性,后期朵体形成时对前期朵体的冲刷也是局部的,因而这种连通性也仅仅是局部的,不可能全面连通。另一种是后期的朵体沉积于前期的朵体之上,不存在供给沉积物的分流河道的下切剥蚀作用。此时若前期朵体沉积后还未来得及沉积细粒的悬浮沉积,则两个朵体可能具有较好的连通性;若前期朵体沉积后河道迁移到其他地区沉积,经过较长时间的间歇,则有可能在前期的朵体上发育有一定厚度的泥质沉积,从而导致两朵体间完全分隔。这种朵体间的相互接触关系,造就了整体砂体内部复合朵体内的朵体连通性比复合体外部朵体连通性好的结果。

7.8.3　讨论

1. 叠覆砂体造就大型油气藏

叠覆式浅水三角洲由于多期朵体相互叠置,当朵体间泥质沉积较少时,砂体大面积发育(图 7.33),面积可达数万平方千米,在构造合适的位置可形成大型油气藏。

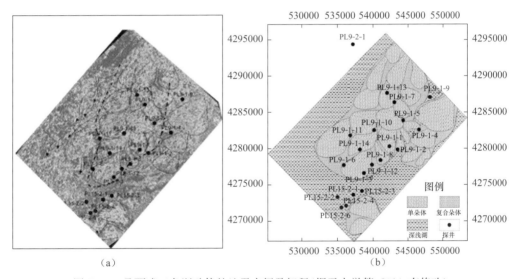

（a）　　　　　　　　　　　　　（b）

图 7.33　叠覆式三角洲砂体的地震表征及解释(据尹太举等,2014,有修改)

大庆油田的杏树岗地区 P I 油组就是一个典型的代表。P I 油组在本区是一套厚油层,特别是 P I 油组的 PI_2 到 PI_4 单元,砂体垂向上连续叠置,连续油层总厚度达40m,砂体在平面上大面积展布,在整个杏树岗地区连续分布。以往研究认为该套沉积为河流三角洲中的分流河道砂体,并按照常规三角洲的沉积模式进行小层划分和对比。然而笔者在进行该区小层内部结构解剖时发现,砂体之间的对应关系极为复杂,难以用常规的三角洲模式进行解释,试图寻找一种全区发育的划层标准非常困难,难于将所有的砂体纳入到"层状"地层格架中,这也是该段砂体开发至今部分砂体仍没有进行精细对比的原因。而在对砂体平面分布进行剖析后发现,该区的砂体具有明显的分带性或坨状展布,似乎是不同时期在不同部位发育的朵体平面叠置的结果。笔者基于朵体叠覆的思路,采用底部拉平的方式,在研究区内建立了顺流向和垂直流向剖面 27 条,对杏中六区的 PI_1^1 单元厚层三角洲砂体内部结构进行分析。结果表明该段厚油层由多个复合朵体叠置而成，而每个复合朵体内又发育有多个单朵体(图 7.34)。在沿流向剖面中朵体为前倾叠覆，而在垂直流向剖面上，朵体则相互镶嵌。图 7.35 为顺流向储层结构对比剖面，剖面内发育12 个大的朵体复合体，而在每个朵体复合体内发育有数量不等的单朵体，这些朵体相互叠置，形成了目前的厚油层。由于三角洲处于大庆长垣，构造位置十分优越，油气充注充分，连片含油，区内含油面积大，地质储量巨大。

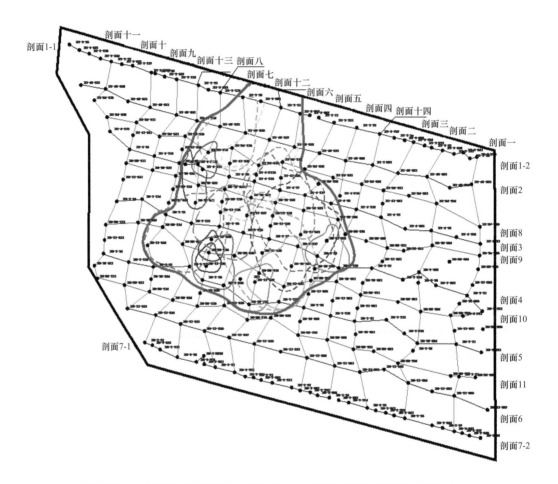

图 7.34　大庆油田三角洲复合朵体中的单朵体发育及演化(据尹太举等,2014)

2. 朵体相对分隔形成岩性油气藏或油藏内部分隔

虽然叠覆式浅水三角洲各朵体相互叠置连通时可形成大面积砂岩体，但朵体间不一定连通。当不同朵体沉积间隔期形成的泥岩得以较好保存时，将会造成朵体部分或完全分割，从而造成砂体内部分隔，在构造合适时可能形成统一的油藏，而在充注不充分时，则单个朵体或朵体复合体将会形成独立的油藏，各个朵体具有各自的油水界面和油水系统。特别是在小型的叠覆式浅水三角洲中，若存在地层的后期反转，造成朵体前缘与朵体根部

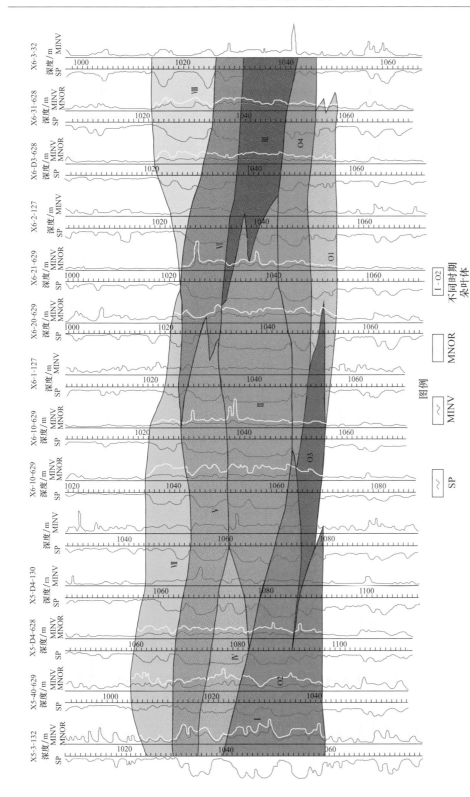

图7.35 大庆油田杏六区叠复式浅水三角洲朵体叠置特征（据尹太举等，2014，有修改）

MINV.微电位测井；MNOR.微梯度测井

倒置,由于沉积过程中前缘部位基本无侵蚀切割,砂体之间的泥岩保存很好,封隔性较强,更易于形成单个朵体向上倾方向的封堵隔离,形成单个岩性油气藏或岩性油气藏组。

新疆石南地区头屯河组三角洲是一个较典型的叠覆式三角洲,由于朵体的进积作用,砂体大面积连片分布,形成一套厚层的、整体的块状的油藏。然而在油藏解剖中发现,在油层中存在一些油水矛盾现象,在大套的油层中间存在典型的水层,若从三角洲连片分布进行解释,难以得到较好的解释。通过基于叠覆式结构的储层内部结构解剖,发现该区的储层是由一系列进积朵体构成,不同朵体形成不同岩性圈闭,加之油气充注不足,单朵体或朵体复合体各自成藏,从而形成多个油水系统。不同朵体油水界面各异,从而造成油水间互格局。

3. 朵体内部结构影响油水运动

叠覆式浅水三角洲不同于一般三角洲的层状结构特征,因此,造成其具有不同储层的储层结构非质性特点。一般地,三角洲储层非均质性主要体现在不同朵体规模形成的连续性差异、不同微相物性差异造成的平面上渗流差异及垂向上不同微相特征造成的层间流动差异三个方面。这些非均质性往往会造成不同朵体、不同微相平面和剖面上的动用差异及剩余油差异分布,其剩余油主要赋存于物性相对较差而流动能力不足造就的平面和垂向流动缓慢的微相带内,以及由于规模相对较小井网难以控制的微相砂体或朵体中。

而对于叠覆式浅水三角洲,内部结构差异所造成的非均质性及对流体流动的影响一是不同朵体规模大小造就的朵体本身控制程度的差异,这与一般三角洲朵体井网不完善相类似;二是不同朵体间接触关系造就的朵体间连通性差异,与一般三角洲的不同主要体现在朵体间泥岩存在与否造成的连通性上,当泥岩发育较差或未保存时造成朵体连通或半连通,朵体间流体可产生窜流,而在一般三角洲朵体间大多是相互分隔的。加之叠覆式浅水三角洲垂向上朵内朵间物性差异较小,垂向层间、层内渗透率差别较小,由此引起砂体间及砂体内部动用差异不大。但由于朵体相对更小,分隔性较强,常因朵体连通性差异而造成流体流动分隔,进而在朵体不同部位形成剩余油富集,这一特点与一般三角洲差别较大。

以大庆油田杏树岗地区的P I $\frac{4}{2}$ 单元为例,叠覆浅水三角洲由北向南推进,形成叠覆复合朵体,朵体之间部分连通,形成一种类似于辫状河的半连通体,由于朵体的这种侧向延续的变化,导致注入水不能到达部分朵体中,或朵体的部分部位,从而造成剩余油的局部富集,形成独特的剩余油分布模式如图7.36所示,在上部的复合朵体内,发育有33、37和40号砂体,且33、40号砂体在X6-10-629井处叠置,从该井看,砂体之间有低渗缓冲带,而在其他位置并不连通。而37号砂体与40号砂体在右侧两口井中显示出有低渗带分隔,在一定程度上可形成两层间的窜流。在下部的复合朵体中,24、25、26、31号四个朵体之间与上部复合朵体具有明显的差异,四个朵体间泥质发育较差,虽有明显的渗流差异,但总体上朵体间的隔挡并不很强,因而造成朵体间的渗流能力较强,在开发中可能会造就复合朵体开发特征一致的情况。在本剖面中,上部由于砂体间的有效遮挡而可能形成剩余油的富集,下部则因朵体间泥岩的较差保存不利于剩余油富集,这与常规三角洲中由于不同相带物性差异而造成的剩余油不同,主要是由于朵体本身井网控制因素而造成剩余油富集。

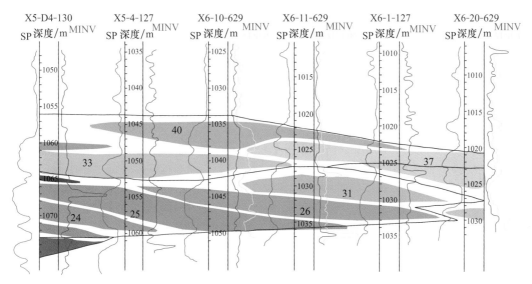

图 7.36 大庆油田杏六区朵体内部连通性分析(据尹太举等,2014,有修改)

参 考 文 献

陈程,孙义梅.2000.油田开发后期扇三角洲前缘微相分析与应用[J].现代地质,15(1):88-93.

陈启林.2007.大型咸化湖盆地层岩性油气藏有利条件及勘探方向——以柴达木盆地柴西南古近纪为例[J].岩性油气藏,19(1):46-51.

陈衍景,郭光军,李欣.1998.华北克拉通花岗绿岩体中中生代金矿床的成矿地球动力学背景[J].中国科学(D辑),28(1):35-40.

冯增昭.1998.沉积岩石学(下)[M].北京:石油工业出版社.

夏文臣.1991.鄂尔多斯盆地南部延安组水下分流河道型湖泊二角洲体系的沉积构成[J].地球科学,16(2):23-31.

顾家裕.1984.中国东部古代扇-三角洲沉积[J].石油与天然气地质,5(3):236-244.

韩晓东,楼章华,姚炎明,等.2000.松辽盆地湖泊浅水三角洲沉积动力学研究[J].矿物学报,20(2):305-312.

何幼斌,王文广.2008.沉积岩石学[M].北京:石油工业出版社.

侯国伟,尹太举,樊中海,等.2001.赵凹油田安棚区核三下段的沉积模式[J].沉积与特提斯地质,21(4):47-33.

侯彦东.2001.陈家洼陷沙三段油气藏成藏条件研究[J].断块油气田,8(4):1-3.

金武弟,王英民,刘书会,等.2003.东营凹陷下第三系低位域沉积及非构造圈闭[J].石油与天然气地质,24(3):249-252.

兰朝利,何顺利,门成全.2006.鄂尔多斯盆地靖安油田上三叠统延长组长6段沉积相研究[J].油气地质与采收率,13(5):11-15.

李庆明.1999.双河油田油砂体建筑结构要素识别[J].河南石油,17(1):11-16.

李思田.1995.沉积盆地动力学分析——盆地研究领域的主要趋向[J].地学前缘,2(3):1-8.

李伟林,李建平,周心怀,等.2008.渤海新近系浅水三角洲沉积体系与大型油气田勘探[J].沉积学报,

26(4):575-582.

李文厚,周立发,赵文智,等.1998.西北地区侏罗系的三角洲沉积[J].地质论评,44(1):63-70.

林松辉,王华,王兴谋.2003.东营凹陷第三系隐蔽油气藏的地震预测研究[J].地质科技情报,22(2):57-62.

刘宝珺.1980.沉积岩石学[M].北京:地质出版社.

楼章华,卢庆梅,蔡希源,等.1998.湖平面升降对浅水三角洲前缘砂体形态的影响[J].沉积学报,16(4):27-31.

楼章华,兰翔,卢庆梅,等.1999.地形、气候与湖面波动对浅水三角洲沉积环境的控制作用—以松辽盆地北部东区葡萄花油层为例[J].地质学报,73(1):83-92.

吕晓光,李长山,蔡希源,等.1999.松辽大型浅水湖盆三角洲沉积特征及前缘相储层结构模型[J].沉积学报,17(4):572-576.

毛景文,张作衡,余金杰,等.2003.华北及邻区中生代大规模成矿的地球动力学背景:从金属矿床年龄精测得到的启示[J].中国科学(D辑),33(4):289-299.

梅志超,林晋炎.1991.湖泊三角洲的地层模式和骨架砂体的特征[J].沉积学报,9(4):1-11.

梅志超,彭荣华,杨华,等.1988.陕北上三叠统延长组含油砂体的沉积环境[J].石油与天然气地质,9(3):261-267.

钱宁,张仁.1987.河床演变学[M].北京:科学出版社.

裘亦楠.1994.油气储层评价技术[M].北京:石油工业出版社.

裘亦楠,薛叔浩,应凤祥.1997.中国陆相油气储集层[M].北京:石油工业出版社.

任战利.1998.沁水盆地沁参1井大地热流值确定[J].地质科学,32(2):251-254.

王生朗.1998.一种广盆式浅水湖泊沉积特点[J].断块油气田,5(1):9-12.

王寿庆.1993.扇三角洲模式[M].北京:石油工业出版社.

吴崇筠,薛叔浩.1992.中国含油气盆地沉积学[M].北京:石油工业出版社.

武富礼,李文厚,李玉宏,等.2004.鄂尔多斯盆地上三叠统延长组三角洲沉积及演化[J].古地理学报,6(3):307-315.

邢文礼,张尚锋,尹艳树.2010.钟市油田潜江组扇三角洲沉积体系及其砂体展布[J].长江大学学报(自然科学版),7(2):42-44.

姚光庆,马正,赵彦超,等.1995.浅水三角洲分流河道砂体储层特征[J].石油学报,16(1):24-31.

尹太举.2006.渤南一区浊积岩沉积学研究[J].沉积与特提斯地质,26(1):37-40.

尹太举.2008.再论河口区沉积模式[R].第十届全国古地理学及沉积学学术会议,成都.

尹太举,张昌民,李中超,等.2003.濮城油田沙三中6-10砂组高分辨率层序地层研究[J].沉积学报,21(4):663-669.

尹太举,张昌民,朱永进,等.2014.叠覆式三角洲——一种特殊的浅水三角洲[J].地质学报,88(2):263-272.

尹艳树,张昌民,张尚锋,等.2002.濮城油田沙三中亚段水下扇的特征[J].沉积与特提斯地质,22(2):28-63.

尹艳树,张尚锋,尹太举.2008.钟市油田潜江组含盐层系高分辨率层序地层格架及砂体分布规律[J].岩性油气藏,20(1):53-58.

余素玉,何镜宇.1989.沉积岩石学[M].武汉:中国地质大学出版社.

余逸凡,戴胜群,尹太举,等.2009.鄂尔多斯盆地下寺湾油区延长组浅水三角洲沉积研究[J].特种油气藏,16(5):28-31.

曾溅辉,张善文,邱楠生,等.2003.东营凹陷岩性圈闭油气充满度及其主控因素[J].石油与天然气地质,

24(3):219-222.

张昌民,尹太举,张尚锋,等.2004.再论双河油田扇三角洲沉积模式[J].江汉石油学院学报,26(1):1-4.

张昌民,尹太举,朱永进,等.2010.浅水三角洲沉积模式[J].沉积学报,28(5):933-944.

张金亮,戴朝强,张晓华.2007.末端扇—在中国被忽略的一种沉积作用类型[J].地质论评,53(2):170-179.

赵澄林.2000.东濮凹陷下第三系沙三段的重力流沉积[C]//赵澄林储层地质文集.北京:石油工业出版社.

赵重远,刘池洋.1992.克拉通内盆地及其含油气性——以鄂尔多斯和四川盆地为例[C]//中国地质学会.七·五地质科技重要成果学术交流会议论文选集.北京:科学技术出版社.

朱伟林,李建平,周心怀,等.2008.渤海新近系浅水三角洲沉积体系与大型油气田勘探[J].沉积学报,26(4):575-582.

邹才能,赵文智,张兴阳,等.2008.大型敞流坳陷湖盆浅水三角洲与湖盆中心砂体的形成与分布[J].地质学报,82(6):813-825.

Bates C C. 1953. Rational theory of delta formation [J]. AAPG Bulletin,37:2119-2162.

Bruhn C H L. 1999. Reservoir architecture of deep-lacustrine sandstones from the early cretaceous recôncavo rift basin,Brazil [J]. AAPG Bulletin,83(9):1502-1525.

Damuth J E,Kolla V,Flood R D,et al. 1983. Distributary channel meandering and bifurcation patterns on the Amazon deep-sea fan as revealed by long-range side-scan sonar(GLORIA)[J]. Geology,11:94-98.

Donaldson A C. 1974. Pennsylvanian sedimentation of central Appalachians [J]. Geological Society of America Special Papers,148:47-48.

Fielding C R,Trueman J D,Alexander J. 2006. Holocene depositional history of the Burdekin River Delta of northeastern Australia:A model for a low-accommodation,highstand delta[J]. Journal of Sedimentary Research,76(3):411-428.

Fisk H N. 1954. Sedimentary framework of the modern Mississippi delta[J]. Journal of Sedimentary Petrology,24(2):76-99.

Francesco M,Alblinna C. 1988. Evolution and types of fan-delta systems in some maJor tectonic settings[C]// Nemec W,Steel R J. Fan Deltas:Sedimentology and Tectonic Settings. London:Blakie and Son Ltd.

Galloway W E. 1975. Process framework for describing the morphologic and stratigraphic evolution of deltaic depositional systems[A]//Broussard M L. Deltas:Model for Exporation[M]. Houston Geological Society:87-98.

Hansen J P V,Rasmussen E S. 2008. Structural,sedimentologic,and sea-level controls on sand distribution in a steep-clinoform asymmetric wave-influenced delta:Miocene Billund sand,eastern Danish North Sea and Jylland[J]. Journal of Sedimentary Research,78(2):130-146.

Holmas A. 1978. Principle of Physical Geology[M]. London:Thomas Nelson and Sons Led:288.

Kulpecz A A,Miller K G,Sugarman P J,et al. 2008. Response of Late Cretaceous migrating deltaic facies systems to sea level,tectonics,and sediment supply changes,New Jersey Coastal Plain,USA[J]. Journal of Sedimentary Research,78(2):112-129.

Massari F,Colella A. 1988. Evolution and types of fandelta systems in some major tectonic settings[J]. Fan Deltas:Sedimentology and Tectonic Settings,103-122.

McPherson J G,Shanmugam G,Moiola R J. 1986. Fan deltas and braid deltas:Conceptual problems[J]. AAPG Bulletin,70(CONF-860624-).

Miall A D. 1985. Architecture element analysis:A new method of facies analysis applied to fluvial deposits[J].

Earth Science Reviews,22(4):261-308.

Morisawa M. 1985. Topologic properties of delta distributary networks[J]. Models in Geomorphology: 239-268.

Nemec W,Steel R J. 1988. What is a fan delta and how do we recognize it//Nemec W,Steel R J. Fan Deltas:Sedimentology and Tectonic Settings[M]. Glasgow and London:Blackie and Son Ltd.

Olariu C,Bhattacharya J P. 2006. Terminal distributary channels and delta front architecture of river-dominated delta systems[J]. Journal of sedimentary research,76(2):212-233.

Orton G T. 1988. A spectrum of middle ordovician fan deltas and braid plain deltas,North Wales:A consequence of varying fluvial clastic input//Nemec W,Steel R J. Fan Deltas:Sedimentology and Tectonic Settings. Glasgow and London:Blackie and Son Ltd.

Porębski S J,Steel R J. 2006. Deltas and sea-level change[J]. Journal of Sedimentary Research,76(3): 390-403.

Reading H G. 1996. Sedimentary Environments:Processes,Facies and Stratigraphy,Third Edition[M]. Oxford:Black well Science.

Walker R G. 1975. Generalized facies models for resedimented conglomerates of turbidite association[J]. Geological Society of America Bulletin,86:737-748.

Walker R G. 1990. Facies modeling and sequence stratigraphy[J]. Journal of Sedimentary Petrology, 60(5):777-786.

William A W,Frank G E. 1986. 扇三角洲的沉积学和构造背景—Yallaha 扇三角洲. 吴崇筠 译. 国外浊积岩和扇三角洲研究[M]. 北京:石油工业出版社.

Wright D L. 1997. Sediment transport and deposition at river mouths:A synthesis[J]. Geological Society of America Bulletin,88:857-868.

第8章　储层成岩作用和质量评价

储层是油气储集的基本载体,其储集能力由储层的岩石物理性质——孔隙性、渗透性决定;孔隙性决定了储层储集油气的能力,渗透性决定了油气在储层中的渗流能力。此外,储层的孔隙结构,油气层的含油气饱和度等也都直接影响着储层中油气的赋存和渗滤能力及产能大小。因此,孔隙性、渗透性、孔隙结构、含油气饱和度等参数成为衡量油气储层质量的重要指标。

储层的质量受多种地质因素的制约,原始沉积环境制约储集砂体的类型、规模、结构、孔渗大小及孔隙结构特征;成岩改造阶段的次生变化对储层的结构、孔渗、孔隙结构特征产生不同程度的改造,共同控制着储层的质量。自 1993 年以来,笔者项目组先后在大港油田、河南油田、长庆油田、辽河油田、新疆油田等探区,针对常规碎屑岩油气储层和低渗透致密砂岩储层开展一系列成岩作用研究和储层综合评价工作。建立一套油气储层评价的思路、流程和技术方法,为油田的增储上产,进一步挖潜提供了技术支持。

8.1　王官屯油田孔店组一段碎屑岩储层特征

王官屯油田地处河北省沧县王官屯乡境内,属黄骅拗陷孔店构造带的西南端,处于孔东断裂带两侧,总面积约 70km² (李绍光等,1991)。孔店组一段主要埋深为 1800～2500m,具多种类型的陆相沉积砂体,主要为冲积扇-滨浅湖(膏盐湖)环境。其中冲积扇环境包括辫状河道及河道间等沉积;滨浅湖环境包括滨岸沙坝,滨岸席状砂、膏盐湖等沉积。

8.1.1　储层

储层的各种属性及其非均质性之间有着千丝万缕的内在联系,通过沉积相分析和成岩演化史的分析,可对储层特征进行成因上的解释及规律性的认识(裘亦楠,1996)。

1. 微相特征

不同沉积微相反映了岩性垂向上的不同组合关系及沉积结构单元的差异。不同沉积方式的沉积物储集性不同,层内非均质性基本特征存在较大差异(裘亦楠等,1985)。

1) 泥石流沉积

主要由混杂堆积的基质支撑砾岩组成,分选性、磨圆度较差,物性差,渗透率值很小[图 8.1(a)]。

2) 扇中砂质辫状河道沉积

主要为垂向加积,以粗中细砂岩为主,向上变为红色泥岩,无粒序规律性,渗透率呈现纵向上高低交互变化的特征,高渗透率值一般位于砂体中下部,向上变小[图 8.1(b)]。

3）扇中砾质辫状河道沉积

岩性组合与上相似，只是砾石成分增多，反映近物源的沉积特点。由于分选性差、泥质含量较高，其渗透率较低，物性较砂质辫状河道沉积要差[图8.1(c)]。

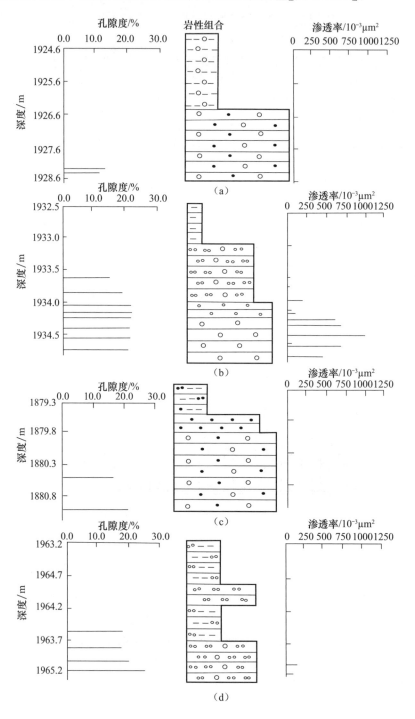

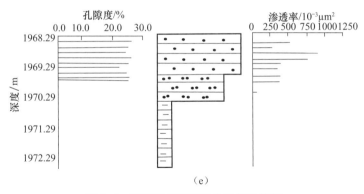

图 8.1　不同微相岩石组合及物性特征

(a)泥石流沉积;(b)砂质辫状河道沉积;(c)砾质辫状河道沉积;(d)漫流沉积;(e)滨岸砂质沉积

4)漫流沉积

岩性以粉砂岩、泥质粉砂岩、粉砂质泥岩为主,粒度较细,渗透率较低,储集性能较差[图 8.1(d)]。

5)滨岸沙坝沉积

具反韵律特点,渗透率向上明显增高,以顶部最高[图 8.1(e)]。

综上所述,孔店组一段砂岩储层由砂质河道—沙坝—砾质河道—漫流—泥石流沉积,物性依次变差。

2. 微观特征

砂岩储层的微观非均质性研究主要在于揭示砂岩的孔隙特征、黏土矿物和孔喉分布特征等(王伟锋等,1993)。

1)孔隙特征

孔店组一段碎屑岩储层目前所处的成岩阶段主要为晚成岩的 A 亚期(王振奇等,1996),经受的成岩作用主要有压实作用、胶结作用、溶解作用。有效储集空间的孔隙类型主要有原生残余粒间孔、粒间溶孔等。有效孔隙度为 12.3%～28%,平均值为 21.5%,渗透率为 0.2×10^{-3}～$3600\times10^{-3}\mu m^2$,变化较大。主要是因为:①砂岩储层中的泥质含量和碳酸盐胶结物含量差异较大,泥质含量高的砂岩或局部因缺少抗压实基质,孔隙在压实过程中迅速减少,而碳酸盐含量高的砂岩或局部,由于早期碳酸盐胶结物的支撑作用,使压实作用减弱,孔隙损失相对较少(薛莲花等,1996);②不同砂体或同一砂体的不同部位,其溶蚀程度存在较大差异(Moraes,1991;Sullivan and McBride,1991)。

2)孔喉分布特征

通过铸体薄片图像分析,孔一段枣Ⅱ、Ⅲ油组储集砂岩面孔率为 4.95%～36.09%,平均为 18.73%;孔隙直径为 3.81～632μm,平均孔隙直径为 93.4μm;喉道直径为 1.31～151.25μm,平均喉道直径为 24.27μm,孔隙分选系数为 0.462～1.312,平均为 0.7;平均孔喉直径比为 3.995;孔隙配位为 0～8,主体分布区间为 1～3。

从压汞资料反映的孔隙结构特征参数来看,研究层段的储集砂岩毛管压力曲线大多呈略偏粗或偏细歪度;孔喉分选较差,曲线大多呈斜状,平台段较短,反映最大连通孔喉的集中程度不高,岩石孔隙结构不均匀(图 8.2)。本区 I 类储层(中高渗透层)渗透率大于 $500 \times 10^{-3} \mu m^2$ 者约占 25%;II 类储层(中渗透层)渗透率为 $100 \times 10^{-3} \sim 500 \times 10^{-3} \mu m^2$ 者约占 19%;III 类储层(低渗透层)渗透率为 $10 \times 10^{-3} \sim 100 \times 10^{-3} \mu m^2$ 者约占 37%;IV 类储层(特低渗透层)渗透率小于 $10 \times 10^{-3} \mu m^2$ 者约占 19%。

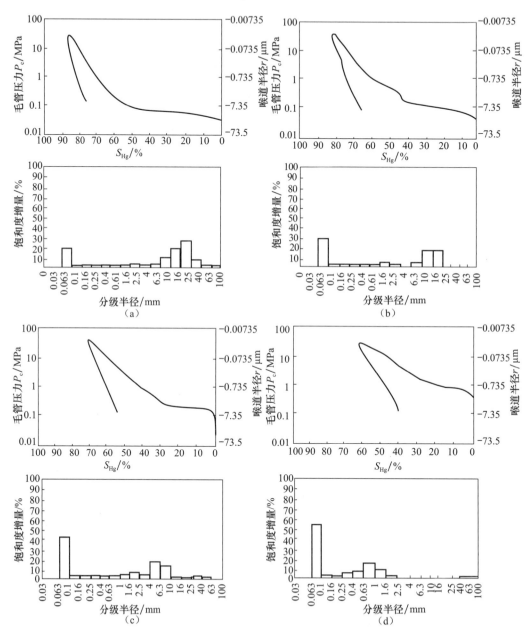

图 8.2　各类储层毛管压力曲线及孔喉分布直方图

(a) I 类储层;(b) II 类储层;(c) III 类储层;(d) IV 类储层

据扫描电镜及铸体薄片镜下观察,填隙物成分主要为泥质、钙质及少量的硅质。在泥质及钙质填隙物较多的部位,管束状喉道较发育;在填隙物含量较少的部位,发育孔隙缩小型或缩颈型喉道;机械压实程度较强或自生加大程度较高,则发育片状喉道。由于填隙物分布的不均质性,机械压实作用的差异性、自生加大的局限性,常常在薄片中可见多种类型的喉道共存。

尽管研究层段的微观非均质性较强,但不同类型的储层在孔隙和喉道组合类型上仍有一定的规律可循。Ⅰ、Ⅱ类储层以原生粒间孔隙型或次生粒间溶蚀孔隙型组合为主,微孔隙不发育,喉道以孔隙缩小或缩颈为主,常出现于埋深小于 2000m 的冲积扇河道砂体中,或埋深大于 2000m 溶解作用强烈的冲积扇河道砂体中。Ⅲ类储层孔隙类型以粒间溶孔和微孔组合为主,喉道类型以片状和管束状喉道组合为主,常见于埋深大于 2000m 的冲积扇河道间沉积砂体中。Ⅳ类储层孔隙类型以杂基内和晶间微孔隙为主,喉道类型以管束状喉道和片状喉道组合为主,常见于泥石流或漫流沉积砂体中。

3) 黏土矿物特征

据扫描电镜及 X 衍射资料,研究层段储层中黏土矿物类型主要为蒙脱石、伊利石、绿泥石、高岭石及伊蒙混层黏土矿物,按其成因可归纳为如下几种:①随陆源碎屑颗粒同时沉积下来的杂基;②云母及泥岩岩屑等碎屑组分黏土矿物;③由长石、火成岩屑等蚀变而成的蚀变黏土矿物;④自生黏土矿物。其中①、④为黏土矿物的主要成因类型。

据薄片成分统计,不同的岩石类型及不同储层类型黏土矿物含量有一定的差异。官80 断块黏土矿物含量一般为 2%~15%,平均为 4.7%;官1、官63 等断块黏土矿物含量一般为 1%~22%,平均为 5%。扫描电镜下观察,黏土矿物主要以充填式、衬垫式和搭桥式三种形式分布于砂岩中。与碎屑颗粒同时沉积的黏土矿物主要以充填式分布于粒间,伊利石大多呈弯曲片状或蜂窝状集合体,以搭桥式分布于粒间或以衬垫式分布于颗粒表面;蒙脱石和伊-蒙混层矿物一般呈波状或棉絮状分布于粒表和粒间;高岭石多呈书页状或蠕虫状充填于粒间;绿泥石一般呈叶片状或花朵状以衬垫式分布于颗粒表面。

黏土矿物的含量、类型、分布产状,对砂岩储层的物性影响较大。镜下常见同一样品、同一薄片中局部黏土矿物的丰度有一定的差异,黏土矿物的类型及分布产状也不同,这些都严重影响了储层的均质性。

随着埋深的增加,蒙脱石的含量逐渐减少,伊利石、绿泥石的含量则相对增加。官80 断块自生黏土矿物中高岭石含量相对较高,绿泥石含量很低;官1、官63 等断块则相反,高岭石含量相对较低,伊利石、绿泥石等黏土矿物相对含量较高。

8.1.2　孔隙结构模式

孔隙结构模式就是孔、喉类型及其分布与岩石组构之间的关系。王官屯油田孔店组一段枣Ⅱ、Ⅲ油组储集砂岩孔隙结构特征总结出以下几种类型。

1. 颗粒支撑原生粒间孔隙型

呈接触式胶结,以正常粒间孔和残余粒间孔为主,溶孔不发育,填隙物的含量一般低于 10%,微孔隙也不发育,喉道以孔隙缩小型或缩颈型为主,孔隙度一般大于 15%,渗透率一般大于 $100 \times 10^{-3} \mu m^2$,储集性能较好。

2. 胶结物溶解溶蚀孔隙型

接触式胶结为主,孔隙以次生粒间溶孔为主,尚见有部分其他类型的溶孔,如粒内溶孔、铸模孔等;喉道以缩颈或片状喉为主,孔隙度一般大于 20%,渗透率常大于 $500 \times 10^{-3} \mu m^2$,为高中孔、高中渗储层。

3. 填隙物充填微孔隙型

1) 泥质充填微孔隙型

泥质填隙物含量高,一般大于 15%,机械压实作用强烈,泥质呈孔隙式或基底式胶结,孔隙类型以黏土杂基及自生黏土矿物晶间微孔为主,其他类型孔隙少见,喉道以管束状为主,孔隙度一般小于 20%,渗透率一般小于 $10 \times 10^{-3} \mu m^2$,常见于特低渗透层中。

2) 碳酸盐胶结微孔隙型

碳酸盐胶结物含量较高,一般大于 15%,孔隙式胶结或基底式胶结,以胶结物晶间微孔为主,局部可见溶解形成的次生孔隙,以片状或管束状喉道为主,孔隙度一般小于 15%,渗透率一般小于 $100 \times 10^{-3} \mu m^2$,常见于特低渗储层中。

4. 溶孔微孔复合型

此类孔隙结构模式常见喉道类型为片状及管束状喉道,孔隙度一般小于 20%,渗透率为 $100 \times 10^{-3} \sim 500 \times 10^{-3} \mu m^2$,属中孔、中渗储层,可划分为以下几种类型。

1) 溶孔微孔型

孔隙以粒间溶孔为主,相对丰度大于 50%,其次为泥质及碳酸盐胶结物晶间微孔,其他孔隙类型也较为常见,主要见于泥质含量较高(一般为 10%~15%)、碳酸盐胶结物溶解不彻底的砂岩中。

2) 微孔溶孔型

孔隙以微孔为主,相对丰度大于 50%,其次为粒间溶孔及其他类型的孔隙,常见于泥质含量和碳酸盐胶结物含量较高,溶解作用不甚发育或发育,但碳酸盐胶结物含量很低而泥质含量较高的砂岩中。

研究表明,孔店组一段 Ⅰ、Ⅱ 类储层以颗粒支撑原生粒间孔隙型和胶结物溶蚀孔隙型结构模式为主;Ⅲ 类储层以溶孔微孔复合型结构模式为主;Ⅳ 类储层则以填隙物充填微孔隙型结构模式为主。

8.2 南堡凹陷下第三系储层特征及其影响因素

南堡凹陷是渤海湾盆地黄骅拗陷的一部分,位于燕山褶皱带南缘,北接老王庄、柏各庄、柏各庄东和马头营等潜山带,东临石臼佗潜山带,南临海中隆起,西与北塘凹陷相邻,为北断南超的箕状凹陷。古近纪两次大的块断活动,导致湖盆经历了两个大的发展阶段,即沙三段沉积时期与沙一段—东营组沉积时期。沙三段沉积时期是盆地深陷期,形成的储集体属陡坡近岸水下扇(浅水)类型。沙三段沉积后期,湖盆抬升,大量碎屑物质向湖盆推进,湖区收缩,形成扇三角洲储集体。沙二段沉积时期是湖盆收缩期,沉积了河流相的块状砂岩和红色泥岩。沙一段至东一段沉积时期,湖盆由扩张到抬升萎缩,其沉积物构成了一个粗—细—粗的完整旋回。总之,该区古近系发育多类储集体,是凹陷内主要储集层段。

8.2.1　岩矿特征

1. 岩石类型

根据镜下砂岩成分统计,该区古近系砂岩大致可分为混合砂岩、长石岩屑砂岩和岩屑砂岩。其主要特征如表 8.1 所示。

表 8.1　南堡凹陷下第三系砂岩岩矿特征

层位	碎屑含量/%			填隙物含量/%			结构			资料来源
	石英	长石	岩屑	泥质	灰质	白云质	粒径/mm	分选	磨圆度	
东一段	25~60	10~34	22~60	2~16	2~28	0~4	0.1~0.7	中-好	次圆-次尖	G49,M9,M11,M18 等
东二段	24~68	12~30	17~53	3~40	3~18	2~20	0.1~0.9	好	次圆-次尖	G49,M5,M7
东三段	33~61	10~25	28~48	8~15	1~10	2~10	0.05~2.0	中	次圆-次尖	G78,M5,M10
沙一段	18~64	20~32	8~60	0.5~31	0~35	0~20	0.1~0.5	中	次尖-次圆	G21,M80,M77,M34
Es_3^1	30~50	20~30	30~50	3~30.4	1~37.4		0.1~0.7		次尖-次圆	G87,L16,G78
Es_3^2	20~49	20~27	28~54	2~20	10~25		0.5~2		次尖-次圆	L9,L10,L2
Es_3^3	8~50	13~32	26~72	0~40	0~25		0.1~1.5	中-差	次尖-次圆	G13,G16,G82,L2 等
Es_3^5	25~38	23~39	25~39	6~20	2~25		(不等粒)	差	次尖-次圆	L12

注:G49、M9、M11 等为井号,余同。

2. 填隙物(杂基和胶结物)

该区砂岩的填隙物有黏土矿物、碳酸盐和硅酸盐矿物。黏土杂基在分选差的砂岩中含量较高,如 L12 井 3670.75m 井段(Es_3^5)处砂岩中有丰富的黏土填充粒间,由于埋藏较深,部分已重结晶成为具有消光特征的微晶或细晶状黏土矿物。黏土含量较少的砂岩中,填隙物主要为自生的胶结物,其种类随埋深不同而变化。自生石英和长石多呈次生加大式胶结,黏土矿物大多充填孔隙,少量的绿泥石呈薄膜式胶结。总的来看,砂岩胶结类型主要为孔隙式和孔隙-接触式胶结。

8.2.2　物性特征

1. 孔隙类型

根据铸体薄片观察,该区古近系砂岩中原生孔隙很少,主要是次生孔隙。孔隙的类型及分布特征如图 8.3 所示。次生孔隙有以下四类。

1) 骨架颗粒溶蚀孔

是一种常见的溶蚀孔隙类型,主要是长石和岩屑的部分或全部溶解,形成铸模孔、颗粒溶孔和粒内溶孔。

2) 胶结物溶蚀孔

由粒间黏土矿物及碳酸盐胶结物溶解形成。孔隙形状不规则,有弯曲状、网状等,溶孔边缘常见黏土残余,主要形成粒间溶孔。

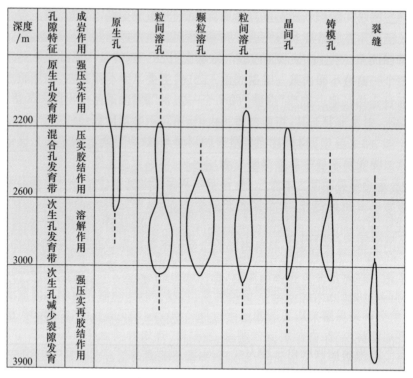

图 8.3 南堡凹陷古近系砂岩孔隙类型及分布

3）晶间孔

黏土矿物或结晶细小的碳酸盐矿物充填原来的孔隙，重结晶作用在晶间产生一些微孔隙，这种孔隙孔径小，分布范围广。如 G21 井和 L2 井样品中的孔隙分别以含铁白云石和高岭石的晶间孔为主。

4）裂缝

由于机械压实和化学胶结作用使岩石失去可塑性，在成岩或构造作用下产生裂缝。该区 3900m 以下机械压实作用使孔隙减少，而裂缝发育。

2. 物性特征

根据凹陷内部分取心井段资料的统计，其物性有如下特点。

1）孔隙度变化大

孔隙度一般为 3%～30%（图 8.4）。纵向上，高尚堡地区在 2900m 处孔隙度最小可减少到 8%左右，随着深度进一步增加，孔隙度反而有增大趋势，深度为 4000m 左右时孔隙度又减小。在平面上，凹陷内各地区间也有差异。

2）物性特征与岩性、粒度中值关系密切

以 G3106 井为例，其渗透率与粒度中值统计如图 8.5 所示。由图可见，当粒度中值小于 0.6mm 时，大致关系是岩性愈粗渗透率愈高；岩性为粉细砂岩时，渗透率为 $3.20 \times 10^{-3} \mu m^2$；细中砂岩及中砂岩的渗透率为 $25.2 \times 10^{-3} \mu m^2$；粗中砂岩的渗透率为 $137.2 \times 10^{-3} \mu m^2$。此外，由柳赞油田砂岩孔隙结构参数统计（表 8.2）也可看出这一规律。

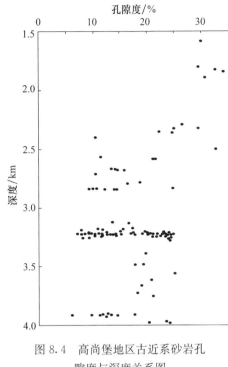

图 8.4　高尚堡地区古近系砂岩孔
隙度与深度关系图

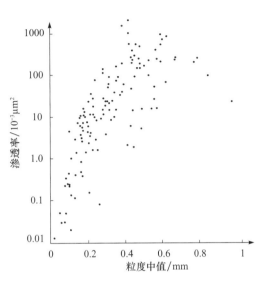

图 8.5　G3106 井渗透率与粒度中
值关系图

表 8.2　柳赞油田孔隙结构参数表

岩样	样品数	渗透率/$10^{-3}\mu m^2$	孔隙度/%	平均孔隙半径/μm	分选系数	排驱压力/MPa	难流动孔隙		渗透率贡献 70%	
							孔吼半径/μm	百分比/%	孔吼半径/μm	百分比/%
中-粗砂岩			19.7	0.89	1.927	0.043		19	4	6
砾状砂岩	4	34.5	23.3	1.55	2.2973	0.091	1.5	35	7	9
砂砾岩			20.9	20.9	2.0912	0.065		27	5	8
中-细砂岩			19.2	1.38	1.7561	0.091		30	3	9
中砂岩	4	41.3	25	2.02	1.9106	0.122	0.9	41	5	12
			23.1	1.65	1.8302	0.101		36	3.5	10
粉-细砂岩			16	0.62	1.1443	0.19		19	0.7	2
细砂岩	3	6.9	17	1.06	1.5828	0.608	0.2	65	1.8	16
			16.5	0.82	1.3192	0.334		38	1.3	10
砾状砂岩	1		13.8	1.61	2.0217	0.117	0.8	35	3	12
中砂岩	1		12.7	1.02	1.4129	0.406	0.3	48	1	20

8.2.3　物性影响因素分析

该区古近系储层物性变化复杂,笔者综合沉积、成岩特征和油田水等资料进行分析,认为主要受物源、沉积环境和成岩作用等因素的控制。

1. 物源和沉积环境对物性的影响

南堡凹陷的物源来自周围高地和北部的燕山山脉及凹陷内的火山岩,这种物源决定了古近系中火山岩岩屑含量丰富,长石含量较高,石英含量相对较少。由于成分成熟度低,致使岩石在埋藏成岩过程中发生较大的变化。溶解作用、泥晶化作用等都以长石和岩屑为主体,对物性有直接的控制作用。

沉积环境对物性的影响主要反映在两个方面:①不同沉积环境下沉积的岩石粒径不一样,而该区粒径和孔渗性之间存在很好的正比关系(图 8.5);②高能沉积比低能沉积的物性好。泥质含量是沉积环境能量高低的指标,根据薄片资料统计,泥质含量和岩石孔渗性成反比关系;此外,泥质含量高影响流体的流动,从而影响流体与岩石的反应和溶解作用的发生。

2. 成岩作用对物性的影响

通过对南堡凹陷古近系储层样品的铸体薄片、扫描电镜和阴极发光等资料的分析,认为该区成岩作用对物性的影响有以下几个方面。

1) 压实作用

压实作用使砂岩颗粒间接触紧密。砂岩薄片中可见矿物受挤压弯曲、颗粒压裂破碎、长石受力双晶弯曲变形等。由于该区压实作用较强,为了解其对物性的影响,笔者用薄片计点法对部分井的储层岩石作了颗粒填集密度统计,结果见表 8.3。这里,填集密度为薄片下颗粒截距长度与横截长度之百分比,比值越大表明颗粒排列越紧密。为避免胶结作用的影响,选择胶结物和基质少的样品统计。按原始面孔率为 40% 计算,可得出不同深度损失的孔隙度(表 8.3)。

表 8.3 岩石颗粒填集密度随深度的变化

深度/m	颗粒填集密度/%	压实后损失的孔隙度/%	孔隙压实梯度/m^{-1}	压实作用
<2200	76	16	0.6	弱
2200~2900	76~83	16~23	1	强
2900~3400	83~89	23~30	1.75	急剧压实
>3400	91~93	30~33	0.5	紧密压实

由表中可看出,孔隙度损失最快的层段为 2900~3400m,说明压实作用对该层段物性影响最为显著。

2) 胶结作用

胶结作用也是使孔隙度减少的主要因素。但早期的胶结作用可使压实作用受阻,而保存原始粒间孔隙。该区古近系储层胶结物主要为黏土矿物、碳酸盐矿物、石英和长石的次生加大以及少量的沸石等(图 8.6)。

自生黏土矿物产状大致有三种,即孔隙衬垫、孔隙充填及交代假象,它们均对物性有较强的影响。碳酸盐胶结物种类较多,但含量较少,常见的有方解石、铁方解石、铁白云石和菱铁矿。石英、长石的次生加大也起了填塞孔隙的作用,尤其是石英次生加大,分布很广泛,它的形成主要取决于孔隙水中 SiO_2 的含量。

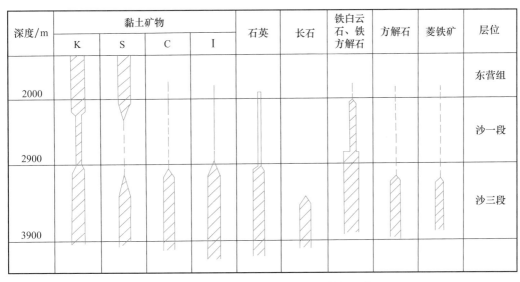

图 8.6　南堡凹陷古近系砂岩的胶结物组合

K. 高岭石；S. 蒙皂石；C. 绿泥石；I. 伊利石

3）溶蚀作用对物性的影响

由于地下温度、压力和流体性质等物理化学条件的变化使一些矿物部分或全部溶解，这是次生孔隙的主要成因。该区古近系砂岩中发生的溶蚀作用可分为骨架颗粒溶蚀（如长石、岩屑等的溶蚀）和填隙物的溶解（如碳酸盐矿物的溶解），其中以长石的溶蚀对次生孔隙的贡献最大。

8.3　牛心坨油田牛心坨油层储集条件研究

牛心坨油田是辽河盆地西部凹陷的一个小型油田，牛心坨油层是其主要的产油层位。沉积相研究表明（何贞铭等，2000），牛心坨油层的沉积相主要为扇三角洲相和湖泊相，发育的微相类型有：扇三角洲平原亚相的辫状水道微相（砾质水道微相、砂质水道微相、砾砂质水道微相）和水道间微相，扇三角洲前缘亚相的水下辫状分流河道微相（砾质分流河道微相、砂质分流河道微相、砾砂质分流河道微相）、河口坝微相、分流间湾微相、滨浅湖泥微相、前缘席状砂微相、远沙坝微相、前扇三角洲亚相的浅湖泥微相及湖泊相的滩坝亚相、浅湖湖湾亚相。普通薄片、铸体薄片的镜下观察表明，牛心坨油层砂岩储集岩性上主要为岩屑长石砂岩，同时见有少量的长石砂岩和混合砂岩（表 8.4）。总体上来看，石英含量偏低；长石含量较高；岩屑成分复杂，以变质岩为主，见有部分的火成岩。碎屑磨圆较差，以次棱角状和次圆状为主；分选中等至差，分选系数为 1.29～4.49，平均为 1.86，其中可见分选极差的不等粒砂岩；不同粒径的砾、砂、粉砂在岩石中均有发育。填隙物以泥质和蚀变黑云母为主，含有部分碳酸盐胶结物，平均含量为 9.35%，变化范围为 4%～44%；同时见有少量泥质含量较高的泥质砂岩。胶结类型以接触孔隙式、孔隙式为主，尚见有部分基底式胶结。由上所述不难看出，该区储集岩的成分成熟度和结构成熟度均较低。

表 8.4　牛心坨油层不同岩石类型成分统计

岩石类型	薄片数	矿物成分含量/%			
		石英	长石	岩屑	填隙物
长石砂岩	2	39.5	44.5	5.5	10.5
岩屑长石砂岩	31	36.26	41.55	13.26	8.93
混合砂岩	2	32	36	26.5	5.5

8.3.1　砂体物性特征

沉积环境的差异导致岩石的成分、结构、构造等存在较大的变化,致使岩石物性在横向和垂向上都有较严重的非均质性。从该区 11 口井岩心物性分析的资料统计可看出(表8.5),在不同沉积环境砂体中,以扇三角洲前缘的砂质分流河道砂、砾-砂质分流河道砂、河口坝及远沙坝砂体的物性最好;席状砂、滩坝砂和前缘砾质分流河道砂次之;扇三角洲平原的砾质水道砂、砾-砂质水道砂、砂质水道砂物性最差。

总之,扇三角洲前缘砂体储集性能较好,加之水下分流河道砂体发育,砂体类型多样,相带范围宽,分布面积及厚度大,是研究区最为有利的储集相带。而扇三角洲平原的水道砂体由于分选性、磨圆度较差,泥质含量较高,储集性能较差。

表 8.5　砂体类型及其物性参数统计

沉积环境	砂体类型	孔隙度/%			渗透率/$10^{-3}\mu m^2$		
		最大	最小	平均值	最大	最小	平均值
扇三角洲平原	砾质水道砂	17.7	2.7	8.3	23	<1	<3.5
	砾-砂质水道砂	13.3	3.5	6.6	1	<1	<1
	砂质水道砂	8.7	0.1	3.7	12.1	0	2.2
扇三角洲前缘	砾质河道砂	22.5	2.5	9.7	117	<1	11.6
	砾-砂质河道砂	22	1.7	13.5	246	<1	43.5
	砂质河道砂	24.7	14.8	21.1	239	3	77
	河口沙坝	25.2	4.4	16.9	884	<1	73
	席状砂	19.7	5.4	15.3	88	<1	24.4
	前缘砂	10.4	0.5	4.9	21.3	0	5.4
前缘三角洲	前扇三角洲远沙坝砂	32.3	13.1	22.6	296.1	8.7	97.3
湖泊	滩坝砂			14.8			17.3

8.3.2　砂岩孔隙结构特征

1. 孔喉类型及孔隙组合类型

研究区砂岩储层孔隙包括原生孔隙和次生孔隙。其中次生孔隙在研究层段中较为发育,主要类型有:粒间溶孔、组分内溶孔(包括粒内溶孔、胶结物内溶孔及交代物溶孔)、晶间孔及晶间溶孔、裂缝孔隙等,裂隙的数量一般不多,但未被充填的裂隙对于改善岩石的渗透能力具有重要意义。

喉道的大小和形态主要取决于岩石颗粒接触关系、胶结类型及颗粒的形状和大小(罗蛰潭和王允诚,1986;张学汝和牛仲汝,1995)。研究层段砂岩储层常见的喉道类型有:孔隙缩小型喉道、缩颈型喉道、片状喉道或弯片状喉道和管束状喉道等。

砂岩储层空间虽然由多种类型的孔隙组合而成,但往往以其中一种或几种类型的孔隙占主导地位。孔隙的组合类型不同,砂岩的储集物性及孔隙结构也不同。根据薄片鉴定,研究层段砂岩的孔隙组合类型大致可划分为:颗粒溶孔型、水化云母杂基收缩溶蚀孔隙型、碳酸盐填隙物(包括碳酸盐岩屑)溶孔型、原生残留粒间孔-颗粒溶孔型。

2. 孔隙结构特征

根据孔隙结构特征参数和物性参数,结合岩石学特征等综合分析,可将牛心坨油层砂岩储层划分为三大类(表 8.6)。从表 8.6 可以看出,该区储层的孔隙结构具有如下特征。

表 8.6　牛心坨油层孔隙结构分类参数

储层分类	渗透性	孔隙结构类型			物性		主要孔隙结构参数							孔喉比	主要岩性
		孔隙	吼道	均匀程度	孔隙度/%	渗透率/$10^{-3}\mu m^2$	RD/μm	D_M/μm	D/μm	T	A/%	B/%	L/μm		
I类	微渗	小孔	微细	均匀	5.45	0.0006	0.009	0.004	0.483	0.43	100	0	0	0	含泥不等粒砂岩
	微渗	小孔	微细	较均匀	5.64	0.003	0.009	0.022	0.798	0.28	93	0	0	0	细粉砂岩、粗砂岩
	微渗	小孔	微细	不均	4.54	0.112	0.26	0.028	1.531	0.15	95.9	0	0	0	含泥不等粒砂岩
II类	特低渗	小孔	微细	不均	9.39	2.59	3.21	0.503	1.517	0.16	57.8	18	21.3	199.7	砂砾岩、不等粒砂岩
III类	低渗	中孔	细	不均	13.47	28.76	12.78	1.787	1.531	0.14	45.1	36.7	88.6	104.9	砂砾岩、粒状砂岩、含粒砂岩

注:RD. 最大连通孔隙半径;D_M. 孔喉平均直径;D. 喉道直径;T. 孔隙均值系数;A. 小于 $0.1\mu m$ 孔隙所占比例;B. 大于 $0.1\mu m$ 孔隙所占比例;L. 孔隙表观长度。

1) 具有明显两大孔隙结构类型

基本反映了两种孔隙介质特点 I 类储层基本无孔无缝,各项参数与 II、III 类储层有明显的差异,基本反映了填隙物(包括杂基及自生胶结物等)的晶间孔隙的孔隙结构特征。II、III 大类反映了以有效孔隙为主的孔隙结构特点,即为该区有效储层。

2) 喉道细小且不均匀是该套储层突出特点

从孔隙结构类型看,26% 样品属于微渗类,即便是有效储层的两个类型也都为低渗细喉、特低渗微细喉型,其他反映孔喉大小的参数都很小,同时孔喉分选以均匀型为主,占总样品的 86% 以上,平均均质系数只有 0.186。

3) 孔喉分布状况差,结构复杂

突出表现为孔喉比高、配位数低、孔喉系统迂曲度大、结构复杂、退汞效率低。这些特点反映了孔隙以次生溶孔为主,由于选择性溶蚀,造成孔隙分布不均匀、孔少而孔径大,形成了明显的不均质特点。

8.3.3　成岩作用对储集性能的影响

1. 主要成岩作用类型及其对孔隙结构的影响

牛心坨油层砂岩储层所经历的成岩作用主要有压实作用、胶结作用、溶解作用和交代作用等。

1）压实作用

牛心坨油层砂岩曾经历过较为严重的机械压实作用和化学压溶作用。胶结物主要形成于机械压实作用之后或主要机械压实作用后期，受压实作用的影响不强烈。原始孔隙度受机械压实作用和化学压溶作用影响而大幅度下降。由于沉积物组分、分选、粒度等分布的非均质性，导致压实程度和孔隙分布的非均质性。

2）胶结作用

研究层段储集岩的胶结作用主要有碳酸盐胶结、硅质胶结及自生黏土矿物胶结。碳酸盐胶结物的形成具有多期性，早期形成的泥晶微晶方解石不甚发育，主要形成于机械压实作用后期或机械压实作用之后，即早成岩阶段（分 A，B 两个亚期），特别是 B 亚期。碳酸盐胶结物填塞砂岩孔隙，使砂岩孔、渗性变差。同时，碳酸盐胶结物可以起支撑作用，抑制岩石进入强压实阶段，也为后期溶蚀作用，即次生溶孔的形成奠定物质基础。石英和长石胶结物最常见的胶结方式是石英或长石颗粒的次生加大，但次生加大现象并不十分发育，这主要与研究层段整体埋深浅、黏土杂基含量较高有关。石英和长石的自生加大充填孔隙并经常堵塞喉道，对储层的孔、渗性能产生一定的破坏作用。自生黏土矿物胶结物常见有蒙脱石、绿泥石、伊利石、高岭石及伊-蒙混层矿物，其相对含量见表 8.7。自生黏土矿物的主要产状有孔隙衬边和孔隙充填两种。但不论何种产状，黏土矿物胶结物的形成不仅减少了岩石的孔隙空间，而且对喉道的影响极大，常使喉道变得迂回曲折，甚至堵塞喉道而使渗透率大大降低。

表 8.7　牛心陀油层黏土矿物相对含量对照

岩石类型	样品数	井数	黏土矿物含量/%						
			高岭石	伊利石	蒙脱石	伊-蒙混层	蛭-蒙混层	绿-蒙混层	绿泥石
泥岩	15	3	3.7	44		5.2			0.3
砂岩	55	7	18.7	29.7	13.7	4.1	14.6	5.1	14.1

3）溶解作用

砂岩储层常经受不同程度的溶解作用的改造，形成了多种类型的次生孔隙，对改善砂岩储层的储集性能起到了积极作用。被溶解的物质主要是碳酸盐胶结物及长石、岩屑等不稳定颗粒。

2. 储层成岩阶段划分

依据自生矿物组合、分布、演变及形成顺序，结合有机质热成熟度指标、黏土矿物及混层黏土矿物的转化以及岩石的结构构造等特点，可将成岩阶段划分为同生期、早成岩期

（包括 A、B 两个亚期）、晚成岩期（包括 A、B、C 三个亚期）和表生期（裴亦楠和薛叔浩，1994）。该区研究层段砂岩储层的成岩演化目前已达到早成岩期 B 亚期和晚成岩期的 A 亚期，主要依据有：①研究层段砂岩地层埋深一般为 1600～2700m，根据文献的研究（张学汝和牛仲汝，1995），位于该深度的镜质体反射率为 0.3％～0.7％，依据中华人民共和国石油天然气行业标准颁成岩阶段划分标准，属于早成岩阶段和晚成岩阶段的 A 亚期；②根据文献（张学汝和牛仲汝，1995）泥岩样品 X-衍射分析结果，埋深在 2500～2600m 附近，蒙脱石含量和伊利石含量都有一个急剧的变化，蒙脱石的含量由开始的 80％逐渐减少到小于 20％，伊利石的含量变化则正好相反；③石英和长石出现自生加大，石英自生加大属于 1～3 级，扫描电镜下可见多数石英或长石表面被较完整的自形晶面包围、覆盖并向孔隙空间生长；④长石、岩屑、碳酸盐胶结物等酸溶性成分出现不同程度的溶蚀，形成较为发育的次生溶孔。

3. 砂岩储层孔隙演化

砂质沉积物的原始孔隙度与颗粒的大小及分选系数密切相关，Scheren(1987)据此建立了潮湿地表环境下原始孔隙度与分选系数之间的函数关系：①原始孔隙度＝20.91＋22.9/分选系数；②根据研究区近 300 个砂岩样品粒度分析资料统计，牛心坨油层碎屑岩储层的平均分选系数为 1.86，按上式可计算出该区储集岩的平均原始孔隙度为 33.22％；③研究层段砂岩储层目前平均孔隙度为 12％。砂岩储层从原始沉积时 33.22％的平均孔隙度经过漫长而复杂的成岩作用改造，降低到目前 12％的平均孔隙度，其孔隙演化过程归纳起来大致可分为以下三个阶段。

（1）机械压实和压溶孔隙缩小期。

这一阶段主要发生于早成岩阶段尤其是 A 亚期。机械压实作用使原始孔隙大量、均匀而且是不可逆地减少。据估算，被机械压实作用和压溶作用所消除的原始孔隙度约为 18％。

（2）胶结充填孔隙缩小期。

这一阶段主要发生于早成岩期 B 亚期。由于碳酸盐胶结物、硅质胶结物及自生黏土矿物的大量形成并充填于原生粒间孔隙中，使储层的原始孔隙度进一步降低，达到了孔隙演化史的最低值。其中以自生黏土矿物胶结作用最为强烈，使砂岩原始孔隙度平均减少了约 8％，硅质胶结和碳酸盐胶结等使孔隙度平均减少了约 2％。

（3）压实（压溶）与自生矿物胶结期。

这一阶段后可保存的原生孔隙只有 5％～8％，所以储层孔隙度大于 10％的储层基本上都是次生孔隙发育的储层。

8.4　赵凹油田安棚区深层系低渗致密砂岩储层特征

安棚地区位于泌阳凹陷东南部，构造位置属赵凹安棚鼻状构造（徐世荣和刘国庆，1992）。深层系主要指埋深大于 3000m 的核桃园组三段下亚段（以下简称核三下段），可进一步细分为Ⅶ、Ⅷ、Ⅸ 3 个油组共 51 个小层。

8.4.1　孔隙结构特征

1. 岩石学

普通薄片和铸体薄片的镜下观察表明,安棚深层系砂岩储层岩性上主要为岩屑砂岩、长石岩屑砂岩(包括次长石岩屑砂岩)、岩屑长石砂岩(包括次岩屑长石砂岩)、长石砂岩及少量的石英砂岩[图 8.7、图 8.8]。总体上来看,在岩屑砂岩和长石岩屑砂岩中石英含量较低,长石含量较高,以正长石为主,次为斜长石。岩屑成分复杂,火成岩、变质岩及沉积岩岩屑皆可见,但以变质岩为主,其次为火成岩,而沉积岩岩屑较为少见,甚至不发育。碎屑磨圆度较差,以棱角状和次棱角状为主。岩石分选较差,从分选较好的石英砂岩到分选极差的含砾不等粒砂岩在砂岩中均可见,Ⅶ、Ⅷ、Ⅸ油组砂岩平均分选系数分别为 2.24、2.23 和 2.32。不同粒径的砾、砂、粉砂在岩石中均有发育,但以含砾砂岩和砾岩为主。填隙物以碳酸盐矿物为主,变化范围为 0~41%,平均含量为 8.47%,泥质含量普遍较低,但在个别井的个别层段含量较高,岩性上逐渐过渡到杂砂岩和泥质砂岩,变化范围为 0~27%,平均含量为 1.81%;胶结物结构以嵌晶结构和充填结构为主,自生加大等结构相对不发育;胶结类型以孔隙式胶结为主,少数由于胶结物含量较高而呈基底孔隙式胶结。砂岩碎屑颗粒以线接触或凹凸接触,呈颗粒支撑结构。不难看出,该区核三下亚段储集岩的成分成熟度和结构成熟度均较低。

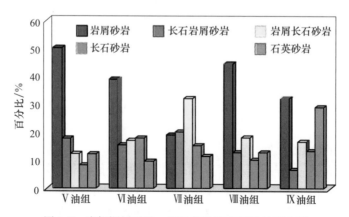

图 8.7　安棚深层系 Ⅴ～Ⅸ 油组砂岩类型统计直方图

2. 孔喉及孔隙组合

孔隙类型主要根据孔隙的成因、产状及几何形态进行划分(罗蛰潭和王允诚,1986;裘亦楠和薛叔浩,1994)。安棚深层系砂岩储层孔隙包括原生残余粒间孔和次生孔隙。其中次生孔隙在研究层段中较为发育,主要类型有粒间溶孔、组分内溶孔(包括粒内溶孔、胶结物内溶孔及交代物溶孔)、晶间孔及晶间溶孔和裂缝孔隙等。裂隙的数量一般不多,集中发育在研究区的中部和东南部,未被充填的裂隙对于改善岩石的渗透能力具有重要的意义。

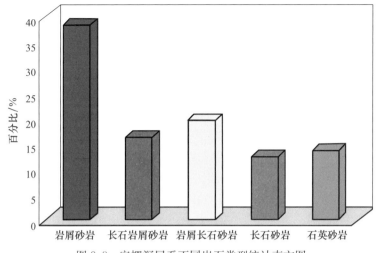

图 8.8 安棚深层系不同岩石类型统计直方图

喉道是连通孔隙的狭窄通道,其对储层的渗流能力起着决定性的影响。喉道的大小和形态主要取决于岩石的颗粒接触关系、胶结类型及颗粒的形状和大小。安棚深层系砂岩储层中常见的喉道类型有缩颈型喉道、片状或弯片状喉道、管束状喉道。

砂岩储层的储集空间虽由多种类型的孔隙组合而成,但往往以其中一种或几种类型的孔隙占主导地位,孔隙的组合类型不同,对储集层的储集物性及孔隙结构影响也不同。根据薄片观察,结合物性和压汞资料,研究层段砂岩的孔隙组合类型大致划分为次生溶孔型、残余粒间孔隙型、杂基内和晶间微孔隙型、次生溶孔与微孔复合型。

3. 孔隙结构

孔隙结构系指岩石所具有的孔隙和喉道的几何形状、大小、分布及其相互连通关系。笔者主要根据压汞资料、铸体薄片观察及铸体薄片图像分析等手段来研究储层孔隙结构,并通过压汞和铸体薄片图像分析的定量特征参数来表征。

储层喉道特征可通过毛管压力曲线分析资料的数项主要参数来表征。从排驱压力、最大进汞饱和度、平均孔喉半径、孔喉歪度、孔喉分布峰值、喉道半径均值等数项参数来看,均反映深层系砂岩储层喉道整体偏微细,中喉道在整个储层中所占比重较小。总体上安棚深层系砂岩储层孔隙结构具有如下特征。

1) 孔隙小且具两种孔隙介质

本区砂岩储层的孔隙最大直径为 $501.19\mu m$,最小直径为 $12.59\mu m$,大部分孔径为 $12.59\sim63.10\mu m$,数目频率最高;平均孔隙直径为 $54.86\mu m$,表明该区砂岩储层孔隙属小孔,有少部分为中孔,极少数为大孔,此为一种类型孔隙介质特点,该特点决定此类储层孔、缝相对发育,反映了以有效孔隙为主的孔隙结构特点,为该区有效储层。另一类储层孔隙介质特点是基本无孔无缝,各项参数与前者有明显的差异,基本反映了填隙物(包括杂基及自生胶结物等)的晶间孔隙的结构特征。

2) 喉道微细且不均匀

本区砂岩储层的喉道半径最大值为 $40.0\mu m$,最小值为 $0.025\mu m$,平均喉道半径为

$0.35\mu m$,毛管压力曲线大部分表现为细歪度,表明本区砂岩储层主要为微细小喉道,极少数为细喉,属微渗和特低渗。

3) 孔喉分布状况差

孔喉直径比平均为 3.334,最大配位数为 3,平均配位数为 0.32,最大汞饱和度小,退汞效率低,孔喉相对分选系数普遍较大,平均为 1.134,微观均值系数较小,平均为 0.1976。这些都反映了原始沉积作用、后期压实作用、晚期溶蚀作用和胶结作用对孔隙结构的影响和改造,造成孔喉大小分布不均匀,孔喉分布状况差。

8.4.2 影响因素

1. 沉积环境

沉积相研究表明,安棚深层系的沉积环境主要为扇三角洲的前缘亚相和前扇三角洲亚相,发育的微相类型有近岸水道、远岸水道、河口坝、席状砂、河道间等微相。沉积环境的差异导致岩石成分、结构、构造等存在较大的变化。从该区 11 口取心井岩心物性分析资料统计可看出(表 8.8),不同成因砂体中,以扇三角洲前缘的水下分流河道和河口坝砂体物性最好,前缘席状砂次之。在扇三角洲沉积环境下,水道微相形成时水动力条件较强,属于高能环境,泥和泥质粉砂岩等细粒物质不容易沉淀,使得孔隙度和渗透率值较高。远岸水道砂体由于碎屑颗粒搬运距离相对较远,碎屑颗粒得到一定程度的分选和磨圆,泥质沉积物得到一定的筛选,因此,其物性要好于近岸水道砂体。河口坝砂体由于经过较长距离的搬运和湖浪的筛选,颗粒的分选性和磨圆度都较好,储层的储集物性增强。席状砂和河道间微相则由于沉积时水动力条件微弱,导致沉积的碎屑颗粒细小,虽分选较好,但泥质含量高且泥、砂频繁互层,所以物性较差,不是储层发育的有利相带。

扇三角洲近源堆积反映在岩性上为碎屑颗粒较粗,成分成熟度和结构成熟度较低。据岩心分析资料统计表明,安棚深层系储层岩性较粗,含砾砂岩、粗砂岩、中砂岩和细砂岩样品占取样总数的 89.6%。近岸水道沉积以砾岩和含砾砂岩为主,远岸水道沉积以含砾砂岩和粗、中、细砂岩为主,河口坝沉积以中、细砂岩为主,前缘席状砂沉积以粉砂岩为主。从图 8.9 中可看出,除粉砂岩外,其他类型砂岩的孔隙度均相对较高;含砾砂岩和粉砂岩的渗透率相对较低,中、细砂岩渗透率相对较高,这与沉积微相有较好的对应关系。从表 8.8 中可看出,细砂岩以上有荧光显示的岩样占 82.3%,无显示的占 17.7%;而细砂岩以下有油气显示的岩样只占 40%,且物性明显变差。砂岩的含油性间接反映储层的储集条件,同样与沉积微相有较好的对应关系。

表 8.8　安棚深层系岩性及含油性统计表

岩性	样品数/个	荧光显示样品数/个	荧光显示百分比/%	无显示样品数/个	无显示百分比/%
含砾砂岩	22	17	78.9	5	21.1
粗砂岩	26	22	85.7	4	14.3
中砂岩	23	19	83.3	4	16.7
细砂岩	58	47	81.6	11	18.4
粉砂岩	15	6	40.0	9	60

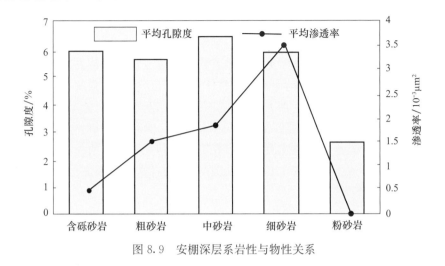

图 8.9　安棚深层系岩性与物性关系

根据研究区高分辨率层序地层划分,中期基准面旋回可以分为对称性旋回和非对称性旋回两种类型。对称性旋回从相序变化来看,由下到上依次为河口坝、席状砂、前扇三角洲、席状砂、河道,旋回的转换处为前扇三角洲泥岩。储集物性与之对应从下到上依次由好变差又变好。非对称性旋回又可分为以上升为主的类型和以下降为主的类型。在由多个水下分流河道砂体叠置而形成的中期上升半旋回中,有效可容纳空间位置向陆地方向迁移,空间向陆增大,在近物源的环境中沉积物的体积增大。旋回上升初期的可容纳空间较小,沉积物没有经过充分的搬运和改造,沉积了一套近源堆积(近岸河道沉积)砂体,表现为分流河道沉积规模较大,沉积物粒度较粗(邓宏文,1995;郑荣才等,2000),结构和成分成熟度较差,反映物性相对较差;随着基准面的上升,可容纳空间增大且向陆地方向迁移,因此沉积了一套远源堆积(远岸河道、河口坝、席状砂)砂体,反映砂体沉积规模逐渐减小,沉积物粒度逐渐变细,结构和成分成熟度相对变好,砂体物性也随之相对变好。

2. 成岩作用

安棚深层系砂岩储层所经历的成岩作用主要有压实作用、胶结作用、溶解作用和交代作用等(Sullivan and Mcbride,1991;裘怿楠和薛叔浩,1994;裘怿楠等,1997)。

1) 压实作用

安棚深层系砂岩曾经历过较为严重的机械压实作用和化学压溶作用。胶结物主要形成于机械压实作用之后或主要机械压实作用后期,受压实作用的影响不强烈。原始孔隙度受机械压实作用和化学压溶作用影响而大幅度下降。由于沉积物组分、分选、粒度等分布的非均质性,导致压实程度和孔隙分布的非均质性。

2) 胶结作用

研究层段储集岩的胶结作用主要有碳酸盐胶结、硅质胶结及自生黏土矿物胶结。碳酸盐胶结物的形成具有多期性,早期形成的泥微晶方解石不甚发育;方解石胶结物主要形成于机械压实作用后期或机械压实作用之后,即早成岩阶段,特别是 B 亚期;铁白云石和含铁方解石胶结物主要形成于晚成岩阶段 B 亚期,充填于残余粒间孔和次生溶孔内。碳酸盐胶结物填塞砂岩孔隙,使砂岩孔、渗性变差。同时,早期形成的碳酸盐胶结物可以起支撑作用,抑制岩石进入强压实阶段,也为后期溶蚀作用即次生溶孔的形成奠定了一定的物质基础。石英和长石胶结物最常见的胶结方式是石英或长石颗粒的次生加大。但次生加大现象并不十分发育,这主要与研究层段整体埋藏深、压实作用强及石英与长石含量相对较低有关。石英和长石的自生加大充填孔隙并经常堵塞喉道,对储层的孔、渗性能起着一定的破坏作用。自生黏土矿物胶结物常见有绿泥石、伊利石及伊-蒙混层矿物,少见蒙脱石和高岭石。自生黏土矿物的主要产状有孔隙衬边和孔隙充填两种,但不论何种产状,黏土矿物胶结物的形成不仅减少了岩石的孔隙空间,而且常使喉道变得迂回曲折,甚至堵塞喉道,从而使渗透率大大降低。

3）溶解作用

砂岩储层常经受不同程度的溶解作用改造,形成了多种类型的次生孔隙,对改善砂岩储层的储集性能起到了积极作用。被溶解的物质主要是碳酸盐胶结物及长石、岩屑等不稳定颗粒。被溶解的碳酸盐矿物主要是方解石和部分白云石,且溶解程度不同,有的见方解石胶结物边缘被溶,有的则见方解石胶结物大部分被溶,仅在孔隙中零星分布方解石碎片及斑块。颗粒的溶解表现为长石、岩屑等不稳定颗粒直接溶解形成粒内溶孔;另一种是石英、长石及岩屑等颗粒边缘先为碳酸盐矿物交代,后来交代物发生溶解而使颗粒间接被溶形成扩大的次生粒间孔。颗粒的溶解程度常不一致,有的只发生轻微溶解,有的则大量溶解形成蜂窝状孔,有的则完全被溶形成铸模孔。

4）交代作用

安棚深层系砂岩中常见的交代作用有:碳酸盐矿物交代碎屑颗粒,黏土矿物交代碎屑颗粒及不同成分的碳酸盐矿物间的相互交代。交代作用一是使碳酸盐矿物含量增加,即岩石内易溶成分的丰度增大,这为后期溶蚀作用的发生,次生粒间溶孔及粒内溶孔的形成奠定了良好的物质基础;二是可形成交代矿物的晶间孔,对改善砂岩储层的储集性能起着积极的作用。

3. 孔隙演化

根据研究区 371 块砂岩样品粒度分析资料统计,安棚深层系砂岩储层的分选系数平均为 2.31,按上式可计算出本区研究层段储集岩的平均原始孔隙度为 31% 左右。

研究层段砂岩储层目前的平均孔隙度为 4.36%。砂岩储层从原始沉积时 31% 的平均孔隙度经过漫长而复杂的成岩作用改造,降低到目前 4.36% 的平均孔隙度,其孔隙演化过程归纳起来大致可分为以下四个阶段。

1）机械压实和压溶孔隙缩小期

机械压实和压溶孔隙缩小主要发生于早成岩阶段尤其是 A 亚期。机械压实作用使原始孔隙大量、均匀且不可逆地减少。据估算,被机械压实作用和压溶作用所消除的原始孔隙度为 16.37% 左右。

2）胶结充填促使孔隙缩小

胶结充填使孔隙缩小主要发生于早成岩 B 亚期。由于碳酸盐胶结物、硅质胶结物及自生黏土矿物的大量形成并充填于原生残余粒间孔隙中,使储层的原始孔隙度进一步降低,达到了孔隙演化史的最低值。据薄片观察估计,硅质胶结和碳酸盐胶结作用使原始孔隙度平均减少约 10.83%,自生黏土矿物胶结作用使原始孔隙度平均减少了约 1.8%。

3) 溶解作用促使次生孔隙发育

溶解作用使次生孔隙发育主要发育于晚成岩 A 亚期,在早成岩作用期发生压实、胶结等作用后,可保存的原生孔隙最多只有 2% 左右。随着有机质热演化生烃,碳酸盐胶结物及长石、岩屑等不稳定成分产生溶解作用,形成一些粒间溶孔、组分内溶孔等次生孔隙;另一方面,由于上覆地层重荷的作用,使岩石破裂而产生构造裂缝,改善了储层的储集空间。据薄片观察估计,研究层段的砂岩储层由于溶解作用形成的次生孔隙体积平均为 8.36%。

4) 晚期胶结作用促使孔隙缩小

晚期胶结作用使孔隙缩小主要发生于晚成岩阶段的 B 亚期。由于含铁方解石和铁白云石的晚期胶结充填作用,使孔隙减小了 6% 左右。

8.4.3 储层综合评价

储层综合评价就是综合各种技术方法所提供的信息,对储层进行全面系统地分析,建立储层分类评价标准,指出和预测不同类型储层在纵向和平面上的分布特征,指导油气的勘探和开发工作。

1. 储层分类评价

综合考虑储层宏观储集物性特征参数(孔隙度和渗透率)、微观孔隙结构特征参数(压汞参数、铸体薄片图像分析参数)及储层岩石学特征参数,可将安棚深层系砂岩储层划分为三类(表 8.9,图 8.10),其中 I、II 类储层为深层系有效油气储层,III 类储层为无效储油层,但可作为有效储气层。

表 8.9 安棚深层系砂岩储层分类评价表

特征参数	储层分类		
	I 类	II 类	III 类
孔隙度/%	9.6~13.1(10.68)	3.2~11.1(7.17)	0.5~7.1(3.45)
渗透率/$10^{-3} \mu m^2$	13~85(35.25)	0.28~6.8(1.61)	0.02~1.73(0.14)
排驱压力/MPa	0.04~0.1(0.078)	0.25~0.97(0.52)	0.5~20
中值毛细管压力/MPa	0.12~0.28(0.21)	0.70~4.39(1.62)	2.0~(7.03)
最小非饱和孔隙体积/%	5.76~6.39(5.98)	1.6~38.5(15.44)	0.93~86.31(30.97)
不同吼 <0.1μm	2.96~6.05(4.48)	4.43~18.32(9.61)	3.87~88.66(34.1)
道半径所控制的 0.1~1μm	15.52~27.69(22.75)	38.07~82.48(64.63)	0.01~80.91(32.6)
孔隙体积 1~10μm	58.75~71.82(64.81)	0~32.32(8.85)	0~5.81(1.03)
百分数/% >10μm	1.4~3.31(1.99)	0~4.35(1.47)	0~8.12(1.32)
面孔率/%	10.64	2.05~4.89(3.68)	0.03~3.97(1.21)
平均孔宽/μm	87.67	43.02~124.01(77.68)	16.87~71.94(35.56)
吼道类型	片状、弯片状	片状、管束状	管束状
孔隙组合类型	次生溶孔型、残余粒间孔隙	次生溶孔与微孔复合型	微孔型
沉积微相	水道、河口坝主体	水道、河口坝侧缘、前缘席状砂	水道间

注:括号内的数值为平均值。

1) Ⅰ类储层

此类毛管压力曲线排驱压力较低,小于0.25MPa,最大进汞饱和度大于90%,中值毛管压力小于0.3MPa,喉道半径分布峰值为2.500~7.350μm[图8.10(a)],表明孔隙喉道相对较大,分选性较好,为较好的储集岩。

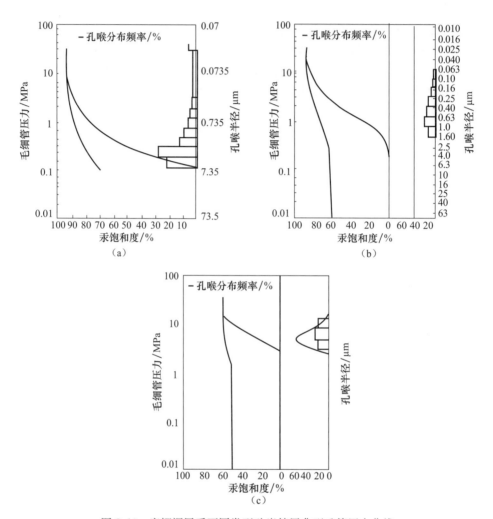

图8.10 安棚深层系不同类型砂岩储层典型毛管压力曲线

2) Ⅱ类储层

此类毛管压力曲线排驱压力为0.25~1.0MPa,最大进汞饱和度大于60%,中值毛管压力为0.3~4.4MPa,喉道半径峰值为0.250~1.600μm[图8.10(b)],表明喉道细小,分选较差,为较差储集岩。

3) Ⅲ类储层

此类毛管压力曲线近直立[图8.10(c)],排驱压力一般大于1.0MPa,最大汞饱和度一般小于70%,中值毛管压力普遍大于7.0MPa,喉道半径峰值为0.063~0.250μm,表明孔喉特别微细,分选性极差,储集性能差,为非有效储集岩。

从样品统计来看,5.97%样品属于 Ⅰ 类储层(低渗),26.87%样品属于 Ⅱ 类储层(特低渗),67.16%样品属于 Ⅲ 类储层(微渗)。

2. 储类型垂向展布特征

赵凹油田安棚区研究层段砂岩储层总体上为一套特低孔、特低渗并发育有裂缝的砂岩储集层。一般而言,随着储集层经历的最大埋藏深度的增加,储集层的储集物性变差,类型也相应逐渐变差。同时在后期成岩作用尤其是晚成岩期溶解作用的影响下,油气储层形成一定规模的次生孔隙,改善油气储层的储集条件,也影响了纵向储集层类型的变化,因此油气储层的垂向展布特征有一定的规律可循。

图 8.11 是研究区孔隙度随埋藏深度变化的关系图,它从总体上反映了孔隙度在垂向上的变化趋势。从图中可以看出,在核三下亚段砂岩中,由于沉积环境及岩石结构和构造的先决条件,加上后期成岩作用的影响,纵向上发育了 3 个次生孔隙带,其深度分别为 2600～2700m,对应层位为 Ⅴ～Ⅵ 油组;3000m 左右对应层位大致为 Ⅶ 油组;3400m 左右对应层位为 Ⅸ 油组。在这个深度范围内,它们分别处于晚成岩阶段 A 亚期和 B 亚期。物性、压汞和铸体薄片图像分析资料表明,Ⅰ 类储层主要分布在 Ⅶ₁₂ 小层砂体中;Ⅱ 类储层集中分布在 Ⅶ₁、Ⅶ₂、Ⅶ₉～Ⅶ₁₄、Ⅷ₁₃ 等小层砂体中;Ⅲ 类储层则集中分布在其他层位的砂体中。由于取样的主观影响和样品分析的不系统性,都会影响样品统计结果的精确程度。

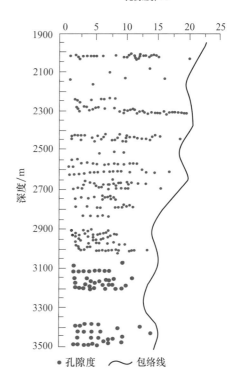

图 8.11　研究区储层孔隙度随深度
变化关系图

图 8.12、图 8.13 分别是泌 185 井、泌 212 井砂岩声波时差随深度的变化关系图。众所周知,声波时差的大小在理想条件下可以定性和定量反映岩石的孔隙大小,声波时差越大,岩石的孔隙度越高;反之则越低。由此根据声波时差在垂向上的变化特征,可以定性判别储层物性的好坏,再结合试油分析资料和储层分类评价标准,大致可以对安棚地区研究层段储层类型的垂向展布特征进行评价。

从上述图中可看出,Ⅶ 油组中 1、2、5～8、11～14 小层,Ⅷ 油组中 3、4、6～10、15、16 小层,Ⅸ 油组中 8～11、13、14、18～21 小层的声波时差值相对其他小层明显偏大,反映这几个小层的物性条件可能要比其他小层的好。

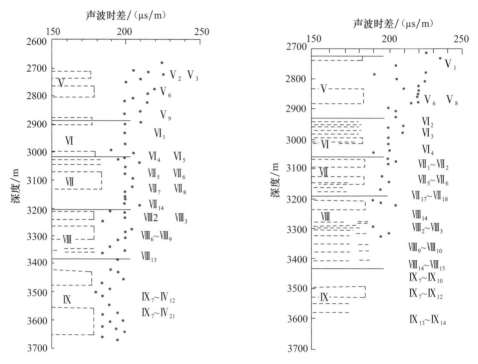

图 8.12　泌 185 井砂岩声波时差随深度变化关系图　图 8.13　泌 212 井砂岩声波时差随深度变化关系图

根据孔隙度和砂岩声波时差随深度的变化关系、沉积微相的垂向展布特征及孔隙结构分析资料,综合安棚深层系地球物理测井解释成果,地质录井油气显示资料,试油成果资料,对研究层段油气储层类型的垂向分布特征可得出如下认识。

Ⅶ油组:由于埋藏深度较大,成岩后生作用影响较强,从此油组开始向下,Ⅰ类储层的发育程度逐渐降低。Ⅰ类储层垂向上集中分布在Ⅶ$_1$、Ⅶ$_{12}$小层;Ⅱ类储层垂向上主要分布在Ⅶ$_2$、Ⅶ$_9$、Ⅶ$_{10}$、Ⅶ$_{11}$、Ⅶ$_{13}$、Ⅶ$_{14}$等小层;垂向上其他小层主要为Ⅲ类储层。

Ⅷ油组:Ⅰ类储层垂向上集中分布在Ⅷ$_7$、Ⅷ$_{10}$小层;Ⅱ类储层垂向上主要分布在Ⅷ$_2$、Ⅷ$_8$、Ⅷ$_9$、Ⅷ$_{10}$、Ⅷ$_{15}$、Ⅷ$_{16}$等小层;垂向上其他小层主要为Ⅲ类储层。

Ⅸ油组:Ⅰ类储层垂向上集中分布在Ⅸ$_{13}$、Ⅸ$_{14}$小层;Ⅱ类储层垂向上主要分布在Ⅸ$_{10}$、Ⅸ$_{11}$、Ⅸ$_{18}$、Ⅸ$_{19}$、Ⅸ$_{20}$、Ⅸ$_{21}$等小层;垂向上其他小层主要以Ⅲ类储层为主。

上述油气储层垂向综合分类评价只是反映储层垂向展布的总体趋势,由于储层的宏观和微观非均质性,都有可能造成同一成因砂体的不同部位在储层类型上存在明显差异,更何况是一个小层。因此,只能说在某一小层,储层以某一类型为主,并不排除存在其他类型的储层。

3. 储层类型平面展布特征

安棚区深层系储层属典型的特低孔、特低渗储层。为反映不同层段不同类型的储层在平面上的展布特征,依据储层分类评价标准,根据孔隙度、渗透率平面等值线图,结合微相平面展布特征,对研究层段储层进行横向综合评价(图 8.14、图 8.15)。

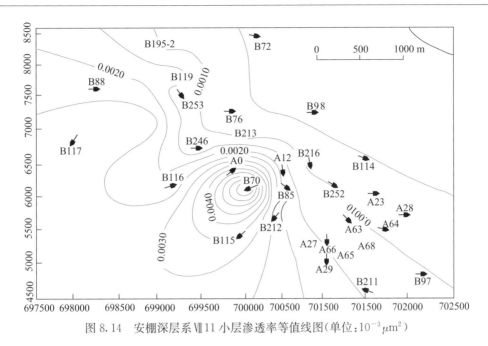

图 8.14　安棚深层系Ⅷ11 小层渗透率等值线图(单位：$10^{-3}\mu m^2$)

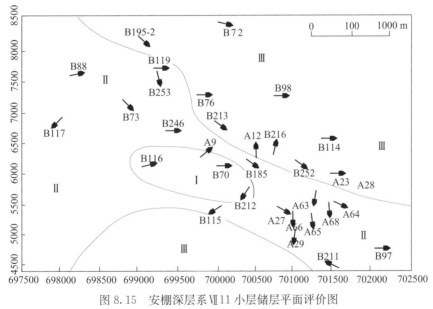

图 8.15　安棚深层系Ⅷ11 小层储层平面评价图

平面上，Ⅰ类储层主要集中发育在研究区中部泌 246 井、泌 212 井、泌 252 井及泌 216 井一带；Ⅱ类储层主要分布在研究区西北部和东南部，其他部位则主要以Ⅲ类储层为主。

8.5　鄂尔多斯盆地葫芦河地区三叠系延长组低渗致密砂岩储层特征研究

葫芦河地区位于鄂尔多斯盆地陕北斜坡中东部的富县直罗鼻隆带上(杨俊杰等，1992)，由于构造运动极其微弱,盆地内构造十分简单,该地区三叠系延长组长 4＋5 段厚度大,砂岩发育,但砂岩物性和孔隙结构均较差,样品分析表明砂岩储层主要为致密的低渗透层。通过铸体薄片观察、阴极发光、扫描电镜、X 衍射等分析化验资料的研究,对长 4＋5 段砂岩储层的低孔、低渗原因进行探讨。

8.5.1 岩石学特征

通过全岩 X 衍射分析和普通薄片、铸体薄片的镜下观察,该区长 4＋5 段油组砂岩在岩性上主要为长石砂岩、岩屑长石砂岩,同时见有少量的混合砂岩及长石岩屑砂岩。砂岩成分主要为长石、石英、碳酸盐、沸石、黏土(表 8.10)。其中,石英含量普遍偏低,长石含量较高,岩屑成分复杂,火成岩、变质岩及沉积岩岩屑皆可见;在许多薄片中见有较为丰富的呈层状排列的云母碎屑。填隙物以泥质和碳酸盐胶结物为主,同时见有不甚发育的硅质和少量的长石质及沸石胶结物;常见的黏土矿物胶结物有高岭石、绿泥石、伊利石及伊-蒙混层黏土矿物;碳酸盐胶结物以铁方解石为主,含有少量的白云石及铁白云石。碳酸盐在填隙物中含量占绝对优势,其与填隙物含量呈较好的线性正比关系。胶结物结构以嵌晶结构和充填结构为主,自生加大结构等少见。碎屑磨圆度以次棱角状和棱角状为主,分选中等至好。砂岩碎屑颗粒间常以点、线接触,呈颗粒支撑结构;胶结类型以孔隙式胶结为主,少数砂岩由于胶结物含量较高而呈基底式胶结,局部由于化学压溶作用而呈镶嵌式胶结,这也反映研究区的压实程度较为强烈。不同粒径的中砂、细砂、粉砂在研究层段中均有发育,但以粉、细砂岩为主,主要粒径为 0.05～0.25mm。从上不难看出,该区长 4＋5 段储集岩的成分成熟度较低而结构成熟度中等至较高。

表 8.10 葫芦河地区延长组长 4＋5 段砂岩 X 衍射成分统计

矿物成分	矿物含量变化范围/%	矿物含量平均值/%
石英	11～31	21.43
长石	50～74	55.71
碳酸盐	3～20	13.29
沸石	4～6	4.71
黏土	4～6	4.86

8.5.2 主要成岩作用类型及特征

通过张 1、张 2、张 3 等取心井普通薄片和铸体薄片的镜下观察及扫描电镜、阴极发光、X 衍射、镜质体反射率等资料研究,确定该区砂岩储层所经历的成岩作用主要有压实、胶结、溶解、交代等作用类型(Surdam et al.,1989;Sullivan and Mcbride,1991;裴亦楠和薛叔浩,1994;裴亦楠等,1997)。

1. 压实作用

压实作用包括机械压实作用和化学压溶作用。研究区储集岩碎屑颗粒基本上为点和线状接触,机械压实作用和化学压溶作用标志明显,表明长 4＋5 段砂岩曾经历过较为强烈的机械压实作用和化学压溶作用。

2. 胶结作用

该层储集岩的胶结作用主要有碳酸盐胶结、硅质及长石质胶结和自生黏土矿物胶结。

1）碳酸盐胶结作用

碳酸盐胶结物以铁方解石最为常见，见有少量的白云石和铁白云石。在阴极发光下，铁方解石胶结物发暗橙红色光，含锰较高的方解石发亮橙红色光，未见环带构造，铁白云石呈自形-半自形，近于不发光。

碳酸盐胶结物的形成具有多期性，大多数形成于压实作用后期或压实作用之后，即早成岩阶段 B 亚期末和晚成岩阶段 A 亚期。铁方解石胶结物一般呈不规则晶粒状充填于粒间；电镜下观察，方解石胶结物呈自形-半自形，白云石和铁白云石多呈自形-半自形菱面体或立方体，分散状充填粒间孔隙或交代方解石胶结物及碎屑颗粒。在颗粒接触部位胶结物不甚发育，表明胶结物形成于压实作用后期；还可见加大边溶蚀的交代残余结构，加大边被溶蚀成锯齿状，后又被铁方解石交代，表明铁方解石胶结物的形成晚于溶蚀作用。

2）石英和长石胶结

研究层段中石英和长石胶结物最常见的胶结方式是石英或长石的自生加大，但次生加大现象并不十分发育，这主要与研究层段整体压实作用较强、黏土杂基含量较高有关。加大边多数不连续，仅部分发育。电镜下观察，自生加大主要由自形石英或长石垂直相应的碎屑表面向孔隙空间生长构成，发育程度中等，多为 1～3 级，极个别可达 4 级。在颗粒点状线状接触部位不见自生加大边、非接触部位有自生加大边的存在，但同时也可见自生加大边位于即将接触的颗粒之间，抑制机械压实作用的进一步进行。这些都表明自生加大作用形成于颗粒点、线接触前后。碳酸盐胶结物分布于次生加大边之外，抑制了次生加大的进一步形成，表明自生加大的形成要早于碳酸盐胶结物的形成。自生黏土胶结物的存在亦可抑制次生加大，在黏土杂基及自生黏土胶结物发育的部位通常缺乏自生加大现象。

石英和长石的自生加大充填孔隙并堵塞喉道，降低了储层的孔、渗性能。

3）自生黏土矿物胶结

研究层段砂岩中自生黏土矿物胶结物常见有高岭石、绿泥石、伊利石及伊-蒙混层矿物。在扫描电镜下伊利石的形状大多呈弯曲片状或蜂窝状聚合体，绿泥石一般呈叶片状或花朵状，高岭石一般呈书页状或蠕虫状。自生黏土矿物的主要产状有以下两种。

（1）孔隙衬边。自生黏土矿物垂直或平行碎屑颗粒表面向外生长，在颗粒表面上形成黏土包壳。从黏土包壳与颗粒的接触形式来看，它们在机械压实的早中期即已开始形成并延续到压实作用后。在显微镜和电镜下经常可见自生黏土矿物分布在自生加大边外和自生黏土矿物与自生加大晶体及碳酸盐胶结物晶体竞争生长的现象。这些都表明自生黏土矿物的形成具多期性，从早成岩阶段一直可延续到晚成岩阶段。

（2）孔隙充填。自生黏土矿物主要以集合体的形式充填于孔隙中，其排列与碎屑颗粒的表面无关。黏土矿物胶结物的形成不仅减少了岩石的孔隙空间，而且对喉道的影响极大，常使喉道变得迂回曲折，甚至堵塞喉道而使渗透率大大降低。

3. 交代作用

研究层段中常见的交代作用有碳酸盐矿物交代碎屑颗粒、黏土矿物交代碎屑颗粒及不同成分的碳酸盐矿物间的相互交代。

1）碳酸盐矿物交代碎屑颗粒

常见有碳酸盐胶结物交代石英、长石、岩屑颗粒边缘或完全交代碎屑，使这些颗粒的边缘形状不规则或交代物中残留有被交代矿物包体或交代物呈被交代矿物的外形。自形白云石和铁白云石等也可对上述颗粒进行交代。

2）黏土矿物交代碎屑颗粒

常见有黏土矿物交代石英及长石颗粒，使这些颗粒的边缘模糊不清及长石、岩屑等颗粒的高岭石化和伊利石化。

4. 溶解作用

砂岩储层常经受不同程度的溶解作用改造形成多种类型的次生孔隙，对改善砂岩储层的储集性能起到积极作用。被溶解的物质主要是长石、岩屑、沸石等不稳定颗粒及少量的碳酸盐胶结物（朱国华，1985）。颗粒的溶解有两种情况，一是长石、岩屑等不稳定颗粒直接溶解形成粒内溶孔；另一种是石英、长石及岩屑等颗粒先被碳酸盐矿物交代，后来交代物发生溶解而使颗粒间接被溶，常形成粒内溶孔及扩大的次生粒间孔。颗粒的溶解常沿边缘和解理开始，溶解程度不一，有的只发生轻微溶解，有的则大量溶解形成蜂窝状孔。

8.5.3　储层的孔隙结构特征

1. 孔隙类型

1）正常粒间孔

正常粒间孔隙含量相当少，孔径大小不等，一般为 $50\mu m$ 左右。常呈不规则多边形。

2）残余粒间孔

残余粒间孔隙在储层中较常见，一般呈三角形和不规则多边形。

3）杂基内微孔

杂基内微孔在薄片中较为发育，因孔径较小（一般小于 $0.2\mu m$）且有黏土杂基的存在，致使在单偏光下，较大孔隙和无杂基充填处的颜色偏暗。

4）粒间溶孔

粒间溶孔在研究层段不甚发育，其形成大致有两种情况，一是粒间胶结物与碎屑颗粒边缘同时发生溶解；二是碳酸盐等胶结物充填粒间并同时交代颗粒边缘，随后胶结物与颗粒同时被溶解。

5）组分内溶孔

包括粒内溶孔、胶结物内溶孔等。粒内溶孔主要为岩屑及长石等颗粒内溶孔，一是由颗粒本身发生部分溶解而形成，为组分内溶孔的主要组成部分；二是颗粒先被交代而后交代物局部或全部被溶形成粒内溶孔。

6）裂缝孔隙

研究层段常见有颗粒因机械压实作用破裂或沿解理缝裂开而形成的裂隙、岩石被挤压或拉张而形成的构造缝及沉积物沉积时形成的层理缝。裂隙的数量一般不多，但未被充填的裂隙对改善岩石的渗透能力具有重要的意义。

2. 喉道类型

根据铸体薄片镜下观察，研究层段常见的喉道类型有以下两种。

1）片状喉道

片状喉道呈片状或弯片状，为颗粒间的长条状通道。常出现于压实程度较强或自生加大程度较高的砂岩中。孔径一般较大。

2）管束状喉道

管束状喉道为杂基及自生胶结物晶体间的微孔隙，孔径一般小于 $0.5\mu m$，本身既是孔隙又是喉道。

3. 孔隙组合类型

砂岩储层的储集空间虽然由多种类型的孔隙组合而成，但往往以其中一种或多种类型的孔隙占主导地位。孔隙的组合类型不同，对储集层的储集物性及孔隙结构的影响也不同。根据薄片鉴定及压汞资料，该区砂岩储层的孔隙组合类型大致可划分为如下几类。

1）残余粒间孔与组分内溶孔复合型

该组合类型以残余粒间孔为主，含有少量的次生粒间溶孔及粒内溶孔，因黏土杂基含量及胶结物含量较少，杂基内及晶间微孔隙不发育。强烈的机械压实作用和化学压溶作用，使喉道以片状或弯片状为主，孔隙分选性较好，次生孔隙在孔隙中所占的比率小于25%，孔隙度一般为 8%～15%；渗透率为 $0.1\times10^{-3}\sim10\times10^{-3}\mu m^2$，常见于三角洲前缘水下分流河道沉积砂体中。依据孔隙度、渗透率分级标准及长庆石油勘探局所制订的储层分类评价标准（杨俊杰等，1992），具该类孔隙组合特征的储层为低孔、特低渗储层。

2）杂基内和晶间微孔型

该组合类型以黏土杂基、自生黏土矿物晶间微孔及碳酸盐胶结物晶间微孔为主，其他类型的孔隙不发育，喉道类型以管束状喉道为主。黏土含量一般大于 10%或碳酸盐胶结物含量大于 15%，孔隙度一般小于 8%，渗透率小于 $0.02\times10^{-3}\mu m^2$。岩石类型以泥质砂岩或粉砂岩及碳酸盐致密胶结砂岩为主，常见于后期胶结致密或黏土杂基含量高的三角洲前缘沉积砂体中，属于非有效储层。

3）组分内溶孔、微孔及层理缝复合型

该组合类型以组分内溶孔和杂基及胶结物晶间微孔为主，常见喉道类型有管束状喉及弯片状喉，孔隙度一般小于 10%；由于层理缝发育，砂岩渗透性相对较好，渗透率为 $0.02\times10^{-3}\sim0.1\times10^{-3}\mu m^2$。

8.5.4 储层分类及评价

储层分类评价的方法很多，其总的趋势是从定性到定量，从宏观到微观（谢庆邦和贺静，1993）。笔者根据该区储层特点，从 3 口取心井（张 1、张 2、张 3 井）中选取 18 个作了压汞分析的样本,对其11个变量(孔隙度、渗透率、分选系数、变异系数、中值压力、中值半径、排驱压力、最大汞饱和度、退汞效率、平均孔喉半径、碳酸盐含量)作了聚类分析(表8.11,图8.16)(陆明德和田时芸,1991)。从表8.11及图8.16可看出,18个样本可明显分为A、B、C、D四个类别(样本8、13因相关性差,另作分析),由A类到D类,渗透率、分选系数、变异系数、中值半径、最大汞饱和度、孔喉均值等变量呈减小趋势;中值压力、排驱压力、碳酸盐含量等变量呈增大趋势,说明由A类到D类,样本的储集性能变差,而分析8、13号样本的参数,其储集性能更差。

表8.11　聚类结果的数理统计分析表

类别	样本号	渗透率/$10^{-3}\mu m^2$	孔隙度/%	分选系数	变异系数	中值压力/MPa	中值半径/μm	排驱压力/MPa	最大汞饱和度/%	退汞效率/%	孔吼半径/μm	碳酸盐含量/%
A类	3、4、5、11	0.19	9.4	2.65	0.2	7.16	0.134	1.54	89.58	27.5	0.62	4.7
B类	2、7、9、12、16、17	0.028	6.09	2.18	0.17	32.76	0.024	5.94	79	28.3	0.14	6.5
C类	6、10、18	0.011	4.05	2.08	0.13	67.88	9.011	10.09	68.97	32.6	0.05	9.1
D类	1、11、15	0.009	4.53	1.58	0.09	130.94	0.006	22.51	59.27	25	0.04	15

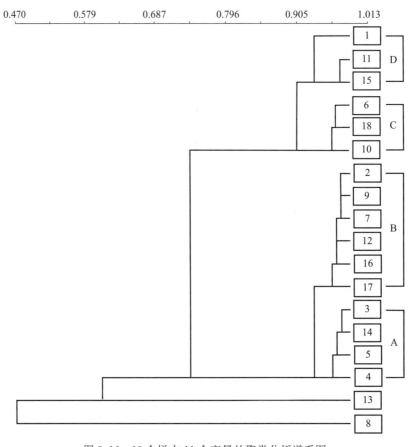

图8.16　18个样本11个变量的聚类分析谱系图

在聚类分析的基础上,结合研究区地质背景及长庆石油勘探局所制定的储层分类评价标准(杨俊杰等,1992),将葫芦河地区长 4+5 段砂岩储层分为:Ⅲ类和Ⅳ类储层(其中A 类样本对应Ⅲ类储层,其他类样本对应Ⅳ类储层),各类储层基本特征如下。

Ⅲ类储层:主要由分选性较好、填隙物含量较低的长石岩屑细砂岩-粉细砂岩组成。溶解作用相对而言较为发育。孔隙类型多样,以残余粒间孔及组分内溶孔为主,喉道类型以片状喉道为主。压汞曲线呈略粗偏,粗歪度,分选较差-中等。排驱压力较小,对应的最大孔隙喉道半径较大,孔喉均值较小,最大汞饱和度较大,中值毛管压力较小,中值喉道半径较大。孔喉分布一般呈单峰型,峰位一般为 0.2μm。渗透率为 $0.1×10^{-3}$~$10×10^{-3}$ $μm^2$,属于特低渗储层,孔隙度一般为 8%~15%,平均为 8.98%,属低孔储层。此类储层为该区的有效储层,占统计样品总数的 15.79%。

Ⅳ类储层:主要由粉砂岩-粉细砂岩组成,分选性中等-好,填隙物含量高,溶解作用不发育。孔隙类型较为单一,以微孔隙及组分内溶孔为主,喉道类型以管束状为主。压汞曲线呈偏细或中等歪度,分选性中等-较好,排驱压力较大,中值毛管压力较高,对应的孔隙喉道半径较小。最大汞饱和度较低,孔喉均值为 13.73~17.77μm,平均为 15.64μm;孔喉分布通常呈单峰或平峰型,峰位为 0.15~0.007μm。渗透率为 $0.003×10^{-3}$~$0.067×10^{-3}$ $μm^2$,孔隙度为 2.17%~10.7%,平均为 5.34%。此类储层为该区的非有效储层,占样品总数的 84.21%。

综上所述,就样本的统计来看,研究层段以Ⅳ类储层即非有效储层为主,有效储层(Ⅲ类储层)占 15.79%,反映了葫芦河地区长 4+5 段砂岩储层整体较差。由于取样的人为主观因素影响,上述统计尚存在一定的偏差,而且实际的砂岩储层(砂体)并非由上述单一类型组成,往往由两种甚至多种类型复合而成。因此,上述储层分类只具有宏观上的指导意义,具体深入的研究,有待于对储层非均质性的深入剖析。

8.5.5　低渗储层成因分析

1. 原始矿物组成和结构是其形成的基本条件

据薄片观察,该储层在岩性上主要为长石砂岩和岩屑长石砂岩,砂岩的成分成熟度和结构成熟度均较低,颗粒直径较小,分选性中等至差,磨圆度为次棱角状,填隙物含量高,导致其原始孔隙度偏低。

2. 早成岩期的机械压实作用、化学压溶作用及胶结作用是其形成原因之一

据薄片观察,研究区储集岩碎屑颗粒基本上为点接触和线接触,机械压实作用和化学压溶作用标志明显,且使原始孔隙体积减小较多。早成岩期碳酸盐胶结作用、石英和长石的次生加大胶结、自生黏土矿物胶结、沸石胶结等都不同程度地使原始孔隙体积减小。

3. 晚成岩期铁方解石胶结是其形成的原因之二

晚成岩期的溶解作用虽使孔隙有所增大,但幅度有限,同期形成的铁碳酸盐胶结物充

填了大部分的残余粒间孔和溶蚀孔隙,导致储层物性进一步变差。

8.6　高含水期储层物性变化特征

经过多年的注水开发,储层一般都会发生较明显的变化,体现在储层的孔隙度、渗透率、润湿性及一些微观孔隙结构特征上。而地下特征的这一变化,必然影响到储层的开发特征,进而对剩余油的分布及提高采收率都具有重要的影响,因而正确认识储层的这一变化特点,揭示特高含水期老油田剩余油形成机理和分布规律,采取有针对性的开采技术,对降低开发成本,提高原油采收率具有重要的意义。

濮53块沙二上2+3砂层组油气藏是中原油田中相对高渗的单元,以储层分异性差、油层厚、开发效果差为特点,经过二十多年的开发,目前已进入特高含水阶段。由于储层的分异性差,造成其在开发过程中变化较大,影响了油藏的开发动用状况。

8.6.1　岩石骨架结构变化

原始状态及初含水时期矿物颗粒支撑方式为完整的点-线接触支撑,磨圆度较好的部分以线接触方式为多,磨圆度差的多为点接触,二者大都同时出现。矿物颗粒呈定向排列,颗粒多为线接触。

中高含水期的濮检1井表明岩石骨架结构已发生变化,原始完整的颗粒点线接触关系部分改变,发生分离,出现游离状态的颗粒。胶结物及部分杂基随注入水冲刷方向迁移,在孔喉中出现被堵塞、呈不规则的孔隙。到特高含水阶段(综合含水到95%以上)时,上述特征更为明显,颗粒游离、漂移现象约占30%。

8.6.2　填隙物变化

原始状态的高岭石一般居于粒间孔隙中,多为完整的蠕虫状晶体。在初—中含水阶段,由于开发动力地质作用未达到,致使其晶体分解的程度低,故一般保存了完整的六面体蠕虫状结晶集合体。而当注水开发时间增长,达到高—特高含水阶段后,由于注入水外动力的浸泡、冲刷驱动作用等因素的影响,高岭石结晶格架开始解体,表现在六边形晶片边缘被磨蚀,棱角破坏,片状集合体分解成零散状,其破坏程度视其外动力条件的大小及所居的位置而定(图8.17)。在注入水主流线上的位置破坏程度较强,居于不连通孔隙中的高岭石,其晶形则完整保存。伊利石一般呈鳞片状黏附于石英、长石、岩屑等矿物颗粒的表面,长石风化作用形成的伊利石多沾于长石表面。蒙脱石较少,一般呈朵状居于孔壁周围。而绿泥石则呈鳞片状,零乱分布。

除黏土矿物外,储层中的碳酸盐类物质及其他一些细小的地层微粒也发生了相应的变化。如方解石被溶解后呈无晶形状零乱堆积在孔隙内(图8.18)。这些微粒大都居于孔喉中,储层被注入水驱动冲刷后,部分颗粒可在压力小的部位聚集,另一些随着油水迁移而采出。

图 8.17　不同开发期高岭石晶体形态

(a)未注水期晶体完整;(b)高含水期晶体破坏;(c)特高含水期晶体打散呈零散片状;(d)特高含水期晶体完全溶蚀成硅质球

图 8.18　方解石微粒

(a)居于孔隙中晶形好;(b)被溶解的方解石晶形孔;(c)方解石溶解崩塌;(d)方解石被溶为碎块

8.6.3 孔喉网络变化

在未注水、无水期孔隙最大宽度(直径)一般为 $50\sim70\mu m$,沙二上亚段 3 砂组 35、36、37、38 短期旋回中上部孔隙最大,最大孔隙直径为 $100\mu m$,多为不规则、串珠状。而 37 短期旋回多为碳酸钙胶结,孔隙均被方解石填充。孔隙均质系数较高,大都在 0.5 以上,分选系数较小,说明孔喉分选较好,具有较均匀、较均质的特点。

注水开发 10 年后的濮检(PJ)1 井(中高含水)最大孔隙直径增大,达 $165\mu m$。有较多的游离孔。储层的均质系数较之未注水时期有所下降,孔喉半径平均值也有下降趋势。结构系数以 33、37、38 单元较小。相应层位的渗透率也略有降低。说明渗流场中储层非均质性增强,相应的孔喉连通性、均质性受到影响,最终使渗透率相对下降。

特高含水期(新濮 3-38 井)储层有新的变化,孔隙网络有较大变化,游离孔增多,形态也变复杂。在每个流动单元中孔隙参数变化规律性不强,在 36 短期旋回上部,孔隙平均半径最大达 $80\mu m$,平均半径 $28.5\mu m$,分选系数也最高,均质系数最低,孔隙非均质性较强。而较好的为 5 短期旋回上部及 8、9 短期旋回,孔隙分选系数低,均质系数较高,平均孔喉比较低,说明孔喉较均质。孔喉分选性明显复杂化,最大孔喉半径减小,除 38 旋回游离孔增多、堵塞较少外,其他各单元都低。孔喉半径最大值和平均值较未注水时期减少了 $30\%\sim40\%$,与高含水期比较,减小了 $10\%\sim20\%$。孔喉分选系数与高含水期相近变化不大。而渗透率除 11 单元继承性较高外,其他各单元均下降。这说明较高渗透性、孔喉半径相对较大的流动单元储层,随着注水时期的增长,含水量的增大,储层岩石骨架颗粒游离,空孔隙增多,而且颗粒微屑及胶结物零散晶片易随采油井采出井口,故储层渗透率会增高。而对较致密储层其孔喉易被游离的零散颗粒堵塞,渗透率略有下降。当然对于该井与未含水或中高含水井的比较还有一个可比性的问题,本井所处的相带部位明显较新濮(XP)36 井和濮检 1 井变差,主要为河道间的沉积和小型的河道砂体,其相应的参数较低也在情理之中。

8.6.4 孔隙度、渗透率变化

研究中采用各参数的总体分布及次总体的分布特征研究孔隙度、渗透率的变化。通过对未、中高和高含水期储层孔隙度的分析,发现从开发初期到中高含水期,孔隙度整体上呈下降趋势,孔隙度总体由较大的孔隙度向较小的孔隙度方向漂移,特别是小于 20% 和小于 15% 的孔隙度总量有较大幅度的增加,而且其相应区间的平均值均有不同程度地下降,说明处于该区间的储层的孔隙度有所下降,而大于 25% 的孔隙度总量明显下降,说明孔隙度总体上变小了。但同时也可看出,尽管大于 25% 的孔隙度总数下降了,但其均值反而增大了,说明大于该孔隙度的储层,在开发过程中随地层微粒的带出,其孔隙度反倒增大(表 8.12)。

从中含水期到特高含水期,样品的分布区间表明储层的孔隙度整体上向大的方向漂移,尤其是朝向 $20\%\sim25\%$ 的区间漂移。从其不同区间的孔隙度平均值分析,中等孔隙度的储层孔隙度略有增大,而其他区间的几乎没有变化。

各孔隙度区间内的渗透率变化研究表明(表 8.13),孔隙度小于 25% 的样品,在开发的整个过程中,其渗透率都是降低的,而且孔隙度越小,其渗透率下降的越大。而对于孔

表 8.12 不同开发阶段的孔隙度变化 （单位:%）

指 标		不同区间的比例			不同区间的平均值		
		不含水	中含水	特高含水	不含水	中含水	特高含水
		1980 年	1991 年	2001 年	1980 年	1991 年	2001 年
		新濮 36 井	濮检 1 井	新濮 3-38 井	新濮 36 井	濮检 1 井	新濮 3-38 井
孔隙度区间	≤15%	3.6	15.3		13.2	11.7	
	15%～20%	13.9	26.6	17.5	18.1	17.5	17.5
	20%～25%	47.9	40.2	60.0	22.8	22.4	22.7
	>25%	34.6	17.9	20.0	26.9	27.4	27.3

注:由于新濮 3-38 井孔隙度小于 15% 的样品点太少,不具代表性而未加入。

表 8.13 不同开发阶段对应于孔隙度的渗透率变化 （单位:%）

指 标		不同区间的比例			不同区间的平均值		
		不含水	中含水	特高含水	不含水	中含水	特高含水
		1980 年	1991 年	2001 年	1980 年	1991 年	2001 年
		新濮 36 井	濮检 1 井	新濮 3-38 井	新濮 36 井	濮检 1 井	新濮 3-38 井
孔隙度区间	≤15%	3.6	15.3		8.7	1.8	
	15%～20%	13.9	26.6	17.5	16.4	12.5	7.7
	20%～25%	47.9	40.2	60.0	66.7	53.9	27.4
	>25%	34.6	17.9	20.0	261.4	170.2	208.4

注:由于新濮 3-38 井孔隙度小于 15% 的样品点太少,不具代表性而未加入。

隙度大于 25% 的样品,开发初期到中含水期,其渗透率明显下降,而到了高含水期,其渗透率又有较大的提高。

对不同的流动单元区间的样品渗透率进行统计,其渗透率分布向差的方向漂移,体现在差型流动单元的大量出现(表 8.14)。而渗透率均值则表明在中低含水期,渗透率随开发的进行而下降,但下降的幅度小。说明开发初期随注水的影响,其物性整体变差。而在开发进入到中高含水期,渗透率分布稍向物性变好的方向漂移,物性较好的流动单元的含量都有一定的增加,而对渗透率均值的统计表明,差型和一般型流动单元其平均渗透率有一定程度的下降,说明其开发中注入水对其的作用是降低储层物性的,而好型流动单元的平均渗透率有一定的增加,说明开发过程中其物性变好。极好型流动单元的物性从原始的 470mD 下降到高含期的 320mD,有明显的下降,这可能是由高含水期的取心井所处的储层的相带造成的,对其所处的沉积环境的分析也表明其相带较差,可能是造成其观测值较低的原因,也可能是深度调剖堵塞了大孔喉导致。

由于本区的监测资料只有高和特高含水期的资料,而且大多是对应于化学封堵后的结果检查,因而无法直接证实其开发过程中的物性变化。但从其封堵后的效果变化中,可得到一些定性的结论。在封堵后,一般物性好的高渗层吸水能力迅速下降,注水井的注入压力可有较大地提高,使得物性较差的层也开始吸水,吸水相对较为均匀,然而封堵一段时间后,注水井的压力下降,监测表明物性好的层位吸水量又有较大幅度的提高,说明在注水过程中,物性好的储层的储集性能又有恢复,而物性差的储层则相对变差或没有明显的变化,这至少说明物性好的层在开发中其物性是变好的。而且在多次的封堵实践中发

表 8.14　不同开发阶段不同流动单元类型的渗透率变化　　　　　（单位：%）

指　标			不同区间的比例			不同区间的平均值		
			不含水	中含水	特高含水	不含水	中含水	特高含水
			1980 年	1991 年	2001 年	1980 年	1991 年	2001 年
			新濮 36 井	濮检 1 井	新濮 3-38 井	新濮 36 井	濮检 1 井	新濮 3-38 井
流动单元类型	0~25($10^{-3}\mu m^2$)	P	30.2	61.4	53.8	11.7	7.5	6
	25~100($10^{-3}\mu m^2$)	F	34.6	21.4	27.5	55.3	54.0	42.8
	100~250($10^{-3}\mu m^2$)	G	21.3	12.4	11.3	155.5	154.0	163.1
	>250($10^{-3}\mu m^2$)	E	13.9	4.7	7.5	473.9	425.2	316.8

现，随封堵的多次进行，水井的压力下降的速度加快，从初期的压力可维持半年左右到后期的一个月甚至更短，说明物性好的储层在开发后期孔喉较大，更难于封堵，从侧面说明其物性是逐步变好的。

8.6.5　润湿性变化

从油藏未注水开发阶段到开发 20 余年达到特高含水阶段，在这长达 20 余年的过程中，储层岩石润湿性发生了变化。在未注水时期储层润湿性以亲油和偏亲油为主，注水 10 年后储层达到高含水期。据 1991 年钻的濮检 1 井资料，油水对岩石的亲和性略有变化，偏亲水及亲水样品略多于偏亲油及亲油样品，即随着注水开发，储层润湿性向着亲水方向转化。当注水开发到特高含水期，从所钻的新濮 3-38 井资料分析，不论哪一层流动单元的储层润湿性均表现为亲水性（表 8.15）。

表 8.15　不同含水时期润湿性动态变化

含水期	小层	润湿性	代表井	样品块数
未注水	32	偏亲油	濮 12	5
	34	亲水	新濮 36	5
	35	偏亲水	濮 12	1
	37	亲油	新濮 36	14
高含水	35	偏亲水	濮检 1	2
	37	偏亲水		4
	38	偏亲油		2
	39	偏亲水		5
特高含水	32	亲水	新濮 3-38	5
	35			1
	37			1
	38			2
	39			1

参 考 文 献

邓宏文.1995.美国层序地层研究中的新学派——高分辨率层序地层学[J].石油与天然气地质,16(2)：89-97.

何贞铭,林克湘,王振奇,等.2000.牛心坨油田牛心坨油层沉积相分析[J].江汉石油学院学报,22(3)：
    15-19.

李绍光,吴涛,方文娟.1991.中国石油地质志(卷四,大港油田)[M].北京：石油工业出版社.

陆明德,田时芸.1991.石油与天然气数学地质[M].武汉：中国地质大学出版社.

罗蛰潭,王允诚.1986.油气储集层的孔隙结构[M].北京：科学出版社.

裘怿楠.1996.石油开发地质方法论(三)[J].石油勘探与开发,23(4)：42-45.

裘怿楠,薛叔浩.1994.油气储层评价技术[M].北京：石油工业出版社.

裘怿楠,许仕策,肖敬修.1985.沉积方式与碎屑岩储层的层内非均质性[J].石油学报,6(1)：41-49.

裘怿楠,薛叔浩,应凤祥.1997.中国陆相油气储集层[M].北京：石油工业出版社.

王伟锋,林承焰,蔡忠.1993.大港枣园油田枣北孔店组砂岩储层微观非均质性与改善开发效果分析[J].
    地质论评,39(4)：302-307.

王振奇,徐龙,何贞铭,等.1996.黄骅拗陷官 80 断块枣 Ⅱ,Ⅲ 油组碎屑岩储层成岩作用研究//郭甲世,徐
    龙,王振奇.油藏描述论文集[C].西安：西北大学出版社,1996.91-99.

谢庆邦,贺静.1993.陕甘宁盆地南部上三叠统延长组低渗砂岩储层评价//中国油气储层研究论文集
    [C].北京：石油工业出版社.

徐世荣,刘国庆.1992.中国石油地质志(卷七)[M].北京：石油工业出版社.

薛莲花,史基安,晋慧娟.1996.辽河盆地沙河街组砂岩中碳酸盐胶结作用对孔隙演化控制机理研究[J].
    沉积学报,14(2)：102-108.

杨俊杰,李克勤,张东生.1992.中国石油地质志(卷十二)[M].北京：石油工业出版社.

张学汝,牛仲汝.1995.辽河断陷湖盆碎屑岩开发储层研究[M].北京：石油工业出版社.

郑荣才,尹世民,彭军.2000.基准面旋回结构与叠加样式的沉积动力学分析[J].沉积学报,18(3)：369-375.

朱国华.1985.陕甘宁盆地上三叠统延长组低渗透砂体和次生孔隙砂体的形成[J].沉积学报,3(2)：1-17.

Moraes M A S.1991.Diagenesis and microscopie heterogeneity of lacustrine deltaic and turbiditic sand-
    stone reservoirs(LowerCretaceous),Potiguar Basin,Brazil[J].AAPG Bulletin,75(11)：1758-1771.

Scheren M.1987.Parameter influencing porosity in sandstone：A model for sandstone porosity prediction[J].
    AAPG,71：485-491.

Sullivan K B,McBride E F.1991.Diagenesis of sandstones at shale contacts and diagenetic heterogeneity,
    Frio Formation,Texas[J].AAPG Bulletin,75(1)：121-138.

Surdam R C,Crossey L J,Hag en E S.1989.Organic-inorganic interactions and sandstone diagenesis[J].
    AAPG Bulletin,73(1)：1-23.

第9章 储层隔夹层预测

在高含水油田开发后期,油田开发资料日益丰富,研究重点逐渐由层间非均质性向层内非均质性发展。从砂体间泥质隔层分析向厚层砂体内部夹层预测方向发展。大量研究表明,隔夹层直接影响注水开发油田油水运动,在一定程度上决定了剩余油大面积分布的位置,指导油田"高效聪明井"部署。弄清楚储层隔夹层空间分布成为当前油藏描述重要内容。而隔层预测,尤其是夹层预测方法目前均不成熟,笔者依托国家科技攻关项目,在青海油田油砂山地区进行露头解剖,识别和描述了隔夹层的分形特征;在南阳双河油田地下解剖中采用层次分析的思路,对夹层成因、分布及空间特征展开细致研究。"十一五"期间,在胜利油田孤岛中一区馆3油组曲流河成因分析基础上,设计了一种基于沉积过程建模方法,逐次建立河道、点坝与侧积层的三维分布模型。在大庆油田PI油组辫状河成因分析基础上,采用层次建模思路,建立起辫状河道、心滩坝和落淤层分布精细三维地质模型。"十二五"期间,建立了三角洲平原高弯曲分流河道夹层几何形态模型,预测了夹层空间分布,随后将其嵌入到已有模型中,实现了三角洲储层夹层预测。为了更好地揭示隔夹层对油水分布的影响,利用细分层技术对砂岩和泥岩进行追踪和建模,形成了砂泥岩隔层确定性预测方法。

本章第一节介绍隔夹层概念及其对油水分布的控制作用;第二节介绍基于砂泥岩剖面细分的隔层预测方法;第三节介绍将夹层嵌入到地质模型的方法;第四节介绍曲流河点坝侧积层建模方法;第五节介绍辫状河心滩落淤层的预测方法;第六节介绍青海油砂山油田露头解剖及分形技术在泥质隔夹层预测中的应用;第七节探讨基准面旋回与泥质隔层发育的关系。

9.1 隔夹层的概念

储层隔夹层是造成储层流体流动非均质的主要因素之一,也是储层精细表征的主要内容。在油田进入高含水开发后期,隔夹层已经成为影响油水运动并决定剩余油分布的重要因素,开展隔夹层研究对分析剩余油成因与分布并采取有效的挖潜措施都具有重要意义。

9.1.1 储层隔夹层的概念

国内外不少学者对隔夹层进行过研究,对其定义也大同小异。例如,王振彪和李伟(1996)认为夹层主要指在主体储集层内部存在的相对较薄、延伸较短且岩性或物性与上、下岩层有较大差异的层段;隔层则指垂向基本不具渗透性的岩层,它能将上、下储集层分隔开来,一般厚度较大,侧向连续性好。张吉等(2003)认为隔层也称遮挡层或阻渗层,是储层中能阻止或隔挡流体运动的非渗透岩层,其面积一般大于流动单元面积的1/2,厚度变化较大,小则几十厘米至几米厚,大则几十米厚;夹层则是指砂岩层内所分布的相对非渗透层,分布不稳定,不能有效阻止或控制流体的运动,其面积往往小于流动单元面积的

1/2,厚度只有几厘米至几十厘米,一般延伸较小,稳定性差。熊琦华等(2010)认为隔层是层与层之间的概念,是指分隔垂向上不同砂体的非渗透层,如泥岩、粉砂质泥岩、膏岩等,其横向连续性好,能阻止砂体之间的垂向渗流;夹层则是指连通体内部的渗流屏障,为分散在单砂体内部的、横向不稳定的相对低渗透层或非渗透层,其厚度一般较小,一般为几厘米至几十厘米。

本书所指的隔层,也称遮挡层或阻渗层,是指在注水开发过程中,对流体具有隔绝能力的非渗透岩层。它是层与层之间的非渗透层,一般是致密的泥岩,其分布一般比较稳定。夹层是指厚的砂体内部所分布的相对低渗透层或非渗透层。其往往导致油水运动复杂,甚至阻碍流体通过。

9.1.2　储层隔夹层分类、特征及识别方法

隔夹层的成因和特征具有很大的相似性,其分类也较为一致。隔夹层的分类方法有多种,主要有按岩性、成因、产状、分布范围等进行分类。按岩性可将隔夹层分为泥质隔夹层、钙质隔夹层、物性隔夹层等(张吉等,2003)。按照成因,可以将陆相隔夹层成因分为沉积和成岩作用两大类。沉积成因所形成的隔夹层以泥质隔夹层为代表,其主要是由于水动力减弱,细的悬移质沉积形成。如在半深湖或者深湖条件下形成的泥岩沉积,或者是河流相中的侧积层或者落淤层沉积。成岩作用所形成的隔夹层以钙质隔夹层为代表,其主要在沉积物成岩过程中,来源于上下岩层中的离子发生化学反应,砂岩重新胶结成岩,导致砂岩物性被改造、破坏,形成低渗透或者非渗透的致密砂岩层。按照产状则可以分为水平、近水平状与斜列状。按照分布范围则可将夹层分为稳定夹层、较稳定夹层和不稳定夹层三类。

夹层分布特征可以用下面两个参数进行定量描述:

$$F = N/(H - H_t - H_b) \tag{9.1}$$
$$D = Hsh/(H - H_t - H_b) \tag{9.2}$$

式中,F 为非渗透性泥质夹层分布频率;D 为非渗透性泥质夹层分布密度;N 为小层内非渗透性泥质夹层的累计个数;H 为小层厚度;H_{sh} 为小层内非渗透性泥质夹层的累计厚度;H_t 为小层顶部隔层厚度;H_b 为小层底部隔层厚度。

张吉等(2003)给出了隔夹层分布特征的总体描述,对于泥质隔夹层,随着距物源区距离和沉积物补给通量的不同,泥质隔夹层的厚度和频数不同。距物源区愈远,夹层的厚度愈大,夹层的频数愈多。泥质隔夹层的分布面积与隔夹层厚度呈正相关关系,隔夹层厚度愈大,分布面积愈大;反之,隔夹层分布面积越小。对于钙质隔夹层,其在平面上和纵向上分布一般比较少,横向连续性差,厚度变化较大,但是钙质夹层空间分布明显与沉积微相和断层有关(林承焰等,1997)。在河道沉积储层中,受孔隙水影响,碳酸盐矿物发生沉淀形成钙质胶结几率相对较高,夹层往往分布在砂岩层顶、底与泥岩交界处,形成顶钙或者底钙。当砂岩较薄时,有时整个砂岩都变为钙质砂岩,成为有效的遮挡层。当砂岩较厚时,钙质砂岩有时也可以在其中部任意位置发育。对于物性隔夹层,体现为杂乱组构、泥质含量高、物性差、微观非均质强,主要分布在重力流的主沟道和辫状沟道内底部,其次是沟道边缘。其延伸不远,封堵相对较差。

不少学者对隔夹层的识别标志进行了归纳总结。如对泥质隔夹层,微电位微电极曲

线幅度差及电位回返是较为典型的标志；对物性夹层尤其是钙质夹层，电阻率上刺刀状形态是其标志之一。综合各类隔夹层在多种测井曲线的特征，作出不同类型隔夹层的蛛网模式，能够有效帮助识别储层中的隔夹层，张吉等（2003）给出了不同隔夹层测井响应典型特征（图9.1、图9.2，表9.1），宋子齐等（1994）通过灰色系统多参数综合评判的方法建立隔夹层识别函数和划分标准。

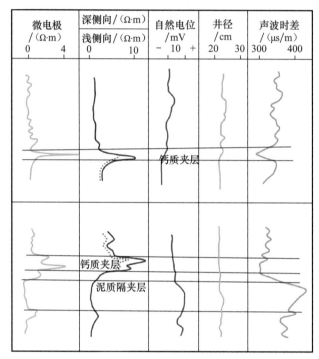

图 9.1　钙质夹层与泥质夹层在测井曲线上的典型特征图

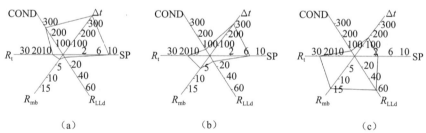

图 9.2　各类隔夹层测井曲线蜘蛛网特征图

(a)泥质隔夹层；(b)物性隔夹层；(c)钙质隔夹层；R_t. 地层电阻率；COND. 感应电导率；

Δt. 声波时差；R_{LLd}. 深侧向电阻率；R_{xo}. 冲洗带地层电阻率

表 9.1　隔夹层测井响应特征表

序号	分类	岩性	测井曲线特征	备注
1	泥质夹层	泥岩、砂岩、致密粉砂岩	微电位曲线回返至微梯度曲线位置，自然电位有异常	沉积作用为主
2	钙质夹层	钙质泥岩、胶结致密的钙质细粉砂岩	微梯度曲线上升至微电位曲线位置，声速异常低值，电阻率异常高值	成岩作用为主

续表

序号	分类	岩性	测井曲线特征	备注
3	物性夹层	油斑细砂、粉砂	微电位与微梯度同时上返或上升,自然电位常微弱异常	夹层具有一定的孔隙度和渗透率
4	不可分辨夹层	钙、泥质粉砂岩	在电性上往往反映不出,一般厚度小于10cm	分布密度低,对油层影响不大

9.1.3　储层隔夹层预测方法

隔夹层的预测是当前储层预测的难点,主要原因是隔夹层分布更为随机,成因复杂,空间组合较为复杂。总体来看,隔夹层预测方法包括确定性预测方法和随机预测方法。确定性的预测方法即是根据井间储层精细对比,识别和划分不同类型的隔夹层,并在成因模式的指导下对其三维空间分布进行预测,基于砂泥岩剖面细分的隔层预测方法,即是确定性预测方法的一种。随机预测方法则是在成因模式指导下,提取隔夹层形态学参数统计特征,采用数理统计和随机过程方法,对隔夹层空间分布进行预测,夹层镶嵌建模方法,即是随机性预测方法的一种。不同的方法适用于不同的地质环境与研究需求。

9.2　基于砂泥岩剖面细分的隔层预测方法

在油藏研究中,往往需要将砂岩之间的泥质隔层细分出来作为一个独立的流体分隔单元。其优势有三个方面:①油藏砂体和隔层形态能直观呈现;②将地质与开发紧密结合起来,砂体分布决定了油藏的开发规模,隔层的展布影响油藏内流体流动;③将减少油藏数值模拟网格数量,为精细油藏数值模拟打下基础。本节介绍一种基于砂泥岩剖面细分的隔层预测方法。

9.2.1　基于砂泥岩剖面细分的隔层预测方法

基于砂泥岩剖面细分的隔层预测方法属于确定性预测方法。通过精细的地层对比,识别不同小层单元之间的隔层。随后以隔层界面为基础,进行隔层层面空间预测,建立隔层三维构造模型。最后采用确定性预测方法,将隔层区域赋值为隔层单元。而在非隔层区域,采用常规的预测方法实现储层预测。在模型粗化时,隔层单元作为独立的一个无效网格进行粗化。

具体而言,首先根据高分辨率层序地层学原理,对地层进行等时划分与对比。随后,在每一个小层内,将最上部砂岩顶面作为其上覆小层的隔层底面,将最下部砂岩底部作为下伏岩层隔层顶面。这样相邻的底顶面之间就限定为砂层单元,而相邻的顶底面则是隔层单元(图9.3)。当然,在划分过程中,还有两种情况需要注意。一是小层内部没有砂岩,对于这种情况,根据岩层厚度趋势,选择小层内某个点作为上覆隔层底面,同时作为下伏小层隔层顶面,以此描述砂岩层的尖灭。另一种情况就是砂岩充满整个小层,此时,将小层顶面(底面)作为隔层的顶底面;如果在其相邻小层存在泥岩层,则仍然有隔层发育,否则隔层尖灭,即其厚度为零。在预测的时对隔层尖灭情况,将隔层顶面和底面重合,即隔层厚度为零,以此描述隔层尖灭情况。

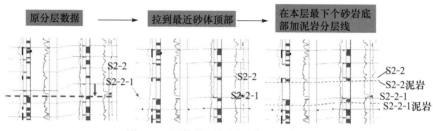

图 9.3　原始分层与隔层分层示意图

9.2.2　实例研究

1. 区域概况

杏树岗油田位于黑龙江省安达市与齐家镇之间,北部为萨尔图油田,南部为高台子油田与太平屯油田,是大庆长垣上七个主要的油田之一。根据杏树岗油田地理特点将油田主要划分 13 个研究区,本书研究的区块——杏六中区位于杏树岗油田中部杏六区中部,北起杏五区三排,南至杏六区三排,西邻杏六区西部Ⅱ块区域,东部与杏六东部Ⅰ块区域相连,总研究面积为 6.4km²。工区地形较为平坦,交通便利,四季气候变化明显,昼夜温差变化幅度大,年平均降水量中等。

萨尔图油组对应的地层为上白垩统的姚家组顶部及嫩江组底部,该段地层沉积时期的松辽盆地为大型拗陷型湖盆。姚一段时期,盆地北部与西部迅速抬升,发生大规模的湖退,此时研究区处于分流平原的中下部,靠近湖口;姚一晚期开始由湖退转为湖侵,此时研究区发育三角洲内前缘砂体;姚二段、姚三段时期发生进一步湖侵,这个时期湖岸线的摆动较大,在水进湖水加深的大背景下,局部发生小规模的湖退,此时研究区主要发育三角洲外前缘席状砂,发育少量三角洲内前缘席状砂;继姚二段、姚三段时期湖侵之后,嫩一段时期湖侵速度加快,湖盆迅速扩大,该阶段研究区属于三角洲外前缘沉积(图 9.4)。

系	统	组	段	地层代号	岩性剖面	地层厚度/m	地质年龄	油层	油组
白垩系	上白垩系	嫩江组	嫩一段	K_2n^1	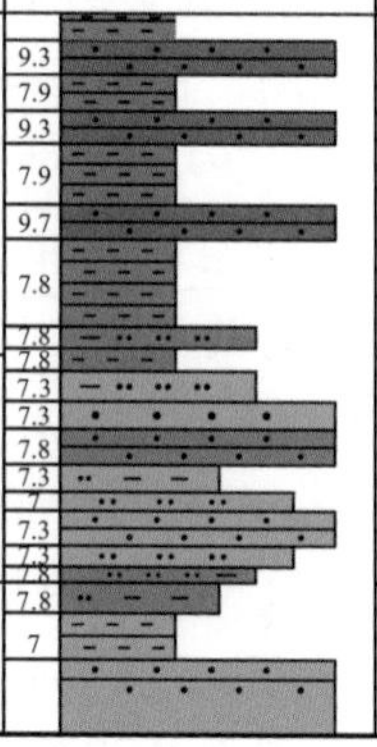	30~220		萨零、萨一油组	萨尔图油组
		姚家组	姚二段—姚三段	K_2y^{2+3}		50~150	约84Ma	萨二、萨三油层	
			姚一段	K_2y^1		10~80		葡萄花油层	葡萄花油组

图 9.4　研究区 SⅡ 段地层划分年代表

萨尔图 II 段主要是在湖侵阶段沉积而成,在湖水水位整体上升的大背景下,根据湖水短期波动,将萨尔图 II 段划分为 29 个小层。萨尔图 II 段主要发育三角洲外前缘亚相,部分小层发育三角洲内前缘亚相,根据各小层间砂体发育特征的差异,可将 29 个小层的沉积砂体分为六种砂体类型。

(1) 主体薄层砂类砂体小层:以主体薄层砂为主,非主体薄层砂及表外砂呈片状、条带状或不规则形状充填于主体薄层砂之间,该类小层砂体相比较其他类型小层砂体物性较好,如 SII_5、SII_8、SII_{15} 等。

(2) 非主体薄层砂类砂体小层:研究区域内大范围发育非主体薄层砂,以非主体薄层砂为骨架,主体薄层砂与表外砂呈片状或不规则状分布,在非主体薄层砂之间充填,此类小层如 SII_3、SII_4 等。

(3) 表外砂类砂体小层:以表外砂体大面积分布为主要特点,主体薄层砂、非主体薄层砂及泥岩面积均较小,在萨尔图 II 段此类小层十分发育,如 SII_1^1、SII_2、SII_6、SII_9、SII_{14}、SII_{15}^1 等。

(4) 过渡型砂体小层:主体薄层砂、非主体薄层砂及表外砂均较发育,且彼此发育程度相当,此类小层如 SII_3^1、SII_{10} 等。

(5) 泥岩类型砂体小层:砂体呈片状或不规则形状零星分布于大片泥岩之中,此类小层在萨尔图 II 段也较发育,如 SII_2^1、SII_4^1、SII_9^1、SII_{10}^1、SII_{16} 等。

(6) 内前缘砂体小层:与上述 5 种三角洲外前缘砂小层最大的区别是发育零星河道,该类砂体小层整体具有一定方向性,主体薄层砂、非主体薄层砂及表外砂均有发育,如 SII_2^1、SII_5^1、SII_8、SII_{15}^2 等。

2. 小层划分与对比

SII 油组顶底两套稳定的泥岩标志层在全区可以追踪对比。从砂岩厚度分布规律看,SII 段初期为短暂水退,之后为长期的水进时期,构成了一套完整的中期旋回。在中期旋回控制下,将萨尔图 II 段划分为 29 个短期的韵律性旋回。各短期旋回顶底均有厚度不一的泥岩分隔开,电测曲线上,泥岩的 SP 曲线贴近基线,微电位曲线低值且幅度差为零(图 9.5)。

在井精细追踪和解剖基础上,对各小层砂体进行对比(图 9.6)。按照基于砂泥岩剖面细分的思想,对各小层对比层位按照砂岩顶底面进行移动,形成了隔层预测的标准数据。

3. 隔层预测

首先根据将隔层数据按照分层数据格式导入到 Petrel 软件中;随后以隔层分层数据为基础,进行构造层面建立,形成隔层构造模型(图 9.7);在隔层构造模型内部,砂体层位处进行沉积相赋值,而在隔层处,则统一赋值为隔层,形成最终的隔层模型(图 9.8),揭示隔层三维空间分布。

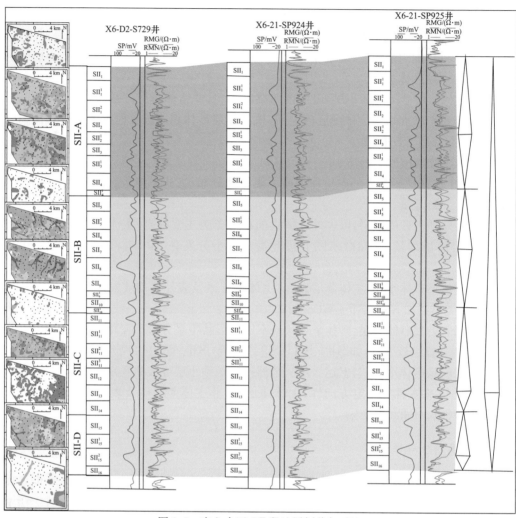

图 9.5　杏六中区 SⅡ 段地层划分与对比

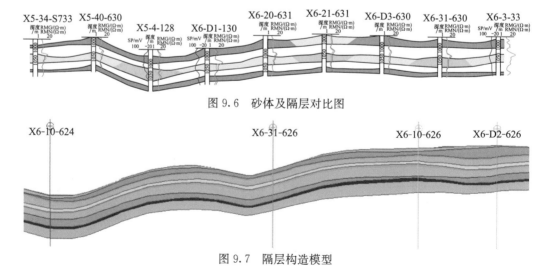

图 9.6　砂体及隔层对比图

图 9.7　隔层构造模型

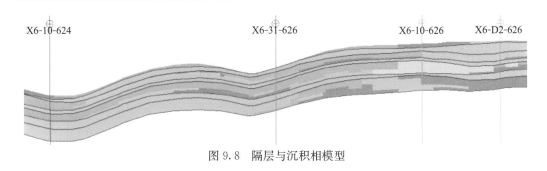

图 9.8　隔层与沉积相模型

9.3　基于镶嵌技术的夹层预测方法

储层内部夹层作为渗流屏障,是造成开发后期油气富集的主要原因之一,准确刻画夹层三维空间分布,是保障油藏数值模拟质量,准确预测剩余油气分布、提高油气采收率的关键之一,传统地质建模技术难于提供准确的夹层表述。基于夹层几何学特征,展开储层夹层的预测方法研究,为建立夹层分布模型提供一条全新的思路。其原理是首先在地质上界定夹层的精细几何学参数,如夹层的长度、宽度、延伸距离、倾角、倾向等,建立夹层几何学参数库;其次利用夹层的几何学参数,选择合适数学函数对其进行拟合,建立夹层三维形态预测数学模型;最后根据夹层数学模型,预测夹层三维展布,并将预测结果嵌入已建好的地质模型。最终形成精细的储层夹层三维地质模型。本节通过一个例子对此进行介绍。

9.3.1　区域概况

北三区西部位于萨尔图油田,北以北 3-丁 2 排为界,南以北 2-丁 3 排为界,西以萨尔图、喇嘛甸油田储量分界线为界,东以北 3-丁 2-41 井与北 2-丁 3-50 井连线为界。以北 3-2-147 井与北 2-丁 3-40 的连线将北三区西分割成东、西两个部分。本书研究区位于北三西西块内(图 9.9),面积为 2.84km^2。

通过取心井 B2-322-JP43 井、B2-323-JP42 井岩心观察,萨尔图油层砂岩主要以灰色为主,反映为一种弱还原沉积环境条件下的水下沉积。结合区域研究背景,确定研究区为三角洲平原到前缘沉积。其中 S II$_{12}$ 小层为三角洲平原高弯曲分流河道,砂体分布广,油层厚度大,河道内部散布较多河间沉积物。其沉积与曲流河有很多相似之处。点坝及内部侧积层较为发育,加剧了储层非均质性。

9.3.2　储层结构解剖及夹层统计特征

三角洲平原上高弯曲分流河道虽然形似曲流河,但其河道变迁相对较为简单。在进行结构解剖时,根据高弯曲流河沉积的层次性,逐层次解剖厚层砂体,而根据河流弯曲机理,重塑古沉积过程,从而更好解剖砂体内部构成,弄清储层的结构非均质性特征。

层次性体现在厚层广泛分布砂体的层次结构。根据其规模和非均质性可划分为复合河道、单一河道、点坝、侧积层。河流弯曲过程则控制了河道微相内部构成,揭示了宏观砂体形成机制。以厚层砂体为对象,首先进行复合河道识别,随后在复合河道内部划分单一河道;其次在单一河道划分基础上,识别废弃河道,将废弃河道组合确定最终废弃河道的

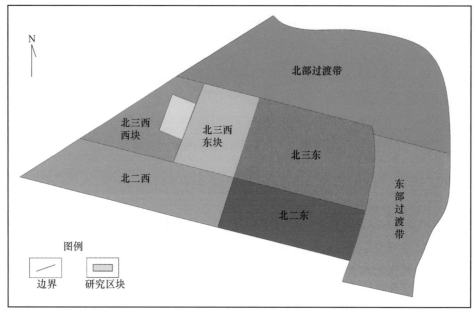

图 9.9　研究区块位置图

流线,以及明确废弃河道的期次,通过废弃河道摆动特征,确定分支河道弯曲过程。依据分支河道弯曲演化的规律,结合废弃河道,界定点坝的边界;以井点解释侧积泥岩为依据,在点坝内部确定侧积层剖面分布,完成对三角洲平原高弯曲河流储层的精细解剖。

从岩心分析看,侧积层倾角一般为 $6°\sim10°$(图 9.10),侧积层总是向废弃河道方向倾斜(何幼斌和王文广,2006)。侧积层的水平间距、倾角及延伸长度可以根据密井网解剖获得。通过精细对比,确定侧积层倾角为 $4.4°$,水平间距为 $16\sim20m$,侧积层的延伸长度为 $35.6m$。这些参数为夹层预测奠定了基础。

（a）　　　　　　　　　　　　　　　　（b）

图 9.10　岩心识别泥质侧积层及其倾角测量

（a）岩心中泥质侧积层倾角为 $6°$；（b）岩心中泥质侧积层倾角为 $10°$

9.3.3　夹层预测

夹层预测采取镶嵌方式进行。其中关键一点是建立夹层的几何学参数模型。对于侧积层,分别定义了其平面和剖面形态。其中侧积层剖面形态用直线近似,剖面各参数由三角分布函数定义:

$$f(x)=\begin{cases} \dfrac{(x-a)^2}{(b-a)(c-a)} & a\leqslant x\leqslant c \\ 1-\dfrac{(b-x)^2}{(b-a)(b-c)} & c<x\leqslant b \end{cases} \qquad (9.3)$$

式中,a 最小值;b 最大值;c 为众数;x 为倾角。

在平面上,侧积层以弧形为特征,采用椭圆型函数来描述(图 9.11)。其数学函数式表述如下:

$$\frac{x^2}{a^2}+\frac{y^2}{c^2}=1 \quad x<0,y\in(-b,b) \quad (9.4)$$

侧积层跨度参数则与剖面参数类似,采用三角分布进行取值。

一旦建立了侧积层的几何学模型,就可以开展研究区高弯曲分流河道内部结构建模研究。首先,对数据进行处理,将侧积层、点坝和河床重新编码为分流河道,代码 1。废弃河道代码为 3,天然堤代码为 2,泛滥平原泥代码为 1。其次进行变差函数计算和相约束图的输入。最后采用序贯指示建模方法建立高弯曲分流河道不同微相三维地质模型(图 9.12)。以此模型为基础,以井点解释侧积层为条件数据,以地质解剖侧积层几何形态为

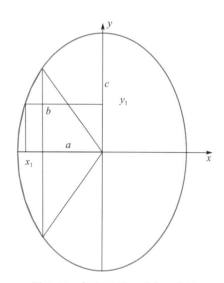

图 9.11　侧积层平面形态示意图

参数,采用定义的侧积层形态描述函数,在分流河道内部,进行侧积层预测。最后,将侧积层模型嵌入到已经建立的分流河道模型中,形成最终的三角洲分流河道内部结构模型(图 9.13)。从图中可以清晰地看到侧积层平面弧形特征,侧积层的弧形方向在不同位置是不同的,反映了高弯曲分流河道在不同位置弯曲方向差异。从过井剖面看(图 9.14),侧积层呈斜列状,延伸距离约为河道厚度的 2/3。井间普遍发育 2~3 个侧积层。模拟结果很好再现了三角洲平原分流河道内部夹层分布特征,达到了夹层预测的效果。

以建立的夹层结构模型为基础,采用相控建模方法,分别建立了储层孔隙度、渗透率、含油饱和度模型(图 9.15)。在泥质侧积层处,将孔隙度、渗透率值设置为零,以充分体现侧积泥质层对流体渗流的遮挡。以此精细储层内部结构模型为指导的油藏数值模拟将更准确揭示油水运动规律及剩余油分布,为油田调整挖潜,提高采收率提供坚实的地质保障。

岩相

泥岩

河道

点坝

废弃河道

侧积层

图 9.12　序贯指示建模建立微相模型

岩相

泥岩

河道

点坝

废弃河道

侧积层

图 9.13　分流河道内部侧积层建模

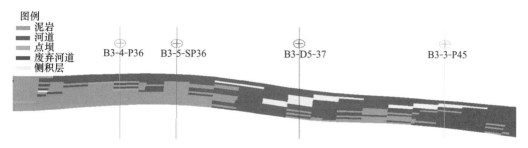

图 9.14　过 B3-4-P31 井～B3-3-P45 井剖面模型

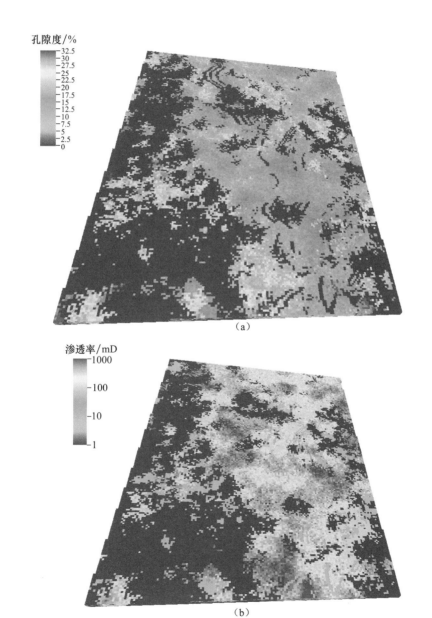

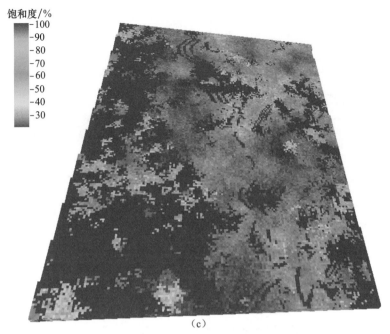

饱和度/%

图 9.15　储层内部结构控制下的物性分布模型
(a)孔隙度模型；(b)渗透率模型；(c)含油饱和度模型

9.4　曲流河点坝侧积层预测方法

曲流河点坝侧积层对油藏开发及剩余油分布的影响在生产中已经突显出来，不少学者在点坝侧积层建模方面做了大量工作。然而现有的点坝侧积层建模方法仍以传统两点统计结合人机互动操作为主，虽然能够对单个点坝进行合理地解剖，但是难以实现地质约束下计算机自动预测，也较难进行储层不确定性评价。本节从曲流河沉积机理出发，介绍了一种新的点坝侧积层预测方法，并建立了东部某油田三维点坝侧积层模型。

9.4.1　曲流河点坝及其内部侧积层形成机理

曲流河研究是一种研究广泛而深入的储层类型。曲流河点坝形成过程可以简单用"蚀凹增凸"来描述，即单向环流侵蚀凹岸物质，并将其运移到凸岸沉积的过程。单向环流的作用力与曲流河曲率有着较为密切的关系，决定了点坝的形成以及点坝的产出样式。

侧积层形成与单次洪水事件相关。每一次洪水事件造成曲流河凹岸侵蚀、凸岸沉积，形成最重要的点坝砂体。在洪水末期，能量衰减，洪水所携带的细粒泥质在点坝砂体上披覆沉积，形成一层薄层的泥质沉积物，即所谓的侧积层（图 9.16）。显然侧积层是点坝内部构成单元，其隶属于点坝体。

侧积层泥岩并不总是被保存，特别是由于洪水的冲刷作用，先期沉积在点坝侧积体下部的泥质披覆往往为被冲刷带走，仅保留上部泥质沉积，形成点坝特有的半连通体模式；如果洪水间隔时间长，后期侵蚀能力弱，则泥质披覆能够得到完全保存，点坝侧积体之间连通被隔断。由此可见，不同点坝侧积层的产状差异很大，即使是同一点坝内部不同侧积层,受洪水事件差异性影响,其侧积层产状,如倾角、延伸长度、宽度、倾向等参数也不一样,侧积层产状复杂性加剧了侧积层描述与预测的难度。

图 9.16　点坝中的侧积层

9.4.2　曲流河点坝侧积层建立方法

1. 曲流河建模

对于河流系统建模,基于目标的随机建模方法一直受到重视。这是由于河道形态较为简单,能够用简单数学公式进行描述。对曲流河建模,采用基于目标的方法。其模拟基本思路是首先模拟河道主流线分布,然后沿着中线建立河道剖面,从而建立河道三维模型。目前产生河道中线的方法很多,如利用高斯函数、利用随机游走过程及利用古水流轨迹等方法。本书曲流河建模采用高斯函数产生河道中线,即 Deutsch 和 Wang 于 1996 年提出的 Fluvsim 方法,河道三维形态描述如图 9.17 所示。

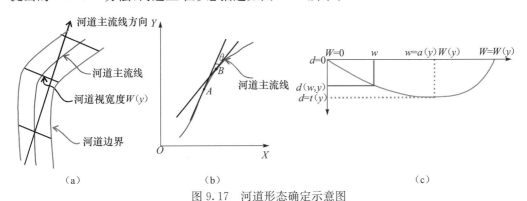

图 9.17　河道形态确定示意图

(a)利用河道中线确定河道平面形态;(b)利用河道中线确定河道曲率;(c)利用河道曲率确定河道剖面形态

其中,河道凹岸和凸岸通过曲率 $C_v(y)$ 的大小来确定:

$$a(y)=\begin{cases}\dfrac{1}{2}\left(1-\dfrac{|C_v(y)|}{C_v^1}\right) & C_v(y)<0 \\[2mm] \dfrac{1}{2}\left(1+\dfrac{|C_v(y)|}{C_v^1}\right) & C_v(y)>0 \\[2mm] \dfrac{1}{2} & C_v(y)=0\end{cases} \tag{9.5}$$

式中,$a(y)$ 表示河道最大厚度相对位置。当 $a(y)>0.5$,河道凹岸位于右侧;当 $a(y)<0.5$,河道凹岸位于左侧;当 $a(y)=0.5$ 时,河道凹岸位于中间。河道曲率 $C_v(y)$ 的计算式为

$$C_v(y)=\lim_{AB\to 0}\frac{\theta}{AB} \tag{9.6}$$

式中,θ 是 $\overline{AB}$ 切线的夹角;$\overline{AB}$ 是弧长;$C_v^!$ 是河道中线曲率最大值;$C_v(y)$ 是当前位置河道中线曲率值。

在 Fluvsim 方法中,由于不涉及后续点坝及侧积层建模,河道曲率与河道凹岸数据没有得到保存,但河道曲率与凹岸位置对点坝分布及侧积层倾向等有重要意义。因此,对 Fluvsim 进行改进,保存河道曲率与河道凹岸指示信息。同时,传统意义上河道曲率往往是一个平均值,即河道弧长与直线距离的比值。这也是曲流河与顺直河及曲流河细分的依据。因此,在每一条河道模拟完成后,根据瞬时曲率确定河道弯曲变换,并分段计算河道曲率,为点坝确定和模拟提供依据。

2. 点坝建模

点坝的成因与河道平均曲率密切相关,河道平均曲率越大,则河道越弯曲,点坝出现可能性越大。事实上,曲流河与顺直河划分依据就是河道弯曲度(平均曲率)。弯曲度超过 1.5 时为曲流河,但沉积模拟实验表明弯曲度小于 1.5 时也发育点坝沉积。从现代沉积考察的结果发现当曲率大于 1.7 时,肯定发育点坝;当曲率在 1.013 时,也有点坝发育。为了较好地描述点坝出现的可能性、描述点坝与曲流河曲率的内在联系,构建点坝出现概率函数。

$$p(\mathrm{pb})=\begin{cases}0 & |C(y)|<1.013 \\ \dfrac{|C(y)|-1.013}{1.7-1.013} & 1.013<|C(y)|<1.7 \\ 1 & |C(y)|>1.7\end{cases} \qquad (9.7)$$

式中,$p(\mathrm{pb})$ 表示点坝出现概率;$C(y)$ 为曲流河平均曲率。式(9.7)表明当曲率绝对值小于 1.013 时不会出现点坝,而大过 1.7 时候肯定出现点坝,当介于两者之间时,则通过均匀分布函数描述点坝出现的可能性。在建模时,通过蒙特卡洛随机抽样决定是否存在点坝。

在点坝形态方面,虽然基于露头与现代沉积建立了点坝几何学形态参数关系,但对点坝剖面上及平面上形态的描述则较少,也难以用简单数学函数描述。考虑到点坝成因,即河道侧向迁移形成的结果,最后一期河道迁移后形成废弃河道剖面与点坝伴生。如图 9.18 所示,黄色为点坝,灰色为废弃河道。因而可以通过废弃河道形态描述点坝剖面形态。由于废弃河道具备河道形态特征,只是规模等方面要小一些,其形态通过前文河道三维形态方程刻画。

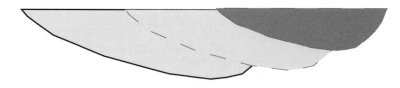

图 9.18　点坝与废弃河道剖面组合模式

在点坝建模时候,用废弃河道来描述点坝位置和剖面形态。考虑到点坝与河道沉积同属于曲流河河道内部沉积,且是连续分布的,其与河道沉积差别在于有无侧积层,因此在建模时通过废弃河道及点坝内部侧积层来描述点坝存在性及内部结构,而不再将点坝和河道沉积区分开。

在点坝位置方面,其沉积于河道凸岸,废弃河道则在凹岸沉积,而 $a(y)$ 可以指示曲流河凸岸和凹岸,这样就可以很好地预测点坝形态和位置。

3. 侧积层建模

确定点坝分布后,就可以展开点坝内部侧积层建模研究。侧积层描述最重要的两个参数是其倾角和延伸距离。对于倾角,同一侧积层不同部位的倾角不一样,不同侧积层倾角也不一样;考虑到模型的简单性和实用性,对侧积层倾角做了简化处理,即假设同一侧积层的倾角不变;但不同侧积层倾角可变,采用三角分布描述侧积层倾角分布范围。

侧积层延伸距离是一个相当复杂的问题,侧积层延伸距离甚至可以达到河道底部,随机性很强(Krohn,1988)。为此,与倾角类似,定义侧积层延伸距离的三角形分布函数,随机抽样决定侧积层延伸距离,以描述不同侧积层侧向延伸距离的随机性和不均一性。

除了这两个重要参数外,侧积层倾向也是需要考虑的。其是一个确定的值,即始终指向凹岸方向。通过 $a(y)$ 就可以确定侧积层倾向。

侧积层另外两个参数是侧积层间距与频率,描述洪水期次性及不同点坝内侧积层发育程度。侧积层频率、间距均可以通过统计方法获得,即通过三角分布建立起概率分布模型,并通过蒙特卡洛抽样获得相关参数。

获取侧积层这些参数后,建立剖面模型就相对简单。每一个侧积层在剖面上是一条斜线;在平面上,侧积层以新月形或者弧形为特征。连续的、弯曲的特征描述需要进行合适处理和准确再现。结合河道侧向迁移及点坝侧积体、侧积层的形成机理,较好地实现了平面上侧积层弧形特征的再现。利用设计的建模方法建立了一个理想的曲流河点坝侧积层模型(图 9.19),其中,淡蓝色表示河道;枣红色表示废弃河道;黄色表示侧积层。从图中可以看出河道、废弃河道、侧积层都得到很好的再现,表明所设计的方法能够实现曲流河点坝侧积层建模。

图 9.19　曲流河点坝侧积层三维模型

9.4.3 曲流河点坝侧积层三维预测

以我国东部某油田曲流河储层为例。研究区共有 94 口钻井,平均井距 70m。精细地质解剖将该区划分为河道、点坝、废弃河道、天然堤、决口扇、侧积层等储层单元。为了方便检验,仅模拟河道、点坝、废弃河道及侧积层分布,其他作为背景相。

建模输入参数见表 9.2,模拟结果如图 9.20 和图 9.21 所示,红色代表河道,蓝色代表废弃河道,黄色代表侧积层,灰色代表背景相。从图 9.20 和图 9.21 可以看出,曲流河内

表 9.2 模拟建模主要输入参数表

参数	最小值	平均值	最大值
河道方向/(°)	−10	0	10
河道振幅/m	40	60	120
河道波长/m	200	400	800
400 河道宽度/m	2	4	6
河道宽厚比	20	40	100
废弃河道厚度与河道厚度比	0.2	0.4	0.8
废弃河道宽度与点坝宽度比	0.1	0.15	0.2
侧积层倾角/(°)	2	10	20
侧积层延伸距离/m	30	40	60
侧积层间距/m	20	40	80
侧积层频率/个	1	4	10
侧积层平面长度/m	100	150	400

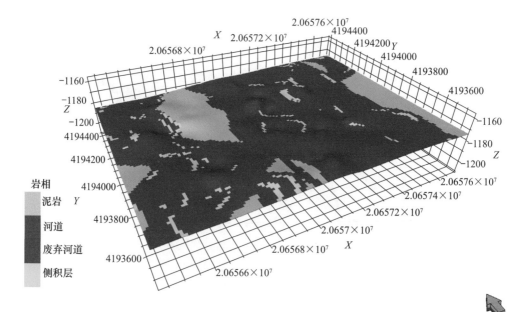

图 9.20　某油田曲流河点坝侧积层平面切片

部各种结构单元都得到很好再现。曲流河具明显弯曲性；与废弃河道相邻为点坝砂体；在点坝砂体内部，即为侧积层，侧积层平面弧形特征和剖面倾斜形态得到很好的再现。经统计，模拟误差为 24.5%，表明模型具备较高的精度。所设计的方法能够应用于实际油田曲流河点坝侧积层三维建模，为油田范围曲流河点坝侧积层三维精细地质模型建立提供方法和技术。

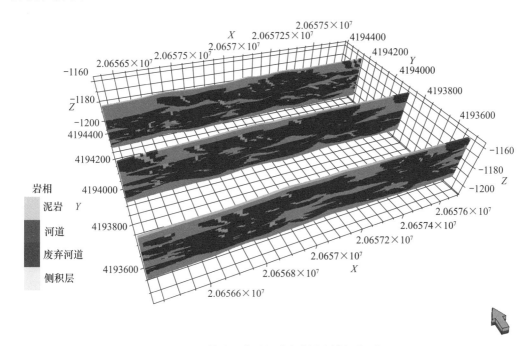

图 9.21　某油田曲流河点坝侧积层剖面切片

9.5　辫状河心滩落淤层预测方法

辫状河心滩落淤层多呈水平状特征，厚层砂体呈泛连通体特征，弄清楚落淤层空间分布对理解辫状河心滩成因及开发过程中油水运动和分布具有重要意义（杨勇，1997；伍涛等，1999；张永庆等，2002；方杰等，2004；陈凤喜等，2008；周祺等，2008；骆杨，2009；孙小芳等，2009）。因此，有必要发展落淤层泥岩夹层的预测方法，服务于油田生产，本节介绍了一种落淤层泥岩夹层预测方法，其基本原理是采取多级相约束原则，达到准确预测落淤层泥质夹层空间分布的目的。

9.5.1　预测原理

辫状河储层具有较为典型层次性。一般将辫状河储层细分为为辫状河道、心滩与泛滥平原微相，这是第一层次的储层结构。在辫状河道内，受到洪水期次性及心滩对水流分叉影响，部分河道发生废弃，形成废弃河道泥沉积。在心滩发育区域，洪水期淹没心滩，心滩开始建造，在枯水期心滩往往出露水面，其作用类似于堤岸作用，其上形成心滩坝顶部细粒沉积。称为坝顶沉积,而洪水期沉积粗粒物质则构成心滩主体,即坝核沉积,这是第二层次的储层结构。在坝核内部,洪水退却时期,水流能量低,在坝核顶部形成泥岩披覆沉积,即落淤层;在河道内部亦形成对应的泥岩沉积,此为第三层次储层结构。在此结构划分指导下,对大庆喇萨杏油田 P I₃ 小层辫状河沉积进行层次解剖。在辫状河内部划分出河道与坝沉积单元;在河道内又细分为河床和废弃河道,坝内细分为坝核和坝顶;在河床内部,静水期也会有细粒泥质沉积单元,而坝顶和坝核内部均发育泥质夹层。

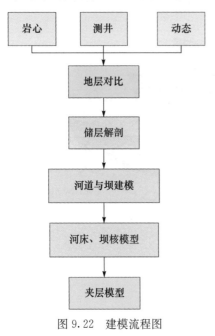

图 9.22　建模流程图

不同储层结构其地质成因、形态与分布、统计特征是不同的,预测时需要区别对待。但不同结构之间成因上具备紧密联系,相互制约,需要在预测时候充分使用地质约束。考虑到辫状河储层内部结构层次性(廖保方等,1998;何顺利等,2005;侯加根等,2008;刘钰铭等,2009;王改云等,2009),储层预测采取层次预测思路,即分层次预测储层分布(图 9.22)。首先进行辫状河道与坝分布预测。此时辫状河道包括河床与泥质废弃河道,而坝则包括坝核与坝顶单元。由于坝的形态较为简单,为较为典型的椭球形,因此采取基于目标的方法进行预测;而由于其分布于河道内,此时预测时直接将河道作为背景相。预测完成后,坝和河床的分布及其配置关系将更符合沉积规律。其次,进行废弃河道、河床及坝核、坝顶的预测。由于废弃河道、河床隶属于河道沉积,因此,在预测时候以上一层次河道预测结果作为约束,即废弃河道与河床分布必须在河道内部。考虑到废弃河道分布复杂性及数据条件化,采用序贯指示建模方法进行预测。对于坝核和坝顶,同样以坝的分布作为约束,采用序贯指示建模进行预测。最后,进行泥质夹层预测。即分别预测坝核内部落淤层和河道内部泥岩夹层。

9.5.2　层次预测

1. 数据准备

1) 相数据

在预测时区分不同层次相并进行约束预测是非常关键的。虽然 P I₃ 小层精细解剖后细分出河床、心滩坝核、坝顶、废弃河道、夹层五类储层单元,但这五类储层单元在空间分布上组合分属于不同层次储层单元。例如,河床与废弃河道同属于辫状河道单元;坝核和坝顶则属于坝单元。为了区别不同层次的储层单元,进行了合理的编码与相运算。首先将河道定义为代码 10,此时,将所有属于河道的河床、废弃河道及属于河道的夹层均编码为 10。将坝编码为 0,此时坝核、坝顶及属于坝的夹层均编码为 0。从而形成第一层次预测相数据。同样,将坝核、坝顶、河床和废弃河道分别定为 1、2、3、4,形成第二层次相数

据。在第三层次中分别将坝核、坝顶、河床、废弃
河道和夹层定为 5、6、7、8、9。

2）相约束图

相约束图能够有效提高储层预测精度。在本
书精细预测时，采用相约束图控制提高储层建模
精度。不同层次需要对应相约束图。本次相约束
图共有 11 个，图 9.23 为河道相约束图。

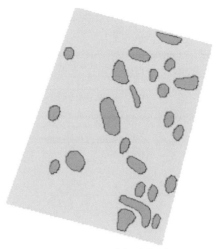

图 9.23 河道相约束图

2. 河道与坝层次预测

第一层次是进行坝与河道预测，采用基于目标的
方法。输入参数主要为坝的形态参数。精细地质
结构解剖表明 P I₃ 坝分布方位主要为正北方向，
往东西方向偏度为 20°。沿正北方向轴长最大为
500m，最小为 80m。长短轴比例为 0.8～1.2。坝的厚度为 1～3m。预测结果如图 9.24 所
示。从图中可以看出，坝（青色）的椭球形特征得到了很好体现。河床（红色）在围绕坝核
流动，具备了辫状河的一般特征，即在平坦而宽广的河床内由于坝的作用，河道分岔和汇
合频繁，形成坝和河床的沉积。在剖面上，坝呈上、下均凸的形态，在核部厚度最大，向两
翼减小并最终尖灭于河道之中。模拟的坝的形态、与河道接触关系均符合实际。

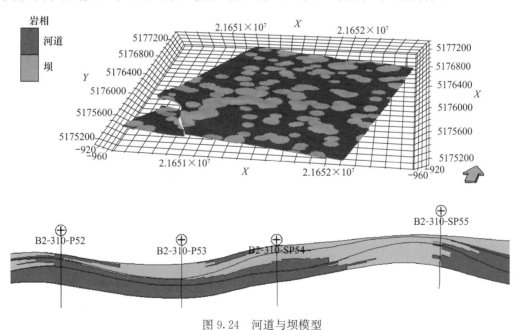

图 9.24 河道与坝模型

3. 坝顶、坝核层次预测

一旦完成坝和河道的预测，就可以分坝和河床进行坝内部及河道内部更次级储层的
预测。在坝内部，细分为坝核和坝顶储层单元；在河床内部，分为河床与废弃河道沉积。

预测采用序贯指示建模方法,并以第一层次结果作为约束,模拟参数如表 9.3 所示。

表 9.3　建模模拟参数表

储层	层位	百分含量/%	变差函数					
			方位/(°)	长变程/m	短变程/m	垂向变程/m	块金	类型
坝核	PI_3^1	96.7	0	200	100	3	0	高斯模型
	PI_3^2	79.3	0	300	100	3	0	高斯模型
	PI_3^3	27.8	0	200	100	3	0	高斯模型
坝顶	PI_3^1	3.3	0	200	100	3	0	高斯模型
	PI_3^2	20.7	0	300	100	3	0	高斯模型
	PI_3^3	72.2	0	200	100	3	0	高斯模型
河床	PI_3^1	96.8	0	2000	200	3	0	高斯模型
	PI_3^2	96.2	0	2000	200	3	0	高斯模型
	PI_3^3	97.2	0	2000	200	3	0	高斯模型
废弃河道	PI_3^1	3.2	0	200	100	3	0	高斯模型
	PI_3^2	3.8	0	200	100	3	0	高斯模型
	PI_3^3	2.8	0	200	100	3	0	高斯模型

图 9.25 是一个预测结果。从图中可以看出,在坝内部,坝核(黄色)一般在下部,而坝顶(绿色)在上部。在一个坝内部,可能发育多个坝核与坝顶,相互之间交替出现,并呈指状伸入到河床(红色)内。反映了坝的形成是受到多次洪水的影响,并最终形成坝核和坝顶交互出现的情况。

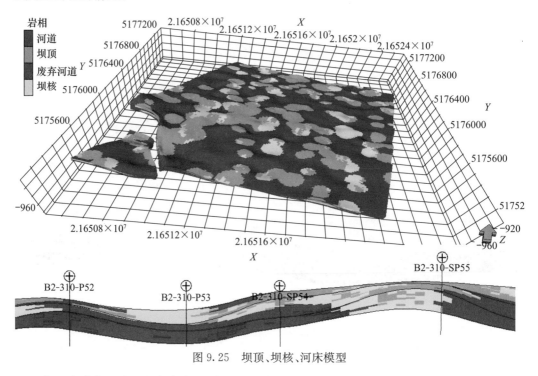

图 9.25　坝顶、坝核、河床模型

在河床内部,零星发育废弃河道(蓝色)沉积。反映了辫状河到频繁改道,并因此影响到废弃河道形成及最终保存。

4. 泥质夹层预测

在坝及河床内部,静水期均发育泥质夹层和隔层。在坝核内部,为典型的心滩落淤层。在河床及坝顶,则为静水时期细粒悬浮物质沉积,为各种夹层。在预测夹层分布时,将区分不同成因夹层,在不同储层单元内部分别预测夹层分布。

从地质研究可知,辫状河内部夹层产状多为水平,而其水平方向延伸距离则变化很大,既有延伸超过两个井距的(100m 以上),也有 1 个井距内的(<70m)。尽管夹层产状为水平,但由于隔夹层是披覆于坝之上,其厚度在坝顶和翼部有差异,导致局部呈一定的倾角。因此,不能直接给夹层赋予长方体形态,其形态更为复杂。因此,采用序贯指示建模方法对夹层进行预测。同时,将第二层次预测结果作为约束,指导和约束夹层预测,夹层的参数如表 9.4 所示,预测结果如图 9.26 所示。

表 9.4 夹层建模参数表

储层	层位	百分含量/%	变差函数					
			方位/(°)	长变程/m	短变程/m	垂向变程/m	块金	类型
夹层(坝核)	PI_3^1	0	200	100	1	0	0	高斯模型
	PI_3^2	0	300	100	1	0	0	高斯模型
	PI_3^3	0	200	100	1	0	0	高斯模型
夹层(坝顶)	PI_3^1	0	200	100	1	0	0	高斯模型
	PI_3^2	0	300	100	1	0	0	高斯模型
	PI_3^3	0	200	100	1	0	0	高斯模型
夹层(河床)	PI_3^1	0	500	200	1	0	0	高斯模型
	PI_3^2	0	500	200	1	0	0	高斯模型
	PI_3^3	0	500	200	1	0	0	高斯模型

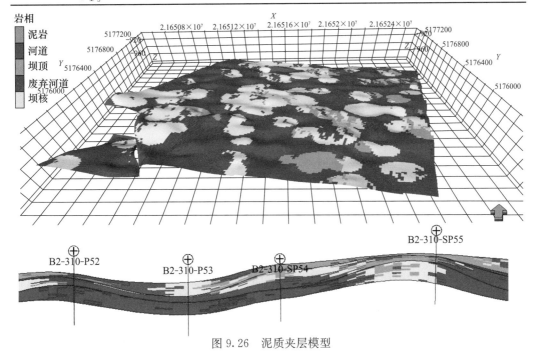

图 9.26 泥质夹层模型

从图中可以看出,夹层(灰色)分布较为广泛,在河床、坝核与坝顶均有分布,反映不同环境、不同水动力条件下在辫状河不同部位发育不同类型夹层特征。夹层几何形态也较为复杂。部分夹层顺层延伸距离较远,部分夹层则零星分布于井间。夹层厚度具有一定的变化,但随着夹层侧向延伸,夹层厚度趋向于减小和尖灭。夹层的这些特征已在实际解剖中得到验证,而已发表的一些文献也证实了辫状河内部夹层具备这种特征,反映了预测夹层的准确性。

经过三个层次储层预测,建立起辫状河精细地质模型。以此三维模型为基础,开展油藏精细数值模拟研究。在心滩坝发育典型部位,受到落淤层的遮挡影响和分流作用,形成大面积剩余油(图 9.27)。研究结果为油田生产所证实,表明利用层次建模方法预测的夹层模型能够指导油田生产,服务于油田剩余油挖潜。

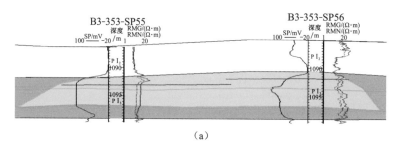

（a）

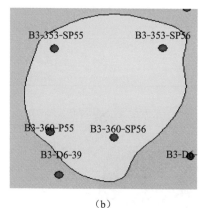

（b）

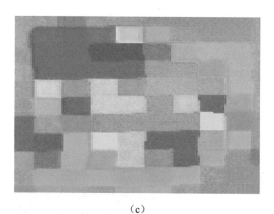

（c）

图 9.27　心滩坝中剩余油富集

（a）结构解剖图,黄色为心滩坝;（b）左黄色为心滩坝;（c）剩余油饱和图

9.6　油砂山泥岩隔层的分形分布特征

9.6.1　地质背景

露头具有丰富的地质信息,能够很直观观察和描述储层以及隔层分布。柴达木盆地油砂山露头下油砂山组底部 K_1^1—K_2^2 标志层间是一套厚为 60m 左右的砂泥岩地层。沉积环境属来自昆仑山和阿尔金山交界处长轴辫状三角洲和昆仑山短轴扇三角洲体系交互影响的间歇性涨缩湖盆三角洲沉积。河口沙坝、三角洲前缘席状砂体等为主要的油气储层。泥质岩层的垂向分布具有分形自相似性,这种分形特征的识别对于鉴别沉积环境以及储

层非均质性的预测具有重要意义。由 Mandelbrot(1983)开创的分形理论在地学界引起强烈反响,在储集层研究中,许多人应用分形理论测量岩石的孔隙特征和储层非均质性,但是在宏观沉积体系或沉积相分析中的应用还很少见。大量现象表明,地表的河道分布在流域盆地范围内,在三角洲平原和沿岸潮坪中都存在有自相似的不确定性(随机)分形特征。既然不同的沉积环境中能量不同的水道具有其分维特征,那么反映地层当中不同环境的砂泥岩应当也具有分形的普遍规律,如果了解分数维就可以对沉积环境进行预测,在储层研究中就可以用分维来预测泥质层的分布特征,为储层的条件模拟提供知识库信息,对隔层或非储层分布做一定的预测。

9.6.2 资料采集

根据露头区的垂直地层柱状剖面,对各剖面详细描述其岩性和沉积构造,单层厚度描述到肉眼可观察的 1～10cm。在室内作大比例尺柱状剖面图,然后按不同比例尺进行观察,数出泥质岩段(或泥质岩层)的数目,此处泥质岩包括泥岩和粉砂质泥岩。

由于剖面中最大厚度为 63.32m,最小厚度为 56.74m,所以比例上限选为大于 10m,小于 100m,其他比例尺选用 1～10m、10～100cm、1～10cm 等。一般选砂泥岩层界面作为分界,但尺度较小的比例级别中,泥岩层的层理界面也可以选用。泥岩比例应大于 50%。

以 1～10m 的级别为例,泥质岩段下限选 1.0m,最大厚度上限小于 10m,等于 10m 不计入此级别,其他条件不变,数出泥质砂段的层数。10～100cm 和 10cm 以下泥质岩段的层数同此方法数出,由于描述只能达到 1cm 以上限度,所以可以很方便地数出 1～10m 里面层数。

9.6.3 资料处理结果

各剖面泥质层段数如表 9.5 所示,将对应厚度级别的层段数相加求得一个总和,观察是否存在分形分布,将各厚度级别下限以米为单位取对数,并对层数取对数便可做出双对数直线,此直线斜率即为分维数(图 9.28),这里所提供的分数维是相似性维数(DS),而不是常用的豪斯多夫维数(DH)。

表 9.5 各剖面泥岩层段的数目级数值

剖面号	统计的泥岩厚度累计值							
	>10m		1～10m		10～100cm		1～10cm	
	N	$\lg N$	N	$\lg N$	N	$\lg N$	N	$\lg N$
0	3	0.4771	18	1.1139	76	1.8808	282	2.4502
1	3	0.4771	18	1.2553	62	1.7924	264	2.4216
2	4	0.6021	20	1.3010	59	1.7709	203	2.3075
3	3	0.4771	18	1.2553	57	1.7559	251	2.3997
4	3	0.4771	24	0.3802	77	1.8865	291	2.4639
5	3	0.4771	25	1.3979	81	1.9085	321	2.5065
6	2	0.3010	18	1.2553	58	1.7634	263	1.4200
7	2	0.3010	19	1.2788	76	1.8808	231	2.3636
8	4	0.6021	24	1.3802	83	1.9191	264	2.4216
总计	27	1.4314	179	2.2529	629	2.7987	2370	3.3747

注:N. 个数。

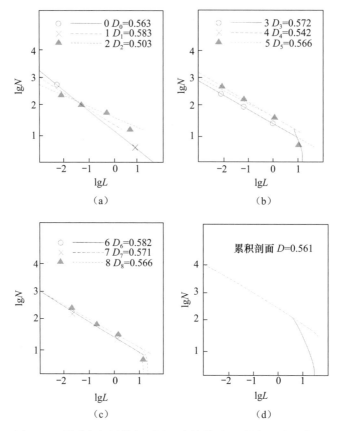

图 9.28　泥质岩段层数与测量尺度的关系图（斜率即分维数 D）

　　比例下限和层数关系表明 K_1^1—K_1^2 分维数为 $0.503\sim0.663$，平均值为 0.567。各剖面厚度累加后的分维数为 0.561，这表明分维数的计算结果是最可靠的，各剖面的分维相近，地层的分维数为 0.56。图 9.28 还表明，由于累积剖面的厚度为 $539.17\mathrm{m}$，所以其泥质岩层的层数显然要多，故 $\lg N$ 最大，曲线位置偏高，但分维数基本不变，这表明分形自相似特征不受测量厚度的影响。由于单剖面长度仅为 $60\mathrm{m}$ 左右，所以比例尺上限只能选 $10\sim100\mathrm{m}$，在次界限内，厚度大于 $10\mathrm{m}$ 的泥岩段的数目，按直线推应当有 $3\sim7$ 个泥岩段，而实际上仅有 $2\sim4$ 个泥岩段，这说明对于最大比例尺的数据值不可靠，这是因为人为划分泥岩段的过程中，对较大的层段划分往往具有更大的主观性，而在肉眼可以观察的范围内（$1\sim10\mathrm{m}$）的泥岩段分层是较可靠的，更微细的（小于 $1\mathrm{cm}$）泥岩层识别靠图像分析的岩心切片可能较为可靠，也比较方便。

　　在 9 个垂向剖面中，大于 $10\mathrm{m}$ 的泥岩段最大厚度为 $24.2\mathrm{m}$，各剖面最大泥岩段厚度范围为 $13.1\sim24.2\mathrm{m}$，如果以最大厚度去度量剖面时，此时 $N=1$、$\lg N=0$，即曲线的下部端点，由此可见，直线关系不可能直接延续下去。如果硬将直线关系延续下去，对应长度大于 $100\mathrm{m}$，显然是错误的，因为地层累积厚度仅为 $539.17\mathrm{m}$。而各短剖面厚度最大也只有 $63.32\mathrm{m}$。

　　图示比例下限受观察能力的限制而不能描述到更细的级别，但由于存在分形自相似性，可以推测横坐标值为 -3，-4，…时的 $\lg N$ 对应值及对应的 N 值，可以推测当横坐标

为 -3 时,各剖面对应的 N 应为 630.96~1584.89,累加剖面应有 8709.64 个泥质层段,它们的厚度为 1~10mm。

9.6.4　泥岩层段的厚度分布

运用泥岩分维数进行储层研究有两个途径,其一是估计泥质的厚度,估计潜在的储集能力;其二是明确泥岩层段的数目,供建立预测模型参考。开展这两方面工作还需要了解各级别中泥岩层段的厚度分布规律。

将每个长度级别分成 9 个段落,如 1~10m 分成 1~2m,2~3m,…,9~10m 共 9 个段落,再计算厚度值属于各段范围的泥岩层数目频数,作成各级别泥岩厚度分布方式图(图9.29)。1~10m 级别中,厚度集中分布于 1~2m,个别剖面较为分散,累积剖面上 1~2m 泥岩段占 79%,2~3m 厚度的层段占 16%,4~5m 段落很少,更厚的几乎消失了。在 10~100cm 间隔内,厚度分布比较分散,一般厚度段落都有数据点,最大频数仍为 10~20cm,但90~100cm 段明显偏高,这可能是统计原因造成的,但不影响分维数的估计。

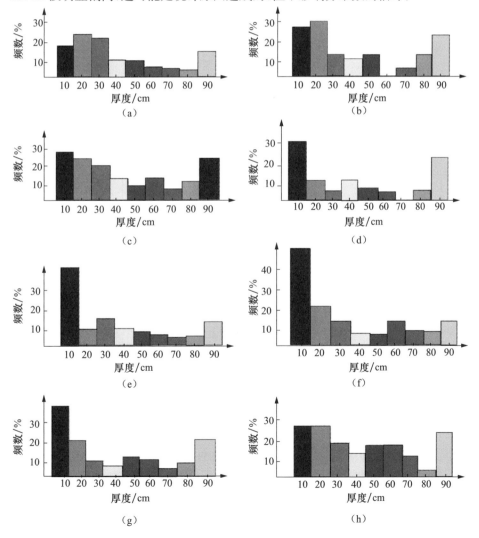

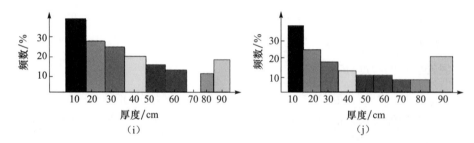

图 9.29　泥岩的厚度分布方式(包括各剖面及累加剖面的 10~100cm 的测量结果)

(a)0~1m;(b)1~2m;(c)2~3m;(d)3~4m;(e)4~5m;(f)5~6m;(g)6~7m;(h)7~8m;(i)8~9m;(j)9~10m

9.6.5　泥岩含量与自相似性

各剖面的分维数相似,其泥质含量的变化方式也很相似,每隔 1m 和每隔 10m 分别求一个泥岩含量值,描绘出泥岩含量的分布曲线,这些曲线具有相似的变化趋势(图 9.30),但是泥岩含量与分维数 D 之间没有发现明显的相关性(图 9.31),这可能是由于分维数 D 很接近造成的。

由图 9.30 还可以发现,由于采样密度不同,所取数据间隔不一致,泥岩含量曲线明显不同,但它们都统一在一个分维数中,即分维数不受所取样品密度的限制。已发表的自相似性检验成果表明,这种自相似性还可以深入到毫米级的比例尺度,因此,泥岩分形特征为进行储集层的层次表征和建模提供了条件。

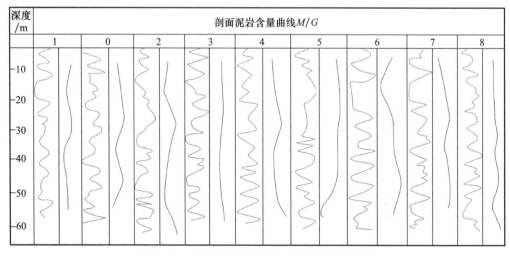

图 9.30　各剖面泥质含量沿垂向上的变化曲线

每隔 1m(绿色)和 10m(红色)各取一泥岩含量数据平均值连成曲线,各剖面显示相似的变化趋势,它们的分维数也很近似,其中 $M/G=$(泥岩厚度/地层厚度)$\times 100$

目前,还不明确其他沉积环境中泥岩的分数维数,也不知道分维数对同一沉积体系的不同部分是否相同。根据本区的尝试,分维数的增大预示着 $\lg N$ 的增大,即小尺度的 N 的增加,这显然增加了储集层的非均质性程度,因为小尺度薄泥岩的增加预示着隔层的增加,势必增加油水运动过程中的阻力。

分维数的大小揭示的是不同尺(厚)度的泥岩层段与厚度尺度级别的比例关系,应当与地层中泥岩绝对含量无密切关系,但可以想象一个纯砂岩剖面的 $D=0$,一个纯泥岩剖面 $D=1$,而砂泥岩剖面的 D 值可以小于 1,也可能大于 1,因此,利用泥岩含量 M 和分维数 D 的组合关系,可以定性比较储层的非均质程度(图 9.31)。

分维数 D 肯定与沉积环境有密切关系,不同的比例尺度(厚度)泥岩段与不同级别的沉积事件有关,较高的分数维数 D 预示着低级别、局部性的、短暂的沉积事件频繁,而低分数维数 D 则可能说明沉积体系的能量变化相对稳定一些,但是利用分维数 D 进行比较时,还不能撇开沉积背景的可比性,还要对泥岩层的厚度分布方式和成因类型不同程度的划分,才能解释沉积环境的动力过程。

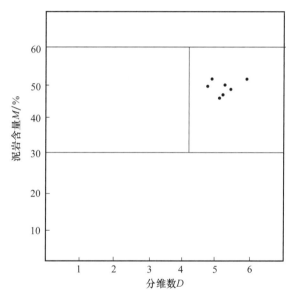

图 9.31　泥岩含量(M)与分维数(D)关系图
两者之间似乎无规律可循,可能是各剖面分维数相近的原因造成的

9.7　濮城油田隔夹层预测

油田开发十分重视隔夹层研究,通过成因识别,隔夹层描述,达到精细描述储层的目的。本节介绍濮城油田沙三中亚段隔夹层研究的一些认识。

9.7.1　油田概况

濮城油田 6-10 油藏是被断层切割的层状构造岩性油气藏,储层为水下扇沉积的沟道、沟道间和席状砂沉积。具有多个油水界面,即使同一含油砂组内油水界面也有变化。油藏投入开发较晚,1995 年才正式投入开发,研究中使用各类生产井和过路井共 250 余口。

濮城油田 6-10 油藏埋藏深度为 3000～3500m,储层岩性主要为长石石英粉砂岩,胶结物主要为泥质和灰质,胶结类型主要是孔隙式,其次为接触-孔隙式。濮城油田 6-10 油藏自投产以来取得了大量的原油分析和高压物性分析资料,从结果分析来看,原油性质好,具有低比重、低黏度、低含硫、低胶质、高含蜡的轻质原油特点。地面原油密度为 $0.84 \sim 0.87 g/cm^3$,地面黏度为 $6.0 \sim 20.0 mPa \cdot s$,地下比重为 $0.68 \sim 0.73$,地下黏度 $0.50 \sim 2.94 mPa \cdot s$,凝固点为 $27.5 \sim 30.3℃$,含蜡量为 $13.79\% \sim 16.83\%$,胶质、沥青含量为 $2.2\% \sim 3.3\%$,含硫量为 $0.22\% \sim 0.59\%$。沙三中亚段地层水属高矿化度氯化钙型水,总矿化度为 $23 \times 10^4 \sim 25 \times 10^4 \mu g/g$,氯离子浓度为 $14 \times 10^{-4} \sim 16 \times 10^{-4} mg/L$,水质中性偏酸,沙三中亚段地层温度为 $99 \sim 116℃$,地温梯度为 $3.6℃/100m$,地层压力略高于静水柱压力,为 $1.00 \sim 1.04$,属正常压力系统。

9.7.2　夹层特征

夹层是指分散在砂层内的相对低渗透层或非渗透层,其厚度较小,一般几厘米至几十厘米。夹层的存在对流体的渗流影响很大,它影响着流体在砂层规模内垂向和水平方向的流动。夹层的成因有两种,一种为沉积夹层,另一种为成岩夹层。一般受沉积环境控制的泥质夹层有以下四种:砂体中的垂向加积泥质夹层、砂体中的侧积(前积)泥质层、层理中的泥质纹层、泥质条带及泥砾岩层。成岩作用夹层一般受成岩环境决定,一般为强固结带。关于夹层的定量描述参见本章9.1.2部分。

通过三口取心井的观察和描述,研究区夹层主要为砂层中的泥质夹层和层理构造中的泥质纹层、泥质条带及少量致密的薄粉砂岩、细砂岩层(表9.6)。从表中可以看出,本

表 9.6　小层夹层密度、频率统计表

微相类型	井号	层位	夹层个数	累计夹层厚度/m	中期旋回厚度/m	夹层频率/(个/m)	夹层密度
沟道	P120	K2	3	0.8	4.4	0.68	0.18
		I7	3	0.9	5	0.60	0.18
		H7	2	0.7	3	0.67	0.23
		H4	4	1.5	4	1.00	0.38
		H3	3	1	5.4	0.56	0.19
		G4	2	0.4	5.8	0.34	0.07
	P6-33	F3	6	2.18	8.65	0.93	0.34
		F2	2	0.41	3.5	0.65	0.13
		C5	4	1.8	5.35	1.13	0.51
		C4	3	0.23	3.6	0.89	0.07
		C2	2	2.25	7	0.42	0.47
		B1	4	1.27	5.8	0.88	0.28
		A3	2	1.75	7.1	0.37	0.33
		A1	2	2.38	8.8	0.32	0.37
沟道间	P120	J3	2	0.6	4	0.50	0.15
		I6	3	1.3	5	0.60	0.26
		I2	2	0.9	3	0.67	0.30
	6-33	C6	4	1.1	7.4	0.63	0.17

续表

微相类型	井号	层位	夹层个数	累计夹层厚度/m	中期旋回厚度/m	夹层频率/(个/m)	夹层密度
席状砂	P120	I5	1	0.6	2.2	0.45	0.27
		J1	2	0.4	2.4	0.83	0.17
	6-33	C7	1	0.25	1.9	0.61	0.15
		C1	1	0.6	1.85	0.80	0.48
		B4	0	0	1.2	0	0
		A4	0	0	0.2	0	0

区沟道微相中非渗透夹层(多为泥质岩类、部分为致密粉砂岩、细砂岩)较多,夹层频率为 0.37~1.13 层/m,反映出沟道多期沉积、顶部细粒沉积物保存程度变化较大的特征;沟道间微相中非渗透夹层频率较高,多在 0.5 层/m 以上;席状砂微相中非渗透夹层频率变化较大,为 0~0.83 层/m,夹层密度在 0.5 以下。总体上,沟道砂体内夹层较发育,这主要是研究相带位于水下扇前缘区,水道的侵蚀能力较弱,难于将上期沟道的顶部细粒沉积全部冲掉从而保存下来。席状砂中夹层发育变化大,主要是因为席状砂一般是沟道水动力最强时形成的单韵律或较少韵律组成的复合砂体,其夹层发育受沟道强度、沟道沉积持续时间湖相沉积速率等的共同作用的影响。

9.7.3　隔层分布特征

隔层是分隔不同砂体的非渗透层,隔层的作用是将相邻两套油层隔开,使油层之间不发生油、气、水窜流,形成两个独立的开发单元。本区隔层多以深灰色泥岩、粉砂质泥岩为主,是前期中、短期旋回上升期顶部的细粒沉积和后期中、短期旋回下降期底部细粒沉积所组成。在长期基准面处于较低处位置时,A/S 较小,沉积物向湖推进较深,使得大量的粗粒沉积搬至湖中并沉积下来,形成沉积物以粗粒为主,细粒沉积较薄且连续性较差的特征,即隔层厚度较小,分布较为局限,连续性较差的特征。在长期基准面处于较高位置处时,A/S 较大,沉积向湖推进较浅,沉积物以细粒为主,粗粒沉积发育较差,从而使得隔层厚度较大,连续性较好。如图 9.32 所示,中期基准面上升与下降的转换位置处,如 A4、B4、D6、E3 等处是中期旋回内隔层最厚的位置,而 F2、C6、B2 等基准面下降与上升的转换位置则与隔层最小值位置相一致。在长期基准面下降与上升的转换处 C6 处,也是隔层最薄的位置。

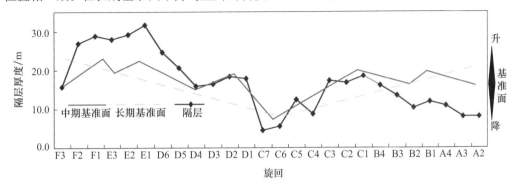

图 9.32　基准面旋回内的隔层分布特征

在平面上隔层分布较稳定,多为深湖-半深湖沉积。对中期旋回之间的隔层统计表明(图 9.33),旋回间隔层厚度比较大,一般为 10～30m,基本呈正态分布,主峰位于 15m 左右位置处,平均为 18.6m;对短期旋回之间隔层统计表明(图 9.34),其厚度以 20m 以下为主,分布也近正态,主峰位于 5m 左右,平均厚度为 14.0m。

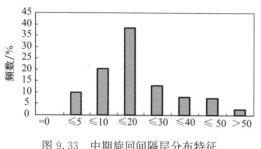
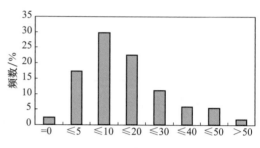

图 9.33　中期旋回间隔层分布特征　　　　图 9.34　短期旋回间隔层分布

参 考 文 献

陈凤喜,卢涛,达世攀,等. 2008.苏里格气田辫状河沉积相研究及其在地质建模中的应用[J].石油地质与工程,22(02):21-24.

方杰,赵力民,赵太良,等. 2004.用层序地层学构建辫状河三角洲岩性油藏地质模型[J].石油学报,25(05):29-33.

何顺利,兰朝利,门成全. 2005.苏里格气田储层的新型辫状河沉积模式[J].石油学报,26(06):25-29.

何幼斌,王文广. 2006.沉积岩与沉积相[M].北京:石油工业出版社.

侯加根,刘钰铭,徐芳,等. 2008.黄骅坳陷孔店油田新近系馆陶组辫状河砂体构型及含油气性差异成因[J].古地理学报,10(05):459-464.

廖保方,张为民,李列,等. 1998.辫状河现代沉积研究与相模式——中国永定河剖析[J].沉积学报,16(01):34-39.

林承焰,侯连华,董春梅,等. 1997.应用地质统计学方法识别隔夹层——以辽河西部凹陷沙三段为例[J].石油实验地质,19(03):245-251.

刘钰铭,侯加根,王连敏,等. 2009.辫状河储层构型分析[J].中国石油大学学报(自然科学版),33(01):7-11.

骆杨. 2009.辫状河储层流动单元研究及综合地质建模[D].武汉:中国地质大学(武汉)硕士学位论文.

宋子齐,谭成仟,李锐坚. 1994.灰色理论测井多参数储层的精细评价[C].1994 年中国地球物理学会第十届学术年会,长春.

孙小芳,金振奎,王兆峰,等. 2009.台 13 井区八道湾组辫状河储集层三维地质建模[J].科技导报,27(11):75-78.

孙雨,范广娟,等. 2008.地下曲流河道单砂体内部薄夹层建筑结构研究方法[J].沉积学报,26(04):632-639.

王改云,杨少春,廖飞燕,等. 2009.辫状河储层中隔夹层的层次结构分析[J].天然气地球科学,20(03):378-383.

王振彪,李伟. 1996.块状气顶底水油气藏低渗透夹层研究[J].石油勘探与开发,23(06):42-46.

伍涛,杨勇,王德发. 1999.辫状河储层建模方法研究[J].沉积学报,17(02):93-97.

熊琦华,王志章,吴胜和,等.2010.现代油藏地质学理论与技术篇[M].北京:科学出版社.

杨勇.1997.露头区辫状河砂体建模方法探讨[J].石油与天然气地质,18(01):52-55.

张吉,张烈辉,胡书勇,等.2003.陆相碎屑岩储层隔夹层成因、特征及其识别[J].测井技术,27(03):221-224.

张永庆,代开梅,陈舒薇.2002.砂质辫状河储层三维地质建模研究[J].大庆石油地质与开发,21(05):34-36.

周祺,郑荣才,王华,等.2008.长北气田辫状河三角洲单砂体时空建模[J].大庆石油地质与开发,27(05):10-13.

Deutsch C V,Wang L. 1996. Hierarchical obJect-based stochastic modeling of fluvial reservoirs[J]. Mathematical Geology,28(7):857-880.

Krohn C E. 1988. Sandstone fractal and euclinded pore volum distrubutions[J]. Journal of geophysical research,93(4):3286-3286.

Mandelbrot B B. 1983. The Fractal Geometry of Nature[M]. New York:Macmillan.

第 10 章 储层沉积建模

储层建模是现代油藏描述的核心内容,通常采用两步建模方法,即先建立相模型,然后在相模型的基础上建立物性参数模型。相模型的好坏直接影响到物性参数模型的建立和后续油藏数值模拟的计算,因此相模型在储层建模中具有非常重要的地位。相模型的建立主要有 4 类方法,即基于两点统计、基于多点统计、基于目标和基于过程的建模方法(图 10.1)。从模型刻画的沉积单元几何形态、相互关系等地质真实性方面来说,这四类方法的描述能力是逐渐加强的。从满足已知信息(如井数据,地震属性等)的能力来说,则是越来越弱的。笔者所在的剩余资源研究组自 1994 年开始从事储层建模算法及应用研究,针对这 4 类方法均开展了相关研究,下面主要介绍研究组在储层沉积相建模方面开展的一些工作和取得的部分成果。

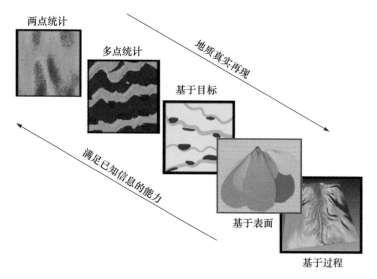

图 10.1 沉积相建模的主要方法

10.1 基于两点统计的模拟方法

基于两点统计的储层建模方法具有计算速度快、容易条件化等方面的优点而得到广泛的应用,目前依然是沉积相建模的主要方法之一。本节主要介绍在变差函数自动拟合、局部变化变差函数建模、利用伪随机路径提高建模精度和模型后处理方面所做的一些工作和认识。

10.1.1 线性规划法变差函数拟合方法的改进

变差函数是地质统计学的基本工具。目前在商业化地质建模软件中流行的建模方法,如克里金插值和序贯指示模拟等都要用到变差函数。但是,对于变差函数理论模型的拟合问题一直没有得到很好地解决(熊琦华和陈亮,1997)。通常采用人工进行变差函数拟合,是在充分考虑地质因素的基础上,根据变差函数曲线的特征,选择一定的理论变差函数模型,然后用肉眼直观判断的方法来确定变差函数的参数。这种方法一般比较耗时、费力,而且缺乏统一客观的标准。同时,还影响地质统计学整个计算过程在计算机上的自动化。中国地质大学(武汉)王仁铎教授提出用加权回归多项式方法来拟合变差函数球状理论模型的参数(王仁铎和胡光道,1988),把变差函数自动拟合的问题向前推进了一步,但没有解决理论模型参数的正负号问题。长春地质学院的矫希国和刘超(1996)提出用线性规划法拟合变差函数球状理论模型的参数,用线性方程组非负解的理论解决理论模型参数的正负号问题。但该方法对各实验变差函数值等同对待,没有强调前面的几个数据点,而变差函数值估计的可靠性随距离的增大而减小(侯景儒和黄竞先,1990)。因此,本书结合上述两种方法的优点,避免它们的不足,提出用滞后距倒数为权系数的线性规划法对变差函数进行球状模型的自动拟合。

1. 线性规划基本原理

一般的线性规划问题可以表示成:求向量 $\boldsymbol{x}=(x_1,x_2,\cdots,x_n)^{\mathrm{T}}$ 使函数

$$z=c_1x_1+c_2x_2+\cdots+c_nx_n \tag{10.1}$$

达到极小值,并满足线性约束条件:

$$x_j\geqslant0\quad j=1,2,\cdots,n \tag{10.2}$$

和

$$\left.\begin{aligned}
a_{11}x_1+a_{12}x_2+\cdots+a_{1n}x_n&=b_1\\
a_{21}x_1+a_{22}x_2+\cdots+a_{2n}x_n&=b_2\\
\vdots\quad\quad&\\
a_{m1}x_1+a_{m2}x_2+\cdots+a_{mn}x_n&=b_m\\
b_i\geqslant0\quad i=1,2,\cdots,m&
\end{aligned}\right\} \tag{10.3}$$

式中,a_{ij},b_i,c_j 是给定的常数;$m<n$;式(10.1)为目标函数;c_j 称为代价系数。上述问题可以写成缩简形式为:

$$\min\{\boldsymbol{c}^{\mathrm{T}}\boldsymbol{x}\mid\boldsymbol{Ax}=\boldsymbol{b},\boldsymbol{x}\geqslant0,\boldsymbol{b}\geqslant0\} \tag{10.4}$$

式中,$\boldsymbol{c}=(c_1,c_2,\cdots,c_n)^{\mathrm{T}}$,$\boldsymbol{b}=(b_1,\cdots,b_m)^{\mathrm{T}}$ 分别为 n 维和 m 维列向量,$\boldsymbol{A}=(a_{ij})$ 是 $m\times n$ 矩阵。

如果给出的线性规划的形状与上述的不同,可以通过下列步骤变换到上述形状。

(1) 若是求 $\boldsymbol{c}^{\mathrm{T}}\boldsymbol{x}$ 的极大值,可将 c_j 改变符号,化成求 $\boldsymbol{c}^{\mathrm{T}}\boldsymbol{x}$ 的极小值。

(2) 若 $b_i<0$,可将(10.3)式的第 i 个方程两边同乘 (-1),使 $b_i\geqslant0$。

(3) 若出现不等式约束:

$$a_{i1}x_1+a_{i2}x_2+\cdots+a_{in}x_n\geqslant b_i \tag{10.5}$$

可引入松弛变量 $x_{n+i}\geqslant0$,将这个不等式转化为等式约束:

$$a_{i1}x_1+a_{i2}x_2+\cdots+a_{in}x_n-x_{n+i}=b_i \tag{10.6}$$

若出现不等式约束:

$$a_{i1}x_1+a_{i2}x_2+\cdots+a_{in}x_n\leqslant b_i \tag{10.7}$$

可引入松弛变量 $x_{n+i} \geqslant 0$,将这个不等式转化为等式约束：

$$a_{i1}x_1 + a_{i2}x_2 + \cdots + a_{in}x_n + x_{n+i} = b_i \tag{10.8}$$

满足约束条件式(10.2)和式(10.3)的向量 $\boldsymbol{x}$ 称为能行解。使 z 到达极小值的能行解称为最优能行解。

2. 实验变差函数的自动拟合

对变差函数进行拟合的基本思想是令实验变差函数值与拟合值之间的差别最小。加权回归多项式法是在最小二乘法的基础之上以 $N(h_i)$ 为权系数[$N(h_i)$ 为滞后距为 h_i 的观测数据点对数]，求实验变差函数值与拟合值差的平方之和最小(王仁铎和胡光道，1988)。线性规划法求实验变差函数值与拟合值差的绝对值之和最小(矫希国和刘超，1996)。

在实际计算实验变差函数时，由于井的分布往往不规则，以 $N(h_i)$ 为权系数的加权回归多项式法经常会出现前几个点的权系数过小，要人为的提高它们的权系数。这样做缺乏统一的标准，不利于实现变差函数的自动拟合。为此，笔者提出采用滞后距的倒数作为权系数的线性规划法，这样做既可以起到重视实验变差函数前面的几个点，又可以得到一个客观、统一的结果，而且也解决了理论模型参数的正负号问题。

为了能使用线性规划法求解变差函数球状模型的最优拟合值，首先要将变差函数的理论模型线性化，对于球状模型：

$$\gamma(h) = \begin{cases} 0 & h = 0 \\ c_0 + c(3h/2a - h^3/2a^3) & 0 < h \leqslant a \\ c_0 + c & h > a \end{cases} \tag{10.9}$$

拟合的主要任务是拟合在 $0 < h \leqslant a$ 段的实验变差函数值，令

$$x_1 = c_0, x_2 = 3c/2a, x_3 = c/2a^3, a_1 = 1, a_2 = h, a_3 = -h^3 \tag{10.10}$$

则有 $\gamma(h) = a_1x_1 + a_2x_2 + a_3x_3$，这是一个线性函数。

设已经求出稳健实验变差函数值，共有 n 对数据点。记 $b_i(i=1,2,\cdots,n)$ 为实际求出的变差函数值；$h_i(i=1,2,\cdots,n)$ 为 n 个滞后距；$\gamma(h_i) = a_{i1}x_1 + a_{i2}x_2 + a_{i3}x_3$ 为对应的拟合值，其中 $a_{i1} = 1, a_{i2} = h_i, a_{i3} = -h_i^3$。求解球状理论模型最优参数的过程可以转化为求目标函数的极小值：

$$f(x) = t_1x_4 + t_2x_5 + \cdots + t_nx_{n+3} \tag{10.11}$$

并满足以下约束条件：

$$a_{i1}x_1 + a_{i2}x_2 + a_{i3}x_3 + x_{i+3} \geqslant b_i$$
$$a_{i1}x_1 + a_{i2}x_2 + a_{i3}x_3 - x_{i+3} \leqslant b_i \quad i = 1, 2, \cdots, n$$
$$x_1, x_2, \cdots, x_{n+3} \geqslant 0 \tag{10.12}$$

式中，t_i 为权系数，$t_i = k/h_i(i=1,2,\cdots,n)$，$k$ 是一个具有放大作用的常数，以避免权系数 t_i 与 x_{i+3} 的乘积过小(x_{i+3} 为第 i 个点的拟合值与实验值差的绝对值)。

3. 实例计算

下面以表 10.1 为例说明如何利用加权的线性规划法进行变差函数球状模型的自动

拟合。某煤矿露天矿区第 14 层 NE30°向上煤厚的实验变差函数值(熊琦华和陈亮,1997)如表 10.1 所示。

表 10.1　实验变差函数值

滞后距/m	实验值	权系数	滞后距/m	实验值	权系数
0.9	1.3	111	4.8	5.8	21
1.9	2.2	53	6.2	4.7	16
3.1	3.0	32	7.9	6.1	13
4.0	4.5	25	9.4	5.0	11

首先确定权系数,令 k 等于 100,则权系数如表 10.1 第 3 列所示。第二步构造目标函数,令目标函数为

$$f(x) = 111x_4 + 53x_5 + 32x_6 + 25x_7 + 21x_8 + 16x_9 + 13x_{10} + 11x_{11} \quad (10.13)$$

并满足如下约束条件:

$$\text{记矩阵 } \boldsymbol{A} = \begin{bmatrix} 1 & 0.9 & -0.729 \\ 1 & 1.9 & -6.825 \\ 1 & 3.1 & -29.791 \\ 1 & 4.0 & -64.000 \\ 1 & 4.8 & -110.592 \\ 1 & 6.2 & -238.328 \\ 1 & 7.9 & -493.039 \\ 1 & 9.4 & -830.584 \end{bmatrix}, \boldsymbol{b} = \begin{bmatrix} 1.3 \\ 2.2 \\ 3.0 \\ 4.5 \\ 5.8 \\ 4.7 \\ 6.1 \\ 5.0 \end{bmatrix}, \boldsymbol{X} = \begin{bmatrix} x_4 \\ x_5 \\ x_6 \\ x_7 \\ x_8 \\ x_9 \\ x_{10} \\ x_{11} \end{bmatrix}$$

约束条件为

$$\boldsymbol{A} \times (x_1, x_2, x_3)' + \boldsymbol{X} \geqslant \boldsymbol{b}$$
$$\boldsymbol{A} \times (x_1, x_2, x_3)' - \boldsymbol{X} \leqslant \boldsymbol{b}$$
$$x_i \geqslant 0 \quad i = 1, 2, \cdots, 11 \quad (10.14)$$

对于上述线性规划问题,需要引入松弛变量,使之变成标准型,然后可以采用单纯形法进行求解(刘德贵等,1983)。求解得到的球状理论模型为

$$\gamma(h) = \begin{cases} 0 & h = 0 \\ 0.2346 + 4.72\left(\dfrac{3h}{2 \times 5.951} - \dfrac{1h^3}{2 \times 5.951^3}\right) & 0 < h \leqslant 5.951 \\ 4.9546 & h > 5.951 \end{cases} \quad (10.15)$$

对应的拟合曲线如图 10.2 所示。

应用以滞后距倒数为权系数的线性规划法进行变差函数球状模型的自动拟合,不仅利用线性规划法自身的优点,解决了理论模型参数的正负号问题,而且与实际地质情况紧密结合,在拟合时充分重视变差函数前面的几个点,而不是同等对待所有的点。另外,该方法选用权系数时不依赖人的主观判断,克服了加权回归多项式中有时要人为选取权系数而带来的不统一性。

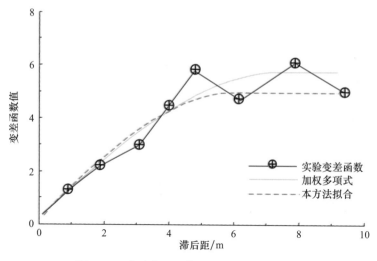

图 10.2　实验变差函数及理论模型拟合曲线

10.1.2　多物源条件下的储层地质建模方法

经典的地质统计学利用变差函数描述区域化变量的空间几何特性(王仁铎和胡光道,1988),变差函数是基于两点进行统计的,在进行随机模拟时要给出顺主物源方向、垂直主物源方向及垂向这三个方向的变差函数模型的相关参数。其中很重要的一个参数是沿主物源方向变差函数的方位角,它控制着模拟的整体格局。如果储层有多个物源,又需要在一套模拟网格中建立地质模型,则必须根据不同的位置设置不同的变差函数参数。笔者给出了两种方法来实现这一目的:一是巧妙利用 Petrel 软件中的断块分区功能,采用人为添加趋势线的方法,对一套模拟网格进行分区,再利用网格过滤功能分区块设置模拟参数;二是采用 Petrel 软件中可以设立变方位角的功能,根据地质研究的结果,对不同的地理位置设置不同的变差函数方位角。下面以濮城沙三中油藏为例进行详细说明。

1. 沉积相特征

1) 沉积相模式

研究区水下扇沉积源于东北部和东南部两个凸起,形成濮城水下扇和毛岗水下扇两个扇体的叠复体(图 7.10)。濮城水下扇物源较为充足,发育面积较广,形成研究区沙三中亚段储层砂体的主体,而毛岗水下扇发育相对局限,主要集中于研究区的东南部。

2) 沉积微相分布

在相模式的指导下,以单井相分析为基础绘制各个小层的沉积微相分布图(图 10.3)。沙三中亚段 6^1 小层沉积微相平面分布表现为上下两套沟道砂体受不同方向物源控制。上部砂体分布面积广,物源来自东北方向,下部砂体分布面积小,主要受控于东南方向的物源。沉积以沟道沉积为主,其间发育少量沟道间沉积,在沟道末端以席状砂沉积为主。

2. 模型建立

研究区有两个主要的物源,分别为东北缘濮城水下扇体沉积和东南缘毛岗水下扇体沉积,因此在建模时必须对两个扇体分别进行模拟。尽管上下两个扇体的主力储层沟道沉积并没有相交,但是席状砂的砂体却是连片分布的。因此油藏数值模拟要求整个研究区作为一个整体进行模拟。为了能够在一套网格中模拟具有两个物源方向的储层分布,采用了两种方法进行模拟:一是采用分区模拟;二是采用变方位角。

1) 建模方法一

采用分区模拟的方法实现多物源条件下的模拟,具体的做法是:首先利用 Petrel 软件中的断层分区功能,在网格化时人为的添加一条趋势线,根据两个扇体分布的范围设定趋势线的位置,使趋势线能够有效地把两个扇体的主力储层沟道区分开,从而把整个研

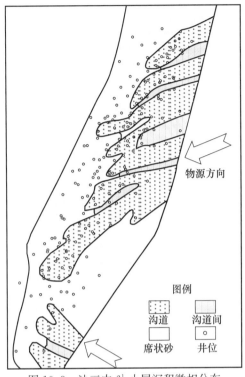

图 10.3　沙三中 6^1 小层沉积微相分布

究区的一套网格分成两个区块。然后在模拟时利用软件网格过滤功能,逐一对不同区块进行参数设置和模拟,从而实现在一套网格中模拟多个物源下控制的储层分布。

(1) 研究区分区。在建立研究区网格时,根据沉积相研究的成果对研究区进行分区。研究区储层的分布受两个水下扇的控制,上部主要受濮城水下扇沉积控制,面积较大。下部主要受毛岗水下扇控制,面积较小。在网格化过程中,人为在两个水下扇之间添加一条趋势线,使它能够把具有明显方向性的沟道沉积区分开,然后把该趋势线设置为分区线(图 10.4 中的绿色虚线),这样在建立网格时就自动在一个整体网格下建立了两个区。网格按照 30m×30m 进行划分,两个区块分别划分为 18088 个网格块和 4100 个网格块。

(2) 模拟参数设置。研究区共有 200 口左右的钻井,根据井点数据统计,沙三中亚段 6^1 小层濮城水下扇沟道微相占 57%,沟道间微相占 12%,席状砂微相占 31%。毛岗水下扇沟道微相占 38%,沟道间微相占 10%,席状砂微相占 52%。

在建模中需要输入变量的空间结构参数,也就是需要计算变量的变差函数,并对变差函数进行理论模型拟合,找出变量的空间变异特征。对濮城水下扇主要微相的变差函数进行计算,并采用球状模型进行拟合。沟道间微相数据点少,没有拟合,因此直接参考微相研究成果。拟合结果表明沟道微相在 30°方位连续性最好,席状砂微相主变程与次变程差别较小(表 10.2)。

毛岗水下扇由于井点数据少,难以直接根据井点数据得到稳健的实验变差函数,因此需要借鉴其他研究成果。由于濮城水下扇与毛岗水下扇在沉积机理和背景上具有相似性,故而毛岗水下扇各微相的变差函数参数可以参考濮城水下扇的计算结果,同时也参考

地质人员在沉积相展布方面的成果,特别是砂体延伸方向及规模大小。如沟道砂体(图10.3),很明显,上部濮城水下扇沟道砂体的连续性及延伸长度要好于下部毛岗水下扇沟道砂体,因此,毛岗水下扇沟道砂体的变程比濮城水下扇沟道砂体的变程要小一些。

表 10.2　微相变差函数拟合参数

微相类型 参数	沟道微相				席状砂微相			
	角度	变程/m	拱高	块金值	角度	变程/m	拱高	块金值
主方位角	30	1500	0.33	0	30	1200	0.33	0
次方位角	120	950	0.35	0	120	1000	0.36	0

(3)模拟结果。研究区井数较多,采用 Petrel 软件中基于像元的序贯指示模拟方法建模。由于在建立模拟网格时建立了两个分区,濮城水下扇与毛岗水下扇,分别用 segment 1 与 segment 2 表示。在模拟时利用网格的过滤功能,首先过滤掉 segment 2,只对 segment 1 进行模拟,设置相应的模拟参数。模拟完成后,再利用网格过滤功能过滤掉 segment 1,只对 segment 2 进行模拟。沙三中亚段 6^1 小层的沉积微相模拟结果如图 10.4(a)所示,对比图 10.3 与图 10.4(a),可以看出模型较好地描述了研究区上部砂体 NE 向分布和下部砂体的 SE 向分布的特点,真实再现了储层分布受两个主要物源控制的情况。

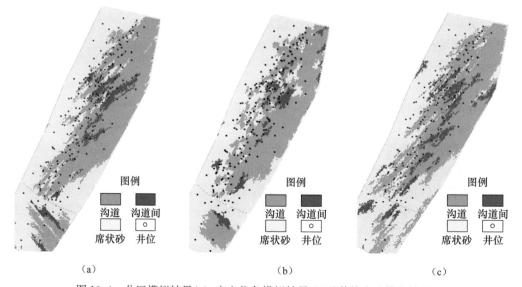

(a)　　　　　　　　　　　(b)　　　　　　　　　　　(c)

图 10.4　分区模拟结果(a)、变方位角模拟结果(b)及传统方法模拟结果(c)

2)建模方法二

变方位角是直接在一套模拟网格中进行模拟,在计算时先建立方位角分布的面文件,然后利用该文件对模拟进行约束。

(1)模拟参数设置。对研究区建立模拟网格,网格按照 30m×30m 进行划分。根据地质研究的成果,确定研究区存在两个主要物源方向,分别为30°和140°左右。首先建立方位角分布的面文件(图 10.5),不同区域变差函数的方位角是不一样的。然后设置各个微相的体积百分比、主变程与次变程。

(2)模拟结果。与前面相同也采用序贯指示模拟方法建立沉积微相模型[图 10.4(b)]。

模型较好地表现了上部砂体与下部砂体受不同方向物源的控制,即上部砂体主要由北东至西南方向延伸,而下部砂体是由东南至西北方向延伸。

　　3. 模拟结果比较

　　为了与传统的方法进行对比,采用传统序贯指示模拟方法进行了模拟,结果见图 10.4(c)。对比图 10.4 可以看出,采用分区模拟与变方位角模拟的方法较好地反映储层的分布受两个不同方向物源控制,而采用传统的方法不能够真实地反映储层的分布特点。

　　在接下来的储层物性参数模拟过程中,也采用类似的方法,因此能够较好地反映储层物性空间真实的分布。

　　分区模拟与变方位角模拟方法也有各自的优缺点。采用变方位角的方法不需要人为的分区,只需要直接建立一套模拟网格,比较简单。但是,在 Petrel 软件中如果选择了采用变方位角

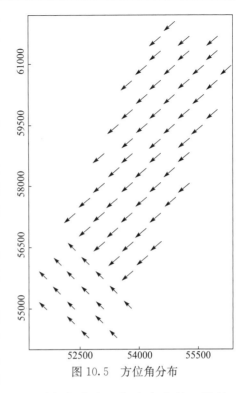

图 10.5　方位角分布

的方法,在不同的地理位置,变差函数的方位角可以不一样,但主变程与次变程是一样的。受不同方向物源影响的储层不仅砂体延伸的方向不一样,有时砂体规模也存在着较大区别,反映到变差函数上,就是变程的差异。如本研究区上部储层主要受濮城水下扇控制,下部储层主要受毛岗水下扇控制,上部砂体的规模大于下部砂体的规模,反映到变差函数上应是上部砂体的变程应大于下部砂体的变程。而采用变方位角的方法,在 Petrel 软件中,只考虑砂体延伸方向的变化,未考虑不同区域砂体规模的变化。采用分区模拟的方法,在建立网格时多了一个步骤,但在模拟的时候,可以根据不同的区块设置不同的变差函数方位角及变程,也就是可以同时考虑不同区域砂体的延伸方向及规模大小。

　　采用分区模拟的方法与变方位角的方法分别建立了濮城沙三中亚段油藏的储层地质模型,与传统方法相比,较好地反映了储层砂体受两个沉积物源控制的分布特征。分区模拟的方法相对繁琐,但能够同时考虑砂体延伸方向与规模大小的变化。变方位角方法比较简单,但在 Petrel 软件中只能考虑方位角的变化,而不能考虑砂体规模的变化。应用本方法有一个前提条件,即不同物源形成的主力储层在平面上是分开的,如本研究中的濮城沙三中亚段油藏,受两个不同方向物源控制的水下扇的主体沟道沉积基本上是分开的,因此采用本方法模拟效果较好。如果两个扇体的沟道沉积是交叉的,也就是说一个扇体的沟道沉积对另一个扇体的沟道沉积进行冲刷、改造,两者相互作用,采用基于沉积过程的模拟方法进行建模会更合理。

10.1.3　利用伪随机路径提高建模精度

　　传统的序贯指示模拟方法采取的是纯随机路径,不能体现资料丰富程度对建模结果

的影响,导致模拟实现仍然具有很大的不确定性。本书介绍了一种伪随机路径的序贯指示模拟方法,通过比较研究表明,其模拟实现结果要优于传统的序贯指示建模。

1. 问题的提出

随机建模技术发展到今天,产生了多种建模方法。对于序贯指示模拟方法,其原理可以利用图 10.6 来表示,即通过随机函数产生随机路径,在顺序访问的待估点处,采用合适的随机函数建立待估点条件概率分布,利用蒙特卡洛抽样获得模拟值(Deutsch and Journel,1992)。对于序贯指示模拟而言,其实质是通过指示克里金建立待估点累积条件概率分布,然后通过蒙特卡洛抽样获取模拟结果的过程(图 10.6)。

序贯指示模拟方法研究表明,在相同数据分布格局下,模拟实现的差异由随机路径来决定,不同的随机路径决定其不同模拟结果。这是因为随机路径不同决定了其在模拟某个节点时条件数据空间配置不同,进而导致累积条件概率的差异。然而在实际地质研究中,条件数据丰富区域的不确定性要远小于条件数据少的区域;此外,条件数据也影响预测过程。因此,采取纯随机路径方法进行储层预测不符合实际研究过程。需要根据条件数据分布对模拟过程进行约束,以减少其不确定性,提高建模精度。

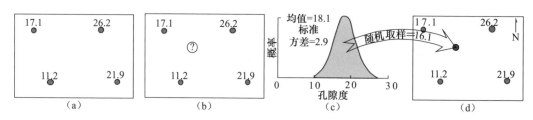

图 10.6　序贯指示模拟方法原理图

(a)条件数据;(b)随机确定待估点位置;(c)⑦处局部条件概率分布;(d)模拟值

2. 伪随机路径及其地质依据

随机建模中采取准确的地质约束能够提高建模精度已经成为共识,不少学者也已给出了一些方法和策略。如沉积相带控制、成因控制建模等,这些信息都是从综合资料方面出发,结合经验认识对建模进行有效控制(如砂体连通信息、砂体宽厚比、虚拟井等)(吴胜和和张一伟,2001;廖新维等,2004;于兴河等,2005;毛治国等,2007;尹艳树和吴胜和,2007;尹艳树等,2008a)。

在沉积相研究过程中,沉积微相平面图编制是一项基础工作。在勾绘沉积微相平面图时,总是从井点数据出发,结合砂体厚度、砂地比、相模式等信息,进行综合沉积微相平面分布分析。也就是说,在对沉积微相平面分布进行预测时,其次才是少井区,最后才是无井区的推测。这种沉积微相研究方法充分利用了现有井资料预测最确定的沉积微相分布;在此基础上,对无井区沉积微相预测进行指导和约束(通过砂体宽厚比等已知信息)。

沉积微相研究思路为储层建模提供了新思路。对于序贯指示模拟而言,对未知井区的预测是建立在条件数据和先期模拟结果基础上的。在完全随机路径情况下,无条件数据区域的模拟是直接根据边缘概率,利用蒙特卡洛随机抽样获得,具有很大的不确定性。也就是说,在数据稀少区域模拟结果具有很强的不确定性。如果能够优先考虑条件数据丰富的地区,并利用这些条件的硬数据进行相邻区域估计,模拟结果的不确定性将减弱。而以这些已经模拟的相对准确的数据为基础,对其他资料贫乏区域进行估计,其模拟精度必然比完全随机抽样要高。显然,这种优先考虑条件数据区域的估计、随后进行其他资料贫乏区域估计的方法正是传统的定性研究沉积微相的思路,具有合理的地质依据。对序贯指示模拟进行改进,放弃传统的纯随机路径方法,而采用一种伪随机方法进行。即首先根据搜索范围内的条件数据多少确定优先模拟网格,如果待模拟网格节点周围条件数据最多,则此节点最先模拟;其次在搜索范围内没有条件数据的待估点处,则采取纯随机路径方法,其步骤如下。

(1) 确定序贯指示模拟路径。根据条件数据,利用搜索策略确定伪随机路径,即优先模拟搜索范围内包含条件数据的待估点,并根据条件数据多少确定其优先顺序,如果相等,则随机确定模拟次序;其次采取纯随机路径方法模拟剩余待估节点。

(2) 在待估点处,采用指示克里格方法估计待估点处条件概率,建立累计概率分布。

(3) 蒙特卡洛抽样,获得模拟值。

(4) 转向下一节点,并重复步骤(2)、(3),直到所有节点都访问,获得一个模拟实现。

3. 方法比较研究

利用理论模型,对传统的序贯指示模拟和伪随机路径的序贯指示模拟进行了比较研究。首先利用非条件模拟的方法产生一个实现(图 10.7),表示了实际储层的展布情况。随后,在此实现上利用数值化方法选取 30 个点,作为模拟的条件数据。在保证其他输入不变,仅改变随机路径产生方式下,进行方法的比较研究。

从单个模拟实现结果分析,纯随机路径产生的实现其结果分散性较大(图 10.8),而伪随机路径的分散性相对较弱(图 10.9)。由于模拟不确定性主要是随机路径差异导致的,因此,分析两种不同方法的模拟效果,必须通过多个实现分析评价获得。

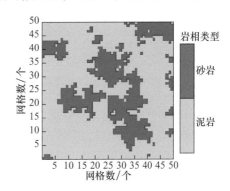

图 10.7　非条件模拟一个实现

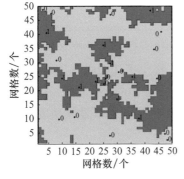

图 10.8　纯随机路径实现

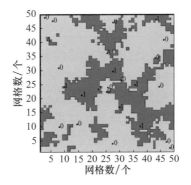

图 10.9　伪随机路径实现

对模拟实现不确定性评价的一个方法就是利用统计概率评价不确定性（李少华等，2004）。分别做了 10 个模拟实现，利用 10 个实现计算砂泥岩出现概率，以此来表明模拟不确定程度。比较发现，伪随机路径方法在有条件数据点地方，其模拟不确定性较弱，在以它为圆心周围也出现较低的不确定性；而对于纯随机路径方法，则没有这样的现象。如图 10.10、图 10.11 中椭圆圈定的区域，纯随机路径不确定性明显要大于伪随机路径的不确定性。这充分反映出伪随机路径对条件数据的考虑符合地质规律。

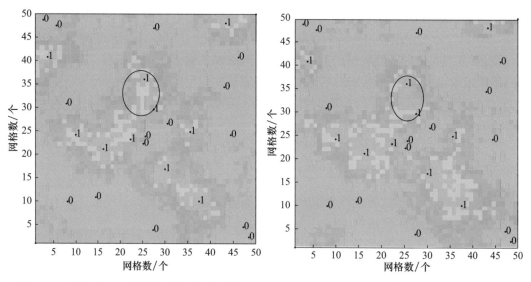

图 10.10　概率小于 75% 的纯随机路径概率实现　　图 10.11　概率小于 75% 的伪随机路径概率实现

从统计的某一点出现砂泥岩概率结果看（表 10.3），在概率为 50% 时，此时模拟结果最不确定，伪随机路径为 198 个模拟点，而纯随机路径则为 206 个点。而在概率大于 75% 时，此时不确定程度较低，伪随机路径则为 1375 个模拟点，而纯随机路径仅为 1311 个点。这充分说明伪随机路径降低了不确定性，提高了储层建模的精度。

表 10.3　砂泥岩出现概率统计表

模拟实现方法	概率取 50% 模拟点	概率大于 75% 模拟点	概率大于 90% 模拟点
伪随机路径	198	1375	808
纯随机路径	206	1311	809

随机建模需要合理的地质约束才能提高建模精度。针对传统序贯指示模拟方法中纯随机路径方法的不足，结合传统储层微相研究思路，提出了伪随机路径的改进措施。通过优先考虑条件数据带来的确定信息，有效减弱预测过程中的不确定性。从对比研究来看，伪随机路径方法比传统随机路径方法更能降低不确定性，提高了建模精度，是一项值得推广的方法。

10.1.4　基于信息度的储层建模后处理方法

在建立沉积微相模型时，常用的基于像元的方法如序贯指示、截断高斯等方法给出的实现在局部会出现小尺度变化(又称"噪音")(Deutsch,1998),尤其在边界部位,沉积微相显得极度零散和不光滑,与实际地质体形态差别较大。以这些不真实的模拟实现作为储层属性建模的控制单元,很显然将导致属性模型的失真,给以此为基础的数值模拟及剩余油分布预测带来困难。因此,有必要对沉积微相模型进行后处理(Stoyan et al.,1989;Deutsch and Journel,1992;Journel and Xu,1994;Deutsch,1998;Strebelle,2002),即"去噪",真实再现储层微相分布特征。

储层建模后处理技术自 20 世纪 80 年代就展开了研究,主要是处理像元建模中局部出现的变异性(或者说"噪音")。在早期的后处理方法中,主要吸收了计算机视觉中图像处理方法,如"溶解"和"侵蚀",将地质模拟实现当做一幅图像,那么"去噪"的过程就相当于图像处理和恢复的过程。这种方法仅针对二值图像,且不能够保证不同微相的概率百分比在实现中得到满足,除非模拟实现沉积微相具有特定的相序特征。

通过设计合适的训练图像,并将需要再现的条件在目标函数中加以描述,则将可能获得理想的结果。然而,其本身有一定的缺陷。首先,模拟退火是一种迭代算法,需要大量的机时才可能收敛;过多的目标函数则加重了这种趋势;其次,如何将地质现象或者统计规律在目标函数中用数学函数准确表述也存在一定的难度;再次,训练图像(指能够反映研究区储层特征的地质概念模式),尤其是三维训练图像很难获得。

基于分位数转换原理,Journel 和 Xu(1994)给出了一种后处理方法。然而这种方法仅适合具有排序分布的沉积微相。Deutsch 对此方法进行了解析,在此基础上,提出了一种基于最大后验概率(MAPS)的后处理方法,较好地解决了没有排序的沉积微相处理问题,并能够更接近目标百分比。然而,由于这种加权平均是一种平滑过程,对模拟实现过程过度平滑则导致随机模拟失去了其本身意义,因而平滑窗口大小及权值大小就显得相当微妙。在 MAPS 方法中,平滑窗口权重值大小需要通过试错来决定,对权重的取值并没有确定的地质意义,而处理路径单一容易导致对所有模拟网格节点一视同仁。事实上,初始模拟实现结果是通过随机抽样获得的。在抽样时,如果周围节点对模拟节点贡献不足,则其概率往往以边缘概率表示,表明抽样随机性较高。此外,较小概率事件其概率较低,也就是说,一旦抽样获得了这样一个事件,其可信度也不高。在对序贯指示模拟(SIS)研究中,河道连续性中断就是因为不合理的抽样导致的,这种不合理抽样就是小概率事件。因而,对建模结果的后处理也就是将随机性较高、可信度较低的模拟结果进行处理的过程。由于模拟网格点条件概率潜在地反映了可信度及抽样的准确性,如果将由条件概率反映的可信度用于后处理中,将能够很好去除不真实的"抽样",达到真实再现储层的目的。

1. 方法原理及步骤

1) 方法原理

新的后处理方法主要针对 MAPS 方法(Deutsch,1998)中权重的取值进行重新设计。引入信息度的概念来描述随机建模结果的可信度。信息度是用来描述数据可信程度的一个函数(Liu et al.,2004)。信息度表示函数为

$$\omega(u) = \begin{cases} [P(A\mid B) - P(A)]/[1 - P(A)] & P(A\mid B) \geqslant P(A) \\ [P(A) - P(A\mid B)]/P(A) & P(A\mid B) < P(A) \end{cases} \quad (10.16)$$

式中，$P(A\mid B)$ 是利用周围 B 条件数据对模拟节点为岩相 A 的估计概率值；$P(A)$ 为边缘概率。

如果 $P(A\mid B)$ 与 $P(A)$ 接近，说明 B 条件数据对岩相 A 的贡献不大，其取值主要通过边缘概率获得，因而可信度低。随着 $P(A\mid B)$ 向超过 $P(A)$ 方向发展，B 条件数据提示出现岩相 A 概率增加，其可信度 $\omega(u)$ 增加；随着 $P(A\mid B)$ 向小于 $P(A)$ 的方向发展，B 条件数据提示出现岩相 A 概率降低，不出现岩相 A 概率增加，表明由 B 条件数据揭示不出现 A 概率的可信度 $\omega(u)$ 增加。

在 MAPS 方法中，通过平滑窗口内各个岩相加权平均求取中心节点各个岩相出现的概率，并直接将概率最高的岩相作为此节点的岩相类型。其确定函数为

$$q_k(u) = \frac{1}{S} \sum_{u' \in W(u)} w(u')c(u')\frac{p_k}{p_k^0}i_k^0(u') \in [0,1] \quad k = 1, \cdots, K \quad (10.17)$$

式中，$q_k(u)$ 为平滑窗口中心点属于第 k 类岩相的概率；$w(u')$ 为权重因子；$c(u')$ 为条件数据权重；p_k 为岩相 k 实现概率；p_k^0 为岩相 k 边缘概率；$i_k^0(u')$ 为位置 u' 处初始实现值；S 为一个常数，保证 $\sum_k q_k = 1$。

在式(10.17)中，权重因子 $w(u')$ 决定了后处理结果及效果。由于权重取值带有很大的随意性，没有考虑其地质意义。采用每个节点信息度作为其权重能充分考虑每个节点信息含量，处理由于信息含量不足而导致的随机抽样误差及概率极小的抽样实现。而根据权重大小优先处理这些随机抽样误差及概率极小的抽样实现，将避免它们对随后其他节点处理的影响。由于信息度包含了条件数据对待估点的估计信息，因此具有地质意义。而由于条件概率的客观唯一性，避免了人为赋值的主观性及标准问题。因此考虑信息度为权重具有明显的优势。

由于在 $P(A\mid B)$ 小于 $P(A)$ 时反映的是不出现岩相 A 概率增加。以信息度为权重的方程需要进行改进，以负权重表示不出现岩相 A 概率，以达到削弱岩相 A 概率的目的。改进后的方程为

$$\omega(u) = \begin{cases} [P(A\mid B) - P(A)]/[1 - P(A)] & P(A\mid B) \geqslant P(A) \\ -[P(A) - P(A\mid B)]/P(A) & P(A\mid B) < P(A) \end{cases} \quad (10.18)$$

2）后处理步骤

将改进的后处理方法命名为基于信息度的后处理方法。为了计算每一个节点的信息度，需要在模拟时保存每一个节点估计条件概率。在此基础上，对模拟结果进行后处理。以序贯指示模拟(SIS)为例，给出了新设计方法的工作流程。

(1) 在 SIS 中，保留每一个网格节点的估计条件概率，并将这些条件概率输出到文件 wtfl. txt。

(2) 在 MAPS 方法，读入概率文件 wtfl. txt，并根据信息度计算公式(式 10.18)，计算每一个网格节点的信息度，以此作为权重因子 $w(u')$。

(3) 根据权重因子 $w(u')$ 确定随机路径，用以首先处理不合理的模拟实现。

（4）执行 MAPS，进行后处理，选择最大的概率实现作为最终实现结果。

对于具有多级网格（multi-grid）执行的 SIS，在每一级网格模拟完成后都需要进行一次后处理，然后以处理结果作为条件数据输入到 SIS 中约束次级网格模拟。避免由于不合理随机抽样导致错误的结果影响次级网格模拟。为工作方便，利用 Fortran 编译器将 SIS 和新设计的后处理方法进行重新编译，达到自动处理的目的。

2. 比较研究

为了检验新设计的基于信息度的后处理方法效果，利用概念模型与实际模型进行检验，并与 MAPS 方法作比较。结果表明，在非条件模拟时，两种方法效果比较接近；表明新设计的方法能够对模拟实现的"噪音"进行处理。在条件模拟时，由于基于信息度的后处理方法考虑了条件数据带来的确定信息，效果要优于 MAPS 方法。

1) 概念模型

定义了四个岩相类型（编码 1，2，3，4），其模拟参数见表 10.4。利用 GSLIB 中 SIS 程序（Deutsch and Journel，1992），获得了一个非条件模拟的初始实现（图 10.12）。以此实现作为处理对象，检验新设计的基于信息度的方法的可行性。

表 10.4　非条件模拟参数及处理结果表

岩相类型	主方位/(°)	主变程/m	次变程/m	块金	初始相比例	SIS实现	平滑窗口(3×3)		平滑窗口(5×5)		平滑窗口(7×7)	
							MAPS处理相比例结果	基于信息度处理相比例结果	MAPS处理相比例结果	基于信息度处理相比例结果	MAPS处理相比例结果	基于信息度处理相比例结果
1	60	50	20	0.1	0.050	0.1744	0.1231	0.1311	0.1166	0.1167	0.1087	0.1016
2	60	50	20	0.1	0.200	0.0896	0.1155	0.1138	0.1207	0.1221	0.1245	0.1291
3	60	50	20	0.1	0.350	0.3780	0.3629	0.3664	0.3630	0.3622	0.3612	0.3542
4	60	50	20	0.1	0.450	0.3580	0.3985	0.3887	0.3997	0.3990	0.4056	0.4151

图 10.13(a) 是利用新设计的方法对图 10.12 进行处理的结果。从处理结果图看，对模拟实现进行了较好地后处理，图像光滑程度高，而模拟岩相统计结果与实际输入更接近（表 10.4）。此外，模拟结果更接近经验地质图形，更容易为地质研究者接受。

作为比较，利用 MAPS 方法对图 10.12 也进行了相应的处理[图 10.13(b)]，效果也较好，图像光滑程度较高。与图 10.13(a)相比较，两者具有较高的相似性。

在此基础上，改变平滑窗口的大小，分别用基于信息度的方法和 MAPS 方法进行后处理研究，两者结果基本相同。

概念模型的研究表明，新设计的基于信息度的方法能够达到后处理的目的。但由于新设计的方法参数的推断具有地质意义，且获得的参数更客观，因而更具有地质适用性。

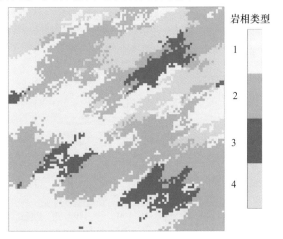

岩相类型

1

2

3

4

图 10.12　SIS 的一个实现

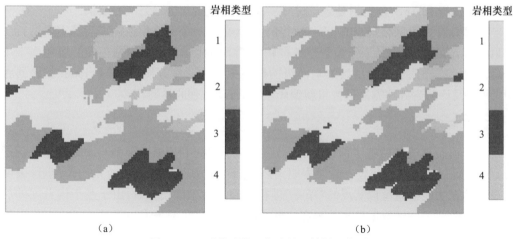

图 10.13　两种后处理方法处理结果比较图

(a)基于信息度的处理结果；(b)MAPS 的处理结果

2）实际模型研究

前面的概念模型仅基于非条件模拟，其网格节点具有相同的环境特征。而在实际应用时，有很多信息（如井信息、地震信息）等影响周围待估点。也就是说，不同网格节点其环境特征不一样，导致其可信度存在差异。这样基于信息度的方法将显现出优势。利用三口井建立的砂泥岩分布（图 10.14），进行实际应用对比研究。

图 10.15 是利用序贯指示模拟（SIS）获得的模拟结果，模拟参数见表 10.4。将块金设置为零的目的是为了使模拟的砂泥岩分布更连续。事实上，在计算变差函数时，由于井网密度的关系（抽样距离大），导致难以获得小距离范围内的变差函数值，在进行拟合时，往往会有一个块金效应，导致出现更多的"噪音"。从块金值为零的 SIS 模拟结果看，仍然存在一些"噪音"，表明 SIS 模拟结果需要进行后处理。分别应用基于信息度的方法和 MAPS

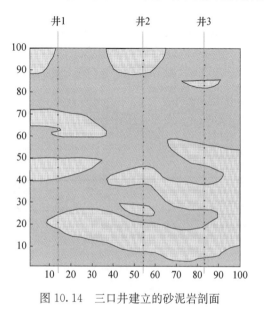

图 10.14　三口井建立的砂泥岩剖面

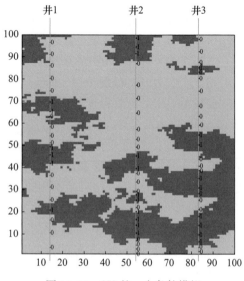

图 10.15　SIS 的一个条件模拟

方法对此模拟结果进行处理(图 10.16)。从处理效果看,基于信息度的方法获得的图像更符合地质人员认识,图像边界更光滑,模拟结果与实际解释储层分布更相似;而 MAPS方法则仍然存在一些局部"噪音",边界平滑度差。

此外,比较图 10.16(a)和图 10.16(b)的圆圈部位可以发现,基于信息度的方法考虑到井点条件数据对周围节点提供的信息,根据信息度首先处理最不合理的模拟结果,将砂泥岩分布更好展现出来;而 MAPS 方法由于对每一个网格节点都采取一样的权重,没有考虑井点条件数据对周围节点提供的信息,导致砂泥岩分布不合理。

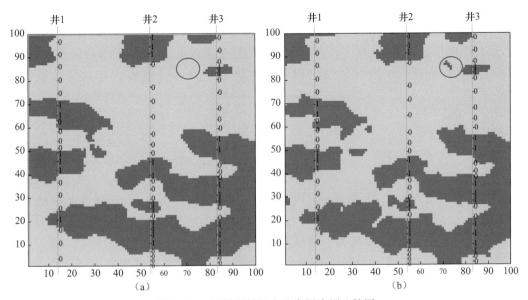

图 10.16　两种后处理方法实际应用比较图

(a)基于信息度的处理结果;(b)MAPS 的处理结果

作为更深入的研究,对图 10.16 中圆圈部位的 SIS 模拟结果(模拟值及其信息度)进行提取,分析两种方法的处理过程及其导致的差异(图 10.17)。

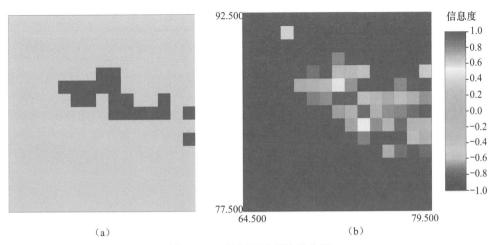

图 10.17　局部后处理结果分析

(a)SIS 模拟实现局部放大图;(b)对应的信息度图

图 10.17(a) 为 SIS 模拟结果图,图 10.17(b) 为对应网格节点的信息度图。如果按照 MAPS 的加权处理方法,根据式(10.17),可以得出后处理后出现砂岩和泥岩概率分别为

$$q_{sand} = \frac{1}{S} \times 22 \times \frac{p_{sand}}{p^0_{sand}} = \frac{1}{S} \times 22 \times \frac{0.4}{0.3537} = \frac{24.880}{S} \quad (10.19)$$

$$q_{mud} = \frac{1}{S} \times 19 \times \frac{p_{mud}}{p^0_{mud}} = \frac{1}{S} \times 19 \times \frac{0.6}{0.6463} = \frac{17.639}{S} \quad (10.20)$$

式中,S 为常数;P_{sand} 为实现中砂岩的比例;P^0_{sand} 为砂岩边缘概率;P_{mud} 为实现中泥岩的比例;P^0_{mud} 为砂岩边缘概率。

由于后处理原则是保留最大概率的点,这样中心点为砂岩的实现必然得到保存。然而,从提供的信息度来看,在中心点出现砂岩的信息度为负值,表明砂岩可能性小,而泥岩可能性大。同样,通过式(10.17)以信息度为加权值计算出砂岩和泥岩的后处理结果。

$$q_{sand} = \frac{1}{S} \times (-0.76) \times \frac{p_{sand}}{p^0_{sand}} < 0, q_{mud} = \frac{1}{S} \times 12.76 \times \frac{p_{mud}}{p^0_{mud}} > 0 \quad (10.21)$$

显然,中心点为砂岩的 SIS 模拟实现将被泥岩替代。那么两者处理结果是否合理?对 SIS 条件模拟进行分析,在此网格节点(73,86)处,通过提取模拟时条件概率发现,出现砂岩的概率仅为 0.073。这样的小概率事件为随机抽样所实现,反映在此网格节点模拟的不真实性。利用基于信息度的方法则很好地揭示这种不合理的抽样,并最终在后处理中过滤掉这些点,反映基于信息度的方法的合理性。

最后,从最终模拟实现获得的概率来看(表 10.5),基于信息度的方法更真实再现了砂泥岩的统计特征,也证明基于信息度的方法要优于 MAPS 方法。

表 10.5　条件模拟参数及处理结果表

岩相类型	主方位/(°)	主变程	次变程	块金	初始相比例	SIS 实现	平滑窗口(5×5)	
							MAPS 处理相比例结果	基于信息度处理相比例结果
1	90	30	15	0.0	0.60	0.6463	0.64	0.63
2	90	30	15	0.0	0.40	0.3537	0.36	0.37

针对基于像元的方法建立沉积微相模型时出现不连续("噪音"),设计基于信息度的模拟后处理方法,即考虑不同网格模拟结果的概率不同,其可信度也不一样,通过信息度来表征模拟结果的可信度,并将其作为处理窗口的权重,达到对"噪音"进行处理的目的。与传统的后处理方法相比,基于信息度的模拟后处理方法从地质角度对"噪音"进行考虑,而信息度的表征具有客观性,使处理结果更符合实际。概念模型和实际模型也充分证明了这一点。因而,基于信息度的模拟后处理方法是一项值得在实际中推广的新方法。

10.2　基于目标的模拟方法

基于目标的储层建模方法具有较好刻画复杂地质体几何形态、再现地质对象相互关

系等方面的优点,得到地质模型直观上更符合地质学家的认识,目前也是沉积相建模的主要方法之一,其最主要的问题是条件化比较困难。本节主要介绍作者在布尔模拟算法上的一些改进和地质约束下的 Fluvsim 方法。

10.2.1　布尔模拟的几种改进

1. 地质约束下的目标中心点抽样方法

布尔方法是储层建模方法中最简单的一种算法,最早由 Matheron 用于描述储层岩石中颗粒与孔隙的分布(Olivier,1989),后来被用于描述储层中砂泥岩的分布(Delhomme and Giannesini,1979;Matheron,1987)。它可以很容易地将沉积学的一些知识,如砂体的宽厚比、厚度分布趋势等融入到模拟的结果中去,主要用于勘探及开发早期阶段(文健和裘怿楠,1994;文健和裘怿楠,1994)。然而,由于没有考虑沉积过程中先沉积的河道砂体对后面的沉积有重要的控制作用,所以布尔方法模拟的结果往往过于乐观,砂体的连通性过好(Henriquez,1990)。河道在摆动的过程中,由于天然堤、决口扇等沉积体的存在,第一期河流近处地形相对较高,第二期河流必须离开这些附属沉积物,才能活动(裘怿楠,1990)。因此,完全随机地产生目标对象中心点的布尔方法(Deutsch and Journel,1992)是不合理的,而一个较合理的方法是优先在未填充目标对象的地方产生目标对象的中心点(Suro-Perez,1994)。

笔者在对新疆油田某地区巴什基奇组储层进行研究时,采用布尔方法建立储层的砂体骨架模型。模拟结果中泥岩厚度明显厚于野外露头测量、岩心及测井解释的泥岩厚度。产生这个问题的原因是由于模拟时产生砂体中心点坐标是完全随机的,造成模拟结果中砂体的连通性过好,从而导致了泥岩厚度过大。为了解决该问题,笔者采用一种简便的改进布尔模拟的算法,其核心就是在产生目标对象中心点位置时,优先考虑在没有填充目标对象的地方产生新的目标对象。运用改进后的方法,较好地解决了上述问题。

1) 布尔模拟方法基本步骤

布尔方法就是依据一定的概率定律,按照空间中几何物体分布统计规律,产生这些物体中心点的空间分布,并通过 $2k$ 个随机函数 $Xk(u),Ik(u,k)(k=1,2,3,\cdots,k;u\in$ 定义域)的联合分布,确定中心点在此处的几何物体形状、大小、属性。布尔模拟实现的一般步骤如下。

(1) 把已知井位处的砂体条件化。

(2) 随机抽样产生预测砂体中心位置(X,Z)。

(3) 是否与已知井位处的数据发生冲突,是则调整该砂体,使之不冲突,否则就进行下一步。

(4) 从经验累积概率分布函数中随机抽取该砂体厚度。

(5) 由已确定的厚度-宽度关系确定砂体宽度。

(6) 计算目标函数值(Fs):砂体剖面面积/剖面总面积。

转到步骤(2)产生另一个砂体,计算 Fs 值,直至达到给定阈值为止。

2）改进的方法

改进主要是针对上述步骤中的第（2）步，即随机抽样产生目标物体的中心点部分。以前布尔方法产生目标物体中心位置是完全随机的，没有考虑先前沉积的砂体对后沉积砂体有控制作用。改进的基本思想是尽量优先在未填充目标物体的地方产生新的目标物体。这里提出一种简单的方法，具体的作法如下（以二维情况为例）。

（1）把所有已经形成 n 个目标物体分解成 $m_i(i=1,2,\cdots,n)$ 条水平线段，记下每条线段的起止点。

（2）把整个网格（$nx\times ny$）用一个一维数组 L_{xy} 表示，L_{xy} 的大小为 $nx\times ny$。

（3）把 $m_i(i=1,2,\cdots,n)$ 条线段的起止点坐标转换到一维数组 L_{xy} 上。

（4）按如图 10.18 所示的方式产生目标物体的中心点坐标。

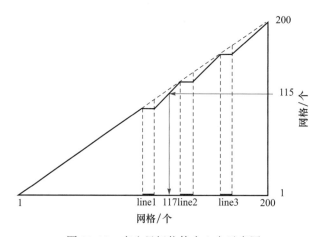

图 10.18　产生目标物体中心点示意图

设 $nx=20,ny=10$，则 $L_{xy}=200$。假定已产生了一个目标物体，可以分解成 3 条线段，3 条线段的区间分别是[100,108]、[120,128]、[140,148]。从 1 到 200（$nx\times ny$）之间产生一个均匀分布的随机数，假设为 115。在右边的垂直线段上找到该点，作它的水平线与折线段的交点，其交点的 X 坐标 117 即为该目标物体的中心点在一维数组 Lxy 中的坐标，转换到 XY 坐标系则为 $X=17,Y=5$。

（5）在新产生的中心点处随机抽样产生相应的目标对象，然后把该对象分解成水平线段，更新折线段，按上述方法产生下一个目标物体的中心点坐标。

3）实例研究

研究区内只有 4 口井，井距由几千米到几十千米不等，井的排列方向大致与物源方向（正北）相垂直。通过对研究区两侧的 20 条野外剖面的详细研究及钻井资料的分析，认为该地区白垩系巴什基奇克组属扇三角洲沉积。巴什基奇克组储层砂岩的百分含量相当高，一般都在 80% 以上，属于"泛连通体"模式（葛云龙等，1998）。泥岩夹层具有顺层断续分布，出现频率低，而且厚度均比较薄的特点。巴什基奇克组共分为 3 段，1、2 段为砂岩段，3 段为砾岩段，这里以 1、2 段为例进行说明。

建立井间砂体模型的主要步骤如下。

（1）确定砂体的宽厚比。不同的沉积环境决定了不同的砂体大小。巴什基奇克组在野外露头出露得不好，很难进行横向追踪。在野外开展砂体追踪调查工作，主要是通过挖探槽，为建模提供了宝贵的第一手资料。采用线性拟合的方法确定砂岩宽厚比的值是 86.776。由于受地面情况、气候及经费等多方面因素的影响，探槽只有 400m 长，因此部分砂体没有完整的追踪出来，这里给出的是砂体宽厚比的下限值。

（2）地层坐标转换。储层形成以后，由于受到构造、压实、剥蚀等一系列地质作用的影响，使储层变得厚薄不均。而储层特征的分布、持续性及其有利方向是沿地层坐标的，并不是笛卡尔坐标。因此，在进行模拟之前，要进行坐标转换，把厚度剖面转化为时间剖面。同一地层其厚度在横向上有变化，但它代表的时间间隔是一样的。所以，模拟前我们把地层厚度转换成时间间隔，模拟时统一在时间坐标系下，模拟后再转换成地层厚度。

在进行地层坐标转换时以井 3 井为标准。1、2 合并段垂直方向划分了 303 个时间单元，水平方向以 100m 为间距共划分了 1000 个网格，1、2 合并段网格总数为 303000 个。

（3）确定砂岩面积/剖面面积比。在钻井数量很少的情况下，由于井间砂体的分布情况是未知的，直接确定砂岩面积/剖面面积值是很困难的（文健等，1994）。在进行详细的野外露头调查和沉积相研究后，结合已有的钻井资料，作出砂岩百分含量的等值线图，在此基础之上确定研究区范围内的砂岩面积/剖面面积值。确定 1、2 段井间剖面砂岩的百分含量为 84%。

（4）统计各段砂岩的厚度分布。主要依据野外露头详细描述的结果，同时也参考岩心资料。由于野外剖面分布主要集中在两个区域，而井的分布又十分稀疏，因此在统计砂岩的厚度分布时必须要考虑 Cluster（丛聚）效应的影响（王仁铎和胡光道，1988；李少华等，2001）。要减弱丛聚效应可以通过给丛聚在一起的样品赋较小的权值，给没有丛聚的样品赋较大的权值，这样统计的厚度分布才更具代表性。

（5）在准备好各种参数的基础上，进行模拟计算，得到模拟结果。

同时采用传统的布尔方法与改进后的布尔方法建立储层的骨架模型。图 10.19 是一个具有代表性的采用传统布尔方法建立的储层砂泥岩骨架模型（实现），图 10.20 是一个有代表性的采用改进布尔方法建立的储层砂泥岩骨架模型（实现）。对比图 10.19 与图 10.20，可以直观地看出，在采用传统布尔方法建立的储层骨架模型中，砂体之间的连通性，特别是垂向上连通性明显好于采用改进布尔方法建立的模型，从而导致泥岩的厚度也明显的大于后者。对两种方法建立的模型中泥岩的厚度进行统计，并与野外实测的泥岩厚度及钻井取心与测井解释的泥岩厚度进行对比如图 10.21 所示。从图 10.21 可以更直接地发现，传统布尔方法建立的模型中泥岩的平均厚度远大于实际测量的泥岩厚度，其厚度的标准偏差也与实际测量的值有很明显的差异，而利用改进后方法建立的模型中，泥岩的厚度分布与实际测量的很接近，比较真实地反映了地下的实际情况。

通过在新疆油田的研究，笔者发现在采用布尔方法建立储层骨架模型的过程中，考虑沉积过程中先沉积的砂体对后沉积的砂体有重要的控制作用，并通过对产生砂体中心点的随机过程进行控制来实现先沉积砂体对后沉积砂体位置的控制作用，这样建立的模型比传统布尔方法建立的模型更能代表地下的真实情况。

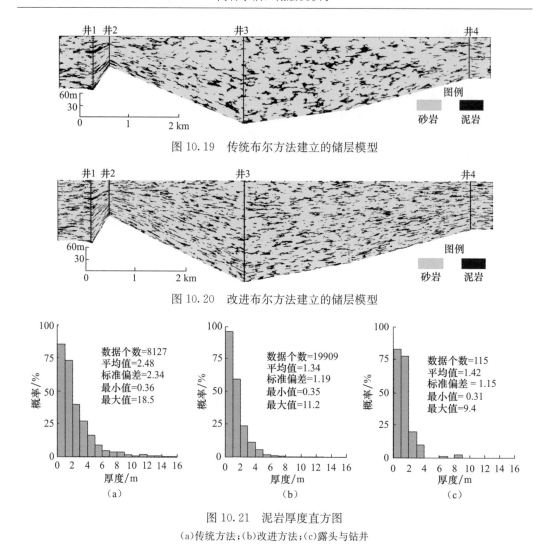

图 10.19　传统布尔方法建立的储层模型

图 10.20　改进布尔方法建立的储层模型

图 10.21　泥岩厚度直方图

(a)传统方法；(b)改进方法；(c)露头与钻井

2. 并行布尔模拟算法

随着油田开发的不断深入,地质研究的精度越来越高,因而地质模型的尺度越来越小,例如,很多开发中后期的老油田,地质建模的精度达到平面网格划分为 10m×10m,纵向 0.5m,甚至更小(辛治国,2008;兰丽凤等,2010)。由于目前普遍采用随机模拟技术建立地质模型,通常需要模拟多个实现(如 100 个)(Deutsch and Tan,2002),甚至是四维模型(彭仕宓等,2004),地质建模的速度逐渐成为关注的热点问题。高性能工作站可以在一定程度提高计算速度,但硬件价格昂贵,随着计算机硬件迅速发展,CPU 的计算核心早已经从单核时代进入到了双核、多核时代,如 4 核、8 核的 CPU,这为提升程序的计算速度提供了可能(李彦冬和雷航,2011;Gastón,2011)。但传统的建模程序大都是以串行编码的方式实现的,无法发挥硬件升级带来的优势。因此,传统的模拟算法,尤其涉及大规模计算的模拟算法,若要提高计算效率,减少计算时间,又不增加硬件成本,将串行执行算法改进为并行执行算法则是不错的选择。布尔模拟是随机模拟算法中比较简单且易于理解一种算法。本书以布尔模拟算法(Dubrule,1989)为例,介绍了对传统 Fortran 串行程序改写为 C♯并行程序的方法,并对比了不同 CPU 情况下的并行前后的计算速度。

1) 并行计算基本原理

现代微处理器提供了新型的多核架构,软件设计和编码对能够充分发挥这些架构的功能具有很重要的意义。Visual C♯2010 和 . NET Framework 4 所生成的各种应用程序运行在一个或多个中央处理器单元(CPU),即主微处理器上。每一个这种微处理器都可能包含不同数目的内核,每一个内核都可以执行指令。所有的内核都可以访问主内存,因此,这种架构也称为共享内存的多核架构(shared-memory multicore)。

有了多核架构的硬件支持,还需要一个适合现代多核系统的轻量级并发模型来支持软件开发。为了应对多核和众核(many core)的复杂性,Visual C♯ 2010 和 . NET Framework 4 提供了一些新的功能。在 . NET Framework 4 引入了新的 Task Parallel Library(任务并行库,TPL 模型)(Gastón,2011),TPL 在多核时代应运而生,能够直接使用轻量级并发模型。TPL 支持数据并行(data parallelism)、任务并行(task parallelism)、和流水线(pipelining),而改进的布尔模拟算法,正是采用命令式的数据并行方式来实现并行目的。

TPL 引入了一个新的命名空间 System. Threading. Tasks,在使用 TPL 时要引入这个命名空间,从而避免应用时冗长的引用。例如,在需要使用 System. Threading. Tasks. Parallel. Invoke 时,只要写上 Parallel. Invoke 就可以了。

下面简要介绍一下静态类 Parallel 提供的几个命令式并行计算方法:Parallel. For-为固定数目的独立 For 循环迭代提供负载均衡的潜在并行执行。Parallel. ForEach-为固定数目的独立 For Each 循环迭代提供了负载均衡的潜在并行执行。这个方法支持自定义分区器,可以完全掌控数据分发。Parallel. Invoke-对给定的独立任务提供潜在的并行执行。

2) 布尔模拟并行化改进步骤

(1) 寻找计算热点。对布尔模拟的并行化改写,首先需要分析传统的布尔模拟程序哪里的计算是最耗费时间的。用并行计算的专业术语来讲就是:热点(热点指的是代码中需要耗费大量时间运行的部分,是算法性能的瓶颈)。

布尔模拟的步骤在很多文献(Deutsch and Journe,1992;李少华等,2003)中都有详细介绍。分析布尔模拟的源代码,发现耗费机时最多的是函数 Function3,该函数用来确定砂体宽度并计算目标函数值 Fs。Function3 包含一个三层 For 循环,其代码如下:

```
Function3
{
  for(ix=-nxc;ix<=nxc;ix++)//第一层循环
  {
    //计算当前目标点的 X 坐标
    i=XCentroid+ix;//XCentroid 是随机抽样对象(河道等)中心点的 x 坐标
    if(i<=0||i>模拟区域 X 轴长度)
      //判断该点是否在有效网格范围内
      continue;
    else
```

```
            for(iy=-nyc;iy<=nyc;iy++)//第二层循环
            {
                //计算当前目标点的 Y 坐标
                j=YCentroid+iy;//YCentroid 是随机抽样对象中心点的 y 坐标
                if(j<=0||j>模拟区域 Y 轴长度)
                    //判断该点是否在有效网格范围内
                    continue;
                else
                for(iz=-nzc;iz<=nzc;iz++)//第三层 For 循环
                {
                    //计算当前目标点的 Z 坐标
                    k=ZCentroid+iz;//ZCentroid 是随机抽样对象中心点的 z 坐标
                    if(k<=0||k>模拟区域 Z 轴长度)
                        //判断该点是否在有效网格范围内
                        continue;
                    else
                        //Function4 给目标点赋值
                        Function4();
                        Fs=Fs+1;//计算 Fs
                }
            }
        }
    }
```

通过上面的分析可以看出传统布尔模拟算法的热点主要是这个三层 for 循环体,通过对这个三层 for 循环体加以改进,使其可以并行化运行,就可以实现提高计算速度的目的。

(2)布尔模拟算法并行化。传统布尔模拟的主要热点是一个三层 for 循环体,命令式数据并行库-System. Threading. Tasks. Parallel 类提供了一个静态方法 Parallel. For 来专门解决目前遇到的问题——为固定数目的独立 For 循环迭代提供负载均衡的潜在并行执行。

现在,只需要对 Function3 来做一些小的变动,如下所示。

① 第一层 for 循环体。串行版本如下:

```
For(int ix=-nxc;ix<nxc;ix++)
{
}
```

并行版本

```
Parallel. For(-nxc,nxc,ix=>
{
};
```

两个版本都采用 for 循环,只是并行版本的 for 循环可以自动检测数据内容,并且自动判断是否可以并行化,如果循环不能并行(如循环依赖、资源共享等)则自动变为串行运行模式,如果循环能并行计算,则自动变为并行运行模式。

② 第一层 for 循环体内部的 continue 改为 return。这个改动也是必须的,因为,在

Parallel. For 中,判断返回采用的是 return 关键字。

　　3）布尔模拟并行化效果

　　布尔模拟并行化测试一共分为两组测试,分别在 CPU 核心数不同的两台计算机上进行,每组一共有 5 种网格大小设置见表 10.6。

　　测试硬件配置:

　　第一组:双核计算机系统 CPU 是 Intel(R)Core(TM)2 Duo CPU T9300 @2.50GHz,内存为 3GB;第二组:四核计算机系统 CPU 是 Intel(R)Xeon(R)E5520 @2.27GHz,内存为 8GB。

　　模拟程序通过一个自动测试模块和耗时统计模块测试了并行化计算效果。测试结果见表 10.6。

表 10.6　多核计算测试加速比数据表

网格大小	加速比(双核双线程)	加速比(四核八线程)
500×500	1.04	1.49
1000×1000	1.29	1.56
2000×2000	1.47	1.75
3000×3000	1.67	2.31
4000×4000	1.78	2.66

　　通过两台不同配置的计算机的多核计算测试,从表 10.6 中观察到多核并行计算的加速比不是固定不变的,加速比与网格总数及计算机的计算核心数目有密切关系。多核计算的优势在计算量(即网格数目)巨大时得到充分体现,加速比随着计算机的 CPU 核心数增加而增大,模拟结果说明布尔模拟的并行化改进效果明显。

　　通过前面的研究,发现影响并行化加速比的因素主要有两个。

　　(1)检测可并行化热点。如果热点可以被分解为很多能够并行运行的部分,那么热点就可以获得加速。然而,只有在可以将热点分解为不同部分(至少两个部分)时才能发挥并行化的潜在作用。如果这部分代码并没有消耗大量的运行时间,那么 TPL 所引入的开销就有可能完全消减并行化带来的加速,甚至可能会导致并行化的代码比串行代码运行得还要慢。

　　(2)可并行化数据量的大小。由于并行计算的数据预处理也需要大量的开销,过小的数据量用并行模式来运行其实是得不偿失,数据量越大,加速比效果越显著。

　　通过布尔模拟并行化实例,介绍了如何把传统的串行程序改进为并行程序。通过实例模拟计算对比分析,在网格数量达到 1600 万时,在四核八线程的机器上,并行后程序的加速比能够达到 2.66,也就是计算的时间将缩短至串行计算耗时的 0.38。目前精细地质模型的网格数量通常可以到达上千万的级别,因此,建模程序的并行化在不增加硬件成本的前提下对提高计算速度具有重要意义,特别是在目前多核计算机普及的时代。布尔模拟程序并行化达到了较好地提高计算速度的效果,这对其他耗时更多的建模算法,如多点统计、模拟退火等方法的并行化改进具有很好的借鉴意义。

10.2.2　多地质条件约束下的基于目标模拟方法

　　基于目标的方法通过目标整体生成的形式能够较好地反映储层形态,其优点体现在容易再现目标体几何形态方面，而在实际应用中，缺点则表现在参数求取难、地质信息整合少等方面，如何整合多种地质信息用于约束模拟结果，尽可能地提高相模拟的合理性则是利用该方法进行模拟的关键所在。因此，笔者针对基于目标的 Fluvsim 模拟方法，整合河流带延伸趋势、垂向砂体比例等地质条件，模拟研究区沉积微相，通过对模拟结果的对比及检验，该方法及结果能为油田下一步开发方案的设计提供可靠的地质依据。

1. 模拟算法基本原理

基于目标算法的基本原理是通过地质认识，对水下分流河道储层的形态（如河道的弯曲度、宽厚比、河道源头方位角等）进行量化（图 10.22），根据给定的参数直接建立起河道的剖面和平面形态（Deutsch and Journe，1992）。

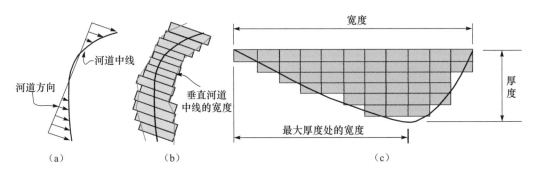

图 10.22　定义河道目标体所需参数的示意图

(a)河道方位角及与河道中线的偏差；(b)河道剖面之间的"块"状连接表示的宽、厚变化；(c)单河道剖面形态

算法中整合全局相比例和单井条件数据主要通过目标函数来实现，每一次对生成的河道进行操作后都更新目标函数。如式（10.22）为模拟单河道的目标函数，其中，$P_g^{k^*}$、$P_v^{k^*}$ 分别是单层网格的全局比例及垂向砂体的概率分布，通过添加、删除、矫正一系列动作改变单河道的数目及形态，进而改变目标函数的值，如果满足定义的要求，则模拟结束。因此在这个过程中，模拟的结果就可以较好地反映真实的砂体展布。

$$O_C = \omega_1 \sum_{k=1}^{K} (P_g^k - P_g^{k^*})^2 + \omega_2 \sum_{k=1}^{K} \sum_{z=1}^{N_z} (P_v^k(z) - P_v^{k^*}(z))^2$$
$$+ \omega_3 \sum_{k=1}^{K} \sum_{x=1}^{N_x} \sum_{y=1}^{N_y} (P_a^k(x,y) - P_a^{k^*}(x,y))^2 + \omega_4 \sum_{i=1}^{n} (i_w(u_i) - i_{cc}(u_i))^2 \quad (10.22)$$

式中，O_C 为模拟单河道的目标函数；ω_i 是目标函数分量 i 的权值；K 为微相类型数；比值 P_g^k、P_v^k 和 P_a^k 分别为计算得到的第 k 个类型变量的全局概率、砂体垂向比例概率和平面展布概率；i_w 和 i_{cc} 表示对点 u_i 模拟的相关操作。

2. 模拟结果的实现

1）河道几何参数的确定

以东部某油田葡萄花油层 PⅣ 小层为例，该区面积约为 92.34km²，开发井 17 口，井网较稀，主要的沉积背景为河流-三角洲沉积，并以河流作用为主，湖浪和湖流作用微弱，水下分流河道形态较平直。图 10.23 为研究区沉积微相平面图,从图中可以看出,物源 NE 方向,河道带整体趋势明显,宽度约为 1000m。由于井网较稀,因此,参考了周边研究 程度较高的油田,确定的水下分流河道砂呈不规则条带状分布,单河道平均宽度为 150m 左右,宽厚比为 40~80,80% 的水下分流河道砂宽度小于 200m,条带状的水下分流河道 之间被大片的泥岩充填。

结合该区的砂体厚度统计结果,储层以薄互层为主,单砂岩厚度以 1~2m 为主,根据 统计结果及平面微相分布图,确定了使用基于目标方法模拟水下分流河道的几何参数表, 表 10.7 列出了模拟的河道几何参数。

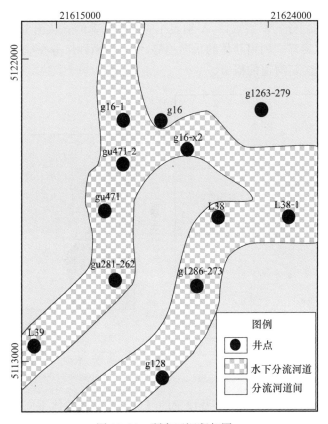

图 10.23　研究区沉积相图

表 10.7　研究区水下分流河道几何参数表　　　　　　　　　　（单位:m）

属性	振幅/m	波长/m	宽度/m	厚度/m
最小值	400	1000	80	1
平均值	700	2500	150	3
最大值	1000	4000	450	5

2) 河道延伸方向的约束应用

以往关于沉积物源方向的设置,一般都是直接通过设置方位角的方法来实现,但是单 纯的一个方位角并不能表现沉积物源局部方位的改变,也就是说模拟的单个河道形态除了本身的波长振幅之外,不能表现出河床的扭曲,因此为了克服这个缺点,模拟出最好的水下分流河道形态,并使之接近客观现实,在这里使用趋势线控制水下分流河道微相局部方位的变化,用带方向角的线段控制河床延伸的方向,也就是水下分流河道带的主流线方向。图 10.24 是根据手工勾绘的沉积微相平面图完成的河道带延伸趋势图,红色的箭头表示河道延伸的方向(赖泽武等,2001;李少华,2004;李少华等,2004a,2008;张春雷等,2004;尹艳树等,2006b)。

3) 砂体垂向比例概率的应用

对砂体垂向比例进行统计,确定砂体在垂向上的分布概率,以此作为约束条件,能够更好地再现砂体在垂直方向上的分布规律。图 10.25 是其中第四小层的砂体垂向概率,图中 Y 轴表示垂向划分的网格数目,X 轴表相应比例概率值。从图 10.25 中可以看出,底部砂体比顶部砂体发育。利用砂体的垂向趋势,结合平面砂体分布概率,就能确定三维空间任何一个位置产生新河道的概率。

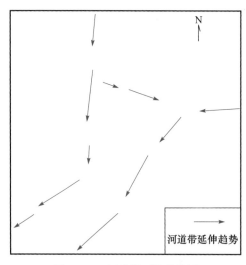

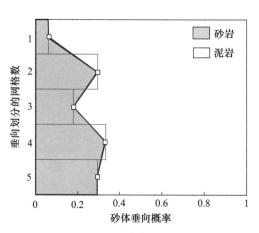

图 10.24　河道带延伸趋势图　　　　　　图 10.25　砂体垂向概率分布图

4) 模拟结果的检验对比

使用上面分析的河道形态参数、及设置的河道趋势线和砂体垂向概率,对研究区水下分流河道微相进行模拟。为了对比检验,还使用不设置趋势线的方法和基于像元的序贯指示模拟分别做了一个实现。

图 10.26 为三种模拟方法实现结果的切片显示,其中图 10.26(a) 为没有设置趋势线基于目标模拟方法的实现图,图 10.26(b) 为使用趋势线的模拟结果,图 10.26(c) 为序贯指示模拟结果。对比图 10.26(a) 和图 10.26(b) 可以看出,图 10.26(a) 中单个的河道形态完整逼真,但整个河道带的延伸形态却不能真实地表现出来;而从图 10.26(b) 可以明显看出河道带的趋势与手工勾绘的沉积相平面图基本一致,不但单个河道形态完整,而且反映水下分流河道带的整体趋势,也反映多期河道相互冲刷的结果。由于河道趋势线的使用,局部的方位变换控制河床的主流线,特别是在工区的右上部分,模拟的结果表现出来的河床改道和手工勾绘的沉积微相平面图完全一致,更能反映河道沿物源方向的砂体展

布特点。对比图 10.26(b)和图 10.26(c)可以看出图 10.26(c)也基本可以反映出河床形态的趋势变化,但是单个河道形态难以表现,而且河道不连续。

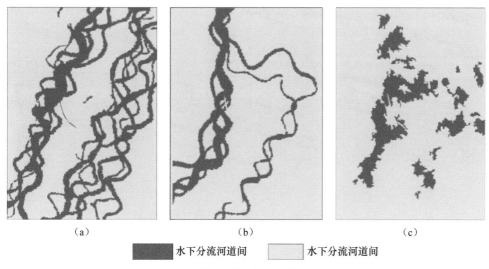

　　　　　　(a)　　　　　　　　　　　　　(b)　　　　　　　　　　　　　(c)

　■ 水下分流河道间　　　□ 水下分流河道间

图 10.26　不同方法模拟实现的结果切片对比图

　　垂向上的约束条件可以通过模拟结果中不同层网格上的河道数目来反映。图 10.27 为模拟结果按网格的切片对比图。图 10.27 从左到右分别代表第四小层垂向上自上而下的 5 层网格的模拟实现。模拟的结果与图 10.25 的砂体垂向比例概率分布相对应,第一层网格的砂体比例最小,模拟出来的分流河道数目相对也最少;第四网格的砂体比例概率最大,相对的模拟的分流河道数目也最多。模拟的结果真实再现了分流河道砂体在垂向上的比例概率分布。

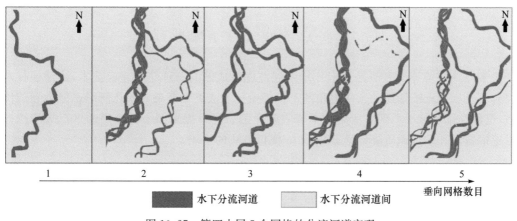

　　1　　　　　　　2　　　　　　　3　　　　　　　4　　　　　　　5

　　　　　　　　　　　　　　　　　　　　　　　　　　　　　　　　垂向网格数目

　■ 水下分流河道　　　□ 水下分流河道间

图 10.27　第四小层 5 个网格的分流河道实现

　　为了进一步检验模拟的结果,抽取一口位于河道主流线上的 G471 井(图 10.23)进行抽稀检验,图 10.28 是 G471 井模拟结果的 5 个实现。

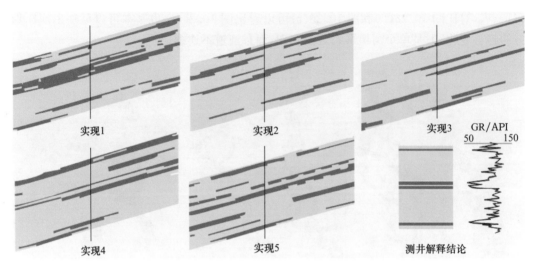

图 10.28　G471 井抽稀检验对比图

从图 10.28 中可以看出,首先,由于 G471 井处于河道带延伸线上,因此添加河道延伸趋势的约束之后,五次模拟实现在 G471 井全部模拟出河道沉积;其次,模拟的微相结果与实际井资料的解释结果也是相符合的,通过统计该井的微相实现比率,与测井解释的结论进行比较,模拟实现的水下分流河道微相比率与测井解释统计的微相比率最大的误差不超过 20%,表明模拟的结果较真实地反映了储层微相的分布。

对勘探早期阶段的分流河道模拟结果表明,在利用河道带延伸趋势约束、垂向概率约束的条件下,基于目标的方法反映的储层形态比基于像元的方法更好。利用控制河道主流线的河道趋势线,能较好地表征沿水流方向的砂体的连通性;利用砂体垂向概率分布曲线做约束,可以更好地控制随机模拟的水下分流河道在垂向上的分布概率。通过抽稀检验对比,模拟结果可以较真实地反映水下分流河道的展布及其几何形态。

10.3　多点地质统计学模拟方法

多点地质统计学方法是近十几年发展并逐渐成熟的一种储层建模技术,该建模技术综合了基于两点统计易于条件化和基于目标模拟方法再现复杂对象几何形态能力强的优点,已经在部分油田得到了应用。本节主要介绍研究组提出的一种改进的多点地质统计学建模方法和多点地质统计学 Filtersim 模拟方法的应用。

10.3.1　综合随机游走过程与多点统计模拟

多点地质统计学储层建模方法已经在国内油田广泛应用。虽然在储层形态再现上较传统的序贯指示模拟方法具有明显的优势,但是与基于目标建模方法相比,对储层连续性的表征仍然存在较大不足(Caers, et al., 2001;Caers and Zhang, 2002;Liu and Journel, 2004;吴胜和和李文克,2005)。最典型的就是河道连续性中断。其原因主要有两个方面:①SNESIM 多点统计方法仍然是单点估计,不能保证河道连续性(Arpat, 2005);②SIM-

PAT 多点统计方法虽然通过数据样板整体替换，一定程度上改善了单点估计的不足，但其数据样板选择的随机性导致河道连续性中断（尹艳树等，2008；）；Filtersim 方法是对 SIMPAT 计算效率的完善（Zhang et al.，2006），对模拟连续性改善效果有限。为了解决此问题，将随机游走过程耦合到多点地质统计方法中，通过随机游走过程产生河道主流线，并作为条件数据约束多点统计预测，较好地解决了河道连续性问题，提高了储层建模精度。

1. 随机游走过程

随机游走过程是一种不规则的变动形式。在这种变动过程中，每一步的变化都是纯随机的。其广泛应用于金融、图像处理与识别、地表水污染、电子信息等行业。在油气领域，王家华和张团峰（2001）将辫状河道的二维随机游走模型模拟方法成功应用于实际油田生产，并受到广泛关注。其建模的核心思想是将研究区域离散成网格系统；然后在边界区域内寻找河道源头的位置，并在此基础上依次获取河道主流线的位置；一旦主流线形成，就可以沿着主流线加宽处理，形成河道二维平面模型；其文章中定义了河道随机游走的 5 个方向。但通过卫星图片观察到的现代河流形态可以发现，河道流线变化非常复杂。对于高弯度河道，河道流向发生反转情况常有发生。此时利用 5 个方向随机游走模型就不能表征河道流向反转情况。需要增加更多的方向选择以描述河道流向的复杂变化。在原模型基础上，增加两个反方向游走的特征（图 10.29）。其游走概率为

$$P(1 \rightarrow ab) = \frac{\mu_{ab}(1/d_{1ab})}{\sqrt{nx^2 + ny^2}} \tag{10.23}$$

式中，$d_{1ab} = \sqrt{(x_{ab}-i)^2 + (y_{ab}-j)^2}$；$\mu_{ab}$ 为 ab 方向的迁移系数（人工设定）；i、j 分别为当前河道点坐标；x_{ab}、y_{ab} 是游动到的节点坐标；nx、ny 为定义的区域范围。易知 d_{1ab} 越大，迁移概率越小。类似地，

$$P(1 \rightarrow hg) = \frac{\mu_{hg}(1/d_{1hg})}{\sqrt{nx^2 + ny^2}} \tag{10.24}$$

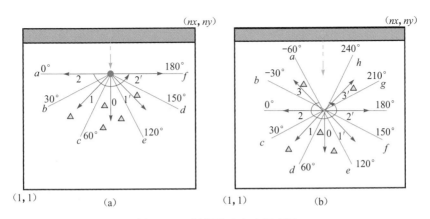

图 10.29　随机游走方向示意图

(a)传统游走方向；(b)现今游走方向

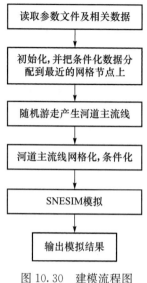

图 10.30 建模流程图

经过增加两个随机游走方向后,河道高弯曲特征将得到更好体现(图 10.30)。

2. 多点地质统计学模拟基本步骤

多点地质统计学是近 20 年涌现的一种新的建模方法,在国外已经得到广泛研究和应用。自 2005 年引入国内后,迅速引起重视。在方法原理及应用上都得到了深入研究。其建模过程如下(李少华等,2007)。

(1)扫描训练图像建立搜索树。

(2)条件数据分配到最临近的网格,定义随机访问路径。

(3)在每一个未取样位置,保留包含在最大搜索数据样板内的条件数据,从搜索树里提取多点概率分布,计算局部条件概率,建立未取样点局部条件概率分布。如果条件数据为零,则以全局概率代替局部概率。如果条件数据构成的数据事件在训练图像中很少出现,则可以通过去掉离中心位置处最远的点,使条件数据构成的数据事件在训练图像中重复次数足够多,从而局部概率的估计较可靠。

(4)蒙特卡洛抽样决定未取样位置的值,并将实现值加入到条件数据中。

(5)重复步骤(3)和步骤(4),直到所有未取样网格都得到访问。

如果需要多个实现,只需改变随机访问路径,重复步骤(3)、(4)、(5)即可。

3. 随机游走过程与多点统计耦合

由于多点统计学算法的限制,不能很好地再现连续河道形态,其关键是在抽样过程中随机性较强,导致河道连续性中断。如果将随机游走形成的河道主流线作为条件数据约束随机抽样,将能保证河道连续性。同时,由于河道剖面形态通过多点统计来描述,将能够更好地忠实于条件数据,避免基于目标方法需要对河道形态简单化和参数化的困难。此外,在开发中后期密井网条件下,其模拟也能很好地条件化,避免反复迭代收敛的难题。

设计将随机游走过程与多点统计耦合的建模方法。其基本思想是:首先通过条件数据进行随机游走模拟,利用随机游走过程确定河道主流线,保留主流线位置;其次,将所有河道主流线穿越网格点条件化,作为河道数据,并与初始条件数据一起约束多点统计,从而更好再现河道形态。以 SNESIM 方法为例,两种方法耦合步骤如图 10.13 所示。

(1)读取参数文件,将区域网格化。

(2)将条件数据分配到最近网格点。

(3)定义不同方向迁移系数,进行随机游走模拟。

(4)将随机游走生成的主流线网格化,并将网格分配为河道代码。

(5)进行 SNESIM 模拟。

(6)输出模拟结果。

4. 实例研究

通过 Google Earth 软件截取现代河流图像,并取样形成条件数据点,对模拟方法进行检验。图 10.31 是截取汉江武汉段高弯曲河道,河道主流线发生反转。利用改进的随机游走方法很好地模拟了河道主流线。以此为基础进行的多点统计较好地描述了河道形态。

(a)　　　　　　　　　　　　(b)　　　　　　　　　　　　(c)

图 10.31　高弯曲河道模拟结果比较
(a)实际河道数据;(b)SNESIM 模拟结果;(c)耦合方法模拟结果

图 10.32(a)是长江南京段局部图像,反映了多河道特征。红色点为条件数据点。图 10.32(b)是仅用多点统计 SNESIM 方法模拟结果,图 10.32(c)则是耦合了随机游走与多点统计模拟结果。从图 10.32(b)和图 10.32(c)可以明显看出,耦合方法更好地反映河道连续性特征,表明耦合方法具备河道模拟的优势。

 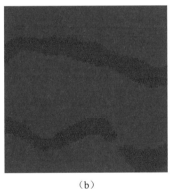 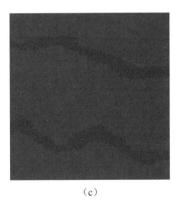

(a)　　　　　　　　　　　　(b)　　　　　　　　　　　　(c)

图 10.32　河道模拟效果比较
(a)实际河道数据;(b)SNESIM 模拟结果;(c)耦合方法模拟结果

为进一步验证算法的稳定性,将条件数据点减少,检验新方法的稳定性。虽然抽稀符合率都为 100%。但是从图 10.33 可以看出,仅多点统计 SNESIM 方法模拟河道出现中断,形态也有变形。但耦合后建模方法则仍然较好地反映河道连续性形态,表明耦合方法具备稳定性。

通过提出河道随机游走的 7 个方向,解决了传统的随机游走方法仅设计河道游走的

5个方向而没有考虑高弯曲河道流线反转问题;设计了将随机游走与多点统计耦合建模方法;将随机游走产生河道主流线作为条件数据约束多点统计预测。实际建模效果表明,耦合建模方法较传统的多点统计方法更好地再现河道连续性。表明利用随机游走过程确实提高多点统计建模效果。

图 10.33　河道抽稀模拟效果比较

(a)抽稀河道数据;(b)抽稀后 SNESIM 模拟结果;(c)抽稀后耦合方法模拟结果

10.3.2　多点地质统计算法 Filtersim 应用

多点地质统计学越来越多地应用到地质情况复杂的储层建模中,具有广阔的应用前景(裴怿楠和贾爱林,2000;吴胜和和李文克,2005;李少华等,2003;石书缘等,2012)。在井少且面积大的复杂地质区域,一般很难把握储层各项参数的统计特征,训练图像能够很好地融合地质学家的地质思维,所以合适的训练图像成为必然的选择。SNESIM 方法是第一个被应用到油田储层建模中的多点地质统计学算法。该方法在传统的序贯指示模拟基础上,通过扫描训练图像构建"搜索树"来存储多点概率,分配条件数据到最近的网格节点,通过定义随机访问路径模拟每一个节点。由于 SNESIM 是基于概率的单点随机抽样模拟,容易导致目标体的整体连续性较差,影响储层的构型效果。Arpat 提出了 SIMPAT 方法(Arpat,2005),它是一种基于模式的随机模拟方法,通过采用数据样板的整体替换,多重网格机制的办法减少抽样的不合理性,能够较真实地再现储层的空间形态。然而,在训练图像和数据样板较大的情况下,计算机模拟非常耗时。Zhang 等在 2006 年提出的Filtersim 算法,也是基于模式的随机模拟,该方法综合了 SIMPAT 方法的优点,并通过特定的过滤器来降低维度,通过聚类的方法获得原型数据的相似性来减小储层数据的模式,加快了数据模式的搜索过程,从而提高了计算机模拟运行速度(Zhang et al.,2006)。Filtersim 算法在国内油田的应用实例较少(张挺,2009;孟欣然等,2013),本书以 W 油田 W3Ⅵ层为例,探讨了 Filtersim 算法建立相模型的优点及应注意问题。

1. Filtersim 算法原理

Filtersim 算法主要包括三步:过滤得分计算、数据模式的分类、多点序贯模拟。

1)过滤得分计算

Filtersim 算法是一种基于过滤器的多点地质统计学方法,首先利用固定尺寸的数据

样板扫描训练图像,然后通过过滤器对任一数据事件进行权值计算。公式为

$$S^l(u) = \sum_{j=1}^{J} f_l(h_j) \mathrm{pat}(u + h_j) \tag{10.25}$$

式中,$S^l(u)$ 为位置 u 处利用过滤器 l 计算的得分;假定有 L 个不同的过滤器$[f_l(h_j):1=1,\cdots,L]$;数据样板的节点数为 $j(j=1,\cdots,J)$;数据样板的节点总数为 J;$\mathrm{pat}(u+h_j)$ 是样式节点的属性值,从而达到降维的目的。

2) 数据模式的分类

经过得分处理后,下一步就是对 L 个方向的训练图像进行聚类处理。Zhang 等(2006)最早的算法中采用的是简单的均值处理方法进行聚类。相似的数据事件被归到同一类中,在最粗的网格下扫描的训练图像得到的多种河道数据事件,称为原型模型,该模型是后续随机建模相似性判断的基础。通过聚类处理从而达到降低内存的目的。

3) 多点序贯模拟

原型模型建好后,通过相似性函数(最常用的是欧几里得距离函数)进行原型模型的选择和对待估点模拟的更新。距离公式为

$$d(u_0) \sum_{j=1}^{J} w_j \left| \mathrm{dev}(u + h_j) - \mathrm{prot}(u_0 + h_j) \right| \tag{10.26}$$

式中,u_0 为原型中心节点位置;w_j 是相关模板节点的权重;$\mathrm{dev}(u+h_j)$ 表示待模拟区域的数据模板在 $u+h_j$ 的节点值;h_j 为搜索模板的节点偏移距离;prot 表示一类样式节点的属性值的平均值。当所有的节点模拟完成之后,就建立了储层地质模型。

Filtersim 遵循序贯模拟的原则,其具体建模流程如下。

(1) 检查当前网格中的待模拟节点是否是条件数据(主要指硬数据或已模拟的节点)。

(2) 如果是条件数据,则重回步骤(1)对随机路径上的下个节点进行判定;否则转向步骤(3)。

(3) 检索以 u_0 为中心的数据模板内的所有已知的 n' 个数据。

(4) 若 $n'=0$,随机选择一个训练原型或者从原型中选取一个样式,覆盖到模拟点 u_0。

(5) 若 $n'>0$,即以 u_0 为中心的数据事件非空,那么通过"距离函数"寻找与条件数据事件最接近的原型。当该原型被确定,从中取出一个样式覆盖到当前模拟节点上,要注意的是之前的条件数据节点的位置不需修改。

(6) 将图案(patch)分为两部分:inner 和 outer。其中,inner 部分会被直接冻结,不参与后续序贯模拟。outer 部分会作为条件数据重新模拟。

(7) 重复步骤(1)到(6),继续对其他节点进行模拟,直到完成随机路径上的所有节点。

2. 应用实例

由于海上钻井费用相当昂贵,井少且井距大,极有必要找到合适的方法建立起可靠的储层地质模型,减少储层预测的不确定性,降低开发风险。为了准确刻画出 W 油田井间砂体的空间展布情况,需要建立起沉积相模型,同时,沉积相模型能够对物性参数模型起到控制和指导作用(Wu,2008)。多点统计 Filtersim 算法在内存占用较小的情况下,能够快速模拟

复杂几何形状砂体的空间连续性和变异性(Wu and Zhang,2008;Peyman,2012)。

1) 研究区地质概况

W 油田主要分布断层-岩性油藏,物源层的物源主要来自西部和西北部,其砂体类型主要远源辫状三角洲前缘的水下分流河道砂体和河口坝砂体。岩性以灰色中细砂岩与杂色泥岩不等厚互层,储层物性为中高孔、中高渗储层。本书以 2Sa 井区为例,目的层段为W3Ⅵ油组。该油组由南北两条断层的封堵形成断块油藏,测井解释结果表明目的层储层非均质性较强。

2) 训练图像的建立及优选

训练图像是控制多点模拟结果的关键输入参数,它是一个先验的地质模式,是数字化的储层原型,能够反映储层的内部结构、几何形态及空间展布情况,是储层非均质性和相模式的定量表达(尹艳树等,2008b;Wu,2008)。在不同资料条件下,建立训练图像的方法有很多。可以综合利用地震属性、露头观察、地质认识等资料建立训练图像,也可以直接采用基于目标的非条件模拟方法获得。针对区域沉积环境,研究区属于辫状河三角洲前缘亚相,包含水下分流河道、河口坝、席状砂、分流间湾、滩坝及湖泥等几种微相。研究区域面积较大,微相种类较多,但钻井较少且分布集中,为了真实再现储层的结构特征,训练图像的建立和合理的选择显得尤为重要。由于单井相的资料不全,若对每种微相进行模拟,大面积没有井控制的地方模拟的不确定性太大,故笔者采用录井解释的砂泥岩相进行岩相模拟,减少模拟的不确定性。将河口坝、分流河道等辫状河三角洲前缘微相归类为砂岩类;而水下分流间湾、浅湖归类为泥岩类。图 10.34 是对经过处理的沉积微相平面图数字化获得训练图像的过程,其中黄色代表砂岩,蓝色代表泥岩。

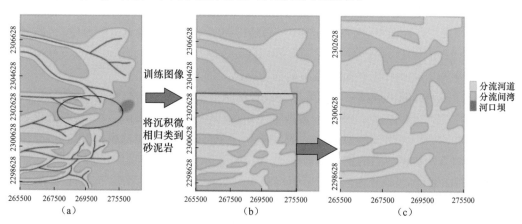

图 10.34　研究区训练图像的建立过程

训练图像反映微相的定量分布模式,上述建立的训练图像[图 10.34(a)]中砂泥比约为 0.61∶0.39,与研究工区实际测井曲线反映的砂泥比近 0.5∶0.5 存在较大差异。为了尽可能真实反映地下储层的实际分布特征,为后续的属性参数建模提供质量保证,综合考虑研究工区所处的地理位置[图 10.34(a)中黑色椭圆形部分],经过多次实验,最终优选出其中的一部分[图 10.34(c)]作为本次研究区所圈的训练图像,砂泥比为 0.49∶0.51,网格划分为 218×216×47(网格数)。

3）模型建立

应用 Filtersim 算法，对工区沉积岩相进行随机建模，包含数据准备、数据分析、扫描训练图像，运用过滤器对训练图像中的数据事件进行分类，然后利用分类后的数据模式进行序贯模拟。这个过程通过软件 SGeMS 来实现，对于三维训练图像，需要 9 个过滤器进行得分转换获得 9 个方向上的权值（均值、梯度、曲率函数），通过整体替换或者部分替换网格节点的方式，与同样基于模式的储层随机建模 SIMPAT 方法相比，大大提高了模拟速度。为了对岩相模型进行更有效的模拟，需要对砂泥岩进行必要的数据分析。粗化是将多个网格中的属性值采用算术平均等方法转化成一个网格属性值，由于测井曲线上的值（1m 有 8 个值），而模型是以单个网格（1m 通常为 1 个值）为单元来进行模拟和计算的，因此，需要将数据粗化，然后赋值给网格。经检验，测井曲线及粗化数据分布一致，从统计上说明了粗化的可靠性。

通过垂向上砂泥岩比例的分布（图 10.35）情况可以看到上段和下段砂岩分布比较多，底层泥岩分布较多，中间段出现很薄的泥岩隔夹层，与井上统计的信息相符：主力油层在第一套砂体中，第二套砂体主要为水层。通过这些数据的约束进行相模拟效果较好。

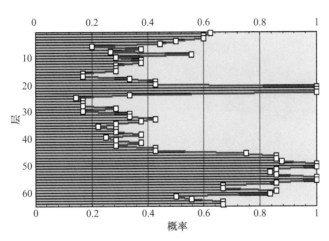

图 10.35　垂向上砂泥岩概率分布曲线

在相模拟过程中，以测井曲线数据作为硬数据，结合地震数据，运用 Filtersim 算法随机模拟得到多个等概率的实现［此处只列出三个，图 10.36(a)～图 10.36(c)］，多个实现都能够很好地忠实于条件数据，还能较好地再现砂体的几何形态，真实地反映训练图像的结构性。通过三维可视化动态播放窗口，能够看到该实现在垂向上的连续性非常好，物源方向为 NW 方向，W3Ⅵ油组东边的岩性尖灭现象也得到很好地体现，符合地质上的认识，模型建立过程中内存占用不到 200MB。将模拟实现与较为成熟的多点 SNESIM 算法（内存占用超过 1400MB）建立的模型［图 10.36(d)～图 10.36(f)］对比发现，Filtersim 算法形态重构能力更强，形态连续性更好，符合该工区的沉积模式。

在对研究区沉积微相认识基础之上，利用录井解释的砂泥岩相进行岩相模拟，相的种类减少，降低了模拟的不确定性。在此前提下建立的训练图像适用性良好。

Filersim 算法占用内存小,运行速度较快,模拟的沉积相结果具有一定的真实性,该新方法的应用对推动储层随机建模方法研究具有重要理论意义,对井位少、面积大的油田(特别是海上油田)储层建模具有重要意义。

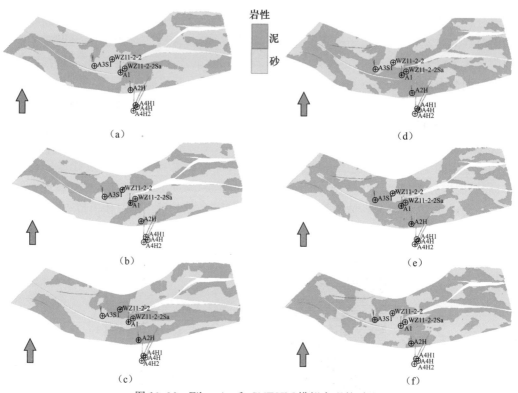

图 10.36　Filtersim 和 SNESIM 模拟实现的对比

10.4　基于过程的模拟方法

基于过程的建模方法不是直接对最终的储层形态和内部结构进行模拟,而是通过对形成的沉积过程进行模拟,进而刻画最终储层及其内部结构单元的展布。基于过程的模拟能够从储层结构单元的成因出发,在模拟过程中能够有效地整合先验的地质认识和规律,从而使模拟结果更加逼近地质真实。该方法目前应用的主要难点在于条件化。本节主要介绍研究组对基于沉积过程建模算法 Alluvsim 的剖析和测试及针对曲流河点坝砂体提出的一种基于过程的建模方法。

10.4.1　Alluvsim 原理

1. 基于沉积过程的随机建模方法的提出

储层随机建模技术是近 20 年来发展起来的一项先进的储层表征技术。利用储层随机建模技术表征储层的非均质性已经得到储层研究人员的广泛认同,研究也越来越深入

（裘怿楠和贾爱林，2000；王家华和张团峰，2001；李少华等，2003；尹艳树等，2006a）。目前的随机建模方法主要有：基于目标的方法、基于像元的方法和近几年来迅速发展的多点地质统计学，这些方法在储层建模中有各自的优缺点（吴胜和和李文克，2005；Alapetite et al.，2005）。随着储层沉积学、储层地震学及对现代沉积和露头研究的进展，国内外学者对储层沉积过程的研究更加深入与全面。一些学者意识到应该把这些地质认识整合到储层地质模型中，这样才能使建立的模型更符合地质实际（Cojan et al.，2004）。尽管当前的储层随机建模方法在一定程度上能够刻画储层的非均质性，但在整合与沉积过程有关的地质信息上存在局限性。因为这些方法只能"静态"模拟目标体的几何形态和空间分布，很少考虑目标体的成因联系及演化过程，从而不能准确表征储层的非均质性（Pyrcz and Strebelle，2006）。例如，目标层次模拟方法可以模拟河道、天然堤、决口扇及泛滥平原四种河流相储层构型要素的几何形态和空间分布，但是不能模拟点坝的几何形态及空间分布，也不能模拟辫状河的形态（Deutsch and Wang，1996）。

鉴于当前的储层随机建模方法在整合与沉积过程有关的地质信息方面存在的不足，在总结前人研究成果的基础上，Pyrcz 等（2009）提出了基于沉积过程的随机建模方法，并在此基础上开发一个模拟河流相储层的 Alluvsim 算法。基于沉积过程的随机建模方法有效综合了与沉积过程有关的地质信息和一些先验的地质知识，从模拟目标体的沉积过程出发定量描述目标体的几何形态和空间分布。目前，这种方法主要用在河流相储层中，能够模拟河道的侧向迁移、改道和决口等过程，刻画河流相储层中的各种构型要素随时间在空间的变化（吴胜和和李宇鹏，2007）。同时，其基于沉积过程的随机建模方法通过从先验地质知识得到一系列形态参数，能够定量刻画储层构型要素的几何形态，所以产生的模型较为真实。因此，基于沉积过程的随机建模方法可以建立比较真实的储层三维构型模型，提高建模精度，降低储层预测中的不确定性。

2. 基于沉积过程的随机建模方法的基本概念

以河流相储层为例，基于沉积过程的随机建模方法结合与沉积过程有关的地质信息，通过河道的演化过程再现河流相储层构型要素的几何形态特征和空间分布规律。在该方法中有 3 个关键的概念：河道中线、河流中线操作和河流相储层构型要素的几何形态（Pyrcz，2004）。

1）河道中线

基于沉积过程的随机建模方法实际上也是一种基于河道中线的方法（尹艳树等，2008c）。河道中线是基于沉积过程模型的核心，它的形态和位置控制河流相构型要素的分布。河道中线通过周期性扰动模型产生，然后对产生的初始节点进行三次样条函数插值，最后得到由一系列平滑的等间距的节点，每个节点存储着该节点位置、局部方位角和曲率、河道剖面几何形态等信息（Ferguson，1976）。这样，河道中线就由一系列的节点组成，每个节点包含很多形态信息。基于沉积过程的方法引入了层次的概念，成因上有联系的河道主流线组成河道主流线复合体，成因上有联系的河道主流线复合体组成河道主流线复合体集，它们通过沉积过程联系起来。例如，一个河道复合体可以描述河流发生分叉和侧向迁移过程，一个河道复合体集合可以表征新的主河道的产生（Pyrcz，2004）。

2）河道中线操作

基于沉积过程的方法整合了沉积学家、水动力学家的研究成果，通过产生和改变河道中线来模拟河道的演化过程。河道中线操作过程包括：初始化、改道、加积、侧向迁移和截弯取直。在 Alluvsim 算法中，这些过程是通过输入的参数来控制的。

（1）初始化用来产生一条新的河道主流线，描述在模型起始边界位置河流发生一次改道事件。模拟河道中线的方法很多，如波形模型和随机游走模型，利用 Ferguson（1976）设计的周期性扰动模型可以产生较为真实的河道中线。

（2）改道分为两种，一种是整条河道被废弃，产生一条新河道，这种改道相当于初始化；另一种是洪水期水流冲开堤岸，在下游方向产生一条新河道，即河道分叉。在 Alluvsim 算法中，改道操作先把发生改道之前的河道中线的信息复制一份，接着在河道中线上随机选择发生改道的位置，然后在下游产生一条分汊河道。这条分汊河道与上游河道具有相同的弯曲度和几何形态参数分布。Alluvsim 算法考虑到改道的位置与河道曲率密切相关，使改道位置尽可能发生在河流较弯曲的地方，这符合实际的地质情况。新河道中线产生后，要对它的几何形态参数进行平滑处理，使得在改道位置节点保存的属性是连续的。

（3）加积是河流携带的沉积物沉积在河道和漫滩中，这个过程通过河道中线的高度抬升来实现的。在 Alluvsim 算法中，通过增加河道中线上节点的 Z 坐标值来定量刻画这一过程。

（4）侧向迁移是在洪水期凹岸受到河水侵蚀，而凸岸接受沉积，河道向外侧凹岸迁移的过程。侧向迁移的结果是河流曲率增大。随着河道不断侧向迁移，形态越来越弯曲，一次洪水事件可能使河道发生截弯取直。在 Alluvsim 算法中，河流中线的侧向迁移是根据 Howard（1992）提出的凹岸侵蚀凸岸侧向加积模型（the bank retreat model）来实现的。在每次侧向迁移中，河流中线上每个节点的迁移距离与方向通过节点所存储的属性（如局部曲率和方位角）和用户输入的参数（如河道宽度、河道深度、摩擦系数、侵蚀系数）计算求得（Sun et al.，1996）。当节点移动后，检查截弯取直是否发生，如果发生，移除废弃的曲流环部分。最后对节点进行样条插值。这样侧向迁移后的新河道就产生了。

3）河流构型要素

构型要素是沉积体系内部一个特定的沉积过程和一组沉积过程的产物。对于河流相储层而言，基于沉积过程的方法考虑的构型要素包括河道（CH）、侧积体（LA）、天然堤（LV）、决口扇（CS）、废弃河道[FF（CH）]和漫滩（FF）。下面介绍其中的几种构型要素的几何形态和相关参数。

（1）河道（CH）。河道是重要的河流相沉积微相，它控制着点坝、天然堤、决口扇和废弃河道的几何形态和空间分布。河道砂体的几何形态由河道中线、河道厚度、宽厚比和最大厚度的相对位置确定（尹艳树等，2006b；Deutsch and Tran，2002）。假定通过周期性扰动模型产生了河道中线，节点位置的河道曲率通过式（10.27）计算[图 10.37（a）]：

$$a(y) = \lim_{T_n T_{n+1} \to 0} \frac{\theta}{\widehat{T_n T_{n+1}}} \tag{10.27}$$

式中，θ 为逆时针方向上直线旋转到直线方向上的角度；T_n 为河道中线上的节点；$a(y)$ 为曲率。

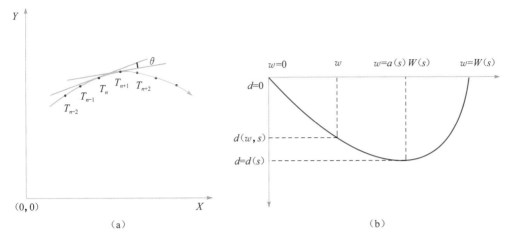

图 10.37　河道剖面形态示意图

最大厚度的相对位置通过河道曲率计算式(10.28)：

$$
a(s) = \begin{cases}
\dfrac{1}{2}\left(1 + \dfrac{|C_v(s)|}{C_{\max}}\right) & C_v(s) < 0 \\[2mm]
\dfrac{1}{2}\left(1 - \dfrac{|C_v(s)|}{C_{\max}}\right) & C_v(s) > 0 \\[2mm]
\dfrac{1}{2} & C_v(s) = 0
\end{cases} \tag{10.28}
$$

式中，$C_{\max}$ 是河道中线曲率的最大值；$C_v(s)$ 是当前节点位置河道中线的曲率值；s 表示在当前节点位置时河道长度。

根据河道最大厚度相对位置、河道宽度、河道厚度，就可以确定河道的剖面形态 [图 10.37(b)]。例如，当 $C_v(s) \leqslant 0.5$，即河流最大厚度位置靠近左岸时，在任意节点位置处河道剖面形态可以通过式(10.29)计算：

$$
d(w,s) = 4d(s)\left(\frac{w}{W(s)}\right)^{b(s)}\left[1 - \left(\frac{w}{W(s)}\right)^{b(s)}\right] \tag{10.29}
$$

式中，$b(s) = \ln 2 / \ln[a(s)]$，$W(s)$ 为当前节点的河道最大宽度；$d(w,s)$ 当前节点河道宽 w 处对应的河道厚度。

(2) 侧积体(LA)。侧积体是河道在侧向迁移的过程中形成的，侧积体分布在曲流环内部，形态受河道形态和侧向迁移距离控制，剖面上为楔状，平面上为新月状(图 10.38)，图中浅黄色代表侧积体，橙色代表河道砂体。

(3) 天然堤(LV)。天然堤是在洪水期河水携带的细粒沉积物沿河床两侧堆积而成的，在弯曲河流的凹岸发育较好。天然堤两侧不对称，向河床一侧较陡。厚度分布也不均匀，一般靠近河床较厚，向漫滩方向逐渐变薄。天然堤的几何形态和相关参数如图 10.39 所示。

天然堤的顶面形态和底面形态通过式(10.30)和式(10.31)计算：

$$
\mathrm{LV_{top}}(d,s) = \mathrm{LV_{height}}(s)\left[\frac{d}{\mathrm{LV_{width}}(s)F}\right]\exp\left(\frac{-d}{\mathrm{LV_{width}}(s)F}\right) + \mathrm{CH_{elev}}(s) \tag{10.30}
$$

$$LV_{base}(d,s) = CH_{elev}(s) - LV_{depth}(s) \cdot \left[\frac{LV_{width}(s)F - d}{LV_{width}(s)F} \right] \tag{10.31}$$

式中，(d,s)定义空间位置；s是沿着河道中线的长度；d是垂直于河道边界的距离；$LV_{top}(d,s)$、$LV_{base}(d,s)$是在该位置处天然堤顶面和底面高程；F是一个控制示天然堤的几何形态和在河道两侧不对称性的系数。

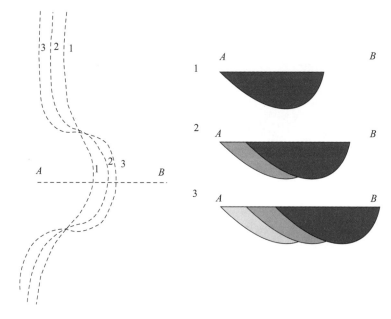

图 10.38　曲流河侧积体沉积过程示意图

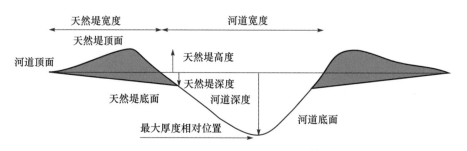

图 10.39　河道与天然堤横剖面以及几何形态参数示意图

（4）决口扇（CS）。决口扇是洪水期河水冲决天然堤，河水携带的沉积物在决口处堆积成的扇形沉积物。它的几何形态定义为一系列离散的朵体，与河道近似垂直。对于每条河道，决口扇的个数和单个决口扇的朵体个数通过用户定义的正态分布 $N(\mu,s)$ 得到，决口位置通过曲率加权的节点位置分布得到。这样，决口扇更容易发生在河道曲率高的地方，这符合实际地质情况。决口扇的几何形态和相关参数如图 10.40 所示，图中 L 和 W 分别是单个朵体的长度和最大宽度，l 是在朵体最大宽度时朵体的长度，w 是在决口位置处朵体的宽度。

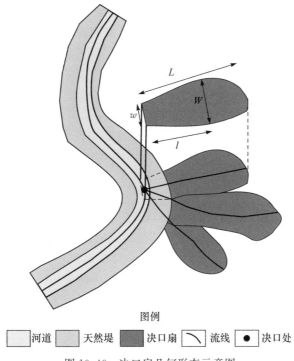

图例

河道　天然堤　决口扇　流线　●决口处

图 10.40　决口扇几何形态示意图

3. 基于沉积过程的随机建模方法

基于沉积过程的随机建模方法是一种新的地质统计学方法,该方法通过模拟目标体的沉积过程再现目标体的几何形态和空间关系。河流相储层的非均质性研究一直以来都是国内外学者研究的热点,Pyrcz 等(2009)将基于沉积过程的随机建模方法应用于河流相储层,提出了 Alluvsim 算法。Alluvsim 算法通过输入参数来刻画河流的演化过程及相关构型要素的几何形态,其建模基本思想如下。

(1)建立储层地质概念模型及地质知识库,提取建模参数,建立参数文件。参数文件包括河流密度趋势、构型要素几何形态参数、控制河道沉积过程的参数、条件数据等。

(2)产生一组候选的河道中线,刻画河流的平面形态。河道中线存储了河流的方位角、弯曲度、厚度、宽厚比等信息。河道中线由一系列节点组成,每个节点保存了坐标位置和该位置的河道半宽度的信息。

(3)根据河流密度趋势从备选的河道中线中随机地挑选一条河道中线,这样产生了一条河流。

(4)对该河道中线进行三次样条插值,节点沿着中线等距排列。在节点处计算确定河道剖面形态的参数,如河道曲率、宽度、厚度及最大厚度的相对位置等。

(5)通过参数文件中的几何形态参数建立该条河流的三维构型模型,其实质就是给三维空间内河流及相关沉积物所分配的网格赋代表不同构型的属性值。

(6)产生下一条河流。随机产生一个 0~1 的常数,判断通过哪一种沉积过程产生下一条河道。在参数文件中用户定义了两个控制河道演化过程的概率值(产生一条新河道的概率)和(河道发生分叉的概率)。如果产生一条新河道,重复(3)、(4)、(5)步骤;如果河道发生分叉,修改上一期河流的河道中线,产生一条新的河道,重复(4)、(5)步骤;否则河道发生侧向迁移,通过移动每个节点的位置产生一条新的河道中线,生成一条新的河道,重复(4)、(5)步骤。

(7) 计算目标函数值:

$$NTG = \frac{河道、天然堤、侧积体和决口扇所占的网格总数}{三维模型总网格数} \tag{10.32}$$

(8) 转到步骤(5),直至达到给定的值或者最大河道个数,从而得到一个随机模拟实现。

(9) 对产生的模型进行条件化处理,得到最终的随机模拟结果。

基于沉积过程的方法(如 Alluvsim)与传统的随机建模方法的本质差别在于建立的模型是否考虑到目标体的沉积过程。前者通过目标体的沉积演化过程模拟各种构型要素的几何形态和空间分布,而后者很少考虑与沉积过程相关的地质概念,建立的模型在整合地质信息上存在不足,不能准确刻画储层的成因联系。正是由于这一差别,基于沉积过程的方法能够更精确表征储层的非均质性。

10.4.2　Alluvsim 应用

基于沉积过程的方法可以产生概念模型,可以为多点地质统计学提供训练图像,还可以建立井数据较少的条件模型。最近几年发展迅速的多点地质统计学对训练图像有了进一步的要求,即训练图像能够包括特定储层类型的非均质性特点。基于沉积过程的方法整合了沉积过程的信息,能够建立高分辨率的构型要素模型,是获取训练图像的一个重要工具。以模拟河流相储层的 Alluvsim 算法为例,通过改变输入参数模拟不同河流相储层中的构型要素的几何形态。

1. 古河谷(PV)鞋带状储层

古河谷储层的显著特点是由许多鞋带状砂体组成。在该类型的储层中,河道曲率变化较大,厚几十米,沿着河道延伸几十千米。目标层次模拟算法和直接基于目标的方法都是建立在该类型储层之上的。与上述两种方法相比,Alluvsim 算法能够更加真实地模拟河道弯曲形态及演化过程。一个低净毛比的古河谷(PV)模型见图 10.41。

2. 河道和点坝体(CB)拼合板状储层

拼合板状储层的特点是净毛比高,砂体连续性好,绝大部分陆相沉积砂体属于种类型。在这类储层中,河道的一个显著特点是宽厚比很高。图 10.42 展示了一个利用 Alluvsim 计算的河道和点坝体(CB)拼合板状储层模型。

3. 席状(SH)储层

席状储层通常形成受重力控制的河流沉积,与千层饼状储层类似,砂体分布广泛,连续性好。具有这类储层的陆相沉积砂体有湖泊席状砂、风成沙丘等。图 10.43 是用 Alluvsim 算法计算的一个席状储层模型。

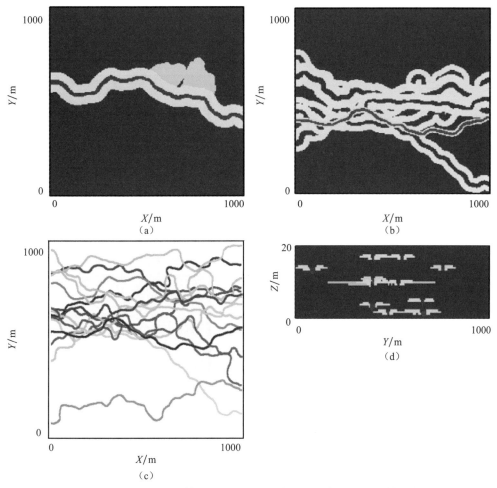

图 10.41　用 Alluvsim 算法实现的一个低净毛比的古河谷(PV)储层模型

(a)$Z=4.5\text{m}$ 平面图；(b)$Z=10\text{m}$ 平面图；(c)所有的河道中线；(d)$X=500\text{m}$ 的剖面图

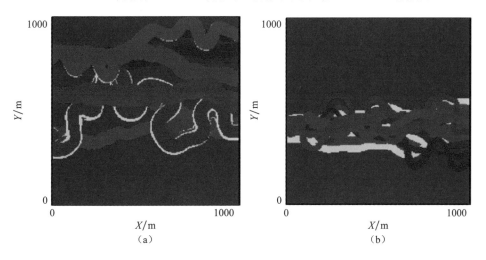

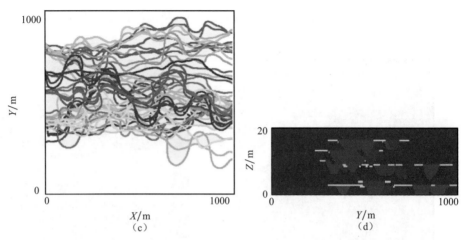

图 10.42　用 Alluvsim 算法实现的一个河道和点坝体(CB)拼合板状储层模型

(a)Z=2.5m 平面图;(b)Z=10m 平面图;(c)所有的河道中线;(d)X=500m 的剖面图

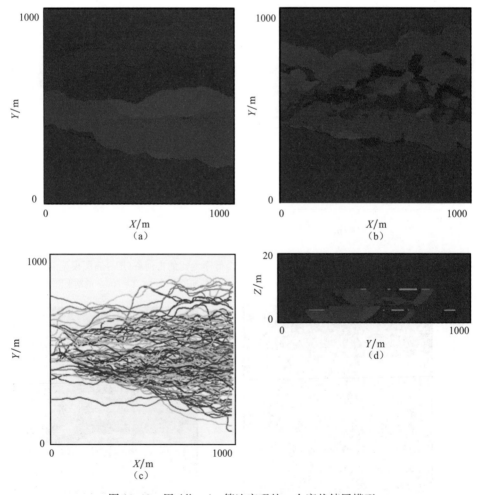

图 10.43　用 Alluvsim 算法实现的一个席状储层模型

(a)Z=4m 平面图;(b)Z=7m 平面图;(c)所有的河道中线;(d)X=500m 的剖面图

基于沉积过程的随机建模方法是近几年发展起来的一种储层随机建模新方法,与之前的方法相比,在刻画目标体几何形态和表征储层成因联系方面有了很大进步。由于该方法的研究尚处于发展初期阶段,存在一些方面的不足,需要不断加以完善。综合国际上基于沉积过程方法的研究现状及对 Alluvsim 算法的结果分析,基于沉积过程的随机建模方法需要在以下几个方面进行改进。

(1) 河道中线生成问题。河道中线刻画河流的弯曲形态和演化过程,是建立河流相模型的关键。在河道中线的初始化中,河道中线形态除了受曲率影响外,还受到节点步长作用的影响。当节点步长较小时,河道中线的波动频率较大,不能反映真实的河道形态;在模拟河道演化的过程中,新河道中线是通过改变前一期河道中线的节点位置来完成,这就会造成经过多期演化的河道形态出现异常,例如,出现打结或尖峰等。另外,目前的 Alluvsim 算法能较好地模拟曲流河的几何形态,但不能模拟辫状河和网状河,需要进一步加强研究与改进。

(2) 点坝内部泥岩侧积层刻画问题。油田开发到中后期,剩余油分布非常分散,储层精细描述的重点已经由层间转为层内,因此,层内非均质性研究显得尤为重要。目前的 Alluvsim 算法能够模拟曲流河点坝的侧积过程及其几何形态,但没有考虑点坝砂体内部非均质性情况,不能模拟泥岩侧积层的几何形态与空间分布。所以如何模拟这种复杂的地质体几何形态将是未来研究的主要方向。

(3) 井数据的条件化。井数据的条件化一直以来都是国内外专家学者关注的一个难点问题。目前的条件化算法如以下几种:①在构建模型中动态地控制模型参数提高数据匹配度;②改变目标体几何形态匹配到井数据;③采用训练图像进行多点地质统计学模拟(Oliver,2002;Strebelle,2002)。然而这些方法都存在一定的缺陷,或者需要大量机时、或者不够稳健、或者目标体不能保留复杂的几何形态及相互关系。基于沉积过程的随机建模方法迭代算法实现条件化,思路是使大规模的几何体来满足小规模的条件数据,通过移动整个河道复合体而不是某一单一河道来满足井条件数据,进而能够保留河道之间的成因联系(Pyrcz and Deutsch,2005)。但这种方法只适用于井数据较少的区域,而在密井网区条进化非常困难,不仅花费大量机时,而且可能产生一些失真现象,例如,为了满足条件数据,井附近的构型要素会被改变。因此,找到一种既合理又有效的条件化算法是未来工作的重点。

基于沉积过程的储层随机建模方法是地质统计学的一个分支,它有效地将一些先验地质知识与沉积过程有关的地质信息整合到模型中,从而更真实地表征储层的非均质性。这种方法以构型要素为模拟单元,根据沉积事件来模拟构型要素的几何形态和相互联系,适用性强,能够模拟不同类型的沉积环境,如河流相、深水沉积。尽管基于沉积过程的储层随机建模方法与传统地质统计学方法相比具有明显的优势,但这种方法尚处在起步阶段,诸多方面存在不足,还需要不断加以完善。

10.5　混合建模方法

储层建模有很多种方法,每种方法都有各自的优缺点,需要根据实际情况和研究目标进行合理地选择。一般来说，通常采用一种方法对某工区的沉积相进行模拟。为更加合理地刻画不同沉积相类型的各自特点，有时候需要将不同的建模方法进行耦合。本节主要介绍研究组综合基于目标的 Fluvsim 算法和基于两点统计的 SIS 算法进行沉积相建模的实例。

10.5.1　建模思路及步骤

不同随机建模方法耦合是储层随机建模研究的热点之一（王家华和张团峰，2001）。为了将不同随机建模方法耦合，设计了如下建模思路：首先，在选择一种随机建模方法时，将适合这种方法模拟的微相作为模拟对象，而其他微相作为背景相，模拟完成后，保留模拟微相在网格节点的值。对于背景相，如果节点处为非条件数据点，则将其值设为空，即将其状态设置为未模拟，如果节点处为条件数据，保留条件数据；其次，对于背景相区域，选择合适的建模方法对剩余未模拟储层进行模拟，其模拟过程与第一步相同。经过这样的处理，就可以将不同的随机建模方法进行耦合，并根据每一类微相特点选择合适的随机建模方法进行预测，从而使得每一类储层的几何形态及空间展布得到真实再现，提高储层微相预测精度。

在本书中，将基于目标的目标层次建模方法（Fluvsim）与基于像元的序贯指示模拟（SIS）方法进行了结合。利用 Fluvsim 建立具简单几何形态微相分布，利用 SIS 方法建立具复杂几何形态的微相分布。由于这两种方法是独立的，导致模拟过程不能自动完成。为了使模拟过程简单及自动化，将两种算法耦合起来，从而使得模拟能够一次生成不同微相储层空间展布。其具体模拟步骤如下。

（1）利用 Fluvsim 建立简单形态微相分布。此时，背景相单独作为一个代码与所有微相代码区别。

（2）将建模结果输出到 SIS 模拟。提取网格节点处的值，保留网格节点不等于此背景相的值。其他节点重新设置为空，即设置为未模拟节点。

（3）进行 SIS 建模。此时，仅对未模拟节点进行模拟，且此时只考虑未模拟的微相：①判断是否为未模拟网格节点；②计算待估节点处不同类型微相的概率（不包括先前模拟目标）；③蒙特卡洛抽样决定待估节点微相类型。

（4）模拟最终结果输出，图形显示及结果分析。

10.5.2　研究实例

1. 区域概况

濮城油田位于东濮凹陷中央隆起带北部东侧，北接陈营构造带，南连文 51 构造带，西与胡状集向斜毗邻，向南东倾于濮城-前梨园生油洼陷中。在古近纪沉积了一套厚达几千米的河湖地层。其中，沙河街组是濮城油田重要含油层段。研究层段沙三中亚段受断层影响长轴背斜岩性油气藏，储层主要为水下扇沉积，主要砂体类型为沟道砂、席状砂，储层岩性以粉砂岩为主，为细喉、中低孔、低渗储层（尹太举等，2004）。目前，沙三中亚段 6-10 油藏已经进入开发中后期，井网密度为 300～350m，钻有各类生产井和过路井共 250 余口。

2. 储层地质知识库

通过取心井的观察和细致分析,沙三中亚段 6-10 油藏主要分布于水下扇扇中至扇缘一带,以水下沟道、沟道间、席状砂、滑塌沉积、半深湖(深湖)泥等沉积微相为主。沟道具有较明显几何形态,可以应用 Fluvsim 进行预测;其他微相形态复杂,需要利用 SIS 进行预测。

不同随机建模方法需要输入不同的建模参数,利用全区 250 余口井测井资料,结合前人研究成果,获取了建模所需要的建模参数。

对于 Fluvsim 而言,需要输入井眼处条件数据、沟道所占百分比、沟道延伸方向及长度、沟道曲流波长、沟道厚度、宽度及宽厚比等。对于序贯指示模拟而言,需要输入井眼处条件数据、统计参数和变差函数特征参数等。以沙三中亚段 8 砂组为例,井眼处条件数据为目的层段微相,利用 250 余口井测井相数据,确定了不同微相所占比例,沟道微相为 27%,沟道间微相为 20%,席状砂微相为 30%,深湖泥微相为 23%。通过精细地质研究,沟道自 NE 60° 入湖,延伸距离为 1100m±250m,沟道宽度为 400m±100m,沟道曲流波长为 400m,沟道宽厚比 150±50,沟道厚度为 3~8m,平均厚度为 4.2m。对其他微相,计算变差函数并进行拟合,拟合结果见表 10.8。从表 10.8 可以看出,席状砂与沟道间主变程方向与沟道延伸方向一致,均为北偏东 60°。席状砂、沟道间及深湖泥的主变程分别为 1000m、800m、1200m;席状砂、沟道间及深湖泥的次变程为 500m、500m、700m。这与地质分析结果基本相符。综上表明所求取的变差函数结构参数准确,以此为基础建立的模型具有较高的可信度。

表 10.8　沙三中亚段 8 砂组不同微相实验变差函数拟合结果

相型	编码	主变程 /m	主变程方位 /(°)	次变程 /m	垂向变程 /m
席状砂	2	1000	60	500	4
沟道间砂	3	800	60	500	2
深湖泥	4	1200	90	700	5.5

3. 水下扇储层三维地质模型

采用上述介绍的方法,将建模所需要的条件数据与统计参数、结构参数输入到程序中,就建立了沙三中亚段 8 砂组微相的三维地质模型。图 10.44 是模拟结果的一个平面及剖面切片图。从图 10.44 可以看出:沟道、沟道间、席状砂的分布得到清楚再现。沟道呈连片分布,沿着沟道延伸方向,断续发育一些沟道间的物质,在远离沟道的两侧及前方发育有席状砂。可见模拟结果真实再现了不同微相几何形态及空间分布。

为了对设计的建模方法的合理性作进一步检验,在模拟过程中进行了抽稀检验。即通过抽稀部分井,利用剩余井作为条件数据对抽稀井进行预测,然后统计模拟结果与抽稀井吻合程度,从而判断模拟实现是否准确反映了储层微相空间分布。在工区垂直沟道方向随机选择了 P6-33 井、P140 井、P7-21 井、P7-11 井、P7-107 井进行了检验。以 P7-107 井为例,对模拟实现的准确性进行了分析,图 10.45 是 P7-107 井的四个实现结果。从

图 10.45 可以看出,模拟实现与实际测井解释结果非常的相似:沟道主要分布于上部,发育两条厚度较大的沟道,而湖泥主要发育在下部,席状砂主要在沟道下方,沟道间则靠近沟道发育。可见在局部模拟实现结果与实际井资料反映的微相分布是相符合的。通过统计抽稀井微相实现百分比,并与实际测井解释作比较,最大误差不超过 17.5%。表明模拟实现较真实地反映了储层沉积微相分布。

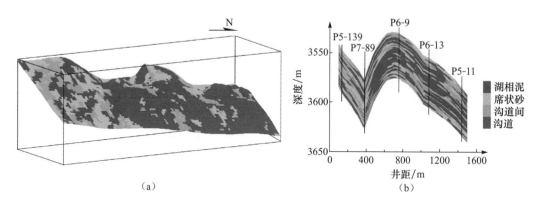

图 10.44　沙三中亚段 8 砂组微相的一个实现
(a)平面切片图;(b)剖面切片图

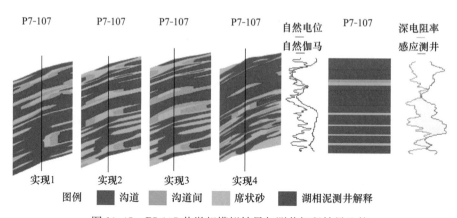

图 10.45　P7-107 井微相模拟结果与测井解释结果比较

将模拟结果作为约束进行相控储层物性参数预测,随后的数值模拟结果表明,模拟结果与生产历史吻合很好。通过研究,主要得到以下认识。

(1)提出将多种随机建模方法综合预测储层沉积微相的新思路,并给出建模流程。丰富了微相储层随机建模研究方法。

(2)将目标层次建模与序贯指示建模成功结合,初步解决了不同随机建模方法耦合的问题,为多种随机建模方法耦合建模提供了思路。

(3)针对不同微相几何形态及分布特征不同的特点,选择不同的随机模拟方法进行预测,而不是对这些微相采取同一种建模方法,使模拟过程更加合理,模拟结果具有更高的可信度和准确度。

（4）利用目标层次建模与序贯指示建模的综合模拟,建立了濮城油田沙三中亚段 8 砂组水下扇微相分布模型,抽稀检验及生产实践表明,模拟结果具有较高的准确度。

参 考 文 献

葛云龙,薛培华.1998.辫状河相储集层地质模型——"泛连通体"[J].石油勘探与开发,25(5):77-79.

侯景儒,黄竞先.1990.地质统计学的理论和方法[M].北京：地质出版社.

矫希国,刘超.1996.变差函数的参数模拟[J].物探化探计算技术,18（2）: 157-161.

赖泽武,黄沧佃,彭仕宓.2000.储层结构目标建模程序 MOD-BOJ 及其应用[J].石油大学学报,25(1): 63-68.

兰丽凤,白振强,于德水,等.2010.曲流河砂体三维构型地质建模及应用[J].西南石油大学学报(自然科学版),32(4):20-25.

李少华.2004.储层随机建模的若干改进[M].北京:中国石油勘探开发研究院.

李少华,张昌桥,张柏桥等.2001.减弱地质数据丛聚效应的方法——以新疆油田为例[J].新疆石油地质,22(1):68-69.

李少华,张昌民,尹艳树.2003a.河流相储层随机建模的几种方法[J].西安石油大学学报:自然科学版,18(5):10-16.

李少华,张昌民,张柏桥,等.2003b.布尔方法储层模拟的改进与应用[J].石油学报,24(3):78-8.

李少华,张昌民,林克湘,等.2004a.储层建模中几种原型模型的建立[J].沉积与特提斯地质,24(3): 102-107.

李少华,张昌民,彭裕林,等.2004b.储层不确定性评价[J].西安石油大学学报(自然科学版),19(5): 16-21.

李少华,尹艳树,张昌民.2007.储层随机建模系列技术[M].北京,石油工业出版社.

李少华,张昌民,尹艳树.2008.多物源条件下的储层地质建模方法[J].地学前缘,15(1):196-201.

李彦冬,雷航.2011.多核操作系统发展综述[J].计算机应用研究,28(9):3215-3219.

廖新维,李少华,朱义清.2004.地质约束下的储集层随机建模[J].石油勘探与开发,31S:92-94.

刘德贵,费景高,于泳江,等.1983.FORTRAN 算法汇编第二分册[M].北京:国防工业出版社,1983.

毛治国,胡望水,余海洋.2007.油藏地质模型研究进展[J].特种油气藏,14(4):6-121.

孟欣然,梁堰波,孟宪海,等.2013.基于 FILTERSIM 算法的油藏沉积微相模拟研究[J].计算机工程与设计,34(2):545-549.

彭仕宓,尹志军,李海燕.2004.建立储层四维地质模型的新尝试以冀东高尚堡沙三段储层建模的建立为例[J].地质论评,50(6):662-666.

裘怿楠.1990.储层沉积学研究工作流程[J].石油勘探与开发,17(1):86-90.

裘怿楠,贾爱林.2000.储层地质模型 10 年[J].石油学报,21(4):101-104.

石书缘,尹艳树,冯文杰.2012.多点地质统计学建模的发展趋势[J].物探与探,36(4):655-660.

王家华,张团峰.2001.油气储层随机建模[M].北京:石油工业出版社.

王仁铎,胡光道.1988.线性地质统计学[M].北京:地质出版社.

文健,裘怿楠.1994.油藏早期评价阶段储层建模技术的发展方向[J].石油勘探与开发,21(5):88-93.

文健,裘怿楠,肖敬修.1994.早期评价阶段应用 Boolean 方法建立砂体连续性模型[J].石油学报专刊, 15:171-178.

吴胜和,张一伟.2001.提高储层随机建模精度的地质约束原则[J].石油大学学报,25(1):55-58.

吴胜和,李文克. 2005. 多点地质统计学——理论、应用与展望[J]. 古地理学报,7(1):137-144.

吴胜和,李宇鹏. 2007. 储层地质建模的现状与展望[J]. 海相油气地质,12(3):53-60.

吴胜和,金振奎,黄伧钿,等. 2000. 储层建模[M]. 北京:石油工业出版社.

辛治国. 2008. 基于河口坝砂体构型分析的剩余油分布模式研究[J]. 化工矿产地质,30(3):129-154.

熊琦华,陈亮. 1997. 现代油藏描述技术中随机模拟方法及应用[J]. 中国数学地质卷. 8:72-84.

尹太举,张昌民,李中超,等. 2004. 层序格架内储层非均质性初探——以濮城油田沙三中 6-10 油藏为例[J]. 石油学报,25(2):88-96.

尹艳树,吴胜和. 2007. 提高河流相储层建模精度的河道中线约束方法[J]. 大庆石油地质与开发,26(6):78-811.

尹艳树,吴胜和,秦志勇. 2006a. 储层随机建模研究进展[J]. 天然气地球科学,17(2):210-216.

尹艳树,吴胜和,秦志勇. 2006b. 目标层次建模预测水下扇储层微相分布[J]. 成都理工大学学报,33(1):53-57.

尹艳树,吴胜和,张昌民,等. 2006c. 用多种随机建模方法综合预测储层微相[J]. 石油学报,27(2):68-71.

尹艳树,吴胜和,翟瑞,等. 2008a. 港东二区六区块曲流河储层三维地质建模[J]. 特种油气藏,15(1):17-20.

尹艳树,吴胜和,翟瑞,等 2008b. 利用 Smipat 模拟河流相储层分布[J]. 西南石油大学学报(自然科学版),30(2):19-22.

尹艳树,吴胜和,张昌民,等. 2008c. 基于储层骨架的多点地质统计学方法[J]. 中国科学. 38(增刊Ⅱ):157-164.

于兴河,陈建阳,张志杰,等. 2005. 油气储层相控随机建模技术的约束方法[J]. 地学前缘,12(3):237-244.

张春雷,段林娣,王志章. 2004. 储集层随机建模的改进河道模型条件算法[J]. 石油勘探与开发,31(4):76-78.

张挺. 2009. 基于多点地质统计的多孔介质重构方法及实现[D]. 合肥:中国科学技术大学博士学位论文.

张团峰,王家华. 1995. 储层随机建模和随机模拟原理[J]. 测井技术,19(6):391-397.

Alapetite A,Leflon B,Gringarten E,et al. 2005. Stochastic modeling of fluvial reservoirs:The YACS approach[C]//Society of Petroleum Engineers Annual Technical Conference and Exhibition,Dallas.

Arpat G B. 2005. Sequential simulation with pattern classification for spatial pattern simulation[D]. California:Stanford University.

Caers J,Zhang T. 2004. Multiple-point Geostatistics:A quantitative vehicle for integrating geologic analogs into multiple reservoir models Grammerm[A]//Harris P M,Eberli G P. AAPG Memoir80:Integration of Outcrop and Modern Analog Data in Reservoir Models:383-394.

Caers J,Avseth P,Mukerji T. 2001. Geostatistical integration of rock physics,seismic amplitudes and geological models in North-Sea turbidite systems[J]. The Leading Edge,20(3):308-312.

Cojan I,Fouche O,Lopez S,et al. 2004. Process-based reservoir modelling in the example of meandering channel. //Leuangthong O,Deutsch C V. Geostatistics Banff 2004[M]. Netherlands:Springer.

Delhomme,A E K,Giannesini J F. 1979. New reservoir description techniques improve simulation results in Hassi-Messaoud Field-Algeria[C]. The 54th Annual SPE Technical Conference and Exhibition,Las Vegas.

Deutsch C V. 1998. Cleaning categorical variable(lithofacies)realiazations with maximum a-posteriori selection[J]. Computer&Geosciences,24(6):551-562.

Deutsch C V. 2002. Geostatistical Reservoir Modeling[M]. Oxford:Oxford University Press.

Deutsch C V,Journel A G. 1992. GSLIB:Geostatistical Software Library and User's Guide[M]. Oxford:Oxford University Press.

Deutsch C V,Wang L. 1996. Hierarchical object-based stochastic modeling of fluvial reservoirs[J]. Mathematical Geology,28(7):857-880.

Deutsch C V,Tran T. 2002. FLUVSIM:A program for object-based stochastic modeling of fluvial depositional systems[J]. Computers & Geosciences,28(4):525-535.

Dubrule O. 1989. A review of stochastic models for petroleum reservoirs[C]//Armstrong M. Geostatistics. Kluwer Academic Publisher:493-506.

Ferguson R I. 1976. Disturbed periodic model for river meanders[J]. Earth Surface Processes,1(4):337-347.

Gastón C H. 2011. Professional Parallel Programming with C ♯:Masterparallel Extensions with. NET 4[M]. Indianapolis:Wiley Publishing,Incorporated.

Henriquez A,Tyler K J,Hurst A. 1990. Charcterization of fluvial sedimentology for reservoir simulation modeling[J]. SPE Formation Evaluation,5(3):211-216.

Howard A D. 1992. Model channel migration and floodplain sedimenta-tion in meandering streams[A]// Carling P A,Petts G. Lowland Floodplain River:1-42.

Journel A G,Xu W. 1994. Posterior identification of histograms conditional to local data. Mathematical Geology[J],26:323-359.

Liu Y,Journel A G. 2004. Improving sequential simulation with a structured path guided by information content[J]. Mathematical Geology,36(8):945-964.

Liu Y,Harding A,Abriel W,et al. 2004. Multiple-point simulation integrating wells,3-D seismic data and geology[J]. AAPG Bulletin,88(7):905-921.

Matheron G. 1987. Conditional Simulation of the Geometry of Fluvio-Deltaic Reservoirs[C]//SPE Annual Technical Conference and Exhibition,Dallas.

Olivier D. 1989. A review of stochastic models for petroleum reservoirs//Armstrong M. Geostatistics [M]. Nethlands:Kluwer Academic Publisher.

Oliver D S. 2002. Conditioning channel meanders to well observations[J]. Mathematical Geology,34(2): 185-201.

Peyman M. 2012. Modified Filtersim algorithm for unconditional simulation of complex spatial geological structures[J]. Science Research,2:49-56.

Pyrcz M J. 2004. Integration of geologic information into geostatistical models[D]. Edmonton:University of Alberta.

Pyrcz M J,Deutsch C V. 2005. Conditioning event-based fluvial models[M]//Geostatistics Banff 2004. Netherlands:Springer:135-144.

Pyrcz M J,Boisvert J B,Deutsch C V. 2009. Alluvsim:A program for event-based stochastic modeling for fluvial depositional systems[J]. Computers & Geosciences,35(8):1671-1685.

Stoyan D,Kendall W S,Mecke J. 1987. Stochastic Geometry and its Applications[M]. New York:John Wiley &Sons.

Strebelle S. 2002. Conditional simulation of complex geological structure using multiple-point statistics[J]. Mathematical Geology,34(1):1-21.

Sun T,Meakin P,Josang T. 1996. A simulation model for meandering rivers[J]. Water Resources Research,32(9):2937-2954.

Suro-Perez V. 1994. An algorithm for the stochastic simulation of sand bodies[C]. SPE Latin America Petroleum Engineering Conference. Buenos Aires.

Wu J. 2008. A SGeMS code for pattern simulation of continuous and ategorical variables[J]. Computers

Geosciences,34:1863-1876.

Wu J, Zhang T. 2008. Fast Filtersim simulation with score-based distance: Mathematical Geosciences, 40(7):773-788.

Zhang T,Switzer P,Journel A G,2006. Filter-based classification of training image patterns for spatial simulation[J]. Mathematical Geology,38(1):63-80.

第 11 章 储层流动单元

储层流动单元是具有相似的岩性和岩石物性特征,在垂向上和横向上连续分布的影响流体流动的储集单元。自 Hearn 等(1984)提出储层流动单元的概念以后,很多学者应用这一概念开展了储层表征或储层评价研究,并对流动单元的概念和划分方法进行进一步的补充和并用于储层描述和指导油田的开发(Rodriguez,1988;Davies et al.,1996)。笔者研究组从 1996 年在河南油田的双河矿区开展基于多参数的流动单元研究工作,后又在中原油田对该项研究进行了深化,并在大港油田、江苏油田和胜利油田等进行应用,取得了较好的效果。

本章共九节,第一节介绍流动单元的基本概念和研究方法;第二节介绍流动单元的划分和对比方法;第三节介绍利用高分辨率层序地层学原理进行流动单元垂向划分的思路和方法;第四节介绍储层流动单元的物性参数解释方法;第五、第六节以中原油田濮 53 块为例介绍流动单元的识别和分类方法及基于流动单元的储层评价方法;第七节以河南油田双河油区为例介绍流动单元的空间预测方法及表征方法;第八节介绍利用 GIS 技术进行流动单元识别和划分的研究方法。

11.1 储层流动单元的概念及研究方法

国内储层工作者常用流动单元一词描述油藏中具有相似的岩性、物性和渗流特征的储集单元。流动单元一词的英文表述大致有以下几个:"hydraulic unit"、"flow unit"、"compartment"等。

水动力单元(hydraulic unit)是油藏工程师常用的概念,指油藏中在一定条件下能够相互渗流的具有统一压力体系的储集层单元,多用于试井工程等测试中。在地质学上常是指垂向上被隔夹层分隔开的、存在渗透屏障的不同层段。例如,Haldorsen 和 Lake(1984)认为或泥岩层延伸足够宽,可将储层从垂向上划分为不同的"hydraulic unit"。而 Shepherd(2009)认为"hydraulic unit"就是顶、底被非渗透隔夹层所隔开的一段岩层,这一层段内部相互连通,具有同一的压力场,而在这些夹层之外,其压力与该段地层具有明显的差异(图 11.1)。Hartmann 和 Coalson(1999)也将之称为"container"。

"flow unit"既可用于指较大的具有相似渗流能力的储集层段,也可用于指代在油藏数值模拟中使用的具有特定物性的一个模拟网块,有时也用于指代平面上与其他单元相互分隔开的平面分隔单元。Shepherd(2009)认为该概念可用于区分油藏在垂向上的渗流能力差异分区(图 11.2),由于这种差异可导致不同层段具有各自的水驱特征,因而也可用于划分油藏数值模拟的网格。

"Compartment"一般用于区分油藏的平面分隔性,它是指一个侧向上由于隔夹层、地层尖灭、断层分隔等原因,造成其侧向封堵而形成的一个独立的流体交换单元(Shepherd,2009)。显然这一概念不同于前两者,其强调的是侧向封堵而非垂向的差异(图 11.3)。有时石油地质学家将其用于区别一个与其他渗流体相隔开的具有特定边界的小型渗流体,常用于开发后期中未被动用的孤立的砂体或油藏单元。

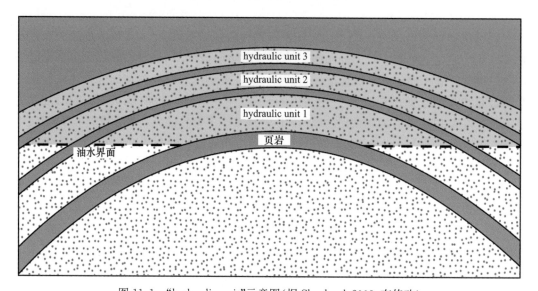

图 11.1 "hydraulic unit"示意图(据 Shepherd,2009,有修改)

"hydraulic unit"代表顶底被非渗透性岩层在垂向上所隔开的、内部相连通的一段储集体

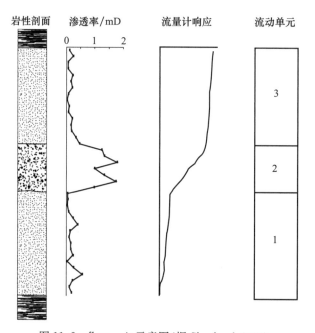

图 11.2 flow unit 示意图(据 Shepherd,2009)

"flow unit"指储层中具有特定渗流特征的一个层段,注意其上下与其他储集层段不一定要有隔夹层分隔,只是具有渗流差异。图中三个流动单元中以流动单元 2 具有最大的渗透率,虽然厚度较小,但其流量占整个储层段的比例达 80% 以上

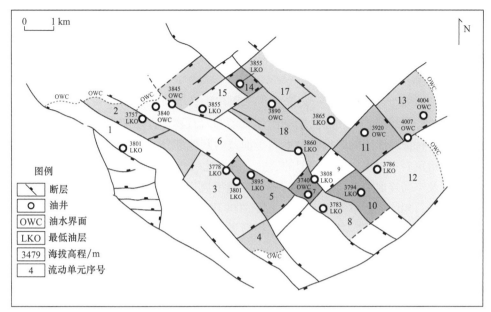

图 11.3　"compartment"示意图（据 Shepherd,2009）

图中油藏被断层分隔为多达 18 个相互分隔的平面单元,每个单元的油水界面和最近油层深度也各不相同

11.1.1　流动单元的基本概念

1. 流动单元的概念

适于地质研究的储层流动单元研究源于对厚油层油藏的分层开采及其分析。对于厚油层油藏来说,如何将厚油层划分为彼此相对独立的单元,分析油层内的流体流动状况及储量的动用状况,是改善注水开发效果的重要课题。同样,对于多油层油藏,也存在着细分流体流动单元的问题。

20 世纪 60 年代针对厚油层的划分已经提出的划分方法,被认为是流动单元研究的最初探讨。Testerman(1962)利用渗透率资料,提出了一种统计储层分类技术,用以识别储层中的物性自然分段。他的办法是首先将储层分成两个层,然后在此基础上分为三个,连续分层一直到层内渗透率差异最小,而层间的差异最大为止。Cant(1992)提出把沉积段划分为任意层的分层技术,首先用标准层确定目的层顶底,然后以等厚或按比例方式将厚层分为若干层。但由于这些技术未考虑沉积意义而可能穿越沉积相边界和沉积单元导致造成预测的困难。后来 Cant(1992)又提出层序分析技术,依据明确的测井模式(如自然伽马曲线上明显的向上变细层序)在较大的区域内进行追踪对比。上述方法往往侧重于储层的垂向划分,但对平面上的边界确认没有提出有效的确定方法,从而导致其应用受限。只有让垂向与平面划分结合起来,才能建立起真正符合油藏精细数值模拟的、反映地下地质特征的地质模型。

流动单元划分作为细分储层的方法,是 20 世纪 80 年代(Hearn et al.,1984,Ebanks,1992)引入到储层描述中来的。Hearn 提出的流动单元的概念为油藏中控制流动体流动的一个特定的部分(Hearn et al.,1984,1986),其在垂向及侧向上连续,具有相似的渗透率、孔隙度及层面特征的储集带。自 1984 年以来,很多学者应用这一概念开展了储层表征研究,尽管不同学者对流动单元概念有不同理解,但总的目的是用流动单元更精细地描述储层在三维空间的非均质性,流动单元已从早期层的概念发展到三维储集体的概念,发展为一个可预测、可操作的地质体。

Ebanks 于 1992 年对流动单元又作了进一步阐述,认为流动单元是一个可以作图的地质单元,是一个垂向及侧向上连续的、影响流体流动的岩石物理性质相似的储集岩体,其内部地质和岩石学特征对渗流的影响明显不同于油藏的其他部分。Amaefule 和 Bar(1993)认为流动单元是给定岩石中水力特征相似的层段。裘亦楠(1990)认为流动单元是指由于渗透率的大小差异及空间连通关系自然构成的不同渗透率通道,而这种单元可能与其所阐述的细分微相后的岩石相或能量单元相当。穆龙新(2000)则认为流动单元是指一个油砂体及其内部因受边界限制,不连续薄隔挡层,各种沉积微界面,小断层及渗透率差异等因素造成的渗透特征相同,水淹特征一致的储层单元。焦养泉等(1998)认为流动单元是指沉积体系内部以隔挡层为界的沉积单元,可对应于进一步划分的建筑结构块体。事实上,我国陆相地层极为复杂,沉积界面完全有可能形成独立的流体流动的分隔,通过识别和追踪沉积边界完会可以进行流动单元的划分,例如,在曲流河的点坝结构中,通过刻画侧积体,可较好地区分流动单元,进行确定流动特征(图 11.4)。熊琦华等(1994)认为其是受地质、成岩和构造作用综合微观孔隙结构的综合体现,即地质作用综合体或岩石物理相(表 11.1),也有许多学者将其与储层结构单元相结合来认识(李庆明等,1998)。实际上,流动单元是储层岩性、物性和渗流特征的综合反映,代表特定的沉积环境和渗流场(李阳,2003)。可将流动单元理解为一个油砂体及其内部因受边界限制、由不连续薄隔挡层、各种沉积微界面、小断层及渗透率差异等因素造成的渗流特征相同、水淹特征一致的储集单元。它是储集层岩性、物性、微观孔喉特征的综合反映,是渗透率模型的延伸和发展(彭仕宓等,2007)(表 11.2)。

目前对于流动单元的认识大致有以下几种类型。

(1)流动单元是一个沉积单元,流动单元应反映特定的沉积环境和相组合,是一个成因砂体或砂体内部的次级结构要素;但其外边界与成因砂体的边界相一致,不能穿相。

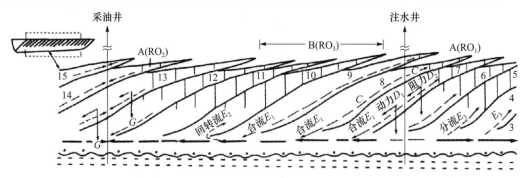

图 11.4　曲流点坝砂体内部结构造成砂体内部分隔(据马世忠,1999)

侧积泥岩成为流体流动的隔挡,形成自然的流动分隔边界,从而可作为划分流动单元的边界。RO_1 表示只注不采的高压剩余油;RO_2 表示有采无注型尖灭剩余油;RO_3 表示井间侧积泥岩遮挡尖灭型剩余油。当注入剂沿侧积泥岩倾向方向运动时,来自同一注水井而不同侧积体的水在下部合流(E_1);继续向前时,一部分水沿侧积泥上倾方向运动,造成回转(在一定压力下)(E_2);而沿倾向反方向运动时,沿砂体下部运动的水将沿侧积泥上倾方向分流(E_3),大部分水继续沿原方向前进

表 11.1　冷东-雷家地区岩石物理相分类表（据熊琦华等,1994）

岩石物理相	沉积微相	成岩-储集相	主要储层类别	主要孔喉大小
W1	分支水道砂岩相	C2、C3	I	中-细喉
	分支水道细砾-砂岩相	C2、C3	I	
W2	分支水道细砾-砂岩相	D2、D3	II	中-细喉
	水道间微相、前缘前端微相	C3、C4	II、III	
W3	分支水道细砾岩相	D3、D4	II、III	细-特细喉
	水间道、前缘前端微相	D1、D2	II、III	
W4	分支水道中砾岩相	C4、D3	III	特细喉
	水间道、前缘前端微相	C4、D4	III	
W5	分支水道中-细砾岩相	C4、D4	III、IV	特细-微细喉
	分支水道中砾岩相	C4、D4	III、IV	
	水间道微相	A、B、C1、D1	III、IV	

表 11.2　某油田不同类型流动单元物性特征（据彭仕宓等,2007）

流动单元	Φ/%	K/mD	V_{sh}/%	M_d/mm	R_d/mm	FZI/μm
1	31.88	250.14	10.35	0.068	0.067	2.56
2	30.13	123.58	13.25	0.052	0.055	1.85
3	27.45	54.32	18.19	0.043	0.047	1.4
4	24.12	21.68	27.34	0.021	0.035	0.78

注：Φ. 孔隙度；K. 渗透率；V_{sh}. 泥质含量；M_d. 粒度中值；R_d. 孔喉半径；FZI. 流动带系数。

(2) 流动单元是沉积作用、构造作用、成岩作用等综合作用形成的一个物性均一的储集体。

(3) 流动单元是一个具有相似的渗流特征,可用渗流参数进行分类和表征的储集体。

(4) 流动单元是一个具有相似的开发特征的储集层段。

(5) 流动单元是指在空间上连续分布的内部具相似的岩石物理特征和渗流特征的储集体。它在垂向和侧向上以不连续的薄隔挡层为边界。一个小层或单砂体内部,可细分出多个流动单元,也可以是一个流动单元,即油砂体本身。

综上所述,储层流体流动单元的实质是控制流体流动的一个小的储层单元。由于储层非均质性具有层次性,使得流动单元也具有层次性。对于不同的勘探开发阶段,对流动单元的认识也不同,而且不同层次的流动单元,其研究方法也应有所不同。随着油田开发中流体对储层的改造,流动单元内部的渗流特征也会发生相应的改变。基于工业的应用和描述的可操作性,可将流动单元定义为储层中流体流动的基本单元,是一个具有独特的渗流特征和一定的分布范围,可通过地质以、油藏或地球物理方法进行预测的储集体。

2. 流动单元的基本特征

根据流动单元的基本概念,流动单元的基本特征可归纳为如下几个方面。

(1) 同一流动单元的岩石物理特征和渗流特征相似,而不同流动单元间有较大差别。流动单元之间常常以不连续薄隔挡层、各种沉积微界面、物性差异面和小断层等地质界面为界,这些界面是识别和划分流动单元的基础和依据。此外,渗流特征也是识别和划分流动单元的重要特征和依据,在开发过程中有明显渗流差异的储集体,则应分属于不同的流动单元。

(2)流动单元必须有一定的空间分布范围,也就是说流动单元在垂向上必须有一定的厚度,平面上必须有一定的延展范围。达不到一定厚度的界面或没有一定延展范围的地质体,不能看作单独的流动单元。没有一定的空间分布范围的流动单元将失去研究意义。

(3)不同区块、不同层位、不同开发阶段的流动单元有各自的渗流特征和流体流动规律,研究中必须区别对待,不能共用一个标准。

(4)非均质研究是流动单元研究中永恒的核心和主题,流体在储层孔喉网络中渗流受储层非均质性控制,不同流动单元之间应具有明显非均质差异,而同一流动单元内是相对均质的储集体。

(5)流动单元可以是沉积作用、成岩作用、构造作用等某种作用形成的储集体,也可以是这些地质作用联合而形成的复合储集体,流动单元界面不一定总具有等时性,也可以是穿时界面。因此,在小层划分时不一定必须考虑等时界面的问题,从而使流动单元适用于油田开发中。

(6)流动单元的岩石物性特征、渗流特征及空间分布随油田注水开发过程中油藏的开发动力地质作用而发生变化,因而在识别、区分和评价流动单元时,应深入研究油藏的开发动力地质作用,考虑开发动态的影响,使流动单元的识别、划分和评价更为合理。

(7)基于油田开发的阶段性和深入程度,流动单元具有层次性,在不同的勘探开发阶段,流动单元研究具有不同的内容,在勘探阶段与开发阶段的流动单元研究具有很大的差异(表11.3)。

(8)流动单元具有四维性或动态变化性,在油气田开发过程中,一方面含油性(流体性质)在不断变化;另一方面储层的宏观物性、微观孔隙结构特征也在不断变化,润湿性也会发生明显的变化,因而呈现出在三维空间上随时间变化的四维特征。可将流动单元视为一个包含流体在内的随时间而不断变化的储集体,通过温度场、压力场、化学场等六场特征变化来研究流动单元的空间变化。

表 11.3 不同开发时期对应的流动单元(双河油田)

开采时期	生产矛盾	界面序列	结构要素	流动单元	研究方法
合注合采(六五)	层间矛盾	三级	扇三角洲复合体	小层	小层划分与对比
一次加密(七五)	层间矛盾 平面矛盾	四级	一或几个扇三角洲单体	单层	细分沉积相
二次加密(八五)	层内矛盾 平面矛盾	五级	一个扇三角洲单体	单体	细分沉积相
稳油控水(九五)	层内矛盾	六级	成因砂体	成因砂体或成因砂体一部分	储层结构分析

3. 流动单元的控制因素

所有影响储集体渗流特征的因素都可对流动单元产生影响。具体地说,在储层砂体堆积过程中的水动力条件的变化、沉积后经历的成岩作用、构造运动等因素都控制流动单元的空间展布(图6.2)。在这些控制因素中,沉积水动力条件或沉积环境是形成储集体的基础,它控制可能形成储集体的沉积体的规模、几何形态及其接触关系,而沉积后所经历的成岩作用和构造作用则对原有的储集体进行改造,形成现有的流动单元特征。

不同成因类型的砂体内部流动单元的分布规律有所不同,流动单元的空间分布规律还在进一步的探索之中。

经历了不同的沉积作用和后期成岩作用、构造活动改造的储层其内部流动单元的展布特征也各不相同。由沉积因素主导的流动单元,主要受控于沉积环境;而成岩作用强烈的储层则受沉积和成岩作用的双重控制;在复杂小断块区,断层则是控制流动单元的主要因素。

不同沉积环境的砂体空间分布规律不同(图11.5)。例如,河道砂体一般是以条带状形式出现,顺河道延伸方向有很好的连续性,而垂直河道延展方向连续性较差。不同时间单元的河道砂体在侧向上相互切割连接可形成一个更宽的复合连通砂体。一些小型河道砂在一定条件下仍有可能连接成一个大面积分布的砂体。而规模较大的河道砂体可以因孤立存在而连续性不及前者。三角洲砂体中以三角洲前缘河口坝砂体的开发指标较好;湖底扇砂体几何形态以水道式条带状为主,侧向连续性差,砂体变化快;浅湖滩坝砂体平面连续性较好,厚度薄而相对均匀。各类微相砂体的成因单元并不一定就是流动单元,在确定了这些单元的规模、几何形态、空间组合之后,还需要分析成因单元砂体之间及其内部的连通程度和连通方式。只有相互连通的砂体才组成了油田开发过程中可供流体流动的单元。

流动单元之间的边界可以是隔挡层,也可以是物性突变带。通常隔挡层有5种类型:①细粒物质隔挡层;②泥砾质隔挡层;③植物碎屑隔挡层;④成岩隔挡层;⑤断层。这些隔挡层限定了流动单元的空间,阻隔或影响了流动单元内、外的流体交换,对这些隔挡层的研究为准确界定流动单元的展布提供了依据。

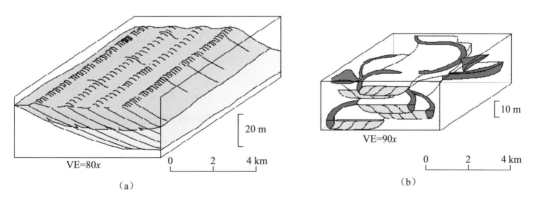

图 11.5　不同砂体形态确定流动单元的空间展布特征
(a)滨岸砂体呈条席状展布,延伸宽而广(垂向比例尺加大80倍);(b)河道砂体呈条带状分布,
延伸窄而长(垂向比例尺加大90倍);VE. 垂向比例尺放大倍数;x. 倍数

11.1.2　储层流动单元研究方法

1. 标志层或沉积相法

流动单元的划分有两种方法,一种是用区域上稳定发育的泥岩进行划分;另一种是用

相带或相组合来划分,他们倾向于后者。中原油田在20世纪90年代也基本采用小层对比的方式细分流动单元,即将细化出的单一的时间单元与流动单元相对应,这与传统的小层细分相类似,当小层进一步细分到最小的单元时,该单元可视为一个相对独立的单元,即流动单元(曾大乾等,2000)。

Mark等(1990)在对科罗拉多Peoria油田曲流砂体研究过程中,将曲流带内具槽状交错层理和清晰的波状层理的点坝砂岩可作为流动单元,由富黏土的废弃充填沉积相隔开。通过识别岩相及其分界面、确定岩相段内部岩性特征及接合部位的岩石类型,以及基于曲流模式预测空间分布进行流动单元的划分和预测,较好解决了油藏开发中的连通和注采动态分析问题。

事实上,所有流动单元的研究,都离不开垂向上分层和平面上分带两个问题。在垂向细分层中依据标志层或沉积边界的展布特征进行储层的追踪和细化,是流动单元研究的基础,只有在进行垂向单元细化后,方可进行流动单元的分类和平面预测工作。而基于沉积相本身的形成过程及空间层布特征,加之不同沉积相间的物性特征及物性差异,使其边界往往成为物性差异的变化区或遮挡流动流动的边界,因而建立起沉积相与物性的相互关系,弄清沉积相的展布特征,也是帮助预测流动单元的一种有效方法,不管是用哪种研究思路,沉积相的研究都会在流动单元研究中扮演重要角色。

2. 沉积、成岩、构造作用综合法

采用该方法主要考虑两个方面,一是考虑陆相储层地质界面的复杂性,重点研究沉积相带本身的分布及相带间的渗流屏障的分布;二是考虑沉积相带内的地质参数的差异性及其造成的储层质量差异性。因此首先运用高分辨率层序地层学建立等时地层格架和渗流屏障模型,之后开展成岩作用和储集相研究,并分析断层封闭性对井间渗流的影响,以确定砂体内部的胶结屏障和封闭性断层屏障。在此基础上,开展砂体内储层质量差异研究,综合应用反映岩性、流体渗流能力和储集能力的参数进行分类分区评价,确定流动单元的空间分布(吴胜和和王仲林,1999)。

以地质法为主的研究方法定量化程度低,应用范围受限,并且相当一部分研究工作依赖于地质专家的个人经验,因此不同的研究人员对相同的研究对象会得出不同的研究结果。

3. 基于Kozeny-Carman方程的流动层带系数法

孔隙几何形状受矿物成分和岩石结构的控制。一个流动单元可由不同岩相类型构成,这依赖于其沉积结构和各种矿物成分含量的大小。冯晓宏等(1994)在国内较早采用微观孔隙结构的方法对储层进行流动单元研究,基于Kozeny和Carman于1927年从孔隙几何相的理论出发,根据平均水力半径的概念,应用Poisseuille和Darcy定律推导出孔隙度、渗透率之间的关系式,即Kozeny-Carman方程。

$$K = \frac{\phi_e^3}{(1-\phi_e)^2} \frac{1}{F_s \tau^2 S_{gv}^2} \tag{11.1}$$

式中,K为渗透率,$10^{-3} \mu m^2$;ϕ_e为有效孔隙度,小数;F_s为孔隙形状系数;S_{gv}为单位颗粒体积的表面积;τ为孔隙介质的迂曲度。

$F_s \tau^2$ 习惯上称为 Kozeny 系数,对大多数储集层岩石来说,Kozeny 系数通常为 5~100。$F_s \tau^2 S_{gv}$ 是一个关于多孔介质的地质特征的函数,随孔隙性质变化而变化。为了有效应用 Kozeny-Carman 方程,必须把它转换成直线方程:

$$0.0314 \sqrt{\frac{K}{\phi_e}} = \frac{\phi_e}{1 - \phi_e} \frac{1}{\sqrt{F_s} \tau S_{gv}} \tag{11.2}$$

据此定义如下参数。

储层质量指数:

$$\mathrm{RQI} = 0.0314 \sqrt{\frac{K}{\phi_e}}$$

标准化孔隙度指数(即孔隙体积与颗粒体积之比):

$$\phi_z = \frac{\phi_e}{1 - \phi_e} \tag{11.3}$$

流动带指数为

$$\mathrm{FZI} = \frac{1}{\sqrt{F_s} \tau S_{gv}} = \frac{\mathrm{RQI}}{\phi_z} \tag{11.4}$$

式(11.4)说明 FZI 是把孔隙结构和矿物组构特征、孔喉特征结合起来判定孔隙几何相的一个参数,可准确描述油藏的非均质特征。将上式两边取对数得:

$$\lg \mathrm{RQI} = \lg \phi_z + \lg \mathrm{FZI} \tag{11.5}$$

式(11.5)表明在 RQI 与 ϕ_z 的双对数关系图上,具有相同 FZI 值的样品将落在同一直线上,具有不同 FZI 的样品落在一组平行直线上,而落在同一直线上的样品具有相同的 FZI 值,应具有相似的孔喉特征,可归属同一流动单元。

对一类储层,如果对所有样品点其 FZI 值是常数,在双对数图中便很易于同其他的储层分开,因为斜线单元可以很容易区分。具有相似但不完全相同的 FZI 值数据点将位于具有平均 FZI 值的简单单位斜直线周围。具有不同 FZI 样品点将位于其他平行的单位斜线上。每一条线是一个水力学单元,具有相关的平均 FZI 值。平均 FZI 值就是单位斜线坐标 $\phi_z = 1$ 时的截距。对于直线上数据的分布,要考虑到在取心井数据分析中的错误和一些小的波动。这些小波动主要由地质控制样品的岩石隙间喉道特征引起。

用作图法和聚类分析的方法可以把样品分成具有不同特征的流动单元。这就是用岩石物理参数定量划分流动单元的理论基础。

4. 储层物性法

(1)多参数综合法。通过对储层不同的物性参数进行分析,选择最能反映储层特性的参数,通过多参数聚类,识别出不同类型的流动单元类型,进而依据各样品之间的物性差异,确定分类界限,从而达到储层流动单元分类的目的。比较常用的是用孔隙度、渗透率、储集系数、流动系数等参数进行。尹太举和张昌民(1999)在河南双河油田流动单元研究中采用了 8 种地质参数对进行了储层分类,最终选取了储集系数和流动系数预测了流动单元的平面分布。

(2)渗透率法。该方法是多参数综合法的特例。赵翰卿(2001)认为在研究到一定规模的地质体后,对于其内部的非均质性,仅用渗透率便足以进行表征,故在流动单元分类时,只选择渗透率单一参数作为分类标准,一是该参数易于求取;二是对油藏的开发具有决定作用,而且操作简便。并推荐大庆油区选取的标准可定为 $300 \times 10^{-3} \mu m^2$、$500 \times 10^{-3}$ μm^2、$800 \times 10^{-3} \mu m^2$、$1200 \times 10^{-3} \mu m^2$ 等。Jackson 等(1990)对蒙大拿州 Bell Creek 油田的流动单元研究中,在岩相研究的基础上,采用相约束的渗透率为参数,构建了其流动单元模型,为数值模拟和剩余油预测提供了较好的参考。

5. 孔隙几何形状分析法

采用该方法的依据是孔隙大小分布是控制流体流动的条件,特别是较粗孔喉对流体流动起重要控制作用。研究表明,压汞曲线上进汞达到 35% 时的孔喉半径 R_{35} 的大小反映岩石中流体流动和开发动态(Hartmana and Coalson,1990)。有压汞曲线时直接用压汞资料求取 R_{35},没有压汞资料的井可以采用 Winland 方程根据岩心物性分析和测井曲线储层参数解释结果计算 R_{35} 值,Winland 方程为

$$\lg R_{35} = 0.0732 + 0.588 \lg K - 0.864 \lg \Phi \tag{11.6}$$

据此,把储层分为 5 种流动单元:极粗孔喉型,$R_{35} > 10 \mu m$;粗孔喉型,$2\mu m < R_{35} < 10 \mu m$;中孔喉型,$0.5\mu m < R_{35} < 2\mu m$;细孔喉型,$0.1\mu m < R_{35} < 0.5\mu m$;极细孔喉型,$R_{35} < 0.1\mu m$。

应该指出的是在孔隙系统中存在连通的次生孔隙时,R_{35} 往往估计过大。

6. 矿场实验

针对流动单元研究的可操作性,赵永胜等(1999)通过大庆油田实验区的研究,指出均质段、韵律段和时间岩性段都有一定的控制流体流动的作用,而水淹特征则受韵律段的控制。而从油水井的对应分析上看,即使上下岩性、时间单元之间也存在着窜流现象。这说明从动态分析应用的角度,岩性时间单元应是流动单元划分的下限。同时指出目前研究流动单元的各种方法的共同点是通过聚类确定流动单元,由于所能得到资料的局限性,井间的分布只能借助于主观假设和经验推断。基于对油水运动的控制作用及层间对比的可靠性,时间岩性单元(小层)可以作为储层流动单元的垂向基本单元。若要对其进行细分,并通过流体流动单元的叠加来构造地质模型,达到为油藏数值模拟提供真实的地质模型,基于流动单元井间对比及边界确定的局限性是难于实现的。

7. 岩石物理相法

流动单元为储层成因过程的结果,即沉积、成岩及后期构造作用的综合效应,最终表现为现今孔隙几何学特征——孔隙模型。研究中要应用延展和叠加原理两个基本地质原理,研究包含其形成的 3 个过程,即沉积、成岩、构造过程,最终落实在岩石的 4 个构成方面(熊琦华等,1994)。

(1)岩石骨架。包括成分、粒度、分选、胶结等。

(2)孔隙网络。包括类型、孔喉大小、分选、压力曲线等。

(3)孔内黏土矿物。包括成分、产状、组合、敏感性等。

(4)孔隙表面特征。包括粗糙度、润湿性等。

8. 流动单元研究方法的选取

不同的流动单元研究方法具有其自身的优点及不足,有各自的适用范围。在进行流动单元研究时,可针对油藏特征及油藏内控制流动单元的主因及开发矛盾选取合适的研究方法,也可将各种流动单元的研究方法结合起来使用。一般进行流动单元研究时,遵循“先体后物性”的研究思路,即在进行流动单元研究时首先从地质体成因角度进行研究,将储集体的各种地质界面刻画清楚,在刻画的地质体格架内进行流动单元的研究。

针对以沉积作用为主控制因素的油藏,流动单元刻画方法首选地质法,通过对成因界面的刻画,就可较好地区分流动单元。例如,对于河道砂体,通过对不同级别的成因分析,包括单一河道砂体追踪,河道内部成因构成单元的细分和刻画,勾绘出河道等成因体的边界,作为流动单元的边界,并表征砂体的连通方式、边界类型,用储层模式预测描述法,通过沉积模式、水流能量分析等预测其几何形态和平面分布,达到细分流动单元的目标。

而对于以成岩作用为主的储集层,微观孔隙结构是控制储层特征的最主要的参数,基于微观孔隙结构的研究思路将更具有适用性,不管是采用岩石物理相的思路或是采用 R_{35} 作为划分流动单元的指标,都会有较好的效果。

物性综合法则是充分考虑储层各种属性后的一种综合衡量,也是我们比较乐意推荐的研究方法,该方法能够将各种地质因素的综合效应纳入一个整体进行考虑,划分流动单元具有一定的客观性和实用性,且操作的难度不大,应用范围较广。

但不同的方法具有其自身的不足使其应用受到限制。例如,将 FZI 作为流动单元划分指标中的一个参数,结合其他物性参数,进行流动单元的综合划分和评价,尽管在操作层面上比较方便,但该方法在应用中还存在着一系列的问题,使其应用时操作性不强,影响其在储层表征中的应用,这些因素主要有以下几个方面。

(1) 未取心井 FZI 值的求取或流动单元类型的确定,只能通过各种回归关系,确定测井曲线与 FZI 值的预测方程,进而求取其 FZI 值,但在操作过程中,这一方程的求取往往存在一定的难度,甚至有人通过建立物性解释方程后,依据解释出的孔隙度和渗透率来求取 FZI 值,完全背离了这一方法的根本,更不能体现出这一方法的优势。

(2) 以 FZI 为界限划分流动单元内部的差异性及其评价的可操作性。正如上所述,FZI 值本质上是表征储层孔隙结构的一个参数,其计算公式表明其值的大小与渗透率正相关,而与标准化孔隙度负相关,其中孔隙度和渗透率任何一个值的改变都将影响 FZI 值的大小。从公开发表的该方面的所有文献看(冯晓宏等,1994;尹太举,2005b),在 RQI 与 Φ_z 关系图版上,并不能得到一个以相同(或相近的)FZI 值的样品点分布于同一直线上的预想结果,倒是出现样品点呈团状聚集的结果。而且在所有的研究实例中,不同的 FZI 值(不同的直线)之间的样品分离程度很小,根本无法界定其作为分类区间的 FZI 值的标准。就使依据 FZI 值进行分类难于操作。

(3) FZI 指标的单样品分析与层段数据之间的数据转换问题。基于 FZI 值的流动单元评价存在的另一问题是作为分析样品的 FZI 值应采用何种类型,是单样品点值或是层段值。若对一个层段进行评价,显然需要层段的 FZI 值,这就涉及层段 FZI 值的求取问题。显然层段 FZI 值与单样品 FZI 值在统计上并不是一个简单的算术关系,用算术平均的方式似乎并不能真正表现层段的储层结构特征。

11.1.3　流动单元研究的最新进展

流动单元的研究进展主要体现在以下几个方面。

(1)流动单元研究方法的发展。除上述的各种研究方法之外,还有一些研究人员从不同的方向进行了探讨。同时近年来所兴起的各种建模方法为流动单元模型的建立提供了新的手段,必将使流动单元的研究更为深入和精确。

(2)流动单元模型的健全。流动单元的研究已从早期的层的劈分到后来的层间对比,从砂体间的差异到砂体内部的非均质性隔层的研究,从三维的储集体的研究到四维的变化,从注重储集体本身到储层流体并重,它所涉及的储层及油藏开发的内容越来越广泛,其包含的内容越来越丰富。

(3)流动单元建模技术的进步。这主要归功于计算机技术的进步和一系列算法的发展。目前不仅能够用考虑储层空间数据结构的克里金技术建立确定性的地质模型,还可以考虑数据采集及地质体分布的随机性,通过随机模拟的方法,建立随机模型,并对模型的可靠性进行评价。

(4)流动单元与剩余油分布关系的研究。流动单元最初的研究目的是对厚油层进行划分,进行合理的分层开采。然而针对开发中后期高含水油田,流动单元的研究目的是弄清地下流体流动规律、弄清剩余油分布,研究流动单元模型与剩余油分布的关系,总结相应的剩余油分布模式,成为流动单元下一步研究的一个重要课题。

(5)更紧密地与动态相结合。基于油藏开发动态的变化,以及开发过程中的流体对储层的改造,开发地质家们已注意到开发过程中储层的变化,将储层从静态骨架视为受外部环境改变影响而变化的地质体,试图能过地质场的概念去提示和表达其在开发过程中的变化(尹太举和张昌民,2006;张继春等,2005)

11.2　储层流动单元的划分和对比

流动单元研究的目的是深化储层非均质性的表征,划分流动单元也应遵循这一原则,使划分出的流动单元在储层非均质性的描述中能起到简化描述、深化认识的目的。而当将流动单元视为一个地质体时,必须弄清其各种特征,确定划分依据,进而形成划分原则,通过地质或数学等方法,完成流动单元的划分和对比。划分流动单元的方法主要包括控制流动单元边界的成因分类法,沉积岩相划分法,以地质研究为主的储层层次分析法,岩石微观孔隙结构法,岩石岩性、物性分析法和地震属性分析法。其中,结合成因分类法与岩石岩性、物性分析法的综合研究方法得到广泛的应用。

11.2.1　流动单元划分依据

流动单元是空间上连续分布,内部有相似的岩石物理特征和流体渗流特征的储集体,是沉积、成岩、构造等多种地质作用共同作用的结果,故流动单元在地质、测井、地震和油藏开发动态等方面都会表现出各自不同的特征,这些特征也是识别流动单元的重要标志。

1. 流动单元划分的地质标志

(1) 岩性标志。在油区内稳定分布的泥岩、致密岩性、沉积微界面、封闭性小断层等是区分流动单元的最主要和最明显的标志,也是识别和划分流动单元的首选标志。

(2) 物性标志。研究储层的物性差异是流动单元研究与传统油藏描述研究的主要区别,在油藏描述中,物性差异并不是主要研究内容,而对于流动单元研究则是需要花大力气详细研究的内容之一,因此在地层剖面上存在明显物性差异,那么就可以作为识别和区分流动单元的标志。

(3) 渗流标志。同一流动单元内油藏储层孔喉网络所决定的流体渗流特征、渗流场较为一致,而不同的流动单元渗流特征和渗流场则有一定的差别,通过对取心井岩样进行分析可获得有关渗流特征的参数,由此可进行流动单元识别。

2. 流动单元划分的电性标志

流动单元作为一个地质体,具有相同或相似岩石物理特征,其测井曲线也必然有相应特征和反映。微电极测井是一种用来划分渗透性地层的重要手段,幅度差的大小可以用来划分流动单元,但还须考虑注水对微电极的影响。利用自然电位和自然伽马可以识别地层中的岩性,若岩性有较大差别,定为不同流动单元,但用自然电位和自然伽马曲线识别和区分流动单元的精度相对较低。因声波测井能够识别储集层的物性,故可用该测井曲线特征进行流动单元识别和划分,但因声波测井信息易受其他因素的影响,故利用该曲线信息进行流动单元划分的效果常不很理想。

进行流动单元识别和划分必须将岩心和测井资料进行对比研究,找出最佳的相关位置(图 11.6),然后进行流动单元识别和划分。利用测井曲线进行流动单元识别应遵循下列规则:①流动单元分界处测井曲线发生突变;②流动单元内部测井曲线相对稳定;③垂向上相邻流动单元的测井数值有一定变化幅度。

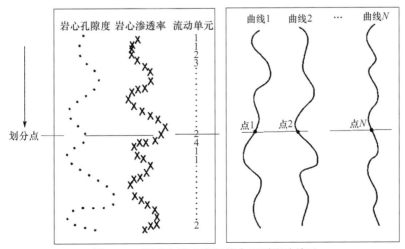

图 11.6　测井和岩心资料综合识别流动单元

为便于计算机自动识别,可用下列数学语言描述上述规则:①流动单元分界处的测井曲线二阶导数为0;②流动单元分界处的测井曲线一阶导数的绝对值大于某一常数C_1;③相邻流动单元的测井数值之差的绝对值与极差之比大于常数C_2;这样可根据流动单元识别的要求,调整C_1和C_2。从而使流动单元的识别和划分更为合理和准确。

3. 流动单元开发标志

流动单元又称为水力单元,是指具有相似渗流特征的储层单元,故在油田开发动态和渗流参数上均有相应的特征来识别和区分。

（1）压力特征。同一流动单元内部是相互连通的,因而内部具有统一的压力系统,而且同一流动单元内部的物性差异较小,因而压力梯度相差不大。而不同的流动单元之间可能相互分隔,且由于物性的差异较大,常具有不同的压力系统和不同的压力梯度。

（2）水淹特征。同一流动单元常常具有一致的水淹特征,而不同的流动单元内水淹特征应有明显区别,水淹特征相似,表明该单元内剩余油形成机理和分布规律相似。

（3）注水见效特征。物性好的流动单元通常注水见效快,而物性差的流动单元往往注水见效慢,在油田开发过程中常采用示踪剂的方法来研究井间流动单元的对应关系。

11.2.2　流动单元划分原则

基于流动单元本身所固有的各种地质和开发属性,在划分流动单元时应遵循以下基本原则。

（1）基于流动单元的层次性,在不同区块、不同层位、不同开发阶段进行流动单元研究时应遵循各自规律区别对待。

（2）进行流动单元划分时应充分考虑其地质属性。

（3）必须从地质研究的目的出发进行流动单元的划分。必须考虑所划分流动单元的规模,只有具有一定空间分布范围,即在垂向上有一定的厚度,平面上有一定的延展范围的地质体才能成为地质预测的对象,达不到一定厚度的界面或没有一定延展范围的地质体,不能看作单独的流动单元,这很重要,否则将使流动单元研究失去意义。

（4）要把握流动单元内的差异最小,而流动单元间具有较大差异的原则,即物性原则。同一流动单元的岩石物理特征和渗流特征相似,而不同流动单元间有较大差别,流动单元与流动单元间常常以不连续薄隔挡层、各种沉积微界面、物性差异面和小断层等地质界面为界,这些界面是识别和划分流动单元的基础和依据。此外,渗流特征也是识别和划分流动单元的重要特征和依据,在开发过程中有明显渗流差异的储集体,则应分属于不同的流动单元。

（5）必须结合开发实践进行。流动单元的岩石物性特征、渗流特征及空间分布随油田注水开发过程中的油藏开发动力地质作用而发生变化,因而在识别和区分评价流动单元时应深入研究油藏开发动力地质作用,考虑开发动态的影响,使流动单元识别、划分符合不同时期、不同开发阶段研究的需要。

11.2.3　流动单元划分方法

因不同流动单元的岩石物理特征和渗流特征有所区别,故在测井曲线形态上必然也应有所反映。

1. 流动单元划分的定性方法

（1）储层结构法。该方法基于流动单元是沉积作用的产物,把各级地质界面作为流动单元的自然边界,通过储层精细沉积微相研究,弄清各级界面和砂体的空间展布,进而确定各级砂体之间的连通性和流体流动能力,进而完成流动单元的划分和对比。

（2）高分辨率层序地层学方法。高分辨率层序地层学认为,尽管流动单元的界面与层序界面并不完全一致,但不同级次的层序界面(包括小规模的沉积界面,如层系和纹层界面)多为流动单元之间的自然界面,因而能够通过层序划分和对比的方法实现流动单元的垂向划分和流动单元平面间的对比。通过对各级基准面旋回的识别,建立起单井的基准面旋回格架借以完成单井的流动单元划分,进而通过对比形成三维地层格架,完成流动单元的平面和空间对应关系,通过不同级次的基准面旋回内砂体的物性特征对流动单元的规模、相互关系进行评价和研究。

（3）模式识别法。模式识别主要研究如何把各种模式判定到其相应的类型上。其过程可用下图示意(图 11.7)。

（4）岩石物理相法。该方法主要通过定性的沉积相、成岩相等的划分,形成不同的地质作用综合体,以划分的地质作用综合体作为流动单元的基本单位完成流动单元的划分和对比。

这样在上述建立的流动单元测井定性标志的基础上可利用模式识别法对流动单元进行定性识别。

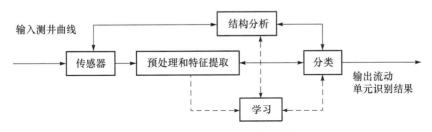

图 11.7　模式识别系统结构示意图

2. 流动单元划分的定量方法

依据测井曲线测量值的大小及测量点与测量点之间数值差异的大小等,通过程序设计和计算机自动判别完成流动单元划分。利用测井资料进行流动单元识别时,面临的是一系列有序数字量,因此识别效果除与所选的识别方法有关外,还应注意一定技巧,如窗口大小的选择,搜索方法等。另外还要注意所识别流动单元的数目,流动单元分得太少不利于研究和分析,而流动单元分得太细,往往要花费大量的计算机机时。这些问题都需要在实际工作中综合考虑。

（1）极值法。某些测井曲线的极值点往往对应于具有一定地质意义的分界面,据此可用它来识别和区分流动单元,根据沉积环境和区域地质情况给定某一门槛值,把符合条件的界线找出来,把它们作为流动单元划分界线,从而完成流动单元识别和区分。

如果在流动单元划分时,已明确了垂向上可以划分的流动单元的个数,则可在流动单元个数约束下进行划分门槛的优选,控制流动单元识别的精度的要求。

(2)拐点法。根据测井原理可知,对于形态对称于岩层中部的测井曲线(如自然电位),往往在曲线的拐点处,即在界面这一边某范围内的测井数据均值与跨界面的另一边同样大小范围内的均值的差异最大,此时存在界面,根据这个原理可以利用测井资料进行流动单元识别。

(3)层内差异法。据流动单元定义可知,在流动单元内某岩石物理特征应相对稳定,那么相应的测井数据也应相对稳定。在流动单元内测井值的变化应在一定范围内,而非同一流动单元其测井值的差异较大。一般认为流动单元内测井值的均值反映其真实值,流动单元内各采样值的差异反映非地层因素引起的随机误差,由概率统计理论可知,该误差满足切比雪夫不等式,即

$$P\left\{|X_i - \overline{X}_i| \geqslant \varepsilon\right\} \leqslant \frac{\sigma_i^2}{\varepsilon^2} \tag{11.7}$$

式中,X_i 为流动单元内测井采样值;$\overline{X}_i$ 为流动单元内的测井均值;σ_i 为流动单元内测井值的均方根误差;ε 为流动单元非地层因素的允许误差。

取 $\varepsilon = B\sigma_i$,式中 B 为待定系数,若取 $B=2$,则

$$P\left\{|X_i - \overline{X}_i| \geqslant 2\sigma_i\right\} \leqslant 1/4 \tag{11.8}$$

也就是说属于该流动单元的测井值有至少 75% 的概率落在 $(\overline{X}_i - 2\sigma_i, \overline{X}_i + 2\sigma_i)$ 的范围内。这样根据实际地质情况通过适当选取 B 值,可有效识别流动单元。

(4)最优分割法。最优分割法是对有序样品进行分割的一种统计方法。而流动单元的识别正是利用一系列按深度排序的有序地质样品的划分。基本原理是设有 n 个按一定顺序(这里一般指深度)排列的样品,每个样品有 m 个指标(这里指流动单元识别的地质和地球物理标志),将这 n 个样品分成 L 个流动单元,要求不能破坏原有顺序,这样的分割方法有许多,而存在一种方法,使各流动单元内部样品之间的差异最小,而流动单元之间的差异性最大,这种流动单元的划分方法就是最优分割法。

(5)马氏距离法。在实际工作中往往单条测井曲线很难满足流动单元划分的需要,必须利用多条测井曲线进行综合判断,在这种情况下最优分割法往往不能满足需要。针对多条测井曲线进行流动单元识别的实际情况,可以通过计算 Mahalanolois 距离(马氏距离)进行流动单元的识别和划分。

设两类母体分别有 n_1、n_2 个样品,每个样品有 k 项指标,则马氏距离为

$$D^2 = \sum_{i=1}^{k} \sum_{j=1}^{k} (\overline{X}_i^1 - \overline{X}_i^2) \cdot S^{ij} (\overline{X}_j^1 - \overline{X}_j^2) \tag{11.9}$$

式中,

$$\overline{X}_i^1 = \frac{1}{n_1} \sum_{m=1}^{n_1} X_{im}^1; \overline{X}_i^2 = \frac{1}{n_2} \sum_{m=1}^{n_2} X_{im}^2, (i, j = 1, \cdots, k)$$

$$S^{ij} = \frac{\sum_{m=1}^{n_1} (X_{im}^1 - \overline{X}_i^1)(X_{jm}^1 - \overline{X}_j^1) + \sum_{m=1}^{n_2} (X_{jm}^2 - \overline{X}_j^2)(X_{im}^2 - \overline{X}_i^2)}{n_1 + n_2 - 2}$$

依据测井曲线计算出马氏距离 D,基于该距离的大小可确定流动单元的分界面,一般流动单元分界面在马氏距离极大值处最可能出现。

(6) 熵函数法。为了详细表征测井曲线的动态性质,定义测井曲线的熵为

$$E(H_0) = \int_{H_0-L/2}^{H_0+L/2} (X(H) - \bar{X}(H))^2 \mathrm{d}H \qquad (11.10)$$

式中,$E(H_0)$ 为深度 H_0 处的测井曲线的熵;L 为计算熵函数时所选测井曲线的窗长;$X(H)$ 为测井曲线值;$\bar{X}(H)$ 为窗长范围内测井曲线的均值。

在进行流动单元识别时往往给定一门槛值,在门槛值之外认为存在流动单元界面,但在实际工作中门槛值的确定往往需要多方面综合考虑并结合地区工作经验,才能选择得比较恰当。

实际工作中,可以根据测井曲线的理论曲线计算熵,找出流动单元界面的熵值与最大熵的关系,然后依据这些关系确定流动单元的分界面。

实际工作中应综合考虑这些方法,其中最优分割法和熵函数法对陆相沉积体系流动单元的划分与识别效果往往较好,而极值法、层内差异法等对陆相储层效果较差,但仍适用于在非均质性相对较弱且流动单元较厚的情况。若在进行划分时,考虑将这些方法进行组合常会得到更好的划分效果。

11.3　运用高分辨率层序地层学划分储层流动单元

11.3.1　理论依据

运用高分辨率层序地层学(Cross,1991)划分流动单元的理论依据是储层在成因上具有层次性(张昌民,1990;邓宏文,1995)。储层是各种地质过程(沉积、成岩、构造活动等)的产物,在这一过程中,各种因素相互作用形成目前储层的面貌。在这诸多因素中,沉积作用多起主导作用,在一定程度上决定储层的物性特征,影响其他因素对储层的改造。

沉积作用受控于基准面旋回的变化,这一变化遵循过程-沉积响应原理。在基准面旋回格架内,由于基准面旋回的波动造成不同基准面位置处 A/S 值的变化,使不同沉积部位的沉积物供给量、堆积量和保存能力有所差异,具体体现为体积分配和相分异(邓宏文等,1996)。沉积物体积分配是指在成因地层中沉积物被划分为不同的相或相域的过程,其实质是由于有效可容纳空间随时空的变化,而导致在进积单元内不同的相域沉积物的体积(沉积下来的沉积物)发生差异分配。它直接伴随着原始地貌的保存程度,沉积物厚度,内部结构等诸多的沉积学和地层学的响应。在 A/S 增大旋回中,向陆方向可容纳空间增大,堆积的沉积物数量增多,而在 A/S 减小的旋回中,向陆方向可容纳空间减少,沉积的物质变少,发生沉积物的路过作用,甚至剥蚀作用。在这两种情况下沉积的地层样式也是不一样的。伴随可容纳空间的变化和沉积物体积分配,保存在相同沉积环境中的相序、相类型及相的分异性有明显区别,即为相分异。相分异造成不同基准面旋回部位的相类型、相比例、地层形态、储层物性具有较明显的差异。而这些与流动单元密切相关。

由于基准面旋回的级次性及由此造成的储层非均质性的层次性,使流动单元也具有层次性。高分辨率层序地层学用于油田储层流动单元研究,是在不同级次基准面旋回划

分对比的基础上,探讨基准面旋回层次性与储层流动单元间的关系。不同基准面旋回内沉积体可能是具有连续、相同(或相似)的影响流体流动特征参数的储层流动单元本体,它可以是一套储层段的总和,也可以是单一成因单元储集体。根据层次界面和层次实体的性质、规模及其相互关系,及其与不同级别地层基准面旋回间的关系,从地层基准面旋回划分对比入手,可将储层流动单元划分为大尺度、中尺度、小尺度和微尺度四种层次类型(表11.4)。

表11.4　储层流动单元层次性与基准面旋回关系

流动单元层次	层次界面	层次实体	分布范围	基准面旋回
大尺度	层序界面、沉积体系界面	层系组、油层组	含油气区、整个油田区	中长期旋回
中尺度	层系界面、层面	小层	油田区	中短期旋回
小尺度	层面、成因砂体界面	单层、单砂体	局部含油气构造区	短期旋回
微尺度	层理面、成岩界面	岩石相	含油气微构造区	超短期旋回

正是由于这种不同的过程-沉积响应,导致基准面旋回格架内不同的基准面旋回具有不同的沉积特征,从而具有不同的界面和物性特征,为流动单元划分提供了理论指导。如在沿岸平原中随可容纳空间的变化,地层特征和沉积物特征也有明显差异。

(1) 低可容纳空间基准面旋回。

位于中、长期基准面由下降向上升转换点位置附近,如基准面下降半旋回顶部岸线向湖(海)迁所形成的沉积相序的底部,或是基准面上升半旋回中岸线向岸迁移所形成的沉积相序的底部。它在基准面上升半周期内形成的地层层序是底部为河流侵蚀、部分保存的河道砂岩、泛滥平原垂向加积和决口水道,最上面是湖相泥岩。在低容存空间的上升初期,由于沉积物供应充分,沉积物供给远大于可容纳空间,沉积物堆积于有限的可容纳空间内,造成砂体在形成过程中有较长时间的改造,内部分选性好,沉积物物性好,单个河道砂体形成为薄层状的结构,不同砂体叠置成一种"压缩状"状的剖面,从而使河道砂体常会连片分布,形成规模较大的储集体。此时的流动单元特征具有较大规模的连片状、高孔渗的特点。基准面下降半周期对应的地层为杂红色、棕红色到紫色泥岩和粉砂岩组成的土壤带,土壤明显是由前期湖相和泛滥平原沉积经过次生作用而成。它常以底部有侵蚀面的河道充填为特征,河道砂岩有多期的冲蚀充填,河道沙坝的上部沉积常难以保存下来。决口扇泥岩为灰绿色,偶见根迹,代表近水环境,土层常见,但发育较差且薄。决口扇发育于河道砂与湖相泥之间,或孤立或与冲积平原混杂,薄且变化大,与高容存空间中决口扇的主要区别是它没有明显向上变粗的层序,决口扇和湖相泥岩为灰绿色,具潜穴、生物扰动和泥质结核。这一时期由于砂体发育相对较差,流动单元相对不很连续,孤立状展布。

(2) 高可容纳空间基准面旋回。

在中等规模的上升到下降基准面旋回转换点附近,以对称的、厚地层旋回为特征。底部少见河流砂岩,若有河流砂岩则保存一完整的向上变细的河流充填旋回。沉积相组合包括湖相、泛滥平原相、垂向加积黏土及决口扇等。基准面上升旋回沉积相序自下而上依次为决口扇/垂向加积泛滥平原沉积、湖泊相或潮湿泛滥平原,而基准面下降半旋回沉积主要为垂向加积黏土层,也见湖泊相和泛滥平原沉积,与低容存空间的土壤不同的是这些黏土是原始沉积物,而非经风化作用而生成的土壤。处于此位置的储集体所形成的流动单元一般相对孤立,分布相对有限,物性相对较差。且流动单元内部的物性变化相对较大,通常会有次级、小的隔夹层发育,造成流动单元内部的局部分隔和渗流屏障。

（3）中等可容纳空间基准面旋回。

发育于 A/S 中等的长期基准面旋回中部。旋回常为不对称状,小规模的基准面上升半旋回发育于中等规模基准面上升半旋回,而小规模的基准面下降半旋回发育于中等规模的基准面下降半旋回。不对称状基准面下降半旋回以规则的前积决口扇复合体为特征,旋回中向上单个决口扇体厚度变大,粒度变粗,含沙量增大;其下为湖相或同期泛滥平原沉积。而基准面上升半旋回中单个决口扇扇体厚度向上变薄,粒度变细,其上为湖相沉积或同期的泛滥平原泥岩和粉砂岩沉积。若有河道沉积,则保留其发育时的所有地貌要素特征。发育此部位的流动单元一般具有中等物性和中等的连通性,分布面积较大,内部有时会发育渗流屏障,但总体内部较均一,物性较好。

11.3.2　基本思路

基于高分辨率层序地层进行流动单元划分的基本思路是通过构建高分辨率层序格架,将地层进行层次划分,从而实现储层的垂向细分。用于构建格架的资料包括钻井、测井、地震等,各种资料的尺度和精度不同,所适用的储层规模也不同,建立地层格架时一般从以下几个方面着手。

（1）依据地震资料建立高级次的地层格架。由于地震资料的分辨率较低,只能解决规模较大的长期基准面旋回的识别和对比,从而解决大尺度的流动单元的问题。

（2）岩心分析。岩心的观察分析要解决以下几个问题:一是沉积相分析,要弄清到微相（单砂体级次）,这是分析基准面旋回的基础和前提;二是辨别地层的叠加样式（向陆阶进、向湖阶进、垂向叠加）;三是划分单井基准面旋回（即 A/S 旋回）。其中有以下准则:一种地层叠加样式为一个中等规模的基准面旋回,几个中等基准面旋回构成一个大型基准面旋回,而每一个小的沉积事件本身便是一个小规模的基准面旋回。

（3）用岩心标定测井曲线。用岩心标定测井曲线有两方面的工作:一是选择合适的测井曲线系列,不同地区由于储层岩石性质等的不同,在不同的测井曲线上所产生的测量敏感性也不同,为了精确对比,在每个新区必须先选择测井曲线系列;二是进行岩电关系转换,通过取心井段的岩心和曲线的对比,确定曲线的相对幅度、形态、组合等与岩性及沉积微相的关系。

（4）辨认地层的叠加样式。通过相序转换的分析,推测地层加积方向的变化,确定其所属地层叠加样式。

（5）分析单井剖面 A/S 变化,划分出各种规模的 A/S 旋回（即基准面旋回）。以体积分配原理为依据,按照叠加样式及其变化确定中到大规模基准面旋回,而以每一个沉积事件的分析确定小规模的基准面旋回。

（6）测井曲线高分辨率地层对比。在每口井进行高分辨率层序划分的基础上进行对比。在进行高分辨率层序地层研究之前还要解决两个问题,即层序界面的选取和层序级次划分。

层序界面的选取涉及基本作图单元的问题,选取不同的界面,其作图单元内的内容及特征也不同。选取层序界面一般有两种方法:一种是选取不整合面及其对应的整合面作为界面;另一种则是选取海(湖)泛面为层序界面。一般对于大规模的具有明显侵蚀作用的一套地层,第一种方法比较合适,若选取海(湖)泛面便会忽略或低估沉积过程中所发生的剥蚀作用所造成的地层缺失。而对于侵蚀作用不明显、没有明显的地层缺失的地层,则选取不整合面或湖泛面均可,关键是看哪一种更易于识别、追踪和对比。对于湖相水下沉积,由于泥岩沉积很稳定,标志明显,易于追踪对比,常被选作对比的标志层。而砂岩相对泥岩变化较大,易于产生地层尖灭而缺失,而且侵蚀面大多不易被识别,尤其是在测井曲线上难于识别,因而选取湖泛面作为层序地层的界面是一种合适的选择。

高分辨率层序地层强调的是地层格架的等时性,基准面旋回界面只是借以分开相邻旋回的一个面,"面"的位置并没有太大的意义。况且基准面旋回是一个周而复始的过程,在其中任选一点,都可作为基准面旋回的分界面,即基准面边界,但考虑沉积过程及沉积结果,基准面处于最低位置和最高位置处,其相应的沉积物供给和可容纳空间增长之间的关系决定其沉积作用特征明显,因而将其作为优选位置。其原因一是相对来说并不容易确定其精确位置,二是不同级次的界面间的差别并不是很明显,即使你确定了旋回界面,还要确定其对应层序的级次,才能完成旋回的划分和对比。

研究中选取湖泛面为划分流动单元的层序界面,主要基于 4 个原因:①湖泛面在岩心和测井曲线中稳定发育,标志明显;②湖泛面上下地层之间的成因联系较弱,而湖泛面之间的地层成因联系紧密;③湖泛面将不同的砂层(组)完全分开,形成不同的流动单元,而侵蚀面往往是渗透性的,其上、下的砂层(组)之间则往往是相通的,可划归于同一个流动单元;④侵蚀面大多只能在岩心上识别,而在未取心井中无法识别,更不用说进行追踪对比,其对应的基准面最低位置的"面"也只能大致确定,但这种"大致"会造成同一成因砂体在不同井中可能会归属不同层序,从而造成最终的对比错误,而湖泛面虽然也存在其准确位置难以具体确定的问题,但由于其在砂体发育区相对较易确定,而且对其位置确定的误差往往不会影响砂岩在层序中的归属问题,不会造成砂岩对比中出现流动单元串通的问题。

11.3.3　濮 53 块沙二上$^{2+3}$流动单元划分与对比

濮城油田南区沙二上$^{2+3}$油藏位于濮城构造南端,北以濮 14 断层为界,西与文 51 块相接,东靠濮 19 断层,南以濮 24 断层为界,南北长约 6km,东西宽约 2.5km,构造面积近 15km^2。油藏动用含油面积为 5.8km^2,动用石油地质储量 1298×10^{4}t,平均有效厚度为 21.9m,标定采收率为 31.20%,可采储量为 405×10^{4}t。油藏中深−2400m,油气界面深−2350m,油水界面深−2440m,原始地层压力为 23.48MPa,饱和压力为 20.47MPa,压力系数为 1,原始油层温度为 86℃,原始气油比为 174m^3/t,该油气藏是一个被三组断层复杂化的带有气顶的断块构造油气藏。

濮 53 块位于濮城油田南区沙二段上$^{2+3}$油藏濮 12 断块区。南区沙二段上$^{2+3}$油藏共分为濮 12、濮 24、文 17 三个断块区。其中,濮 12 断块区是濮 14 和文 17 断层组合的垒块,构造比较简单,油气富集。内部发育有东倾的濮 12 断层,将其分割为濮 12、濮 53 两个含油断块。濮 53 块位于濮 12 断层以西,濮城构造核部上,构造面积为 2.8km^2,石油地质储量占南区沙二上$^{2+3}$的 46%,是濮城油田南区沙二上$^{2+3}$砂组的主力含油断块。本书以濮 53 块沙二上$^{2+3}$为例,说明用高分辨率层序地层学进行流动单元划分与对比的方法,主要包括岩心识别、测井识别和对比三个步骤。

1. 流动单元的岩心划分和识别

岩心流动单元的识别和划分是基于岩心的基准面旋回标志完成的,包括岩心旋回界面的选取及和基准面旋回的识别。

(1) 旋回界面选取。

通过岩心观察,在沙二上$^{2+3}$油藏中直接识别出以下几种沉积面:①岩石相内部的层理面(纹层面、层系面、层系组界面);②不同岩类之间的接触面;③侵蚀面;④河道底部的岩性突变面等。

依据地层之间的相互叠置关系,还可以确定各种界面的级次及其与旋回的对应关系。层理面是碎屑沉积物在沉积过程中由于水动力改变或流态的变化而形成的。从水动力学分析,水动力强度、河床底形与形成的层理构造具有明确的对应关系。水流能量的强弱则与基准面的相对位置紧密相关,因而可借助对层理的类型、组合关系、层理面的角度及其相互切割关系来分析基准面的变化。一般可将反映水动力增强的层序与基准面下降旋回对应起来,而反映水动力减弱的层序与基准面上升旋回相对应。

侵蚀面则反映基准面下降到最低位置后再次上升过程的开始。岩心中侵蚀面常见,多为低幅,起伏大多为 2~3cm,大多表面凹凸不平,部分表面较为平坦。从其下伏岩石类型可分为两类:一种是下伏岩石为浅湖泥岩的,这一类上覆砂岩厚度较小,一般多为 2~5cm,砂岩块状或正粒序,层理不发育;另一种是下伏为砂岩,一般侵蚀面规模较大,起伏可达 5~10cm,上覆大套砂岩,厚度较大。

岩石类型转换面反映了可容纳空间与沉积物供给的相关关系的跃变。岩石类型界面较多,如砂泥界面、泥岩与盐岩、泥岩与膏盐的界面等。砂泥界面有渐变和突变两种,而泥岩与盐岩、膏岩界面则为突变面。砂岩向泥岩的转换说明基准面下降,而泥向砂的转换则相反,盐岩和膏盐的出现说明基准面的下降,一般预示着一个基准面下降和上升的转换点的出现。

河道底部的岩性突变面说明一期新的河道沉积的开始,表现为两种样式:一是河道底部的泥砾层;二是河道底部的粒序层。浅湖泥的出现表明基准面上升到较高位置,预示该处有一基准面上升与下降的转换面。

在以上各种沉积界面中,浅湖泥的出现一般可以确定一期基准面的上升下降转换过程,而侵蚀面则代表基准面下降到上升的一个转换点,其他自然界面则需具体分析。

(2) 岩心基准面旋回识别。

超短期旋回:单个地层增量,越过其界面有水深增大或减小的证据,而在其内部的每一半旋回内,水深的变化都是单向的;一般表现为一套连续的岩石相组合,如河流的单一二元结构、席状砂的向上变粗粒序等;超短期基准面旋回的识别只能在岩心中进行,井间无法进行对比。超短期基准面的识别依据岩石相组合内部所记录的基准面变化信息来完成,具体地说,就是通过寻找岩石序列中水深变化或沉积地貌的保存程度或沉积物被侵蚀的趋势来确定基准面的变化方向,其识别一般是先确定基准面旋回的转换点,进而在层序内部确定层序形成过程中的基准面变化方向。

短期旋回是由多个超短期基准面旋回所形成的一种地层叠加样式,每一期旋回由向湖推进、稳定沉积和向陆后退3个阶段组成。沉积上相当于一期朵叶体的形成过程。

短期旋回的识别是依据超短期旋回所组成的地层叠加样式来确认的,短期旋回的顶底基本上都是一个基准面上升到下降的转换面,相当于湖泛面,在岩心上以较厚的泥岩为标志,比较容易识别,而旋回内部的基准面变化方向则依据超短期旋回的叠加样式来判别。

中期旋回是由短期旋回的叠加样式所决定和识别,一般也包括三种叠加样式,表明更大规模的一期湖退—湖进过程,基本上相当于一个朵叶体的形成过程。

据此,在濮53地区划分出4个中期基准面旋回(大尺度流动单元)和19个短期基准面旋回(小尺度流动单元,即最终进行评价的流动单元)(图11.8)。

2. 测井流动单元的划分和识别

基于测井基准面响应特征进行识别,包括旋回界面及旋回识别两部分内容。

(1)测井基准面旋回界面的识别。

在测井曲线上可以识别出两种自然分层:侵蚀面和湖泛面。侵蚀面一般处于砂岩的底部,从砂岩与下伏地层的突变接触关系来判断它的存在,而湖泛面则以湖相泥岩的出现为标志。

侵蚀面是基准面下降与上升的转换界面,是层序内部的界面;而湖泛面则是基准面上升与下降的转换位置,为层序的界面。由于侵蚀面测井响应不明显,对侵蚀面的认定相对较难,而且肯定会漏判部分侵蚀面。相比而言,湖泛面的判定较容易,而且不大会漏判。由于受测井分辨率所限,对厘米级的超短期旋回的界面一般难以识别,而中短期旋回的界面相对较为容易。但仅从测井曲线的形态特征上却难以区分中期旋回的界面与短期旋回的界面,对两级界面的区分需依据地层的叠加样式来确定。

地层叠加样式判定的主要依据有两个:一是依据自然伽马值的变化;二是依据垂向上的相组合和相替代。自然伽马值向上增大,表明水体的总体加深,为一退积的地层叠加样式;相反自然伽马值的向上减小则意味着水体的向上变浅,形成一种进积的地层叠加样式。在没有自然伽马曲线时,也可参照自然电位曲线来判定。相替代反映地貌要素的转移,与基准面的升降密切相关。从湖相泥到席状砂到河道反映地貌要素的向湖迁移,形成一种进积型的地层样式,反映基准面的下降;相反从河道到席状砂到湖相泥反映地貌要素的向岸迁移,为一种退积型的地层叠加样式,反映基准面的上升。

中长期基准面内部的转换面位于中(短)期旋回所组成的地层叠加样式的转换位置,一般由进积型地层叠加样式到退积型叠加样式的位置就是中长期基准面内部的转换面。而短期基准面旋回内部的转换面则是由自然伽马或自然电位值的变化直接判定。该判定基于自然伽马值与泥质含量和粒度中值成正相关,当伽马值减小时,反映泥质含量减小,粒度中值增大,反映基准面的下降;相反则反映了基准面的上升。

一般短期旋回之间的湖泛面都是组成一种地层叠加样式内部或几个相似地层叠加样式之间的界面,而中长期旋回的界面则多为一种或一组地层叠加样式的顶界面。一般地该面

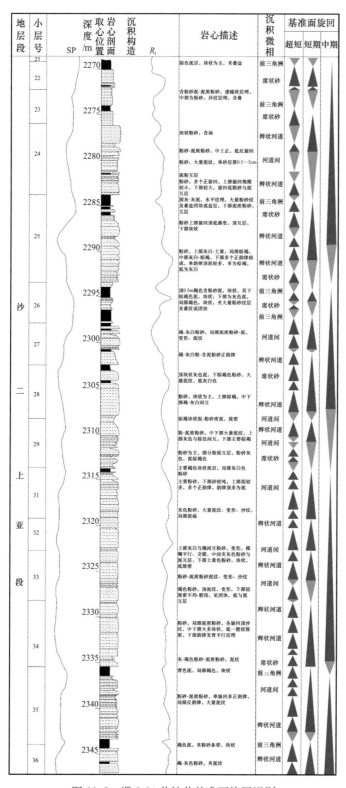

图 11.8　濮 2-84 井钻井基准面旋回识别

之下地层的叠加样式为退积式,而其上则为进积式或加积式地层样式,越过该界面湖水由总体上的向上变深转换为总体上的向上变浅,且该处为一阶段性的水体最深的位置。

(2)基准面旋回的识别。超短期旋回难以在测井曲线上识别,主要是因为短期旋回的厚度所限,难以确定其起始位置、结束位置及内部地层的叠加样式。

短期旋回的识别较容易,一般将湖进泥岩确定为中期旋回的顶界面及底界面,限定了旋回后,在旋回内部分析其相组成及相转换,确定基准面的变化方向,进而确定其内部的基准面转换面,完成短期基准面旋回的划分。

3. 进间流动单元的对比

井间流动单元的对比是基于基准面旋回对比完成。通过对比实现流动单元在油藏规模内的垂向划分,并使划分具有油藏范围内的统一性,使划分的流动单元具有特定的地质意义和可对比性,以方便对流动单元进行空间预测和评价。

基于高分辨率层序地层对比有 3 种可能的情况,即面与面的对比、面与岩石的对比及岩石与岩石的对比。濮 53 地区位于辫状河三角洲前缘及水下平原部位,基本在沉积时都位于基准面之下,应一直接受沉积物的沉积,河道虽对沉积物有一定的侵蚀作用,但不强,因而基本上该区是面与面的对比和岩石与岩石的对比,很少出现岩石与界面的对比,岩石与界面的对比仅出现在中期旋回内部,大多是缺失基准面下降期的沉积。

(1)对比原则。在进行基准面旋回对比时,一般应参照地震资料,然而在进行精细对比时,基准面旋回内的地层厚度较小,地震分辨率往往不能满足研究的要求。如在本区的研究中,地震的精度难以较清晰反映中期旋回的特征,而且气层的存在,地震属性也受到一定程度的影响,因此本书未利用地震资料,而完全依据测井信息完成。在进行旋回对比时,遵循以下原则:依据地层叠加样式对比中长期旋回。对于中期旋回及其内部地层的对比,依据中期旋回所组成的地层叠加样式来完成,对比的是地层叠加样式。在叠加样式内部对比短期旋回。在叠加样式对比的框架内,结合短期旋回所处的位置,决定各短期旋回之间的对应关系,完成短期旋回的对比。

(2)对比剖面的选取。一般选取垂直沉积走向和平行沉积走向建立对比剖面,这样便可反映砂体的各个方向的形态特征。该研究区中,中央隆起带控制油气的分布,而且基本与沉积走向平行,因而选择平行构造走向(平行于中央隆起带方向)和垂直构造走向方向两个方向选择对比剖面,形成对比格架(图 11.9),在骨架剖面对比的基础上,完成全区的对比。

4. 对比剖面特征

通过高分辨率对比,在沙二上亚段[2] 层系内划分出中期旋回 2 个,短期旋回 9 个,沙二上亚段[3] 中划分中期旋回 2 个,短期旋回 10 个。其中中期旋回相当于较大尺度的流动单元,而短期旋回发相当于较小尺度流动单元,也即评价的基本的流动单元。与以往的小层划分相对应,其中底部的 A 中期旋回相当于原对比中的 9~12 小层,B 旋回对应于原 7~8 小层,C 中期旋回 5~6 小层,D 中期旋回 1~4 小层。研究中以这 19 个垂向细分的短期旋回作为基本的单元进行后续的储层流动单元的评价和分析。

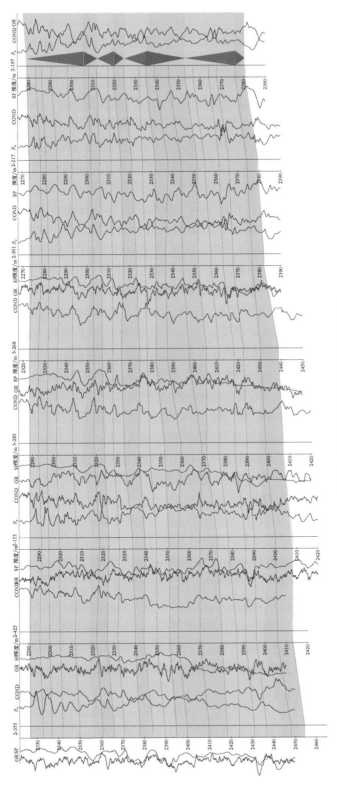

图 11.9 高分辨率层序地层对比格架

11.4 运用 BP 神经网络技术进行储层流动单元的参数解释

濮城沙二上亚段$^{2+3}$油藏(参见本章11.3节)储层主要是粉砂岩,隔夹层主要是泥岩、粉砂质泥岩和泥质粉砂岩。该区储层孔隙度为15%～32%,平均为23.45%,主要分布在15%～25%和25%～30%,渗透率界为1～2092mD,平均为125.4mD,在10～50mD及50～500mD的样品占总样品数的87%,属中高孔、中低渗厚层状储层。碎屑成分分析表明,其成分成熟度较低,胶结物含量较高,物性解释的难度较大。

单井物性解释是进行储层非均质性研究、建立精确参数模型的基础,单井物性解释结果的可靠程度直接影响和决定油藏地质参数模型的可信程度。单井物性解释的方法较多,基本可归为两类:理论模型类和经验参数类。理论模型类以物理模型为基础,通过严格的理论推导,建立物性参数与测井曲线之间的数学方程,用实验或其他的方法求取数学模型中的待定参数,从而求取物性参数值(丁次乾,1992;贾文玉等,2000)。尽管该方法推导严谨,但由于影响储层参数的因素较多,模型中不可能一一考虑,而且模型中的许多待定参数的求取较为复杂,有时甚至于不能求取,其应用受到了一定的限制。经验参数法通过对研究区的测井曲线值与实测物性参数进行对比,建立起物性参数的回归模型,通过回归方程求取单井参数值,该方法简单实用,在油藏描述中多采用此类方法(彭石林,1995)。作为一种非线性的回归方法,神经网络算法对各种参数之间的相关关系具有较好的反映,常用于预测各种地质参数的分布,在物性参数解释中也得到应用(陶淑娴等,1995;谢丛姣和关振良,1999)。然而用这种方法在建立统一回归方程时容易忽略不同类型储层的差异性,使解释结果与实际值常有较大的差异。为了避免均一化带来的误差,进行分段或分类解释是一种有效的方法(Abbaszadeh et al.,1996;Chork and Jian,1996)。同时为了得到准确的单井物性参数值,对不同时期的测井曲线之间的系统误差也必须进行校正。

笔者以濮53块沙二上亚段$^{2+3}$油藏为例,提出在测井曲线区域化校正基础上,依据储层物性分布的自然分段特征,采用神经网络算法,建立不同物性段的储层物性解释模型。以区域稳定分布的厚砂层为标准,通过多元回归的方式,对测井曲线的区域化变化进行估算,对测量误差进行校正。以孔隙度的两个次总体为对象进行分段,建立神经网络解释模型,在初次解释的基础上,进行储层物性的分段精细解释,提高解释的精确性,为储层的非均质性描述提供资料依据。在储层的分段解释时,为更准确预测储层的物性、学习样品的形成,应根据储层本身的分布规律进行;在学习和预测的样品中应有体现储层地质特征[如沉积相(电性相)]方面的指标,尽量体现其本质的特征。

11.4.1 测井曲线的区域化校正

由于不同时期测井仪器所形成的刻度差异及各井井况的不同,导致各井之间存在一种系统性误差,这种误差可通过测井数据的标准化来克服和消除。

测井数据标准化实质上是依据同一油田的同一层段往往具有相似的地质——地球物理特性分布规律,对油田各井的测井数据进行整体分析,校正刻度的不精确性,使测井资料在同一油田范围内具有连续性和可比性,具有统一刻度,从而达到全油田测井资料的标准化。

一般选择目的层井段内或其附近、厚度大于 5m、岩性均一、平面分布稳定、不受含油气影响的致密石灰岩、较纯的泥岩、或孔隙度分布稳定的砂岩等建立标准化模型,采用趋势面分析法或其他方法,对测井数据进行校正。通过校正可将不同井中由于测井环境因素所造成的数据偏差进行校正,达到同一基准进行解释和处理。

进行区域校正的方法很多,研究中采用趋势面分析法进行校正。趋势面分析的原理和方法多有论述,其依据是大规模地质体分布的一致性或变化的规律性,即地质体在一定的空间范围内具有稳定性,其相应的地球物理属性也具有稳定性或会呈现出规律性的变化,这种变化可用某种简单的函数来表征。通过拟合函数表征这种规律性的变化或趋势,即趋势面。将测量井点的值与该趋势值进行对比,其偏差值即残差代表了该点测量时的误差,这种误差可能来源于测量仪器,也可能源于测量过程,据该值对标准层之外的目标层的测量值进行校正,测除仪器和测量过程的影响,从而达到全区测量基准一致的目标。在此以声波时差的校正为例进行简要的叙述,具体校正步骤如下。

1. 趋势面图的形成

由于研究层段为辫状河三角洲沉积,泥岩并不特别稳定,且泥岩段的声波时差值跳跃性较大,不适于作为校正的标准层。而该区东营组底部砂岩分布稳定,厚度及电性特征变化较小,故研究中选取该砂层进行校正。通过对研究区及邻区的 900 余口井的声波时差的读取,采取二元三次多项式进行回归,回归方程为

$$AC_{回归} = A_{00} + A_{01}Y + A_{02}Y^2 + A_{03}Y^3 + A_{10}X + A_{11}XY + A_{12}XY^2 + A_{20}X^2$$
$$+ A_{21}X^2Y + A_{30}X^3 \tag{11.11}$$

式中,$A_{00} = 6248.773$;$A_{01} = 0.8107$;$A_{02} = -7.88 \times 10^{-10}$;$A_{03} = -3.80 \times 10^{-10}$;$A_{10} = -1.2327$;$A_{11} = -2.88 \times 10^{-10}$;$A_{12} = 1.34 \times 10^{-10}$;$A_{20} = 3.92 \times 10^{-10}$;$A_{21} = 1.30 \times 10^{-10}$;$A_{30} = -2.97 \times 10^{-10}$;$X$、$Y$ 为空间位置坐标。据回归方程做出声波时差趋势面图(图 11.10)。

为了进行校正,还必须求取各井的残差,再用残差值进行校正。依据原始读数和回归值得到其残差图,残差值分析表明,残差值最大为 30,最小为 -30,因而校正量为 -30~30。

2. 测井曲线区域化校正

各井用于解释的声波时差校正值由下式求取:

$$\Delta t_{校正} = \Delta t_{原始} - \Delta t_{残差} \tag{11.12}$$

即各井用于解释的测井曲线值为实测的测井曲线值与该井点处该曲线残差的差。

11.4.2　解释对象的分类

参数解释过程中进行分类解释和不分类解释两种方法的对比,结果表明分电性段的方法效果较好。分类预测时依据孔隙度的分布特征进行分类。

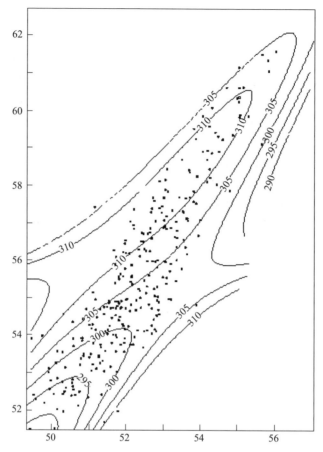

图 11.10 濮 53 块东营组底部砂岩声波时差趋势面图

图中的线为声波时差等值线,单位为 μs/m

1. 分类原则

分类的目的是为更精确预测或解释储层的物性,因而分类的原则是将具有不同电性物性特征的段相互分开,以便能够针对不同的岩电响应关系建立精确的解释方程。这种分类应体现储层本身的分布特征,从储层本身的电性(物性)分布规律进行分类应是分类的基本原则。

以往的大量研究表明,储层孔隙度的分布具有正态分布特征,而储层渗透率的对数则大多符合正态分布。据此进行储层物性段的分类,应能表现出储层本身的差异。

然而对于未解释层段,其特性值(孔隙度、渗透率)是未知的,据物性的自然分类虽可将储层分类,但未解释层段却无法进行划分。若能够依据储层的电性标准对储层进行分类,将能直接指导储层的分类解释。但测井响应的自然分类较难于确定,而且在研究中大多采用多因素的解释方法,并不能用一种测井曲线的自然分类进行储层的分类解释,这使应用测井曲线的自然分类解释难于进行。

基于以上考虑,经研究,对储层的自然分类还应以物性为基础进行,在解释中可进行适当地预处理,实现储层的分类(段),进而再进行分类解释。

2. 分类结果

对区内取心井孔隙度分布分析表明,该区孔隙度分布至少应有 4 个次总体(图 11.11):次总体 1,$\Phi<20\%$;次总体 2,$20\%\leqslant\Phi<23\%$;次总体 3,$23\%\leqslant\Phi<28\%$;次总体 4,$\Phi\geqslant28\%$。

区内取心井渗透率分布分析表明该区渗透率分布也有 4 个次总体:次总体 1,$\lg K<0.2$;次总体 2,$0.2\leqslant\lg K<1.6$;次总体 3,$1.6\leqslant\lg K<2.4$;次总体 4,$\lg K\geqslant2.4$。

基于储层物性的这一分布特征,在解释过程中用四个次总体进行分类解释,将会得到最好的拟合结果。考虑各个次总体区间

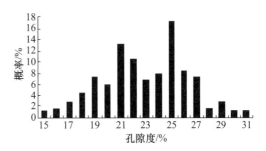

图 11.11　电性段孔隙度分布特征
(据尹太举等,2005)

内学习样品的数量和解释的工作量,研究认为分成 4 个次总体时在两个尾端次总体中学习样品数量太少,这将造成神经网络模型出现畸形,无法达到预测目的,因而在研究中采用分两段的建模方式,即用孔隙度的两个中间次总体作为解释区间,孔隙度大于 20% 作为一个解释区间,而孔隙度小于 20% 作为另一解释区间,分别建两个解释模型。

同时在解释中发现,若解释时依据常规解释方法将渗透率作为孔隙度的函数进行解释,直接输入孔隙度解释渗透率时增大了渗透率解释的误差,因而两者的解释应单独进行。

由于解释时要进行分类解释,分类解释时的依据是孔隙度,因此在进行解释前应知道孔隙度的大小,为解决此问题,采用两步解释:首先解释孔隙度,因为两个模型解释的孔隙度相差较小,采用含有较多个体的第二个孔隙度模型解释孔隙度;然后依据初次解释的孔隙度进行分类,按初次孔隙度大小选取解释模型,进行最终的孔隙度和渗透率解释。

11.4.3　解释方法

神经网络算法是一种自学习、自适应的数学算法,通过网络自身的学习,确定网络参数,形成正确的判识。神经网络模型有几十种,其中 BP(误差反向传播算法)网络模型是模式识别应用最广泛的网络之一。它利用给定的样本,在学习过程中不断修正内部连接权重和阈值,使实际输出与期望输出在一定误差范围内相等。

BP 网络的工作基本上分为两步完成。第一步是通过过学习固化模型,第二步是依据模型进行预测。前一步中将学习样本的各项指标(包括用于预测的指标和待估指标)输入模型,经过多次迭代计算,固化模型中各节点处相应的各项权值,使模型固化下来。具体迭代时,向前计算待估指标值,并与实测值对比,确定局部和全局误差,再通过向后误差传递,修改相应节点上的权值减小误差,当误差达到要求的范围内时,停止迭代,将各节点的权值固化,即为预测模型。形成预测模型后,就可对待估样品的相应指标进行预测。

1. 参数的选取

结合沙二上亚段$^{2+3}$的岩电特征,本书选取声波时差、自然伽马、自然电位、电阻率、电导率曲线进行物性解释,其中自然电位取最大值、绝对值和电相类型,自然伽马取最大值、绝对值及电相类型,声波时差取绝对值,电阻率和电导率取相对值。

2. 学习样品及预测样品的形成

研究中采用了不同的取样方式进行了对比研究,分别以单测试点(单一样品)、微相段、电性段和短期旋回作为样本点(学习样品)来构建模型,通过对不同方法的对比表明,认为采用以短期旋回和电性段为单元的样品效果较符合实际地质情况,逐以短期旋回为单元形成学习样品。取层段各值的算术平均值为学习样品对应值。在学习样品的形成中对异常值进行剔除(如物性相差 10 倍以上的分析值),而对曲线值中各种曲线旋回不对应则一般选取自然电位或伽马的旋回为准。预测样品可以短期旋回为单元进行或以单个测井点进行,本书以短期旋回为单位解释。

11.4.4　物性解释与结果对比

经自校验证本方法解释中孔隙度绝对误差小于 2%,渗透率解释相对误差大多小于 20%,效果较为理想(图 11.12)。

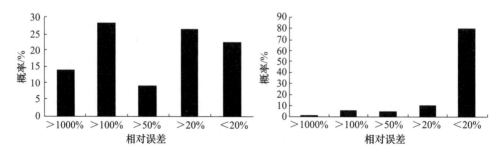

图 11.12　解释结果对比(据尹太举等,2005)

11.5　储层流动单元的分类

笔者就濮 53 块沙二上$^{2+3}$(参见 11.4 节)为例,结合流动单元研究中流动单元分类遇到的问题和实际情况,基于物性特征和分析化验项目,在对储层的宏观、微观特征研究的基础上,对常用的流动单元划分指标进行研究,采用不同的流动单元研究方法,探讨该区流动单元分类的方法。

11.5.1　依据 FZI 进行流动单元分类

依据 FZI 方法采用不同取样方式进行流动单元的分类研究,表明储层质量指标与标准化孔隙度交会图上各类流动单元差别非常小,识别流动单元类型的效果很差(图 11.13),单个样品储层质量指标(RQI)与标准化孔隙度(ϕ_z)的双对数交会图,各类流动单元的差别并不十分明显,更不像该方法所提供的各个类型应落在相应斜率为 1 的直线上或围绕其周围分布,很难将其进行分类。或许如上所述,算术平均值并不能真正反映储层的结构特征,而本书中求取各指标时采用的恰好是不能反映其综合特征的算术平均值。

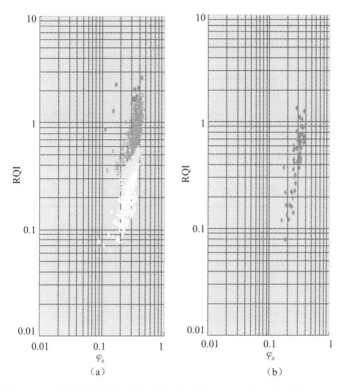

图 11.13　储层质量指标与标准化孔隙度交会图(据尹太举等,2005)

(a)单样品点;(b)小层

11.5.2　依据聚类分析进行流动单元分类

采用孔隙度、渗透率、厚度、有效厚度、流动层带指标、储层质量指标、流动系数、储集系数、有效流动系数和有效储集系数等指标来形成流动单元的聚类谱系图。聚类谱系图(图 11.14)表明其样品可划分为四类流动单元类型,即 P、F、G、E 型,其中 E 类的样品数相对较少,而其他三类的样品数相当。在各类当中 F、G 类内部的相关性较强,P 型较差,E 型最差。

由于不同指标其影响能力不同,经主因子分析,本研究主要选取流动系数、储集系数、渗透率、储层层带指标等来确定流动单元的类型,各类流动单元各指标分布区间如表 11.5 所示,在 E 型和 P 型中各指标的差异级差较大,而 F 型和 G 型其差别的级差较小。但各指标差异的绝对值则是 E 最大、G 次之、P 最小,这是由于 P 型本身的各类指标值较小,而 E 类则有最大的指标值。

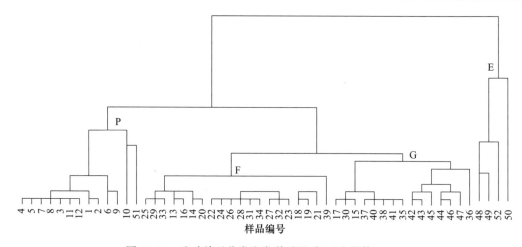

图 11.14　流动单元分类聚类谱系图(据尹太举等,2005)

表 11.5　各类流动单元分类指标分布区间(据尹太举等,2005)

指标	区间				均值			
	P 型	F 型	G 型	E 型	P 型	F 型	G 型	E 型
渗透率/mD	6.8~26	33~105	97~233	288~439	15	70	158	330
厚度/m	1.0~5.9	2.8~6.6	3.2~8.0	5.0~9.0	4.09	4.76	5.81	6.35
孔隙度	0.15~0.22	0.2~0.25	0.24~0.28	0.24~0.27	0.19	0.23	0.25	0.25
标准化孔隙度	0.18~0.28	0.25~0.33	0.32~0.39	0.32~0.37	0.24	0.30	0.34	0.34
储层质量指标	0.2~0.37	0.37~0.69	0.63~0.91	1.05~1.27	0.28	0.54	0.78	1.13
储层层带指标	0.78~2.11	1.17~2.43	1.7~2.71	2.98~3.51	1.19	1.85	2.30	3.34
储集系数	0.15~1.18	0.68~1.58	0.9~1.92	1.34~2.16	0.78	1.08	1.46	1.59
流动系数	21~132	114~490	639~1347	1635~2686	58	330	878	2048

11.5.3　流动单元的综合分类

　　充分考虑到储层本身的物性自然分布特征,而这一特征本身多隐有其内部固有的规律性,对这一规律性的表征符合分段的基本要求。通过聚类分析选取出最合适或影响分类最大的指标,有利于对其他未取心井的分类,并能在一定程度上减小分类工作的复杂性和工作量。而且对各样品点(段)进行分析,基本可以确定各类流动单元的临界值。因而本书提出用储层物性自然分段结合聚类分析的方法进行流动单元分类,即在流动单元分类中首先以储层物性各指标的自然分段进行初步分类,结合流动单元聚类谱系图,最终完成流动单元的分类。图 11.15 是基于不同样品的流动层带指标分布图,短期旋回可分为四个次总体(<1.2、<1.6、<2.0、>2.0),也可能在其右端长尾处有另一个次总体的分布。电性层次总体分布为<1.2、<1.6、<2.2 和>2.2 四个次总体,同样在其右端长尾处也可能有另一小的次总体存在。微相次总体稍有不同,其次总体分布为<1.4、<2.0、<3.2和>3.2,尾端可能属另一小的次总体。岩性段次总体与微相段相似,分为<1.2、<2.0、<3.4 和<3.8 四个次总体,及尾端另一小的次总体。

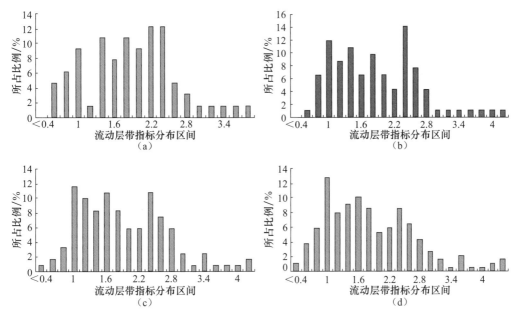

图 11.15　流动层带指标分布特征(据尹太举等,2005)

(a)短期旋回;(b)微相;(c)岩性段;(d)电性层

　　同样在概率曲线图上,也可对各种指标的次总体进行研究,本书对微相、岩性段、单样品等的渗透率、孔隙度、流动层带指标、储层质量指标、流动系数等都进行了相应的研究,其结果与直方图分析结果相近,而各类流动单元的界定可通过概率曲线的交会点确定。

　　依据各类流动单元的各指标次总体分布特征,结合聚类分析结果,确定各流动单元的分类标准如表 11.6 所示,其中在渗透率、流动系数上各类流动单元区别较为明显,而在孔隙度上具有一定的交叉,在储层层带指标和储集系数上的交叉较大,因而区分流动单元应以渗透率和流动系数为主,同时参考其他指标。

表 11.6　流动单元分类标准(据尹太举等,2005)

	P 型	F 型	G 型	E 型
渗透率/mD	≤25	25~100	100~250	>250
孔隙度	<0.22	0.2~0.25	0.24~0.28	0.24~0.27
储层层带指标	0.78~2.0	1.1~2.2	2.0~2.8	>2.8
储集系数	<1.0	0.7~1.5	0.9~2.0	>1.3

11.5.4　流动单元与储层沉积相的关系研究

　　对不同流动单元的微相构成统计表明,构成极好型流动单元和好型流动单元的砂体主要为辫状河道砂体,同时表明在开发过程中,起主要渗流作用的应为该类砂体,而差型流动单元则主要为席状砂体和河道砂体,这预示着在不均一渗流情况下,形成低渗带和渗流缓冲带的也将是这类砂体。而在一般型流动单元的构成中,各类砂体的相对

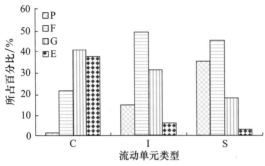

图 11.16　不同沉积成因砂体的流动单元构成
（据尹太举等，2005）

C. 河道；I. 河道间；S. 席状砂

含量较相似。

对 3 种沉积成因砂体的流动单元类型进行研究表明(图 11.16)，辫状河道砂主要形成极好型和好型流动单元，分别占河道砂体的 45.1% 和 37.8%，而差型流动单元仅占砂体的 0.2%，说明河道砂体的渗流能力很强。而河道间砂体主要形成一般型和好型流动单元，各占 46.9% 和 31%，差型和极好型则各占 12.5% 和 9.6%，席状砂体物性较差，多形成差型和一般型流动单元，其中差型占 34.8%，一般型占 44%，而好型和极好型仅占 17.6% 和 3.6%，显示了较差的物性特征。

11.6　双河油田储层流动单元分析

油田开发的不同时期，流动单元含义是不同的，随着开发工作的深入，流动单元的认识也在不断深入，其规模是越来越小。双河油田是以扇三角洲厚层砂砾岩沉积为储层的多油层非均质油藏(参见第 1 章、第 7 章等)，储层的物性在不同的结构要素之间相差巨大，而且即使是同一结构要素内部其物性也有较大的变化。从本书研究物性参数测取的七口取心井的情况看(取样段未包括泥质岩的非储集层段)，单块岩石样品渗透率最大为 7830mD，最小为 1mD，相差达 3 个数量级以上，孔隙度变化相对较小，为 4.2%~24%，束缚水饱和度随物性而变，为 20%~80%。油田开发初期把几个油层组作为流动单元，基于这一认识，指导基础井网的部署；发现合采的油层组内非均质性差异影响储层的动用情况和注采井网的完善，指导"六五"期间的细分调整；"七五"期间将认识重点放在厚油层层内，展开垂向上细分沉积时间单元，平面上细分沉积相的工作，把单层和相带作为影响油水运动的基本单元，指导了井网一次加密；"八五"早期认识夹层对流体渗流具有相当大的影响，展开了厚油层层内夹层的研究工作，为"八五"后期至今的建筑结构分析和流动单元模型的建立打下基础，本节介绍双河油田Ⅳ油组流动单元分析研究的结果。

11.6.1　流动单元分析流程

由于单层以上级次的结构要素界面均为不渗透界面，单砂体的界面为大部分部位不渗透、只有部分部位渗透的界面，因而在储层结构分析中，如果将这些级次的结构搞清，在垂向上将其分开，便可解决这些级次的流动单元划分问题，也就是说，通过储层的精细对比，便可以解决高级次的流动单元问题。而对于更低级次的流动单元，只依靠储层的对比就难于解决了，必须采用一些新方法(尹太举和张昌民，1999)。

依据流动单元与建筑结构的相互关系及其内部特性，我们认为进行低级次流动单元研究，应从以下几个方面着手。

（1）取心井段流动单元划分步骤如下：①进行沉积层序的描述和建筑结构分析；②逐点测取渗流参数（K、ϕ、S_{wi}、S_{or}、有效厚度、净总厚度比等）；③求出各结构要素渗流参数的平均值，用聚类方法确定存在的流动单元类型，并给出不同流动单元之间的阈值；④按阈值对最终划分的层进行流动单元命名；⑤进行流动单元与结构要素关系分析，确定结构要素与流动单元之间的对应关系。

（2）对未取心井段进行参数解释，按阈值确定其流动单元类型。

（3）研究建筑结构要素不同部位的主要渗流特征，在建筑结构预测模型的基础上，预测井间渗流参数，作渗流参数模型。

（4）按已定的流动单元阈值对井间各点进行参数处理，确定其流动单元类型。

（5）将结构要素骨架预测模型与参数模型相叠合勾绘流动单元边界，填入流动单元类型符号，便形成流动单元模型。

11.6.2　储层物性特征

从单个结构要素来看，渗透率为 $3\sim2257$mD，平均为 605.7mD，大部分结构要素的渗透率小于 1000mD，一半的结构要素渗透率小于 500mD（图 11.17）。在逐点测量的基础上，本书还统计了单个结构要素的渗透率垂向变异系数，这一参数为 $0.1\sim1.7$，平均为 0.8，说明单个结构要素内部垂向非均质性还比较严重。

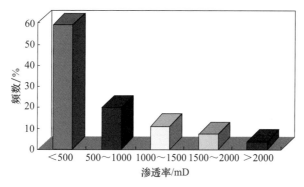

图 11.17　结构要素渗透率特征

单个结构要素的孔隙度变化较小，最大为 23.7%，最小为 13.8%，平均 20.2%（图 11.18）。束缚水饱和度与岩性关系特别明显，随着岩性粒度变细，束缚水饱和度逐渐增大，造成细粒岩类的有效储集空间减小和渗流能力的降低。对于单个结构要素，束缚水饱和度最高的达到 80%，低的仅为 20%，平均为 29%（图 11.19）。

依据渗流力学原理，影响单相流体流动的因素主要为渗透率、有效厚度和流体黏度，多相流体的流动还与流体的饱和度、岩石的润湿性有关。随着渗透率的增大、有效厚度的增大，流体的流动能力增强，而随着流体黏度的增大，流动性则逐渐变小。基于此提出流动系数的概念，即把储层的渗透率与有效厚度的积与流体黏度的比值称为流动系数（KH_e/μ，式中，H_e 为有效厚度，μ 为流体黏度）。事实上，考虑在研究区内流体性质基本一样，可以用渗透率与有效厚度的积来表征储层对某一种流体流动性的影响。经这样变更后的流动系数反映储层本身的特征，应该更有意义。

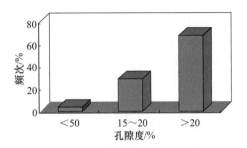

图 11.18　结构要素孔隙度特征

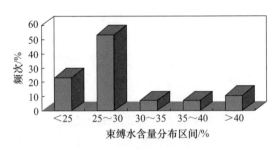

图 11.19　结构要素束缚水特征

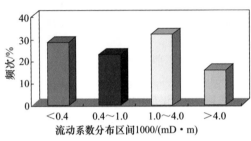

图 11.20　结构要素流动系数特征

双河油田各层段流动系数差别很大，小至几个毫达西·米，大达 1 万多个毫达西·米(图 11.20)，而且不同的结构要素其流动系数具有不同的特征，一般席状砂和水下溢岸砂具有较小的流动系数，而河口坝和河道具有较大的流动系数。

储层的基本作用是储集流体作用，储层储存流体的能力，也是衡量储集层性质好坏的一个标志。这里用的一个参数是储集系数，即单位岩石体中所能储存的流体量。对于单剖面，用有效厚度、孔隙度的积来表征($H_e\phi$)，考虑孔隙表面的束缚水影响，要减去束缚水饱和度的影响，得到 $H_e\phi(1-S_{wi})$，称之为有效储存系数。

储层的储集系数差异相对较小，为 $0.12\sim1.40\text{m}$(图 11.17)，而有效储集系数相对稍小一些，与其分布特征相似(图 11.21)。

上面两个参数，基本可以表征储层在开发中的作用，依据其可以划分流动单元。

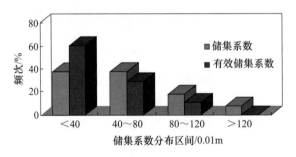

图 11.21　结构要素储集系数和有效储集系数特征

11.6.3　流动单元类型及其特征

对七口取心井进行分层段(每个层段对应一个结构要素)储层物性取样测定之后，用渗透率、渗透率垂向变异系数、孔隙度、厚度、有效厚度、束缚水饱和度、流动系数、储集系数、有效储集系数对储层进行流动单元的聚类分析，依据聚类谱系图(图 11.22)，将储层划分为四类流动单元类型：极好型(excellent)、好型(good)、一般型(fair)、差型(poor)(尹太举和张昌民，1999)。各种流动单元特征如下。

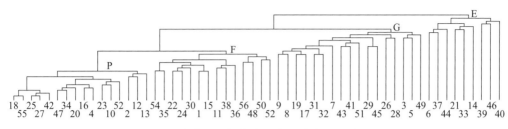

图 11.22　流动单元聚类谱系图(据尹太举和张昌民,1999)

1. 好型(E 型)

在流动单元流动系数与储集系数交会图上(图 11.23),位于图的右上方,代表具有最好的渗流能力和储集能力的那一部分。流动系数最小为 5300mD·m,最大达 12000mD·m,平均为 7500mD·m 左右,有效储集系数为 0.40～1.10m,储集系数稍大,为 0.50～1.40m,平均 0.95m。从渗透率上看,具有最大的渗透率,渗透率最大达 2300mD,最小的也超过了 1000mD,而渗透率垂向变异系数和孔隙度与其他类型没有太大的差别,具有较小的束缚水饱和度。事实上 E 型流动单元内部的差异是很大的,从聚类图上看其相关系数是最小的,但由于其本身个数较少笔者没有对其进行进一步的分类。

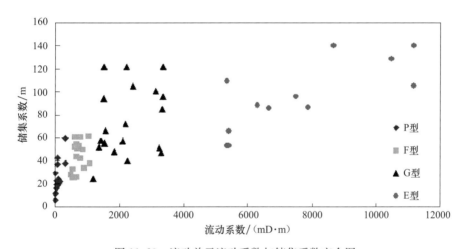

图 11.23　流动单元流动系数与储集系数交会图

2. 好型(G 型)

在流动系数与储集系数交会图上,位于图的中间,代表具有较好的渗流能力和储集能力的那一部分。流动系数最小为 1177mD·m,最大为 3349mD·m,平均2180mD·m 左右,有效储集系数为 0.18～0.88m,平均 0.53m,储集系数稍大,为 0.24～1.20m,平均为 0.71m。从渗透率上看,具有较大的渗透率,渗透率最大为 1653mD,最小为 759mD。

3. 一般型(F 型)

在流动系数与储集系数交会图上,位于图的中下方,代表具有一般的渗流能力和储集能力的那一部分。流动系数最小为 521mD·m，最大为 759mD·m，平均为 639mD·m 左右，有效储集系数为 0.17~0.43m，储集系数为 0.25~0.60m，平均为 0.44m。从渗透率上看，最大为 531mD，最小为 231mD。

4. 差型（P 型）

在流动单元流动系数与储集系数交会图上，位于图的左下方，代表具有最差的渗流能力和储集能力的那一部分。流动系数最大仅为 304mD·m，最小只有 1.2mD·m，平均也只有 78mD·m 左右，有效储集系数为 0.03~0.42m，储集系数也只有 0.05~0.59m，平均为 0.16m。从渗透率上看，具有最小的渗透率，渗透率最大仅为 169mD，最小为 3mD，具有较大的渗透率垂向变异系数和束缚水饱和度。

其实，决定流动单元类型的以上几种因素对分类所起的作用不相同，通过对以上各变量的主成分分析发现，渗透率、有效厚度、流动系数在流动单元分类中具有最大的权值，其他因素的作用较小，从以上各种流动单元的特征上也可以看出，各流动单元之间在孔隙度、渗透率变异系数、储存系数等方面差异很小，而在流透率、流动系数上具有较大的差异，尤其是流动系数上差异最为明显。而且在未取心井中，渗透率解释并非逐点解释，变异系数无法求得，孔隙度的解释与岩心解释差异较大，不大适用，因而可以只用流动系数来进行划分。

在对储层进行流动单元划分之后，发现流动单元与结构要素之间并不是一一对应的，也就是一种流动单元对应于几种结构要素，而同一种结构要素也可能有几种流动单元类型。这样，只有建筑结构模型还不能说就作出了流动单元模型，因而本书对流动单元与结构要素之间的关系也进行了研究。

图 11.24 为不同结构要素对应的流动单元类型，从图上看出，水下分流河道以极好型和好型流动单元为主，一般型和差型流动单元分别占的比例不到 10%；河口坝基本上是以好型流动单元为主，占约 60% 左右，其次是一般型；席状砂结构要素以差型和一般型为主，只有少部分的好型，没有极好型流动单元。

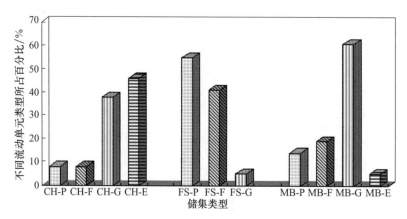

图 11.24　结构要素与流动单元对应关系图

CH、FS、MB 分别代表河道、席状砂、河口坝；P、F、G、E 分别为流动单元类型；CH-P 指河道中 P 类流动单元，其他类同

图 11.25 为各种流动单元中不同结构要素的分布情况。差型流动单元以席状砂结构要素为主,达 70% 以上;一般型流动单元也以席状砂为主,河口坝的比例也比较大;好型流动单元中以河口坝为主,河道次之,而席状砂极少;极好型流动单元以河道为主,其余为河口坝,而没有席状砂这一结构要素类型。

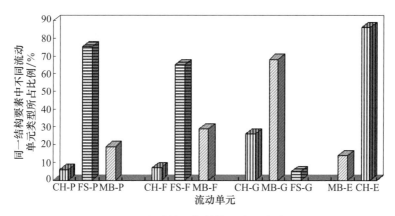

图 11.25 流动单元与结构要素对应关系图

11.6.4 未取心井流动单元识别

对于研究区内的未取心井,本书以结构要素为单位解释渗透率、孔隙度、厚度和有效厚度。尽管可以通过多因素来综合判定流动单元类型,但事实上由于控制流动单元的因素主要是与流动系数有关的因素,本书仅以此来对未取心井进行流动单元划分。

取心井流动系数之间并不是连续的,相邻两个流动单元类型流动系数小的流动单元的最大流动系数与流动系数大的流动单元的最小流动系数并不相等,对于值落在这一区间的,以两值中值为界来确定其流动单元的归属,据此按照取心井流动单元的流动系数定出未取心井流动单元划分方法如下:差型流动单元(P 型),流动系数小于 400mD·m;一般型流动单元(F 型),流动系数为 400~950mD·m,可分为两个亚类 F_A、F_B,F_A 流动系数为 600~950mD·m,F_B 流动系数为 400~600mD·m;好型流动单元(G 型),流动系数为 950~3900mD·m;差型流动单元(E 型),流动系数大于 3900mD·m。

11.6.5 流动单元分布预测

1. 等渗图及流动系数图的制定

因为储层结构决定非均质的方向性等特征,所以等渗图和流动系数图的编制,应在建筑结构模型的指导下进行。等渗图的制定,以建筑结构模型的外边界为零线,内部等值线间隔为 200mD。勾绘等值线时,要把握储层的非均质方向性。一般河道、河口坝均为高渗带,而水下溢岸、前缘席状砂则为低渗带。在作图时,还要注意砂体内部的渗透率连续性和砂体间渗透率差异,造成渗透率等值线有时不能穿越结构要素的问题。作图时要在河道结构要素内部追踪高渗带,尽量使高渗带可以追踪,而在席状砂和水下溢岸中确定低渗带。

流动系数图的作法同等渗图相似,只不过只作出划分流动单元必需的几条等值线(0mD、400mD、950mD、3900mD)。零线也取建筑结构模型砂体尖灭线,而据上面研究已知流动单元与建筑结构要素的关系,故可按此关系追踪流动系数高值带和低值带,从而勾绘流动系数图。

在作等渗图和流动系数图时常会出现异常值点,对于异常值有两种情况:①由于解释错误造成的异常点,此种可以直接剔除;②由于原建筑结构模型错误而使解释值看似异常值的,这一种要检查原有的建筑结构模型,使两者相互符合。依据以上原则,即可编制出储层的等渗图(图 11.26)和流动系数(图 11.27),作为区分平面流动单元的基础。

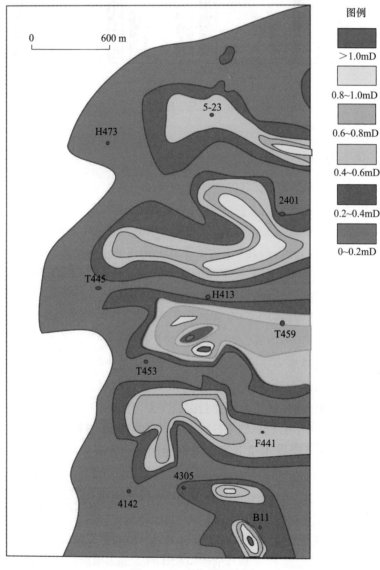

图 11.26　IV_2^{21} 层等渗图

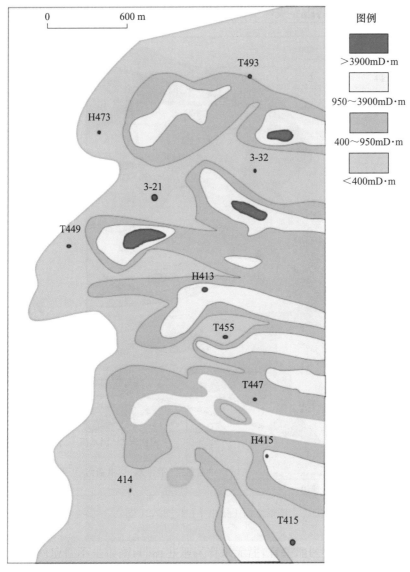

图 11.27　IV$_2^{21}$ 层流动系数图

2. 由流动系数图形成流动单元模型图

将同层流动系数图与结构要素模型相叠合,交会后在阈值区间内填上流动单元的符号,即成流动单元模型。有以下几种情况需要注意。

（1）流动单元之间不一定是连续的,即在差型流动单元和好型流动单元之间不一定有一般型流动单元存在。

（2）两条阈值线之间相距很近时,这时可将两条线并到一起,即两者中间缺一类流动单元。

（3）如果阈值线与结构要素边界线之间没有井点控制,且距离较近时,应以结构要素的边界线作为流动单元的边界线勾绘流动单元边界,形成流动单元分布图(图 11.28)。

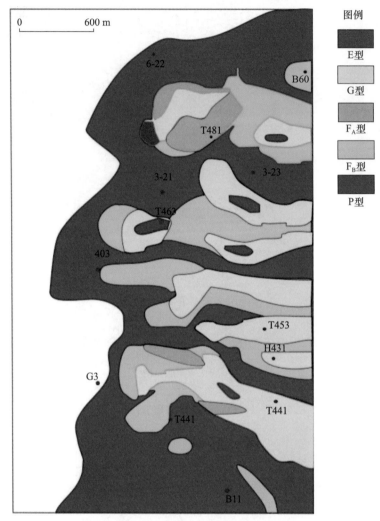

图 11.28　IV$_2^{21}$ 流动单元模型

11.6.6　流动单元模型

　　从流动单元模型图上可以清楚地看出,流动单元模型极其复杂,各种类型流动单元相间分布,具有极强的非均质性,不进行深入研究难以确定其特征。但与储层建筑结构预测模型相对比不难发现,流动单元模型受控于储层建筑结构,与建筑结构模型叠合较好。

　　一般 G 型和 E 型流动单元相邻分布,且沿水下分流河道主流线、河口坝一线呈条带状展布,中间部分区域可能会被规模较小的 F 型或 P 型流动单元所隔开,而在其侧缘则是由水下溢岸、前缘席状砂组成的 F 型流动单元,再外则是 P 型流动单元。G 型、E 型和 F 型流动单元显示出明显的拼合性。席状砂常形成连续的 P 型流动单元,在平面上呈片状广泛分布,个别部位出现 F 型和 G 型流动单元镶嵌其中。

　　从流动单元规模上看,只有 G 型和 P 型流动单元可形成大规模连续的特征,尤其是 P

型流动单元,常形成很大的规模,而其他类型流动单元规模都较小。

11.7　基于储层流动单元对濮 53 块沙二上$^{2+3}$油组进行油层评价

濮 53 块沙二上$^{2+3}$油气藏以储层分异性差、油层厚、开发效果差为特点,表征难度较大。研究依据基准面分析,采用流动单元的思路进行表征,完成了濮 53 块沙二上$^{2+3}$油气藏的流动单元划分和对比,在储层参数次总体分布分析基础上,结合聚类分析,采用储集系数、流动系数等,识别出 E、G、F、P4 类流动单元类型,用确定性和随机建模预测流动单元的空间分布(Yin et al.,2009)。基于流动单元的平面分布和相对比例,将该区的小层划分为 4 种类型,其中油、气主要集中于 2、3 类小层中,而对于储量动用状况的分析表明,剩余油的成因与储层内部的非均质性和平面非均质性相关,这决定下一步挖潜的策略和方向,基于流动单元的评价既深化了储层表征的精度,又简化了表征的工作,为深化非均质性认识、油田的挖潜提供了地质依据。

11.7.1　流动单元分类

1. 分类标准

常依据储层质量指标与标准化孔隙度双对数交会图中同一流动单元处于一条倾角为45°线上的特点划分流动单元,然而事实上对公开发表的相关文献研究表明,交会图上的各流动单元的差别并不明显,分类大多较为勉强。本区样品在双对数交会图上几乎没有区别,根本无法形成相应的直线,从而依据 FZI(流动层带指标)进行分类(图 11.15),因而本研究采用流动单元的自然分段特征结合聚类的方法进行分类。即在进行流动单元分类时,首先研究各样品的各种指标分布,用直方图和概率曲线确定样品总体中次总体分布,大致确定可以划分的流动单元类型的数目及大致的界限,再结合聚类的结果,最终确定流动单元的类型数目及其分类指标的门槛值。此方法考虑储层参数次总体分布,这一分布决定于储层内部相关性,因而能更好地反映储层中各类储集、渗流单元的差别,使分类更具科学性。

对不同层次单样品点、微相单元、岩相和电相单元、短期旋回等各种规模统计的各项指标(包括孔隙度、渗透率、流动系数、储集系数、储层层带系数等),总体分析表明该区流动单元大致有 4 种类型,而采用孔隙度、渗透率、厚度、有效厚度、流动层带指标、储层质量指标、流动系数、储集系数、有效流动系数和有效储集系数等指标,通过逐步回归形成流动单元的聚类谱系图表明该区确有 4 种类型,即 P、F、G、E 型,其中 E 类的样品数相对较少,其他三类的样品数相当。据此,结合主因子分析的结果选取流动系数、储集系数、渗透率、储层层带指标等来确定流动单元的类型,从各指标的特征看,E 型和 P 型中各指标的差异级差较大,而 F 型和 G 型其差别的级差较小。但各指标差异的绝对值则是 E 最大、G 次之、P 最小,这是由于 P 型本身的各类指标值较小,而 E 类则有最大的指标值。

依据各类流动单元的各指标分布特征,确定流动单元分类标准如表 11.7 所示,在渗透率、流动系数上各类流动单元区别较为明显,而在孔隙度上具有一定的交叉,在储层层带指标和储集系数上的交叉较大,因而区分流动单元应以渗透率和流动系数为主,同时参考其他指标。

表 11.7　流动单元分类标准(据尹太举等,2005)

参数	P 型	F 型	G 型	E 型
渗透率/$10^{-3}\mu m^2$	≤25	25~100	100~250	>250
孔隙度/%	<0.22	0.2~0.25	0.24~0.28	0.24~0.27
储层层带指标	0.78~2.0	1.1~2.2	2.0~2.8	>2.8
储集系数/10^{-2}m	<1.0	0.7~1.5	0.9~2.0	>1.3
流动系数/$(10^{-3}\mu m^2 \cdot m)$	<100	100~500	500~1500	>1500

2. 流动单元与储层沉积微相的关系研究

对三种沉积成因砂体的流动单元类型研究表明,辫状河道砂主要形成极好型、好型流动单元,分别占河道砂体的 45.1% 和 37.8%,而差型流动单元仅占砂体的 0.2%,说明河道砂体的渗流能力很强。而河道间砂体主要形成一般型和好型流动单元,各占有 46.9% 和 31%,差型和极好型则各占 12.5% 和 9.6%,席状砂体物性较差,多形成差型和一般型流动单元,其中差型占 34.8%,一般型占 44%,而好型和极好型仅占 17.6% 和 3.6%,显示了较差的物性特征。

对不同的流动单元的微相构成统计表明,构成极好型流动单元和好型流动单元的砂体主要为辫状河道砂体,表明在开发过程中,起主要渗流作用的应为该类砂体,而差型流动单元则主要为席状砂体和河道砂体,预示着在不均一渗流情况下,形成低渗带和渗流缓冲带的也将是这类砂体。而在一般型流动单元的构成中,各类砂体的相对含量较相似。

11.7.2　流动单元的预测

主要依据流动系数门槛值,通过内插方法预测井间的流动单元类型。

1. 井间流动单元的确定性预测

依据流动单元与成因砂体的相互关系及其内部特性,门槛值法进行井间流动单元预测分以下几个步骤:①取心井段流动单元划分;②测井物性解释基础上,按阈值确定未取心井流动单元类型;③研究成因砂体渗流特征,预测井间渗流参数;④按已定的流动单元阈值对井间预测井间参数(可采用克里金等方法),大致确定其流动单元类型(图 11.29);⑤将流动系数图与储层微相图相叠合(图 11.30),建立流动单元模型;⑥依据流动单元的相对关系(类型、分布、相对比例等)进行基于流动单元的小层分类评价,简化储层非均质性表征。

本研究在聚类识别的 4 类流动单元类型(P、F、G、E)外,还增加了一类流动单元类型——Mud,用于表征砂岩不发育的非储层。

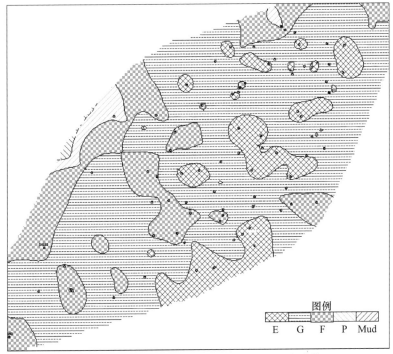

图 11.29　沙二上^{35}小层井间流动单元预测（据尹太举等,2005）

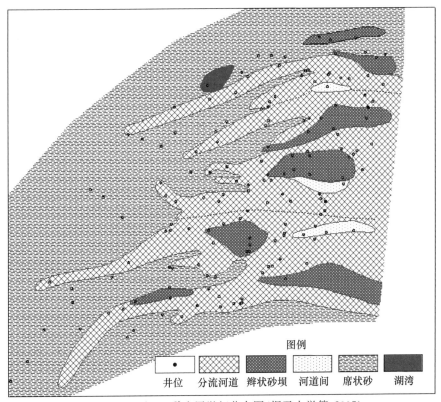

图 11.30　沙二上^{35}小层微相分布图（据尹太举等,2005）

在基准面旋回格架内,流动单元的分布有所不同。在基准面旋回的高部位,多发育以差型和一般型流动单元为主的平面模式(图 11.31 中的四类小层),砂体发育较差,Mud 型、P型的占绝大部分面积,而在基准面处于较低位置处,则多发育由 G 型、E 型流动单元构成,物性较好、砂体厚而连续性的模式(图 11.31 中的一类小层),在两者之间则有相应的过渡类型。

同一小层流动单元平面图与沉积微相图(图 11.29、图 11.31 中的二类小层)对照表明,流动单元平面展布基本受控于沉积相,沿水流方向,或辫状河道发育区是 E 型、G 型流动单元较为发育区,而在河间或席状砂区多为 P 型、F 型流动单元发育区,Mud 型则发育于砂体边部外缘区。

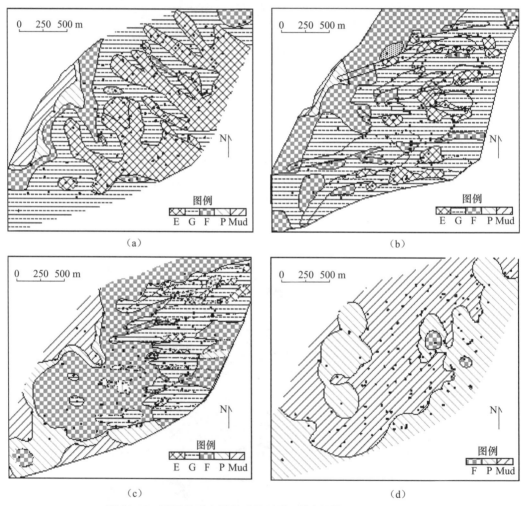

图 11.31　不同类型小层流动单元平面特征(据 Yin et al.,2009)

(a)一类小层;(b)二类小层;(c)三类小层;(d)四类小层

2. 井间流动单元的随机模拟

研究中将流动单元作为五类离散型变量处理(E、G、F、P、M),应用顺序指示建模对其空间分布进行了预测。顺序指示建模基本思路是利用待估点周围的点信息,建立起待估点处的条件概率分布,然后通过蒙特卡洛抽样,获得待估点处的值,此值将作为条件数据应用于其他未估点。当所有未估点都有估值时,就取得了一次实现。通过选取不同的随机路径,获得多个实现。把实现结果与实际资料比较,选择与实际资料最符合的模型进行油藏数值模拟。而对多个实现的分析可以对不确定性进行评价,为油田开发方案调整以及决策实施提供可靠依据。

图 11.32 为沙二上亚段 2^5 小层流动单元模拟的一个实现。与图 11.31 一类小层具有较好的拟合性,基本体现流动单元的空间分布,三个 SE-NW 向的极好型流动单元条带状分布非常明显,也体现了流动单元分布的随机波动,基本符合油藏的实际情况,说明模拟结果比较可信。

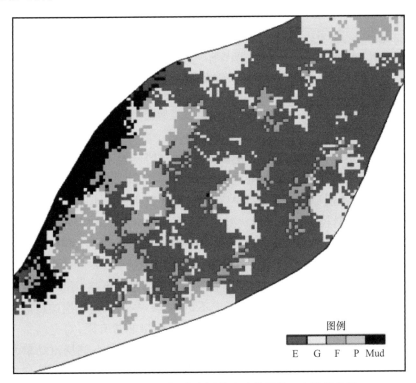

图例
E　G　F　P　Mud

图 11.32　沙二上亚段 2^5 小层的流动单元的一个模拟实现

11.7.3　流动单元评价

1. 小层流动单元评价

依据门槛值法确定性模型各小层各类流动单元相对比例,对小层进行评价,确定了不同的流动单元平面样式。评价标准如表 11.8 所示。各类小层特点如下(图 11.31)。

一类小层:平面上以好型和极好型流动单元为主,两者均连续分布,极好型流动单元面积较大,一般型、差型流动单元及非储层的面积较小,且主要位于研究区的边缘部位。

二类小层:平面上以好型流动单元为主,其他流动单元面积比例较小,多呈零散状镶嵌于好型流动单元中间或边缘部位,非储层面积有限地分布于储层的局部边缘部位。

三类小层：平面上以好型和一般型流动单元为主，两者基本上可连续分布，极好型和差型流动单元的面积比例较小，且大多都呈零散状镶嵌于好型流动单元中间或者边缘部位，非储层的面积较二类小层有所增多。

四类小层：平面上以差型流动单元为主，基本上可连续分布，无极好型流动单元，基本无好型流动单元，即使有也只能呈零散状镶嵌于型流动单元中，一般型流动单元面积也不大，多孤立嵌于差型流动单元中。非储层的面积很大，且连续分布。

基于以上标准各小层评价结果如表 11.8 所示，其中一类小层 1 个，二类小层 5 个，三类小层 7 个，四类小层 5 个。

表 11.8　小层评价标准（据尹太举等，2005）

类型	评价标准	评价结果
一类	极好型流动单元的比例大于 40%，好型与极好型的面积和大于 80%	2^5
二类	极好型面积大于 10%，但小于 40%，好型与极好型面种和大于 70%	2^7、2^8、2^9、3^1、3^5
三类	一般型以上流动单元的比例大于 60%，而又达到二类的小层	2^4、3^3、3^4、3^6、3^7、3^8、3^9
四类	差型和非储层的面积和大于 40%	2^1、2^2、2^3、2^6、3^{10}

2. 储量与剩余油

为明确各类小层在开发中的地位及其开发响应特征，对不同小层储量和动用状况进行了分析（表 11.9）。原油主要集中于二、三类小层中，其中三类小层占原油储量的一半以上，而一类和四类小层原油储量甚少。天然气主要集中于二类小层，占近一半的储量，四类小层中天然气储量较少。从动用状况看，一类小层的原油动用程度最低，仅 12%，这主要是由于 25 小层具有较大的气顶，在开发中为了达到较高的采收率，尽量保持油气界面而对 25 射孔较少，后期由于产量任务较重，动用 25 气顶后，大量的原油进入气区降低了该层的最终采收率。其他三类小层目前采收率相近，但均不高，不到 25%。这说明各类流动单元之间的层间干扰对剩余油的形成不是很大。尽管四类小层的目前采收率相对低一些，可能与层间非均质性相关，但该类储层的总储量非常有限，对提高整个油藏的采收率影响不大。因而针对该油藏，下一步提高采收率的方向是在储层流动单元评价基础上，深化对储层层内和平面动用状况的认识，确定层内和平面非均质性所造成的剩余油分布特征，采用相应的策略挖潜。

表 11.9　各类小层中的原始储量分布状况（据尹太举等，2005）　　（单位：%）

小层类型	原油储量	天然气储量	原油采出程度
一类	2.7	20.5	12
二类	35.5	49.8	21.2
三类	56.8	26.2	23.6
四类	5.0	3.5	20.1

11.8　基于 GIS 的流动单元研究

地理信息系统（GIS）是一种以采集、贮存、管理、分析和描述整个或部分地球表面与空间地理分布有关数据的空间信息系统。近年来,GIS 技术得到了迅猛发展,其方便快捷的多源数据采集与输入功能、强大的地图编辑与空间数据管理功能、独特的多种空间分析方法,以及直观的图形和属性数据的可视化表达方法正广泛应用于各个领域。目前,GIS 在油气勘探开发领域的应用尚处于起步阶段,尚未涉及储层的流动单元研究。针对以岩石岩性、物性分析法为主的综合研究方法,利用 GIS 的强大的空间分析和图形可视化功能,在地理信息软件 SuperMap 二次开发控件的基础上,采用 VB 语言开发了预测储层流动单元平面分布的应用软件。实现流动单元划分从原始数据的输入与管理、流动单元的多种指标综合划分到划分结果的可视化显示等过程的一体化,进而提高储层单元划分效率与精度,增加划分结果的客观性,减少人为因素的影响,为定量快速划分流动单元提供一种有效手段。

该软件利用 SuperMap 中的矢量数据集保存诸如孔隙度、渗透率、砂体厚度等参数的等值线图,利用栅格数据集保存沉积微相分布图,利用开发的叠加分析模块能够方便快捷地把用于流动单元划分的多项参数进行综合分析,提高储层流动单元划分的效率,增加划分结果的真实性与客观性。在 WZ 油田利用该软件对沉积微相、孔隙度和渗透率综合判别的基础上进行了储层流动单元的划分。该软件只需要修改判别标准和改变数据集内容,很容易应用到其他油田。

基于 GIS 的流动单元研究是在流动单元垂向划分的基础上完成的,具体的划分方法参见 11.3 节。

在垂向单元划分的基础上,对几种储层参数进行综合判断,进而进行流动单元的分类识别和平面预测。一般对于流动单元平面图编制多根据几种参数的等值线图进行叠加分析而成图。目前这种叠加分析仍主要采用人工判断,具有主观性强、效率较低等问题。如何快速、准确、客观地进行流动单元的划分成为研究的热点,GIS 为实现这一目标创造了条件。利用地理信息系统软件强大的数据空间分析功能,特别是属性叠加分析功能,能够为储层流动单元的划分特别是流动单元平面图的绘制提供一种快速、有效的手段(李少华等,2007)。

11.8.1　GIS 辅助流动单元划分的系统设计与实现

1. 开发方式的选择

应用型 GIS 软件的开发主要有三种实现方式:①独立开发,指不依赖于任何 GIS 工具软件,直接用某种程序设计语言编程实现,这种方式实现起来难度很大;②单纯二次开发,指完全借助于 GIS 工具软件提供的开发语言进行应用系统开发。这种方式较简单,但进行二次开发的宏语言其功能较弱,用它们来开发应用程序功能有限;③集成二次开发,指利用专业的 GIS 工具软件,实现 GIS 的基本功能,以通用软件开发工具为开发平台,进行二者的集成开发。第三种方式得到广泛应用。本书采用集成二次开发的方式,以 SuperMap Objects 组件式 GIS 作为系统 GIS 基本功能实现平台,以 VB 为基本开发环境进行开发。

SuperMap 组件式 GIS 以标准的 ActiveⅩ组件的方式,嵌入流行的可视化高级开发语言环境中进行开发。能够充分发挥 VB、Delphi、VC、PowerBuilder 等高级开发工具在面向对象编程、可视化程序设计方面的优势。SuperMap 以全组件的方式提供了完善的 GIS 功能，借助 SuperMap Objects 的主要控件，可以实现通用 GIS 的几乎所有功能。

2. 系统数据组织方案设计

本书采用文件数据组织方案，利用 SuperMap 数据库引擎（SDB），通过双文件方式来管理系统数据。以数据集为基本的数据组织形式，一个数据集对应一种类型的数据（点、线、面、DEM、栅格等），如井点的孔隙度数据对应一个点数据集，由其插值产生的等值线数据对应一个 DEM 数据集，沉积微相的平面图以图像的方式导入，对应一个栅格数据集。多个数据集按其与所研究内容的相关性分别保存到数据源中。每个数据源包含两个文件：.SDB 文件存储空间数据，.SDD 文件保存属性数据。

3. 系统功能设计

系统功能包括基本功能和流动单元划分功能（核心功能），基本功能主要是指通用 GIS 平台的常见功能，这些功能主要是指数据的输入、储存、处理编辑等功能，可以直接利用 SuperMap Objects 的控件来实现。由于 SuperMap Objects 的控件提供的数据叠加功能只针对矢量数据与栅格数据之间处理，不能够对栅格数据与栅格数据进行叠加分析，因此，储层流动单元划分功能，需要利用 VB 语言编程实现。

11.8.2　WZ 油田流动单元平面研究

1. 流动单元划分标准

WZ 油田目的储层属近源浅水湖盆辫状三角洲沉积。对储层而言，其最重要特性是其储集油气的能力和渗流油气的能力，最终又体现在其孔隙度和渗透率上，而厚度在一定程度上对其储集能力和渗流能力起补偿作用。因而本书选取渗透率和孔隙度作为储层流动单元分类的标准，同时参考沉积微相的分布。在对储层物性进行分析之后，采用储层物性自然分段结合聚类分析的方法进行流动单元分类，即流动单元分类中首先以储层物性各指标的自然分段进行初步分类，结合流动单元聚类结果，最终完成流动单元的分类，其划分标准如表 11.10 所示。

表 11.10　储层流动单元类型划分标准（据李少华等，2007）

参数	A 型	B 型	C 型	D 型
孔隙度/%	>19	18~20	17~19	15~17
渗透率/$10^{-3}\mu m^2$	≥200	125~200	25~125	≤25

2. 数据的准备

由于流动单元平面的划分主要涉及孔隙度与渗透率参数，首先准备相应的数据文件。文件以文本方式存储，每口井占一行，主要包括以下几项：井名、X 坐标、Y 坐标、孔隙度值、渗透率值。由于 SuperMap 以数据集的方式对数据进行组织,还需要利用 SuperMap 中的工具把文本文件转换为点数据集(每口井对应点数据集中一条记录),相应的生成两个文件:.SDB 存储空间数据,即井点处的坐标,.SDD 保存属性数据,即井点处的孔隙度、渗透率数据。为了能够进行流动单元的平面划分,必须要有孔隙度、渗透率的平面分布等值线图。利用 SuperMap 数据分析工具中的点数据集转换为 DEM(数字高程)数据集功能,采用普通克里金插值方法,分别对孔隙度和渗透率数据进行插值,得到孔隙度与渗透率平面分布的等值线图,分别保存到 DEM 数据集中。以 W$_{3E}$ 小层为例说明,结果如图 11.33 所示,由于物源方向主要是 NE 方向,因此在顺着物源方向上孔隙度、渗透率的连续性要好一些,A2 井到 A4 井附近的物性最好。

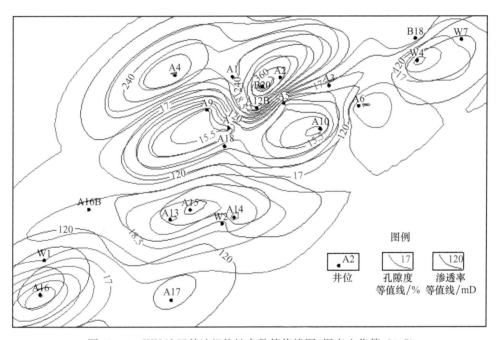

图 11.33　WX 油田某油组物性参数等值线图(据李少华等,2007)

　　具体判别的时候,不能仅仅只根据孔隙度与渗透率的分布,还应该结合沉积微相的分布。如图 11.34 所示,W$_{3E}$ 小层在研究区的西部属于浅湖相沉积,以泥岩为主,并且井少。如果仅根据孔隙度与渗透率的等值线图,划分流动单元时不能反映沉积微相研究的成果。因此,需要把沉积微相的分布也作为其中一个判断条件。由于本次研究时沉积微相图已经在 Surfer 软件中制作完成,为了能在本软件系统中使用沉积微相分布图,首先要导入沉积微相图的位图文件,然后对其矢量化。如果是直接在本软件系统中绘制沉积微相图,并且以面数据集的形式保存就不需要矢量化这一步。矢量化具体的做法是:首先对其图像进行配准,使之具备实际地物坐标系统,也就是与井位的坐标一致。SuperMap 提供三种配准方法:矩形配准(2 个控制点)、线性配准(4 个控制点)、二项式配准(7 个控制点)。本书采用线性配准法。配准后需要对微相图矢量化,如图 11.35 上部多边形是对上部河间砂微相矢量化的结果,以面数据集保存各个矢量化后的微相区域。对该数据集增加微相代码属性,数据格式为短整型,根据相应的微相类型分别对不同的多边形进行编码,水下分流河道编码为1,河间砂编码为2,浅湖编码为3,空白区编码为4。为便于与孔隙度、渗透率的DEM数据集进行叠加分析,需要利用SurperMap数据分析中的面数据集转换为DEM数据集工具把沉积微相的面数据集转换为DEM数据集。

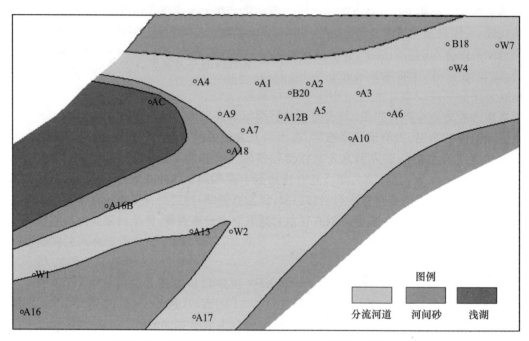

图11.34　WZ油田某油组沉积微相平面图(据李少华等,2007)

3. 流动单元的划分

数据准备好以后,接下来就是利用VB编写的流动单元划分模块对3个DEM数据集进行叠加分析。首先输入数据,主要涉及孔隙度、渗透率,沉积微相的DEM数据集及相应的划分标准。

由于3个数据集均为DEM数据格式,叠加分析很容易实现,只需要几个循环和判断语句就可以了。首先确定DEM数据集的行列数,假设有 m 行 n 列数据,叠加分析的基本原则是:如果是空白区(代码为4),即不在研究区范围内,就不赋值;如果是浅湖相(代码为3),直接赋值类型为5(表示泥岩);如果是河间砂岩(代码为2),因其物性较差,直接赋值为4(D类流动单元);重点是对分流河道进行判断,如果微相是分流河道(代码为1),则根据分类(表11.9),利用循环逐点综合判断属于何种流动单元类型。这个判断过程很容易根据不同油田的实际情况进行修改,其核心语句不到12条。如果不利用GIS软件的叠加分析功能,而是直接对孔隙度、渗透率分布等属性进行综合判断确定流动单元的边界既繁琐又难以保证精度。

流动单元划分结果如图11.35所示,W_{3E} 小层在研究区主要发育为A、B、C、D四种类型及泥岩。A类主要由两东西方向延伸的带状部分组成,北面部分主要由A4、A1、B20、

A2、A12B 等井控制,中间部分主要在 A13 井附近。A 类分布范围相对较小,处于分流河道的中部及交汇处,具有最好的储集与渗流能力;B 类基本上连通,分布较广,包围在 A 类周围的部分,是水下分流河道的主体,具有较好的储集与渗流能力,主要由 A6、B18 等井控制;C 类主要分布在 B 类的内部及边缘,且由 NE 向 SW 方向延伸,储集与渗流能力较差,主要由 4、7、A5、A10、A17 等井控制。分布在分流河道的内部,主要是由于河道内的低渗带造成的,分布在分流河道的前缘是由于分流河道向湖方向厚度逐渐变薄、物性逐渐变差而导致的;D 类分布比较零星,为长条带状分布,主要分布于分流河道外侧的河道间沉积,储集与渗流能力都很差;泥岩主要分布在西面,与浅湖相相对应。这里只给出了 W_{3E} 小层,实际应用中本研究区有 12 个小层。

　　应用本系统进行流动单元研究时,实现了划分和预测过程的自动化,减少人为因素的干扰,减小流动单元划分的工作量和人为因素造成的误差。

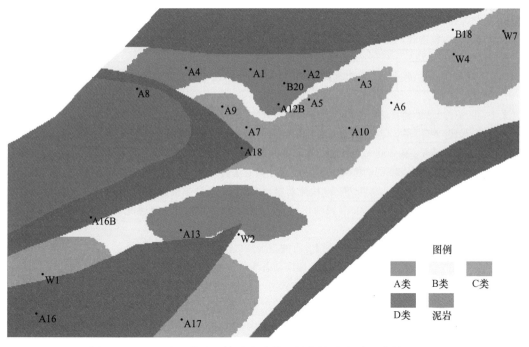

图 11.35　WZ 油田某油组储层流动单元划分结果(据李少华等,2007)

参 考 文 献

邓宏文. 1995. 美国层序地层研究中的新学派高分辨率层序地层学[J]. 石油与天然气地质,16(2):89-97.

邓宏文,王洪亮,李熙哲. 1996. 层序地层基准面的识别、对比技术及应用[J]. 石油与天然气地质,17(3):177-184.

丁次乾. 1992. 矿场地球物理[M]. 东营:石油大学出版社.

冯晓宏,刘学峰,岳清山,等. 1994. 厚油层非均质特征描述的新方法——水力(渗流)单元分析[J]. 石油学报,15(专刊):149-158.

贾文玉,闫安宇,田素月. 2000. 渗透率的理论计算方法[J]. 测井技术,24(3):216-219.

焦养泉,李思田,李祯,等. 1998. 碎屑岩储层物性非均质性的层次结构[J]. 石油与天然气地质,19(2):89-92.

李庆明,鲁国甫,陈程,等. 1998. 储层建筑结构要素综合识别,河南油田. 石油地质与工程,12(3):13-17.

李少华,张昌民,尹太举,等. 2007. 地理信息系统辅助划分储层流动单元[J]. 石油学,28(5):114-117.

李阳. 2003. 储层流动单元模式及剩余油分布规律[J]. 石油学报,24(3):52-55

穆龙新. 2000. 油藏描述的阶段性及特点[J]. 石油学报,21(5):103-108.

彭石林. 1995. 沉积岩的渗透率-孔隙度关系[J]. 测井技术信息,8(2):58-63.

彭仕宓,周恒涛,李海燕,等. 2007. 分阶段流动单元模型的建立及剩余油预测——以别古庄油田京11断块为例[J]. 石油勘探与开发,34(2):216-221

裘亦楠. 1990. 储层沉积学研究流程[J]. 石油勘探与开发,17(1):86-90.

陶淑娴,肖慈询,杨斌,等. 1995. 神经网络在测井解释中的应用[J]. 石油物探,34(3):90-108.

吴胜和,王仲林. 1999. 陆相储层流动单元研究的新思路[J]. 沉积学报,17(2):252-256.

谢丛姣,关振良. 1999. 用人工神经网络描述丘陵油田油层非均质性[J]. 石油实验地质,21(2):151-155.

熊琦华,彭仕宓,黄述旺,等. 1994. 岩石物理相研究方法初探—以辽河冷东—雷家地区为例[J]. 石油学报,15(专刊):68-75.

闫百泉,马世忠,王龙,张全恒. 2008. 曲流点坝内部剩余油形成与分布规律物理模拟. 地学前缘,15(1):65-70

尹太举,张昌民. 1999. 建立储层流动单元模型的新方法[J]. 石油与天然气地质,20(2):298-301.

尹太举,张昌民. 2006. 濮53块在开发过程中的储层动态变化[J]. 中南大学学报,37(增):230-235.

尹太举,王寿平,陈昊,等. 2005a. 基于神经网络的分段物性解释技术[J]. 断块油气田,12(3):1-3.

尹太举,张昌民,王寿平. 2005b. 濮53块流动单元分类方法研究[J]. 天然气地球科学,6(3):298-301.

尹太举,张昌民,王寿平,等. 2005c. 濮53块流动单元评价[J]. 石油学报,26(5):85-89.

曾大乾,李中超,宋国英,等. 2000. 濮城油田沙三上地层基准面旋回及储层流动单元[J]. 石油学报,23(3):39-42.

张昌民. 1992. 储层研究中的层次分析法[J]. 石油与天然气地质,13(3):344-350.

张继春,彭仕宓,穆立华,等. 2005. 流动单元四维动态演化仿真模型研究[J]. 石油学报,26(1):69-73.

赵翰卿. 2001. 对储层流动单元研究的认识与建议[J]. 大庆石油地质与开发,20(3):8-10.

赵永胜,董富林,邵进忠,等. 1999. 储层流动单元的矿场实验[J]. 石油学报,20(6):43-46.

Amaefule J O,Bar D C. 1993. Enhanced reservoir description:using core and log data to identify hydraulic (flow) units and predict permeability uncored intervals/ well(SPE26436) [C]//Anon. 68th Annual SPE Conference and Exhibition. Houston.

Cant D J. 1992. Subsurface facies analysis[A]//Walker R G. Facies Models,Responseto Sea Level Changes. Toronto:Geological Association of Canada.

Chork C Y,Jian F X. 1996. 张景龙,译. 以分段测井资料为基础估计孔隙度和渗透率[J]. 国外油气勘探,8(3):357-376.

Cross T A. 1991. High-resolution stratigraphic correlation from the perspectives of base-lev el cycles and sediment accommodation [A]//Dolson J. Unconformity Related Hydrocarbon Exploration and Accumulation in Clastic and Carbonate Setting. Short Course Notes,Rocky Mountain Association of Geologists:28-41.

Davies D K,essell R K,Bernal G M C. 1996. Flow unit modeling in complex reservoirs[C]//1996 AAPG Annual Conention,Sandiego.

Ebanks W F Jr. 1987. Flow unit concept-an integrated approach to reservoir description for engineering proJects[C]//AAPG Annual Meeting(Abstract),Angeles:AAPG.

Haldorsen H H,Lake L W. 1984. A new approach to shale management in field-scale models[J]. Society of Petroleum Engineers Journal,24(04):447-457.

Hartmann D J,Coalson E B. 1990. Evaluation of the Marrow sandstone in the Sorrento field,Cheyenne County,Colorado[C]//Sonnenberg S A,Shannon L T,Rader K,et al. ,Morrow Sandstones of Southeast Colorado and AdJacent Areas. Denver:The Rocky Mountain Association of Geologists:91-100.

Hearn C L,Ebanks W F Jr,Tye R S,et al. 1984. Geological factors influencing reservoir performance of the Harzaog Draw field,Wyoming[J]. Journal of Petroleum Technology,36(08):1335-1344.

Hearn C L,Hobson J P,Fowler M L. 1986. Reservoir characterization for simulation,Hartog Draw field,Wyoming[M]//Lake L W,Carrdl H B. Reservoir Characterization. Orlando:Academic Press:341-372.

Jackson S R,Tomutsa L,Szpakiewicz M. 1990. 第二届国际储层表征技术研讨会译文集[M]. 北京:石油大学出版社.

Maghsood Abbaszadeh,HikariFuJii,uJio FuJimoto. 1996. Permeability prediction by hydraulic flow units-theory and applications[J]. SPE Formation Evaluation. 11(4):263-271.

Mark A,Chapin,David F,et al. 1990. 第二届国际储层表征技术研讨会译文集[M]. 北京:石油大学出版社.

Rodriguez A. 1988. Facies modeling and the flow unit concept as a sedimentological tool in reseroir description:A case study[C]. SPE Annual Technical Conference and Exhibition,Houston.

Shepherd M. 2009. Oil Field Production Geology,AAPG Memoir 91[M]. Tulsa:The American Association of Petroleum Geologists.

Testerman J D. 1962. A statistical reservoir zonation technique[J]. Journal of Petroleum Technology,14(8):889-893.

Ti Guangming,Munly W,Hatz D G,et al. 1995. Use of flow units as a tool for reservoir description:A case study[J]. SPE Formation Evaluation:122-128.

Yin T J,Zhang C M,Zhang S F,et al. 2009. Estimation of reservoir and remaining oil prediction based on flow unit analysis. Science in China Series D:Earth Sciences,52(1):120-127.

第 12 章 高含水油田剩余油预测

剩余油是高含水油田开发的物质基础,也是油田调整的目标,弄清剩余油潜力及其分布,把握油藏动用状况和动用差异,对于改善油藏开发效果,保持油田稳产,提高采收率至关重要。本书基于储层沉积学研究成果,先后在南阳、中原、江汉、大庆、青海、大港、江苏、胜利等多个油田开展研究工作,从高含水密闭取心井不同沉积构成单元的水洗状况差异分析到不同微相不同时期的测井水淹状况变化研究,从剩余油形成机理的计算机定量模拟分析到剩余油平面和流动单元内分布的定量、半定量预测,形成一套实用的分析技术,为分析、认识油藏潜力提供了技术手段。

本章共六节,第一节简要介绍剩余油的概念、控制因素、分类和研究方法;第二节从单井角度讨论剩余油分布和变化,包括利用基于密闭取心井(检查井)的水洗分析和测井水淹层解释结果对剩余油进行分析评价;第三节介绍利用数值模拟方法探讨非均质性对剩余油的影响;第四节讨论复杂分隔油藏中剩余油评价和调整目标优选的问题;第五节主要介绍利用油藏工程分析方法编制水淹图预测平面剩余油分布的方法;第六节主要介绍储层建筑结构约束下的剩余油预测。

12.1 剩余油概念及其研究方法

12.1.1 剩余油的概念

油气资源赋存于地下,并不是所有的资源都能够发现并得以开发,在一定的勘探开发阶段和经济技术条件下,只有一部分油气资源能够得以开发利用。传统上将油气资源按其商业价值和不确定性进行划分(图 12.1),传统的剩余油讨论的是已发现商业性石油资源尚未采出的部分。

油藏开发过程中,总有一部分原油因为各种原因不能开采出来而滞留地下,这部分原油就是剩余油。从数值上看,原油地质储量中除采出的产量外,其余部分都应是剩余油。由于油藏地质特征的差异,原油在油藏内的流动特点也不尽相同,造成剩余油的分布和数量也有不同。对于能量强、连通性较好的油藏,由于原油易于流动而采出程度较高,从而剩余油相对较少。而对于能量较低、连通性较差的复杂油藏,则会形成较多的剩余油。陆相油藏由于其内部非均质性强,剩余油相对更多。由于我国陆上原油的黏度较高,即使含水已达到 80% 以上,可采储量采出程度仍只有约 63%,即累计采油量还不到可采储量的 2/3,还有 1/3 以上的原油没有采出(韩大匡,1995),因而研究剩余油的预测,对二次和三次采油提高采收率意义重大(韩大匡,2010)。

对于剩余油的多少可以利用采出程度,即油藏中采出的原油量与原油地质储量的比值来衡量进行油量的相对多少。采出程度越高,剩余油的相对量就越少。采收率作为衡量油田开发水平高低的一个重要指标,是指在一定的经济极限内,在现代工艺技术条件

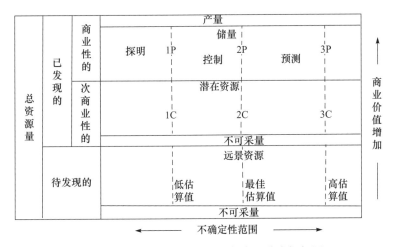

图 12.1　SPE/WPC/AAPG 油气资源分类框架图

3P 指预测、控制和探明储量的总和,2P 指控制和探明储量之和,1P 指探明储量;3C 指潜在储量最高估算方案值,
2C 指潜在储量的最佳估算储量值,1C 指潜在储量的低估算值

下,从油藏中能采出的石油量占地质储量的比率数,用于衡量油藏废弃时剩余油的多少,可用于衡量油藏废弃时的剩余油的相对数量。

　　油藏在不同开发阶段,原油流动驱动力、驱动方式不同,造成油藏内剩余油的数量和特征也不相同。一次采油中,驱动原油流动的动力主要是油藏本身的各种能量,包括外部的边底水的动能、油藏内气顶、溶解气、油气水和岩石骨架等的弹性能、重力能等因素,不同驱动方式下原油的流动性不同,其剩余油数量也不相同,而二次采油通过向油层注入水、气等驱剂,给油层补充能量,增加了原油流动能力,三次采油用化学物质来改善油、气、水及岩石相互之间的性能,以开采出更多的石油。国外将已发现的油气资源分为四个组成部分(Ambrose et al,1997),即已开采出的累积产量(cumulative production)、预计到油田废弃时仍然可以产出的潜在量(剩余储量)(reserves)、可以流动但在目前生产状况下不能产出的原油(unrecovered mobile oil),以及油田开发过程中不可流动的残余油(residual oil)(图 12.2)。残余油是因毛管压力附着在储层岩石颗粒表面而不能流动的原油,这部分石油不能采出。而剩余储量不需要作业即可采出,剩余的未开采可动油,虽然在目前的生产条件下不能采出,但通过一些措施可以开采,开发调整的目标。在开发调整中所有的研究工作就是如何去寻找这部分可流动但目前井网下不可以动用的油气,通过井下作业或

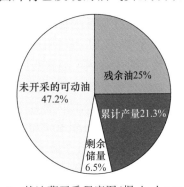

图 12.2　某油藏开采程度图(据 Ambrose et al,
1997,转引自 Shepherd,2009)

图中油藏的储量包括四部分,其中剩余储量指在保持目前的开采条件不采取任何措施最终还将从油藏中采出的原油,未开采的可动油指在目前的开采条件下不采取任何生产措施油藏废弃时仍无法采出的可动油,高含水阶段的目标就是将此类储量转换为可动用的剩余储量

者加密井的方法将其化为可动用的潜在储量而开采出来,最终转换为油气产量,达到提高采收率的目标。考虑这一分类的特点和剩余油研究的目标,国外一般用"bypassed oil"指代剩余油,意指大量的目前不能利用井网驱替而且如果不进行调整将会一直滞留地下的那部分油气(Worthingon,2010)。

国内也认同原油地质储量的这种构成特点,特别是对于残余油的认识和表述,与国外类似。尽管能区分出可动油和残余油,但并未将目前生产条件下可以生产的油气和需要加密井或补孔等生产措施实施后方能开采的油气与剩余储量很好地加以区分,导致在剩余油预测和评价时,往往将剩余储量作为剩余油富集区和潜在调整目标而对其进行评价和作业,从而加快了油气开采的速度,并未直接提高原油的采收率。这可能与我国开发过程中更关注油田的产量有关,也是造成我国油田开发中调整频繁的原因之一。但随着国内对油气开采成本核算的细化,特别是低油价背景下对开采效益的强化,这一问题逐渐得到重视,与国际上的概念逐渐趋于一致。

12.1.2　剩余油形成的控制因素

剩余油是油田开发到一定阶段时滞留在地下的原油,因而只要能影响原油采出因素都将成为剩余油形成的因素。国内一般将影响剩余油形成的因素分为地质因素和工艺因素。地质因素包括两个方面,其一是储层的非均质性特征,层间非均质性造成的层间屏蔽型剩余油、平面的物性差异造成的屏蔽和遮挡型剩余油、平面不连续或砂体的不连通造成的剩余油、孔隙非均质性所形成的微观剩余油及层内物性差异或夹层影响而形成的剩余油等;其二是储层的分隔性造成的流动不连续性而形成的剩余油。工艺因素主要包括井网方式、开发方式、射孔等因素造成的注采不完善型或井网难以控制而形成的剩余油。韩大匡(1995)认为影响剩余油的地质因素主要有储层横向的相变和非均质性、构造起伏和断层的切割、层内的韵律性所造成的非均质性和井间渗流特征所形成的滞留油四个方面,人为因素主要是注采系统是否完善,与这些地质条件的变化是否有很好的配置关系和适应性。李阳等(2005)认为陆相水驱油藏主要存在断层分割控油、夹层分割控油和优势渗流通道控油三种主要剩余油富集区控制模式。

国外将形成剩余油的因素主要归结为地质、流体和经济效益因素(Shepherd,2009)(表12.1)。与国内类似,国内地质方面考虑最多的是地质的复杂性,包括储层的不连续性造成的死油区、油藏中的分隔单元和油藏的渗透率分层等问题,而流体方面则主要关注与微观结构共同作用所造成的残余油饱和度、流体的黏度和油藏的驱动方式等对开发的影响;而在经济因素上,主要考虑陆上与海洋钻井成本造成的经济井网和作业成本、油价和税收造成的收入回报差异、采油作业及基础设施成本,以及低产油井的产出经济界限等问题。

在注水开发或三次采油过程中,影响注入剂推进及其对原油驱替的因素可归结为两个方面,一是能否波及原油所在的位置,给原油以动力,二是能否将波及区的原油从所在的孔隙中驱出。这两者归结起来就是注入水的波及体积和驱油效率,而这又取决于油藏地质特征和开发所注入剂和原油性质的匹配关系。所有不利于提高注入波及体积的因素,包括储层的连通性、影响注入水流动的储层物性及其非均质性,以及影响其驱替效率的原油性质和注入剂表面性质等都将会影响其采收率,进而造成不同的剩余油分布特征。

表 12.1　影响油气开采或剩余油的因素（据 Shepherd,2009)

地质复杂性	流体性质	经济因素
(1) 储层尖灭造成现井网,无法开采,原因如下:①构造成因;②地层成因 (2) 分隔单元的数量 (3) 层间渗透率差异	(1) 残余油饱和度 (2) 交错纹层中毛管压力束缚作用 (3) 原油黏度 (4) 油藏驱替机制有以下几个方面:①水驱;②溶解气驱;③气顶驱;④弹性驱;⑤重力驱	(1) 油价 (2) 税率等 (3) 陆上或海上 (4) 作业成本 (5) 井数 (6) 低产时油井的非经济性

12.1.3　剩余油分类

剩余油按其规模、形态、成因、经济价值等要素分为以下几类。根据规模大小可分为宏观和微观剩余油两类;从分布形态上可划分为条带状、不规则状、连片状等;根据成因差异分为注采不完善型、层间屏蔽型、低渗缓冲遮挡型等;按剩余油的经济价值和调整的可能性将其划分为加密钻井调整的目标(target)、处于经济界限边际的潜在油气(marginal)及不具有经济价值的(uneconomic)剩余油三种类型(Shepherd,2009)。国内外目前流行的剩余油分类方案众多,不同的研究者根据不同的研究目的,并考虑不同的影响因素,提出了不同的剩余油分类方案。

1. 国内剩余油分类

国内依据油藏特点、剩余油成因、挖潜等方法,将剩余油进行不同的分类,如俞启泰(1997)和杜庆龙等(2004)依据储层的规模,将剩余油分为 4 个层次,即微规模的孔隙级别的剩余油、小规模的岩心规模的剩余油、大规模的成因体(数值模拟网格规模)的剩余油和宏规模的油藏规模剩余油。针对注水开发油藏特征,又指明了三种大尺度的剩余油富集区,包括注水高黏原油正韵律油层顶部未波及剩余油、边角影响未波及剩余油和层系内由于各小层物性差异而开采不均衡形成的未波及剩余油(俞启泰,2000)。

韩大匡(1995)根据高含水和特高含油水期油田的生产资料,将剩余油划分为以下几种类型:①不规则大型砂体的边角地区,或砂体被各种泥质遮挡物分割所形成的滞油区;②岩性变化剧烈,主砂体已大面积水淹,其周围呈镶边或搭桥形态存在的差储层或表外层;③现有井网控制不住的砂体;④断层附近井网难以控制的部位;⑤断块的高部位,微构造起伏的高部位,以及切叠型油层的上部砂体;⑥井间的分流线部位;⑦正韵律厚层的上部;⑧注采系统本身不完善,如有注无采、有采无注或单向受效等而遗留的剩余油。

在双河油田研究中,基于沙坝结构特征,将剩余油划分为 6 类并指明其挖潜思路[①]。①井网不完善或者射孔不完善的剩余油富集区,这类剩余油需要完善注采关系得到动用;②压力平衡滞流而形成的剩余油富集区(包括分流线、注水井间及油水边界附近造成的压力平衡),此类剩余油可通过改变液流方向、油采对应关系和周期注水可以得以动用;③位于坝间或坝前缘砂体上注水井吸水差造成的剩余油富集区,可通过增加注水压力、分注或油层改造获得动用;④坝间低渗缓冲带隔挡而形成的剩余集区,通过改变注采关系,扩大

---

① 樊中海.1996.双河油田油砂体建筑结构分析与控制剩余油因素研究(内部报告).南阳:河南油田研究院.

注水波及体积来动用;⑤低渗的坝间砂体和前缘砂体造成注入水波及不到而形成的剩余油富集区,可通过封堵高渗带从而减少屏蔽或对低渗带进行改造来动用;⑥沙坝主体砂体垂向韵律造成注入水波及不到而形成的剩余油富集区(如沙坝主体的顶部),主要通过调剖或周期注水增加韵律中的低渗部位的吸水量来改善动用。

到目前为止,仍没有统一的剩余油分类命名方案,笔者在青海油田主力油层的研究中将该区的剩余油分为注采不完善型、连片分布差油层型、滞留区型、构造遮挡型、层内未水淹型等几种类型。

(1)注采不完善型剩余油。注采系统不完善是导致局部井区剩余油连片分布的主要因素。油砂体面积小,井网不完善是这类剩余油富集的重要原因。而原井网虽然有井点钻遇,但由于隔层、固井质量等方面的原因不能射孔,也可造成有注无采、有采无注或无采无注而形成连片分布的不完善型剩余油。零散油砂体主要分布于砂西上干柴沟组(N_1)—下油砂山组(N_2^1)、尕斯 N_1—N_2^1 下盘、花土沟及尕斯 E_3^3 油藏 S_1、S_2 油组,这些油组油砂体呈土豆状分布,油砂体无井控制或者只有 1 口井控制,没有形成注采井网,导致剩余油富集。例如,砂西 N_1—N_2^1 油藏Ⅷ$_4$ 小层上盘,断块内分布 5 个油砂体,其中两个有 1 口井控制,3 个油砂体无井控制。

(2)连片分布差油层型剩余油。因层间干扰、井网不完善,或者因物性差注水困难,形成了连片分布的剩余油富集区。如七个泉、花土沟和尕斯 N_1—N_2^1 油藏部分层系内层间差油层、局部注采不完善井区和储层物性较差区域整体流动性差形成剩余油。

(3)滞留区型剩余油。由于注水井之间两侧驱动水的推进,两条水线尚未相接时,在水线前缘间形成剩余油区域。这种剩余油的分布特征与油藏的井网密切相关,随着注入水的不断推进,水线逐渐靠近,剩余油分布形态将由条带状逐渐演变为两端粗、中间细的葫芦状,最后被分割开来,在两端形成片状展布,例如,尕斯下干柴沟组下亚段(E_3^1)油藏砂体主要发育于河口坝和水下分流河道,储层物性普遍较好,油藏进行强注强采后,注入水沿着高渗透层突进,油水井间出现大孔道,渗流阻力大幅度降低造成水窜,此时,注入水在油水井间呈线状流动,并且形成压力平衡区,侧缘储层注入水不再波及,从而形成明显的滞油区。

(4)断层遮挡形成剩余油。由于断层造成油层不连通从而造成断层边部油入水难于波及而形成的剩余油。青海油区除尕斯 E_3^1 构造相对简单,尕斯 N_1—N_2^1 油藏为岩性和背斜控制,其余油藏构造复杂,断层发育,因断层遮挡作用,油井受效差,有些油井因断层遮挡作用根本见不到注水效果,形成断层遮挡型剩余油富集区。

(5)层内未水淹型剩余油。由于储层内部的韵律性造成的渗透率差异,低渗带被高渗带屏蔽而形成的剩余油或由于层内夹层的遮挡而形成的剩余油,主要形成于厚油层中,如尕斯库勒 E_3^1 油藏。

在双河油田扇三角洲剩余油研究中,针对剩余油几何形态及井网关系,将剩余油富集区划分为两大类,即小型孤立型和镶边搭桥型。同时根据注采井网的完善性、控制程度及油水井产液和吸水能力,又可以把每个大类各分为 3 亚类(表 12.2)。

小型透镜型剩余油赋存于小型透镜状的水下重力流砂体、河口坝砂体、分汊河道或河道末梢等结构要素中,这些结构要素一般规模较小,宽度大多小于 300~200m,另外,这些结构要素周围主要与物性相对较差的前缘席状砂或水下溢岸砂体连接,因此这些结构要素常常很难被注采井网所控制,即使这些结构要素被井网所控制,但由于其大面积与物性相对差的结构要素相连,周围注水井吸水能力较差,油层动用不够理想,最终成为油田开发后期剩余油富集的主要部位。

表 12.2 基于储层结构的双河油田剩余油分类

大类	亚类
I 小型透镜型	I₁ 井网完善 I₂ 注采井网不完善 I₃ 注采井网未控制(或未射孔)
II 镶边搭桥型	II₁ 注采井网完善,但周围油水井产液吸水能力差(纵向干扰等),或平面难以波及 II₂ 注采井网不完善,而且周围油水井产液吸水能力差(纵向干扰等),或平面难以波及 II₃ 注采井网未控制

图 12.3 中的水下重力流砂体仅由 T9-147 井控制,并且该区域注采极不完善,1997 年 6 月,10-148 井(江河Ⅷ、Ⅸ小层未利用井)补孔Ⅷ₁₀²⁽¹⁾,日产油近 20t,这种剩余油富集区属于I₂型。图 12.4 中的水下重力流砂体在原井网中未控制,1997 年 4 月 26 日,T480 井补孔该砂体,日产油 12t,含水 53%,1997 年底已累积产油 1950t,这种剩余油富集区属于I₃ 型。

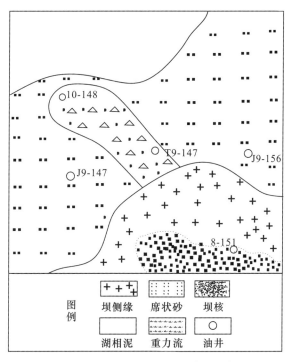

图 12.3 小型透镜型(I₂)剩余油富集区

从井网上看,图 12.5 中控制河口坝砂体的 T455 井周围有三口注水井,应该是完善的,但实际上观 1 井部位吸水很差,几乎不吸水,413² 与 T488 井之间被低渗透的前缘席状砂体分隔,其注入水难以波及,仅有 T453 井的注入水对河口坝砂体起作用,1997 年,T455 井钻遇该砂体,测井解释为弱淹层,有效厚度为 2.0m,于 1997 年 3 月射孔投产,日产油 7t,含水 7.6%,这种剩余油富集类型属于 I_1 型。图 12.6 与图 12.7 剩余油富集区的成因类似,H6-147 于 1997 年 3 月投产后日产油达 15t,含水 30%。水下分汊河道及分流末梢也是剩余油富集的重要部位,在图 12.7 中 $IV2^{3(1)}$ 层 J415 井与 H459 井之间有一条现井网未控制的河道。1996 年,H475 钻遇后测井解释为中淹,有效厚度为 4.0m,但两口注水井 H459 和 T465 井均在前缘席状砂体中,吸水能力效差,故 H475 所在部位应该有油。1996 年 8 月建议射开河道上部 1.6m,结果日产油 38t,含水 30%。

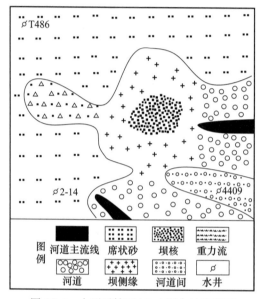

图 12.4　小型透镜型(I_3)剩余油富集区

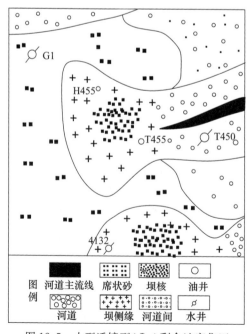

图 12.5　小型透镜型(I_1)剩余油富集区

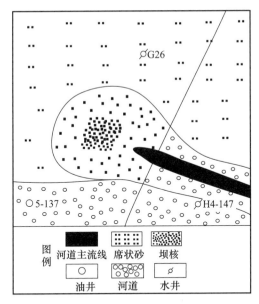

图 12.6　小型透镜型（Ⅰ₁）剩余油富集区

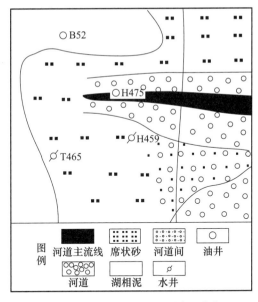

图 12.7　小型透镜型（Ⅰ₃）剩余油富集区

　　镶边搭桥状的剩余油主要赋存于河道边缘或河道之间的水下溢岸砂体中,以及油砂体有效厚度零线附近的前缘席状砂体中。这两种砂体本身物性相对较差,吸水及产液能力相对较弱,特别是水下溢岸砂体常常夹于河道之间（平面和纵向上）,或依附于河道边缘,平均宽度为138m,平均长度为389m,因此现井网条件很难得到有效的控制。即使水下溢岸砂体被现井网控制住,由于纵向干扰及河道中的注入水难以波及等原因,使水下溢岸砂体中含有丰富的剩余油。从图 12.8 中的井网上看,4-12 井周围有 3 口注水井（3-138 井、J5-137 井、J4-107 井）是完善的,但 J5-127 井吸水较差,尽管 3-138 井和 J4-107 井吸水能力较强,但它们的注入水主要沿着河道方向流动。因此 4-12 和 J5-127 井区的水下溢岸砂体仍有含水较低的可动油。1997 年,H4-137 井钻探并射孔投产,初期日产油 15t,不含水,恰恰证实了这一点。

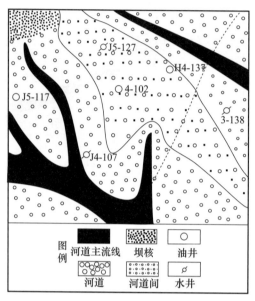

图 12.8　镶边搭桥状型(Ⅱ₁)剩余油富集区

由于前缘席状砂体的面积较大,现井网控制程度较高。但由于本身储层性质较差,吸水及产液能力不及河道、河口坝、水下重力流砂体,甚至存在水下溢岸砂体,因此油层动用程度低。一般情况下,这种砂体的剩余油较容易识别,大多分布在油砂体有效厚度零线边缘,呈镶边状(图 12.9)。

通过上述分析可以得出,小型透镜状和镶边搭桥型的水下溢岸砂体中的剩余油规模小,较难控制和预测,具有较大的隐蔽性。但由于他们具有较好的储层性质,成为油田开发后期主要的挖潜对象。据统计 1997 年的射孔层位,85% 是上述类型的剩余油,因此研究和预测上述类型剩余油具有重要意义。

要认识和预测小型透镜状和镶边搭桥型剩余油,必须立足于厚油层内部结构的认识,以油水井生产状况和过路井电测解释为依据,否则这些潜力只能不变,无法有目的地控制。

从国内研究的情况看,剩余油分类主要针对的是二次采油田的注入水的波及情况,基于此,笔者认为可考虑将剩余油分为两大类,一是由于井网所造成的难于被注入水波及的剩余油,二是由于储层之间的高渗屏蔽或低渗遮挡造成的剩余油。前者又可按井网控制情况分为有注无采、有采无注、无采无注、注水井间平衡区等类型,或者按地质成因分为砂体尖灭型、孤立砂体型、断块型、局部构造高点型等类型。而高渗屏蔽主要包括层间高渗层屏蔽、层内高渗带屏蔽、平面高渗通道屏蔽等类型,低渗遮挡型主要包括隔夹层遮挡(沉积和成岩夹层)、断层遮挡、低渗缓冲带遮挡等几种类型。

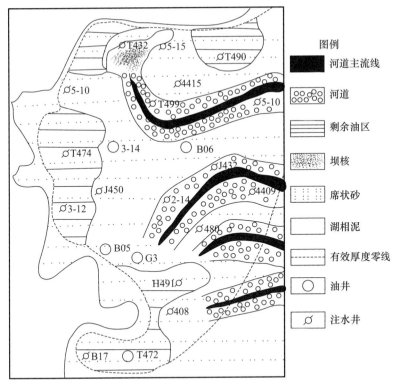

图 12.9　镶边搭桥状型(Ⅱ₂)剩余油富集区

2. 国外剩余油分类

国外剩余油的分类时,更多关注其经济价值,按成因和产状对可调整的剩余油进行了分类。Sneider 和 Sneider(2001)依据调整的方式,指明了五种类型的剩余油(图 12.10),包括需要完善采水剖面、需要完善注水方式、需要加密钻井、需要补孔、需要井下作业等。Worthington(2010)将剩余油按照落实情况分为 3 大类,即在油田开发时已认识到但未开发的、油田开发时未认识到但现在认识到的和已投入开发但后期开发中未被驱替而滞留的,并按照需不需要钻新井(或侧钻井)进行挖潜细分为两类,共分为六类。国外 Shepherd(2008)则依据剩余油的地质成因或地质认识的偏差,识别出以下几种类型。

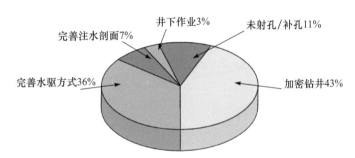

图 12.10　得克萨斯二叠盆地某油田 C 开发单元剩余构成(据 Sneider and Sneider,2001)

（1）构造边界部位的剩余油（structural dead end）。这是剩余油的最主要形式之一，特别是在存在大量封堵断层的情况下，更是如此。部分断块由于没有井钻遇而富集剩余油，部分构造或构造中的部分油层高于油井在油层中的最高部位导致油气无法流入油井而无法开采，或由于油层被隔层分隔而造成下部被分隔部位的油气无法流入油井而形成剩余油，或地层上造成未被钻穿的分隔单元中的富集剩余油（图 12.11）。

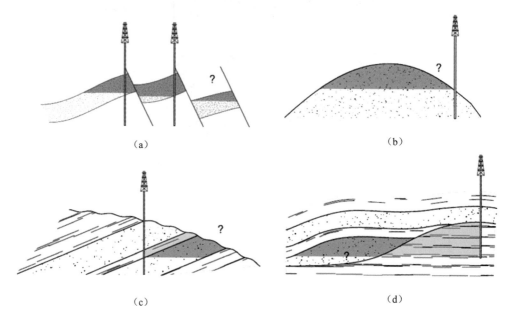

図 12.11　国外剩余油分类中的构造死油区（据 Shepherd,2009）

(a)未钻井的断块；(b)顶部不可达剩余油；(c)不整合下的封堵单元；(d)上超封堵单元

（2）沉积中断和地层尖灭造成的剩余油（sedimentological dead end）。由于沉积或地层尖灭或中断，造成储层不连续，从而形成不能流动的死油区（图 12.12）。

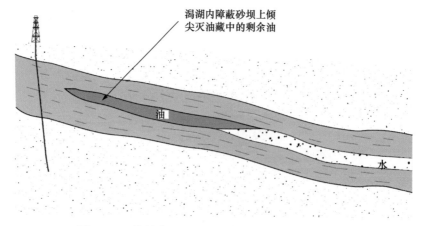

図 12.12　储层尖灭形成的剩余油（据 Shepherd,2009）

（3）地层倾向叠置造成地层不连续而成的剩余油（shingles）。将叠瓦状展布不连通的储层误对比为层状连通储层而布井,造成井间实际的不连通,无法将原油有效驱替而造成剩余油滞留地下（图 12.13）。

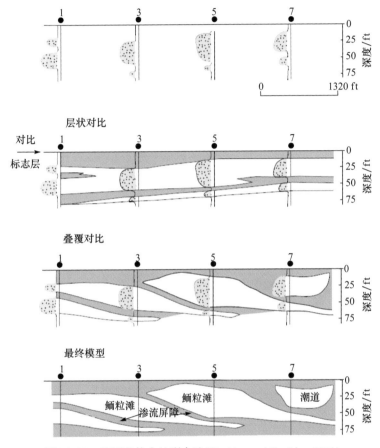

图 12.13　叠覆砂体中的剩余油（Sneider and Sneider,2001）

由于原始对比方案将叠覆砂体误对比为层状形成错误的连通关系布井,导致砂体不能够被有效动用而形成剩余油;

图中 1ft＝0.3048m

（4）低渗流动单元的剩余油（slow hydaulic units）。由于油层具有较低的渗透率和较小的厚度,开发中受高渗层或高渗带的屏蔽而成为剩余油富集区（国外常指层间屏蔽,事实上平面上的屏蔽也很常见）（图 12.14）,如在 7812～7825m 和 7804～7806m。

（5）断层或地层边界遮挡的剩余油（banked oil）。由于注入水难以到达断层的边缘部位或地层的尖灭部位,油气不能被驱替向前流动而滞留形成剩余油（图 12.15）。

（6）低阻油层（low resistivity oil）。由于具有较低的电阻率,在开发中没有识别为油层而未动用,最终成为剩余油富集区（图 12.16）。

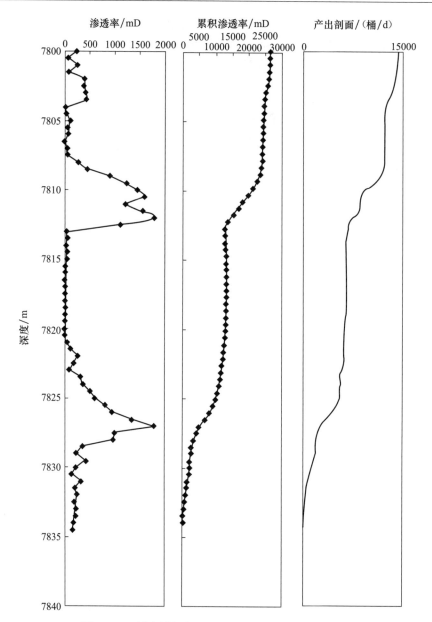

图 12.14　低渗层段由于流动能力差造成产出能力差,
最终富集剩余油(据 Shepherd,2009)

　　(7) 未射孔型(unperforated intervals)。生产井段中未射孔井段,由于隔夹层的遮挡,使油气无法流入井内而滞留形成的剩余油。这与国内常说的进网不完善的未射孔井段的概念有所区别。国内一般是指由于没有完善的注采关系,从而形成油气不能很好地补注入水波及,最终形成剩余油,而这里主要强调隔夹层遮挡,油气无法流入井筒而滞留形成剩余油(图 12.17)。

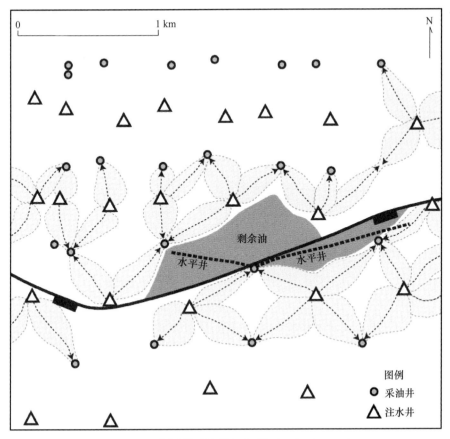

图 12.15　断层附近的剩余油(据 Shepherd,2009)

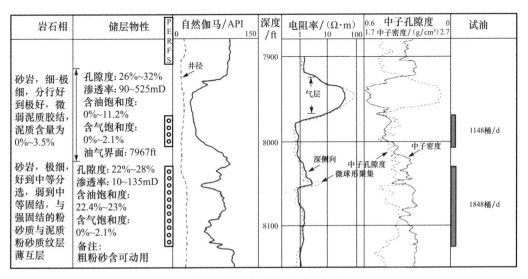

图 12.16　低阻油层中的剩余油(据 Shepherd,2009)

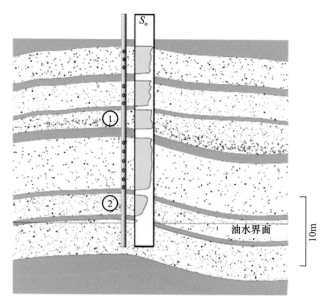

图 12.17　未射孔(漏射)的剩余油(据 Shepherd,2009)
① 未射孔的贼层;② 未射孔的过渡带;S_o 为含油饱和度

12.1.4　剩余油研究方法

1. 国内剩余油研究方法

剩余油分布预测。从研究手段上看可分为直接法和间接法两类。直接法依据直接资料,对油藏某点的剩余油进行解释,直接确定剩余油的状况,包括岩心分析法和试油法。间接法不是直接测定剩余油,而是依据井点地质资料和生产资料,通过一定的处理、计算、推导对井间的油气分布进行推测,得出地下剩余油的分布状况,有地震方法、测井法、试井法、地质分析法、示踪剂方法、微构造方法、水驱特征曲线方法、物质平衡方法、数值模拟方法等。

表 12.3 将目前国内外常用的各种剩余油测量技术的优缺点作一个详细对比,可以看出各种技术的优点及其存在的问题。从应用角度看,取心法测得的地层岩心规模的剩余油饱和度代表性较低,用于经济评价和动态计算精度较低,研究剩余油变化特点的价值较大。示踪剂试井和测井方法主要是确定井筒周围一定距离内平均剩余油饱和度,用于油田经济评价和动态计算比较合适,因此实用价值较大。生产(数值)模拟法可用动态拟合方法间接确定整个油藏在"大规模"级别上的饱和度分布,相较其他方法只能确定油藏平均剩余油饱和度的弊端,其可进行宏观的经济评价与动态计算,从而作为提高采收率方案设计的基础。主要的剩余油研究方法有以下几种。

(1)密闭取心井研究剩余油。取心验证是确定剩余油分布最直接、最有效的方法。基于密闭取心井的岩心,可对油藏进行密集取样,确定油藏中不同层段的剩余油饱和度,而通过对油藏的束缚水的测量,可得到油藏中原始含油饱和度,进而得到油藏的动用程度。通过分类统计对比,可能不同岩性、物性和微相的动用差异进行研究,或是通过对不

表 12.3　各种剩余油测量技术比较

评价项目		探测深度	优点	缺点
取心	常规	<25m	广泛使用	难以得到原状 ROS
	压力	<25m	精度很高	岩心收获率低
	海绵	<25m	精度高费用不太高	很难得到含油气饱和度
示踪剂测试		7.5~12m	中-极高精度,可以控制测量体积	要求较均匀的地层,只能测出平均 ROS 值
测井	常规电阻率	0.6~15m	广泛使用,探测半径大	精度低
	介电常数	0.3~0.6m	适用各种地层矿化度	精度低
	常规 EPT	5cm	适用各种地层矿化度,垂直分辨率高	探测深度浅
	C/O 测井	23m	适用各种地层矿化度	精度可疑,性能不稳定
试井		井的泄油面积	精度低	精度低
井间 ROS	电阻率	井间距离	井间剩余油饱和度(ROS)	需要现场实验和改进
	井间示踪剂	井间距离	井间 ROS	测量时间长
	油驱替	井间距离	井间 ROS	测量时间长
	总压缩系数	井间距离	井间 ROS	精度低
	水油比	井的泄油面积	计算简单	精度低
物质平衡		整个油层	计算简单	需要准确的储层和生产数据,精度低
生产模拟		整个油层提供区域 ROS	可定量预测	计算复杂

同时期的取心资料进行分析,确定油藏开发过程中水淹变化规律,为认清油藏开发动态变化提供依据。

（2）动态分析方法研究剩余油。可利用大量油藏监测资料、生产动态资料、地质研究成果、测井二次解释成果等,基于油藏工程原理和油水流动分析预测剩余油,研究结果较实用,但也存在剩余油研究结果不能定量表征,准确性与参与分析人员经验和利用资料的能力有关,及存在一定的不确定性和误差,有时候因应用资料不足导致研究结果偏离油田实际。

（3）地质综合法分析剩余油。属于定性研究方法,研究充分应用地质研究成果和丰富的油藏动态、监测等资料,优点是资料丰度高,得出结果可靠,缺点是工作量大,只能得出定性认识而不能获得定量结果。尽管如此,地质综合法研究剩余油分布规律仍广泛应用于油田实际中,成为油藏工程师可信赖的分析手段。地质家和油藏工程师从沉积方式、砂体韵律、沉积微相(裴怿楠等,1980)、储层结构(张昌民,1995)、微构造特征、孔隙结构、层序地层学(尹太举等,2001)等方面探讨了地质因素对剩余油形成的控制作用,基于此预测油藏剩余油分布,并对剩余油可动用性进行探讨,从而增强该方法研究结果的实用性。

（4）微构造法剩余油预测。主要考察油藏中断层和局部构造变化对油水运动的影响而造成的剩余油。由于局部断层的存在和封堵,使得注入水难于达到,从而使其成为局部的剩余油富集区,而小规模的封闭断层,也常影响注入水的流动,进而形成剩余油的富集。

（5）油藏数值模拟方法研究剩余油。利用油水渗流理论,通过拟合油藏和油水井注采历史完成剩余油分布规律研究,但由于其研究过程过分依赖数值分析和油水渗流理论,有时模拟结果与实际相差甚远。因而需要在动态分析后,综合应用地质和动态分析研究成果作检查,数值模拟结果的可信度才可能大幅度提高。数值模拟法虽能定量地给出剩余油分布的变化特征,但常由于所利用的地质模型的偏差及数模人员对地下认识的不足形成预测偏差,结果是"垃圾进,垃圾出"。

各种剩余油研究方法在生产中不同程度得到应用,而应用广泛的是油藏动态分析、地质综合法和油藏数值模拟法,这些方法相对精确地刻画油藏剩余油分布状态,能够较好地指导油田开发调整。

2. 国外剩余油研究方法

由于储层相对简单,国外油田开发过程中调整较少,加之国外人力成本较高,多基于最先进的计算机技术进行相应的表征和监测,因而一般利用定性和半定量的地质和油藏工程的方法进行剩余油研究不够重视,主要采用油藏数值模拟的方法进行剩余油预测和分析。在一些情况下,国内公司除了重视油藏数值模拟工作外,也进行了相应的地质剩余油预测评价,特别是小公司,出于成本考虑一般不采用大型软件进行剩余油的研究,而大公司也会有自己的定性研究方法和标准。Sneider 和 Sneider(2001)开展了一项成熟油田挖潜的研究,在老油田中发现和挖掘新的潜力,主要可通过包括改善钻完井技术、识别未发现的油层(特别是低阻油层)、通过二维或三维地震研究及运用层序地层学技术进行地质研究等方法,这些剩余油研究的方法大概如下。

(1) 泡泡图法(bubble plots)。是一种广泛使用的定性剩余油分析方法(Shepherd,2009)。该方法基于油藏中的开采状况,推测剩余油的分布。若假定油藏均质,则油藏中的产出量与其剩余油量负相关。用泡泡的大小标示出井点的产出量,较大的泡泡代表有较多的产出,而较小的泡泡则代表着较少的产出,大泡泡集中区代表产出较多,则剩余油相对较少,而小泡泡集中区则代表产出量较少剩余油相对富集的区域。通过对泡泡图的分析,可得到平面上各井点的产出状况和剩余油富集区。另外若油藏为非均质性油藏,将泡泡图与油藏砂体分布图或油藏流动单元(分隔单元)叠置,则可定性分析不同流动单元的动用差异。

(2) 水淹剖面和水淹图法(vertical sweep plot and areal sweep map)。通过编制水淹剖面和水淹图,可分析不同时间油水在垂向和平面上的运动情况,确定未波及的区域,即剩余油富集区。若将不同时期的水淹剖面和水淹图进行连续分析,则可得到油藏的水驱过程,较清楚地预测剩余油分布。注意水淹图和水淹剖面中只是标出了注入水波及区域而未给出注入水的相对波及程度,要分析物性差异造成的剩余油数量还需要进一步地进行分析。

(3) 综合评价法。主要基于各个分隔单元(drainage cell)的原始储量、累积产出量的计算,定量确定其剩余可采储量筛选调整目标。该方法主要通过以下 5 个步骤获取剩余油目标区:①确定油藏中的可动剩余油量;②明确油藏的分隔单元(流动单元);③编制油藏各分隔单元开发成熟度表弄清各单元的剩余储量;④对每个分隔单元进行研究筛选具有较大剩余储量的单元;⑤对具有较大剩余储量的分隔单元进行研究寻找调整目标(图 12.18)。

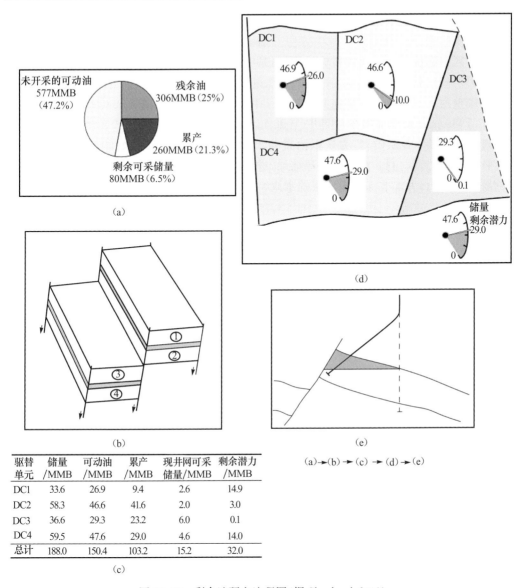

图 12.18　剩余油研究流程图(据 Shepherd,2009)

(a)确定目标油田未开采的可动油量;(b)划分驱替单元;(c)编制驱替单元成熟度表;(d)成熟度扫描明确剩余潜力分布;
(e)驱替单元内确定调整目标;MMB. 百万桶,1MMB=15.898 万 m³

驱替单元	储量/MMB	可动油/MMB	累产/MMB	现井网可采储量/MMB	剩余潜力/MMB
DC1	33.6	26.9	9.4	2.6	14.9
DC2	58.3	46.6	41.6	2.0	3.0
DC3	36.6	29.3	23.2	6.0	0.1
DC4	59.5	47.6	29.0	4.6	14.0
总计	188.0	150.4	103.2	15.2	32.0

(c)

12.2　杏六中区不同时期测井剩余油分布分析

检查井岩心分析所获取的水洗结果准确而可靠,但并不是所有的井都有取心,只有极少井有取心和水洗资料,因而要想获得更为丰富的井点水淹信息,还必须依靠测井信息。测井所获取的地球物理参数是油藏储层骨架和流体共同作用的结果,通过对不同时期测井响应差异的分析和解释,可获取油藏开发过程中流体性质的变化,从而为认识油藏潜力提供丰富的资料基础。尽管测井信息精度相对岩心较差,但系统性、大规模的井网加密,提供了更多在统计学上更有代表性的样品,为认识油藏不同时期的水淹变化提供了不可多得的系统信息。

杏六区中部位于杏树岗背斜构造西翼,1968年投入开发,在四十多年的开发历程中,先后经历了基础井网排液拉水线、全面投产、注水恢复压力、自喷转抽、一次加密调整和二次加密调整六大开发阶段。目前共分四套井网,分别是基础井网(1968钻井)、一次加密井网井(1986钻井)、二次加密井网井(1996年钻)和三次加密井网井(2006年钻),四套井网均进行了测井水淹层解释,为认识油藏的水淹变化规律提供了很好的资料基础。本次研究针对四套井网的测井水淹层解释结果,进行不同时期井网、不同沉积类型储层水淹状况的解释和分析,力求准确认识油层的水淹特征和动用状况。

12.2.1 基础井网井水淹层解释分析

基础井网钻于1968年,共钻井66口,其中油井32口,水井34口。X5-3-26井、X5-3-31井、X5-3-35井和X6-1-27井为后期转注。

1. 不同沉积成因砂体分层水淹层数分析

基础井网钻遇河道砂共214层,占钻遇总砂层数的9%;河间砂钻遇砂层数314,占钻遇总层数的13.2%,主体薄层砂砂层数690,占钻遇总层数的29.02%,非主体薄层砂钻遇砂层数2378,占钻遇总砂层数的48.8%(表12.4)。

表 12.4　基础井网井水淹层解释情况统计

沉积类型	高含水		中含水		低含水		未水淹		合计	
	层数	比例/%	层数	比例/%	层数	比例/%	层数	比例/%	层数	比例/%
河道砂	26	1.09	18	0.76	21	0.88	149	6.27	214	9.00
河间砂	12	0.50	32	1.35	22	0.93	248	10.43	314	13.20
主体薄层砂	2	0.08	41	1.72	54	2.27	593	24.94	690	29.02
非主体薄层砂	0	0.00	2	0.08	1	0.04	1157	48.65	1160	48.78
合计	40	1.68	93	3.91	98	4.12	2147	90.29	2378	100.00

基础井网钻遇的河道微相高含水比例较其他微相稍高,占1.09%,其次是河间砂,约占0.5%,主体薄层砂第三,仅占0.08%;中含水比例较高的是主体薄层砂,约占比例1.72%,河间砂次之,为1.35%,河道砂更低,为0.76%;低含水比例最高仍为主体薄层砂,约占比例为2.27%,河道砂与河间砂相当,非主体薄层砂最少,为0.04%;未水淹层数和比例较同类型微相的其他水淹级别均较高。

基础井网钻遇的微相层数统计情况来看,基础井网钻遇高含水层数比例为1.68%,中含水层数砂占3.91%,低含水级别层数占比例为4.12%,说明基础井网钻遇砂体水淹级别弱,总体水淹程度低。这是由于此套井网为第一批井网,油藏之前未曾动用,此为油藏原始未动用时最初的地下状况,故水淹程度低。

2. 不同沉积成因砂体水淹厚度分析

基础井网共钻遇有效厚度为3291.8m,其中河道砂钻遇814.5m,占总厚度的

14.7%,比例比较低,河间砂共钻遇631.9m,占总钻遇厚度的19.2%,主体薄层砂和非主体薄层砂分别钻遇895.8m和949.6m,分别占钻遇总厚度的27.2%和28.85%。

水淹厚度统计看来,研究区此时水淹程度较低,中含水和低含水级别比例相当,高含水厚度比例较低,仅占4.4%(表12.5)。

表 12.5　基础井网井水淹层厚度统计

沉积类型	高含水		中含水		低含水		未水淹		合计	
	厚度/m	比例/%	厚度/m	比例/%	厚度/m	比例/%	厚度/m	比例/%	厚度/m	比例/%
河道砂	113.1	3.44	62.8	1.91	78.8	2.39	559.8	17.00	814.5	24.74
河间砂	28.1	0.85	59.3	1.80	50.3	1.53	494.2	15.01	631.9	19.20
主体薄层砂	2.5	0.08	69.1	2.10	71	2.16	753.2	22.88	895.8	27.21
非主体薄层砂	0	0.00	2.7	0.08	1	0.03	945.9	28.73	949.6	28.85
合计	143.7	4.37	193.9	5.89	201.1	6.11	2753.1	83.63	3291.8	100.00

分类微相的水淹厚度统计与层数统计大致相似,但稍有变化。高含水比例中最高的仍为河道砂,其水淹厚度比例为3.44%,其次仍是河间砂(0.85%),主体薄层砂次之(0.08%),表明河道微相类的储层水淹程度相对较高;中含水厚度统计略有不同,比例最高的依然是主体薄层砂,约占2.1%,比例稍低的变为河道砂(1.91%),河间砂次之(1.8%);低含水厚度中比例最高的河道砂,约占2.39%,而后为主体薄层砂(2.16%),河间砂次之(1.53%),非主体薄层砂最低(0.03%),这是由于基础井网主要开采的是主力油层及厚油层,此微相类储层难于注入,水洗程度低;未水淹厚度统计中最高非主体薄层砂,约占28.73%,主体薄层砂次之,为22.88%,河道砂约占17%,河间砂比例15.01%。

3. 不同沉积成因砂体水淹有效厚度分析

基础井共钻遇有效厚度17.26m,其中河道砂钻遇642.5m,占总厚度的37.22%,河间砂共钻遇262.1m,占总钻遇厚度的15.2%,主体薄层砂和非主体薄层砂分别钻遇494.3m和326.9m,分别占钻遇总厚度的28.6%和18.9%。

水淹有效厚度统计相较于厚度统计稍有变化,水淹有效厚度统计中,各个水淹级别的有效厚度比例较厚度比例要高,其中高、中、低含水有效厚度比例均有所上升,低含水有效厚度比例稍高,约占7.17%,高含水和中含水有效厚度比例相当,均在6%。总体看来,水淹有效厚度的统计仍显示研究区水淹程度低(表12.6)。

表 12.6　基础井网井水淹层有效厚度统计

沉积类型	高含水		中含水		低含水		未水淹		合计	
	有效厚度/m	比例/%	有效厚度/m	比例/%	有效厚度/m	比例/%	有效厚度/m	比例/%	有效厚度/m	比例/%
河道砂	90.6	5.25	48.8	2.83	54.8	3.17	448.3	25.97	642.5	37.22
河间砂	13.2	0.76	34.2	1.98	26.3	1.52	188.4	10.92	262.1	15.19
主体薄层砂	1.8	0.10	28.3	1.64	42.3	2.45	421.9	24.44	494.3	28.64
非主体薄层砂	0	0	0.7	0.04	0.4	0.02	325.8	18.88	326.9	18.94
合计	105.6	6.12	112	6.49	123.8	7.17	1384.4	80.21	1725.8	100.00

12.2.2 一次加密井网井水淹层解释分析

一次加密井网始钻于 1986 年,共钻井 58 口,其中油井 30 口,水井 28 口。

1. 不同沉积类型水淹层数分析

一次加密井共钻遇砂层数 2163 层,其中钻遇河道砂层数为 192,占钻遇总砂层数的 8.88%,河间砂共钻遇砂层数 314 个,占钻遇总砂层数的 14.52%,主体薄层砂和非主体薄层砂各钻遇砂层数 659 和 998,分别占钻遇总砂层数的 30.47% 和 46.14%。相对于基础井网钻遇的各沉积类型来说,除了河间砂钻遇砂层数目不变外,钻遇河道砂砂层数、主体薄层砂和非主体薄层砂层数均有所降低。河道砂、河间砂、主体和非主体薄层高、中、低含水比例砂钻遇层数和比例均有不同程度增加,分别增加至 7.49%、9.48% 和 8.74%,而未水淹级别砂体钻遇比例降低至 74.29%(表 12.7)。

表 12.7　一次加密井网井水淹层层数统计

沉积类型	高含水		中含水		低含水		未水淹		合计	
	层数	比例/%	层数	比例/%	层数	比例/%	层数	比例/%	层数	比例/%
河道砂	84	3.88	44	2.03	37	1.71	27	1.25	192	8.88
河间砂	70	3.24	79	3.65	34	1.57	131	6.06	314	14.52
主体薄层砂	7	0.32	65	3.01	97	4.48	490	22.65	659	30.47
非主体薄层砂	1	0.05	17	0.79	21	0.97	959	44.34	998	46.14
合计	162	7.49	205	9.48	189	8.74	1607	74.29	2163	100.00

河道砂高含水层数比例较基础井网有所提高,由基础井网的 1.09% 上升为 3.88%,中含水和低含水分别从 0.76% 和 0.88% 上升为 2.03% 和 1.7%,未水淹层数减少较多,比例降低不少,反映河道砂因砂层比较厚,物性好且易受注入水影响而水淹;河间砂高、中含水层数比例上升明显,分别由基础井网的 0.5% 和 1.35% 上升为一次加密井的 3.2% 和 3.65%,未水淹层数及其比例也降低较多;主体薄层砂高含水和中含水级别砂层数比例类似于河道砂,未水淹级别砂层数比例变化不大;非主体薄层砂中含水和低含水级别砂层数比例较基础井网比例有较明显升高,分别从 0.08% 和 0.04% 上升到 0.79% 和 0.97%,未水淹级别砂层数比例微有下降,从 48.65% 下降到 44.34%。

总体看来,一次加密井网解释水淹程度有所升高。表中反映高含水层数和比例增加较快的是河道砂与河间砂;中含水层数和比例增加较快的是河道砂、河间砂、主体薄层砂和非主体薄层砂薄层砂;低含水层数和比例增加较快的是主体薄层砂和非主体薄层砂。说明注水井注入水优先沿着物性较好的砂体通道方向流动。

2. 不同沉积成因砂体水淹厚度分析

一次加密井网井共钻遇有效厚度为 3045.4m,其中河道砂钻遇 726.6m,占总厚度的 23.86%,比较低,河间砂共钻遇 579.8m,占钻遇总厚度的 19.04%,主体薄层砂和非主体薄层砂分别钻遇 894.2m 和 844.8m,分别占钻遇总厚度的 29.36% 和 27.74%。相较于基础井网钻遇各沉积类型厚度,河道砂、河间砂、非主体薄层砂和表外砂钻遇的总厚度有所降低,主体薄层砂钻遇厚度相当,几乎无变化(表 12.8)。

由表 12.8 可以看出,在高含水级别各微相厚度比例中,河道砂与河间砂钻遇的厚度及其比例增加较快,分别上升到 11.51% 和 3.71%;在中含水级别和低含水级别水淹厚度及其比例中,河道砂、河间砂、主体薄层砂和非主体薄层砂的厚度及其比例均明显提高,其中,河道砂与河间砂中含水厚度比例相当,均为 5%,主体薄层砂略低,为 3.72%,非主体薄层砂近 0.51%;低含水水淹厚度比例中,比例最高的是主体薄层砂,为 4.48%,非主体薄层砂最低,为 1.06%,河道砂与河间砂比例位于二者之间,河道砂略高;未水淹级别钻遇厚度比例中河道砂、河间砂降低的较明显,主体薄层砂和非主体薄层砂、表外砂降低幅度较低。

表 12.8　一次加密井网井水淹层厚度统计

沉积类型	高含水		中含水		低含水		未水淹		合计	
	厚度/m	比例/%	厚度/m	比例/%	厚度/m	比例/%	厚度/m	比例/%	厚度/m	比例/%
河道砂	350.6	11.51	153.1	5.03	128.4	4.22	94.5	3.10	726.6	23.86
河间砂	113	3.71	154.2	5.06	82.4	2.71	230.2	7.56	579.8	19.04
主体薄层砂	13.1	0.43	113.3	3.72	136.5	4.48	631.3	20.73	894.2	29.36
非主体薄层砂	0.8	0.03	15.4	0.51	32.3	1.06	796.3	26.14	844.8	27.74
合计	477.5	15.68	436	14.32	379.6	12.47	1752.3	57.53	3045.4	100.00

总体看来,表 12.8 中显示高含水级别厚度比例上升为 15.68%,中含水级别厚度比例上升为 14.32%,低含水级别厚度比例上升为 12.47%。表明一次加密井水淹程度有所提高,其中,河道砂水淹程度明显升高,说明注水井注入水优先沿着物性较好的砂体通道方向流动。

3. 不同沉积成因砂体水淹有效厚度分析

一次加密井共钻遇有效厚度 1574.6m,其中河道砂钻遇 551m,占总厚度的将近 35%,河间砂共钻遇 261.6m,占总钻遇厚度的 16.6%,主体薄层砂和非主体薄层砂分别钻遇 477m 和 285m,分别占钻遇总厚度的 30.29% 和 18.1%(表 12.9)。

表 12.9　一次加密井网井水淹层有效厚度统计

沉积类型	高含水		中含水		低含水		未水淹		合计	
	有效厚度/m	比例/%	有效厚度/m	比例/%	有效厚度/m	比例/%	有效厚度/m	比例/%	有效厚度/m	比例/%
河道砂	277.3	17.61	117.9	7.49	94.3	5.99	61.5	3.90	551.0	34.98
河间砂	66	4.19	86.9	5.52	30.5	1.94	78.2	4.97	261.6	16.61
主体薄层砂	7.3	0.47	55.6	3.53	80.2	5.09	333.9	21.21	477.0	30.31
非主体薄层砂	0.4	0.03	5.1	0.32	6.5	0.41	273	17.33	285.0	18.10
合计	351	22.30	265.5	16.86	211.5	13.43	746.6	47.41	1574.6	100

一次加密井网井水淹厚度统计与厚度统计有所不同,厚度比例出现较大变化,主要体现在高、中、低水淹有效厚度比例都有很大的升高,分别上升到 22.29%、16.86% 和

13.43%,未水淹有效厚度比例也有明显的下降,仅有 47.4%。表明有效厚度大的微相类型砂体容易受到注入水影响,易于水淹。

由表 12.9 表中可知,在水淹厚度中,河道砂不管是高、中、低水淹有效厚度的比例上升得都比较明显。主体薄层砂低含水有效厚度比例上升幅度仅次于河道砂,高、中含水比例则低于河道砂与河间砂。主体薄层砂低含水有效厚度比例上升幅度仅次于河道砂水淹有效厚度比例,高、中含水比例均低于河道砂与河间砂。

12.2.3　二次加密井网井水淹层解释分析

二次加密井网井钻于 1996 年,共钻井 130 口,其中油井 75 口,水井 55 口。

1. 各沉积成因砂体分层水淹层数分析

二次加密井网井水淹层数高含水砂层数比例较低,仅占 5.34%,中、低含水级别砂层数比例较高,分别为 20.01% 和 22.40%,未水淹砂层数比例占据一半,为 52.24%。二次加密井水淹解释资料总体表明水淹程度相对于基础井网和一次加密井网井水淹程度较高(表 12.10)。

高含水级别砂层数比例中,河道砂与河间砂砂层数比例最高且相同,主体薄层砂次之,非主体薄层砂最低。中含水级别砂层数比例最高的为主体薄层砂,占 10.23%,河间砂与河道砂砂层数比例相当,分别为 5.26% 和 3.49%,位列第二、第三;低含水级别砂层数比例最高的是主体薄层砂,占 13.92%,河间砂与河道砂砂层数比例相当,分别为 4.33% 和 3.12% 而位列第二、第三,非主体薄层砂最低。非主体薄层砂薄层砂、主体薄层砂与河间砂相当,河道砂较低,表明河道砂类储层易于水淹,而非主体薄层砂水淹程度低,难受注入水波及影响。

表 12.10　二次加密井网井水淹层解释情况统计

沉积类型	高含水		中含水		低含水		未水淹		合计	
	层数	比例/%	层数	比例/%	层数	比例/%	层数	比例/%	层数	比例/%
河道砂	100	2.15	162	3.49	145	3.12	23	0.50	430	9.26
河间砂	100	2.15	244	5.26	201	4.33	150	3.23	695	14.97
主体薄层砂	42	0.91	475	10.23	646	13.92	536	11.55	1699	36.61
非主体薄层砂	6	0.13	48	1.03	48	1.03	1716	36.97	1818	39.16
合计	248	5.34	929	20.01	1040	22.40	2425	52.25	4642	100.00

2. 不同沉积成因砂体分层水淹厚度分析

二次加密井水淹厚度比例统计中,按解释结果河道砂共钻遇厚度 1549.5m,占钻遇总厚度的 22.66%,河间砂钻遇 1376.5m,占钻遇总厚度的 20.13%,主体和非主体薄层砂分别钻遇 2245.2m 和 1665.3m,占钻遇总厚度的 32.84% 和 24.36%(表 12.11)。

厚度水淹解释统计中,高含水级别水淹厚度比例上升为 9.37%,中含水水淹厚度比例上升为 26.32%,低含水级别水淹厚度比例上升为 28.06%,未水淹厚度比例下降到 36.26%,总体上比水淹砂层数水淹解释程度要高。

与水淹砂层数比例统计相比,高含水级别中河道砂水淹厚度比例上升明显,增加到 5.78%,上升了近 3.3%,其他微相类型砂体水淹厚度解释比例几乎未有变化;中含水级别中仍是河道砂水淹厚度比例上升明显,增加了近 5%,河间砂水淹厚度解释比例略有上升,而主体和非主体薄层砂比例有所降低;低含水级别水淹厚度解释比例中,河道砂与河间砂比例分别升高了 4.3% 和 2.8%,主体和非主体薄层砂比例略有降低。

表 12.11 二次加密井网井水淹层厚度统计

沉积类型	高含水		中含水		低含水		未水淹		合计	
	厚度/m	比例/%	厚度/m	比例/%	厚度/m	比例/%	厚度/m	比例/%	厚度/m	比例/%
河道砂	394.8	5.78	578.4	8.46	511.3	7.48	64.9	0.95	1549.5	22.67
河间砂	171.9	2.51	477.8	6.99	490.3	7.17	236.5	3.46	1376.5	20.13
主体薄层砂	65.1	0.95	688	10.06	863.2	12.63	628.9	9.20	2245.2	32.84
非主体薄层砂	8.8	0.13	55	0.80	53.2	0.78	1548.4	22.65	1665.3	24.36
合计	640.6	9.37	1799.2	26.31	1918	28.06	2478.7	36.26	6836.5	100.00

3. 不同沉积成因砂体分层水淹有效厚度分析

有效厚度统计较厚度统计又有所变化,具体表现在高、中、低含水解释比例较厚度水淹解释比例均有不同程度的上升,分别上升了约 3%、3.5% 和 3%,未水淹有效厚度解释比例降低近 10%(表 12.12)。

表 12.12 二次加密井网井水淹层有效厚度统计

沉积类型	高含水		中含水		低含水		未水淹		合计	
	有效厚度/m	比例/%	有效厚度/m	比例/%	有效厚度/m	比例/%	有效厚度/m	比例/%	有效厚度/m	比例/%
河道砂	313.7	8.8	465.7	13.1	400.4	11.2	52.3	1.5	1232.1	34.6
河间砂	96.6	2.7	232.2	6.5	207.6	5.8	54.0	1.5	590.4	16.6
主体薄层砂	30.0	0.8	347.0	9.7	480.9	13.5	357.3	10.0	1215.2	34.1
非主体薄层砂	2.0	0.1	15.6	0.4	14.4	0.4	493.5	13.9	525.5	14.7
合计	442.3	12.4	1060.5	29.7	1103.3	31.0	957.1	26.9	3563.1	100.0

河道砂的各个级别水淹有效厚度统计比例较厚度统计比例均有明显上升,高中低含水分别上升了 3%、5.6% 和 4.7%,河间砂有效厚度水淹解释比例仅高含水级别有效厚度比例增加了 0.2%,中含水和低含水均略有降低;主体薄层砂仅低含水有效厚度水淹解释比例增加了近 1%,高含水和中含水水淹有效厚度解释比例均有下降;非主体薄层砂除高含水比例未有变化,中、低含水比例均有下降。

12.2.4 三次加密井网井水淹层解释分析

三次加密井网钻于 2006 年,共钻井 417 口。

1. 不同沉积成因砂体分层水淹层数分析

按水淹层解释结果,三次加密井共钻遇砂层数为 18876 层,其中钻遇河道砂层数为

263 层,约占钻遇总砂层数的 1.4%,河间砂共钻遇砂层数 7125 个,占钻遇总砂层数的 37.75%,主体薄层砂和非主体薄层砂各钻遇砂层数为 2072 层和 9416 层,分别占钻遇总砂层数的 11% 和 49.9%。表中显示,三次加密井网钻遇高、中含水级别层数统计比例较二次加密井钻遇层数要高,分别上升至 21.41% 和 40.90%,低含水和未水淹砂层数统计比例分别降低到 3.86% 和 13.83%,表明总体水淹程度有所提高(表 12.13)。

由表 12.13 可知,高含水水淹层数比例中河间砂最高,为 17.07%,河道砂、主体薄层砂和非主体薄层砂水淹砂层数统计比例相当;中含水水淹层数比例中,比例最高的是非主体薄层砂,为 20.94%,其次为河间砂,占 5.94%,河道砂最低;低含水水淹层数比例中,最高的非主体薄层砂,占 16.88%,其次为河间砂,约占 5.05%;未水淹砂层数的水淹比例中,最高的是非主体薄层砂,河间砂与主体薄层砂比例相当,河道砂未水淹比例最低。

表 12.13　三次加密井网井水淹层解释情况统计

沉积类型	高含水		中含水		低含水		未水淹		合计	
	层数	比例/%	层数	比例/%	层数	比例/%	层数	比例/%	层数	比例/%
河道砂	221	1.17	37	0.20	5	0.03	0	0.00	263	1.39
河间砂	3222	17.07	2608	13.82	954	5.05	341	1.81	7125	37.75
主体薄层砂	268	1.42	1122	5.94	358	1.90	324	1.72	2072	10.98
非主体薄层砂	331	1.75	3953	20.94	3186	16.88	1946	10.31	9416	49.88
合计	4042	21.41	7720	40.90	4503	23.86	2611	13.83	18876	100.00

2. 不同沉积成因砂体水淹厚度分析

三次加密井共钻遇厚度为 18314.3m,其中河道砂钻遇 757m,约占总厚度的 4.13%,比较低,河间砂共钻遇 9265.8m,占总钻遇厚度的 50.6%,主体薄层砂和非主体薄层砂分别钻遇 2111.7m 和 6180.2m,分别占钻遇总厚度的 11.53% 和 33.74%。

水淹厚度统计较层数统计有所变化,主要体现在高、中含水级别厚度统计比例较层数统计比例升高为 25.44% 和 42.8%,分别升高了约 4% 和 2%,低含水和未水淹厚度统计较层数统计比例分别降低了 2.2% 和 3.7%。

表中显示,河道砂高含水厚度比例升高至 3.47%,中、低含水厚度统计比例分别也有升高;河间砂和主体薄层砂高、中、低含水厚度比例统计也比层数比例由明显升高。非主体薄层砂中,高、中、低含水解释比例均有所降低(表 12.14)。

表 12.14　三次加密井网井水淹层厚度统计

沉积类型	高含水		中含水		低含水		未水淹		合计	
	厚度/m	比例/%	厚度/m	比例/%	厚度/m	比例/%	厚度/m	比例/%	厚度/m	比例/%
河道砂	634.7	3.47	110.3	0.60	12.1	0.07	0	0.00	757.1	4.13
河间砂	3503.6	19.13	3781.5	20.65	1556.3	8.50	424.4	2.32	9265.8	50.60
主体薄层砂	291.6	1.59	1175.5	6.42	379.7	2.07	264.9	1.45	2111.7	11.53
非主体薄层砂	229	1.25	2770.8	15.13	2010.6	10.98	1169.8	6.39	6180.2	33.74
合计	4658.9	25.44	7838.1	42.80	3958.7	21.61	1859.1	10.15	18314.8	100.00

高含水厚度统计比例中,河间砂比例超过了 19％,河道砂为 3.47％,主体和非主体薄层砂不足 2％;中含水厚度统计比例中,最高的仍为河间砂,约占 20.7％,非主体薄层砂次之,占 15.13％,主体薄层砂厚度介于两者之间,仅为 6.42％;低水淹级别厚度统计中,非主体薄层砂最高,占 10.98％,河道砂最低,河间砂和主体薄层砂介于之间。

3. 不同沉积成因砂体分层水淹有效厚度分析

三次加密井共钻遇有效厚度 18326.7m,其中河道砂钻遇 673.6m,占总厚度的 7.6％,比较低,河间砂共钻遇 4471.8m,占总钻遇厚度的 50.1％,主体薄层砂和非主体薄层砂分别钻遇 1281.1m 和 2500.2m,分别占钻遇总厚度的 14.4％和 28％(表 12.15)。

表 12.15　三次加密井网井水淹层有效厚度统计

沉积类型	高含水		中含水		低含水		未水淹		合计	
	有效厚度/m	比例/％	有效厚度/m	比例/％	有效厚度/m	比例/％	有效厚度/m	比例/％	有效厚度/m	比例/％
河道砂	574.2	6.43	89.6	1.00	9.8	0.11	0	0.00	673.6	7.55
河间砂	2352.5	26.35	1569.9	17.59	438.7	4.91	110.7	1.24	4471.8	50.09
主体薄层砂	173.9	1.95	717.1	8.03	207.1	2.32	183	2.05	1281.1	14.35
非主体薄层砂	92.3	1.03	1084	12.14	840.7	9.42	483.2	5.41	2500.2	28.01
合计	3192.9	35.77	3460.6	38.77	1496.3	16.76	776.9	8.70	8926.7	100.00

水淹有效厚度中高含水比例较水淹厚度有所加大,上升为 35.77％,而中、低含水和未水淹有效厚度比例则相对降低,分别降低至 38.77％、16.76％和 8.70％。

高含水级别水淹有效厚度统计中,河间砂比例相最高,为 26.4％,河道砂次之,主体薄层砂和非主体薄层砂比例相当;中含水中比例最高的依然是河间砂,非主体薄层砂次之,主体薄层砂水淹有效厚度比例稍大于河道砂;低含水水淹有效厚度比例中最高的非主体薄层砂,河间砂次之,主体薄层砂大于河道砂。

河道砂整体水淹有效厚度解释比例较低,这是由于三次加密井井数众多,钻遇总有效厚度大,故显示总体有效厚度解释比例降低;河间砂此次钻遇总有效厚度超过了一半,高、中含水水淹有效厚度解释比例均相对较高,低含水、未水淹解释比例相对较低;主体和非主体薄层砂中含水比例较其他级别的含水有效厚度解释比例较高。

12.2.5　不同时期井网水淹情况变化分析及剩余油分布特征

从图 12.19 对不同时期井网的水淹砂层数总体统计资料的研究和对比可以发现,研究区总体上水淹解释程度逐渐升高,尤其以三次加密井(2006 年钻)的测井水淹层解释比例升高明显,尤其是高、中级别程度的水淹解释比例显著提升。

相较于基础井网(1968 年钻),一次加密井(1986 年钻)测井水淹解释比例增长近一倍,二次加密井(1996 年钻)中、高含水水淹解释比例较一次加密井增长一倍多,高含水解释比例低于一次加密井解释比例,考虑受开发层系影响,二次加密井主要开采的是非主力层,河道砂并不发育,而基础及一次加密井开采对象为主力层,河道砂分广泛;三次加密井(2006 年钻)高、中含水解释比例二次加密井网增长较快,但低含水解释比例增加并不明显,仅略有升高。

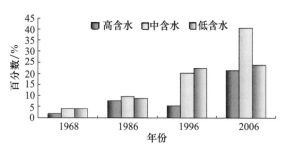

图 12.19　研究区不同时期水淹砂层数情况

　　通过对不同时期井网的水淹厚度总体统计资料的研究和对比发现,1968 年、1986 年和 1996 年各级别水淹厚度比例均有较明显上升,除 2006 年水淹厚度解释比例较水淹砂层数解释比例变化不大外,各级别含水的水淹厚度比例较砂层数比例要高(图 12.20)。

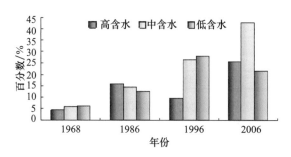

图 12.20　研究区不同时期水淹厚度情况

　　从不同时期水淹有效厚度统计中发现了新的特点,主要表现在各级别含水的水淹有效厚度比例较砂层数比例进一步提高,其中高含水水淹有效厚度比例较厚度比例上升明显,2006 年更是上升了近 10%,中含水水淹有效厚度比例几乎未有变化,低含水水淹有效厚度比例相对有所下降,总体说明研究区水淹程度有所升高(图 12.21)。

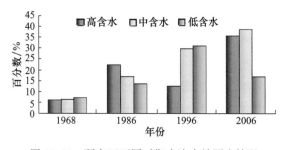

图 12.21　研究区不同时期水淹有效厚度情况

　　以不同时期水淹砂层数解释结果为例,对比后发现,1986 年河道砂高含水水淹砂层数比例相对于 1996 年较高,2006 年有所降低,中、低含水水淹砂层数比例在 1996 年以前逐渐上升,至 2006 年河道砂钻遇减少有所降低,说明由于河道砂物性较好,砂体厚度较大,易于水淹且水淹程度增强较快;河间砂中、低含水水淹砂层数解释比例逐渐升高,高含水水淹砂层数比例于 1996 年有所降低,可能由于采用了不同的解释模型导致,三次加密井(2006 年)高、中含水水淹砂层数比例上升较迅速,说明河间砂水淹程度明显升高,低含水水淹砂层数比例较 1996 年无明显变化(图 12.22、图 12.23)。

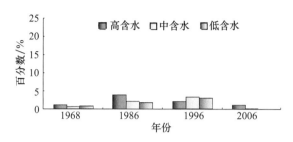

图 12.22　河道砂不同时期水淹砂层数情况

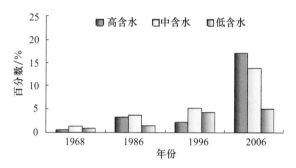

图 12.23　河间砂不同时期水淹砂层数情况

　　主体薄层砂水淹砂层数解释比例中,1968 年,由于开发层系中极少包括非主力层,故其水淹砂层数解释比例低;1986 年增加迅速;1996 年水淹砂层数解释比例继续升高且比例相对较高,高含水级别水淹砂层数比例逐渐升高但不明显,中、低含水级别自 1968 年升高至 2006 年又有所降低。这是由于开发层系调整影响的结果,三次加密井主要针对薄差层开采,钻遇的主体薄层砂比例小,加之解释模型可能也有调整,故水淹程度解释比例有所降低;非主体薄层砂在 2006 年水淹层数比例达到最高,1986 年与 1996 年变化不大,分析可能是由于这一时期开发调整,重点开发薄层砂的缘故(图 12.24、图 12.25)。

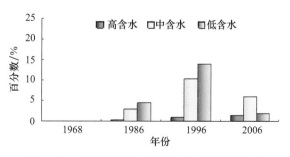

图 12.24　主体薄层砂不同时期水淹砂层数情况

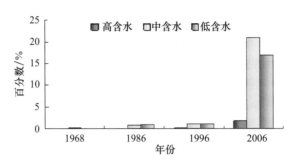

图 12.25　非主体薄层砂不同时期水淹砂层数情况

通过对不同时期的统计资料对比,发现在不同时期砂体的数量和不同类砂体的解释结果也有一些不合理的变化,如砂体数量增加、河道砂体等厚砂体水淹程度下降等,这可能与不同时期水淹解释策略有关。后期调整的重点是薄层砂,认为厚层的河道砂可能都已水淹,仅对水淹程度较低的厚层砂进行解释。同时在后期的解释中,将更多的薄层砂进行区分,因而砂体数量有很大的提升。

12.3　用数值模拟验证非均质性对剩余油的控制作用

剩余油研究的核心问题是分布预测问题,要想预测剩余油的分布,就要弄清各种因素对剩余油形成和分布的影响。油藏数值模拟技术为正确认识流体流动,分析剩余油分布提供了一种手段,成为现代油藏描述的一种必备技术(赵永胜,1998),在油田开发调整中起到了非常重要的作用,但也存在着不可避免的问题。概念模拟指在对真实油藏进行总结的基础上,形成油藏概念模式,对模式建模,通过实验或数值模拟的方法,再现开发过程中不同模式内流体的流动规律,预测剩余油的分布特征,为定性预测剩余油和简化油藏数值模拟提供参考。最常见的是针对油藏的层间非均质特征形成一维非均质模式模拟不同渗透率多油层油藏的层间干扰,优化油藏数值模拟的地质模型。近年来针对不同的地质特征,进行了许多针对性的模拟研究,例如,愈启泰和陈素珍(1998)对层理级的非均质性造成的剩余油分布进行概念模拟,同时对大规模的油藏的模拟后认为宏观剩余油有三种类型(愈启泰,2000)。朱九成等(1998)为了研究指进特征,进行相应的模拟研究,而常学军等(2004)则对平面非均质性与井网匹配形成的油井见水来源进行了物理模拟,而侯纯毅等(1996)则通过设计二维物理模型,对巨厚层不同注水方式形成的驱油特征进行模拟,李劲峰等(2000)用组合模型研究了最低吸水渗透率界限及其驱油效率,近年来针对低渗透油藏特有的流体渗流特征,进行诸多的物理模拟和概念模拟,研究清楚微观剩余油形成因素和分布特征(胡雪涛和李允,2000)及裂缝在水驱过程中的渗流机理(赵阳等,2002)。然而就发表的文献看,还很少见到对二维变化的剖面和平面模式进行模拟研究。本节介绍对中原油田濮 53 块沙二上亚段$^{2+3}$储层非均质性控制剩余油分布的研究成果。

根据濮 53 块沙二上$^{2+3}$厚油层油藏(参见 12.3 节)的剖析,总结出 3 种储层平面模型(叠加河道型、孤立河道和席状砂型)和 4 种剖面模型(叠置河道型、孤立河道型、席状砂型、复合型),为了更好地对比,又引入均质型的储层模式,通过建模和模拟,对不同模式的储层流体流动进行模拟,表明不同储层模型中流体流动规律不同,各油井的生产动态不同,从而导致不同模型的开发动态特征和剩余油分布的差异。

12.3.1　模拟初始条件设定

研究中模拟初始条件基本采用沙二上$^{2+3}$油藏的实际状况,具体如下:①原油密度为 0.842g/cm^2,气为干气;②原始泡点压力为 20.47MPa;③相渗据测定的实际数据,对不同的物性段采用不同的相渗曲线;④在模拟中对河道和其他相分两个级次设定渗透率,河道为 200mD,其他为 20mD;⑤采油井一般设定井低流压,其值可低于原始地层压力 20%左右,即 19~20MPa);⑥日产模拟中给定注水量和最大产液量,依据模拟生产井的生产情况配注水量,注水量稍稍高于产液量;⑦对剖面模型采用一注两采,对剖面中的不同非均质性有所表征平面中则采用正 5 点井网模拟。

12.3.2　平面概念模拟

1. 模型设计

储层解剖结果表明沙二上$^{2+3}$厚油层有 3 种平面模式,即叠置河道型、孤立河道型、席状砂型。为方便对比,增加了均质油藏,各种模型及模拟井网分布如图 12.26 所示。

叠加河道型主要由河道叠置而成,局部区域由小规模的河道间砂隔开。河道砂比例多在 80%以上,河道规模较大,河道之间多切割接触。为方便模拟,本研究未考虑河道底部局部发育的低渗泥砾带的影响。

席状砂型几乎完全由席状砂组成,在局部偶尔会发育小型河道,但河道的钻遇率很低,常难以控制。平面上砂体厚度有一定的波动,且在厚度较大的部位一般具有较好的物性,简化模型时,通过实验发现对渗透率差异小于 1 倍的砂体在模拟中一般没有明显的渗流差异,因而简化模型时仅考虑了厚度,对该类储层中物性的差异未作表征。

孤立河道型也主要由席状砂构成,但发育有小规模的河道,河道的密度和规模较叠加河道型要小得多,但较席状砂型明显要高,具有一定的钻遇率。

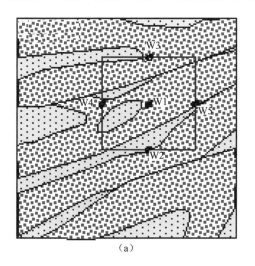

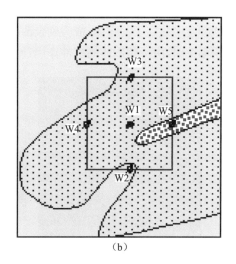

　　　　　　　(a)　　　　　　　　　　　　　　　　　　　　(b)

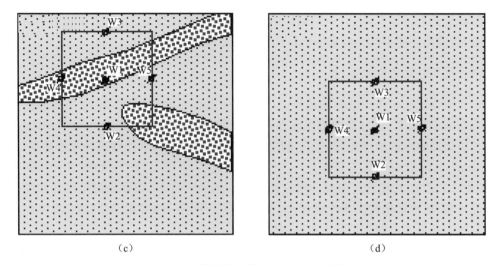

图12.26　平面模拟模型设计图(据尹太举等,2006)

(a)叠加河道型;(b)席状砂型;(c)孤立河道型;(d)均质型

2. 模拟结果

1) 均质油藏

均质油藏内注入水均匀推进,没有突进方向或优先流动路径,注水前缘呈近圆形到菱形,油藏几近均匀水淹。各开发井的开发指标一致,开发特征相同。整体上开采效果较好,在含水98%时其采出程度可达60%以上。

2) 叠加河道型

模型中4口采油井所处相带不同,W2井位于河道间差砂层上,W3井位于与注水井W1井之间有小规模河道间砂隔开的另一河道上,W4井与注水井W1井位于同一河道间砂体,但其间有面积较大的河内洼地差砂层相隔,W5井与W1井同处于同一河道的主体薄层砂上。

不同时期含水饱和度图表明(图12.27):①注入水明显沿河道方向优先流动,推进较快,而河道间砂体在一定程度上减慢了注入水的推进;②经过长期开发后,在河道间差砂层中,含油饱和度明显高于河道体,成为剩余油的富集区;③两个由河间差砂体隔开的河道处于同一注采系统时,由于差砂体的缓冲作用,使相隔河道砂体具有一定量的剩余油。

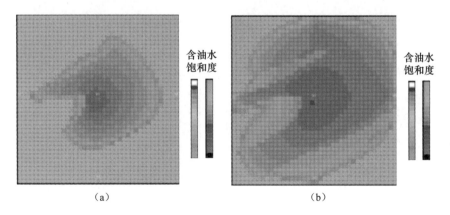

(a)　　　　　　　　　　　　　　(b)

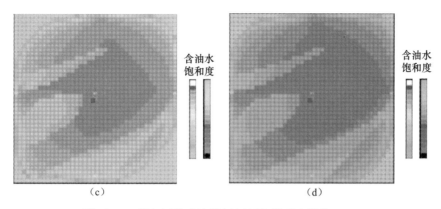

（c）　　　　　　　　　　（d）

图 12.27　叠加河道型油藏水淹特征（据尹太举等，2006）

各井含水曲线表明（图 12.28），位于不同部位的油井其生产规律也不相同：与注水井位于同一河道的 W5 井高产后快速水淹，其水淹的时间远较其他井早；位于河间的 W2 井产量较低，但见水很晚，水淹后含水上升较慢，其含水开采明显可分为两个阶段；被较大面积差砂层隔开的 W4 井，其生产情况与 W2 井相似，但见水较早，且含水上升较 W2 井快；由较小片差砂体隔开的 W3 井，其生产更近于 W5 井，只是见水稍晚。

该模拟表明结果，①位于河道的井大多形成渗流通道，高含水期应关井或调层生产；②相隔的井一种是钻调整井，完善砂体的注采关系；③开发后期剩余油存在两种部位，一是注水井未控制的河道砂中，另一种则是物性较差的河间砂中。

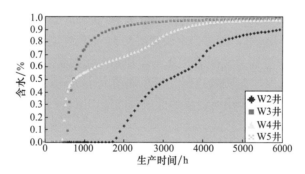

图 12.28　叠加河道型油藏不同部位油井含水上升规律（据尹太举等，2006）

3）孤立河道型

不同时期的含水饱和度图具有以下特点：①注入水沿河道高渗带优先流动，且在紧邻河道带的席状砂中注入水的推进也比其他部位的席状砂较快；②前缘为椭圆形，长轴以河道带为中心；③处于小型河道上的采油井远比其他部位的采油井水见水早，而且其含水上升也快，在其他采油井还未见水时，它已达到高含水；而处于远离河道部位的采见水最晚，而且含水上升的速度最慢，处于河道近侧的油井，其见水和含水上升情况处于前两者之间。

从此类模型的水驱特征来看，由于其整体物性较差，注入水波及较慢，为提高采油速度应采用高压注水，放大生产压差。而在整体物性较差的背景下，被注采井网完全控制的物性很好的小型河道砂体注入水推进很快,较早成为水水淹区,因而开发到一定程度时,应考虑封堵此类小型河道,以减少无效注水。对于未被注采井网控制的小型河道,则由于注入水波及较慢,依然是剩余油富集区,可作为下一步调整的对象。

4)席状砂型

席状砂型水驱前缘具以下特点:①初期注入水推进较均匀,注水前缘为圆形到菱形;②当注水前缘突入到采油井所在的河道砂体时,沿河道砂体注入水突进,注水前缘变得不规则;③除在河道砂体方向注入水推进较快外,其他部位注水前缘推进很慢,而且相对均匀,直到特高含水期注入水一直沿河道砂体方向突进方向突进;④由于注入水推进较均匀,除小型河道砂体水淹较快外,其他部位剩余油连片分布。

同孤立河道型相似,由于物性很差,油层吸水能力较差,注入水推进缓慢,油井见水较晚,无水采油期相对较长。同时位于不同砂体部的油井水淹速度也不同,河道砂体上的采油井 W5 井见水远较其他部位砂体早,含水上升也较快,处于较差砂体上的油井 W3 井、W4 井无水采油期较长,见水晚,而且含水上升很慢。而位于干层上的 W2 井则不能产出。

由于此类油层物性差,往往出现在开发中成为被屏蔽的未动用或动用较差的层,在高含水期剩余油在平面上一般连续分布,对其的调节器整合挖潜一般通过对合采的高渗层进行封堵,进而达到动用这类差层的目的。

12.3.3　剖面概念模拟

1. 模型设计

设计 5 种模型(图 12.29),分别为叠置河道型、孤立河道型、席状砂型、复合型和均质型。每个模型有 3 个砂层,每个砂层 5 个模拟层共 15 个模拟层,一注两采。

叠置河道型主要由辫状分流河道相互垂向和侧向切割叠置而成,河道之间发育小规模差砂体和河间洼地成因的泥质隔挡层。河道规模大小不一,总体比例较高。模型中未考虑河道底部可能出现的泥砾层所造成的低渗缓冲带作用,将上、下相切割的河道视为完全相通。

孤立河道型由席状砂体和在局部发育的河道砂体构成,河道砂体的比例较小,河道砂体和席状砂体上下不连通,很少有河道砂体下切下部储层或侧向相互切割叠置。

席状砂型几乎完全由席状砂体构成,偶有小型河道砂体发育。砂体不同部位其厚度、渗透性也有变化。模拟中仅对砂体厚度变化予以考虑,而对于其内部物性变化未加区分。

复合型则是由叠置河道型、孤立河道型和席状砂型剖面叠置而成,本书采用上好下差的进积型模式。

均质型三层物性相同,但储层厚度中间厚、下部层薄。

2. 模拟结果

1)叠置河道型

不同时期含水饱和度图表明(图 12.30):①河间差砂层对注入水的推进有延缓作用,如中间层左侧砂体,注入水的推进明显慢于其他部位;②河间砂吸水能力、过水能力

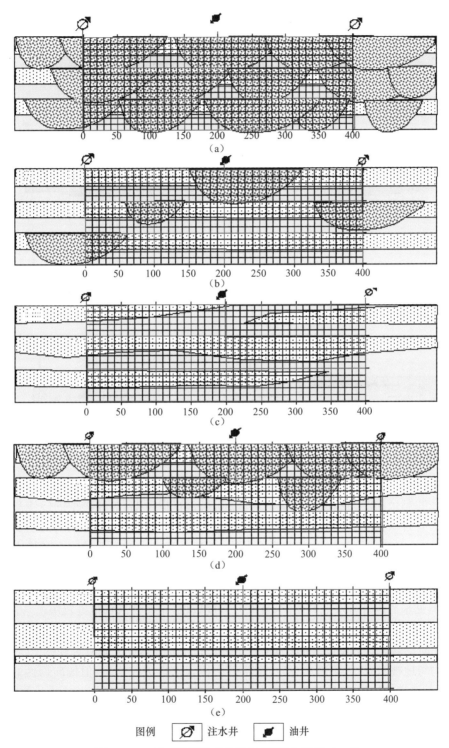

图例　☒ 注水井　☒ 油井

图 12.29　剖面模拟模型设计图(据尹太举等,2006)

(a)叠置河道型;(b)孤立河道型;(c)席状砂型;(d)复合型;(e)均质型;黑色点状区为席状砂体,红色点状区为

河道砂区,灰色纯色区为泥岩

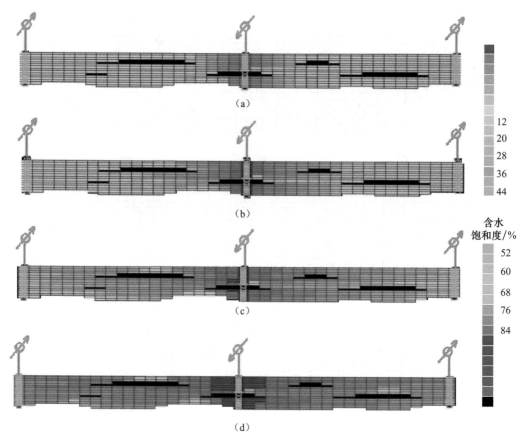

图 12.30　叠加河道型油藏水淹特征(据尹太举等,2006)

较差,注入水在推进过程中会绕开河间砂,从而使其在中含水期乃至特高含水初期仍显示出较好的剩余油潜力而成为挖潜的对象;③高含水中后期,各种类型的砂体基本全部进行入到高含水;④总体上这类储层的动用状况较好,在中后期由于剩余油主要富集于河间砂体中,调整的策略应放在封堵见水的,尤其是高含水的河道砂体上和加大对河间砂体的动用上。

从油井含水情况看,河间砂对注入水的流动具有一定的隔挡,使 W3 井见水稍晚于 W2 井,但见水后两井含水上升相同,且上升速度较快,说明注入水推进较快。

2) 孤立河道型

不同时期含水饱和度图表明:①注水井射开的河道砂体吸水能力明显高于席状砂体,快速较均匀地被水淹;②河道水淹后,席状砂中注入水推进较均匀,但偏向物性好一些的部位,处于河道砂体的缘故,注入水的推进较其他部位要快许多。

油井含水变化表明,处于席状砂体上且注水井间完全是席状砂隔开的油井,其见水较同处于席状砂但注、采井间有河道砂的油井见水晚且含水上升较慢。

3) 席状砂型

不同时期含水饱和度图表明:①储层吸水能力低,注入水的推进较慢,经较长期的注水开发,注入水也只是在注水井周缘;②在井网完善部位注入水推进较为均一,但也表现出注入水的推进与油层的厚度和射开程度相关,油层厚度大,射开程度高的方向(层),注入水推进速度稍快;③井网未控制部位(有注无采、有采无注或无采无注)具有较低的含水饱和度,成剩余油的富集区,如顶部砂层的右侧耳砂体(有采无注)、下部砂层的右侧尖灭区。

从采油井的含水情况分析,中部厚度较大,较连续的 W2 井较早见水,且含水上升较快,而左侧的 W3 井由于三层中同时注水较均匀地推进,反使其见水慢,含水上升慢。此类储层,在开发的中后期,一是增大注水量,使各层尽快动起来;二是尽量完善各层,不漏层。

4) 复合型

复合型剖面不同时期的含水饱和度图显示出层状水淹的特点,从叠加河道层、孤立河道层到席状砂层逐层见水和水淹,且见水时间相差很大。开采初期,叠加河道中的低渗带与高渗河道带之间有较明显的饱和度差异,随开发的深入,这种差异逐渐减小,到高含水期限主要体现在各层之间的差异上。因而对不同的剖面特征,应考虑采用不同的井网开采,最好不同时射孔生产。而且开发的中后期,则尽量考虑封堵高含水的河道层,而改产剩余油较富集的席状砂层。从油井布局上,不同部位的采油井开发特征相似,差别较小。

5) 均质油藏

注入水均匀推进,注水前缘较齐整,只是在厚层中顶部较底部推进稍慢,油藏水淹均匀。各层的厚度对注入水的推进没有影响,但不同层渗透率有差异时则水淹情况不同。由于水淹均一,在开发中后期没有明显的剩余油富集区。

12.4　跃进 II 号油田典型单元剩余油快速评价

复杂断块和多油层油藏与简单块状油藏相比,其内部分隔性强,不同分隔单元内部流体不相连通,开发中将会形成多个独立的流动单元(分隔单元),从而使开发过程进一步复杂化。由于存在大量的独立分隔体,而不同的分隔体潜力不同,开发的效果各异,开发中就需要弄清不同单元的潜力,优选最有利的单元进行调整,从而达到最好的开发效果。常规的做法是通过建立油藏地质模型和油藏数值模拟,查清不同单元的剩余油,进行依据剩余油进行相应的优选。然而数值模拟成本高昂,且对于复杂的油藏精确性难以保障。

基于这一背景,为了便于复杂油藏的开发,本节以跃进 II 号油藏为例,形成了一套能够快速、经济地对复杂油藏中单一流动单元进行评价,优选出最有利调整对象的方法,为复杂断块和多油层的多分隔单元油藏开发调整提供技术支撑。

12.4.1　评价方法

具体步骤如下。

1. 单一流动单元剩余储量计算

1) 单一流动单元原始储量

原始储量计算依据容积法计算:

$$OOIP = AH_e \Phi S_0 / B_i \tag{12.1}$$

式中，OOIP 为单一流动单元的原始油气储量；A 为单一流动单元的含油面积；H_e 为单一流动单元的碾平有效厚度；Φ 为单一流动单元的孔隙度；S_0 为单一流动单元的含油饱和度；B_i 为单一流动单元的原油体积系数。

2）单一流动单元采出量

采出量由流动单元中每口井每个层的每月采出量累积而得，其计算公式为

$$OUTPUT = \sum_{i=1}^{n} \sum_{j=1}^{m_i} P_{ij} \tag{12.2}$$

式中，OUTPUT 为单一流动单元累计采出量；P_{ij} 为第 i 口井第 j 月的产量；n 为单一流动单元上曾经生产过的总井数；m_i 为区单一流动单元中第 i 口井总生产月数。

单一流动单元当月产量由生产井的当月总产量及该井各生产层段的特征而求取，其计算公式为

$$P_k = P_t F_k \tag{12.3}$$

式中，P_k 为生产井中第 k 个流动单元的月产量；P_t 为生产井当月总产量；F_k 为生产井第 k 个流动单元的产出系数。

3）单一流动单元剩余储量计算

$$RR = OOIP - OUTPUT \tag{12.4}$$

式中，RR 为单一流动单元的剩余储量。

4）单一流动单元的注入量和产水量计算

注入量计算公式为

$$W_k = W_t F_k \tag{12.5}$$

式中，W_k 为生产井中第 k 个流动单元的月注入产量；W_t 为生产井当月总注入量；F_k 为生产井第 k 个流动单元的产出系数。

产水量计算公式为

$$W_{ok} = W_{ot} F_k \tag{12.6}$$

式中，W_{ok} 为生产井中第 k 个流动单元的月产水量；W_{ot} 为生产井当月总产水量；F_k 为生产井第 k 个流动单元的产出系数。

2. 单一流动单元开发状态参数分析

包括单一流动单元的平均含水率、动用程度、单井控制储量、储量丰度、供能与亏空状况分析。

1）单一流动单元的平均含水率

单一流动单元的平均含水率由单一流动单元上所有生产井的产出情况获取，其计算公式为

$$WaterCut = \sum_{i=1}^{n} O_i \Big/ \left(\sum_{i=1}^{n} O_i + \sum_{i=1}^{n} W_i \right) \tag{12.7}$$

式中，O_i 为第 i 口井的最近月份的产油量；W_i 为第 i 口井的最近月份的产水量；n 为该流

动单元上的生产井数。

2）动用程度

由单一流动单元的总产出量与原始储量相除而得,表征储层总体开发状态。

3）单井控制储量

为总储量与单一流动单元内生产井数的比值,表明储量的井控程度。

4）储量丰度

为储量与单一流动单元的含油面积之比,表明储量的富集程度。

5）供能与亏空状况分析

主要分析有没有外部动力和流体补充,若无外部的自然能量和流体补充,则分析其亏空程度,即采出量与注入量之差值,表明流动单元总体的能量状况。

3. 单一流动单元评价指标求取

选取对开发影响的指标参数,评价时先给出不同指标的评分原则,再给定每个指标参数的评价权重,从而获得单一指标参数的得分。

4. 单一流动单元调整目标排队与目标优选

根据油藏中不同流动单元的单一指标得分情况,将各项指标的得分进行累加,即可获得单一流动单元的总体得分,据此对流动单元进行排队,根据排队结果,将排名靠前的流动单元作为优选调整对象,为备选调整目标进行下一步的调整部署。

12.4.2　合采井单层产出和合注井单层注入量的计算

合采、合注井产量和注入量劈分是确定油砂体动用状况、确定水淹情况和剩余潜力的关键,其劈分效果的好坏直接影响油砂体剩余油分析的准确性和可靠性。对油藏注入量和产出量劈分主要有四种方法,即试油、生产测井、地质分析法和地球化学法。由于特点、工艺不同,各方法在油田开发各阶段中得到一定程度的应用,发挥重要作用。试油方法是最直接的方法,通过对需要确定的单个油层的射孔试产,能够准确确定各油层产量贡献,但需要关井逐层测试,耗时长且影响生产,生产井还需封堵已射开的其他层位,生产井较少用这种方法。生产测井技术是常用技术,比较可信和较易获得,在油田中广为应用,但同样存在测试费时、费用高、影响生产等问题,而且并非所有井段、所有时段均有测试结果。地质分析方法基于地质体本身的非均质性特征及流体渗流原理,在综合分析各种地质因素基础上,对地下动用状况进行定性和半定量的研究。地质法主要依据储层地质特征分析单层的产量贡献,主要有以下几种方法:厚度法(有效厚度法)、物性综合法、综合分析法及储量动用综合法。地球化学法是一种新兴的产量劈分技术,基于不同油层由于注入的原油成分的差异及后期所处的物理条件的不同所造成经历的地球化学及生物化学过程的差异,使不同层的原油之间总存在着原油成分的差别,这使不同层的原油特征谱也不相同。在测得单层的特征谱图的基础上,通过人工油样配比,得出不同比例的原油的特征谱,建立起谱图与原油比例之间数学模型,再测定合采层的谱图,通过建立数学模型得出各层的产出贡献。但该方法的主要问题是只能劈分产油量,不能劈分产水量,而且需要限定合采井的层数不能超过三层,否则难于保证其准确性。

1. 劈分原则

为确保后面开发效果评价及剩余油定性描述所用数据的准确性,研究工作中采用地质综合和生产测试的方法对油水井的产液量和注入量进行劈分,考虑劈分工作量问题,以及劈分结果的后期统计应用,编制了产量劈分程序,为剩余油研究和区块分析提供了良好手段。劈分的主要原则如下。

(1) 若没有相应的监测资料,则依据储层的渗透率和有效厚度,确定其产出系数 F_k,$F_k = X_i/X$。其中 X_i 是每个流动单元的劈分条件,$X_i = K_i H_i$,K_i 为每个流动单元的渗透率,H_i 为每个流动单元的有效厚度;X 为整个储层的劈分条件。

(2) 若有产出剖面,则以产出剖面为准,确定产出系数;在产出剖面上有每个流动单元产出的油气水数量,通过该油气水数量确定每个流动元的参数系数。

(3) 若有作业措施,则按作业后的产出量对比原先的产出量,确定作业后的产出系数,此类作业包括封堵、重新射孔、补孔、酸化等措施所造成的产量的变化;作业后,流动单元的产量会发生变化,根据产液量相对原来产液量的增量比例,确定新的产出系数。

(4) 若有注水资料,则依据吸水剖面适当修正产出情况;在吸水剖面上有每个流动单元的相对吸水百分量,根据注采平衡原理,这个相对吸水百分量就是每个流动单元的产出系数。

(5) 在两个标志性的时间产节间的各月的产出系数由前后两个节点的产出系数线性差值求取,即

$$F = (F_2 - F_1)(t - t_1)/(t_2 - t_1) + F_1 \tag{12.8}$$

式中,F 为预测时间节点 t 处的产出系数;F_1 前一标志时间节点的产出系数;F_2 后一标志时间节点的产出系数;t_1 为前一标志时间节点的生产累计月数;t 为预测时间节点累计月数;t_2 为后一标志时间节点的生产累计月数。

2. 数据基础

数据主要包括静态数据和动态精据,其中静态数据包括细分层中用小层号、原解释序号、原砂层顶(底)深、原砂厚(有效厚度)、原孔(渗、饱)、原解释结论;干层渗透率直接赋值为 0;若射开增加解释(无原解释序号)的层,油层、低产油层可借用邻近油井的渗透率,水层同前;流动系数用有效厚度进行流动系数计算,无有效厚度的层用砂层厚度。

动态数据主要是生产过程中的涉及流体的数据,主要包括产量(注入量)数据、监测数据(如压力、连通性、吸水剖面和产液剖面等)、作业数据[如射孔(封堵)、上返、补孔、酸化压裂、新井投产等]。这类数据一是影响了油藏中的流动状态的变化;二是对流动变化具有明显的指示作用,因而在产量劈分中至关重要。

3. 劈分程序设计和实施

鉴于产量劈分数目据多、工作量大、而且劈分时容易出错,为保证劈分结果的可靠性,本次研究基于 Excel 的自动化宏平台编制产量劈分程序,以解决产量劈分及其后其劈分成果的统计应用问题。

程序分为两大块模块三项功能(图 12.31)。两大块即水井生产数据劈分与统计模块和油井生产数据劈分与统计模块,三项功能是产量劈分功能、单井产量打印功能和生产单元产量统计功能。程序中考虑不同的生产状况,可对生产状况变化后的各种情况修正劈分系数,取得较好的劈分效果。另外在单井产量劈分基础上,可对单井的生产状况进行打印,提供区块、层系等单井和单元的生产状况统计结果。利用本软件进行产量劈分时,首先要准备好相应的基础数据,包括产量劈分系数表、生产数据表(图 12.32)等,由于是自动化处理,要求所有的数据必须按相应的格式准备,否则无法进行劈分。

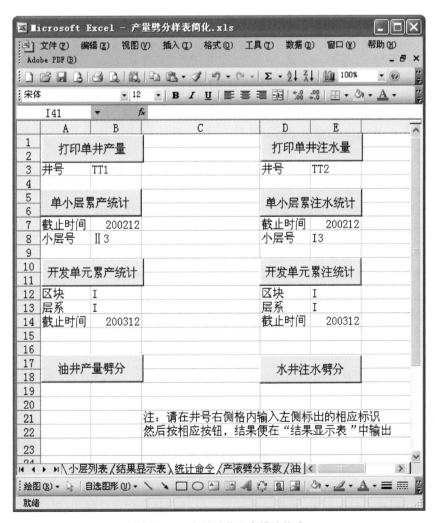

图 12.31　产量劈分程序模块构成

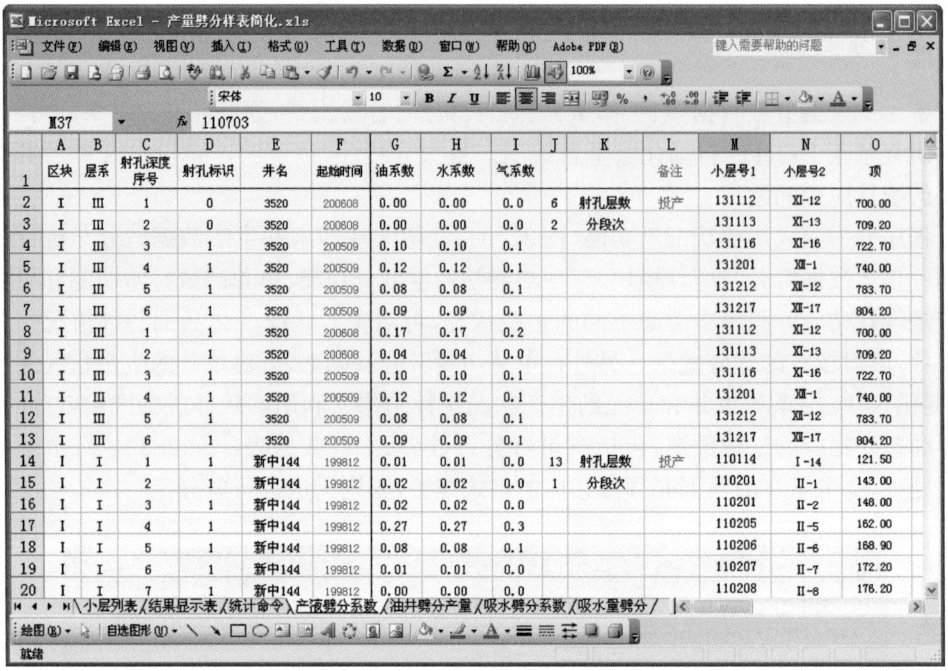

	A	B	C	D	E	F	G	H	I	J	K	L	M	N	O
1	区块	层系	射孔深度序号	射孔标识	井名	起始时间	油系数	水系数	气系数			备注	小层号1	小层号2	顶
2	Ⅰ	Ⅲ	1	0	3520	200608	0.00	0.00	0.0	6	射孔层数	投产	131112	Ⅺ-12	700.00
3	Ⅰ	Ⅲ	2	0	3520	200608	0.00	0.00	0.0	2	分段次		131113	Ⅺ-13	709.20
4	Ⅰ	Ⅲ	3	1	3520	200509	0.10	0.10	0.1				131116	Ⅺ-16	722.70
5	Ⅰ	Ⅲ	4	1	3520	200509	0.12	0.12	0.1				131201	Ⅻ-1	740.00
6	Ⅰ	Ⅲ	5	1	3520	200509	0.08	0.08	0.1				131212	Ⅻ-12	783.70
7	Ⅰ	Ⅲ	6	1	3520	200509	0.09	0.09	0.1				131217	Ⅻ-17	804.20
8	Ⅰ	Ⅲ	1	1	3520	200608	0.17	0.17	0.2				131112	Ⅺ-12	700.00
9	Ⅰ	Ⅲ	2	1	3520	200608	0.04	0.04	0.0				131113	Ⅺ-13	709.20
10	Ⅰ	Ⅲ	3	1	3520	200509	0.10	0.10	0.1				131116	Ⅺ-16	722.70
11	Ⅰ	Ⅲ	4	1	3520	200509	0.12	0.12	0.1				131201	Ⅻ-1	740.00
12	Ⅰ	Ⅲ	5	1	3520	200509	0.08	0.08	0.1				131212	Ⅻ-12	783.70
13	Ⅰ	Ⅲ	6	1	3520	200509	0.09	0.09	0.1				131217	Ⅻ-17	804.20
14	Ⅰ	Ⅰ	1	1	新中144	199812	0.01	0.01	0.0	13	射孔层数	投产	110114	Ⅰ-14	121.50
15	Ⅰ	Ⅰ	2	1	新中144	199812	0.02	0.02	0.0	1	分段次		110201	Ⅱ-1	143.00
16	Ⅰ	Ⅰ	3	1	新中144	199812	0.02	0.02	0.0				110201	Ⅱ-2	148.00
17	Ⅰ	Ⅰ	4	1	新中144	199812	0.27	0.27	0.3				110205	Ⅱ-5	162.00
18	Ⅰ	Ⅰ	5	1	新中144	199812	0.08	0.08	0.1				110206	Ⅱ-6	168.90
19	Ⅰ	Ⅰ	6	1	新中144	199812	0.01	0.01	0.0				110207	Ⅱ-7	172.20
20	Ⅰ	Ⅰ	7	1	新中144	199812	0.00	0.00	0.0				110208	Ⅱ-8	176.20

图 12.32 产量劈分各数据表及产液分系数表内容

12.4.3 单一流动单元的潜力评价

本书以跃进Ⅱ号复杂断块油藏的一个典型断块为例，对该方法进行详细的说明。该油藏是一个复杂的断块多油层油藏，含油层段达 500m 以上，含油砂体多达 200 多层。该区断层发育，构造复杂。油藏是发育于背斜背景上的复杂断块油藏，发育有近 20 条断层，将背斜切割为 20 多个断块，因而油藏内有多达 3000 个以上的流动单元。其地质模型的难度可想而知。同时由于井段长、不同单元内的关系复杂、单个单元的井控程度差异大，油藏数值模拟相关条件也较难以分析和设置，几次模拟结果都不理想。基于此，研究中采用单一流动单元的动用分析方法，对油藏中的Ⅳ、Ⅴ层系的 600 多个流动单元进行研究，取得较好的效果。

1. 单一流动单元储量计算

油藏的格架分析是在地震和测井对比的基础上完成的，该区的三维地震可以给出油藏的大体构造形态及断层轮廓，但难以刻画断层的具体发育，因而研究中应用地震和测井相结合的地层对比技术确定断点的发育，重构断层发育，建立该区的构造格架，编制油藏构造图。在构造格架内，对所对比砂层的平面分布进行刻画，结合井点的含油性，确定油水界面，进而确定砂体的含油边界和油柱高度。

基于油藏高度、含油面积和流动单元内的解释的孔隙度、饱和度，计算得到各单元的原始储量，此储量为总油气量，而非可采储量。另外据储量和含油面积，可获取储量丰度，如表 12.16 所示。

表 12.16　Ⅳ、Ⅴ 层系各流动单元原始储量和储量丰度

流动单元		原始储量/10^4t	储量丰度/(10^4t/km^2)
Ⅳ层系	N21Ⅳ-1-1	1.9326	25.768
	N21Ⅳ-2-1	7.1464	39.266
	N21Ⅳ-3-17	0.4068	31.292
	N21Ⅴ-2-15	0.0883	22.075
	N21Ⅴ-8-7	2.5974	24.05
	N21Ⅴ-8-14	0.0282	28.2

基于油藏的射孔数据、解释的油层厚度、渗透率、监测的产液剖面和吸水剖面,以及作业情况,确定劈分时间节点,计算各合采井、采注井的产出系数,依据产出节点的值,动态求取生产过程中的产出系数序列。

依据不同月份的产出系数,将当月的产油量、产水量及注入量劈分到各流动单元,并对劈分值进行累加,求得不同流动单元的产油量、产水量和注入量,计算单一流动单元的注入量和产出量,得到表 12.17。

表 12.17　不同流动单元的产油量、产水量和注入量

流动单元	产油量/10^4t	产水量/10^4m^3	注入量/10^4m^3
N21Ⅳ-1-1	0.226	0.28651	0.1666
N21Ⅳ-2-1	2.29997	3.0589	4.38651
N21Ⅳ-3-17	0.01416	0.02451	0.66854
N21Ⅴ-2-15	0.01679	0.01047	0
N21Ⅴ-8-7	0.72355	0.24352	0.69602
N21Ⅴ-8-14	0.01518	0.00924	0

2. 单一流动单元开发状态参数分析

由各流动单元的储量、产出量、注入量等信息,确定各流动单元的剩余储量,明确油藏的剩余潜力的大小。为更好地评价流动单元的动用情况,可结合原始储量求得油藏的动用程度,结合注入量和采出量确定油藏亏空以确定压力保持情况、油藏剩余储量丰度等参数(表 12.18)。

表 12.18　油藏亏空情况、剩余储量丰度和单井控制储量

流动单元	油藏亏空情况/m^3	油藏剩余储量丰度/(10^4t/km^2)	单井控制储量/10^4t
N21Ⅳ-1-1	亏空 0.34591	22.755	1.9326
N21Ⅳ-2-1	亏空 0.97236	26.629	1.42928
N21Ⅳ-3-17	增加 0.62987	30.2	无开采井
N21Ⅴ-2-15	无	17.9	无开采井
N21Ⅴ-8-7	亏空 0.27105	17.351	0.8658
N21Ⅴ-8-14	无	13	无开采井

3. 单一流动单元评价指标求取

包括评价参数确定、单项评价指标评分、不同指标评价权系数确定、综合评价得分求取几个方面。可选取对开发影响较大的指标,包括原始储量、剩余储量、储量丰度、含油面积、亏空情况、单井控制储量中的几种进行评价。根据每个指标参数对单一流动单元的影响力大小给予评价权重;将权重设定为六分数,按照影响力的大小分别给予原始储量、剩余储量、储量丰度、含油面积、亏空情况、单井控制储量评价权重 1、5/6、2/3、1/3、1/6、1/3;然后对每个单一流动单元进行评分计算,先算出每个指标的权重评分,然后相加,得到该流动单元的评价指标,从而获得单元—指标的得分(表 12.19)。

表 12.19　不同指标的评分及权重

流动单元	原始储量 /10^4t		剩余储量 /10^4t		储量丰度 /(10^4t/km²)		含油面积 /km²		亏空情况		单井控制储量 /10^4t	
	评分	权重	评分	权重	评分	权重	评分	权重	评分	权重	评分	权重
N21Ⅳ-1-1	2	1	4	5/6	6	2/3	6	1/3	6	1/6	8	1/3
N21Ⅳ-2-1	2	1	8	5/6	6	2/3	8	1/3	2	1/6	7	1/3
N21Ⅳ-3-17	2	1	2	5/6	8	2/3	2	1/3	4	1/6	10	1/3
N21Ⅴ-2-15	2	1	1	5/6	4	2/3	1	1/3	10	1/6	10	1/3
N21Ⅴ-8-7	2	1	4	5/6	4	2/3	2	1/3	8	1/6	4	1/3
N21Ⅴ-8-14	2	1	1	5/6	2	2/3	1	1/3	10	1/6	10	1/3

4. 单一流动单元调整目标排队与目标优选

依据油藏中不同流动单元的单一指标得分情况,将各项指标得分进行累加,即可获得单一流动单元总体得分,据此对流动单元进行排队,依据排队结果,将排名靠前的流动单元作为优选调整对象,作为备选调整目标进行下一步的调整部署(表 12.20)。依据以上计算结果,对油藏中各流动单元的相关参数进行处理,得到油藏各流动单元评价参数,最终依据相关参数对油藏剩余潜力进行排队,确定主要的调整目标单元。

表 12.20　不同流动单元总体得分

流动单元	N21Ⅳ-1-1	N21Ⅳ-2-1	N21Ⅳ-3-17	N21Ⅴ-2-15	N21Ⅴ-8-7	N21Ⅴ-8-14
总体得分	15	18	13.7	8.83	11.3	9.5
排序	2	1	3	6	4	5

12.5　杏六中区剩余油平面分布快速评价

12.5.1　剩余油平面分布快速评价原理

剩余油的预测方法较多,但能定量进行剩余油评价的只有油藏数值模拟。然而,数值模拟要求高、时间长、约束条件多,需要有精细准确的地质模型,实现起来较为困难。而基于油砂体的开发特征,可以通过编制油藏砂体的水淹图,定性到半定量预测和评价剩余油。在小层油砂体图编制和油砂体储量评价基础上,对单井注入量和采出量进行劈分,将注入量和采出量落实到油砂体,以此为基础对油砂体的注采状况进行分析,明确油砂体的采出程度,依据油砂体中储层物性变化和连通性评价,对油水运动方向进行分析,确定不同方向和部位的过水倍数,按照过水倍数确定其水淹程度,进而编制水淹图,明确油砂体内部动用差异,确定剩余油富集区和潜力分布。该技术的基本原理主要体现在以下几个方面。

1. 物质平衡原理

油砂体内的剩余油总量等于其原始储量与产出量之差,因而在确定其原始储量的基础上,通过对其采出量的计算,可得到其剩余油总量。当然,这一剩余油量是其总的资源量,而非可采储量,可采储量的计算还需通过标定采收率来确定。

2. 非均质性控制油水运动方向和优势流通通道

注入水流动总是选取具有较小阻力的路径。对于油藏中流体的渗流,总是沿着最大的压力梯度和最大的渗透率方向流动,而在不具有压力梯度的方向上不可能有流体的流动。若油砂体中存在着隔夹层,则有可能会使流体不连续,从而使得压力不可传导,使得油砂体内不能形成压力梯度而没有流体的流动。若油砂体内存在低渗缓冲带,则有可能会使得在该部位或方向阻力增加而流体绕过该区域流动。因而在进行油砂体内的流体流动分析时,将从两个层次进行分析,首先是储层的连通性,连通的储集层内具有流体的流动,不连通的储集层不会有流体的交换,而这种连通性的中断,可能是沉积作用造成了砂体的不连续,也可能是沉积过程中或成岩作用中形成了隔夹层,也可能是断层造成了砂体的位置错断。其次是在连通的油砂体内分析储层物性变化的影响,包括层间、层内和平面不同方面的非均质性特征。从储层形成看,造成这种差异性的主因是沉积作用,一般更倾向于基于沉积相分析、储层结构或流动单元研究来分析油砂体内的渗流特征的差异。例如,在河流相储层中,一般会在主河道寻找高渗带,而在河间砂或堤岸中确定低渗层。

3. 水淹程度与其过水量存在着定量关系

研究表明,注入倍数与水洗程度具有明显的关系,而水洗程度与过水量具有确定性的关系。通过实验室研究或理论推导,可获得过水倍数与水洗程度的定量关系,为依据过水量确定水淹程度提供依据。

12.5.2　剩余油平面分布快速评价流程

1. 资料准备

水淹平面图绘制,一方面需要建立在地质研究基础上;另一方面需要准备大量的动态资料。用于地质研究的静态资料,主要包括构造井位图、沉积微相图、砂体分布图、小层平面图、等孔等渗图和连井剖面图及断层参数、小层数据表、测井曲线、固井曲线、测井解释结果等。而常用的动态资料主要包括射孔数据、油水井动态数据、井况数据、措施数据、吸水剖面、产液剖面、吸水剖面及压力、示踪剂监测等。

2. 油砂体剩余储量计算

首先编制油砂体图,以单井油层解释和储层分布、构造特征为依据,准确界定油、水、干边界,明确油气分布范围,计算油砂体储量。在储量计算基础上,以油砂体面积、储量、钻遇程度对油砂体进行分类评价,确定油砂体类型和开采难度,面积局限、储量规模小、钻遇程度低的油砂体多难以形成完善井网,动用难度大、剩余储量占原始储量比例大。

油砂体的剩余储量是其原始储量和采出量之差,在已知原始储量的情况下,若能准确确定其采出量,便可确定其剩余储量、采出程度,结合其标定采收率可确定其剩余可采储量,认清油砂体的潜力大小。

3. 注采控制分析及识别油砂体驱动类型

油砂体动用状况评价是油砂体评价的关键,按照油砂体的动用情况,首先将油砂体分为动用的、曾经动用的和未动用的三种类型,进而结合井网控制情况,将油砂体分为有注有采、有采无注、有注无采、无注无采等类型,再结合油砂体的注水特征和边水能量特征,将动用的油砂体划分为注水驱多向受效、注水驱单向受效、边水驱、弹性驱等几种类型,不同油砂体具有不同的能量特征和驱动特点,因而其潜力特征也有明显差异。

4. 水淹图编制

在前期注采量劈分基础上,结合产液剖面和吸水剖面,以及储层连通性特征,研究油砂体内注水入运动方向,确定油井来水方向。结合油井产出情况和水淹程度分析,确定油砂体内部水淹差异状况,编制油砂体水淹图,半定量表征水淹特征,定性-半定量指出油砂体内剩余潜力平面分布。

1) 注采对应性分析

通过注采对应性分析,确定油井见效见水方向,应用确定主要吸水层、产出层和水淹层。主要有以下几种方式确定注采对应性。

(1) 监测资料。

吸水剖面和产液剖面可清晰展现出油井中各层的采出和吸水状况,而不同时期的吸水剖面和产液剖面则要识别不同油层的生产状况的变化。

(2) 根据现状井网、见效时间段搜索历史上注采对应关系。

一般按 $300\sim500m$ 左右的井距范围寻找对应注水井。除此之外,分析时常常以注水井为中心,根据水井注水情况、砂体分布特征及周围油井的射孔资料等,研究注入水的流动方向,分析其优势流动通道。而在注采对应分析时,不能只局限于以注水井为中心的剩余油分析,更要将其拓展,把整个研究区的油水井同时开展,由过去单一的由点到面法引申到现在点面结合、平面与立体结合的综合分析方法,视野更加开阔,考虑更加细致全面,研究精度进一步显著提高,从而使剩余油分析结果向前推进一大步。

(3) 注采曲线对比分析。

一般情况下,如果当生产曲线上短期内出现产液量持续上升、产水量增加,或者油井供液能力强,长期高产液,动液面长期保持在高水平等,则可能是油井见效;若生产曲线上产液量只有短暂波动,则可能是受生产上检泵、酸化、压裂等措施影响,此时一般不作为油井见效特征。

根据水井的注水量大小和对应油井反应情况确定注采对应关系,如果水井在某一时间段内注水量显著提高,油井产液量也大幅度上升,相反,水井注水量降低或者停注,油井也马上表现出产液降低的生产特征,这样的油水井则定为强注采对应关系;若水井注水量增加时,油井产液情况毫无反应,或者水井已经停注,油井依然维持着高能量、高产液的生产状况,则将这样的油水井认为是非注采对应关系。而介于两者之间的注采反应情况原因比较多,需要进一步分析。

2) 优势流动方向识别

在对储层结构的沉积相分析的基础上,确定储层中的高渗通道的方向及低渗缓冲带的分布,进而划分不同的渗流单元,确定油水运动的优先方向,明确注入水的流动规律,进而推测水淹优势方向。

3) 水淹强度确定

(1) 水淹级别划分。一般分为弱水淹、中等水淹和强水淹三类。可根据不同的开发阶段、油藏特征进行适当的调整,以期能够更好地指导开发调整。

(2) 井点水淹级别的确定。根据油水井射孔情况和吸水产液剖面资料来确定见效层位及水淹状况。油井单井水淹强度根据油井的产出状况和监测结果确定,注意油层中不同时期的产液剖面,根据前期或后期的剖面变化,推测水淹化,并用油砂体内的注采状况进行校正。水井的水淹级别一般采用强淹或未淹,水井一旦投注,将认为水井周边处于强淹,而未生产的层位则按井间进行分析。此外要注意间水井周边的强淹区的大小与注水时间有关,其形态与优势流通通道有关。

(3) 井间水淹状况预测。根据注采井组在油砂体上的注入水体积和采出水体积,结合孔隙度、有效厚度、含油饱和度,利用下列公式计算水淹半径:

$$R = \sqrt{\frac{V_w - W_{wo}}{\pi h \phi (S_{oi} - S_o)}} \tag{12.9}$$

式中,V_w 为油砂体上井组累积注水体积;W_{wo} 为油砂体上井组累积注出水体积。

水淹饱和度可根据物质平衡法或水驱曲线法算出油砂体或注采井组的剩余油饱和度。

物质平衡法计算剩余油饱和度:

$$S_o = S_{oi} \left(1 - \frac{N_p}{N} \right) \tag{12.10}$$

式中，N_p 为产出油量；N 为地质储量；S_{oi} 为原始含油饱和度。

水驱曲线法：当油井含水率达到一定值并稳定上升，在半对数坐标上，累积产水与累积产油的关系出现稳定直线段，可用水驱曲线方法计算剩余油饱和度：

$$\lg W_p = A + B N_p \tag{12.11}$$

式中，A、B 均为待定系数；W_p 为累积产水。

可得到剩余油饱和度计算公式为：

$$R = \frac{\lg\left[\dfrac{f_w}{2.303B(1-f_w)}\right] - A}{BN} \tag{12.12}$$

$$S_o = (1-R)S_{oi} \tag{12.13}$$

式中，f_w 为含水率。

4）小层含水等值线绘制

剩余油分布规律主要受地质方面的特征和油气田的开发方案影响。其中，地质方面的沉积作用主要影响储层的非均质性，也影响注入水在砂体中的流动趋势，进而影响剩余油在砂体中的平面分布；生产开发中的一些措施则主要出现注采井网不完善、注采关系不对应及井网布置欠合理等情况。剩余油受地下油层的物性（如孔隙度和渗透率）、油层非均质性及井网部署情况对砂体控制程度的影响，也会具有一些相应的基本特征。

（1）回归油藏工程经验公式。绘制关系图版，根据研究工区内储层发育的几种沉积微相，选取有代表性的岩心，由岩心水驱油实验资料建立不同沉积微相（不同渗透率级别）储层的注入倍数与平均含水饱和度、含水饱和度与油水两相流度和、注入倍数与含水、平均含水饱和度与驱油效率等关系，以便求取油层目前含水、驱油效率、采出程度、可采储量和剩余可采储量等油藏开发指标和参数。

（2）划分注采网块。计算水驱波及孔隙体积，首先依据注采井网划分注采网块，结合注水监测资料统计水驱厚度波及系数，最终求取网块波及孔隙体积。

（3）分配水井注水量。计算注入孔隙体积倍数，首先依据吸水剖面确定储层吸水的渗透率级差界限，通过对不同时期注水剖面图面的分析确定储层吸水强度与注水时间的关系，分配各流动单元网块注水量、求取单方向含水率。

（4）绘制水淹图。结合油井射孔、堵水、水井调剖等措施前后的油井动态变化校正计算出油井井点含水值，主流线含水等值线间距，根据沉积相区等比例勾绘，同一等值线向油井的弧度遵循椭圆规则，两椭圆弧线相交处圆滑处理，由水井逐步向油井画线。

某油井某小层含油饱和度可根据以上方法计算，根据分流量方程进一步计算出含水率，对应水井含水率为 100%，油水井间含水率通过插值方式计算，从而可根据动态分析结果编制含水等值线（图 12.33）。

12.5.3　杏六中剩余油平面分布研究

杏六中研究区砂体有效厚度在 1.5m 以上的储层，并将此类储层称为主力油层，包括主力油层（P I 1_1^1～P I $3_2^{3\cdot2}$）和其他零散分布在非主力油层的厚的储层。该主力油层主要在

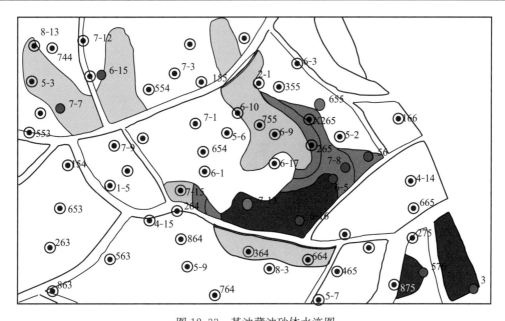

图 12.33　某油藏油砂体水淹图

深蓝为高水淹,浅蓝为中水淹,深绿为弱水淹,浅绿为未水淹红色圈表示采油井,蓝色圈表示注水井,

黑色圈表示未射孔井

三角洲平原亚相沉积发育,以发育广泛分布的大套分流河道为主要特点;其他零散分布在非主力油层中的厚层及发育在三角洲内前缘部位,主要发育水下分流河道以及主体席状砂沉积类型砂体。

1. 主力油层(PI₁¹~PI₃³⁻² 油层)剩余油分布

PI_1^1~PI_3^{3-2} 主要发育三角洲平原亚相,分流河道与河间砂发育,且河道尤其发育。这 8 个小层作为研究区的主力油层,其储量占据本区总的储量的 46.07%。(分流)河道砂体的发育规模大,发育的油层厚,储层的渗透性好,砂体发育面积大,砂体内部的连续性也好,尖灭区很少,厚的废弃河道充填不多,砂体连续性高。

1) 层内剩余油

在相对较厚、物性较好的油层内,层内非均质性很严重,存在高渗段,开发初期,由于强注强采导致“大孔道”产生,因而屏蔽了层内相对低渗层段,从而形成层内剩余油。此类剩余油多形成在 I 类砂体中,主河道方向河道砂体已经大面积水淹,仅在河道边部及一些注采关系对应不是很强的局部井区存在此类剩余油。如 PI_3^2 小层(图 12.34),在研究区的北部和南部均有一排注水井在该层射孔,虽然注采井距较大,但是由于河道大面积发育,储层砂体的物性好,连通程度高,经过长期的注水开发之后,受分流河道二元结构发育特征的影响,下部河道砂体由于物性好、孔渗高且注入水受重力作用,出现大面积水淹且水淹程度高,上部砂体物性较低的区域,储层内原油未能收到很好的波及动用情况低,则形成了剩余油富集区。

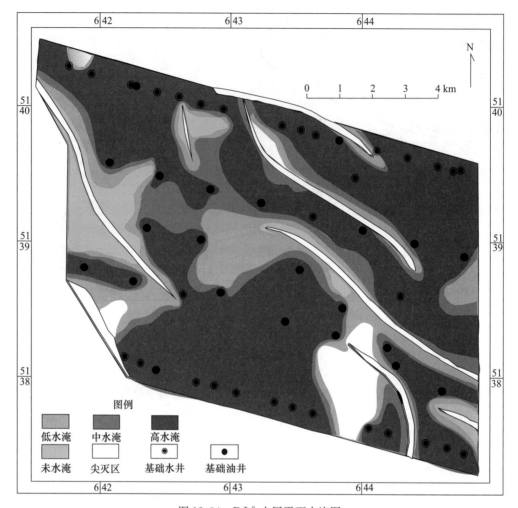

图 12.34　P I $_3^2$ 小层平面水淹图

2）零散分布的剩余油

河道发育规模较小，单期河道发育，主河道砂体在研究区纵横交错分布砂体主要呈带状展布，长期注水以后，河道砂体已大面积水淹，而位于河道砂体边缘井网不完善区形成了零散分布的剩余油富集区。而且，受储层物性变化和注采井网完善程度影响，局部井区也有零散分布的剩余油富集形成。如 P I $_1^2$ 小层（图 12.35）、P I $_2^2$ 小层研究区东部发育自北方向的河道带，中西部则有大面积的河间砂及表外呈不规则形态零散充填于泥岩中。注水井注入水优先波及区内东部河道分布区域，而在中西部砂体发育区或由于注采对应程度低，或由于砂体物性差，形成剩余油分布区。

3）层间差油层型

主力层中有些小层储层物性相对较差，在主力油层的合注合采过程中，首层间干扰影响严重，形成了层间水驱动效果较差的现象，因而形成层间差油层型剩余油。如图 P I $_1^2$ 小层，储层砂体呈枝状、不规则的土豆状形态展布，砂体虽然厚度较大，但分布零散、连通

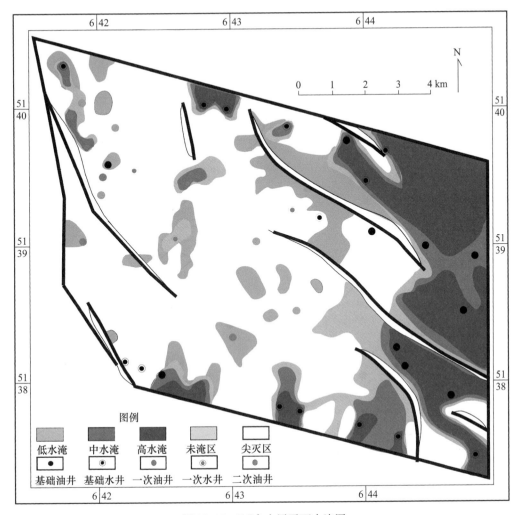

图 12.35　PI$_1^2$ 小层平面水淹图

性差,加之注采对应性不是很高,即有些地区有采无注,有些地区有注无采情况,只有油水井同时位于河道部位才能有注水效果,因而形成的水淹图也是零散分布,且水淹面积很小。类似还有 PI$_1^1$ 小层(图 12.36)。

2. 非主力厚油层剩余油分布

在非主力油层中,沙二油组与沙三油组是研究区厚油层发育的最主要层段,共有 15 个小层。厚油层主要发育在三角洲内前缘与外前缘亚相,砂体类型主要为河道砂、表内主体席状砂、表内非主体席状砂及表外砂体 4 种,前 3 种为主要类型。河道砂为内前缘水下分流河道砂,席状砂则为三角洲内、外前缘发育砂体类型。内前缘砂体连片分布,常有带状分布的大厚度砂,为水下分流河道发育地带;外前缘砂体发育规模较内前缘相对要小,砂体厚度总体偏小。

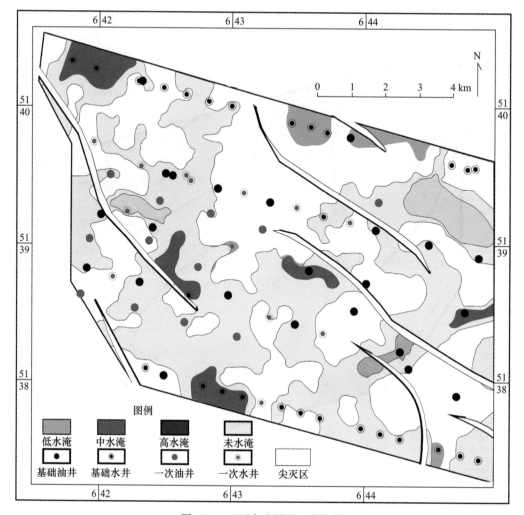

图 12.36　PI$_5^1$小层平面水淹图

1）零散分布的剩余油

非主力油组厚油层中有一些主要发育三角洲内前缘亚相沉积，水下分流河道与席状砂发育。在长期的注水开发过程中，水下分流河道的主河道部位已经大面积水淹，而河道边缘部位由于注入水未能充分有效地波及，储层内的原油在此处违背驱替原理而聚集形成剩余油，加之在这种剩余油富集区域未能打井或打井未射孔，造成井网不完善的情况发生，因而，在水下分流河道边缘区域形成零散分布的剩余油富集区；另外席状砂分布区域，由于物性差异和井网不完善等因素造成在局部区域也可形成零散分布的剩余油。

如 PI$_5^1$小层（图 12.37），研究区东侧水下分流河道发育，砂体连通程度较高，在该层射孔的水井吸水能力较高，对应射孔的油井的产出效果也较好，该区域大面积水淹，仅在河道边部有未水淹区域；而在工区左侧，主体与非主体席状砂无规律交互发育，砂体的连片程度虽高，相应的射孔的井数较多，水淹的面积相对也较大，但由于存在物性的差异，一些分散的地方由于未能受到注入水波及而形成了剩余油富集区域。类似小层还有 PII$_3$小层。

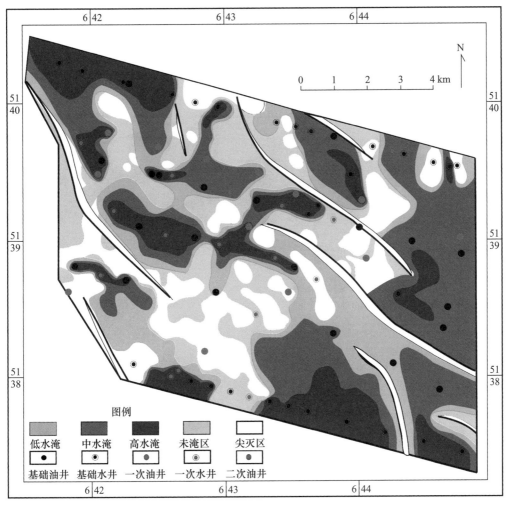

图 12.37　P I $\frac{1}{5}$ 小层平面水淹图

2）连片分布的差油层

非主力厚油层中，有一些小层，砂体虽达到厚油层标准，但是分布方式零散，或呈条带状展布，或呈土豆状展布，这样，相应的注采对应性就会变差，只有在连通性较好的部分水下分流河道的河道砂体才可能吸水，其内原油才会受到注入水波及得到动用，而在不同砂体沉积类型的交界处或在砂体连通性不好的区域，水驱的效果不明显或者未水驱，则形成一定程度上呈连片分布的剩余油。如 S II $_8$ 小层（图 12.38），砂体在西北部与东南区域砂体连片分布程度较高，但由于物性差异，导致注采井网不完善程度较高，造成了钻遇井要么只注无采，要么有采无注，从而出现水淹面积小、水淹程度低的情况，形成面积较大的剩余油富集区域。如 S II $\frac{1}{3}$ 小层。

工区西北部与南部注水井排由于物性差异及井网对砂体控制程度低等因素，必有靠近注水井排的油井较多钻遇干层和泥岩区，无法受注入水影响产生见效特征，推测南部注水井排井注入水或流向工区外侧生产井。

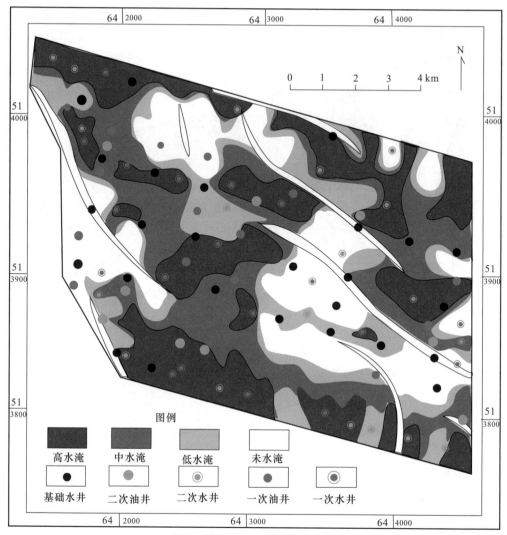

图 12.38　S II_8 小层平面水淹图

3）井网注采不完善

　　非主力厚油层里，有这样一些小层，主要发育三角洲外前缘亚相，两种席状砂发育较高，但由于受沉积环境影响，砂体物性方面存在差异，储层砂体平面分布特点变化比较快，砂体分布不均匀，厚度较大，砂体发育面积较小，呈小范围的不规则的形态发育展布，如细条带状，土豆状等，厚度较小的砂体虽然连片程度相对较高，但是砂体连通程度较差。这些砂体上相应的注采井网不能得到很好地控制，有些井区就形成了只注无采或只采无注的情况。如 S II_3^1 小层，发育于三角洲外前缘沉积亚相环境，主体席状砂发育在工区的中部及东部，呈带状分布，在工区的西部，主要发育非主体席状砂，主体席状砂与表外砂以不规则小土豆状充填其中，造成砂体物性差异明显，钻遇井区多以油井为主，出现只采无注情况，地层压力得不到充分补给，储层内原油得不到有效动用，从而形成面积较大的剩余油富集区域。

　　S II_3^1 小层射开井中，注水井分布于研究区南北两排及区内东部，而中部西区 X6-1-26 井周围及中部偏南 X6-D3-130 周围井区因只布置采油井，才形成只采不注的情况，从而造成剩余油连片分布的情况。

12.6　双河油田剩余油地质综合分析与挖潜

地质综合法立足于精细储层描述成果,分析剩余油分布的控制因素,灵活运用多种资料,能深刻认识剩余油状况,成为开发后期油藏工程师普遍采用的技术。不同的结构要素由于其内部非均质性、形态、规模等特征及其空间匹配的差异,使得其在油田开发过程中具有不同的吸水产液状况,最终导致其动用状况的差异和现今潜力分布的不同。

双河油田位于南襄盆地泌阳凹陷西南缘陡坡带,储层为古近系核桃园组核二段和核三段。核三段共发育有 13 个油组,而研究层段核三段Ⅳ、Ⅶ两个油组为厚层的块状扇三角洲砂砾岩体,单层厚度一般大于 20m。研究依据储层建筑结构分析法建立储层建筑结构模型,借助地质综合分析法预测剩余油分布,布置的调整井取得了明显的经济效益。基于地质综合法,在双河油田剩余油研究中,利用小井距解剖建立地质知识库,包括岩电关系、砂体几何形态、砂体接触关系和砂体密度(见本书 5.5 节)。依据储层建筑结构分析法,以知识库为约束建立储层建筑结构平面和剖面模型(见本书 6.4 节)。对结构要素的吸水、产液、接触关系及注采完善性研究表明,水下分流河道砂体物性好,规模较大,易于控制,剩余潜力较小,河口坝砂体虽然物性好,但是规模小,常有许多因砂体不完善而成为剩余油富集区,重力流砂体、水下溢岸砂体则由于规模小、物性差,常成为剩余油富集区。席状砂展布广,但是由于物性差,也成为剩余油富集砂体(尹太举等,2006)。

12.6.1　利用地质综合法分析剩余油的步骤

地质综合法强调综合应用揭露地下油水关系的资料,寻找造成剩余油富集区的条件,然后针对目的层,分析可能存在剩余油的有利部位,预测步骤大致可分为以下几步。

(1)对储层进行解剖,建立精细的地质模型。这一方面上面已有详细的介绍。

(2)收集油田开发的动静态资料。这些资料包括:油层单井资料(射孔、试油、测井解释、动态数据、作业效果、产液剖面、找水油水分析化验资料等)和水井单井资料(射孔、分层注水量、测井解释、吸水剖面等)、压力资料、新井投产资料、新过路井测井分析资料、示踪剂分析资料等。

(3)研究目的层结构要素的吸水产液能力。根据储层精细描述成果,把油水井的生产数据劈分到结构要素的级别上,劈分时参考生产分层测试资料,并结合影响流体流动的静态地质参数,然后统计结构要素的吸水及产液状况。

(4)注入水波及体积及波及半径的计算。由于不同结构要素内部非均质性特征的差异,使注入水的波及方式产生差异,需采用相应的方法来计算其波及半径。

(5)注采系统对储层结构适应性研究。注采系统对储层结构的适应状况主要体现在结构要素的油水井联合钻遇率、井距与结构要素几何形态和规模的适应状况、注采井距对结构要素非均质性适应状况、注水方式与含油扇三角洲席状体规模适应情况、水井部署部位与结构要素类型的适应性。

(6)剩余油富集模式。剩余油富集区的产生主要是由于油、水井的产液、吸水能力差,或注入水未波及或波及程度差,或储层几何形状复杂、规模小而使得井网难于控制,或油水井联合钻遇率低,或其他人为因素,如未射孔、油层污染等造成吸水能力和产液能力差等,综合考虑这些因素将可以总结出剩余油富集模式,从而对剩余油富集区的预测起到事半功倍的效果。

（7）预测剩余油的分布。根据上述研究成果,可以确定目的层任意部位剩余油的存在状况,从而可以圈定剩余油富集区,计算剩余储量,确定剩余油的储层地质-井网控制类型,针对不同类型提出挖潜方案。

研究的主要特点是：①立足于储层精细描述成果,以结构要素为分析对象;②利用储层结构与油水运动的关系、注采井网与结构要素的关系,作为预测剩余油分布的前提。

12.6.2　结构要素的开发特征

1. 结构要素吸水特征

一个油层的吸水能力主要取决于注水压差、储层地质参数。在注水压差相近的条件下,注水井或油层的吸水状况受控于储层的地质特征。吸水状况好有助于提高地下油层波及体积,从而改善储量动用状况和开发效果。显然,吸水状况差将导致油层储量动用程度差,水驱波及体积小,剩余油多。由于结构要素之间储层特征的差异,从而影响了它们的吸水状况,是决定结构要素内部储量动用和剩余油分布的重要因素。因此,研究结构要素的吸水能力对于正确评价地下剩余油具有重要意义。

一般情况下,水下河道(CH)、河口坝(MB)的生产能力较强,而水下溢岸砂体(OB)和前缘席状砂体(FS)吸水能力较差。如图 12.39 和图 12.40 所示,从 $\text{Ⅳ}_\text{下}$ 和 $\text{Ⅶ}_\text{下}$ 层系结构要素砂厚与吸水强度的关系中看出,结构要素吸水强度与砂厚很明显具线性关系。

$\text{Ⅳ}_\text{下}$ 吸水强度与砂厚关系：$I=2.128H-1.681,R=0.81$。

$\text{Ⅶ}_\text{下}$ 吸水强度与砂厚关系：$I=1.882H+0.562,R=0.44$。

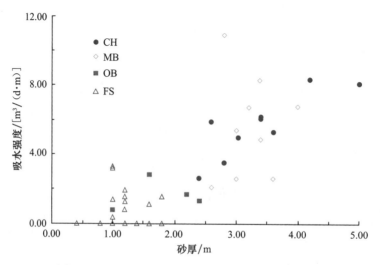

图 12.39　$\text{Ⅳ}_\text{下}$ 层系结构要素吸水强度与砂厚的关系

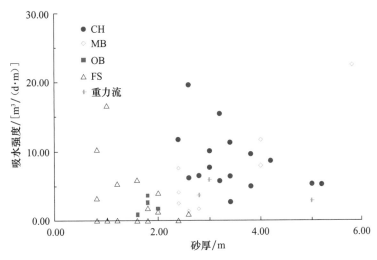

图 12.40　Ⅶ下层系结构要素吸水强度与砂厚的关系

因此,可以用此式大致估计结构要素的吸水能力,进而判定油层的动用程度。从图中可以看出,由于河道、河口坝砂体厚度大,因而它们的吸水强度大,而水下溢岸砂体和前缘席状砂厚度小,吸水强度小。Ⅳ下层系河道、河口坝的平均吸水强度分别为 5.70m³/(d·m)、5.57m³/(d·m);Ⅶ下层系的河道、河口坝、水下溢岸砂体、前缘席状砂体的平均吸水强度分别 8.54m³/(d·m)、7.41m³/(d·m)、2.19m³/(d·m)、2.58m³/(d·m),重力流砂体平均吸水强度为 4.19m³/(d·m)。

结构要素的渗透率对结构要素的吸水强度同样有影响,但不如结构要素厚度对其的影响大(图 12.41)。Ⅶ下层系结构要素的渗透率小于 50mD 的前缘席状砂体基本上很难吸水;河道、河口坝物性较好,吸水强度普遍较大;尽管水下溢岸砂体物性较好,但由于其厚度较小,因而其吸水能力也较差。

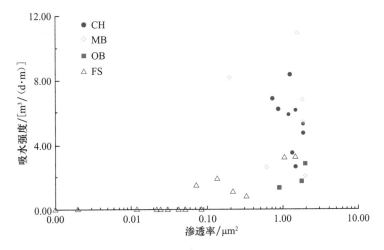

图 12.41　Ⅳ下层系结构要素吸水强度与渗透率的关系

由于结构要素内部的储层质量的差异,表现出吸水强度的分布不同(表 12.21)。统计表明,河道、河口坝内部普遍吸水较好(图 12.42)。如Ⅶ下层系河道最大吸水强度为 19.5m³/(d·m),最小为 2.6m³/(d·m);河口坝的最大吸水强度为 22.4m³/(d·m),最小为 1.35m³/(d·m)。吸水较差的部位常出现在结构要素的边缘。另外,水下溢岸砂体和前缘席状砂体普遍吸水较差,特别是前缘席状砂体大多数部位很难吸水,甚至不吸水(图 12.42),亟须进行油层改造,提高油层的动用程度。但也有个别前缘席状砂体的吸水较好,如Ⅶ下层系 6-907 井的 9^1 层 1996 年 11 月测试结果显示:吸水强度达 4.18m³/(d·m)。这种吸水强度好的前缘席状砂体和水下溢岸砂体部位,岩石物理性质常比较好,如 6-907 井的 9^1 层渗透率达 236mD。

表 12.21 双河油田Ⅶ下层系不同砂体类型吸水强度分布

结构要素	吸水强度					
	0/[m³/(d·m)]		0~4/[m³/(d·m)]		>4/[m³/(d·m)]	
	%	井层	%	井层	%	井层
水下分流河道			12	2	88	15
河口坝			25	3	75	9
水下溢岸砂体			67	2	33	1
前缘席状砂体	32	11	26	9	42	14
重力流砂体			50	2	50	2

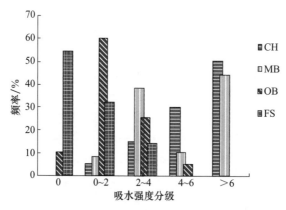

图 12.42 主要结构要素内部吸水强度统计分布

从流动单元分析上看,具有较大流动系数的流动单元一般具有较强的吸水能力,相反流动系数小的流动单元则吸水能力很差。河道、河口坝主要以极好型和好型流动单元为主,因而具有很强的吸水能力,而前缘席状砂体、水下溢岸砂体和重力流砂体则以一般到差型流动单元为主,因而吸水能力差。

上述资料表明河道、河口坝普遍吸水较好,前缘席状砂体、水下溢岸砂体吸水较差,这可能预示着将来的潜力主要分布于前缘席状砂体和水下溢岸砂体中,同时这并不意味着河道、河口坝内部一点潜力也没有,河道、河口坝内部也有一些吸水较差的部位,寻找这些部位部署调整井和建产能具有重要意义,因为这些部位的储层物性和厚度优于前缘席状砂体和水下溢岸砂体,产能较高。

从开采历史角度看,由于结构要素之间的沉积学特征和岩石物性的差异,结构要素的吸水能力随时间的变化特征也是不一样的。一般情况下,河道和河口坝的吸水能力会愈来愈好,水下溢岸砂体和前缘席状砂体会愈来愈差(图 12.43)。原因是河道和河口坝砂体孔喉大,在高吸水量的冲刷下,微颗粒很难堵塞孔道,而是通过孔道进入油井,从而使得其孔隙结构得以改造,吸水能力增强;而前缘席状砂体和水下溢岸砂体原来颗粒细,孔喉小,微颗粒很容易将孔喉堵死,从而造成了吸水能力的下降。油田进入开发后期,吸水性差异的矛盾将更加突出。因此积极改造前缘席状砂体和水下溢岸砂体储层,同时控制河道和河口坝的吸水能力,对于最大限度动用前缘席状砂体和水下溢岸砂体中的储量,实现稳油控水将具有重要意义。

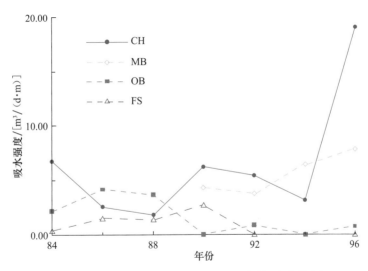

图 12.43　Ⅳ下层系结构要素吸水强度随时间变化特征

2. 生产能力

与结构要素吸水能力一样,结构要素的产液能力也在很大程度上取决于储层的特征参数。由于结构要素间储层特征参数的差异,从而决定它们的产液能力方面有显著的区别。

从统计结果看,结构要素的有效厚度和渗透率对结构要素的产液能力具有控制作用(图 12.44、图 12.45)。河道、河口坝具有较大的有效厚度、较高的渗透率,表现出较强的产液能力;水下溢岸砂体和重力流砂体(GF)具有中等的有效厚度和渗透率,表现出中等的产液能力;前缘席状砂体具有薄的有效厚度和低的渗透率,表现出较差的产液能力。另外,河道、河口坝、水下溢岸砂体、重力流砂体平均产液强度均大于 $4m^3/(d \cdot m)$,而前缘席状砂体的平均产液强度仅为 $0.62m^3/(d \cdot m)$(图 12.46)。由此可见油田进入开发后期后,河道、河口坝储量动用很好,前缘席状砂体内动用极差,重力流砂体内储量动用中等偏好,水下溢岸砂体内储量动用中等。

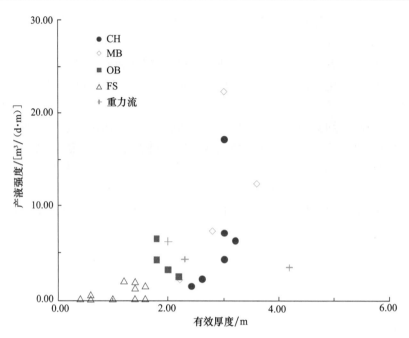

图 12.44　Ⅳ下层系结构要素产液强度与有效厚度的关系

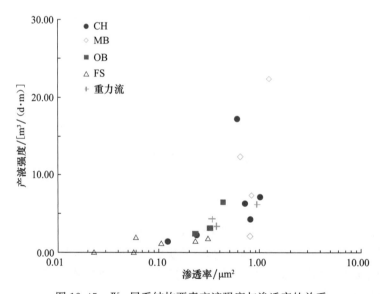

图 12.45　Ⅳ下层系结构要素产液强度与渗透率的关系

　　从产液强度-结构要素类型统计分布来看,河道、河口坝内部大部分动用较好,但仍有23％和25％的部位动用中—差;水下溢岸砂体和重力流砂体内部有7％和10％的部位动用中—差;前缘席状砂体内部几乎全为动用中—差和不动用(图12.45)。由图12.46可知,动用不好的部位经常是物性相对较差、厚度相对较薄的部位。尽管河道、河口坝在总体上看动用较好,但局部仍有动用相对较差的部位。由于这些储层特性相对于前缘席状砂体

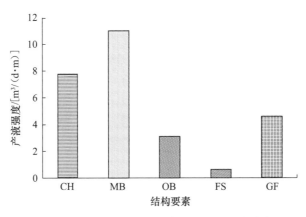

图 12.46　Ⅳ下层系结构要素平均产液强度分布

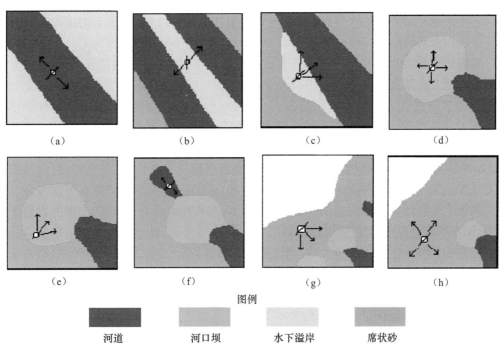

图 12.47　注入水波及方式

(a)注水井位于河道中,优先流动路径是河道的上游和下游;(b)、(c)注水井位于水下溢岸砂体中,优先流动方向是渗透率相对较高的河道方向;(d)注水井位于河口坝的中部,注入水向周围缓慢波及;(e)注水井位于河口坝的边缘,注入水优先向河口坝主体部位流动;(f)注水井位于重力流砂体中,注入水优先向长轴方向流动;(g)注水井位于前缘席状砂体尖灭区附近,注入水优先向河道口相对高渗区流动;(h)注水井位于前缘席状砂体中部,注入水基本向周围均匀扩散;图 12-47 中 8 种注入水波及方式都有生产实例,是进行剩余油分布预测的前提。

要好,将成为油田开发后期稳油控水挖潜的重要潜力。水下溢岸砂体和前缘席状砂体内部大部分动用中到差,亟须进行井网调整和改造,加快这部分储量的动用速度。特别是水下溢岸砂体中的潜力,由于水下溢岸砂体储层特性中等,平面上和纵向上与河道等主要储层间互,同时动用时,极易形成平面矛盾和层间矛盾,从而使水下溢岸砂体的动用较差。

因此这部分潜力有可能成为钻细分调整井的重要对象。

从流动单元模型我也可以得到此结论。由于极好到好型的流动单元具有好的储层物性，产液能力强，物性差的一般型和差型流动单元则产液能力差。河道、河口坝大部分为具有较大流动系数的好型到极好型流动单元，具有很强的产液能力，而前缘席状砂体和水下溢岸砂体则是具有较小的流动系数的差型和一般型流动单元为主，因而产液能力较差。

3. 注入水波及方式及波及半径的计算

1）注入水波及方式

注入水波及方式是指注入水优先流动路径的平面方式，是进行剩余油预测的重要依据，决定着剩余油的空间展布。结构要素几何形态、渗透率分布样式、注水井周围部署油井的数量、方位、距离及生产工艺和生产参数等都对注入水优先流动路径起着重要的作用。但在采油井和注水井的两个压降漏斗还没有相互影响之前，注入水的优先流动方向主要受结构要素的储层特性控制（即使在之后，储层特性还起着重要作用）。

根据结构要素的类型、渗透率分布样式及注水井在结构要素中的位置，可以划分出八种可能的注入水波及方式（图 12.47）。

2）波及长度与半径的计算

图 14-47 中 8 种波及方式可以概括为线状和面状的两种形式，其中图 12.47（a）、图 12.47（b）、图 12.47（f）为线状，而图 12.47（c）、图 12.47（d）、图 12.47（e）、图 12.47（g）、图 12.47（h）为面状。线状的波及方式的优先流动路径呈直线状，是一维的，而面状的波及方式无优先流动路径，是二维平面的。

根据上述概括，可以把注入水波及区域简化为两种几何形态：线状的基本上近似于长方形，而面状的则可近似为圆形（半圆形）。

过去在计算注入水波及半径时，都用圆形来近似，以此来绘制水淹状况图（俗称水泡子图）。很显然，过去采用的方法并没有过多考虑地下储层非均质的方向性，简化了地下的水淹规律。而本书提出的水淹区域几何形状，参考地下储层的非均质特性，将会更符合实际，能够更好地刻画地下剩余油的分布情况。

（1）线状波及长度。对于图 12.47（a）、图 12.47（f）情况，波及长度为

$$L = 地下残存注入水体积 /(w_1 h\phi) \tag{12.14}$$

式中，h 为水淹区域的平均有效厚度；ϕ 为水淹区域的平均有效孔隙度。

对于图 12.47（b）情况：

$$L = 地下残存注入水体积 /(2w_2 h\phi) \tag{12.15}$$

式中，w_2 是注水井距离河道的最大距离。

（2）面积波及半径。对于图 12.47（d）和图 12.47（h）情况波及半径：

$$r = [地下残存注入水量 /(\pi h\phi)] \times 0.5 \tag{12.16}$$

对于图 12.47（c）、图 12.47（e）和图 12.47（g）情况水淹区域相当于半圆形，故波及半径：

$$r = [2 \times 地下残存注入水体积 /(\pi h\phi)] \times 0.5 \tag{12.17}$$

4. 结构要素接触类型对注入水运动的影响

结构要素之间的接触关系对结构要素之间的流体相互窜流具有重要影响,特别是对注入水具有隔挡作用的接触关系,对分析剩余油分布具有重要的指导意义。

一般情况下,GG(G 为好型流动单元)型对注入水运动不起阻挡作用,而 PG(P 为差型流动单元)型则对注入水有一定程度的阻碍作用,如当河道和水下溢岸砂体接触时,河道中的注入水很难波及水下溢岸砂体,从而使水下溢岸砂体成为油田开发后期剩余油的富集部位。PP 型中,无论哪种结构要素注水都难影响到另一个结构要素中的流体流动,这是因为结构要素吸水能力很差,对其内部流体流动影响很小,更难对邻近的结构要素内流体流动产生影响。

分隔型中的 GGG、GPP 和 PPP 型对流体流动的影响与连接型中对应的 GG、GP、PP型基本相似,而 GPG、PGP 型具有特殊的特征。对 GPG 型,注入 G 中的水不会影响另一个 G 内的流体流动,因为 G 与 G 之间有一相对低渗透的缓冲带隔挡;若 P 中注水,由于 P吸水能力差,故对两侧的 G 内流体运动影响较小。对于 PGP 型,G 中注水,注入水一般很难波及两侧的 P;P 中注水,也很难对 G 和另一侧 P 内流体运动产生影响。

图 12.48 中,J4-107 井—4-12 井—3-138 井方向的河道、水下溢岸砂体、河道之间的接触关系属于 GPG 型,河道中注水井的注入水主要沿着河道方向流动,使河道成为强水淹区,与之相比水下溢岸砂体中的水淹程度不是那么严重,说明 G 中的注入水对 P 中的流体流动影响较小。T5-917 井—6-117 井—6-12 井方向的河口坝、前缘席状砂体、河道之间接触关系属于 GPG 型,尽管 6-117 井 $10^{2(2)}$ 层含水已达 100%,但 6-12 井的 $10^{2(2)}$ 层的含水仍只有 70%,说明由于前缘席状砂体的缓冲,使 T5-917 井的注入水对 6-12 井的生产影响较小(图 12.49)。

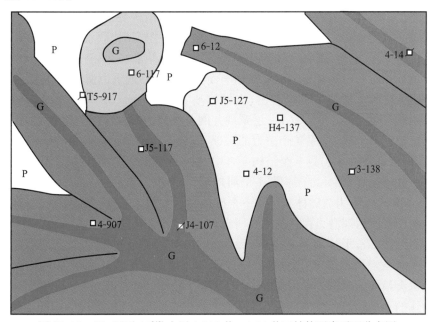

图 12.48　Ⅶ下层系 $10^{2(2)}$ 小层 4-907 井—4-14 井区结构要素平面分布图

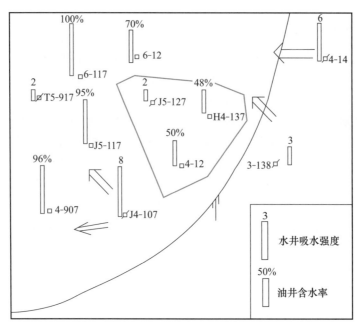

图 12.49　Ⅷ下层系 $10^{2(2)}$ 小层 4-907 井—4-14 井区生产井动态特征

12.6.3　结构要素的井网完善性

1. 独立结构要素的钻遇概率

在现井网条件下,独立结构要素的钻遇概率主要与结构要素的规模有关。规模较大的结构要素常很容易钻遇,而规模较小的结构要素则很难被控制,从而形成现井网遗漏的高剩余油部位。统计表明,结构要素的钻遇率明显地受结构要素的面积控制(图 12.50),两者的相关系数达 0.97。图 12.51 和图 12.52 是五种主要结构要素的面积与钻遇率的关系图,河道、河口坝、前缘席状砂体的面积与钻遇率相关性最好,而重力流砂体和水下溢岸砂体的相关性相对差一些。这暗示着在相同面积条件下钻遇重力流砂体和水下溢岸砂体的随机性要大一些。从图中可以看出,当结构要素面积小于 $0.033km^2$ 时,钻遇率小于 1%,即钻遇的井数小于 0.62 口(Ⅷ下层系现井网总井数为 62 口)。也就是说,小于该面积的砂体很难被钻遇。Ⅷ下层系 4 个主力油层(8,9,10,11)中小于该面积的结构要素共有 6 个,占总结构要素数的 8%,这 6 个结构要素中,有 3 个河道,1 个河口坝,2 个重力流砂体,其中有 3 个砂体没有钻遇(1 个河道,1 个河口坝,1 个重力流砂体),3 个砂体只有 1 口井钻遇(2 个河道,1 个重力流砂体),平均一个砂体钻遇井数为 0.59 口。可见这 6 个砂体有可能成为油田开发后期潜力存在的主要所在。

从独立结构要素平均钻遇率来看(图 12.53),前缘席状砂体钻遇率最高,其次是河道、河口坝、水下溢岸砂体,最低的是重力流砂体。由此可见被井网遗漏可能性最大或存在未动油机会最大的砂体是重力流砂体、水下溢岸砂体和河口坝。在现井网条件下,这 3 种独立砂体的平均钻遇井数分别为 0.81 口、1.67 口和 1.80 口,都无法构成注采系统,只是使这种砂体中的少部分砂体构成有注有采的局面,而大部分砂体为有注无采或有采无

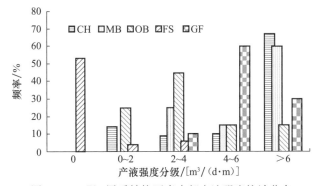

图 12.50　Ⅳ下层系结构要素内部产液强度统计分布

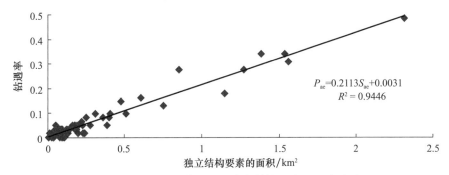

图 12.51　结构要素的钻遇率与结构要素面积关系图

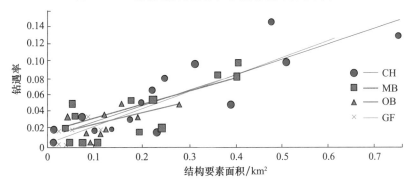

图 12.52　5 种主要结构要素的面积与钻遇率的关系图

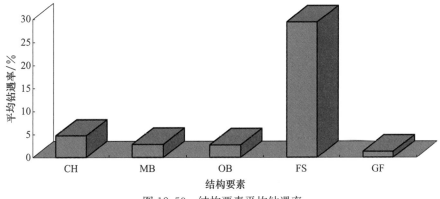

图 12.53　结构要素平均钻遇率

注的情况。因此从动用状况来说,这 3 种砂体动用最差,特别是重力流砂体和水下溢岸砂体,是下步调整的重要对象。

2. 独立结构要素井网控制分析

江河区Ⅶ下层系主力油层共有 77 个砂体或结构要素,单井控制面积小于 0.1km² 或井网密度大于 10 口/km² 的结构要素有 59 个,占 77%(表 12.22,图 12.54),可见该层系大部分结构要素井网控制较好。但由于结构要素成因的差异,导致不同的结构要素具有各自的几何形态和规模分布,从而确定它们的井网控制程度的区别。统计表明,没有被钻遇的河道结构要素有 1 个,占 4%,1 口井钻遇的河道有 7 个,占 27%,42% 的河道(7 个)被 3 口以上的井钻遇,大部分(69%)的河道被两口以上的井控制(表 12.23)。对于河口坝,有 59% 的未被钻遇或只有 1 口井钻遇,其中有 4 个(15%)河口坝未被钻遇,有 7 个(26%)河口坝砂体被 3 口以上的井钻遇(表 12.24)。水下溢岸砂体中有 37% 的砂体被 1 口井控制或未控制,其中未被钻遇的有 1 个(占 10%)(表 12.25);另外所有的水下溢岸砂体控制井数均小于 3 口,这一点上,它比河道、河口坝的控制程度均要差。

表 12.22 独立结构要素控制程度

| 单井控制面积分级/(km²/口) | | ≤0.07 | 0.07~0.11 | 0.11~0.15 | ≥0.15 | 合计 |
对应的井网密度/(口/km²)		≥14.3	14.3~9	9~6.7	≤6.7	
CH	数目/个	14	8	2	2	26
	比例/%	54	31	8	8	
MB	数目/个	13	7	1	6	27
	比例/%	48	26	4	22	
OB	数目/个	4	3	2	1	10
	比例/%	40	30	20	10	
FS	数目/个	3	4	1	0	8
	比例/%	38	50	12	0	
GF	数目/个	3	0	1	2	6
	比例/%	50	0	17	33	
合计	数目/个	37	22	7	11	77
	比例/%	48	29	9	14	

表 12.23 独立河道钻遇状况

钻遇井数分级	河道数目	所占百分数/%
0	1	4
1	7	27
2	7	27
3	4	15
4	2	8
5	1	4
≥6	4	15

表 12.24　独立河口坝钻遇状况

钻遇井数分级	河口坝数目	所占比例/%
0	4	15
1	12	44
2	4	15
3	4	15
≥4	3	11

表 12.25　水下溢岸砂体钻遇状况

钻遇井数分级	水下溢岸数目	所占比例/%
0	1	9
1	3	27
2	4	36
3	3	27

　　从表 12.26 可以看出,前缘席状砂体控制程度最好,钻遇单个前缘席状砂体的井数均大于或等于 10 口,各砂体的井网密度均超过了 9 口/km²,超过了该层系经济合理的井网密度。因此对于前缘席状砂体的调整应以改变井别为主,不宜钻调整井。造成前缘席状砂体控制较好的原因主要是砂体面积大,平均达 1.33km²,占含油面积的 44.7%,钻遇率可达 0.28,显然每次井网调整将有 28% 的井钻遇前缘席状砂体,从而使现在前缘席状砂体控制程度高。

　　综上所述,现井网条件下控制程度最差的是重力流砂体、水下溢岸砂体,其次是河口坝和河道,控制最好的是前缘席状砂体,这预示着下一步部署调整井的主要对象是水下溢岸砂体和重力流砂体。揭示了在经济极限附近井网调整的方向,以便最大限度地控制地下含油面积成因砂体,改善油田的整体开发效果。

　　水下重力流砂体控制程度最差,6 个重力流砂体中控制井数均小于 2 口,其中 2 个砂体没有被井钻遇(表 12.27)。

表 12.26　前缘席状砂体钻遇状况

钻遇井数分级	席状砂体数目	所占比例/%
≤10	1	13
10～20	4	50
≥20	3	37

表 12.27　水下重力流砂体钻遇状况

钻遇井数分级	重力流砂体数目	所占比例/%
0	2	33
1	3	50
2	1	17

3. 独立结构要素注采完善性

本书采用油水井数比来评价独立结构要素的注采完善性。前人研究认为现阶段(含水量为 90%～95%),河南油田合理油水井数比应为 1.47～1.57,其中水下河道应为 1.3,河口坝为 1.5,前缘席状砂体为 1.37。根据合理注采井数比,将注采不完善型划分为有采无注型、有注无采型、无采无注型、油水井数比大于 1.6 型和油水井数比小于 1.0 型。实际上前 3 种类型属于极不完善性质,是油田开发重点调整的对象。上述结构要素注采不完善型划分将对剩余油分布预测、潜力评价和注采井网调整具有重要的指导意义。

以 VII下 为例,说明现井网条件下独立结构要素的注采不完善状况。VII下 层系 4 个主力厚油层共 77 个成因砂体或结构要素,注采不完善的砂体共有 64 个,占 83%,在不完善砂体中,有采无注型 23 个,油水井数比大于 1.6 型的 17 个,无采无注型 8 个,分别占不完善砂体总数的 44%、27%、15%(表 12.28)。由此可见,尽管该层系水驱控制程度较高,但把注采井网落实到结构要素上,明显显示出注采不完善性。大部分注采不完善性是由于有采无注和油水井数比过高造成的,从而决定该层系注采不平衡、压力水平持续下降,进而影响油井提液能力,促进含水上升和产量递减加快。当前该层系亟须增加注水井点,强化注采系统,改变液流方向,恢复油层压力,增大油井排液能力,实现稳油控水。

表 12.28　砂体(结构要素)注采不完善类型及概率分布

不完善性分类	砂体个数/个	占不完善砂体的百分数/%	占砂体总数的百分数/%
有采无注	23	44	30
有注无采	11	21	14
无采无注	8	15	10
Np/Ni>1.6	17	27	22
Np/Ni<1.0	5	10	6
合计	64	100	83

表 12.29 反映了各种独立结构要素注采不完善状况。河道注采不完善类型主要是有采无注型和油水井数比大于 1.6 型,两者共有 15 个砂体,占河道砂体总数的 58%,占不完善河道砂体的 68%;河口坝的注采不完善类型主要是有采无注型、无采无注型、有注无采型,三者共有 16 个砂体,占河口坝砂体总数的 59%,占不完善型河口坝砂体的 76%;水下溢岸砂体的不完善类型主要为有采无注型,占水下溢岸砂体总数的 60%;前缘席状砂体的不完善类型主要是油水井数比过高;水下重力流砂体的不完善型主要是有采无注和无采无注。在注采不完善的砂体中,河道、河口坝砂体占绝对优势。但与同类砂体比较而言,水下溢岸砂体和重力流砂体注采不完善性最严重,因此这两者亟须进行调整。

表 12.29　现井网条件下结构要素注采不完善性分析

不完善类型		结构要素类型				
		CH	MB	OB	FS	GF
有采无注	个数	8	6	6	0	3
	占同类/%	31	22	60	0	50
	占不完善类/%	13	9	9	0	5

续表

不完善类型		结构要素类型				
		CH	MB	OB	FS	GF
有注无采	个数	4	6	0	0	1
	占同类/%	15	22	0	0	17
	占不完善类/%	6	9	0	0	2
无采无注	个数	1	3	2	0	2
	占同类/%	4	15	20	0	33
	占不完善类/%	2	6	2	0	3
>1.6	个数	7	3	2	5	0
	占同类/%	27	11	20	63	0
	占不完善类/%	11	6	3	8	0
<1.0	个数	2	2	0	1	0
	占同类/%	8	7	0	13	0
	占不完善类/%	3	3	0	1	0
合计	个数	22	20	10	6	6
	占同类/%	85	78	100	75	100
	占不完善类/%	34	33	14	9	9

　　注采不完善的主要原因是砂体的规模小,纵向叠合程度差。该层系合理单井控制面积为 $0.11km^2$,极不完善的 42 个三类砂体(无采无注、有采无注、有注无采)中 29 个砂体面积小于 $0.11km^2$,占三类砂体的 69%,占不完善砂体的 45%,占砂体总数的 38%。由于规模小,29 个砂体中特别是 21 个有采无注、有注无采砂体可能永远也无法完善,只有依靠钻遇邻近砂体的油、水井来动用这些砂体中的剩余油(表 12.30)。同时水下重力流砂体、河口坝砂体中极不完善的砂体比例最大,这两种砂体主要位于扇三角洲单体的前端,砂体数量少,分布零散,同时不同扇三角洲单体的分布范围差异较大,造成除了前缘席状砂体外其他砂体纵向叠合程度差,影响注采井网对这两种砂体的控制。

表 12.30　小规模注采不完善砂体分布

砂体类型	面积<$0.11km^2$砂体数目	占面积<$0.11km^2$的三类砂体*/%	占同类砂体/%	占同类不完善砂体/%
CH	6	21	23	27
MB	13	45	48	62
OB	4	14	40	44
GF	6	21	100	100
合计	29	100	42	50

＊三类砂体指的是有采无注、有注无采、无采无注砂体。

12.6.4　潜力分析

　　油田开发后期,进一步提高动用较差井层的动用程度是改善油田开发效果的主要途径。只有弄清了油层动用差的原因,才能有针对性地采取相应的措施。

剩余油的形成主要受两个因素的控制。一是储层的非均质性,包括储层结构及物性分布等;二是生产状况,包括注采井网、吸水产液能力、射孔状况等。但储层非均质性的影响是根本,因为结构要素形状、规模及空间分布决定注采井网对油层的控制程度和完善程度,结构要素类型及其之间的接触关系控制着油水井的产液及吸水能力,控制着注入水地下运动方式。

1. 不同结构要素中剩余油分布

对 1997 年新打的 10 口油井统计表明,10 口油井中共有未弱淹 342 段,总厚度为54m。其中河道砂体厚为 10.8m,占 20%;河口坝厚为 11.9m,占 22%;重力流砂体厚为4.32m,占 8%;水下溢岸砂体厚为 4.8m,占 9%,前缘席状砂体厚为 23.2m,占 43%。从层数分配比例看(图 12.54),前缘席状砂体占绝对优势,但它的厚度分配并未占绝对优势,可见油田开发后期的河道、河口坝等骨架性结构要素的剩余潜力层数比例较小,但厚度比例仍很可观,两者相加占近 42%,将仍然是油田开发后期挖潜的重点之一。

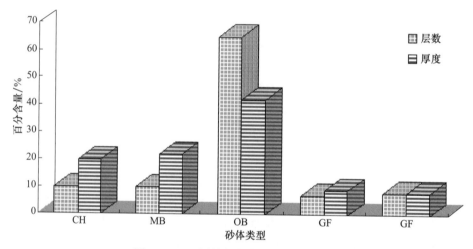

图 12.54　不同结构要素中的剩余油分布

从上面的层数和厚度分布比例可以看出,CH、MB、OB、GF 中的剩余潜力空间上分布零散,而前缘席状砂中的剩余潜力则分布相对集中,但 CH、MB、OB、GF 中的剩余油单层厚度一般在 2.0m 以上,渗透率大于 200mD,产能较高,因此对它们的研究仍具较高的生产意义。而要认识它们,必须依靠厚油层精细解剖。

2. 不同剖面结构模型中的剩余油分布

垂直于扇三角洲推进方向,三种类型扇三角洲前缘剖面类型内部结构不同,特别是骨架性结构要素组成、结构要素规模、连接方式上的差异,从而决定了剖面中油水运动方式、剩余油分布的区别。

(1) 河道型拼合结构。剖面中以河道要素为主,河道规模较大,同时河道之间常侧向相互切割叠置连接,侧向连通性好,局部发育的水下溢岸砂体和前缘席状砂体规模一般较小,使得河道结构要素较容易被控制,动用程度较高。据研究,这种剖面类型中河道要素几乎全部水淹,剩余可动油很少。而在水下溢岸砂体中,由于其规模小,现井网难以控制,即使控制住了,由于纵向干扰及平面上难于波及等原因,动用状况不理想,因此这种剖面结构中的剩余油主要赋存于零星出现的水下溢岸砂体和前缘席状砂体中(图12.56),剩余油富集类型属孤立透镜型。

(2)河口坝型拼合结构。由于河口坝的规模有大有小,河道与河口坝之间常由物性相对较差的前缘席状砂体分隔开,使骨架型结构要素之间常呈分隔型接触,从而决定其对注采关系的反应很迟钝。

由于上述特征,使这种剖面中剩余油主要分布在井网控制较差的小型河道末梢、分汊河道、小型河口坝和动用效差的前缘席状砂体中(图12.55),剩余油呈断续出现,包含孤立透镜型和少量的镶边搭桥型。

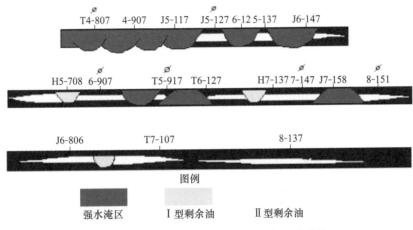

图 12.55 不同剖面类型中的剩余油分布(据尹太举等,2006)

(3)前缘席状砂-零星重力流(河口坝)拼合结构。很少的重力流(河口坝)零星散布于连续分布的前缘席状砂体中(图12.55)。由于零星出现的河口坝和重力流规模较小,井网难于控制住;由于物性较差,席状砂动用不好,这种剩余油沿有效厚度零线附近呈镶边连续状产出。

3. 剩余油富集区性质

根据密闭取心资料,目前水淹程度较低的段大多是含砾中砂岩、细砂岩和粉砂岩。每段有效厚度大多为 $1\sim3m$,其中小于 $2m$ 的占 57%,渗透率主要为 $100\sim200mD$,剩余油富集区面积一般小于 $0.5km^2$。

12.6.5 挖潜措施

1. 调整策略

精细储层描述及精细描述成果与注采井网之间的关系研究表明现井网条件下注采井网与储层非均质性存在局部不适应性,具体表现在:①仍有一些小型结构要素"漏网";

②由于层内干扰,水下溢岸砂体仍没有得到有效动用;③仍有一些能完善的结构要素达不到满足注采平衡所需求的油水井数比;④由于注采不完善性或工艺技术不适应,前缘席状砂体普遍动用差;⑤某些河道结构要素中存在注采短路,影响注入水多方向流动。其中,①、③主要与井网有关;②、④、⑤只能通过综合调整才能得到解决,井网调整对于解决②、④、⑤的问题仍起重要作用。

由于这些不适应性,使得井网的局部甚至整体注采失衡,提高排液量的后劲受到了制约,含水上升加快,开发效果变差。同时由于一些结构要素没有控制,储量就会遭受损失,影响井网的实际发挥(预测的采收率要高于实际的采收率)。

针对油田开发中普遍存在的问题,油田开发后期井网调整的策略是最大限度地控制每一个结构要素,提高结构要素内部的控制程度和注采井网完善性,开采薄、差、小、散剩余潜力,改善油田整体采油状况。

据此井网调整操作过程中必须"查漏补缺",以结构要素为对象进行分析、调整和部署,以结构要素为中心进行注采关系的调整,不能整体性进行井网加密调整。

对于小型未控制的透镜状潜力,很难通过改变液流方向来挖潜,一般情况下只能通过打新井来挖潜。对于小型注采不完善的透镜型潜力,目前已有一口采油井控制的情况下,经过一段衰竭式开采后,在井距允许的条件下可部署一口注水井,形成一注一采的格局;目前已有两口采油井控制的情况下,经过一段衰竭式开采后,在层系井网允许转注的条件下可将其中一口油井转注或部署一口注水井。对于小型注采完善的透镜型潜力,目前为一口油井控制,周围注水井吸水能力均较差,在井距允许的条件下打一口能钻遇透镜状结构要素的分注井。

对于井网控制的镶边搭桥型水下溢岸砂体中的潜力,纵向叠加具有一定厚度的砂体可打一口调整井(油井或水井)。对于注采不完善或完善的水下溢岸砂体中的潜力,可通过打细分井(油井、水井)和平面注采关系调整来达到提高注波及体积系数的目的。对于镶边状席状砂体中的潜力,可以通过老井转注和加密井网,缩短注采井距,提高驱动压力梯度,改善采油状况。

以上各种潜力也可以用其他层系的过路井补孔挖潜。

2. Ⅶ下层系挖潜部署

以Ⅶ下层系为例,阐述如何利用储层结构研究进行注采井网调整及调整井部署。

Ⅶ下层系经过 20 年开发,至 1997 年 6 月已有采油井 40 口,注水井 24 口,井网密度为 8.41 口/km²,平均井距为 345m,注采井数比为 1.77。目前,该层系开采程度为 35.4%,采出可采程度达 80.23%,综合含水达 91.1%,含水上升率达 3.5%,综合递减为 24.84%,地层压力为 14.9MPa,压力水平仅为 72.3%,开发形势非常严峻,迫切需要调整。

出现这种严峻形势的主要原因是:①到开发后期,下面层系的老井上返补孔,上面层系新井的加深投产,以及要求转注井未按时转注,使得层系注采井数比远高于二次加密后的注采井数比(1∶1.09),实际注采比为 0.8,注采失衡;②对主力油层精细解剖后发现,现井网对地下非均质性仍不适应,主要表现在有 8 个结构要素仍未被控制(漏网),有 23 个结构要素(占总数的 30%)有采无注,说明了实际地下仍有一些水驱波及未控制住的部位。

整个Ⅶ下层系潜力分析结果如下。

(1) 该层系剩余地质储量 $366 \times 10^4 t$，剩余可采储量 $49.3 \times 10^4 t$。

(2) 动用差的储量(未淹和弱淹)地质储量 $84.15 \times 10^4 t$，占 14.3%，中淹地质储量 $79.15 \times 10^4 t$，占 13.4%。

(3) 主力油层中动用差的地质储量 $59.11 \times 10^4 t$，中淹地质储量 $65.8 \times 10^4 t$，潜力主要分布在 6、8、9、10、11 主力油层中。

(4) 在该层系未弱淹地质储量中，小型透镜状占 29%，镶边搭桥型 71%(表 12.31)。

表 12.31　Ⅶ下层系潜力分布

类型	小型透镜型			镶边搭桥型	
	CH	MB	GF	OB	FS
弱未淹储量/$10^4 t$	8	12	4	9	51
占总弱未淹储量/%	10	14	5	11	60

目前,该层系仍有 15% 左右的地质储量动用较差,动用较差的储量主要分布在厚油层主力油层中,以镶边搭桥型形式分布的居多。但镶边搭桥型中 FS 内的剩余油,由于其厚度薄、物性差,需要用综合的方法进行挖潜,而对于小型透镜型剩余油和 OB 中的剩余油,由于其厚度较大、物性相对较好,因而可以利用补打调整井进行挖潜。值得注意的是,该层系小型透镜型和 OB 中的弱未淹储量占总数的 40%,可见油田开发后期仍有提高结构要素控制程度、增强注采完善性的工作可作,而且这方面的工作见效快。同时应该清醒地认识到开发后期挖潜难度增大,因为有 60% 的潜力只有通过井网和工艺等综合配套才能进行有效地开采,将承受更大的经济风险。

针对该层系存在问题、原因及潜力分布状况,调整分两步走。第一步主要通过补打调整井的方式,挖掘对象是主力油层中的小型透镜型潜力和 OB 中的潜力,目的是提高结构要素的井网完善性和控制程度,改变地层压力水平低的状况,提高油井的排液能力。第二步挖掘对象是镶边搭桥型潜力,主要利用井网调整和优化工艺措施,目的是提高驱替压力梯度,改善油层吸水和产液能力,抑制层内干扰。

基于储层结构和井网分析,编制了井网未控制的、面积大于 $0.1 \mathrm{km}^2$ 的极不完善结构要素叠加图(图 12.56),明确了剩余油的分布,如 5-137 井周围存在最多的极不完善和未控制住的结构要素,H5-708 井和双 17 井附近存在一些现井网未控制住的结构要素等。根据这些情况,调整部署如下。

(1) 5-137 井周围部署三口注水井,目的是提高结构要素内部的完善性。

(2) 双 17 井南西 200m 处部署一口油井,南 350m 处部署一口水井,并将双 17 井转注,目的是控制结构要素,缩短注采井距,提高井网完善性。

(3) H5-708 井从Ⅷ、Ⅸ上返,目的是控制结构要素。

(4) Ⅵ油组的 H7-176 井建议加深补孔。

(5) Ⅶ上的 T8-107 井加深补孔。

通过调整提高了井网对结构要素的控制程度,8 个结构要素中仅有 2 个未控制住;结构要素内部完善性得到了加强。预计提高采收率 0.89%,增加可采储量 $5.04 \times 10^4 t$。

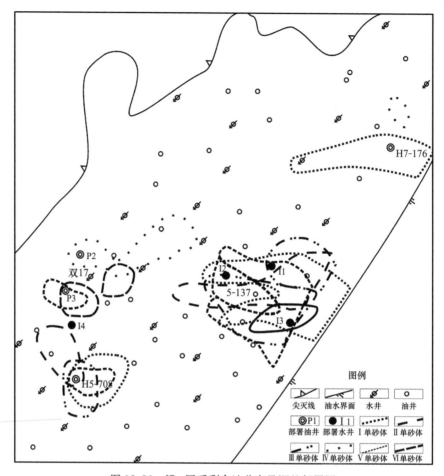

图 12.56　Ⅷ下层系剩余油分布及调整部署图

参 考 文 献

常学军,郝建明,郑家朋,等.2004.平面非均质边水驱油藏来水方向诊断和调整[J].石油学报,25(4):58-61.

杜庆龙,王元庆,朱丽红,等.2004.不同规模地质体剩余油的形成与分布研究[J].石油勘探与开发,95(增):95-99.

韩大匡.1995.深度开发高含水油田提高采收率问题的探讨[J].石油勘探与开发,22(5):58-68.

韩大匡.2010.中国油气田开发现状、面临的挑战和技术发展方向[J].中国工程科学,12(5):51-57.

侯纯毅,张锐,沈德煌,等.1996.巨厚油层不同注水方式模拟研究[J].石油学报,17(2):84-90.

胡雪涛,李允.2000.随机网络模拟研究微观剩余油分布[J].石油学报,21(4):46-51.

李劲峰,曲志浩,孔令荣.2000.用微观模型组合实验研究最低吸水层渗透率[J].石油学报,21(1):55-59.

李阳,王端平,刘建民.2005.陆相水驱油藏剩余油富集区研究[J].石油勘探与开发,32(3):91-96.

裘怿楠,王衡鉴,许仕策.1980.松辽湖盆河流-三角洲各种沉积砂体的油水运动特点[J].石油学报,1(S1):73-93.

尹太举,张昌民,赵红静,等.2001.依据高分辨率层序地层学进行剩余油分布预测[J].石油勘探与开发,
　　28(4):79-82.

尹太举,张昌民,王寿平,等.2006.濮53块开发概念模拟[J].天然气地球科学,17(2):201-205.

尹太举,张昌民,张同国.2006.储层结构控制下的开发响应特征初探[J].地质科技情报,25(3):51-56.

俞启泰.1997.关于剩余油研究的探讨[J].石油勘探与开发,(2):46-50.

俞启泰.2000.注水油藏大尺度未波及剩余油的三大富集区[J].石油学报,21(3):45-50.

俞启泰.2002.注水油藏大尺度未波及剩余油开采技术[J].新疆石油地质,23(2):134-138.

俞启泰,陈素珍.1998.纹层级非均质储层水淹规律数值模拟研究[J].石油学报,19(1):53-59.

张昌民,林克湘,徐龙,等.1994.储层砂体建筑结构分析[J].江汉石油学院学报,16(2):1-7.

赵阳,曲志浩,刘震.2002.裂缝水驱油机理的真实砂岩微观模型实验研究[J].石油勘探与开发,(01):
　　119-122.

赵永胜.1998.储层三维地质模型难使数值模拟摆脱困境[J].石油学报,19(3):135-137.

朱九成,郎兆新,黄延章.1998.指进、剩余油形成与分布的物理模拟[J].新疆石油地质,(2):62-66.

Ambrose W A,Wang F P,Akhter M S,et al. 1997. Geologic controls on remaining oil in Miocene trans-
　　gressive-barrier,coastal-plain,and mixed-load fluvial systems in the Miocene Norte area,lake Maracai-
　　bo,Venezuela[C]. SPE Annual Technical Conference and Exhibition.

Shepherd M. 2009. Oil Field Production Geology:AAPG Memoir[M]. Tulsa:The American Association
　　of Petroleum Geologists.

Sneider R M,Sneider J S. 2001. New oil in old places:The value of mature-field redevelopment//Marlan
　　W D,Jack C,William A M. Petroleum Provinces of the Twenty-first Century:AAPG Memoir 74[M].
　　Tulsa:AAPG:63-84.

Worthington P F. 2010. A road map for the identification and recovery of by-passed pay[J]. Petroleum
　　Geology Conference,Series,7:453-462.